LOGAN의

유한요소법 첫걸음 6판

Cengage

A First Course in the Finite Element Method, **Sixth Edition**

Daryl L. Logan

Original edition © 2017 Cengage Engineering, a part of Cengage Learning.
A First Course in the Finite Element Method Sixth Edition by Daryl L. Logan
ISBN: 9781305635111

This edition is translated by license from Brooks Cole, a part of Cengage Learning, for sale in Korea only.

ISBN-13: 978-89-6218-416-7

Cengage Learning Korea Ltd.
14F YTN Newsquare 76 Sangamsan-ro
Mapo-gu Seoul 03926 Korea
Tel: (82) 2 330 7000
Fax: (82) 2 330 7001

Printed in Korea
Print Number: 03 Print Year: 2023

LOGAN의

유한요소법 첫걸음 6판

A FIRST COURSE IN THE

FINITE ELEMENT METHOD

Daryl L. Logan | 지음

신종계 • 김도년 • 김유일 • 오창국 • 이용신 • 조성욱 | 옮김

Cengage

Australia • Brazil • Canada • Mexico • Singapore • United Kingdom • United States

LOGAN의 유한요소법 첫걸음 -제6판-

A First Course in the FINITE ELEMENT METHOD, 6th Edition

제6판 1쇄 발행 | 2017년 8월 29일
제6판 3쇄 발행 | 2023년 2월 10일

지은이 | Daryl L. Logan
옮긴이 | 신종계, 김도년, 김유일, 오창국, 이용신, 조성욱
발행인 | 송성헌
발행처 | 센게이지러닝코리아㈜
등록번호 | 제313-2007-000074호(2007.3.19.)
이메일 | asia.infokorea@cengage.com
홈페이지 | www.cengage.co.kr

ISBN-13: 978-89-6218-416-7

공급처 | ㈜한티에듀
주 소 | 서울시 마포구 동교로 23길 67 3F
도서안내 및 주문 | TEL 02) 332-7993 FAX 02) 332-7995
이메일 | hantee@hanteemedia.co.kr

정가 42,000원

옮긴이 머리말

역자(신종계, 이용신, 조성욱)들은 1997년 『A First Course in the Finite Element Method』를 번역한 『Logan의 유한요소법 첫걸음』이라는 책으로 독자들에게 유한요소법을 처음 소개하였다. 그 후 10여 년간 『Logan의 유한요소법 첫걸음』은 대학과 연구소, 그리고 산업체에서 유한요소법을 접하는 많은 엔지니어들로부터 과분한 사랑을 받아왔다. 유한요소법을 전공하였고 대학에서 이를 가르치며 연구를 수행하고 있는 역자들은 아직도 Logan 교수의 『A First Course in the Finite Element Method』보다 쉽고 체계적으로 쓴 유한요소법 교재를 보지 못하였다. 2008년 원저자의 네 번째 수정판 발간을 계기로 역자들은 원역서인 『Logan의 유한요소법 첫걸음』을 개정하였고, 제4판에서는 첫 판의 기본 틀을 유지하고 좀 더 상세하고 쉬운 설명을 추가하였다.

이번에는 새로운 역자(김도년, 김유일, 오창국)들과 함께 제6판을 번역하였다. 우리 역자 6명은 교육을 받고 경험을 쌓은 환경은 서로 다르지만, 유한요소법을 연구하고, 활용하며, 후학을 가르치는 면에서는 동일한 경험을 해왔다. 이와 같은 다른 전문 분야에서 유한요소법을 사용한다는 공통된 배경이 제6판 번역을 풍성하게 하여 독자들이 이 책을 더욱 쉽게 이해할 수 있도록 도움을 줄 것으로 믿는다.

제6판에서도 처음 번역한 『Logan의 유한요소법 첫걸음』에서와 같이 가능한 한 원서와 내용이 일치하도록 하였으며, 전문 용어는 대한기계학회에서 발행한 『기계용어집』에 따라 번역하였다. 또한 국내에는 유한요소법 관련 용어의 표준이 정해져 있지 않아 분명하지 않은 용어는 일반적으로 많이 통용되는 용어 중 내용 전달에 가장 적절하다고 판단되는 것을 선정하였다. 그리고 연습문제는 원문을 그대로 실어줌으로써 장차 여러 유한요소법 원서들을 접할 때의 부담을 서서히 줄일 수 있도록 하였다.

유한요소법은 기계, 자동차, 조선, 항공, 토목, 전기 등 공학은 물론, 물리, 화학 등의 기초 학문에까지 매우 광범위하게 활용되고 있다. 고성능 컴퓨터의 보급과 설계전산화(CAD)의 보편화에 힘입어, 이제 공학 설계의 과정에서 중요한 수치 실험 도구이며, 산업계의 해석 표준으로 자리매김하였다. 이에 따라 많은 상용 프로그램들이 개발되어 사용되고 있으며, 프로그램의 사용법도 네트워크와 그래픽 기술을 사용함에 따라 나날이 간편해지고 있다. 그러나 유한요소 해석 프로그램의 효율적인 활용을 위해서는 기초 이론의 정확한 이해가 절실히 필요하다. 이와 같은 이유로, 과거에는 대학원 과정으로만 간주되던 유한요소 해석 및 전산 응력 해석의 기초 이론을 학부 과정에서도 다루고 있다.

그러나 구조해석 등의 전문지식이 없는 학부생들이 쉽게 이해할 수 있는 유한요소 해석에 관한 마땅한 교재를 국내 서적에서뿐만 아니라 외국 서적에서도 찾기가 어려운 상황에서 Daryl L. Logan 교수가 저술한 이 책을 접하게 되었다. 역자들은 이 책이 공학 교재로서의 구성과 내용의 전개가 매우 적절하다고 동의하여 첫 판을 번역하였다. 원저자에 의해 새로운 판이 계속 출판되었지만, 기본은 변하지 않은 틀을 유지하고 있다. 이 책에서는 유한요소 방정식의 유도 과정을 7단계로 단순하게 정형화하고, 각 단계에서의 행렬방정식을 상세하게 전개하였다. 내용 구성에 대한 자세한 사항은 원저자의 머리말을 참고하기 바란다.

이 책은 유한요소법의 '첫걸음'으로는 가르치는 사람에게나 배우는 사람 모두에게 매우 적절하도록 쓰여졌다. 유한요소법을 처음 배우고자 하는 학부생이나 대학원생들을 위해 유한요소 행렬방정식을 상세하게 전개하고 그에 따른 컴퓨터 해석 방법을 소개하며, 산업계에서 유한요소 해석이나 구조해석 또는 CAE 분야에서 종사하는 엔지니어들을 위해 다양한 분야에의 응용을 보여주며, 과거에 유한요소법을 공부한 적이 있으나 다시 한번 체계적으로 정리하고자 하는 사람들을 위해서는 유한요소 이론 전개를 정형화하고 있다.

이 책이 나오기까지 많은 노력을 기울여 주신 센게이지러닝코리아㈜와 우일미디어의 관계자 여러분께 감사드린다.

끝으로, 이 책이 많은 독자들에게 도움을 줄 수 있기를 바라며, 내용상의 문제가 있을 때는 언제든지 독자의 질책을 받아 수정하고자 한다.

2017년 8월
옮긴이 일동

머리말

특징과 접근법

이번 제6판의 목적은 이 분야의 많은 교재에서 필요로 하는 통상의 사전 지식(예를 들면, 구조 해석 및 고등수학 등)이 없는 학부생 및 대학원생들도 쉽게 이해할 수 있는, 유한요소법에 대한 간단하고 기초적인 소개를 위한 것이다. 이 책은 기본적으로 응력 해석 및 열전달에 주로 관심을 가진 토목공학 및 기계공학 분야 전공의 학부생들을 위한 기초적인 학습자료로 사용될 수 있다. 한편 투과성 매체 및 수리 네트워크를 통한 유체의 흐름과 전기회로 및 정전기학과 관련된 주제들도 포함되어 있다. 그러나 이 책에서는 교재 전반에 걸쳐 체계적으로 배치된 수치 예제들과 더불어 기본 개념들을 아주 쉽게 설명하였기 때문에, 다른 분야의 기초 지식을 가진 학생이나 현장의 엔지니어들도 소중한 학습자료로 활용할 수 있다. 아울러 이 책은 유한요소법을 이용하여 실제 물리 문제를 풀고자 하는 사람들이 필요로 하는 내용까지도 포함하고 있다.

이 책에서는 먼저 각각의 주제에 대한 일반적인 법칙들을 설명하고, 다음에 상세한 해법을 포함하여 이 법칙들이 과거에 어떻게 응용되었는가를 소개하며, 끝으로 가능한 경우 컴퓨터를 이용하는 방법들을 제시하였다. 이러한 순서를 통해 규모가 큰 문제를 풀기 위한 컴퓨터 해석법의 기본 개념을 효율적으로 설명할 수 있다.

이 책에서는 기초부터 응용까지의 주제를 순서대로 설명하고 있으며, 두 학기용 강의교재로 사용하기에 적절하다. 이 책은 다음 주제에 관한 기본적인 처리 방법을 담고 있다: (1) 간단한 스프링 및 봉, 그리고 이를 발전시킨 2차원, 3차원 트러스 해석; (2) 보의 굽힘과 이를 발전시킨 평면 프레임, 격자 구조물 해석 및 공간상의 프레임 해석; (3) 기초적인 평면응력–변형률 요소, 이를 발전시킨 고등 평면응력–변형률 요소, 그리고 더 복잡한 평면응력–변형률 해석에의 응용; (4) 축대칭 응력; (5) 유한요소법의 등매개변수 정식화; (6) 3차원 응력 해석; (7) 평판 굽힘; (8) 열전달 및 유동 물질 전달; (9) 투과성 매체와 고체 물체을 통과하는 기본 유체역학, 수리 네트워크, 전기 회로, 정전기학 해석; (10) 열응력; (11) 시간 의존성 응력 및 열전달.

또한 경사진 지지점의 처리 방법, 절점 힌지를 가진 보 요소, 공간상에 임의로 위치한 보 요소, 부분 구조물 해석의 개념, 패치 시험, 모델링과 결과 해석에서의 실제적인 고려사항 등의 내용을 포함하고 있다.

유한요소 해석을 위한 방정식의 유도를 위해서 직접강성법, 최소 포텐셜 에너지법, 갤러킨(Galerkin)의 잔여법 등이 여러 다양한 단계에 걸쳐 소개되었다.

부록에는 다음 사항들을 포함하였다: (A) 본문에서 사용되는 행렬 대수, (B) 선형 연립방정식의 해법, (C) 탄성 이론의 기본식, (D) 등가 절점력, (E) 가상 일의 법칙, (F) 구조용 강재의 단면 성질.

이 책 전반에 걸쳐 100여 개의 예제를 수록하였으며, 대부분의 예제들은 개념을 설명하기 위해 상세한 풀이를 포함하고 있다. 개념의 확실한 이해를 위해 570여 개의 문제를 각 장의 말미에 수록하였다. 풀이의 검증을 원하는 독자를 돕기 위해 이 중 일부 문제들에 대해서는 해답을 책의 끝부분에 수록하였다. 각 장마다 수록한 문제들 중 컴퓨터를 이용하여 풀어야 하는 문제는 컴퓨터 기호로 표시하였다.

추가된 특징

이번 개정판에 추가된 특징은 대부분의 공학 교육자가 사용하는 개선된 표기법을 포함하며, 학생들이 집중해야 할 가장 중요한 내용이 무엇인지 알아볼 수 있도록 각 장의 목표를 서두에 제시하였으며, 각 장의 끝에 간편하게 사용할 수 있도록 수식요약, 모델링에 관한 추가 정보, 많은 이론해와 유한요소 해석 결과의 비교를 포함하였다.

새로운 특징

해석을 위한 140개 이상의 새로운 문제가 포함되었으며 추가로 설계과제의 문제들을 3, 5, 7, 11, 12장에 포함시켰다. 추가적으로 학생들이 개념을 응용하고 강화하는 데 도움이 되는 산업계로부터 실제 응용사례들을 포함하였다. 새로운 공간 프레임, 고체 모델링 형태의 예제, 해석을 위한 문제들이 추가되었다. 다른 분야로부터의 새로운 예제들은 이제 공학과 수리 물리 분야의 다양한 예제를 풀기 위해 학생들이 유한요소법을 어떻게 사용할 수 있는지 보여준다. 제5판에서와 마찬가지로 이번 개정판에서도 의도적으로 특정 컴퓨터 프로그램에 대한 고려를 제외시켰으며, 담당 교수가 익숙한 임의의 컴퓨터 프로그램을 선정하여 사용할 것을 추천한다.

담당 교수용 교육자원

담당교수용 비공개 해답집, PowerPoint 강의노트 등이 필요한 경우 http://sso.cengage.com에 있는 교수자원센터를 접촉하면 된다.

MindTap 온라인 과정

이 교재는 센게이지러닝의 맞춤형 교육프로그램인 MindTap을 통하여도 접할 수 있다. MindTap을 구입한 학생은 데스크탑, 노트북, iPad 등을 통하여 전자적인 시청각 도구에 접속할 수 있으며 온라인상에서 숙제를 완성하고 평가 자료를 받을 수 있다. 새로운 MindTap 모바일 앱은 학생들이 언제 어디서나 학습하는 것이 용이하도록 한다. 학습관리시스템(Blackboard 혹은 Moodle 등)을 사용하는 교수들은 강의 내용, 과제물, 평가 등을 추적하기 위하여 이 학과목의

MindTap 평가 도구에 매끄럽게 접속할 수 있다.

MindTap을 사용하여 담당 교수는 다음과 같은 일을 할 수 있다.

- 학과목 개요에 맞출 수 있도록 내용을 재배열하거나 온라인 콘텐츠에 기존의 자료를 추가하여 학습 과정을 맞춤형으로 만든다.
- 온라인 코스와 독자들을 학습관리시스템에 연결한다.
- 전자 교재에서 강조하거나 주석을 단 후에 그 내용을 학생들과 공유한다.
- 온라인 과제와 평가를 맞춤형으로 한다.
- 학생들의 참여, 발전, 이해 등을 추적한다.
- 상호교류, 시청각교재, 연습을 통하여 학생들의 성취를 증진시킨다.

추가적으로 학생들은 ReadSpeaker를 통하여 내용을 청취할 수 있으며, 전자리더에 노트를 달고, 학습용 카드를 만들어 학습하고, 손쉬운 참조를 위하여 내용을 강조하고, 자신의 이해도를 연습문제를 통하여 검토하고, 자동으로 숙제의 평가를 할 수 있다.

추천 강의 주제

이 책을 사용하여 강의(한 번에 52분씩 44번의 강의를 하는 경우)를 하는 경우 처음 학기는 다음 표의 주제들을 추천한다.

주제	강의 수
부록 A	1
부록 B	1
1장	2
2장	3
3장, 3.1~3.11, 3.14, 3.15절	5
평가시험-1	1
4장, 4.1~4.6절	4
5장, 5.1~5.3, 5.5절	4
6장	4
7장	3
평가시험-2	1
9장	2
10장	4
11장	3
13장, 13.1~13.7절	5
15장	3
평가시험-3	1

감사의 글

저자는 Cengage Learning 출판사의 관계자 여러분께 깊은 감사를 드리며, 특히 이 개정판을 출판하는 데 도움을 준 발행인인 Tim Anderson; 교재 개발자인 Mona Zeftel; 제작 보조역인 Teresa Versaggi; 편집자인 RPK의 Rose Kernan에게 감사드린다.

그리고 저자가 이 책을 저술할 수 있도록 유한요소법을 탁월하게 가르쳐주신 Ted Belytschko 선생님께 감사드린다. 또한 주제들을 쉽게 이해할 수 있는 방법에 대해 제안을 해준 대학의 학생들에게 감사드린다. 이런 제안들은 이번 개정판에도 포함되어 있다.

저자는 제6판을 검토해준 여러분들께도 감사드린다. 이분들은 Raghu Agarwal, San Jose State University; Mohammad Alimi, California State University, Fresno; K. Chandrashekhara, Missouri University of Science and Technology; Howie Fang, University of North Carolina, Charlotte; Winfred Foster, Auburn University; Kenneth Miller, St. Cloud State University; Ronald Rorrer, University of Colorado, Denver; 그리고 Charles Yang, Wichita State University이다.

저자는 각각의 이름은 책 전반에 걸쳐 표현되어 있는 University of Wisconsin-Platteville (UWP)의 많은 학생들에게 유한요소법 학과목에서 2차원 및 3차원 모델에 기여한 점에 대해 감사드린다. 표 11-2에 대해 UWP의 대학원생인 William Gobeli에게 감사드린다. 또한 UWP의 졸업생이며 Seagraves Fire Apparatus의 설계엔지니어인 Andrew Heckman에게 그림 11-10을 사용하도록 허락해준 점에 대해, John Deere Dubuque Works의 구조 엔지니어인 Yousif Omer에게 그림 1-11을 사용하도록 허락해준 점에 대해 특별히 감사드린다. 저자는 그림 9-2b에 기여해준 Autodesk 관계자에게 감사드린다. 마지막으로 Valmont West Coast Engineering의 선임 설계 공학자인 Ioan Giosan에게 그림 1-12, 1-13을 사용하도록 허락해준 점을 감사드린다.

기호 설명

영문 기호

a_i	일반화 좌표(일반 형태로 변위를 표현하는 경우 사용되는 계수)
A	단면적
$[B]$	변형률–절점 변위행렬 혹은 온도구배–절점온도 행렬
c	물질의 비열
$[C']$	응력–절점 변위행렬
C	2차원에서의 방향 코사인
C_x, C_y, C_z	3차원에서의 방향 코사인
$\{d\}$	전체좌표계에서 요소 및 구조물의 절점 변위행렬
$\{d'\}$	국부좌표계에서 요소의 절점 변위행렬
D	평판의 굽힘 강도
$[D]$	응력–변형률 행렬
$[D']$	식 (10.2.16)에 주어진 행렬 연산자
e	지수함수
E	탄성계수
$\{f\}$	전체좌표계에서 절점력 행렬
$\{f'\}$	국부좌표계에서 절점력 행렬
$\{f_b\}$	체적력 행렬
$\{f_h\}$	열전달 하중행렬
$\{f_q\}$	열유속 하중행렬
$\{f_Q\}$	열원 하중행렬
$\{f_s\}$	표면력 행렬
$\{F\}$	전체좌표계에서 하중행렬
$\{F_c\}$	응축된 하중행렬
$\{F_i\}$	전체 구조물에서의 절점력

$\{F_0\}$	등가 하중행렬
$\{g\}$	온도구배 행렬 혹은 수압구배 행렬
G	전단 탄성계수
h	열전달(혹은 대류)계수
i, j, m	삼각형 요소의 절점
I	주 관성 모멘트
$[J]$	자코비언 행렬
k	스프링 강성
$[k]$	전체좌표계에서 요소 강성행렬 혹은 전도행렬
$[k_c]$	응축된 강성행렬, 열전달 해석에서 강성행렬 중 열전도 부분
$[k']$	국부좌표계에서 요소의 강성행렬
$[k_h]$	열전달 해석에서 강성행렬 중 대류 부분
$[K]$	전체좌표계에서 구조물의 강성행렬
K_{xx}, K_{yy}	x와 y방향으로의 열전도계수(유체역학에서 투과율)
L	보 혹은 봉의 길이
m	각각의 요소에서 요소 번호의 최대 차이
$m(x)$	일반적인 모멘트의 표현
m_x, m_y, m_{xy}	평판에서의 모멘트
$[m'], [m]$	요소의 질량행렬
$[m_i']$	요소에서 절점의 모멘트
$[M]$	전체좌표계에서 질량행렬
$[M^*]$	선형 변형률 삼각형 요소에서 변위와 일반화 좌표 간의 관계행렬
$[M']$	선형 변형률 삼각형 요소에서 변형률과 일반화 좌표 간의 관계행렬
n_b	구조물의 밴드폭
n_d	절점당 자유도의 수
$[N]$	형상함수 행렬(보간함수 행렬)
N_i	형상함수
p	표면 압력(유체역학에서 절점의 수두)
p_r, p_z	반경방향 압력, 축방향 압력
p	집중하중
$[P']$	국부좌표계에서 집중하중행렬
q	단위면적당 열전달량 또는 평판의 분포하중
$\overline{q}$	열전달률
q^*	경계면에서 단위면적당 열전달량
Q	단위체적당 발생된 열원 혹은 내부의 수원
Q^*	선 열원 혹은 점 열원

Q_x, Q_y	평판에서 횡방향 전단 선 하중
r, θ, z	반경방향, 원주방향, 축방향 좌표
R	갤러킨(Galerkin) 적분의 잔여량
R_b	반경방향으로의 체적력
R_{ix}, R_{iy}	x와 y방향으로의 절점반력
s, t, z'	등매개변수 요소에서의 고유좌표계
S	표면적
t	평면 요소의 두께
t_i, t_j, t_m	삼각형 요소의 절점온도
T	온도함수
T_∞	자유 흐름 온도
$[T]$	변위, 하중, 강성의 변환행렬
$[T_i]$	i방향으로의 표면 장력 행렬
u, v, w	x, y, z방향으로의 변위함수
u_i, v_i, w_i	절점 i에서 각각 x, y, z방향으로의 변위함수
U	변형 에너지
ΔU	저장된 에너지의 변화량
v	유동속도
V	보의 전단력
w	보의 길이방향으로 혹은 평면 요소의 변을 따라 분포된 하중
W	일
x_i, y_i, z_i	x, y, z방향으로의 절점좌표
x', y', z'	요소좌표계
x, y, z	구조물의 전체좌표계(참조좌표계)
$[X]$	체적력 행렬
X_b, Y_b	x와 y방향으로의 체적력
Z_b	축대칭의 경우 길이방향으로의 체적력 혹은 3차원의 경우 z방향으로의 체적력

그리스어 기호

α	열팽창계수
$\alpha_i, \beta_i, \gamma_i, \delta_i$	식 (6.2.10)과 식 (11.2.5)~(11.2.8)에서 정의된 형상함수에서 사용됨
δ	스프링 혹은 봉의 변형
ϵ	수직 변형률
$\{\varepsilon_T\}$	열 변형률 행렬
k_x, k_y, k_{xy}	평판 굽힘의 곡률
ν	포아송비

ϕ_i	보 요소의 절점 회전 혹은 기울기
π_h	열전달 문제의 범함수
π_p	전체 포텐셜 에너지
ρ	물질의 질량 밀도
ρ_w	물질의 무게 밀도
ω	각속도 및 고유 회전진동수
Ω	하중의 포텐셜 에너지
ϕ	수두 혹은 포텐셜, 혹은 보의 회전 혹은 기울기
σ	수직 응력
$\{\sigma_T\}$	열응력 행렬
τ	전단 응력
θ	2차원 문제에서 x축과 x'축 간의 각도
θ_p	주 각
$\theta_x, \theta_y, \theta_z$	국부 x'축과 전체좌표계 x, y, z축과의 각도 또는 평판에서 x, y축에 관한 회전
$[\psi]$	일반화 변위함수 행렬

기타 기호

$\dfrac{d(\ )}{dx}$	x에 관한 도함수
dt	시간 미분량
$(\dot{\ })$	변수 위의 dot는 시간에 대한 미분을 나타냄
$[\ ]$	사각 혹은 정방 행렬
$\{\ \}$	열행렬
$(\underline{\ })$	변수의 밑줄은 행렬을 나타냄
$(')$	변수 위의 ′ 기호는 국부좌표계로 표현된 물리량을 뜻함
$[\ ]^{-1}$	행렬의 역행렬
$[\ ]^T$	행렬의 전치행렬
$\dfrac{\partial(\ )}{\partial x}$	x에 대한 편미분
$\dfrac{\partial(\ )}{\partial\{x\}}$	$\{d\}$의 각각의 변수에 대한 편미분

차례

10 | 등매개변수 정식화 481

11 | 3차원 응력 해석 531

12 | 평판 굽힘 요소 567

13 | 열전달과 물질이동 593

14 | 투과성 매체와 유압 네트워크를 통한 유체 유동 및 전기 회로와 정전기학 667

15 | 열응력 721

16 | 구조 동역학 및 시간 의존성 열전달 755

부록 A 행렬 대수 821

CHAPTER 01

서론

학습목표

- 유한요소법에 대한 개요를 설명한다.
- 유한요소법에 대한 간략한 역사를 살펴본다.
- 행렬식에 대해 소개한다.
- 유한요소법의 개발에 미친 컴퓨터의 역할에 대해 설명한다.
- 유한요소법에서 사용하는 일반적 절차를 설명한다.
- 유한요소법에서 사용되는 다양한 형식의 요소를 표시한다.
- 유한요소법을 적용한 전형적인 사례를 보여준다.
- 유한요소법 활용을 통해 얻을 수 있는 이점을 요약한다.

개요

유한요소법은 공학과 수리 물리학의 문제들을 풀기 위한 하나의 수치 기법이다. 공학과 수리 물리학에서 유한요소법을 사용하여 그 답을 구할 수 있는 전형적인 문제들은 구조해석, 열전달, 유동장, 물질이동, 그리고 전자기장 해석 등이다.

복잡한 기하학적 형상과 하중 그리고 재료 성질을 가지고 있는 물리 시스템들에 대하여, 물리 시스템의 반응을 모사하기 위한 일반적으로 해석적인 수학해를 구하는 것은 불가능한 일이다. 해석해들은 우리의 관심 대상인 전체 구조물이나 물리적인 시스템 내의 임의의 점에서 원하는 값을 계산할 수 있도록 수식으로 표현되며, 따라서 그 물체 내의 모든 점에 대해서 사용할 수 있다. 이러한 해석해들은 일반적으로 상미분이나 편미분 방정식을 풀어야 하는데, 이러한 문제들은 많은 경비가 소요되는 수많은 시제품 설계의 제작이나 시험을 없애기 위하여 통상 공학자, 물리학자, 수학자들에 의해서 대부분 만들어진다. 복잡한 기하학적 형상이나 하중, 재료 성질 때문에 일반적으로 해석해들은 쉽게 구해지지 않는 경우가 대부분이다. 그러므로 적절한 근사해를 구하기 위해서는 이와 같은 문제의 풀이를 근사화할 수 있는 유한요소법과 같은 수치법에 의존해야 한다.

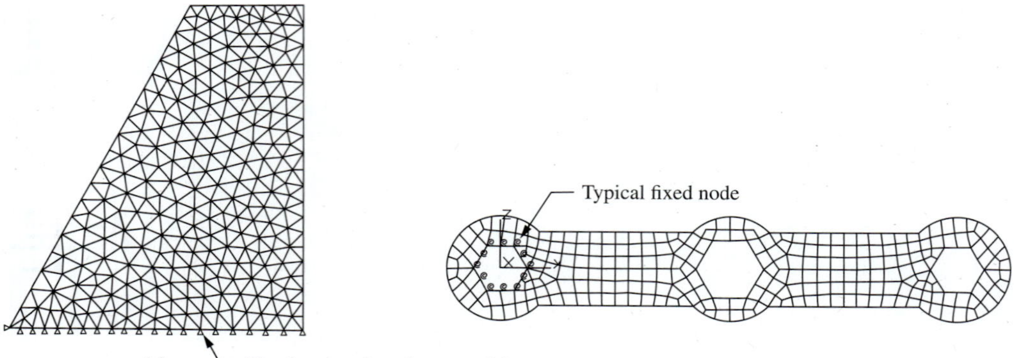

그림 1-1 • (a) 이산화된 댐 및 (b) 이산화된 자전거 렌치(작용 하중은 표시하지 않음)의 2차원 모델. 모든 요소와 절점은 평면상에 놓여 있다.

이 유한요소법으로 문제를 수식화하면 미분방정식이 아닌, 이에 상응하는 연립대수방정식이 얻어진다. 이와 같은 수치적인 방법들을 사용하면 연속체 내의 분산된 점들에서 미지의 값을 근사적으로 구할 수 있다. 여기서 물체를 더 작은 물체나 단위(유한요소)로 나누고, 그 요소들을 두 개 이상의 요소들이 공유하는 점(절점), 경계선, 또는 경계면으로 연결된 대등한 시스템으로 만드는 모델화 과정을 이산화(*discretization*) 혹은 격자분할이라고 한다. 그림 1-1은 콘크리트 댐과 자전거 렌치의 단면을 각각 보여주는데, 댐은 490개의 평면 삼각 요소, 렌치는 254개의 평면 사각 요소로 나누어지는 이산화 과정을 보여준다. 두 모델 모두에서 요소들은 요소 경계선을 따라서 절점에서 연결되어 있다. 유한요소법에서는 전체 물체에 대한 문제를 한 번에 풀지 않고, 각각의 유한요소에 대한 방정식을 세우고, 그들을 조합하여 전체 물체에 대한 방정식을 구한다.

간단한 예로, 구조 문제의 해는 대개 주어진 하중에 대해 각 절점에서의 변위와 그 구조물을 구성하고 있는 각 요소 내에서의 응력을 계산하는 것을 뜻한다. 구조해석 이외의 분야에서는 주로 절점의 미지수가 열이나 유체 유동으로 인한 온도이거나 유체 압력이다.

이 장에서는 우선 유한요소법의 발전에 관한 역사를 살펴보기로 한다. 역사를 통해 유한요소법이 초고속 디지털 컴퓨터의 발전에 맞추어 지난 60년 동안 공학 문제들을 풀어주는 매우 실용적인 수단이 되었음을 살펴볼 것이다. 이러한 역사를 고찰한 후에는 행렬 표기법에 대해 알아보고, 실제 문제 해결을 위한 방정식을 세우는 과정에서 최근의 디지털 컴퓨터 발전에 맞추어 실용적으로 사용되는 행렬법이 얼마나 필요한지도 알아보도록 한다. 이 부분에서 복잡한 문제에 관련된 연립대수방정식들을 풀어내는 디지털 컴퓨터의 역할과 유한요소법에 기초한 수치해석 프로그램에 대해 설명할 것이다. 그 다음에는, 문제의 해를 구하기 위한 주요 단계를 가장 일반적으로 설명할 것이다. 여기서 유한요소법을 이용하여 해를 구하는 데 유용한 요소들의 종류에 대해 설명할 것이다. 그리고 복잡한 기하 형상과 여러 다른 재료로 구성된 물체, 그리고 불규칙한 하중을 포함하는 문제를 푸는 데 이 유한요소법이 얼마나 유용한지를 보여주기 위해 여러 가지 대표적인 응용 사례들이 제시될 것이다. 또한, 공학 그리고 수리 물리학 문제들을 풀기 위한 유한요소법의 장점에 대하여 열거한다. 마지막으로 유한요소법에 근거한 컴퓨터 프로그램의 여러 가지 특징을 제시한다.

1.1 | 간략한 발전 과정

이 절에서는 구조와 비구조 분야의 공학과 수리 물리학 분야에 적용되는 유한요소법의 역사를 간단하게 소개한다. 여기에 인용된 참고문헌은 이 절에서 다루는 간단한 역사 고찰에 대해서 좀 더 자세하게 설명하고 있다.

근대 유한요소법의 발전은 1940년대에 시작되었는데, 구조해석 분야에서 1941년에는 Hrennikoff [1]가, 1943년에는 McHenry [2]가 고체 연속체 내부의 응력을 구하기 위해 선 요소(1차원 봉이나 보)를 사용하였다. 여러 해 동안 널리 공인받지는 못했지만, 1943년에 출판된 논문에서 Courant [3]는 다양한 형태의 물체에서 내부 응력을 구하는 해법을 마련하였다. 그리고 그는 근사적인 수치해를 구하는 하나의 방법으로 전체 영역을 이루는 작은 삼각형 소구간에 대한 구간별(piecewise) 보간(또는 형상)함수를 도입하였다. 그후 1947년에 Levy [4]는 유연도법 또는 하중법으로 불리는 방법을 개발하였고, 1953년에는 다른 방법(강성법이나 변위법)이 부정정 항공기 구조를 해석하는 데 매우 유용한 대안이 될 수 있음을 제시하였다[5]. 그의 방정식은 손으로 풀기에는 무척 어려운 것이었지만, 초고속 컴퓨터의 발전과 더불어 그의 방법은 점점 각광받게 되었다.

1954년에 Argyris와 Kelsey [6, 7]는 에너지 원리를 이용한 행렬구조 해석법을 개발했다. 이 발견은 에너지 원리가 유한요소법에서 중요한 역할을 한다는 것을 보여주는 것이었다.

2차원 문제에 대한 첫 번째 시도는 1956년에 Turner, Clough, Martin, 그리고 Topp [8]에 의해 이루어졌다. 그들은 트러스 요소와 보 요소, 평면응력상태의 2차원 삼각형과 사각형 요소에 대한 강성행렬을 유도하고, 일반적으로 **직접강성법**(*direct stiffness method*)이라 알려져 있는 전체 구조 강성행렬을 구하는 과정의 개요를 확립하였다. 1950년대 초 초고속 디지털 컴퓨터의 발전과 더불어 Turner, Clough, Martin, 그리고 Topp [8]의 작업은 행렬 표기법에 의해 표현되는 유한요소 강성방정식의 발전을 가속화하였다. **유한요소**란 말은 1960년에 Clough [9]에 의해 평면응력 해석에 삼각형과 사각형 요소가 사용되면서 처음 소개되었다.

평평한 사각형 판의 굽힘 요소 강성행렬은 1961년 Melosh [10]에 의해 개발되었다. 그리고 이 강성행렬은 1963년에 Grafton과 Strome [11]에 의해 축대칭 쉘과 압력 용기에 대한 곡면 쉘 굽힘 요소 강성행렬로 계속 발전되었다.

1961년 Martin [12], 1962년에 Gallagher, Padlog, 그리고 Bijlaard [13], 1963년에 Melosh [14]에 의해 4면체 강성행렬이 개발되면서 유한요소법이 3차원 문제로까지 확장되었다. 3차원 요소는 1964년에 Argyris [15]에 의해서도 연구되었다. 특정한 축대칭 고체의 경우는 Clough와 Rashid [16], 그리고 Wilson [17]에 의해 1965년에 다루어졌다.

1960년대 초에 유한요소 작업의 대부분은 미소 변형률과 미소 변위, 탄성 물체 거동, 정하중들만을 취급하였다. 그러나 대변형 해석과 열해석이 Turner, Dill, Martin, 그리고 Melosh [18]에 의해 1960년에 도입되었고, 비선형 물체에 관해서는 Gallagher, Padlog, 그리고 Bijlaard [13]에 의해 1962년에, 좌굴 문제에 관해서는 1963년에 Gallagher와 Padlog [19]에 의해 연구가 이루어졌다. 점탄성 문제로의 확장은 Zienkiewicz, Watson, 그리고 King [20]에 의해 1968년에 다루어졌다.

1965년에 Archer [21]는 봉이나 보와 같은 질량이 분포된 구조해석에 적합한 일관 질량행렬을 유도하여 동역학적 해석에 관한 사항을 고려하였다.

1963년에 Melosh [14]가 유한요소법이 변분 정식화 형태로 공식화되어 사용될 수 있다는 것을 발견하여, 구조 분야가 아닌 분야에까지 응용되었다. 축의 비틀림이나 유체 유동, 열전도 같은 장(場) 문제는 1965년에 Zienkiewicz와 Cheung [22], 1968년에 Martin [23], 그리고 1966년에 Wilson과 Nickel [24]에 의해 이루어졌다.

그리고 이 유한요소법은 가중잔여법(weighted residual method)의 적용으로 더욱 확장되었다. 먼저 1969년에 Szabo와 Lee [25]에 의해 구조해석에서 사용되는 이미 알려져 있는 탄성 방정식을 유도하고, 1970년에 Zienkiewicz와 Parekh [26]에 의해 과도장 문제(transient field problem)가 해결되었다. 이로써 직접 방정식이나 변분 수식화가 어렵거나 사용하기 불가능할 경우에는 가중잔여법이 때에 따라 적절하게 사용될 수 있다는 것이 알려졌다. 예를 들어, 1977년에 Lyness, Owen, 그리고 Zienkiewicz [27]는 자기장을 결정하기 위해 가중잔여법을 응용하였다.

최근에 들어서는 대변형 비선형 동역학적 거동에 관련된 문제나 최종적으로 얻어진 시스템 방정식의 해를 구하기 위한 개량된 수치해석 기술이 1976년에 Belytschko [28, 29]에 의해 고려되었다. 이 주제에 대한 추가의 논의는 Belytschko, Liu, Moran [58], 그리고 Crisfield [61, 62]의 교재를 참고하라.

최근에 유한요소법이 응용되는 새로운 분야는 의용 공학 분야이다[30, 31]. 이 분야의 문제들은 아직도 비선형 재료, 기하학적 비선형성, 그리고 다른 알려진 여러 복잡성 때문에 여전히 문제 해결에 어려움을 겪고 있다.

1950년대 초부터 현재에 이르기까지, 복잡한 공학적 문제를 풀기 위해 유한요소법을 응용하는 데 많은 발전이 있었다. 공학자와 응용수학자들, 그리고 다른 과학자들은 여전히 새로운 분야에 응용하기 위해 부단히 노력하고 있다. 유한요소법의 다른 관련 서적 목록을 보려면 Kardestuncer [32], Clough [33], 또는 Noor [57]의 저서들을 참고하기 바란다.

1.2 | 행렬 표기법의 소개

행렬법은 유한요소법에서 요소 강성방정식의 수식화를 간단하게 하기 위한 목적으로, 다양한 문제의 해를 정확히 표현하기 위한 목적으로, 그리고 가장 중요한 목적인 유한요소법을 초고속 디지털 컴퓨터로 프로그래밍하기 위한 목적으로 사용되는 필수적인 도구이다. 그러므로 행렬 표기법은 일련의 연립대수방정식을 쓰고 풀기 위한 간단하고 사용하기 편리한 표기법이다.

부록 A에 이 책 전체에서 사용된 중요한 행렬의 개념에 대해 설명하고 있다. 일단 여기서는 이 책에서 사용된 표기법의 기본사항들을 알아보도록 한다.

행렬(matrix)이란 연립대수방정식을 풀고, 그것을 나타내기 위한 보조 수단으로 흔히 사용되는, 행과 열로 배열된 물리량들의 사각형 배열이다. 다음 장에서 사용될 행렬의 예를 들면, 어떤 구조물의 각 절점이나 점(1, 2, . . . , n)에 작용하는 힘의 성분(F_{1x}, F_{1y}, F_{1z}, F_{2x}, F_{2y}, F_{2z}, . . . , F_{nx},

F_{ny}, F_{nz})과 그에 대응하는 절점 변위(u_{1x}, v_{1y}, w_{1z}, u_{2x}, v_{2y}, w_{2z}, . . . , u_{nx}, v_{ny}, w_{nz})는 식 (1.2.1)과 같이 표현된다.

$$\{F\} = \begin{Bmatrix} F_{1x} \\ F_{1y} \\ F_{1z} \\ F_{2x} \\ F_{2y} \\ F_{2z} \\ \vdots \\ F_{nx} \\ F_{ny} \\ F_{nz} \end{Bmatrix} \qquad \{d\} = \begin{Bmatrix} u_1 \\ v_1 \\ w_1 \\ u_2 \\ v_2 \\ w_2 \\ \vdots \\ u_n \\ v_n \\ w_n \end{Bmatrix} \tag{1.2.1}$$

F의 오른쪽 아래첨자들은 힘의 절점과 방향을 각각 나타낸다. 예를 들어, F_{1x}는 절점 y에 x방향으로 작용하는 힘을 표시한다. 절점에서 x, y, z방향 변위는 각각 u, v, w로 표시한다. u, v, w 우측의 아래첨자는 절점 번호이다. 예를 들면 u_1, v_1, w_1은 절점 1에서의 x, y, z방향 변위 성분을 각각 표시한다. 식 (1.2.1)의 행렬은 **열행렬**(*column matrix*)이라 부르며 $n \times 1$의 크기이다. 집합 표시 { }는 이 책 전체를 통해서 열행렬을 표시하기 위해 사용한다. 열행렬에서 하중 혹은 변위값들의 전체 집합은 간단하게 $\{F\}$ 혹은 $\{d\}$로 표시한다.

잘 알려진 가장 일반적인 사각행렬의 경우는 [ ]를 사용하여 표현한다. 예를 들어, 이 책 전체를 통해서 다양한 요소 형태(예를 들면, 11쪽의 그림 1-2에 나타낸)에 대한 요소구조 강성행렬 $[k]$와 전체 좌표계에서의 구조 강성행렬 $[K]$는 정사각행렬의 형태로 다음과 같이 주어진다.

$$[k] = \begin{bmatrix} k_{11} & k_{12} & \cdots & k_{1n} \\ k_{21} & k_{22} & \cdots & k_{2n} \\ \vdots & \vdots & & \vdots \\ k_{n1} & k_{n2} & \cdots & k_{nn} \end{bmatrix} \tag{1.2.2}$$

그리고

$$[K] = \begin{bmatrix} K_{11} & K_{12} & \cdots & K_{1n} \\ K_{21} & K_{22} & \cdots & K_{2n} \\ \vdots & \vdots & & \vdots \\ K_{n1} & K_{n2} & \cdots & K_{nn} \end{bmatrix} \tag{1.2.3}$$

여기서 구조 이론에 의하면 행렬요소 k_{ij}와 K_{ij}는 일반적으로 **강성 영향 계수**(*stiffness influence coefficient*)로 불린다.

전체좌표계에서의 절점력 $\{F\}$와 전체좌표계에서의 절점 변위 $\{d\}$가 전체좌표계에서의 강성행렬 $[K]$를 사용하여 다음과 같은 관계를 갖는다는 것을 앞으로 배우게 될 것이다.

$$\{F\} = [K]\{d\} \tag{1.2.4}$$

식 (1.2.4)는 **전체좌표계에서의 강성방정식**(*global stiffness equation*)이라 불리고 연립방정식의 집합을 나타낸다. 이 전체좌표계에서의 강성방정식은 강성법이나 변위법에서 유도되는 기본 방정식이다.

식 (1.2.3)에 나오는 요소 K_{ij}에 대해 명확히 이해하기 위해 식 (1.2.1)을 사용하여 식 (1.2.4)를 다음과 같이 펼쳐서 쓸 수 있다.

$$\begin{Bmatrix} F_{1x} \\ F_{1y} \\ \vdots \\ F_{nz} \end{Bmatrix} = \begin{bmatrix} K_{11} & K_{12} & \cdots & K_{1n} \\ K_{21} & K_{22} & \cdots & K_{2n} \\ \vdots & & & \\ K_{n1} & K_{n2} & \cdots & K_{nn} \end{bmatrix} \begin{Bmatrix} u_1 \\ v_1 \\ \vdots \\ w_n \end{Bmatrix} \tag{1.2.5}$$

구조물이 외력을 받아 $u_1 = 1, v_1 = w_1 = \ldots w_n = 0$으로 정의되는 변위가 일어났다고 가정하자. 그러면 식 (1.2.5)로부터 다음을 구할 수 있다.

$$F_{1x} = K_{11} \qquad F_{1y} = K_{21}, \ldots, F_{nz} = K_{n1} \tag{1.2.6}$$

식 (1.2.6)은 $[K]$의 첫 번째 열에 해당하는 모든 요소를 포함한다. 게다가 $K_{11}, K_{21}, \ldots, K_{n1}$은 강재 변위상태를 유지하기 위한 절점력값의 전체 집합이라는 것을 나타낸다. 유사한 방법으로, $[K]$의 두 번째 열은 변위가 발생한 상태 $v_1 = 1$을 유지하기 위한 하중값을 나타내고, 나머지 모든 변위 성분은 0이다. 이제 강성 영향 계수의 의미에 대한 이해도가 높아졌을 것이다.

다음 장들에서는 여러 가지 요소 형태(봉, 보, 평면응력 등)에 대한 요소 강성행렬 $[k]$에 대해 다룰 것이다. 또한 여러 가지 구조물에 대한 전체좌표계에서의 강성행렬 $[K]$를 구하는 과정과 미지의 변위행렬 $\{d\}$를 식 (1.2.4)를 통해 구해내는 과정에 대해서도 설명할 것이다.

행렬 개념과 행렬 연산은 연습을 통해 숙달될 수 있다. 그리고 행렬은 미지수가 적은 문제들을 손으로 써서 푸는 데 유용한 도구가 될 것이다. 그러나 디지털 컴퓨터를 사용하기 위해서는 행렬법이 매우 중요하다. 수많은 연립방정식으로 구성된 복잡한 문제들을 해결하기 위해서는 컴퓨터의 사용이 꼭 필요하기 때문이다.

1.3 | 컴퓨터의 역할

앞서 언급했듯이, 1950년대 초까지는 행렬법과 그에 연관된 유한요소법은 복잡한 문제들을 풀기에 별로 적합한 방법이 아니었다. 비록 유한요소법이 복잡한 구조해석 문제를 풀기 위해 사용되었지만, 구조해석 유한요소법과 관련된 많은 수의 선형방정식의 해를 구해야 하는 과정으로 인해 유한요소법은 매우 어렵고 비실용적인 방법이었다. 하지만 컴퓨터의 도움으로 방대한 양의 방정식의 해를 몇 분 안에 쉽게 구할 수 있게 되었다.

최초의 현대식 상업용 컴퓨터의 출현은 1950년대에 개발된 UNIVAC과 IBM 701이다. 이 컴퓨터는 진공관 기술을 기반으로 제작되었다. UNIVAC과 함께 천공 카드 기술이 나타났고 천공 카드로 프로그램과 데이터를 만들었다. 1960년대에 들어 트랜지스터의 가격, 무게, 전력 소모량의 하락과 높은 신뢰성으로 트랜지스터 기반 기술이 진공관 기술을 대체하였다. 1969년부터 1970년대 후반까지 집적회로 기반 기술이 개발되었다. 이 기술은 컴퓨터의 처리 속도를 비약적으로 향상시켜 자유도의 증가로 거대해진 유한요소 문제를 풀 수 있게 하였다. 1970년대 후반부터 1980년대까지 워크스테이션과 고밀도 집적회로는 윈도우 형태의 그래픽 인터페이스를 도입하고 그와 함께 컴퓨터 마우스가 나타났다. 최초의 컴퓨터 마우스는 1970년 11월 17일 특허를 받았다. 현재 개인용 컴퓨터는 데스크탑 컴퓨터의 거대 시장이 되었다. 네트워크 컴퓨터의 시대 동안 이러한 발전은 인터넷과 월드 와이드 웹(World Wide Web)을 가져왔다. 1990년대 윈도우 운영체제가 배포되고 그래픽 유저 인터페이스를 소프트웨어에 통합함으로써 IBM과 IBM 호환 개인용 컴퓨터를 사용자에게 더욱 친숙하게 만들었다.

컴퓨터의 발전은 계산 프로그램의 발전을 도모하였다. 수많은 전용 혹은 범용 프로그램들이 복잡한 구조 문제들을(그리고 구조 분야가 아닌 문제들도) 다루도록 작성되어 왔다. [46~56]과 같은 프로그램들은 유한요소법의 정밀함을 보여주며 유한요소법에 대한 이해를 높여준다.

사실상, 현재 유한요소 컴퓨터 프로그램은 한 대의 개인용 데스크탑이나 노트북 또는 여러 컴퓨터가 연결된 형태와 같은 하나의 프로세서를 가진 기계에서 문제를 풀 수 있다. 개인용 컴퓨터의 고용량 메모리와 계산 프로그램의 발전으로 백만 개 이상의 미지수를 가진 문제를 해결할 수 있게 되었다.

컴퓨를 사용하기 위해서는 유한요소모델을 정의한 후에 컴퓨터에 정보를 입력해야 한다. 이러한 정보에는 요소 좌표의 위치와 서로 연결된 요소관계, 요소의 재료 물성치, 작용 하중, 경계 조건 또는 구속조건, 그리고 수행될 해석의 종류들이 있다. 컴퓨터는 이러한 정보를 사용하여 해석을 수행하기 위해 필요한 방정식을 만들고 그 해를 구하게 된다.

1.4 | 유한요소법의 일반적인 단계

이 절에서는 공학 문제에 대한 유한요소법의 수식화와 해를 구하는 일반적인 단계에 대해 알아 보기로 한다. 앞으로 계속해서 이 단계는 구조해석 분야이든 비구조해석 분야의 문제이든지 간에 상관없이 유한요소법으로 해를 구하는 가장 기본적인 방법으로 사용될 것이다.

설명의 편의를 위해, 여기서는 우선 구조해석 문제에 국한하기로 한다. 구조분야가 아닌 열전달이나 유체역학 문제, 그리고 구조 문제와 비슷한 범주의 문제들은 13장과 14장에서 다루기로 한다.

구조 응력 해석 문제의 경우, 일반적으로 공학자들은 외력을 받아 평형상태에 있는 구조물 내의 변위와 응력을 구하고자 한다. 많은 구조물의 경우, 과거의 통상적인 방법을 사용해서는 변형 분포를 구하기가 매우 어려우므로 유한요소법이 필수적으로 사용된다.

물리 시스템의 유한요소 방정식을 유도하기 위한 3가지 기본적인 방법이 있다. 이것들은 (1) **구조해석 문제를 위한 직접법 혹은 직접평형법**, (2) **에너지 방법들의 일부와 가상 일의 법칙으로 구성되는 변분법**, (3) **가중잔여법** 등이다. 여기서 이러한 3가지 방법을 다음과 같이 간단하게 설명하고, 더 상세한 사항은 이 절 이후에서 4단계의 내용으로 설명할 것이다.

직접법

직접법은 가장 단순하며 유한요소법에 대한 명확한 물리적인 통찰력을 제공하는데, 유한요소법의 개념을 공부하는 초기 단계로 추천한다. 그러나 직접법은 스프링, 단축 봉, 트러스, 보 등에 관련된 1차원 요소 강성행렬을 유도하는 정도로 그 응용이 제한된다.

전통적으로 구조역학 문제에 적용되는 유한요소법과 연관된 일반적인 두 가지 직접적인 방법이 있다. 첫 번째 방법은 **유연도법** 또는 **하중법**이라고 부르는데, 이 방법은 미지수로서 내력(internal force)을 사용한다. 지배방정식을 구하기 위해 먼저 평형방정식이 사용된다. 그러고 나서 적합방정식(compatibility equation)을 사용하여 필요한 방정식들을 추가한다. 그 결과는 잉여 하중, 즉 미지의 힘을 구하기 위한 대수방정식의 형태로 주어진다.

두 번째 방법은 **변위법** 혹은 **강성법**이라 불리는 방법이다. 이 방법은 미지수로서 절점의 변위를 사용한다. 하중이 작용하기 전에 공통 절점이나 공통 모서리, 공통 면에서 연결된 요소들은 변형이 일어나고 난 후에도 역시 그 절점, 모서리, 면에서 서로 연결되어 있다는 적합조건을 우선 만족한다. 평형조건식과, 힘과 변위를 연결시키는 식을 이용하여 지배방정식을 절점의 변위로 표현한다.

이러한 두 가지 방법은 해석에서 서로 다른 미지수(힘이나 변위)를 사용하게 되고, 그들의 정식화 과정을 거치면서 서로 다른 행렬(유연도나 강성도)이 얻어진다. 참고문헌 [34]에 의하면, 컴퓨터 계산을 위해서는 변위법(강성법)이 더 바람직하다고 알려져 있다. 왜냐하면 대부분의 구조해석 문제에 있어서 변위법이 정식화가 더 쉽기 때문이다. 또한 범용 유한요소 프로그램의 대부분은 변위법을 사용하여 구조해석 문제를 풀고 있다. 따라서 이 책에서는 변위법만을 사용할 것이다.

변분법

변분법은 2차원 및 3차원 유한요소 방정식을 유도하는 데 있어서 직접법에 비하여 훨씬 수월하다. 그러나 이 방법은 최소화하였을 때 강성행렬 및 관계되는 요소 방정식을 만들어주는 범함수의 존재를 필요로 한다. 구조/응력 해석 문제에서는, 최소 포텐셜 에너지의 법칙을 범함수로 사용할 수 있으며, 이 법칙은 상대적으로 이해하기 쉬운 물리적인 개념을 가지고 있으며 학부의 기초 응용역학 학과목 학생들에게 소개하기 적절하다[35].

이 방법은 구조적인 문제와 구조 외적인 문제 모두의 지배방정식을 유도하기 위하여 사용할 수 있다. 변분법은 많은 원리를 포함한다. 그중 하나는 선형 탄성 변형을 하는 재료에 적용하는 최소 포텐셜 에너지 정리로, 상대적으로 이해하기 쉽고 기본 역학 과정에서 소개되기 때문에 이 책 전반에서 넓게 사용되고 있다. 2.6절의 스프링 요소, 3.10절의 봉 요소, 4.7절의 보 요소, 6.2절의 일정 변형률 삼각형 평면응력과 평면 변형률 요소, 9.1절의 축대칭 요소, 11.2절의 3차원 고체 사면체 요소, 12.2절의 판 굽힘 요소 등 많은 장에서 이 정리를 설명하고 사용한다. 최소 포텐셜 에너지 정리에서 사용되는 범함수 상사(functional analogous)는 13장에서 소개되는 구조 외적인 문제인 열전달에 대한 유한요소 방정식을 전개하는 데 사용된다.

지배방정식을 유도할 때 종종 사용되는 변분법의 원리는 가상 일의 원리이다. 이 원리는 더 일반적으로 선형 탄성 변형뿐만 아니라 비선형 변형을 하는 재료에 대해서도 적용된다. 정적 또는 동적 시스템에서 봉, 보, 2차원과 3차원 고체의 일반 지배 유한요소 방정식을 전개하기 위해 가상 일의 원리를 사용하는 이유가 부록 E에 설명되어 있다.

가중잔여법

가중잔여법은 변분의 법칙이 존재하지 않더라도 유한요소법을 임의의 미분방정식에 직접 적용할 수 있도록 한다[36]. 3.12절에서 봉 요소의 강성행렬과 관련 요소 방정식을 유도하기 위하여 갤러킨법(매우 잘 알려진 잔여법)을 소개한다. 3.13절에서 봉의 길이방향 변위를 구하기 위한 지배 미분방정식을 풀기 위한 잔여법을 소개한다.

유한요소법은 전체 구조물을 **유한요소**(*finite element*)라는 서로 연결된 작은 요소들로 모델화하는 과정을 포함한다. 변위함수는 각각의 유한요소와 관련되어 있다. 각각의 요소들은 절점이나 경계선 혹은 경계면을 통해서 다른 요소와 직접이든 간접이든 연결되어 있다. 전체 구조를 구성하고 있는 재료의 응력–변형률 관계식을 사용하여, 임의의 절점에서 구조물의 거동을 구조 내의 각 요소들의 특성값으로 결정할 수 있다. 각 절점의 거동을 표현한 방정식의 전체 집합은 연립대수방정식이 되며, 이는 행렬 표기법으로 가장 잘 표현된다.

이제부터 필요한 설명과 함께 구조해석 문제의 유한요소법 정식화와 그 해를 구하는 단계에 대해 살펴보도록 한다. 여기서 이러한 일반적인 단계를 설정하는 목적은, 어떤 문제라도 유한요소법으로 정식화할 때는 그 일반적인 과정이 있음을 보여주기 위함이다. 스프링이나 봉, 트러스, 보, 평면 프레임, 평면응력, 축대칭 응력, 3차원 응력, 열전달, 유체 유동 등의 구체적인 경우에 대한 이 책의 명확한 설명을 통해서 유한요소법의 단계를 쉽게 이해할 수 있을 것이다. 다음 장에서부터 특별한 경우의 요소 방정식을 사용하게 될 때마다 이 절을 주기적으로 복습할 것을 제안하는 바이다.

구조해석을 하려는 사람은 여러 가지 결정을 해야 한다는 것을 명심하여야 한다. 구조물이나 연속체를 잘라서 유한요소로 만들고, 해석에서 사용될 요소 형태를 결정하고(제1단계), 요소에 주어질 외력과 경계조건 또는 지지조건의 종류를 결정해야 한다. 계속되는 제2~7단계의 과정은 컴퓨터 프로그램에 의해 자동적으로 수행된다.

제1단계 격자분할과 요소 형태의 선정

제1단계는 물체를 서로 연결된 절점으로 이루어진 등가의 유한요소 시스템으로 바꾸는 과정과 그에 적합한 요소 형태를 결정하는 과정이다. 주어진 물체에서 사용될 전체 요소 수와 요소의 크기, 사용될 요소의 형태는 공학자들이 결정해야 할 주요 문제이다. 요소는 유용한 결과를 얻기 위해 충분히 작아야 하고, 반면에 계산에 드는 시간을 줄이기 위해 충분히 커야 한다. 작은 요소들(그리고 보통 고차 요소들)은 일반적으로 기하학적 형상이 변하는 곳에서 필요하고, 반면에 큰 요소들은 결과값이 상대적으로 일정한 부분에서 사용된다. 7장에서 이러한 격자분할에 관한 명백한 지침이 제공될 것이다. 격자분할은 종종 격자분할 전용 프로그램 혹은 전처리(preprocessor) 프로그램에서 생성된다.

유한요소법에서 사용될 요소는 실제 하중조건에 따른 물리적 조건과 해석하는 사람이 얼마나 실제 상황에 가까운 답들을 원하느냐에 따라 달라진다. 1차원으로 할 것인가 2, 3차원 이상으로 할 것인가를 결정하는 것도 필수적이다. 더구나 특별한 문제에 대한 가장 적합한 요소의 결정은 설계자와 해석자들이 가장 우선적으로 결정해야 할 중요한 과제이다. 실제 일반적으로 사용되는 요소들은 그림 1-2에 나타나 있다(이 책에서 가장 많이 사용되는 것이다).

가장 기본적인 선(line) 요소들은 그림 1-2(a)에서 도시한 바와 같이 봉(트러스)과 보 요소로 이루어진다. 그들은 단면적을 가지고 있으나, 주로 선 부분으로만 표시된다. 일반적으로 요소 내의 단면적은 변할 수 있지만 이 책에서는 상수로 생각하기로 한다. 이러한 요소들은 그림 1-3에서 예로 든 바와 같이 트러스나 프레임 구조의 모델링에 사용된다. 선형(*linear*) 요소라 불리는 가장 단순한 선 요소들은 양쪽 두 끝에 두 개의 절점을 가지고 있다. 반면에 고차 요소들은 세 개[그림 1-2(a)]나 그 이상의 절점을(2차, 3차 등의 요소라 불린다.) 가지고 있다. 10장에 고차 선형 요소에 대한 논의가 포함되어 있다. 선 요소는 우리가 생각할 수 있는 가장 단순한 요소이며, 2~5장에서 유한요소법의 기본 개념을 설명하기 위해서 사용될 것이다.

가장 기본적인 2차원 평면 요소는 요소 평면 내 방향의 하중[그림 1-2(b)]을 받고 있는, 평면 응력이나 평면 변형률 상태에 있는 경우이다. 그것은 보통 삼각형이나 사각형 요소이다. 가장 간단한 2차원 평면 요소들은 모서리만이 절점이고 모서리는 직선인 선형 요소이며(6장 참조), 2차 요소(*quadratic element*)와 같이 모서리의 중앙에 절점[그림1-2(b)]이 있고 변이 곡선인 고차 요소도 있다(8장과 10장 참조). 이 요소는 전체 영역을 통해서 두께가 다를 수도 있고 일정한 두께를 가지고 있는 것도 있다. 이러한 2차원 요소는 대개 공학적 문제의 대다수를 차지하는 문제들에 적용된다(그림 1-4, 1-5).

가장 일반적인 3차원 요소들은 그림 1-2(c)에서 보듯이 사면체(tetrahedral) 요소와 육면체(hexahedral) 요소이다. 이들은 3차원 응력 계산을 수행하기 위해 필수적이다. 기본적인 3차원 요소(11장 참조)들은 모서리 절점과 직선인 변을 가지고 있는 반면, 변의 가운데에 절점(혹은 면 중앙에 절점)을 가지고 있는 고차 요소들은 가장자리 면에 곡면을 가지고 있다[그림1-2(c)].

축대칭(axisymmetric) 요소[그림 1-2(d)]는 요소의 평면 상에서 위치한 고정된 축을 중심으로 360°만큼 삼각형이나 사각형 요소를 회전시켜서 얻어진다. 9장에서 설명되듯이, 이러한 요소들은 기하학적 형상과 하중이 축대칭일 때 사용된다.

제2단계 변위함수의 선정

제2단계에서는 각각의 요소 내에서의 변위함수를 선택하게 된다. 변위함수는 요소 내부에서 그 요소의 절점 변위값으로 정의된다. 선형, 2차, 3차 다항식들이 유한요소 정식화 과정에서 편리하기 때문에 자주 사용된다. 그러나 삼각함수의 급수 형태들이 사용되기도 한다. 2차원 요소에 대한 변위함수는 2차원 평면(예를 들면, 평면 x-y)좌표계의 함수이다. 변위함수들은 미지수인 절점 변위로(2차원 문제의 경우, x방향 성분과 y방향 성분으로) 표현된다. 동일한 변위함수들이 다른 요소에 대해서도 같이 사용될 수 있다. 그러므로 유한요소법에서는 변위와 같이 물체 내에서 연속된(continuous) 물리량들이 이산(discrete) 모델로서 근사되는데, 그 모델은

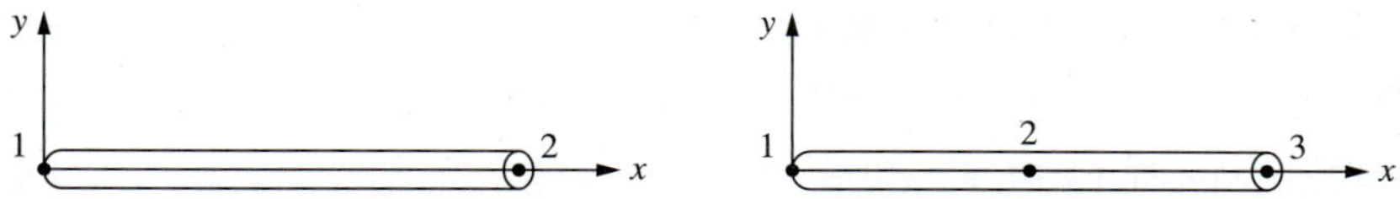

(a) 간단한 절점 선 요소(보통 봉이나 보 요소를 표현하기 위해 사용됨)와 고차선 요소

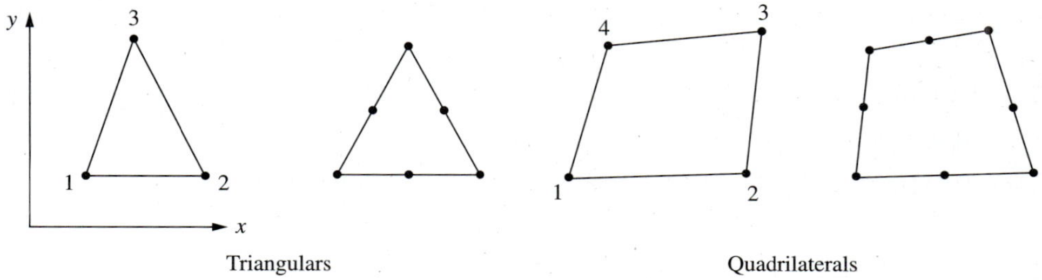

(b) 모서리 절점을 가진 2차원 요소(보통 평면응력/평면 변형률을 표현하기 위해 사용됨)와 변의 중간에 절점을 갖는 고차 2차원 요소

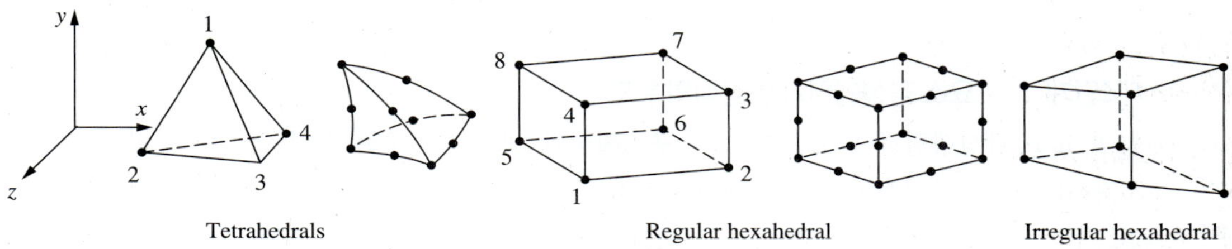

(c) 간단한 3차원 요소(보통 3차원 응력상태를 표현하기 위해 사용됨)와 변의 중간에 절점을 갖는 고차 3차원 요소

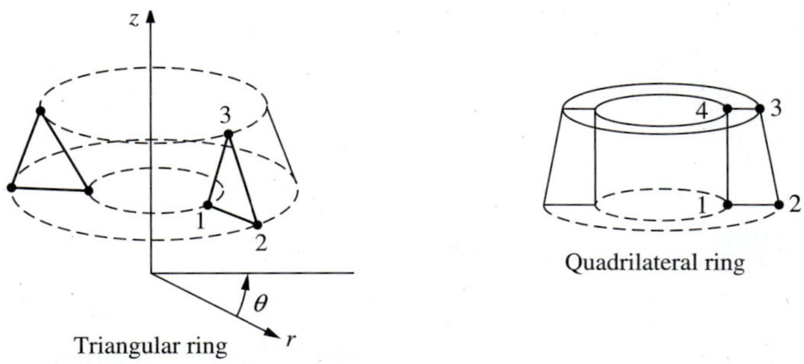

(d) 축대칭 문제에 사용되는 간단한 축대칭 삼각형 요소와 축대칭 사각형 요소

그림 1-2 • 모서리 절점만을 가진 간단한 저차 유한요소와 중간절점을 가진 고차 유한요소

각각의 요소 내에서 정의된 구간별 연속함수들의 조합으로 이루어진다.

1차원 스프링과 봉 요소에서는 변위함수는 1개의 좌푯값(예를 들면 스프링 혹은 봉의 길이 방향 x)만의 함수이다. 따라서 스프링과 봉 요소에서는 요소 강성행렬과 공식을 유도하기 위하여 제2단계를 생략하고 곧바로 제3단계로 진행할 수 있다. 이 과정을 스프링과 봉에 대하여 2장 및 3장에서 명확하게 보여줄 것이다.

제3단계 변형률-변위와 응력-변형률 관계의 정의

변형률-변위 관계와 응력-변형률 관계는 각각의 유한요소에 대한 방정식을 유도하는 데 필수적이다. 미소 변형률 문제에서 1차원, 즉 x방향 변형에 관한 경우에, 변형률 ε_x를 변위 u에 대해 다음과 같이 표현한다.

$$\varepsilon_x = \frac{du}{dx} \tag{1.4.1}$$

재료 구성 법칙(*constitutive law*)이라 불리는 응력-변형률 법칙을 통해 응력은 변형률과 관계가 있다. 물체의 거동을 정확히 정의하는 능력은 적합한 결과를 얻기 위해 가장 중요한 일이다. 가장 간단하면서도 응력 해석에서 자주 쓰이는 응력-변형률 법칙인 후크(Hooke)의 법칙은 다음과 같다.

$$\sigma_x = E\varepsilon_x \tag{1.4.2}$$

여기서 σ_x는 x방향 응력이고, E는 탄성계수(modulus of elasticity)이다.

제4단계 요소 강성행렬과 방정식의 유도

원래 요소 강성행렬과 요소 방정식은 구조해석의 배경을 이루는 강성 영향 계수의 개념에서 시작하였다. 이제 이러한 특별한 배경을 필요로 하지 않는 다른 방법을 소개하고자 한다.

직접 평형법

이 방법에 의하면, 절점력과 절점 변위의 관계를 주는 강성행렬과 요소 방정식은 하나의 기본 요소에 대해, 하중 평형조건과 하중-변형 관계식을 사용하여 구할 수 있다. 이 방법은 1차원 요소에 편리하게 사용되기 때문에 2~4장에서 스프링, 봉, 그리고 보 요소의 경우를 각각 예로 들어 이 방법을 설명할 것이다.

일 또는 에너지 방법

2차원과 3차원 요소에 대한 강성행렬과 강성방정식을 유도하기 위해서는 일 또는 에너지 방법을 사용하는 것이 편리하다[35]. 가상 변위를 이용하는 가상 일(virtual work)의 법칙과 최소 포텐셜 에너지 원리, 카스틸리아노(Castigliano) 법칙은 요소 방정식을 유도하기 위해 가장 자주 사용되는 방법들이다.

부록 E에서 설명하는 가상 일의 법칙은 어떠한 물체 거동에 대해서도 적용할 수 있는 반면, 최소 포텐셜 에너지 원리와 카스틸리아노 법칙은 오직 탄성체에 대해서만 사용할 수 있다. 더구나 가상 일의 법칙은 포텐셜 함수가 존재하지 않는 경우에도 사용할 수 있다. 그러나 이 세 가지 원리 모두 선형 탄성체에 대해서는 동일한 요소 방정식을 만들어낸다. 그러므로 구조해석에서 이러한 선형 탄성 해석에 어떤 방법을 사용하느냐는 주로 편리함과 개인적인 취향에 따라 결정할 일이다. 최소 포텐셜 에너지 원리는 아마 여기서 언급된 세 가지 방법 중 가장 널리 알려진 방법일 것이다. 그리고 2장과 3장에서 스프링과 봉 요소에 대한 방정식을 유도하기 위해 최소 포텐셜 에너지 원리를 사용할 것이다. 우리는 4장에서 이 원리를 더욱 일반화하여 보 요소에 대해 적용하고, 6장에서는 평면응력-변형률 요소에 관해서도 적용할 것이다. 그리고 그 후에 이 원리는 8, 9, 11, 12장에서 다른 모든 응력 해석을 위한 강성행렬과 요소 방정식을 유도하는 과정의 기초로 반복해서 언급될 것이다.

구조 응력 해석 분야의 유한요소법을 다른 분야로 확대하기 위해서는, 최소 포텐셜 에너지의 원리에서 사용되는 것과 유사한, 함수의 또 다른 함수로 정의되는 **범함수(functional)**[1]가 요소 강성행렬과 방정식을 구하는 데 매우 유용하다(열전달과 유체 유동에 대해서는 각각 13장과 14장을 참조). 예를 들어, π를 범함수로 하고 $f(x, y)$를 두 가지 변수 x, y의 함수로 생각해 보면 우리는 곧 $\pi = \pi(f(x, y))$로 생각할 수 있다. 즉, π를 함수 f의 함수로 볼 수 있다. 독립변수 x, y를 가지는 직교좌표계(Cartesian coordinate)에서 두 개의 독립변수 $u(x, y)$와 $v(x, y)$에 좌우되는 보다 더 일반적인 형태의 범함수는 다음과 같다.

$$\pi = \iint F(x, y, u, v, u_{,x}, u_{,y}, v_{,x}, v_{,y}, u_{,xx}, \ldots v_{,yy})\,dx\,dy \tag{1.4.3}$$

여기서 아래첨자 x, y 앞의 콤마는 x, y에 대한 미분을 뜻한다, 즉 $u_{,x} = \frac{\partial u}{\partial x}$, 등등.

가중잔여법

가중잔여법은 요소 방정식을 유도하는 데 매우 유용한 방법이다. 그 중에서도 특히 갤러킨(Galerkin)법이 유명하다. 이 방법은 에너지법이 적용될 수 있는 문제에서는 에너지법과 같은 결과를 보여준다. 포텐셜 에너지 같은 범함수(functional)가 적용되지 않을 경우에 이 방법은 특히 유용하다. 가중잔여법은 유한요소법을 다른 어떤 미분방정식에도 직접 적용할 수 있게 해준다.

갤러킨법은 배열법, 최소자승법, 부영역 가중잔여법과 함께 3장에서 소개된다. 각각의 방법을 설명하기 위해 정확한 해를 알고 있는 1차원 봉 문제를 푸는 데 사용될 것이다. 더 쉽게 적용할 수 있는 잔여법인 갤러킨법은 3장에서 봉 요소 방정식과 4장에서 보 요소 방정식을 유도하기 위해 사용되고 13장에서 복합된 열전도-대류-질량 전달 문제를 해결하기 위해 사용된다. 가중잔여법의 사용에 관한 보다 자세한 정보를 알고 싶으면 참고문헌 [36]을 참고하고, 유한요소법의 또 다른 응용에 대해 알아보려면 참고문헌 [37]과 [38]을 참고하기 바란다.

이제까지 설명된 어느 방법을 사용하여도 요소의 거동을 나타내는 방정식을 유도할 수 있다. 이러한 방정식은 보통 행렬 형태로 다음과 같이 표현된다.

$$\begin{Bmatrix} f_1 \\ f_2 \\ f_3 \\ \vdots \\ f_n \end{Bmatrix} = \begin{bmatrix} k_{11} & k_{12} & k_{13} & \cdots & k_{1n} \\ k_{21} & k_{22} & k_{23} & \cdots & k_{2n} \\ k_{31} & k_{32} & k_{33} & \cdots & k_{3n} \\ \vdots & & & & \vdots \\ k_{n1} & & & \cdots & k_{nn} \end{bmatrix} \begin{Bmatrix} d_1 \\ d_2 \\ d_3 \\ \vdots \\ d_n \end{Bmatrix} \tag{1.4.4}$$

이것은 간단한 행렬 형태로 다음과 같이 표현된다.

[1] 범함수의 또 다른 정의는 다음과 같다. 범함수는 문제를 기술하는 미분방정식을 반드시 포함하는 적분 표현이다. 전형적인 범함수의 형태는 $I(u) = \int F(x, u, u')\,dx$이다. 여기서 $u(x)$, x, F는 실수이고 $I(u)$ 또한 실수이다. 여기서 $u' = \partial u/\partial x$이다.

$$\{f\}=[k]\{d\} \tag{1.4.5}$$

여기서 $\{f\}$는 요소 절점력에 관한 벡터이고, $[k]$는 요소 강성행렬(보통 대칭 정방행렬임), $\{d\}$는 미지의 n개 절점 자유도, 즉 일반화된(generalized) 변위이다. 여기서 일반화된 변위는 실제 변위, 경사, 심지어는 곡률 같은 값까지 포함한다. 그림 1-2와 같은 특이한 형태의 요소에 대해서 식 (1.4.5)에 있는 행렬은 다음 장에서 좀 더 상세히 전개하고 설명할 것이다.

제5단계 요소 방정식의 조합을 통한 전체 행렬 구성 및 경계조건 적용

이 단계에서 제4단계에서 만든 개개의 요소 절점 평형방정식은 전체 절점 평형방정식으로 조합된다. 2.3절에서 두 개의 스프링이 결합된 구조물에 대해 이 개념을 설명한다. 절점력 평형에 기반을 둔 또 다른 보다 직접적인 중첩법(**직접강성법**)은 전체 구조물에 대한 전체 방정식을 얻는 데 사용할 수 있다. 이 직접법은 2.4절에서 스프링 구조물을 통해 설명한다. 이 직접강성법에는 구조물이 연속체를 유지하며 어느 곳에서도 쪼개짐이 없는 상태로 있다는 연속성, 즉 적합조건의 개념이 함축적으로 들어 있다.

최종적으로 조합된 전체좌표계에서의 방정식을 행렬 형태로 표현하면 다음과 같다.

$$\{F\}=[K]\{d\} \tag{1.4.6}$$

여기서 $\{F\}$는 전체좌표계에서의 절점력 벡터이고, $[K]$는 해당 구조물의 전체좌표계에서의 강성행렬(대부분의 문제에서 전체좌표계에서의 강성행렬은 정사각행렬이고 대칭행렬이다), 그리고 $\{d\}$는 이제 미지 혹은 기지의 구조물 절점 자유도 혹은 일반화 변위가 된다. 이 단계에서, 전체좌표계에서의 강성행렬 $[K]$는 그 행렬 식(determinant) 값이 0이 되는 특이 행렬이다. 이러한 특이성을 없애기 위해 우리는 다른 경계 조건(구속이나 지지)을 부과하여 구조물이 강체로서 움직이지 않고 한 장소에 머물러 있도록 한다. 여기에 대한 좀 더 자세한 내용과 경계조건을 이끌어내는 방법에 대해서는 다음 장에서 설명한다. 여기서는 경계조건을 주게 되면 전체좌표계에서의 방정식 (1.4.6)이 수정된다는 것을 숙지하는 것으로 충분하다. 또한 가해진 외부 하중이 전체좌표계에서의 하중행렬 $\{F\}$에서 표현된다는 것도 잊지 말아야 할 점이다.

제6단계 미지의 자유도(또는 일반화된 변위)에 대해 풀기

식 (1.4.6)은 경계조건을 만족시키기 위해 수정된 후 다음과 같은 확장된 행렬의 형태로 연립대수방정식을 쓸 수 있다.

$$\begin{Bmatrix} F_1 \\ F_2 \\ \vdots \\ F_n \end{Bmatrix} = \begin{bmatrix} K_{11} & K_{12} & \cdots & K_{1n} \\ K_{21} & K_{22} & \cdots & K_{2n} \\ \vdots & & & \vdots \\ K_{n1} & K_{n2} & \cdots & K_{nn} \end{bmatrix} \begin{Bmatrix} d_1 \\ d_2 \\ \vdots \\ d_n \end{Bmatrix} \tag{1.4.7}$$

여기서 n은 구조물의 전체 미지 절점 자유도의 수이다. 이러한 방정식은 가우스(Gauss)법과 같은 소거법이나 가우스 자이델(Gauss Siedel)법과 같은 반복법을 사용해서 d를 얻는다. 이 두 가지 방법은 부록 B에서 설명되어 있다. d는 강성도(변위) 유한요소법을 사용할 때 얻어지는 가장 처음의 값이기 때문에 주 미지수(*primary unknowns*)라 불린다.

제7단계 요소 변형률과 응력의 계산

구조 응력 해석 문제에 있어서 중요한 2차 물리량인 응력과 변형률(또는 모멘트와 전단력)을 구할 수 있다. 왜냐하면 이 값들은 제6단계에서 결정된 변위로 표현될 수 있기 때문이다. 변형률과 변위와의 전형적인 관계와 응력과 변형률과의 관계 예를 들면, 제3단계에서 주어진 1차원 응력 관계식 (1.4.1)과 (1.4.2)가 사용될 수 있다.

제8단계 결과 해석하기

마지막 단계는 설계와 해석 과정에 응용하기 위해 결과를 이해하고 분석하는 단계이다. 구조물 내의 대변형이나 큰 응력이 발생한 위치를 알아내는 것은 일반적인 설계와 해석 과정에서 매우 중요하다. 후처리기(postprocessor)를 가진 컴퓨터 프로그램은 사용자들로 하여금 결과를 쉽게 알아볼 수 있도록 그래픽 형태로 결과를 출력해 주기도 한다.

1.5 | 유한요소법의 응용

유한요소법은 구조해석 문제나 그 밖의 모든 문제에 사용할 수 있다. 전형적인 구조해석 영역에는 다음과 같은 문제들이 있다.

1. 트러스와 프레임 해석을 포함하는 응력 해석(보행자 통행 교각, 고층건물 프레임, 풍차 탑 등), 그리고 물체에서 구멍, 필렛, 또는 기타 형상의 변화와 관련된 응력 집중 문제(자동차 부품, 압력용기, 의료기기, 항공기, 스포츠 장비 등)
2. 컬럼, 프레임, 및 용기 등의 좌굴
3. 진동운동을 하는 장비 등에서의 진동해석
4. 차량의 충돌해석, 발사체의 충격, 낙하하여 물체에 충돌하는 등의 충격 문제

그리고 구조해석 이외의 문제로는 다음과 같은 것들을 포함한다.

1. 개인용 컴퓨터 처리장치 칩과 같은 열을 발산하는 전자 기기, 라디에이터의 방열핀 등에서의 열전달
2. 냉각 연못, 스포츠 경기장의 공기 순환 장치 등, 경주용 차량 주변의 공기 흐름, 요트, 서핑보드 등 투과성 매체 내의 유동(seepage) 문제를 포함하는 유체 유동
3. 안테나와 트랜지스터 등과 같은 전기 또는 자기 포텐셜의 분포

마지막으로, 경우에 따라 생체공학적인 문제들은 척추, 두개골, 골반 연결부, 어금니/송곳니의 임플란트, 심장, 안구와 같은 인간 신체 부분의 해석을 포함한다.

이제 유한요소법의 전형적인 응용 사례들을 살펴보도록 한다. 유한요소법과 전형적인 요소분할 과정, 그리고 여러 종류의 요소를 사용하여 풀 수 있는 문제들이 얼마나 다양한지, 그리

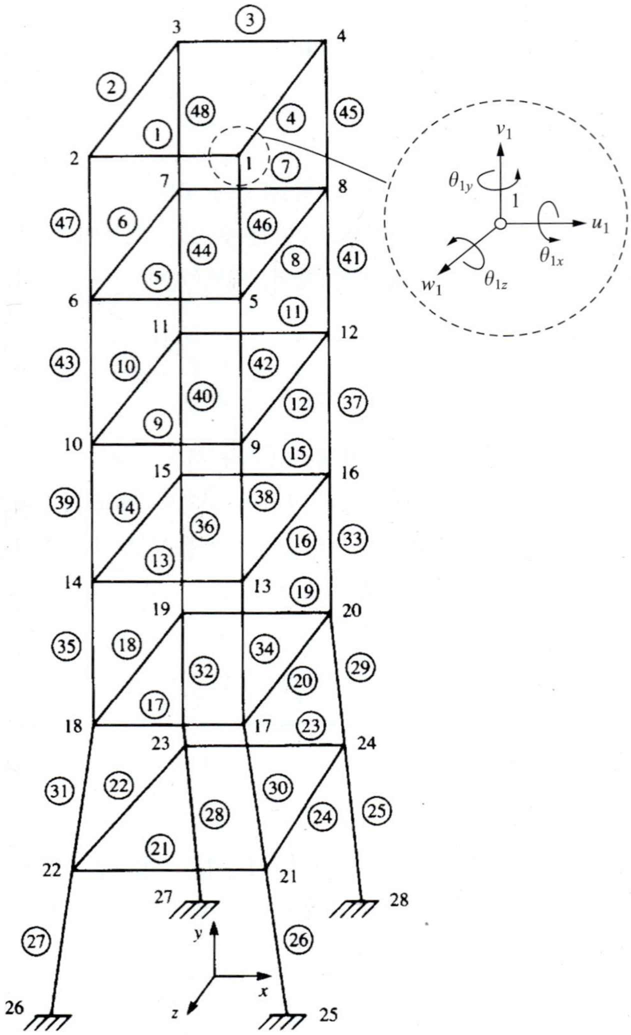

그림 1-3 • 절점 1에서 전형적인 자유도를 표시한 철도 관제탑의 유한요소모델(28개의 절점, 48개의 보 요소)(D. L. Logan 제공)

고 매우 크고 복잡한 문제도 해결할 수 있다는 것을 앞으로 다룰 응용 사례들을 통해서 살펴보게 될 것이다.

그림 1-3은 철도 관제탑의 예를 보여준다. 이 탑은 보 형태 요소로 구성된 3차원 프레임이다. 그림에서 48개의 보 요소는 동그라미 친 숫자로 구별되어 있고, 28개의 절점은 동그라미 치지 않은 숫자로 표시되어 있다. 각 절점들은 세 방향으로 회전운동과 변위 성분을 가지고 있다. 이와 같은 회전(θs)과 변위(u, v, w) 성분들은 **자유도**라고 불린다. 구조물이 받고 있는 하중 조건에 따라, 3차원 모델을 사용하였다.

이 프레임을 해석하기 위해 사용되는 유한요소법은 설계자와 해석자들이 탑에 적용되는 설계 규칙에서 요구되는 전형적인 하중으로 인한 프레임의 응력과 변위를 빠르고 쉽게 구할 수

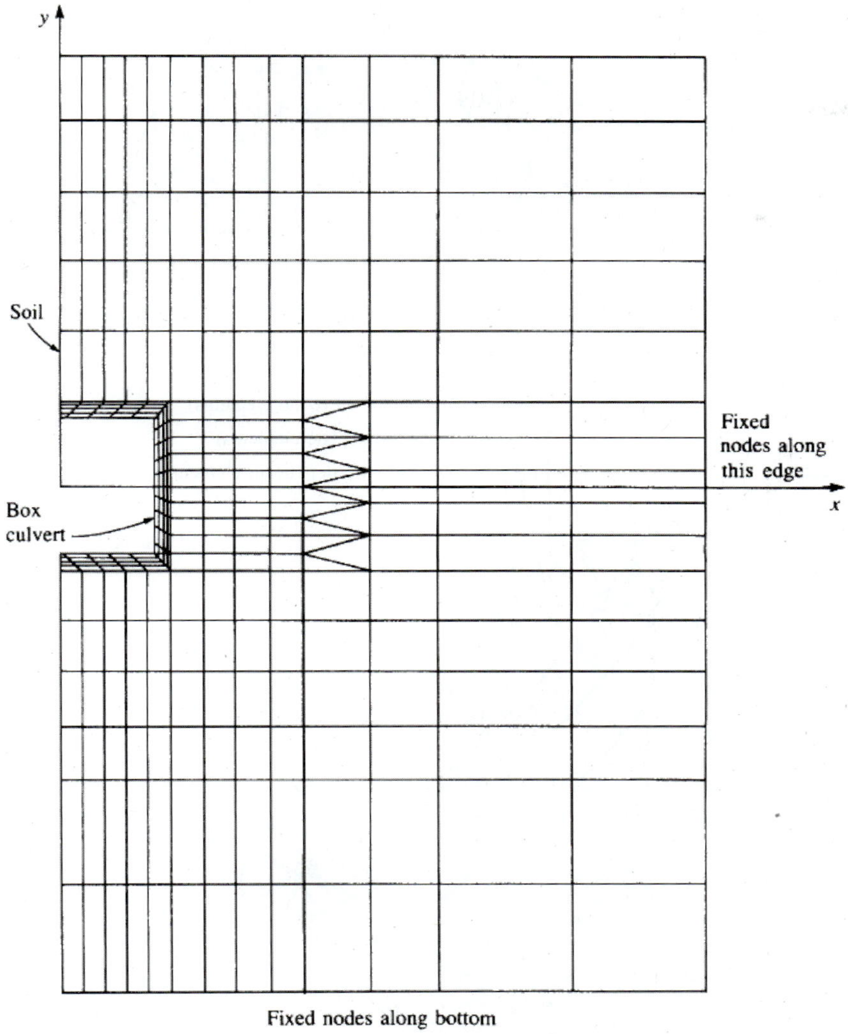

그림 1-4 • 상자형 지하 암거의 유한요소모델(369개의 절점, 40개의 봉 요소, 333개의 평면 변형률 요소) [39]

있게 한다. 이러한 유한요소법과 컴퓨터가 개발되기 전에는 매우 간단한 문제들을 해석하는 데에도 많은 시간이 걸렸다.

다음의 예는 폭탄의 폭발로 인한 토양 충격하중을 받는 상자형 지하 암거의 변위와 응력을 결정하는 문제이다. 그림 1-4는 369개의 절점, 40개의 1차원 봉(트러스) 요소, 333개의 2차원 평면 변형률 삼각형과 사각형 요소를 가진 격자분할 모델이다. 여기서 1차원 봉 요소는 상자형 암거를 보강하기 위한 강철 재질의 보강재를 모델링한 것이고, 평면 변형률 2차원 삼각형과 사각형 요소는 상자형 암거를 둘러싼 토양과 콘크리트 암거를 모델링한 것이다. 모델이 좌우 대칭이라고 가정하면, 모델의 반쪽 부분만 해석하면 된다. 이 문제는 약 700개의 미지 절점 변위를 해석하는 문제가 된다. 이 예를 통해서 유한요소법에서는 다른 종류의 요소들(여기서는 봉과 평면 변형률 요소)이 하나의 유한요소모델에 사용될 수 있다는 것을 알 수 있다.

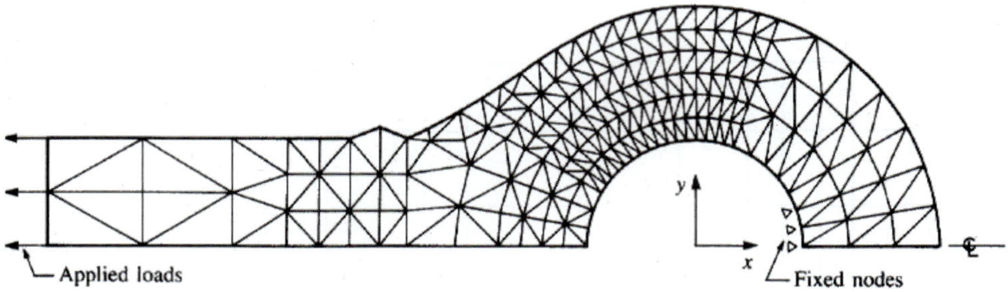

그림 1-5 • 유압실린더 연결 막대의 2차원 해석(120개의 절점, 297개의 평면 변형률 삼각형 요소)

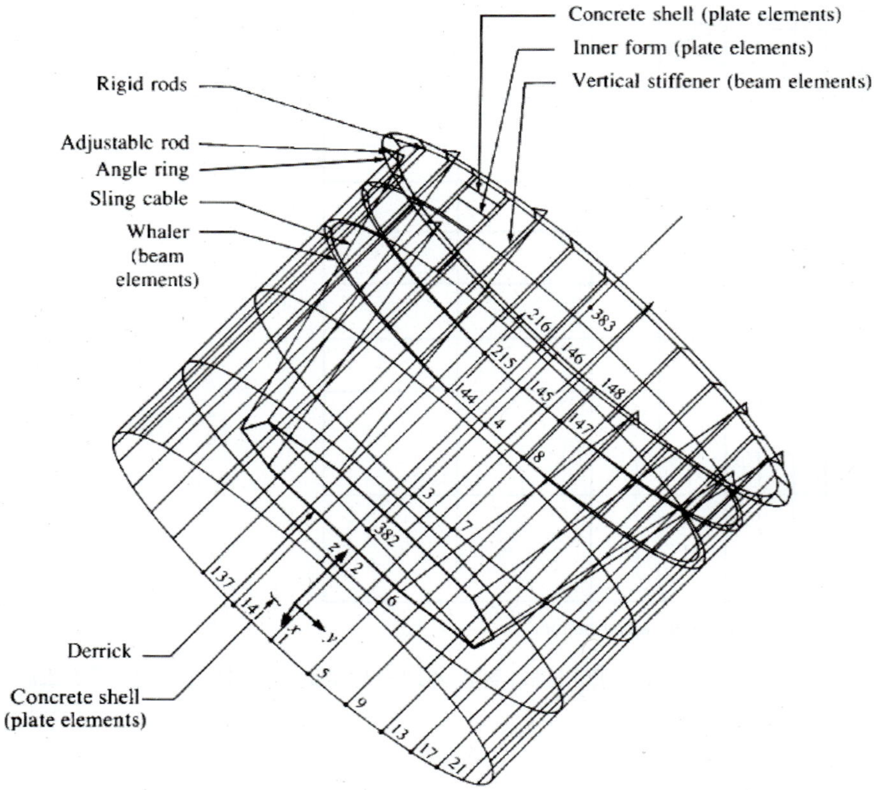

그림 1-6 • 굴뚝의 유한요소모델(45° 회전된 끝부분 모양)(584개의 보 요소, 252개의 평판 요소)(Daryl L. Logan 제공)

또 다른 예인 그림 1-5는 120개의 절점과 297개의 평면 변형률 삼각형 요소로 모델링된 유압 실린더 연결 막대의 끝부분이다. 이 문제의 경우에서도 대칭 형태이기 때문에 그림에서 보듯이 절반만 해석해도 된다. 이 해석의 목적은 연결 막대 끝부분에서 응력 집중의 영역을 찾아내는 것이다.

그림 1-6은 4개로 이루어진 4단 높이(32 ft, 9.75 m에 해당함)의 높은 공장 굴뚝의 한 부분이다. 이 그림에서 584개의 보 요소가 프레임 구조를 이루는 수평과 수직 보강재를 모델링하

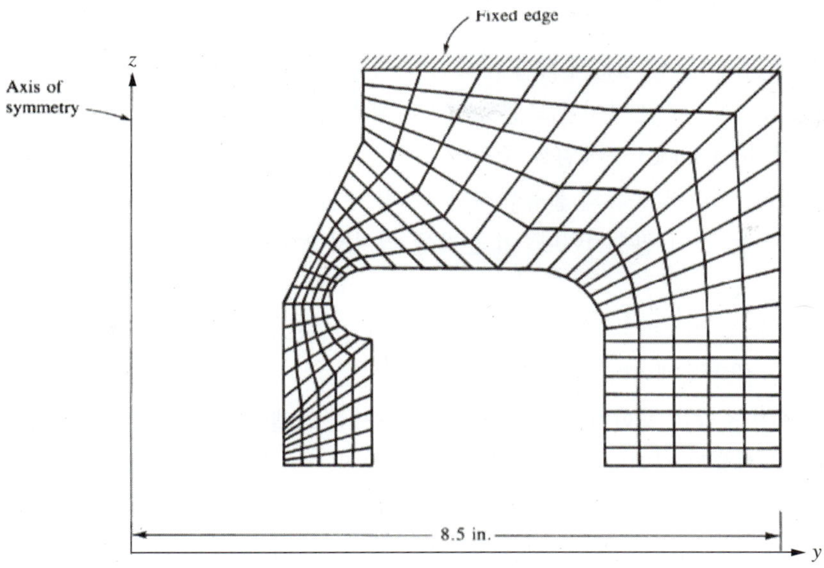

(a)

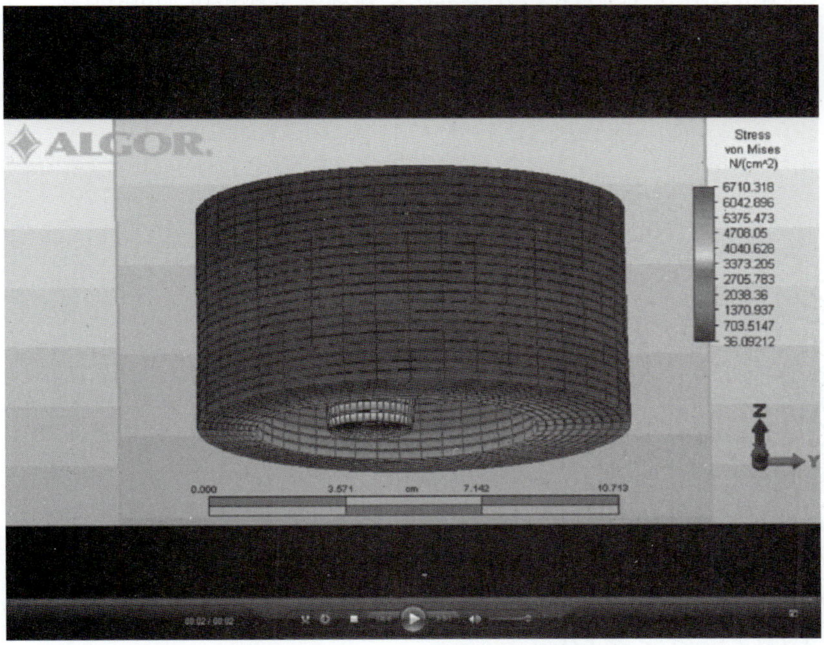

(b)

그림 1-7 • (a) 플라스틱 필름 산업에 사용되는 고강도 강철 다이의 모델(240개의 축대칭 요소)(Daryl L. Logan 제공), (b) 평면의 요소들이 대칭축인 z축을 중심으로 360도 회전한 모습을 보인 다이의 3차원 시각자료(첨부된 칼라판 그림을 참조하시오)(Daryl L. Logan 제공)

였고, 252개의 평면 판 요소가 내부 나무 조직과 콘크리트 쉘을 모델링하기 위해서 사용되고 있는 것을 볼 수 있다. 여기서는 구조물에 작용하는 불규칙한 하중 때문에 반드시 3차원 모델링을 해야 한다. 콘크리트 내에서의 응력과 변위가 이 문제에서의 주 관심사이다.

그림 1-7은 플라스틱 필름 성형에 사용되는 강철 다이(die)의 유한요소 격자분할 모델이다. 불규칙한 형상과 응력 집중 가능성 때문에 해를 구하기 위해서는 유한요소법의 사용이 필수적이다. 240개의 축대칭 요소가 3차원 다이를 모델링하기 위해 사용되었다.

그림 1-8은 수압굴착기(backhoe) 프레임을 주조하기 위한 스윙 주물을 모델링한 3차원 고체 요소를 나타내고 있다. 이러한 종류의 불규칙적인 3차원 주물을 모델링하기 위해서는 3차원 육면체 요소를 사용하는 것이 필수적이다. 이 문제에 있어서 2차원 모델은 공학적인 답을 정확하게 계산하지 못한다.

그림 1-9는 뜨거운 가스를 이송하는 땅에 묻힌 파이프라인 열원으로 인한 땅속의 온도 분포를 구하기 위한 2차원 열전달 모델이다.

그림 1-10은 이식 조직 조각을 포함하는 인체 골반뼈의 3차원 모델이다. 이 모델은 뼈와 임플란트 사이에 접합재로 사용된 시멘트와 뼈 내부의 응력을 알아보기 위해서 사용된다.

그림 1-11은 버켓 전반에 걸친 응력을 검토하기 위하여 사용한 710G 버켓의 3차원 모델을 보여준다.

최근에는 그림 1-12에 보인 바와 같이 성형 압연 프로세스 등과 같은 비선형 거동과 접촉등을 포함하는 기계공학적인 작업의 모사(MES)가 유한요소 해석을 통하여 연구되었다[46], 그리고 그림 1-13에 보인 바와 같이 바람개비가 회전하는 동안 바람, 얼음, 지진 등의 다양한 하중 조건하의 풍차 발전기의 응력 해석이 진행되었다[46].

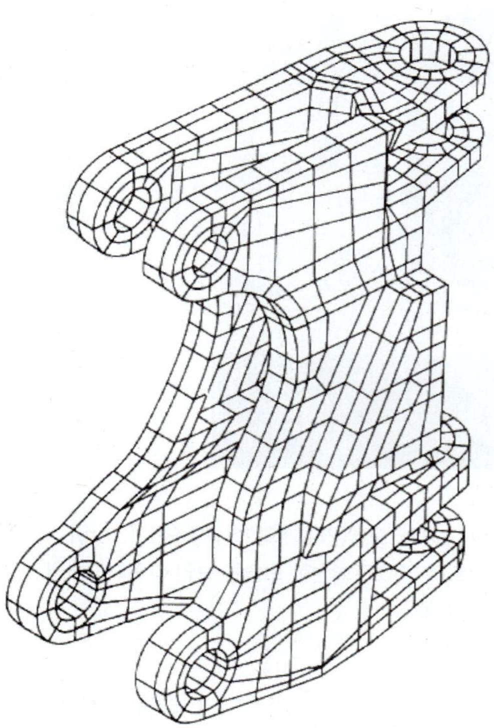

그림 1-8 • 수압굴착기(backhoe) 프레임을 주조하기 위한 스윙 주물(swing casting)의 3차원 고체 유한요소모델

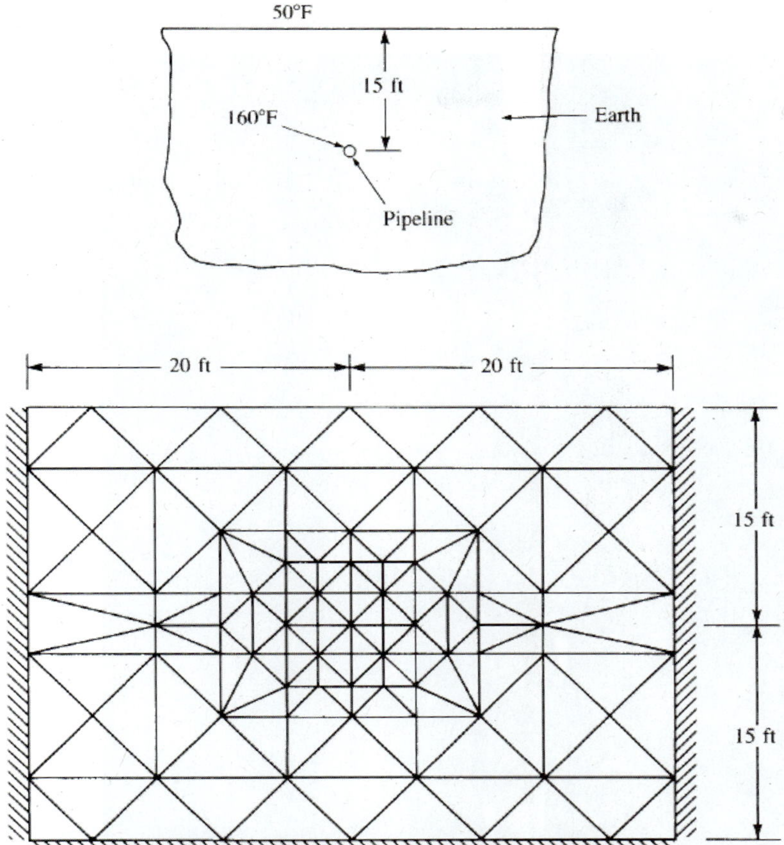

그림 1-9 • 땅속의 2차원 온도 분포를 위한 유한요소모델

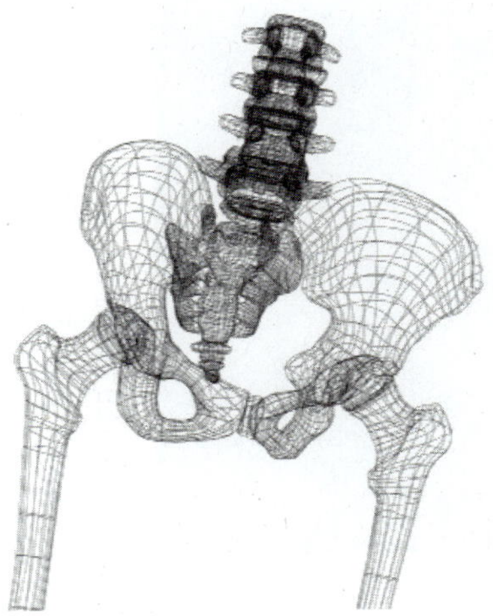

그림 1-10 • 인체 골반뼈의 유한요소모델(© Studio MacBeth/ Photo Researchers, Inc.)

그림 1-11 • 169,595개의 요소와 185,026개의 절점을 사용한 710G 버킷의 유한요소모델(버킷과 커플러는 78,566개의 얇은 선형 사각형 쉘 요소, 돌기 구조는 83,104개의 선형 고체 요소, 그리고 리프트 암과 리프트 암 실린더, 가이드 링크는 212개의 보 요소로 모델링됨)(첨부된 칼라판 그림을 참조하시오)(John Deere Dubuque사의 Construction and Forestry 부서의 구조 설계 엔지니어인 Yousif Omer 제공)

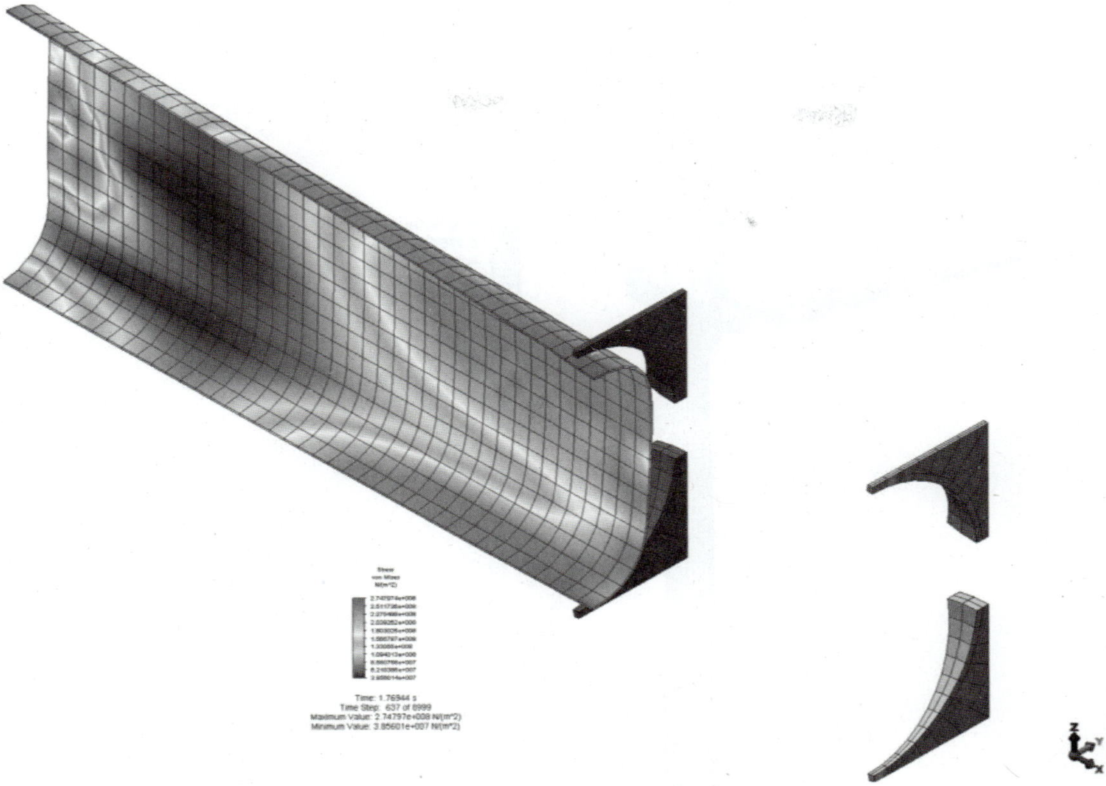

그림 1-12 • 롤 성형 및 냉간 롤 성형 forming 프로세스 분포도의 유한요소모델(Courtesy of Valmont West Coast Engineering)(첨부된 칼라판 그림을 참조하시오)

마지막으로 유한요소법을 활용한 전산유체공학(CFD) 분야는 최근에 대형 스포츠 경기장 등의 환기 시스템의 설계, 경주용 자동차 주변 및 골프채에 의해 갑자기 가격된 골프공 주변의 공기의 흐름의 연구에 사용되었다[63]. 이제까지의 예들은 유한요소법으로 해결할 수 있는 여러 가지 종류의 문제를 보여준다. 모델링 기술과 관련된 추가적인 방법들에 대해서는 7장에서 다룰 것이다.

1.6 | 유한요소법의 장점

앞서 언급했던 바와 같이 유한요소법은 구조해석 문제이든 그렇지 않은 문제이든 간에 무수히 많은 문제에 대해 적용되고 있다. 유한요소법은 전형적인 재료역학, 열전달 등의 학과목에서 제시된 다른 전통적인 근사화 방법에 비해 모델링과 변위, 응력, 온도, 압력, 전류 등 물리량의 결정에 많은 장점을 가지고 있으며 그렇기 때문에 널리 사용되고 있다. 그 장점들은 다음과 같다.

1. 불규칙적으로 생긴 물체도 쉽게 모델링할 수 있다.
2. 여러 가지 종류의 하중조건을 쉽게 다룰 수 있다.
3. 각각의 요소에 대해 서로 다른 방정식으로 문제를 풀기 때문에 다른 물질로 구성된 물체를

그림 1-13 • 비선형 유한요소 해석을 사용하여 중요한 시점에서 풍차 타워의 폰 미제스(von Mises) 응력 분포를 보여주는 유한요소모델(Courtesy of Valmont West Coast Engineering)

모델링하기에 편리하다.

4. 경계조건의 종류, 개수에 제한이 없다.
5. 필요에 따라 특정 부위의 요소 크기를 더 작게 혹은 크게 하는 등 요소의 크기가 자유롭다.
6. 유한요소모델을 비교적 쉽게 그리고 싸게 바꿀 수 있다.
7. 동역학적 효과도 포함한다.
8. 대변형을 수반하는 비선형 물체의 비선형 거동도 다룰 수 있다.

구조해석 분야에서 설계자는 유한요소법을 사용하여 설계 과정에서 응력과 진동, 열 문제를 예측할 수 있고, 제작 가능한 모형을 만들기 전에 설계 변경을 미리 계산할 수 있다. 그러므로 적합한 모형을 결정하기가 좀 더 쉬워진다. 또한 유한요소법을 적절히 사용한다면, 만들어야 할 모형의 개수도 줄일 수 있다.

유한요소법은 구조해석 문제를 다루기 위해 처음 사용되었지만, 다른 공학과 수리 물리학 분야, 예를 들면, 유체 유동, 열전달, 전자기 포텐셜, 토양역학, 그리고 음향학 등 많은 분야에서도 적용되고 있다(참고문헌 [22~24, 27, 42~44] 참조).

1.7 | 유한요소법을 위한 컴퓨터 프로그램

유한요소법의 문제를 풀기 위해 컴퓨터를 사용하는 방법은 일반적으로 두 가지가 있다. 그 한 가지는 대형 상용 프로그램(large commercial program)을 사용하는 방법인데, 이러한 프로그램의 대부분은 그 크기를 줄여서 개인용 컴퓨터에서도 사용될 수 있도록 만들어 놓은 것이 많다. 그리고 이러한 프로그램을 대개 범용 프로그램이라 부르는데, 이는 여러 가지 경우의 문제에 모두 적합하도록 설계되었기 때문이다. 또 다른 방법으로는 작은 전용 프로그램을 사용하는 방법인데, 문제마다 그 문제에 맞는 전용 프로그램을 사용해서 문제를 풀어내는 것이다. 이 절에서는 두 가지 방법의 장점과 단점에 대해 다룰 것이다. 그리고 유용한 범용 프로그램에 대해 알아보고, 그들의 표준 기능에 대해서도 다루어 보기로 한다.

범용 프로그램의 장점은 다음과 같다.

1. 입력 방법이 잘 조직화되어 있어서 사용자가 사용하기 편리하게 되어 있다. 사용자는 컴퓨터 소프트웨어나 하드웨어에 대해서 특별한 지식을 가지고 있을 필요가 없다. 프로그램 내부의 전처리기를 사용하므로 유한요소모델을 만드는 데 매우 편리하다.
2. 동일한 입력 형식을 사용하여 크고 복잡한 문제이든 작고 쉬운 문제이든 상관없이 다양한 종류의 문제를 풀어낼 수 있다.
3. 새로운 유형의 문제나 새로운 기술적 방법에 대한 모듈을 첨가함으로써 프로그램을 확장시킬 수 있다. 그러므로 문제를 해결하는 프로그램의 능력을 개발자가 최소한의 노력으로도 항상 최신의 상태를 유지시킬 수 있다.
4. 개인용 컴퓨터의 저장 용량과 계산 성능이 향상되어 현재는 개인용 컴퓨터에서 많은 범용 프로그램을 사용할 수 있다.
5. 많은 상용 프로그램들은 가격면에서 매우 저렴해지고, 넓은 범위의 문제들을 풀어낼 수 있다[45~56].

범용 프로그램의 단점은 다음과 같다.

1. 프로그램 개발의 초기 비용이 많이 든다.
2. 어느 한 문제를 풀 경우에 있어서 범용 프로그램은 전용 프로그램보다 효율적이지는 못하다. 왜냐하면 컴퓨터에서 문제를 풀기 위해서는 각각의 문제들이 어느 유형에 속하는 문제인지 문제를 풀 때마다 확인할 필요가 생기는데, 전용 프로그램이라면 이 과정이 필요하지 않기 때문이다.
3. 범용 프로그램은 프로그램의 많은 부분이 저작권상 특허로 되어 있다. 그러므로 사용자들이 프로그램의 알고리즘에 대해 접근하기가 어렵고, 접근할 수 있는 부분이 무척 제한되어 있다. 그래서 만약 이 프로그램의 새 버전의 개정판을 만들어야 할 경우에는 전문 개발자들에

의해서만 구현이 가능하다.

전용 프로그램의 장점은 다음과 같다.

1. 프로그램들의 크기가 범용 프로그램에 비해서 작다. 따라서 개발비도 적다.
2. 저용량의 작은 컴퓨터에서도 프로그램을 구동시킬 수 있다.
3. 프로그램 개정이나 수정, 첨가 등을 매우 쉽고 빠르게 할 수 있고, 그 가격도 저렴하다.
4. 특정 유형의 문제를 풀도록 프로그램이 설계되었기 때문에, 그 유형의 문제에 대해서는 매우 효율적이다.

전용 프로그램의 가장 큰 단점은 프로그램이 설계된 것과 다른 유형의 문제는 전혀 풀 수 없다는 것이다. 그러므로 풀고자 하는 문제의 유형에 따른 서로 다른 전용 프로그램을 사용해야 한다. 공용 전용 프로그램의 목록은 웹사이트[60]에 게시되어 있다.

유한요소 프로그램을 판매하는 회사들이 매우 많기 때문에, 이에 관심 있는 사용자들은 프로그램을 구입하기 전에 반드시 프로그램 개발 회사와 상의하는 것이 바람직하다. 어쨌든 유한요소법을 사용하는, 현재 널리 사용되는 상용 개인용 컴퓨터 프로그램 중의 몇몇을 살펴보면 다음과 같다.

1. Autodesk Simulation Multiphysics [46]
2. Abaqus [47]
3. ANSYS [48]
4. COSMOS/M [49]
5. GT-STRUDL [50]
6. LS-DYNA [59]
7. MARC [51]
8. MSC/NASTRAN [52]
9. NISA [53]
10. Pro/MECHANICA [54]
11. SAP2000 [55]
12. STARDYNE [56]

여기에 쓰인 프로그램의 표준 기능들은 앞서 언급한 참고문헌과 참고문헌 [45]에 잘 나와 있다. 이러한 기능들은 주로 다음과 같은 정보들을 가지고 있다.

1. 보, 평면응력, 그리고 3차원 고체 등의 요소 형태
2. 정적 해석, 동적 해석 같은 해석의 종류
3. 선형, 비선형 같은 재료 거동(material behavior)
4. 집중하중, 분포하중, 열 하중, 그리고 변위(혹은 고정상태) 등의 하중 형태
5. 절점, 요소, 경계조건 등의 자동생성 같은 데이터 생성 과정[대부분의 프로그램은 모델의 격자(mesh)를 생성하는 전처리기를 가지고 있다].

6. 변형 전 그리고 변형된 후의 형태와 응력, 열 등온선 같은 것을 그림으로 보여주는 기능(대부분의 프로그램은 그 결과를 해석하기 쉽도록 그래픽 형태로 만들어 보여주는 후처리기를 가지고 있다).
7. 대변형, 소변형, 좌굴 같은 변위 거동(displacement behavior)
8. 원하는 절점과 요소에서의 결과, 최댓값, 최솟값 등의 선택적인 출력

모든 프로그램들은 최소한 봉, 보, 평면응력, 판 굽힘, 그리고 3차원 고체 요소에 관한 내용을 포함하고 있고, 현재 대부분의 프로그램들은 열전달 해석에 관한 기능도 가지고 있다.

이러한 프로그램들의 상세한 기능은 참고문헌 [46~56, 59]과 같은 프로그램 참고 매뉴얼을 찾아보는 것이 가장 좋다.

참고문헌

[1] Hrennikoff, A., "Solution of Problems in Elasticity by the Frame Work Method," *Journal of Applied Mechanics*, Vol. 8, No. 4, pp. 169–175, Dec. 1941.

[2] McHenry, D., "A Lattice Analogy for the Solution of Plane Stress Problems," *Journal of Institution of Civil Engineers*, Vol. 21, pp. 59–82, Dec. 1943.

[3] Courant, R., "Variational Methods for the Solution of Problems of Equilibrium and Vibrations," *Bulletin of the American Mathematical Society*, Vol. 49, pp. 1–23, 1943.

[4] Levy, S., "Computation of Influence Coefficients for Aircraft Structures with Discontinuities and Sweepback," *Journal of Aeronautical Sciences*, Vol. 14, No. 10, pp. 574–560, Oct. 1947.

[5] Levy, S., "Structural Analysis and Influence Coefficients for Delta Wings," *Journal of Aeronautical Sciences*, Vol. 20, No. 7, pp. 449–454, July 1953.

[6] Argyris, J. H., "Energy Theorems and Structural Analysis," *Aircraft Engineering*, Oct., Nov., Dec. 1954 and Feb., Mar., Apr., May 1955.

[7] Argyris, J. H., and Kelsey, S., *Energy Theorems and Structural Analysis*, Butterworths, London, 1960 (collection of papers published in *Aircraft Engineering* in 1954 and 1955).

[8] Turner, M. J., Clough, R. W., Martin, H. C., and Topp, L. J., "*Stiffness and Deflection Analysis of Complex Structures*," *Journal of Aeronautical Sciences*, Vol. 23, No. 9, pp. 805–824, Sept. 1956.

[9] Clough, R. W., "The Finite Element Method in Plane Stress Analysis," *Proceedings*, American Society of Civil Engineers, 2nd Conference on Electronic Computation, Pittsburgh, PA, pp. 345–378, Sept. 1960.

[10] Melosh, R. J., "A Stiffness Matrix for the Analysis of Thin Plates in Bending," *Journal of the Aerospace Sciences*, Vol. 28, No. 1, pp. 34–42, Jan. 1961.

[11] Grafton, P. E., and Strome, D. R., "Analysis of Axisymmetric Shells by the Direct Stiffness Method," *Journal of the American Institute of Aeronautics and Astronautics*, Vol. 1, No. 10, pp. 2342–2347, 1963.

[12] Martin, H. C., "Plane Elasticity Problems and the Direct Stiffness Method," *The Trend in Engineering*, Vol. 13, pp. 5–19, Jan. 1961.

[13] Gallagher, R. H., Padlog, J., and Bijlaard, P. P., "Stress Analysis of Heated Complex Shapes," *Journal of the American Rocket Society*, Vol. 32, pp. 700–707, May 1962.

[14] Melosh, R. J., "Structural Analysis of Solids," *Journal of the Structural Division*, Proceedings of the American Society of Civil Engineers, pp. 205–223, Aug. 1963.

[15] Argyris, J. H., "Recent Advances in Matrix Methods of Structural Analysis," *Progress in Aeronautical Science*, Vol. 4, Pergamon Press, New York, 1964.

[16] Clough, R. W., and Rashid, Y., "Finite Element Analysis of Axisymmetric Solids," *Journal of the Engineering Mechanics Division*, Proceedings of the American Society of Civil Engineers, Vol. 91, pp. 71–85, Feb. 1965.

[17] Wilson, E. L., "Structural Analysis of Axisymmetric Solids," *Journal of the American Institute of Aeronautics and Astronautics*, Vol. 3, No. 12, pp. 2269–2274, Dec. 1965.

[18] Turner, M. J., Dill, E. H., Martin, H. C., and Melosh, R. J., "Large Deflections of Structures Subjected to Heating and External Loads," *Journal of Aeronautical Sciences*, Vol. 27, No. 2, pp. 97–107, Feb. 1960.

[19] Gallagher, R. H., and Padlog, J., "Discrete Element Approach to Structural Stability Analysis," *Journal of the American Institute of Aeronautics and Astronautics*, Vol. 1, No. 6, pp. 1437–1439, 1963.

[20] Zienkiewicz, O. C., Watson, M., and King, I. P., "A Numerical Method of Visco-Elastic Stress Analysis," *International Journal of Mechanical Sciences*, Vol. 10, pp. 807–827, 1968.

[21] Archer, J. S., "Consistent Matrix Formulations for Structural Analysis Using Finite-Element Techniques," *Journal of the American Institute of Aeronautics and Astronautics*, Vol. 3, No. 10, pp. 1910–1918, 1965.

[22] Zienkiewicz, O. C., and Cheung, Y. K., "Finite Elements in the Solution of Field Problems," *The Engineer*, pp. 507–510, Sept. 24, 1965.

[23] Martin, H. C., "Finite Element Analysis of Fluid Flows," *Proceedings of the Second Conference on Matrix Methods in Structural Mechanics*, Wright-Patterson Air Force Base, Ohio, pp. 517–535, Oct. 1968. (AFFDL-TR-68-150, Dec. 1969; AD-703-685, N.T.I.S.)

[24] Wilson, E. L., and Nickel, R. E., "Application of the Finite Element Method to Heat Conduction Analysis," *Nuclear Engineering and Design*, Vol. 4, pp. 276–286, 1966.

[25] Szabo, B. A., and Lee, G. C., "Derivation of Stiffness Matrices for Problems in Plane Elasticity by Galerkin's Method," *International Journal of Numerical Methods in Engineering*, Vol. 1, pp. 301–310, 1969.

[26] Zienkiewicz, O. C., and Parekh, C. J., "Transient Field Problems: Two-Dimensional and Three- Dimensional Analysis by Isoparametric Finite Elements," *International Journal of Numerical Methods in Engineering*, Vol. 2, No. 1, pp. 61–71, 1970.

[27] Lyness, J. F., Owen, D. R. J., and Zienkiewicz, O. C., "Three-Dimensional Magnetic Field Determination Using a Scalar Potential. A Finite Element Solution," *Transactions on Magnetics*, Institute of Electrical and Electronics Engineers, pp. 1649–1656, 1977.

[28] Belytschko, T., "A Survey of Numerical Methods and Computer Programs for Dynamic Structural Analysis," *Nuclear Engineering and Design*, Vol. 37, No. 1, pp. 23–24, 1976.

[29] Belytschko, T., "Efficient Large-Scale Nonlinear Transient Analysis by Finite Elements," *International Journal of Numerical Methods in Engineering*, Vol. 10, No. 3, pp. 579–596, 1976.

[30] Huiskies, R., and Chao, E. Y. S., "A Survey of Finite Element Analysis in Orthopedic Biomechanics: The First Decade," *Journal of Biomechanics*, Vol. 16, No. 6, pp. 385–409, 1983.

[31] *Journal of Biomechanical Engineering*, Transactions of the American Society of Mechanical Engineers, (published quarterly) (1st issue published 1977).

[32] Kardestuncer, H., ed., *Finite Element Handbook*, McGraw-Hill, New York, 1987.

[33] Clough, R. W., "The Finite Element Method After Twenty-Five Years: A Personal View," *Computers and Structures*, Vol. 12, No. 4, pp. 361–370, 1980.

[34] Kardestuncer, H., *Elementary Matrix Analysis of Structures*, McGraw-Hill, New York, 1974.

[35] Oden, J. T., and Ripperger, E. A., *Mechanics of Elastic Structures*, 2nd ed., McGraw-Hill, New York, 1981.

[36] Finlayson, B. A., *The Method of Weighted Residuals and Variational Principles*, Academic Press, New York, 1972.

[37] Zienkiewicz, O. C., *The Finite Element Method*, 3rd ed., McGraw-Hill, London, 1977.

[38] Cook, R. D., Malkus, D. S., Plesha, M. E., and Witt, R. J., *Concepts and Applications of Finite Element Analysis*, 4th ed., Wiley, New York, 2002.

[39] Koswara, H., *A Finite Element Analysis of Underground Shelter Subjected to Ground Shock Load*, M.S. Thesis, Rose-Hulman Institute of Technology, 1983.

[40] Greer, R. D., "The Analysis of a Film Tower Die Utilizing the ANSYS Finite Element Package." M.S. Thesis Rose-Hulman Institute of Technology, Terre Haute, Indiana. May 1989

[41] Koeneman, J.B., Hansen, T.M., and Beres, K., "The Effect of Hip Stem Elastic Modulus and Cement/ Stem Bond on Cement Stresses," 36th Annual Meeting. Orthopaedic Research Society, Feb. 5–8, 1990, New Orleans, Louisiana.

[42] Girijavallabham, C. V., and Reese, L. C., "Finite-Element Method for Problems in Soil Mechanics," *Journal of the Structural Division*, American Society of Civil Engineers, No. Sm2, pp. 473–497, Mar. 1968.

[43] Young, C., and Crocker, M., "Transmission Loss by Finite-Element Method," *Journal of the Acoustical Society of America*, Vol. 57, No. 1, pp. 144–148, Jan. 1975.

[44] Silvester, P. P., and Ferrari, R. L., *Finite Elements for Electrical Engineers*, *Cambridge University Press*, Cambridge, England, 1983.

[45] Falk, H., and Beardsley, C. W., "Finite Element Analysis Packages for Personal Computers," *Mechanical Engineering*, pp. 54–71, Jan. 1985.

[46] Autodesk, Inc., McInnis Parkway, San Rafael, CA 94903.

[47] Web site http://www.abaqus.com.

[48] Swanson, J. A., ANSYS-Engineering Analysis Systems User's Manual, Swanson Analysis Systems, Inc., Johnson Rd., P.O. Box 65, Houston, PA 15342.

[49] COSMOS/M, Structural Research & Analysis Corp., 12121 Wilshire Blvd., Los Angeles, CA 90025.

[50] web site http://ce6000.cegatech.edu.

[51] web site http://www.mscsoftware.com.

[52] MSC/NASTRAN, MacNeal-Schwendler Corp., 600 Suffolk St., Lowell, MA, 01854.

[53] web site http://emrc.com.

[54] Toogood, Roger, Pro/MECHANICA Structure Tutorial, SDC Publications, 2001.

[55] Computers & Structures, Inc., 1995 University Ave., Berkeley, CA 94704.

[56] STARDYNE, Research Engineers, Inc., 22700 Savi Ranch Pkwy, Yorba Linda, CA 92687.

[57] Noor, A. K., "Bibliography of Books and Monographs on Finite Element Technology," *Applied Mechanics Reviews*, Vol. 44, No. 6, pp. 307–317, June 1991.

[58] Belytschko, T., Liu W. K., and Moran, B., *Nonlinear Finite Elements For Continua and Structures*, John Wiley, 1996.

[59] Hallquist, J. O., LS-DYNA, Theoretical Manual, Livermore Software Technology Corp., 1998.

[60] web site http://homepage.usak.ca/~ijm451/finite/fe resources.

[61] Crisfield, M.A., *Non-linear Finite Element Analysis of Solids and Structures, Vol. 1: Essentials*, John Wiley & Sons, Chichester, UK, 1991.

[62] Crisfield, M.A., *Non-linear Finite Element Analysis of Solids and Structures, Vol. 2: Advanced Topics*, John Wiley & Sons, Chichester, UK, 1997.

[63] ANSYS Advantage, Vol. 1, Issue 1, 2007.

연습문제

1.1 Define the term *finite element*.

1.2 What does *discretization* mean in the finite element method?

1.3 In what year did the modern development of the finite element method begin?

1.4 In what year was the direct stiffness method introduced?

1.5 Define the term *matrix*.

1.6 What role did the computer play in the use of the finite element method?

1.7 List and briefly describe the general steps of the finite element method.

1.8 What is the displacement method?

1.9 List four common types of finite elements.

1.10 Name three commonly used methods for deriving the element stiffness matrix and element equations. Briefly describe each method.

1.11 To what does the term *degrees of freedom* refer?

1.12 List five typical areas of engineering where the finite element method is applied.

1.13 List five advantages of the finite element method.

CHAPTER 02

강성법(변위법)

학습목표

- 강성행렬을 정의한다.
- 스프링 요소를 예로 들어 강성행렬을 유도한다.
- 개별 강성행렬 중첩을 통해 전체 강성행렬을 구성하는 방법을 상세히 설명한다.
- 전체 강성행렬로 유도되는 직접강성법의 개념을 설명하고 스프링 구조물 문제에 적용한다.
- 스프링 구조물에 적용되는 여러 가지 다른 종류의 경계조건을 적용시켜 본다.
- 포텐셜 에너지 법을 적용하여 스프링 강성행렬을 유도하고 이를 스프링 구조물 문제에 적용한다.

개요

이 장에서는 직접강성법의 근거가 되는 여러 가지 기본 개념에 대해서 알아보기로 한다. 그 기본 개념을 이해하기 쉬운 선형 스프링 요소를 예로 들어 설명해나가도록 하겠다. 먼저 강성행렬에 대한 정의를 소개하고, 선형 탄성 스프링 요소에 대한 강성행렬을 유도한다. 스프링 요소로 이루어진 구조물에 대해서 적합조건식과 평형조건식을 사용하여 전체 강성행렬을 어떻게 구성하는지를 알아본다. 그리고 그 구조물에 대해서 개별 강성행렬을 직접적인 방법으로 중첩시켜 전체 강성행렬을 구할 수 있음을 보여준다. **직접강성법**(*direct stiffness method*)이란 단어는 이 기술에서 유래된 것이다.

강성행렬을 구성한 다음에는 경계조건을 적용시키는 방법을 살펴본다. 경계조건에는 변위가 0으로 주어지는 경우(homogeneous)와 0이 아닌 값으로 주어지는 경우(nonhomo-geneous)의 두 가지 형태가 있는데, 주어진 조건하에서 각 절점의 변위와 반력을 구한다(내력을 구하는 방법은 3장에서 보 요소를 예로 들어 자세히 설명하도록 하겠다).

그리고 최소 포텐셜 에너지법으로 스프링 요소의 평형방정식을 유도하여 스프링 구조물의 문제 풀기에 대해서 살펴볼 것이다. 이 원리를 자유도가 작은 간단한 구조물에 대해서 적용하고, 이후에 큰 자유도를 가진 복잡한 구조물을 풀 때 좀 더 쉽게 개념을 이해할 수 있도록 한다.

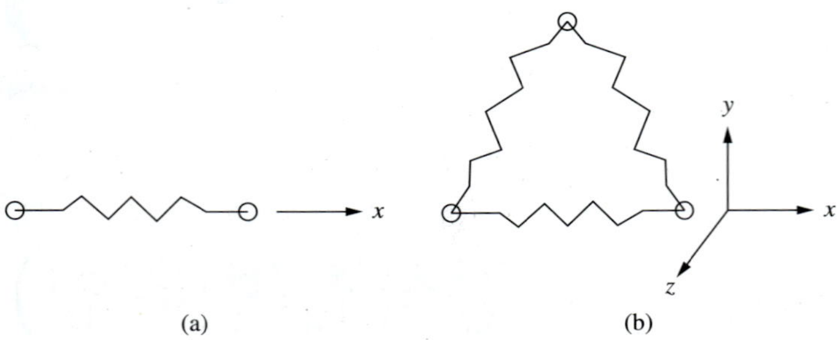

그림 2-1 • (a) 단위 스프링 요소, (b) 세 스프링 조립물

2.1 | 강성행렬의 정의

강성법(stiffness method)을 이해하는 데는 강성행렬에 대해 정확히 아는 것이 매우 중요하다. 강성행렬은 다음과 같이 정의될 수 있다: 한 요소(*element*)에 대해서 **강성행렬** $[k]$는 다음 식을 만족시킨다.

$$\{f\} = [k]\{d\} \tag{2.1.1}$$

여기서 $[k]$는 그림 2-1a와 같이 절점 변위 $\{d\}$와 외력 $\{f\}$와의 관계를 보여주는 행렬이다.

그림 2-1b에 보인 바와 같이 여러 개의 요소로 구성된 구조물 또는 연속체에서 강성행렬 $[K]$는 전체좌표 (x, y, z)로 표현된 절점 변위 $\{d\}$와 전체좌표계에서의 힘 $\{F\}$와의 관계를 나타내는 것이다.

$$\{F\} = [k]\{d\} \tag{2.1.2}$$

여기서 $[K]$는 전체 스프링 구조물에 대한 강성행렬을 나타낸다.

2.2 | 스프링 요소에 대한 강성행렬의 유도

1차원 선형 스프링[후크(Hooke)의 법칙을 따르고, 저항력이 스프링의 방향으로만 작용하는 것]에 대한 강성행렬은 힘의 평형을 이용해서 직접 구할 수 있다. 그림 2-2에 나타낸 스프링 요소를 보면 기준점 1, 2가 요소의 양 끝에 있다. 이 기준점을 스프링 요소의 **절점**이라고 한다. 국부좌표축 x방향으로 작용하는 스프링의 절점력은 f_{1x}, f_{2x}라 한다. 스프링의 힘과 변위를 쉽게 알 수 있도록 하기 위해 국부좌표계의 축은 스프링 방향으로 향하는 것으로 한다. 스프링 요소에 대해서 국부 절점 변위는 u_1, u_2로 나타낸다.

이 절점 변위를 각 절점에서의 **자유도**(*degree of freedom*)라고 한다. 각 절점에서 양의 x방향은 그림 2-2에서와 같이 축의 양의 방향으로 설정한다. k는 **스프링 상수**(*spring constant*) 또는 **스프링의 강성**(*stiffness*)이라 부른다.

스프링 상수에 대응하는 물리량은 여러 가지 공학적인 문제에서 다른 형태로 나타난다. 3장에서의 단축 직선봉에서는 $k = AE/L$과 같은 스프링 상수를 가진다(여기서 A는 단면적, E는 탄성계수, L은 전체 길이를 말한다). 마찬가지로, 5장에서 나오는 비틀림 상태에 있는 원형

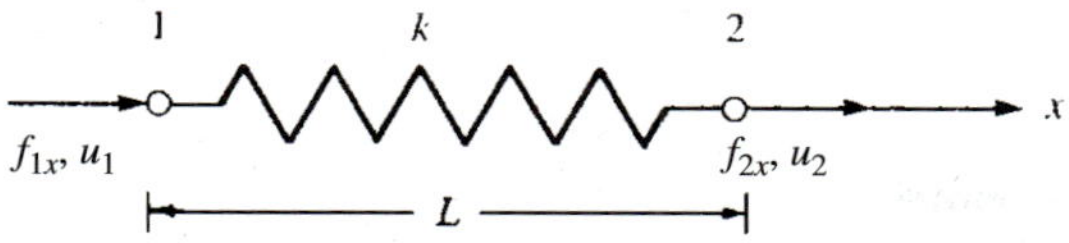

그림 2-2 • 양의 절점 변위와 하중 표기법을 사용한 선형 스프링 요소

직선봉에서는 $k = JG/L$이라는 탄성계수를 갖는다(여기서 J는 극 관성모멘트, G는 재료의 전단 탄성계수를 뜻한다). 뿐만 아니라 1차원 열전도식(13장)에서 $k = AK_{xx}/L$과 같이 나타나기도 한다. 여기서 K_{xx}는 재료의 열전도율을 말한다. 그리고 투과성 매체의 1차원 유체 유동 문제(14장)에서는 $k = AK_{xx}/L$이며, 여기서 K_{xx}는 물질의 투과율을 나타낸다.

적당한 구성 법칙[구조 문제에 대한 후크의 법칙, 열전달에 대한 푸리에(Fourier) 법칙, 유체 유동에 대한 다르시(Darcy)의 법칙, 전자적인 네트워크에 대한 옴(Ohm)의 법칙]을 간단히 적용해봄으로써 구조 문제뿐만 아니라 열전달, 유체 유동, 전기적인 네트워크와 같은 구조 외 문제에도 강성법을 적용할 수 있다는 것을 살펴보고, 절점 평형이나 에너지 보존과 같은 보존의 원리에 대해 알아보겠다.

그러면 스프링 요소에 대한 절점력과 절점 변위의 관계를 밝혀보기로 한다. 이 관계식이 바로 강성행렬을 이룬다. 그러므로 절점력을 나타내는 행렬과 절점 변위를 나타내는 행렬을 다음과 같은 식으로 표시할 수 있다.

$$\begin{Bmatrix} f_{1x} \\ f_{2x} \end{Bmatrix} = \begin{bmatrix} k_{11} & k_{12} \\ k_{21} & k_{22} \end{bmatrix} \begin{Bmatrix} u_1 \\ u_2 \end{Bmatrix} \tag{2.2.1}$$

식 (2.2.1)에서 $[k]$ 행렬의 요소 k_{ij}항을 결정해 주기만 하면 된다. 식 (1.2.5)와 (1.2.6)으로부터 k_{ij}는 j번째 자유도에서의 단위 변위가 d_j이고 다른 모든 변위가 0일 때 i번째 자유도에서의 힘 F_i를 나타낸다. 즉, $k \neq j$에 대하여 $d_j = 1$, $d_k = 0$일 때 힘 $F_i = k_{ij}$이다.

이제 1.4절에서 설명한 단계를 적용하여 스프링 요소의 강성행렬을 유도하고자 한다. 그러나 간단한 1차원 스프링 요소의 경우에는 직접강성법을 이용함으로써 1.4절에 기술된 제2단계(변위함수의 선택)를 생략할 수 있다. 3.2절에서는 변위함수의 선택에 대한 가이드라인을 설명한 후, 1.4절의 제2단계를 이용하여 보와 기타 2차원 및 3차원 요소에 대한 강성행렬의 유도에 대해 설명할 것이며, 단계를 따라가면 훨씬 더 쉽게 유도할 수 있을 것이다. 이 책에서는 다양한 요소 강성행렬을 유도하고, 그 요소들이 공학 문제 풀이에 어떻게 쓰이는지를 다루기 때문에 제1단계에서는 단지 요소 형태를 선택하기만 하면 된다.

제1단계 요소 형태의 선정

먼저 그림 2-3에서 보는 것과 같이 평형상태에 있는 하나의 스프링 요소(스프링 시스템의 한 성분일 수도 있다)의 각 절점에 스프링의 축방향으로 인장력 T(인접한 스프링의 효과로 볼 수도 있다)를 받는 선형 스프링을 생각한다. 국부 x축은 절점 1에서 2로 향한다. 이 스프링을 양 끝의 절점 번호와 요소 번호로 표현한다. 절점 사이의 원래 길이는 L이라고 한다. 요소의 재료 속성(스프링 상수)은 k이다.

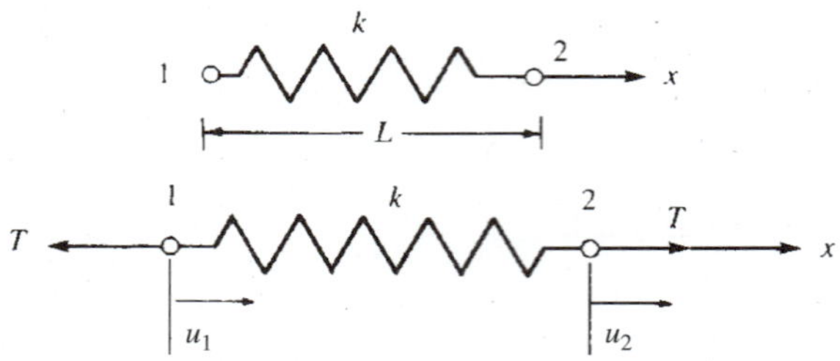

그림 2-3 • 인장력을 받는 선형 스프링

제3단계 변형률-변위와 응력-변형률 관계의 정의

스프링에 인장력 T가 가해지면 그에 해당하는 변위 δ가 발생한다. 보통 스프링의 전체 늘어난 길이는 그림 2-4와 같이 표시된다. 여기서 변위 u_1의 방향이 x축의 양의 방향과 반대이므로 u_1은 음수값을 가진다. 반대로 u_2는 양수값을 가진다.

스프링의 전체 변형은 다음과 같이 두 절점 변위의 차로 표현된다.

$$\delta = u_2 - u_1 \tag{2.2.4}$$

스프링 요소에 대해서 스프링에 작용하는 힘을 변형에 직접적으로 관계시킬 수 있다. 따라서 여기서 변형률-변위 관계는 필요 없다.

응력-변형률 관계는 힘-변위 관계로 바꿔서 표현할 수 있다.

$$T = k\delta \tag{2.2.5}$$

이제 식 (2.2.4)를 식 (2.2.5)에 대입하여 다음을 구할 수 있다.

$$T = k(u_2 - u_1) \tag{2.2.6}$$

제4단계 요소 강성행렬과 방정식의 유도

이제 스프링 요소에 대한 강성행렬을 구한다. 절점력에 대한 부호 규약을 따르면(그림 2-2와 2-3을 참조)

$$f_{1x} = -T \qquad f_{2x} = T \tag{2.2.7}$$

이며, 식 (2.2.6), (2.2.7)에서

$$\begin{aligned} T &= -f_{1x} = k(u_2 - u_1) \\ T &= f_{2x} = k(u_2 - u_1) \end{aligned} \tag{2.2.8}$$

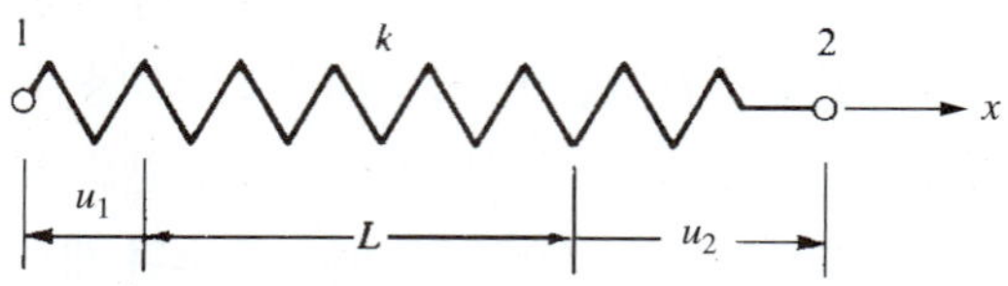

그림 2-4 • 변형된 스프링

이다. 이 식을 정리하면 다음과 같다.

$$\begin{aligned} f_{1x} &= k(u_1 - u_2) \\ f_{2x} &= k(u_2 - u_1) \end{aligned} \tag{2.2.9}$$

이제 식 (2.2.9)를 행렬 형태로 표시하면

$$\begin{Bmatrix} f_{1x} \\ f_{2x} \end{Bmatrix} = \begin{bmatrix} k & -k \\ -k & k \end{bmatrix} \begin{Bmatrix} u_1 \\ u_2 \end{Bmatrix} \tag{2.2.10}$$

가 되며, 이 식은 x축 방향의 스프링에 대해서 성립한다. 강성행렬에 대한 기본 정의와 식 (2.2.1)과 (2.2.10)을 활용하면

$$[k] = \begin{bmatrix} k & -k \\ -k & k \end{bmatrix} \tag{2.2.11}$$

를 구할 수 있다. 이것이 스프링 요소에 대한 강성행렬이 된다. 여기서 $[k]$는 **국부 강성행렬**(*local stiffness matrix*)을 뜻한다. 식 (2.2.11)을 통해 국부 강성행렬 $[k]$는 다음과 같은 성질을 가짐을 알 수 있다.

1. $[k]$는 대칭행렬이며(i가 j가 아닌 경우에 $k_{ij} = k_{ji}$), 이는 레일리(Rayleigh)와 베티(Betti)의 상반 원리[4]에 의해 증명된다.
2. $[k]$는 정방행렬이며($[k]$에서 행의 수와 열의 수가 같음), 그 수만큼의 절점력과 절점 변위 간의 관계를 지어준다.
3. $[k]$는 특이행렬로 행렬식(determinant)이 0의 값을 가지며, 따라서 $[k]$의 역행렬이 존재하지 않는다.

제5단계 요소방정식의 조합을 통한 전체 행렬 구성 및 경계조건 적용

전체좌표계에서의 강성행렬과 전체좌표계에서의 하중행렬은 절점력의 평형방정식, 2.3절의 힘-변형 관계식과 적합조건, 그리고 2.4절에서 설명할 직접강성법을 통해서 하나로 조합된다. 이 단계는 다음과 같은 식을 통해서 하나 이상의 요소로 이루어진 구조물에 적용한다.

$$[K] = \sum_{e=1}^{N} [k^{(e)}] \qquad \text{그리고} \qquad \{F\} = \sum_{e=1}^{N} \{f^{(e)}\} \tag{2.2.12}$$

여기서 $[k^{(e)}]$와 $[f^{(e)}]$는 각각 전체좌표계에서 표시된 요소 강성행렬과 요소 하중행렬을 뜻한다. 이러한 개념은 3장에서 다루어질 트러스 구조물의 경우와도 밀접하게 연관되어 있다(이 책에서 $\sum$의 의미는 단순히 행렬을 더하는 것이 아니라 2.4절에서 설명할 직접강성법에 따라 조합하는 것을 말한다).

제6단계 절점 변위의 계산

이제 경계조건을 대입하고 연립방정식인

$$\{F\} = [K]\{d\} \tag{2.2.13}$$

를 풀면 변위를 구할 수 있다.

제7단계 요소에 작용하는 힘의 계산

이제 마지막으로, 식 (2.2.9)와 유사한 식에 구해진 변위를 대입하여 각각의 요소에 작용하는 힘을 구할 수 있다.

2.3 | 스프링 구조물 예제

트러스, 건축 프레임, 교량 같은 구조물들은 기본 구조 요소가 연결되어 전체 구조물을 형성하고 있다. 이 구조물을 해석하기 위해 요소가 연결된 시스템에 대한 전체 강성행렬을 결정하여야 한다. 이러한 트러스나 프레임 구조물을 고려하기 전에, 절점 평형과 적합성의 기본 개념과 더불어 2.2절에서 스프링 요소에 대해 유도한 힘-변위 행렬 관계를 이용하여 스프링 구조로 이루어진 전체 구조물의 강성행렬을 구해야 한다. 그런 후에 위의 제5단계를 설명할 것이다.

여기서는 그림 2-5*에서처럼 두 개의 스프링의 조합으로 이루어진 구조물을 살펴보기로 하겠다. 이 예는 스프링 구조물의 전체 강성행렬을 구하는 데 직접 평형식을 적용하는 방법을 보여준다. 절점 1을 고정하고 축방향의 힘 F_{3x}를 절점 3에, F_{2x}를 절점 2에 적용한다. 스프링 요소의 강성은 요소 1, 2에서 각각 k_1과 k_2가 된다. 여기서 번호를 1, 3, 2의 순서로 부여한 것은 일반적인 경우에 적용할 수 있도록 하기 위해서이다. 보통의 경우에는 큰 구조물에서 절점 순서를 1, 2, 3과 같은 순차적인 순서로 부여할 수 없기 때문이다.

그림에서 x축은 전체좌표계에서의 구조물의 축을 나타낸다. 이 예제에서 스프링의 x축과 전체좌표계의 축은 서로 일치한다.

요소 1에 대해서 식 (2.2.10)을 적용하면

$$\begin{Bmatrix} f_{1x}^{(1)} \\ f_{3x}^{(1)} \end{Bmatrix} = \begin{bmatrix} k_1 & -k_1 \\ -k_1 & k_1 \end{bmatrix} \begin{Bmatrix} u_1^{(1)} \\ u_3^{(1)} \end{Bmatrix} \tag{2.3.1}$$

이 되고, 요소 2에 대해서는

$$\begin{Bmatrix} f_{3x}^{(2)} \\ f_{2x}^{(2)} \end{Bmatrix} = \begin{bmatrix} k_2 & -k_2 \\ -k_2 & k_2 \end{bmatrix} \begin{Bmatrix} u_3^{(2)} \\ u_2^{(2)} \end{Bmatrix} \tag{2.3.2}$$

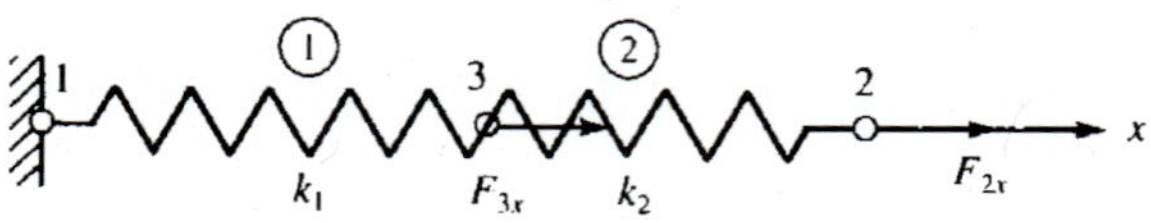

그림 2-5 • 두 개의 스프링 조합

* 이 책의 모든 그림에서 요소 번호는 동그라미 친 숫자로 표기하였다.

가 됨을 알 수 있다. 그리고 요소 1과 2는 변형이 일어나는 동안 줄곧 절점 3에서 서로 연결되어 있다. 이것이 **연속**(*continuity*)**조건** 또는 **적합**(*compatibility*)**조건**이라고 불리는 이유이다. 이 적합조건식은 다음과 같다.

$$u_3^{(1)} = u_3^{(2)} = u_3 \tag{2.3.3}$$

여기서 변위를 나타내는 문자 u 위에 있는 괄호 안의 위첨자는 관계된 요소 번호를 나타내는 것으로 이 책 전체를 통해서 같은 표기법을 사용하기로 한다. 오른쪽의 아래첨자는 절점과 변위의 방향을 각각 나타내며, 따라서 u_3은 전체 스프링 구조물에서 절점 3의 변위임을 뜻한다.

각각의 요소와 절점의 자유물체도는 그림 2-6과 같다(요소와 절점에 대한 부호 규약은 그림 2-2에서 정한 것을 사용하였다).

그림 2-6에 나와 있는 자유물체도와 각각의 절점에서의 외력은 반드시 내력과 같아야 한다는 것을 이용하면, 각각의 절점 3, 2, 1에 대해서 다음과 같은 절점의 평형방정식을 구할 수 있다.

$$F_{3x} = f_{3x}^{(1)} + f_{3x}^{(2)} \tag{2.3.4}$$

$$F_{2x} = f_{2x}^{(2)} \tag{2.3.5}$$

$$F_{1x} = f_{1x}^{(1)} \tag{2.3.6}$$

여기서 F_{1x}는 고정점에서의 반력을 뜻한다.

여기서 작용–반작용에 관한 뉴튼의 제3법칙을 한 절점으로부터 그 절점과 연관된 요소로 옮겨서 적용한다. 식 (2.3.1)~(2.3.3)을 식 (2.3.4)~(2.3.6)에 적용하면

$$\begin{aligned} F_{3x} &= (-k_1u_1 + k_1u_3) + (k_2u_3 - k_2u_2) \\ F_{2x} &= -k_2u_3 + k_2u_2 \\ F_{1x} &= k_1u_1 - k_1u_3 \end{aligned} \tag{2.3.7}$$

이 되고, 이 식 (2.3.7)을 행렬 형태로 표현하면

$$\begin{Bmatrix} F_{3x} \\ F_{2x} \\ F_{1x} \end{Bmatrix} = \begin{bmatrix} k_1 + k_2 & -k_2 & -k_1 \\ -k_2 & k_2 & 0 \\ -k_1 & 0 & k_1 \end{bmatrix} \begin{Bmatrix} u_3 \\ u_2 \\ u_1 \end{Bmatrix} \tag{2.3.8}$$

이 된다. 식 (2.3.8)을 각 절점 번호의 오름차순으로 정리하면

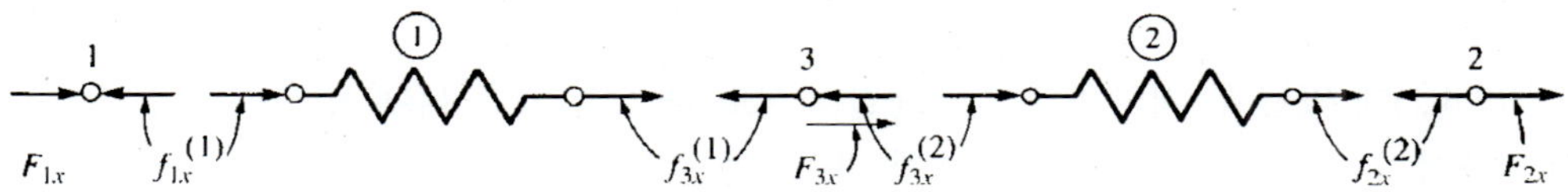

그림 2-6 • 요소 하중 부호 규약에 따른 절점 하중

$$\begin{Bmatrix} F_{1x} \\ F_{2x} \\ F_{3x} \end{Bmatrix} = \begin{bmatrix} k_1 & 0 & -k_1 \\ 0 & k_2 & -k_2 \\ -k_1 & -k_2 & k_1 + k_2 \end{bmatrix} \begin{Bmatrix} u_1 \\ u_2 \\ u_3 \end{Bmatrix} \tag{2.3.9}$$

과 같이 쓸 수 있다. 식 (2.3.9)를 하나의 행렬식으로 표시하면

$$\{F\} = [K]\{d\} \tag{2.3.10}$$

이 된다. $\{F\} = \begin{Bmatrix} F_{1x} \\ F_{2x} \\ F_{3x} \end{Bmatrix}$가 되고, 이는 전체좌표계에서의 **절점력 행렬**이라 불리며, $\{d\} = \begin{Bmatrix} u_1 \\ u_2 \\ u_3 \end{Bmatrix}$는 전체좌표계에서의 **절점 변위행렬**이라 불린다. 또

$$[K] = \begin{bmatrix} k_1 & 0 & -k_1 \\ 0 & k_2 & -k_2 \\ -k_1 & -k_2 & k_1 + k_2 \end{bmatrix} \tag{2.3.11}$$

을 **전체**(*total* 또는 *global* 또는 *system*) **강성행렬**이라고 한다.

강성행렬 방정식을 나타내는 식 (2.3.9)와 (2.3.11)을 유도하는 방법을 요약하면, 먼저 힘-변위 관계식인 식 (2.3.1)과 (2.3.2)에서 적합조건식인 식 (2.3.3)을 적용하고, 절점 외력 평형 방정식인 식 (2.3.4)~(2.3.6)을 사용한다. 앞으로 2.4절에서는 좀 더 실제적인 방법을 적용하여 전체좌표계에서의 강성행렬을 구하는 방법을 살펴보고, 2.5절에서는 경계조건에 대해서 자세히 알아보기로 한다.

2.4 | 중첩에 의한 전체 강성행렬의 구성(직접강성법)

여기서는 전체 강성행렬을 구하는 좀 더 쉬운 방법을 살펴보기로 하겠다. 이 방법은 구조물을 구성하는 각 요소 강성행렬을 적절하게 중첩시켜 구할 수 있다(참고문헌 [1], [2] 참조).

2.3절에서 언급했던 두 개의 스프링 요소의 조합을 생각해 보면, 각각의 스프링 요소에 대한 강성행렬 (2.3.1)과 (2.3.2)는 다음과 같이 주어진다.

$$[k^{(1)}] = \begin{array}{c} \begin{matrix} u_1 & u_3 \end{matrix} \\ \begin{bmatrix} k_1 & -k_1 \\ -k_1 & k_1 \end{bmatrix} \end{array} \begin{matrix} u_1 \\ u_3 \end{matrix} \qquad [k^{(2)}] = \begin{array}{c} \begin{matrix} u_3 & u_2 \end{matrix} \\ \begin{bmatrix} k_2 & -k_2 \\ -k_2 & k_2 \end{bmatrix} \end{array} \begin{matrix} u_3 \\ u_2 \end{matrix} \tag{2.4.1}$$

여기서 강성행렬의 열 위에 표시된 u_i는 각 요소의 행과 열에 관련된 자유도를 나타낸다.

식 (2.4.1)에 있는 두 개의 요소 강성행렬은 서로 다른 요소의 자유도를 나타내는 것이다. 다시 말해서 요소 1은 절점 1과 3의 축방향 변위들과 관련되고, 요소 2는 절점 2와 3의 축방향 변위들과 관련된다. 따라서 이 두 행렬을 그대로 더하는 것은 의미가 없다. 그러므로 이 행렬을 합치려면 전체 구조물의 강성행렬 크기와 일치하는 행렬을 만들고, 그에 맞게 각각의 요소

강성행렬을 연관시켜야 한다. 좀 더 구체적으로 설명하면, 각각의 요소 강성행렬을 전체 자유도에 맞게 확장하고, 확장된 자리에는 0을 대입해 준다. 그러고 나서 행렬을 더하면 된다.

요소 1에 대해서 전체 구조물로 확장된 강성행렬을 써주면, 식 (2.3.1)은

$$k_1 \begin{array}{c} \begin{matrix} u_1 & u_2 & u_3 \end{matrix} \\ \begin{bmatrix} 1 & 0 & -1 \\ 0 & 0 & 0 \\ -1 & 0 & 1 \end{bmatrix} \end{array} \begin{Bmatrix} u_1^{(1)} \\ u_2^{(1)} \\ u_3^{(1)} \end{Bmatrix} = \begin{Bmatrix} f_{1x}^{(1)} \\ f_{2x}^{(1)} \\ f_{3x}^{(1)} \end{Bmatrix} \tag{2.4.2}$$

이 되고, 여기서 $u_2^{(1)}$과 $f_{2x}^{(1)}$은 $[k^{(1)}]$과 관련이 없다는 것을 알 수 있다. 마찬가지로 요소 2에 대해서도

$$k_2 \begin{array}{c} \begin{matrix} u_1 & u_2 & u_3 \end{matrix} \\ \begin{bmatrix} 0 & 0 & 0 \\ 0 & 1 & -1 \\ 0 & -1 & 1 \end{bmatrix} \end{array} \begin{Bmatrix} u_1^{(2)} \\ u_2^{(2)} \\ u_3^{(2)} \end{Bmatrix} = \begin{Bmatrix} f_{1x}^{(2)} \\ f_{2x}^{(2)} \\ f_{3x}^{(2)} \end{Bmatrix} \tag{2.4.3}$$

이 되고, 각 절점에서의 힘 평형식을 세워 보면

$$\begin{Bmatrix} f_{1x}^{(1)} \\ 0 \\ f_{3x}^{(1)} \end{Bmatrix} + \begin{Bmatrix} 0 \\ f_{2x}^{(2)} \\ f_{3x}^{(2)} \end{Bmatrix} = \begin{Bmatrix} F_{1x} \\ F_{2x} \\ F_{3x} \end{Bmatrix} \tag{2.4.4}$$

가 된다. 이 식 (2.4.4)는 식 (2.3.4)~(2.3.6)까지를 행렬의 형태로 표시한 것과 같게 됨을 알 수 있다. 식 (2.4.2)와 (2.4.3)을 식 (2.4.4)에 대입하면

$$k_1 \begin{bmatrix} 1 & 0 & -1 \\ 0 & 0 & 0 \\ -1 & 0 & 1 \end{bmatrix} \begin{Bmatrix} u_1^{(1)} \\ u_2^{(1)} \\ u_3^{(1)} \end{Bmatrix} + k_2 \begin{bmatrix} 0 & 0 & 0 \\ 0 & 1 & -1 \\ 0 & -1 & 1 \end{bmatrix} \begin{Bmatrix} u_1^{(2)} \\ u_2^{(2)} \\ u_3^{(2)} \end{Bmatrix} = \begin{Bmatrix} F_{1x} \\ F_{2x} \\ F_{3x} \end{Bmatrix} \tag{2.4.5}$$

가 된다. 여기서 u의 위첨자는 요소 번호를 뜻한다. 식 (2.4.5)를 간략하게 쓰면

$$\begin{bmatrix} k_1 & 0 & -k_1 \\ 0 & k_2 & -k_2 \\ -k_1 & -k_2 & k_1 + k_2 \end{bmatrix} \begin{Bmatrix} u_1 \\ u_2 \\ u_3 \end{Bmatrix} = \begin{Bmatrix} F_{1x} \\ F_{2x} \\ F_{3x} \end{Bmatrix} \tag{2.4.6}$$

과 같다. 여기서 절점 변위에 관계되는 요소 번호를 표시하고 위첨자는 생략하였다. 왜냐하면 $u_2^{(1)}$은 u_1과 동일하고, $u_2^{(2)}$은 u_2와 동일하며, 전체 구조물의 절점 3에서의 변위는 식 (2.3.3)에 의해 $u_3^{(1)} = u_3^{(2)} = u_3$이기 때문이다. 중첩에 의해 구한 식 (2.4.6)은 식 (2.3.9)와 동일하다.

식 (2.4.2)와 (2.4.3)으로 확장된 요소 강성행렬을 직접 더해서 식 (2.4.6)에 있는 전체 강성행렬을 얻을 수 있다. 요소의 강성행렬을 직접 조합하여 전체 구조물의 강성을 구하는 신뢰할 수 있는 방법을 **직접강성법**(*direct stiffness method*)이라고 한다. 이 방법은 유한요소법에 있어서 대단히 중요한 단계이다.

위에서 본 예에서는 전체 강성행렬을 구하기 위해 각각의 강성행렬을 확장하는 것이 그리 복잡하지 않았으나, 실제로 많은 자유도를 가진 구조물에 대한 전체 강성행렬을 구하기 위해 각 요소의 강성행렬을 전체 구조물에 맞게 확장하는 것은 쉬운 일이 아니다. 각각의 요소 강성행렬을 확정하는 방법을 피하기 위해, 좀 더 쉽게 각 요소의 강성행렬을 확장하는 방법을 소개하기로 하겠다. 스프링 구조물에서 각 요소 강성행렬의 열은 관련된 자유도를 이용하여 다음과 같이 표시된다.

$$[k^{(1)}] = \begin{array}{c} \begin{matrix} u_1 & \quad u_3 \end{matrix} \\ \begin{bmatrix} k_1 & -k_1 \\ -k_1 & k_1 \end{bmatrix} \end{array} \begin{matrix} u_1 \\ u_3 \end{matrix} \qquad [k^{(2)}] = \begin{array}{c} \begin{matrix} u_3 & \quad u_2 \end{matrix} \\ \begin{bmatrix} k_2 & -k_2 \\ -k_2 & k_2 \end{bmatrix} \end{array} \begin{matrix} u_3 \\ u_2 \end{matrix} \tag{2.4.7}$$

이제 각 행렬 $[k^{(1)}]$과 $[k^{(2)}]$에서 동일한 자유도를 가진 것만을 더해서 $[K]$의 대응되는 자유도에 넣어 주면 다음과 같이 전체 강성행렬 $[K]$를 구할수 있다. 요소 1은 자유도 u_1을 가지므로[식 (2.4.7)] K의 u_1행과 u_1열의 항들은 요소 1에만 기여한다. 즉, $k_{11} = k_1$이다. 자유도 u_3은 두 요소 모두와 연관되어 있으므로 $[K]$의 u_3행과 u_3열의 항들은 요소 1과 2 모두에 기여한다. 따라서 $k_{33} = k_1 + k_2$이다. 비슷한 결과로 $[K]$는 다음과 같다.

$$[K] = \begin{array}{c} \begin{matrix} u_1 & \quad u_2 & \quad\quad u_3 \end{matrix} \\ \begin{bmatrix} k_1 & 0 & -k_1 \\ 0 & k_2 & -k_2 \\ -k_1 & -k_2 & k_1 + k_2 \end{bmatrix} \end{array} \begin{matrix} u_1 \\ u_2 \\ u_3 \end{matrix} \tag{2.4.8}$$

이때 $[K]$는 각각의 자유도를 처음부터 순차적인 절점 번호 순서로 배열하도록 한다. 다음 단계로 2.5절에서는 이 절에서 구한 강성행렬에 지지 경계조건을 적용하여 푸는 것에 대해서 살펴보기로 하겠다.

2.5 경계조건

그림 2-5에서와 같은 스프링 구조물에는 경계조건을 포함시키지 않으면 행렬 $[K]$가 비가역(singular)행렬이 된다. 다시 말하면, $[K]$의 행렬식(determinant)이 0이 되고 역행렬이 존재하지 않게 된다. 이것은 구조 시스템이 불안정함을 뜻한다. 보통 적절한 기하학적 또는 지지 경계조건을 주지 않으면 구조물 자체가 강체로서 운동하고 어떠한 하중에도 견디지 못한다. 일반적으로 $[K]$를 가역행렬로 만들기 위해 필요한 경계조건의 수는 가능한 강체 모드의 수와 같다.

스프링 구조물에 부가되는 경계조건은 절점 변위와 관련된 것으로, 일반적으로 두 가지 서로 다른 형태로 분류가 가능하다. 보다 일반적인 homogeneous 경계조건은 구조물의 움직임이 완전히 구속되는 위치에 적용되며, nonhomogeneous 경계조건은 지지점의 침하량과 같이 유한한 크기의 0이 아닌 변위값이 주어진 경우에 적용된다.

경계치 문제의 해와 관련된 수학적인 관점에서 볼 때, 상미분 또는 편미분 방정식에 부과되거나, 참고문헌 [4, 5, 8]에 있는 범함수(functional)를 변분해서 나오는 조건에 부과되는 경계조건은 두 가지 형태로 분류가 가능하다. 그러나 이 책에서는 기초를 다루기 때문에 이를 상세하게 다루지는 않을 것이다.

첫 번째 형태의 경계조건은 해석 영역의 경계에서 만족해야 할 해의 값을 해당 경계에 직접 부여하는 것으로 디리클레(Dirichlet) 혹은 필수 경계조건으로 불린다[이는 요한 디리클레(Johann Dirichlet, 1805~1859)에 따른 명칭임].

두 번째 형태의 경계조건은 해석 영역의 경계에서 만족해야 할 해의 공간 미분값을 해당 경계에 부여하는 것으로 노이만(Neumann) 혹은 자연 경계조건으로 불린다[이는 칼 노이만(Carl Neumann, 1832~1925)에 따른 명칭임].

스프링 구조물이 이동하는 방향으로 단일 강체 모드를 가진 그림 2-5의 스프링 구조물에서 유도된 식 (2.4.6)을 바탕으로 두 가지 종류의 일반적인 경계조건을 설명하도록 하겠다.

Homogeneous 경계조건

먼저 homogeneous 경계조건을 살펴보면, 모든 경계조건식이 지정된 점에서의 변위가 0으로 주어진다. 여기서는 첫 번째 절점 1이 고정되어 있으므로, $u_1 = 0$이 됨을 알 수 있다. 그러므로 식 (2.4.6)은

$$\begin{bmatrix} k_1 & 0 & -k_1 \\ 0 & k_2 & -k_2 \\ -k_1 & -k_2 & k_1 + k_2 \end{bmatrix} \begin{Bmatrix} 0 \\ u_2 \\ u_3 \end{Bmatrix} = \begin{Bmatrix} F_{1x} \\ F_{2x} \\ F_{3x} \end{Bmatrix} \tag{2.5.1}$$

가 되고, 이것을 풀면

$$\begin{aligned} k_1(0) + (0)u_2 - k_1u_3 &= F_{1x} \\ 0(0) + k_2u_2 - k_2u_3 &= F_{2x} \\ -k_1(0) - k_2u_2 + (k_1 + k_2)u_3 &= F_{3x} \end{aligned} \tag{2.5.2}$$

가 된다. F_{1x}는 미지의 반력이고 F_{2x}와 F_{3x}는 작용된 하중이다.

식 (2.5.2)의 두 번째와 세 번째 식을 행렬 형태로 나타내면

$$\begin{bmatrix} k_2 & -k_2 \\ -k_2 & k_1 + k_2 \end{bmatrix} \begin{Bmatrix} u_2 \\ u_3 \end{Bmatrix} = \begin{Bmatrix} F_{2x} \\ F_{3x} \end{Bmatrix} \tag{2.5.3}$$

가 된다. 이렇게 하면 전체 강성행렬 $[K]$에서 첫 번째 행과 첫 번째 열을 분리해내고, $\{d\}$와 $\{F\}$의 첫 번째 행을 분리하면 식 (2.5.3)이 된다.

이와 같이 homogeneous 경계조건에서 식 (2.5.3)은 식 (2.5.1)에서 자유도의 변위가 0인 행과 열만 찾아서 지우면 구할 수 있음을 알 수 있다. 위의 경우 $u_1 = 0$이므로 첫 번째 행과 첫 번째 열이 지워지는 것이다. 그러나 F_{1x}는 항상 0이 되는 것은 아니고 먼저 u_2와 u_3를 구하고 값을 정할 수 있다.

먼저 식 (2.5.3)을 u_2와 u_3에 관하여 풀어주면

$$\begin{Bmatrix} u_2 \\ u_3 \end{Bmatrix} = \begin{bmatrix} k_2 & -k_2 \\ -k_2 & k_1 + k_2 \end{bmatrix}^{-1} \begin{Bmatrix} F_{2x} \\ F_{3x} \end{Bmatrix} = \begin{bmatrix} \dfrac{1}{k_2} + \dfrac{1}{k_1} & \dfrac{1}{k_1} \\ \dfrac{1}{k_1} & \dfrac{1}{k_1} \end{bmatrix} \begin{Bmatrix} F_{2x} \\ F_{3x} \end{Bmatrix} \tag{2.5.4}$$

이 된다. 이제 식 (2.5.4)로부터 u_2와 u_3를 알 수 있고, 식 (2.5.2)의 첫 번째 식에 대입하면 반력 F_{1x}가

$$F_{1x} = -k_1 u_3 \tag{2.5.5}$$

과 같이 주어짐을 알 수 있다. 그러면 식 (2.5.5)에서의 u_3를 식 (2.5.4)에 대입해 주면, 절점 1에서의 힘(반력이라고 함)을 F_{2x}와 F_{3x}로 표시할 수 있다.

$$F_{1x} = -F_{2x} - F_{3x} \tag{2.5.6}$$

그러므로 모든 homogeneous 경계조건에서는 전체 행렬에서 변위가 0으로 주어지는 행과 열의 값을 뺀 행렬을 재구성하고, 그 연립방정식을 풀어서 변위를 구하면 된다는 것을 알 수 있다. 이 방법은 손으로 계산을 하는 경우에 매우 유용하게 쓰인다(이 책의 부록 B.4에서는 이러한 연립방정식을 컴퓨터를 사용하여 좀 더 편하게 푸는 방법을 소개할 것이다).

Nonhomogeneous 경계조건

두 번째로, nonhomogeneous 경계조건의 경우에는 하나 혹은 다수의 절점 변위가 어떤 변위가 특정한 값으로 주어진다. 여기서는 설명의 편의를 위해서 $u_1 = \delta$라고 하고 δ는 알려진 변위(그림 2-7)로 한다. 그러면 식 (2.4.6)은

$$\begin{bmatrix} k_1 & 0 & -k_1 \\ 0 & k_2 & -k_2 \\ -k_1 & -k_2 & k_1 + k_2 \end{bmatrix} \begin{Bmatrix} \delta \\ u_2 \\ u_3 \end{Bmatrix} = \begin{Bmatrix} F_{1x} \\ F_{2x} \\ F_{3x} \end{Bmatrix} \tag{2.5.7}$$

과 같이 되고, 식 (2.5.7)을 풀어서 표시하면

$$\begin{aligned} k_1\delta + 0u_2 - k_1u_3 &= F_{1x} \\ 0\delta + k_2u_2 - k_2u_3 &= F_{2x} \\ -k_1\delta - k_2u_2 + (k_1 + k_2)u_3 &= F_{3x} \end{aligned} \tag{2.5.8}$$

이 된다. 이제 F_{1x}은 δ만큼 이동한 지지대의 반력이다. 여기서 F_{2x}와 F_{3x}의 값을 알고 있으므로 식 (2.5.8)의 두 번째와 세 번째 방정식을 풀면

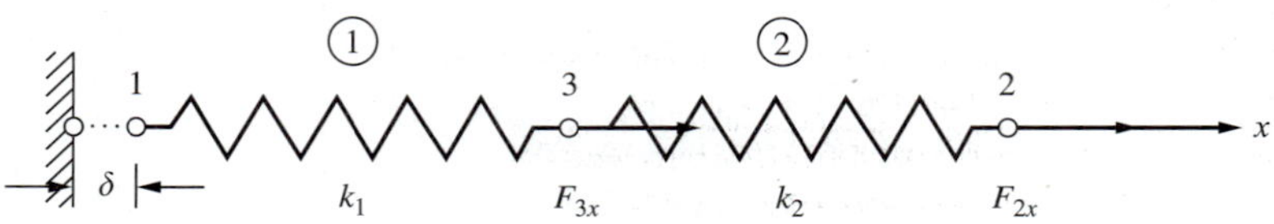

그림 2-7 • 절점 1에서의 변위 δ를 알고 있는 두 개의 스프링으로 이루어진 구조물

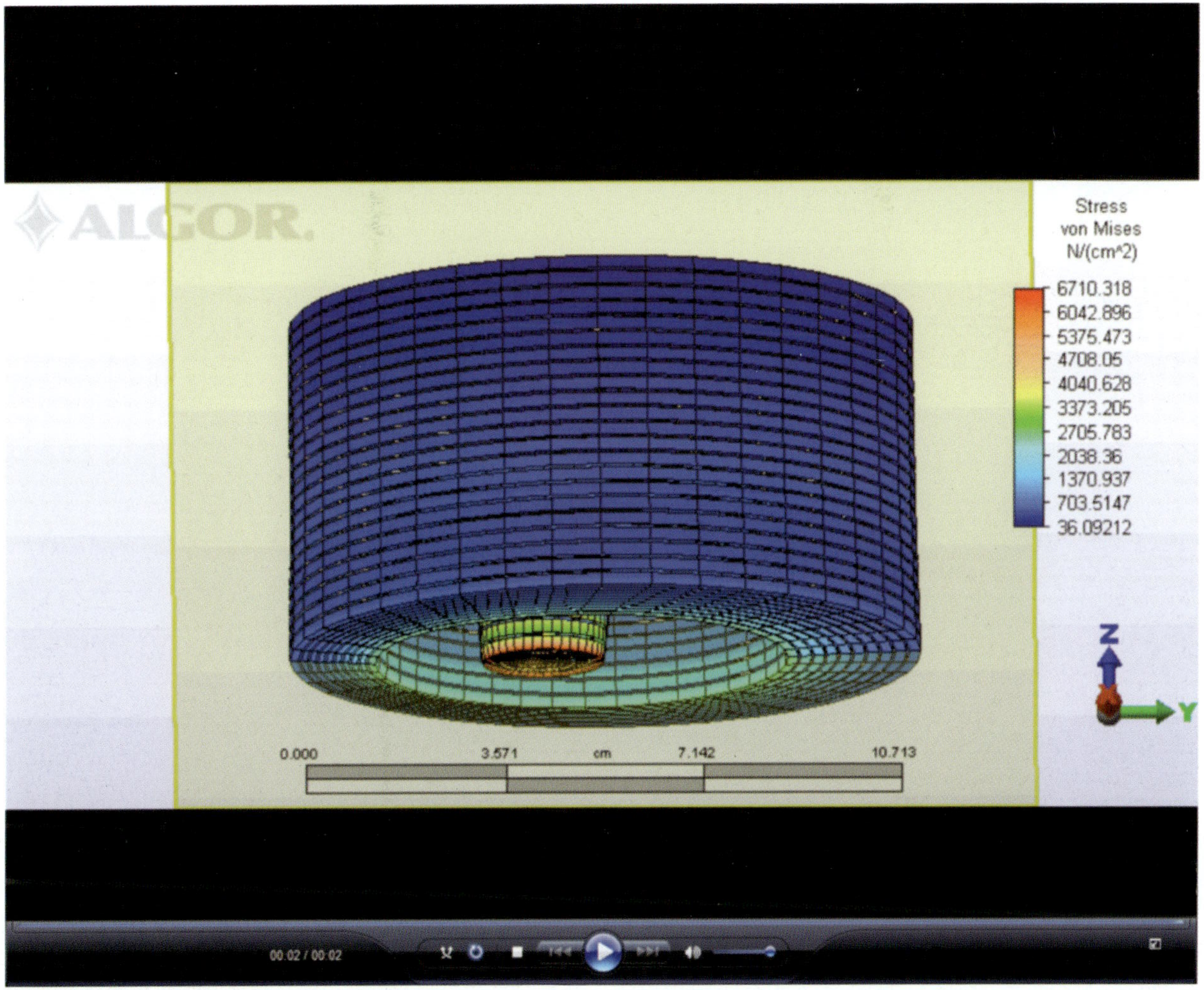

그림 1-7 • (b) 평면의 요소들이 대칭축인 z축을 중심으로 360도 회전한 모습을 보인 다이의 3차원 시각자료(Daryl L. Logan 제공)

그림 1-11 • 169,595개의 요소와 185,026개의 절점을 사용한 710G 버켓의 유한요소모델(버켓과 커플러는 78,566개의 얇은 선형 사각형 쉘 요소, 돌기 구조는 83,104개의 선형 고체 요소, 그리고 리프트 암과 리프트 암 실린더, 가이드 링크는 212개의 보 요소로 모델링됨)(John Deere Dubuque사의 Construction and Forestry 부서의 구조 설계 엔지니어인 Yousif Omer 제공)

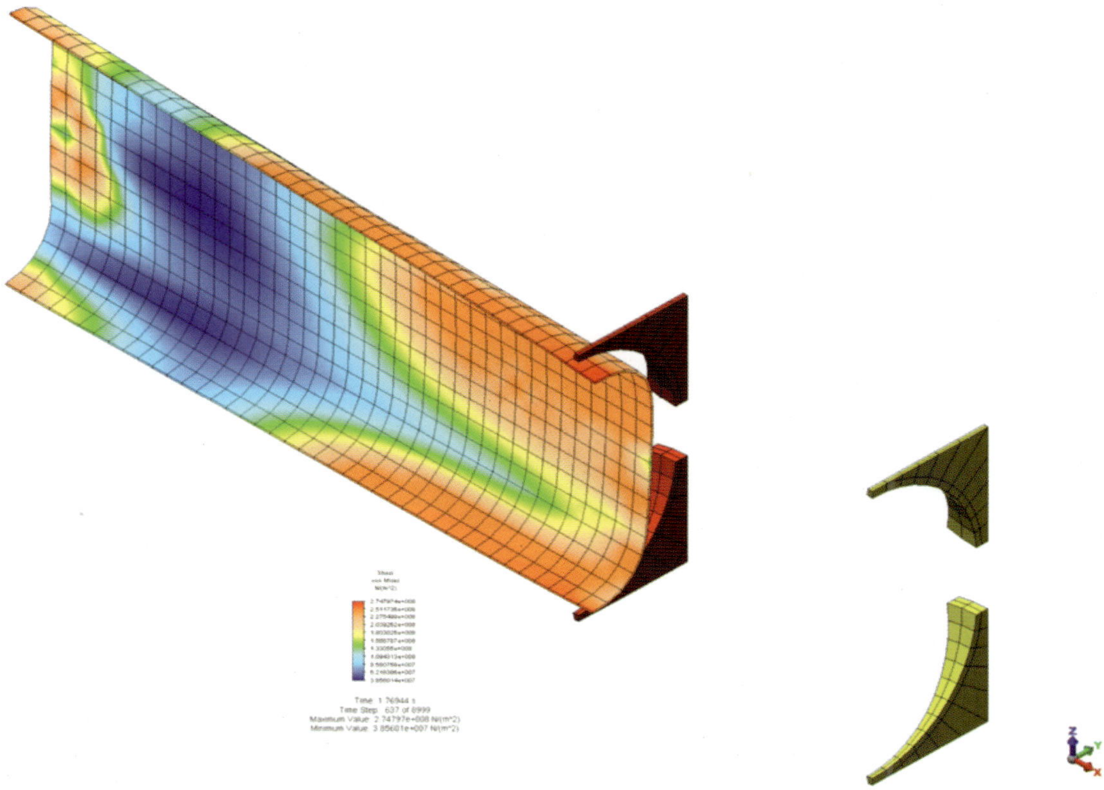

그림 1-12 • 롤 성형 및 냉간 롤 성형 forming 프로세스 분포도의 유한요소모델(Courtesy of Valmont West Coast Engineering)

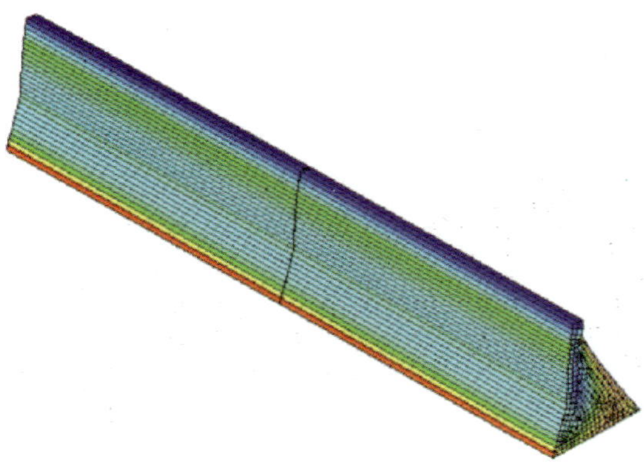

그림 6-2 • 평면 변형률 문제 (a) 수평하중을 받고 있는 댐

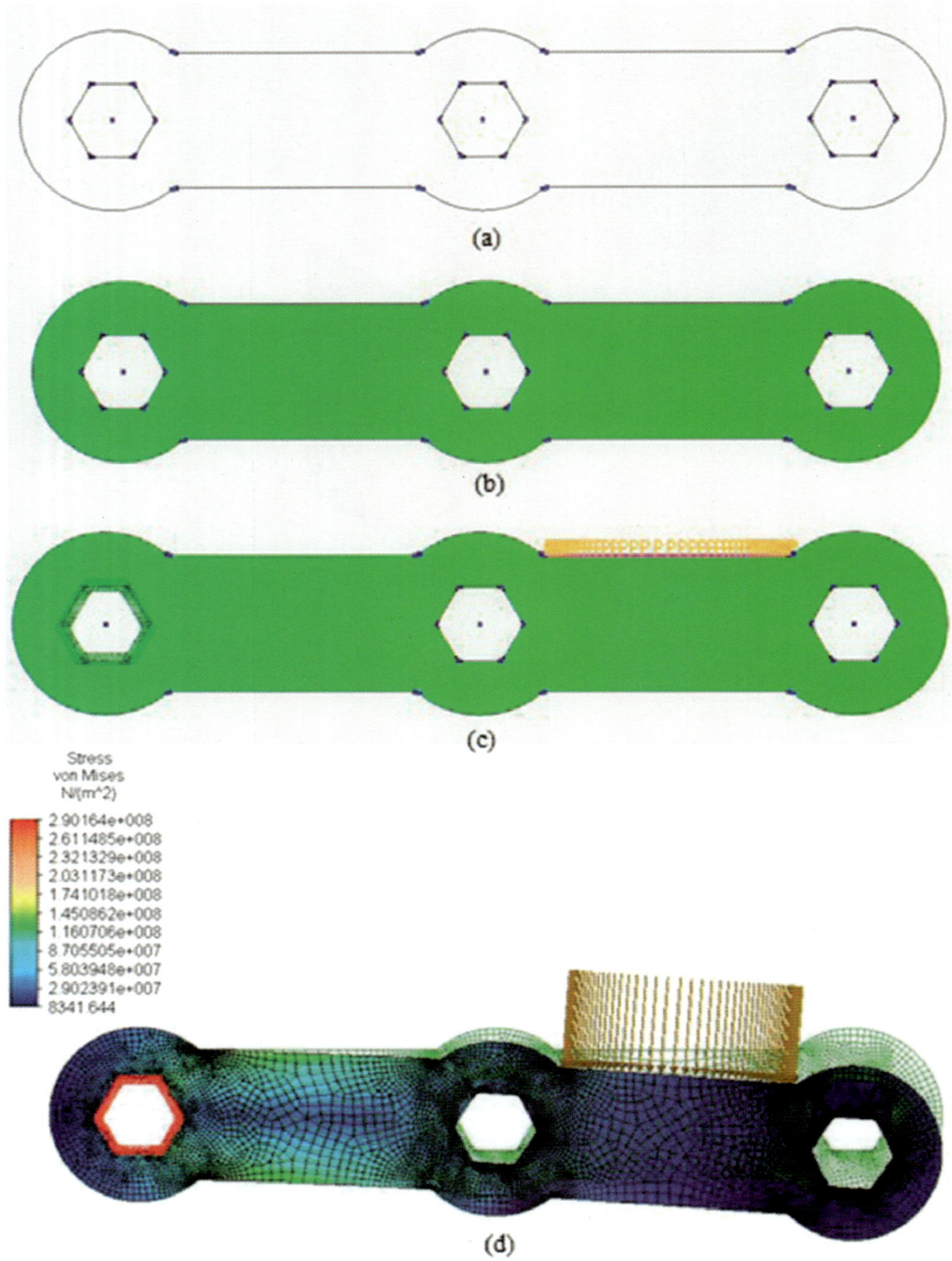

그림 7-17 • 양면 렌치(bicycle wrench) (a) 렌치 윤곽도, (b) 렌치의 유한요소 격자, (c) 경계조건과 렌치에 작용하는 표면력, (d) 폰 미제스 응력 분포(Joseph McIlree와 David Knopp 제공)

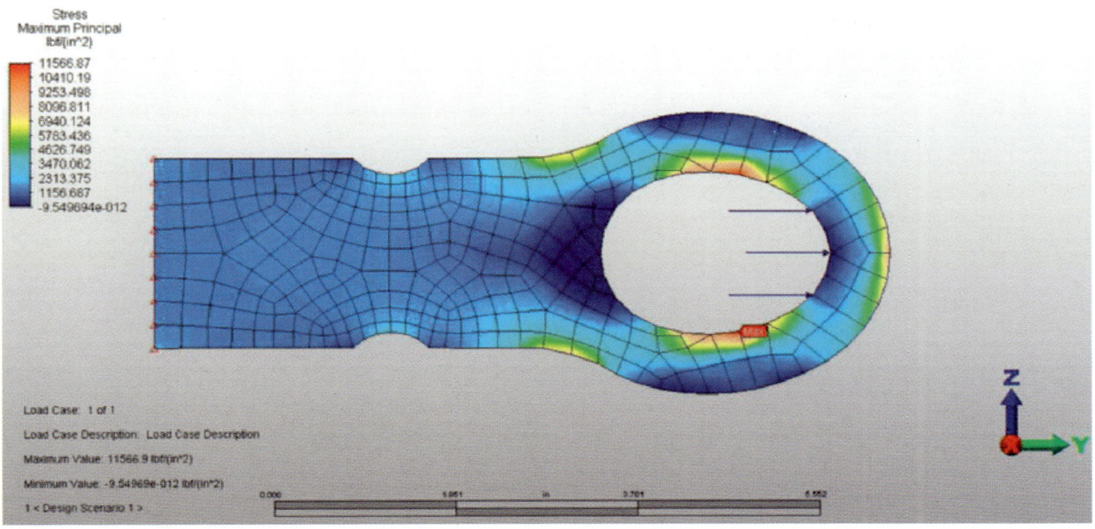

그림 7-18 • (b) 봉에 발생한 주응력 분포(Jeff Artus 제공)

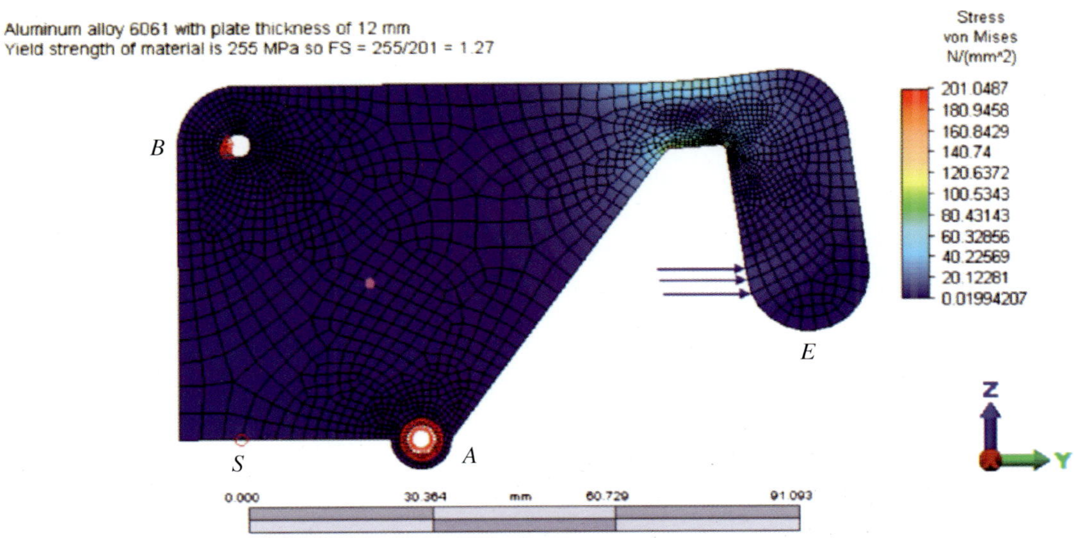

그림 7-19 • 과하중 방지 기구의 폰 미제스 응력 분포

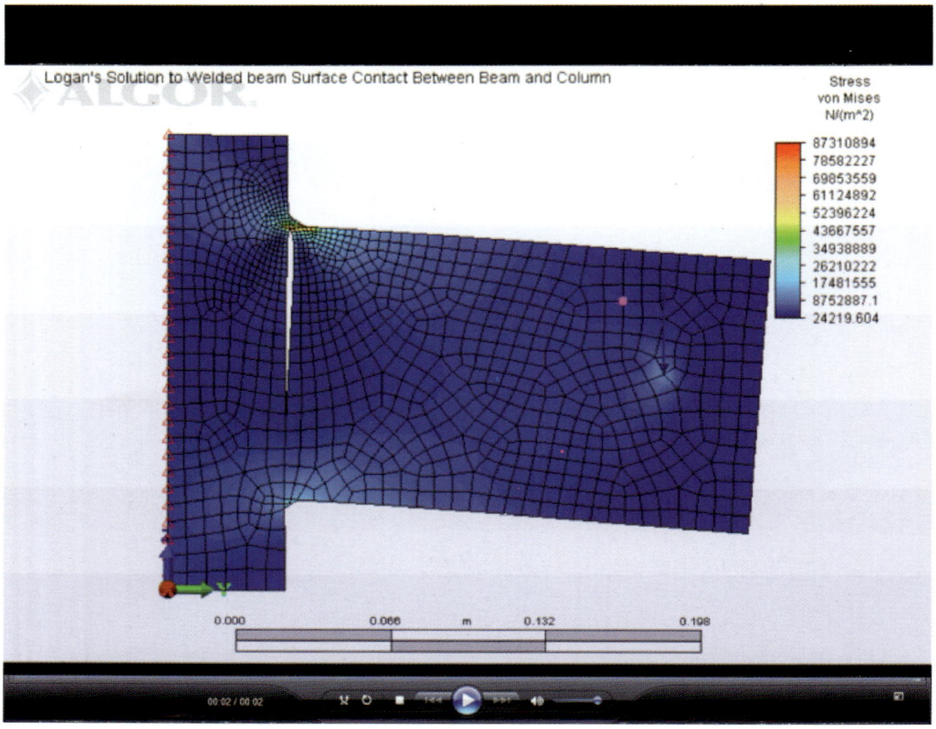

(a)

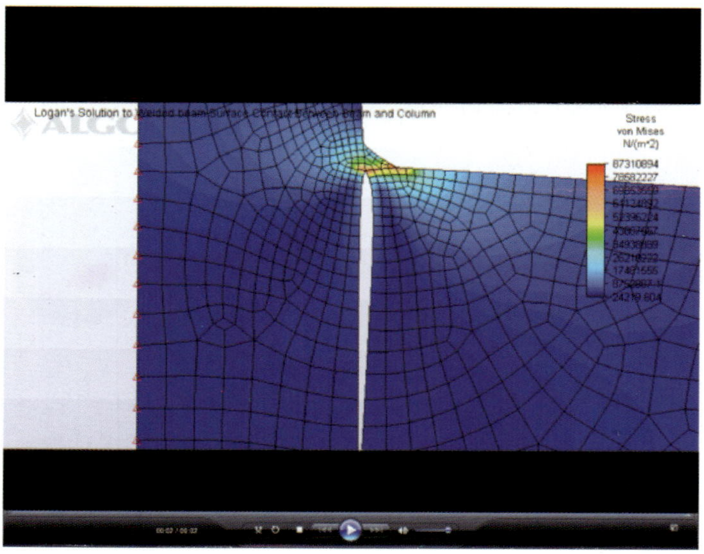

(b)

그림 7-22 • (a) 기둥에 용접된 보의 폰 미제스 응력 분포(87.3 Mpa의 최대 폰 미제스 응력은 위쪽 용접부 하단에 발생한다), (b) 확대된 위쪽 용접부(기둥과 보가 분리될 수 있도록 단순 접촉으로 처리했음을 주시하라)

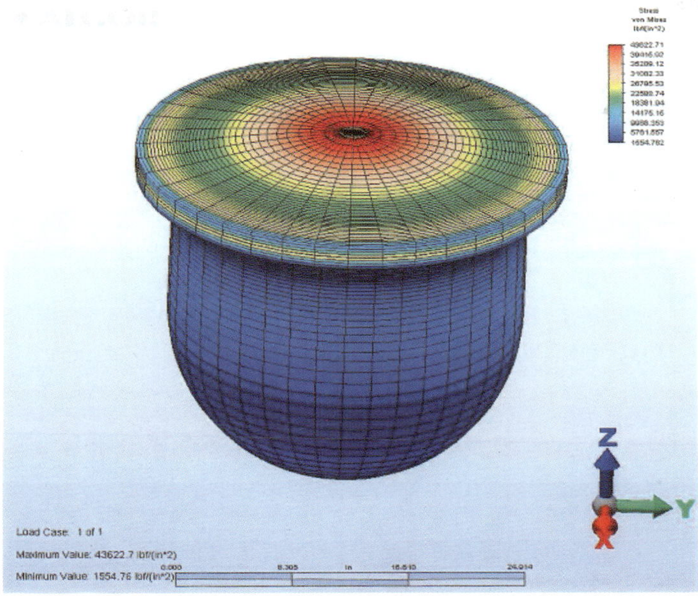

그림 9-2 • 축대칭 문제의 예 (b) 닫힌 압력 용기(Courtesy of Autodesk, Inc.)

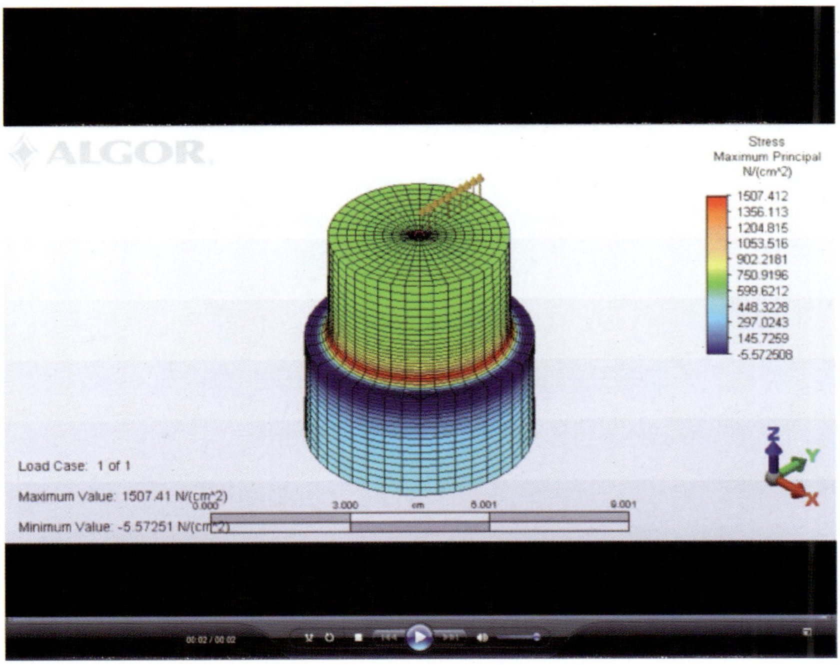

그림 9-18 • 그림 9-17의 축에 대한 주응력 선도

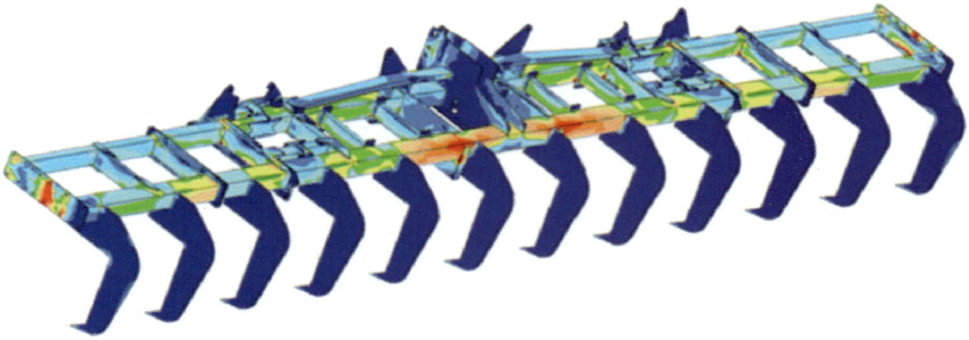

그림 11-1 • (c) 심토용 쟁기—농사 도구인 12열 심토용 쟁기(Autodesk Inc. 제공)

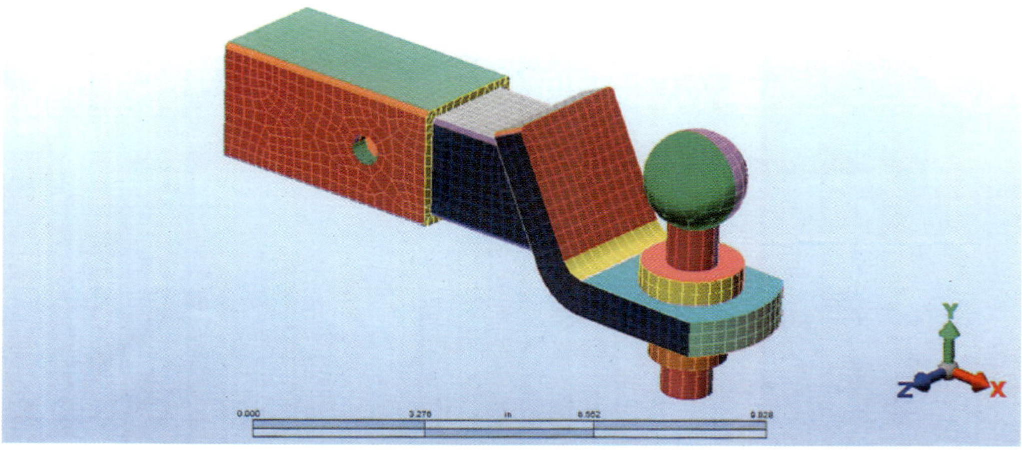

그림 11-9 • 트레일러 결합 장치의 격자 모델(David Anderson 제공)

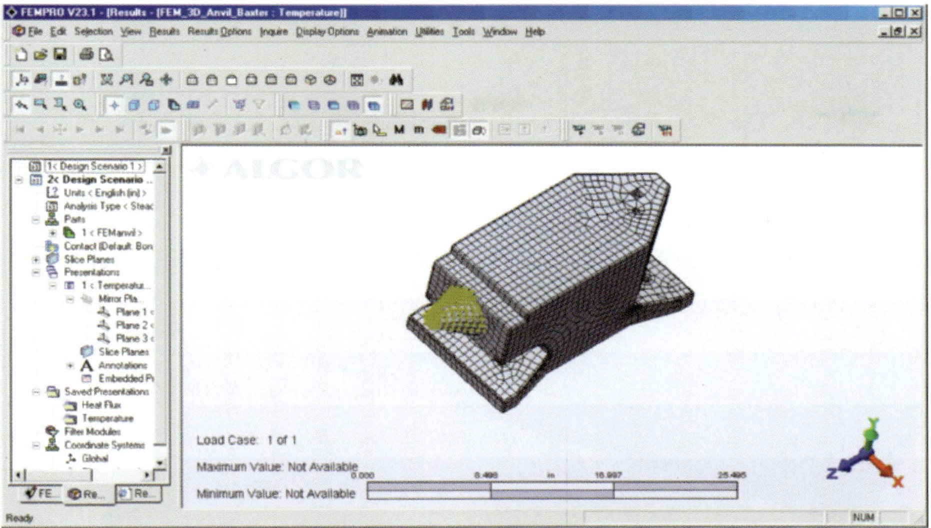

그림 P11-20 • 단조 공정에 사용되는 모루와 전형적인 유한요소모델(Compliments of Dan Baxter)

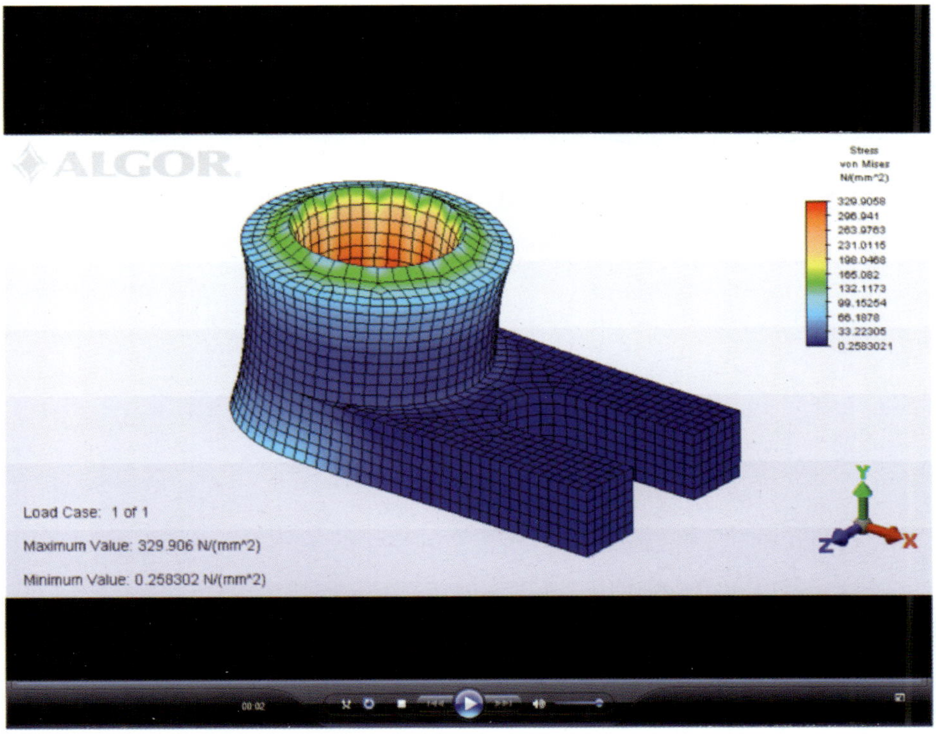

그림 P11-28 • 위치 고정장치에 대한 폰 미제스 응력을 보여주고 있는 유한요소모델

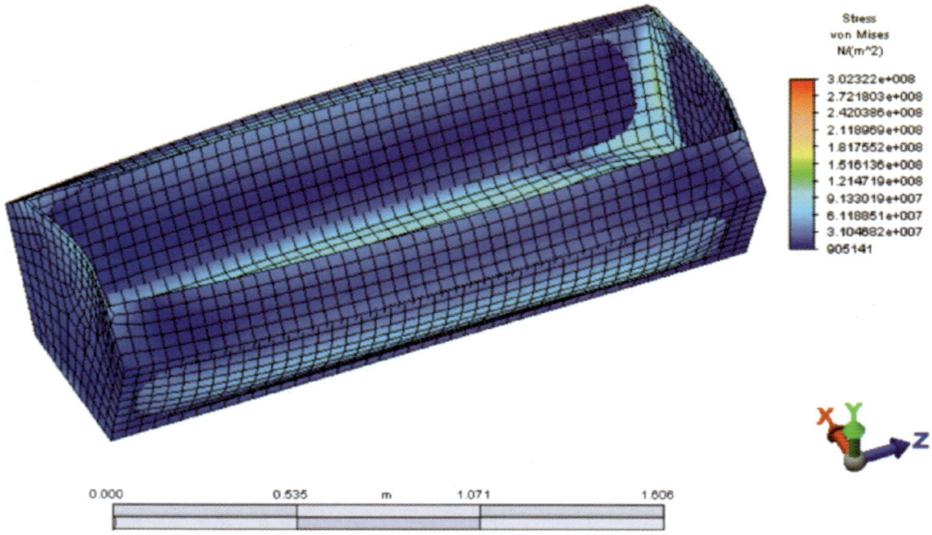

그림 12-1 • (b) 물탱크

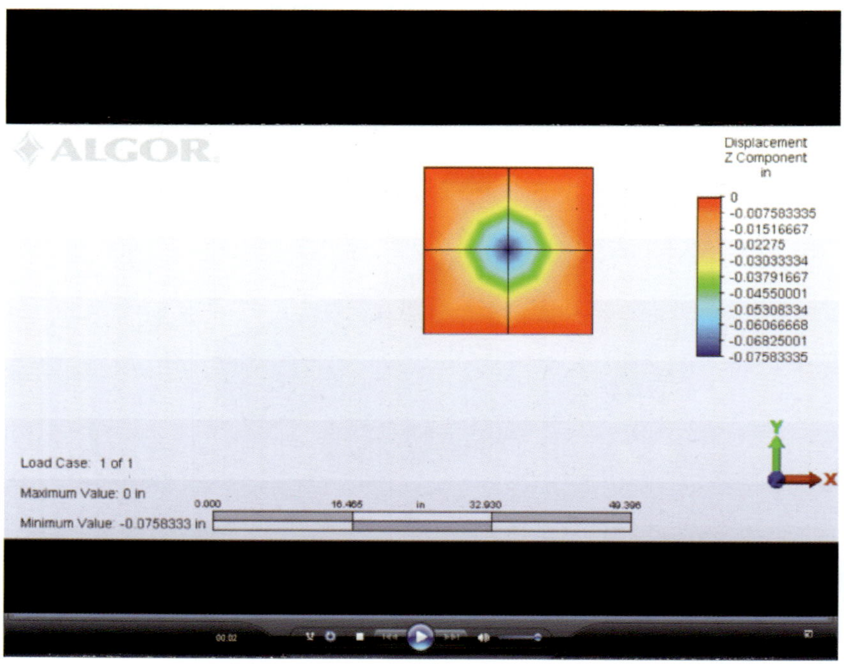

그림 12-10 • 예제 12.1의 클램프 지지된 평판의 변위 분포도

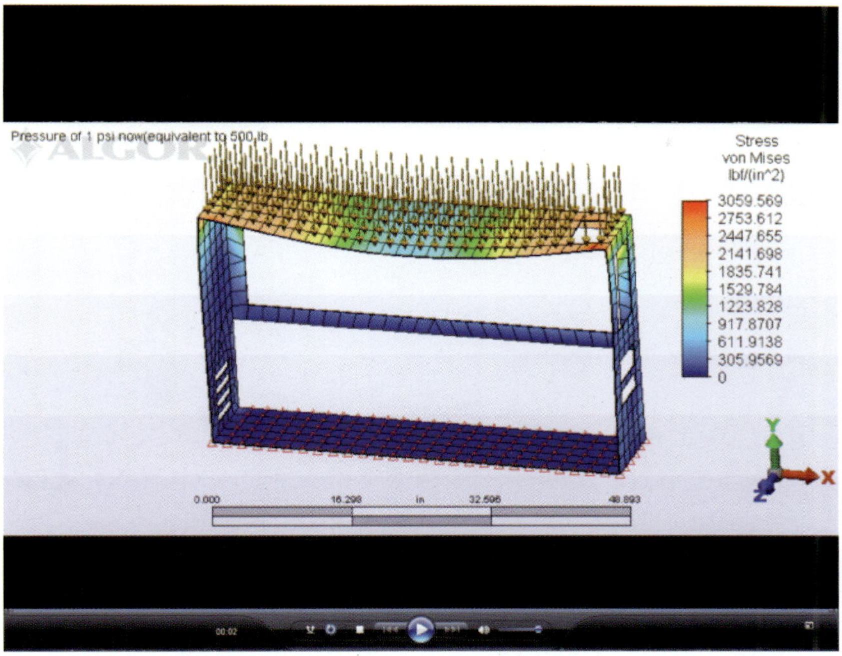

그림 12-12 • (b) 압력 하중, 경계조건과 해석을 통해 얻은 폰 미제스(von Mises) 응력 (Nicholas Dachniwskyj 제공)

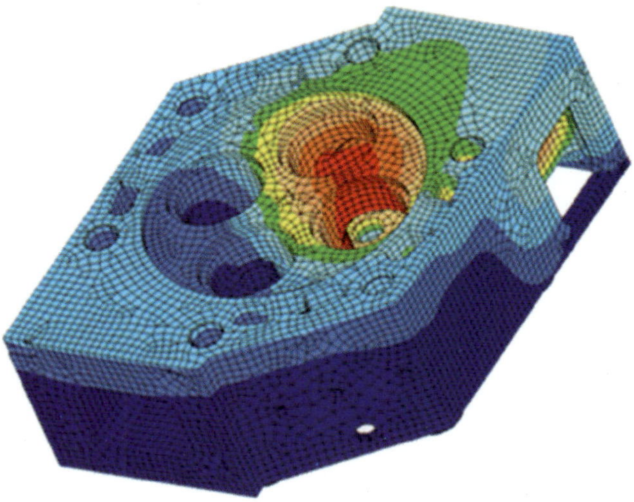

그림 13-1 • 실린더 헤드의 온도 분포를 나타내는 유한요소 해석 결과(육면체 요소가 사용되었다)(Courtesy of Autodesk, Inc.)

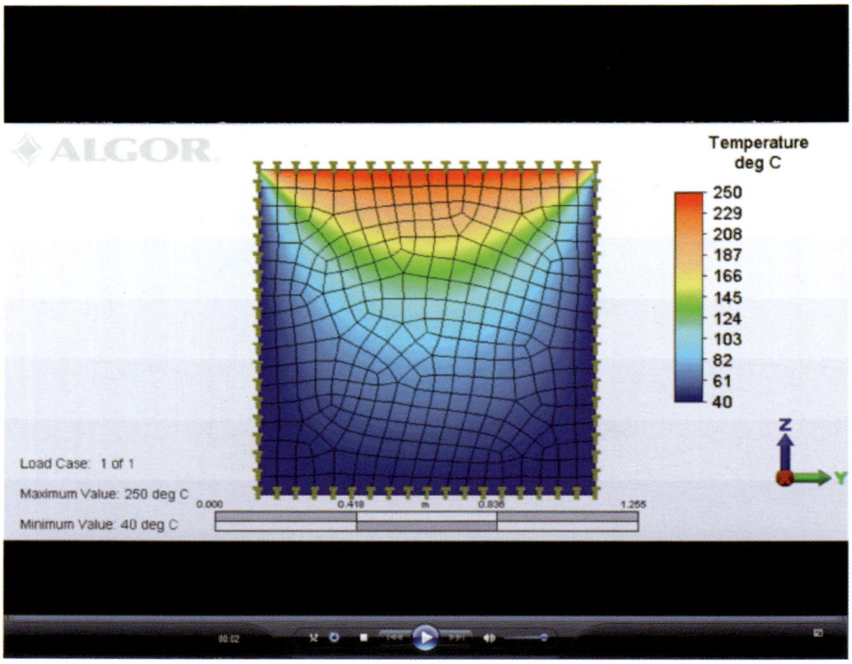

그림 13-34 • (b) 온도 분포 결과를 나타낸 유한요소모델(David Walgrave 제공)

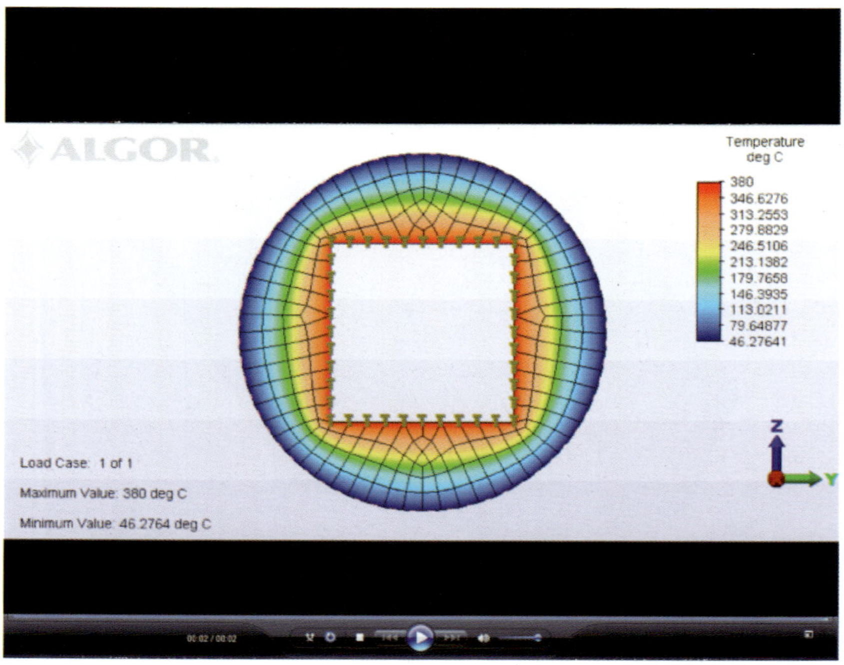

그림 13-35 • (b) 절연제의 온도 분포를 나타낸 유한요소모델

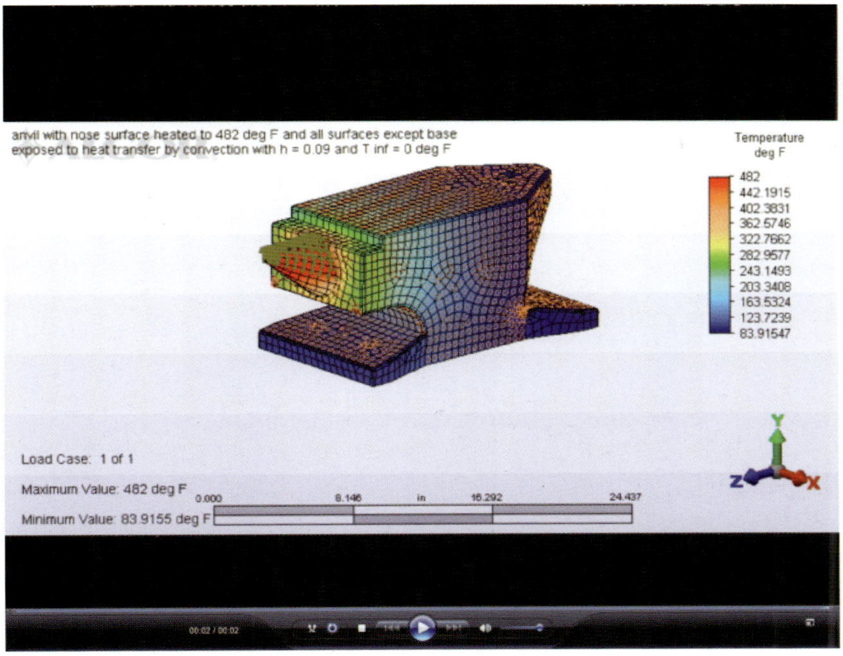

그림 13-36 • 모루의 온도 분포(Dan Baxter 제공)

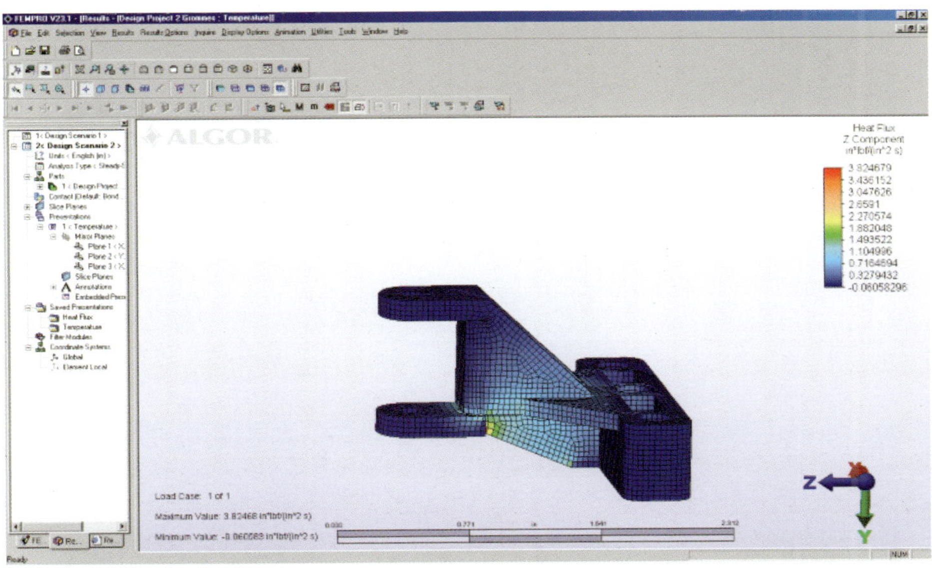

그림 P13-46 • Z-방향의 열유속 변화를 포함하는 유한요소모델을 보여주는 전방 무선제어 조정 장치(Phillip Grommes 제공)

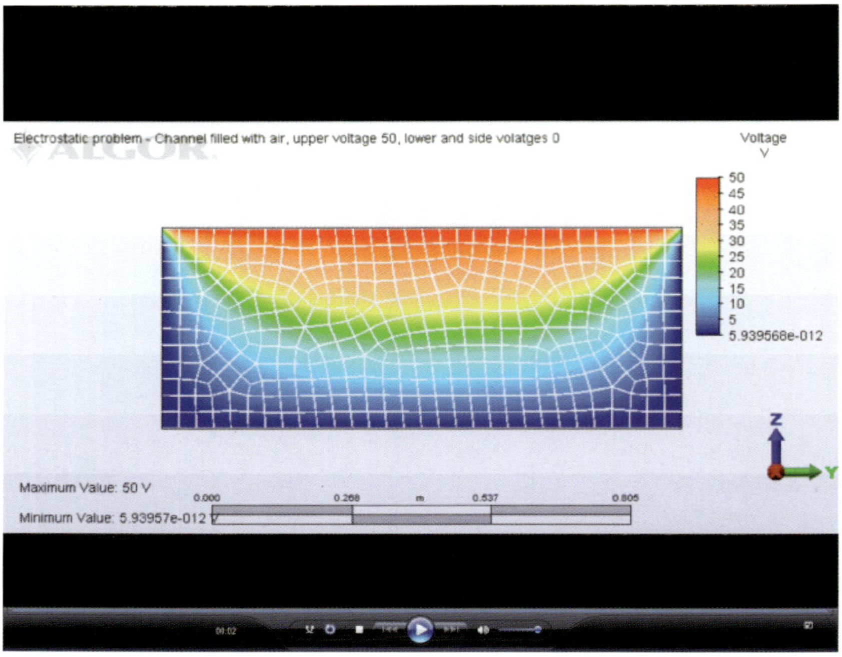

그림 14-30 • 유로에서의 전압 분포

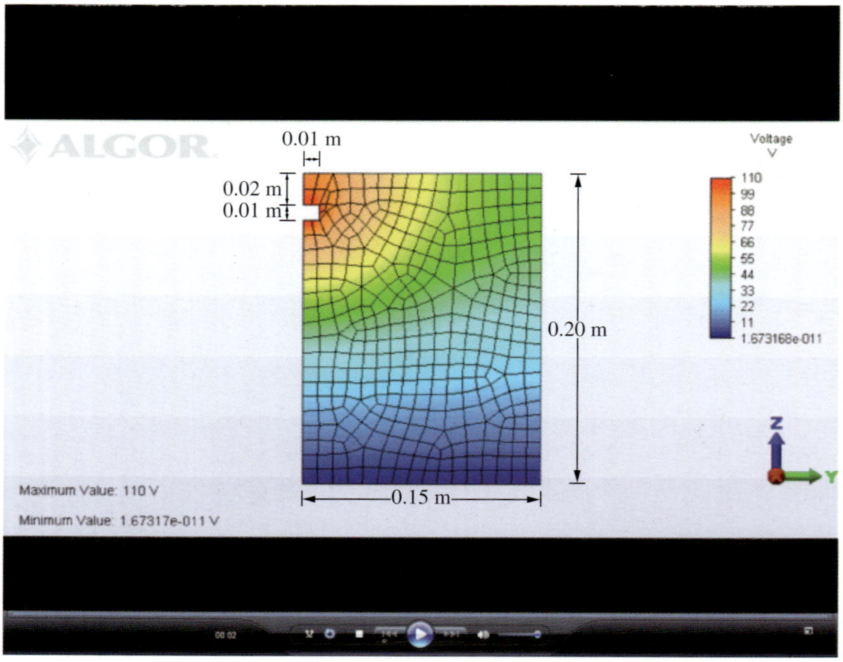

그림 14-32 • 공기로 둘러싸인 부스바의 유한요소모델과 전압 분포

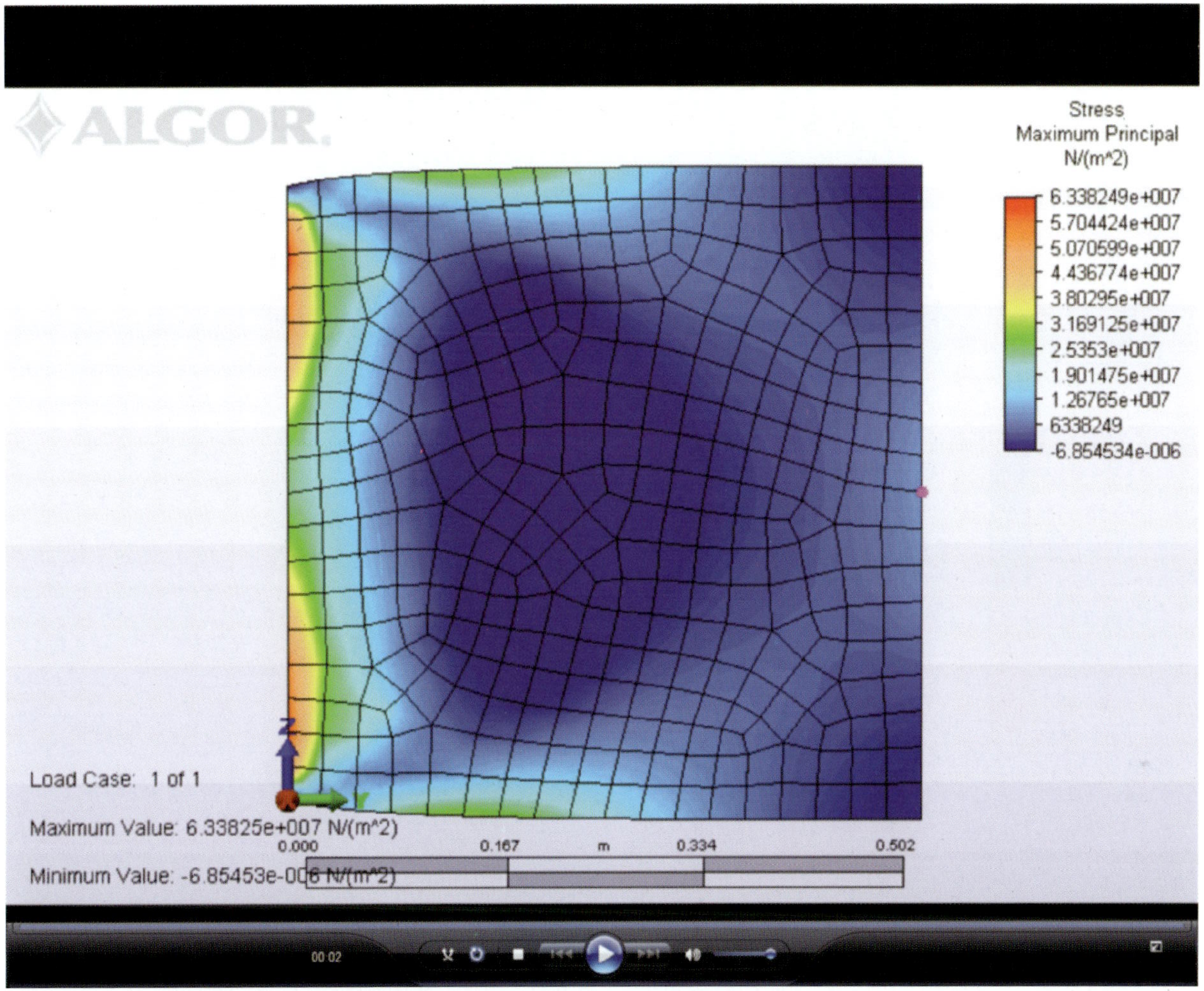

그림 15-12 • 최대 주응력(Pa)과 변형된 형상을 중첩하여 표시한 격자분할된 평판

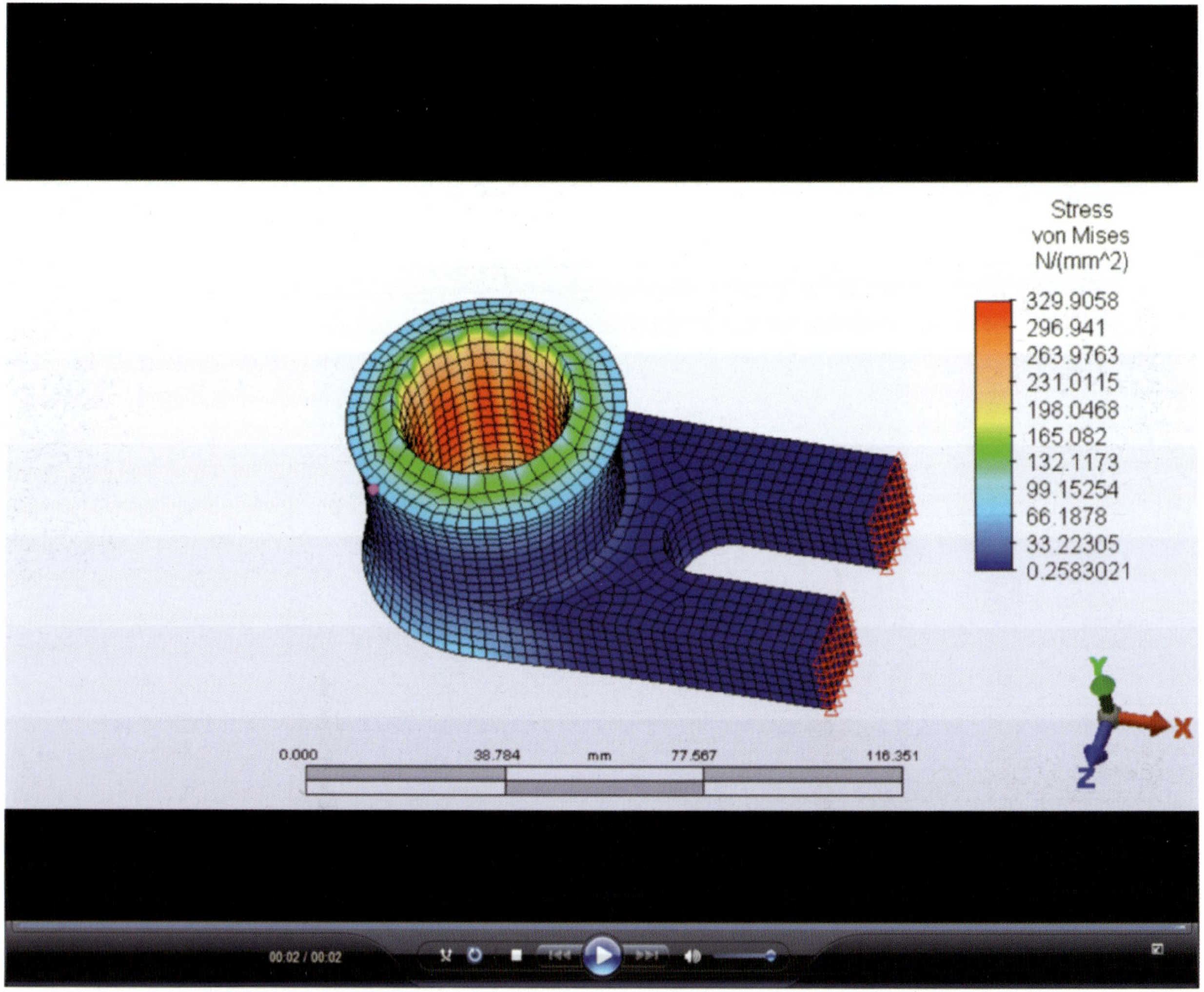

그림 15-13 • 구멍의 안쪽 면에 100°C의 온도 상승이 가해지는 솔리드 구조물의 폰 미제스 응력 분포

$$\begin{aligned} 0\delta + k_2u_2 - k_2u_3 &= F_{2x} \\ -k_1\delta - k_2u_2 + (k_1 + k_2)u_3 &= F_{3x} \end{aligned} \tag{2.5.9}$$

이 된다. 여기서 알고 있는 δ를 식 (2.5.9)의 우변으로 이항하면

$$\begin{aligned} k_2u_2 - k_2u_3 &= F_{2x} \\ -k_2u_2 + (k_1 + k_2)u_3 &= +k_1\delta + F_{3x} \end{aligned} \tag{2.5.10}$$

과 같고, 이를 행렬의 형태로 표시하면

$$\begin{bmatrix} k_2 & -k_2 \\ -k_2 & k_1 + k_2 \end{bmatrix} \begin{Bmatrix} u_2 \\ u_3 \end{Bmatrix} = \begin{Bmatrix} F_{2x} \\ k_1\delta + F_{3x} \end{Bmatrix} \tag{2.5.11}$$

가 된다. 그러므로 nonhomogeneous 경계조건인 경우에는 각각의 행렬 요소에 0이 아닌 수를 곱하므로 앞에서처럼 식 (2.5.7)의 첫 번째 행과 열을 지워서는 안 된다. 이런 식으로 계산을 했을 경우에는 식 (2.5.11)의 $k_1\delta$항이 사라지고 변위를 계산한 값이 틀린다. Nonhomogeneous 경계조건의 처리를 위해서는 일반적으로 미지의 절점 변위에 관한 방정식을 풀기 전 단계에서 기지의 변위항을 우변의 하중항으로 이항하여야 한다. 이 과정은 식 (2.5.9)의 두 번째 식에서 $k_1\delta$항을 이항하여 식 (2.5.10)의 두 번째 식과 같이 정리된 것을 보면 확인할 수 있다.

이제 식 (2.5.11)을 앞의 식 (2.5.3)을 푼 방법과 비슷하게 풀어서 변위를 구할 수 있다. 식 (2.5.11)을 계속 푸는 설명은 새로운 내용이 없기 때문에 생략한다.

그러나 식 (2.5.7)에 변위를 대입하여 구하면, 반력은

$$F_{1x} = k_1\delta - k_1u_3 \tag{2.5.12}$$

이 되고, 이것은 식 (2.5.5)의 F_{1x}와 다르다.

여기서 특정 절점에서의 0이 아닌 절점 변위가 주어진 경우(예를 들면, $u_1 = \delta$) 동일 절점에서 해당 변위 방향으로의 절점력 F_{1x}는 미지의 값으로, 모든 절점에서의 변위들을 계산한 다음 이를 식 (2.5.7)에 대입하여 계산해낼 수 있음을 상기할 필요가 있다.

다음으로 식 (2.5.7)로 주어진 강성행렬의 몇 가지 성질을 잠시 살펴보기로 하겠다. 이 성질은 유한요소법에 일반적으로 적용된다.

1. $[K]$는 정방행렬로 동일한 수의 절점력과 절점 변위를 연관 짓는다.
2. $[K]$는 각 요소 강성행렬과 마찬가지로 대칭행렬의 성질을 지닌다. 이러한 대칭성은 기타 다른 구조역학 문제에서 많이 접하며, 참고문헌 [3]과 [4]에 나와 있는 상반 원리(reciprocal law)를 이용하여 증명할 수 있다.
3. 적당한 경계조건을 주어서 구조물 전체의 강체운동을 방지해 주지 않으면, 행렬 $[K]$는 특이 비가역행렬이 되어(행렬식이 0이 되는) 역행렬이 존재하지 않는다.
4. 행렬 $[K]$의 주 대각선 방향의 항은 항상 양의 값을 가진다. 그렇지 않은 경우에 양의 절점 외력 F_i는 실제 구조물의 물리적 거동과는 반대로 음의 변위 d_i를 발생시킬 수도 있기 때문이다.
5. $[K]$는 모든 0이 아닌 벡터 $\{x\}$에 대해 $\{x\}^T[K]\{x\} > 0$을 만족하는 준정치행렬(positive semidefinite)이다(준정치행렬에 대해 더 알고 싶으면 부록 A를 참조).

일반적으로, 특정한 지지조건은 다음과 같이 전체 평형방정식을 분할(partitioning)하여 표시한다.

$$\begin{bmatrix} [K_{11}] & | [K_{12}] \\ [K_{21}] & | [K_{22}] \end{bmatrix} \begin{Bmatrix} \{d_1\} \\ \{d_2\} \end{Bmatrix} = \begin{Bmatrix} \{F_1\} \\ \{F_2\} \end{Bmatrix} \tag{2.5.13}$$

여기서 $\{d_1\}$이 계산하고자 하는 변위이고, $\{d_2\}$가 특정한 변위가 지정된 것이라면 식 (2.5.13)은

$$[K_{11}]\{d_1\} = \{F_1\} - [K_{12}]\{d_2\} \tag{2.5.14}$$

그리고

$$\{F_2\} = [K_{21}]\{d_1\} + [K_{22}]\{d_2\} \tag{2.5.15}$$

로 표시할 수 있다. 여기서 $\{F_1\}$이 알려진 절점력 값이고, $\{F_2\}$가 주어진 변위에 대해 구해야 하는 반력이라면, 식 (2.5.14)에서 $\{d_1\}$을 구하고, 그 값을 식 (2.5.15)에 대입하여 $\{F_2\}$를 구할 수 있다. 식 (2.5.14)에서 $[K_{11}]$은 비가역특이행렬이 아니며, 따라서 $\{d_1\}$을 구할 수 있다고 가정한다.

이제 스프링 구조물의 해석을 위하여 강성법에 대한 예제를 몇 가지 보여주기로 한다.

예제 2.1

그림 2-8과 같이 임의의 절점 번호를 가진 스프링 구조물에서 (a) 전체 강성행렬, (b) 절점 3과 4에서의 변위, (c) 절점 1과 2에서의 반력, (d) 각 스프링에 걸리는 힘을 구하라. 절점 4에는 5000 lb의 힘이 x방향으로 가해지고 있으며, 스프링 상수는 그림에 주어진 것과 같다. 단, 절점 1과 2는 고정점이다.

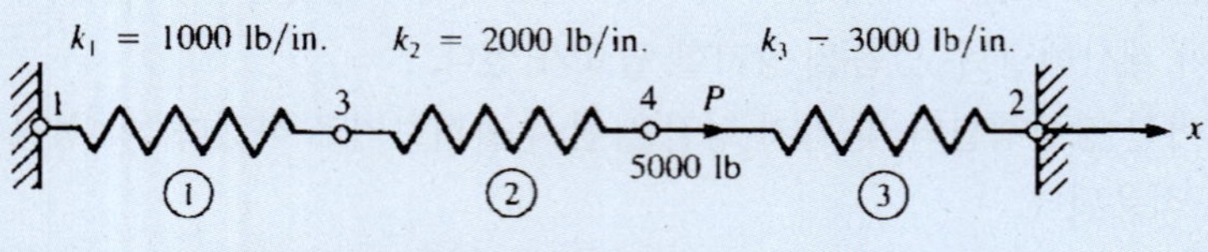

그림 2-8 • 해석을 위한 스프링 주조물

풀이

(a) 먼저 식 (2.2.11)을 사용하여 각 요소의 강성행렬을 구하면

$$[k^{(1)}] = \overset{\begin{matrix} 1 & \quad 3 \end{matrix}}{\begin{bmatrix} 1000 & -1000 \\ -1000 & 1000 \end{bmatrix}} \begin{matrix} 1 \\ 3 \end{matrix} \qquad [k^{(2)}] = \overset{\begin{matrix} 3 & \quad 4 \end{matrix}}{\begin{bmatrix} 2000 & -2000 \\ -2000 & 2000 \end{bmatrix}} \begin{matrix} 3 \\ 4 \end{matrix} \tag{2.5.16}$$

$$[k^{(3)}] = \overset{\begin{matrix} 4 & \quad 2 \end{matrix}}{\begin{bmatrix} 3000 & -3000 \\ -3000 & 3000 \end{bmatrix}} \begin{matrix} 4 \\ 2 \end{matrix}$$

가 된다. 행 위에 표시된 숫자는 각 요소에 관련된 절점의 자유도를 표시한다. 예를 들어, 요소 1은 u_1과 u_3의 두 개의 자유도를 갖는다. 또한 국부 x축은 각각의 요소에 대해 전체 x축과 일치한다.

중첩의 개념(직접강성법)을 사용해서 전체 강성행렬을 다음과 같이 구할 수 있다.

$$[K] = [k^{(1)}] + [k^{(2)}] + [k^{(3)}]$$

또는

$$[K] = \begin{array}{c} \begin{matrix} \quad u_1 & \quad u_2 & \quad\quad u_3 & \quad\quad\quad u_4 \end{matrix} \\ \begin{bmatrix} 1000 & 0 & -1000 & 0 \\ 0 & 3000 & 0 & -3000 \\ -1000 & 0 & 1000 + 2000 & -2000 \\ 0 & -3000 & -2000 & 2000 + 3000 \end{bmatrix} \begin{matrix} u_1 \\ u_2 \\ u_3 \\ u_4 \end{matrix} \end{array} \tag{2.5.17}$$

(b) 식 (2.5.17)의 전체 강성행렬을 사용하여 전체좌표계에서의 외력과 변위의 관계식을 만들면 다음과 같다.

$$\begin{Bmatrix} F_{1x} \\ F_{2x} \\ F_{3x} \\ F_{4x} \end{Bmatrix} = \begin{bmatrix} 1000 & 0 & -1000 & 0 \\ 0 & 3000 & 0 & -3000 \\ -1000 & 0 & 3000 & -2000 \\ 0 & -3000 & -2000 & 5000 \end{bmatrix} \begin{Bmatrix} u_1 \\ u_2 \\ u_3 \\ u_4 \end{Bmatrix} \tag{2.5.18}$$

여기에 homogeneous 경계조건인 $u_1 = 0$과 $u_2 = 0$을 식 (2.5.18)에 적용하고, 절점 외력을 대입하고, 식 (2.5.18)의 처음 두 식을 분할하면(혹은 $\{F\}$와 $\{d\}$의 처음 두 행과 $[K]$에서 변위가 0인 경계조건에 상응하는 처음 두 행과 열을 삭제하면)

$$\begin{Bmatrix} 0 \\ 5000 \end{Bmatrix} = \begin{bmatrix} 3000 & -2000 \\ -2000 & 5000 \end{bmatrix} \begin{Bmatrix} u_3 \\ u_4 \end{Bmatrix} \tag{2.5.19}$$

이 되고, 이 식을 풀면

$$u_3 = \frac{10}{11} \text{ in.} \qquad u_4 = \frac{15}{11} \text{ in.} \tag{2.5.20}$$

를 구할 수 있다.

(c) 절점 1과 2에서의 반력을 포함하고 있는 전체 절점력을 구하려면, 식 (2.5.20)과 경계조건인 $u_1 = 0$과 $u_2 = 0$을 다시 식 (2.5.18)에 대입해야 한다. 그러면

$$\begin{Bmatrix} F_{1x} \\ F_{2x} \\ F_{3x} \\ F_{4x} \end{Bmatrix} = \begin{bmatrix} 1000 & 0 & -1000 & 0 \\ 0 & 3000 & 0 & -3000 \\ -1000 & 0 & 3000 & -2000 \\ 0 & -3000 & -2000 & 5000 \end{bmatrix} \begin{Bmatrix} 0 \\ 0 \\ \frac{10}{11} \\ \frac{15}{11} \end{Bmatrix} \tag{2.5.21}$$

이 되고, 이 식을 정리하면 다음과 같다.

$$F_{1x} = \frac{-10,000}{11} \text{ lb} \qquad F_{2x} = \frac{-45,000}{11} \text{ lb} \qquad F_{3x} = 0$$
$$F_{4x} = \frac{55,000}{11} \text{ lb} \tag{2.5.22}$$

이 결과에서 힘 F_{1x}와 F_{2x}의 합이 힘 F_{4x}와 크기는 같고 방향만 반대임을 알 수 있다. 이것은 전체 스프링 구조물의 힘 평형식을 생각해 보면 쉽게 이해할 수 있다.

(d) 이제 각 요소에 걸리는 힘을 구하기 위해서 다시 국부 요소를 표시하는 식 (2.2.17)을 사용한다.

요소 1

$$\begin{Bmatrix} f_{1x}^{(1)} \\ f_{3x}^{(1)} \end{Bmatrix} = \begin{bmatrix} 1000 & -1000 \\ -1000 & 1000 \end{bmatrix} \begin{Bmatrix} 0 \\ \frac{10}{11} \end{Bmatrix} \tag{2.5.23}$$

이 식을 풀면 다음과 같다.

$$f_{1x}^{(1)} = \frac{-10,000}{11} \text{ lb} \qquad f_{3x}^{(1)} = \frac{10,000}{11} \text{ lb} \tag{2.5.24}$$

이 요소의 자유물체도를 그리면 그림 2-9(a)와 같고, 그림에서 볼 수 있는 것처럼 스프링은 식 (2.5.24)와 같은 인장력을 받고 있다. 또한 $f_{1x}^{(1)}$은 식 (2.5.22)의 반력 F_{1x}와 같다. 절점 1의 자유물체도[그림 2-9(b)]는 이 결과를 나타낸다.

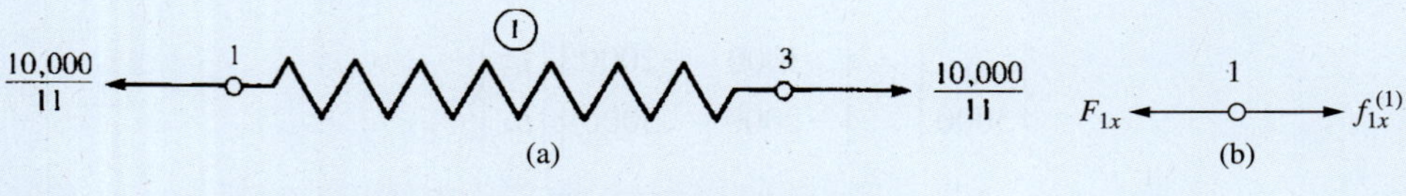

그림 2-9 • (a) 요소 1의 자유물체도, (b) 절점 1의 자유물체도

요소 2

$$\begin{Bmatrix} f_{3x}^{(2)} \\ f_{4x}^{(2)} \end{Bmatrix} = \begin{bmatrix} 2000 & -2000 \\ -2000 & 2000 \end{bmatrix} \begin{Bmatrix} \frac{10}{11} \\ \frac{15}{11} \end{Bmatrix} \tag{2.5.25}$$

이 식을 풀면 다음과 같다.

$$f_{3x}^{(2)} = \frac{-10,000}{11} \text{ lb} \qquad f_{4x}^{(2)} = \frac{10,000}{11} \text{ lb} \tag{2.5.26}$$

이 요소 2의 자유물체도를 그리면 그림 2-10과 같고, 그림에서 볼 수 있는 것처럼 스프링은 식

(2.5.26)과 같은 인장력을 받고 있다.

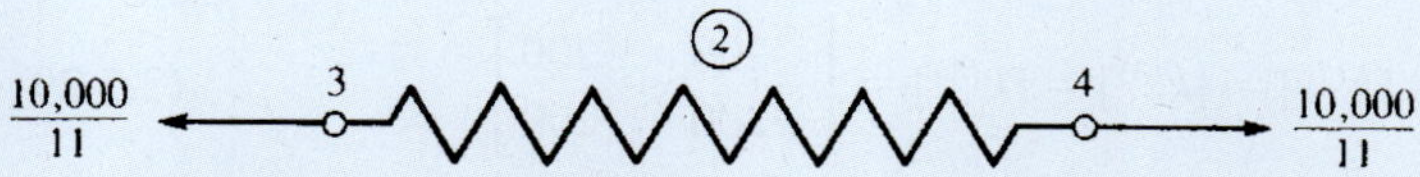

그림 2-10 • 요소 2의 자유물체도

요소 3

$$\begin{Bmatrix} f_{4x}^{(3)} \\ f_{2x}^{(3)} \end{Bmatrix} = \begin{bmatrix} 3000 & -3000 \\ -3000 & 3000 \end{bmatrix} \begin{Bmatrix} \frac{15}{11} \\ 0 \end{Bmatrix} \tag{2.5.27}$$

이 식을 풀면 다음과 같다.

$$f_{4x}^{(3)} = \frac{45,000}{11}\ \text{lb} \qquad f_{2x}^{(3)} = \frac{-45,000}{11}\ \text{lb} \tag{2.5.28}$$

이 요소 3의 자유물체도를 그리면 그림 2-11(a)와 같고, 그림에서 볼 수 있는 것처럼 스프링은 식 (2.5.28)과 같은 인장력을 받고 있다. 또한 f_{2x}는 식 (2.5.22)의 반력 F_{2x}와 같다. 절점 2의 자유물체도[그림 2-11(b)]는 이 결과를 나타낸다.

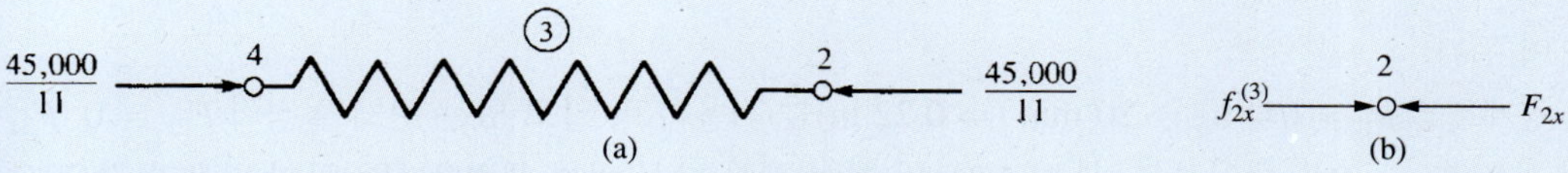

그림 2-11 • (a) 요소 3의 자유물체도, (b) 절점 2의 자유물체도

예제 2.2

그림 2-12와 같은 스프링 구조물에서 (a) 전체 강성행렬, (b) 절점 2~4의 변위, (c) 전체 절점력, (d) 국부 요소 힘을 구하라. 절점 1은 고정점이고, 절점 5는 $\delta = 20.0$ mm의 변위를 갖는다. 스프링 상수는 구조물에 걸쳐 $k = 200$ kN/m로 일정하다.

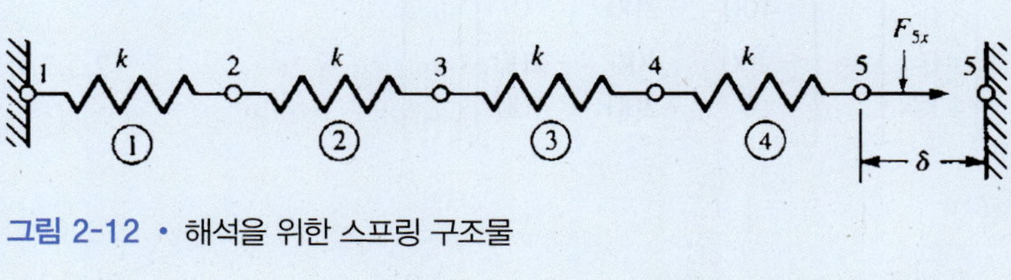

그림 2-12 • 해석을 위한 스프링 구조물

풀이

(a) 식 (2.2.11)을 이용해서 각 요소의 강성행렬을 구하면

$$[k^{(1)}] = [k^{(2)}] = [k^{(3)}] = [k^{(4)}] = \begin{bmatrix} 200 & -200 \\ -200 & 200 \end{bmatrix} \tag{2.5.29}$$

이고, 다시 행렬을 중첩시켜 전체 강성행렬을 구하면

$$[K] = \begin{bmatrix} 200 & -200 & 0 & 0 & 0 \\ -200 & 400 & -200 & 0 & 0 \\ 0 & -200 & 400 & -200 & 0 \\ 0 & 0 & -200 & 400 & -200 \\ 0 & 0 & 0 & -200 & 200 \end{bmatrix} \frac{\text{kN}}{\text{m}} \tag{2.5.30}$$

이 된다.

(b) 전체 강성행렬 식 (2.5.30)을 이용하여 힘−변위 관계식을 세우면

$$\begin{Bmatrix} F_{1x} \\ F_{2x} \\ F_{3x} \\ F_{4x} \\ F_{5x} \end{Bmatrix} = \begin{bmatrix} 200 & -200 & 0 & 0 & 0 \\ -200 & 400 & -200 & 0 & 0 \\ 0 & -200 & 400 & -200 & 0 \\ 0 & 0 & -200 & 400 & -200 \\ 0 & 0 & 0 & -200 & 200 \end{bmatrix} \begin{Bmatrix} u_1 \\ u_2 \\ u_3 \\ u_4 \\ u_5 \end{Bmatrix} \tag{2.5.31}$$

이 된다.

경계조건 $u_1 = 0$과 $u_5 = 20$ mm (= 0.22 m)를 적용하고, 알고 있는 전체 절점력 $F_{2x} = 0$, $F_{3x} = 0$, $F_{4x} = 0$을 대입하고, 식 (2.5.31)의 첫 번째와 다섯 번째 행렬을 분할하면 다음과 같은 식을 얻는다.

$$\begin{Bmatrix} 0 \\ 0 \\ 0 \end{Bmatrix} = \begin{bmatrix} -200 & 400 & -200 & 0 & 0 \\ 0 & -200 & 400 & -200 & 0 \\ 0 & 0 & -200 & 400 & -200 \end{bmatrix} \begin{Bmatrix} 0 \\ u_2 \\ u_3 \\ u_4 \\ 0.02\text{ m} \end{Bmatrix} \tag{2.5.32}$$

주어진 변위(0.02 m)와 그와 관련된 강성계수(−200)를 곱하고, 좌변으로 이항하여 식 (2.5.32)를 다시 쓰면

$$\begin{Bmatrix} 0 \\ 0 \\ 4\text{ kN} \end{Bmatrix} = \begin{bmatrix} 400 & -200 & 0 \\ -200 & 400 & -200 \\ 0 & -200 & 400 \end{bmatrix} \begin{Bmatrix} u_2 \\ u_3 \\ u_4 \end{Bmatrix} \tag{2.5.33}$$

를 구할 수 있고, 이 식을 풀면

$$u_2 = 0.005\text{ m} \qquad u_3 = 0.01\text{ m} \qquad u_4 = 0.015\text{ m} \tag{2.5.34}$$

이 된다.

(c) 경계조건식과 식 (2.5.34)를 식 (2.5.31)에 다시 대입하면 전체 절점력을 구할 수 있다.

$$\begin{aligned} F_{1x} &= (-200)(0.005) = -1.0\ \text{kN} \\ F_{2x} &= (400)(0.005) - (200)(0.01) = 0 \\ F_{3x} &= (-200)(0.005) + (400)(0.01) - (200)(0.015) = 0 \\ F_{4x} &= (-200)(0.01) + (400)(0.015) - (200)(0.02) = 0 \\ F_{5x} &= (-200)(0.015) + (200)(0.02) = 1.0\ \text{kN} \end{aligned} \tag{2.5.35}$$

이 결과에서 볼 수 있는 것처럼, 반력 F_{1x}는 절점 5에서의 변위 $\delta = 20.0$ mm를 일으키기 위한 절점력 F_{5x}와 방향이 반대가 됨을 알 수 있다. 이 결과는 전체 스프링 구조물이 평형상태임을 증명한다.

특정 절점에서 특정 방향으로의 절점 변위가 주어진 경우(이 예에서는 u_5=20 mm) 해당 절점에서의 해당 방향으로의 절점력 F_{5x}는 미지의 값이 되며, 미지의 절점 변위를 모두 구한 후 그 힘을 계산할 수 있음을 상기할 필요가 있다.

(d) 이제 각 요소에 해당하는 국부 요소 방정식 (2.2.17)을 사용하여 요소에 작용하는 힘을 구할 수 있다.

요소 1

$$\begin{Bmatrix} f_{1x}^{(1)} \\ f_{2x}^{(1)} \end{Bmatrix} = \begin{bmatrix} 200 & -200 \\ -200 & 200 \end{bmatrix} \begin{Bmatrix} 0 \\ 0.005 \end{Bmatrix} \tag{2.5.36}$$

이 식 (2.5.36)을 풀면 다음과 같다.

$$f_{1x}^{(1)} = -1.0\ \text{kN} \qquad f_{2x}^{(1)} = 1.0\ \text{kN} \tag{2.5.37}$$

요소 2

$$\begin{Bmatrix} f_{2x}^{(2)} \\ f_{3x}^{(2)} \end{Bmatrix} = \begin{bmatrix} 200 & -200 \\ -200 & 200 \end{bmatrix} \begin{Bmatrix} 0.005 \\ 0.01 \end{Bmatrix} \tag{2.5.38}$$

이 식을 풀면 다음과 같다.

$$f_{2x}^{(2)} = -1\ \text{kN} \qquad f_{3x}^{(2)} = 1\ \text{kN} \tag{2.5.39}$$

요소 3

$$\begin{Bmatrix} f_{3x}^{(3)} \\ f_{4x}^{(3)} \end{Bmatrix} = \begin{bmatrix} 200 & -200 \\ -200 & 200 \end{bmatrix} \begin{Bmatrix} 0.01 \\ 0.015 \end{Bmatrix} \tag{2.5.40}$$

이 식을 풀면 다음과 같다.

$$f_{3x}^{(3)} = -1\,\text{kN} \qquad f_{4x}^{(3)} = 1\,\text{kN} \tag{2.5.41}$$

요소 4

$$\begin{Bmatrix} f_{4x}^{(4)} \\ f_{5x}^{(4)} \end{Bmatrix} = \begin{bmatrix} 200 & -200 \\ -200 & 200 \end{bmatrix} \begin{Bmatrix} 0.015 \\ 0.02 \end{Bmatrix} \tag{2.5.42}$$

이 식을 풀면 다음과 같다.

$$f_{4x}^{(4)} = -1\,\text{kN} \qquad f_{5x}^{(4)} = 1\,\text{kN} \tag{2.5.43}$$

각각의 절점과 요소의 자유물체도를 그려보고, 식 (2.5.35)~(2.5.43)을 이용하여 절점과 요소의 평형을 검증한다.

마지막으로, 이 장에서 제시된 중요한 개념의 복습을 위해 다음의 예제를 해석하도록 하자.

예제 2.3

(a) 2.3절에서 설명한 개념을 이용하여 그림 2-13에 표시된 선형 탄성 구조물에 대해서 경계조건식들, 식 (2.3.3)과 같은 적합 또는 연속조건, 그리고 식 (2.3.4)~(2.3.6)과 같이 표시되는 절점 평형방정식을 기술하라. 그리고 전체 강성행렬과 미지의 전체 변위, 그리고 힘을 구하는 식을 유도하라. 각 요소들의 스프링 상수는 k_1, k_2, k_3이고, P는 절점 2에 가해지는 힘이다.

(b) 직접강성법을 사용하여 (a)에서와 같은 전체 강성행렬을 구하라.

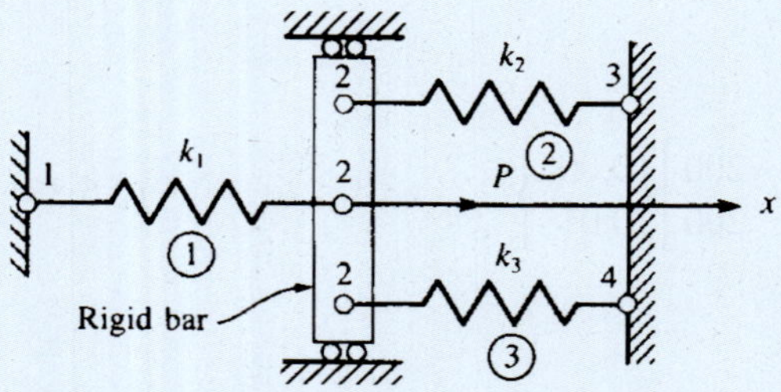

그림 2-13 • 해석을 위한 스프링 구조물

풀이

(a)경계조건은

$$u_1 = 0 \quad u_3 = 0 \quad u_4 = 0 \tag{2.5.44}$$

이고, 절점 2에서의 적합조건식은

$$u_2^{(1)} = u_2^{(2)} = u_2^{(3)} = u_2 \tag{2.5.45}$$

이며, 절점 평형조건은

$$\begin{aligned} F_{1x} &= f_{1x}^{(1)} \\ P &= f_{2x}^{(1)} + f_{2x}^{(2)} + f_{2x}^{(3)} \\ F_{3x} &= f_{3x}^{(2)} \\ F_{4x} &= f_{4x}^{(3)} \end{aligned} \tag{2.5.46}$$

이다. 여기서 부호 규약은 그림 2-2에 표시한 대로 따르기로 한다. 그림 2-14에서는 각 요소와 절점의 자유물체도를 표시하고 있다.

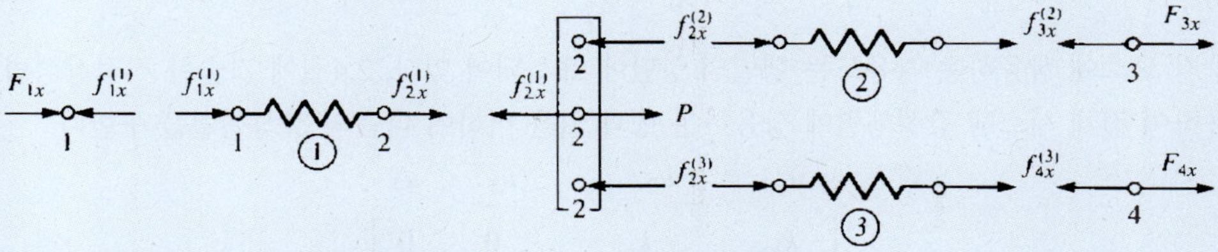

그림 2-14 • 그림 2-13의 스프링 구조물의 요소 및 절점의 자유물체도

식 (2.2.17)의 국부 강성행렬을 각 요소에 적용하고, 적합조건식 (2.5.45)를 적용하면 전체 구조물의 평형방정식은

$$\begin{aligned} F_{1x} &= k_1u_1 - k_1u_2 \\ P &= -k_1u_1 + k_1u_2 + k_2u_2 - k_2u_3 + k_3u_2 - k_3u_4 \\ F_{3x} &= -k_2u_2 + k_2u_3 \\ F_{4x} &= -k_3u_2 + k_3u_4 \end{aligned} \tag{2.5.47}$$

이 되고, 이것을 행렬 형태로 표시하면

$$\begin{Bmatrix} F_{1x} \\ P \\ F_{3x} \\ F_{4x} \end{Bmatrix} = \begin{bmatrix} k_1 & -k_1 & 0 & 0 \\ -k_1 & k_1 + k_2 + k_3 & -k_2 & -k_3 \\ 0 & -k_2 & k_2 & 0 \\ 0 & -k_3 & 0 & k_3 \end{bmatrix} \begin{Bmatrix} u_1 \\ u_2 \\ u_3 \\ u_4 \end{Bmatrix} \tag{2.5.48}$$

이 된다. 따라서 식 (2.5.48)의 우변 전체 강성행렬은 정방 대칭행렬이다. 식 (2.5.44)의 경계조건을 사용하고 식 (2.5.47) 혹은 (2.5.48)의 두 번째 식을 고려하면 u_2에 대해 다음과 같이 표현할 수 있다.

$$u_2 = \frac{P}{k_1 + k_2 + k_3} \tag{2.5.49}$$

이 결과는 2.4절에 기술한 방법과 같이 행렬 {F}와 {d}에서 1, 3, 4행을 삭제하고, 0인 변위에 관계하는 1, 3, 4행과 열을 행렬 [K]에서 삭제한 후, u_2에 관해 풀면 같은 값을 구할 수 있다.

식 (2.5.47)을 사용하여 전체 절점력을 다음과 같이 구할 수 있다.

$$F_{1x} = -k_1 u_2 \qquad F_{3x} = -k_2 u_2 \qquad F_{4x} = -k_3 u_2 \tag{2.5.50}$$

식 (2.5.50)의 힘들은 전체 반력으로 해석될 수 있다. 이 힘이 음수인 이유는 왼쪽 방향(x축과 반대 방향)으로 작용하기 때문이다.

(b) 직접강성법을 사용하여 전체 강성행렬을 유도한다. 우선 식 (2.2.11)을 이용하여 요소 강성행렬을 다음과 같이 표현한다.

$$[k^{(1)}] = \begin{matrix} u_1 & u_2 \end{matrix} \begin{bmatrix} k_1 & -k_1 \\ -k_1 & k_1 \end{bmatrix} \quad [k^{(2)}] = \begin{matrix} u_2 & u_3 \end{matrix} \begin{bmatrix} k_2 & -k_2 \\ -k_2 & k_2 \end{bmatrix} \quad [k^{(3)}] = \begin{matrix} u_2 & u_4 \end{matrix} \begin{bmatrix} k_3 & -k_3 \\ -k_3 & k_3 \end{bmatrix} \tag{2.5.51}$$

여기서 각 요소에 상응하는 자유도는 행렬의 상단에 표시되어 있다. 2.4절에 기술한 직접강성법을 사용하여 전체 시스템 강성행렬에 상응하는 행과 열을 더하여 다음의 강성행렬을 구한다.

$$[K] = \begin{matrix} u_1 & u_2 & u_3 & u_4 \end{matrix} \begin{bmatrix} k_1 & -k_1 & 0 & 0 \\ -k_1 & k_1 + k_2 + k_3 & -k_2 & -k_3 \\ 0 & -k_2 & k_2 & 0 \\ 0 & -k_3 & 0 & k_3 \end{bmatrix} \tag{2.5.52}$$

요소행렬의 각 항은 [k]의 자유도와 일치하는 행렬 [K]의 위치에 각각 더해지는 것을 관찰할 수 있다. 예를 들면, 요소 3은 자유도 u_2와 u_4를 구성하므로, 식 (2.5.52)에 표시된 [K]의 2-2, 2-4, 4-2, 그리고 4-4의 위치에 표현된 [K]에 k_3항들이 더해진다.

직접강성법을 사용하여 전체 행렬 [K]를 구성하면, 전체 방정식은 일반식 (2.3.10), 즉 {F} = [K]{d}를 사용하여 통상의 방법대로 구성할 수 있다. 이 식은 식 (2.5.48)에서 구했으므로 반복하여 해를 구하지 않겠다.

0 또는 0이 아닌 강제 경계조건을 다루는 또 다른 방법으로 **벌칙함수 방법**이 있다. 이 방법은 컴퓨터 프로그램에서 수행하기가 쉽다.

그림 2-15와 같이 외력 F_{1x}와 F_{2x}가 작용하는 단순한 스프링 구조물을 생각해 보자. 힘을

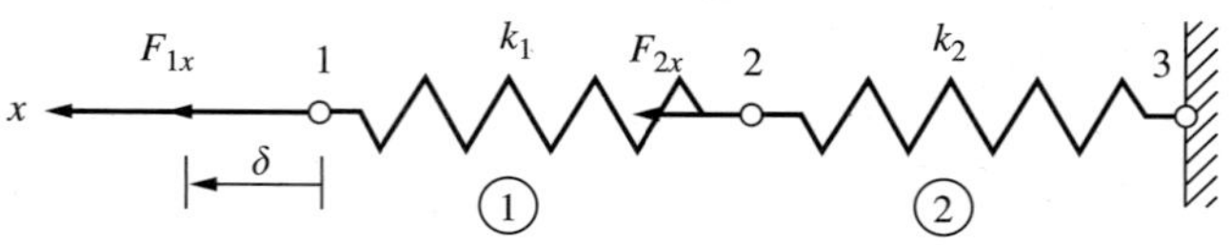

그림 2-15 • 벌칙함수 방법을 설명하기 위한 스프링 구조물

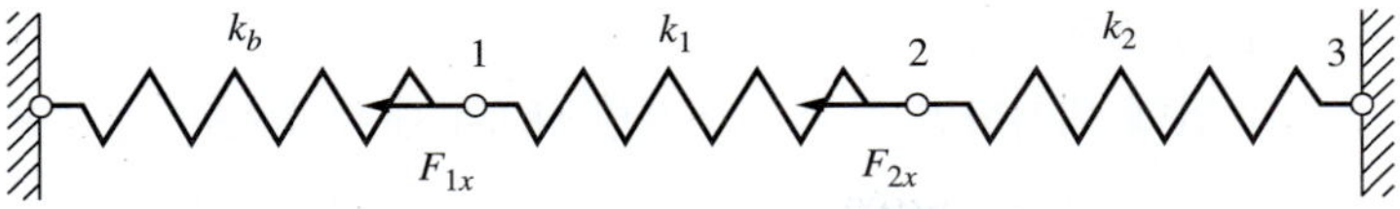

그림 2-16 • 절점 1에 경계 스프링 요소가 추가된 스프링 구조물

받아서 발생한 절점 1에서의 수평 방향 변위가 $u_1 = \delta$라고 가정하자.

그림 2-16과 같이 절점 변위 $u_1 = \delta$의 방향으로 큰 강성 k_b를 가진 또 다른 스프링을 구조물에 추가한다. 이 스프링 강성도는 가장 큰 k_{ii}항의 10^6배 정도 큰 크기여야 한다. 여기서 힘 u_1방향의 힘 $k_b\delta$를 더하고 다음과 같이 통상적인 방법으로 문제를 푼다.

요소 강성행렬은

$$[k^{(1)}] = \begin{bmatrix} k_1 & -k_1 \\ -k_1 & k_1 \end{bmatrix} \qquad [k^{(2)}] = \begin{bmatrix} k_2 & -k_2 \\ -k_2 & k_2 \end{bmatrix} \tag{2.5.53}$$

이다. 직접강성법을 이용하여 요소 강성행렬을 결합하면 전체 강성행렬은 다음과 같다.

$$[K] = \begin{bmatrix} k_1 + k_b & -k_1 & 0 \\ -k_1 & k_1 + k_2 & -k_2 \\ 0 & -k_2 & k_2 \end{bmatrix} \tag{2.5.54}$$

방정식 $\{F\} = [K]\{d\}$를 결합하고 경계조건 $u_3 = 0$을 적용하면

$$\begin{Bmatrix} F_{1x} + k_b\delta \\ F_{2x} \\ F_{3x} \end{Bmatrix} = \begin{bmatrix} k_1 + k_b & -k_1 & 0 \\ -k_1 & k_1 + k_2 & -k_2 \\ 0 & -k_2 & k_2 \end{bmatrix} \begin{Bmatrix} u_1 \\ u_2 \\ u_3 = 0 \end{Bmatrix} \tag{2.5.55}$$

가 된다. 식 (2.5.55)를 풀면

$$u_1 = \frac{F_{2x} - (k_1 + k_2)u_2}{-k_1} \tag{2.5.56}$$

그리고

$$u_2 = \frac{(k_1 + k_b)F_{2x} + F_{1x}k_1 + k_b\delta k_1}{k_b k_1 + k_b k_2 + k_1 k_2} \tag{2.5.57}$$

를 얻을 수 있다. 여기서 k_b가 무한대로 증가하면, 식 (2.5.57)은

$$u_2 = \frac{F_{2x} + \delta k_1}{k_1 + k_2} \tag{2.5.58}$$

로 단순화시킬 수 있다. 같은 방법으로 식 (2.5.56)은

$$u_1 = \delta \tag{2.5.59}$$

이 된다. 이는 처음에 $u_1 = \delta$로 놓고 얻은 결과와 일치한다.

벌칙함수 방법을 사용할 때는 앞의 예제와 같이 매우 큰 요소 강성이 자유도와 평행해야 한다. 만약 k_b가 경사지거나 구조물 안에 위치하면 전체 강성행렬 $[K]$의 대각 성분과 대각이 아닌 성분 모두에 영향을 준다. 이 조건은 방정식 $\{F\} = [K]\{d\}$를 풀 때 수치적인 문제를 발생시킨다. 이 조건을 피하기 위해 3.9절에서 설명된 것처럼 경사진 지지면에서의 변위를 국부적인 형태로 변환한다.

2.6 | 스프링 요소 방정식의 유도를 위한 최소 포텐셜 에너지법

요소에 대한 방정식과 강성행렬을 구하는 또 다른 방법은 **최소 포텐셜 에너지법**(*principle of minimum potential energy*)을 사용하는 것이다(이 원리를 구조역학에 이용하는 방법은 참고문헌 [4]를 참조하기 바란다). 이 방법은 2.2절에서 소개한 방법, 즉 절점과 요소에서의 평형방정식과 재료구성 방정식을 이용하는 방법에 비해 더 일반적이라는 장점이 있다. 그러므로 이 방법을 사용하면 좀 더 많은 자유도를 가진 복잡한 요소, 예를 들어 평면응력-평면 변형률 요소, 축 대칭 응력 요소, 평판 굽힘 요소, 3차원 고체 요소 등과 같은 것들을 쉽게 표현할 수 있다.

참고로 가상 일의 원리(부록 E 참조)는 모든 물체의 거동에 적용될 수 있는 것에 비해 최소 포텐셜 에너지법은 탄성체에만 적용된다. 그러나 두 가지 법칙 모두 이 책에서 다룰 선형 탄성체에서는 동일한 결과를 보여준다. 뿐만 아니라 최소 포텐셜 에너지법은 **변분법**의 일종이므로 포텐셜 에너지와 유사한 범함수(functional)가 유도되는 다른 문제들에 대해서도 적용될 수 있다. 이러한 다른 문제들은 보통 **장**(*field*) **문제**라고 하며, 봉의 비틀림이나 열전달(13장), 유체 유동(14장), 전자기 포텐셜(14장) 문제 등이 대표적이다.

그 외에도 변분법에 명확하게 정의되지 않는 다른 많은 문제가 **가중잔여법**에 의해 유사하게 접근 가능하다. 3.12절에서 갤러킨(Galerkin)법, 이어서 3.13절에서 최소자승법, 부영역 가중잔여법을 설명할 것이다. 3.13절에서는 1차원 봉 문제를 각각의 방법으로 풀고 정확한 해와 비교를 통해 이 방법들을 증명할 것이다(이에 대한 자세한 내용은 참고문헌 [5~7]을 참고하기 바란다).

여기서는 최소 포텐셜 에너지법을 이용하여 스프링 요소에 대한 방정식을 유도하도록 하겠다. 먼저 간단한 요소에 대해서 이 방법을 사용해 보는 것이 앞으로 좀 더 복잡한 문제를 접근하는 데 많은 도움이 될 것이다.

구조물의 전체 포텐셜 에너지 π_p는 변위의 함수로 표시된다. 유한요소 정식화에서 이것은 보통 $\pi_p = \pi_p\,(d_1, d_2, \ldots, d_n)$와 같이 절점 변위로 표시된다. 이때 각 절점 변위의 변화에 따라 π_p가 최소가 되는 경우에 평형방정식이 성립한다. 스프링 요소에 대해서는 2.2절에서 구한 바와 같이 $[k]\{d\} = \{f\}$와 같은 식을 구할 수 있음을 보여줄 것이다.

최소 포텐셜 에너지법은 다음과 같이 표현될 수 있다.

> 기하학적으로 가능한 물체의 모든 형상 가운데 물체의 안정적인 평형을 만족하는 형상은 전체 포텐셜 에너지의 최솟값을 통해 확인한다.

이 원리를 좀 더 자세히 설명하기 위해 포텐셜 에너지와 함수의 정지치 의미를 살펴보기로 하겠다. 이제 이 두 가지 개념을 소개하고자 한다.

전체 포텐셜 에너지는 내부 변형 에너지 U와 외력의 포텐셜 에너지 Ω를 합한 값을 말한다. 즉, 다음과 같다.

$$\pi_p = U + \Omega \tag{2.6.1}$$

변형 에너지란 내부 응력이 구조물에 일을 해주어서 변형을 일으킬 수 있는 정도를 말한다. Ω는 체적력, 표면력, 절점에 가해지는 외력 등이 변형 중에 수행할 수 있는 일의 최대 크기이다.

내부 변형 에너지의 개념에 대한 이해를 위해 외력에 의한 외부 일(external work)에 대해 설명할 필요가 있다. 이 절에서 언급하는 외부 일은 절점에 작용하는 절점력에 의한 일량만 의미함을 밝혀둔다. 3장 10절에서는 자중과 같은 체적력 및 분포하중과 같은 표면력에 의한 외부 일도 고려가 될 것이다. 외부 일은 선형 탄성적으로 거동하는 구조체에[여기서는 그림 2-17(a)에 보인 탄성 스프링을 고려한다] 점진적으로 증가하는 외력이 영구 변형을 일으키는 최댓값 이하까지 작용함으로써 발생한다. 최대 변형량 x_{max}는 그림 2-17(b)에 보인 바와 같이 외력의 크기가 최대치에 도달하였을 때 발생한다. 외부 일은 그림 2-17(b)에 보인 힘–변위 곡선의 아래 면적으로 정의되며, 탄성 스프링의 경우 이 힘–변위 곡선의 기울기가 스프링 상수 k가 된다. 따라서 외부 일 W_e는 외력 벡터 **F**와 미소 변위 벡터 dx의 내적의 적분으로 주어지며 이는 식 (2.6.2)와 같이 표현된다.

$$W_e = \int F \cdot dx = \int_0^{x_{max}} F_{max}\left(\frac{x}{x_{max}}\right) dx = F_{max}x_{max}/2 \tag{2.6.2}$$

여기서 식 (2.6.2)의 F는 다음과 같이 주어진다.

$$F = F_{max}(x/x_{max}) \tag{2.6.3}$$

식 (2.6.2)에서 외력 F와 미소 변위 벡터 dx가 같은 방향을 가질 때 두 벡터 간의 내적은 식 (2.6.2)의 두 번째 적분과 같이 표현이 가능하다.

에너지 보존법칙에 따라 외력 F에 의한 외부 일은 스프링의 변형 에너지로 변환이 되며 이는 다음과 같이 주어진다.

$$W_e = U = F_{max}x_{max}/2 \tag{2.6.4}$$

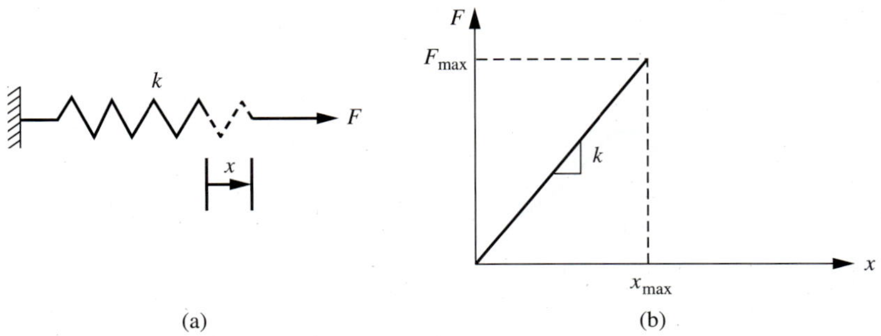

그림 2-17 • (a) 점진적으로 증가하는 하중 F를 받는 스프링, (b) 선형 스프링에 대한 힘–변위 곡선

스프링에 가해진 외력이 점진적으로 줄어들어 그 크기가 0이 되면 스프링은 원래의 형상으로 돌아온다. 이 과정에서 변형된 탄성 스프링에 저장되었던 에너지가 되돌려지는데 이를 **내부 변형 에너지** 혹은 단순히 **변형 에너지**라고 부른다. 또한

$$F_{\max} = kx_{\max} \tag{2.6.5}$$

이 성립하며, 식 (2.6.5)를 식 (2.6.4)에 대입함으로써 변형 에너지를 다음과 같이 표현할 수 있다.

$$U = kx_{\max}^2/2 \tag{2.6.6}$$

한편, 외력의 포텐셜 에너지는 외부 일과 반대의 부호를 가지게 되는데 이는 외력에 의해 일이 행해지는 동안 외력의 포텐셜 에너지는 감소하기 때문이다. 외력의 포텐셜 에너지는 다음과 같이 표현이 가능하다.

$$\Omega = -F_{\max}x_{\max} \tag{2.6.7}$$

따라서 식 (2.6.6)과 식 (2.6.7)을 식 (2.6.1)에 대입하면 전체 포텐셜 에너지에 대한 다음의 식을 얻을 수 있다.

$$\pi_p = \frac{1}{2}kx_{\max}^2 - F_{\max}x_{\max} \tag{2.6.8}$$

$F_{\max}$와 $x_{\max}$ 대신 임의의 외력 F와 이에 해당되는 스프링 변형 x를 고려하면 U와 Ω는

$$U(x) = kx^2/2 \tag{2.6.8a}$$

$$\Omega(x) = -Fx \tag{2.6.8b}$$

이 되고, 식 (2.6.8a)와 식 (2.6.8b)를 식 (2.6.1)에 대입하면 전체 포텐셜 에너지를 다음과 같이 얻을 수 있다.

$$\pi_p(x) = \frac{1}{2}kx^2 - Fx \tag{2.6.9}$$

함수 G에 있어서 **정지치**(*stationary value*)에 대한 개념은 그림 2-18에 잘 나타나 있다(최소 포텐셜 에너지 법칙의 정의에 사용). 여기서 G가 x의 함수라고 하면, 정지치는 최댓값, 최솟

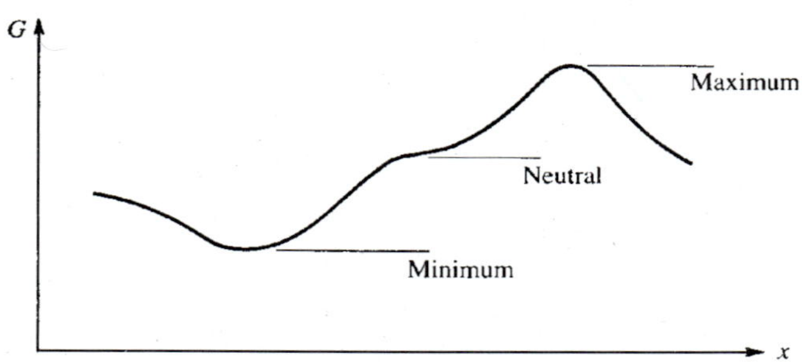

그림 2-18 • 함수의 정지치

값, 변곡점이 될 수 있다. $G(x)$의 정지치에 대응하는 x값을 찾으려면 미적분에서 배운 바와 같이, 함수를 x에 대해 미분하고 그 값이 0이 되는 점을 찾으면 된다.

$$\frac{dG}{dx} = 0 \tag{2.6.10}$$

이 과정을 함수 G 대신 π_p로 치환하고, x를 이산값(절점 변위)인 d_i로 치환하여 다시 수행하면 된다. 변분법에 의하면(참고문헌 [8] 참조), π_p의 1차 변분($\delta\pi_p$라고 표시함, δ는 임의의 변화 혹은 변분을 나타낸다)이 π_p의 최소화에 사용됨을 알 수 있다. 그러나 여기서는 변분법의 사용을 피하고 일반적인 미적분학의 방법을 사용하여 π_p를 최소화할 수 있음을 보이기로 한다. 최소 포텐셜 에너지법을 사용하기 위해서—즉 π_p를 최소화하는—변위의 함수로 다음과 같이 일반적으로 표현할 수 있는 π_p의 **변분**(*variation*)을 하는 것이다.

$$\delta\pi_p = \frac{\delta\pi_p}{\delta d_1}\delta d_1 + \frac{\delta\pi_p}{\delta d_2}\delta d_2 + \cdots + \frac{\delta\pi_p}{\delta d_n}\delta d_n \tag{2.6.11}$$

원리에 의하면 평형상태로부터의 적합성을 만족시키는 임의의 허용 변분 δd_i에 대해 $\delta\pi_p = 0$(포텐셜 에너지 변화 $= 0$)이 되도록 하는 d_i가 구조물의 평형상태를 만족시킴을 알 수 있다. **허용 변분**은 변위가 경계조건을 만족하고, 각 요소들 간의 연결조건을 만족하는 한도 내에서의 변형을 말한다. 그림 2-19(a)는 정해진 변위 u_1과 u_2를 가지는 스프링에 대해서 가상적인 축 변형과 실제의 축 변형을 표시한 그림이다. 그림 2-19(b)는 끝점 1과 2 사이에서 기울기의 불연속성과 오른쪽 끝에서의 경계조건 $u(L) = u_2$의 불만족으로 인해 허용할 수 없는 함수를 보여

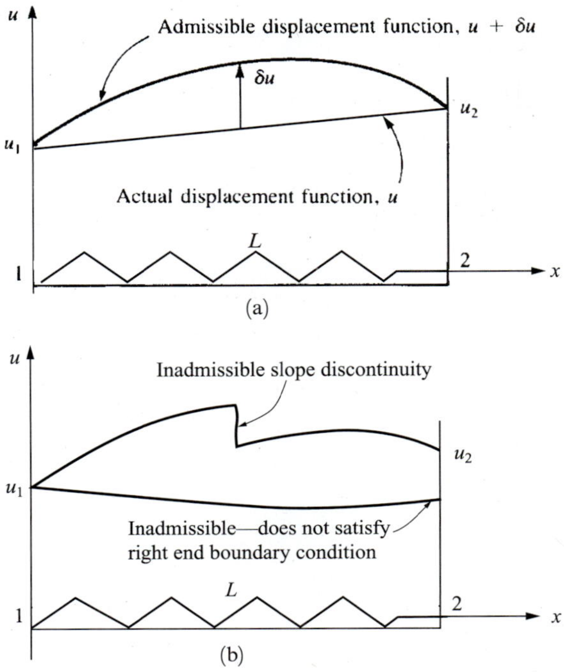

그림 2-19 • (a) 실제 변위 및 허용 변위함수, (b) 허용할 수 없는 변위함수

준다. 여기서 δu는 u의 변분을 말한다. 일반적으로 유한요소 식에서 δu는 보통 δd_i로 대치된다. δd_i의 값이 보통은 0이 되지 않는다. 그러므로 $\delta \pi_p = 0$을 만족시키려면 δd_i에 관련된 모든 계수가 각각 0이 되어야 한다. 따라서

$$\frac{\partial \pi_p}{\partial d_i} = 0 \qquad (i = 1, 2, 3, \ldots, n) \qquad \text{또는} \qquad \frac{\partial \pi_p}{\partial \{d\}} = 0 \tag{2.6.12}$$

이며, 여기서 n개의 방정식을 풀어 구조물의 정적 평형상태를 주는 n개의 d_i값을 구한다. 식 (2.6.12)는 π_p의 변분이란 π_p의 변수인 미지의 변위에 대한 π_p의 미분과 같은 의미로서 이해할 수 있음을 보여준다. 선형 탄성체에서는 평형상태에서 π_p가 최소가 된다는 것이 참고문헌 [4]에 주어져 있다.

스프링 요소에 대한 식을 설명하기 전에 먼저 예제 2.4에서처럼 한 개의 자유도를 갖는 선형 스프링 요소를 예로 들어 최소 포텐셜 에너지법에 대한 설명을 하도록 하겠다. 이 예제에서 평형상태에서의 스프링의 위치는 포텐셜 에너지가 최소인 상태임을 알 수 있다.

예제 2.4

그림 2-20에서처럼 1000 lb의 힘을 받는 선형 스프링 요소에서 각각의 변위에 대해서 포텐셜 에너지를 계산하고, 최소가 되는 점이 평형상태와 일치함을 보여라.

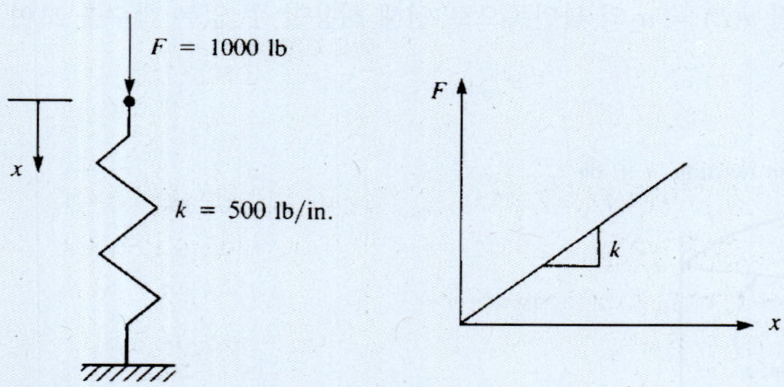

그림 2-20 • 힘을 받는 스프링; 힘-변위 관계식

풀이

먼저 전체 포텐셜 에너지를 다음과 같이 계산한다.

$$\pi_p = U + \Omega$$

여기서

$$U = \frac{1}{2}(kx)x \qquad \text{그리고} \qquad \Omega = -Fx$$

이다.

이제 표준 수학을 사용해서 π_p가 최소가 되는 점을 찾아보도록 한다. π_p의 x에 대한 변화량을

구하면, 즉 식 (2.6.11)과 (2.6.12)와 같이 π_p의 x에 대한 미분값을 구하면(π_p가 오직 하나의 변위 x의 함수이기 때문에)

$$\delta\pi_p = \frac{\partial\pi_p}{\partial x}\delta x = 0$$

이며, 여기서 δx는 임의의 값이고 일반적으로 0이 아니므로

$$\frac{\partial\pi_p}{\partial x} = 0$$

이 된다. 이번 예제의 π_p에 대한 수식을 대입하면 다음을 얻는다. 즉,

$$\frac{\partial\pi_p}{\partial x} = 500x - 1000 = 0$$

또는

$$x = 2.00 \text{ in.}$$

이 값을 다시 π_p에 대입하면

$$\pi_p = 250(2)^2 - 1000(2) = -1000 \text{ lb-in.}$$

가 되며, 이것은 표 2-1에서 얻는 값과 일치함을 알 수 있다. 여기서 $U = \frac{1}{2}(kx)x$는 변형 에너지이다. 다시 말해 그림 2-20의 힘-변형 그래프의 아래 면적과 일치하는 값이다. $\Omega = -Fx$는 하중 F의 포텐셜 에너지가 된다. 주어진 F와 k값에 대해서는

$$\pi_p = \frac{1}{2}(500)x^2 - 1000x = 250x^2 - 1000x$$

가 된다.

이제 π_p의 최솟값을 여러 가지의 스프링 변위 x에 대해서 계산한다. 그러면 표 2-1과 같은 결과를 얻을 수 있다. 이 π_p와 x의 관계를 그래프로 그린 것이 그림 2-21이다. 이 그림에서

표 2-1 여러 스프링 변형량에 대한 전체 포텐셜 에너지

Deformation x, in.	Total Potential Energy π_p, lb-in.
–4.00	8000
–3.00	5250
–2.00	3000
–1.00	1250
0.00	0
1.00	– 750
2.00	–1000
3.00	–750
4.00	0
5.00	1250

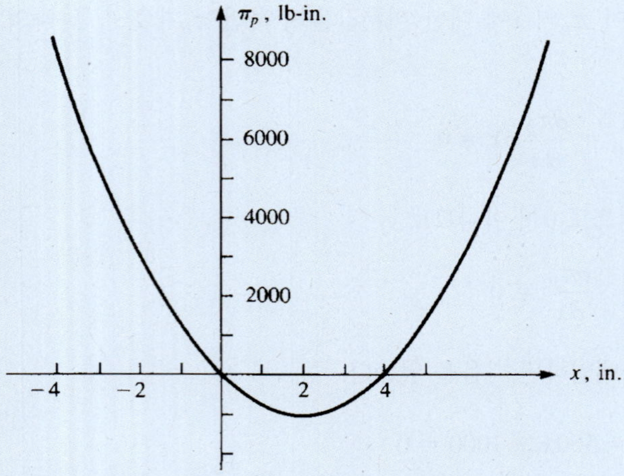

그림 2-21 • 스프링 변형에 따른 포텐셜 에너지

$x = 2.00$ in.에서 π_p가 최솟값을 가짐을 알 수 있다. 이 변형된 위치는 $(\partial\pi_p/\partial x) = 500(2) - 1000 = 0$에 의해 평형상태의 위치와 동일하다.

이제 스프링 요소에 대한 방정식과 강성행렬을 최소 포텐셜 에너지법을 이용하여 유도한다. 그림 2-22와 같이 절점에 힘을 받는 경우를 생각해 보자. 식 (2.6.9)를 사용하면 전체 포텐셜 에너지는

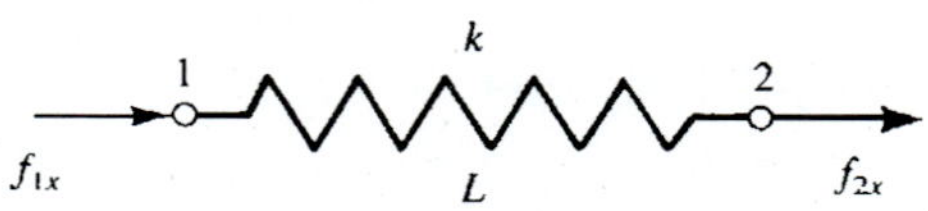

그림 2-22 • 절점력을 받는 선형 스프링

$$\pi_p = \frac{1}{2}k(u_2 - u_1)^2 - f_{1x}u_1 - f_{2x}u_2 \tag{2.6.13}$$

가 되며, 여기서 $u_2 - u_1$이 식 (2.6.9)에서의 스프링 변형이 된다. 식 (2.6.13)에서 오른쪽 첫 번째 항은 스프링에서의 변형 에너지이다. 식 (2.6.13)을 정리하면

$$\pi_p = \frac{1}{2}k(u_2^2 - 2u_2u_1 + u_1^2) - f_{1x}u_1 - f_{2x}u_2 \tag{2.6.14}$$

가 되며, 각 절점 변위에 대해서 π_p가 최소가 되려면 π_p의 편도함수가

$$\begin{aligned} \frac{\partial\pi_p}{\partial u_1} &= \frac{1}{2}k(-2u_2 + 2u_1) - f_{1x} = 0 \\ \frac{\partial\pi_p}{\partial u_2} &= \frac{1}{2}k(2u_2 - 2u_1) - f_{2x} = 0 \end{aligned} \tag{2.6.15}$$

이 된다. 이 식을 정리하면

$$\begin{aligned} k(-u_2 + u_1) &= f_{1x} \\ k(u_2 - u_1) &= f_{2x} \end{aligned} \tag{2.6.16}$$

이며, 행렬 형태로 표시하면

$$\begin{bmatrix} k & -k \\ -k & k \end{bmatrix} \begin{Bmatrix} u_1 \\ u_2 \end{Bmatrix} = \begin{Bmatrix} f_{1x} \\ f_{2x} \end{Bmatrix} \tag{2.6.17}$$

이다. 여기서 $\{f\} = [k]\{d\}$이므로, 스프링 요소에 대한 강성행렬은 다음과 같다.

$$[k] = \begin{bmatrix} k & -k \\ -k & k \end{bmatrix} \tag{2.6.18}$$

예상한 것처럼 식 (2.6.18)은 2.2절에서 구한 식 (2.2.18)과 일치함을 알 수 있다.

지금까지 하나의 스프링 요소에 대해서 절점 변위의 함수로 표현된 전체 포텐셜 에너지를 최소로 하는 방법을 통해서 하나의 스프링 요소에 대한 평형방정식을 구하는 방법을 살펴보았다(예제 2.4 참조). 우리는 또한 전체 포텐셜 에너지를 각 절점 자유도에 따라 최소화하여 유한 요소 스프링 요소 방정식을 구하였다. 이제 전체 구조물(여기서는 스프링의 조합구조물)의 전체 포텐셜 에너지를 각 절점 자유도에 대해 최소화할 수 있으며 이 최소화는 결과를 제공한다. 그 결과가 앞에서 직접강성법에 의해 구한 것과 일치함을 보이도록 하겠다.

예제 2.5

예제 2.1의 스프링 구조물(그림 2-23)의 전체 포텐셜 에너지를 구하고 최솟값을 찾아라. 각 요소의 방정식을 조합하는 것은 전체 포텐셜 에너지의 최솟값을 구하는 방법으로 행할 수 있다.

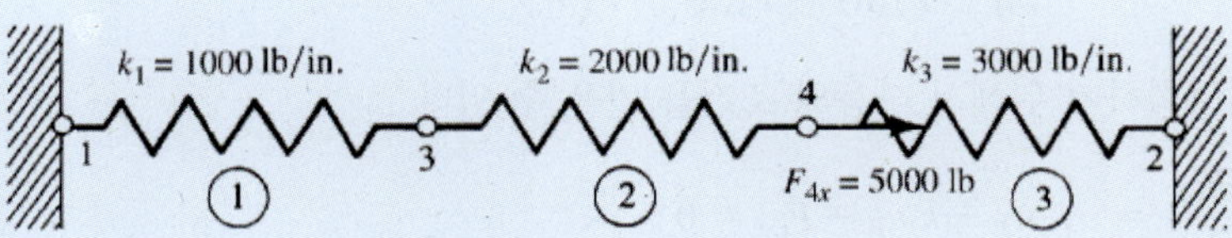

그림 2-23 • 세 스프링으로 구성된 스프링 구조물

풀이

식 (2.6.8a)에 따라 스프링 1에 저장된 변형 에너지는 다음과 같이 주어진다.

$$U^{(1)} = k_1(u_3 - u_1)^2/2 \tag{2.6.19}$$

여기서 절점변위의 차이 $u_3 - u_1$은 스프링 1의 변형 x를 의미한다.
식 (2.6.19)는 다음과 같이 행렬식으로 표현이 가능하고

$$U^{(1)} = \frac{1}{2}[u_3 \ u_1]\begin{bmatrix} k_1 & -k_1 \\ -k_1 & k_1 \end{bmatrix}\begin{Bmatrix} u_3 \\ u_1 \end{Bmatrix} = \frac{1}{2}\{d\}^{\mathrm{T}}[K]\{d\} \tag{2.6.20}$$

식 (2.6.20)에 따르면 변형 에너지 U는 절점 변위의 2차 함수의 꼴로 주어진다.

스프링 2와 3에 대한 변형 에너지 또한 유사한 형태로 주어진다.

$$U^{(2)} = k_2(u_4 - u_3)^2/2 \qquad \text{그리고} \qquad U^{(3)} = k_3(u_2 - u_4)^2/2 \tag{2.6.21}$$

행렬식으로 표현된 변형 에너지 또한 식 (2.6.20)의 스프링 1과 유사한 형태를 가진다.

변형 에너지는 스칼라양이므로, 시스템의 전체 변형 에너지는 각각의 스프링의 변형 에너지를 단순히 더함으로 얻을 수 있다.

$$U = \sum_{i=1}^{3} U^{(e)} \tag{2.6.22}$$

절점 번호 순서에 따라 정렬된 절점력에 대한 포텐셜 에너지는 다음과 같이 표현이 가능하다.

$$\Omega = -(F_{1x}u_1 + F_{3x}u_3 + F_{4x}u_4 + F_{2x}u_2) \tag{2.6.23}$$

식 (2.6.23)은 다음과 같은 행렬식으로 변환 가능하다.

$$\Omega = -[u_1 \ u_2 \ u_3 \ u_4]\begin{Bmatrix} F_{1x} \\ F_{2x} \\ F_{3x} \\ F_{4x} \end{Bmatrix} \tag{2.6.24}$$

결합된 스프링에 대한 전체 포텐셜 에너지는 식 (2.6.19), 식 (2.6.21) 및 식 (2.6.23)에 주어진 변형 에너지와 외력의 포텐셜 에너지의 합으로 주어진다.

$$\begin{aligned} \Pi_p = U + \Omega = &\frac{1}{2}k_1(u_3 - u_1)^2 + \frac{1}{2}k_2(u_4 - u_3)^2 + \frac{1}{2}k_3(u_2 - u_4)^2 \\ &- F_{1x}u_1 - F_{2x}u_2 - F_{3x}u_3 - F_{4x}u_4 \end{aligned} \tag{2.6.25}$$

절점 변위에 따라 π_p를 최소화하기 위해서 다음의 조건을 얻을 수 있다.

$$\begin{aligned} \frac{\partial \pi_p}{\partial u_1} &= -k_1u_3 + k_1u_1 - F_{1x} = 0 \\ \frac{\partial \pi_p}{\partial u_2} &= k_3u_2 - k_3u_4 - F_{2x} = 0 \\ \frac{\partial \pi_p}{\partial u_3} &= k_1u_3 - k_1u_1 - k_2u_4 + k_2u_3 - F_{3x} = 0 \\ \frac{\partial \pi_p}{\partial u_4} &= k_2u_4 - k_2u_3 - k_3u_2 + k_3u_4 - F_{4x} = 0 \end{aligned} \tag{2.6.26}$$

식 (2.6.26)을 행렬식으로 표현하면

$$\begin{bmatrix} k_1 & 0 & -k_1 & 0 \\ 0 & k_3 & 0 & -k_3 \\ -k_1 & 0 & k_1 + k_2 & -k_2 \\ 0 & -k_3 & -k_2 & k_2 + k_3 \end{bmatrix} \begin{Bmatrix} u_1 \\ u_2 \\ u_3 \\ u_4 \end{Bmatrix} = \begin{Bmatrix} F_{1x} \\ F_{2x} \\ F_{3x} \\ F_{4x} \end{Bmatrix} \tag{2.6.27}$$

이 되고, 식 (2.6.27)의 k_1, k_2, k_3에 실제 값을 대입하면 다음과 같은 행렬식을 얻을 수 있다.

$$\begin{bmatrix} 1000 & 0 & -1000 & 0 \\ 0 & 3000 & 0 & -3000 \\ -1000 & 0 & 3000 & -2000 \\ 0 & -3000 & -2000 & 5000 \end{bmatrix} \begin{Bmatrix} u_1 \\ u_2 \\ u_3 \\ u_4 \end{Bmatrix} = \begin{Bmatrix} F_{1x} \\ F_{2x} \\ F_{3x} \\ F_{4x} \end{Bmatrix} \tag{2.6.28}$$

식 (2.6.28)은 2.4절에 설명된 직접강성법을 통해 얻은 식 (2.5.18)과 동일한 형태를 띠고 있음을 확인할 수 있다. 따라서 최소 포텐셜 에너지 원리에 기반하여 유도된 방정식은 직접강성법을 통해 도출된 방정식과 같은 결과를 주는 것을 알 수 있다.

식의 정리(Summary Equations)

요소 강성행렬의 정의:

$$\{f\} = [k]\{d\} \tag{2.1.1}$$

구조물의 전체 강성행렬의 정의:

$$\{F\} = [K]\{d\} \tag{2.1.2}$$

스프링 요소의 절점력과 절점 변위에 대한 행렬 방정식:

$$\begin{Bmatrix} f_{1x} \\ f_{2x} \end{Bmatrix} = \begin{bmatrix} k & -k \\ -k & k \end{bmatrix} \begin{Bmatrix} u_1 \\ u_2 \end{Bmatrix} \tag{2.2.10}$$

선형 스프링 요소의 강성행렬:

$$[k] = \begin{bmatrix} k & -k \\ -k & k \end{bmatrix} \tag{2.2.11}$$

스프링 구조물의 전체 방정식:

$$[F] = [K]\{d\} \tag{2.2.13}$$

전체 포텐셜 에너지:

$$\pi_p = U + \Omega \tag{2.6.1}$$

스프링 구조물의 변형 에너지:

$$U = \frac{1}{2}\{d\}^T[K]\{d\} \tag{2.6.20}$$

참고문헌

[1] Turner, M. J., Clough, R. W., Martin, H. C., and Topp, L. J., "Stiffness and Deflection Analysis of Complex Structures," *Journal of the Aeronautical Sciences*, Vol. 23, No. 9, pp. 805~824, Sept. 1956.

[2] Martin, H. C., *Introduction to Matrix Methods of Structural Analysis*, McGraw-Hill, New York, 1966.

[3] Hsieh, Y. Y., *Elementary Theory of Structures*, 2nd ed., Prentice-Hall, Englewood Cliffs, N. J, 1982.

[4] Oden, J. T., and Ripperger, E. A., *Mechanics of Elastic Structures*, 2nd ed., McGraw-Hill, New York, 1981.

[5] Finlayson, B. A., *The Method of Weighted Residuals and Variational Principles*, Academic Press, New York, 1972.

[6] Zienkiewicz, O. C., *The Finite Element Method*, 3rd ed., McGraw-Hill, London, 1977.

[7] Cook, R. D., Malkus, D. S., Plesha, M. E., and Witt, R. J., *Concepts and Applications of Finite Element Analysis*, 4th ed., Wiley, New York, 2002.

[8] Forray, M. J., *Variational Calculus in Science and Engineering*, McGraw-Hill, New York, 1968.

연습문제

2.1 **a.** Obtain the global stiffness matrix $[K]$ of the assemblage shown in Figure P2–1 by superimposing the stiffness matrices of the individual springs. Here k_1, k_2, and k_3 are the stiffnesses of the springs as shown.

b. If nodes 1 and 2 are fixed and a force P acts on node 4 in the positive x direction, find an expression for the displacements of nodes 3 and 4.

c. Determine the reaction forces at nodes 1 and 2.

(*Hint*: Do this problem by writing the nodal equilibrium equations and then making use of the force/displacement relationships for each element as done in the first part of Section 2.4. Then solve the problem by the direct stiffness method.)

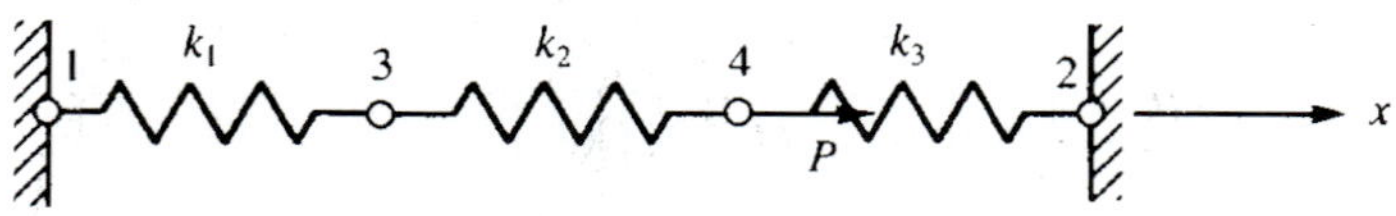

Figure P2-1 •

2.2 For the spring assemblage shown in Figure P2 – 2, determine the displacement at node 2 and the forces in each spring element. Also determine the force F_3. Given: Node 3 displaces an amount $\delta = 1$ in. in the positive x direction because of the force F_3 and $k_1 = k_2 = 1000$ lb/in.

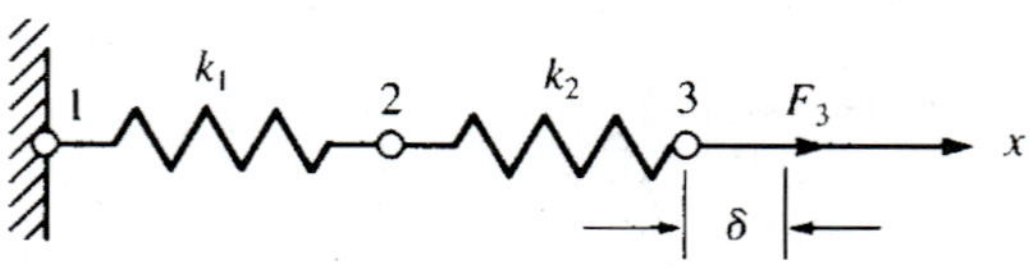

Figure P2-2 •

2.3 **a.** For the spring assemblage shown in Figure P2–3, obtain the global stiffness matrix by direct superposition.

b. If nodes 1 and 5 are fixed and a force P is applied at node 3, determine the nodal displacements.

c. Determine the reactions at the fixed nodes 1 and 5.

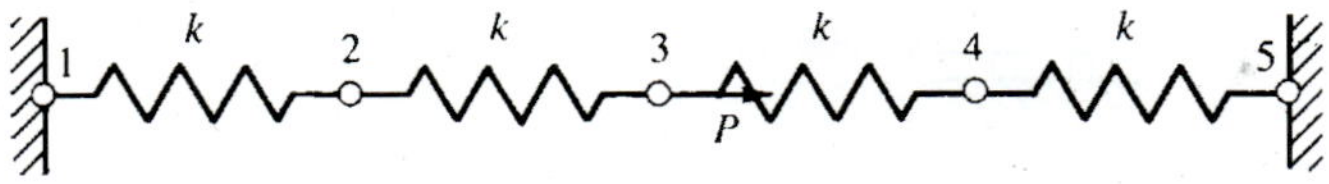

Figure P2-3 •

2.4 Solve Problem 2.3 with $P = 0$ (no force applied at node 3) and with node 5 given a fixed, known displacement of δ as shown in Figure P2–4.

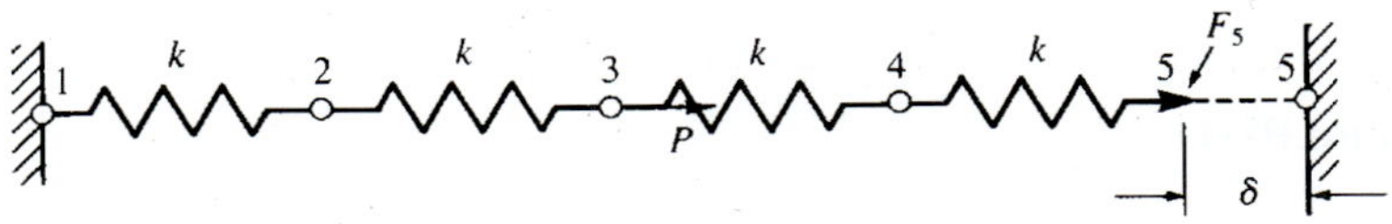

Figure P2-4 •

2.5 For the spring assemblage shown in Figure P2-5, obtain the global stiffness matrix by the direct stiffness method. Let $k^{(1)} = 1$ kip in., $k^{(2)} = 2$ kip in., $k^{(3)} = 3$ kip in., $k^{(4)} = 4$ kip/in., and $k^{(5)} = 5$ kip/in.

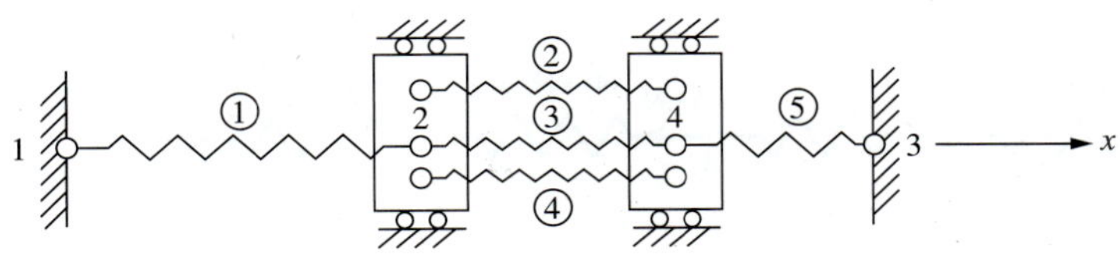

Figure P2-5 •

2.6 For the spring assemblage in Figure P2-5, apply a concentrated force of 3 kips at node 2 in the positive x direction and determine the displacements at nodes 2 and 4.

2.7 Instead of assuming a tension element as in Figure P2-3, now assume a compression element. That is, apply compressive forces to the spring element and derive the stiffness matrix.

2.8~2.16 For the spring assemblages shown in Figures P2-8 through P2-16, determine the nodal displacements, the forces in each element, and the reactions. Use the direct stiffness method for all problems.

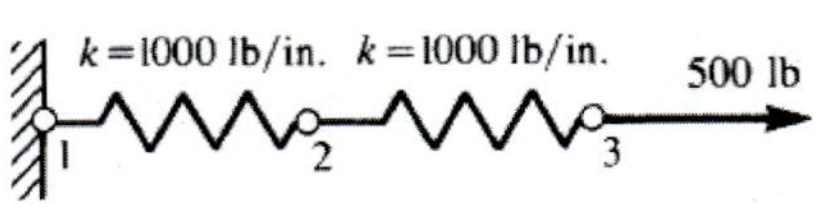

Figure P2-8 •

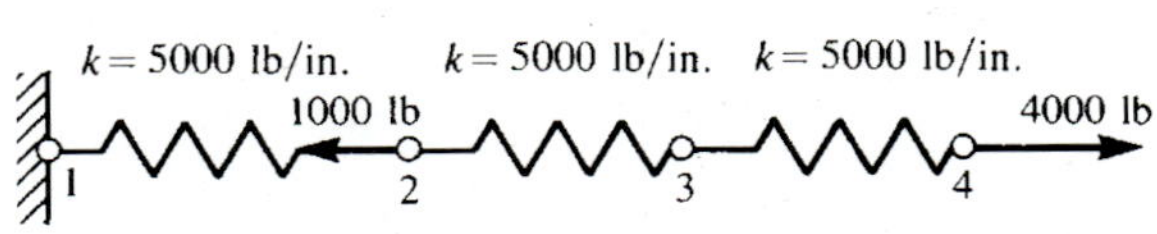

Figure P2-9 •

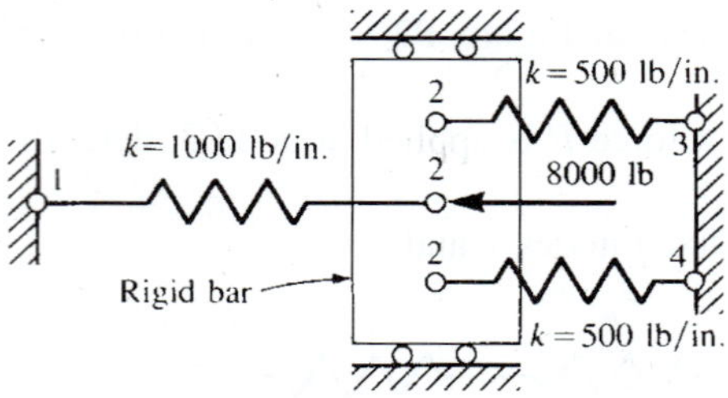

Figure P2-10 •

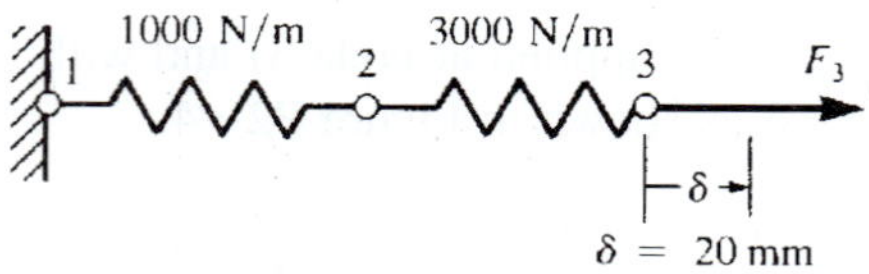

Figure P2-11 •

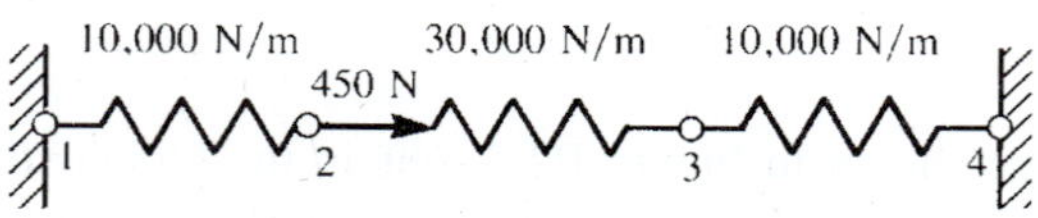

Figure P2-12 •

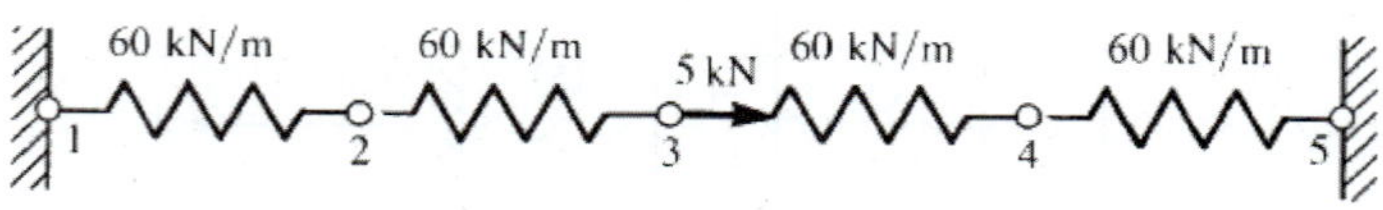

Figure P2-13 •

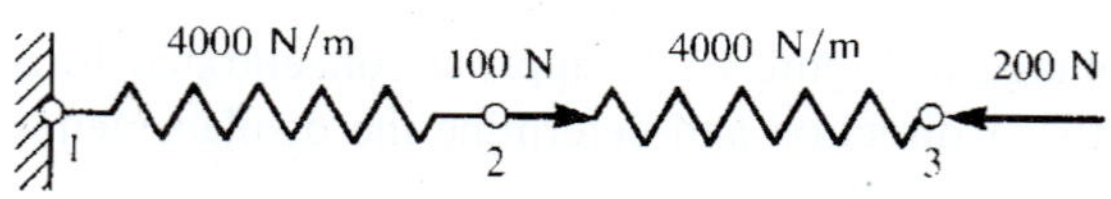

Figure P2-14 •

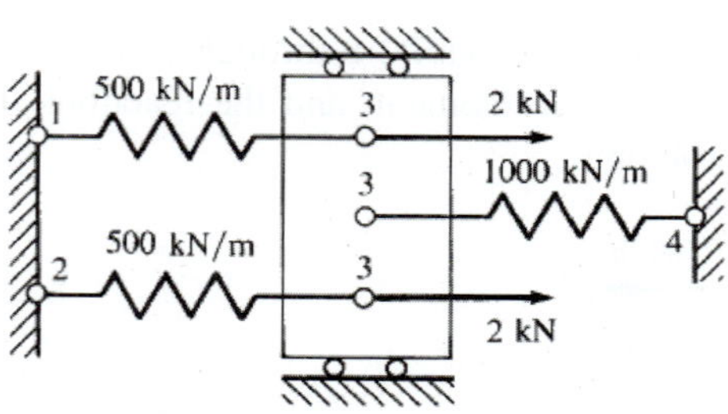

Figure P2-15 •

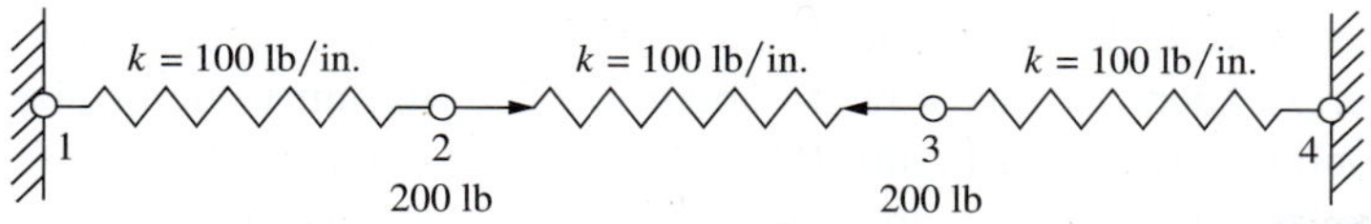

Figure P2-16 •

2.17 For the five-spring assemblage shown in Figure P2-17, determine the displacements at nodes 2 and 3 and the reactions at nodes 1 and 4. Assume the rigid vertical bars at nodes 2 and 3 connecting the springs remain horizontal at all times but are free to slide or displace left or right. There is an applied force at node 3 of 1000 N to the right.

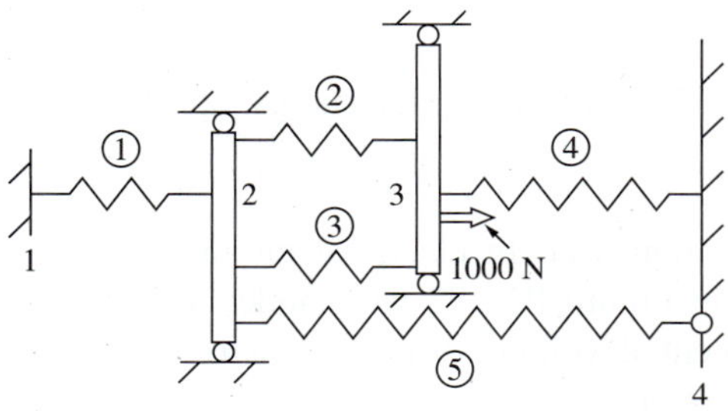

Figure P2-17 •

Let $k^{(1)} = 500$ N/mm, $k^{(2)} = k^{(3)} = 300$ N/mm, and $k^{(4)} = k^{(5)} = 400$ N/mm.

2.18 Use the principle of minimum potential energy developed in Section 2.6 to solve the spring problems shown in Figure P2-18. That is, plot the total potential energy for variations in the displacement of the free end of the spring to determine the minimum potential energy. Observe that the displacement that yields the minimum potential energy also yields the stable equilibrium position.

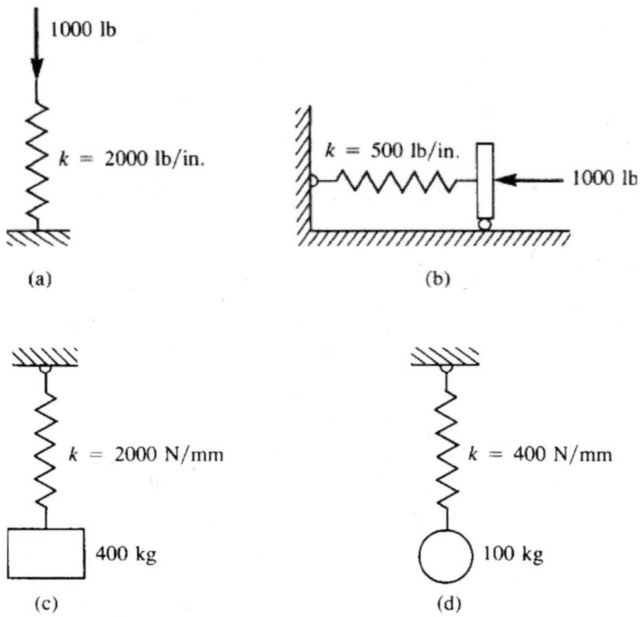

Figure P2-18 •

2.19 Reverse the direction of the load in Example 2.4 and recalculate the total potential energy. Then use this value to obtain the equilibrium value of displacement.

2.20 The nonlinear spring in Figure P2-20 has the force/deformation relationship $f = k\delta^2$. Express the total potential energy of the spring, and use this potential energy to obtain the equilibrium value of displacement.

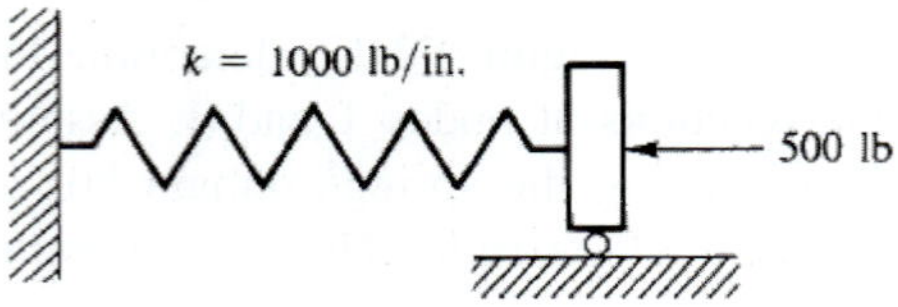

Figure P2-20 •

2.21~2.22 Solve Problems 2.10 and 2.15 by the potential energy approach (see Example 2.5).

2.23 Resistor type elements are often used in electrical circuits. Consider the typical resistor element shown in Figure P2 − 23 with nodes 1 and 2. One form of Ohm's law says that the potential voltage difference across two points is equal to the current I through the conductor times the resistance R between the two points. In equation form, $V = IR$ where I denotes the current in units of amperes (amps) and V is the potential or voltage drop in units of volts (V) across the conductor of resistance R in units of ohms (Ω). Use the method in Section 2.2 to derive the "stiffness" matrix relating potential drop to current at the nodes shown as

$$\begin{Bmatrix} V_1 \\ V_2 \end{Bmatrix} = R\begin{bmatrix} 1 & -1 \\ -1 & 1 \end{bmatrix}\begin{Bmatrix} I_1 \\ I_2 \end{Bmatrix} \quad \text{or} \quad \{V\} = [K]\{I\}$$

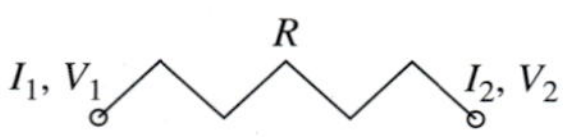

Figure P2-23 •

CHAPTER 03

트러스 방정식의 유도

학습목표

- 봉 요소에 대한 강성행렬을 유도한다.
- 직접강성법을 이용한 봉 구조물 문제를 풀이해 본다.
- 변위함수를 설정하는 가이드라인을 소개한다.
- 평면상에서 두 개의 다른 좌표 시스템에서의 벡터 변환에 대한 개념을 설명한다.
- 평면상에서 임의의 방향을 가지는 봉에 대한 강성행렬을 유도한다.
- 평면상에 존재하는 봉에 작용하는 응력을 계산하는 방법을 증명한다.
- 평면 트러스 구조물 문제를 푸는 방법을 보여준다.
- 3차원 공간의 변환행렬을 구성하고, 공간상에 임의의 방향으로 위치하는 봉에 대한 강성행렬 유도에 사용되는 예시를 보여준다.
- 공간 트러스에 대한 해를 제시한다.
- 대칭성을 정의하고, 문제해결을 위한 대칭성의 활용법을 기술한다.
- 경사진 지지와 관련된 문제를 소개하고 풀이한다.
- 최소 포텐셜 에너지의 원리를 이용하여 봉 요소 방정식을 유도한다.
- 봉에 대한 유한요소 해와 정확한 해를 비교한다.
- 봉 요소 강성행렬과 방정식 유도에 사용되는 갤러킨(Galerkin)의 잔여법을 소개한다.
- 이외의 다른 잔여법에 대해서 소개하고 1차원 봉에 적용해 본다.
- 트러스 해석을 통한 유한요소 컴퓨터 프로그램의 흐름도를 도출하고, 상용 프로그램으로부터 해가 도출되는 과정을 단계별로 설명한다.

개요

지금까지 직접강성법의 기초를 이해했는데, 이제 1장에서 소개한 일반적인 단계에 따라 선형 탄성 봉(혹은 트러스) 요소에 관한 강성행렬을 유도하고자 한다. 요소에 따라 선택되는 국부좌표계와 전체 구조물의 수치해석을 편리하게 하도록 설정된 전체좌표계를 모두 다룰 것이다. 또한 변환행렬의 개념을 이용하여 국부좌표계로부터 전체좌표계로의 벡터 변환에 대해 논할 것이다. 이것은 임의의 방향을 갖는 봉 요소의 강성행렬을 전체좌표계에 관한 행렬로 표현하는 데 사용된다. 전체 강성행렬과 방정식을 얻는 과정을 설명하기 위해 세 가지 평면 트러스 문제를 풀 것이다(그림 3-1의 전형적인 평면 트러스 구조물 및 일리노이 강의 승개교를 참조).

다음은 공간 트러스를 해석할 수 있게 강성법을 확장한다. 3차원 공간에서 변환행렬을 구성하고 2개의 공간 트러스를 해석한다. 그리고 문제의 크기를 축소하고 해석을 촉진하기 위한 대칭성의 개념과 활용법을 기술한다. 개념을 설명하고 경사진 지지점을 설명하기 위해 예제 트러스 문제를 사용할 것이다.

그 다음 최소 포텐셜 에너지의 원리를 이용하여 봉 요소 방정식을 다시 유도하고, 선형 분포하중을 받는 봉에 대하여 정확한 해와 유한요소 해석 해와 비교한다. 그 외에도 이 장에서는 갤러킨의 잔여법(Galerkin's residual method)을 소개하고, 이것을 이용하여 봉 요소 방정식을 유도할 것이다. 마지막으로, 최소제곱(least square), 배열법(collocation), 부영역(subdomain)과 같은 나머지 잔여법을 살펴보고자 한다. 선형 분포하중을 받는 봉의 문제를 풀면서 앞에서 제시한 방법들을 설명하도록 하겠다.

3.1 | 국부좌표계에서의 봉 요소에 대한 강성행렬의 유도

그림 3-2와 같이 일정한 단면적을 갖는 선형 탄성 봉 요소에 대한 강성행렬을 유도해 보자. 여기서의 유도 과정은 핀으로 연결된 트러스 구조물의 해석에 직접 적용될 수 있다. 봉 요소는 절점 1과 2에서 축방향의 인장력 T를 받고 있다.

봉 요소의 단면적은 길이방향으로 균일하게 A이고, 탄성계수는 E, 초기 길이는 L이라고 한다. 절점 자유도는 그림 3-2에 도시한 바와 같이 요소 끝단에서 u_1과 u_2로 표시되는 국부좌표계에서의 축 변위(봉의 길이방향 변위)이다.

후크(Hooke)의 법칙[식 (3.1.1)]과 변형률−변위의 관계식[식 (3.1.2) 혹은 식 (1.4.1)]은 다음과 같다.

$$\sigma_x = E\varepsilon_x \tag{3.1.1}$$

$$\varepsilon_x = \frac{du}{dx} \tag{3.1.2}$$

봉에 분포하중이 작용하지 않는 경우, 힘의 평형은

$$A\sigma_x = T = \text{일정} \tag{3.1.3}$$

이다(3.10절에서 분포하중에 대해 다룰 것이다). 식 (3.1.1)에 식 (3.1.2)를 사용하고, 식 (3.1.1)을 식 (3.1.3)에 대입하고, x에 대해 미분하면, 다음과 같은 선형 탄성 봉에 관한 미분방정식을 구할 수 있다.

$$\frac{d}{dx}\left(AE\frac{du}{dx}\right) = 0 \tag{3.1.4}$$

(a)

(b)

그림 3-1 • (a) 전형적인 평면 트러스 구조물–철도 교각(Daryl L. Logan 제공), (b) 일리노이 강 승개교(lift bridge) (Daryl L. Logan 제공)

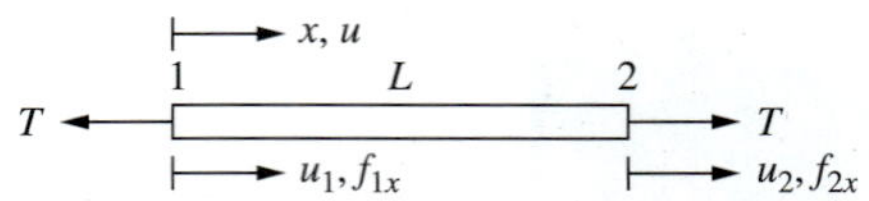

그림 3-2 • 인장하중 T를 받는 봉; 국부 x방향에서의 양의 절점력 및 변위

여기서 u는 x방향의 해당 요소에서의 축 변위함수이고, A와 E는 위 미분방정식에서 x의 함수처럼 쓰였으나, 이제부터 A와 E는 봉의 길이 전체에 걸쳐 일정하다고 가정할 것이다.

다음은 봉 요소 강성행렬을 유도하기 위해 사용된 가정이다.

1. 봉은 전단력이나 굽힘 모멘트를 견디지 못한다. 즉, $f_{1y} = 0, f_{2y} = 0, m_1 = 0, m_2 = 0$이다.
2. 다른 횡 변위의 영향을 무시한다.
3. 후크의 법칙이 적용된다. 즉, 축응력 σ_x는 축 변형률 ε_x와 $\sigma_x = E\varepsilon_x$ 식으로 관계를 맺는다.
4. 봉 요소의 중간에 작용하는 외부하중은 없다.

지금부터 1장에서 설명된 각 단계에 따라 봉 요소에 대한 강성행렬을 유도하고, 봉 구조물에 대한 완전한 해를 구하는 과정을 설명한다.

제1단계 요소 형태의 선정

봉의 각 끝단에 절점 번호를 붙이고, 일반적으로 요소 번호를 붙임으로써 봉을 표현한다(그림 3-2 참조).

스프링 요소의 강성행렬을 유도하는 과정과 마찬가지로 1차원 봉 요소의 강성행렬 유도 과정에서도 제2단계를 건너뛰고 바로 제3단계로 진행한다.

제3단계 변형률–변위와 응력–변형률 관계의 정의

변형률–변위 관계는 다음과 같다.

$$\varepsilon_x = \frac{u_2 - u_1}{L} \tag{3.1.5}$$

그리고 응력–변형률 관계는 후크의 법칙에 따라 다음과 같이 주어진다.

$$\sigma_x = E\varepsilon_x \tag{3.1.6}$$

제4단계 요소 강성행렬과 방정식의 유도

요소 강성행렬은 다음과 같이 유도된다. 기본 역학으로부터

$$T = A\sigma_x \tag{3.1.7}$$

가 된다. 이제 식 (3.1.5)와 (3.1.6)을 식 (3.1.7)에 사용하면

$$T = AE\left(\frac{u_2 - u_1}{L}\right) \tag{3.1.8}$$

이며, 또한 그림 3-2의 절점력 부호 규약에 의해

$$f_{1x} = -T \tag{3.1.9}$$

이다. 식 (3.1.8)을 이용하면 식 (3.1.9)는 다음과 같이 된다.

$$f_{1x} = \frac{-AE}{L}(u_2 - u_1) \tag{3.1.10}$$

마찬가지로,

$$f_{2x} = T \tag{3.1.11}$$

또는 식 (3.1.8)에 의해 식 (3.1.11)은 다음과 같이 된다.

$$f_{2x} = \frac{AE}{L}(u_2 - u_1) \tag{3.1.12}$$

식 (3.1.10)과 (3.1.12)를 행렬의 형태로 표시하면

$$\begin{Bmatrix} f_{1x} \\ f_{2x} \end{Bmatrix} = \frac{AE}{L}\begin{bmatrix} 1 & -1 \\ -1 & 1 \end{bmatrix}\begin{Bmatrix} u_1 \\ u_2 \end{Bmatrix} \tag{3.1.13}$$

가 된다. 이제 $\{f\} = [k]\{d\}$이기 때문에 식 (3.1.13)으로부터

$$[k] = \frac{AE}{L}\begin{bmatrix} 1 & -1 \\ -1 & 1 \end{bmatrix} \tag{3.1.14}$$

이며, 식 (3.1.14)는 국부좌표계에서 하나의 봉 요소에 관한 강성행렬을 표시한다. 식 (3.1.14)에서 봉 요소에서의 AE/L는 스프링 요소에서의 스프링 상수 k와 같이 생각하면 된다.

제5단계 요소방정식의 조합을 통한 전체 방정식 구성

제 2장에서 설명된 직접강성법(트러스 구조 예에 대해서는 3.6절 참조)을 사용하고 전체좌표계에서의 강성행렬과 하중행렬을 조합하여 전체좌표계에서의 방정식을 유도한다. 이 단계는 두 개 이상의 요소로 연결된 구조물에 다음과 같이 적용된다.

$$[K] = \sum_{e=1}^{N}[k^{(e)}] \quad \text{그리고} \quad \{F\} = \sum_{e=1}^{N}\{f^{(e)}\} \tag{3.1.15}$$

여기서 직접강성법을 이용하여 식 (3.1.15)를 유도하기 전에 국부좌표계에서의 요소 강성행렬 $[k^{(e)}]$는 전체좌표계에서의 요소 강성행렬 $[k]$로 변환(국부좌표계가 전체좌표계와 일치하지 않을 경우에만)되어야 한다(좌표계와 강성행렬의 변환에 대한 개념은 3.3절과 3.4절에서 설명한다).

제6단계 절점 변위의 계산

경계조건을 부여하고, 연립대수방정식 $\{F\} = [K]\{d\}$를 풀어서 변위를 계산한다.

제7단계 요소에 작용하는 힘의 계산

마지막으로, 변위를 식 (3.1.5)와 (3.1.6)과 유사한 방정식에 대입하여 각 요소 내에서의 변형률과 응력을 계산한다.

이제 1차원 봉 문제의 풀이 예제를 보이고자 한다.

예제 3.1

그림 3-3에서 나타낸 세 개의 봉으로 된 구조물에 대해서 (a) 전체좌표계에서의 강성행렬, (b) 절점 2와 3에서의 변위, (c) 절점 1과 4에서의 반력을 구하라. 3000 lb 하중이 절점 2에서 x방향으로 작용하고 있다. 각 요소의 길이는 30 in.이다. 요소 1과 2에 대해서 $E = 30 \times 10^6$ psi이고 단면적 $A = 1\ \text{in}^2$이며, 요소 3에 대해서는 $E = 15 \times 10^6$ psi이고 단면적 $A = 2\ \text{in}^2$이다. 절점 1과 4는 고정되어 있다.

풀이

(a) 식 (3.1.14)를 이용하면, 요소 강성행렬은 다음과 같다.

$$[k^{(1)}] = [k^{(2)}] = \frac{(1)(30 \times 10^6)}{30}\begin{bmatrix} 1 & -1 \\ -1 & 1 \end{bmatrix} = 10^6 \overset{\begin{matrix} 1 & 2^{(1)} \\ 2 & 3^{(2)} \end{matrix}}{\begin{bmatrix} 1 & -1 \\ -1 & 1 \end{bmatrix}} \frac{\text{lb}}{\text{in.}} \tag{3.1.16}$$

$$[k^{(3)}] = \frac{(2)(15 \times 10^6)}{30}\begin{bmatrix} 1 & -1 \\ -1 & 1 \end{bmatrix} = 10^6 \overset{\begin{matrix} 3 & 4 \end{matrix}}{\begin{bmatrix} 1 & -1 \\ -1 & 1 \end{bmatrix}} \frac{\text{lb}}{\text{in.}}$$

여기서 식 (3.1.16)에 있는 행렬 위의 숫자들은 각 행렬에 대응되는 변위를 의미한다. 직접강성법에 의해 요소 강성행렬을 조합하면, 다음과 같은 전체좌표계에서의 강성행렬을 구할 수 있다.

$$[K] = 10^6 \overset{\begin{matrix} u_1 & u_2 & u_3 & u_4 \end{matrix}}{\begin{bmatrix} 1 & -1 & 0 & 0 \\ -1 & 1+1 & -1 & 0 \\ 0 & -1 & 1+1 & -1 \\ 0 & 0 & -1 & 1 \end{bmatrix}} \frac{\text{lb}}{\text{in.}} \tag{3.1.17}$$

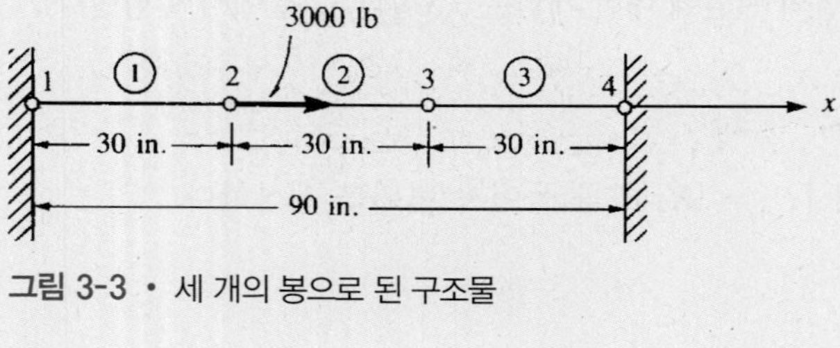

그림 3-3 • 세 개의 봉으로 된 구조물

(b) 식 (3.1.17)은 다음과 같이 전체좌표계에서의 절점력과 절점 변위의 관계를 준다.

$$\begin{Bmatrix} F_{1x} \\ F_{2x} \\ F_{3x} \\ F_{4x} \end{Bmatrix} = 10^6 \begin{bmatrix} 1 & -1 & 0 & 0 \\ -1 & 2 & -1 & 0 \\ 0 & -1 & 2 & -1 \\ 0 & 0 & -1 & 1 \end{bmatrix} \begin{Bmatrix} u_1 \\ u_2 \\ u_3 \\ u_4 \end{Bmatrix} \tag{3.1.18}$$

경계조건은 다음과 같다.

$$u_1 = 0 \qquad u_4 = 0 \tag{3.1.19}$$

경계조건을 이용하고, 알고 있는 전체좌표계에서의 하중을 식 (3.1.18)에 대입하고, 식 (3.1.18)에서의 첫 번째와 네 번째 방정식을 분리한 후, 식 (3.1.18)의 두 번째와 세 번째 방정식을 풀기 위해 다음 식을 얻는다.

$$\begin{Bmatrix} 3000 \\ 0 \end{Bmatrix} = 10^6 \begin{bmatrix} 2 & -1 \\ -1 & 2 \end{bmatrix} \begin{Bmatrix} u_2 \\ u_3 \end{Bmatrix} \tag{3.1.20}$$

식 (3.1.20)을 풀면, 변위가 계산된다.

$$u_2 = 0.002 \text{ in.} \quad u_3 = 0.001 \text{ in.} \tag{3.1.21}$$

(c) 식 (3.1.19)와 (3.1.21)을 식 (3.1.18)에 다시 대입하면, 절점 1과 4에서의 반력을 포함하는 전체좌표계에서의 절점력이 다음과 같이 구해진다.

$$\begin{aligned} F_{1x} &= 10^6(u_1 - u_2) = 10^6(0 - 0.002) = -2000 \text{ lb} \\ F_{2x} &= 10^6(-u_1 + 2u_2 - u_3) = 10^6[0 + 2(0.002) - 0.001] = 3000 \text{ lb} \\ F_{3x} &= 10^6(-u_2 + 2u_3 - u_4) = 10^6[-0.002 + 2(0.001) - 0] = 0 \\ F_{4x} &= 10^6(-u_3 + u_4) = 10^6(-0.001 + 0) = -1000 \text{ lb} \end{aligned} \tag{3.1.22}$$

식 (3.1.22)의 결과는 반작용 F_{1x}와 F_{4x}의 합은 절점 2에서의 3000 lb 힘과 크기는 같지만 방향은 반대라는 것을 보여준다. 따라서 봉 부재의 평형은 입증된 셈이다. 더군다나 좀 더 확실한 증거로 식 (3.1.22)에서 F_{2x} = 3000 lb와 F_{3x} = 0은 절점 2와 3에 작용하는 절점력이라는 것을 보여준다.

3.2 | 1차원 봉 요소의 강성행렬 유도과정 제2단계에서의 변위 근사함수의 선택

1차원 봉 요소에 대해서 변위함수를 선택할 때 다음과 같은 조건을 고려하는 것이 많은 도움이 된다(이와 같이 변위함수를 선택하는 방법은 앞으로도 계속 설명하게 될 것이다. 4장에서는 보 요소에 대해서, 6장에서는 일정 변형률 삼각형 요소에 대해서, 8장에서는 선형 변형률 삼각형 요소에 대해서, 9장에서는 축대칭 요소에 대해서, 10장에서는 3개의 절점을 갖는 보 요소와 직사각형 평면 요소에 대해서, 11장에서는 3차원 응력 요소에 대해서, 12장에서는 평판 굽힘 요소에 대해서, 13장에서는 열전달 문제에 대해서 다루도록 하겠다. 자세한 내용은 참고문헌 [1]~[3]을 참조하기 바란다).

변위함수 선택에 대한 가이드라인

1. 변위함수의 선택을 위해서는 먼저 하중을 받는 봉 요소에 대한 변형 형상을 적절히 표현할 수 있는 수학적 함수를 결정해야 한다. 일반적으로 변형에 대한 폐형(closed form) 또는 정확한 해(exact solution)는 사전에 알기 어려우므로 적절한 수학 함수를 이용하여 요소 내의 변위의 분포 혹은 해의 형상을 가정할 필요가 있다. 일반적으로 가장 널리 사용되는 함수는 다항식이다.

축 하중을 받는 봉 요소는 x방향으로의 변위 u_1, u_2로 정의되는 국부 자유도를 통해 하중에 저항하기 때문에 요소 내의 축방향 변위를 나타내기 위한 변위함수 u를 택할 필요가 있다. 봉 요소의 x축을 따라 선형적으로 변화하는 변위장을 가정하면[그림3-4(b)] 지정된 양단의 값을 갖는 선형함수는 유일하기 때문에

$$u = a_1 + a_2 x \tag{3.2.1}$$

이 된다. 일반적으로 계수 a의 개수는 요소의 자유도 개수와 일치하며, 봉 요소의 경우 전체 자유도의 개수는 양 끝단에 위치한 절점에서의 축방향 변위 두 개이다. 식 (3.2.1)을 행렬식으로 표현하면 다음과 같다.

$$u = [1 \quad x]\begin{Bmatrix} a_1 \\ a_2 \end{Bmatrix} \tag{3.2.2}$$

이제 요소 내의 변위 u를 절점 변위 u_1과 u_2로 표현할 필요가 있는데, 이는 제3단계에서 설명된 바와 같이 구조물의 물리적인 경계조건을 절점 변위의 형태로 직접 적용할 수 있을뿐더러 제4단계 절점 변위와 절점력과의 관계를 직접적으로 지을 수 있기 때문이다. 식 (3.2.1)을 이용하면 절점에서의 변위를 u를 통해 얻을 수 있고 이를 다음과 같이 계수 a_1과 a_2로 표현이 가능하다.

$$u(0) = u_1 = a_1 \tag{3.2.3}$$

$$u(L) = u_2 = a_2 L + u_1 \tag{3.2.4}$$

식 (3.2.4)를 a_2에 대해 풀면

$$a_2 = \frac{u_2 - u_1}{L} \tag{3.2.5}$$

이며, 식 (3.2.3)과 식 (3.2.5)를 식 (3.2.1)에 대입하면

$$u = \left(\frac{u_2 - u_1}{L}\right)x + u_1 \tag{3.2.6}$$

이 된다. 이를 행렬식으로 나타내면 다음과 같다.

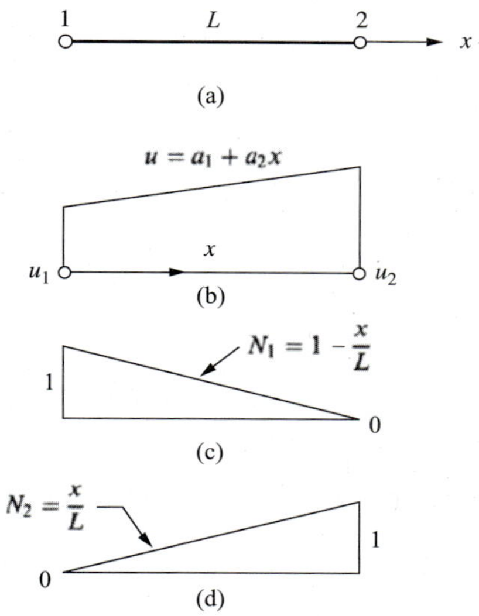

그림 3-4 • (a) 봉 요소, (b) 변위함수 u와 형상함수, (c) 요소 내의 N_1과 (d) N_2

$$u = \begin{bmatrix} 1 - \frac{x}{L} & \frac{x}{L} \end{bmatrix} \begin{Bmatrix} u_1 \\ u_2 \end{Bmatrix} \tag{3.2.7}$$

혹은 다른 형태로는

$$u = [N_1 \quad N_2] \begin{Bmatrix} u_1 \\ u_2 \end{Bmatrix} \tag{3.2.8}$$

이 되고, 여기서

$$N_1 = 1 - \frac{x}{L} \text{ 그리고 } N_2 = \frac{x}{L} \tag{3.2.9}$$

으로 정의되고, **형상함수**로 일컫는다. N_i는 요소 내의 i번째 절점의 자유도가 1의 값을 갖고 그 외 다른 모든 절점에서의 자유도가 0이 값을 가질 때의 요소 내의 변위장을 표현하는 함수이다. 본 경우에서 있어서 N_1과 N_2는 선형함수로서 절점 1에서는 N_1은 1이 되고 N_2는 0이 되며, 반대로 절점 2에서는 N_1이 0이 되고 N_2가 1이 되는 성질을 갖는다. 그림 3-4(c)와 (d)는 봉 요소 내에서의 형상함수의 모양을 보여주는 그림이다. 또한 스프링 요소 내의 어떠한 위치에서도 $N_1 + N_2$는 항상 1의 값을 갖는다.

형상함수의 합은 항상 1이 된다는 사실의 중요성은 앞서 언급된 가이드라인 4에서 상세하게 기술되어 있다. N_i는 때로는 **내삽함수**(*interpolation function*)라고 일컬어지기도 하는데 이는 N_i가 절점에서의 값이 주어진 경우 요소 임의의 위치에서의 값을 찾기 위한 내삽에 이용되기 때문이다. 내삽함수는 양단, 즉 절점만 제외하고는 실제 함수와 다를 수 있다. 절점에서는 두 함수가 모두 주어진 값을 갖는다.

2. 근사함수는 봉 요소 내부에서 연속이어야 한다. 식 (3.2.1)의 단순 선형함수는 요소 내에서

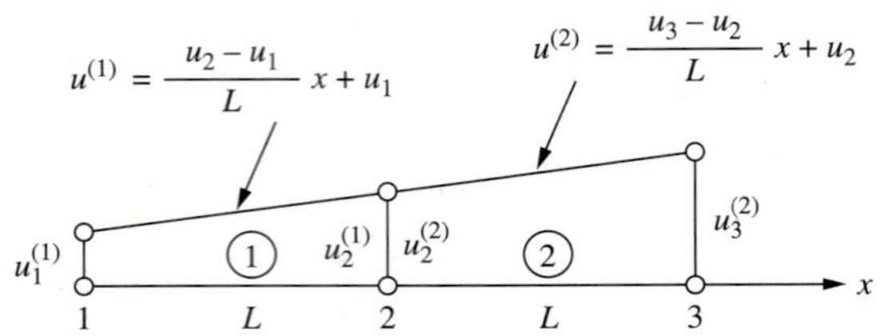

그림 3-5 • 두 개의 봉 구조물에서 요소 간의 연결조건

확실히 연속이다. 그러므로 선형함수는 요소 내에서 연속값 u를 산출해내고, 연속성과 u에 의해 열림 현상, 겹치거나 사이가 뜨는 현상을 방지한다(그림 3-5).

3. 근사함수는 선 요소에 대해서는 각 절점에서, 그리고 2차원 요소에 대해서는 서로 맞닿아 있는 경계선을 따라, 3차원 요소에 대해서는 면을 따라 모든 자유도에 대해서 인접한 요소 사이의 연속성을 제공해 주어야 한다. 봉 요소에서는 두 개 이상의 요소에 공통으로 접해 있는 절점이 변형 후에도 겹치거나 사이가 뜨지 않고, 모든 요소에 공통인 상태를 유지해야 한다. 예를 들어 그림 3-5에 표시된 것과 같은 두 개의 봉이 연결된 구조물의 경우, 이 구조물에 대해서 각 요소 내의 선형함수 u[식 (3.1.2)]는 요소 1과 2가 계속 연결된 상태를 유지할 수 있게 해주어야 한다. 즉, 요소 1에서의 절점 2의 변위가 요소 2에서의 절점 2의 변위와 일치해야 한다는 것이다; $u_2^{(1)} = u_2^{(2)}$. 이것을 식으로 표현한 것이 식 (2.3.3)이다. 선형함수는 각 요소 사이의 연결조건을 만족하고, 요소 내부에서의 연속조건을 만족하게 되므로 봉 요소에 대해 **등각**(*conforming*) 또는 **적합**(*compatible*) **함수**라 한다.

일반적으로 기호 C^m은 구간별(piecewise) 필드(축 변위와 같은)의 연속성을 설명하는 데 사용되며, 여기서 첨자 m은 요소 간 연속인 도함수의 도수를 가리킨다. 필드함수가 스스로 요소 내에서 연속이면 그 필드는 C^0 연속이다. 예를 들어, 그림 3-5에서처럼 해당 필드의 축 변위상의 변수에 대해서 그 변위는 공통 절점 2에 걸쳐서 연속이 된다. 따라서 해당 변위 필드는 C^0 연속인 것이다. 보 요소, 평면 요소(7장 참조), 강체 요소(11장)가 공통의 경계를 따라 변위 연속성을 갖는 C^0 요소이다.

만일 함수가 공통 경계를 따라 필드 변수와 연속인 1차 도함수를 갖는다면, 필드 변수는 C^1 연속이라고 할 수 있다. 향후 나올 장에서 C^1 연속인 보(4장 참조)와 평판(12장 참조) 요소에 대해 살펴보고, 공통 경계의 변위와 기울기의 연속성에 대해 다룰 것이다.

4. 근사함수는 요소 내에서 강체 변위와 일정 변형률의 상태를 표현할 수 있어야 한다. 식 (3.2.1)의 1차원 변위함수는 이러한 조건을 만족한다. 왜냐하면 a_1항은 강체운동(변형 없는 물체의 일정한 운동)을 고려한 것이고, a_2x항은 $\varepsilon_x = du/dx = a_2$가 일정한 값이기 때문에 일정 변형률을 고려한 것이다(사실상 이러한 요소 내 일정 변형률의 상태는 요소가 충분히 작도록 선택되었을 때 발생한다). 이 네 번째 조건을 만족시키는 단순 다항식 (3.2.1)을 이제 봉 요소에 대해 **완전하다**(*complete*)라고 말한다.

이 완전성의 고려는 일반적으로 고차항에 대비해서 저차항을 생략할 수 없음을 의미한다. 간단한 선형함수에 대해서 a_1은 생략할 수 없으며 동시에 a_2x도 생략할수 없다. 함수의 완

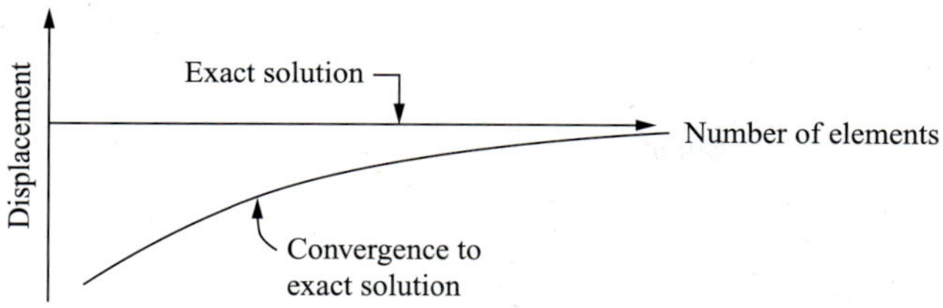

그림 3-6 • 유한요소법의 요소 수가 증가함에 따라 변위가 정확한 해로 수렴

전성은 정확한 해[예를 들어, 변위나 응력(참고문헌 [3] 참조)과 같은]로 수렴하기 위한 필요조건이다. 그림 3-6은 증가하는 요소 수에 따른 유한요소법에서의 변위에 대한 정확한 해로 향하는 단조 수렴에 대해 설명하고 있다. 단조 수렴은 변화하는 신호나 방향 없이 정확한 해결방안으로 다가가는 유한요소법에서의 수단이다.

보간(근사)함수가 강체 변위를 고려해야 한다는 개념은 이 보간함수가 일정한 값(즉, a_1)을 나타낼 수 있어야 한다는 의미이다. 왜냐하면 사실상 그러한 강체 변위가 실제 생길 수 있기 때문이다. 그러므로 아래와 같은 경우를 고려하면

$$u = a_1 \tag{3.2.10}$$

이며, 여기서 $u = a_1$은 강체 변위를 얻기 위해 절점 변위 $u_1 = u_2$가 필요하다.

$$a_1 = u_1 = u_2 \tag{3.2.11}$$

식 (3.2.8)에 식 (3.2.11)을 사용하면

$$u = N_1 u_1 + N_2 u_2 = (N_1 + N_2)a_1 \tag{3.2.12}$$

이고, 식 (3.2.10)과 (3.2.12)로부터 다음과 같이 된다.

$$u = a_1 = (N_1 + N_2)a_1 \tag{3.2.13}$$

따라서 식 (3.2.13)에 의해 다음을 얻는다.

$$N_1 + N_2 = 1 \tag{3.2.14}$$

이렇게 식 (3.2.14)는 강체 변위가 발생될 때 u가 상숫값을 갖도록 요소 내의 모든 점에서 변위 보간함수들을 더하면 1이 되어야 한다는 사실을 보여준다.

3.3 | 2차원에서의 벡터 변환

많은 문제에 있어서 국부좌표계 (x'-y')와 전체좌표계 (x-y)를 모두 사용하는 것이 편리하다. 국부좌표계는 개별적인 요소를 편리하게 나타내기 위해 선택된다. 전체좌표계는 전체 구조물에 대해 편리하도록 선택된다.

그림 3-7에서 한 요소의 절점 변위를 벡터 **d**로 나타낼 때, 하나의 좌표계로 표현된 이 벡터의 성분을 또 다른 좌표계의 성분으로 바꾸고자 한다. 일반성을 갖기 위해 이 절에서 **d**는 국

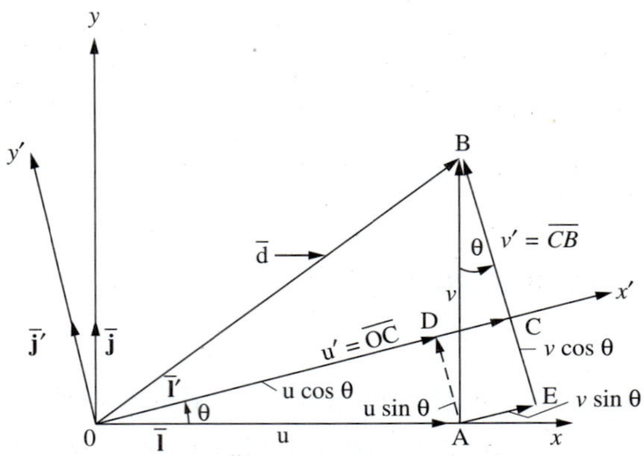

그림 3-7 • 2차원 공간에서 일반적인 변위 벡터 d

부 또는 전체좌표축 어느 것과도 일치하지 않는다고 가정한다. 이 경우 전체좌표계에서의 변위 성분들을 국부좌표계에서의 변위 성분들과 연관시키려고 한다. 이렇게 함으로써 결과적으로 하나의 봉 요소에 대한 전체좌표계에서의 강성행렬을 유도하는 데 사용될 변환행렬을 얻는다. x로부터 x'까지 반시계 방향으로 측정된 양(+)의 값을 갖는 각 θ를 정의한다. 다음 식에 의해서 전체좌표계와 국부좌표계 모두에서의 벡터 변위 **d**를 표현할 수 있다.

$$\mathbf{d} = u\mathbf{i} + v\mathbf{j} = u'\mathbf{i}' + v'\mathbf{j}' \tag{3.3.1}$$

여기서 **i**와 **j**는 각각 x와 y방향의 단위벡터이고, **i**′과 **j**′은 x'과 y'방향의 단위벡터이다. 그림 3-7에 의하면 아래의 벡터들은 참조 문자를 이용하여 표현이 가능하다.

$$\bar{u} = \overline{OA},\ \bar{v} = \overline{AB},\ \bar{u}' = \overline{OC},\ \bar{v}' = \overline{CB} \tag{3.3.2}$$

x'축을 따른 벡터의 합에 따라 다음의 관계가 성립한다.

$$\overline{OC} = \overline{OD} + \overline{DC} \tag{3.3.3}$$

그림 3-7의 기하학적 관계와 식 (3.3.2)를 고려하면 다음의 관계식을 얻을 수 있으며

$$\overline{OD} = \overline{OA}\cos\theta = \bar{u}\cos\theta \text{ 그리고 } \overline{DC} = \overline{AE} = \bar{v}\sin\theta \tag{3.3.4}$$

식 (3.3.2)의 u'은 식 (3.3.4)와 식 (3.3.3)에 따라 다음과 같이 변환 가능하다.

$$u' = u\cos\theta + v\sin\theta \tag{3.3.5}$$

유사한 방법으로 그림 3-7의 y'축을 따른 벡터의 합에 의해

$$\overline{CB} = -\overline{AD} + \overline{BE} \tag{3.3.6}$$

이 되며, 다시 그림 3-7의 기하학적 관계와 식 (3.3.2)를 이용하면 다음의 관계식을 도출할 수 있다.

$$\overline{AD} = \overline{OA}\sin\theta = \bar{u}\sin\theta \text{ 그리고 } \overline{BE} = \overline{AB}\ \cos\theta = \bar{v}\cos\theta \tag{3.3.7}$$

식 (3.3.2)의 v'은 식 (3.3.6)과 식 (3.3.7)에 따라 다음과 같이 얻을 수 있다.

$$v' = -u\sin\theta + v\cos\theta \tag{3.3.8}$$

식 (3.3.5)와 식 (3.3.8)을 병합하여 행렬식으로 표현하면

$$\begin{Bmatrix} u' \\ v' \end{Bmatrix} = \begin{bmatrix} C & S \\ -S & C \end{bmatrix} \begin{Bmatrix} u \\ v \end{Bmatrix} \tag{3.3.9}$$

이 되며, 여기서 $C = \cos\theta$과 $S = \sin\theta$를 나타낸다.

식 (3.3.9)는 전체좌표계의 변위 $\{d\}$와 국부좌표계의 변위 $\{d'\}$을 관계를 나타내는 것으로

$$\{d'\} = [T]\{d\} \tag{3.3.10}$$

이 되며, 여기서

$$\{d\} = \begin{Bmatrix} u \\ v \end{Bmatrix}, \quad \{d'\} = \begin{Bmatrix} u' \\ v' \end{Bmatrix}, \quad [T] = \begin{bmatrix} C & S \\ -S & C \end{bmatrix} \tag{3.3.11}$$

이며 여기서 행렬 $[T]$는 **변환**(혹은 **회전**)**행렬**이라 일컬어진다. 행렬 $[T]$에 대한 추가적은 설명은 부록 A에 상세히 기술되어 있다. 이는 또한 3.4절에서 임의의 방향을 갖는 봉 요소에 대한 전체좌표계에서의 강성행렬을 유도하고, 전체좌표계에서의 절점 변위 및 절점력을 국부좌표계의 값으로 변환하는 데에 적용된다.

예제 3.2

그림 3-8에서 보여주는 봉 요소에 대해 절점 2에서 전체좌표계의 절점 변위는 $u_2 = 0.1$ in. 이고 $v_2 = 0.2$ in.이다. 절점 2에서의 국부좌표계 x방향의 변위를 구하라.

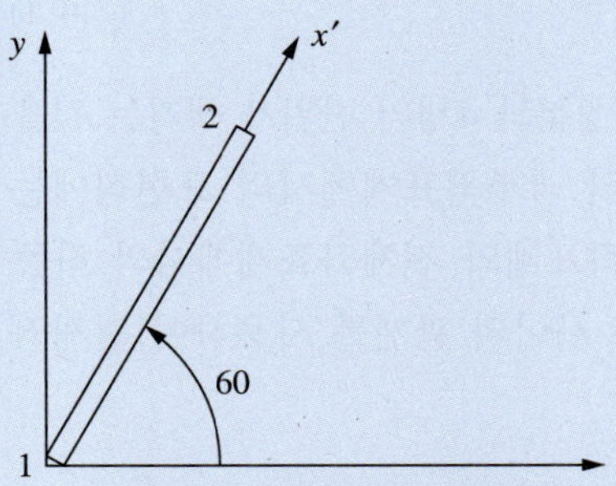

그림 3-8 • 봉 요소와 나란한 국부 좌표 x'을 갖는 봉 요소

풀이

u'에 대한 식 (3.3.5)를 절점 2에 적용하면 다음을 얻는다.

$$u'_2 = (\cos 60°)(0.1) + (\sin 60°)(0.2) = 0.233 \text{ in.}$$

3.4 임의의 방향을 갖는 평면 봉 요소의 전체좌표계 강성행렬

임의의 방향을 갖는 평면 봉 요소의 강성행렬을 고찰하기 위해 그림 3-9와 같이 전체좌표계의 x축에 대해 반시계 방향으로 θ의 각도만큼 기울어진 봉 요소를 고려한다. 국부좌표계는 봉 요소의 절점 1에서 절점 2의 방향으로 향하는 x'축에 의해 정의된다.

식 (3.1.13)을 국부좌표계 절점 변위 $\{d'\}$과 국부좌표계 절점력 $\{f'\}$, 그리고 이들 간의 관계를 정의하는 국부좌표계 요소 강성행렬 $\{k'\}$을 이용하여 표현하면 다음 식과 같다.

$$\begin{Bmatrix} f'_{1x} \\ f'_{2x} \end{Bmatrix} = \frac{AE}{L} \begin{bmatrix} 1 & -1 \\ -1 & 1 \end{bmatrix} \begin{Bmatrix} u'_1 \\ u'_2 \end{Bmatrix} \tag{3.4.1}$$

또는

$$\{f'\} = [k']\{d'\} \tag{3.4.2}$$

그림 3-9에 보이듯이 전체좌표계 축에 관해 임의의 방향으로 놓여 있는 봉 요소에 대해서 전체좌표계에서의 절점력 $\{f\}$와 절점 변위 $\{d\}$의 관계를 구하고자 한다. 이 관계는 요소의 전체좌표계에서의 강성행렬 $[k]$를 제공한다. 즉, 다음과 같은 행렬 $[k]$를 구하고자 한다.

$$\begin{Bmatrix} f_{1x} \\ f_{1y} \\ f_{2x} \\ f_{2y} \end{Bmatrix} = [k] \begin{Bmatrix} u_1 \\ v_1 \\ u_2 \\ v_2 \end{Bmatrix} \tag{3.4.3}$$

또는 간략화된 행렬 형태로 나타내면, 식 (3.4.3)은 다음과 같이 된다.

$$\{f\} = [k]\{d\} \tag{3.4.4}$$

식 (3.4.3)에서 전체좌표계가 사용되었을 때 총 4개의 하중 성분과 4개의 변위가 생기는 것을 보게 된다. 그러나 식 (3.4.1)에 보이듯이 봉이나 스프링의 국부좌표계에서의 표현식에는 총 두 개의 하중 성분과 두 개의 변위가 나타난다. 국부좌표계와 전체좌표계에서의 하중 성분의 관계와 국부좌표계에서와 전체좌표계의 변위 성분 사이의 관계를 사용하여 전체좌

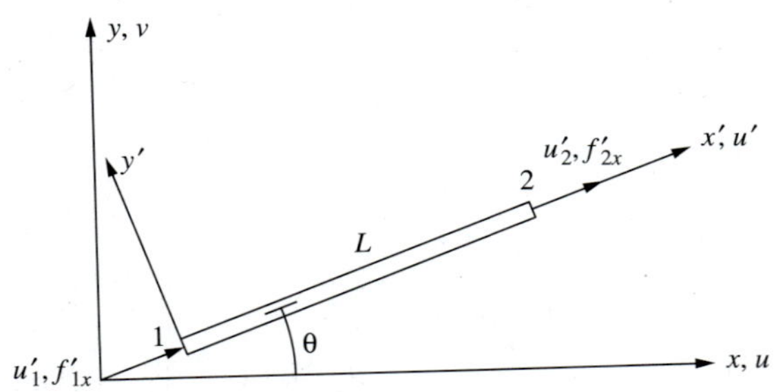

그림 3-9 • 전체좌표계 평면 x-y상에서 임의의 방향을 갖는 봉 요소

표계에서의 강성행렬을 얻을 수 있다. 변환관계식 (3.3.5)로부터 다음을 알 수 있다.

$$\begin{aligned} u_1' &= u_1 \cos\theta + v_1 \sin\theta \\ u_2' &= u_2 \cos\theta + v_2 \sin\theta \end{aligned} \tag{3.4.5}$$

행렬 형태로 식 (3.4.5)는 다음과 같이 쓸 수 있다.

$$\begin{Bmatrix} u_1' \\ u_2' \end{Bmatrix} = \begin{bmatrix} C & S & 0 & 0 \\ 0 & 0 & C & S \end{bmatrix} \begin{Bmatrix} u_1 \\ v_1 \\ u_2 \\ v_2 \end{Bmatrix} \tag{3.4.6}$$

즉,

$$\{d'\} = [T^*]\{d\} \tag{3.4.7}$$

여기서

$$[T^*] = \begin{bmatrix} C & S & 0 & 0 \\ 0 & 0 & C & S \end{bmatrix} \tag{3.4.8}$$

마찬가지로, 변위와 같은 방법으로 하중이 변환되기 때문에 식 (3.4.6)의 변위를 하중으로 치환하면 다음과 같은 식을 얻을 수 있다.

$$\begin{Bmatrix} f_{1x}' \\ f_{2x}' \end{Bmatrix} = \begin{bmatrix} C & S & 0 & 0 \\ 0 & 0 & C & S \end{bmatrix} \begin{Bmatrix} f_{1x} \\ f_{1y} \\ f_{2x} \\ f_{2y} \end{Bmatrix} \tag{3.4.9}$$

또는 식 (3.4.7)을 사용하여 식 (3.4.9)는 다음과 같이 쓸 수 있다.

$$\{f'\} = [T^*]\{f\} \tag{3.4.10}$$

식 (3.4.7)을 식 (3.4.2)에 대입하여 다음과 같은 식을 얻을 수 있다.

$$\{f'\} = [k'][T^*]\{d\} \tag{3.4.11}$$

식 (3.4.11)을 식 (3.4.10)에 사용하면 다음과 같다.

$$[T^*]\{f\} = [k'][T^*]\{d\} \tag{3.4.12}$$

그러나 한 요소에 대한 전체좌표계에서의 절점 변위와 전체좌표계에서의 절점력을 연관시킨 최종적인 식을 나타내기 위해 식 (3.4.12)에서 $[T^*]$의 역행렬이 필요하다. 그런데 $[T^*]$가 정방행렬이 아니기 때문에 바로 변환시킬 수는 없다. 따라서 f_{1y}'와 v_{2y}'가 0이라 하더라도 전체좌표계에서의 사용되는 차수가 일치되도록 $\{d'\}$, $\{f'\}$, $\{k'\}$를 확장시켜야 한다. 각 절점 변위에 대한 식 (3.3.19)를 사용하여 다음 식을 얻을 수 있다.

$$\begin{Bmatrix} u'_1 \\ v'_1 \\ u'_2 \\ v'_2 \end{Bmatrix} = \begin{bmatrix} C & S & 0 & 0 \\ -S & C & 0 & 0 \\ 0 & 0 & C & S \\ 0 & 0 & -S & C \end{bmatrix} \begin{Bmatrix} u_1 \\ v_1 \\ u_2 \\ v_2 \end{Bmatrix} \tag{3.4.13}$$

또는

$$\{d'\} = [T]\{d\} \tag{3.4.14}$$

여기서

$$[T] = \begin{bmatrix} C & S & 0 & 0 \\ -S & C & 0 & 0 \\ 0 & 0 & C & S \\ 0 & 0 & -S & C \end{bmatrix} \tag{3.4.15}$$

마찬가지로, 하중은 변위와 마찬가지로 벡터이기 때문에 다음과 같이 쓸 수 있다.

$$\{f'\} = [T]\{f\} \tag{3.4.16}$$

또한 $[k']$는 4×4 행렬까지 확장되어야 한다. 따라서 확장된 형태에서의 식 (3.4.1)은 다음과 같이 된다.

$$\begin{Bmatrix} f'_{1x} \\ f'_{1y} \\ f'_{2x} \\ f'_{2y} \end{Bmatrix} = \frac{AE}{L} \begin{bmatrix} 1 & 0 & -1 & 0 \\ 0 & 0 & 0 & 0 \\ -1 & 0 & 1 & 0 \\ 0 & 0 & 0 & 0 \end{bmatrix} \begin{Bmatrix} u'_1 \\ v'_1 \\ u'_2 \\ v'_2 \end{Bmatrix} \tag{3.4.17}$$

식 (3.4.17)에서 f'_{1y}와 f'_{2y}가 0이기 때문에 f'_{1y}와 f'_{2y}의 행 번호의 위치에 0으로 이루어진 행이 $[k']$에 나타난다. 식 (3.4.2)에서 식 (3.4.14)와 (3.4.16)을 사용하여 다음을 얻을 수 있다.

$$[T]\{f\} = [k'][T]\{d\} \tag{3.4.18}$$

식 (3.4.18)은 식 (3.4.12)가 확장된 것이다. 식 (3.4.18)에서 양변 앞에 $[T]^{-1}$을 곱하여 다음과 같은 식을 얻을 수 있다.

$$\{f\} = [T]^{-1}[k'][T]\{d\} \tag{3.4.19}$$

여기서 $[T]^{-1}$은 $[T]$의 **역행렬**(*inverse*)이다. 그러나 이 두 행렬은 다음과 같은 관계가 있다(문제 3.28 참조).

$$[T]^{-1} = [T]^T \tag{3.4.20}$$

여기서 $[T]^T$는 $[T]$의 **전치행렬**(*transpose*)이다. 식 (3.4.20)에 주어진 $[T]$와 같은 특징을 갖는 정방행렬 $[T]$를 직교행렬이라고 한다. 직교행렬에 관련한 추가 내용은 부록 A에서 다루도록 한다. 두 직교좌표계 사이에서의 변환행렬 $[T]$는 직교행렬이 된다. $[T]$의 이러한 성질은 이 책 전체에서 사용된다. 식 (3.4.20)을 식 (3.4.19)에 대입하여 다음과 같은 식을 얻는다.

$$\{f\} = [T]^T[k'][T]\{d\} \tag{3.4.21}$$

식 (3.4.4)와 (3.4.21)로부터 한 요소에 대한 전체좌표계에서의 강성행렬을 다음과 같이 얻는다.

$$[k] = [T]^T[k'][T] \tag{3.4.22}$$

$[T]$에 대한 식 (3.4.15)와 (3.4.17)에서 주어진 $[k']$의 확장된 형태를 식 (3.4.22)에 대입하면 다음과 같은 형태로 $[k]$를 얻을 수 있다.

$$[k] = \frac{AE}{L}\begin{bmatrix} C^2 & CS & -C^2 & -CS \\ & S^2 & -CS & -S^2 \\ & & C^2 & CS \\ \text{Symmetry} & & & S^2 \end{bmatrix} \tag{3.4.23}$$

식 (3.4.23)은 평면 x-y상에서 임의의 방향을 갖는 봉 요소에 대한 강성행렬이다.

이제 그림 3-5에 도시된 변위함수식 (3.2.6)이 요소마다 구간별 연속함수로 가정되었기 때문에, 각 요소에 대한 강성행렬은 직접강성법을 사용하여 다음과 같이 조합될 수 있다.

$$\sum_{e=1}^{N}\left[k^{(e)}\right] = [K] \tag{3.4.24}$$

여기서 $[K]$는 전체 강성행렬이고, N은 요소의 총 개수이다. 마찬가지로 각 요소의 전체좌표계에서의 절점력 행렬은 다음과 같이 합해질 수 있다.

$$\sum_{e=1}^{N}\{f^{(e)}\} = \{F\} \tag{3.4.25}$$

$[K]$는 전체 구조물에 대해 다음과 같이 전체좌표계에서의 절점력 $\{F\}$와 전체좌표계에서의 절점 변위 $\{d\}$의 관계를 나타낸다.

$$\{F\} = [K]\{d\} \tag{3.4.26}$$

예제 3.3

그림 3-10에서 나타낸 봉 요소에 대해 x-y 좌표계에 대한 전체 강성행렬을 구하라. 봉의 단면적은 2 in.^{2}, 길이는 60 in., 탄성계수는 30×10^6 psi이다. x축과 봉 사이의 각도는 30°이다.

풀이

하나의 봉에 대한 전체좌표계에서의 강성행렬 $[k]$를 유도하기 위해, 각도 θ는 x에서 x'까지 반시계 방향을 양(+)으로 간주하여 식 (3.4.23)을 사용한다. 따라서

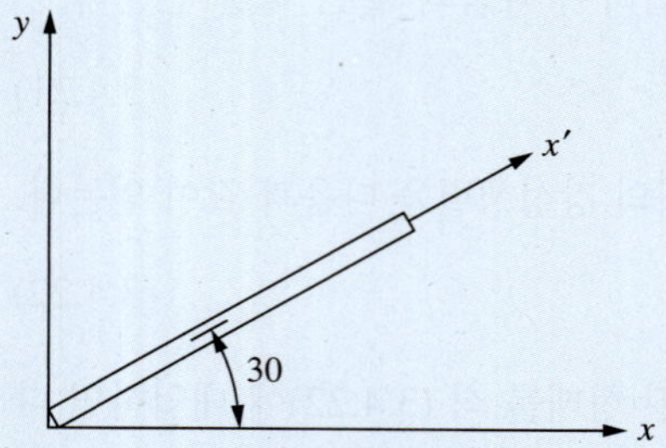

그림 3-10 • 강성행렬 계산을 위한 봉 요소

$$\theta = 30^\circ \qquad C = \cos 30^\circ = \frac{\sqrt{3}}{2} \qquad S = \sin 30^\circ = \frac{1}{2}$$

$$[k] = \frac{(2)(30 \times 10^6)}{60} \begin{bmatrix} \frac{3}{4} & \frac{\sqrt{3}}{4} & \frac{-3}{4} & \frac{-\sqrt{3}}{4} \\ & \frac{1}{4} & \frac{-\sqrt{3}}{4} & \frac{-1}{4} \\ & & \frac{3}{4} & \frac{\sqrt{3}}{4} \\ \text{Symmetry} & & & \frac{1}{4} \end{bmatrix} \frac{\text{lb}}{\text{in.}} \tag{3.4.27}$$

이며, 식 (3.4.27)을 간략히 하면 다음과 같이 구할 수 있다.

$$[k] = 10^6 \begin{bmatrix} 0.75 & 0.433 & -0.75 & -0.433 \\ & 0.25 & -0.433 & -0.25 \\ & & 0.75 & 0.433 \\ \text{Symmetry} & & & 0.25 \end{bmatrix} \frac{\text{lb}}{\text{in.}} \tag{3.4.28}$$

3.5 평면 *x*-*y*에 있는 봉의 응력 계산

이제 봉 요소에 대한 응력을 계산하기로 한다. 하나의 봉에 대해 국부좌표계에서의 하중과 변위의 관계는 식 (3.4.1) 또는 식 (3.4.17)에 주어져 있다. 편의를 위해 이 식을 다시 쓰면

$$\begin{Bmatrix} f'_{1x} \\ f'_{2x} \end{Bmatrix} = \frac{AE}{L} \begin{bmatrix} 1 & -1 \\ -1 & 1 \end{bmatrix} \begin{Bmatrix} u'_1 \\ u'_2 \end{Bmatrix} \tag{3.5.1}$$

이다. 축방향 응력에 대한 일반적인 정의는 축방향의 하중을 단면적으로 나눈 것이다. 따라서 축방향 응력은 다음과 같다.

$$\sigma = \frac{f'_{2x}}{A} \tag{3.5.2}$$

여기서 f'_{2x}를 사용한 이유는 그림 3-11에서 보여주듯이 봉을 인장하는 축방향의 하중이기 때문이다. 식 (3.5.1)에 의해

$$f'_{2x} = \frac{AE}{L}[-1 \quad 1]\begin{Bmatrix} u'_1 \\ u'_2 \end{Bmatrix} \tag{3.5.3}$$

이며, 따라서 식 (3.5.2)와 (3.5.3)을 결합하면 다음과 같이 된다.

$$\{\sigma\} = \frac{E}{L}[-1 \quad 1]\{d'\} \tag{3.5.4}$$

여기서 식 (3.4.7)을 사용하여 다음과 같이 얻을 수 있다.

$$\{\sigma\} = \frac{E}{L}[-1 \quad 1][T^*]\{d\} \tag{3.5.5}$$

식 (3.5.5)는 다음과 같이 간단한 형태로 표현될 수 있다.

$$\{\sigma\} = [C']\{d\} \tag{3.5.6}$$

여기서 $[T^*]$에 대해 식 (3.4.8)을 사용하면

$$[C'] = \frac{E}{L}[-1 \quad 1]\begin{bmatrix} C & S & 0 & 0 \\ 0 & 0 & C & S \end{bmatrix} \tag{3.5.7}$$

이 되며, 식 (3.5.7)에서 행렬 곱을 행하면 다음과 같이 된다.

$$[C'] = \frac{E}{L}[-C \quad -S \quad C \quad S] \tag{3.5.8}$$

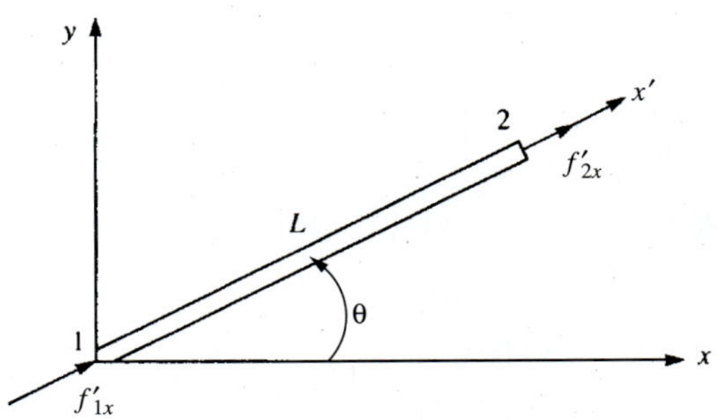

그림 3-11 • 양의 절점력을 받는 기본적인 봉 요소

예제 3.4

그림 3-12를 참고하여 해당 봉 요소에 대한 축응력을 결정하라. $A = 4 \times 10^{-4}\ \text{m}^2$, $E = 210$ GPa, $L = 2$ m, x와 x' 사이의 각도는 60°이다. 전체좌표계에서의 변위는 $u_1 = 0.25$ mm, $v_1 = 0.0$, $u_2 = 0.50$ mm, $v_2 = 0.75$ mm로 주어진 값으로 가정한다.

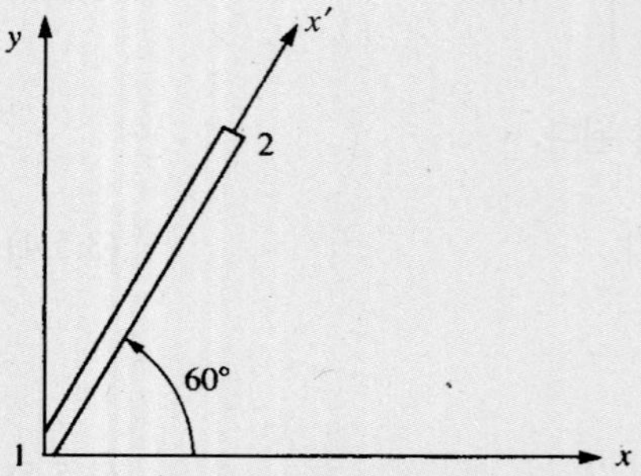

그림 3-12 • 응력 계산을 위한 봉 요소

풀이

축응력을 구하기 위해 식 (3.5.6)을 사용할 수 있다. 따라서 먼저 식 (3.5.8)로부터 $[C']$을 다음과 같이 계산할 수 있다.

$$[C'] = \frac{210 \times 10^6\ \text{kN/m}^2}{2\ \text{m}} \begin{bmatrix} \frac{-1}{2} & \frac{-\sqrt{3}}{2} & \frac{1}{2} & \frac{\sqrt{3}}{2} \end{bmatrix} \tag{3.5.9}$$

여기서 식 (3.5.9)에 $C = \cos 60° = \frac{1}{2}$, $S = \sin 60° = \sqrt{3}/2$을 사용하였다. 그러면 $\{d\}$는 다음과 같이 주어진다.

$$\{d\} = \begin{Bmatrix} u_1 \\ v_1 \\ u_2 \\ v_2 \end{Bmatrix} = \begin{Bmatrix} 0.25 \times 10^{-3}\ \text{m} \\ 0.0 \\ 0.50 \times 10^{-3}\ \text{m} \\ 0.75 \times 10^{-3}\ \text{m} \end{Bmatrix} \tag{3.5.10}$$

식 (3.5.6)에 식 (3.5.9)와 (3.5.10)을 사용하여 봉 내의 축응력을 다음과 같이 구할 수 있다.

$$\sigma_x = \frac{210 \times 10^6}{2} \begin{bmatrix} \frac{-1}{2} & \frac{-\sqrt{3}}{2} & \frac{1}{2} & \frac{\sqrt{3}}{2} \end{bmatrix} \begin{Bmatrix} 0.25 \\ 0.0 \\ 0.50 \\ 0.75 \end{Bmatrix} \times 10^{-3}$$

$$= 81.32 \times 10^3\ \text{kN/m}^2 = 81.32\ \text{MPa}$$

3.6 | 평면 트러스의 해

이제 다음의 평면 트러스 예제 문제를 3.4절과 3.5절에서 유도된 식을 사용하여 풀며, 전체 강성행렬과 방정식을 직접강성법을 써서 조합할 것이다. **평면 트러스**는 마찰 없는 핀에 의해 연결된 한 평면에 놓여 있는 여러 개의 봉 요소로 구성된 구조물이다. 평면 트러스는 또한 같은 평면 내에서만 작용하는 하중을 받아야 하고, 모든 하중은 절점과 연결점에서 작용되어야만 한다.

예제 3.5

그림 3-13에 보이듯이 세 개의 봉 요소로 구성된 평면 트러스에서 절점 1의 아래방향으로 10,000 lb의 하중이 작용되고 있다. 각 요소 내의 응력과 절점 1에서의 x와 y의 변위를 결정하라. 모든 요소는 $E = 30 \times 10^6$ psi이고 $A = 2$ in^{2}이다. 요소의 길이는 그림에 보이는 것과 같다.

풀이

먼저 식 (3.4.23)을 이용하여 각 요소에 대한 전체좌표계에서의 강성행렬을 결정한다. 이때 각 요소에 대한 전체좌표축 x와 국부좌표축 x' 사이의 각도 θ가 필요하다. 이 예제에서는 각 요소의 x'축 방향은 그림 3-13과 같이 절점 1에서 그 요소의 다른 절점 쪽 방향으로 결정된다. 절점 번호는 각 요소에 임의로 부여한다. 그러나 방향이 일단 결정되면, 각도 θ는 양의 x에서 x'까지 반시계 방향으로 측정되었을 때 양의 값으로 결정된다. 요소 1에 대해 국부좌표계에서의 x_1'축은 절점 1에서 2로 향한다. 따라서 $\theta^{(1)} = 90°$가 된다. 요소 2에 대해 국부좌표계에서의 x_2'축은 절점 1에서 3으로 향하고, $\theta^{(2)} = 45°$이다. 요소 3에 대해서는 국부좌표계에서의 x_3'축은 절점 1에서 4로 향하고, $\theta^{(3)} = 0°$이다. 각 요소에 대한 요소 강성행렬을 계산하는 것을 돕기 위해 표 3-1을 만드는 것이 편리하다.

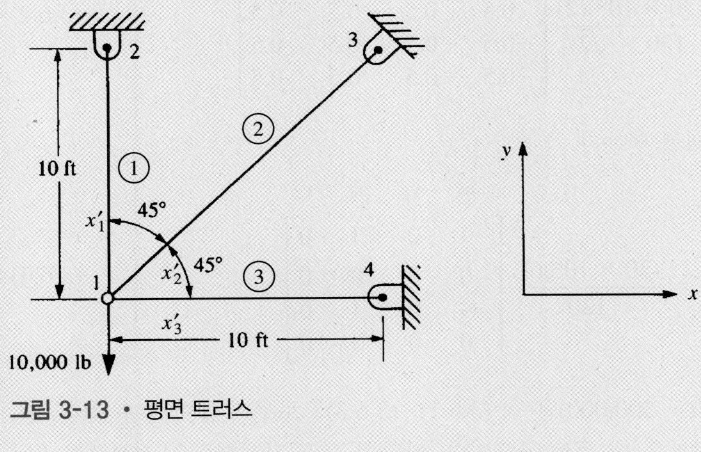

그림 3-13 • 평면 트러스

표 3-1 그림 3-13의 트러스 계산을 위한 데이터

Element	$\theta°$	C	S	C^2	S^2	CS
1	90°	0	1	0	1	0
2	45°	$\sqrt{2}/2$	$\sqrt{2}/2$	$\frac{1}{2}$	$\frac{1}{2}$	$\frac{1}{2}$
3	0°	1	0	1	0	0

이 트러스에 대해 경계조건을 부여하기 전에 총 8개의 절점 변위 성분 또는 자유도가 있다. 따라서 전체 강성행렬의 차수는 8 × 8이다. 2.4절의 첫 번째 부분에 보이듯이 0의 행과 열을 덧붙임으로써 각 요소에 대한 강성행렬 $[k]$를 8 × 8 차수까지 확장시킬 수 있다. 또 다른 방법으로는, 2.4절의 후반부에 설명했듯이, 요소에 관계된 변위 성분에 따라 각 요소 강성행렬의 행과 열에 번호를 부여할 수 있다. 이 후자에 따른 방법을 사용함으로써 전체 강성행렬 $[k]$는 단순히 각각의 요소 강성행렬들의 성분을 $[k]$ 내에 대응되는 자리의 성분들과 합하여 얻는다. 이 방법은 여기서는 물론 이 책 전체에서 사용될 것이다.

요소 1에 관해 식 (3.4.23)을 사용하여 표 3-1의 방향 코사인을 사용하면 다음과 같은 결과를 얻는다.

$$[k^{(1)}] = \frac{(30 \times 10^6)(2)}{120} \begin{bmatrix} 0 & 0 & 0 & 0 \\ 0 & 1 & 0 & -1 \\ 0 & 0 & 0 & 0 \\ 0 & -1 & 0 & 1 \end{bmatrix} \quad (\text{columns: } u_1,\ v_1,\ u_2,\ v_2) \tag{3.6.1}$$

비슷한 방법으로 요소 2에 대해 다음과 같은 결과를 얻고,

$$[k^{(2)}] = \frac{(30 \times 10^6)(2)}{120 \times \sqrt{2}} \begin{bmatrix} 0.5 & 0.5 & -0.5 & -0.5 \\ 0.5 & 0.5 & -0.5 & -0.5 \\ -0.5 & -0.5 & 0.5 & 0.5 \\ -0.5 & -0.5 & 0.5 & 0.5 \end{bmatrix} \quad (\text{columns: } u_1,\ v_1,\ u_3,\ v_3) \tag{3.6.2}$$

요소 3에 대해 다음과 같은 결과를 얻는다.

$$[k^{(3)}] = \frac{(30 \times 10^6)(2)}{120} \begin{bmatrix} 1 & 0 & -1 & 0 \\ 0 & 0 & 0 & 0 \\ -1 & 0 & 1 & 0 \\ 0 & 0 & 0 & 0 \end{bmatrix} \quad (\text{columns: } u_1,\ v_1,\ u_4,\ v_4) \tag{3.6.3}$$

공통 인자 $30 \times 10^6 \times 2/120$ (= 500,000)은 식 (3.6.1)~(3.6.3)으로부터 뽑아낼 수 있다. 단, 식 (3.6.2)의 경우 행렬의 각 성분은 $1/\sqrt{2}$로 곱해진다. 각각의 요소 강성행렬의 성분들을 $[k]$ 내의 각 위치에서 관련된 성분들끼리 더하면 전체 강성행렬을 다음과 같이 얻는다.

$$
[K] = (500{,}000)
\begin{array}{c}
\begin{matrix} u_1 & \quad v_1 & u_2 & v_2 & \quad u_3 & \quad v_3 & u_4 & v_4 \end{matrix} \\
\begin{bmatrix}
1.354 & 0.354 & 0 & 0 & -0.354 & -0.354 & -1 & 0 \\
0.354 & 1.354 & 0 & -1 & -0.354 & -0.354 & 0 & 0 \\
0 & 0 & 0 & 0 & 0 & 0 & 0 & 0 \\
0 & -1 & 0 & 1 & 0 & 0 & 0 & 0 \\
-0.354 & -0.354 & 0 & 0 & 0.354 & 0.354 & 0 & 0 \\
-0.354 & -0.354 & 0 & 0 & 0.354 & 0.354 & 0 & 0 \\
-1 & 0 & 0 & 0 & 0 & 0 & 1 & 0 \\
0 & 0 & 0 & 0 & 0 & 0 & 0 & 0
\end{bmatrix}
\end{array}
\tag{3.6.4}
$$

전체좌표계에서의 행렬 $[k]$인 식 (3.6.4)는 전체좌표계에서의 하중과 전체좌표계에서의 변위를 연결시킨다. 따라서 절점 2~4에서의 경계조건과 절점 1에 가해진 하중들을 고려한 전체 구조 강성방정식을 다음과 같이 얻는다.

$$
\begin{Bmatrix} 0 \\ -10{,}000 \\ F_{2x} \\ F_{2y} \\ F_{3x} \\ F_{3y} \\ F_{4x} \\ F_{4y} \end{Bmatrix}
= (500{,}000)
\begin{bmatrix}
1.354 & 0.354 & 0 & 0 & -0.354 & -0.354 & -1 & 0 \\
0.354 & 1.354 & 0 & -1 & -0.354 & -0.354 & 0 & 0 \\
0 & 0 & 0 & 0 & 0 & 0 & 0 & 0 \\
0 & -1 & 0 & 1 & 0 & 0 & 0 & 0 \\
-0.354 & -0.354 & 0 & 0 & 0.354 & 0.354 & 0 & 0 \\
-0.354 & -0.354 & 0 & 0 & 0.354 & 0.354 & 0 & 0 \\
-1 & 0 & 0 & 0 & 0 & 0 & 1 & 0 \\
0 & 0 & 0 & 0 & 0 & 0 & 0 & 0
\end{bmatrix}
\times
\begin{Bmatrix} u_1 \\ v_1 \\ u_2 = 0 \\ v_2 = 0 \\ u_3 = 0 \\ v_3 = 0 \\ u_4 = 0 \\ v_4 = 0 \end{Bmatrix}
\tag{3.6.5}
$$

미지의 변위 u_1과 v_1을 결정하는 데 쓰이는 식을 얻기 위해 2.5절의 첫 번째 부분에 설명된 분할 방법을 사용한다. 즉, 식 (3.6.5)에서 처음 두 개의 식을 3~8번째까지의 식으로부터 분할하는 것이다. 또는 2.5절의 후반부에 설명되었듯이 전체 강성행렬에서 0인 변위와 관련된 행과 열을 삭제하는 것이다. 여기서는 후자의 방법을 사용한다. 즉, 식 (3.6.5)에서의 3~8번째의 행과 열을 삭제한다. 왜냐하면 이러한 행과 열은 변위가 0인 것에 대응되기 때문이다(이러한 직접접근법은 2.5절에서 지적했듯이 변위가 0이 아닌 경계조건에 대해서는 수정을 해야 한다는 것을 기억하기 바란다). 그러면 다음과 같은 결과를 얻는다.

$$
\begin{Bmatrix} 0 \\ -10{,}000 \end{Bmatrix} = (500{,}000)\begin{bmatrix} 1.354 & 0.354 \\ 0.354 & 1.354 \end{bmatrix}\begin{Bmatrix} u_1 \\ v_1 \end{Bmatrix} \tag{3.6.6}
$$

식 (3.6.6)은 양변에 2 × 2 강성행렬의 역행렬을 곱해주거나 또는 두 개의 식을 동시에 풀어서 변위를 계산할 수 있다. 어느 쪽으로 하든지 최종 변위는 다음과 같다.

$$u_1 = 0.414 \times 10^{-2} \text{ in.} \qquad v_1 = -1.59 \times 10^{-2} \text{ in.}$$

v_1에서 음(−) 부호는 절점 1에서 y방향으로의 변위 성분이 전체좌표계에서 양의 y방향과 반대라는 것을 의미하고, 이는 절점 1에서 아래방향임을 나타낸다.

식 (3.5.6)과 표 3-1을 사용하여각 요소 내의 응력을 계산하면 다음과 같은 결과를 얻는다.

$$\sigma^{(1)} = \frac{30 \times 10^6}{120}[0 \quad -1 \quad 0 \quad 1]\begin{Bmatrix} u_1 = 0.414 \times 10^{-2} \\ v_1 = -1.59 \times 10^{-2} \\ u_2 = 0 \\ v_2 = 0 \end{Bmatrix} = 3965 \text{ psi}$$

$$\sigma^{(2)} = \frac{30 \times 10^6}{120\sqrt{2}}\left[\frac{-\sqrt{2}}{2} \quad \frac{-\sqrt{2}}{2} \quad \frac{\sqrt{2}}{2} \quad \frac{\sqrt{2}}{2}\right]\begin{Bmatrix} u_1 = 0.414 \times 10^{-2} \\ v_1 = -1.59 \times 10^{-2} \\ u_3 = 0 \\ v_3 = 0 \end{Bmatrix}$$
$$= 1471 \text{ psi}$$

$$\sigma^{(3)} = \frac{30 \times 10^6}{120}[-1 \quad 0 \quad 1 \quad 0]\begin{Bmatrix} u_1 = 0.414 \times 10^{-2} \\ v_1 = -1.59 \times 10^{-2} \\ u_4 = 0 \\ v_4 = 0 \end{Bmatrix} = -1035 \text{ psi}$$

절점 1에서의 하중의 평형을 확인하기 위해 전체좌표계에서의 x와 y방향 하중을 더하면 다음과 같은 결과를 얻는다.

$$\sum F_x = 0 \qquad (1471 \text{ psi})(2 \text{ in}^2)\frac{\sqrt{2}}{2} - (1035 \text{ psi})(2 \text{ in}^2) = 0$$

$$\sum F_y = 0 \qquad (3965 \text{ psi})(2 \text{ in}^2) + (1471 \text{ psi})(2 \text{ in}^2)\frac{\sqrt{2}}{2} - 10{,}000 = 0$$

예제 3.6

그림 3-14에서 보여주는 두 개의 봉으로 된 트러스에 대해 절점 1에서의 y방향 변위와 각 요소에서의 축력을 결정하라. 절점 1에 양의 y방향으로 힘 $P = 1000$ kN이 작용하고 있고, 음의 x방향으로 $\delta = 50$ mm만큼의 변위를 준다. 각 요소에 대해 $E = 210$ GPa이고 $A = 6.00 \times 10^{-4}$ m^{2}이다. 요소의 길이는 그림에 나타낸 것과 같다.

풀이

먼저 각 요소 강성행렬을 결정하기 위해 식 (3.4.23)을 사용한다.

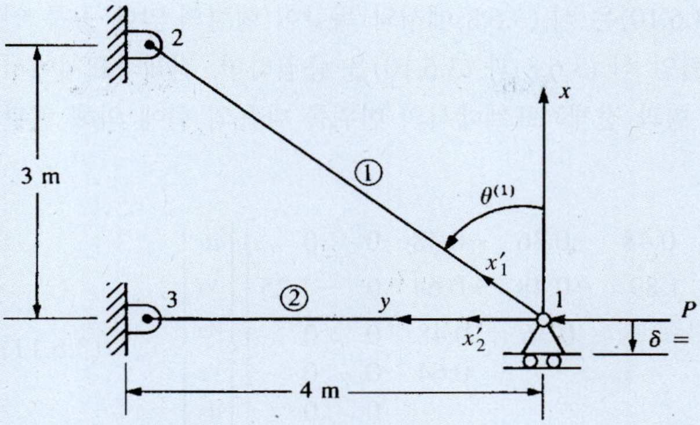

그림 3-14 • 두 개의 봉으로 구성된 트러스

요소 1

$$\cos\theta^{(1)} = \frac{3}{5} = 0.60 \qquad \sin\theta^{(1)} = \frac{4}{5} = 0.80$$

$$[k^{(1)}] = \frac{(6.0\times10^{-4}\,\text{m}^2)(210\times10^6\ \text{kN/m}^2)}{5\ \text{m}}\begin{bmatrix} 0.36 & 0.48 & -0.36 & -0.48 \\ & 0.64 & -0.48 & -0.64 \\ & & 0.36 & 0.48 \\ \text{Symmetry} & & & 0.64 \end{bmatrix} \tag{3.6.7}$$

식 (3.6.7)을 간략화하면 다음과 같은 결과를 얻는다.

$$[k^{(1)}] = (25{,}200)\begin{matrix} u_1 & v_1 & u_2 & v_2 \end{matrix}\begin{bmatrix} 0.36 & 0.48 & -0.36 & -0.48 \\ & 0.64 & -0.48 & -0.64 \\ & & 0.36 & 0.48 \\ \text{Symmetry} & & & 0.64 \end{bmatrix} \tag{3.6.8}$$

요소 2

$$\cos\theta^{(2)} = 0.0 \qquad \sin\theta^{(2)} = 1.0$$

$$[k^{(2)}] = \frac{(6.0\times10^{-4})(210\times10^6)}{4}\begin{bmatrix} 0 & 0 & 0 & 0 \\ & 1 & 0 & -1 \\ & & 0 & 0 \\ \text{Symmetry} & & & 1 \end{bmatrix} \tag{3.6.9}$$

$$[k^{(2)}] = (25{,}200)\begin{matrix} u_1 & v_1 & u_3 & v_3 \end{matrix}\begin{bmatrix} 0 & 0 & 0 & 0 \\ & 1.25 & 0 & -1.25 \\ & & 0 & 0 \\ \text{Symmetry} & & & 1.25 \end{bmatrix} \tag{3.6.10}$$

여기서 계산을 간단히 하기 위해 식 (3.6.10)은 식 (3.6.8)에서와 똑같이 행렬의 앞에 공통 인자(25,200)를 써준다. 두 요소 강성행렬인 식 (3.6.8)과 (3.6.10)을 중첩하면, 전체좌표계에서의 행렬 $[k]$를 얻고 전체좌표계에서의 힘과 전체좌표계에서의 변위를 다음의 식에 의해 연관시킬 수 있다.

$$\begin{Bmatrix} F_{1x} \\ F_{1y} \\ F_{2x} \\ F_{2y} \\ F_{3x} \\ F_{3y} \end{Bmatrix} = (25,200)\begin{bmatrix} 0.36 & 0.48 & -0.36 & -0.48 & 0 & 0 \\ & 1.89 & -0.48 & -0.64 & 0 & -1.25 \\ & & 0.36 & 0.48 & 0 & 0 \\ & & & 0.64 & 0 & 0 \\ & & & & 0 & 0 \\ \text{Symmetry} & & & & & 1.25 \end{bmatrix}\begin{Bmatrix} u_1 \\ v_1 \\ u_2 \\ v_2 \\ u_3 \\ v_3 \end{Bmatrix} \tag{3.6.11}$$

주어진 변위를 이용하여 이 식을 분할할 수 있고, 미지의 변위와 관련된 식들을 연립하여 풀어서 해를 구할 수 있다. 이러한 분할작업을 하기 위해 다음과 같이 주어진 경계조건을 고려해야 한다.

$$u_1 = \delta \qquad u_2 = 0 \qquad v_2 = 0 \qquad u_3 = 0 \qquad v_3 = 0 \tag{3.6.12}$$

따라서 식 (3.6.12)를 사용하여 식 (3.6.11)에서 1, 3, 4, 5, 6번째 식으로부터 2번째 식을 분할해내면 다음과 같은 식을 얻는다.

$$P = 25,200(0.48\delta + 1.89v_1) \tag{3.6.13}$$

여기서 $F_{1y} = P$와 $d_{1x} = d$가 식 (3.6.13)에 사용되었다. 식 (3.6.13)을 P와 δ의 식으로 나타냄으로써 v_1에 영향을 미치는 두 개의 인자가 명백하게 분리된다. 식 (3.6.13)을 v_1에 관해 풀면 다음과 같다.

$$v_1 = 0.000021P - 0.254\delta \tag{3.6.14}$$

식 (3.6.14)에 $P = 1000$ kN과 $\delta = -0.05$ m의 수치값을 대입하면, 다음과 같은 결과를 얻는다.

$$v_1 = 0.0337 \text{ m} \tag{3.6.15}$$

여기서 양의 값은 왼쪽으로의 수평 변위임을 나타낸다.

국부좌표계에서의 요소 하중은 식 (3.4.11)을 사용하여 다음과 같이 계산된다.

요소 1

$$\begin{Bmatrix} f'_{1x} \\ f'_{2x} \end{Bmatrix} = (25,200)\begin{bmatrix} 1 & -1 \\ -1 & 1 \end{bmatrix}\begin{bmatrix} 0.60 & 0.80 & 0 & 0 \\ 0 & 0 & 0.60 & 0.80 \end{bmatrix}\begin{Bmatrix} u_1 = -0.05 \\ v_1 = 0.0337 \\ u_2 = 0 \\ v_2 = 0 \end{Bmatrix} \tag{3.6.16}$$

식 (3.6.16)에서 행렬의 곱셈을 연속해서 세 번하면 다음과 같은 결과를 얻는다.

$$f'_{1x} = -76.6 \text{ kN} \qquad f'_{2x} = 76.6 \text{ kN} \tag{3.6.17}$$

요소 2

$$\begin{Bmatrix} f'_{1x} \\ f'_{3x} \end{Bmatrix} = (31{,}500)\begin{bmatrix} 1 & -1 \\ -1 & 1 \end{bmatrix}\begin{bmatrix} 0 & 1 & 0 & 0 \\ 0 & 0 & 0 & 1 \end{bmatrix}\begin{Bmatrix} u_1 = -0.05 \\ v_1 = 0.0337 \\ u_3 = 0 \\ v_3 = 0 \end{Bmatrix} \tag{3.6.18}$$

식 (3.6.18)에서 행렬의 곱셈을 연속해서 세 번하면 다음과 같은 결과를 얻는다.

$$f'_{1x} = 1061 \text{ kN} \qquad f'_{3x} = -1061 \text{ kN} \tag{3.6.19}$$

절점 1에서의 평형이 만족되는가를 스스로 검토함으로써 계산이 맞았는지 확인할 수 있다.

예제 3.7

봉 요소와 스프링이 복합된 구조물을 이해하기 위해서 그림 3-15와 같이 스프링으로 지지된 두 개의 봉으로 구성된 트러스 구조물을 풀어라. 두 봉은 각각 $E = 210$ GPa, $A = 5.0 \times 10^{-4}$ m^2이다. 봉 하나의 길이는 5 m이고, 다른 봉의 길이는 10 m이다. 스프링 강성계수 $k = 2000$ kN/m이다.

풀이

각각의 요소 강성행렬을 결정하기 위해 식 (3.4.23)을 사용한다.

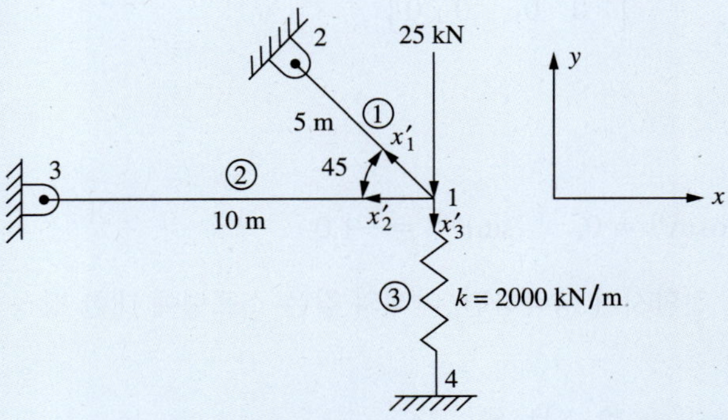

그림 3-15 • 스프링으로 지지된 두 개의 봉으로 구성된 트러스

요소 1

$$\theta^{(1)} = 135°, \qquad \cos\theta^{(1)} = -\sqrt{2}/2, \qquad \sin\theta^{(1)} = \sqrt{2}/2$$

$$\left[k^{(1)}\right] = \frac{(5.0 \times 10^{-4}\ \text{m}^2)(210 \times 10^6\ \text{kN/m}^2)}{5\ \text{m}} \begin{bmatrix} 0.5 & -0.5 & -0.5 & 0.5 \\ -0.5 & 0.5 & 0.5 & -0.5 \\ -0.5 & 0.5 & 0.5 & -0.5 \\ 0.5 & -0.5 & -0.5 & 0.5 \end{bmatrix} \quad (3.6.20)$$

식 (3.6.20)을 간단히 하면 다음과 같다.

$$[k^{(1)}] = 105 \times 10^2 \begin{bmatrix} \overset{u_1}{1} & \overset{v_1}{-1} & \overset{u_2}{-1} & \overset{v_2}{1} \\ -1 & 1 & 1 & -1 \\ -1 & 1 & 1 & -1 \\ 1 & -1 & -1 & 1 \end{bmatrix} \quad (3.6.21)$$

요소 2

$$\theta^{(2)} = 180°, \qquad \cos\theta^{(2)} = -1.0, \qquad \sin\theta^{(2)} = 0$$

$$[k^{(2)}] = \frac{(5 \times 10^{-4}\ \text{m}^2)(210 \times 10^6\ \text{kN/m}^2)}{10\ \text{m}} \begin{bmatrix} 1 & 0 & -1 & 0 \\ 0 & 0 & 0 & 0 \\ -1 & 0 & 1 & 0 \\ 0 & 0 & 0 & 0 \end{bmatrix} \quad (3.6.22)$$

식 (3.6.22)를 간단히 하면 다음과 같다.

$$[k^{(2)}] = 105 \times 10^2 \begin{bmatrix} \overset{u_1}{1} & \overset{v_1}{0} & \overset{u_3}{-1} & \overset{v_3}{0} \\ 0 & 0 & 0 & 0 \\ -1 & 0 & 1 & 0 \\ 0 & 0 & 0 & 0 \end{bmatrix} \quad (3.6.23)$$

요소 3

$$\theta^{(3)} = 270°, \qquad \cos\theta^{(3)} = 0, \qquad \sin\theta^{(3)} = -1.0$$

식 (3.4.23)에서 스프링 상수 k를 AE/L로 전환시켜 생각하면, 아래와 같은 스프링에 대한 강성 행렬을 구할 수 있다.

$$[k^{(3)}] = 20 \times 10^2 \begin{bmatrix} \overset{u_1}{0} & \overset{v_1}{0} & \overset{u_4}{0} & \overset{v_4}{0} \\ 0 & 1 & 0 & -1 \\ 0 & 0 & 0 & 0 \\ 0 & -1 & 0 & 1 \end{bmatrix} \quad (3.6.24)$$

경계조건은 아래와 같다.

$$u_2 = v_2 = u_3 = v_3 = u_4 = v_4 = 0 \tag{3.6.25}$$

식 (3.6.25)의 경계조건을 고려하면, 전체 방정식은 다음과 같이 주어진다.

$$\begin{Bmatrix} F_{1x} = 0 \\ F_{1y} = -25\ \text{kN} \end{Bmatrix} = 10^2 \begin{bmatrix} 210 & -105 \\ -105 & 125 \end{bmatrix} \begin{Bmatrix} u_1 \\ v_1 \end{Bmatrix} \tag{3.6.26}$$

전체 변위에서 식 (3.6.26)을 풀면, 다음을 얻을 수 있다.

$$u_1 = -1.724 \times 10^{-3}\ \text{m} \qquad v_1 = -3.448 \times 10^{-3}\ \text{m} \tag{3.6.27}$$

식 (3.5.6)을 통해 우리는 봉 요소에서의 응력을 구할 수 있다.

$$\sigma^{(1)} = \frac{210 \times 10^3\ \text{MN/m}^2}{5\ \text{m}} \begin{bmatrix} 0.707 & -0.707 & -0.707 & 0.707 \end{bmatrix} \begin{Bmatrix} -1.724 \times 10^{-3} \\ -3.448 \times 10^{-3} \\ 0 \\ 0 \end{Bmatrix}$$

간단히 하면, $\sigma^{(1)} = 51.2$ MPa (T)가 된다.

마찬가지 방법으로, 다른 요소의 응력을 계산하면 다음과 같이 구할 수 있고,

$$\sigma^{(2)} = \frac{210 \times 10^3\ \text{MN/m}^2}{10\ \text{m}} \begin{bmatrix} 1.0 & 0 & -1.0 & 0 \end{bmatrix} \begin{Bmatrix} -1.724 \times 10^{-3} \\ -3.448 \times 10^{-3} \\ 0 \\ 0 \end{Bmatrix}$$

이를 간단히 하면, $\sigma^{(2)} = -36.2$ MPa (C)를 얻을 수 있다.

3.7 | 3차원 공간에 있는 봉에 대한 변환행렬과 강성행렬

그림 3-16에 보이듯이, 3차원 공간에서 임의의 방향으로 놓인 봉 요소에 대한 일반적인 강성행렬을 얻기 위해 필요한 변환행렬을 유도하기로 한다. 절점 1의 좌표를 x_1, y_1, z_1이라 하고, 절점 2의 좌표를 x_2, y_2, z_2라 한다. 또한 전체좌표계에서의 x, y, z축과 각각 국부좌표계에서의 x'축까지의 각도를 θ_x, θ_y, θ_z라 하자. 여기서 x'는 절점 1에서 2까지의 요소를 따라 정해진다. 이제 $\{d'\} = [T^*]\{d\}$를 만족하는 T^*를 결정해야 한다. 먼저 벡터 $\mathbf{d}' = \mathbf{d}$임을 3차원으로 표현함으로써 $[T^*]$를 유도할 수 있다.

$$u'\mathbf{i}' + v'\mathbf{j}' + w'\mathbf{k}' = u\mathbf{i} + v\mathbf{j} + w\mathbf{k} \tag{3.7.1}$$

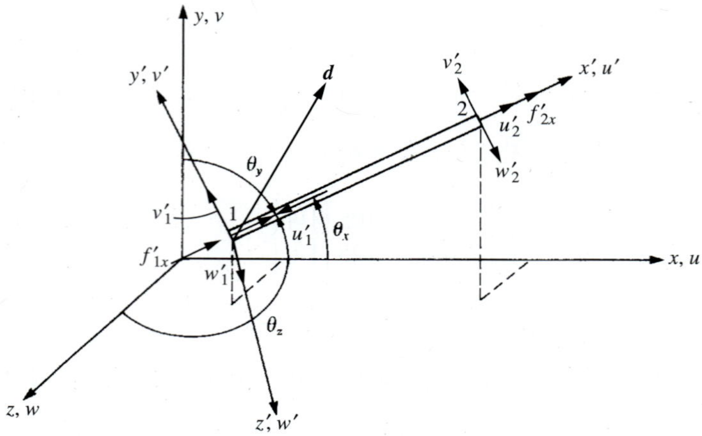

그림 3-16 • 3차원 공간상에 있는 봉 및 국부 절점변위

여기서 $\mathbf{i}'$, $\mathbf{j}'$, $\mathbf{k}'$은 국부좌표계에서의 x', y', z'축에 각각 대응되는 단위벡터이다. $\mathbf{i}$, $\mathbf{j}$, $\mathbf{k}$는 전체좌표계에서의 x, y, z축에 각각 대응되는 단위벡터이다. 또한 w와 w'은 각기 z와 z'방향으로의 변위를 의미한다. 식 (3.7.1)을 $\mathbf{i}'$벡터로 내적(dot product)을 하면 다음과 같은 결과를 얻는다.

$$u' + 0 + 0 = u(\mathbf{i}' \cdot \mathbf{i}) + v(\mathbf{i}' \cdot \mathbf{j}) + w(\mathbf{i}' \cdot \mathbf{k}) \tag{3.7.2}$$

내적의 정의에 의해 다음과 같이 얻을 수 있다.

$$\begin{aligned} \mathbf{i}' \cdot \mathbf{i} &= \frac{x_2 - x_1}{L} = C_x \\ \mathbf{i}' \cdot \mathbf{j} &= \frac{y_2 - y_1}{L} = C_y \\ \mathbf{i}' \cdot \mathbf{k} &= \frac{z_2 - z_1}{L} = C_z \end{aligned} \tag{3.7.3}$$

여기서

$$L = [(x_2 - x_1)^2 + (y_2 - y_1)^2 + (z_2 - z_1)^2]^{1/2}$$

그리고

$$C_x = \cos\theta_x \qquad C_y = \cos\theta_y \qquad C_z = \cos\theta_z \tag{3.7.4}$$

여기서 C_x, C_y, C_z는 각각 $\mathbf{i}$, $\mathbf{j}$, $\mathbf{k}$의 $\mathbf{i}'$에 대한 투영(projection)이다. 따라서 식 (3.7.2)에 식 (3.7.3)을 사용하면, 다음과 같은 결과를 얻는다.

$$u' = C_x u + C_y v + C_z w \tag{3.7.5}$$

공간상에 x'축의 방향을 갖는 벡터에 대해 식 (3.7.5)는 전체좌표계 x, y, z방향으로의 그 벡터 성분을 나타낸다. 식 (3.5.7)을 사용하면 국부좌표에 대한 절점 1 및 2의 축방향 변위를 다음과 같이 표현할 수 있다.

$$\begin{Bmatrix} u_1' \\ u_2' \end{Bmatrix} = \begin{bmatrix} C_x & C_y & C_z & 0 & 0 & 0 \\ 0 & 0 & 0 & C_x & C_y & C_z \end{bmatrix} \begin{Bmatrix} u_1 \\ v_1 \\ w_1 \\ u_2 \\ v_2 \\ w_2 \end{Bmatrix} \tag{3.7.6}$$

이제 $\{d'\}$, $\{d\}$, $[T^*]$를 아래와 같이 정의한다.

$$\{d'\} = \begin{Bmatrix} u_1' \\ u_2' \end{Bmatrix}, \{d\} = \begin{Bmatrix} u_1 \\ v_1 \\ w_1 \\ u_2 \\ v_2 \\ w_2 \end{Bmatrix}, \; [T^*] = \begin{bmatrix} C_x & C_y & C_z & 0 & 0 & 0 \\ 0 & 0 & 0 & C_x & C_y & C_z \end{bmatrix} \tag{3.7.7}$$

식 (3.7.7)을 이용하면 식 (3.7.6)은 다음과 같은 행렬식으로 다시 쓸 수 있다.

$$\{d'\} = [T^*]\{d\} \tag{a}$$

여기서 $[T^*]$는 변환행렬을 의미하는 것으로 국부좌표계의 변위 벡터 $\{d'\}$을 전체좌표계의 변위 벡터 $\{d\}$로 변환하는 역할을 수행한다.

전체좌표계의 하중 벡터를 국부좌표계의 하중 벡터로 변환하는 것이 편리하므로 식 (a)에 따라

$$\{f\} = [T^*]^T \{f'\} \tag{b}$$

이 되고, 국부좌표계에서 하중과 변위의 관계는 다음과 같으므로

$$\{f'\} = [k']\{d'\} \tag{c}$$

식 (a)의 $\{d'\}$을 식 (c)에 대입하고 식의 양변에 $\{T^*\}^T$를 곱하면 다음과 같은 결과를 얻을 수 있다.

$$[T^*]^T \{f'\} = [T^*]^T [k'][T^*]\{d\} \tag{d}$$

식 (c)의 왼쪽 항에 식 (b)를 사용하면

$$\{f\} = [T^*]^T [k'][T^*]\{d\} \tag{e}$$

이 된다. 전체좌표계에 대한 하중은 전체좌표계에 대한 변위와 다음의 관계를 가지므로

$$\{f\} = [k]\{d\} \tag{f}$$

식 (e)와 식 (f)의 우변을 비교하면, 공간상에 임의의 방향을 갖는 봉에 대한 전체좌표계에 대한 강성행렬은 다음과 같이 얻어진다.

$$[k] = [T^*]^T [k'][T^*] \tag{g}$$

식 (3.7.7)의 $[T^*]$와 식 (3.4.2)에 보이는 식 (3.4.1)의 $[k']$을 이용하면 $[k]$를 다음과 같이 얻을 수 있다.

$$[k] = \begin{bmatrix} C_x & 0 \\ C_y & 0 \\ C_z & 0 \\ 0 & C_x \\ 0 & C_y \\ 0 & C_z \end{bmatrix} \frac{AE}{L} \begin{bmatrix} 1 & -1 \\ -1 & 1 \end{bmatrix} \begin{bmatrix} C_x & C_y & C_z & 0 & 0 & 0 \\ 0 & 0 & 0 & C_x & C_y & C_z \end{bmatrix} \tag{3.7.8}$$

식 (3.7.8)을 간략히 하면 다음과 같이 $[k]$를 얻는다.

$$[k] = \frac{AE}{L} \begin{bmatrix} C_x^2 & C_xC_y & C_xC_z & -C_x^2 & -C_xC_y & -C_xC_z \\ & C_y^2 & C_yC_z & -C_xC_y & -C_y^2 & -C_yC_z \\ & & C_z^2 & -C_xC_z & -C_yC_z & -C_z^2 \\ & & & C_x^2 & C_xC_y & C_xC_z \\ & & & & C_y^2 & C_yC_z \\ \text{Symmetry} & & & & & C_z^2 \end{bmatrix} \tag{3.7.9}$$

식 (3.7.9)는 3차원 공간에서 임의의 방향으로 놓인 봉 요소에 대한 강성행렬의 기본적 형태이다. 이제 간단한 공간 트러스를 해석함으로써 이 절에서 소개된 개념을 설명한다. 직접강성법이 공간 트러스 문제를 해결하는 데 쉬운 방법임을 알게 될 것이다.

예제 3.8

그림 3-17에 보인 공간 트러스를 해석하라. 트러스는 그림에 보이는 바와 같이 인치로 주어진 네 개의 절점과 주어진 단면적을 가진 세 개의 요소로 구성되어 있다. 모든 요소에 대해 탄성계수 $E = 1.2 \times 10^6$ psi이다. 절점 1에 z의 음의 방향으로 하중 1000 lb가 주어진다. 절점 2~4는 공이 붙은 소켓(ball-and-socket)으로 지지되어 있어서 x, y, z방향으로의 운동이 구속되어 있다. 절점 1은 그림 3-15에 보이는 것과 같이 롤러에 의해 y방향으로의 운동이 구속되어 있다.

풀이

식 (3.7.9)를 사용하여 그림 3-17에 있는 세 요소의 강성행렬을 결정한다. 수치적인 계산을 간단히 하기 위해, 먼저 각 요소에 대해 식 (3.7.9)에서 주어진 $[k]$를 다음과 같은 형태로 표현할 수 있다.

$$[k] = \frac{AE}{L} \left[\begin{array}{c|c} [\lambda] & -[\lambda] \\ \hline -[\lambda] & [\lambda] \end{array} \right] \tag{3.7.10}$$

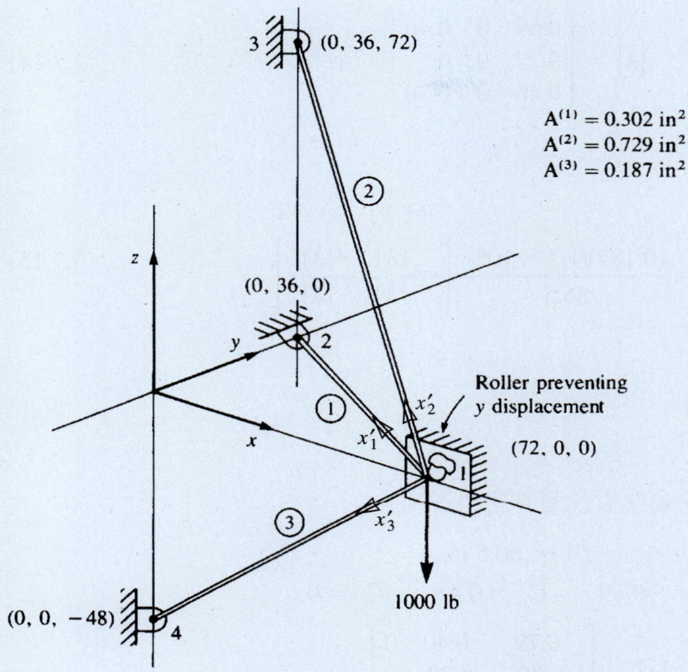

그림 3-17 • 공간 트러스

여기서 [λ]는 다음과 같이 정의된 3 × 3의 부행렬이다.

$$[\lambda] = \begin{bmatrix} C_x^2 & C_xC_y & C_xC_z \\ C_yC_x & C_y^2 & C_yC_z \\ C_zC_x & C_zC_y & C_z^2 \end{bmatrix} \tag{3.7.11}$$

따라서 [λ]를 결정하면 [k]가 결정된다.

요소 3

요소 3의 방향 코사인은 일반적으로 다음과 같이 된다.

$$C_x = \frac{x_4 - x_1}{L^{(3)}} \qquad C_y = \frac{y_4 - y_1}{L^{(3)}} \qquad C_z = \frac{z_4 - z_1}{L^{(3)}} \tag{3.7.12}$$

여기서 x_i, y_i, z_i는 각 절점의 좌표를 나타내는 데 사용되고, $L^{(e)}$은 요소 길이를 나타낸다. 그림 3-17에서 주어진 좌표로부터 길이와 방향 코사인을 다음과 같이 구할 수 있다.

$$L^{(3)} = [(-72.0)^2 + (-48.0)^2]^{1/2} = 86.5 \text{ in.}$$
$$C_x = \frac{-72.0}{86.5} = -0.833 \qquad C_y = 0 \qquad C_z = \frac{-48.0}{86.5} = -0.550 \tag{3.7.13}$$

식 (3.7.13)의 결과를 식 (3.7.11)에 사용하면

$$[\lambda] = \begin{bmatrix} 0.69 & 0 & 0.46 \\ 0 & 0 & 0 \\ 0.46 & 0 & 0.30 \end{bmatrix} \tag{3.7.14}$$

이 되고, 식 (3.7.10)에서

$$[k^{(3)}] = \frac{(0.187)(1.2 \times 10^6)}{86.5} \begin{array}{c} \quad u_1 v_1 w_1 \quad u_4 v_4 w_4 \\ \left[\begin{array}{c|c} [\lambda] & -[\lambda] \\ \hline -[\lambda] & [\lambda] \end{array}\right] \end{array} \tag{3.7.15}$$

가 된다.

요소 1

같은 방법으로, 요소 1에 대해 다음과 같은 결과를 얻는다.

$$L^{(1)} = 80.5 \text{ in.}$$

$$C_x = -0.89 \qquad C_y = 0.45 \qquad C_z = 0$$

$$[\lambda] = \begin{bmatrix} 0.79 & -0.40 & 0 \\ -0.40 & 0.20 & 0 \\ 0 & 0 & 0 \end{bmatrix}$$

그리고

$$\left[k^{(1)}\right] = \frac{(0.302)(1.2 \times 10^6)}{80.5} \begin{array}{c} \quad u_1 v_1 w_1 \qquad\qquad u_2 v_2 w_2 \\ \left[\begin{array}{c|c} [\lambda] & -[\lambda] \\ \hline -[\lambda] & [\lambda] \end{array}\right] \end{array} \tag{3.7.16}$$

요소 2

최종적으로 요소 2에 대해 다음과 같은 결과를 얻는다.

$$L^{(2)} = 108 \text{ in.}$$

$$C_x = -0.667 \qquad C_y = 0.33 \qquad C_z = 0.667$$

$$[\lambda] = \begin{bmatrix} 0.45 & -0.22 & -0.45 \\ -0.22 & 0.11 & 0.22 \\ -0.45 & 0.22 & 0.45 \end{bmatrix}$$

그리고

$$\left[k^{(2)}\right] = \frac{(0.729)(1.2 \times 10^6)}{108} \begin{array}{c} \quad u_1 v_1 w_1 \qquad\qquad u_3 v_3 w_3 \\ \left[\begin{array}{c|c} [\lambda] & -[\lambda] \\ \hline -[\lambda] & [\lambda] \end{array}\right] \end{array} \tag{3.7.17}$$

$v_1 = 0,\ u_2 = v_2 = w_2 = 0,\ u_3 = v_3 = w_3 = 0,\ u_4 = v_4 = w_4 = 0$인 변위 경계조건을 사용하여 각 요소 강성행렬의 관련 행과 열을 삭제할 수 있다. 식 (3.7.15)~(3.7.17)에서 적당한 행과 열을 삭제하고 남은 요소 강성행렬을 중첩하면, 트러스에 대한 전체 강성행렬을 다음과 같이 얻을 수 있다.

$$[K] = \begin{bmatrix} 9000 & -2450 \\ -2450 & 4450 \end{bmatrix} \quad (\text{columns: } u_1,\ w_1) \tag{3.7.18}$$

전체좌표계에서의 강성방정식은 다음과 같이 표현된다.

$$\begin{Bmatrix} 0 \\ -1000 \end{Bmatrix} = \begin{bmatrix} 9000 & -2450 \\ -2450 & 4450 \end{bmatrix} \begin{Bmatrix} u_1 \\ w_1 \end{Bmatrix} \tag{3.7.19}$$

변위에 대해 식 (3.7.19)를 풀면, 다음과 같은 결과를 얻는다.

$$\begin{aligned} u_1 &= -0.072\ \text{in.} \\ w_1 &= -0.264\ \text{in.} \end{aligned} \tag{3.7.20}$$

여기서 변위에서 (−) 부호는 변위가 음의 x와 z방향임을 나타낸다.

이제 각 요소 내에서의 응력을 결정하고자 한다. 각 요소에 대한 응력은 식 (3.5.6)이 3차원으로 확장된 형태를 사용하여 계산할 수 있다. 절점 i, j를 갖는 요소에 대해 식 (3.5.6)을 3차원으로 확장하면 다음과 같은 결과를 얻는다.

$$\{\sigma\} = \frac{E}{L}\begin{bmatrix} -C_x & -C_y & -C_z & C_x & C_y & C_z \end{bmatrix} \begin{Bmatrix} u_i \\ v_i \\ w_i \\ u_j \\ v_j \\ w_j \end{Bmatrix} \tag{3.7.21}$$

식 (3.5.6)을 유도했던 방식으로 식 (3.7.21)을 유도해볼 수 있다(예로서, 연습문제 3.44 참조). 요소 3에 대해 식 (3.7.13)을 적당한 길이와 탄성계수, 방향 코사인을 사용하면 응력을 다음과 같이 얻을 수 있다.

$$\{\sigma^{(3)}\} = \frac{1.2 \times 10^6}{86.5}\begin{bmatrix} 0.83 & 0 & 0.55 & -0.83 & 0 & -0.55 \end{bmatrix} \begin{Bmatrix} -0.072 \\ 0 \\ -0.264 \\ 0 \\ 0 \\ 0 \end{Bmatrix} \tag{3.7.22}$$

식 (3.7.22)를 간략히 하면, 그 결과는 다음과 같다.

$$\sigma^{(3)} = -2850\ \text{psi}$$

여기서 음의 부호는 압축응력을 나타낸다. 다른 요소에서의 응력은 요소 3에서 한 것과 유사한 방법으로 계산할 수 있다.

계산 과정을 생략하고 결과만 나타내면 다음과 같다.

$$\sigma^{(1)} = -945 \text{ psi} \qquad \sigma^{(2)} = 1440 \text{ psi}$$

예제 3.9

그림 3-18과 같은 공간상의 트러스 구조물을 분석하라. 트러스 구조물은 총 네 개의 절점으로 구성되어 있고, 각각의 좌표는 그림과 같다. 세 개의 요소의 단면적은 모두 10×10^{-4} m^2이고, 탄성계수는 $E = 210$ GPa이다. 1번 절점에 20 kN의 하중이 전체좌표계의 x 방향으로 작용하고 있다. 2~4번 절점은 핀으로 고정되어 있어서 x, y, z방향으로의 이동에 대해 구속되어 있다.

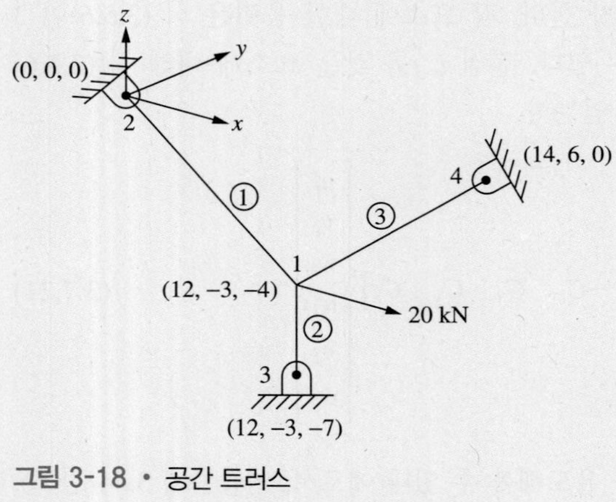

그림 3-18 • 공간 트러스

풀이

먼저 그림 3-18의 좌표계를 이용하여 각 요소의 길이를 구한다.

$$L^{(1)} = [(0-12)^2 + (0-(-3))^2 + (0-(-4))^2]^{1/2} = 13 \text{ m}$$
$$L^{(2)} = [(12-12)^2 + (-3+3)^2] + (-7+4)^2]^{1/2} = 3 \text{ m}$$
$$L^{(3)} = [(14-12)^2 + (6+3)^2 + (0+4)^2]^{1/2} = 10.05 \text{ m}$$

편의를 위해 방향 코사인 표를 작성한다. 국부 x'축은 요소 1, 2, 3에 대해 절점 1에서 2, 1에서 3, 1에서 4방향으로 정한다.

Element Number	$C_x = \frac{x_j - x_i}{L^{(1)}}$	$C_y = \frac{y_j - y_i}{L^{(2)}}$	$C_z = \frac{z_j - z_i}{L^{(3)}}$
1	−12/13	3/13	4/13
2	0	0	−1
3	2/10.05	9/10.05	4/10.05

이제 식 (3.7.11)에서 정의한 [λ]에 표시되어 있는 방향 코사인의 곱에 대한 표를 작성한다.

Element Number	C_x^2	C_xC_y	C_xC_z	C_y^2	C_yC_z	C_z^2
1	0.852	−0.213	−0.284	0.053	−0.071	0.095
2	0	0	0	0	0	1
3	0.040	0.178	0.079	0.802	0.356	0.158

식 (3.7.11)을 이용하여 각 요소에 대한 [λ]를 표시하면

$$[\lambda^{(1)}] = \begin{bmatrix} 0.852 & -0.213 & -0.284 \\ -0.213 & 0.053 & 0.071 \\ -0.284 & 0.071 & 0.095 \end{bmatrix} \quad [\lambda^{(2)}] = \begin{bmatrix} 0 & 0 & 0 \\ 0 & 0 & 0 \\ 0 & 0 & 1 \end{bmatrix} \quad [\lambda^{(3)}] = \begin{bmatrix} 0.040 & 0.178 & 0.079 \\ 0.128 & 0.802 & 0.356 \\ 0.079 & 0.356 & 0.158 \end{bmatrix} \tag{3.7.23}$$

이며, 주어진 경계조건은 다음과 같다.

$$u_2 = v_2 = w_2 = 0, \qquad u_3 = v_3 = w_3 = 0, \qquad u_4 = v_4 = w_4 = 0 \tag{3.7.24}$$

식 (3.7.10)에 [λ]로 표현된 강성행렬을 사용하면, 다음과 같은 강성행렬을 얻을 수 있다.

$$[k^{(1)}] = \frac{AE}{13}\left[\begin{array}{c|c} [\lambda^{(1)}] & -[\lambda^{(1)}] \\ \hline -[\lambda^{(1)}] & [\lambda^{(1)}] \end{array}\right] \quad [k^{(2)}] = \frac{AE}{3}\left[\begin{array}{c|c} [\lambda^{(2)}] & -[\lambda^{(2)}] \\ \hline -[\lambda^{(2)}] & [\lambda^{(2)}] \end{array}\right] \quad [k^{(3)}] = \frac{AE}{10.05}\left[\begin{array}{c|c} [\lambda^{(3)}] & -[\lambda^{(3)}] \\ \hline -[\lambda^{(3)}] & [\lambda^{(3)}] \end{array}\right] \tag{3.7.25}$$

식 (3.7.25)에 경계조건을 적용하고, 값이 0인 변위 경계조건에 대해 적절하게 행과 열을 삭제한다. 그 결과로 얻은 요소 강성행렬을 중첩하면, 트러스 구조물에 대한 전체 강성행렬을 얻을 수 있다.

$$[K] = 210\begin{bmatrix} 69.519 & 1.327 & -13.985 \\ 1.327 & 83.879 & 40.885 \\ -13.985 & 40.885 & 356.363 \end{bmatrix} \text{kN/m} \tag{3.7.26}$$

전체 강성방정식은 다음과 같이 표현된다.

$$\begin{Bmatrix} 20\ \text{kN} \\ 0 \\ 0 \end{Bmatrix} = 210\begin{bmatrix} 69.519 & 1.327 & -13.985 \\ 1.327 & 83.879 & 40.885 \\ -13.985 & 40.885 & 356.363 \end{bmatrix}\begin{Bmatrix} u_1 \\ v_1 \\ w_1 \end{Bmatrix} \tag{3.7.27}$$

변위에 대해서 풀면

$$
\begin{aligned}
u_1 &= 1.383 \times 10^{-3} \text{ m} \\
v_1 &= -5.119 \times 10^{-5} \text{ m} \\
w_1 &= 6.015 \times 10^{-5} \text{ m}
\end{aligned} \tag{3.7.28}
$$

이며, 식 (3.7.21)을 사용하여 요소 응력을 결정하면

$$
\sigma^{(1)} = \frac{210 \times 10^6}{13}[12/13 \quad -3/13 \quad -4/13 \quad -12/13 \quad 3/13 \quad 4/13]\begin{Bmatrix} 1.383 \times 10^{-3} \\ -5.119 \times 10^{-5} \\ 6.015 \times 10^{-5} \\ 0 \\ 0 \\ 0 \end{Bmatrix} \tag{3.7.29}
$$

이 된다. 식 (3.7.29)를 정리하여 MPa 단위로 바꾸면

$$
\sigma^{(1)} = 20.51 \text{ MPa} \tag{3.7.30}
$$

이며, 같은 방법으로 다른 요소의 응력도 구하면

$$
\sigma^{(2)} = 4.21 \text{ MPa} \qquad \sigma^{(3)} = -5.29 \text{ MPa} \tag{3.7.31}
$$

이 된다. 식 (3.7.31)에서 음수값은 요소 3이 압축 응력을 받고 있다는 것을 나타낸다.

3.8 | 구조에서의 대칭 이용

대칭의 여러 형태가 구조에서 존재할 가능성이 있다. 이러한 대칭은 재귀(reflective) 또는 반사(mirror), 꼬임(skew), 축대칭(axial), 그리고 주기(cyclic) 등을 포함한다. 여기서는 가장 흔한 대칭의 형태인 반사 대칭을 소개한다. 축대칭은 평면에서 축을 기준으로 평면 형상이 회전함으로써 회전체가 생성되는 것을 뜻한다. 이러한 축대칭 형상은 일반적인 것이고, 축대칭에 대한 분석은 9장에서 다루도록 한다.

많은 예에서 알 수 있듯이, 반사 대칭은 문제를 쉽게 해결하기 위해 사용할 수 있다. **반사 대칭(reflective symmetry)**은 하중의 크기, 모양, 위치에서의 일치를 의미한다. 즉, 물질 속성과 선이나 면을 나누는 반대편 경계조건도 일치한다. 대칭의 사용은 실제적으로 문제를 푸는 것보다는 문제를 간소화시키는 것을 도와준다. 그러므로 전체 강성행렬의 차수와 강성방정식의 집합이 줄어들 수 있다. 손으로 푸는 시간이 감소되고, 큰 규모의 문제를 컴퓨터로 푸는 시간 또한 상당히 줄어들 수 있다. 예제 3.10은 반사 대칭을 이용해서 문제를 해결하는 것을 보여준다. 추가적인 대칭을 사용하는 예는 4장과 7장에 각각 보와 평면 문제에 대해 나와 있다.

예제 3.10

그림 3-19에 보이는 평면 트러스 문제를 풀어라. 트러스는 그림과 같이 8개의 요소와 5개의 절점으로 이루어져 있다. $2P$의 수직하중은 절점 4에 포함된다. 절점 1과 5는 지지점을 나타낸다. 봉 요소 1, 2, 7, 8은 $\sqrt{2}AE$의 축 강성을, 봉 3~6은 AE의 축 강성을 가지고 있다. 여기서 A와 E는 횡단면과 봉의 탄성계수를 나타낸다.

이 문제에서는 대칭 평면을 사용해서 문제를 해결하도록 한다. 절점 2, 4, 3을 지나는 평면에 수직하는 수직 평면은 반사 대칭 평면이기 때문에 동일한 형상, 물질, 하중과 경계조건이 이러한 평면의 반대쪽의 동일한 부분에서 나타난다. 대칭 평면에서 발생하는 $2P$와 같은 하중에 대해서 횡단면의 절반은 축소된 구조에서 사용된다. 대칭면에 있는 요소들의 면적은 축소된 구조에서는 1/2만 사용되어야 한다. 더욱이 대칭 평면 절점에 대해 일반적인 변위 구성은 축소된 구조에서 0이 된다. 즉, $u_2 = 0$, $u_3 = 0$, $u_4 = 0$이다. 그림 3-20은 그림 3-19의 평면 트러스에 사용되는 축소된 구조를 나타낸다.

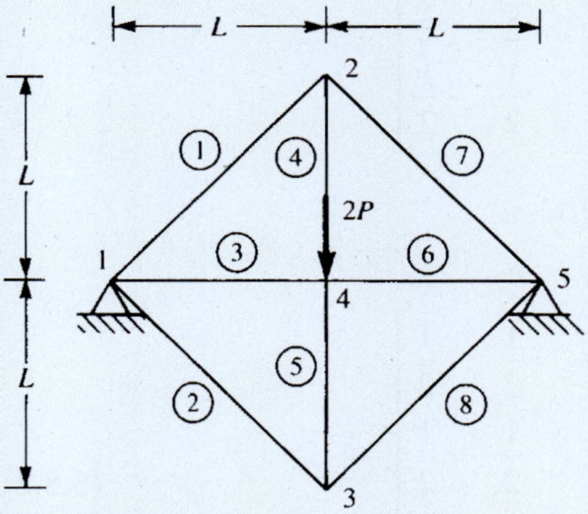

그림 3-19 • 평면 트러스

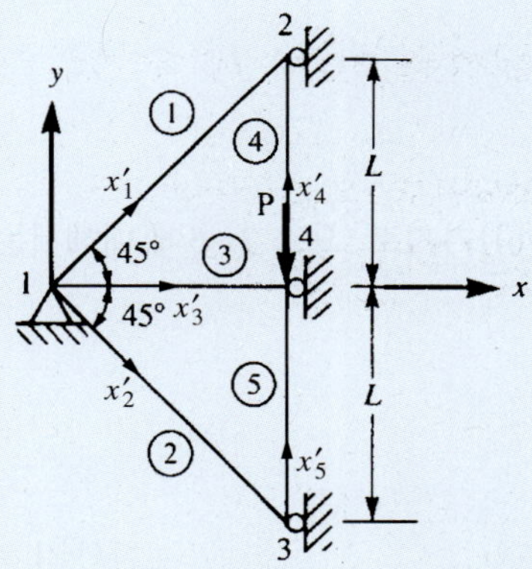

그림 3-20 • 대칭을 이용하여 그림 3-19의 반쪽만 나타낸 트러스

풀이

문제 풀이의 시작은 각 봉 요소의 각 θ를 결정하는 것에서부터 시작된다. 예를 들어, 요소 1에 대해 절점 1, 2로부터 얻은 x'로부터 전체좌표계 x에 대한 국부좌표계 x'의 각도 $\theta(1) = 45°$를 얻을 수 있다. 표 3-2는 각각의 요소 강성행렬을 결정하는 데 사용된다. 표 3-2는 각 요소의 강성행렬을 결정하는 데 사용되는 데이터로, 그림 3-20의 각 요소에 대한 x'을 기반으로 하는 값들이다.

경계조건이 주어지기 전 트러스에 대한 변위의 총 8개 절점 요소가 있다. 따라서 $[k]$는 8×8 행렬이 되어야 한다. 방향 코사인에 대해 표 3-2와 식 (3.4.23)을 사용하면 다음 식을 얻을 수 있다.

표 3-2 그림 3-20의 트러스에 대한 데이터

Element	$\theta°$	C	S	C^2	S^2	CS
1	45°	$\sqrt{2}/2$	$\sqrt{2}/2$	1/2	1/2	1/2
2	315°	$\sqrt{2}/2$	$-\sqrt{2}/2$	1/2	1/2	−1/2
3	0°	1	0	1	0	0
4	90°	0	1	0	1	0
5	90°	0	1	0	1	0

$$[k^{(1)}] = \frac{\sqrt{2}AE}{\sqrt{2}L}\begin{bmatrix} \frac{1}{2} & \frac{1}{2} & -\frac{1}{2} & -\frac{1}{2} \\ \frac{1}{2} & \frac{1}{2} & -\frac{1}{2} & -\frac{1}{2} \\ -\frac{1}{2} & -\frac{1}{2} & \frac{1}{2} & \frac{1}{2} \\ -\frac{1}{2} & -\frac{1}{2} & \frac{1}{2} & \frac{1}{2} \end{bmatrix} \quad \begin{matrix} u_1 & v_1 & u_2 & v_2 \end{matrix} \tag{3.8.1}$$

마찬가지로, 요소 2~5에 대해서는 다음 식을 얻을 수 있다.

$$[k^{(2)}] = \frac{\sqrt{2}AE}{\sqrt{2}L}\begin{bmatrix} \frac{1}{2} & -\frac{1}{2} & -\frac{1}{2} & \frac{1}{2} \\ -\frac{1}{2} & \frac{1}{2} & \frac{1}{2} & -\frac{1}{2} \\ -\frac{1}{2} & \frac{1}{2} & \frac{1}{2} & -\frac{1}{2} \\ \frac{1}{2} & -\frac{1}{2} & -\frac{1}{2} & \frac{1}{2} \end{bmatrix} \quad \begin{matrix} u_1 & v_1 & u_3 & v_3 \end{matrix} \tag{3.8.2}$$

$$[k^{(3)}] = \frac{AE}{L}\begin{bmatrix} 1 & 0 & -1 & 0 \\ 0 & 0 & 0 & 0 \\ -1 & 0 & 1 & 0 \\ 0 & 0 & 0 & 0 \end{bmatrix} \quad \begin{matrix} u_1 & v_1 & u_4 & v_4 \end{matrix} \tag{3.8.3}$$

$$[k^{(4)}] = \frac{AE}{L}\begin{bmatrix} 0 & 0 & 0 & 0 \\ 0 & \frac{1}{2} & 0 & -\frac{1}{2} \\ 0 & 0 & 0 & 0 \\ 0 & -\frac{1}{2} & 0 & \frac{1}{2} \end{bmatrix} \quad \begin{matrix} u_4 & v_4 & u_2 & v_2 \end{matrix} \tag{3.8.4}$$

$$[k^{(5)}] = \frac{AE}{L} \begin{matrix} u_3 & v_3 & u_4 & v_4 \end{matrix} \begin{bmatrix} 0 & 0 & 0 & 0 \\ 0 & \frac{1}{2} & 0 & -\frac{1}{2} \\ 0 & 0 & 0 & 0 \\ 0 & -\frac{1}{2} & 0 & \frac{1}{2} \end{bmatrix} \tag{3.8.5}$$

식 (3.8.1)~(3.8.5)에서 행렬 위의 꼬리표는 각 요소와 관련된 자유도를 나타낸다. 또한 대칭 평면에 놓여진 요소 4와 5에 대해서는 원래 면적의 절반만 식 (3.8.4)와 (3.8.5)에서 사용된다.

변위 성분을 결정하는 풀이는 여전히 제한되어 있다. 따라서 제로-변위 성분을 가지는 경계조건을 고려하면, 제로-변위 성분과 동조하는 각 요소 강성행렬의 행과 열을 소거함으로써 식을 간소화시킬 수 있다. 즉, $u_1 = 0$과 $v_1 = 0$(그림 3-20에서 절점 1에서의 지지대로 인한 값) 그리고 $u_2 = 0$, $u_3 = 0$, $u_4 = 0$(대칭조건으로 인한 값)으로 인해 전체 강성행렬을 조합하기 전인 각 요소 강성행렬 내의 변위 성분과 관련된 행과 열을 소거시킬 수 있다. 강성방적식의 최종 결과는 다음과 같다.

$$\frac{AE}{L} \begin{bmatrix} 1 & 0 & -\frac{1}{2} \\ 0 & 1 & -\frac{1}{2} \\ -\frac{1}{2} & -\frac{1}{2} & 1 \end{bmatrix} \begin{Bmatrix} v_2 \\ v_3 \\ v_4 \end{Bmatrix} = \begin{Bmatrix} 0 \\ 0 \\ -P \end{Bmatrix} \tag{3.8.6}$$

변위에 대한 식 (3.8.6)을 풀면 다음 식을 얻을 수 있다.

$$v_2 = \frac{-PL}{AE} \qquad v_3 = \frac{-PL}{AE} \qquad v_4 = \frac{-2PL}{AE} \tag{3.8.7}$$

대칭을 사용하기 위한 발상은 진동과 좌굴 문제에서는 신중하게 사용되어야 한다. 예를 들어, 간단한 지지되는 보와 같은 구조는 중심에 대해 대칭되지만 대칭 진동 모드뿐만 아니라 반대칭 진동 모드도 가지고 있다. 이러한 것은 16장을 보면 알 수 있다. 만약 보의 절반만 고려해서 반사 대칭상태를 사용한다면, 지지조건은 대칭 진동 모드만 가능하다.

3.9 경사(Inclined 또는 Skewed) 지지

앞 절에서는 변위 경계조건이 전체좌표계 x, y의 좌표축 방향으로 주어지도록 지지방향이 설정되었다.

그러나 지지점이 그림 3-21의 평면 트러스에서의 절점 3처럼 전체좌표계에서의 x축에 대해 각도 α로 경사(inclined 또는 skewed)져 있으면, 변위에 대한 경계조건은 전체좌표계에서의

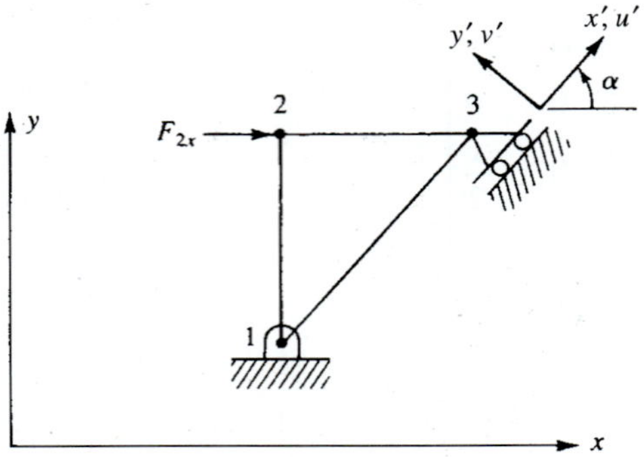

그림 3-21 • 절점 3에서 경사진 경계조건을 갖는 평면 트러스

x-y방향이 아니라 국부좌표계에서의 x'-y'방향이다. 경사 지지를 다루기 위한 두 가지 방법을 지금부터 설명하도록 하겠다.

첫 번째 방법으로, 경사진 경계조건을 고려하기 위해 절점 3에서 전체좌표계에서의 절점의 변위를 국부좌표계 x'-y'로 변환시키고, 다른 모든 변위는 전체좌표계 x-y로 표현된 상태를 유지한다. 그리고 힘-변위 관계식에 변위가 0인 경계조건 v_3'을 대입하고, 마지막으로 통상적인 방법으로 식을 푼다.

사용된 변환은 국부좌표계에서 전체좌표계로의 벡터 변환과 비슷하다. 평면 트러스에서 절점 3에 식 (3.3.16)을 사용하면 다음과 같은 결과를 얻는다.

$$\begin{Bmatrix} u_3' \\ v_3' \end{Bmatrix} = \begin{bmatrix} \cos\alpha & \sin\alpha \\ -\sin\alpha & \cos\alpha \end{bmatrix} \begin{Bmatrix} u_3 \\ v_3 \end{Bmatrix} \tag{3.9.1}$$

또는 식 (3.9.1)을 다시 쓰면 다음과 같다.

$$\{d_3'\} = [t_3]\{d_3\} \tag{3.9.2}$$

여기서

$$[t_3] = \begin{bmatrix} \cos\alpha & \sin\alpha \\ -\sin\alpha & \cos\alpha \end{bmatrix} \tag{3.9.3}$$

가 된다. 모든 절점 변위 벡터에 대한 변환을 다음과 같이 쓸 수 있다.

$$\{d'\} = [T_1]\{d\} \tag{3.9.4}$$

또는

$$\{d\} = [T_1]^T\{d'\} \tag{3.9.5}$$

여기서 전체 트러스에 대한 변환행렬을 쓰면 다음과 같은 6×6 행렬을 얻는다.

$$[T_1] = \begin{bmatrix} [I] & [0] & [0] \\ [0] & [I] & [0] \\ [0] & [0] & [t_3] \end{bmatrix} \tag{3.9.6}$$

식 (3.9.6)에서 각 부분행렬(단위행렬 $[I]$, 영행렬 $[0]$, 행렬 $[t_3]$)은 똑같은 2 × 2 차수를 가진다. 일반적으로 차수는 각 절점에서의 자유도의 수와 같다.

절점 1과 2에서는 전체좌표계 변위 성분으로, 절점 3에서는 국부좌표계 변위 성분으로 이루어진 변위 벡터를 구하기 위해 식 (3.9.5)를 사용하면 다음과 같은 결과를 얻을 수 있다.

$$\begin{Bmatrix} u_1 \\ v_1 \\ u_2 \\ v_2 \\ u_3 \\ v_3 \end{Bmatrix} = \begin{bmatrix} [I] & [0] & [0] \\ [0] & [I] & [0] \\ [0] & [0] & [t_3]^T \end{bmatrix} \begin{Bmatrix} u'_1 \\ v'_1 \\ u'_2 \\ v'_2 \\ u'_3 \\ v'_3 \end{Bmatrix} \tag{3.9.7}$$

식 (3.9.7)에서 행렬 $[t_3]^T$의 배치로 알 수 있듯이 절점 3의 전체좌표계에서의 성분만이 변환되었음을 알 수 있다. 식 (3.9.7)의 정방행렬을 $[T_1]^T$라고 정한다. 일반적으로 전체좌표계에서 국부좌표계의 변위에 대한 변환이 필요한 곳(경사진 지지점이 있는 곳)마다 $[T_1]$에 행렬 2 × 2 $[t]$을 배치한다.

식 (3.9.5)와 (3.9.6)을 보면, $\{d\}$에서 절점 3의 성분이 실제로 국부좌표계에서의 (경사진) 축 성분으로 변환된 것을 알 수 있다. 이 변환은 실제로 국부좌표계에서의 축인 x'-y'의 방향이 정해질 때마다 필요하다.

좀 더 살펴보면, 전체좌표계에서의 하중 벡터는 $\{d'\}$에 했던 것과 같은 변환식을 사용하여 변환할 수 있다.

$$\{f'\} = [T_1]\{f\} \tag{3.9.8}$$

전체좌표계에서는 다음과 같은 결과를 얻는다.

$$\{f\} = [K]\{d\} \tag{3.9.9}$$

$[T_1]$을 식 (3.9.9)의 양변에 곱해주면, 다음과 같은 결과를 얻는다.

$$[T_1]\{f\} = [T_1][K]\{d\} \tag{3.9.10}$$

그림 3-21의 트러스에 대해 식 (3.9.10)의 좌변은 다음과 같은 결과를 얻는다.

$$\begin{bmatrix} [I] & [0] & [0] \\ [0] & [I] & [0] \\ [0] & [0] & [t_3] \end{bmatrix} \begin{Bmatrix} f_{1x} \\ f_{1y} \\ f_{2x} \\ f_{2y} \\ f_{3x} \\ f_{3y} \end{Bmatrix} = \begin{Bmatrix} f_{1x} \\ f_{1y} \\ f_{2x} \\ f_{2y} \\ f'_{3x} \\ f'_{3y} \end{Bmatrix} \tag{3.9.11}$$

국부좌표계에서의 하중이 식 (3.9.2)와 비슷하게 다음과 같이 변환되는데

$$\{f'_3\} = [t_3]\{f_3\} \tag{3.9.12}$$

이를 식 (3.9.11)에서 사용하였다. 식 (3.9.11)에 보이듯이, $\{f\}$ 중에서 절점 3의 성분만이 예상했던 대로 국부좌표계에서의 성분으로 변환된다. 식 (3.9.5)에 식 (3.9.10)을 사용하면, 다음과 같은 결과를 얻는다.

$$[T_1]\{f\} = [T_1][K][T_1]^T\{d'\} \tag{3.9.13}$$

식 (3.9.11)을 사용하면, 식 (3.9.13)의 형태는 다음과 같다.

$$\begin{Bmatrix} F_{1x} \\ F_{1y} \\ F_{2x} \\ F_{2y} \\ F'_{3x} \\ F'_{3y} \end{Bmatrix} = [T_1][K][T_1]^T \begin{Bmatrix} u_1 \\ v_1 \\ u_2 \\ v_2 \\ u'_3 \\ v'_3 \end{Bmatrix} \tag{3.9.14}$$

식 (3.9.7)에 의해 $u_1 = u'_1$, $v_1 = v'_1$, $u_2 = u'_1$, $v_2 = v'_2$가 된다. 식 (3.9.14)는 전체좌표계에서의 변위 경계조건과 경사 경계조건을 모두 적용할 수 있는 형태이다. 전체좌표계에서의 하중은 식 (3.9.14)의 좌변이 된다. 식 (3.9.14)를 풀기 위해 먼저 $[T_1][K][T_1]^T$의 행렬곱을 행해야 한다. 그리고 다음과 같은 경계조건을 대입한다(그림 3-21에서 트러스에 대해).

$$u_1 = 0 \qquad v_1 = 0 \qquad v'_3 = 0 \tag{3.9.15}$$

식 (3.9.14)에 $F_{2y} = 0$, $F'_{3x} = 0$과 함께 주어진 하중 F_{2x}를 대입한다. 마지막으로, 이미 알고 있는 변위[여기서는 식 (3.9.14)의 1, 2, 6번째 식]들을 식에서 분리하고, 미지의 변위 u_2, v_2, u'_3과 관계 있는 식들을 연립하여 푼다.

변위를 계산한 후 전체좌표계에서의 반력 F_{1x}와 F_{1y} 및 경사진 롤러의 반력 F'_{3y}를 구하기 위해 다시 식 (3.9.14)를 이용한다.

예제 3.11

그림 3-22에서 보인 평면 트러스에 대해 변위와 반력을 구하라. E = 210 GPa, 요소 1과 2에 대해서는 $A = 6.00 \times 10^{-4}$ m^{2}이고, 요소 3에 대해서는 $A = 6\sqrt{2} \times 10^{-4}$ m^{2}이다.

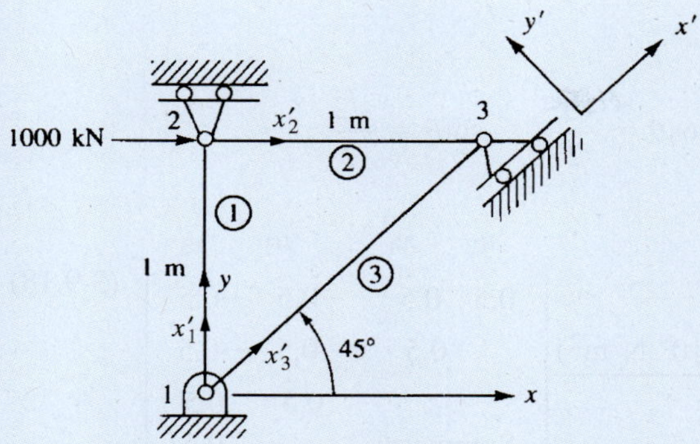

그림 3-22 • 경사진 경계조건을 갖는 평면 트러스

풀이

본 예제의 해는 두 가지의 서로 다른 해법을 통해서 구할 수 있다: (1) 본 절의 식 (3.9.14)를 이용하여 절점 3의 경계조건을 국부좌표계 y'으로 변환하여 $v'_3 = 0$의 조건을 충족시켜 해를 구하거나, (2) 절점 3의 변위를 국부좌표계로 변환하지 않고 직접 전체좌표계에서 다루어 해를 구한다. 두 방법은 요소 강성행렬을 구하고, 직접강성법으로 전체 강성행렬을 얻는 것으로 시작한다.

먼저 식 (3.4.23)을 사용하여 각 요소 강성행렬을 먼저 계산한다.

요소 1

$$\theta^{(1)} = 90°, \qquad \cos\theta = 0 \qquad \sin\theta = 1$$

$$[k^{(1)}] = \frac{(6.0\times10^{-4}\ \text{m}^2)(210\times10^9\ \text{N/m}^2)}{1\,\text{m}} \begin{array}{c} \begin{matrix} u_1 & v_1 & u_2 & v_2 \end{matrix} \\ \begin{bmatrix} 0 & 0 & 0 & 0 \\ & 1 & 0 & -1 \\ & & 0 & 0 \\ \text{Symmetry} & & & 1 \end{bmatrix} \end{array} \tag{3.9.16}$$

요소 2

$$\theta^{(2)} = 0°, \qquad \cos\theta = 1 \qquad \sin\theta = 0$$

$$[k^{(2)}] = \frac{(6.0\times10^{-4}\ \text{m}^2)(210\times10^9\ \text{N/m}^2)}{1\,\text{m}} \begin{array}{c} \begin{matrix} u_2 & v_2 & u_3 & v_3 \end{matrix} \\ \begin{bmatrix} 1 & 0 & -1 & 0 \\ & 0 & 0 & 0 \\ & & 1 & 0 \\ \text{Symmetry} & & & 0 \end{bmatrix} \end{array} \tag{3.9.17}$$

요소 3

$$\theta^{(3)} = 45°, \qquad \cos\theta = \frac{\sqrt{2}}{2} \qquad \sin\theta = \frac{\sqrt{2}}{2}$$

$$[k^{(3)}] = \frac{(6\sqrt{2} \times 10^{-4}\ \text{m}^2)(210 \times 10^9\ \text{N/m}^2)}{\sqrt{2}\ \text{m}} \begin{bmatrix} 0.5 & 0.5 & -0.5 & -0.5 \\ & 0.5 & -0.5 & -0.5 \\ & & 0.5 & 0.5 \\ \text{Symmetry} & & & 0.5 \end{bmatrix} \quad \begin{matrix} u_1 & v_1 & u_3 & v_3 \end{matrix} \tag{3.9.18}$$

식 (3.9.16)~(3.9.18)을 직접강성법을 사용하여 전체좌표계에서의 행렬 $[K]$를 다음과 같이 얻게 된다.

$$[K] = 1260 \times 10^5\ \text{N/m} \begin{bmatrix} 0.5 & 0.5 & 0 & 0 & -0.5 & -0.5 \\ & 1.5 & 0 & -1 & -0.5 & -0.5 \\ & & 1 & 0 & -1 & 0 \\ & & & 1 & 0 & 0 \\ & & & & 1.5 & 0.5 \\ \text{Symmetry} & & & & & 0.5 \end{bmatrix} \tag{3.9.19}$$

다음으로, 절점 3에서 전체좌표계에서의 변위를 국부좌표계 x'-y'에서의 변위로 변환시키기 위해, 식 (3.9.6)을 사용하여 변환행렬 $[T_1]$을 계산한다. 각도 45°를 식 (3.9.6)에 사용하면 다음과 같은 결과를 얻는다.

$$[T_1] = \begin{bmatrix} 1 & 0 & 0 & 0 & 0 & 0 \\ 0 & 1 & 0 & 0 & 0 & 0 \\ 0 & 0 & 1 & 0 & 0 & 0 \\ 0 & 0 & 0 & 1 & 0 & 0 \\ 0 & 0 & 0 & 0 & \sqrt{2/2} & \sqrt{2/2} \\ 0 & 0 & 0 & 0 & -\sqrt{2/2} & \sqrt{2/2} \end{bmatrix} \tag{3.9.20}$$

다음으로, 전체 식을 표현하기 위해 식 (3.9.14)를 사용한다[일반적으로 식 (3.9.13)을 사용한다]. 먼저 $[\text{K}]^* = [\text{T}][\text{K}][T]^T$를 정의하고 다음과 같은 단계로 값을 구한다.

$$[T_1][K] = 1260 \times 10^5 \begin{bmatrix} 0.5 & 0.5 & 0 & 0 & -0.5 & -0.5 \\ 0.5 & 1.5 & 0 & -1 & -0.5 & -0.5 \\ 0 & 0 & 1 & 0 & -1 & 0 \\ 0 & -1 & 0 & 1 & 0 & 0 \\ -0.707 & -0.707 & -0.707 & 0 & 1.414 & 0.707 \\ 0 & 0 & 0.707 & 0 & -0.707 & 0 \end{bmatrix} \tag{3.9.21}$$

그리고

$$[T_1][K][T_1]^T = 1260\times10^5 \text{ N/m} \begin{array}{c} \begin{matrix} u_1 & v_1 & u_2 & v_2 & u'_3 & v'_3 \end{matrix} \\ \begin{bmatrix} 0.5 & 0.5 & 0 & 0 & -0.707 & 0 \\ 0.5 & 1.5 & 0 & -1 & -0.707 & 0 \\ 0 & 0 & 1 & 0 & -0.707 & 0.707 \\ 0 & -1 & 0 & 1 & 0 & 0 \\ -0.707 & -0.707 & -0.707 & 0 & 1.500 & -0.500 \\ 0 & 0 & 0.707 & 0 & -0.500 & 0.500 \end{bmatrix} \end{array} \tag{3.9.22}$$

식 (3.9.22)의 $[K^*]$과 식 (3.9.19)의 $[K]$를 비교해보면, 기대되었던 바와 같이 절점 3의 자유도와 관련된 강성항만 변화되었음을 확인할 수 있다.

식 (3.9.22)에 $u_1 = v_1 = v_2 = v'_3 = 0$인 경계조건을 대입하면 다음과 같은 결과를 얻는다.

$$\begin{Bmatrix} F_{2x} = 1000 \text{ kN} \\ F'_{3x} = 0 \end{Bmatrix} = \left(126 \times 10^3 \text{ kN/m}\right) \begin{bmatrix} 1 & -0.707 \\ -0.707 & 1.50 \end{bmatrix} \begin{Bmatrix} u_2 \\ u'_3 \end{Bmatrix} \tag{3.9.23}$$

식 (3.9.23)을 풀어서 변위를 구하면 다음과 같다.

$$\begin{aligned} u_2 &= 11.91 \times 10^{-3} \text{ m} \\ u'_3 &= 5.613 \times 10^{-3} \text{ m} \end{aligned} \tag{3.9.24}$$

식 (3.9.22)에 얻은 변위 벡터를 곱하면[식 (3.9.14) 참조] 반력은 다음과 같다.

$$\begin{aligned} F_{1x} &= -500 \text{ kN} \\ F_{1y} &= -500 \text{ kN} \\ F_{2y} &= 0 \\ F'_{3y} &= 707 \text{ kN} \end{aligned} \tag{3.9.25}$$

트러스의 자유물체도를 반력과 함께 그림 3-23에 나타냈다. 트러스가 평형상태에 있음을 쉽게 확인할 수 있다.

두 번째 방법을 적용하기 위해 전체좌표계로 표현된 방정식을 절점 3에 대한 좌표 변환 없이 그대로 이용한다.

식 (3.9.19)의 전체좌표계에 대한 강성행렬을 이용하면 전체좌표계에 대한 방정식은 다음과 같이 쓸 수 있다.

$$1260 \times 10^5 \begin{bmatrix} 0.5 & 0.5 & 0 & 0 & -0.5 & -0.5 \\ & 1.5 & 0 & -1 & -0.5 & -0.5 \\ & & 1 & 0 & -1 & 0 \\ & & & 1 & 0 & 0 \\ & & & & 1.5 & 0.5 \\ \text{Symmetry} & & & & & 0.5 \end{bmatrix} \begin{Bmatrix} u_1 \\ v_1 \\ u_2 \\ v_2 \\ u_3 \\ v_3 \end{Bmatrix} = \begin{Bmatrix} F_{1x} \\ F_{1y} \\ F_{2x} \\ F_{2y} \\ F_{3x} \\ F_{3y} \end{Bmatrix} \tag{3.9.26}$$

주어진 경계조건을 적용하고,

$$u_1 = v_1 = v_2 = 0 \text{ 그리고 } v_3' = 0 \tag{3.9.27}$$

외력 $F_{2x} = 1000$ kN, $F_{3x}' = 0$도 적용한다.

전체-국부 변환 관계로부터 절점 3에서의 변위 v_3'에 대해 계산하면 다음과 같다.

$$v_3' = \begin{bmatrix} -\frac{\sqrt{2}}{2} & \frac{\sqrt{2}}{2} \end{bmatrix} \begin{Bmatrix} u_3 \\ v_3 \end{Bmatrix} = \frac{\sqrt{2}}{2}(-u_3 + v_3) = 0 \quad \text{또는} \quad u_3 - v_3 = 0 \tag{3.9.28}$$

식 (3.9.28)은 다점 구속이라고 일컫기도 한다. 식 (3.9.28)은 다음과 같이 쓸 수도 있다.

$$u_3 = v_3 \tag{3.9.29}$$

하중의 전체-국부 변환은 변위의 경우와 마찬가지이므로(둘 다 벡터양), 절점 3에서의 하중 변환은 다음과 같이 주어진다([식 (3.3.16)]의 u'을 F_{3x}'으로 치환하라).

$$F_{3x}' = \begin{bmatrix} \frac{\sqrt{2}}{2} & \frac{\sqrt{2}}{2} \end{bmatrix} \begin{Bmatrix} F_{3x} \\ F_{3y} \end{Bmatrix} = \frac{\sqrt{2}}{2}(F_{3x} + F_{3y}) = 0 \text{ 또는 } F_{3x} + F_{3y} = 0 \tag{3.9.30}$$

식 (3.9.26)에 경계조건을 부여하고 행렬의 1, 2, 4행 및 열을 제거하면 다음과 같이 축소된 방정식을 도출할 수 있다.

$$1260 \times 10^5 \begin{bmatrix} 1 & -1 & 0 \\ -1 & 1.5 & 0.5 \\ 0 & 0.5 & 0.5 \end{bmatrix} \begin{Bmatrix} u_2 \\ u_3 \\ v_3 \end{Bmatrix} = \begin{Bmatrix} 1000 \\ F_{3x} \\ F_{3y} \end{Bmatrix} \tag{3.9.31}$$

식 (3.9.29)와 절점 3의 하중 관계식을 이용하면 식 (3.9.30)과 식 (3.9.31)은

$$1260 \times 10^5 \begin{bmatrix} 1 & -1 & 0 \\ -1 & 1.5 & 0.5 \\ 0 & 0.5 & 0.5 \end{bmatrix} \begin{Bmatrix} u_2 \\ u_3 \\ u_3 \end{Bmatrix} = \begin{Bmatrix} 1000 \\ F_{3x} \\ -F_{3x} \end{Bmatrix} \tag{3.9.32}$$

가 된다. 식 (3.9.32)는 아래와 같이 더 간략화된 형태로 표현할 수 있다.

$$1260 \times 10^5 \begin{bmatrix} 1 & -1 \\ -1 & 2 \\ 0 & 1 \end{bmatrix} \begin{Bmatrix} u_2 \\ u_3 \end{Bmatrix} = \begin{Bmatrix} 1000 \\ F_{3x} \\ -F_{3x} \end{Bmatrix} \tag{3.9.33}$$

식 (3.9.33)의 세 번째 행은 아래와 같고

$$F_{3x} = -1260 \times 10^5 \, u_3 \tag{3.9.34}$$

식 (3.9.33)의 첫 번째 및 두 번째 행과 식 (3.9.34)의 관계를 이용하면

$$1260 \times 10^5 \begin{bmatrix} 1 & -1 \\ -1 & 3 \end{bmatrix} \begin{Bmatrix} u_2 \\ u_3 \end{Bmatrix} = \begin{Bmatrix} 1000 \\ 0 \end{Bmatrix} \tag{3.9.35}$$

이 되고, 식 (3.9.35)를 u_2와 u_3에 대해 풀면

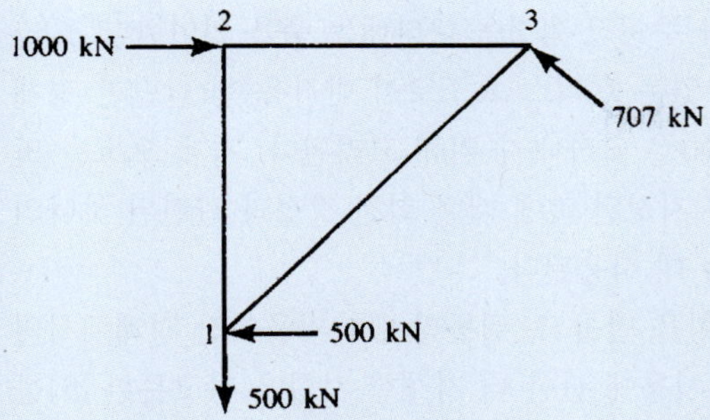

그림 3-23 • 그림 3-22의 트러스 구조물에 대한 자유물체도

$$u_2 = 11.91 \times 10^{\varphi-3}\ \text{m} \quad \text{그리고} \quad u_3 = 3.97 \times 10^{-3}\ \text{m} \tag{3.9.36}$$

이 된다. 또한 식 (3.9.29)로부터 다음의 결과를 얻을 수 있다.

$$v_3 = u_3 = 3.97 \times 10^{-3}\ \text{m} \tag{3.9.37}$$

식 (3.3.16)의 변환식을 이용하면 국부좌표계의 x'방향에 대한 변위 u_3'을 다음과 같이 얻을 수 있는데,

$$\begin{aligned} u_3' &= u_3 \cos 45° + v_3 \sin 45° \\ &= 3.97 \times 10^{-3} \cos 45° + 3.97 \times 10^{-3} \sin 45° = 5.614 \times 10^{-3}\ \text{m} \end{aligned} \tag{3.9.38}$$

이는 첫 번째 방법을 통해 구한 국부좌표계에 대한 변위 u_3'의[식 (3.9.24) 참조] 크기와 같은 결과이다.

전체좌표계에 대한 방정식인 식 (3.9.26)으로부터 다음과 같이 반력을 계산할 수 있다.

$$\begin{Bmatrix} F_{1x} \\ F_{1y} \\ F_{2y} \\ F_{3x} \\ F_{3y} \end{Bmatrix} = 1260 \times 10^5 \begin{bmatrix} 0 & -0.5 & -0.5 \\ 0 & -0.5 & -0.5 \\ 0 & 0 & 0 \\ -1 & 1.5 & 0.5 \\ 0 & 0.5 & 0.5 \end{bmatrix} \begin{Bmatrix} u_2 \\ u_3 \\ v_3 \end{Bmatrix} = \begin{Bmatrix} -500 \\ -500 \\ 0.0 \\ -500 \\ 500 \end{Bmatrix} (\text{kN}) \tag{3.9.39}$$

식 (3.3.16)의 변환식을 이용하면 국부좌표계 v'에 대한 반력 F_{3y}'를 계산할 수 있다.

$$F_{3y}' = -F_{3x} \sin 45° + F_{3y} \cos 45° = 707\ \text{kN} \tag{3.9.40}$$

마찬가지로 계산된 반력 F_{3y}'는 첫 번째 방법을 통해 구한 국부좌표계에 대한 반력과[식 (3.9.25)] 같은 크기임을 확인할 수 있다.

경사진 경계조건을 다루기 위해 사용되는 또 다른 방법은, 원하는 변위를 강제시키기 위해 큰 강성을 갖는 경계 요소를 사용하는 것이다. 이 방법은 일부 컴퓨터 프로그램에서 사용되는 방법이다[9].

경계 요소는 절점에서 0 이외의 변위와 회전을 나타내기 위해 사용한다. 또한 단단한(rigid) 그리고 유연(flexible)한 지지에서 반작용을 구하기 위해 사용된다. 두 절점을 연결한 선은 구할 반작용 힘이 작용하는 방향이거나, 변위가 주어진 방향을 의미한다. 모멘트 반작용

의 경우, 그 선은 구할 반작용 모멘트의 축이거나 주어진 회전을 나타내는 축을 의미한다.

경계 요소는 0이 아닌 병진 강성이 한 개만 있는 트러스 요소로서 반작용 힘(단단한 경계 요소)을 얻거나 병진운동의 변위(변위 경계 요소)를 나타내기 위해 고려된다. 경계 요소는 또한 반작용 모멘트를 계산하거나, 보 요소와 같이 지정된 축에 대한 회전 강성과 관련된 하나의 0이 아닌 강성에 대응하는 회전 운동을 지정하는 데 사용된다.

탄성이 있는 경계 요소는 유연한 지지의 모형을 만들고, 뒤틀리거나 기울어진 경계에서의 반작용을 계산하기 위해 사용된다. 경계 요소의 사용에 관한 더 자세한 사항은 참고문헌 [9]를 참조하라.

3.10 | 포텐셜 에너지 원리를 이용한 봉 요소 방정식 유도

이제부터 최소 포텐셜 에너지 원리를 이용하여 봉 요소 방정식을 유도하고자 한다. 전체 포텐셜 에너지 π_p가 다음과 같이 내부 변형 에너지 U와 외력에 의한 포텐셜 에너지 Ω의 합으로 정의된다는 것은 2.6절에서 배웠다.

$$\pi_p = U + \Omega \tag{3.10.1}$$

봉에 저장되는 변형 에너지를 구하기 위해 변형을 하는 동안 내력이 한 일만을 고려한다. 1차원 봉에 대해서만 다루기 때문에 Δx, Δy, Δz의 크기를 갖는 미소 요소에 대해 일을 하는 내력은 그림 3-24와 같이 수직 응력 σ_x에 의해 생기는 $\sigma_x(\Delta y)(\Delta z)$뿐이다. 요소의 면 x의 변위는 $\Delta x(\varepsilon_x)$이고, 면 $x + \Delta x$의 변위는 $\Delta x(\varepsilon_x + d\varepsilon_x)$이다. 변위의 변화량은 $\Delta x\ d\varepsilon_x$이다. 여기서 $d\varepsilon_x$는 길이 Δx에 걸쳐 생기는 변형률의 변화이다. 미소 내부 일(또는 변형 에너지) dU는 하중의 방향으로 발생하는 변위와 내력의 곱이며 다음과 같이 주어진다.

$$dU = \sigma_x(\Delta y)(\Delta z)(\Delta x)d\varepsilon_x \tag{3.10.2}$$

식을 다시 배열하고 요소의 부피를 0으로 접근시키면, 식 (3.10.2)로부터 다음과 같은 결과를 얻는다.

$$dU = \sigma_x d\varepsilon_x dV \tag{3.10.3}$$

봉 전체에 대해서는 다음과 같다.

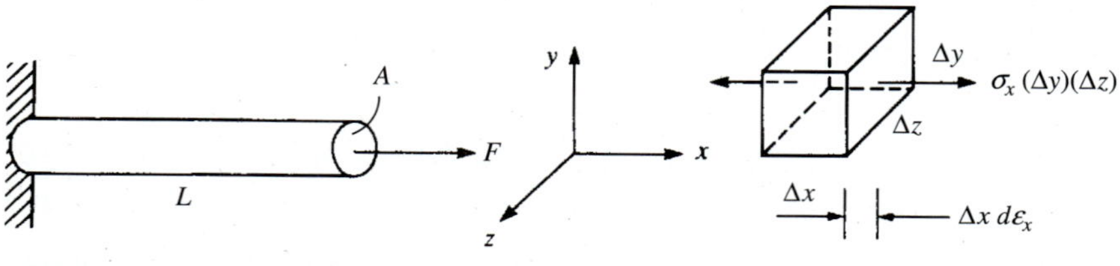

그림 3-24 • 외력 F를 받는 1차원 봉에서의 내력

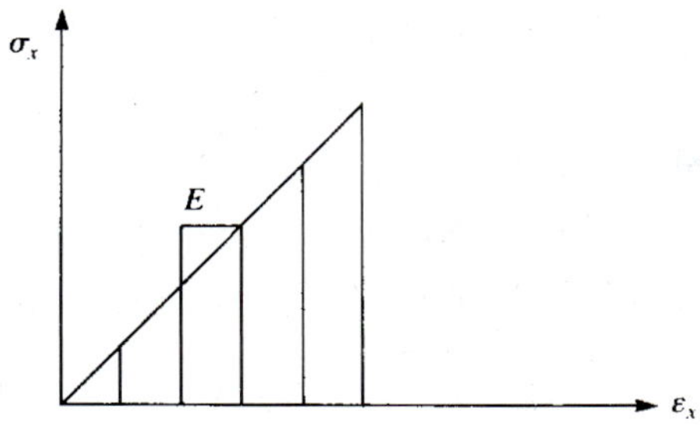

그림 3-25 • 선형 탄성(후크의 법칙) 재료의 응력-변형률 선도

$$U = \iiint_V \left\{ \int_0^{\varepsilon_x} \sigma_x d\varepsilon_x \right\} dV \tag{3.10.4}$$

이제 그림 3-25에서와 같이 선형 탄성(후크의 법칙) 재료는 $\sigma_x = E\varepsilon_x$이다. 식 (3.10.4)에 이러한 관계를 대입하고 ε_x에 관해 적분하여, $E\varepsilon_x$에 대해 σ_x를 다시 대입하면 다음과 같은 식이 된다.

$$U = \frac{1}{2}\iiint_V \sigma_x \varepsilon_x dV \tag{3.10.5a}$$

위 식은 1차원 응력상태에서의 변형 에너지이다.

응력과 변형률이 x축상의 위치의 함수로만 주어지는 균일한 단면 A를 갖는 봉에 대해 식 (3.10.5a)는 다음과 같이 간략화될 수 있다.

$$U = \frac{A}{2}\int_x \sigma_x \varepsilon_x dx \tag{3.10.5b}$$

식 (3.10.5b)의 적분식을 통해 알 수 있듯이 변형률 에너지는 응력-변형률 선도의 곡선 아래 면적으로 표현됨을 확인할 수 있다.

외력에 의한 포텐셜 에너지는 외력에 의한 일과는 반대 부호를 갖는데, 그것은 외력에 의해 일을 할 때 그 외력의 포텐셜 에너지는 감소하기 때문이며 다음과 같이 쓸 수 있다.

$$\Omega = -\iiint_V X_b u\, dV - \iint_{S_1} T_x u_s\, dS - \sum_{i=1}^{M} f_{ix} u_i \tag{3.10.6}$$

식 (3.10.6)의 우변에서의 첫 번째와 두 번째, 세 번째 항은 각각 (1) 체적력 X_b는 일반적으로 변위 방정식 u를 통해 나온 봉 자체 무게(단위부피에 대한 힘의 단위)로 구해진다. (2) 표면력 T_x는 일반적으로 u_s가 표면 S_1 위에서 발생하는 변위이고, 이러한 변위 u_s로부터 도출된 요소의 표면을 따라 생성되는 분포하중(단위면적당 힘의 단위)이다. (3) 절점 집중하중 f_{ix}는 절점 변위 u_i로부터 나온다. 힘 X_b, T_x, f_{ix}는 그림 3-26에서 보듯이 보의 국부좌표계에서 x방향으로 작용하는 것으로 간주된다. 식 (3.10.5)와 (3.10.6)에서, V는 물체의 부피이고 S_1은 전체 표면 S 중 표면력이 작용하는 부분 표면이다. 두 개의 절점과 절점당 한 개의 자유도를 가지는 봉 요소는 $M = 2$이다.

이제 최소 포텐셜 에너지 원리를 사용하여 봉 요소 방정식의 유한요소 정식화 과정을 설명하려고 한다.

유한요소법은 각 요소 내에서 가정된 변위 형상조건하에서 포텐셜 에너지의 최솟값을 찾는 과정이다. 요소와 관련된 자유도의 수가 많으면 많을수록(일반적으로 절점의 수가 증가함을 의미), 유한요소 해는 훨씬 더 실제 해에 가까워질 것이고 완전한 평형을 보장한다(실제 변위를 궁극적으로 근사시킬 수 있다는 가정하에). 강성법을 사용한 근사 유한요소 해는 정확한 포텐셜 에너지값보다 같거나 더 큰 근사값을 항상 제공한다. 또한 이 방법은 실제보다 물리적으로 더 큰 강성을 갖거나 적어도 같은 강성을 갖는 구조물의 거동을 보여준다. 이는 구조 모델이 구조물의 각 요소에서 가정된 변위 형상으로만 변형하도록 허용되어 있다는 사실에 기인한다. 정확한 변형 형상이 가정된 형상과 똑같을 수도 있지만, 보통 가정된 형상이 실제 변형을 근사적으로 표현한다. 가정된 형상은 구조물이 자연스럽게 변형하는 것을 효과적으로 제한한다. 이러한 제한 효과는 구조물의 거동을 실제보다 작게 나타내준다(stiffen).

유한요소 방정식을 유도하기 위해 최소 포텐셜 에너지 원리를 사용할 때 다음의 단계를 따른다.

1. 전체 포텐셜 에너지를 정식화한다.
2. 유한 개의 미결정 인자들(여기서는 절점 변위 u_i)로 변위 형상을 가정한다. 이 인자들을 전체 포텐셜 에너지에 대입한다.
3. 이러한 절점 인자에 관한 전체 포텐셜 에너지를 최소화하면 연립방정식을 얻는다. 그 결과로 얻는 식이 요소 방정식이다.

최종적인 식은 근사적인 (어쩌면 정확한) 평형방정식이 되는데, 이 식의 절점 변위 해는 포텐셜 에너지식에 그 해가 다시 대입되었을 때 최소의 포텐셜 에너지값을 주도록 결정된다. 이제 앞의 세 가지 단계를 봉 요소 방정식과 강성행렬을 유도하는 데 사용하기로 한다.

그림 3-26과 같은 길이 L, 단면적 A인 봉 요소를 생각해 보자. 식 (3.10.5)와 (3.10.6)을 사용하면, 전체 포텐셜 에너지식 (3.10.1)은 다음과 같다.

$$\pi_p = \frac{A}{2}\int_0^L \sigma_x \varepsilon_x \, dx - f_{1x}u_1 - f_{2x}u_2 - \iint_{S_1} u_s T_x \, dS - \iiint_{v} u X_b \, dV \tag{3.10.7}$$

A는 상수이고 변수 σ_x와 ε_x는 x에 따라 변할 수 있다.

식 (3.2.8)과 (3.2.9)로부터 절점 변위와 형상함수로 축방향 변위함수를 다음과 같이 표현할 수 있다.

$$u = [N]\{d\} \quad u_s = [N_s]\{d\} \tag{3.10.8}$$

여기서

$$[N] = \left[1 - \frac{x}{L} \; \frac{x}{L}\right] \tag{3.10.9}$$

$[N_s]$는 분포된 표면력이 작용하는 표면 위에서의 형상함수 행렬이다.

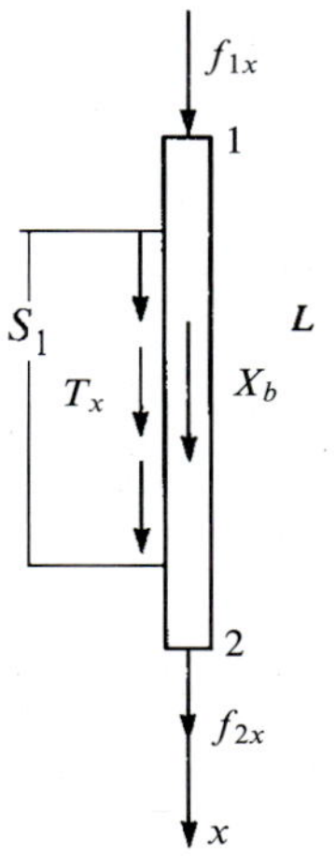

그림 3-26 • 1차원 봉에 작용하는 일반적인 하중

$$\{d\} = \begin{Bmatrix} u_1 \\ u_2 \end{Bmatrix} \tag{3.10.10}$$

변형률과 변위 관계 $\varepsilon_x = du/dx$를 사용하여 축방향 변형률을 쓰면 다음과 같다.

$$\{\varepsilon_x\} = \left[-\frac{1}{L}\ \frac{1}{L}\right]\{d\} \tag{3.10.11}$$

또는

$$\{\varepsilon_x\} = [B]\{d\} \tag{3.10.12}$$

여기서 $[B]$는 경사 행렬(gradient matrix)로 부르며

$$[B] = \left[-\frac{1}{L}\ \frac{1}{L}\right] \tag{3.10.13}$$

이다. 축방향 응력–변형률 관계는 다음과 같다.

$$\{\sigma_x\} = [D]\{\varepsilon_x\} \tag{3.10.14}$$

여기서 1차원 응력–변형률 관계 행렬은

$$[D] = [E] \tag{3.10.15}$$

이 되고 E는 탄성계수이다. 식 (3.10.12)에 의해 식 (3.10.14)를 나타내면 다음과 같이 표현할 수 있다.

$$\{\sigma_x\} = [D][B]\{d\} \tag{3.10.16}$$

식 (3.10.7)을 행렬 형태로 표현하면 전체 포텐셜 에너지는 다음과 같다.

$$\pi_p = \frac{A}{2}\int_0^L \{\sigma_x\}^T\{\varepsilon_x\}dx - \{d\}^T\{P\} - \iint_{S_1}\{u_s\}^T\{T_x\}dS - \iiint_{V}\{u\}^T\{X_b\}dV \tag{3.10.17}$$

여기서 $\{P\}$는 집중 절점력을 나타내며, 일반적으로 $\{\sigma_x\}$와 $\{\varepsilon_x\}$는 열행렬이다. 적절한 행렬 곱을 위해 $\{\sigma_x\}$의 전치행렬을 사용한다. 마찬가지로, $\{u\}$와 $\{T_x\}$도 일반적으로 열행렬인데 적절한 행렬 곱을 위해 $\{u\}$는 식 (3.10.17)에서 전치되었다.

식 (3.10.17)에 식 (3.10.8), (3.10.12), 그리고 (3.10.16)을 사용하면 다음 식을 얻는다.

$$\begin{aligned}\pi_p &= \frac{A}{2}\int_0^L \{d\}^T[B]^T[D]^T[B]\{d\}dx - \{d\}^T\{P\} \\ &-\iint_{S_1}\{d\}^T[N_s]^T\{T_x\}dS - \iiint_V \{d\}^T[N]^T\{X_b\}dV\end{aligned} \tag{3.10.18}$$

식 (3.10.18)에서 π_p는 $\{d\}$의 함수로 보인다. 즉, $\pi_p = \pi_p(u_1, u_2)$이다. 그러나 식 (3.10.13)과 (3.10.15)로 주어지는 $[B]$와 $[D]$, 절점 자유도 u_1, u_2는 x의 함수가 아니다. 따라서 식 (3.10.18)을 x에 관해 적분하면 다음과 같다.

$$\pi_p = \frac{AL}{2}\{d\}^T[B]^T[D]^T[B]\{d\} - \{d\}^T\{f\} \tag{3.10.19}$$

여기서

$$\{f\} = \{P\} + \iint_{S_1}[N_s]^T\{T_x\}dS + \iiint_V [N]^T\{X_b\}dV \tag{3.10.20}$$

식 (3.10.20)으로부터 체적력, 표면력, 집중 절점력의 세 가지 하중 유형을 관찰할 수 있다. 표면력과 체적력 행렬은 다음과 같이 정의된다.

$$\{f_s\} = \iint_{S_1}[N_s]^T\{T_x\}dS \tag{3.10.20a}$$

$$\{f_b\} = \iiint_V [N]^T\{X_b\}dV \tag{3.10.20b}$$

식 (3.10.20)에 의해 주어진 $\{f\}$에 대한 표현은 하중이 최대의 이점을 위해 어떻게 고려되는지 설명한다.

식 (3.10.20a)와 (3.10.20b)에 의해 계산된 하중은 요소 강성행렬을 계산하기 위해 사용된 동일한 형상함수 $[N]$에 기반을 두고 있기 때문에 동일하게 불린다. 식 (3.10.20a)와 (3.10.20b)에 의해 계산된 하중은 또한 일반적으로 최초 하중과 동일하다. 즉, $\{f_s\}$와 $\{f_b\}$, 그리고 최초 하중은 임의적으로 선택된 지점에 대해 동일한 합성력과 모멘트가 산출된다.

각 절점 변위에 관한 π_p를 최소화하기 위해서는 다음 식을 풀어야 한다.

$$\frac{\partial \pi_p}{\partial u_1} = 0 \text{ 그리고 } \frac{\partial \pi_p}{\partial u_2} = 0 \tag{3.10.21}$$

식 (3.10.21)에 적용하기 위해 식 (3.10.19)로 주어진 π_p를 명확하게 표현하고자 한다. 편의를 위해 다음과 같이 정의한다.

$$\{U^*\} = \{d\}^T[B]^T[D]^T[B]\{d\} \tag{3.10.22}$$

식 (3.10.22)에 식 (3.10.10), (3.10.13), (3.10.15)를 사용하면

$$\{U^*\} = [u_1 \quad u_2]\begin{Bmatrix} -\dfrac{1}{L} \\ \dfrac{1}{L} \end{Bmatrix}[E]\begin{bmatrix} -\dfrac{1}{L} & \dfrac{1}{L} \end{bmatrix}\begin{Bmatrix} u_1 \\ u_2 \end{Bmatrix} \tag{3.10.23}$$

이며, 식 (3.10.23)을 간략히 하면

$$U^* = \frac{E}{L^2}\left(u_1^2 - 2u_1u_2 + u_2^2\right) \tag{3.10.24}$$

이다. 또한 $\{d\}^T\{f\}$를 풀어서 쓰면

$$\{d\}^T\{f\} = u_1 f_{1x} + u_2 f_{2x} \tag{3.10.25}$$

가 된다. 식 (3.10.19)에 식 (3.10.24)와 (3.10.25)를 사용하고, 식 (3.10.21)을 적용하면 다음과 같은 결과를 얻는다.

$$\frac{\partial \pi_p}{\partial u_1} = \frac{AL}{2}\left[\frac{E}{L^2}(2u_1 - 2u_2)\right] - f_{1x} = 0 \tag{3.10.26}$$

그리고

$$\frac{\partial \pi_p}{\partial u_2} = \frac{AL}{2}\left[\frac{E}{L^2}(-2u_1 + 2u_2)\right] - f_{2x} = 0$$

행렬 형태로 식 (3.10.26)을 다시 쓰면 아래와 같다.

$$\frac{\partial \pi_p}{\partial \{d\}} = \frac{AE}{L}\begin{bmatrix} 1 & -1 \\ -1 & 1 \end{bmatrix}\begin{Bmatrix} u_1 \\ u_2 \end{Bmatrix} - \begin{Bmatrix} f_{1x} \\ f_{2x} \end{Bmatrix} = \begin{Bmatrix} 0 \\ 0 \end{Bmatrix} \tag{3.10.27}$$

$\{f\} = [k]\{d\}$이므로, 식 (3.10.27)로부터 얻은 봉 요소에 대한 강성행렬은 다음과 같다.

$$[k] = \frac{AE}{L}\begin{bmatrix} 1 & -1 \\ -1 & 1 \end{bmatrix} \tag{3.10.28}$$

예상한 대로, 식 (3.10.28a)는 3.1절에서 구한 강성행렬 식 (3.1.14)와 동일하다.

최소 포텐셜 에너지 원리를 이용하여 봉 요소에 대한 강성행렬을 유도하였는데, 여기서 변형률 에너지 U는 [식 (3.10.18) 우변의 첫 번째 항] 다음과 같이 2차 형식으로, $U = 1/2\{d\}^T[k]\{d\}$ 표현이 가능함을 알 수 있다.

$$U = \frac{1}{2}\{d\}^T[k]\{d\} = \frac{1}{2}[u_1u_2]\frac{AE}{L}\begin{bmatrix} 1 & -1 \\ -1 & 1 \end{bmatrix}\begin{Bmatrix} u_1 \\ u_2 \end{Bmatrix} = \frac{AE}{2L}[u_1^2 - 2u_1u_2 + u_2^2] \tag{3.10.28b}$$

최종적으로, π_p를 자세히 나열하는 거추장스러운 과정 대신에 식 (2.6.12)에 주어진 행렬 미분을 사용할 수 있고, 식 (3.10.19)에 직접 적용하여 다음과 같은 결과를 얻을 수 있다.

$$\frac{\partial \pi_p}{\partial \{d\}} = AL[B]^T[D][B]\{d\} - \{f\} = 0 \tag{3.10.29}$$

여기서 $[D]^T = [D]$가 식 (3.10.29)에 사용되었 다. $AL[B]^T[D][B]$를 계산하면 그 결과는 식 (3.10.28a)에 주어진 $[k]$와 같다. 이 책에서는 행렬 미분 개념을 쓸 것이고(부록 A 참조), 이 방법은 $[k]$를 계산하는 작업을 상당히 줄일 수 있다.

축 하중 마찰력 T_x를 받는 봉에 대한 동일한 절점력을 계산하기 위한 식 (3.10.20a)를 설명하는 다음 예제 3.12를 풀어보자.

예제 3.12

길이 L인 봉이 절점 1에서 0이고 절점 2에서 최대 CL이 되는 선형적으로 분포하는 축 하중을 받고 있다(그림 3-27). 등가 절점력을 결정하라.

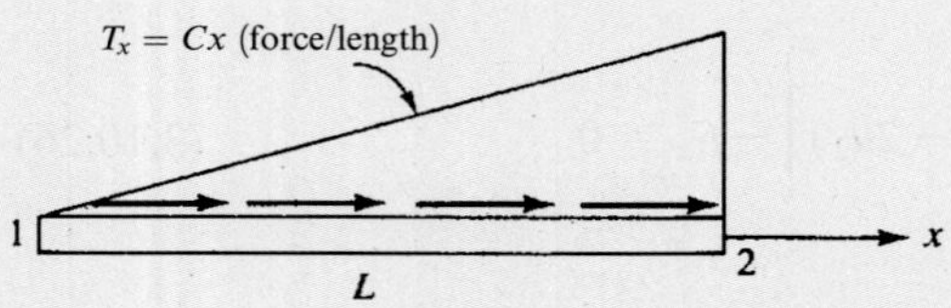

그림 3-27 • 선형적으로 변화하는 축 하중을 받는 요소

풀이

식 (3.10.20a)와 (3.10.9)로부터 나온 형상함수를 사용하여 분포하중에 대한 에너지 등가 절점력을 다음과 같이 구할 수 있다.

$$\{f_0\} = \begin{Bmatrix} f_{1x} \\ f_{2x} \end{Bmatrix} = \int_{S_1} [N]^T \{T_x\} dS = \int_0^L \begin{Bmatrix} 1 - \dfrac{x}{L} \\ \dfrac{x}{L} \end{Bmatrix} \{Cx\} dx \tag{3.10.30}$$

$$= \begin{Bmatrix} \dfrac{Cx^2}{2} - \dfrac{Cx^3}{3L} \\ \dfrac{Cx^3}{3L} \end{Bmatrix}_0^L$$

$$= \begin{Bmatrix} \dfrac{CL^2}{6} \\ \dfrac{CL^2}{3} \end{Bmatrix} \tag{3.10.31}$$

여기서 적분은 봉의 길이에 걸쳐 행해지는데, 왜냐하면 T_x가 단위길이당 하중이기 때문이다.

전체 하중은 다음과 같이 하중 분포하에서의 면적이 된다.

$$F = \frac{1}{2}(L)(CL) = \frac{CL^2}{2} \tag{3.10.32}$$

따라서 식 (3.10.31)과 (3.10.32)를 비교하면, 직선적으로 변하는 하중에 대한 등가 절점력은 다음과 같이 됨을 확인할 수 있다.

$$\begin{aligned} f_{1x} &= \frac{1}{3}F = \text{전체 하중의 } \frac{1}{3} \\ f_{2x} &= \frac{2}{3}F = \text{전체 하중의 } \frac{2}{3} \end{aligned} \tag{3.10.33}$$

요약하면, 직선적으로 변하는 하중(삼각형 하중)을 받는 단순한 2절점 봉 요소에 대해서는 분포하중이 시작하는 절점(하중이 0인 끝단)에는 전체 하중의 $\frac{1}{3}$을 대입하고 분포하중의 최댓값(peak value)이 되는 절점에는 전체 하중의 $\frac{2}{3}$를 대입한다.

예제 3.13은 표면 마찰하중에 지배를 받는 봉에 대한 풀이를 나타낸다.

예제 3.13

그림 3-28에 보인 축 하중을 받는 봉에 대해, 축 변위와 축 응력을 결정하라. $E = 30 \times 10^6$ psi, $A = 2$ in^2, $L = 60$ in.이다. 유한요소 해에서 (a) 한 개의 요소, (b) 두 개의 요소를 사용하라. 3.11절에 컴퓨터 프로그램 Algor [9]를 이용하여 한 개, 두 개, 네 개, 여덟 개의 요소를 이용한 해가 각각 구해져 있다.

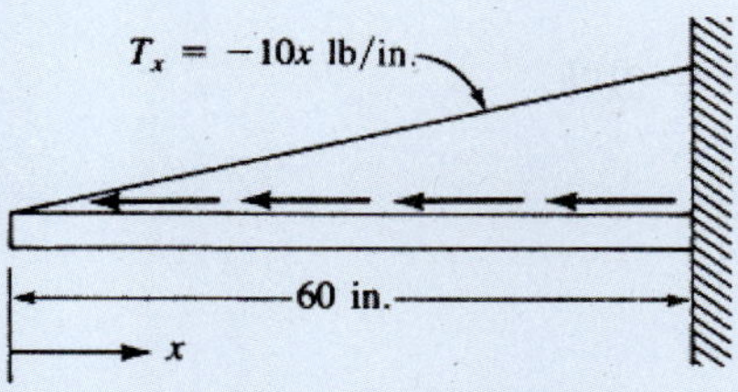

그림 3-28 • 삼각형 하중 분포를 갖는 봉

(a) 한 개의 요소를 사용한 해(그림 3-31)

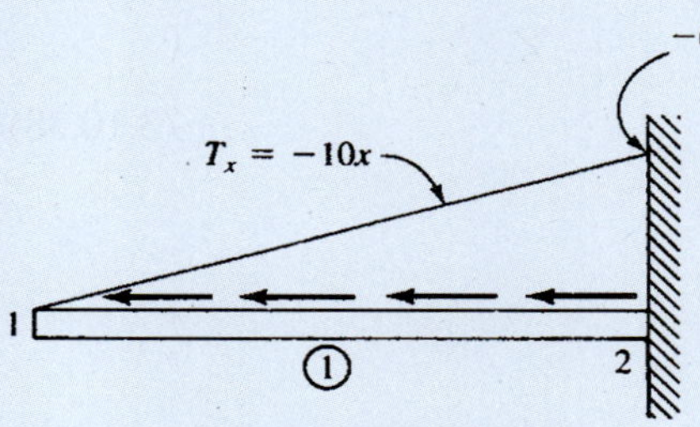

그림 3-29 • 한 개의 요소로 구성된 모델

풀이

식 (3.10.20a)로부터 분포 하중행렬은 다음과 같이 계산된다.

$$\{F_0\} = \int_0^L [N]^T \{T_x\}\, dx \tag{3.10.34}$$

여기서 T_x는 파운드/인치 단위의 선 하중이고 $\{f_0\} = \{F_0\}$이다. 따라서 식 (3.10.34)에 $[N]$에 대한 식 (3.2.9)를 사용하면, 다음과 같은 결과를 얻는다.

$$\{f_0\} = \int_0^L \begin{Bmatrix} 1 - \dfrac{x}{L} \\ \dfrac{x}{L} \end{Bmatrix} \{-10x\}\, dx \tag{3.10.35}$$

또는

$$\begin{Bmatrix} F_{1x} \\ F_{2x} \end{Bmatrix} = \begin{Bmatrix} \dfrac{-10L^2}{2} + \dfrac{10L^2}{3} \\ \dfrac{-10L^2}{3} \end{Bmatrix} = \begin{Bmatrix} \dfrac{-10L^2}{6} \\ \dfrac{-10L^2}{3} \end{Bmatrix} = \begin{Bmatrix} \dfrac{-10(60)^2}{6} \\ \dfrac{-10(60)^2}{3} \end{Bmatrix}$$

또는

$$F_{1x} = -6000\ \text{lb} \qquad F_{2x} = -12{,}000\ \text{lb} \tag{3.10.36}$$

식 (3.10.33)을 사용하여 절점 1과 2에서의 같은 결과의 하중을 계산할 수도 있을 것이다. 즉, 전체 하중의 1/3이 절점 1에 걸리고, 전체 하중의 2/3가 절점 2에 걸린다.

식 (3.10.28)을 사용하면, 강성행렬이 다음과 같이 됨을 알 수 있다.

$$[k^{(1)}] = 10^6 \begin{bmatrix} 1 & -1 \\ -1 & 1 \end{bmatrix}$$

요소 방정식은 다음과 같다.

$$10^6 \begin{bmatrix} 1 & -1 \\ -1 & 1 \end{bmatrix} \begin{Bmatrix} u_1 \\ 0 \end{Bmatrix} = \begin{Bmatrix} -6000 \\ R_{2x} - 12{,}000 \end{Bmatrix} \tag{3.10.37}$$

식 (3.10.37)의 첫 번째 식을 풀면

$$u_1 = -0.006\ \text{in.} \tag{3.10.38}$$

이며, 식 (3.10.14)로부터 응력은 다음과 같이 계산된다.

$$\begin{aligned}\{\sigma_x\} &= [D]\{\varepsilon_x\} \\ &= E[B]\{d\} \\ &= E\left[-\frac{1}{L}\ \ \frac{1}{L}\right]\left\{\begin{matrix} u_1 \\ u_2 \end{matrix}\right\} \\ &= E\left(\frac{u_2 - u_1}{L}\right) \\ &= 30 \times 10^6\left(\frac{0 + 0.006}{60}\right) \\ &= 3000 \text{ psi } (T)\end{aligned} \tag{3.10.39}$$

(b) 두 개의 요소를 사용한 해(그림 3-30)

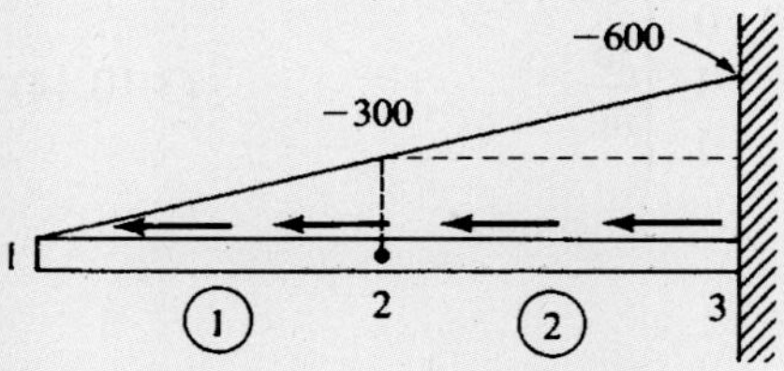

그림 3-30 • 두 개의 요소로 구성된 모델

먼저 각 요소의 하중을 구한다. 그림 3-30과 같이 요소 2에 대해 하중을 균일 부분과 삼각 부분으로 나눈다. 균일 부분에 대해 전체 균일하중의 1/2을 요소와 연관된 각 절점에 배치한다. 전체 균일 부분의 하중은

$$(30 \text{ in.})(-300 \text{ lb/in.}) = -9000 \text{ lb}$$

이며, 하중의 삼각 부분에 대해서는 식 (3.10.33)을 사용하여, 요소 2에 대해 다음과 같이 절점력을 얻는다.

$$\left\{\begin{matrix} f_{2x}^{(2)} \\ f_{3x}^{(2)} \end{matrix}\right\} = \left\{\begin{matrix} -[\frac{1}{2}(9000) + \frac{1}{3}(4500)] \\ -[\frac{1}{2}(9000) + \frac{2}{3}(4500)] \end{matrix}\right\} = \left\{\begin{matrix} -6000 \text{ lb} \\ -7500 \text{ lb} \end{matrix}\right\} \tag{3.10.40}$$

요소 1에 대해 전체 하중은 삼각형 분포하중만으로 구해지며 다음과 같다.

$$\frac{1}{2}(30 \text{ in.})(-300 \text{ lb/in.}) = -4500 \text{ lb}$$

식 (3.10.33)에 따라서, 이 하중은 다음과 같이 절점력으로 분리된다.

$$\left\{\begin{matrix} f_{1x}^{(1)} \\ f_{2x}^{(1)} \end{matrix}\right\} = \left\{\begin{matrix} \frac{1}{3}(-4500) \\ \frac{2}{3}(-4500) \end{matrix}\right\} = \left\{\begin{matrix} -1500 \text{ lb} \\ -3000 \text{ lb} \end{matrix}\right\} \tag{3.10.41}$$

최종적인 절점력 행렬은 다음과 같다.

$$\begin{Bmatrix} F_{1x} \\ F_{2x} \\ F_{3x} \end{Bmatrix} = \begin{Bmatrix} -1500 \\ -6000 - 3000 \\ R_{3x} - 7500 \end{Bmatrix} \tag{3.10.42}$$

요소 강성행렬은 다음과 같다.

$$[k^{(1)}] = [k^{(2)}] = \frac{AE}{L/2}\begin{bmatrix} 1 & -1 \\ -1 & 1 \end{bmatrix} = (2 \times 10^6)\begin{bmatrix} 1 & -1 \\ -1 & 1 \end{bmatrix} \tag{3.10.43}$$

(행렬 위의 자유도 번호: 요소 1은 1, 2; 요소 2는 2, 3)

조합된 전체좌표계에서의 강성행렬은 다음과 같다.

$$[K] = (2 \times 10^6)\begin{bmatrix} 1 & -1 & 0 \\ -1 & 2 & -1 \\ 0 & -1 & 1 \end{bmatrix}\frac{\text{lb}}{\text{in.}} \tag{3.10.44}$$

조합된 전체좌표계에서의 방정식은 다음과 같이 된다.

$$(2 \times 10^6)\begin{bmatrix} 1 & -1 & 0 \\ -1 & 2 & -1 \\ 0 & -1 & 1 \end{bmatrix}\begin{Bmatrix} u_1 \\ u_2 \\ u_3 = 0 \end{Bmatrix} = \begin{Bmatrix} -1500 \\ -9000 \\ R_{3x} - 7500 \end{Bmatrix} \tag{3.10.45}$$

여기서 경계조건 $u_3 = 0$은 식 (3.10.45)에 대입되었다. 식 (3.10.45)의 첫 번째와 두 번째 식을 풀면, 다음과 같은 결과를 얻는다.

$$\begin{aligned} u_1 &= -0.006 \text{ in.} \\ u_2 &= -0.00525 \text{ in.} \end{aligned} \tag{3.10.46}$$

요소 응력은 다음과 같이 된다.

요소 1

$$\begin{aligned} \sigma_x &= E\begin{bmatrix} -\frac{1}{30} & \frac{1}{30} \end{bmatrix}\begin{Bmatrix} u_1 = -0.006 \\ u_2 = -0.00525 \end{Bmatrix} \\ &= 750 \text{ psi } (T) \end{aligned} \tag{3.10.47}$$

요소 2

$$\begin{aligned} \sigma_x &= E\begin{bmatrix} -\frac{1}{30} & \frac{1}{30} \end{bmatrix}\begin{Bmatrix} u_2 = -0.00525 \\ u_3 = 0 \end{Bmatrix} \\ &= 5250 \text{ psi } (T) \end{aligned} \tag{3.10.48}$$

3.11 | 봉에 대한 정확한 해와 유한요소 해의 비교

이제 예제 3.13의 봉을 모델링하기 위해 한 개, 두 개, 네 개, 여덟 개의 봉 요소를 사용하여 얻은 유한요소 해와 정확한 해를 비교한다. 변위에 대한 정확한 해는 다음 식을 푸는 것으로 얻을 수 있다.

$$u = \frac{1}{AE}\int_0^x P(x)\,dx \tag{3.11.1}$$

여기서 아래의 자유물체도를 사용하면 다음과 같은 결과를 얻는다.

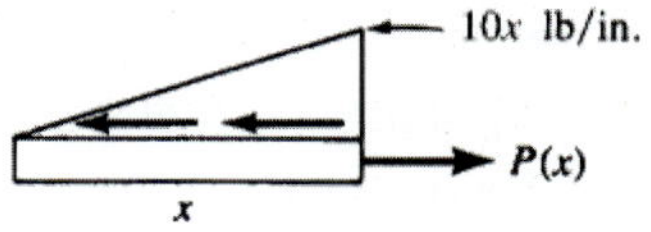

$$P(x) = \tfrac{1}{2}x(10x) = 5x^2 \text{ lb} \tag{3.11.2}$$

식 (3.11.1)에 식 (3.11.2)를 대입하면,

$$\begin{aligned} u &= \frac{1}{AE}\int_0^x 5x^2\,dx \\ &= \frac{5x^3}{3AE} + C_1 \end{aligned} \tag{3.11.3}$$

이 되며, 여기에 $x = L$의 경계조건을 적용하면 다음과 같은 결과를 얻는다.

$$u(L) = 0 = \frac{5L^3}{3AE} + C_1$$

또는

$$C_1 = -\frac{5L^3}{3AE} \tag{3.11.4}$$

식 (3.11.3)에 식 (3.11.4)를 대입하면, 변위에 대한 최종 식은 다음과 같다.

$$u = \frac{5}{3AE}(x^3 - L^3) \tag{3.11.5}$$

식 (3.11.5)에 $A = 2$ in.^{2}, $E = 30 \times 10^6$ psi, $L = 60$ in.를 대입하면, 우리는 다음과 같은 값을 얻는다.

$$u = 2.778 \times 10^{-8}x^3 - 0.006 \tag{3.11.6}$$

축응력에 대한 정확한 해는 다음 식으로 얻을 수 있다.

$$\sigma(x) = \frac{P(x)}{A} = \frac{5x^2}{2 \text{ in}^2} = 2.5x^2 \text{ psi} \tag{3.11.7}$$

그림 3-31은 유한요소 해(예제 3.13에서 얻은 해 포함)와 식 (3.11.6)의 정확한 해를 같이 보

여주고 있다. 이러한 결과로부터 다음과 같은 몇 가지 결론을 얻을 수 있다.

1. 유한요소 해는 절점에서 정확한 해와 일치한다. 이렇게 절점에서의 값이 정확한 이유는 각 요소에서 가정된 직선 변위 형상을 기준으로 분포하중을 에너지 등가에 의해 요소 절점력을 계산했기 때문이다(동일한 단면의 보와 봉에 대해서 절점의 자유도는 정확하다. 일반적으로 컴퓨터로 계산된 절점의 자유도는 정확하지 않다).
2. 변위에 대한 절점값이 정확한 해와 일치함에도 불구하고, 절점 사이의 값들은 각 요소에서 직선 변위함수를 사용하였기 때문에 요소의 수가 적을 경우 매우 부정확하다(한 개, 두 개 요소 해 참조). 식 (3.11.6)의 정확한 해는 3차 함수이다. 그러나 요소의 수를 증가시키면, 유한요소 해는 정확한 해에 수렴한다(그림 3-31에서 4개, 8개 요소 해 참조).
3. 응력은 $\sigma = E\varepsilon = E(du/dx)$와 같이 변위 곡선의 기울기로부터 유도된다. 유한요소 해에서 각 요소에서의 u는 직선함수이므로, 축응력은 각 요소 내에서 상수이다. 변위함수의 1차 미분, 즉 축응력을 모델링하는 데는 훨씬 더 많은 요소를 필요로 한다. 이 결과는 그림 3-32에 나타나 있는데 8-요소 해에서 가장 좋은 결과를 주고 있다.
4. 응력의 가장 근사한 값은 절점이 아니라 중앙점에서 발생한다(그림 3-32). 이는 변위의 미분이 절점보다는 절점 사이에서 더 정확하게 계산되기 때문이다.
5. 응력은 요소 경계에 걸쳐 연속적이지 않다. 따라서 평형은 요소 경계에 걸쳐서는 만족되지 않는다. 또한 각 요소에서의 평형은 일반적으로 만족되지 않는다. 2-요소 해에서의 요소 1에 대해서와 8-요소 해(8-요소 해에서의 응력은 Autodesk 컴퓨터 코드 [9]로부터 구할 수 있다)에서의 요소 1에 대해서 평형상태를 그림 3-33에서 보여준다. 사용된 요소의 수가 증가함에 따라 응력의 불연 속성은 요소 경계에 걸쳐 감소하고 평형상태에 더욱 근접하게 된다.

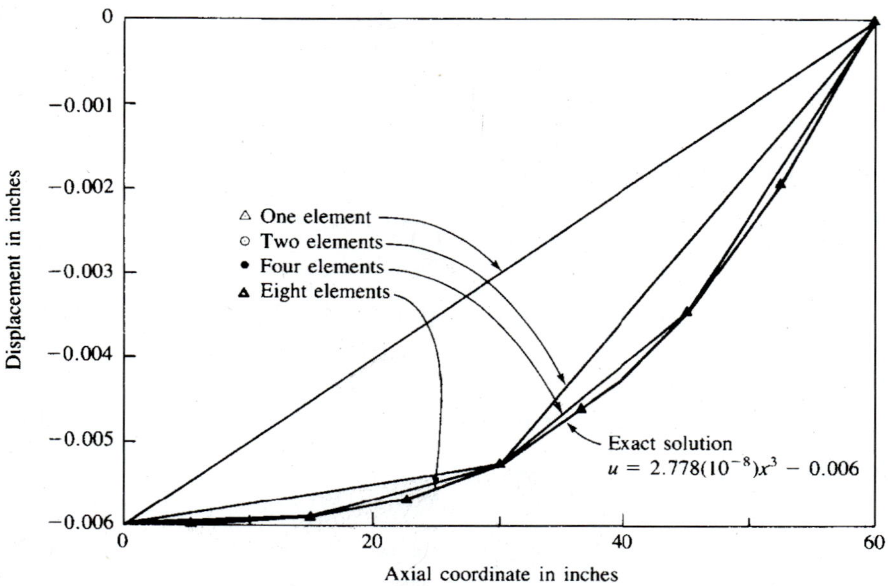

그림 3-31 • 길이에 따른 축방향 변위에 대한 정확한 해와 유한요소 해의 비교

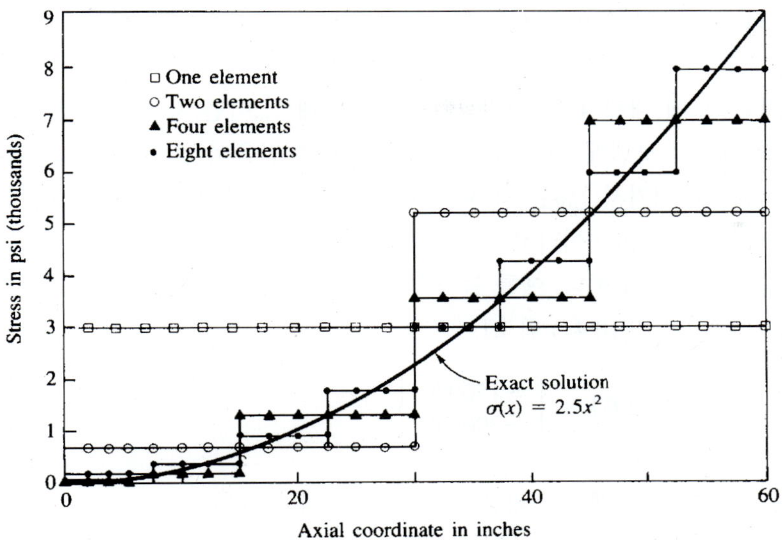

그림 3-32 • 길이에 따른 축응력에 대한 정확한 해와 유한요소 해의 비교

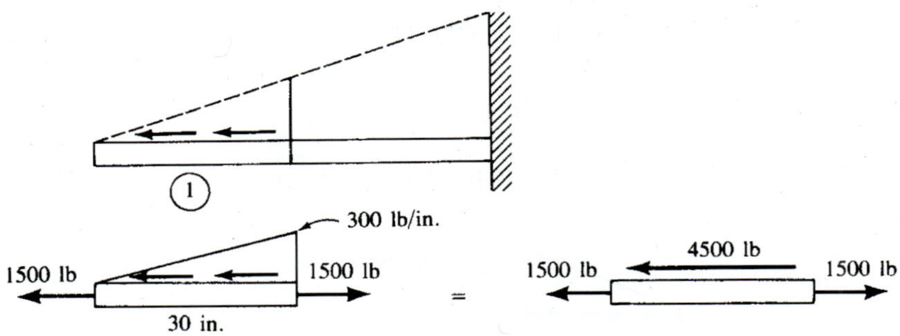

(a) 2개의 요소를 사용한 해

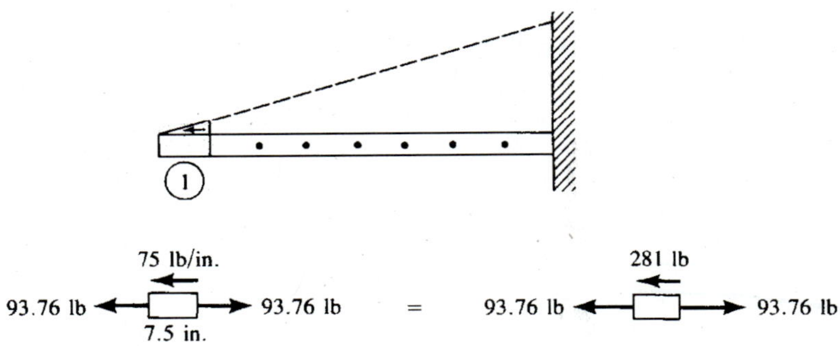

(b) 8개의 요소를 사용한 해

그림 3-33 • 2개 및 8개 요소 모델에서 평형이 성립하지 않음을 확인할 수 있는 요소 1의 자유물체도

마지막으로, 그림 3-34는 요소의 수가 증가함에 따라 고정단($x = L$)에서의 축응력이 수렴하는 것을 보여준다.

그러나 분포하중을 받는 보에 대해 4장에서 상세히 설명한 대로, 어떤 차별화한 방법으로 문제를 정식화한다면 사용된 모델에 따라 정확한 응력 분포를 얻을 수 있다. 즉, 절점력 $\{f\} = [k]\{d\} - \{f_0\}$가 되는데, 여기서 $\{f_0\}$는 각 요소에 작용하는 분포하중의 초기 절점 치환하중(initial nodal replacement force)이라고 한다. 즉, 각 요소에서 절점력은 $[k]\{d\}$ 계산 결과에서 초기 치환하중 $\{f_0\}$를 뺀 값이다. 예를 들어, 2-요소 모델의 요소 1에서 다음과 같은 결과를 얻는다[식 (3.10.33)과 (3.10.41) 참조].

$$\{f_0\} = \begin{Bmatrix} -1500 \text{ lb} \\ -3000 \text{ lb} \end{Bmatrix}$$

$\{f\} = [k]\{d\} - \{f_0\}$를 사용하여 실제 절점력을 다음과 같이 계산한다.

$$\{f\} = \frac{2(30 \times 10^6)}{(30 \text{ in.})}\begin{bmatrix} 1 & -1 \\ -1 & 1 \end{bmatrix}\begin{Bmatrix} -0.006 \text{ in.} \\ -0.00525 \text{ in.} \end{Bmatrix} - \begin{Bmatrix} -1500 \text{ lb} \\ -3000 \text{ lb} \end{Bmatrix}$$
$$= \begin{Bmatrix} -1500 + 1500 \\ 1500 + 3000 \end{Bmatrix} = \begin{Bmatrix} 0 \\ 4500 \end{Bmatrix}$$

요소 1에 대해 자유물체도를 그리면 다음과 같다.

$$\sum F_x = 0: \quad -\frac{1}{2}(300 \text{ lb/in.})(30 \text{ in.}) + 4500 \text{ lb} = 0$$

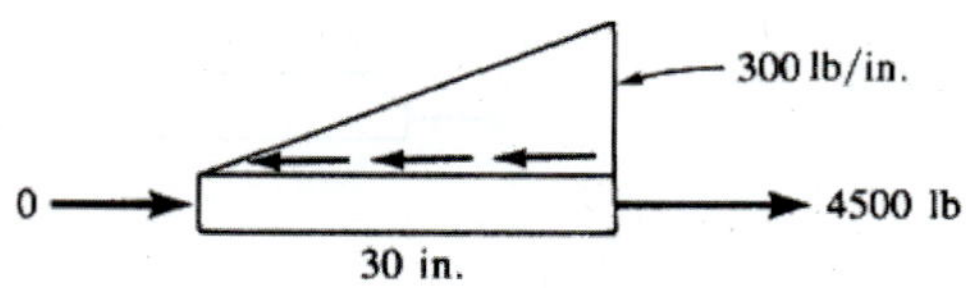

(보 이외의) 다른 종류의 요소에 대해 이러한 수정은 실제로 무시된다. 이러한 수정은 보 요소보다는 평면 요소와 고체 요소에서 덜 중요하다. 또한 이러한 수정을 일반 형상의 요소에 대해 수식화하는 것은 매우 어렵다.

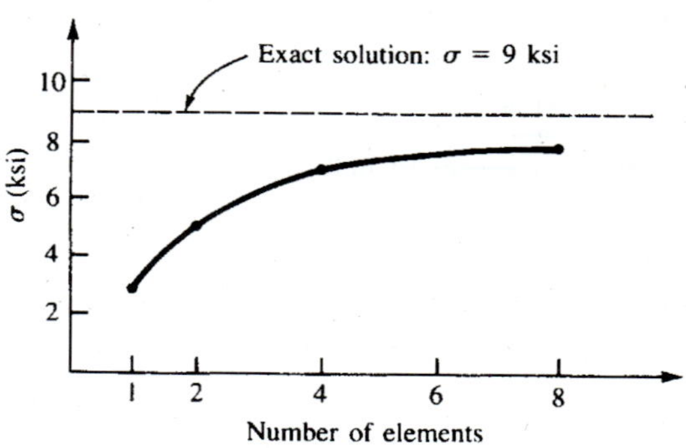

그림 3-34 • 요소 수의 증가에 따른 고정단에서의 축응력의 변화

3.12 | 갤러킨의 잔여법과 1차원 봉 요소 방정식에의 적용

일반적 정식화

3.1절에서 직접강성법에 의해, 또 3.10절에서는 포텐셜 에너지법(많은 변분법 중의 하나인)에 의해 봉 유한요소 방정식을 얻었다. 구조/고체 역학 외 다른 분야에서 최소 포텐셜 에너지 원리와 유사한 변분 원리가 알려져 있지 않을 수도 있고, 심지어는 존재하지 않을 수도 있다. 유체 역학의 어떤 유동 문제에서와 질량 전달 문제에서(13장 참조), 종종 미분방정식과 경계조건만이 주어지는 경우가 있다. 유한요소법은 이러한 문제에도 적용할 수 있다.

미분방정식에 직접 적용된 가중잔여법(method of weighed residuals)은 유한요소 방정식을 전개하는 데 사용될 수 있다. 이 절에서 갤러킨의 잔여법을 일반적으로 설명하고, 봉 요소에 적용하고자 한다. 이 방법은 나중에 4장에서 보 요소와 열전달 요소(특히 13장에서 설명된 전도, 대류, 질량 전달이 조합된 1차원적 요소)에 대한 갤러킨의 잔여법을 응용하는 데에 기초를 제공한다. 질량이 이동하는 현상 때문에 변분 정식화는 알려져 있지 않고(혹은 확실히 얻기가 힘들고), 그래서 갤러킨의 잔여법은 최종적으로 유한요소 방정식을 얻는 데 적용된다.

많은 다른 잔여법 중에 배열법(collocation), 최소자승법, 3.13절에서 설명된 부영역법이 있다(이러한 방법들을 자세히 알고자 하면 참고문헌 [5] 참조).

가중잔여법에서 시험(trial) 또는 근사함수는 미분식에 사용된 독립변수(예를 들면, 변위나 온도와 같은)를 근사화하기 위해 선택된다. 이러한 시험함수는 일반적으로 지배 미분방정식을 만족시키지 못한다. 그래서 시험함수를 미분방정식에 대입하면 다음과 같이 문제의 전체 영역에 걸쳐 잔여(residual)가 계산된다.

$$\iiint_{v} R\,dV = \text{minimum} \tag{3.12.1}$$

잔여법에서는 이 잔여 가중값의 전 영역에 걸친 적분이 최소가 되어야 한다. 가중함수는 잔여의 가중 적분이 0이 되게 한다. W를 가중함수라고 하면, 가중잔여 적분의 일반적인 형태는 다음과 같다.

$$\iiint_{v} RW\,dV = 0 \tag{3.12.2}$$

갤러킨법에서는 미분방정식에 사용된 독립변수에 대한 보간함수를 식 (3.2.8)과 같은 형상함수 N_i로 선택한다. 일반적으로 이 함수를 대입하면 잔여 $R \neq 0$이라는 결과를 준다. 갤러킨의 조건은 형상함수 N_i를 가중함수 W에 사용하도록 정한다. 따라서 각 i에 대해 다음 식이 성립한다.

$$\iiint_{v} RN_i\,dV = 0 \quad (i = 1,2,\ldots,n) \tag{3.12.3}$$

식 (3.12.3)은 모두 n개 식이 된다. 식 (3.12.3)은 주어진 하중이나 변위와 같은 경계조건에 대한 고려 없이 물체 영역 내의 모든 점에 적용된다. 경계조건을 얻기 위해 식 (3.12.3)

을 부분적분하면, 영역 내부와 경계에 적용할 수 있는 적분식을 얻을 수 있다.

봉 요소 정식화

봉 요소 강성방정식을 정식화하는 데 갤러킨법을 적용해 본다. 분포하중이 없는 경우, 3.1절에서 유도된 다음과 같은 기본 미분방정식으로 시작한다.

$$\frac{d}{dx}\left(AE\frac{du}{dx}\right) = 0 \tag{3.12.4}$$

여기서 A와 E는 상수로 가정한다. 잔여 R은 식 (3.12.4)로 정의된다. 갤러킨의 조건식 (3.12.3)을 식 (3.12.4)에 적용하면

$$\int_0^L \frac{d}{dx}\left(AE\frac{du}{dx}\right)N_i\,dx = 0 \quad (i = 1,2) \tag{3.12.5}$$

가 되며, 식 (3.12.5)에 부분적분을 수행한다. 부분적분은 일반적으로 다음과 같이 된다.

$$\int u\,dv = uv - \int v\,du \tag{3.12.6}$$

여기서 u와 v는 일반 방정식에서의 임의의 변수이다. 식 (3.12.5)에 다음과 같이 대입하고,

$$\begin{aligned} u &= N_i \qquad & du &= \frac{dN_i}{dx}dx \\ dv &= \frac{d}{dx}\left(AE\frac{du}{dx}\right)dx \qquad & v &= AE\frac{du}{dx} \end{aligned} \tag{3.12.7}$$

식 (3.12.6)에 따라 부분적분을 하면, 식 (3.12.5)는 다음과 같은 결과를 얻는다.

$$\left(N_i AE\frac{du}{dx}\right)\Big|_0^L - \int_0^L AE\frac{du}{dx}\frac{dN_i}{dx}dx = 0 \tag{3.12.8}$$

이와 같이 부분적분에서 경계조건을 얻는다.

$u = [N]\{d\}$이기 때문에 다음과 같이 되며,

$$\frac{du}{dx} = \frac{dN_1}{dx}u_1 + \frac{dN_2}{dx}u_2 \tag{3.12.9}$$

$N_1 = 1 - x/L$과 $N_2 = x/L$에 대해식 (3.2.9)를 사용하여 다음 식을 얻는다.

$$\frac{du}{dx} = \left[-\frac{1}{L}\;\; \frac{1}{L}\right]\begin{Bmatrix} u_1 \\ u_2 \end{Bmatrix} \tag{3.12.10}$$

식 (3.12.8)에 식 (3.12.10)을 사용하여 식 (3.12.8)을 다음과 같이 표현할 수 있다.

$$AE\int_0^L \frac{dN_i}{dx}\left[-\frac{1}{L}\;\frac{1}{L}\right]dx\begin{Bmatrix} u_1 \\ u_2 \end{Bmatrix} = \left(N_i AE\frac{du}{dx}\right)\Big|_0^L \qquad (i = 1,2) \tag{3.12.11}$$

식 (3.12.11)은 실제로 두 개의 식이다($N_i = N_1$일 때 하나, $N_i = N_2$일 때 하나). 먼저 가중

함수 $N_i = N_1$을 사용하면, 다음과 같은 결과를 얻는다.

$$AE\int_0^L \frac{dN_1}{dx}\left[-\frac{1}{L} \quad \frac{1}{L}\right]dx\begin{Bmatrix} u_1 \\ u_2 \end{Bmatrix} = \left(N_1 AE\frac{du}{dx}\right)\Bigg|_0^L \tag{3.12.12}$$

dN_1/dx을 대입하면

$$AE\int_0^L \left[-\frac{1}{L}\right]\left[-\frac{1}{L} \quad \frac{1}{L}\right] dx\begin{Bmatrix} u_1 \\ u_2 \end{Bmatrix} = f_{1x} \tag{3.12.13}$$

이며, 여기서 $x = 0$에서 $N_1 = 1$이고 $x = L$에서 $N_1 = 0$이기 때문에 $f_{1x} = AEdu/dx$이다. 식 (3.12.13)을 계산하면 다음과 같다.

$$\frac{AE}{L}(u_1 - u_2) = f_{1x} \tag{3.12.14}$$

유사하게, $N_i = N_2$를 사용하면 다음과 같다.

$$AE\int_0^L \left[\frac{1}{L}\right]\left[-\frac{1}{L} \quad \frac{1}{L}\right] dx\begin{Bmatrix} u_1 \\ u_2 \end{Bmatrix} = \left(N_2 AE\frac{du}{dx}\right)\Bigg|_0^L \tag{3.12.15}$$

식 (3.12.15)를 간략히 하면

$$\frac{AE}{L}(u_2 - u_1) = f_{2x} \tag{3.12.16}$$

이며, 여기서 $x = L$에서 $N_2 = 1$이고 $x = 0$에서 $N_2 = 0$이기 때문에 $f_{2x} = AE(du/dx)$이다. 식 (3.12.14)와 (3.12.16)은 각각 직접강성법에 의해 유도된 식 (3.1.13)과 변분법에 의해 유도된 식 (3.10.27)과 같다.

3.13 | 기타 잔여법들과 1차원 봉 문제에의 적용

갤러킨의 잔여법을 설명한 3.12절에서 언급한 바와 같이, 가중잔여법은 주어진 지배 미분방정식의 근사해에 대한 가정을 기반으로 하고 있다. 가정된 해는 주어진 문제의 초기조건 및 경계조건을 만족하도록 구성된 변위 혹은 온도 분포에 대한 함수이다. 이러한 시도해(trial solution)는 일반적으로 주어진 지배 미분방정식을 만족하지 않는다. 그러므로 시도해를 지배 미분방정식에 대입하였을 경우 잔여치 혹은 오차가 발생하기 마련이다. 각 잔여법은 이러한 잔여치 혹은 오차가 특정 위치 혹은 특정 구간에서 0이 되도록 하여 해를 구하는 방법이다. 잔여법의 이러한 개념을 설명하기 위해 그림 3-28(3.10절 참조)에 도시된 삼각형 모양의 분포하중을 받는 봉 문제를 풀 것이며, 이를 식 (3.11.5)에 주어진 축방향 변위에 대한 정확한 해와 비교할 것이다. 이 절에서는 **배열법**, **부영역법**, **최소자승법**, **갤러킨법** 등과 같이 일반적으로 자주 언급되는 잔여법에 대해 논의할 것이다.

이 절의 목적은 간단한 예제들을 통하여 기타의 잔여법에 대한 일반적인 개념을 소개하는 데에 있다. 여기서는 해의 전체 영역에(3.10절에서 풀이한 봉 예제) 걸쳐 일반적으로 적절한 근사를 보장하는 변위 해를(본 교재에서 다룬 예제의 경우 정확한 해와 일치하는 변위함수를 가정하였음) 가정하여 문제를 접근할 것이다. 스프링이나 봉 요소에서 확인한 바와 같이 각각의 요소 내부에서 선형 함수로 변위를 가정하였으며, 3.10절에서 소개된 봉 요소에 대해 요소들에 대한 해를 결합하였다. 일반적으로 유한요소모델의 각 요소 내에서 단순한 선형함수를 이용하여 변위를 근사하는 것이 보통이며, 그림 3-31에 보인 바와 같이 봉을 모사하기 위한 요소의 수가 증가할수록 실제 변위를 보다 가깝게 근사할 수 있다.

그림 3-35(a)는 본 절에서 해를 구하고자 하는 문제를 내부 축력 $P(x)$를 가지는 봉에 대한 자유물체도와 함께 보여주고 있다.

축 변위에 대한 지배 미분방정식 u는 다음과 같이 주어진다.

$$\left(AE\frac{du}{dx}\right) - P(x) = 0 \tag{3.13.1}$$

내부 축력은 $P(x) = 5x^2$이며, 경계조건은 $u(x = L) = 0$이다.

가중잔여법에서는 변위에 대한 근사함수를 가정할 필요가 있으며, 이러한 근사 해법은 문제의 경계조건을 만족해야 한다. 여기서는 다음 식과 같이 가정한다.

$$u(x) = c_1(x - L) + c_2(x - L)^2 + c_3(x - L)^3 \tag{3.13.2}$$

여기서 c_1, c_2, c_3는 미지의 계수이다. 식 (3.13.2)는 또한 $u(x = L) = 0$에 의해 주어진 경계조건을 만족한다.

u에 대한 식 (3.13.2)를 지배 미분방정식 (3.13.1)에 대입하면 다음과 같은 오차방정식 오차함수 R을 구할 수 있다.

$$AE[c_1 + 2c_2(x - L) + 3c_3(x - L)^2] - 5x^2 = R \tag{3.13.3}$$

지금부터 전술한 네 개의 가중잔여법을 이용하여 지배 미분방정식을 푸는 방법에 대해 알아보기로 한다.

배열법

배열법(*collocation method*)은 근사함수에 포함된 미지의 계수와 같은 수의 점에서 오차나 잔

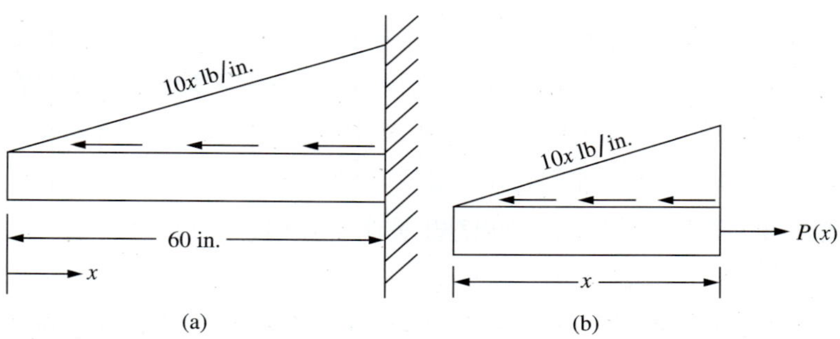

그림 3-35 • (a) 삼각 하중 분포에 지배를 받는 봉, (b) 봉 단면의 자유물체도

여함수가 0이 되도록 하여야 한다. 식 (3.13.2)는 세 개의 미지의 계수를 가지고 있다. 따라서 봉을 따라 세 개의 점에서 오차함수를 동일하게 0으로 만들어야 한다. 다음과 같이 오차함수가 $x = 0$, $x = L/3$, 그리고 $x = 2L/3$에서 0이 되도록 선택한다.

$$\begin{aligned} &R(c, x = 0) = 0 = AE\left[c_1 + 2c_2(-L) + 3c_3(-L)^2\right] = 0 \\ &R\left(c, x = L/3\right) = 0 = AE\left[c_1 + 2c_2\left(-2L/3\right) + 3c_3\left(-2L/3\right)^2\right] - 5\left(L/3\right)^2 = 0 \\ &R\left(c, x = 2L/3\right) = 0 = AE\left[c_1 + 2c_2\left(-L/3\right) + 3c_3\left(-L/3\right)^2\right] - 5\left(2L/3\right)^2 = 0 \end{aligned} \tag{3.13.4}$$

세 개의 선형방정식 (3.13.4)는 미지의 계수 c_1, c_2, c_3에 대해서 풀 수 있다. 그 결과는 다음과 같다.

$$c_1 = 5L^2/(AE) \quad c_2 = 5L/(AE) \quad c_3 = 5/(3AE) \tag{3.13.5}$$

식 (3.13.5)에 $A = 2$, $E = 30 \times 10^6$, $L = 60$을 대입하면 c의 값을 얻을 수 있다.

$$c_1 = 3 \times 10^{-4}, \quad c_2 = 5 \times 10^{-6}, \quad c_3 = 2.778 \times 10^{-8} \tag{3.13.6}$$

식 (3.13.2)에 식 (3.13.6)에서 나온 계수값을 대입하면, 축 변형에 대한 최종 해를 다음과 같이 구할 수 있다.

$$u(x) = 3 \times 10^{-4}(x - L) + 5 \times 10^{-6}(x - L)^2 + 2.778 \times 10^{-8}(x - L)^3 \tag{3.13.7}$$

여기서 우리는 3차식을 변위방정식 (3.13.2)로 선택하였고, 정확한 해인 (3.11.6)도 3차식이어서 여기 적용한 배열법은 정확한 해와 일치하는 해를 구할 수 있었다. 해결 과정은 그림 3-31에 나타나 있다.

부영역법

부영역법(subdomain method)은 선택된 구간상에서 통합된 오차나 잔여 함수가 0이 되도록 해야 한다. 선택된 구간 수는 미지의 계수의 수와 동일해야 한다. 봉의 예에서 세 개의 미지의 계수가 있기 때문에 세 개의 구간 수를 만들어야 한다. 다음과 같이 세 개의 구간($0 \sim L/3$, $L/3 \sim 2L/3$, $2L/3 \sim L$)을 선택한다.

$$\begin{aligned} &\int_0^{L/3} R\,dx = 0 = \int_0^{L/3} \{AE[c_1 + 2c_2(x - L) + 3c_3(x - L)^2] - 5x^2\}dx \\ &\int_{L/3}^{2L/3} R\,dx = 0 = \int_{L/3}^{2L/3} \{AE[c_1 + 2c_2(x - L) + 3c_3(x - L)^2] - 5x^2\}dx \\ &\int_{2L/3}^{L} R\,dx = 0 \int_{2L/3}^{L} \{AE[c_1 + 2c_2(x - L) + 3c_3(x - L)^2] - 5x^2\}dx \end{aligned} \tag{3.13.8}$$

위 식 (3.13.8)은 R에 대한 식 (3.13.3)을 대입하여 구할 수 있다.

식 (3.13.8)의 통합은 계수 c_1, c_2, c_3에 대해 풀 수 있는 세 개의 선형방정식을 얻을 수 있다. 앞에서 한 것처럼 A, E, L의 값을 사용하면, 세 개의 계수는 식 (3.13.6)에 의해 주어진 것과 숫자상으로 동일하다. 또한 축 변위의 결과는 식 (3.13.7)과 동일하다.

최소자승법

최소자승법(least squares method)은 오차함수의 제곱을 봉의 길이에 대해 적분한 값이 가정된 문제 내에서의 미지의 계수에 대해 최소화되는 것에 기반을 두고 있다. 그 형태는 다음과 같이 표현된다.

$$\frac{\partial}{\partial c_i}\left(\int_0^L R^2 dx\right) = 0 \quad i = 1,2,\ldots,N\,(\text{미지의 계수 } N\text{에 대해}) \tag{3.13.9}$$

또는 다음과 같이 표현된다.

$$\int_0^L R\frac{\partial R}{\partial c_i}dx = 0 \tag{3.13.10}$$

따라서 우리는 근사해에 세 가지 미지의 계수를 가지고 있으므로 식 (3.13.10)에 의해 세 번의 적분을 수행한다. 결과식은 다음과 같다.

$$\begin{aligned}
&\int_0^L \{AE[c_1 + 2c_2(x-L) + 3c_3(x-L)^2] - 5x^2\}AE\,dx = 0\\
&\int_0^L \{AE[c_1 + 2c_2(x-L) + 3c_3(x-L)^2] - 5x^2\}AE2(x-L)\,dx = 0\\
&\int_0^L \{AE[c_1 + 2c_2(x-L) + 3c_3(x-L)^2] - 5x^2\}AE3(x-L)^2\,dx = 0
\end{aligned} \tag{3.13.11}$$

식 (3.13.11)의 첫 번째, 두 번째, 세 번째 식의 각각에 대해 다음과 같은 편미분식을 사용하였다.

$$\frac{\partial R}{\partial c_1} = AE, \qquad \frac{\partial R}{\partial c_2} = AE2(x-L), \qquad \frac{\partial R}{\partial c_3} = AE3(x-L)^2 \tag{3.13.12}$$

여기서 R은 식 (3.13.3)에 정의된 오차함수를 나타낸다.

식 (3.13.11)의 적분을 통해 세 가지 계수에 대한 세 가지 선형방정식이 도출된다. 계수들의 수치적 값은 식 (3.13.6)의 것과 일치된다. 그러므로 해는 정확한 해와 일치한다고 할 수 있다.

갤러킨법

갤러킨법(Galerkin's method)에서는 식 (3.12.2)에 주어진 바와 같이 오차가 어떤 가중함수 W_i에 직교가 되도록 하여야 한다.[1] 봉의 경우, 이 적분은 다음과 같다.

[1] 직교라는 단어는 백터에서 사용하는 개념을 확장한 것이다. 여기서 보통의 내적은 식 (3.13.13)의 적분으로 대치된다. 식 (3.13.13)에서 두 개의 식 $u(x) = R$과 $(x) = W_i$는 구간 $0 \le x \le L$에서 $\int_0^L u(x)v(x)dx = 0$인 경우 서로 직교라 한다.

$$\int_0^L RW_i\,dx = 0 \qquad i = 1,\ 2, \ldots, N \tag{3.13.13}$$

가중함수는 근사해의 한 부분이 되도록 선택하여야 한다. 근사해에서 세 개의 미지 상수가 있기 때문에 세 개의 방정식을 만들어야 한다. 가정된 해가 식 (3.13.2)에 의해 주어진 3차식임을 상기하면 가중함수는 다음과 같이 선택할 수 있다.

$$W_1 = x - L \qquad W_2 = (x - L)^2 \qquad W_3 = (x - L)^3 \tag{3.13.14}$$

식 (3.13.14)를 식 (3.13.13)에 대입하면, 다음과 같은 세 개의 식을 얻을 수 있다.

$$\begin{aligned}
&\int_0^L \left\{AE[c_1 + 2c_2(x - L) + 3c_3(x - L)^2] - 5x^2\right\}(x - L)\,dx = 0 \\
&\int_0^L \left\{AE[c_1 + 2c_2(x - L) + 3c_3(x - L)^2] - 5x^2\right\}(x - L)^2\,dx = 0 \\
&\int_0^L \left\{AE[c_1 + 2c_2(x - L) + 3c_3(x - L)^2] - 5x^2\right\}(x - L)^3\,dx = 0
\end{aligned} \tag{3.13.15}$$

식 (3.13.15)를 적분하면 미지의 계수를 풀 수 있는 세 개의 선형방정식을 얻을 수 있다. 수치값은 식 (3.13.6)에 의해 주어진 것과 동일하다. 그러므로 이 해는 정확한 해와 동일하다.

결론적으로, x에 대한 3차식인 정확한 해를 얻기 위해 x에 대한 3차식을 근사해로 가정하였으므로 검토된 모든 잔여법은 정확한 해와 일치하는 결과를 보였다. 이 절의 목적은 알려진 미분방정식에 근사해 또는 정확한 해를 얻기 위해 네 개의 공통된 잔여법을 설명하는 것이다. 정확한 해는 3.11절에서 그림 3-31과 식 (3.11.6)에 나와 있다.

3.14 | 3차원 트러스 문제 해석을 위한 흐름도

그림 3-36은 3장에서 소개된 이론을 기반으로 한 3차원 트러스 문제의 해석에 적용되는 전형적인 유한요소 해석의 흐름도를 나타낸 그림이다.

3.15 | 컴퓨터 프로그램을 이용한 트러스 문제의 단계적 해법

이 절에서는 컴퓨터 프로그램을 이용한 3차원 트러스(공간상의 트러스) 문제의 단계적 해법에 대해 소개하고자 한다: 참고문헌 [9] 참조.

컴퓨터 기반의 단계적 해법은 예제 3.8의 트러스를 그 대상으로 하며, 이는 그림 3-37에 도시되어 있다.

다음에 소개되는 단계들은 각 트러스 요소에서의 응력과 절점 1에서의 x, y, z방향으로의 변위를 결정하기 위한 과정이다.

1. 첫 번째 단계는 Autodesk [9] 혹은 ANSYS [10] 등과 같은 유한요소 해석 프로그램에서 제

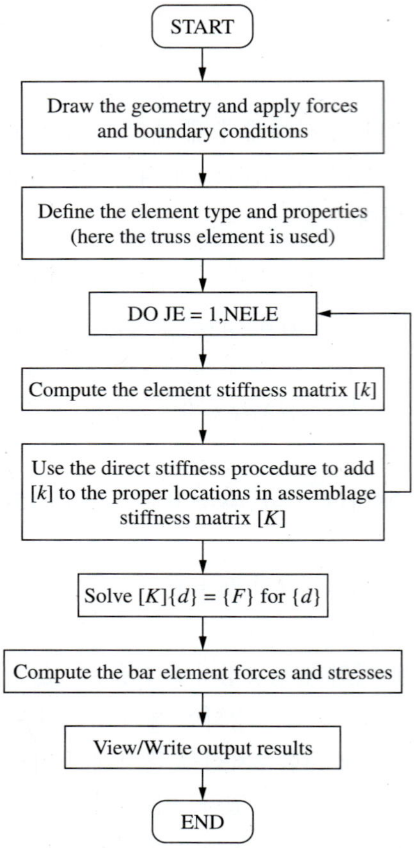

그림 3-36 • 트러스 유한요소 해석의 흐름도(NELE는 요소 수를 의미함)

공하는 도면 작성 프로그램을 이용하여 세 개의 트러스 요소를 그리는 것이다. 도면은 Key-Creator [11]나 SOLIDWORKS [12] 같은 프로그램을 이용하여 작성할 수도 있으며, 작성된 도면은 유한요소 프로그램으로 불러들인다. 도면에는 x, y, z좌표계 및 트러스 요소를 구성하는 두 절점의 x, y, z 좌표가 입력된다. 절점의 좌표가 입력되는 것은 트러스 모델의 전체 치수 및 트러스 모델을 구성하는 각각의 요소를 정의하는 것을 의미하며, 각각의 요소가 해당 절점과 함께 정의되면 모델의 위상과 요소와 절점 간의 연결이 결정됨을 의미한다. 요소와 절점에 부여되는 번호는 컴퓨터 프로그램 내부에서 일어나는 작업이다. 일반적으로 2차원 혹은 3차원 형상에 대한 요소 분할은 자동 요소 분할 기능을 통해 수행하는데 이는 모델링과 관련된 시간과 오류를 줄이기 위해서이다.

2. 두 번째 단계는 해석에 적합한 요소의 종류를 선택하는 단계이다. 본 예제에서는 **트러스 요소**를 선택한다.
3. 세 번째 단계는 요소에 대한 형상 특성을 입력하는 단계이다. 본 예제에서는 **단면적 A**를 입력한다.

4. 네 번째 단계는 재료 물성치를(트러스 요소에 대한 **탄성계수** E) 선택하는 단계이다. 본 예제에서는 ASTM A 36 강을 선택하여 해당 탄성계수가 입력되게 한다.
5. 다섯 번째 단계는 적절한 경계조건 명령어를 이용하여 적절한 절점에 경계조건을 부가하는 단계이다. 본 예제에서는 그림 3-37과 같이 절점 2, 3 및 4에는 회전 변위를 구속하지 않는 **핀 경계조건**을, 절점 1에는 y방향 변위를 구속하지 않는 롤러 조건을 부가한다.
6. 여섯 번째 단계는 절점에 하중을 부가하는 단계이다. 본 예제에서는 음의 z방향으로 **하중** 1000 lb을 부가한다.
7. 일곱 번째 단계는 모델을 확인하는 선택적 단계이다. 이 단계를 수행하는 경우 절점 2, 3 및 4에는 삼각형으로 표시된 경계조건이, 절점 1에는 원으로 표시된 경계조건이 나타나고 절점1에서는 음의 z방향으로 향하는 화살표로 표시된 하중이 나타난다.
8. 여덟 번째 단계는 해석을 수행하는 단계이다. 이는 절점 1에서의 x, y, z방향으로의 변위를 $\{F\} = [K]\{d\}$의 형태로 주어진 연립방정식을 풀어서 결정하는 것을 의미한다. 또한 트러스 요소에 발생하는 응력들도 함께 결정된다.
9. 아홉 번째 단계는 특정 해석과 관련된 결과를 확인하는 단계이다. 본 예제에서는 트러스 구조의 변위와 축방향 응력 등이 설계와 직접 관련된 해석 결과들이다. 그림 3-38(a)와 (b)는 트러스에 대한 변위와 축방향 응력 분포를 도시한 그림이다. 최대 응력 -2868 psi는(음의 부호는 압축 응력을 의미함) 아래쪽 트러스에서(요소 3) 발생하였다. 요소 1 및 2에서의 응력 값은 각각 -945 psi와 1440 psi로 나타났다.

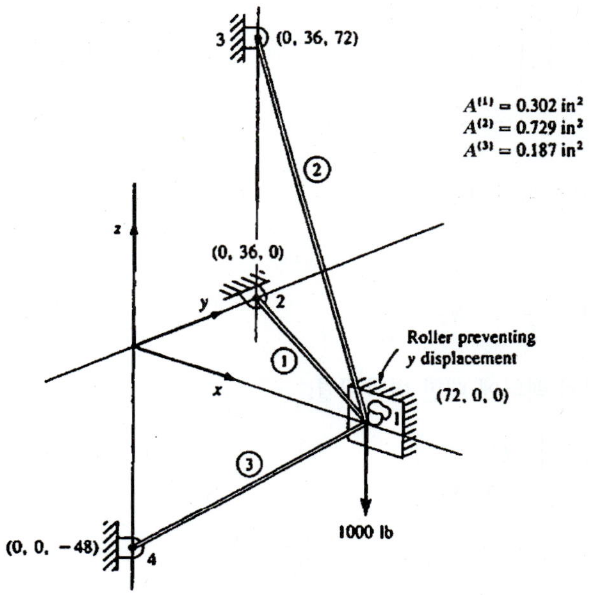

그림 3-37 • Autodesk [9]에서 모델링된 공간 트러스 모델

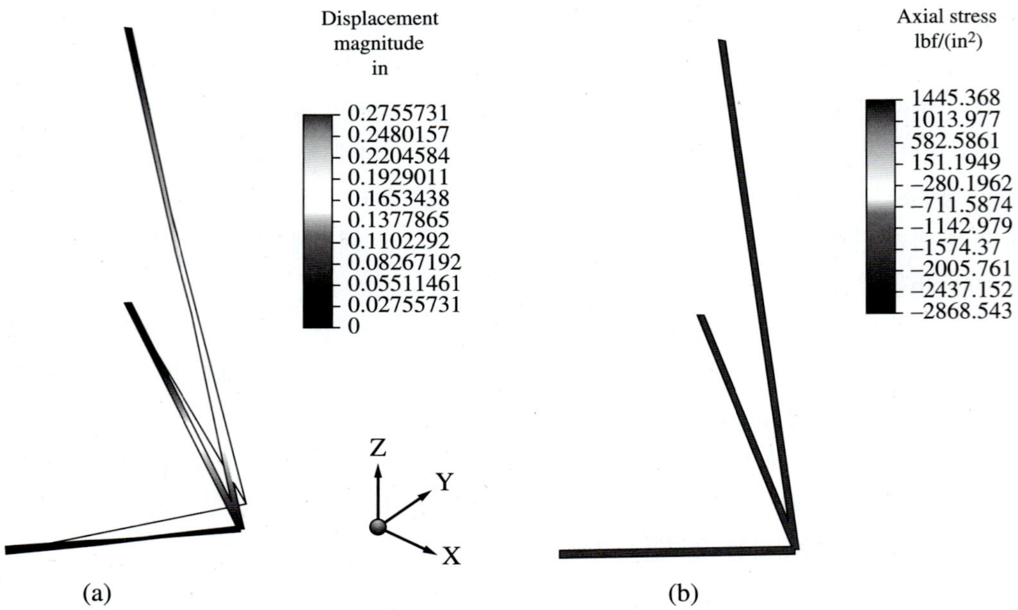

그림 3-38 • 그림 3-37의 트러스에 대한 (a) 변위 크기 분포도, (b) 축방향 응력 분포도

식의 정리(Summary Equations)

봉 요소에 대한 강성행렬:

$$[K] = \frac{AE}{L}\begin{bmatrix} 1 & -1 \\ -1 & 1 \end{bmatrix} \tag{3.1.14}$$

2절점 봉 요소에 대해 가정된 변위함수:

$$u = a_1 + a_2 x \tag{3.2.1}$$

봉 요소에 대한 형상함수:

$$N_1 = 1 - \frac{x}{L} \qquad N_2 = \frac{x}{L} \tag{3.2.9}$$

2차원 평면상 서로 다른 좌표계에서 정의된 벡터에 대한 변환행렬:

$$[T] = \begin{bmatrix} C & S \\ -S & C \end{bmatrix} \tag{3.3.11}$$

평면상에서 임의의 방향을 갖는 봉에 대한 전체좌표계에서의 강성행렬:

$$[k] = \frac{AE}{L}\begin{bmatrix} C^2 & CS & -C^2 & -CS \\ & S^2 & -CS & -S^2 \\ & & C^2 & CS \\ \text{Symmetry} & & & S^2 \end{bmatrix} \tag{3.4.23}$$

봉 요소의 축방향 응력:

$$\{\sigma\} = [C']\{d\} \tag{3.5.6}$$

여기서

$$[C'] = \frac{E}{L}[-C \quad -S \quad C \quad S] \tag{3.5.8}$$

3차원 공간상의 벡터 간 변환행렬:

$$[T^*] = \begin{bmatrix} C_x & C_y & C_z & 0 & 0 & 0 \\ 0 & 0 & 0 & C_x & C_y & C_z \end{bmatrix} \tag{3.7.7}$$

공간상의 봉 요소에 대한 강성행렬:

$$[k] = \frac{AE}{L}\begin{bmatrix} C_x^2 & C_xC_y & C_xC_z & -C_x^2 & -C_xC_y & -C_xC_z \\ & C_y^2 & C_yC_z & -C_xC_y & -C_y^2 & -C_yC_z \\ & & C_z^2 & -C_xC_z & -C_yC_z & -C_z^2 \\ & & & C_x^2 & C_xC_y & C_xC_z \\ & & & & C_y^2 & C_yC_z \\ \text{Symmetry} & & & & & C_z^2 \end{bmatrix} \tag{3.7.9}$$

봉 요소에 대한 전체 포텐셜 에너지:

$$\pi_p = \frac{AL}{2}\{d\}^T\{B\}^T\{D\}^T[B]\{d\} - \{d\}^T\{f\} \tag{3.10.19}$$

여기서

$$\{f\} = \{P\} + \iint_{S_1}[N_S]^T\{T_x\}ds + \iiint_V [N]^T\{X_b\}dV$$

봉 요소 변형률 에너지의 2차 형식:

$$U = \frac{1}{2}\{d\}^T[k]\{d\} = \frac{1}{2}[u_1 \; u_2]\frac{AE}{L}\begin{bmatrix} 1 & -1 \\ -1 & 1 \end{bmatrix}\begin{Bmatrix} u_1 \\ u_2 \end{Bmatrix} = \frac{AE}{2L}\left[u_1^2 - 2u_1u_2 + u_2^2\right] \tag{3.10.28b}$$

참고문헌

[1] Turner, M. J., Clough, R. W., Martin, H. C., and Topp, L. J., "Stiffness and Deflection Analysis of Complex Structures," *Journal of the Aeronautical Sciences*, Vol. 23, No. 9, Sept. 1956, pp. 805~824.

[2] Martin, H. C., "Plane Elasticity Problems and the Direct Stiffness Method," *The Trend in Engineering*, Vol. 13, Jan. 1961, pp. 5~19.

[3] Melosh, R. J., "Basis for Derivation of Matrices for the Direct Stiffness Method," *Journal of the American Institute of Aeronautics and Astronautics*, Vol. 1, No. 7, July 1963, pp. 1631~1637.

[4] Oden, J. T., and Ripperger, E. A., *Mechanics of Elastic Structures*, 2nd ed., McGraw-Hill, New York, 1981.

[5] Finlayson, B. A., *The Method of Weighted Residuals and Variational Principles*, Academic Press, New York, 1972.
[6] Zienkiewicz, O. C., *The Finite Element Method*, 3rd ed., McGraw-Hill, London, 1977.
[7] Cook, R. D., Malkus, D. S., Plesha, M. E., and Witt, R. J., *Concepts and Applications of Finite Element Analysis*, 4th ed., Wiley, New York, 2002.
[8] Forray, M. J., *Calculus in Science and Engineering*, McGraw-Hill, New York, 1968.
[9] Autodesk Inc., McInnis Parkway, San Rafael, CA 94903.
[10] ANSYS—Engineering Analysis Systems User's Manual, Swanson Analysis Systems, Inc., Johnson Rd., P.O. Box 65 Houston, PA 15342.
[11] KeyCreator, Kubotek, USA, Inc.
[12] SOLIDWORKS, 175 Wyman St., Waltham, MA 02451.

연습문제

3.1 **a.** Compute the total stiffness matrix $[K]$ of the assemblage shown in Figure P3-1 by superimposing the stiffness matrices of the individual bars. Note that $[K]$ should be in terms of A_1, A_2, A_3, E_1, E_2, E_3, L_1, L_2, and L_3. Here A, E, and L are generic symbols used for cross-sectional area, modulus of elasticity, and length, respectively.

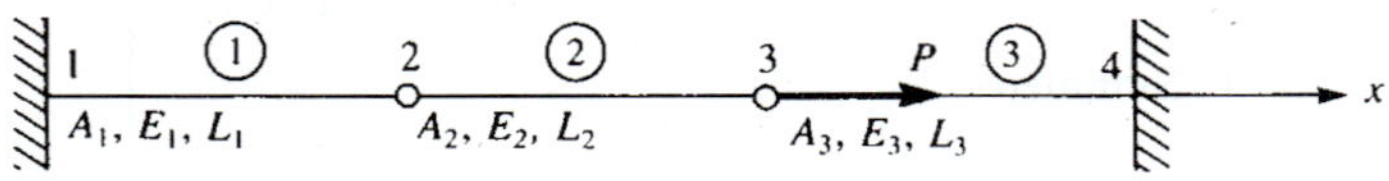

Figure P3-1 •

b. Now let $A_1 = A_2 = A_3 = A$, $E_1 = E_2 = E_3 = E$, and $L_1 = L_2 = L_3 = L$. If nodes 1 and 4 are fixed and a force P acts at node 3 in the positive x direction, find expressions for the displacement of nodes 2 and 3 in terms of A, E, L, and P.

c. Now let $A = 1\ \text{in}^2$, $E = 10 \times 10^6$ psi, $L = 10$ in., and $P = 2000$ lb.

i. Determine the numerical values of the displacements of nodes 2 and 3.

ii. Determine the numerical values of the reactions at nodes 1 and 4.

iii. Determine the stresses in elements 1-3.

3.2~3.11 For the bar assemblages shown in Figures P3-2 through P3-11, determine the nodal displacements, the forces in each element, and the reactions. Use the direct stiffness method for these problems.

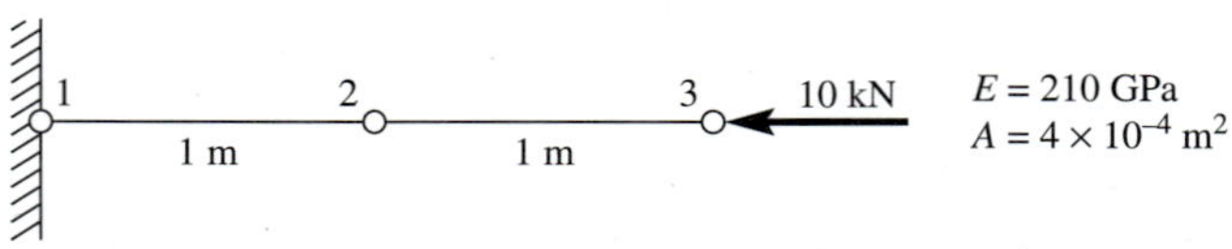

Figure P3-2 •

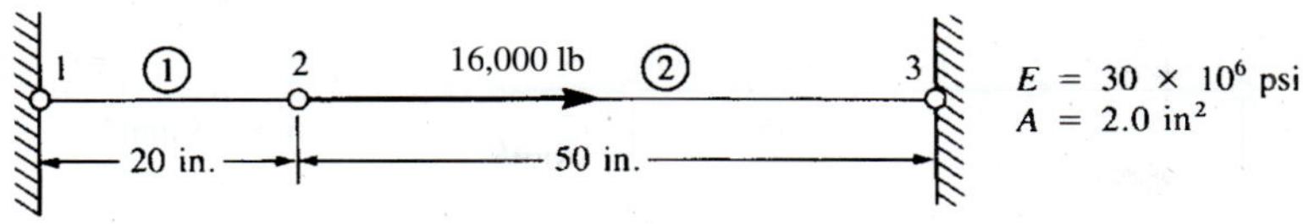

Figure P3-3 •

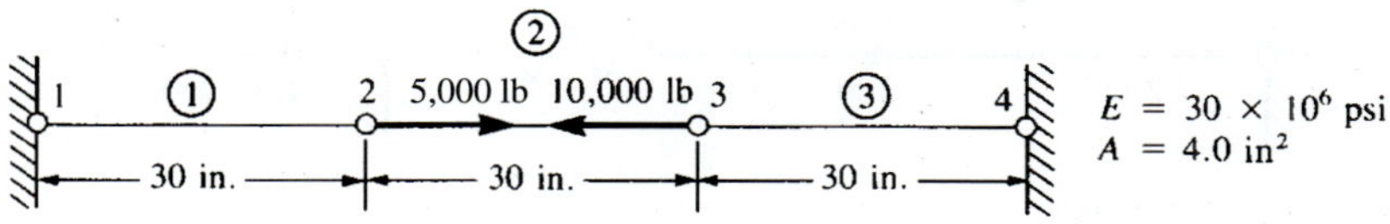

Figure P3-4 •

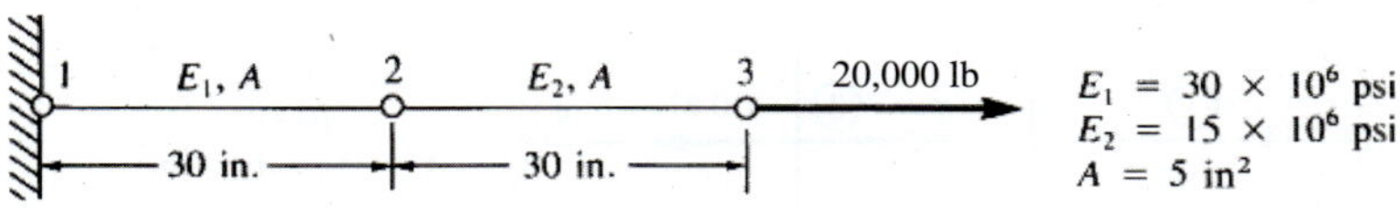

Figure P3-5 •

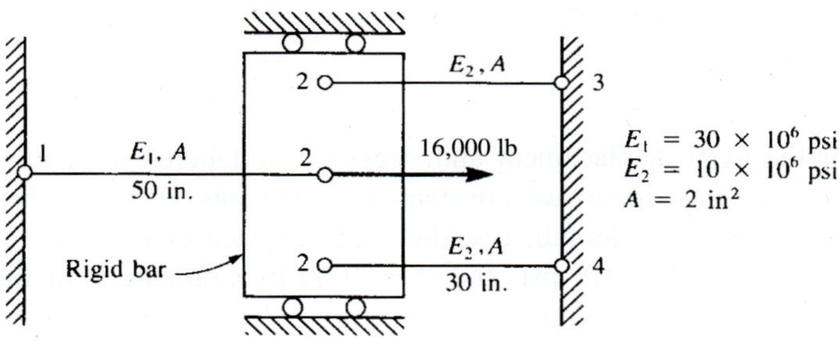

Figure P3-6 •

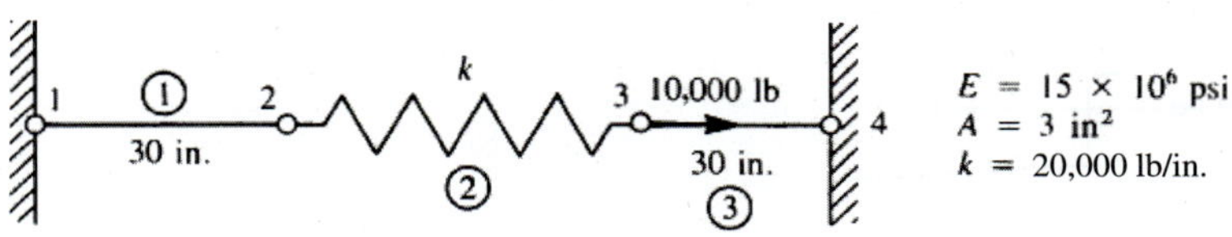

Figure P3-7 •

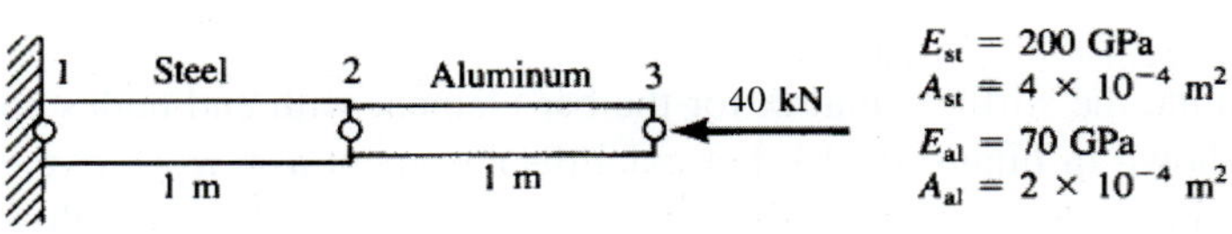

Figure P3-8 •

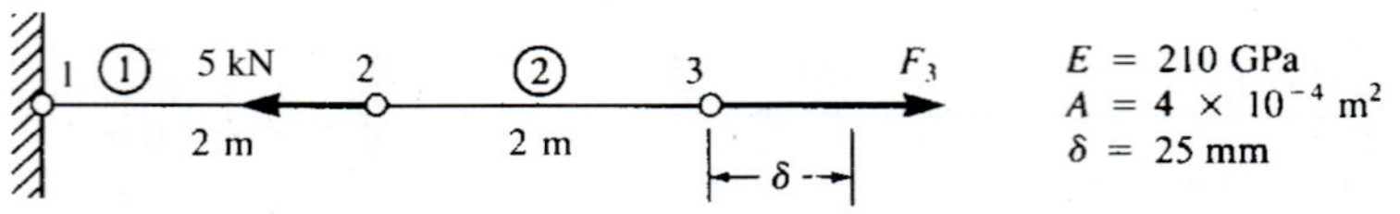

Figure P3-9 •

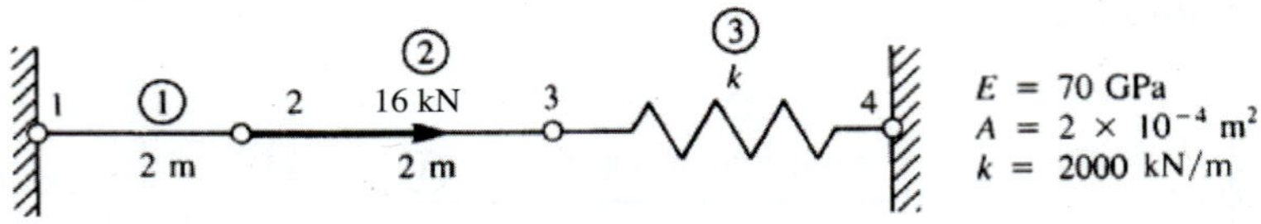

Figure P3-10 •

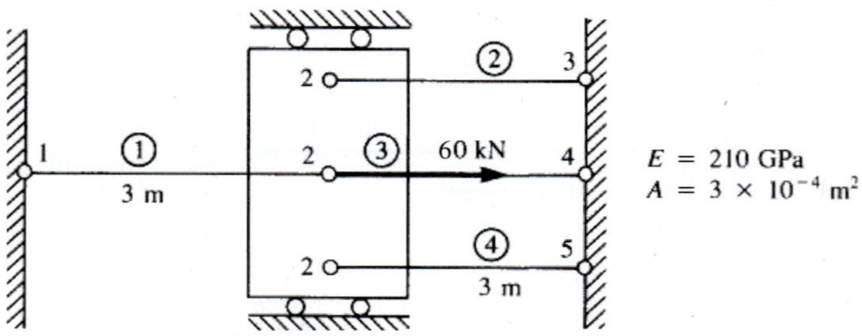

Figure P3-11 •

3.12 Solve for the axial displacement and stress in the tapered bar shown in Figure P3-12 using one and then two constant-area elements. Evaluate the area at the center of each element length. Use that area for each element. Let $A_0 = 2$ in^2, $L = 20$ in., $E = 10 \times 10^6$ psi, and $P = 1000$ lb. Compare your finite element solutions with the exact solution.

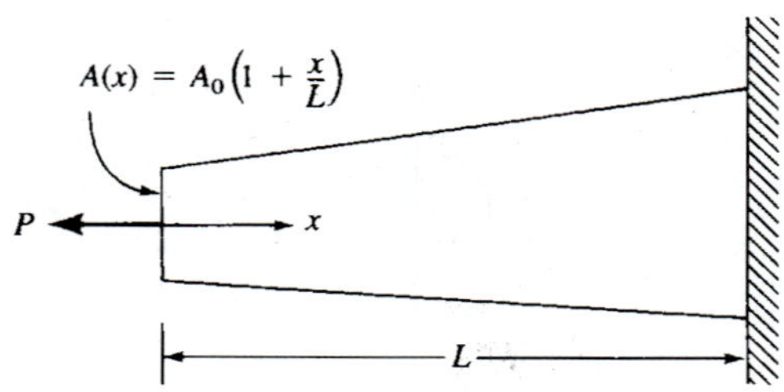

Figure P3-12 •

3.13 Determine the stiffness matrix for the bar element with end nodes and midlength node shown in Figure P3-13. Let axial displacement $u = a_1 + a_2x + a_3x^2$. (This is a higher-order element in that strain now varies linearly through the element.)

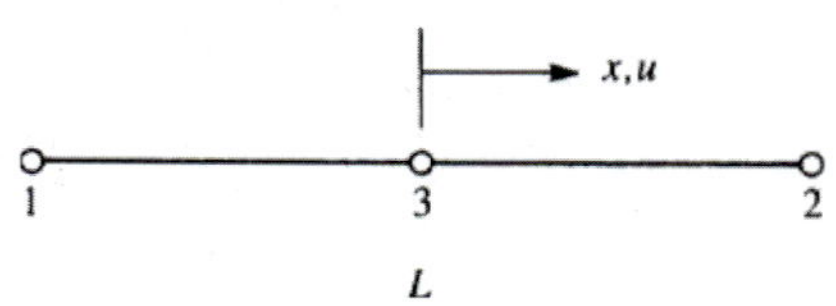

Figure P3-13 •

3.14 Consider the following displacement function for the two-noded bar element:

$$u = a + bx^2$$

Is this a valid displacement function? Discuss why or why not.

3.15 For each of the bar elements shown in Figure P3 – 15, evaluate the global x-y stiffness matrix.

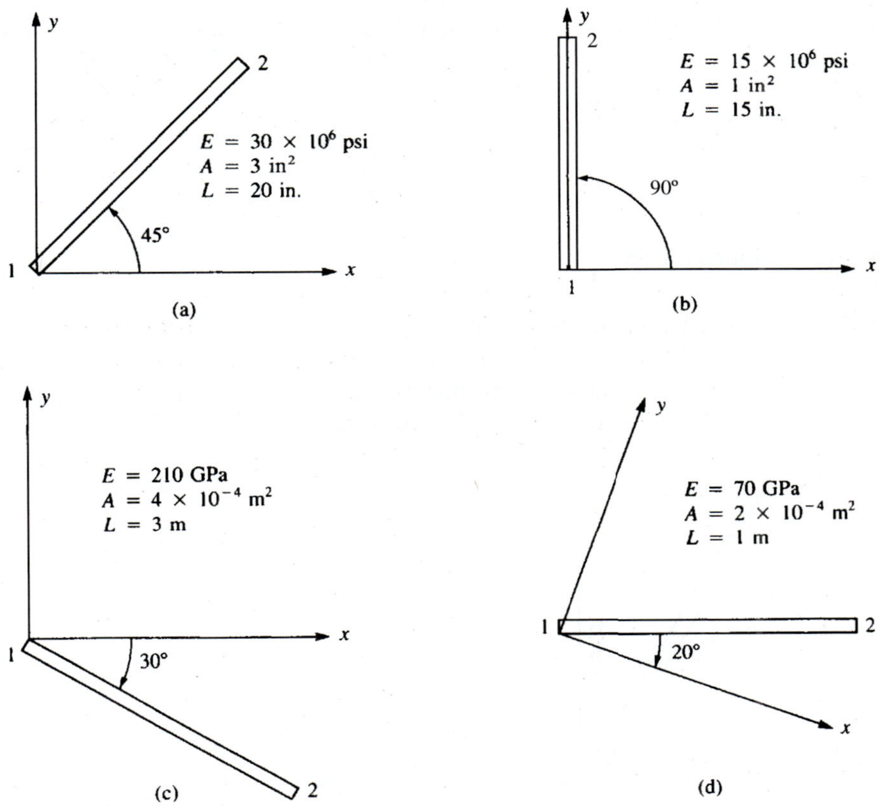

Figure P3-15 •

3.16 For the bar elements shown in Figure P3-16, the global displacement have been determined to be $u_1 = 0.5$ in., $v_1 = 0.0$, $u_2 = 0.25$ in., and $v_2 = 0.75$ in. Determine the local x' displacements at each end of the bars. Let $E = 12 \times 10^6$ psi, $A = 0.5\ \text{in}^2$, and $L = 60$ in. for each element.

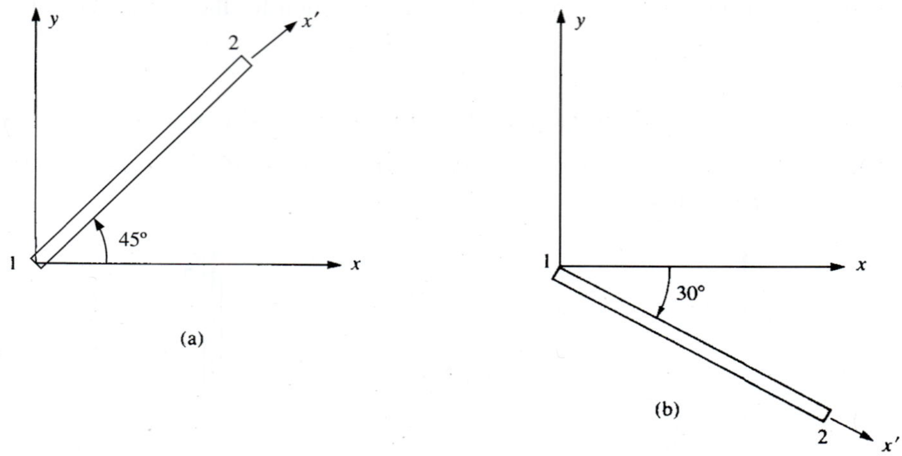

Figure P3-16 •

3.17 For the bar elements shown in Figure P3-17, the global displacements have been determined to be $u_1 = 0.0$, $v_1 = 2.5$ mm, $u_2 = 5.0$ mm, and $v_2 = 3.0$ mm. Determine the local x' displacements at the ends of each bar. Let $E = 210$ GPa, $A = 10 \times 10^{-4}\ \text{m}^2$, and $L = 3$ m for each element.

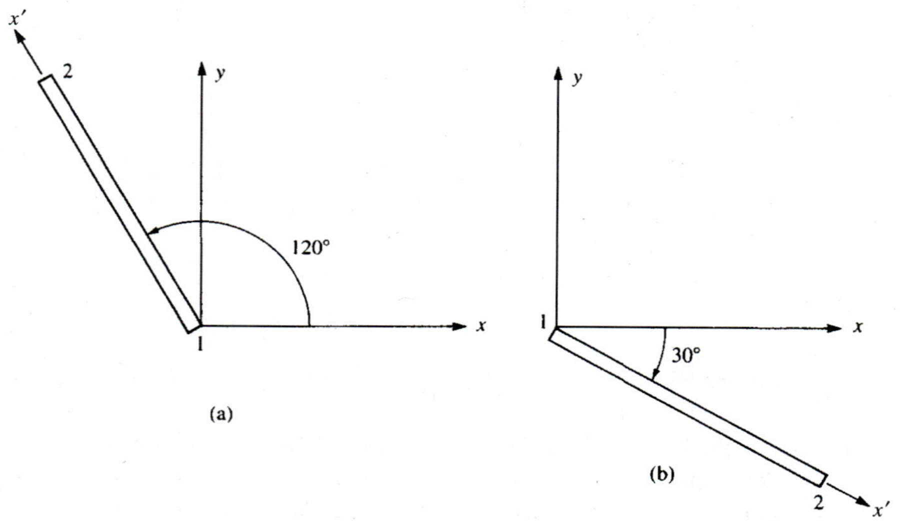

Figure P3-17 •

3.18 Using the method of Section 3.5, determine the axial stress in each of the bar elements shown in Figure P3-18.

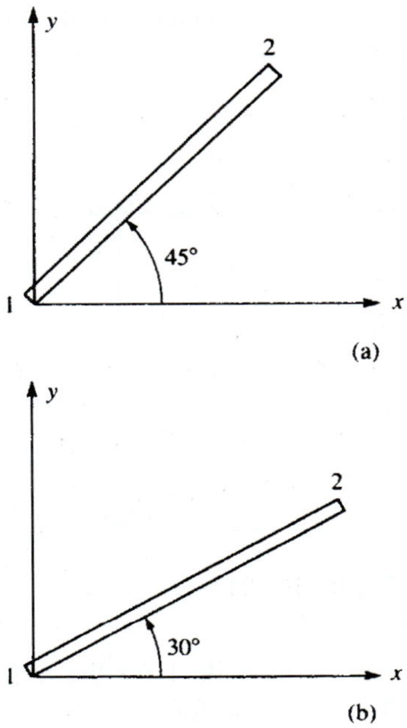

(a)

$E = 30 \times 10^6$ psi
$A = 2$ in^2
$L = 60$ in.
$u_1 = 0$ $\quad v_1 = 0$
$u_2 = 0.02$ in. $\quad v_2 = 0.04$ in.

(b)

$E = 210$ GPa
$A = 3 \times 10^{-4}$ m^2
$L = 3$ m
$u_1 = 0.25$ mm $\quad v_1 = 0.0$
$u_2 = 1.00$ mm $\quad v_2 = 0.0$

Figure P3-18 •

3.19 **a.** Assemble the stiffness matrix for the assemblage shown in Figure P3-19 by super-imposing the stiffness matrices of the springs. Here k is the stiffness of each spring.

b. Find the x and y components of deflection of node 1.

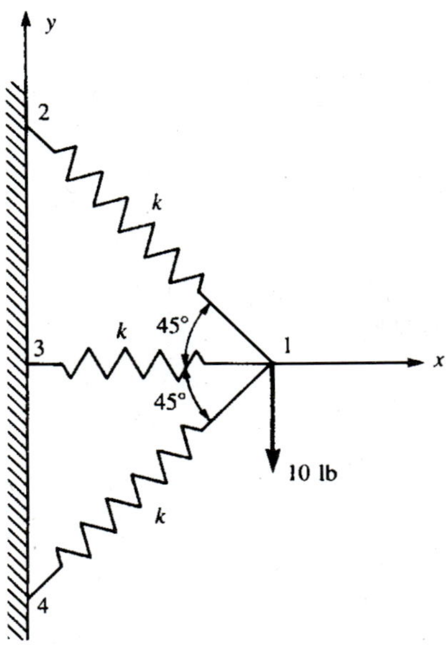

Figure P3-19 •

3.20 For the plane truss structure shown in Figure P3-20, determine the displacement of node 2 using the stiffness method. Also determine the stress in element 1. Let $A = 10\ \text{in}^2$, $E = 1 \times 10^6$ psi, and $L = 100$ in.

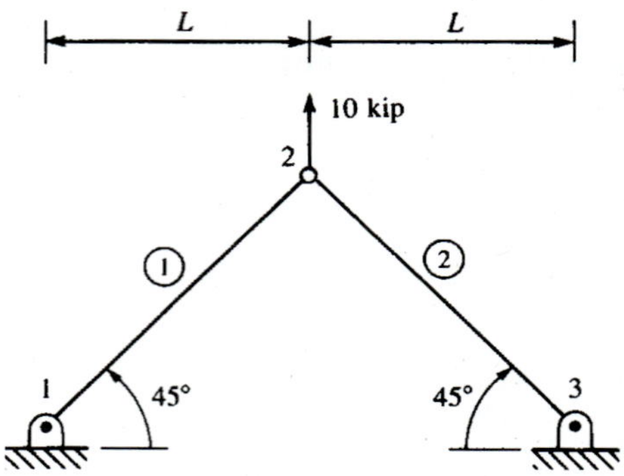

Figure P3-20 •

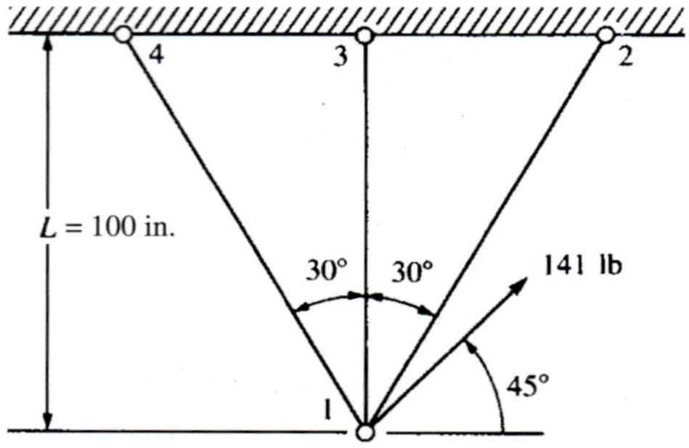

Figure P3-21 •

3.21 Find the horizontal and vertical displacements of node 1 for the truss shown in Figure P3-21. Assume $AE = 30 \times 10^6$ lb is the same for each element.

3.22 For the truss shown in Figure P3-22 solve for the horizontal and vertical components of displacement at node 1 and determine the stress in each element. Also verify force equilibrium at node 1. All elements have $A = 1\ \text{in.}^2$ and $E = 10 \times 10^6$ psi. Let $L = 100$ in.

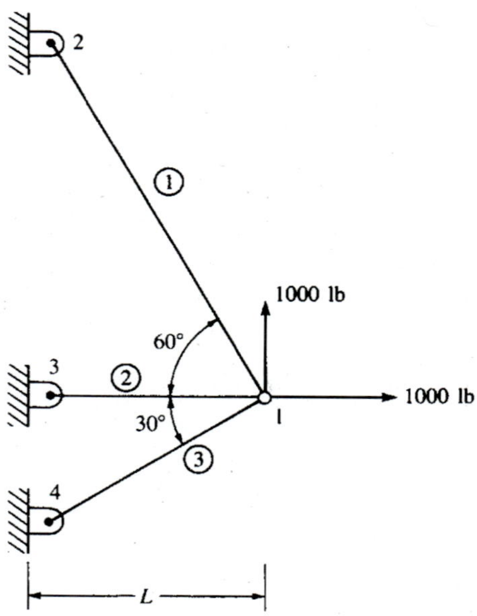

Figure P3-22 •

3.23 For the truss shown in Figure P3-23, solve for the horizontal and vertical components of displacement at node 1. Also determine the stress in element 1. Let $A = 1\ \text{in}^2$, $E = 10.0 \times 10^6$ psi, and L = 100 in.

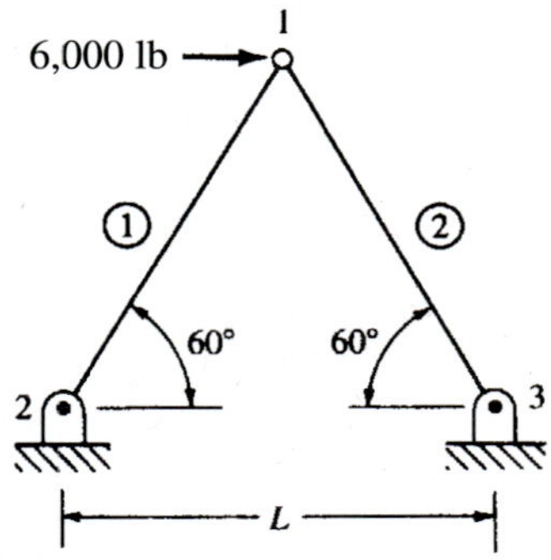

Figure P3-23 •

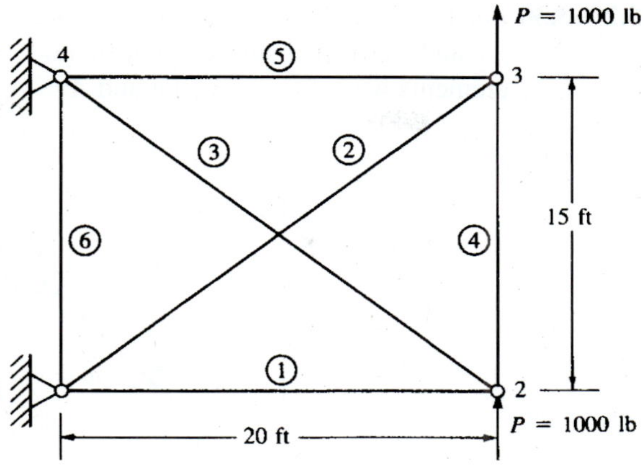

Figure P3-24 •

3.24 Determine the nodal displacements and the element forces for the truss shown in Figure P3-24. Assume all elements have the same AE.

3.25 Now remove the element connecting nodes 2 and 4 in Figure P3-24. Then determine the nodal displacements and element forces.

3.26 Now remove *both* cross elements in Figure P3-24. Can you determine the nodal displacements? If not, why?

3.27 Determine the displacement components at node 3 and the element forces for the plane truss shown in Figure P3-27. Let $A = 3$ in^2 and $E = 30 \times 10^6$ psi for all elements. Verify force equilibrium at node 3.

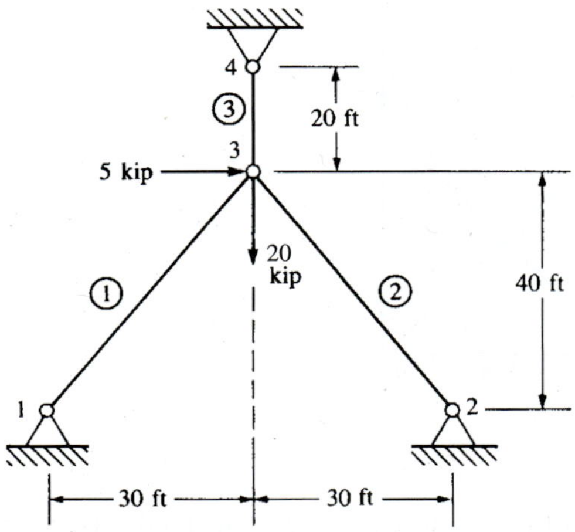

Figure P3-27 •

3.28 Show that for the transformation matrix $[T]$ of Eq. (3.4.15), $[T]^T = [T]^{-1}$ and hence Eq. (3.4.21) is indeed correct, thus also illustrating that $[k] = [T]^T\,[k'][T]$ is the expression for the global stiffness matrix for an element.

3.29~3.30 For the plane trusses shown in Figures P3-29 and P3-30, determine the horizontal and vertical displacements of node 1 and the stresses in each element. All elements have $E = 210$ GPa and $A = 4.0 \times 10^{-4}$ m^2.

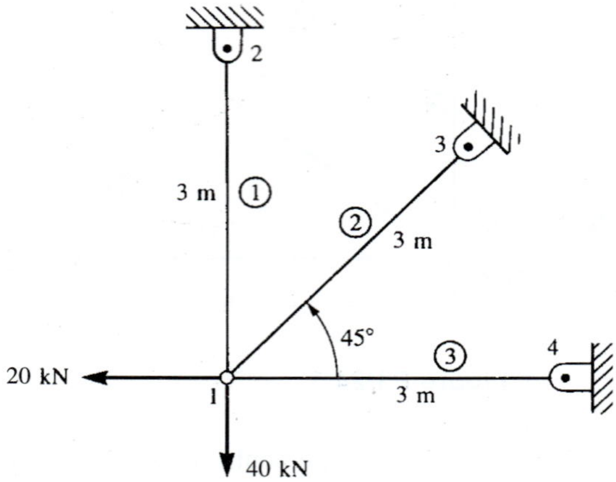

Figure P3-29 •

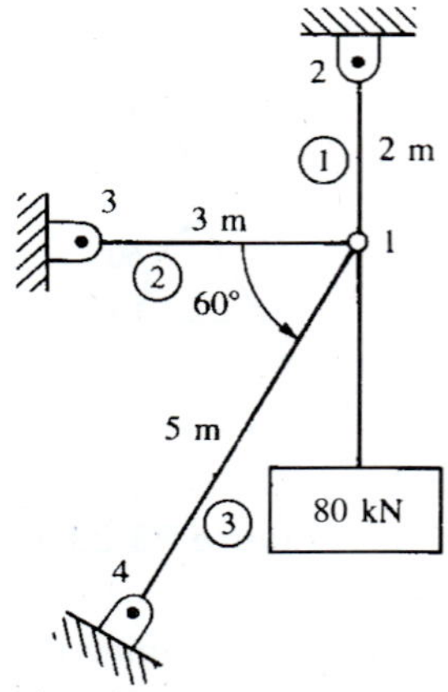

Figure P3-30 •

3.31 Remove element 1 from Figure P3-30 and solve the problem. Compare the displacements and stresses to the results for Problem 3.30.

3.32 For the plane truss shown in Figure P3-32, determine the nodal displacements, the element forces and stresses, and the support reactions. All elements have $E = 70$ GPa and $A = 3.0 \times 10^{-4}$ m^2. Verify force equilibrium at nodes 2 and 4. Use symmetry in your model.

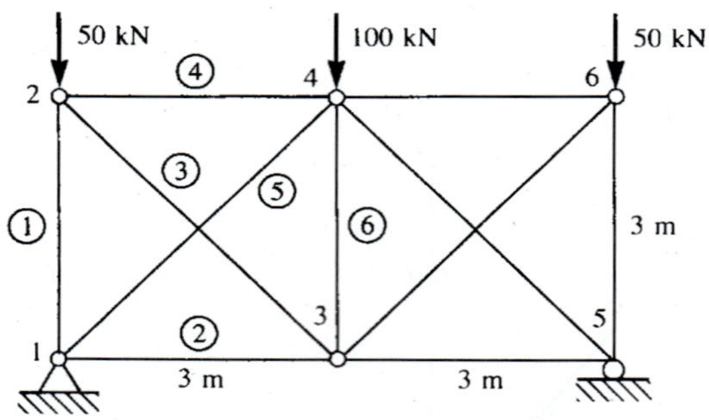

Figure P3-32 •

3.33 For the plane trusses supported by the spring at node 1 in Figure P3-33 (a) and (b), determine the nodal displacements and the stresses in each element. Let $E = 210$ GPa and $A = 5.0 \times 10^{-4}$ m^2 for both truss elements.

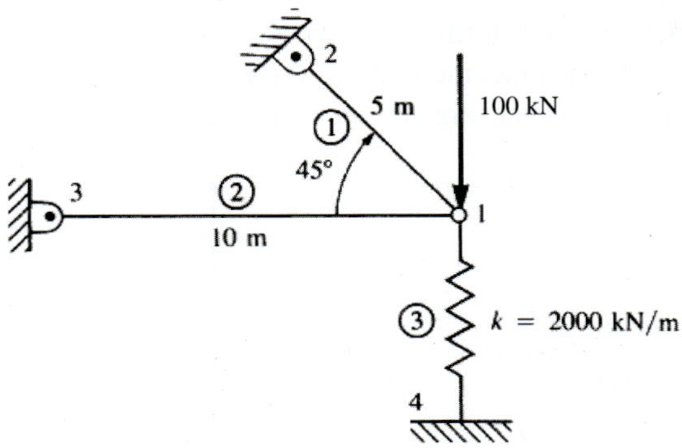

Figure P3-33(a) •

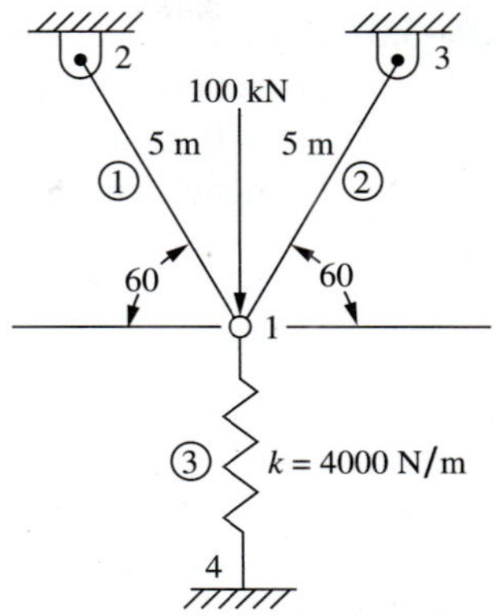

Figure P3-33(b) •

3.34 For the plane truss shown in Figure P3-34, node 2 settles an amount $\delta = 0.02$ in. Determine the forces and stresses in each element due to this settlement. Let $E = 30 \times 10^6$ psi and $A = 2$ in^2 for each element.

3.35 For the symmetric plane truss shown in Figure P3-35, determine (a) the deflection of node 1 and (b) the stress in element 1. AE/L for element 3 is twice AE/L for the other elements. Let $AE\ L = 10^6$ lb/in. Then let $A = 1$ in^2, $L = 10$ in., and $E = 10 \times 10^6$ psi to obtain numerical results.

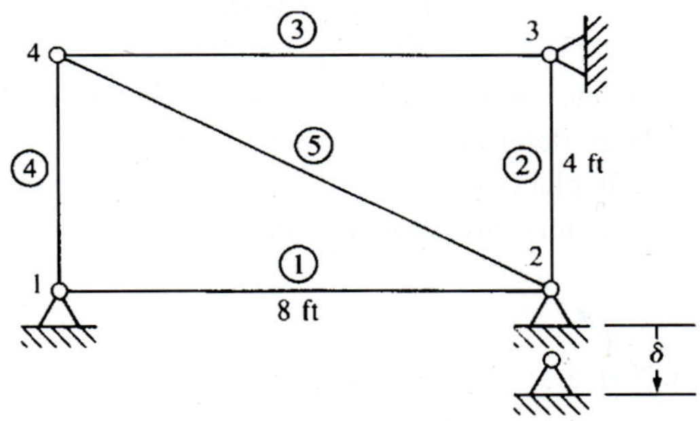

Figure P3-34 •

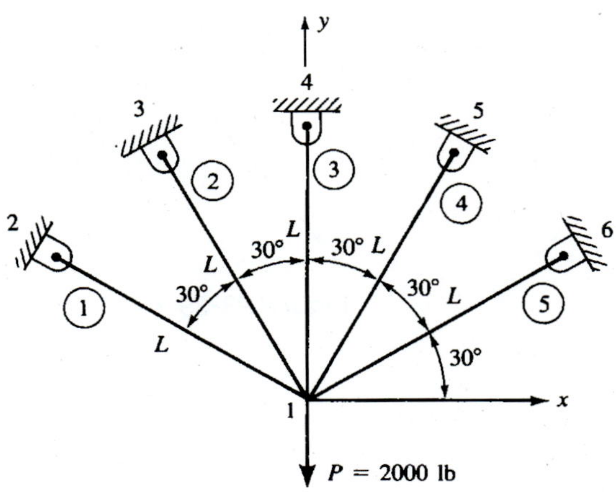

Figure P3-35 •

3.36~3.37 For the space truss elements shown in Figures P3-36 and P3-37, the global displacements at node 1 have been determined to be $u_1 = 0.1$ in., $v_1 = 0.2$ in., and $w_1 = 0.25$ in. Determine the displacement along the local x' axis at node 1 of the elements. The coordinates, in inches, are shown in the figures.

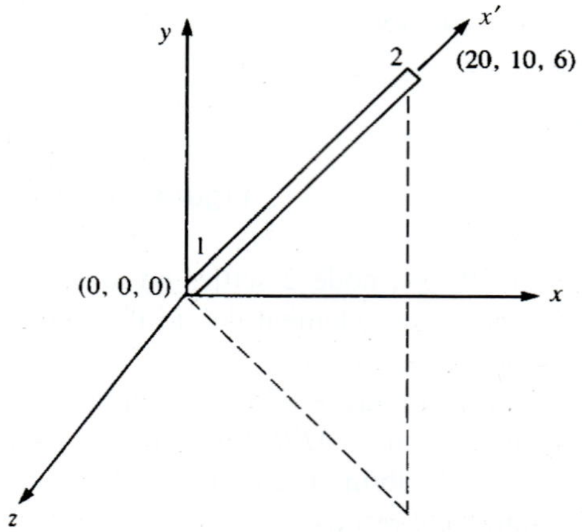

Figure P3-36 •

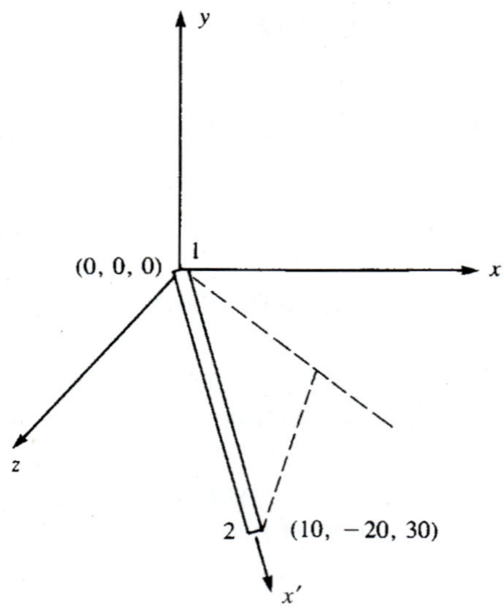

Figure P3-37 •

3.38~3.39 For the space truss elements shown in Figures P3-38 and P3-39, the global displacements at node 2 have been determined to be $u_2 = 6$ mm, $v_2 = 12$ mm, and $w_2 = 18$ mm. Determine the displacement along the local x' axis at node 2 of the elements. The coordinates, in meters, are shown in the figures.

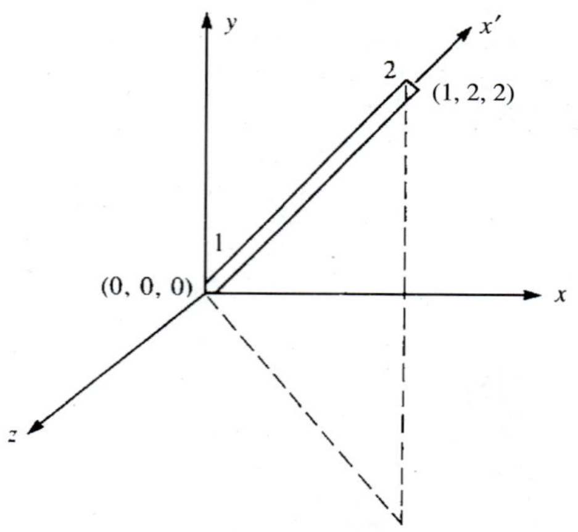

Figure P3-38 •

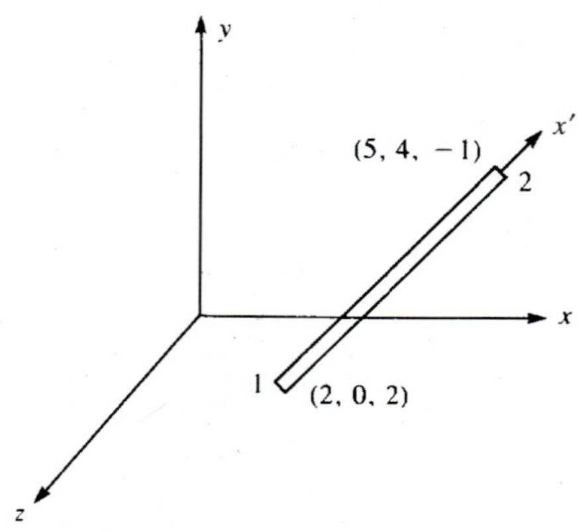

Figure P3-39 •

3.40~3.41 For the space trusses shown in Figures P3-40 and P3-41, determine the nodal displacements and the stresses in each element. Let $E = 210$ GPa and $A = 10 \times 10^{-4}$ m^2 for all elements. Verify force equilibrium at node 1. The coordinates of each node, in meters, are shown in the figure. All supports are ball-and-socket joints.

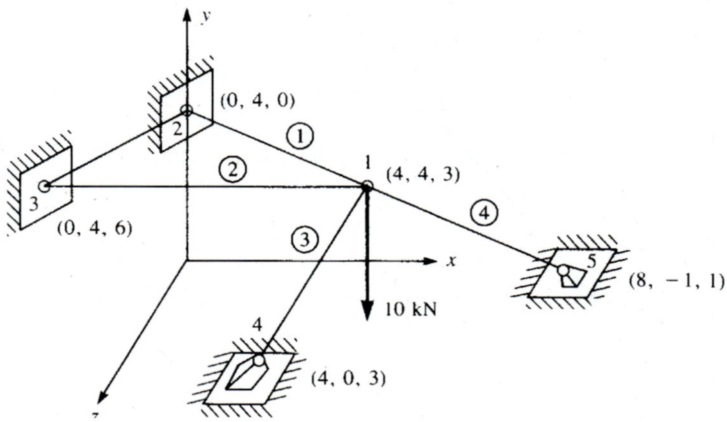

Figure P3-40 •

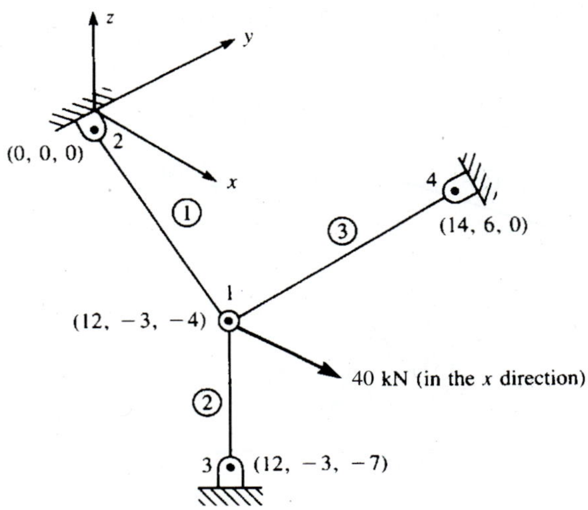

Figure P3-41 •

3.42 For the space truss subjected to a 1000-lb load in the x direction, as shown in Figure P3-42, determine the displacement of node 5. Also determine the stresses in each element. Let $A = 4$ in.^{2} and $E = 30 \times 10^6$ psi for all elements. The coordinates of each node, in inches, are shown in the figure. Nodes 1-4 are supported by ball-and-socket joints (fixed supports).

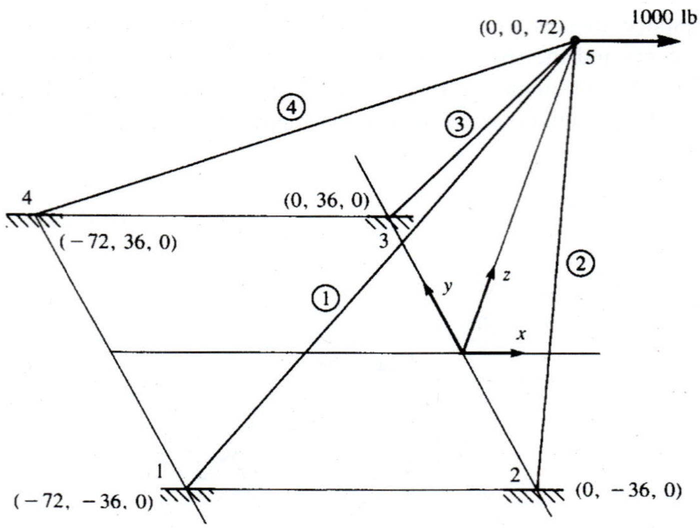

Figure P3-42 •

3.43 For the space truss subjected to the 4000-lb load acting as shown in Figure P3-43 determine the displacement of node 4. Also determine the stresses in each element. Let A $= 6\ \text{in}^2$ and $E = 30 \times 10^6$ psi for all elements. The coordinates of each node, in inches, are shown in the figure. Nodes 1-3 are supported by ball-and-socket joints (fixed supports).

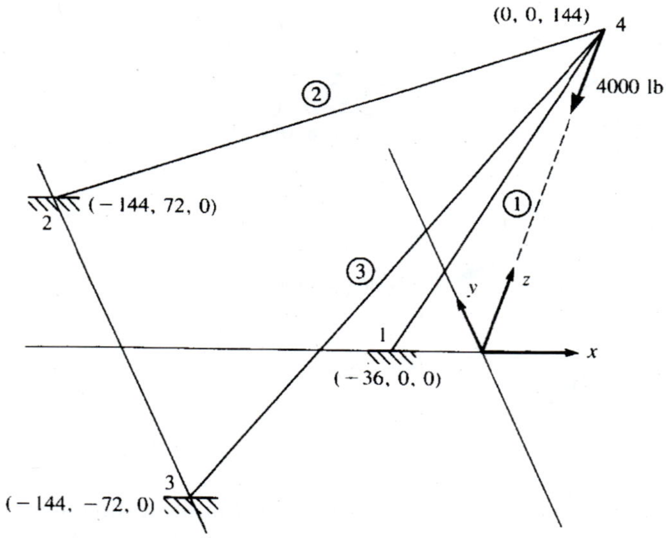

Figure P3-42 •

3.44 Derive Eq. (3.7.21) for stress in space truss elements by a process similar to that used to derive Eq. (3.5.6) for stress in a plane truss element.

3.45 For the truss shown in Figure P3-45, use symmetry to determine the displacements of the nodes and the stresses in each element. All elements have $E = 200$ GPa. Elements 1, 2, 4, and 5 have $A = 10 \times 10^{-4}$ m^2 and element 3 has $A = 20$ 3 1024 m^2. Let dimension a = 2 m and $P = 40$ kN. The supports at nodes 1 and 4 are pinned.

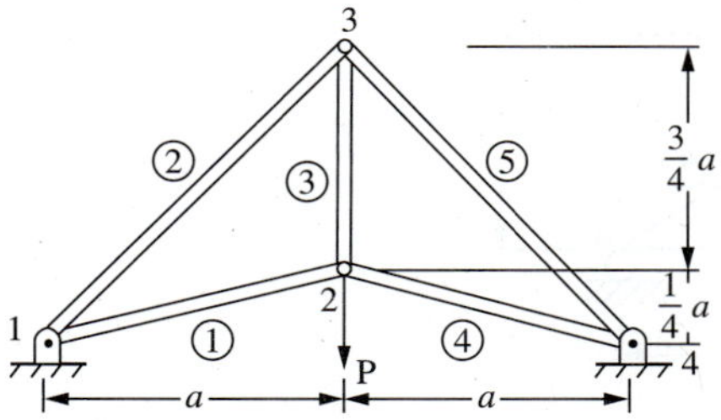

Figure P3-45 •

3.46 For the truss shown in Figure P3-46, use symmetry to determine the displacements of the nodes and the stresses in each element. All elements have $E = 30 \times 10^6$ psi. Elements 1, 2, 4, and 5 have $A = 10$ in^2 and element 3 has $A = 20$ in^2.

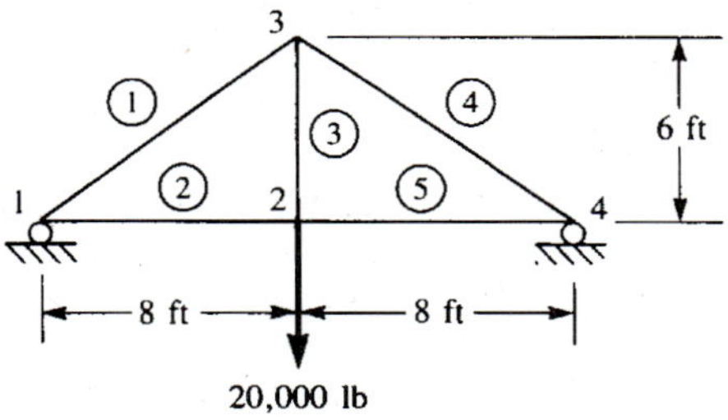

Figure P3-46 •

3.47 All elements of the structure in Figure P3-47 have the same AE except element 1, which has an axial stiffness of $2AE$. Find the displacements of the nodes and the stresses in elements 2, 3, and 4 by using symmetry. Check equilibrium at node 4. You might want to use the results obtained from the stiffness matrix of Problem 3.24.

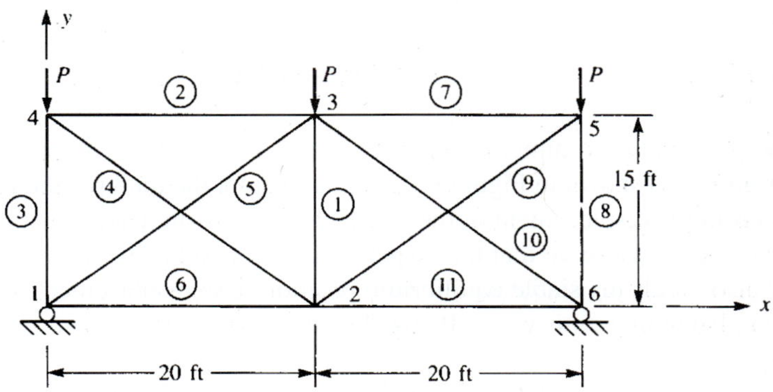

Figure P3-47 •

3.48 For the roof truss shown in Figure P3-48, use symmetry to determine the displacements of the nodes and the stresses in each element. All elements have $E = 210$ GPa and $A = 10 \times 10^{-4}$ m^2.

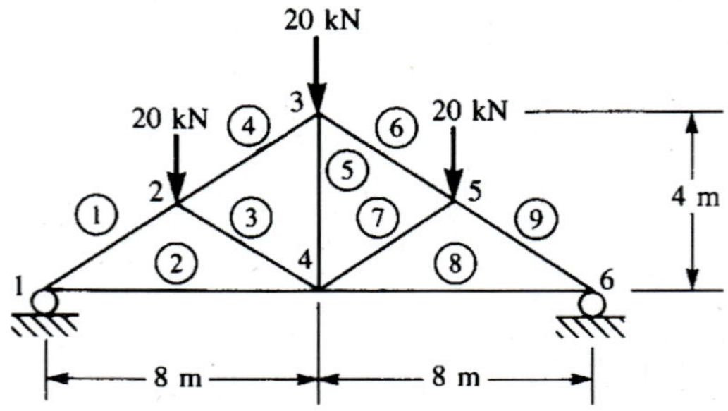

Figure P3-48 •

3.49~3.51 For the plane trusses with inclined supports shown in Figures P3-49 through P3-51, solve for the nodal displacements and element stresses in the bars. Let $A = 2$ in^2, $E = 30 \times 10^6$ psi, and $L = 30$ in. for each truss.

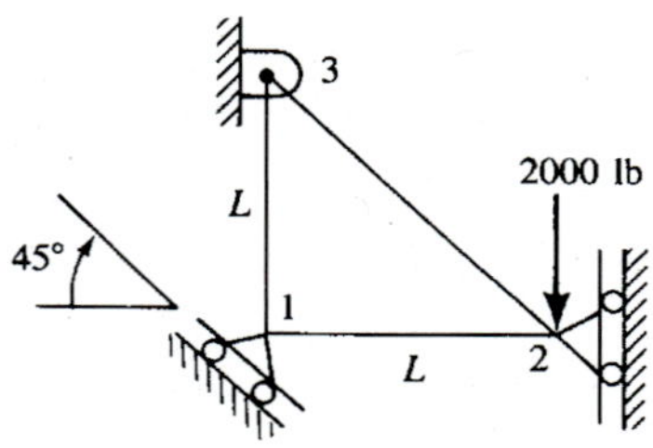

Figure P3-49 •

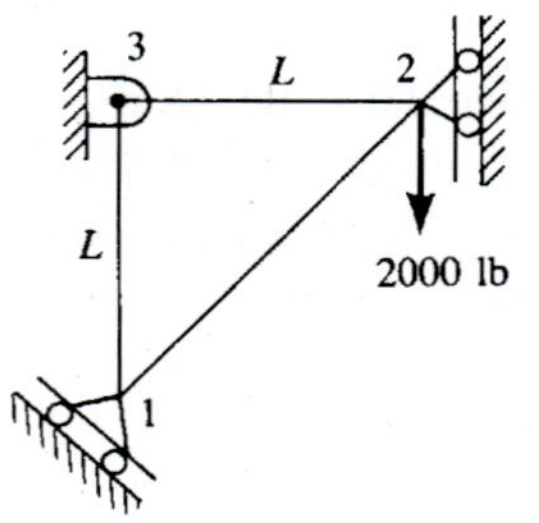

Figure P3-50 •

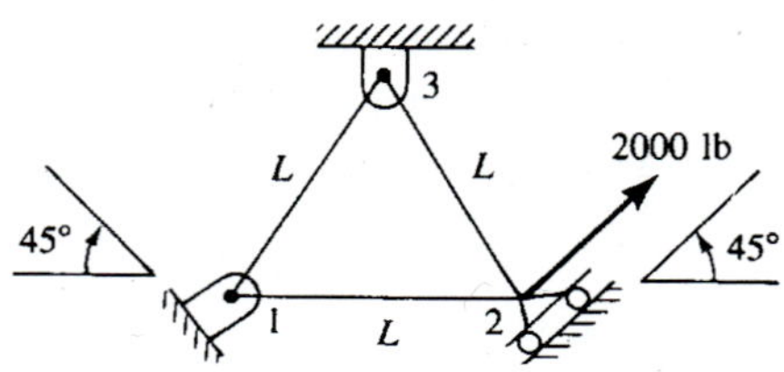

Figure P3-51 •

3.52 Use the principle of minimum potential energy developed in Section 3.10 to solve the bar problems shown in Figure P3-52. That is, plot the total potential energy for variations in the displacement of the free end of the bar to determine the minimum potential energy. Observe that the displacement that yields the minimum potential energy also yields the stable equilibrium position. Use displacement incrementsof 0.002 in., beginning with $x = -0.004$. Let $E = 30 \times 10^6$ psi and $A = 2$ in^2 for the bars.

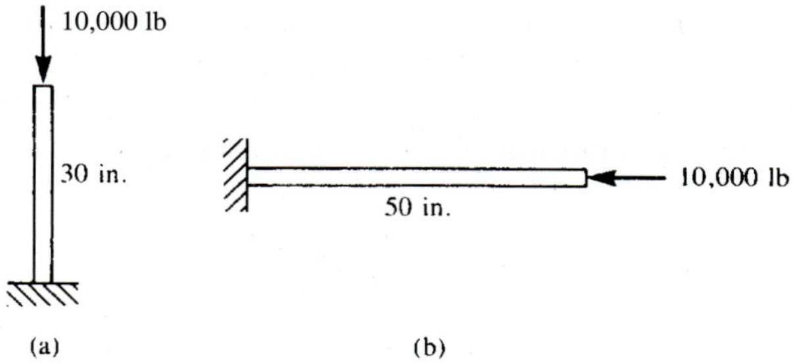

Figure P3-52 •

3.53 Derive the stiffness matrix for the nonprismatic bar shown in Figure P3-53 using the principle of minimum potential energy. Let E be constant.

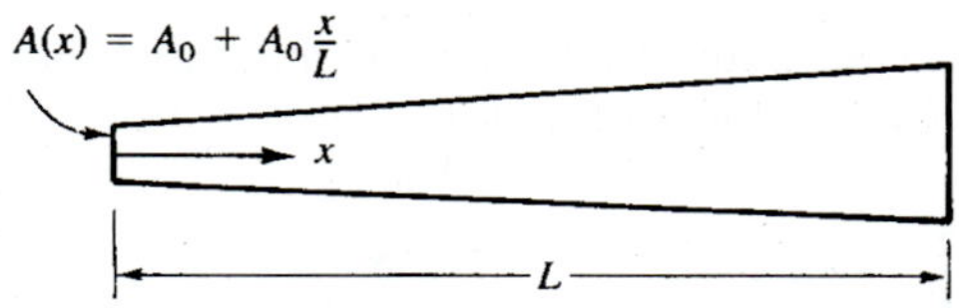

Figure P3-53 •

3.54 For the bar subjected to the linear varying axial load shown in Figure P3-54, determine the nodal displacements and axial stress distribution using (a) two equal-length elements and (b) four equal-length elements. Let $A = 2$ in.^{2} and $E = 30 \times 10^6$ psi. Compare the finite element solution with an exact solution.

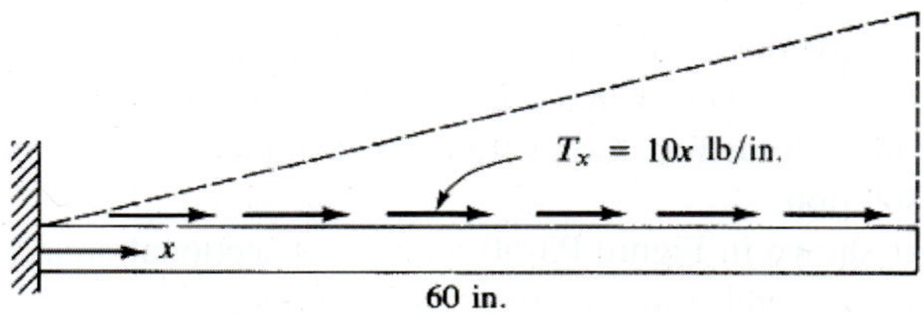

Figure P3-54 •

3.55 For the bar subjected to the uniform line load in the axial direction shown in Figure P3-55, determine the nodal displacements and axial stress distribution using (a) two equal-length elements and (b) four equal-length elements. Compare the finite element results with an exact solution. Let $A = 2$ in^2 and $E = 30 \times 10^6$ psi.

3.56 For the bar fixed at both ends and subjected to the uniformly distributed loading shown in Figure P3-56, determine the displacement at the middle of the bar and the stress in the bar. Let $A = 2$ in^2 and $E = 30 \times 10^6$ psi.

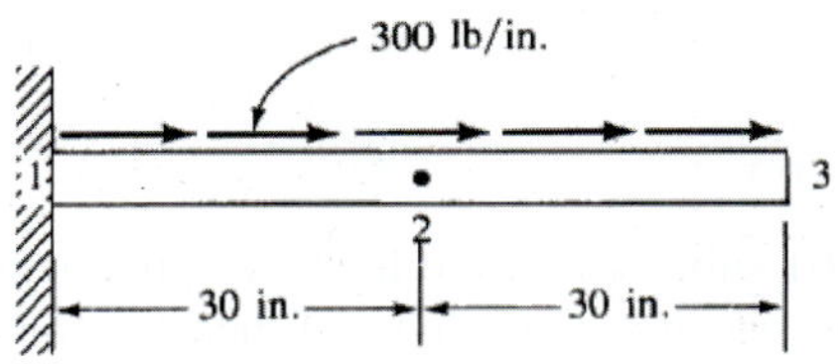

Figure P3-55 •

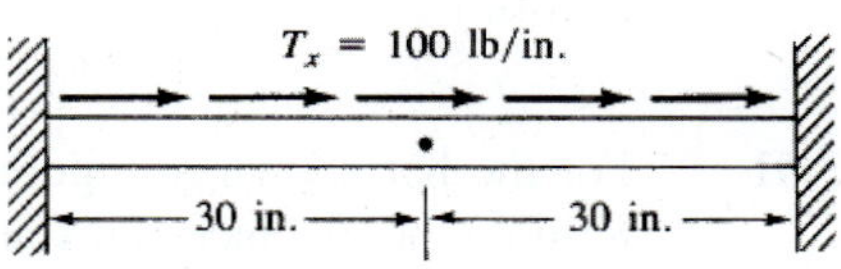

Figure P3-56 •

3.57 For the bar hanging under its own weight shown in Figure P3-57, determine the nodal displacements using (a) two equal-length elements and (b) four equal-length elements. Let $A = 2\text{ in}^2$, $E = 30 \times 10^6$ psi, and weight density $\rho w = 0.283\text{ lb/in}^3$. (*Hint*: The internal force is a function of x. Use the potential energy approach.)

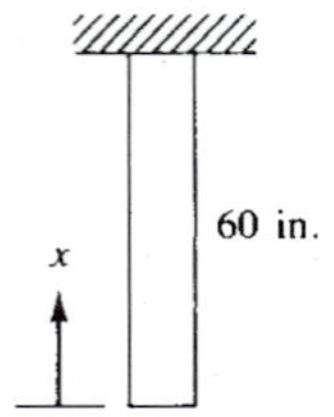

Figure P3-57 •

3.58 Determine the energy equivalent nodal forces for the axial distributed loading shown acting on the bar elements in Figure P3-58.

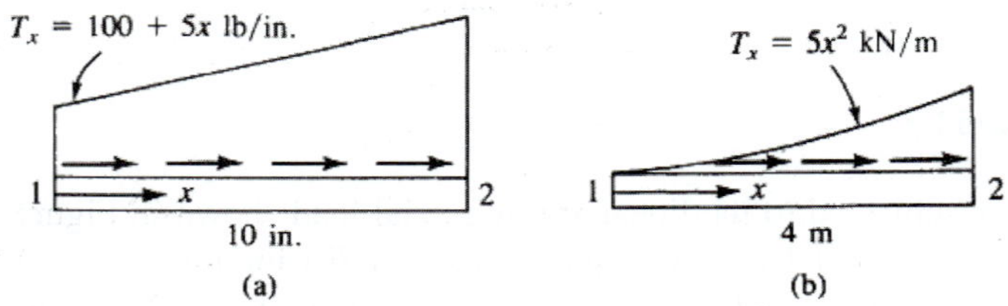

Figure P3-58 •

3.59 Solve Problem 3.55 for the axial displacement in the bar using collocation, subdomain, least squares, and Galerkin's methods. Choose a quadratic polynomial $u(x) = c_1x + c_2x^2$ in each method. Compare these weighted residual method solutions to the exact solution.

3.60 For the tapered bar shown in Figure P3-60 with cross sectional areas $A_1 = 2\text{ in.}^2$ and $A_2 = 1\text{ in.}^2$ at each end, use the collocation, subdomain, least squares, and Galerkin's methods to obtain the displacement in the bar. Compare these weighted residual solutions to the exact solution. Choose a cubic polynomial $u(x) = c_1x + c_2x^2 + c_3x^3$.

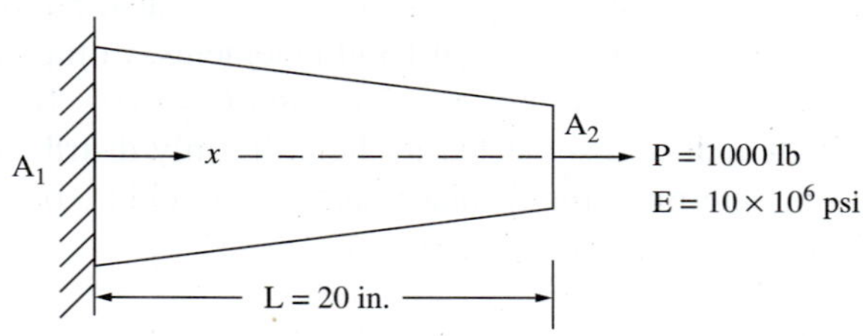

Figure P3-60 •

3.61 For the bar shown in Figure P3-61 subjected to the linear varying axial load, determine the displacements and stresses using (a) one and then two finite element models and (b) the collocation, subdomain, least squares, and Galerkin's methods assuming a cubic polynomial of the form $u(x) = c_1x + c_2x^2 + c_3x^3$.

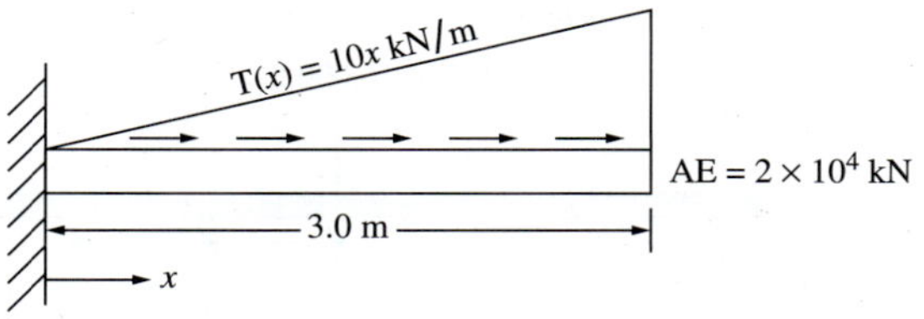

Figure P3-61 •

3.62~3.63 For the plane stairway truss shown in Figure P3-62 and the plane cantilever truss shown in Figure P3-63, use a computer program to determine

a. the largest tensile and compressive stresses and in what elements they occur and

b. the largest magnitude of displacement and at what node this occurs. Use E = 70 GPa, A = 0.003125 m^2.

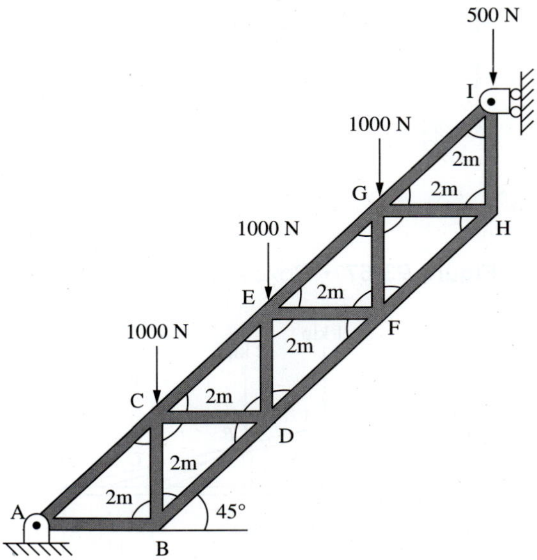

Figure P3-62 • Stairway truss

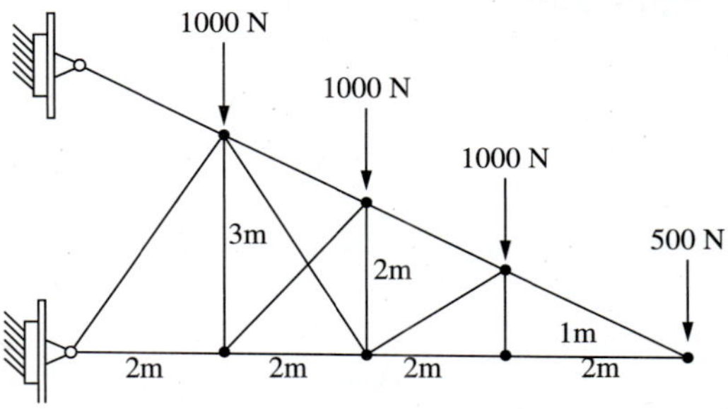

Figure P3-63 • Cantilever truss

3.64~3.72 Use a computer program to solve the truss design problems shown in Figures P3-64 through P3-72. Determine the single most critical cross-sectional area based on maximum allowable yield strength or buckling strength (based on either Euler's or Johnson's formula as relevant) using a factor of safety (FS) listed next to each truss. Recommend a common structural shape and size for each truss. List the largest three nodal displacements and their locations. Also include a plot of the deflected shape of the truss and a principal stress plot.

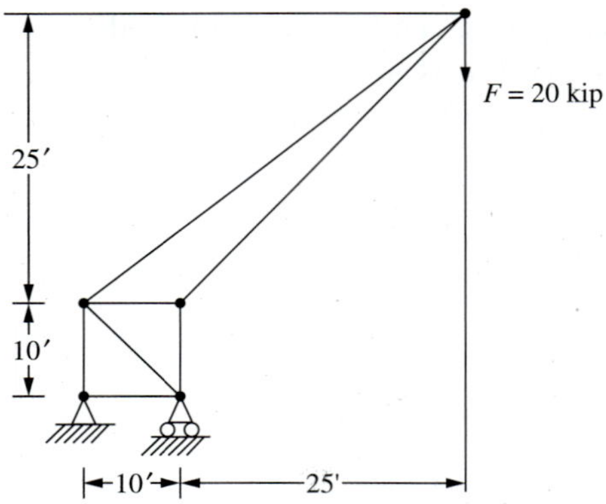

Figure P3-64 • Derrick truss (FS = 4.0)

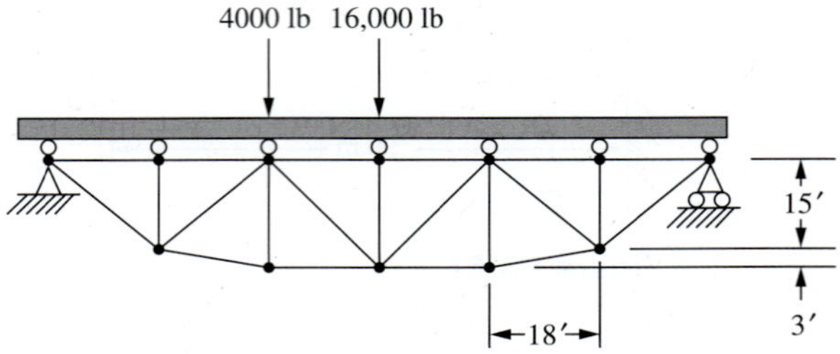

Figure P3-65 • Truss bridge (FS = 3.0)

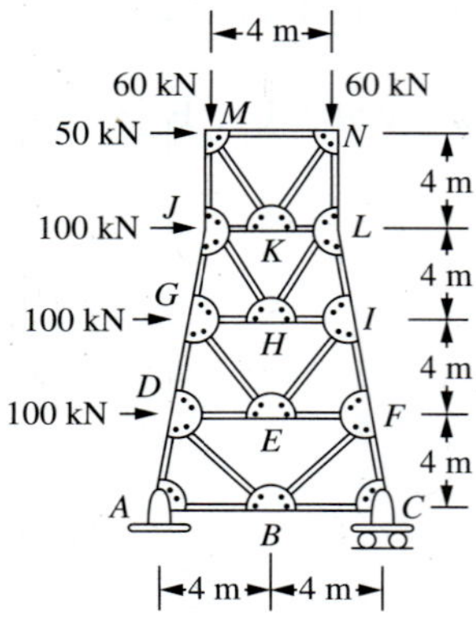

Figure P3-66 • Tower (FS = 2.5)

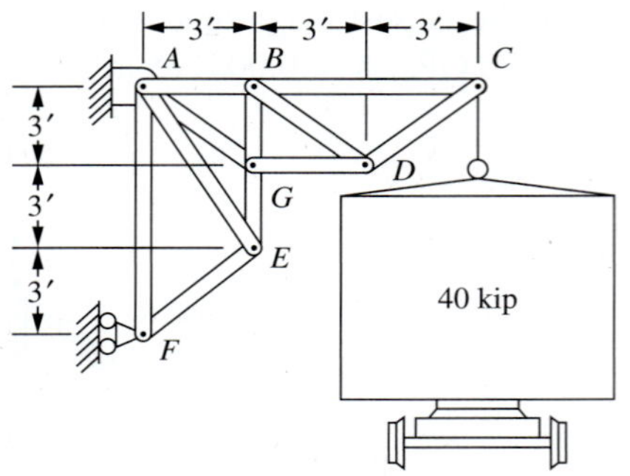

Figure P3-67 • Boxcar lift (FS = 3.0)

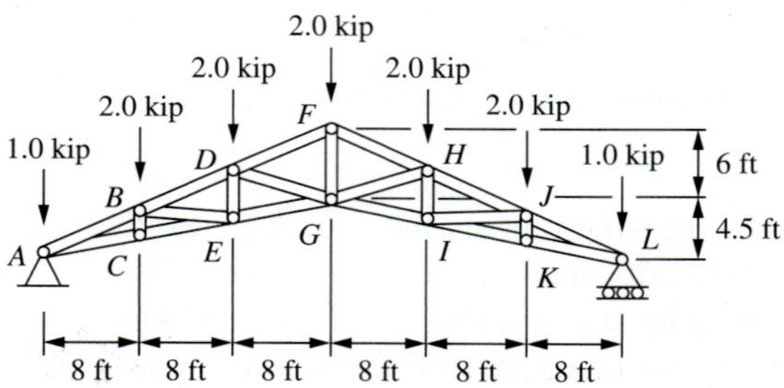

Figure P3-68 • Howe scissors roof truss (FS = 2.0)

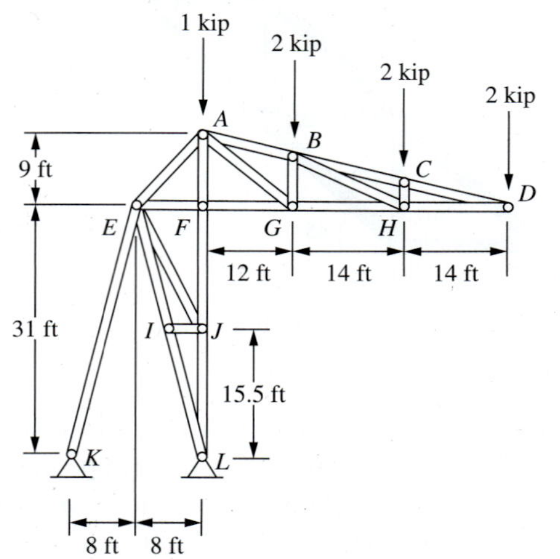

Figure P3-69 • Stadium roof truss (FS = 3.0)

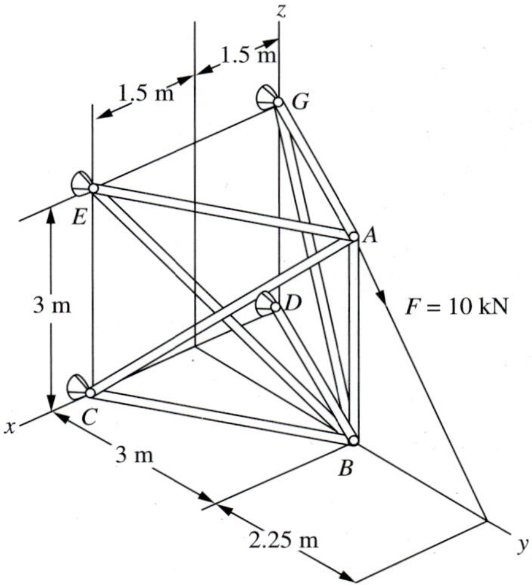

Figure P3-70 • Space truss with ball-and-socket joints at C, D, E, and G (FS = 3.0)

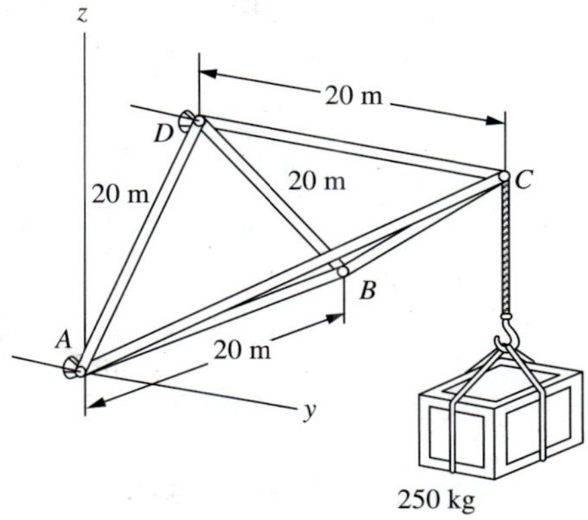

Figure P3-71 • Space truss with ball-and-socket joints at A, B, and D (FS = 2.0)

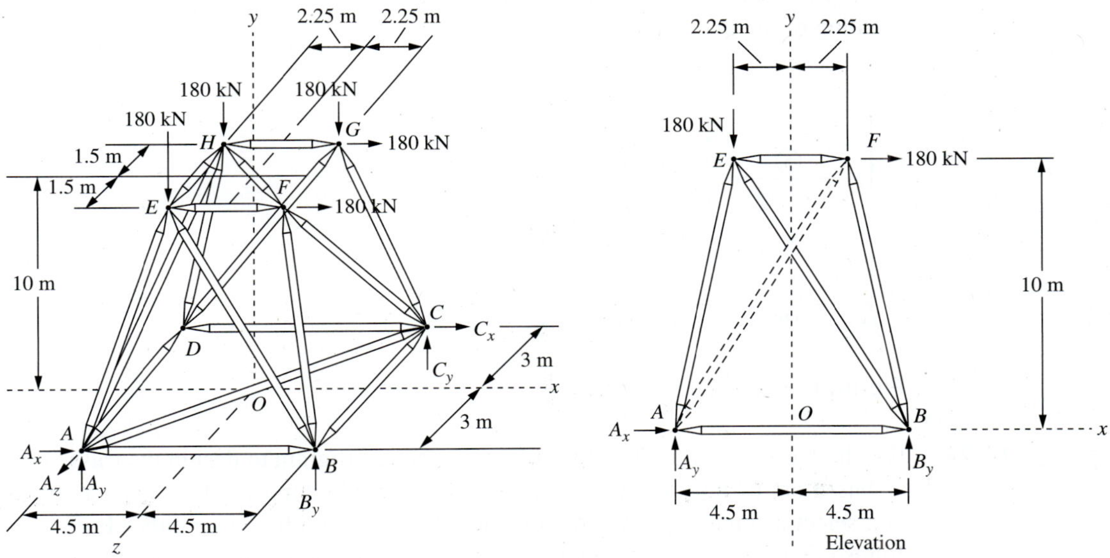

Figure P3-72 • Space truss (FS = 2.0)

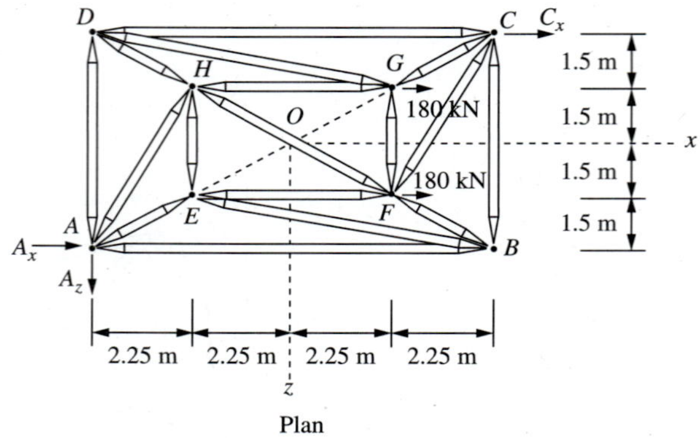

Figure P3-72 • Continued

3.73 For the bridge truss shown, determine a recommended single size square box section for all members that most closely satisfy the stress requirements stated below. Assume the material is ASTM A500 Cold Formed with Grade B. So the yield strength is 46 ksi and tensile strength is 58 ksi. Assume a factor of safety of 3 based on both yielding in tension and buckling in compression. Use a computer program to aid you in solving this problem. Base your final recommendation on the most critical compression member unless allowable tensile stress based on yielding of the material occurs.

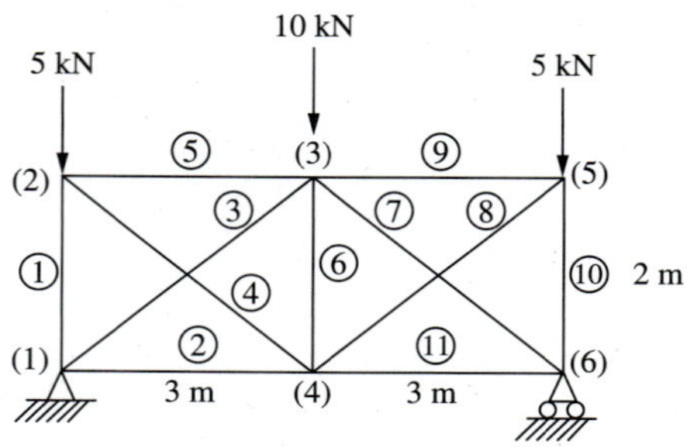

Figure P3-72 • Bridge truss

P3.74 For the barrel vault truss shown, use a computer program to design the truss. That is, based on the most critical compression member and most critical tension member, select a square box ASTM A36 steel cross section based on either Euler's or Johnson's formula for buckling as relevant or maximum allowable yield strength in tension. Use a factor of safety of 3 based on yield strength or critical buckling load or stress. Document your work and show critical hand calculations. Also list the largest three nodal displacements and their locations on the truss. Include a plot of the deflected shape of the truss and of the principal stress, both in color.

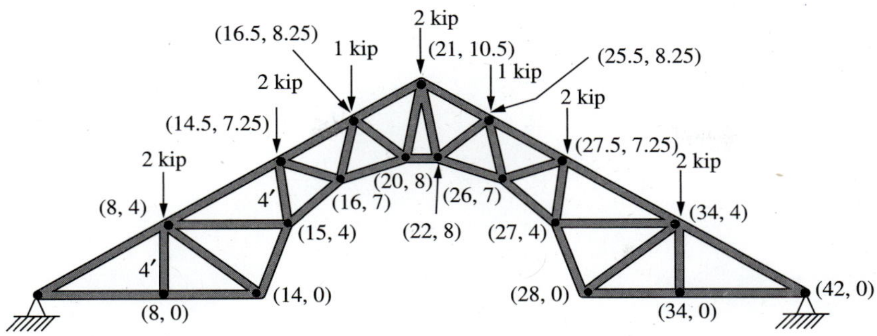

Figure P3-74 • Barrel vault truss (coordinates are shown in units of feet)

P3.75 Rework problem 3.74, but select a standard pipe cross section instead of a square box cross section.

CHAPTER 04

보방정식

학습목표

- 보의 굽힘에 대한 개념을 복습한다.
- 보 요소에 대한 강성행렬을 유도한다.
- 직접강성법을 통한 보의 해석을 설명한다.
- 짧은 보에서의 전단변형의 효과를 설명한다.
- 분포하중을 절점 이산하중의 조합으로 대체하기 위해 일-등가법을 설명한다.
- 분포하중이 작용하는 보의 문제를 해결하기 위해 일반 정식화를 설명한다.
- 분포하중을 받는 보를 해석한다.
- 보 문제에 대해 유한요소 해와 정확한 해를 비교한다.
- 절점 힌지를 가지는 보 요소에 대한 강성행렬을 유도한다.
- 보 요소 방정식 유도에 있어 포텐셜 에너지법의 적용을 설명한다.
- 갤러킨(Galerkin)의 잔여법을 적용하여 보 요소의 방적식을 유도한다.

개요

이 장에서는 빌딩, 교량, 타워, 그 밖의 많은 구조물에 가장 보편적으로 사용되는 구조 요소인 보 요소의 굽힘에 대한 강성행렬을 얻는 것으로 시작한다. 여기서 취급하는 보 요소는 직선이고 일정한 단면적을 갖는 경우만을 고려한다. 우리는 우선 단순보 이론의 원리를 이용하여 보 요소의 강성행렬을 유도하겠다.

간단한 예제를 통해 보 요소의 강성행렬을 조합하고, 2장에서 소개한 직접강성법에 의해 보 문제를 풀어본다. 보 문제의 해는 절점에서의 자유도가 횡변위와 회전(rotation)이라는 것을 보여준다. 전체 해에는 절점의 전단력과 굽힘 모멘트, 그리고 그 결과로 생기는 전단력과 굽힘 모멘트 선도가 포함되어 있다.

다음으로, 보와 프레임(frame)은 절점에 집중하중뿐만 아니라 분포하중도 자주 작용하므로 분포하중을 다루는 과정을 살펴보고, 분포하중이 작용하는 보의 해에 대한 논의를 덧붙인다.

절점 힌지(nodal hinge)를 갖는 보 요소의 강성행렬을 유도하고, 내부에 힌지를 갖는 보의 해를 예시한다.

강성행렬과 방정식을 구하는 포텐셜 에너지법에 익숙해지도록 보의 굽힘 요소 방정식을 다시 유도한다. 이 책의 대부분에서 이 에너지법이 더욱 복잡한 요소인 2차원 (평면)응력, 축대칭, 그리고 3차원 응력에 대한 강성행렬과 방정식을 유도하는 데 사용되므로, 이 에너지법에 좀 더 자신감을 갖기를 희망한다.

마지막으로, 갤러킨(Galerkin)의 가중잔여법이 보 요소의 방정식을 유도하는 데 적용되었다.

이 장에서 나타낸 개념들은 5장에서 설명할 프레임 해석에 대한 개념을 이해하는 데 필수적이다.

4.1 | 보의 강성

이 절에서는 단순보 요소에 대한 강성행렬을 유도한다. **보는 비틂이나 축방향 효과보다는 굽힘 효과를 뚜렷하게 보여주는, 횡하중을 받는 길고 가는 구조 부재이다.** 이 굽힘 변형은 횡방향 처짐과 회전으로 측정된다. 따라서 절점당 자유도는 횡방향 처짐과 회전이다[반면에 3장의 봉(bar) 부재는 단지 축방향 변위만 고려하였다].

그림 4-1에 나타낸 보 요소를 보자. 보는 길이가 L이고 축방향 국부좌표 x와 횡방향 국부좌표 y가 있다. 횡방향 국부 절점 변위는 v_i이고, 회전은 ϕ_i이다. 또한 그림에서와 같이 절점력은 f_{iy}, 굽힘 모멘트는 m_i로 주어져 있다. 여기서 모든 축방향 영향은 무시한다.

모든 절점에서 다음과 같은 부호 규약이 쓰인다.

1. 모멘트는 반시계 방향이 양의 방향이다.
2. 회전은 반시계 방향이 양의 방향이다.
3. 하중은 양의 y방향이 양의 방향이다.
4. 변위는 양의 y방향이 양의 방향이다.

그림 4-2는 단순보 이론에서 쓰이는 양의 전단력 V와 굽힘 모멘트 m에 대한 부호 규약을 보여준다.

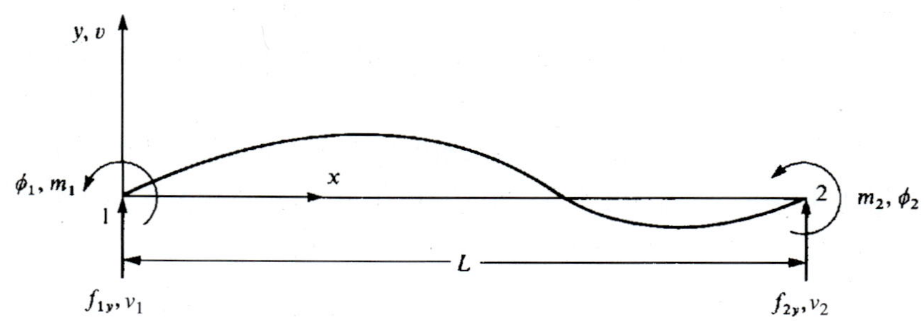

그림 4-1 • 양의 절점 변위, 회전, 하중, 모멘트를 받는 보 요소

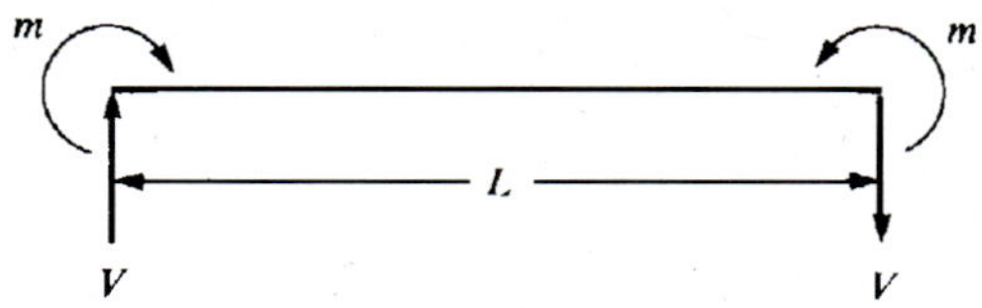

그림 4-2 • 전단력과 굽힘 모멘트에 대한 보 이론의 부호 규약

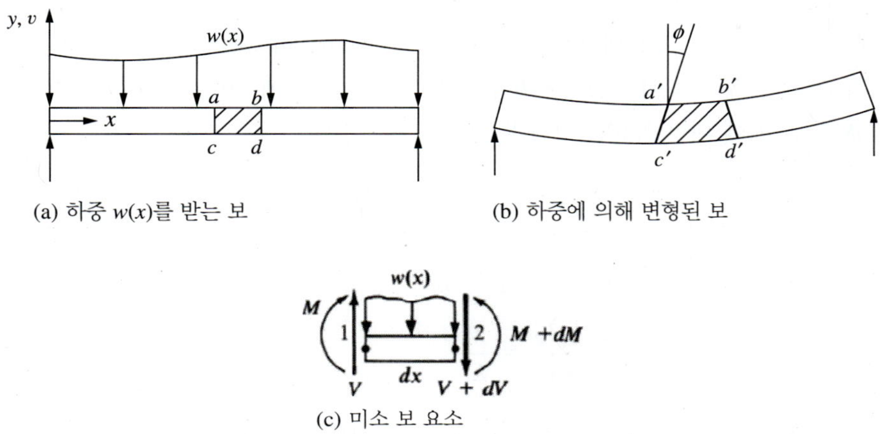

그림 4-3 • 분포하중을 받는 보

오일러 – 베르누이 이론에 기반한 보 강성행렬(굽힘 변형만을 고려할 때)

기본적인 선형 탄성 보의 거동을 지배하는 미분방정식[1] [오일러(Euler)와 베르누이(Bernoulli)에 의해 유도되어 오일러–베르누이(Euler-Bernoulli) 보라고 불린다]은 굽힘 이전에 보의 평 단면과 길이방향 중심축의 직교관계가 굽힘 이후에도 유지되는가에 기반한다. 그림 4-3을 참고해 보면, 굽힘 전 수직선 a-c[그림 4-3(a)]를 통과하는 평면은 길이방향 x축과 수직이다. 굽힘 후 수직선 a'-c'[그림 4-3(b)]를 통과하는 평면 역시 굽은 x축과 수직관계를 유지한다. 이러한 상태는 실제적으로 보에 짝힘의 모멘트나 일정한 모멘트가 작용할 때만 발생한다. 이와 같은 가정은 대부분의 실제적인 보에 대한 움직임을 정확하게 추정하는 데 있어서 합리적인 가정이라 할 수 있다.

미분방정식은 다음과 같이 유도된다. 그림 4-3에 나타낸 분포하중 $w(x)$(하중/길이)을 받는 보를 보자. 보의 미소 요소에 대한 힘과 모멘트의 평형으로부터 다음과 같은 관계식을 얻을 수 있다.

$$\Sigma F_y = 0:\ V - (V + dV) - w(x)dx = 0 \tag{4.1.1a}$$

또는 식 (4.1.1a)를 간단히 하면 아래와 같은 식을 구할 수 있다.

$$-w\,dx - dV = 0 \qquad \text{또는} \qquad w = -\frac{dV}{dx} \tag{4.1.1b}$$

$$\Sigma M_2 = 0:\ \ -Vdx + dM + w(x)\,dx\left(\frac{dx}{2}\right) = 0 \ \ \text{또는}\ \ V = \frac{dM}{dx} \tag{4.1.1c}$$

전단력과 굽힘 모멘트와 관련된 식 (4.1.1c)의 마지막 식은 좌측의 식을 dx로 나눈 후 dx가 0으로 근사되도록 극한을 취하면 $w(x)$가 사라지게 된다.

또한 보의 곡률 κ와 모멘트의 관계는 다음과 같다.

$$\kappa = \frac{1}{\rho} = \frac{M}{EI} \tag{4.1.1d}$$

여기서 ρ는 그림 4-4b에 있는 처짐 곡선의 반경, v는 y방향의 횡방향 변위함수[그림 4-4(a) 참조], E는 탄성계수, 그리고 I는 z축에 대한 주 관성 모멘트(principal moment of inertia)이다(여기서 z축은 x축과 y축에 모두 수직이다). (폭이 b이고 높이가 h인 단면에 대해 $I = bh^3/12$이다).

미소 기울기 $\phi = dv/dx$에 대한 곡률은 다음과 같이 주어진다.

$$\kappa = \frac{d^2v}{dx^2} \tag{4.1.1e}$$

식 (4.1.1d)에서 (4.1.1e)를 이용하면 다음을 얻을 수 있다.

$$\frac{d^2v}{dx^2} = \frac{M}{EI} \tag{4.1.1f}$$

M에 대하여 식 (4.1.1f)를 풀고, 이 결과를 식 (4.1.1c)와 (4.1.1b)에 대입하면 다음의 식을 얻을 수 있다.

$$\frac{d^2}{dx^2}\left(EI\frac{d^2v}{dx^2}\right) = -w(x) \tag{4.1.1g}$$

EI가 일정하고 절점에서만 힘과 모멘트가 작용한다면, 식 (4.1.1g)는 다음과 같이 된다.

$$EI\frac{d^4v}{dx^4} = 0 \tag{4.1.1h}$$

이제 1장에서 설명한 단계를 따라 보 요소에 대한 강성행렬과 방정식을 유도한 후, 보에 대한 완전한 해를 구하는 과정을 설명할 것이다.

제1단계 요소 형태의 선정

각 요소 끝에 절점 번호를 붙이고, 일반적으로 요소 번호를 붙이는 것으로 보를 나타낸다(그림 4-1).

제2단계 변위함수의 선정

요소의 길이에 걸쳐서 횡방향 변위를 다음과 같이 가정한다.

$$v(x) = a_1x^3 + a_2x^2 + a_3x^2 + a_3x + a_4 \tag{4.1.2}$$

완전한(complete) 3차 변위함수인 식 (4.1.2)는 모두 네 개의 자유도(각 절점에서 하나의 횡방향 변위 v_i와 하나의 미소 회전 ϕ_i)가 있으므로 적합하다. 또한 이 3차 함수는 기본적인 보의

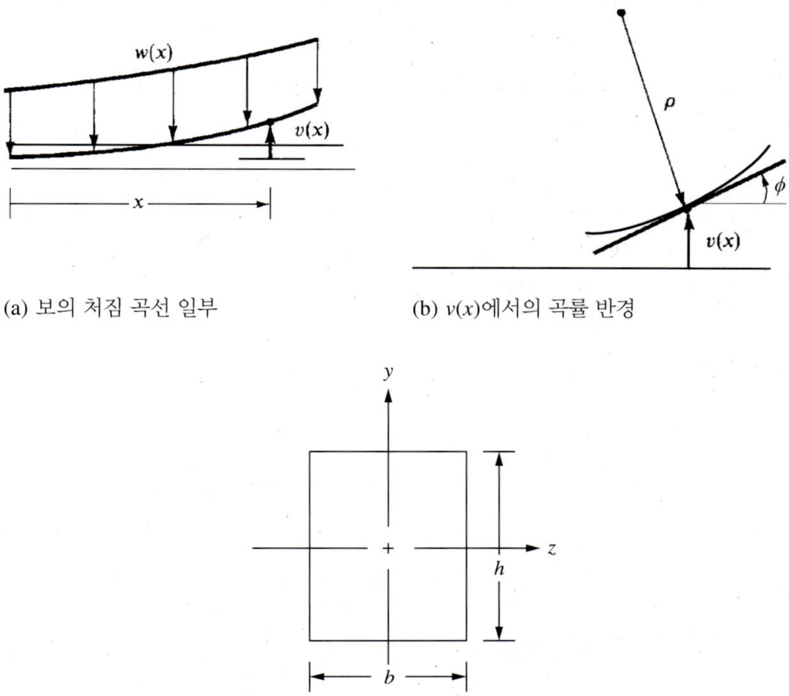

(a) 보의 처짐 곡선 일부

(b) $v(x)$에서의 곡률 반경

(c) 보의 사각형 단면

그림 4-4 • 보의 처짐 곡선

미분방정식을 만족시키기 때문에 타당하게 선택된 것이다. 게다가 3차 함수는 두 요소에 의해 공유되는 절점들에서의 변위와 기울기의 연속조건을 만족시킨다.

2.2절에서와 같은 방법을 이용하면, v를 절점의 자유도인 v_1, v_2, ϕ_1, ϕ_2의 함수로 다음과 같이 표현할 수 있다.

$$
\begin{aligned}
v(0) &= v_1 = a_4 \\
\frac{dv(0)}{dx} &= \phi_1 = a_3 \\
v(L) &= v_2 = a_1L^3 + a_2L^2 + a_3L + a_4 \\
\frac{dv(L)}{dx} &= \phi_2 = 3a_1L^2 + 2a_2L + a_3
\end{aligned}
\tag{4.1.3}
$$

가정된 미소 회전에 대해 $\phi = dv/dx$를 만족한다. a_1부터 a_4까지를 절점의 자유도에 관해서 식 (4.1.3)을 풀고 이를 식 (4.1.2)에 대입하면 다음과 같은 관계식을 얻을 수 있다.

$$
\begin{aligned}
v = & \left[\frac{2}{L^3}(v_1 - v_2) + \frac{1}{L^2}(\phi_1 + \phi_2)\right]x^3 \\
& + \left[-\frac{3}{L^2}(v_1 - v_2) - \frac{1}{L}(2\phi_1 + \phi_2)\right]x^2 + \phi_1 x + v_1
\end{aligned}
\tag{4.1.4}
$$

식 (4.1.4)를 행렬 형태로 나타내면 다음과 같다.

$$v = [N]\{d\} \tag{4.1.5}$$

여기서

$$\{d\} = \begin{Bmatrix} v_1 \\ \phi_1 \\ v_2 \\ \phi_2 \end{Bmatrix} \tag{4.1.6a}$$

이고,

$$[N] = [N_1 \quad N_2 \quad N_3 \quad N_4] \tag{4.1.6b}$$

이다.

$$N_1 = \frac{1}{L^3}(2x^3 - 3x^2L + L^3) \quad N_2 = \frac{1}{L^3}(x^3L - 2x^2L^2 + xL^3)$$

그리고 (4.1.7)

$$N_3 = \frac{1}{L^3}(-2x^3 + 3x^2L) \qquad N_4 = \frac{1}{L^3}(x^3L - x^2L^2)$$

여기서 N_1, N_2, N_3, N_4를 보 요소에 대한 **형상함수(shape function)**라고 부른다. 이 3차 형상(보간)함수는 *Hermite 3*차 보간(*3*차 *spline*)함수로 알려져 있다. 보 요소에 대해 절점 1에서 $N_1 = 1$이 되고, 절점 2에서는 $N_1 = 0$이 된다. N_2는 ϕ_1과 관계가 있기 때문에 식 (4.1.7)의 두 번째 식으로부터 절점 1에서 $(dN_2/dx) = 1$의 값을 갖는다. 형상함수 N_3와 N_4는 절점 2에 대해 유사한 결과를 갖는다.

제3단계 변형률–변위와 응력–변형률 관계의 정의

다음의 축방향 변형률–변위와의 관계식이 유효하다고 가정한다.

$$\varepsilon_x(x, y) = \frac{du}{dx} \tag{4.1.8}$$

여기서 u는 축방향 변위함수이다. 그림 4-5에 나타낸 보의 변형된 형상으로부터, 우리는 축방향 변위와 횡방향 변위와의 관계를 다음으로부터 얻을 수 있다.

$$u = -y\frac{dv}{dx} \tag{4.1.9}$$

여기서 기초적인 보 이론으로부터(참고문헌 [1] 참조) 굽힘 변형 이전에 평면이었던 보의 단면(예를 들면, 단면 *ABCD*)이 변형 후에도 평면을 유지하고, 일반적으로 각 (dv/dx)만큼 회전한다는 기본 가정을 생각할 수 있다. 식 (4.1.8)에 식 (4.1.9)를 이용하면 다음 식을 얻을 수 있다.

$$\varepsilon_x(x, y) = -y\frac{d^2v}{dx^2} \tag{4.1.10a}$$

식 (4.1.1f)의 d^2v/dx^2을 식 (4.1.10a)에 대입하고, 후크(Hooke)의 법칙($\sigma_x = E\varepsilon_x$)을 적용하면, 보에 대한 굽힘 응력 공식을 다음과 같이 얻을 수 있다.

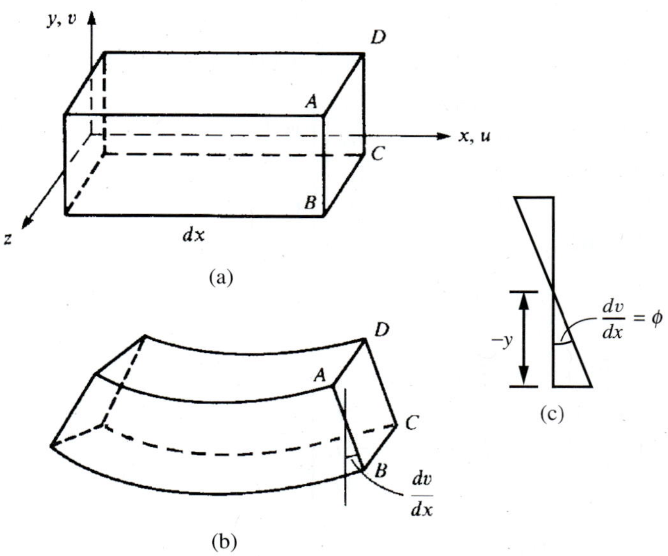

그림 4-5 • 보의 단면 (a) 변형 전, (b) 변형 후, (c) 단면 $ABCD$의 회전각

$$\sigma_x = \frac{-My}{I} \tag{4.1.10b}$$

기초적인 보 이론으로부터 굽힘 모멘트와 전단력은 횡방향의 변위함수와 관계가 있음을 알 수 있다. 우리는 보 요소의 강성행렬을 유도하는 데 이 관계를 이용할 것이므로 이를 다음과 같이 나타낸다.

$$m(x) = EI\frac{d^2v}{dx^2} \qquad V = EI\frac{d^3v}{dx^3} \tag{4.1.11}$$

제4단계 요소 강성행렬과 방정식의 유도

먼저 직접평형법을 이용하여 요소 강성행렬과 방정식을 유도한다. 절점과 보 이론의 부호 규약을 전단력과 굽힘 모멘트에 이용하고(그림 4-1과 4-2), 식 (4.1.4)와 (4.1.11)로부터

$$\begin{aligned}
f_{1y} &= V = EI\frac{d^3v(0)}{dx^3} = \frac{EI}{L^3}(12v_1 + 6L\phi_1 - 12v_2 + 6L\phi_2) \\
m_1 &= -m = -EI\frac{d^2v(0)}{dx^2} = \frac{EI}{L^3}(6Lv_1 + 4L^2\phi_1 - 6Lv_2 + 2L^2\phi_2) \\
f_{2y} &= -V = -EI\frac{d^3v(L)}{dx^3} = \frac{EI}{L^3}(-12v_1 - 6L\phi_1 + 12v_2 - 6L\phi_2) \\
m_2 &= m = EI\frac{d^2v(L)}{dx^2} = \frac{EI}{L^3}(6Lv_1 + 2L^2\phi_1 - 6Lv_2 + 4L^2\phi_2)
\end{aligned} \tag{4.1.12}$$

이며, 여기서 두 번째와 세 번째 식의 음의 부호는 그림 4-1과 4-2를 비교해서 보인 것과 같이 절점 1에서 절점의 양의 모멘트와 보 이론의 양의 모멘트 부호 규약이 반대이고, 절점 2에서 절

점에서의 양의 전단력과 보 이론의 양의 전단력 부호 규칙이 반대임을 나타낸다. 식 (4.1.12)는 절점의 하중과 변위와의 관계를 나타낸다. 식 (4.1.12)를 행렬 형태로 나타내면 다음과 같다.

$$\begin{Bmatrix} f_{1y} \\ m_1 \\ f_{2y} \\ m_2 \end{Bmatrix} = \frac{EI}{L^3}\begin{bmatrix} 12 & 6L & -12 & 6L \\ 6L & 4L^2 & -6L & 2L^2 \\ -12 & -6L & 12 & -6L \\ 6L & 2L^2 & -6L & 4L^2 \end{bmatrix}\begin{Bmatrix} v_1 \\ \phi_1 \\ v_2 \\ \phi_2 \end{Bmatrix} \tag{4.1.13}$$

여기서 강성행렬은 다음과 같다.

$$[k] = \frac{EI}{L^3}\begin{bmatrix} 12 & 6L & -12 & 6L \\ 6L & 4L^2 & -6L & 2L^2 \\ -12 & -6L & 12 & -6L \\ 6L & 2L^2 & -6L & 4L^2 \end{bmatrix} \tag{4.1.14}$$

식 (4.1.13)에서 $[k]$는 횡방향 하중과 굽힘 모멘트를 횡방향 변위와 회전과의 관계를 나타내고, 반면에 축방향의 영향은 무시하고 있음을 나타낸다.

위에서 도출된 요소 강성행렬인 식 (4.1.14)는 보가 길고 얇다는 가정하에 만들어졌다. 즉, 깊이 h에 대한 길이 L의 비율이 크다는 것을 말한다. 이 경우 굽힘에 의한 처짐을 강성행렬식 (4.1.14)를 통해서 계산하는 것이 적합하다. 그러나 두꺼운 보의 경우 횡방향 전단 변형이 중요할 수 있고, 보의 전체 변형차수의 크기와 같은 차수를 가질 수도 있다. 이는 보의 처짐에 대한 굽힘과 전단에 대한 표현식을 통해 보인다. 굽힘이 $(L/h)^3$와 같은 차수를 갖는 데 반해, 전단의 경우는 (L/h)의 차수를 갖는다. 보의 사각형 횡단면에 대한 일반적인 규칙에 따르면 적어도 두께에 비해서 길이의 크기가 8배 정도 크며, 또한 횡방향의 전단 변형이 굽힘 변형의 5%도 되지 않는다[4]. 보와 프레임의 처짐을 찾는 데 있어서 카스틸리아노(Castigliano)의 방법은 참고문헌 [4]에서 보았던 횡방향의 전단 변형을 반영한 유용한 방법이다. 횡방향의 전단 변형을 포함하는 보에 대한 강성행렬의 유도는 참고문헌 [5~8]에 주어져 있다. 진동 문제에 대한 적용과 함께 보 이론에 전단 변형의 포함은 티모셴코(Timoshenko)에 의해 유도되었다. 그리고 이것은 티모셴코 보로 알려져 있다[9~10].

티모셴코 이론에 기반한 보 강성행렬(횡방향의 전단 변형 포함)

전단 변형 보 이론은 다음과 같이 유도된다. 앞서 그림 4-5에서 살펴본 바와 같이 평면의 단면이 굽힘 발생 후에도 평면으로 남아 있는 것과 달리 이제는 전단 변형도 포함을 한다(전단력 V에의 한 변형). 그림 4-6을 참고하면 미소 길이 dx를 갖는 보의 횡단면을 관찰할 수 있다. 이 횡단면은 평면 형태로 유지되지만 더 이상 중립축(x축)과 직교관계를 이루지는 않는다. 이는 전단력을 포함시킴으로써 발생한 회전 β에 의한 것이다. 점 x에서 전체 처짐은 이제 두 가지 부분으로 구성된다. 하나는 굽힘에 의한 것이고 나머지 하나는 전단력에 의한 것이다. 그러므로 점 x에서의 처짐 곡선의 기울기는 다음과 같은 형태를 갖는다.

$$\frac{dv}{dx} = \phi(x) + \beta(x) \tag{4.1.15a}$$

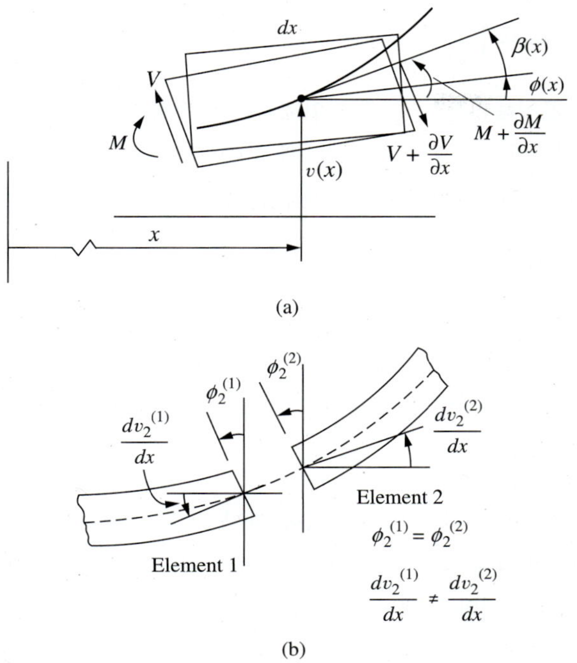

그림 4-6 • (a) 전단 변형을 보이는 티모셴코 보 요소(횡단면이 더 이상 중립축 선에 수직하지 않다), (b) 절점 2에서 만나는 두 개의 보 요소

$\phi(x)$와 $\beta(x)$는 굽힘 모멘트와 횡방향 전단력으로부터의 회전을 의미한다.

평소처럼 선형 처짐과 각 처짐(기울기)이 작다고 가정을 한다. 굽힘 모멘트와 굽힘 변형(곡률) 사이의 관계는 이제 다음과 같다.

$$M(x) = EI\frac{d\phi(x)}{dx} \tag{4.1.15b}$$

그리고 전단력과 전단 변형(전단력에 의한 회전)의 관계는 다음과 같이 나타난다.

$$V(x) = k_s AG\beta(x) \tag{4.1.15c}$$

dv/dx와 ϕ의 차이는 보의 전단 변형률 γ_{xy} $(= \beta)$를 표현한다.

$$\gamma_{yz} = \frac{dv}{dx} - \phi \tag{4.1.15d}$$

이제 그림 4-3(c)와 횡방향 힘의 합과 굽힘 모멘트의 합으로부터 도출된 식 (4.1.1b), (4.1.1c)에 대해서 고려해 보자. 식 (4.1.15c)의 V와 식 (4.1.15b)의 M을 식 (4.1.15a)의 β와 함께 식 (4.1.1b)와 (4.1.1c)에 대입하여 두 개의 지배방정식을 구한다.

$$\frac{d}{dx}\left[k_s AG\left(\frac{dv}{dx} - \phi\right)\right] = -w \tag{4.1.15e}$$

$$\frac{d}{dx}\left(EI\frac{d\phi}{dx}\right) + k_sAG\left(\frac{dv}{dx} - \phi\right) = 0 \tag{4.1.15f}$$

횡방향의 전단력을 포함하는 보 요소의 강성행렬을 도출하기 위해서는 횡방향의 변위가 식 (4.1.2)로 주어진 3차 함수를 따른다고 가정한다. [8]에서와 유사하게 횡방향의 전단 변형률을 $v(x)$에 대한 3차 다항식과 일관되게 정한다. 즉, 전단 변형률 γ는 상수로 주어진다.

$$\gamma = c \tag{4.1.15g}$$

v에 대한 3차 변위함수, 식 (4.1.15a)의 기울기 관계, 그리고 식 (4.1.15g)의 전단 변형률, 식 (4.1.15b)의 굽힘 모멘트-곡률 관계, 식 (4.1.15c)의 전단력-전단 변형률 관계, 식 (4.1.1c)의 굽힘 모멘트-전단력 관계를 이용하여 다음과 같은 식을 도출할 수 있다.

$$c = 6a_1g \tag{4.1.15h}$$

$g = EI/k_sAG$와 k_sA는 전단면적이다. 전단면적 A_s는 횡단면의 모양에 따라 그 값이 변한다. 예를 들어, 사각형의 형상의 경우 A_s는 A의 5/6배의 값을 갖는다. 고체 원형의 횡단면의 경우 0.9배의 값을 갖는다. WF형 보의 경우에는 웹의 두께와 플랜지 깊이의 곱으로 구해지며, 얇은 두께의 단면의 경우에는 벽의 두께와 단면의 깊이의 곱의 두 배를 선택한다.
식 (4.1.2), (4.1.15a), (4.1.15g), 그리고 (4.1.15h)를 사용하여 ϕ에 대해 x의 다항식으로 표현할 수 있다.

$$\phi = a_3 + 2a_2x + (3x^2 + 6g)a_1 \tag{4.1.15i}$$

식 (4.1.2)와 (4.1.15i)를 이용하여 위 식의 계수 $a_1 \sim a_4$에 대해 $x = 0$, $x = L$일 때의 절점 변위인 v_1, v_2와 회전 ϕ_1, ϕ_2를 이용하여 표현이 가능하다. $a_1 \sim a_4$에 대한 표현식은 아래와 같다.

$$\begin{aligned}
a_1 &= \frac{2v_1 + L\phi_1 - 2v_2 + L\phi_2}{L(L^2+12g)} \\
a_2 &= \frac{-3Lv_1 - (2L^2 + 6g)\phi_1 + 3Lv_2 + (-L^2 + 6g)\phi_2}{L(L^2 + 12g)} \\
a_3 &= \frac{-12gv_1 + (L^3 + 6gL)\phi_1 + 12gv_2 - 6gL\phi_2}{L(L^2 + 12g)} \\
a_4 &= v_1
\end{aligned} \tag{4.1.15j}$$

위에서 도출한 값을 식 (4.1.2)에 대입하여 다음과 같은 식을 구한다.

$$\begin{aligned}
v = {} & \frac{2v_1 + L\phi_1 - 2v_2 + L\phi_2}{L(L^2 + 12g)}x^3 \\
& + \frac{-3Lv_1 - (2L^2 + 6g)\phi_1 + 3Lv_2 + (-L^2 + 6g)\phi_2}{L(L^2+12g)}x^2 \\
& + \frac{-12gv_1 + (L^3 + 6gL)\phi_1 + 12gv_2 - 6gL\phi_2}{L(L^2 + 12g)}x + v_1
\end{aligned} \tag{4.1.15k}$$

제4단계에서 전단 변형이 포함되어 있지 않을 때의 보 요소의 강성행렬 도출과 유사한 방법을 통해 다음과 같은 식을 구할 수 있다.

$$
\begin{aligned}
f_{1y} &= V(0) = 6EIa_1 = \frac{EI(12v_1 + 6L\phi_1 - 12v_2 + 6L\phi_2)}{L(L^2 + 12g)} \\
m_1 &= -m(0) = -2EIa_2 = \frac{EI[6Lv_1 + (4L^2 + 12g)\phi_1 - 6Lv_2 + (2L^2 - 12g)\phi_2}{L(L^2 + 12g)} \\
f_{2y} &= -V(L) = \frac{EI(-12v_1 - 6L\phi_1 + 12v_2 - 6L\phi_2)}{L(L^2 + 12g)} \\
m_2 &= m(L) = \frac{EI[6Lv_1 + (2L^2 - 12g)\phi_1 - 6Lv_2 + (4L^2 + 12g)\phi_2]}{L(L^2 + 12g)}
\end{aligned}
\tag{4.1.15l}
$$

위 식에서 두 번째, 세 번째 식에 마이너스를 취하면 식 (4.1.15l)은 절점 1에서의 양의 모멘트, 반대의 절점 그리고 절점 2에서의 양의 전단력, 반대의 절점이라는 결과를 보여준다. 이 식을 행렬 형태로 변환하면 다음과 같다.

$$
\begin{Bmatrix} f_{1y} \\ m_1 \\ f_{2y} \\ m_2 \end{Bmatrix} = \frac{EI}{L(L^2 + 12g)} \begin{bmatrix} 12 & 6L & -12 & 6L \\ 6L & (4L^2 + 12g) & -6L & (2L^2 - 12g) \\ -12 & -6L & 12 & -6L \\ 6L & (2L^2 - 12g) & -6L & (4L^2 + 12g) \end{bmatrix} \begin{Bmatrix} v_1 \\ \phi_1 \\ v_2 \\ \phi_2 \end{Bmatrix} \tag{4.1.15m}
$$

그러므로 위 식으로부터 굽힘과 전단 변형을 모두 포함하고 있는 강성행렬을 구할 수 있다.

$$
[k] = \frac{EI}{L(L^2 + 12g)} \begin{bmatrix} 12 & 6L & -12 & 6L \\ 6L & (4L^2 + 12g) & -6L & (2L^2 - 12g) \\ 12 & -6L & 12 & -6L \\ 6L & (2L^2 - 12g) & -6L & (4L^2 + 12g) \end{bmatrix} \tag{4.1.15n}
$$

식 (4.1.15n)에서 기억해야 할 것은 g는 횡방향의 전단과 관련이 있다는 것이다. 그래서 $g = 0$일 경우 횡방향의 전단 변형이 무시된 보 강성행렬식 (4.1.14)를 구할 수 있다. 전단 보정인자의 영향을 좀 더 쉽게 알아보기 위해 무차원의 전단 보정인자를 만들고 강성행렬을 다시 구할 수 있다. 무차원 전단 인자는 $\varphi = 12EI / (k_s AGL^2) = 12g / L^2$와 같다.

$$
[k] = \frac{EI}{L^3(1 + \varphi)} \begin{bmatrix} 12 & 6L & -12 & 6L \\ 6L & (4 + \varphi)L^2 & -6L & (2 - \varphi)L^2 \\ -12 & -6L & 12 & -6L \\ 6L & (2 - \varphi)L^2 & -6L & (4 + \varphi)L^2 \end{bmatrix} \tag{4.1.15o}
$$

대부분의 상용 컴퓨터 프로그램에서는 사용자가 전단 면적 $A_s = k_s A$를 입력함으로써 전단 변형이 포함된다.

4.2 | 보 강성행렬의 조합 예

제5단계　　요소 방정식을 조합하여 전체 방정식을 구성하고 경계조건을 도입

보 요소의 강성행렬을 조합하기 위한 방법을 나타내는 예제로서 그림 4-7의 보를 보자. 여기서 EI는 보 전체에 걸쳐서 일정하다고 가정한다. 1000 lb의 하중과 1000 lb-ft의 모멘트가 보의 중앙에 작용한다. 왼쪽 끝은 고정지지되어 있고, 오른쪽 끝은 핀(pin)으로 지지되어 있다.

먼저 그림에 나타낸 바와 같이 절점 1~3으로 이루어진 두 개의 요소로 보를 분할한다. 또 하중과 모멘트가 중앙에 작용하는데 지금까지 하중은 절점에만 작용하는 것으로 가정했으므로 중앙부에 절점을 두었다(요소에 가해지는 하중을 다루는 다른 방법은 4.4절에서 논의하겠다).

식 (4.1.14)를 이용하면 두 개의 요소에 대한 전체좌표계에서의 강성행렬은 다음과 같이 주어진다.

$$[k^{(1)}] = \frac{EI}{L^3}\begin{array}{c} \begin{matrix} v_1 & \phi_1 & v_2 & \phi_2 \end{matrix} \\ \begin{bmatrix} 12 & 6L & -12 & 6L \\ 6L & 4L^2 & -6L & 2L^2 \\ -12 & -6L & 12 & -6L \\ 6L & 2L^2 & -6L & 4L^2 \end{bmatrix} \end{array} \tag{4.2.1}$$

그리고

$$[k^{(2)}] = \frac{EI}{L^3}\begin{array}{c} \begin{matrix} v_2 & \phi_2 & v_3 & \phi_3 \end{matrix} \\ \begin{bmatrix} 12 & 6L & -12 & 6L \\ 6L & 4L^2 & -6L & 2L^2 \\ -12 & -6L & 12 & -6L \\ 6L & 2L^2 & -6L & 4L^2 \end{bmatrix} \end{array} \tag{4.2.2}$$

여기서 각각의 보 요소에 관계된 자유도는 각 강성행렬의 열 위에 보통 표기하는 꼬리표로 나타나 있다.

이 보에 대한 전체 강성행렬은 직접강성법을 이용하여 조합될 수 있다. 전체좌표계에서의 강성행렬이 구성되면, 전체좌표계의 절점력과 전체좌표계의 절점 변위의 관계식을 얻는다. 직접중첩법(direct superposition)과 식 (4.2.1) 그리고 식 (4.2.2)를 이용하면, 보에 대한 지배방정식은 다음과 같이 주어진다.

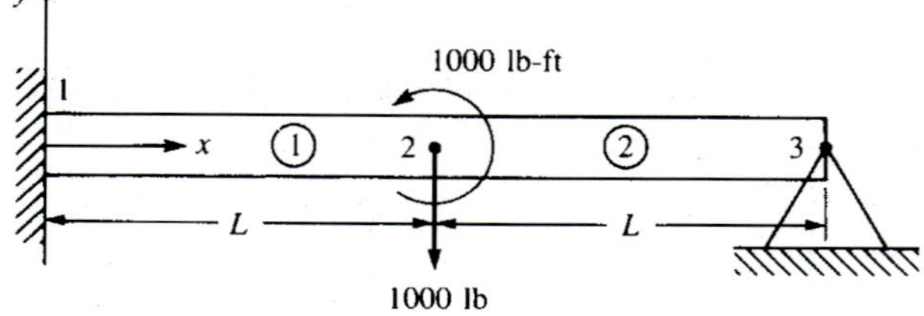

그림 4-7 • 집중하중과 모멘트를 받는 고정-단순 고정 보

$$\begin{Bmatrix} F_{1y} \\ M_1 \\ F_{2y} \\ M_2 \\ F_{3y} \\ M_3 \end{Bmatrix} = \frac{EI}{L^3} \begin{bmatrix} 12 & 6L & -12 & 6L & 0 & 0 \\ 6L & 4L^2 & -6L & 2L^2 & 0 & 0 \\ -12 & -6L & 12+12 & -6L+6L & -12 & 6L \\ 6L & 2L^2 & -6L+6L & 4L^2+4L^2 & -6L & 2L^2 \\ 0 & 0 & -12 & -6L & 12 & -6L \\ 0 & 0 & 6L & 2L^2 & -6L & 4L^2 \end{bmatrix} \begin{Bmatrix} v_1 \\ \phi_1 \\ v_2 \\ \phi_2 \\ v_3 \\ \phi_3 \end{Bmatrix} \tag{4.2.3}$$

여기서 고정지지된 절점 1과 단순지지된 절점 3에서의 경계조건과 구속조건은 다음과 같다.

$$\phi_1 = 0 \qquad v_1 = 0 \qquad v_3 = 0 \tag{4.2.4}$$

미지의 자유도에 관련된 행에 해당하는 식 (4.2.3)의 세 번째, 네 번째, 여섯 번째 방정식을 고려 하고, 식 (4.2.4)를 이용하면

$$\begin{Bmatrix} -1000 \\ 1000 \\ 0 \end{Bmatrix} = \frac{EI}{L^3} \begin{bmatrix} 24 & 0 & 6L \\ 0 & 8L^2 & 2L^2 \\ 6L & 2L^2 & 4L^2 \end{bmatrix} \begin{Bmatrix} v_2 \\ \phi_2 \\ \phi_3 \end{Bmatrix} \tag{4.2.5}$$

이며, 여기서 $F_{2y} = -1000$ lb, M2 = 1000 lb-ft, 그리고 $M_3 = 0$을 방정식에 대입하였다. 미지의 절점 변위 v_2와 미지의 절점 회전 ϕ_2와 ϕ_3에 대해 식 (4.2.5)를 풀 수 있다. 그 답은 스스로 풀어보기 바란다. 4.3절은 보 문제에 관한 완전한 해를 제공한다.

4.3 | 직접강성법을 이용한 보 해석의 예

4.1절에서 유도된 방정식의 이용을 잘 설명하기 위해 다양한 경계조건과 하중을 받는 보에 대한 해를 구하고자 한다.

예제 4.1

직접강성법을 이용하여 그림 4-8에 보이는 끝단에 하중 P가 작용하는, 받침목이 있는 외팔보 문제를 풀어보자. 보는 길이가 $2L$이고 일정한 EI를 갖는다고 가정한다. 보의 중앙부는 롤러로 지지되어 있고, 오른쪽 끝은 고정되어 있다.

풀이

그림 4-8에 보이는 것처럼 보를 이산화하고 전체좌표계를 정의한다. 절점의 변위와 회전, 반

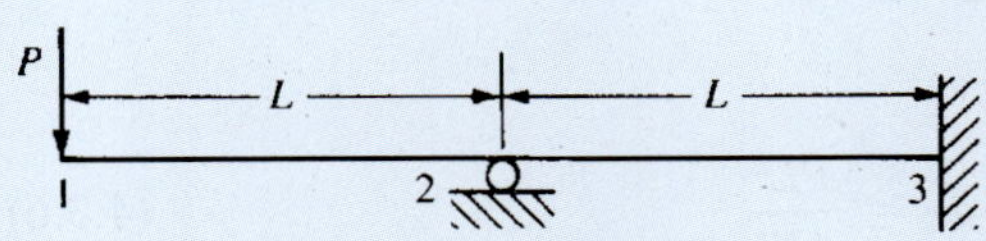

그림 4-8 • 받침목이 있는 외팔보

력, 그리고 완전한 전단력과 굽힘 모멘트 선도를 계산하고자 한다.

각각의 요소에 대해 식 (4.1.14)를 이용하고 이를 중첩하면, 식 (4.2.3)의 강성행렬을 얻기 위해 4.2절에서 사용한 방법을 사용하여 다음과 같은 구조물의 전체 강성행렬을 얻는다.

$$[K] = \frac{EI}{L^3}\begin{bmatrix} 12 & 6L & -12 & 6L & 0 & 0 \\ & 4L^2 & -6L & 2L^2 & 0 & 0 \\ & & 12+12 & -6L+6L & -12 & 6L \\ & & & 4L^2+4L^2 & -6L & 2L^2 \\ & & & & 12 & -6L \\ \text{Symmetry} & & & & & 4L^2 \end{bmatrix} \quad \begin{matrix} v_1 & \phi_1 & v_2 & \phi_2 & v_3 & \phi_3 \end{matrix} \tag{4.3.1}$$

그러므로 보의 지배방정식은 다음과 같이 쓸 수 있다.

$$\begin{Bmatrix} F_{1y} \\ M_1 \\ F_{2y} \\ M_2 \\ F_{3y} \\ M_3 \end{Bmatrix} = \frac{EI}{L^3}\begin{bmatrix} 12 & 6L & -12 & 6L & 0 & 0 \\ 6L & 4L^2 & -6L & 2L^2 & 0 & 0 \\ -12 & -6L & 24 & 0 & -12 & 6L \\ 6L & 2L^2 & 0 & 8L^2 & -6L & 2L^2 \\ 0 & 0 & -12 & -6L & 12 & -6L \\ 0 & 0 & 6L & 2L^2 & -6L & 4L^2 \end{bmatrix}\begin{Bmatrix} v_1 \\ \phi_1 \\ v_2 \\ \phi_2 \\ v_3 \\ \phi_3 \end{Bmatrix} \tag{4.3.2}$$

다음과 같은 경계조건을 적용하고,

$$v_2 = 0 \qquad v_3 = 0 \qquad \phi_3 = 0 \tag{4.3.3}$$

그리고 통상적인 방법으로 알고 있는 변위와 관련된 방정식으로부터 미지의 변위[식 (4.3.2)의 첫 번째, 두 번째, 네 번째 식]와 관련된 방정식을 분할하여, 다음과 같은 최종적인 방정식을 얻는다.

$$\begin{Bmatrix} -P \\ 0 \\ 0 \end{Bmatrix} = \frac{EI}{L^3}\begin{bmatrix} 12 & 6L & 6L \\ 6L & 4L^2 & 2L^2 \\ 6L & 2L^2 & 8L^2 \end{bmatrix}\begin{Bmatrix} v_1 \\ \phi_1 \\ \phi_2 \end{Bmatrix} \tag{4.3.4}$$

$F_{1y} = -P$, $M_1 = 0$, $M_2 = 0$을 식 (4.3.4)에 대입하여 절점의 변위와 기울기를 구할 수 있다. 이렇게 구한 절점 1에서의 횡방향 변위는 다음과 같다.

$$v_1 = -\frac{7PL^3}{12EI} \tag{4.3.5}$$

여기서 음의 부호는 절점 1의 변위가 아래방향임을 나타낸다.

기울기는

$$\phi_1 = \frac{3PL^2}{4EI} \qquad \phi_2 = \frac{PL^2}{4EI} \tag{4.3.6}$$

이며, 여기서 양의 부호는 절점 1과 2에서 반시계 방향의 회전을 나타낸다.

이제 전체좌표계에서의 절점력들을 결정한다. 이를 위해 알고 있는 전체좌표계에서의 절점 변위와 회전, 즉 식 (4.3.5)와 (4.3.6)을 식 (4.3.2)에 대입하면 그 결과는 다음과 같다.

$$\begin{Bmatrix} F_{1y} \\ M_1 \\ F_{2y} \\ M_2 \\ F_{3y} \\ M_3 \end{Bmatrix} = \frac{EI}{L^3} \begin{bmatrix} 12 & 6L & -12 & 6L & 0 & 0 \\ 6L & 4L^2 & -6L & 2L^2 & 0 & 0 \\ -12 & -6L & 24 & 0 & -12 & 6L \\ 6L & 2L^2 & 0 & 8L^2 & -6L & 2L^2 \\ 0 & 0 & -12 & -6L & 12 & -6L \\ 0 & 0 & 6L & 2L^2 & -6L & 4L^2 \end{bmatrix} \begin{Bmatrix} -\dfrac{7PL^3}{12EI} \\ \dfrac{3PL^2}{4EI} \\ 0 \\ \dfrac{PL^2}{4EI} \\ 0 \\ 0 \end{Bmatrix} \tag{4.3.7}$$

식 (4.3.7)의 우변에 행렬을 곱하면 다음과 같은 전체좌표계에서의 절점력과 모멘트들을 얻을 수 있다.

$$\begin{aligned} &F_{1y} = -P \quad M_1 = 0 \qquad F_{2y} = \frac{5}{2}P \\ &M_2 = 0 \qquad F_{3y} = -\frac{3}{2}P \quad M_3 = \frac{1}{2}PL \end{aligned} \tag{4.3.8}$$

식 (4.3.8)의 결과는 아래와 같이 해석된다. 예상한 바와 같이, $F_{1y} = -P$는 절점 1에 작용하는 힘이다. F_{2y}, F_{3y}, M_3는 지지점에서의 반력이다. M_1과 M_2는 보의 절점 1과 2에서 작용력과 반력이 없으므로 그 값은 0이다.

전체 구조물의 응력 해석을 수행할 때, 일반적으로 그 구조물의 각 요소에 관련된 국부 절점력들을 결정하는 것이 필요하다. 이 개념을 보여주기 위해 위 예제의 요소 1에서의 힘을 계산해 본다(요소 2도 비슷하게 처리할 수 있다). 요소 1에 대한 식 $\{f\} = [k]\{d\}$에서 식 (4.3.5)와 (4.3.6)을 이용하면[또한 식 (4.1.13)을 참조] 다음을 얻을 수 있다.

$$\begin{Bmatrix} f_{1y}^{(1)} \\ m_1^{(1)} \\ f_{2y}^{(1)} \\ m_2^{(1)} \end{Bmatrix} = \frac{EI}{L^3} \begin{bmatrix} 12 & 6L & -12 & 6L \\ 6L & 4L^2 & -6L & 2L^2 \\ -12 & -6L & 12 & -6L \\ 6L & 2L^2 & -6L & 4L^2 \end{bmatrix} \begin{Bmatrix} -\dfrac{7PL^3}{12EI} \\ \dfrac{3PL^2}{4EI} \\ 0 \\ \dfrac{PL^2}{4EI} \end{Bmatrix} \tag{4.3.9}$$

식 (4.3.9)는 다음과 같이 된다.

$$f_{1y} = -P \qquad m_1 = 0 \qquad f_{2y} = P \qquad m_2 = -PL \tag{4.3.10}$$

그림 4-9(a)에 나타낸 요소 1의 자유물체도는 식 (4.3.10)의 결과를 이해하는 데 도움을 줄 것이다. 이 그림은 절점 1에서 음의 횡방향 절점력 P와 절점 2에서 양의 하중 P와 음의 모멘트

*PL*을 나타낸다. 이 값들은 식 (4.3.10)에 의해 주어진 결과와 일치한다. 이해를 돕기 위해 요소 2의 자유물체도를 그림 4-9(b)에 나타냈다. 식 (4.3.9)와 유사하게 방정식을 쓰면 요소 절점력들을 쉽게 입증할 수 있다. 식 (4.3.8)의 결과로부터 전체 보에 대한 절점의 힘과 모멘트들은 그림 4-10의 보에 나타나 있다. 4.1절에서 확립된 보의 부호 규약을 이용하면, 그림 4-11과 4-12에 나타낸 전단력 *V*와 굽힘 모멘트 *M* 선도를 얻을 수 있다.

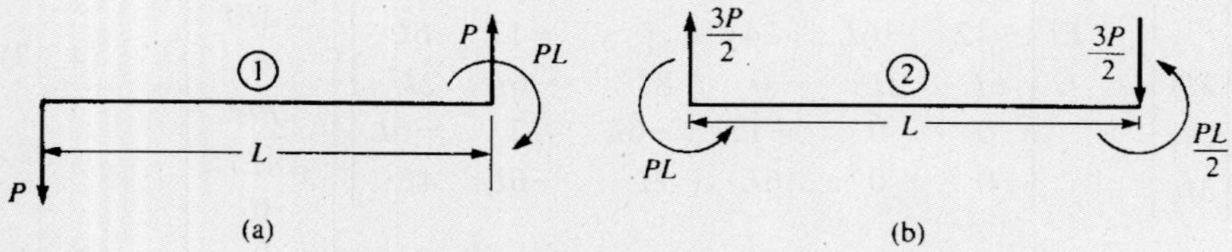

그림 4-9 • 하중과 모멘트를 표시한 자유물체도 (a) 요소 1, (b) 요소 2

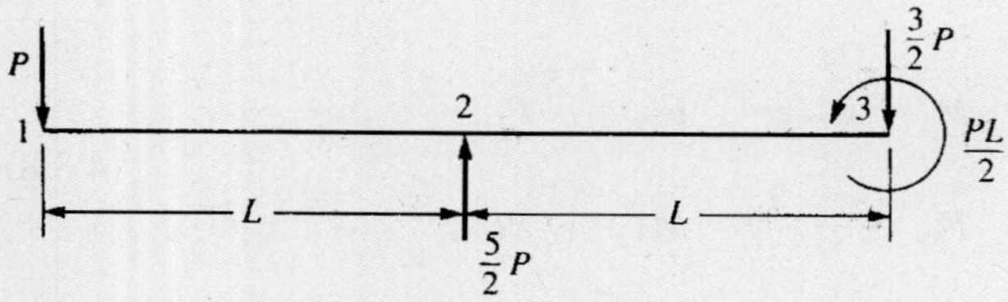

그림 4-10 • 보에 작용하는 절점력과 절점 모멘트

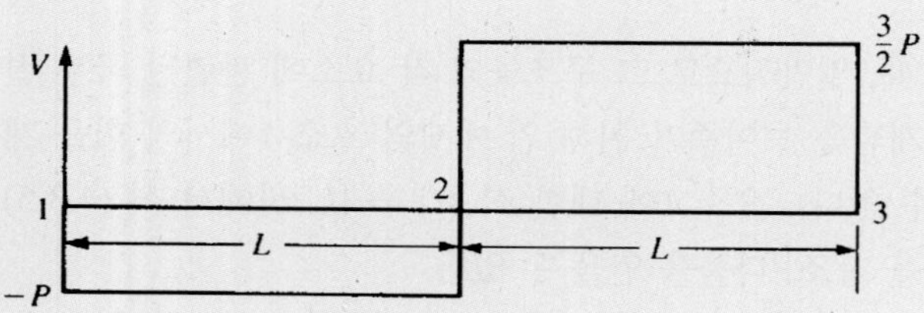

그림 4-11 • 그림 4-10의 보에 대한 전단력 선도

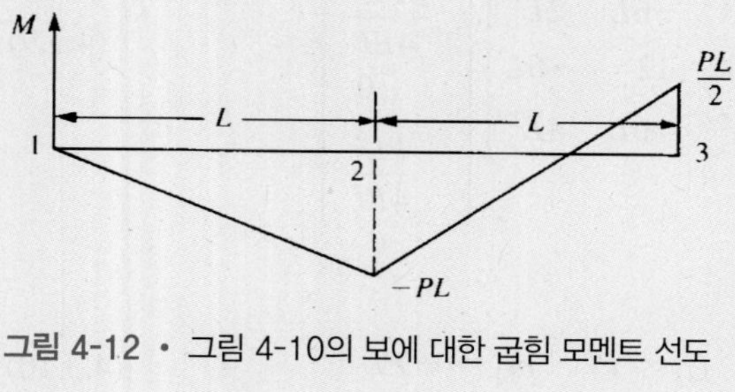

그림 4-12 • 그림 4-10의 보에 대한 굽힘 모멘트 선도

일반적으로, 복잡한 보 구조물에 대해서 각 요소에 대한 전단력과 굽힘 모멘트 선도를 결정하기 위해 요소 국부 하중들을 이용할 것이다. 그리고 설계 목적으로 이들 값을 이용할 수 있다. 5장에서 컴퓨터 프로그램에 사용되는 이 개념을 다시 논의하기로 한다.

예제 4.2

그림 4-13에 나타낸 보에 대해 절점의 변위와 회전, 전체좌표계에서의 절점력, 그리고 요소 하중을 결정하라. 그림에 나타낸 바와 같이 보를 이산화하고 절점 번호를 부여하였다. 보는 절점 1과 5에서 고정되어 있고, 절점 3에서는 롤러에 의해 지지되어 있다. 10,000 lb의 수직 하중이 절점 2와 4에 각각 가해지고 있다. 보는 $E = 30 \times 10^6$ psi, $I = 50$ in^4 로 일정하게 주어진다.

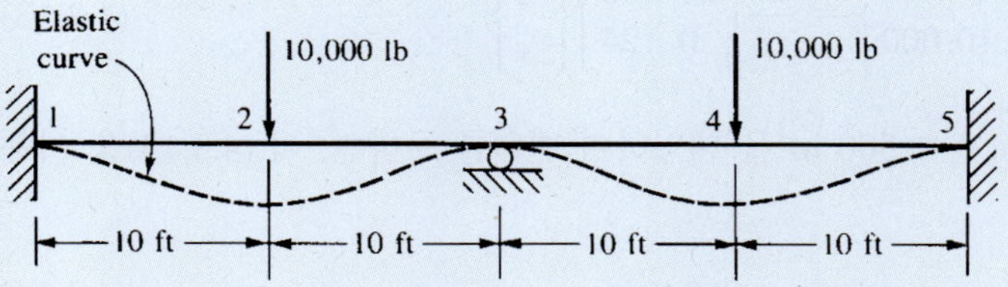

그림 4-13 • 보 예제

풀이

일관된 단위계를 유지해야 하므로 그림 4-13의 10 ft 길이를 120 in.로 전환한다. 네 개의 보 요소의 강성행렬을 중첩하고 식 (4.1.10)을 이용하면, 식 (4.3.11)에 주어진 것과 같은 전체좌표계에서의 강성행렬과 방정식을 얻을 수 있다. 모든 요소의 길이가 같으므로, 길이 L을 중첩된 강성행렬 밖으로 내올 수 있다.

$$
\begin{Bmatrix} F_{1y} \\ M_1 \\ F_{2y} \\ M_2 \\ F_{3y} \\ M_3 \\ F_{4y} \\ M_4 \\ F_{5y} \\ M_5 \end{Bmatrix}
= \frac{EI}{L^3}
\begin{array}{c}
\begin{array}{cccccccccc} v_1 & \phi_1 & v_2 & \phi_2 & v_3 & \phi_3 & v_4 & \phi_4 & v_5 & \phi_5 \end{array} \\
\begin{bmatrix}
12 & 6L & -12 & 6L & 0 & 0 & 0 & 0 & 0 & 0 \\
6L & 4L^2 & -6L & 2L^2 & 0 & 0 & 0 & 0 & 0 & 0 \\
-12 & -6L & 12+12 & -6L+6L & -12 & 6L & 0 & 0 & 0 & 0 \\
6L & 2L^2 & -6L+6L & 4L^2+4L^2 & -6L & 2L^2 & 0 & 0 & 0 & 0 \\
0 & 0 & -12 & -6L & 12+12 & -6L+6L & -12 & 6L & 0 & 0 \\
0 & 0 & 6L & 2L^2 & -6L+6L & 4L^2+4L^2 & -6L & 2L^2 & 0 & 0 \\
0 & 0 & 0 & 0 & -12 & -6L & 12+12 & -6L+6L & -12 & 6L \\
0 & 0 & 0 & 0 & 6L & 2L^2 & -6L+6L & 4L^2+4L^2 & -6L & 2L^2 \\
0 & 0 & 0 & 0 & 0 & 0 & -12 & -6L & 12 & -6L \\
0 & 0 & 0 & 0 & 0 & 0 & 6L & 2L^2 & -6L & 4L^2
\end{bmatrix}
\end{array}
\begin{Bmatrix} v_1 \\ \phi_1 \\ v_2 \\ \phi_2 \\ v_3 \\ \phi_3 \\ v_4 \\ \phi_4 \\ v_5 \\ \phi_5 \end{Bmatrix}
\tag{4.3.11}
$$

직접 풀기 위해 다음의 경계조건을 적용하여 같은 방법으로 식 (4.3.11)을 축소할 수 있다.

$$v_1 = \phi_1 = v_3 = v_5 = \phi_5 = 0$$

그 결과는 다음과 같다.

$$\begin{Bmatrix} -10,000 \\ 0 \\ 0 \\ -10,000 \\ 0 \end{Bmatrix} = \frac{EI}{L^3}\begin{bmatrix} 24 & 0 & 6L & 0 & 0 \\ 0 & 8L^2 & 2L^2 & 0 & 0 \\ 6L & 2L^2 & 8L^2 & -6L & 2L^2 \\ 0 & 0 & -6L^2 & 24 & 0 \\ 0 & 0 & 2L^2 & 0 & 8L^2 \end{bmatrix}\begin{Bmatrix} v_2 \\ \phi_2 \\ \phi_3 \\ v_4 \\ \phi_4 \end{Bmatrix} \tag{4.3.12}$$

보의 길이방향에 수직이고 절점 3을 지나는 평면에 대한 하중, 기하학적 조건, 재료 상수들이 대칭이므로 절점 2~4의 회전(기울기)은 0이다. 그러므로 $\phi_2 = \phi_3 = \phi_4 = 0$이므로, 식 (4.3.12)를 다음과 같이 쓸 수 있다.

$$\begin{Bmatrix} -10,000 \\ -10,000 \end{Bmatrix} = \frac{EI}{L^3}\begin{bmatrix} 24 & 0 \\ 0 & 24 \end{bmatrix}\begin{Bmatrix} v_2 \\ v_4 \end{Bmatrix} \tag{4.3.13}$$

$L = 120$ in., $E = 30 \times 10^6$ psi, $I = 500$ in^{4}을 대입하여 변위를 구하면, 식 (4.3.13)을 이용해 값을 구할수 있다. 따라서

$$v_2 = v_4 = -0.048 \text{ in.} \tag{4.3.14}$$

가 되며, 이는 대칭성 때문에 이미 예측된 것이다.

이 문제의 해에서 살펴본 바와 같이 정적 잉여(static redundancy; 정적; 부정정 차수 즉 평형 방정식에 의해 결정될 수 없는 미지의 힘과 모멘트의 수)가 커질수록, 기하학적 잉여(kinematic redundancy; 변위와 기울기 같은 미지의 자유도)는 작아져서 풀어야 할 미지의 자유도 수는 점점 적어진다. 게다가 해석 시 대칭성을 이용하면 미지의 자유도 수를 더욱 줄일 수 있다. 다음과 같은 절점에서의 힘들을 결정하기 위해 E, I, L의 값을 대입하고, 식 (4.3.14)의 결과를 식 (4.3.12)에 대입하였다.

$$\begin{aligned} F_{1y} &= 5000 \text{ lb} & M_1 &= 25,000 \text{ lb-ft} \\ F_{2y} &= 10,000 \text{ lb} & M_2 &= 0 \\ F_{3y} &= 10,000 \text{ lb} & M_3 &= 0 \\ F_{4y} &= 10,000 \text{ lb} & M_4 &= 0 \\ F_{5y} &= 5000 \text{ lb} & M_5 &= -25,000 \text{ lb-ft} \end{aligned} \tag{4.3.15}$$

반복하면, 지지된 절점(절점 1, 3, 5)에서의 전체좌표계 절점력(모멘트)은 반력을 의미하며, 절점 2, 4에서의 전체좌표계 절점력은 외부에서 가해진 하중이다.

그러나 대형 구조물의 경우 요소 끝단의 각 절점에서 국부 요소 전단력과 굽힘 모멘트를 구하는데, 그 이유는 이 값들이 설계와 해석 과정에서 사용되기 때문이다. 그림 4-13의 절점 1과 2를 연결하는 요소에 대해 이 개념을 다시 설명하겠다. 모든 변위가 계산된 후에 이 요소에 대한 국부좌표계에서의 방정식은 다음과 같다.

$$\begin{Bmatrix} f_{1y}^{(1)} \\ m_1^{(1)} \\ f_{2y}^{(1)} \\ m_2^{(1)} \end{Bmatrix} = \frac{EI}{L^3}\begin{bmatrix} 12 & 6L & -12 & 6L \\ 6L & 4L^2 & -6L & 2L^2 \\ -12 & -6L & 12 & -6L \\ 6L & 2L^2 & -6L & 4L^2 \end{bmatrix}\begin{Bmatrix} v_1 = 0 \\ \phi_1 = 0 \\ v_2 = -0.048 \\ \phi_2 = 0 \end{Bmatrix} \tag{4.3.16}$$

식 (4.3.16)을 계산하면 다음과 같다.

$$\begin{Bmatrix} f_{1y}^{(1)} \\ m_1^{(1)} \\ f_{2y}^{(1)} \\ m_2^{(1)} \end{Bmatrix} = \begin{Bmatrix} 5000\text{ lb} \\ 25,000\text{ lb-ft} \\ -5000\text{ lb} \\ 25,000\text{lb-ft} \end{Bmatrix} \tag{4.3.17}$$

자유물체도를 그려서 요소가 평형상태에 있음을 확인할 수도 있다.

마지막으로, 이 구조물은 절점 3을 지나는 수직 평면에 관해 대칭이므로 처음부터 이 보의 절반만을 고려하여 계산할 수도 있음을 알아야 한다. 하중과 지지상태가 대칭이므로 절점 3이 고정되면 기울기도 0이 된다.

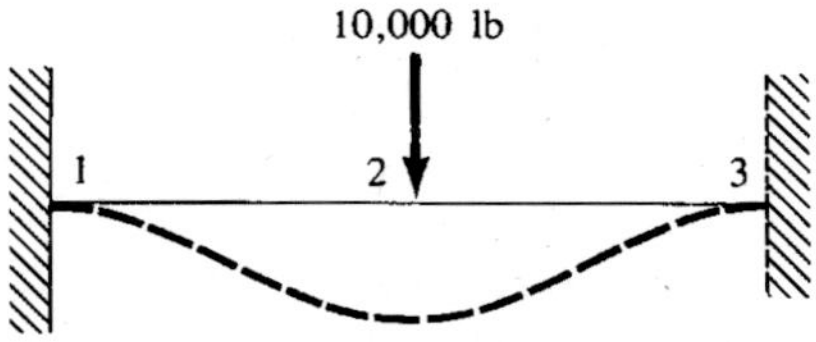

예제 4.3

그림 4-14의 보에 대해 절점의 변위와 회전 그리고 전체좌표계에서의 절점력, 그리고 요소 하중을 결정하라. 그림과 같이 보를 이산화하고 절점 번호를 붙인다. 보는 절점 1에서 고정되어 있고, 절점 2에서는 롤러로 지지되어 있으며, 절점 3에서는 탄성 스프링으로 지지되어 있다. 절점 3에서 아래방향으로 수직하중 $P = 50$ kN이 작용하고 있다. 여기서 $E = 210$ GPa, $I = 2 \times 10^{-4}$ m^{4}이고, $k = 20$ kN/m이다.

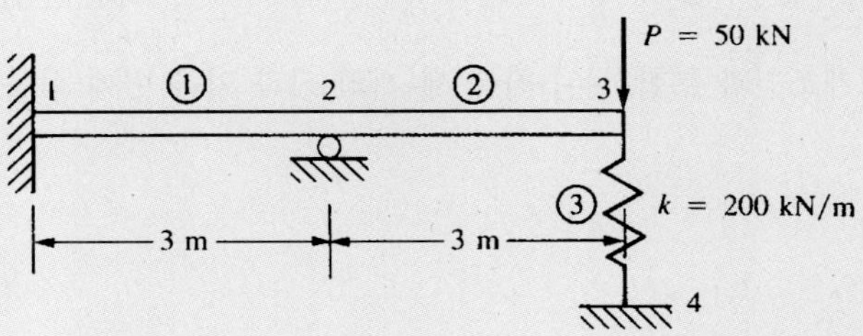

그림 4-14 • 보 예제

풀이

각 보 요소에 대해 식 (4.1.14)를 이용하고, 스프링 요소에 대해 식 (2.2.18)을 이용하고, 직접 강성법을 이용하면 구조 강성행렬을 다음과 같이 얻을 수 있다.

$$
\begin{array}{c} \\ [K] = \dfrac{EI}{L^3} \end{array}
\begin{array}{c} \begin{array}{ccccccc} v_1 & \phi_1 & v_2 & \phi_2 & v_3 & \phi_3 & v_4 \end{array} \\
\begin{bmatrix}
12 & 6L & -12 & 6L & 0 & 0 & 0 \\
 & 4L^2 & -6L & 2L^2 & 0 & 0 & 0 \\
 & & 24 & 0 & -12 & 6L & 0 \\
 & & & 8L^2 & -6L & 2L^2 & 0 \\
 & & & & 12+\dfrac{kL^3}{EI} & -6L & -\dfrac{kL^3}{EI} \\
 & & & & & 4L^2 & 0 \\
\text{Symmetry} & & & & & & \dfrac{kL^3}{EI}
\end{bmatrix} \end{array}
\tag{4.3.18a}
$$

여기서 아래 식 (4.3.18b)에 의해 주어진 스프링 강성행렬 $[k_s]$은 전체좌표계에서 절점 3과 4의 자유도에 해당하는 강성행렬에 직접 더해졌다.

$$
[k_s] = \begin{array}{c} \begin{array}{cc} v_3 & v_4 \end{array} \\ \begin{bmatrix} k & -k \\ -k & k \end{bmatrix} \end{array}
\tag{4.3.18b}
$$

문제를 쉽게 풀기 위해 일반 변수를 그대로 쓰고, 최종 식에 숫자를 대입하여 변위를 구한다. 보에 대한 지배방정식은 다음과 같다.

$$
\begin{Bmatrix} F_{1y} \\ M_1 \\ F_{2y} \\ M_2 \\ F_{3y} \\ M_3 \\ F_{4y} \end{Bmatrix}
= \frac{EI}{L^3}
\begin{bmatrix}
12 & 6L & -12 & 6L & 0 & 0 & 0 \\
 & 4L^2 & -6L & 2L^2 & 0 & 0 & 0 \\
 & & 24 & 0 & -12 & 6L & 0 \\
 & & & 8L^2 & -6L & 2L^2 & 0 \\
 & & & & 12+k' & -6L & -k' \\
 & & & & & 4L^2 & 0 \\
\text{Symmetry} & & & & & & k'
\end{bmatrix}
\begin{Bmatrix} v_1 \\ \phi_1 \\ v_2 \\ \phi_2 \\ v_3 \\ \phi_3 \\ v_4 \end{Bmatrix}
\tag{4.3.19}
$$

여기서 $k' = kL^3/(EI)$는 기호를 간략히 표시하기 위해 쓰였다. 여기에 경계조건을 적용하면 다음 식이 된다.

$$
v_1 = 0 \qquad \phi_1 = 0 \qquad v_2 = 0 \qquad v_4 = 0 \tag{4.3.20}
$$

식 (4.3.19)의 [식 (4.3.20)에서 구한 경계조건과 부합하는] 처음 세 개의 식과 일곱 번째 식을 소거하면, 세 개의 식이 남는다.

$$\begin{Bmatrix} 0 \\ -P \\ 0 \end{Bmatrix} = \frac{EI}{L^3}\begin{bmatrix} 8L^2 & -6L & 2L^2 \\ -6L & 12+k' & -6L \\ 2L^2 & -6L & 4L^2 \end{bmatrix}\begin{Bmatrix} \phi_2 \\ v_3 \\ \phi_3 \end{Bmatrix} \tag{4.3.21}$$

절점 3에서의 변위와 절점 2와 3에서의 회전을 식 (4.3.21)을 사용하여 연립으로 풀어 구한다.

$$v_3 = -\frac{7PL^3}{EI}\left(\frac{1}{12+7k'}\right) \qquad \phi_2 = -\frac{3PL^2}{EI}\left(\frac{1}{12+7k'}\right)$$
$$\phi_3 = -\frac{9PL^2}{EI}\left(\frac{1}{12+7k'}\right) \tag{4.3.22}$$

스프링 강성이 변위에 미치는 영향은 식 (4.3.22)에서 쉽게 알 수 있다. 식 (4.3.22)에 $P = 50$ kN, $L = 3$ m, $E = 210$ GPa ($= 210 \times 10^6$ kN/m^2), $I = 2 \times 10^{-4}$ m^4, $k' = 0.129$를 적용해서 변위를 계산하면 다음과 같다.

$$v_3 = \frac{-7(50\text{ kN})(3\text{ m})^3}{(210 \times 10^6\text{ kN/m}^2)(2 \times 10^{-4}\text{ m}^4)}\left(\frac{1}{12+7(0.129)}\right) = -0.0174\text{ m} \tag{4.3.23}$$

마찬가지로, 값을 식 (4.3.26)에 대입하면 다음 값이 얻어진다.

$$\phi_2 = -0.00249\text{ rad} \qquad \phi_3 = -0.00747\text{ rad} \tag{4.3.24}$$

전체좌표계에서의 절점력을 얻기 위해 P, E, I, L, k'의 수치와 함께, 식 (4.3.23)과 (4.3.24)의 결과를 식 (4.3.19)에 역대입하면 다음 값을 얻을 수 있다.

$$\begin{aligned} F_{1y} &= -69.9\text{ kN} & M_1 &= -69.7\text{ kN}\cdot\text{m} \\ F_{2y} &= 116.4\text{ kN} & M_2 &= 0.0\text{ kN}\cdot\text{m} \\ F_{3y} &= -50.0\text{ kN} & M_3 &= 0.0\text{ kN}\cdot\text{m} \end{aligned} \tag{4.3.25}$$

보-스프링 구조에서, 스프링의 지지부에서 전체좌표계 하중 F_{4y}는 다음과 같이 계산된다.

$$F_{4y} = -v_3 k = (0.0174)200 = 3.5\text{ kN} \tag{4.3.26}$$

이 힘은 구조물이 평형을 이루는 데 기여하는 또 다른 y방향 하중이다.

식 (4.3.25)와 (4.3.26)으로부터 보에 작용하는 힘과 모멘트를 포함하는 자유물체도는 그림 4-15와 같다.

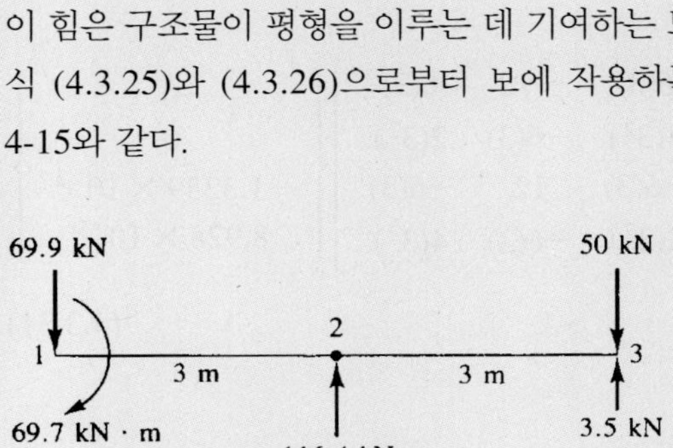

그림 4-15 • 그림 4-14의 보에 대한 자유물체도

예제 4.4

그림 4-16처럼 보의 중앙에 가해진 힘과 모멘트에 의한 변위와 회전을 구하라. 보는 그림 4-16 처럼 두 요소로 이산화한다. 보의 양 끝은 고정되어 있으며, 보의 중앙에 10 kN으로 아래방향으로 작용하는 힘과 20 kN-m의 모멘트가 걸려 있다. 보 길이에 걸쳐 $E = 210$ GPa과 $I = 4 \times 10^{-4}$ m^{4}을 적용한다.

풀이

$L = 3$ m인 각 보에 식 (4.1.14)를 적용하여 요소에 대한 강성행렬을 구한다.

$$[k^{(1)}] = \frac{EI}{L^3}\begin{array}{c} \begin{matrix} v_1 & \phi_1 & v_2 & \phi_2 \end{matrix} \\ \begin{bmatrix} 12 & 6L & -12 & 6L \\ & 4L^2 & -6L & 2L^2 \\ & & 12 & -6L \\ \text{Symmetry} & & & 4L^2 \end{bmatrix} \end{array} \quad [k^{(2)}] = \frac{EI}{L^3}\begin{array}{c} \begin{matrix} v_2 & \phi_2 & v_3 & \phi_3 \end{matrix} \\ \begin{bmatrix} 12 & 6L & -12 & 6L \\ & 4L^2 & -6L & 2L^2 \\ & & 12 & -6L \\ \text{Symmetry} & & & 4L^2 \end{bmatrix} \end{array} \tag{4.3.27}$$

경계조건은 다음과 같다.

$$v_1 = \phi_1 = v_3 = \phi_3 = 0 \tag{4.3.28}$$

전체좌표계에 $F_{2y} = -10{,}000$ N과 $M_2 = 20{,}000$ N-m를 적용한다.

전체좌표계에 힘과 모멘트와 식 (4.3.28)의 경계조건을 적용하고, 직접강성법과 식 (4.3.27)을 사용하여 전체좌표계의 강성행렬을 구성하면 전체좌표계에 적용하는 식을 구할 수 있다.

$$\begin{Bmatrix} -10{,}000 \\ 20{,}000 \end{Bmatrix} = \frac{(210 \times 10^9)(4 \times 10^{-4})}{3^3}\begin{bmatrix} 24 & 0 \\ 0 & 8(3^2) \end{bmatrix}\begin{Bmatrix} v_2 \\ \phi_2 \end{Bmatrix} \tag{4.3.29}$$

식 (4.3.29)를 변위와 회전에 대해 푼다.

$$v_2 = -1.339 \times 10^{-4}\ \text{m} \quad \text{그리고} \quad \phi_2 = 8.928 \times 10^{-5}\ \text{rad} \tag{4.3.30}$$

각 요소들의 부분식을 이용하여 다음과 같이 국부 절점에 대한 힘과 모멘트를 구한다.

$$\begin{Bmatrix} f_{1y}^{(1)} \\ m_1^{(1)} \\ f_{2y}^{(1)} \\ m_2^{(1)} \end{Bmatrix} = \frac{(210 \times 10^9)(4 \times 10^{-4})}{3^3}\begin{bmatrix} 12 & 6(3) & -12 & 6(3) \\ 6(3) & 4(3^2) & -6(3) & 2(3^2) \\ -12 & -6(3) & 12 & -6(3) \\ 6(3) & 2(3^2) & -6(3) & 4(3^2) \end{bmatrix}\begin{Bmatrix} 0 \\ 0 \\ -1.3339 \times 10^{-4} \\ 8.928 \times 10^{-5} \end{Bmatrix} \tag{4.3.31}$$

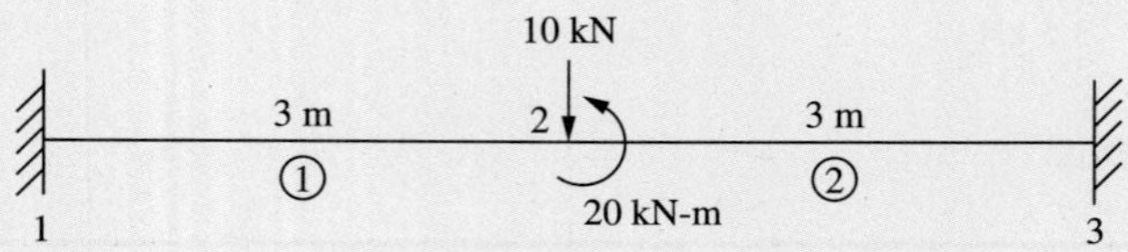

그림 4-16 • 힘과 모멘트가 적용된 양단 고정 보

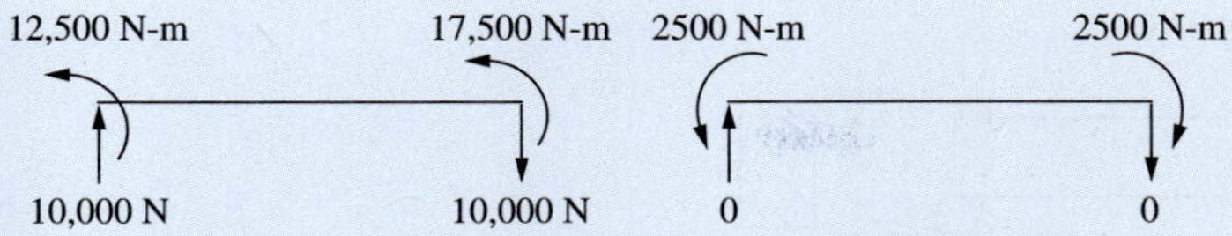

그림 4-17 • 그림 4-16의 각 요소의 절점에 작용하는 힘과 모멘트

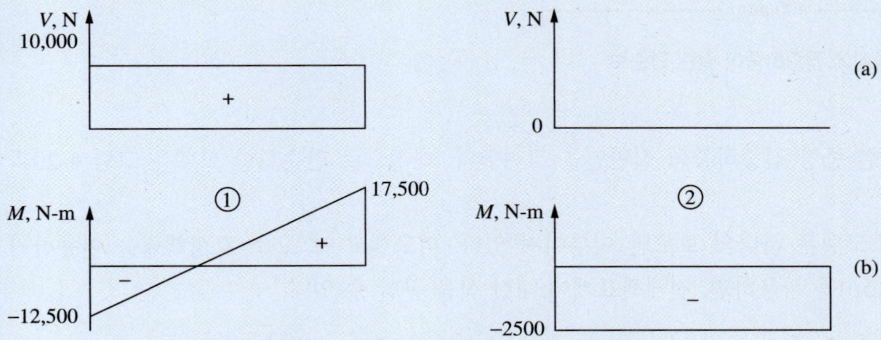

그림 4-18 • 요소별 (a) 전단력, (b) 굽힘 모멘트

위의 식 (4.3.31)을 정리하면 다음과 같다.

$$f_{1y}^{(1)} = 10,000\,\text{N}, \quad m_1^{(1)} = 12,500\,\text{N-m}, \quad f_{2y}^{(1)} = -10,000\,\text{N}, \quad m_2^{(1)} = 17,500\,\text{N-m} \tag{4.3.32}$$

같은 방법으로, 요소 2에 대한 국부 절점의 힘과 모멘트를 구한다.

$$f_{2y}^{(2)} = 0, \quad m_2^{(2)} = 2500\,\text{N-m}, \quad f_{3y}^{(2)} = 0, \quad m_3^{(2)} = -\,2500\,\text{N-m} \tag{4.3.33}$$

식 (4.3.32)와 (4.3.33)의 결과를 이용하여 그림 4-17에 요소별로 작용하는 힘과 모멘트를 구할 수 있다.

그림 4-17에서 나타낸 식 (4.3.32)와 (4.3.33)의 결과로 그림 4-18의 요소별 전단력과 굽힘 모멘트 선도를 얻는다.

예제 4.5

일반적인 굽힘 변형에 따른 전단 변형의 효과를 설명하기 위해 그림 4-19와 같은 단순보 문제를 풀어라. 평면 x-y의 변형에 작용하는 굽힘과 전단 변형을 모두 포함한 식 (4.1.15o)를 통해 구한 보의 강성행렬을 이용한다. 보는 중앙에 10,000 N의 하중이 집중되어 있다. 물성을 E = 207 GPa과 G = 80 GPa로 놓고, 보의 폭과 높이를 b =25 mm, h = 50 mm로 가정한다.

풀이

대칭을 이용하여 단순화하면, 보의 절반만을 고려하며 중앙의 기울기가 0이라고 가정할 수 있

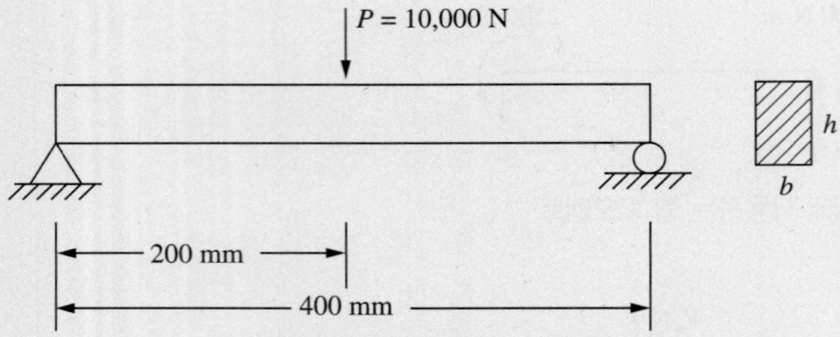

그림 4-19 • 중심에 집중하중이 걸린 단순보

을 것이다. 또한 중앙 집중하중의 절반만을 고려한다. 대칭으로 단순화한 모델은 그림 4-20과 같다.

이 유한요소모델은 하나의 보로만 이루어져 있다. 티모센코 보 요소 강성행렬을 이용하기 위해 식 (4.1.15o)를 사용하면, 전체좌표계에 대한 식을 구할 수 있다.

$$\frac{EI}{L^3(1+\varphi)}\begin{bmatrix} 12 & 6L & -12 & 6L \\ 6L & (4+\varphi)L^2 & -6L & (2-\varphi)L^2 \\ -12 & -6L & 12 & -6L \\ 6L & (2-\varphi)L^2 & -6L & (4+\varphi)L^2 \end{bmatrix}\begin{Bmatrix} v_1 = 0 \\ \phi_1 \\ v_1 \\ \phi_2 = 0 \end{Bmatrix} = \begin{Bmatrix} F_{1y} \\ 0 \\ -P/2 \\ 0 \end{Bmatrix} \tag{4.3.34}$$

식 (4.3.34)의 경계조건이 $v_1 = 0$이고 $\phi_2 = 0$임에 유의하라.

두 미지수 ϕ_1과 v_2와 연관된 식 (4.3.34)의 두 번째와 세 번째 식을 이용하면 다음과 같은 결과를 얻을 수 있다.

$$v_2 = \frac{-PL^3(4+\varphi)}{24EI} \quad \text{그리고} \quad \phi_1 = \frac{-PL^2}{4EI} \tag{4.3.35}$$

보의 단면이 직사각형이라고 하면, 관성 모멘트는

$$I = bh^3/12$$

이고, b와 h에 기존에 정한 값을 대입하면

$$I = 0.26 \times 10^{-6}\ \text{m}^4$$

가 된다. 전단 수정계수는

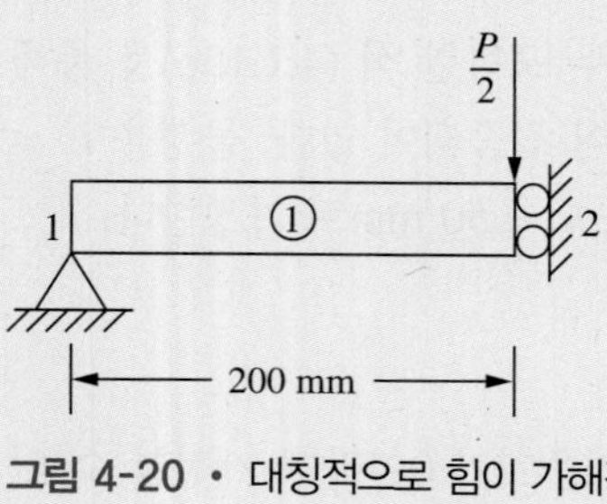

그림 4-20 • 대칭적으로 힘이 가해진 보

$$\varphi = \frac{12EI}{k_s AGL^2}$$

이고, 직사각형 단면에 대한 $k_s = 5/6$이다.

E, I, G, L, k_s에 수치를 대입하면 다음과 같다.

$$\varphi = \frac{12 \times 207 \times 10^9 \times 0.26 \times 10^{-6}}{5/6 \times 0.025 \times 0.05 \times 80 \times 10^9 \times 0.2^2} = 0.1938$$

식 (4.3.35)에 $P = 10{,}000$ N, $L = 0.2$ m, $\varphi = 0.1938$을 대입하여 중심부의 변위를 얻는다.

$$v_2 = -2.597 \times 10^{-4} \text{ m} \tag{4.3.36}$$

만약 l = 보의 전체 길이라 하면, $l = 2L$이므로 식 (4.3.35)에 $L = l/2$을 적용하여 보 전체 길이에 대한 변위 항을 구할 수 있다.

$$v_2 = \frac{-Pl^3(4 + \varphi)}{192EI} \tag{4.3.37}$$

l이 높이 h의 10배 이상 큰 얇고 긴 보에서는 전단 수정항 φ가 무시해도 될 정도로 작으므로, 식 (4.3.37)을 다음과 같이 정리할 수 있다.

$$v_2 = \frac{-Pl^3}{48EI} \tag{4.3.38}$$

식 (4.3.38)은 중앙에 집중하중이 걸린 단순지지 보에 대한 전통적인 변형 공식과 같다.

식 (4.3.38)을 이용하여 변형을 구하면 다음과 같다.

$$v_2 = -2.474 \times 10^{-4} \text{ m} \tag{4.3.39}$$

전단 수정계수를 사용한 경우와 보 굽힘력만 적용한 경우를 비교하면 다음과 같다.

$$\% \text{ 변화} = \frac{2.597 - 2.474}{2.474} \times 100 = 4.97\% \text{ 차이}$$

4.4 | 분포하중

보 구조물에는 절점에 작용하는 집중하중뿐만 아니라 분포하중도 작용한다. 그러므로 분포하중도 고려되어야 한다. 그림 4-21에 보인 바와 같이 균일 분포하중 w가 작용하는 양단 고정 보를 생각해 보자. 그림 4-22에는 보 이론을 이용해서 구한 양단의 반력이 나타나 있다(참고문헌 [2]). 이러한 반력을 **고정단 반력(fixed-end reation)**이라 한다. 일반적으로, **고정단 반력**은 요소의 양단이 고정된, 즉 변위와 회전이 모두 구속된 요소의 양 끝점에서의 반력을 말한다[부정정계의 문제에 익숙하지 않은 사람들은 이 반력을 주어진 힘이라고 일단 생각하고 계속 읽어나가기 바란다. 다음에 나오는 일-등가법(work-equivalence method)에서 이 결과를 자세

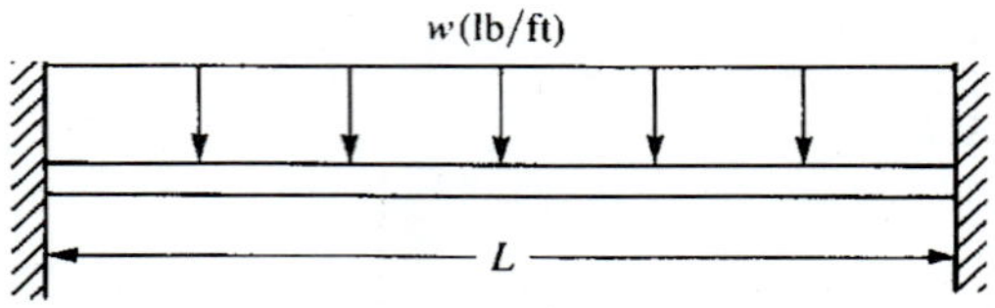

그림 4-21 • 균일 분포하중을 받는 양단 고정 보

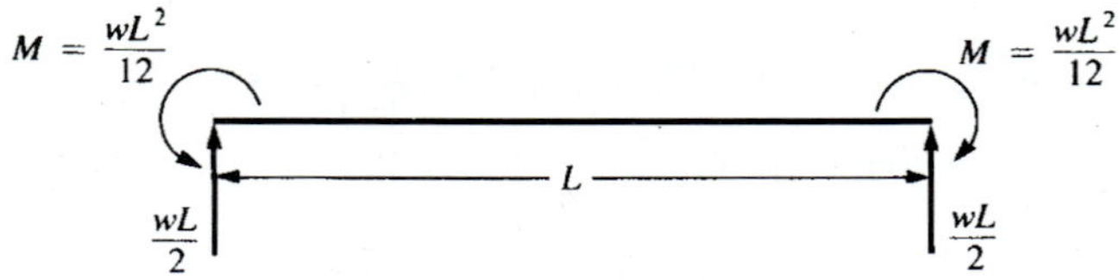

그림 4-22 • 그림 4-21의 보에 대한 고정단의 반력

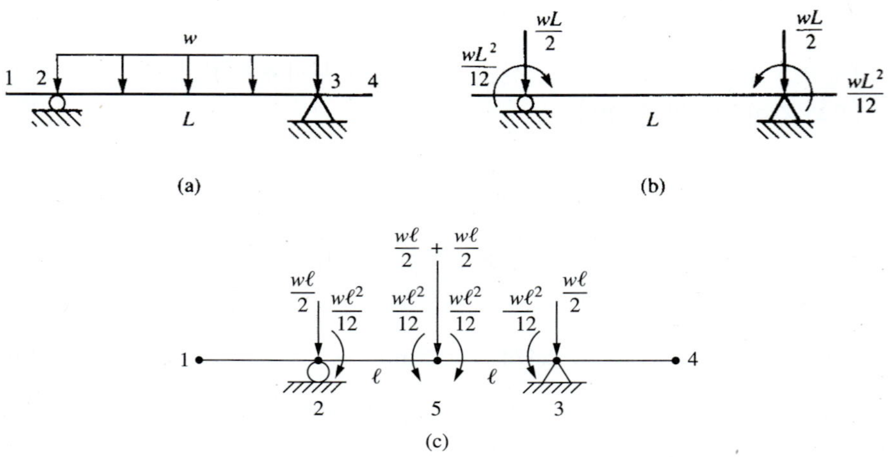

그림 4-23 • (a) 분포하중을 받는 보, (b) 등가 절점력, (c) (명확하게 보기 위해) 중앙에 절점 5를 추가하고 확대한 등가 절점력 보.

히 보여줄 것이다]. 균일 분포하중이 작용하는 경우에 보 이론에 의해 구한 결과에 따라, 집중하중과 모멘트를 실제 분포하중과 같은 효과를 갖도록 대치시킨 결과를 그림 4-23에 나타내었다. 균일 분포하중을 보 양단에서의 등가의 집중하중과 집중 모멘트로 치환한 것이다. 즉, 임의의 지점에 대한 등가 집중하중 및 모멘트와 원래의 분포하중은 같은 결과를 가진다. 이러한 등가의 힘들은 항상 고정단의 반력과는 반대 방향이다. 하중을 받는 요소 2-3을 더 자세히 해석하고자 한다면, 요소의 중간에 절점을 하나 더 두고 위에서 기술한 것과 같은 방법을 그 두 요소에 대해 적용하면 된다. 다시 말해서, 주어진 보에 대해 최대 처짐과 최대 모멘트를 구하고자 한다면, 보 요소 2-3의 가운데에 하나의 절점 5가 더 필요하고, 일-등가 힘과 모멘트가 각 요소(절점 2에서 5까지/절점 5에서 3까지)에 적용되는 것을 그림 4-23(c)에 나타냈다.

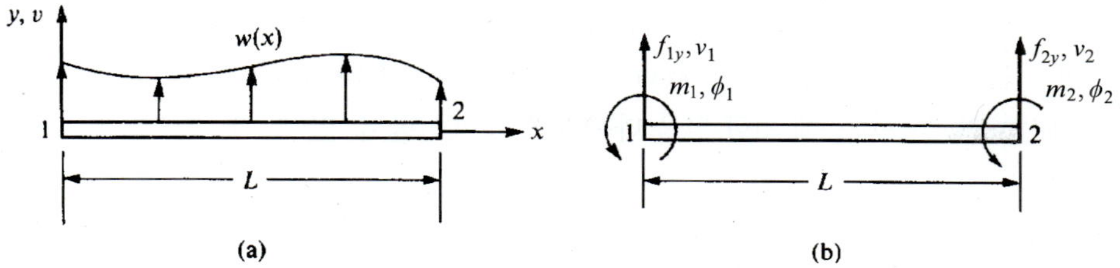

그림 4-24 • (a) 일반적인 하중상태의 보, (b) 등가 절점력

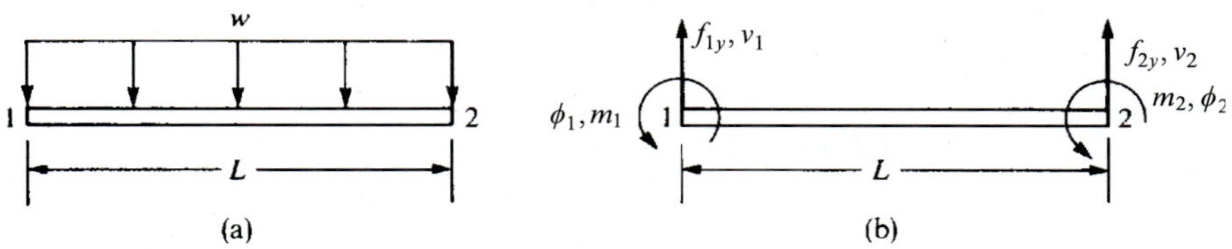

그림 4-25 • (a) 균일 분포하중을 받는 보, (b) 계산해야 할 등가 절점력

일–등가법

분포하중을 이산화된 단위하중의 집합으로 치환하는 데 일–등가법을 이용할 수 있다. 이 방법은 임의의 절점 변위에 대해 변위장 $v(x)$에 작용하는 분포하중 $w(x)$에 의한 일과 절점 변위 v_i와 ϕ_i에 작용하는 절점력 f_{iy}와 m_i에 의한 일이 같다는 개념에 기초하고 있다. 이 방법을 설명하기 위해 그림 4-24의 예를 고려해 보자. 분포하중에 의해 행해진 일은

$$W_{\text{distributed}} = \int_0^L w(x)v(x)\,dx \tag{4.4.1}$$

이고, 여기서 $v(x)$는 식 (4.1.4)에 주어진 횡방향 변위를 말한다. 집중하중에 의한 일은 다음과 같다.

$$W_{\text{discrete}} = m_1\phi_1 + m_2\phi_2 + f_{1y}v_1 + f_{2y}v_2 \tag{4.4.2}$$

분포하중을 치환하기 위해 일–등가법의 개념, 즉 임의의 변위 ϕ_1, ϕ_2, v_1, v_2에 대해 $W_{\text{distributed}} = W_{\text{discrete}}$ 식을 이용하여 집중하중 m_1, m_2, f_{1y}, f_{2y}을 결정할 수 있다.

하중 치환의 예

일–등가의 개념을 명확히 설명하기 위해 주어진 분포하중을 받는 보를 고려한다. 그림 4-25(a)에 나타낸 균일 분포하중을 받는 보를 생각하자. 경계조건은 하중 치환 규칙과는 무관하므로 표시하지 않았다. 임의의 변위에 대해, $W_{\text{discrete}} = W_{\text{distributed}}$ 함으로써 등가의 절점 집중 힘 m_1, m_2, f_{1y}, f_{2y}을 계산한다. 그림 4-25(b)는 그림 4-1에 기초한 양의 방향 절점 힘과 모멘트를 보여준다. (순서대로 ϕ_1, ϕ_2, v_1, v_2 및 m_1, m_2, f_{1y}, f_{2y})

식 (4.4.1)과 (4.4.2)를 $W_{\text{distributed}} = W_{\text{discrete}}$ 식에 적용하면 다음과 같은 식을 유도할 수 있다.

$$\int_0^L w(x)v(x)\,dx = m_1\phi_1 + m_2\phi_2 + f_{1y}v_1 + f_{2y}v_2 \tag{4.4.3}$$

각각의 절점 회전에 대해 집중 절점 모멘트가 하는 일이 $m_1\phi_1$과 $m_2\phi_2$이고 절점 변위에 작용하는 절점력이 하는 일이 $f_{1y}v_1, f_{2y}v_2$이다. $w(x) = -w$와 식 (4.1.4)의 $v(x)$를 식 (4.4.3)의 좌변에 대입하여 계산하면, 분포하중에 의한 일을 다음과 같이 계산할 수 있다.

$$\int_0^L w(x)v(x)\,dx = -\frac{Lw}{2}(v_1 - v_2) - \frac{L^2w}{4}(\phi_1 + \phi_2) - Lw(v_2 - v_1) + \frac{L^2w}{3}(2\phi_1 + \phi_2) - \phi_1\left(\frac{L^2w}{2}\right) - v_1(wL) \tag{4.4.4}$$

임의의 절점 변위에 대해 식 (4.4.3)과 (4.4.4)를 이용하기 위해, $\phi_1 = 1, \phi_2 = 0, v_1 = 0, v_2 = 0$을 대입하면

$$m_1(1) = -\left(\frac{L^2w}{4} - \frac{2}{3}L^2w + \frac{L^2}{2}w\right) = -\frac{wL^2}{12} \tag{4.4.5}$$

이고, 유사하게 $\phi_1 = 0, \phi_2 = 1, v_1 = 0, v_2 = 0$을 대입하면

$$m_2(1) = -\left(\frac{L^2w}{4} - \frac{L^2w}{3}\right) = \frac{wL^2}{12} \tag{4.4.6}$$

이다. 마지막으로, 먼저 v_1과 v_2를 제외한 나머지 절점 변위를 모두 0으로 하고 계산하면 다음의 결과를 얻을 수 있다.

$$\begin{aligned} f_{1y}(1) &= -\frac{Lw}{2} + Lw - Lw = -\frac{Lw}{2} \\ f_{2y}(1) &= \frac{Lw}{2} - Lw = -\frac{Lw}{2} \end{aligned} \tag{4.4.7}$$

일반적으로, 임의의 주어진 분포하중 $w(x)$에 대해 $v(x)$를 곱하여 식 (4.4.3)과 같이 적분을 수행하면 분포하중을 대신할 집중하중과 모멘트를 계산할 수 있다. 또한 구조해석 이론에 의한 고정단 반력의 개념을 이용하여 치환하중을 구할 수 있다. 여러 가지 하중조건에 대한 고정단 반력을 제시한 표는 참고문헌 [2]와 같은 구조해석 교과서에 많이 나와 있다. 등가 절점력은 이 책의 부록 D에 제시되어 있는데, 고정단 반력은 일-등가법으로 구한 힘과 반대 방향의 힘이다.

만약 집중하중이 두 개 요소의 교차점, 즉 절점에 작용하지 않는 경우에는 하중이 작용하는 점에 새로운 절점을 만드는 대신에 등가 집중하중의 개념을 이용하여 그 하중을 절점에 작용하는 등가의 집중하중으로 치환하면 된다. 예제 4.7의 집중하중이 작용하는 보와 예제 5.3의 2차원 프레임 구조물에서 이에 대한 예를 제시하고 있다.

일반적인 정식화

일반적으로 보에 작용하는 집중하중이나 분포하중을 고려하기 위해 임의의 구조물에 적용할 수 있는 다음의 식에서 시작한다.

$$\{F\} = [K]\{d\} - \{F_0\} \tag{4.4.8}$$

여기서 $\{F\}$는 집중 절점력, $\{F_0\}$는 **등가 절점력**(*equivalent nodal forces*)이라 하고, 분포하중과 같은 변위를 주는 크기를 가지며, 전체좌표계로 표현된다. 부록 D에 나와 있는 국부좌표계로 표현된 등가 절점력 $\{f_0\}$를 이용하여 전체좌표계로 $\{F_0\}$를 표현할 수 있다.

최소 포텐셜 에너지 법칙으로 요소별 식을 유도했던 3.10절을 상기해 보자. 식 (3.10.19)와 (3.10.20)을 시작으로 전체 포텐셜 에너지를 최소화하면, 식 (3.10.20a)의 표면 마찰 치환을 통해 얻은 일-등가 힘 치환을 통해 구한 $\{F_0\}$에서 식 (4.4.8)과 같은 결과가 유도됨을 알 수 있다. 또한 $\{F\} = \{P\}$[식 (3.10.20)의 $\{P\}$]이 전체좌표계로 표현된 절점 집중하중이다. 왜냐하면 절점 집중하중이 없다고 하면($\{F\} = 0$), 식 (4.4.8)을 다음과 같이 다시 쓸 수 있기 때문이다.

$$\{F_0\} = [K]\{d\} \tag{4.4.9}$$

식 (4.4.9)에서 $\{d\}$를 구하고, 그 구한 값 $\{d\}$와 등가 절점력 $\{F_0\}$를 식 (4.4.8)에 대입하면 전체좌표계로 표현된 실제 절점력 $\{F\}$을 구할 수 있다. 예를 들면, 균일 분포하중을 받는 보가 하나의 유한요소로 되어 있는 경우에, $\{f_0\}$의 정의와 식 (4.4.5)~(4.4.7)(부록 D의 하중조건 4를 참조)을 이용하면 다음과 같은 결과를 얻는다.

$$\{F_0\} = \begin{Bmatrix} \dfrac{-wL}{2} \\ \dfrac{-wL^2}{12} \\ \dfrac{-wL}{2} \\ \dfrac{wL^2}{12} \end{Bmatrix} \tag{4.4.10}$$

이 개념은 식 (4.4.8)을 국부좌표계에 적용하면 각각의 요소에 대한 국부좌표계로 표현된 절점력 $\{f\}$를 다음과 같이 구할 수 있다.

$$\{f\} = [k]\{d\} - \{f_0\} \tag{4.4.11}$$

여기서 $\{f_0\}$는 국부좌표계로 표현된 등가 절점력이다.

예제 4.6~4.8은 집중하중이나 분포하중을 받는 보를 해석하기 위해 등가 절점력을 이용한 방법을 소개하고 있다. 이들 예제에서는 보를 요소가 아닌 하나의 일반적인 구조물로 취급하기 위해 전체좌표계를 사용한다.

예제 4.6

그림 4-26에 나타낸 균일 분포하중 w를 받는 외팔보에 대해 오른쪽 끝의 변위와 회전각 그리고 절점력을 구하라. 굽힘강성은 EI로 보 전체에 대해 일정한 값을 가진다.

풀이

먼저 보를 요소로 분할하는데, 여기서는 보 전체를 하나의 요소로 간주한다. 그리고 그림

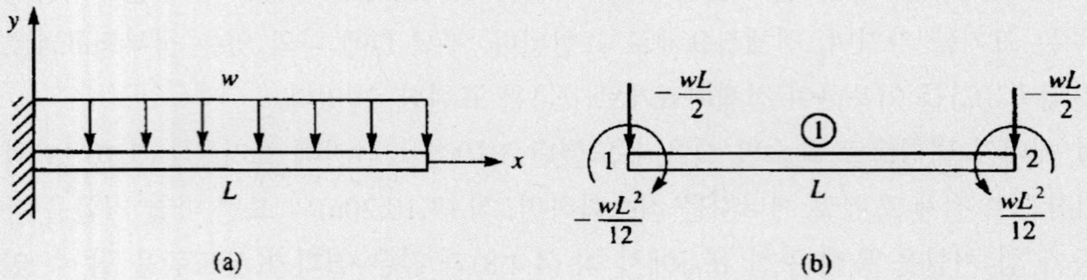

그림 4-26 • (a) 균일 분포하중을 받는 외팔보, (b) 등가 절점력

4-26(b)와 같이 분포하중을 일-등가 절점력으로 치환한다. 이 일-등가 절점력은 식 (4.4.10)에서 구한 균일 분포하중이 보 전체에 작용하는 결과로부터 구한다(부록 D의 하중조건 4를 참조). 식 (4.4.9)와 보 요소의 강성행렬을 이용하면 다음의 결과를 얻을 수 있다.

$$\frac{EI}{L^3}\begin{bmatrix} 12 & 6L & -12 & 6L \\ & 4L^2 & -6L & 2L^2 \\ & & 12 & -6L \\ & & & 4L^2 \end{bmatrix}\begin{Bmatrix} v_1 \\ \phi_1 \\ v_2 \\ \phi_2 \end{Bmatrix} = \begin{Bmatrix} F_{1y} - \dfrac{wL}{2} \\ M_1 - \dfrac{wL^2}{12} \\ \dfrac{-wL}{2} \\ \dfrac{wL^2}{12} \end{Bmatrix} \tag{4.4.12}$$

여기서는 그림 4-26(b)의 절점력과 모멘트를 이용하였다.

식 (4.4.12)의 경계조건을 $v_1 = 0$, $\phi_1 = 0$을 적용하여 식 (4.4.12)의 세 번째와 네 번째 식을 분리하여 다음과 같은 식을 구했다.

$$\frac{EI}{L^3}\begin{bmatrix} 12 & -6L \\ -6L & 4L^2 \end{bmatrix}\begin{Bmatrix} v_2 \\ \phi_2 \end{Bmatrix} = \begin{Bmatrix} -\dfrac{wL}{2} \\ \dfrac{wL^2}{12} \end{Bmatrix} \tag{4.4.13}$$

변위를 구하기 위해 식 (4.4.13)을 풀면

$$\begin{Bmatrix} v_2 \\ \phi_2 \end{Bmatrix} = \frac{L}{6EI}\begin{bmatrix} 2L^2 & 3L \\ 3L & 6 \end{bmatrix}\begin{Bmatrix} \dfrac{-wL}{2} \\ \dfrac{wL^2}{12} \end{Bmatrix} \tag{4.4.14a}$$

이고, 식 (4.4.14a)를 간단하게 정리하면 변위와 회전각을 다음과 같이 구할 수 있다.

$$\begin{Bmatrix} v_2 \\ \phi_2 \end{Bmatrix} = \begin{Bmatrix} \dfrac{-wL^4}{8EI} \\ \dfrac{-wL^3}{6EI} \end{Bmatrix} \tag{4.4.14b}$$

v_2가 음의 값을 가지면 아래방향이고, ϕ_2가 음의 값인 경우에는 시계 방향이다. 이 경우 분포하중을 단위하중으로 이루어진 집중하중으로 치환하는 방법은 이중 적분[1] 같은 전통적인 해법처럼 변위와 회전에 대해 정확한 해를 준다는 것을 알 수 있다. 또한 정확한 해를 통해 구한 절점 변위와 회전이 유한요소법을 통해 구한 해와 일치한다는 점을 일-등가법을 통해 확인할 수 있다.

다음으로, 전체좌표계로 표현된 절점력을 구하는 방법을 알아보자. 간단히 하기 위해 먼저 $[K]\{d\}$를 $\{F^{(e)}\}$로 표현하자. 여기서 $\{F^{(e)}\}$는 전체좌표계로 표현된 **유효 절점력**(*effective nodal forces*)이라고 한다. $\{d\}$에 대한 식 (4.4.14)를 이용하면

$$\begin{Bmatrix} F_{1y}^{(e)} \\ M_1^{(e)} \\ F_{2y}^{(e)} \\ M_2^{(e)} \end{Bmatrix} = \frac{EI}{L^3}\begin{bmatrix} 12 & 6L & -12 & 6L \\ 6L & 4L^2 & -6L & 2L^2 \\ -12 & -6L & 12 & -6L \\ 6L & 2L^2 & -6L & 4L^2 \end{bmatrix}\begin{Bmatrix} 0 \\ 0 \\ \dfrac{-wL^4}{8EI} \\ \dfrac{-wL^3}{6EI} \end{Bmatrix} \tag{4.4.15}$$

이고, 식 (4.4.15)를 정리하면

$$\begin{Bmatrix} F_{1y}^{(e)} \\ M_1^{(e)} \\ F_{2y}^{(e)} \\ M_2^{(e)} \end{Bmatrix} = \begin{Bmatrix} \dfrac{wL}{2} \\ \dfrac{5wL^2}{12} \\ \dfrac{-wL}{2} \\ \dfrac{wL^2}{12} \end{Bmatrix} \tag{4.4.16}$$

이 된다. 식 (4.4.10)과 (4.4.16)을 식 (4.4.8)에 대입하면 ($\{F\} = [K]\{d\} - \{F_0\}$) 아래와 같이 전체좌표계에서의 절점력을 정확하게 구할 수 있다.

$$\begin{Bmatrix} F_{1y} \\ M_1 \\ F_{2y} \\ M_2 \end{Bmatrix} = \begin{Bmatrix} \dfrac{wL}{2} \\ \dfrac{5wL^2}{12} \\ \dfrac{-wL}{2} \\ \dfrac{wL^2}{12} \end{Bmatrix} - \begin{Bmatrix} \dfrac{-wL}{2} \\ \dfrac{-wL^2}{12} \\ \dfrac{-wL}{2} \\ \dfrac{wL^2}{12} \end{Bmatrix} = \begin{Bmatrix} wL \\ \dfrac{wL^2}{2} \\ 0 \\ 0 \end{Bmatrix} \tag{4.4.17}$$

식 (4.4.17)에서, F_{1y}는 고정단인 절점 1에서의 수직방향의 반력이고, M_1은 반력 모멘트이다. 식 (4.4.14b)의 변위와 식 (4.4.17)의 절점력으로 이 외팔보 문제의 해를 완전히 구하였다.

식 (4.4.17)의 반력을 나타낸 보의 자유물체도가 그림 4-26(c)에서 볼 수 있는 힘과 모멘트 평형을 증명한다.

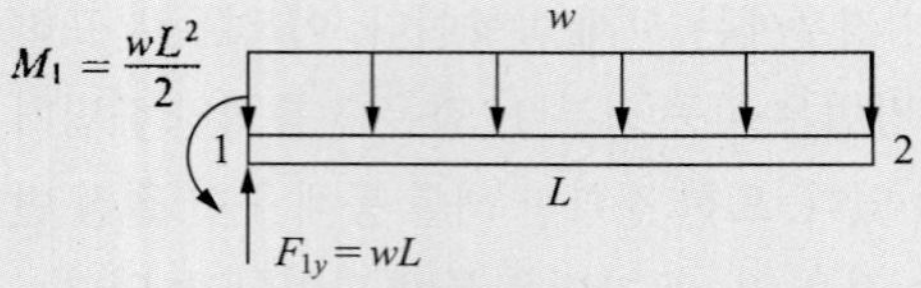

$$\sum F_y: F_{1y} - wL = 0$$

$$\sum M_1: \frac{wL^2}{2} - (wL)\frac{L}{2} = 0$$

(c)

그림 4-26 • (c) 그림 4-26(a) 보의 자유물체도와 평형방정식

식 (4.4.17)에서 구한 절점력과 모멘트 반력은 정확한 전체좌표계의 절점력과 모멘트를 구하기 위해 사용한 식 (4.4.8)의 중요성을 보여준다. 일-등가 힘 행렬을 빼는 것으로([K]에 {d}를 곱해 구한 {F_0}) 간단한 평형방정식을 통해 검증 가능한 절점 1에 대한 정확한 반력을 구할 수 있다. 이 검증은 다음의 일반적인 방법을 통해 증명한다.

1. 해법에서 사용된 절점력과 모멘트를 파악하기 위해 분포하중을 그림 4-26(b)에서 볼 수 있는 일-등가로 치환한다.
2. 식 (4.4.12)처럼 전체좌표계의 하중과 강성행렬과 방정식을 조립한다.
3. 이전 문제를 풀 때나 미지의 변위와 회전을 풀기 위해 네 개의 방정식을 두 개로 줄인 식 (4.4.13)의 경우처럼 방정식의 수를 줄이기 위해 경계조건을 적용한다.
4. 식 (4.4.14a)와 (4.4.14b)를 통해 미지의 변위와 회전을 구한다.
5. 식 (4.4.17)에서 정확한 최종 전체좌표계 절점력과 모멘트를 구한 것처럼 식 (4.4.8)을 이용한다. 그림 4-26(a)의 외팔보 왼쪽 끝단처럼 지지받고 있는 힘과 모멘트는 반력이 될 것이다.

다음의 예제에서는 보 요소의 절점 이외의 곳에서 집중하중이 작용하는 경우의 문제를 다루어 보자.

예제 4.7

그림 4-27에 나타낸 바와 같이 집중하중 P를 받는 외팔보에서, 집중하중을 등가의 절점력으로 치환하여 오른쪽 끝의 수직방향의 처짐과 회전각 그리고 반력을 포함한 절점력을 구하라. 단, 보의 굽힘강성은 EI로 보 전체에 걸쳐 일정하다.

풀이

먼저 보 요소를 분할하는데, 여기서는 보 전체를 하나의 요소로 간주한다. 집중하중은 부록 D의 하중조건 1을 참조하면 그림 4-27(b)와 같이 새로운 집중하중으로 치환할 수 있다. 식 (4.4.9)와 (4.1.14)의 보 요소 강성행렬을 이용하면

$$\frac{EI}{L^3}\begin{bmatrix} 12 & -6L \\ -6L & 4L^2 \end{bmatrix}\begin{Bmatrix} v_2 \\ \phi_2 \end{Bmatrix} = \begin{Bmatrix} \dfrac{-P}{2} \\ \dfrac{PL}{8} \end{Bmatrix} \tag{4.4.18}$$

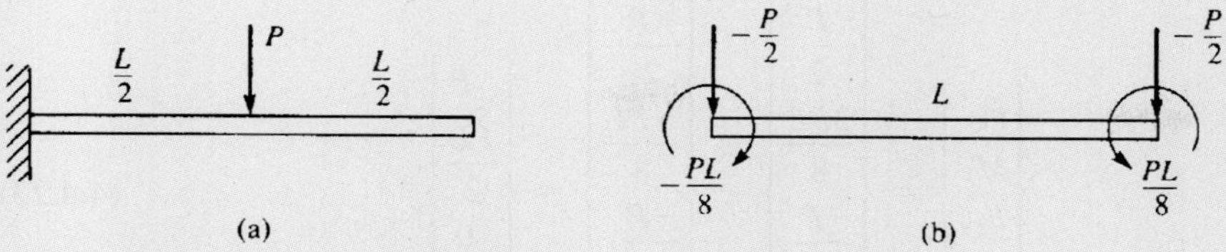

그림 4-27 • (a) 집중하중을 받는 외팔보, (b) 치환된 등가 절점력

이고, 여기서 그림 4-27(b)의 절점력을 적용하였고 계산의 편의를 위해 경계조건을 $v_1 = 0$과 $\phi_1 = 0$으로 하여 행렬의 크기를 줄였다. 식 (4.4.18)에서 변위를 계산하면

$$\begin{Bmatrix} v_2 \\ \phi_2 \end{Bmatrix} = \frac{L}{6EI}\begin{bmatrix} 2L^2 & 3L \\ 3L & 6 \end{bmatrix}\begin{Bmatrix} \dfrac{-P}{2} \\ \dfrac{PL}{8} \end{Bmatrix} \tag{4.4.19}$$

이고, 식 (4.4.19)를 계산하면 다음과 같이 변위와 회전각을 구할 수 있다.

$$\begin{Bmatrix} v_2 \\ \phi_2 \end{Bmatrix} = \begin{Bmatrix} \dfrac{-5PL^3}{48EI} \\ \dfrac{-PL^2}{8EI} \end{Bmatrix} \begin{matrix} \downarrow \\ \curvearrowright \end{matrix} \tag{4.4.20}$$

절점력을 구하기 위해서는 $\{F^{(e)}\} = [K]\{d\}$로부터 유효 절점력을 먼저 구해야 한다.

$$\begin{Bmatrix} F_{1y}^{(e)} \\ M_1^{(e)} \\ F_{2y}^{(e)} \\ M_2^{(e)} \end{Bmatrix} = \frac{EI}{L^3}\begin{bmatrix} 12 & 6L & -12 & 6L \\ 6L & 4L^2 & -6L & 2L^2 \\ -12 & -6L & 12 & -6L \\ 6L & 2L^2 & -6L & 4L^2 \end{bmatrix}\begin{Bmatrix} 0 \\ 0 \\ \dfrac{-5PL^3}{48EI} \\ \dfrac{-PL^2}{8EI} \end{Bmatrix} \tag{4.4.21}$$

식 (4.4.21)을 계산하면

$$\begin{Bmatrix} F_{1y}^{(e)} \\ M_1^{(e)} \\ F_{2y}^{(e)} \\ M_2^{(e)} \end{Bmatrix} = \begin{Bmatrix} \dfrac{P}{2} \\ \dfrac{3PL}{8} \\ \dfrac{-P}{2} \\ \dfrac{PL}{8} \end{Bmatrix} \tag{4.4.22}$$

을 얻을 수 있다. 식 (4.4.22)와 그림 4-27(b)의 등가 절점력을 식 (4.4.8)에 대입하면 정확한 절점력을 구할 수 있다.

$$
\begin{Bmatrix} F_{1y} \\ M_1 \\ F_{2y} \\ M_2 \end{Bmatrix} = \begin{Bmatrix} \dfrac{P}{2} \\ \dfrac{3PL}{8} \\ \dfrac{-P}{2} \\ \dfrac{PL}{8} \end{Bmatrix} - \begin{Bmatrix} \dfrac{-P}{2} \\ \dfrac{-PL}{8} \\ \dfrac{-P}{2} \\ \dfrac{PL}{8} \end{Bmatrix} = \begin{Bmatrix} P \\ \dfrac{PL}{2} \\ 0 \\ 0 \end{Bmatrix} \tag{4.4.23}
$$

식 (4.4.23)에서 F_{1y}는 고정단인 절점 1에서의 수직방향 반력과 같고, M_1은 반력 모멘트와 같다는 것을 알 수 있다.

다시 식 (4.4.23)으로 얻은 반력이 일반식의 정확성과 예제 4.6을 통해 한 번 더 검증된 정적 평형방정식을 이용하여 정확한지 검증할 수 있다.

끝으로, 다음 예제에서 보 요소에 집중 절점력과 분포하중이 동시에 작용하는 경우의 문제를 다루어 보자.

예제 4.8

그림 4-28에 나타낸 바와 같이 자유단에서 집중하중 P가 작용하고, 보 전체에 걸쳐 균일 분포하중 w가 작용하는 외팔보가 있다. 자유단에서의 변위와 절점력을 구하라.

풀이

앞에서와 마찬가지로, 보를 절점 1과 2를 가진 하나의 요소로 간주하고 부록 D의 하중조건 4를 참조하여 그림 4-28(b)와 같이 두 개의 절점을 갖는 보에 치환된 하중이 작용하는 것으로 모델링한다. 식 (4.1.14)에 나와 있는 보 요소 강성행렬을 이용하면

$$
\frac{EI}{L^3}\begin{bmatrix} 12 & -6L \\ -6L & 4L^2 \end{bmatrix} \begin{Bmatrix} v_2 \\ \phi_2 \end{Bmatrix} = \begin{Bmatrix} \dfrac{-wL}{2} - P \\ \dfrac{wL^2}{12} \end{Bmatrix} \tag{4.4.24}
$$

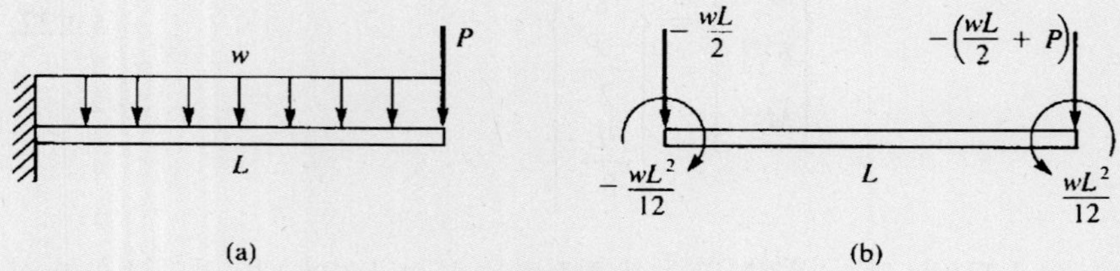

그림 4-28 • (a) 집중하중과 분포하중을 받는 외팔보, (b) 치환된 등가 절점력

이 되고, 여기서 그림 4-28(b)의 하중을 적용하였고, 계산의 편의를 위해 경계조건을 $v_1 = 0$과 $\phi_1 = 0$으로 하여 행렬의 크기를 줄였다. 식 (4.4.24)에서 변위를 구하면

$$\begin{Bmatrix} v_2 \\ \phi_2 \end{Bmatrix} = \begin{Bmatrix} \dfrac{-wL^4}{8EI} - \dfrac{PL^3}{3EI} \\ \dfrac{-wL^3}{6EI} - \dfrac{PL^2}{2EI} \end{Bmatrix} \begin{matrix} \downarrow \\ \curvearrowright \end{matrix} \tag{4.4.25}$$

이고, 또한 $\{F^{(e)}\} = [K]\{d\}$로부터 유효 절점력을 다음과 같이 구할 수 있다.

$$\begin{Bmatrix} F_{1y}^{(e)} \\ M_1^{(e)} \\ F_{2y}^{(e)} \\ M_2^{(e)} \end{Bmatrix} = \frac{EI}{L^3}\begin{bmatrix} 12 & 6L & -12 & 6L \\ 6L & 4L^2 & -6L & 2L^2 \\ -12 & -6L & 12 & -6L \\ 6L & 2L^2 & -6L & 4L^2 \end{bmatrix} \begin{Bmatrix} 0 \\ 0 \\ \dfrac{-wL^4}{8EI} - \dfrac{PL^3}{3EI} \\ \dfrac{-wL^3}{6EI} - \dfrac{PL^2}{2EI} \end{Bmatrix} \tag{4.4.26}$$

식 (4.4.26)을 계산하면

$$\begin{Bmatrix} F_{1y}^{(e)} \\ M_1^{(e)} \\ F_{2y}^{(e)} \\ M_2^{(e)} \end{Bmatrix} = \begin{Bmatrix} P + \dfrac{wL}{2} \\ PL + \dfrac{5wL^2}{12} \\ -P - \dfrac{wL}{2} \\ \dfrac{wL^2}{12} \end{Bmatrix} \tag{4.4.27}$$

이 된다. 마지막으로, 식 (4.4.27)의 유효 절점력에서 등가 절점력[그림 4-27(b) 참조]을 빼면 최종적으로 절점력을 정확하게 구할 수 있다.

$$\begin{Bmatrix} F_{1y} \\ M_1 \\ F_{2y} \\ M_2 \end{Bmatrix} = \begin{Bmatrix} P + \dfrac{wL}{2} \\ PL + \dfrac{5wL^2}{12} \\ -P - \dfrac{wL}{2} \\ \dfrac{wL^2}{12} \end{Bmatrix} - \begin{Bmatrix} \dfrac{-wL}{2} \\ \dfrac{-wL^2}{12} \\ \dfrac{-wL}{2} \\ \dfrac{wL^2}{12} \end{Bmatrix} = \begin{Bmatrix} P + wL \\ PL + \dfrac{wL^2}{2} \\ -P \\ 0 \end{Bmatrix} \tag{4.4.28}$$

식 (4.4.28)로부터 F_{1y}와 M_1은 각각 절점 1에서의 수직방향 반력과 반력 모멘트이고, F_{2y}는 절점 2에서 아래방향으로 작용하는 하중 P와 같다. [원래의 집중하중을 빼는 것이 아니고, 등가 절점력을 뺀 것임을 기억하라. 이는 식 (4.4.8)의 일반적인 공식을 기초로 하였다.]

일-등가법을 일반화하기 위해 예제 4.9에 보이는 것처럼 하나 이상의 요소를 가진 보에 적용해 보자.

예제 4.9

그림 4-29(a)의 보 전체에 걸쳐 선형 분포하중을 받는 양단 고정 보의 변위와 중앙부 회전, 반력을 결정하라.

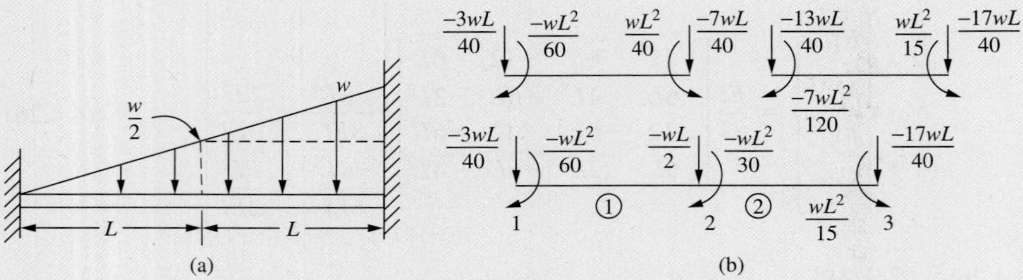

그림 4-29 • (a) 선형 등변 하중을 받는 양단 고정 보, (b) 치환된 등가 절점력

풀이

보는 절점 1, 2, 3으로 구분한 두 개의 요소로 모형화하였고, 부록 D의 적정 하중 사례 4와 5를 이용하여 그림 4-29(b)에 보이는 것처럼 분포하중을 치환하였다. 그림 4-29(a)에서처럼 높은 쪽 끝단 값이 $w/2$인 선형 분포하중을 적용한 요소에 하중 사례 5를 적용했다는 것에 주목하라. 마찬가지로 하중 사례 4와 5 모두 동일 거리에 $w/2$값을 분포하중으로 적용했고, 높은 쪽 끝단 값이 $w/2$인 선형 분포하중이 걸린 요소 2에 적용되었다.
보 요소 강성방정식 (4.1.14)를 각 요소에 적용하여 다음을 구한다.

$$[k^{(1)}]=\frac{EI}{L^3}\begin{bmatrix} 12 & 6L & -12 & 6L \\ 6L & 4L^2 & -6L & 2L^2 \\ -12 & -6L & 12 & -6L \\ 6L & 2L^2 & -6L & 4L^2 \end{bmatrix} \quad [k^{(2)}]=\frac{EI}{L^3}\begin{bmatrix} 12 & 6L & -12 & 6L \\ 6L & 4L^2 & -6L & 2L^2 \\ -12 & -6L & 12 & -6L \\ 6L & 2L^2 & -6L & 4L^2 \end{bmatrix} \tag{4.4.28}$$

전체좌표계 강성행렬을 구성하기 위해 직접강성법과 식 (4.4.28)을 사용하고, 경계조건 $v_1 = 0$, $\phi_1 = 0$, $v_3 = 0$, $\phi_3 = 0$을 사용한다.

$$\begin{Bmatrix} F_{2y} \\ M_2 \end{Bmatrix} = \begin{Bmatrix} \dfrac{-wL}{2} \\ \dfrac{-wL^2}{20} \end{Bmatrix} = \frac{EI}{L^3}\begin{bmatrix} 24 & 0 \\ 0 & 8L^2 \end{bmatrix} = \begin{Bmatrix} v_2 \\ \phi_2 \end{Bmatrix} \tag{4.4.29}$$

식 (4.4.29)를 풀어 변위와 기울기를 구할 수 있다.

$$v_2 = \frac{-wL^4}{48EI} \qquad \phi_2 = \frac{-wL^3}{240EI} \tag{4.4.30}$$

다음으로, $\{F^{(e)}\} = [K]\{d\}$를 사용하여 유효 절점력을 구한다.

$$\begin{Bmatrix} F_{1y}^{(e)} \\ M_1^{(e)} \\ F_{2y}^{(e)} \\ M_2^{(e)} \\ F_{3y}^{(e)} \\ M_3^{(e)} \end{Bmatrix} = \frac{EI}{L^3}\begin{bmatrix} 12 & 6L & -12 & 6L & 0 & 0 \\ 6L & 4L^2 & -6L & 2L^2 & 0 & 0 \\ -12 & -6L & 24 & 0 & -12 & 6L \\ 6L & 2L^2 & 0 & 8L^2 & -6L & 2L^2 \\ 0 & 0 & -12 & -6L & 12 & -6L \\ 0 & 0 & 6L & 2L^2 & -6L & 4L^2 \end{bmatrix}\begin{Bmatrix} 0 \\ 0 \\ \dfrac{-wL^4}{48EI} \\ \dfrac{-wL^3}{240EI} \\ 0 \\ 0 \end{Bmatrix} \tag{4.4.31}$$

식 (4.4.31)의 유효 하중을 각각 구하면 다음과 같다.

$$\begin{aligned} F_{1y}^{(e)} &= \frac{9wL}{40} \qquad M_1^{(e)} = \frac{7wL^2}{60} \\ F_{2y}^{(e)} &= \frac{-wL}{2} \qquad M_2^{(e)} = \frac{-wL^2}{30} \\ F_{3y}^{(e)} &= \frac{11wL}{40} \qquad M_3^{(e)} = \frac{-2wL^2}{15} \end{aligned} \tag{4.4.32}$$

마지막으로, 식 (4.4.8)을 사용하여 식 (4.4.32)의 결과로 구한 유효 하중행렬에서 그림 4-29(b)에서 보여준 등가력 치환을 기초로 구한 등가 절점력 행렬을 뺀다. 정확한 절점력과 모멘트를 구하기 위해 보의 절반을 나타내는 기호 L을 사용하였다.

$$\begin{Bmatrix} F_{1y} \\ M_1 \\ F_{2y} \\ M_2 \\ F_{3y} \\ M_3 \end{Bmatrix} = \begin{Bmatrix} \dfrac{9wL}{40} \\ \dfrac{7wL^2}{60} \\ \dfrac{-wL}{2} \\ \dfrac{-wL^2}{30} \\ \dfrac{11wL}{40} \\ \dfrac{-2wL^2}{15} \end{Bmatrix} - \begin{Bmatrix} \dfrac{-3wL}{40} \\ \dfrac{-wL^2}{60} \\ \dfrac{-wL}{2} \\ \dfrac{-wL^2}{30} \\ \dfrac{-17wL}{40} \\ \dfrac{wL^2}{15} \end{Bmatrix} = \begin{Bmatrix} \dfrac{12wL}{40} \\ \dfrac{8wL^2}{60} \\ 0 \\ 0 \\ \dfrac{28wL}{40} \\ \dfrac{-3wL^2}{15} \end{Bmatrix} \tag{4.4.33}$$

L을 실제 길이 $l = 2\,L$로 치환하면 부록 D의 사례 5에 해당하는 반력을 구할 수 있고, 예제에서 구한 결과가 증명된다.

요약하면, 등가 절점력으로 치환된 구조물에서 실제로 구조물에 작용하는 절점력을 구할 때에는 식 (4.4.8)에 나타낸 바와 같이 먼저 구조물의 유효 절점력 $\{F^{(e)}\}$를 구한 다음 등가 절점력 $\{F_0\}$를 빼면 된다. 마찬가지로, 등가 절점력으로 치환된 구조물의 요소에서는 식 (4.4.11) 에서와 같이 실제 요소에 작용하는 등가 절점력은 유효 절점력 $\{f^{(e)}\}$를 구한 다음 그 요소에만 관련된 등가 절점력 $\{f_0\}$를 빼면 된다. 이에 대해서는 예제 5.2와 5.3에서 2차원 평면 프레임 구조물에서도 다루고 있다.

4.5 | 보에 대한 유한요소 해와 정확한 해의 비교

그림 4-30처럼 균일 분포하중을 받는 외팔보에 대해 유한요소법과 전통적인 보 이론 해법을 이용한 결과를 비교해 보자. 하나와 두 요소에 대한 유한요소법을 모두 풀어볼 것이고, 직접 이중 적분을 이용한 정확한 해와 비교할 것이다. 우선 $E = 30 \times 10^6$ psi, $I = 100$ in^4, $L = 100$ in.로 하고, 균일 하중 $w = 20$ lb/in.로 한다.

풀이

전통적인 보 이론으로 해를 얻기 위해 이중 적분법[1]을 이용한다.

$$y'' = \frac{M(x)}{EI} \tag{4.5.1}$$

이중 프라임 기호로 아래와 같은 보를 x에 대한 방정식으로 나타내어 x와 M의 관계를 모멘트-곡률 방정식으로 푼다.

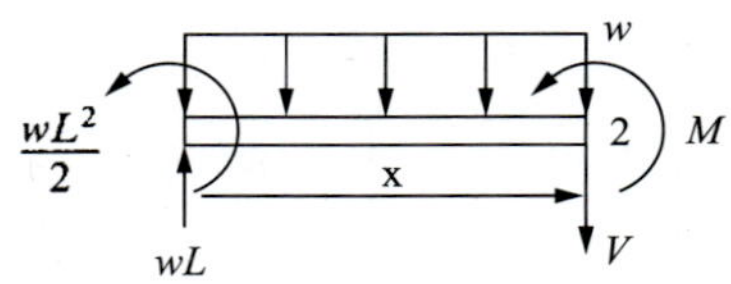

$$\Sigma F_y = 0 : V(x) = wL - wx$$
$$\Sigma M_2 = 0 : M(x) = \frac{-wL^2}{2} + wLx - (wx)\left(\frac{x}{2}\right) \tag{4.5.2}$$

식 (4.5.2)와 (4.5.1)을 이용하여 전개한다.

$$y'' = \frac{1}{EI}\left(\frac{-wL^2}{2} + wLx - \frac{wx^2}{2}\right) \tag{4.5.3}$$

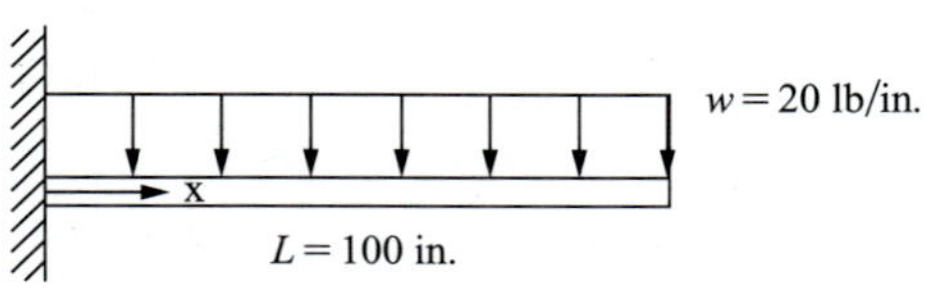

그림 4-30 • 균일 분포하중을 받는 외팔보

x에 대해 식 (4.5.3)을 적분하면 보의 기울기에 대한 식을 얻을 수 있다.

$$y' = \frac{1}{EI}\left(\frac{-wL^2x}{2} + \frac{wLx^2}{2} - \frac{wx^3}{6}\right) + C \tag{4.5.4}$$

x에 대해 식 (4.5.4)를 적분하여 보 처짐에 대한 방정식을 얻는다.

$$y = \frac{1}{EI}\left(\frac{-wL^2x^2}{4} + \frac{wLx^3}{6} - \frac{wx^4}{24}\right) + C_1x + C_2 \tag{4.5.5}$$

경계조건 $y = 0$과 $y' = 0$을 $x = 0$에서 적용하여 상숫값을 구한다.

$$y'(0) = 0 = C_1 \qquad y(0) = 0 = C_2 \tag{4.5.6}$$

식 (4.5.4)와 (4.5.5)에 식 (4.5.6)을 대입하면 y'와 y에 대한 최종 보 방정식을 구할 수 있다.

$$y' = \frac{1}{EI}\left(\frac{-wx^3}{6} + \frac{wLx^2}{2} - \frac{wL^2x}{2}\right) \tag{4.5.7}$$

그리고

$$y = \frac{1}{EI}\left(\frac{-wx^4}{24} + \frac{wLx^3}{6} - \frac{wL^2x^2}{4}\right) \tag{4.5.8}$$

식 (4.4.14b)의 변수 형식을 통해 한 요소에 대한 기울기와 변위 해를 얻었다. 식 (4.4.14b)의 문제의 수치값을 이용해서 자유단(절점 2)에 대한 기울기와 변위를 얻을 수 있다.

$$\begin{aligned} \phi_2 &= \frac{-wL^3}{6EI} = \frac{-(20 \text{ lb/in.})(100 \text{ in.})^3}{6(30 \times 10^6 \text{ psi})(100 \text{ in.}^4)} = -0.00111 \text{ rad} \\ v_2 &= \frac{-wL^4}{8EI} = \frac{-(20 \text{ lb/in.})(100 \text{ in.})^4}{8(30 \times 10^6 \text{ psi})(100 \text{ in.}^4)} = -0.0833 \text{ in.} \end{aligned} \tag{4.5.9}$$

식 (4.4.14b)에서 유한요소법의 변수 형식에 $x = L$을 대입하여 구한 식 (4.5.7)과 (4.5.8)처럼 식 (4.5.9)로 구한 기울기와 변위는 보 이론 결과와 꼭 들어맞는다. 유한요소법으로 구한 절점값이 정확한 이유는 요소별 절점력이 각각의 보 요소에 대해 가정한 3차 변위장에 부여한 분포하중에 에너지 혹은 일-등가를 기본으로 계산했기 때문이다.

유한요소법으로 보의 다른 위치에 대한 기울기와 변위값을 가정한 3차 변위함수[식 (4.1.4)]를 이용하여 경계조건을 식 (4.5.10)에서 사용한 것처럼 $v_1 = \phi_1 = 0$으로 하여 구했다.

$$v(x) = \frac{1}{L^3}(-2x^3 + 3x^2L)v_2 + \frac{1}{L^3}(x^3L - x^2L^2)\phi_2 \tag{4.5.10}$$

식 (4.5.10)에 수치값을 대입하면 보 중심의 변위를 구할 수 있다.

$$\begin{aligned} v(x = 50 \text{ in.}) &= \frac{1}{(100 \text{ in.})^3}\left[-2(50 \text{ in.})^3 + 3(50 \text{ in.})^2(100 \text{ in.})\right](-0.0833 \text{ in.}) \\ &\quad + \frac{1}{(100 \text{ in.})^3}\left[(50 \text{ in.})^3(100 \text{ in.}) - (50 \text{ in.})^2(100 \text{ in.})^2\right] \\ &\quad \times (-0.00111 \text{ rad}) = -0.0278 \text{ in.} \end{aligned} \tag{4.5.11}$$

보 이론[식 (4.5.8)]을 이용하여 처짐을 구한다.

$$y(x = 50 \text{ in.}) = \frac{20 \text{ lb / in.}}{30 \times 10^6 \text{ psi}(100 \text{ in.}^4)} \times \left[\frac{-(50 \text{ in.})^4}{24} + \frac{(100 \text{ in.})(50 \text{ in.})^3}{6} - \frac{(100 \text{ in.})^2 (50 \text{ in.})^2}{4} \right] = -0.0295 \text{ in.} \tag{4.5.12}$$

결론적으로, 중간 지점 변위에 대한 보 이론 결과는 $y = -0.0295$ in.로 유한요소법에 의한 결과 $v = -0.0278$ in.보다 크다는 것을 알 수 있다. 일반적으로, v에 3차 함수를 사용하여 구한 변위는 유한요소법으로 예상되는 결과처럼 정확한 절점에 대해 보 이론을 적용한 결과보다 작다. 3차 변위함수를 사용하여 모형화한 분포하중 형태의 보에서 항상 이런 결과를 얻는다. 이 결과에 대한 예외는 보 이론과 유한요소 결과가 절점에 대한 일-등가 이산하중으로 분포하중을 치환하기 위해 일-등가 개념을 적용할 때 달라지는 절점에서 발생한다.

어떠한 하중상태에 대해서도 유한요소법의 $v(x)$가 3차 변위 형태로 유도되는 반면, 균일 분포하중을 받는 보에 대해 보 이론은 y[식 (4.5.5)]에 대해 4차 다항식 형태를 띤다. 유한요소법은 실제보다 강한 구조를 가진다고 예상할 수 있다. 이것은 유한요소 모형이 보를 특별한 형태의 변위로 제한하고, 효과적으로 실제 구조보다 강한 모형을 구해낸다는 의미다. 그러나 모형에 요소가 더해짐에 따라, 유한요소법은 보 이론에 의한 해법에 가까워진다.

보가 절점에 집중하중을 받는 특별한 경우에 보 이론은 모멘트를 선형함수로 구하고 이중적분을 거쳐 3차 변위함수를 구하는 형식이 될 것이라 예상할 수 있다. 이 3차 변위 형태를 간단히 증명하기 위해서는 끝단이 고정된 외팔보를 풀면 된다. 이 경우 변위를 구하기 위해 유한요소법을 사용하면 $y(x)$와 $v(x)$를 3차 함수로 하는 보의 모든 위치에 대응하는 보 이론 공식과 들어맞는다.

특별한 문제에 대한 해법을 단순 결합하는 것은 참고문헌 [3]에서 논의한다. 유한요소법의 변위 공식을 이용하여 (3.2절에서 논의한 것처럼) 완전 조화 변위함수가 진짜 강성의 상한값을 이끌어내고, 따라서 이 문제 변위의 하한값까지 구해내는 것에 대한 증명 역시 참고문헌 [3]에서 논의한다.

균일 분포하중하에서 보 이론 해법은 보에 대해 4차 모멘트와 선형 전단력을 구할 것이라 예상할 수 있다. 하지만 3차 변위함수를 이용하는 유한요소법은 모형에 사용된 각 보 요소에 대해 선형 굽힘 모멘트와 전단력 상수를 적용할 것이다.

이번에는 유한요소법을 이용하여 바로 전 풀이한 문제에 굽힘 모멘트와 전단력을 적용해 보자. 굽힘 모멘트는 다음과 같이 구할 수 있다.

$$M = EIv'' = EI \frac{d^2([N]\{d\})}{dx^2} = EI \frac{(d^2[N])}{dx^2}\{d\} \tag{4.5.13}$$

$\{d\}$는 x에 대한 함수가 아니고, 구배(기울기) 행렬 $[B]$를 결합하여 식을 정리한다.

$$M = EI[B]\{d\} \tag{4.5.14}$$

이때 구배 행렬은 다음과 같다.

$$[B] = \frac{d^2[N]}{dx^2} = \left[\left(-\frac{6}{L^2} + \frac{12x}{L^3}\right)\left(-\frac{4}{L} + \frac{6x}{L^2}\right)\left(\frac{6}{L^2} - \frac{12x}{L^3}\right)\left(-\frac{2}{L} + \frac{6x}{L^2}\right)\right] \tag{4.5.15}$$

식 (4.1.7)에서 구한 형상함수에 행렬 $[B]$의 식 (4.5.15)를 대입한다. 단일 요소 해법이라면, 굽힘 모멘트는 $[B]$의 식 (4.5.15)를 식 (4.5.14)에 대입하여 구하므로 $[B]$와 $\{d\}$를 곱하면 다음과 같다.

$$M = EI\left[\left(-\frac{6}{L^2} + \frac{12x}{L^3}\right)v_1 + \left(-\frac{4}{L} + \frac{6x}{L^2}\right)\phi_1 + \left(\frac{6}{L^2} - \frac{12x}{L^3}\right)v_2 + \left(-\frac{2}{L} + \frac{6x}{L^2}\right)\phi_2\right] \tag{4.5.16}$$

식 (4.5.16)에 식 (4.4.14)를 대입하여 v_2와 ϕ_2를 구하고 $x = 0$과 $v_1 = \phi_1 = 0$을 대입하여 벽에서의 모멘트를 구한다.

$$M(x = 0) = -\frac{10wL^2}{24} = -83,333 \text{ lb-in.} \tag{4.5.17}$$

$x = 50$ in.의 모멘트를 계산하기 위해 식 (4.5.16)을 사용한다.

$$M(x = 50 \text{ in.}) = -33,333 \text{ lb-in.} \tag{4.5.18}$$

식 (4.5.16)을 다시 사용하여 $x = 100$ in.일 때 모멘트를 구한다.

$$M(x = 100 \text{ in.}) = -16,667 \text{ lb-in.} \tag{4.5.19}$$

식 (4.5.2)를 이용한 보 이론 해법은 다음과 같이 예상할 수 있다.

$$\begin{aligned} M(x = 0) &= \frac{-wL^2}{2} = -100,000 \text{ lb-in.} \\ M(x = 50 \text{ in.}) &= -25,000 \text{ lb-in.} \end{aligned} \tag{4.5.20}$$

$$M(x = 100 \text{ in.}) = 0$$

그림 4-31(a)에서 (c)까지를 보면 보 길이에 대해 보 이론과 단순 요소 유한요소법을 적용한 변위, 굽힘 모멘트, 전단력 변화를 그래프로 알 수 있다. 유한요소법으로 구한 변위가 보 이론에 의한 결과와 절점에서는 일치하고, 다른 위치에서는 작다는(덜 처진다는) 것을 다시 확인할 수 있다.

굽힘 모멘트는 변위함수의 두 도함수를 통해 유도한다. 변위함수에 2계 도함수를 모형화하여 하나 이상의 요소를 구한다. 그래서 유한요소법은 변위만큼 굽힘 모멘트를 정확하게 예측하지는 않을 것이라 볼 수 있다. 균일 하중을 받는 보에서 유한요소법은 그림 4-31(b)처럼 선형 굽힘 모멘트를 예상한다. 굽힘 모멘트의 가장 좋은 근사값은 요소의 중간 지점에서 나타난다.

전단력은 변위함수의 3계 도함수를 통해 유도된다. 균일 하중을 받는 보에서 그림 4-31(c)의 전단력 결과는 단순 요소 모형에서 상수로 나타난다. 다시 최고의 근사값은 요소의 중간 지점에서 나타난다.

식 (4.4.11), 즉 $\{f\} = [k]\{d\} - \{f_0\}$을 사용하면 행렬 $\{f_0\}$을 간단히 하여 각 요소의 정확한

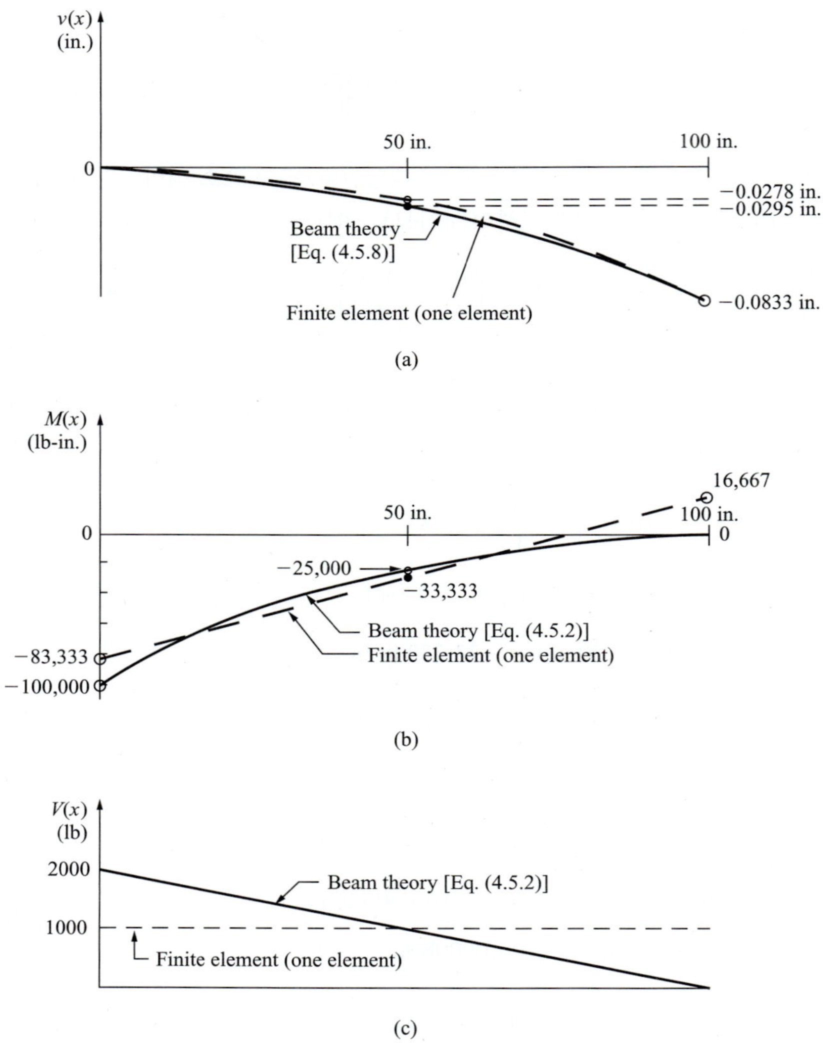

그림 4-31 • 균일 분포하중 외팔보에 대한 보 이론과 유한요소 결과 비교 (a) 변위선도 (b) 굽힘 모멘트 선도, (c) 전단력 선도

절점력과 모멘트를 얻을 수 있음을 상기하라. 예를 들면, 이전에 구한 단순 요소 유한요소법에서 절점 1의 굽힘 모멘트는 다음과 같고,

$$m_1^{(1)} = \frac{EI}{L^3}\left[-6L\left(\frac{-wL^4}{8EI}\right) + 2L^2\left(\frac{-wL^3}{6EI}\right)\right] - \left(\frac{-wL^2}{12}\right) = \frac{wL^2}{2}$$

절점 2에서는 다음과 같다. $$m_2^{(1)} = 0$$

유한요소법을 개량하기 위해 (간격을 재조정하여) 모델에 요소 수를 늘리거나 (새 절점을 요소 중간에 추가하는 방법으로) 세 개의 절점을 둔 상태에서 $v(x) = a_1 + a_2x + a_3x^2 + a_4x^3 + a_5x^4 + a_6x^5$ 같은 5차 근사식을 변위함수에 도입하는 식으로 고차 요소를 사용할 필요가 있다.

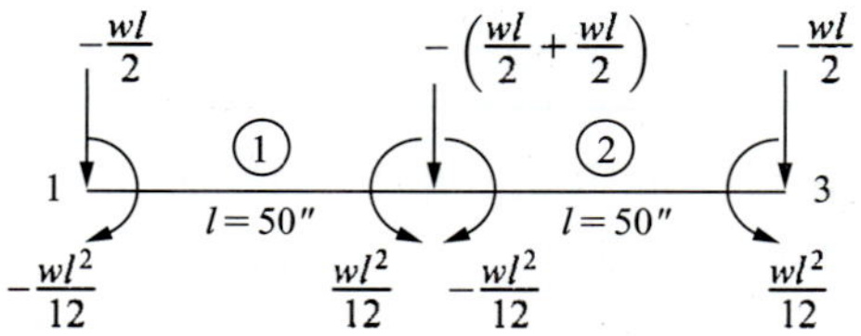

그림 4-32 • 두 요소로 분리한 보와 각 요소를 일-등가 힘으로 치환한 결과

균일 분포하중을 받는 외팔보에 2-요소로 적용한 유한요소법을 풀어보자. 그림 4-32에 같은 길이의 두 요소로 나눈 보가 있고, 각 요소에 작용하는 힘은 일-등가 힘으로 치환되었다. 보 요소 강성행렬[식 (4.1.13)]을 사용해서 다음과 같은 요소 강성행렬을 얻는다.

$$[k^{(1)}] = [k^{(2)}] = \frac{EI}{l^3}\begin{bmatrix} 12 & 6l & -12 & 6l \\ 6l & 4l^2 & -6l & 2l^2 \\ -12 & -6l & 12 & -6l \\ 6l & 2l^2 & -6l & 4l^2 \end{bmatrix} \quad \begin{matrix} 1 & & 2 \\ 2 & & 3 \end{matrix} \tag{4.5.21}$$

각 요소의 길이는 l = 50 in.이고, 행렬 위 숫자는 각 요소와 연관된 자유도를 나타낸다.

경계조건 $v_1 = 0$과 $\phi_1 = 0$을 적용하여 직접 풀기 위해 필요한 식의 수를 줄이면 전체 방정식을 얻을 수 있다.

$$\frac{EI}{l^3}\begin{bmatrix} 24 & 0 & -12 & 6l \\ 0 & 8l^2 & -6l & 2l^2 \\ -12 & -6l & 12 & -6l \\ 6l & 2l^2 & -6l & 4l^2 \end{bmatrix}\begin{Bmatrix} v_2 \\ \phi_2 \\ v_3 \\ \phi_3 \end{Bmatrix} = \begin{Bmatrix} -wl \\ 0 \\ -wl/2 \\ wl^2/12 \end{Bmatrix} \tag{4.5.22}$$

식 (4.5.22)를 풀어 변위와 기울기를 구한다.

$$v_2 = \frac{-17wl^4}{24EI} \qquad v_3 = \frac{-2wl^4}{EI} \qquad \phi_2 = \frac{-7wl^3}{6EI} \qquad \phi_3 = \frac{-4wl^3}{3EI} \tag{4.5.23}$$

식 (4.5.23)에 값 w = 20 lb/in., l = 50 in., $E = 30 \times 10^6$ psi, I = 100 in^4을 대입하여 결과를 얻는다.

$$v_2 = -0.02951\,\text{in.} \quad v_3 = -0.0833\,\text{in.} \quad \phi_2 = -9.722 \times 10^{-4}\,\text{rad}$$
$$\phi_3 = -11.11 \times 10^{-4}\,\text{rad}$$

2-요소 해법은 보 이론으로 구한 정확한 결과[식 (4.5.9)와 (4.5.12) 참조]와 일치하는 절점 변위를 구한다. 보 길이에 대한 2-요소 변위 선도는 각 요소에 대해 3차 변위로 나타난다. 요소 1의 경우, 선도는 절점 1에서 0으로 시작하여 절점 2의 −0.0295로 끝난다. 각 값은 3차 함수로 이어져 있다. 마찬가지로, 요소 2에서 선도는 −0.0295에서 시작하여 절점 2의 −0.0833 in. 변위로 끝난다[그림 4-31(a) 참조]. 이 값도 3차 함수로 연결되어 있다.

4.6 | 절점에 힌지가 있는 보 요소

내부에 힌지가 있는 보를 생각하자. 일반적으로 내부에 있는 힌지는 그 점에서 처짐 곡선의 기울기가 불연속이다. 그림 4-33(a)에 보인 바와 같이 절점 2에 위치한 힌지에 의해 나뉘는 두 개의 요소로 구성된 보 구조물을 고려하자. 그림 4-33(b)와 (c)에 보인 바와 같이 일반적으로 요소 1의 $\phi_2^{(1)}$와 요소 2의 $\phi_2^{(2)}$는 일치하지 않는 것이 보통이다. 힌지가 위치한 절점에서의 회전량은 두 개의 서로 다른 값을 가진다. 이러한 힌지를 모델링하기 위해서는 힌지를 두 요소에 의해 공유되는 절점 2에 위치시키기보다 요소 1의 오른쪽 끝단 혹은 요소 2의 왼쪽 끝단 중 택일하여 위치시켜야 한다. 예제 4.10 및 4.11은 절점에 힌지가 있는 보 문제에 대한 예를 다루고 있다.

또한 힌지에서의 굽힘 모멘트는 0이 된다. 이것 외에도 다른 일반화된 절점력을 0으로 만드는 다른 종류의 연결도 있을 수 있다. 즉, 연결 부위에서의 전단력이나 축력을 0으로 만드는 연결을 생각할 수 있다. 이러한 특별한 경우는 식 (4.1.14)의 일반적인 보 강성행렬로부터 0인 하중과 모멘트를 제거하면 된다. 최종적으로 하중과 모멘트, 그리고 거기에 해당되는 변위와 회전을 제거하면 수정된 새로운 강성행렬을 얻는다.

그림 4-33에 보인 바와 같이 왼쪽이나 오른쪽 끝에 힌지가 있는 가장 일반적인 보 요소를 생각해 보자. 오른쪽 끝단에 힌지가 있는 보 요소에서 모멘트 m_2는 0이고 강성행렬 $[k]$를 분할 [식 (4.1.14)]하여 $m_2 = 0$에 해당되는 자유도인 (일반적으로 0이 아닌) ϕ_2를 소거하면 다음과 같이 된다.

$$[k] = \frac{EI}{L^3}\left[\begin{array}{ccc|c} 12 & 6L & -12 & 6L \\ 6L & 4L^2 & -6L & 2L^2 \\ -12 & -6L & 12 & -6L \\ \hline 6L & 2L^2 & -6L & 4L^2 \end{array}\right] \tag{4.6.1}$$

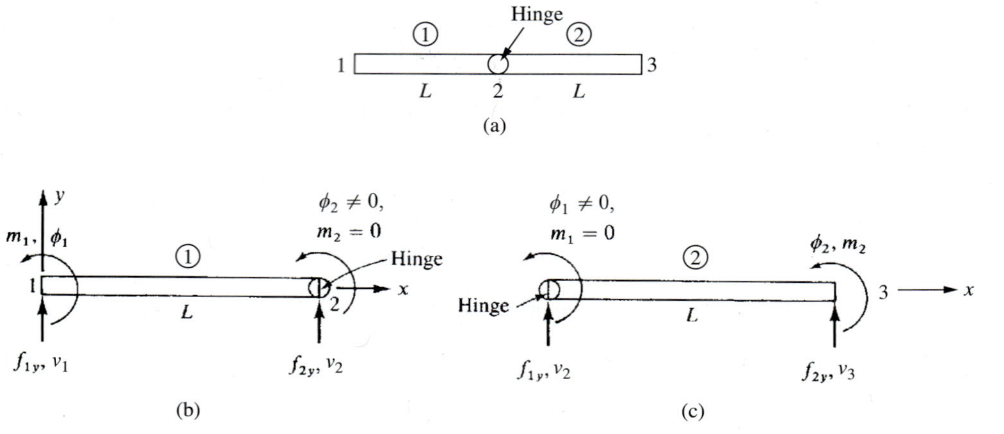

그림 4-33 • (a) 절점 힌지가 있는 2개의 요소 분할된 보, (b) 요소 1의 오른쪽 끝단에 힌지를 놓은 경우, (c) 요소 2의 왼쪽 끝단에 힌지를 놓은 경우

$m_2 = 0$에 해당하는 자유도 ϕ_2를 소거하고 행렬을 분할한다. 식 (4.6.1)을 분할하면 아래와 같다.

$$[k] = \left[\begin{array}{c|c} [K_{11}] & [K_{12}] \\ 3\times 3 & 3\times 3 \\ \hline [K_{21}] & [K_{22}] \\ 1\times 3 & 1\times 1 \end{array}\right] \tag{4.6.2}$$

분할된 식 $\{f\} = [k]\{d\}$을 사용하여 분할된 강성행렬을 다음과 같이 나타낼 수 있다.

$$\left\{\begin{array}{c} \{f_1\} \\ 3\times 1 \\ \hline \{f_2\} \\ 1\times 1 \end{array}\right\} = \left[\begin{array}{c|c} [K_{11}] & [K_{12}] \\ 3\times 3 & 3\times 1 \\ \hline [K_{21}] & [K_{22}] \\ 1\times 3 & 1\times 1 \end{array}\right] \left\{\begin{array}{c} \{d_1\} \\ 3\times 1 \\ \hline \{d_2\} \\ 1\times 1 \end{array}\right\} \tag{4.6.3}$$

여기서

$$\{d_1\} = \begin{Bmatrix} v_1 \\ \phi_1 \\ v_2 \end{Bmatrix} \qquad \{d_2\} = \{\phi_2\} \tag{4.6.4}$$

식 (4.6.3)을 확장형으로 나타내면 다음과 같다.

$$\begin{aligned} \{f_1\} &= [K_{11}]\{d_1\} + [K_{12}]\{d_2\} \\ \{f_2\} &= [K_{21}]\{d_1\} + [K_{22}]\{d_2\} \end{aligned} \tag{4.6.5}$$

식 (4.6.5)에서 두 번째 식의 $\{d_2\}$를 푼다.

$$\{d_2\} = [K_{22}]^{-1}\big(\{f_2\} - [K_{21}]\{d_1\}\big) \tag{4.6.6}$$

식 (4.6.6)을 식 (4.6.5)의 첫 번째 식에 대입한다.

$$\{f_1\} = \big([K_{11}] - [K_{12}][K_{22}]^{-1}[K_{21}]\big)\{d_1\} + [K_{12}][K_{22}]^{-1}\{f_2\} \tag{4.6.7}$$

식 (4.6.7)의 우변 두 번째 항을 $\{f_1\}$과 연결하여 식을 구한다.

$$\{f_c\} = [K_c]\{d_1\} \tag{4.6.8}$$

이때 분할된 강성행렬은 다음과 같고,

$$[K_c] = [K_{11}] - [K_{12}][K_{22}]^{-1}[K_{21}] \tag{4.6.9}$$

분할된 하중행렬은 다음과 같다.

$$\{f_c\} = \{f_1\} - [K_{12}][K_{22}]^{-1}\{f_2\} \tag{4.6.10}$$

식 (4.6.1)에서 구한 $[k]$의 분할된 부분을 식 (4.6.9)에 대입하여 분할된 강성행렬을 다음과 같이 얻는다.

$$
\begin{aligned}
[K_c] &= [K_{11}] - [K_{12}][K_{22}]^{-1}[K_{21}] \\
&= \frac{EI}{L^3}\begin{bmatrix} 12 & 6L & -12 \\ 6L & 4L^2 & -6L \\ -12 & -6L & 12 \end{bmatrix} - \frac{EI}{L^3}\begin{Bmatrix} 6L \\ 2L^2 \\ -6L \end{Bmatrix}\frac{1}{4L^2}\begin{bmatrix} 6L & 2L^2 & -6L \end{bmatrix} \\
&= \frac{3EI}{L^3}\begin{bmatrix} 1 & L & -1 \\ L & L^2 & -L \\ -1 & -L & 1 \end{bmatrix} \begin{matrix} v_1 \\ \phi_1 \\ v_2 \end{matrix}
\end{aligned}
\tag{4.6.11}
$$

따라서 절점 2에 힌지가 있는 경우의 요소 방정식(힘-변위 관계식)은

$$
\begin{Bmatrix} f_{1y} \\ m_1 \\ f_{2y} \end{Bmatrix} = \frac{3EI}{L^3}\begin{bmatrix} 1 & L & -1 \\ L & L^2 & -L \\ -1 & -L & 1 \end{bmatrix}\begin{Bmatrix} v_1 \\ \phi_1 \\ v_2 \end{Bmatrix} \tag{4.6.12}
$$

이 된다. 소거된 일반적인 회전각 ϕ_2는 이 방법에 의해 계산되지는 않을 것이다. 그러나 일반적 으로 ϕ_2는 0이 아니다. $m_2 = 0$을 유지하기 위해 행렬 $[k]$의 네 번째 행과 열에 0을 추가함으로써 ϕ_2를 포함하는 식으로 식 (4.6.12)를 확장하면 다음과 같다.

$$
\begin{Bmatrix} f_{1y} \\ m_1 \\ f_{2y} \\ m_2 \end{Bmatrix} = \frac{3EI}{L^3}\begin{bmatrix} 1 & L & -1 & 0 \\ L & L^2 & -L & 0 \\ -1 & -L & 1 & 0 \\ 0 & 0 & 0 & 0 \end{bmatrix}\begin{Bmatrix} v_1 \\ \phi_1 \\ v_2 \\ \phi_2 \end{Bmatrix} \tag{4.6.13}
$$

좌우 양단에 각각 절점 1, 2를 갖는 보 요소의 경우 왼쪽 끝단에 힌지가 있는 경우 모멘트 m_1은 0이 되며, 식 (4.1.14)의 강성행렬 $[k]$를 분할하여 0인 모멘트 m_1과 그에 해당되는 회전각 ϕ_1을 소거하기 위해

$$
\begin{Bmatrix} f_{1y} \\ f_{2y} \\ m_2 \end{Bmatrix} = \frac{3EI}{L^3}\begin{bmatrix} 1 & -1 & L \\ -1 & 1 & -L \\ L & -L & L^2 \end{bmatrix}\begin{Bmatrix} v_1 \\ v_2 \\ \phi_2 \end{Bmatrix} \tag{4.6.14}
$$

이 되고, ϕ_1을 포함하여 식 (4.6.14)를 확장하면 다음과 같다.

$$
\begin{Bmatrix} f_{1y} \\ m_1 \\ f_{2y} \\ m_2 \end{Bmatrix} = \frac{3EI}{L^3}\begin{bmatrix} 1 & 0 & -1 & L \\ 0 & 0 & 0 & 0 \\ -1 & 0 & 1 & -L \\ L & 0 & -L & L^2 \end{bmatrix}\begin{Bmatrix} v_1 \\ \phi_1 \\ v_2 \\ \phi_2 \end{Bmatrix} \tag{4.6.15}
$$

예제 4.10

그림 4-34에 나타낸 바와 같이 절점 2에 내부 힌지가 있는 균일 단면보의 절점 2에서의 변위와 회전각, 그리고 요소 하중을 구하라. 단, 보의 굽힘강성은 EI로 일정하다.

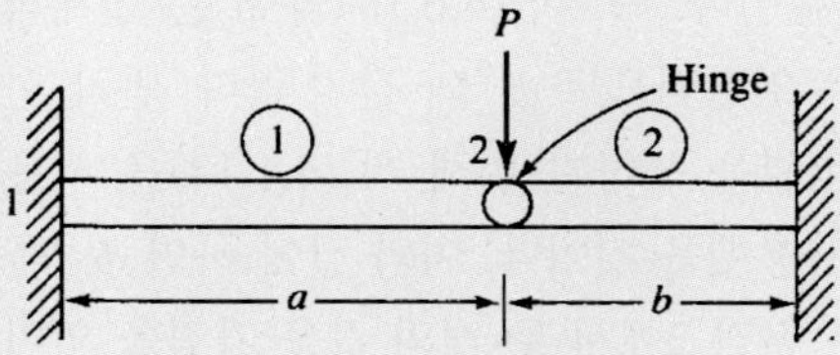

그림 4-34 • 내부 힌지를 포함하는 보

풀이

힌지를 요소 1의 부분으로 생각하자. 요소 1의 오른쪽 끝단에 힌지가 위치하므로 식 (4.6.13)은 요소 1에 대한 강성행렬을 나타낸다. $L = a$인 요소 1의 강성행렬은

$$[k^{(1)}] = \frac{3EI}{a^3}\begin{bmatrix} 1 & a & -1 & 0 \\ a & a^2 & -a & 0 \\ -1 & -a & 1 & 0 \\ 0 & 0 & 0 & 0 \end{bmatrix} \quad \begin{matrix} v_1 & \phi_1 & v_2 & \phi_2 \end{matrix} \tag{4.6.16}$$

이다. 힌지가 요소 1의 일부로 고려되었으므로 요소 2에서는 더 이상 고려하지 않는다. 식 (4.1.14)에 보인 보 요소의 강성행렬이 요소 2의 강성행렬이 되고 이는 다음과 같이 주어진다.

$$[k^{(2)}] = \frac{EI}{b^3}\begin{bmatrix} 12 & 6b & -12 & 6b \\ 6b & 4b^2 & -6b & 2b^2 \\ -12 & -6b & 12 & -6b \\ 6b & 2b^2 & -6b & 4b^2 \end{bmatrix} \quad \begin{matrix} v_2 & \phi_2 & v_3 & \phi_3 \end{matrix} \tag{4.6.17}$$

식 (4.6.16)과 (4.6.17)을 결합하고 경계조건을 아래와 같이 주면,

$$v_1 = 0, \quad \phi_1 = 0, \quad v_3 = 0, \quad \phi_3 = 0$$

다음과 같은 전체 강성행렬과 방정식을 얻는다.

$$EI\begin{bmatrix} \dfrac{3}{a^3} + \dfrac{12}{b^3} & \dfrac{6}{b^2} \\ \dfrac{6}{b^2} & \dfrac{4}{b} \end{bmatrix}\begin{Bmatrix} v_2 \\ \phi_2 \end{Bmatrix} = \begin{Bmatrix} -P \\ 0 \end{Bmatrix} \tag{4.6.18}$$

식 (4.6.18)을 풀면

$$v_2 = \frac{-a^3b^3P}{3(b^3 + a^3)EI}$$
$$\phi_2 = \frac{a^3b^2P}{2(b^3 + a^3)EI} \tag{4.6.19}$$

을 얻는다. 여기서 구한 ϕ_2는 실제로 요소 2와 관련된 값이다. 즉, 식 (4.6.19)의 ϕ_2는 실제적으로 $\phi_2^{(2)}$를 말한다. 요소 1의 오른쪽 끝의 ϕ_2값인 $\phi_2^{(1)}$은 일반적으로 $\phi_2^{(2)}$와 같지 않다. 만약 힌지를 요소 2의 부분이라고 가정했다면 요소 1의 강성행렬을 구하기 위해 식 (4.1.14)를 사용했을 것이고, 요소 2의 강성행렬을 위해 식 (4.6.15)를 사용했을 것이다. 이와 같이 하면 $\phi_2^{(1)}$을 구할 수 있을 것이고, 이것은 $\phi_2^{(2)}$와는 다를 것이며 이는 절점 2에서 두 개의 값을 가짐을 의미한다.

요소 1에 대해 식 (4.6.12)를 이용하면, 요소의 반력을 다음과 같이 계산할 수 있다.

$$\begin{Bmatrix} f_{1y} \\ m_1 \\ f_{2y} \end{Bmatrix} = \frac{3EI}{a^3}\begin{bmatrix} 1 & a & -1 \\ a & a^2 & -a \\ -1 & -a & 1 \end{bmatrix}\begin{Bmatrix} 0 \\ 0 \\ \dfrac{-a^3b^3P}{3(b^3 + a^3)EI} \end{Bmatrix} \tag{4.6.20}$$

식 (4.6.20)에서 다음과 같이 요소 하중들을 구할 수 있다.

$$f_{1y} = \frac{b^3P}{b^3 + a^3}$$
$$m_1 = \frac{ab^3P}{b^3 + a^3} \tag{4.6.21}$$
$$f_{2y} = -\frac{b^3P}{b^3 + a^3}$$

식 (4.6.17)과 (4.6.19)의 결과를 이용하면 요소 2의 반력을 구할 수 있다.

$$\begin{Bmatrix} f_{2y} \\ m_2 \\ f_{3y} \\ m_3 \end{Bmatrix} = \frac{EI}{b^3}\begin{bmatrix} 12 & 6b & -12 & 6b \\ 6b & 4b^2 & -6b & 2b^2 \\ -12 & -6b & 12 & -6b \\ 6b & 2b^2 & -6b & 4b^2 \end{bmatrix}\begin{Bmatrix} -\dfrac{a^3b^3P}{3(b^3 + a^3)EI} \\ \dfrac{a^3b^2P}{2(b^3 + a^3)EI} \\ 0 \\ 0 \end{Bmatrix} \tag{4.6.22}$$

식 (4.6.22)를 계산하면 다음과 같다.

$$f_{2y} = -\frac{a^3P}{b^3 + a^3}$$
$$m_2 = 0$$
$$f_{3y} = \frac{a^3P}{b^3 + a^3} \tag{4.6.23}$$
$$m_3 = -\frac{ba^3P}{b^3 + a^3}$$

예제 4.10의 절점 힌지를 푸는 다른 방법은 요소 1의 우측 끝단과 요소 2의 좌측 끝단에 절점 힌지를 가정하는 것이다. 따라서 식 (4.6.12)의 세 식으로 이루어진 강성행렬을 좌측 요소에 사용하고, 식 (4.6.14)의 세 식으로 이루어진 강성행렬을 우측 요소에 사용한다. 힌지 회전의 결과는 전체좌표계에 대한 방정식으로 간추릴 수 있다. 식 (4.6.19)에서 얻은 변위가 같은 결과인 것으로 증명 가능하다. 그러나 각 요소에 해당하는 절점 2의 회전을 얻기 위해 식 (4.6.6)으로 돌아가 각 요소에 대해 다시 적용해야 한다. 나머지 풀이는 독자의 몫으로 남겨두겠다.

예제 4.11

그림 4-35에 보인 바와 같이 절점 3에 힌지가 있는 보 구조물에 대해 절점 2에서의 경사각과 절점 3에서의 처짐량 및 경사각을 결정하라. 절점 1 및 4는 완전구속이며, 절점 2는 수직방향 변위가 구속되어 있다. 탄성계수는 210 GPa로 단면의 2차 모멘트는 $I = 2 \times 10^{-4}\ \text{m}^4$으로 가정하라.

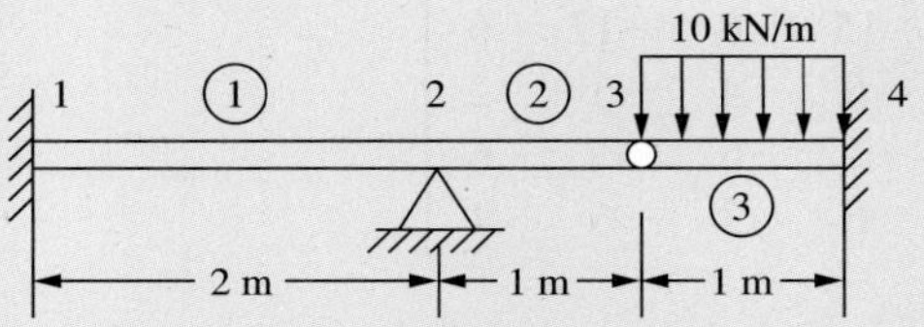

그림 4-35 • 분포하중을 받는 내부 힌지가 있는 보 구조물

풀이

그림 4-35와 같이 보 구조물을 3개의 요소로 요소분할한다. 식 (4.1.14)를 이용하면 요소 1에 대한 강성행렬을 다음과 같이 얻을 수 있다.

$$[k^{(1)}] = \frac{EI}{8}\begin{bmatrix} 12 & 12 & -12 & 12 \\ 12 & 16 & -12 & 8 \\ -12 & -12 & 12 & -12 \\ 12 & 8 & -12 & 16 \end{bmatrix} = EI\begin{bmatrix} 3/2 & 3/2 & -3/2 & 3/2 \\ 3/2 & 2 & -3/2 & 1 \\ -3/2 & -3/2 & 3/2 & -3/2 \\ 3/2 & 1 & -3/2 & 2 \end{bmatrix} \quad (4.6.24)$$

(열 순서: v_1, ϕ_1, v_2, ϕ_2)

힌지를 요소 2의 일부라 가정하고 식 (4.6.13)을 적용하면 요소 2에 대한 강성행렬을 다음과 같이 얻을 수 있다.

$$[k^{(2)}] = \frac{3EI}{1^3}\begin{bmatrix} 1 & 1 & -1 & 0 \\ 1 & 1 & -1 & 0 \\ -1 & -1 & 1 & 0 \\ 0 & 0 & 0 & 0 \end{bmatrix} \quad (4.6.25)$$

(열 순서: v_2, ϕ_2, v_3, ϕ_3)

힌지를 요소 2의 오른쪽 끝단으로 고려하였으므로 요소 3에서는 힌지를 고려하지 않는다. 식 (4.1.14)를 적용하여 요소 3에 대한 강성행렬을 계산하면 다음과 같다.

$$[k^{(3)}] = \frac{EI}{1^3}\begin{bmatrix} 12 & 6 & -12 & 6 \\ 6 & 4 & -6 & 2 \\ -12 & -6 & 12 & -6 \\ 6 & 2 & -6 & 4 \end{bmatrix} \quad (v_3,\ \phi_3,\ v_4,\ \phi_4) \tag{4.6.26}$$

식 (4.6.24)~(4.6.26)에 보인 요소 강성행렬에 직접강성법을 적용하면 전체 강성행렬을 다음과 같이 구성할 수 있다.

$$[k] = EI\begin{bmatrix} 3/2 & 3/2 & -3/2 & 3/2 & 0 & 0 & 0 & 0 \\ 3/2 & 2 & -3/2 & 1 & 0 & 0 & 0 & 0 \\ -3/2 & -3/2 & 9/2 & 3/2 & -3 & 0 & 0 & 0 \\ 3/2 & 1 & 3/2 & 5 & -3 & 0 & 0 & 0 \\ 0 & 0 & -3 & -3 & 15 & 6 & -12 & 6 \\ 0 & 0 & 0 & 0 & 6 & 4 & -6 & 2 \\ 0 & 0 & 0 & 0 & -12 & -6 & 12 & -6 \\ 0 & 0 & 0 & 0 & 6 & 2 & -6 & 4 \end{bmatrix} \quad (v_1,\ \phi_1,\ v_2,\ \phi_2,\ v_3,\ \phi_3,\ v_4,\ \phi_4) \tag{4.6.27}$$

경계조건 $V_1 = \phi_2 = v_4 = \phi_4 = 0$을 적용하면 다음과 같이 축소된 강성행렬 및 이산화 방정식을 얻을 수 있다.

$$EI\begin{bmatrix} 5 & -3 & 0 \\ -3 & 15 & 6 \\ 0 & 6 & 4 \end{bmatrix}\begin{Bmatrix} \phi_2 \\ v_3 \\ \phi_3 \end{Bmatrix} = \begin{Bmatrix} 0 \\ -5\ \text{kN} \\ -0.833\ \text{kN}\cdot\text{m} \end{Bmatrix} \tag{4.6.28}$$

여기서 일-등가 원리에 의해 $F_{3y} = \dfrac{-wL}{2} = \dfrac{-10(1)}{2} = -5\ \text{kN}$이며, $M_3 = \dfrac{-wL^2}{12} = \dfrac{-10(1)^2}{12} = -0.833\ \text{kN}\cdot\text{m}$

식 (4.6.28)의 E 및 I에 수치값을 대입하여 풀면 다음과 같은 결과를 얻을 수 있다.

$$v_3 = -2.126 \times 10^{-5}\ \text{m},\quad \phi_2 = -1.276 \times 10^{-5}\ \text{rad},\quad \phi_3 = 2.693 \times 10^{-5}\ \text{rad} \tag{4.6.29}$$

힌지는 요소 2의 일부라 가정하였으므로 식 (4.6.29)의 ϕ_3는 요소 3의 값으로 $\phi_3^{(3)}$로 이해 가능하며, $\phi_3^{(2)}$는 요소 2에 대한 강성행렬로부터 응축(condensed out)되었다.

4.7 | 포텐셜 에너지를 이용한 보 요소 방정식의 유도

최소 포텐셜 에너지 원리를 이용하여 보 요소 방정식을 유도해 보자. 그 순서는 3.10절의 봉 요소 방정식을 유도할 때와 비슷하다. 여기서는 앞으로 요소 강성방정식을 유도할 때 자주 사용되는 최소 포텐셜 에너지 원리를 이해할 수 있도록 설명하겠다. 물론 여기서도 3.10절과 같은 기호를 이용한다.

보의 전체 포텐셜 에너지는

$$\pi_p = U + \Omega \tag{4.7.1}$$

이고, 여기서 변형 에너지 U는 보에 대해 1차원 상태로 다음과 같이 주어진다.

$$U = \iiint_v \frac{1}{2}\sigma_x \varepsilon_x \; dV \tag{4.7.2}$$

그리고 분포하중이나 절점 집중하중을 받는 단일 보 요소에서 하중의 포텐셜 에너지는

$$\Omega = -\iint_{S_1} T_y v \, dS - \sum_{i=1}^{2} P_{iy} \, v_i - \sum_{i=1}^{2} m_i \, \phi \tag{4.7.3}$$

이고, 여기서 체적력은 무시한다. 식 (4.7.3) 우변의 첫째 항은 횡방향의 분포하중 T_y(표면 S_1에 작용하는 단위표면적당 힘)의 포텐셜 에너지이고, 둘째 항은 변위 v_i에 작용하는 절점 집중하중 P_{iy}에 의한 에너지이며, 셋째 항은 회전 ϕ_i에 대한 모멘트 m_i에 의한 포텐셜 에너지이다. v는 그림 4-36에 있는 길이 L인 보의 횡방향 변위함수이다.

균일 단면 A를 갖는 보 요소를 생각해 보자. 보 요소의 미소 체적은 다음과 같은 식으로 표현할 수 있다.

$$dV = dA \, dx \tag{4.7.4}$$

분포하중이 작용하는 표면의 미소 면적은

$$dS = bdx \tag{4.7.5}$$

이고, 여기서 b는 균일한 폭이다. 식 (4.7.4)와 (4.7.5)를 식 (4.7.1)~(4.7.3)에 대입하면 전체 포텐셜 에너지는 다음과 같다.

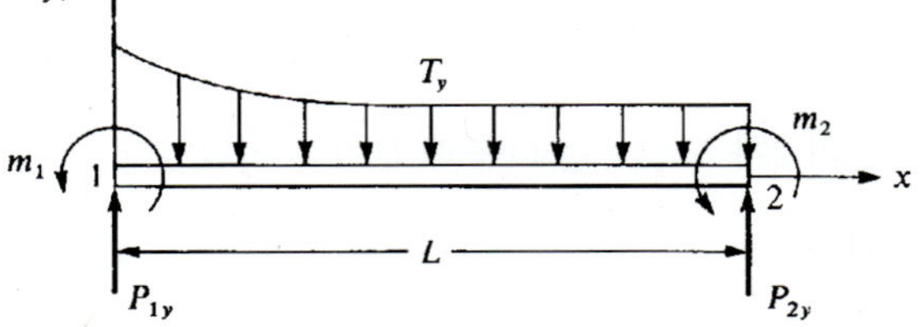

그림 4-36 • 표면력과 집중 절점력을 받는 보 요소

$$\pi_p = \iiint_{x\ A} \frac{1}{2}\sigma_x \varepsilon_x dA\, dx - \int_0^L bT_y\, v\ dx - \sum_{i=1}^{2}(P_{iy}v_i + m_i\, \phi \tag{4.7.6}$$

v에 관한 식 (4.1.4)를 식 (4.1.10)의 변형률–변위 관계식에 대입하면, (편의상 한 번 더 쓰도록 하자.)

$$\varepsilon_x = -y\frac{d^2v}{dx^2} \tag{4.7.7}$$

변형률을 절점의 변위와 회전각으로 표시하면,

$$\{\varepsilon_x\} = -y\left[\frac{12x - 6L}{L^3}\ \frac{6xL - 4L^2}{L^3}\ \frac{-12x + 6L}{L^3}\ \frac{6xL - 2L^2}{L^3}\right]\{d\} \tag{4.7.8}$$

혹은

$$\{\varepsilon_x\} = -y\,[B]\{d\} \tag{4.7.9}$$

로 쓸 수 있다. 여기서 $[B]$는 다음과 같이 정의되어 있다.

$$[B] = \left[\frac{12x - 6L}{L^3}\ \frac{6xL - 4L^2}{L^3}\ \frac{-12x + 6L}{L^3}\ \frac{6xL - 2L^2}{L^3}\right] \tag{4.7.10}$$

응력–변형률 관계식은 다음과 같이 주어진다.

$$\{\sigma_x\} = [D]\{\varepsilon_x\} \tag{4.7.11}$$

여기서

$$[D] = [E] \tag{4.7.12}$$

E는 탄성계수를 말한다. 식 (4.7.9)를 식 (4.7.11)에 대입하면

$$\{\sigma_x\} = -y\,[D][B]\{d\} \tag{4.7.13}$$

이 된다. 식 (4.7.6)의 전체 포텐셜 에너지를 행렬의 형태로 표현하면 다음과 같다.

$$\pi_p = \iiint_{x\ A} \frac{1}{2}\{\sigma_x\}^T\{\varepsilon_x\}dA\, dx - \int_0^L bT_y[v]^T\ dx - \{d\}^T\{P\} \tag{4.7.14}$$

식 (4.1.5), (4.7.9), (4.7.12), (4.7.13)과 $w = bT_y$로 정의하여 y방향으로의 선형 하중으로 정의하면 식 (4.7.14)의 전체 포텐셜 에너지를 다음과 같이 행렬 형태로 표현할 수 있다.

$$\pi_p = \int_0^L \frac{EI}{2}\{d\}^T[B]^T[B]\{d\}dx - \int_0^L w\{d\}^T[N]^T\ dx - \{d\}^T\{P\} \tag{4.7.15}$$

여기서 식 (4.7.15)의 우변 첫째 항에 있는 단면의 2차 모멘트는 다음과 같이 정의되었다.

$$I = \iint_A y^2\ dA \tag{4.7.16}$$

식 (4.7.15)에서 보듯이, π_p는 $\{d\}$의 함수로 표현되었다.

식 (4.7.15)의 π_p를 v_1, ϕ_1, v_2, ϕ_2에 대해 미분하고 π_p를 최소로 하기 위해 각각의 항을 0으로 놓으면 네 개의 요소 방정식을 얻는다. 이를 행렬 형태로 표현하면 다음과 같다.

$$EI\int_0^L [B]^T[B]\ dx\{d\} - \int_0^L [N]^T w\ dx - \{P\} = 0 \tag{4.7.17}$$

네 개의 요소 방정식을 얻는 과정은 연습문제로 남겨 두었다(연습문제 4.47 참조). 분포하중과 집중하중으로부터 계산된 절점력들의 합으로 절점력 행렬을 표현하면

$$\{f\} = \int_0^L [N]^T w\ dx + \{P\} \tag{4.7.18}$$

이 된다. 식 (4.7.18)을 이용하면, 식 (4.7.17)에 의해 계산된 네 개의 요소 방정식은 식 (4.1.13)과 같은 결과를 준다. 식 (4.7.18)의 우측 적분항 역시 분포하중을 절점 집중하중으로 일-등가 치환한 결과를 나타낸다. 예를 들어, $w(x) = -w$(상수)로 대입하고, 식 (4.1.7)의 형상함수의 적분 항으로 대입한 후 식 (4.4.5)~(4.4.7)에서 얻은 것과 같은 절점 등가력으로 적분을 수행한다.

$\{f\} = [k]\{d\}$이므로, 식 (4.7.17)로부터 다음과 같은 식을 얻는다.

$$[k] = EI\int_0^L [B]^T[B]\ dx \tag{4.7.19}$$

식 (4.7.10)을 식 (4.7.19)에 대입하고 적분하면, $[k]$가 다음과 같이 계산된다.

$$[k] = \frac{EI}{L^3}\begin{bmatrix} 12 & 6L & -12 & 6L \\ & 4L^2 & -6L & 2L^2 \\ & & 12 & -6L \\ \text{Symmetry} & & & 4L^2 \end{bmatrix} \tag{4.7.20}$$

식 (4.7.20)은 보 요소의 국부 강성행렬을 나타낸다. 예상한 바와 같이, 식 (4.7.20)은 이전에 유도되었던 식 (4.1.14)와 같다.

여기서 변형률 에너지 U는 식 (4.7.15)의 우변 첫째 항과 같으며, $\{d\}$는 x의 함수가 아님을 주목할 필요가 있다. 요소 길이 L에 걸쳐 E와 I가 일정하다고 가정하면 U는 다음과 같이 표현 가능하다.

$$U = \{d\}^T \frac{EI}{2}\int_0^L [B]^T[B]dx\{d\} \tag{4.7.21}$$

식 (4.7.19)를 이용하면 강성행렬 $\{k\}$는 EI와 식 (4.7.21)의 곱이 됨을 알 수 있다.

따라서 U는 $U = \frac{1}{2}\{d\}^T[k]\{d\}$와 같이 2차 형식으로 표현이 가능하다.

4.8 | 갤러킨법을 이용한 보 요소 방정식의 유도

이 절에서는 갤러킨(Galerkin)법을 이용한 보 요소 방정식의 유도에 대해 설명하겠다. 먼저 횡방향 하중 w를 포함한 기본 미분방정식 (4.1.1h)로부터 시작한다. 즉,

$$EI\frac{d^4v}{dx^4} + w = 0 \tag{4.8.1}$$

이며, 식 (4.8.1)을 잔여(residual) R이라고 정의한다. 식 (3.12.3)의 갤러킨의 조건을 식 (4.8.1)에 적용하면

$$\int_0^L \left(EI\frac{d^4v}{dx^4} + w\right)N_i\,dx = 0 \qquad (i = 1, 2, 3, 4) \tag{4.8.2}$$

이며, 여기서 형상함수 N_i는 식 (4.1.7)에 정의되어 있다.

식 (4.8.2)의 첫 번째 항을 두 번 부분적분하면

$$\int_0^L EI(v_{,xxxx})N_i dx = \int_0^L EI(v_{,xx})(N_{i,xx})dx + EI\left[N_i(v_{,xxx}) - (N_{i,x})(v_{,xx})\right]_0^L \tag{4.8.3}$$

이고, 여기서 쉼표와 그 다음에 나오는 아래첨자 x는 x에 대해 미분함을 뜻한다. 또한 부분적분을 하면 경계조건을 도출할 수 있음을 알 수 있다.

식 (4.1.5)에서 주어진 바와 같이 $v = [N]\{d\}$이므로,

$$v_{,xx} = \left[\frac{12x - 6L}{L^3}\ \frac{6xL - 4L^2}{L^3}\ \frac{-12x + 6L}{L^3}\ \frac{6xL - 2L^2}{L^3}\right]\{d\} \tag{4.8.4}$$

식 (4.7.10)을 이용하여,

$$v_{,xx} = [B]\{d\} \tag{4.8.5}$$

식 (4.8.5)를 식 (4.8.3)에 대입한 다음, 식 (4.8.3)을 식 (4.8.2)에 대입하면

$$\int_0^L (N_{i,xx})EI[B]\,dx\{d\} + \int_0^L N_i w\ dx + [N_i V - (N_{i,x})m]\Big|_0^L = 0 \ (i = 1, 2, 3, 4) \tag{4.8.6}$$

이 되고, 여기서 식 (4.1.11)의 경계조건이 사용되었다. 식 (4.8.6)은 네 개의 식을 포함하고 있다($N_i = N_1, N_2, N_3, N_4$에 대해 각각). 3.12절과 같이 각각의 N_i에 대해 식 (4.8.6)을 직접 계산

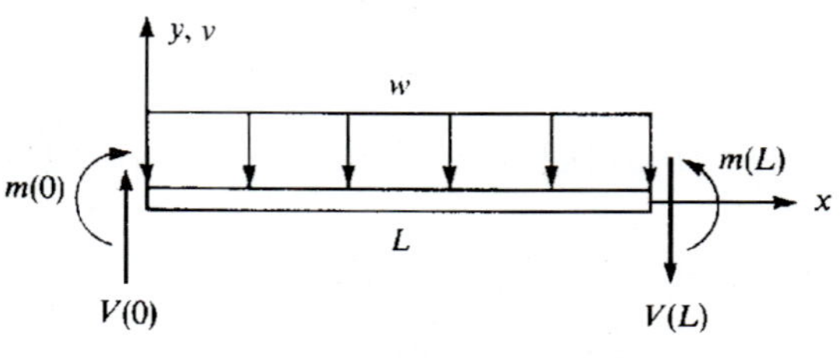

그림 4-37 • 전단력, 모멘트, 분포하중을 받는 보 요소

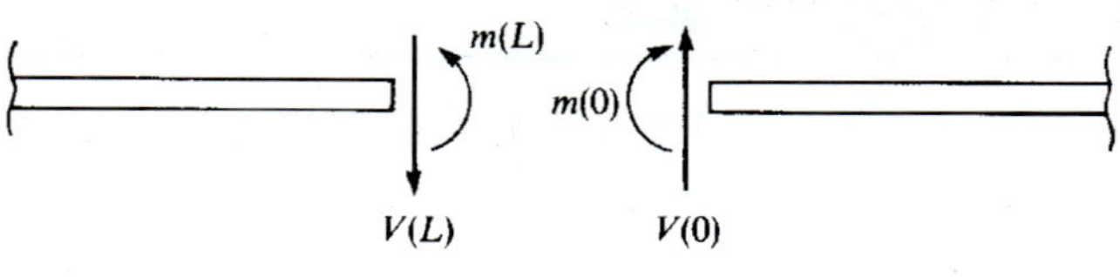

그림 4-38 • 절점을 중심으로 이웃하는 요소들에 작용하는 전단력과 굽힘 모멘트

하는 대신에 식 (4.8.6)의 네 개의 식을 행렬 형태로 표현하면

$$\int_0^L [B]^T EI[B]\,dx\{d\} = \int_0^L -[N]^T w\ dx + ([N]^T{}_{,x}\, m - [N]^T V)\big|_0^L \tag{4.8.7}$$

이 되고, 식 (4.8.7)에서는 $[N]_{,xx} = [B]$의 관계식을 이용하였다.

식 (4.8.7)의 좌변의 적분항은 이전에 보았던 식 (4.7.19)의 강성행렬과 같고, 우변의 첫째 항은 분포하중에 의한 등가 절점력이다[식 (4.7.18)에 주어져 있음]. 또한 식 (4.8.7) 우변의 괄호 안의 두 항은 식 (4.7.18)의 집중하중 $\{P\}$와 같다. 이는 식 (4.1.6)에 주어진 $[N]$과 $[N]_{,x}$를 요소의 끝에서 계산함으로써 설명할 수 있다.

$$\begin{aligned} [N]_{,x}|_0 &= [0\ 1\ 0\ 0] \quad & [N]_{,x}|_L &= [0\ 0\ 0\ 1] \\ [N]|_0 &= [1\ 0\ 0\ 0] \quad & [N]|_L &= [0\ 0\ 1\ 0] \end{aligned} \tag{4.8.8}$$

그러므로 식 (4.8.8)을 식 (4.8.7)에 대입하면 다음과 같은 결과를 얻을 수 있다.

$$\begin{Bmatrix} 0 \\ 0 \\ 0 \\ 1 \end{Bmatrix} m(L) - \begin{Bmatrix} 0 \\ 1 \\ 0 \\ 0 \end{Bmatrix} m(0) - \begin{Bmatrix} 0 \\ 0 \\ 1 \\ 0 \end{Bmatrix} V(L) + \begin{Bmatrix} 1 \\ 0 \\ 0 \\ 0 \end{Bmatrix} V(0) \tag{4.8.9}$$

그림 4-37에 여기서 구한 절점 전단력과 모멘트를 도시하였다.

요소의 행렬들이 합쳐지면, 그림 4-38에 보인 바와 같이 인접한 두 요소의 두 개의 전단력과 두 개의 모멘트는 두 요소의 공통 절점에서의 집중하중과 집중 모멘트에 영향을 준다. 이러한 집중 전단력 $V(0) - V(L)$과 모멘트 $m(L) - m(0)$은 대개 0인 경우가 많다. 즉, 절점에 집중하중과 집중 모멘트가 작용하지 않는 한 $V(0) = V(L)$이고, $m(L) = \mathrm{m}(0)$이 된다. 실제 계산에 있어서는 식 (4.8.9)를 행렬 $\{P\}$를 구성하는 집중 절점력에 포함시켜 계산한다.

식의 정리(Summary Equations)

보의 횡방향 변위를 위해 가정된 변위함수:

$$v(x) = a_1x^3 + a_2x^2 + a_3x + a_4 \tag{4.1.2}$$

보 요소의 형상함수:

$$\begin{aligned} N_1 &= \frac{1}{L^3}(2x^3 - 3x^2L + L^3) \quad & N_2 &= \frac{1}{L^3}(x^3L - 2x^2L^2 + xL^3) \\ N_3 &= \frac{1}{L^3}(-2x^3 + 3x^2L) \quad & N_4 &= \frac{1}{L^3}(x^3L - x^2L^2) \end{aligned} \tag{4.1.7}$$

보의 굽힘 응력 혹은 굽힘 공식:

$$\sigma_x = \frac{-My}{I} \tag{4.1.10b}$$

보 요소에 대한 강성행렬:

$$[k] = \frac{EI}{L^3}\begin{bmatrix} 12 & 6L & -12 & 6L \\ 6L & 4L^2 & -6L & 2L^2 \\ -12 & -6L & 12 & -6L \\ 6L & 2L^2 & -6L & 4L^2 \end{bmatrix} \tag{4.1.14}$$

전단변형을 고려한 강성행렬(티모셴코의 보 이론):

$$[k] = \frac{EI}{L^3(1+\varphi)}\begin{bmatrix} 12 & 6L & -12 & 6L \\ 6L & (4+\varphi)L^2 & -6L & (2-\varphi)L^2 \\ -12 & -6L & 12 & -6L \\ 6L & (2-\varphi)L^2 & -6L & (4+\varphi)L^2 \end{bmatrix} \tag{4.1.15o}$$

분포하중에 의한 일:

$$W_{\text{distributed}} = \int_0^L w(x)v(x)\ dx \tag{4.4.1}$$

이산 절점하중에 의한 일:

$$W_{\text{discrete}} = m_1\phi_1 + m_2\,\phi_2 + f_{1y}\,v_1 + f_{2y}v_2 \tag{4.4.2}$$

분포하중을 받는 보에 대한 일반 공식:

$$\{F\} = [K]\{d\} - \{F_0\} \tag{4.4.8}$$

균일 분포하중을 받는 보에 대한 일–등가 치환 행렬:

$$\{F_0\} = \begin{Bmatrix} \dfrac{-wL}{2} \\ \dfrac{-wL^2}{12} \\ \dfrac{-wL}{2} \\ \dfrac{wL^2}{12} \end{Bmatrix} \tag{4.4.10}$$

오른쪽 끝단 힌지를 갖는 보 요소의 강성행렬:

$$[k] = \frac{3EI}{L^3}\begin{bmatrix} 1 & L & -1 & 0 \\ L & L^2 & -L & 0 \\ -1 & -L & 1 & 0 \\ 0 & 0 & 0 & 0 \end{bmatrix} \tag{4.6.13}$$

보 요소의 전체 포텐셜 에너지:

$$\pi_p = \int_0^L \frac{EI}{2}\{d\}^T[B]^T[B]\{d\}dx - \int_0^L w\{d\}^T[N]^T\,dx - \{d\}^T\{P\} \tag{4.7.15}$$

보 요소에 대한 변형률 에너지:

$$U = \{d\}^T\frac{EI}{2}\int_0^L [B]^T[B]dx\{d\} \tag{4.7.21}$$

참고문헌

[1] Gere, J. M., and Goodno, B. J., *Mechanics of Materials*, 7th ed., Cengage Learning, Mason, OH, 2009.
[2] Hsieh, Y. Y., *Elementary Theory of Structures*, 2nd ed., Prentice- Hall, Englewood Cliffs, N. J., 1982.
[3] Fraeijes de Veubeke, B., "Upper and Lower Bounds in Matrix Structural Analysis." *Matrix Methods of Structural Analysis*, AGAR Dograph 72, B. Fraeijes de Veubeke, ed., Macmillan, New York, 1964.
[4] Juvinall, R. C., and Marshek, K. M., *Fundamentals of Machine Component Design*, 5th. ed., John Wiley & Sons, New York, 2012.
[5] Przemieneicki, J. S., *Theory of Matrix Structural Analysis*, McGraw-Hill, New York, 1968.
[6] McGuire, W., and Gallagher, R. H., *Matrix Structural Analysis*, John Wiley & Sons, New York, 1979.
[7] Severn, R. T., "Inclusion of Shear Deflection in the Stiffness Matrix for a Beam Element", *Journal of Strain Analysis*, Vol. 5, No. 4, 1970, pp. 239~241.
[8] Narayanaswami, R., and Adelman, H. M., "Inclusion of Transverse Shear Deformation in Finite Element Displacement Formulations", *AIAA Journal*, Vol. 12, No. 11, 1974, 1613~1614.
[9] Timoshenko, *S., Vibration Problems in Engineering*, 3rd. ed., Van Nostrand Reinhold Company, New York, NY 1955.
[10] Clark, S. K., *Dynamics of Continous Elements*, Prentice Hall, Englewood Cliffs, NJ, 1972.
[11] Autodesk Inc., McInnis Parkway, San Rafael, CA 94903.
[12] Martin, H. C., *Introduction to Matrix Methods of Structural Analysis*, McGraw-Hill, Boston, MA, 1966.

연습문제

4.1 What are the differences between truss and beam elements? That is, what degrees of freedom does each one have? What forces do they resist?

4.2 What kind of element would we have by combining the two elements (truss and beam) into one? What could that new element be used for?

4.3 Use Eqs. (4.1.7) to plot the shape functions N_1 and N_3 and the derivatives (dN_2/dx) and (dN_4/dx); which represent the shapes (variations) of the slopes ϕ_1 and ϕ_2 over the length of the beam element.

4.4 Derive the element stiffness matrix for the beam element in Figure 4–1 if the rotational degrees of freedom are assumed positive clockwise instead of counterclockwise. Compare the two different nodal sign conventions and discuss. Compare the resulting stiffness matrix to Eq. (4.1.14)

Solve all problems using the finite element stiffness method.

4.5 For the beam shown in Figure P4–5, determine the rotation at pin support A and the rotation and displacement under the load P. Determine the reactions. Draw the shear force and bending moment diagrams. Let EI be constant throughout the beam.

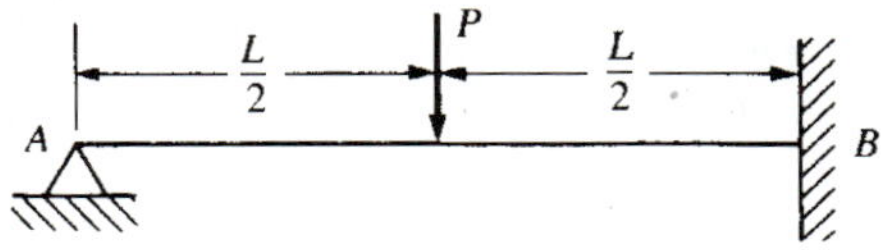

Figure P4-5 •

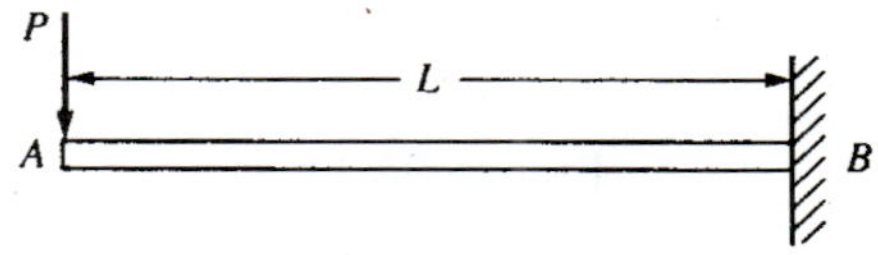

Figure P4-6 •

4.6 For the cantilever beam subjected to the free-end load P shown in Figure P4–6, determine the maximum deflection and the reactions. Let EI be constant throughout the beam.

4.7–4.13 For the beams shown in Figures P4–7 through P4–13, determine the displacements and the slopes at the nodes, the forces in each element, and the reactions. Also, draw the shear force and bending moment diagrams.

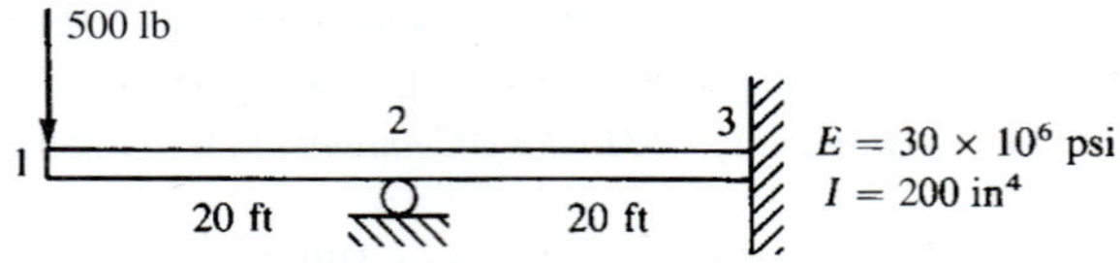

Figure P4-7 •

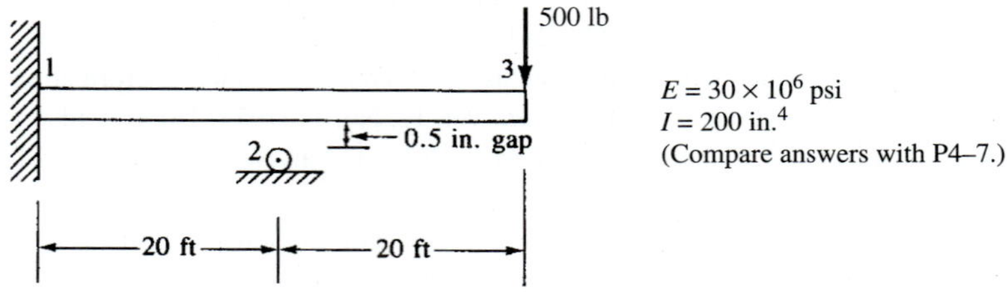

Figure P4-8 •

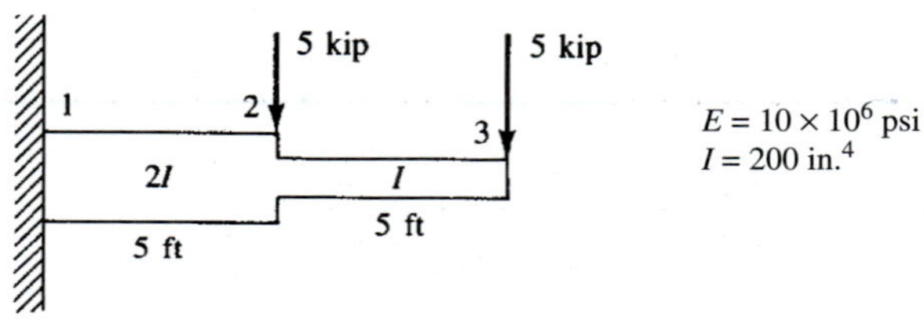

Figure P4-9 •

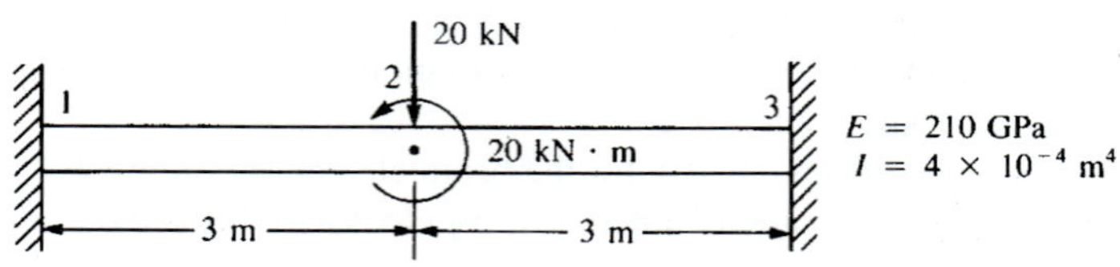

Figure P4-10 •

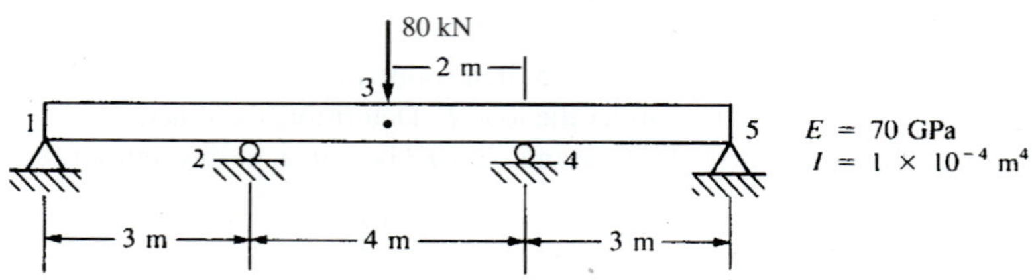

Figure P4-11 •

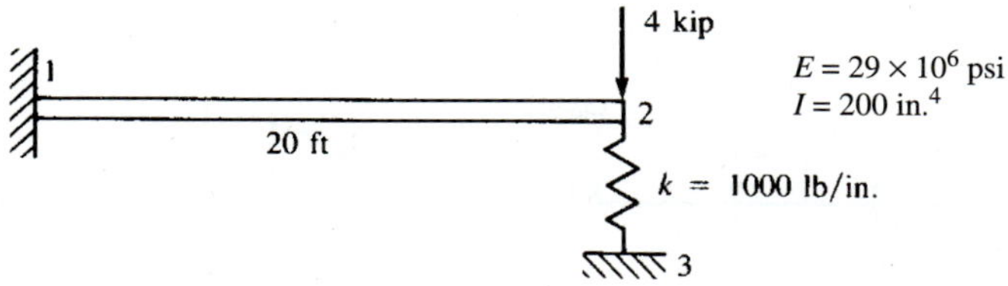

Figure P4-12 •

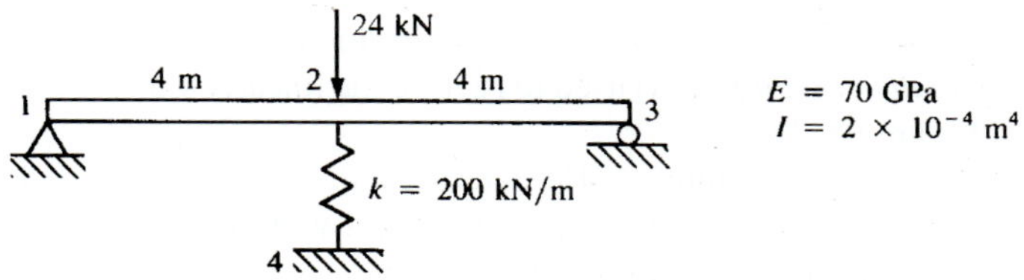

Figure P4-13 •

4.14 For the fixed-fixed beam subjected to the uniform load w shown in Figure P4–14. determine the midspan deflection and the reactions. Draw the shear force and bending moment diagrams. The middle section of the beam has a bending stiffness of $2EI$; the other sections have bending stiffnesses of EI.

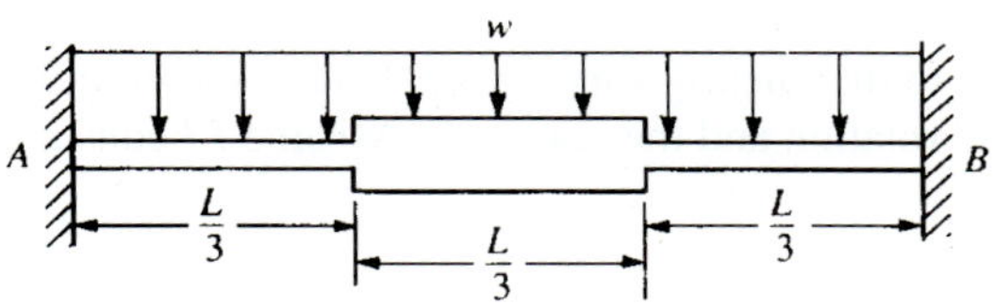

Figure P4-14 •

4.15 Determine the midspan deflection and the reactions and draw the shear force and bending moment diagrams for the fixed-fixed beam subjected to uniformly distributed load w shown in Figure P4–15. Assume EI constant throughout the beam. Compare your answers with the classical solution (that is, with the appropriate equivalent joint forces given in Appendix D).

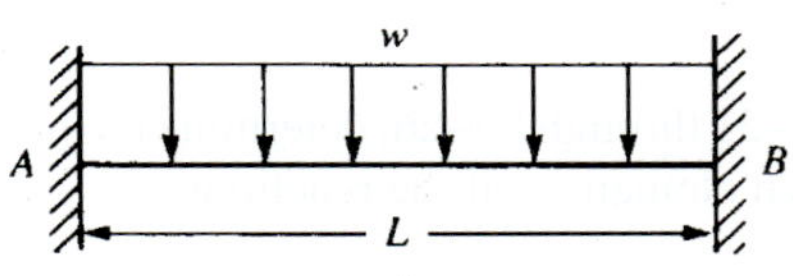

Figure P4-15 •

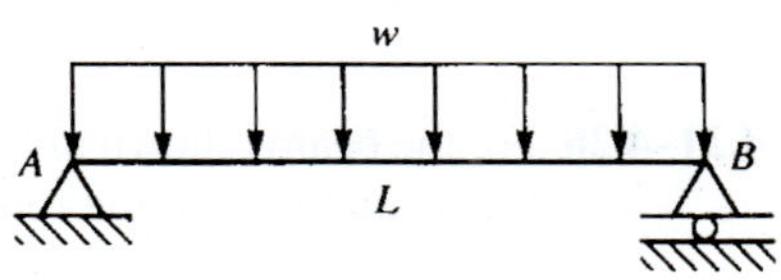

Figure P4-16 •

4.16 Determine the midspan deflection and the reactions and draw the shear force and bending moment diagrams for the simply supported beam subjected to the uniformly distributed load w shown in Figure P4–16. Assume EI constant throughout the beam.

4.17 For the beam loaded as shown in Figure P4–17, determine the free-end deflection and the reactions and then draw the shear force and bending moment diagrams. Assume EI constant throughout the beam.

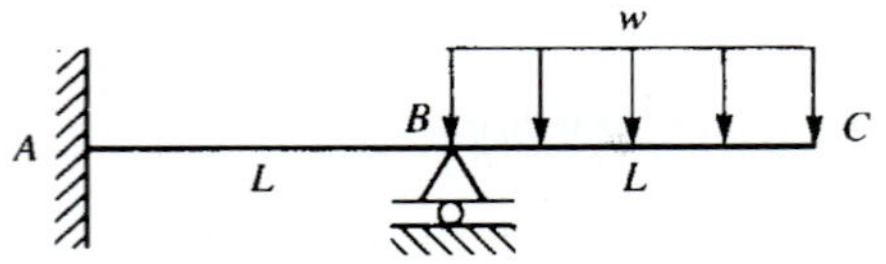

Figure P4-17 •

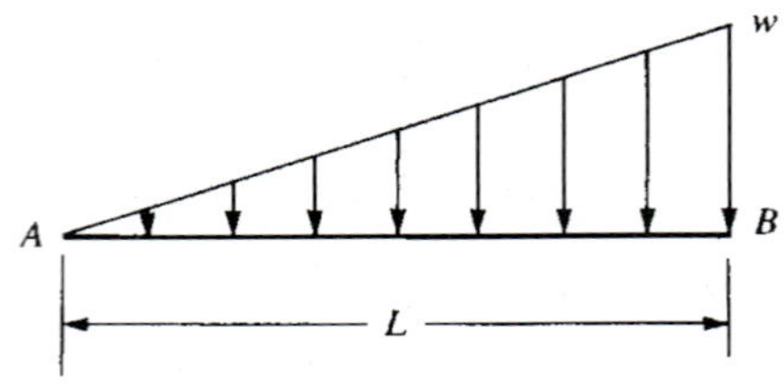

Figure P4-18 •

4.18 Using the concept of work equivalence, determine the nodal forces and moments (called *equivalent nodal forces*) used to replace the linearly varying distributed load shown in Figure P4–18.

4.19 For the beam shown in Figure 4–19, determine the displacement and slope at the center and the reactions. The load is symmetrical with respect to the center of the beam. Assume *EI* constant throughout the beam.

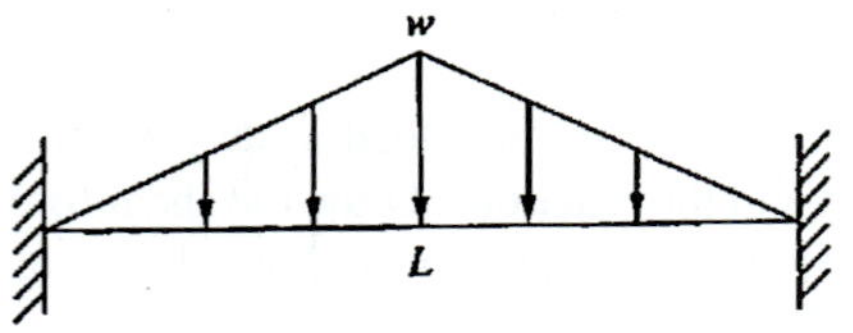

Figure P4-19 •

4.20 For the beam subjected to the linearly varying line load w shown in Figure P4–20, determine the right-end rotation and the reactions. Assume *EI* constant throughout the beam.

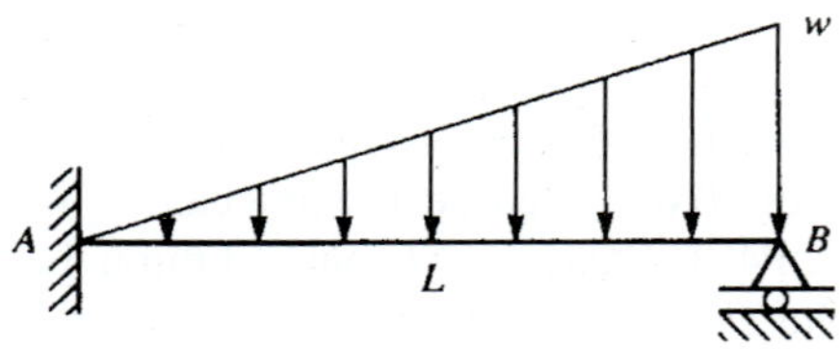

Figure P4-20 •

4.21–4.26 For the beams shown in Figures P4–21 through P4–26, determine the nodal displacements and slopes, the forces in each element, and the reactions.

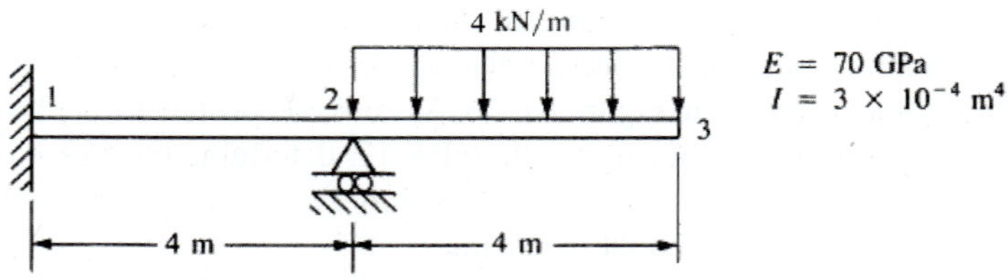

Figure P4-21 •

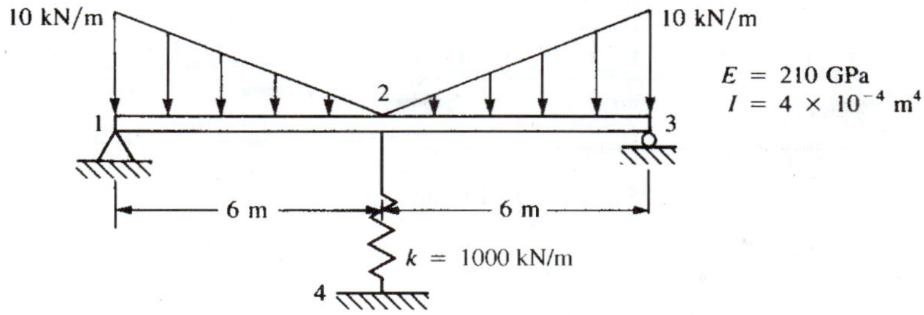

Figure P4-22 •

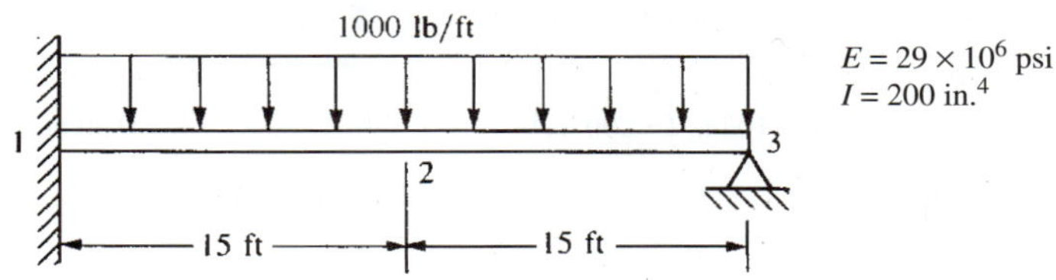

Figure P4-23 •

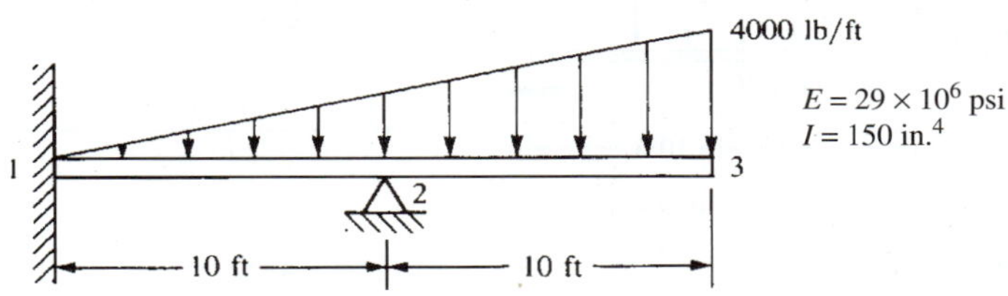

Figure P4-24 •

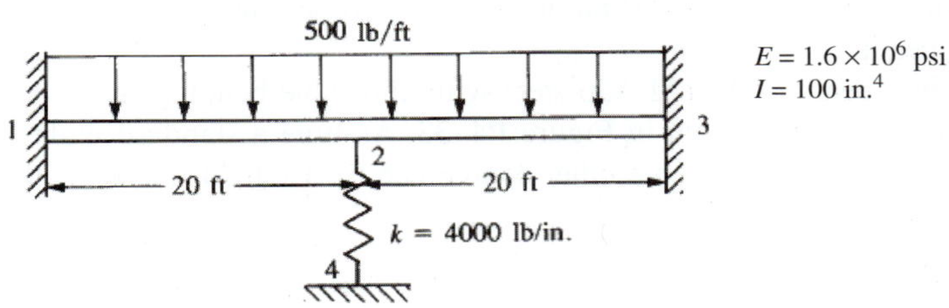

Figure P4-25 •

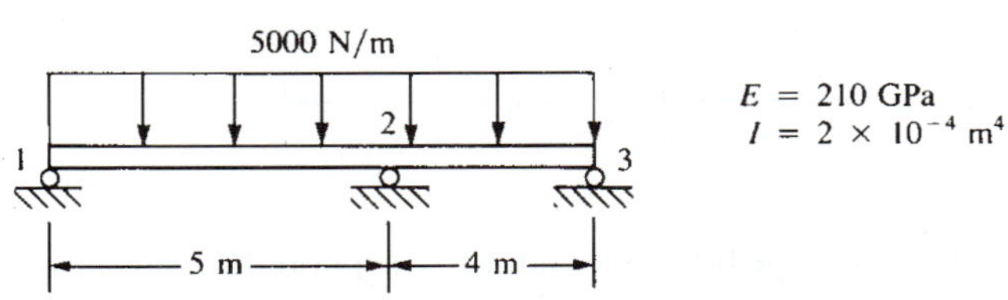

Figure P4-26 •

4.27–4–32 For the beams shown in Figures P4–27 through P4–32 use a computer program to determine the maximum deflection and maximum bending stress. Let $E = 200$ GPa or 30×10^6 psi for all beams as appropriate for the rest of the units in the problem. Let c be the half-depth of each beam.

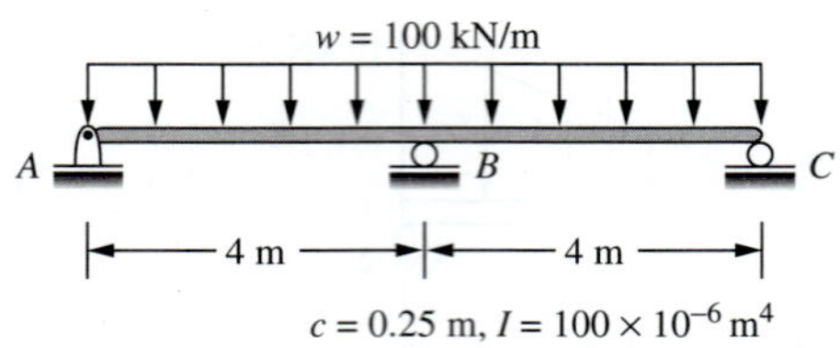

Figure P4-27 •

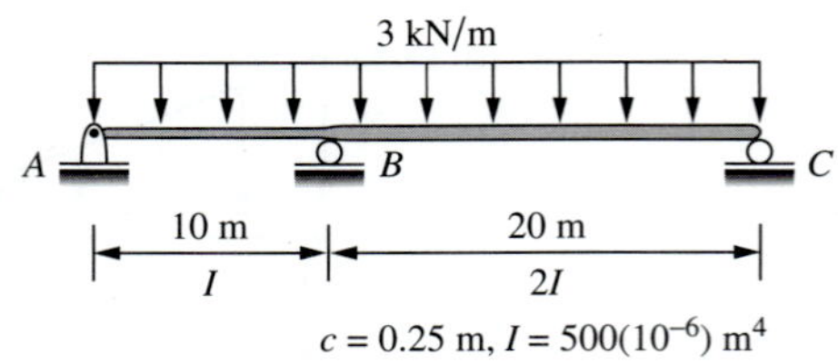

Figure P4-28 •

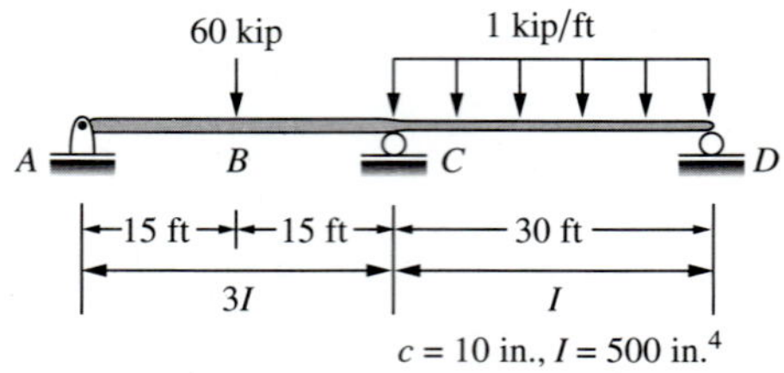

Figure P4-29 •

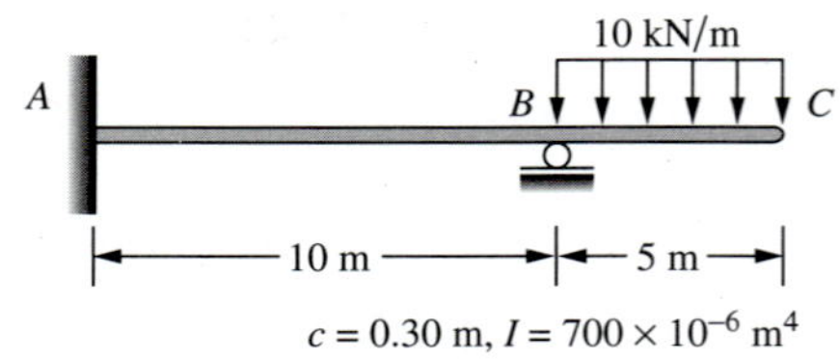

Figure P4-30 •

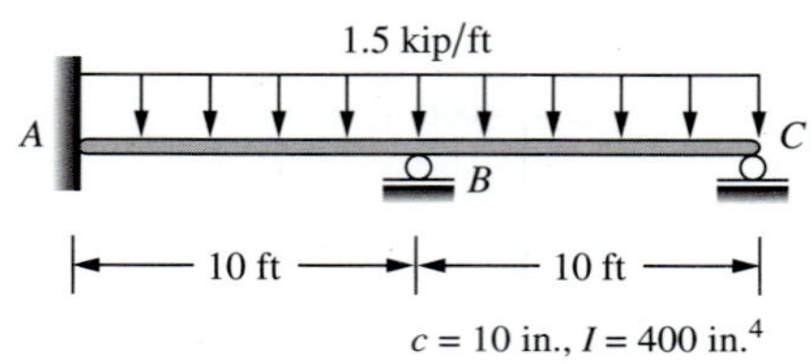

Figure P4-31 •

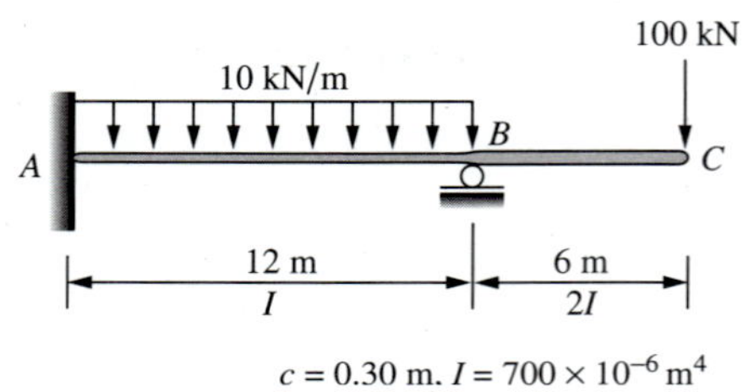

Figure P4-32 •

For the beam design problems shown in Figures P4–33 through P4–38, determine the size of beam to support the loads shown, based on requirements listed next to each beam.

4.33 Design a beam of ASTM A36 steel with allowable bending stress of 160 MPa to support the load shown in Figure P4–33. Assume a standard wide flange beam from Appendix F, or some other source can be used. Also what is the maximum deflection?

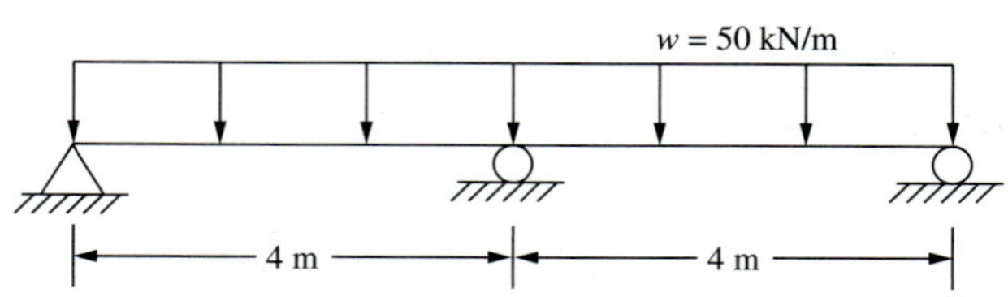

Figure P4-33 •

4.34 Select a standard steel pipe from Appendix F to support the load shown. The allowable bending stress must not exceed 24 ksi, and the allowable deflection must not exceed $L/360$ of any span.

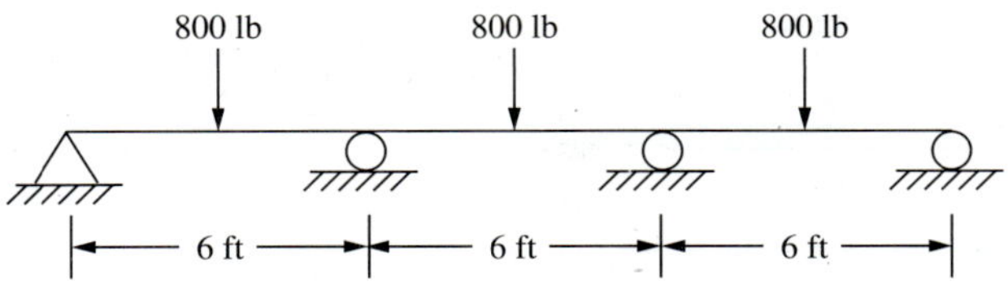

Figure P4-34 •

4.35 Select a rectangular structural tube from Appendix F to support the loads shown for the beam in Figure P4–35. The allowable bending stress should not exceed 24 ksi, and the allowable deflection must not exceed $(L = 6\text{ ft})/360$.

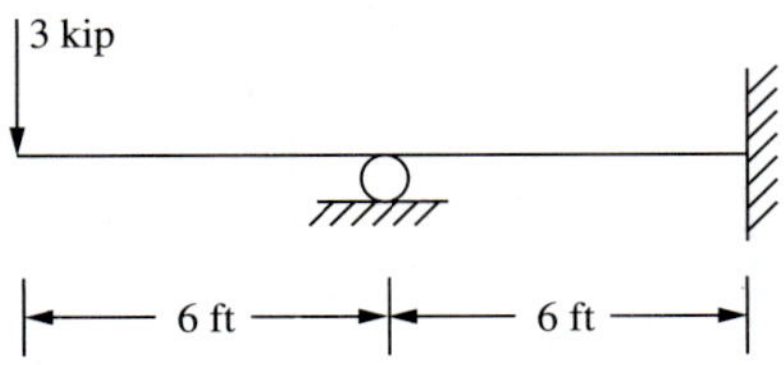

Figure P4-35 •

4.36 Select a standard W section from Appendix F or some other source to support the loads shown for the beam in Figure P4–36. The bending stress must not exceed 160 MPa, and the allowable deflection must not exceed $(L = 6\text{ m})/360$.

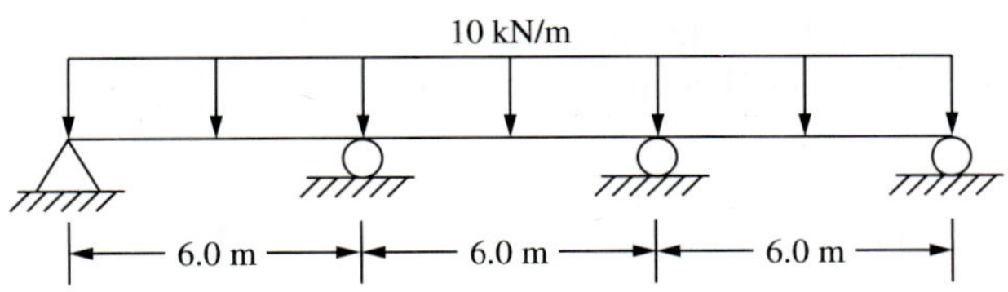

Figure P4-36 •

4.37 For the beam in Figure P4–37, determine a suitably sized W section from Appendix F or from another suitable source such that the bending stress does not exceed 150 MPa and the maximum deflection does not exceed $L/360$ of any span.

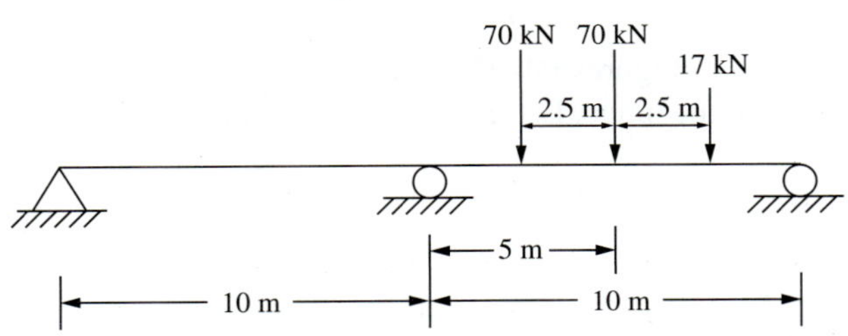

Figure P4-37 •

4.38 For the stepped shaft shown in Figure P4–38, determine a solid circular cross section for each section shown such that the bending stress does not exceed 160 MPa and the maximum deflection does not exceed $L/360$ of the span.

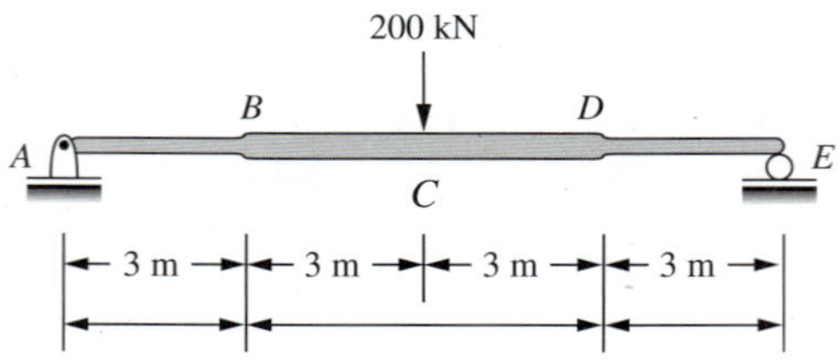

Figure P4-38 •

4.39 For the beam shown in Figure P4–39 subjected to the concentrated load P and distributed load w, determine the midspan displacement and the reactions. Let EI be constant throughout the beam.

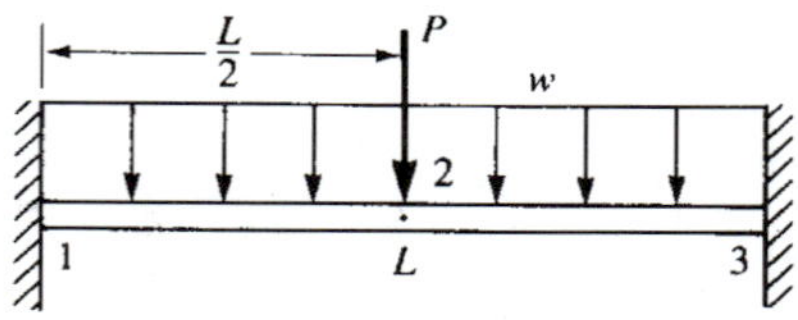

Figure P4-39 •

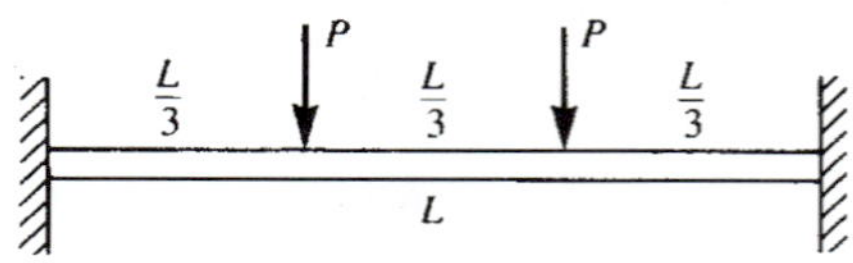

Figure P4-40 •

4.40 For the beam shown in Figure P4–40 subjected to the two concentrated loads P, determine the deflection at the midspan. Use the equivalent load replacement method. Let EI be constant throughout the beam.

4.41 For the beam shown in Figure P4–41 subjected to the concentrated load P and the linearly varying line load w, determine the free-end deflection and rotation and the reactions. Use the equivalent load replacement method. Let EI be constant throughout the beam.

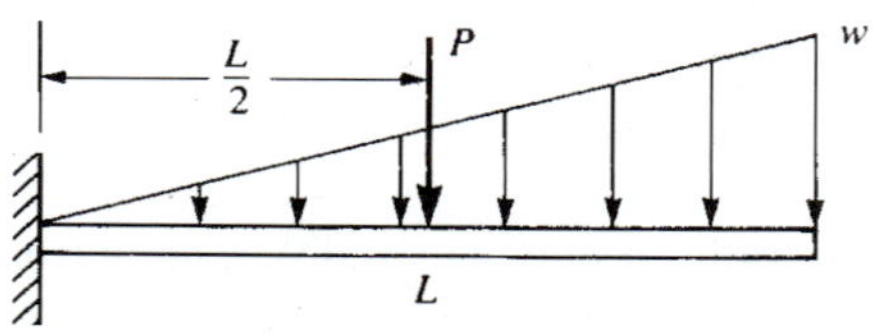

Figure P4-41 •

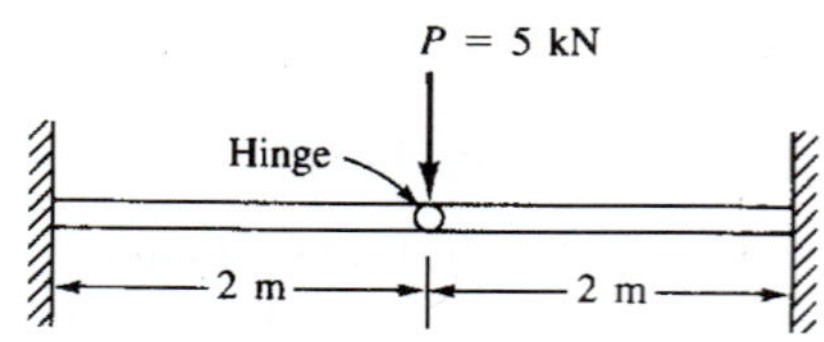

Figure P4-42 •

4.42–4.44 For the beams shown in Figures P4–42 through P4–44, with internal hinge, determine the deflection at the hinge. Let $E = 210$ GPa and $I = 2 \times 10^{-4}$ m^4.

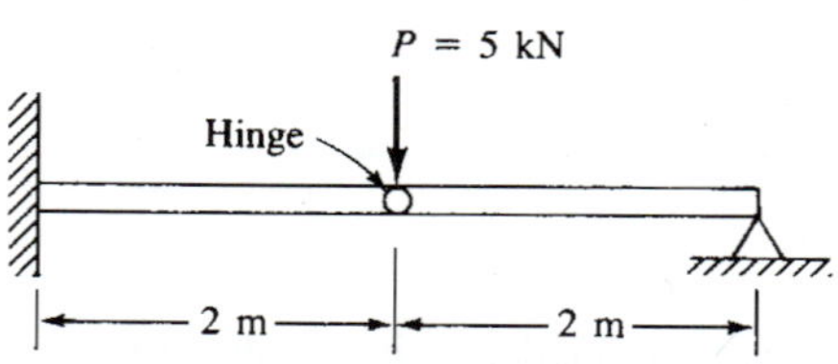

Figure P4-43 •

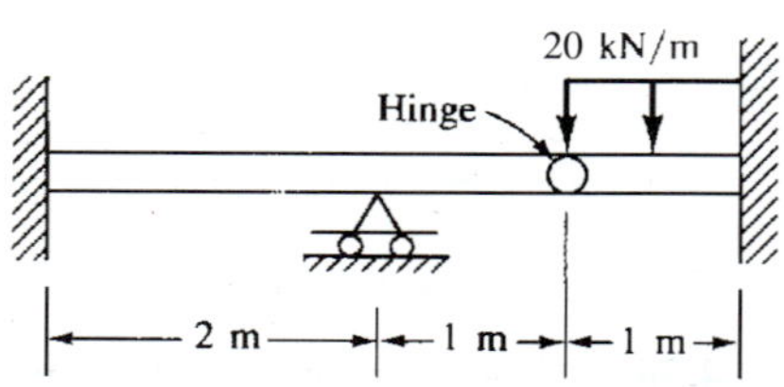

Figure P4-44 •

4.45 Derive the stiffness matrix for a beam element with a nodal linkage—that is, the shear is 0 at node i, but the usual shear and moment resistance are present at node j (see Figure P4–45).

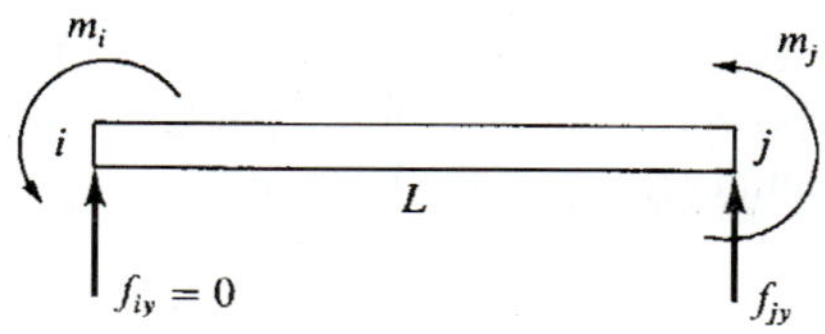

Figure P4-45 •

4.46 Develop the stiffness matrix for a fictitious pure shear panel element (Figure P4–46) in terms of the shear modulus, G, the shear web area, A_w, and the length, L. Notice that Y and v are the shear force and transverse displacement at each node, respectively.

Given 1) $\tau = G\gamma$, 2) $Y = \tau A_w$, 3) $Y_1 + Y_2 = 0$, 4) $\gamma = \dfrac{v_2 - v_1}{L}$

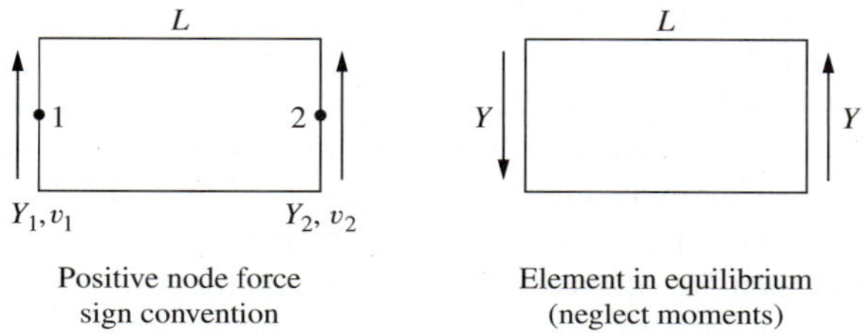

Figure P4-46 •

4.47 Explicitly evaluate π_p of Eq. (4.7.15); then differentiate π_p with respect to v_1, ϕ_1, v_2, and ϕ_2 and set each of these equations to zero (that is, minimize π_p) to obtain the four element equations for the beam element. Then express these equations in matrix form.

4.48 Determine the free-end deflection for the tapered beam shown in Figure P4–48. Here $I(x) = I_0(1 + nx/L)$ where I_0 is the moment of inertia at $x = 0$. Compare the exact beam theory solution with a two-element finite element solution for $n = 7$[12].

where $$v_1 = \frac{-PL^3}{17.55\ EI_0}, \quad \theta_1 = \frac{1\ PL^2}{9.95\ EI_0}$$

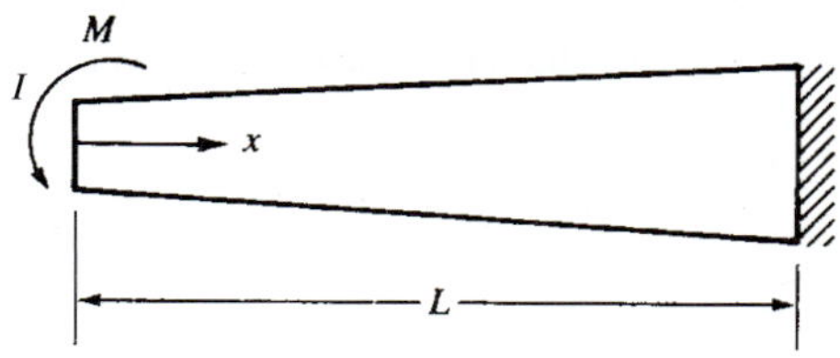

Figure P4-48 •

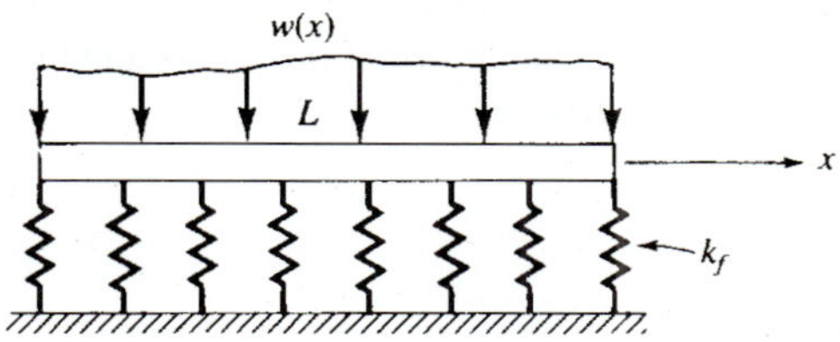

Figure P4-49 •

4.49 Derive the equations for the beam element on an elastic foundation (Figure P4–49) using the principle of minimum potential energy. Here k_f is the subgrade spring constant per unit length. The potential energy of the beam is

$$\pi_p = \int_0^L \frac{1}{2} EI(v'')^2\, dx + \int_0^L \frac{k_f v^2}{2} dx - \int_0^L wv\; dx$$

4.50 Derive the equations for the beam element on an elastic foundation (see Figure P4–49) using Galerkin's method. The basic differential equation for the beam on an elastic foundation is

$$(EIv'')'' = -w + k_f v$$

4.51–4.78 Solve Problems 4.7 through 4.13, 4.21 through 4.32, and 4.42 through 4.44 using a suitable computer program.

4.79 For the beam shown in Figure P4–79, use a computer program to determine the deflection at the mid-span using four beam elements, making the shear area zero and then making the shear area equal 5/6 times the cross-sectional area (b times h). Then make the beam have decreasing spans of 200 mm, 100 mm, and 50 mm with zero shear area and then 5/6 times the cross-sectional area. Compare the answers. Based on your program answers, can you conclude whether your program includes the effects of transverse shear deformation?

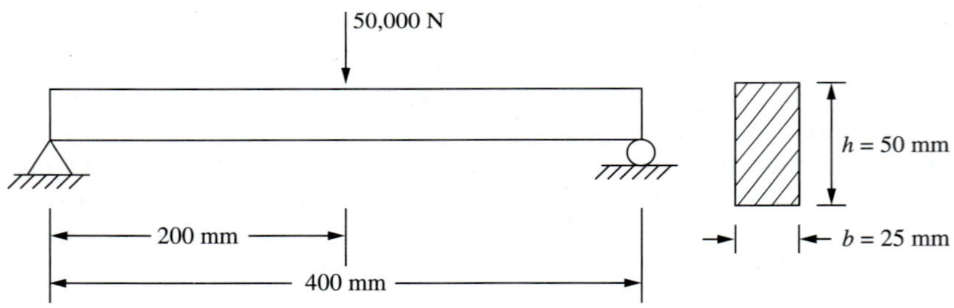

Figure P4-79 •

4.80 For the beam shown in Figure P4–79, use a longhand solution to solve the problem. Compare answers using the beam stiffness matrix, Eq. (4.1.14), without transverse shear deformation effects and then Eq. (4.1.15o), which includes the transverse shear effects.

CHAPTER 05

프레임과 격자 구조물 방정식

학습목표

- 2차원상에 임의의 방향을 갖는 보 요소의 강성행렬을 유도한다.
- 직접강성법을 통한 평면 프레임(frame)의 해를 설명한다.
- 경사진 지지를 갖는 문제를 어떻게 다룰 것인지 설명한다.
- 격자 구조물의 강성행렬과 방정식을 유도한다.
- 다양한 단면에 대해 비틂상수를 결정하기 위한 방정식을 설명한다.
- 격자 구조물의 해를 구한다.
- 공간상에 임의의 방향을 갖는 보 요소의 강성행렬을 구한다.
- 공간 프레임(frame)의 해를 제시한다.
- 부분구조법의 개념에 대하여 설명한다.

개요

그림 5-1에 나타낸 빌딩이나 다리와 같은 많은 구조물은 프레임(frame)과 격자(grid) 구조물들로 구성되어 있다. 이 장에서는 평면 및 공간 프레임과 격자 구조물의 방정식과 해를 구하는 방법을 다룬다.

먼저 평면상에서 임의의 방향으로 있는 보 요소의 강성행렬을 구할 것이다. 그 다음, 국부좌표계에 대한 보 요소의 강성행렬에 축방향 절점 변위의 자유도를 포함시킬 것이다. 이 결과들을 모아서 축방향의 변형을 고려한 임의의 방향 보에 대한 강성행렬을 구성하면 평면 프레임을 해석할 수 있다. 평면 프레임의 특정 예가 뒤에 나와 있다. 그리고 경사진 지지점을 갖는 경우를 고려할 것이다.

다음으로, 격자 요소 강성행렬을 만든다. 격자 구조물의 방정식을 적용하는 것을 보여주기 위해 격자 구조물의 해를 제시할 것이다. 그 다음, 2차원 공간상에서 임의의 방향에 위치한 보 요소의 강성행렬을 구성할 것이다. 또한 부분구조법의 개념에 대해서도 설명한다.

5.1 | 2차원에서 임의의 방향에 위치한 보 요소

그림 5-2에 나타낸 임의의 방향으로 놓인 보 요소의 강성행렬을 3장에서 봉 요소에 사용한 방법과 비슷한 방법으로 유도한다. 국부좌표계 x'은 보 요소의 축을 따라, y'은 보 요소의 횡방향으로 정한다. 전체좌표계 x와 y는 전체 구조물에 적합하도록 정한다.

식 (3.3.16)에 의해 국부좌표계에서의 변위를 전체좌표계에서의 변위로 변환하는 것은 이미 다루었다. 편의상 다시 쓰면 다음과 같다.

$$\begin{Bmatrix} u' \\ v' \end{Bmatrix} = \begin{bmatrix} C & S \\ -S & C \end{bmatrix} \begin{Bmatrix} u \\ v \end{Bmatrix} \tag{5.1.1}$$

식 (5.1.1)의 두 번째 방정식을 이용하여 보 요소에 대해 국부 절점 자유도와 전체 절점 자유도의 관계를 구하면

$$\begin{Bmatrix} v'_1 \\ \phi'_1 \\ v'_2 \\ \phi'_2 \end{Bmatrix} = \begin{bmatrix} -S & C & 0 & 0 & 0 & 0 \\ 0 & 0 & 1 & 0 & 0 & 0 \\ 0 & 0 & 0 & -S & C & 0 \\ 0 & 0 & 0 & 0 & 0 & 1 \end{bmatrix} \begin{Bmatrix} u_1 \\ v_1 \\ \phi_1 \\ u_2 \\ v_2 \\ \phi_2 \end{Bmatrix} \tag{5.1.2}$$

로 되고, 여기서 보 요소에 대해 **변환행렬**(*transformation matrix*)을 다음과 같이 정의한다.

$$[T] = \begin{bmatrix} -S & C & 0 & 0 & 0 & 0 \\ 0 & 0 & 1 & 0 & 0 & 0 \\ 0 & 0 & 0 & -S & C & 0 \\ 0 & 0 & 0 & 0 & 0 & 1 \end{bmatrix} \tag{5.1.3}$$

축력의 효과는 아직 포함되지 않았다. 식 (5.1.2)에서 회전 성분은 양쪽의 좌표계에 대해 달라지지 않았음을 보여주고 있다. 예를 들면, $\phi'_1 = \phi_1$과 $m'_1 = m_1$ 모멘트는 일반적인 오른손 법

(a) (b)

그림 5-1 • (a) 건설 중인 애리조나 주 카디널 미식축구경기장—강체 건축물 구조물(Ed Yack 제공), (b) 용접 연결된 튜브로 구성된 소형 Baja 프레임(Daryl L. Logan 제공)

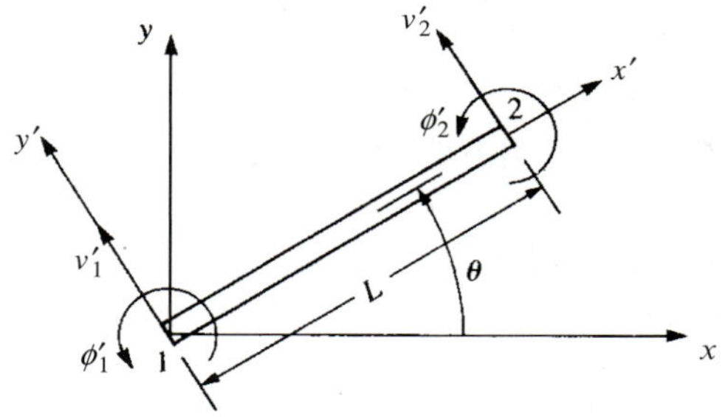

그림 5-2 • 임의의 방향에 위치한 보 요소

칙에 따라 평면 x-y이나 평면 x'-y'에 수직한 방향으로 향한 벡터로 생각할 수 있다. 두 가지 중 어느 시각으로 보든지 모멘트는 $z' = z$방향에 있다. 그러므로 평면 x-y에서 요소가 방향을 바꾸더라도 모멘트는 영향을 받지 않는다.

$[T]$에 관한 식 (5.1.3)과 국부좌표계에 대한 $[k']$에 관한 식 (4.1.14)를 식 (3.4.22)의 $[k] = [T]^T[k'][T]$에 대입하면

$$[k] = \frac{EI}{L^3}\begin{bmatrix} 12S^2 & -12SC & -6LS & -12S^2 & 12SC & -6LS \\ & 12C^2 & 6LC & 12SC & -12C^2 & 6LC \\ & & 4L^2 & 6LS & -6LC & 2L^2 \\ & & & 12S^2 & -12SC & 6LS \\ & & & & 12C^2 & -6LC \\ \text{Symmetry} & & & & & 4L^2 \end{bmatrix} \quad (5.1.4)$$

(열 순서: u_1, v_1, ϕ_1, u_2, v_2, ϕ_2)

이 되며, 여기서 $C = \cos\theta$, $S = \sin\theta$이다. 식 (3.4.22)를 이용하기 위해서 식 (5.1.3)으로 주어진 $[T]$를 사각형 행렬로 확장할 필요는 없다. 왜냐하면 식 (3.4.22)는 일반적으로 적용 가능한 식이기 때문에, 사용되는 행렬이 단순히 행렬 곱을 위한 올바른 차원이기만 하면 된다(행렬 곱에 관한 더 자세한 설명은 부록 A를 참조하라). 식 (5.1.4)의 강성행렬은 전단과 굽힘 효과를 포함하는 전체좌표계에서의 보 요소 강성행렬이다. 국부좌표계에서의 축방향 효과는 아직 포함되지 않았다. 식 (5.1.4)에서와 같이 행렬 곱 $[T]^T[k'][T]$을 계산하여 국부좌표계에서 전체좌

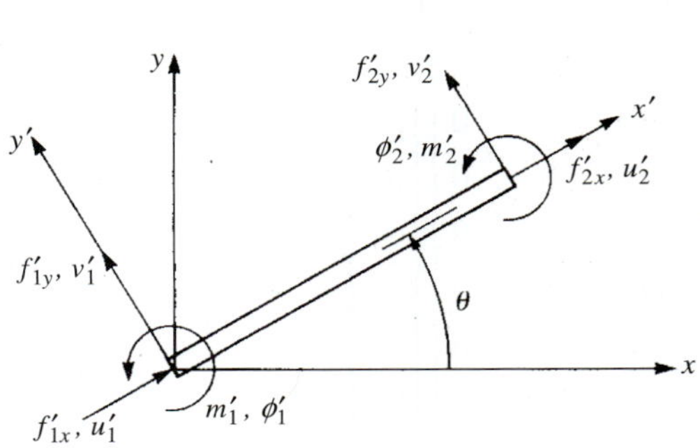

그림 5-3 • 보 요소에 작용하는 국부 절점력 및 변위

표계로 변환하는 것은 보통 컴퓨터상에서 이루어진다.

이제 그림 5-3에서처럼 요소의 축방향 효과를 고려해 보자. 이 요소는 절점마다(u_i', v_i', ϕ_i')의 3 자유도를 가진다. 축력의 효과는 식 (3.1.13)에서 보듯이 다음과 같다.

$$\begin{Bmatrix} f_{1x}' \\ f_{2x}' \end{Bmatrix} = \frac{AE}{L}\begin{bmatrix} 1 & -1 \\ -1 & 1 \end{bmatrix}\begin{Bmatrix} u_1' \\ u_2' \end{Bmatrix} \tag{5.1.5}$$

식 (5.1.5)의 축력 효과와 식 (4.1.13)의 전단과 주 굽힘 모멘트(principal bending moment) 효과를 합치면 국부좌표계에서 다음과 같이 된다.

$$\begin{Bmatrix} f_{1x}' \\ f_{1y}' \\ m_1' \\ f_{2x}' \\ f_{2y}' \\ m_2' \end{Bmatrix} = \begin{bmatrix} C_1 & 0 & 0 & -C_1 & 0 & 0 \\ 0 & 12C_2 & 6C_2L & 0 & -12C_2 & 6C_2L \\ 0 & 6C_2L & 4C_2L^2 & 0 & -6C_2L & 2C_2L^2 \\ -C_1 & 0 & 0 & C_1 & 0 & 0 \\ 0 & -12C_2 & -6C_2L & 0 & 12C_2 & -6C_2L \\ 0 & 6C_2L & 2C_2L^2 & 0 & -6C_2L & 4C_2L^2 \end{bmatrix}\begin{Bmatrix} u_1' \\ v_1' \\ \phi_1' \\ u_2' \\ v_2' \\ \phi_2' \end{Bmatrix} \tag{5.1.6}$$

여기서

$$C_1 = \frac{AE}{L} \quad \text{그리고} \quad C_2 = \frac{EI}{L^3} \tag{5.1.7}$$

그러므로

$$[k'] = \begin{bmatrix} C_1 & 0 & 0 & -C_1 & 0 & 0 \\ 0 & 12C_2 & 6C_2L & 0 & -12C_2 & 6C_2L \\ 0 & 6C_2L & 4C_2L^2 & 0 & -6C_2L & 2C_2L^2 \\ -C_1 & 0 & 0 & C_1 & 0 & 0 \\ 0 & -12C_2 & -6C_2L & 0 & 12C_2 & -6C_2L \\ 0 & 6C_2L & 2C_2L^2 & 0 & -6C_2L & 4C_2L^2 \end{bmatrix} \tag{5.1.8}$$

이 된다. 식 (5.1.8)에서 행렬 $[k']$는 이제 축력 효과(x'방향), 전단력 효과(y'방향), 그리고 주 굽힘 모멘트 효과($z' = z$축에 관한)를 포함하고 있다. 식 (5.1.1)과 (5.1.2)를 이용하면, 국부좌표계에서의 변위와 전체좌표계에서의 변위관계는 다음과 같이 된다.

$$\begin{Bmatrix} u_1' \\ v_1' \\ \phi_1' \\ u_2' \\ v_2' \\ \phi_2' \end{Bmatrix} = \begin{bmatrix} C & S & 0 & 0 & 0 & 0 \\ -S & C & 0 & 0 & 0 & 0 \\ 0 & 0 & 1 & 0 & 0 & 0 \\ 0 & 0 & 0 & C & S & 0 \\ 0 & 0 & 0 & -S & C & 0 \\ 0 & 0 & 0 & 0 & 0 & 1 \end{bmatrix}\begin{Bmatrix} u_1 \\ v_1 \\ \phi_1 \\ u_2 \\ v_2 \\ \phi_2 \end{Bmatrix} \tag{5.1.9}$$

여기서 $[T]$는 다음과 같이 국부좌표계에서의 축력 변위를 포함하도록 확장된다.

$$[T] = \begin{bmatrix} C & S & 0 & 0 & 0 & 0 \\ -S & C & 0 & 0 & 0 & 0 \\ 0 & 0 & 1 & 0 & 0 & 0 \\ 0 & 0 & 0 & C & S & 0 \\ 0 & 0 & 0 & -S & C & 0 \\ 0 & 0 & 0 & 0 & 0 & 1 \end{bmatrix} \tag{5.1.10}$$

식 (5.1.10)으로부터 $[T]$와 식 (5.1.8)로부터 $[k']$를 식 (3.4.22)로 대입하면, 다음과 같이 축력, 전단력, 굽힘 모멘트 등의 효과를 모두 포함하는 보 요소에 대한 전체좌표계에서의 강성행렬을 얻는다.

$$[k] = \frac{E}{L} \times \begin{bmatrix} AC^2 + \frac{12I}{L^2}S^2 & \left(A - \frac{12I}{L^2}\right)CS & -\frac{6I}{L}S & -\left(AC^2 + \frac{12I}{L^2}S^2\right) & -\left(A - \frac{12I}{L^2}\right)CS & -\frac{6I}{L}S \\ & AS^2 + \frac{12I}{L^2}C^2 & \frac{6I}{L}C & -\left(A - \frac{12I}{L^2}\right)CS & -\left(AS^2 + \frac{12I}{L^2}C^2\right) & \frac{6I}{L}C \\ & & 4I & \frac{6I}{L}S & -\frac{6I}{L}C & 2I \\ & & & AC^2 + \frac{12I}{L^2}S^2 & \left(A - \frac{12I}{L^2}\right)CS & \frac{6I}{L}S \\ & & & & AS^2 + \frac{12I}{L^2}C^2 & -\frac{6I}{L}C \\ \text{Symmetry} & & & & & 4I \end{bmatrix} \tag{5.1.11}$$

식 (5.1.11)의 강성행렬을 이용해서 **강체 평면 프레임(rigid plane frame)**을 해석할 수 있다. 여기서 강체 평면 프레임은 보 부재들이 서로 단단하게 고정되어(*rigidly*) 연결된 구조물로 정의한다. 즉, 각 부재 간의 결합부에서의 초기각도는 하중 또는 강재 변위가 가해져 생기는 변형 후에도 변하지 않는다.

더욱이 모멘트는 각 결합부에서 한 부재로부터 다른 부재로 전달된다. 그러므로 강체 결합부 에서는 모멘트의 연속성이 이루어진다. 부가적으로, 작용된 하중과 요소의 중심은 같은 2차원 평면 위에 있다. 식 (5.1.11)로부터 프레임의 요소 강성도는 E, A, L, I와 전체좌표축에 대한 요소의 경사각 θ의 함수라는 것을 알 수 있다. 컴퓨터 프로그램에서는 흔히 평면 프레임 해석을 위한 식 (5.1.11)에서의 강성행렬을 사용한다는 점을 고려하여 보 요소로서 프레임 요소를 인용한다는 점을 유의해야 한다.

5.2 | 강체 평면 프레임의 예제

5.1절에서 유도한 식들의 사용을 설명하기 위해 다음의 강체 평면 프레임의 해를 완전하게 구해 본다.

예제 5.1

강체 평면 프레임 해석의 첫 번째 예제로 그림 5-4에 나타낸 구조물의 "굽힘" 문제를 풀어라.

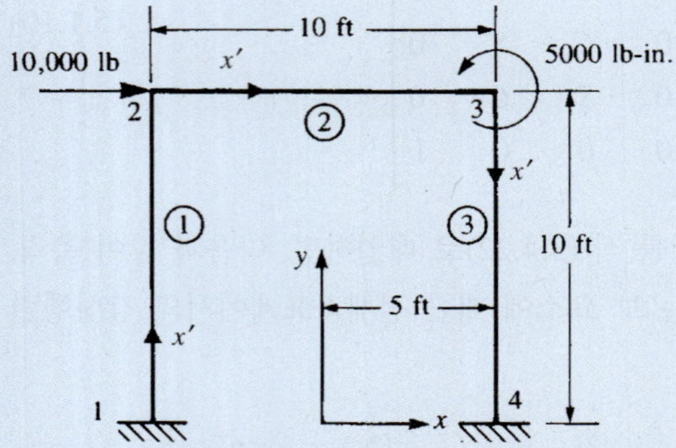

그림 5-4 • 해석을 위한 평면 프레임 구조물 및 국부좌표계

풀이

구조물은 절점 1과 4에 고정되어 있고, 절점 2에서 10,000 lb의 힘을 수평으로 받고 있으며, 절점 3에 5000 lb-in.의 모멘트를 받고 있다. 전체좌표축과 요소의 길이가 그림 5-4에 보인다.

모든 요소에 대해 $E = 30 \times 10^6$ psi이고, 요소 1과 3에 대해서 $I = 200$ in^4, 요소 2에 대해서는 $I = 100$ in^{4}이다.

식 (5.1.11)을 사용하면 각 요소에 대해 전체좌표계에서의 강성행렬을 얻는다.

요소 1

요소 1에서, x'은 절점 1에서 2로 향한다고 가정하기 때문에 전체좌표축 x와 국부좌표축 x' 간의 각은 90°(반시계 방향)이다. 그러므로

$$C = \cos 90° = \frac{x_2 - x_1}{L^{(1)}} = \frac{-60 - (-60)}{120} = 0$$
$$S = \sin 90° = \frac{y_2 - y_1}{L^{(1)}} = \frac{120 - 0}{120} = 1$$

또한

$$\begin{aligned} \frac{12I}{L^2} &= \frac{12(200)}{(10 \times 12)^2} = 0.167 \text{ in.}^2 \\ \frac{6I}{L} &= \frac{6(200)}{10 \times 12} = 10.0 \text{ in.}^3 \\ \frac{E}{L} &= \frac{30 \times 10^6}{10 \times 12} = 250{,}000 \text{ lb/in.}^3 \end{aligned} \tag{5.2.1}$$

이제 식 (5.2.1)을 이용하여 요소 1에 관하여 식 (5.1.11)을 계산하면

$$
[k^{(1)}] = 250{,}000 \begin{array}{c} \begin{matrix} u_1 & v_1 & \phi_1 & u_2 & v_2 & \phi_2 \end{matrix} \\ \begin{bmatrix} 0.167 & 0 & -10 & -0.167 & 0 & -10 \\ 0 & 10 & 0 & 0 & -10 & 0 \\ -10 & 0 & 800 & 10 & 0 & 400 \\ -0.167 & 0 & 10 & 0.167 & 0 & 10 \\ 0 & -10 & 0 & 0 & 10 & 0 \\ -10 & 0 & 400 & 10 & 0 & 800 \end{bmatrix} \end{array} \frac{\text{lb}}{\text{in.}} \qquad (5.2.2)
$$

이며, 여기서 모든 대각 요소는 양의 값을 가진다.

요소 2

요소 2에서, x'은 절점 2에서 3으로 향하기 때문에 x와 x' 간의 각은 0이다. 그러므로

$$
C = 1 \qquad S = 0
$$

또한

$$
\begin{aligned}
\frac{12I}{L^2} &= \frac{12(100)}{120^2} = 0.0835 \text{ in.}^2 \\
\frac{6I}{L} &= \frac{6(100)}{120} = 5.0 \text{ in.}^3 \\
\frac{E}{L} &= 250{,}000 \text{ lb/in.}^3
\end{aligned} \qquad (5.2.3)
$$

요소 2에 관하여 식 (5.1.11)을 계산하기 위해 식 (5.2.3)의 값들을 이용하면 다음과 같다.

$$
[k^{(2)}] = 250{,}000 \begin{array}{c} \begin{matrix} u_2 & v_2 & \phi_2 & u_3 & v_3 & \phi_3 \end{matrix} \\ \begin{bmatrix} 10 & 0 & 0 & -10 & 0 & 0 \\ 0 & 0.0835 & 5 & 0 & -0.0835 & 5 \\ 0 & 5 & 400 & 0 & -5 & 200 \\ -10 & 0 & 0 & 10 & 0 & 0 \\ 0 & -0.0835 & -5 & 0 & 0.835 & -5 \\ 0 & 5 & 200 & 0 & -5 & 400 \end{bmatrix} \end{array} \frac{\text{lb}}{\text{in.}} \qquad (5.2.4)
$$

요소 3

요소 3에서, x'은 절점 3에서 4로 향하기 때문에 x와 x' 간의 각은 270°(또는 −90°)이다.

$$
C = 0 \qquad S = -1
$$

그러므로 따라서 요소 3에 대해서 식 (5.1.11)을 계산하면

$$[k^{(3)}] = 250{,}000 \begin{bmatrix} 0.167 & 0 & 10 & -0.167 & 0 & 10 \\ 0 & 10 & 0 & 0 & -10 & 0 \\ 10 & 0 & 800 & -10 & 0 & 400 \\ -0.167 & 0 & -10 & 0.167 & 0 & -10 \\ -0 & -10 & 0 & 0 & 10 & 0 \\ 10 & 0 & 400 & -10 & 0 & 800 \end{bmatrix} \frac{\text{lb}}{\text{in.}} \quad (5.2.5)$$

(열 순서: u_3, v_3, ϕ_3, u_4, v_4, ϕ_4)

이며, 식 (5.2.2), (5.2.4), (5.2.5)를 중첩하고 절점 1과 4에서의 경계조건 $u_1 = v_1 = \phi_1 = 0$과 $u_4 = v_4 = \phi_4 = 0$을 적용하면 다음과 같이 된다.

$$\begin{Bmatrix} 10{,}000 \\ 0 \\ 0 \\ 0 \\ 0 \\ 5000 \end{Bmatrix} = 250{,}000 \begin{bmatrix} 10.167 & 0 & 10 & -10 & 0 & 0 \\ 0 & 10.0835 & 5 & 0 & -0.0835 & 5 \\ 10 & 5 & 1200 & 0 & -5 & 200 \\ -10 & 0 & 0 & 10.167 & 0 & 10 \\ 0 & -0.0835 & -5 & 0 & 10.0835 & -5 \\ 0 & 5 & 200 & 10 & -5 & 1200 \end{bmatrix} \begin{Bmatrix} u_2 \\ v_2 \\ \phi_2 \\ u_3 \\ v_3 \\ \phi_3 \end{Bmatrix} \quad (5.2.6)$$

식 (5.2.6)을 풀어서 변위와 회전을 구하면 다음과 같다.

$$\begin{Bmatrix} u_2 \\ v_2 \\ \phi_2 \\ u_3 \\ v_3 \\ \phi_3 \end{Bmatrix} = \begin{Bmatrix} 0.211 \text{ in.} \\ 0.00148 \text{ in.} \\ -0.00153 \text{ rad} \\ 0.209 \text{ in.} \\ -0.00148 \text{ in.} \\ -0.00149 \text{ rad} \end{Bmatrix} \quad (5.2.7)$$

결과를 보면 프레임의 상부는 절점 2와 3에서 무시할 수 있을 정도의 수직 변위가 발생하고 적은 회전을 하며 오른쪽으로 움직인다.

요소 하중들은 예전의 트러스와 보 문제에서 한 것처럼 각 요소에 대해 $\{f'\} = [k'][T]\{d\}$를 계산하여 구한다. 여기서는 요소 1에 대해서만 이 과정을 설명하겠다. 요소 1에 대해 $[T]$에 관한 식 (5.1.10)과 절점 2에서의 변위값인 식 (5.2.7)을 사용하면,

$$[T]\{d\} = \begin{bmatrix} 0 & 1 & 0 & 0 & 0 & 0 \\ -1 & 0 & 0 & 0 & 0 & 0 \\ 0 & 0 & 1 & 0 & 0 & 0 \\ 0 & 0 & 0 & 0 & 1 & 0 \\ 0 & 0 & 0 & -1 & 0 & 0 \\ 0 & 0 & 0 & 0 & 0 & 1 \end{bmatrix} \begin{Bmatrix} u_1 = 0 \\ v_1 = 0 \\ \phi_1 = 0 \\ u_2 = 0.211 \\ v_2 = 0.00148 \\ \phi_2 = -0.00153 \end{Bmatrix} \quad (5.2.8)$$

식 (5.2.8)에서 행렬을 곱하면,

$$[T]\{d\} = \begin{Bmatrix} 0 \\ 0 \\ 0 \\ 0.00148 \\ -0.211 \\ -0.00153 \end{Bmatrix} \tag{5.2.9}$$

그러면 식 (5.1.8)로부터 $[k']$을 사용하면, 요소 1 국부좌표계에서의 절점력을 얻는다.

$$\{f'\} = [k'][T]\{d\} = 250{,}000 \begin{bmatrix} 10 & 0 & 0 & -10 & 0 & 0 \\ 0 & 0.167 & 10 & 0 & -0.167 & 10 \\ 0 & 10 & 800 & 0 & -10 & 400 \\ -10 & 0 & 0 & 10 & 0 & 0 \\ 0 & -0.167 & -10 & 0 & 0.167 & -10 \\ 0 & 10 & 400 & 0 & -10 & 800 \end{bmatrix} \begin{Bmatrix} 0 \\ 0 \\ 0 \\ 0.00148 \\ -0.211 \\ -0.00153 \end{Bmatrix} \tag{5.2.10}$$

식 (5.2.10)을 간단히 하면, 다음과 같이 요소 1에 작용하는 국부좌표계에서의 하중을 얻는다.

$$\begin{Bmatrix} f'_{1x} \\ f'_{1y} \\ m'_1 \\ f'_{2x} \\ f'_{2y} \\ m'_2 \end{Bmatrix} = \begin{Bmatrix} -3700 \text{ lb} \\ 4990 \text{ lb} \\ 376{,}000 \text{ lb-in.} \\ 3700 \text{ lb} \\ -4990 \text{ lb} \\ 223{,}000 \text{ lb-in.} \end{Bmatrix} \tag{5.2.11}$$

요소 1의 자유물체도는 그림 5-5에 나타냈다. 그림 5-5에서 x'축은 절점 1에서 2로 향해 있다. 이 순서는 요소의 강성행렬을 작성할 때 쓰이는 절점 자유도의 순서와 일치한다. 평면 x-y는 처음부터 그림 5-4에 보인 것처럼 정해져 있기 때문에 z축은 이 면을 뚫고 나오는 방향이며, 결국 z'축도 마찬가지다($z' = z$임을 기억하라). y'축은 x'과 y'축의 외적이 z'방향이 되도록 정한다. 식 (5.2.11)로 계산된 요소 하중의 부호는 그림 5-5에서 보여준다. 똑같은 방법이 요소 2와 3에 대해서도 적용된다. 여기서는 요소 2와 3에서 하중을 계산한 결과만을 제시하며, 자세한 계산은 독자들에게 남겨둔다. 그림 5-5(b)와 (c)에 보이는 바와 같이 요소에서의 힘은 다음과 같다.

요소 2

$$\begin{aligned} f'_{2x} &= 5010 \text{ lb} \quad & f'_{2y} &= -3700 \text{ lb} \quad & m'_2 &= -223{,}000 \text{ lb-in.} \\ f'_{3x} &= -5010 \text{ lb} \quad & f'_{3y} &= 3700 \text{ lb} \quad & m'_2 &= -221{,}000 \text{ lb-in.} \end{aligned} \tag{5.2.12a}$$

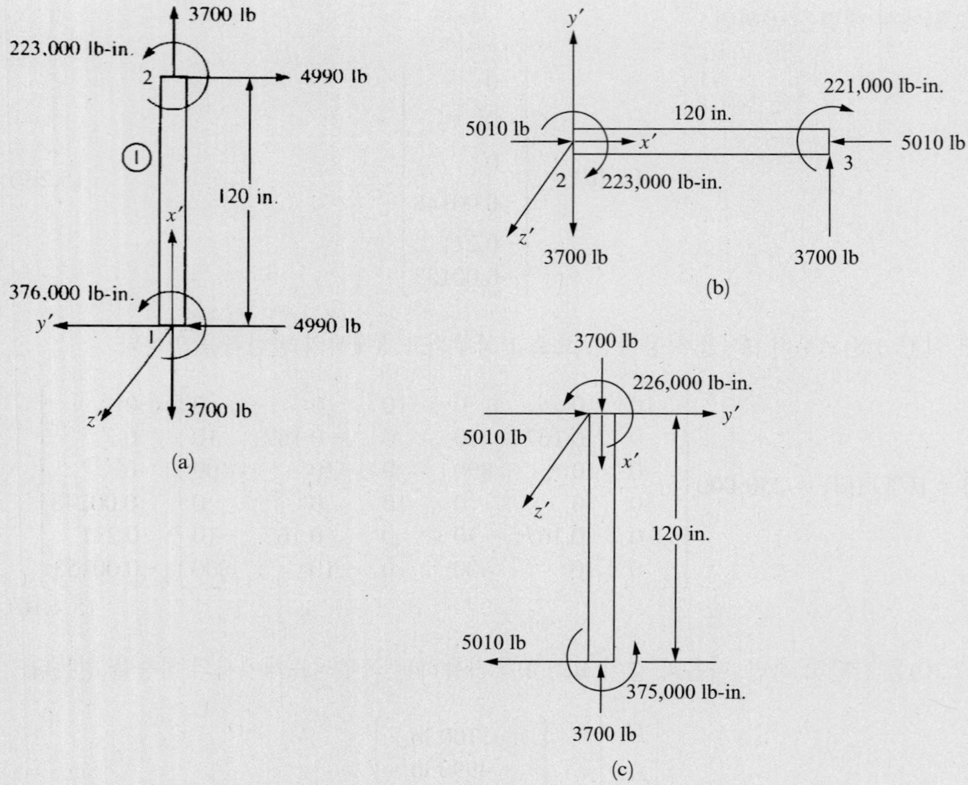

그림 5-5 • 자유물체도 (a) 요소 1, (b) 요소 2, (c) 요소 3

요소 3

$$f'_{3x} = 3700\text{ lb} \quad f'_{3y} = 5010\text{ lb} \quad m'_3 = 226{,}000\text{ lb-in.}$$
$$f'_{4x} = -3700\text{ lb} \quad f'_{4y} = -5010\text{ lb} \quad m'_4 = 375{,}000\text{ lb-in.} \tag{5.2.12b}$$

요소 1의 자유물체도를 고려해 보면, 평형방정식은 다음과 같다.

$$\sum F_{x'}: -4990 + 4990 = 0$$
$$\sum F_{y'}: -3700 + 3700 = 0$$
$$\sum M_2: 376{,}000 + 223{,}000 - 4990(120\text{ in.}) \cong 0$$

절점 2에서의 모멘트 평형을 고려해 보면, 식 (5.2.11)과 (5.2.12a)로부터 요소 1에서 $m'_2 =$ 223,000 lb-in.이며 요소 2에서는 반대값인 −223,000 lb-in.이 발생한다. 이와 유사하게, 요소 2와 3에서 가해진 모멘트 5000 lb-in.에 m'_3가 더해져서 모멘트 평형은 절점 3에서 만족한다. 따라서 식 (5.2.12a)와 (5.2.12b)로부터 다음을 얻는다.

$$-221{,}000 + 226{,}000 = 5000\text{ lb-in.}$$

예제 5.2

분포하중을 받고 있는 프레임을 푸는 과정을 이해하기 위해 그림 5-6에 나타낸 강체 평면 프레임 문제를 풀어라. 이 구조물은 절점 1과 3에서 고정되어 있고, 요소 2 위로 아래방향으로 1000 lb/ft의 균일 분포하중을 받고 있다. 전체좌표축들은 절점 1을 기준으로 정해져 있다. 요소의 길이는 그림에 나와 있다. 모든 요소에 대해 $E = 30 \times 10^6$ psi, $A = 100$ in^2, 그리고 $I = 1000$ in^{4}이다.

풀이

먼저 요소 2에 작용하는 분포하중을 절점 2와 3에 작용하는 절점력과 모멘트로 치환한다. 식 (4.4.5)~(4.4.7)을 이용하여(또는 부록 D) 등가 절점력과 모멘트는 다음과 같이 계산된다.

$$
\begin{aligned}
f_{2y} &= -\frac{wL}{2} = -\frac{(1000)40}{2} = -20,000 \text{ lb} = -20 \text{ kip} \\
m_2 &= -\frac{wL^2}{12} = -\frac{(1000)40^2}{12} = -133,333 \text{ lb-ft} = -1600 \text{ k-in.}
\end{aligned} \tag{5.2.13}
$$

$$
\begin{aligned}
f_{3y} &= -\frac{wL}{2} = -\frac{(1000)40}{2} = -20,000 \text{ lb} = -20 \text{ kip} \\
m_3 &= \frac{wL^2}{12} = \frac{(1000)40^2}{12} = 133,333 \text{ lb-ft} = 1600 \text{ k-in.}
\end{aligned}
$$

식 (5.1.11)을 이용하여, 각 요소에 대한 강성행렬이 다음과 같이 결정된다.

요소 1

$\theta^{(1)} = 45°$ $\quad C = 0.707 \quad S = 0.707 \quad L^{(1)} = 42.4$ ft $= 509.0$ in.

$$
\frac{E}{L} = \frac{30 \times 10^3}{509} = 58.93
$$

$$
[k^{(1)}] = 58.93 \begin{bmatrix} 50.02 & 49.98 & 8.33 \\ 49.98 & 50.02 & -8.33 \\ 8.33 & -8.33 & 4000 \end{bmatrix} \frac{\text{kip}}{\text{in.}} \tag{5.2.14}
$$

식 (5.2.14)를 풀면 다음과 같다.

$$
[k^{(1)}] = \begin{matrix} u_2 & v_2 & \phi_2 \end{matrix}
\begin{bmatrix} 2948 & 2945 & 491 \\ 2945 & 2948 & -491 \\ 491 & -491 & 235,700 \end{bmatrix} \frac{\text{kip}}{\text{in.}} \tag{5.2.15}
$$

여기서도 절점 1이 고정되어 있기 때문에 절점 2에서의 자유도와 관련된 강성행렬만 포함하였다.

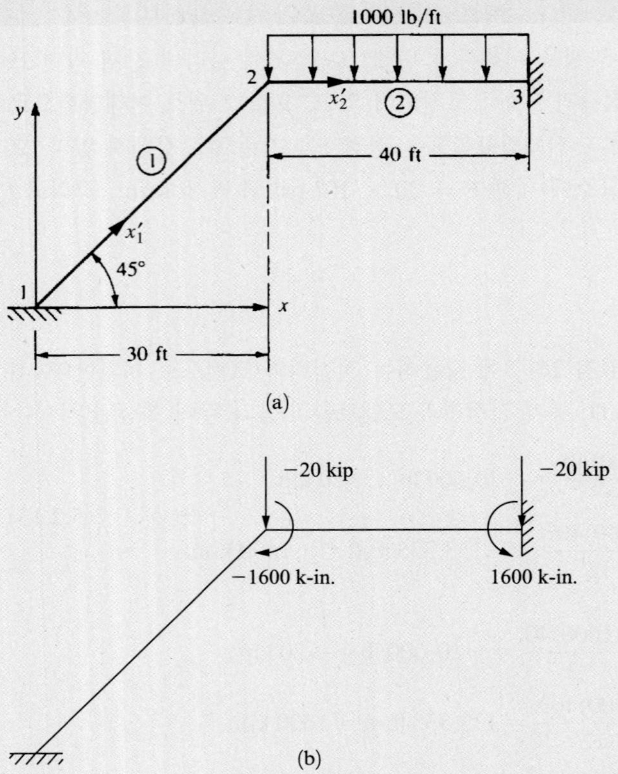

그림 5-6 • (a) 해석을 위한 평면 프레임, (b) 프레임에 대한 등가 절점력

요소 2

$$\theta^{(2)} = 0° \qquad C = 1 \qquad S = 0 \qquad L^{(2)} = 40 \text{ ft} = 480 \text{ in.}$$

$$\frac{E}{L} = \frac{30 \times 10^3}{480} = 62.50$$

$$[k^{(2)}] = 62.50 \begin{bmatrix} 100 & 0 & 0 \\ 0 & 0.052 & 12.5 \\ 0 & 12.5 & 4000 \end{bmatrix} \frac{\text{kip}}{\text{in.}} \tag{5.2.16}$$

식 (5.2.16)을 풀면 다음과 같다.

$$[k^{(2)}] = \begin{bmatrix} \overset{u_2}{6250} & \overset{v_2}{0} & \overset{\phi_2}{0} \\ 0 & 3.25 & 781.25 \\ 0 & 781.25 & 250{,}00 \end{bmatrix} \frac{\text{kip}}{\text{in.}} \tag{5.2.17}$$

여기서도 절점 3이 고정되어 있기 때문에 절점 2에서의 자유도와 관련된 강성행렬만 포함하였다. 식 (5.2.15)와 (5.2.17)을 사용하여 모든 요소의 강성행렬을 중첩하고, 절점 2에서의 절점

력과 모멘트에 대해 식 (5.2.13)을 사용하면(절점 3에서는 고정되어 있으므로),

$$\begin{Bmatrix} F_{2x} = 0 \\ F_{2y} = -20 \\ M_2 = -1600 \end{Bmatrix} = \begin{bmatrix} 9198 & 2945 & 491 \\ 2945 & 2951 & 290 \\ 491 & 290 & 485{,}700 \end{bmatrix} \begin{Bmatrix} u_2 \\ v_2 \\ \phi_2 \end{Bmatrix} \tag{5.2.18}$$

절점 2에서의 변위와 회전을 계산하기 위해 식 (5.2.18)을 풀면 다음과 같다.

$$\begin{Bmatrix} u_2 \\ v_2 \\ \phi_2 \end{Bmatrix} = \begin{Bmatrix} 0.0033 \text{ in.} \\ -0.0097 \text{ in.} \\ -0.0033 \text{ rad} \end{Bmatrix} \tag{5.2.19}$$

절점 2는 오른쪽으로 $u_2 = 0.0033$ in., 아래로 $v_2 = -0.0097$ in., 그리고 접합부는 시계 방향으로 $\phi_2 = -0.0033$ rad 회전했음을 알 수 있다.

이제 각 요소의 국부좌표계에서의 내력들을 결정한다. 분포하중을 받고 있는 요소에 대한 계산 과정은 요소 2에 적용되어야 한다. 국부좌표계에서의 내력은 $\{f'\} = [k'][T]\{d\}$에 의해 주어진다. 요소 1에 대해

$$[T]\{d\} = \begin{bmatrix} 0.707 & 0.707 & 0 & 0 & 0 & 0 \\ -0.707 & 0.707 & 0 & 0 & 0 & 0 \\ 0 & 0 & 1 & 0 & 0 & 0 \\ 0 & 0 & 0 & 0.707 & 0.707 & 0 \\ 0 & 0 & 0 & -0.707 & 0.707 & 0 \\ 0 & 0 & 0 & 0 & 0 & 1 \end{bmatrix} \begin{Bmatrix} 0 \\ 0 \\ 0 \\ 0.0033 \\ -0.0097 \\ -0.0033 \end{Bmatrix} \tag{5.2.20}$$

이고, 식 (5.2.20)을 계산하면

$$[T]\{d\} = \begin{Bmatrix} 0 \\ 0 \\ 0 \\ -0.00452 \\ -0.0092 \\ -0.0033 \end{Bmatrix} \tag{5.2.21}$$

이며, 식 (5.2.21)과 $[k']$에 관한 식 (5.1.8)을 이용하면

$$\begin{Bmatrix} f'_{1x} \\ f'_{1y} \\ m'_1 \\ f'_{2x} \\ f'_{2y} \\ m'_2 \end{Bmatrix} = \begin{bmatrix} 5893 & 0 & 0 & -5893 & 0 & 0 \\ & 2.730 & 694.8 & 0 & -2.730 & 694.8 \\ & & 235{,}800 & 0 & -694.8 & 117{,}900 \\ & & & 5893 & 0 & 0 \\ & & & & 2.730 & -694.8 \\ \text{Symmetry} & & & & & 235{,}800 \end{bmatrix} \begin{Bmatrix} 0 \\ 0 \\ 0 \\ -0.00452 \\ -0.0092 \\ -0.0033 \end{Bmatrix} \tag{5.2.22}$$

이 된다. 식 (5.2.22)를 간단히 하면, 요소 1의 국부좌표계에서의 내력은 다음과 같다.

$$\begin{aligned} f'_{1x} &= 26.64 \text{ kip} \quad & f'_{1y} &= -2.268 \text{ kip} \quad & m'_1 &= -389.1 \text{ k-in.} \\ f'_{2x} &= -26.64 \text{ kip} \quad & f'_{2y} &= 2.268 \text{ kip} \quad & m'_2 &= -778.2 \text{ k-in.} \end{aligned} \tag{5.2.23}$$

요소 2에 대해서는 분포하중이 요소에 작용하고 있기 때문에 국부좌표계에서의 내력은 식 (4.4.11)에 의해 얻는다. 식 (5.1.10)과 (5.2.19)로부터

$$[T]\{d\} = \begin{bmatrix} 1 & 0 & 0 & 0 & 0 & 0 \\ 0 & 1 & 0 & 0 & 0 & 0 \\ 0 & 0 & 1 & 0 & 0 & 0 \\ 0 & 0 & 0 & 1 & 0 & 0 \\ 0 & 0 & 0 & 0 & 1 & 0 \\ 0 & 0 & 0 & 0 & 0 & 1 \end{bmatrix} \begin{Bmatrix} 0.0033 \\ -0.0097 \\ -0.0033 \\ 0 \\ 0 \\ 0 \end{Bmatrix} \tag{5.2.24}$$

이고, 식 (5.2.24)를 계산하면

$$[T]\{d\} = \begin{Bmatrix} 0.0033 \\ -0.0097 \\ -0.0033 \\ 0 \\ 0 \\ 0 \end{Bmatrix} \tag{5.2.25}$$

이 된다. 식 (5.2.25)와 $[k']$에 관한 식 (5.1.8)을 이용하면

$$[k']\{d'\} = [k'][T]\{d\} = \begin{bmatrix} 6250 & 0 & 0 & -6250 & 0 & 0 \\ & 3.25 & 781.1 & 0 & -3.25 & 781.1 \\ & & 250{,}000 & 0 & -781.1 & 125{,}000 \\ & & & 6250 & 0 & 0 \\ & & & & 3.25 & -781.1 \\ \text{Symmetry} & & & & & 250{,}000 \end{bmatrix} \begin{Bmatrix} 0.0033 \\ -0.0097 \\ -0.0033 \\ 0 \\ 0 \\ 0 \end{Bmatrix} \tag{5.2.26}$$

이고, 식 (5.2.26)을 계산하면

$$[k']\{d'\} = \begin{Bmatrix} 20.63 \\ -2.58 \\ -832.57 \\ -20.63 \\ 2.58 \\ -412.50 \end{Bmatrix} \tag{5.2.27}$$

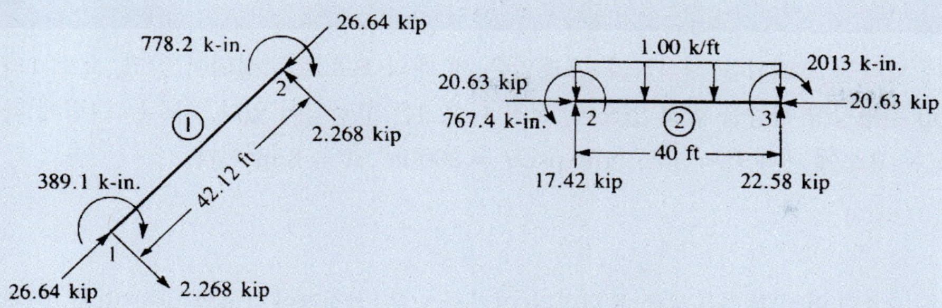

그림 5-7 • 요소 1과 2의 자유물체도

이 된다. 실제 요소의 국부좌표계에서의 절점력을 얻기 위해 식 (4.4.11)을 적용한다. 즉, 식 (5.2.27)에서 등가 절점력인 식 (5.2.13)을 빼야 한다. 그러면

$$\begin{Bmatrix} f'_{2x} \\ f'_{2y} \\ m'_2 \\ f'_{3x} \\ f'_{3y} \\ m'_3 \end{Bmatrix} = \begin{Bmatrix} 20.63 \\ -2.58 \\ -832.57 \\ -20.63 \\ 2.58 \\ -412.50 \end{Bmatrix} - \begin{Bmatrix} 0 \\ -20 \\ -1600 \\ 0 \\ -20 \\ 1600 \end{Bmatrix} \tag{5.2.28}$$

이 되며, 식 (5.2.28)을 계산하면 다음과 같다.

$$\begin{aligned} f'_{2x} &= 20.63 \text{ kip} \quad & f'_{2y} &= 17.42 \text{ kip} \quad & m'_2 &= 767.4 \text{ k-in.} \\ f'_{3x} &= -20.63 \text{ kip} \quad & f'_{3y} &= 22.58 \text{ kip} \quad & m'_3 &= -2013 \text{ k-in.} \end{aligned} \tag{5.2.29}$$

각 요소의 국부좌표계에서의 내력에 대한 식 (5.2.23)과 (5.2.29)를 이용하여 그림 5-7과 같이 각 요소에 대한 자유물체도를 그릴 수 있다. 자유물체도로부터 각 요소, 전체 구조물, 결합점 2에서의 평형을 확인할 수 있다.

예제 5.3에서는 구조물의 결합부가 아닌 요소 중간에 하중이 작용하고 있는 프레임에 등가의 절점력으로 치환하는 방법을 설명할 것이다. 분포하중이 없기 때문에 집중하중의 작용점은 해석상 추가 절점으로 취급할 수 있을 것이고, 예제 5.1과 같은 방법으로 문제를 풀 수 있을 것이다.

이 방법은 전체 구조물의 강성행렬 [*K*]의 크기뿐만 아니라 결합부의 총 숫자를 증가시키는 단점이 있다. 작은 구조물을 컴퓨터로 풀 때 이 방법은 문제를 일으키지 않는다. 그러나 큰 구조물에 대해서는 이것이 해석될 수 있는 구조물의 최대 크기를 줄일지도 모른다. 또한 이 추가된 절점은 구조물의 해석 시간을 확실하게 증가시킬 것이다. 그러므로 집중하중의 경우에 적용되는 등가 절점력을 구하는 표준 방법을 설명하겠다. 또한 부록 D도 사용할 것이다.

예제 5.3

그림 5-8(a)에 나타낸 프레임을 해석하라. 프레임은 세 개의 요소로 구성되어 있고, 요소 1의 중앙에 15-kip 수평방향 하중을 받고 있으며, 절점 1, 2, 3은 고정되어 있다. 치수는 그림에 나타나 있다. 모든 요소에 대해 $E = 30 \times 106$ psi, $I = 800$ in^4, $A = 8$ in^{2}이다.

풀이

1. 작용하중을 요소 1의 국부좌표계로 표현한다(여기서 x'은 절점 1에서 4의 방향이다). 이것을 그림 5-8(b)에 나타냈다.
2. 다음으로, 부록 D의 표를 이용하여 요소 1의 양 끝의 등가 절점력 $\{f_0\}$을 결정한다[이 힘들은 구조 해석 이론의 **고정단 힘**(*fixed-end force*)으로 전통적으로 알려진 것과 반대 부호를 가진다[1]]. 이 등가 하중과 모멘트는 그림 5-8(c)에 나타냈다.
3. 여기서 식 $\{f\} = [T]^T\{f'\}$을 이용하여 등가 절점력을 현재의 국부좌표계의 하중에서 전체좌표계의 하중으로 변환한다. 여기서 $[T]$는 식 (5.1.10)에서 정의된다. 이 전체좌표계에서의 절점력은 그림 5-8(d)에 나타냈다.
4. 등가 절점력(또한 실제 절점에 작용하는 하중이 있다면 그것도 포함한다)을 사용하여 통상의 방법으로 그림 5-8(d)의 구조물을 해석한다.
5. 중간에 하중이 작용하는 모든 요소(여기서는 요소 1뿐임)의 양단에서의 내력은 제4단계의 절점력에서 제2단계의 절점력을 빼면 된다. 다시 말하면, 식 (4.4.11)은 요소 내부에 하중이 작용하는 모든 요소에 대해 국부좌표계를 사용하여 적용된다.

그림 5-8(d)에 나타낸 구조물의 해는 다음과 같다. 식 (5.1.11)을 이용하여 각 요소에 대한 전체좌표계에서의 강성행렬을 얻게 된다.

요소 1

요소 1에 대해 x'축은 절점 1에서 4의 방향으로 있다고 가정했으므로 전체좌표계의 x축과 국부좌표계 x'축이 이루는 각은 63.43°이다. 그러므로

$$C = \cos 63.43° = \frac{x_4 - x_1}{L^{(1)}} = \frac{20 - 0}{44.7} = 0.447$$

$$S = \sin 63.43° = \frac{y_4 - y_1}{L^{(1)}} = \frac{40 - 0}{44.7} = 0.895$$

$$\frac{12I}{L^2} = \frac{12(800)}{(44.7 \times 12)^2} = 0.334 \qquad \frac{6I}{L} = \frac{6(800)}{44.7 \times 12} = 8.95$$

$$\frac{E}{L} = \frac{30 \times 10^3}{44.7 \times 12} = 55.9$$

이며, $[k]$에 대한 식 (5.1.11)의 결과를 이용하여

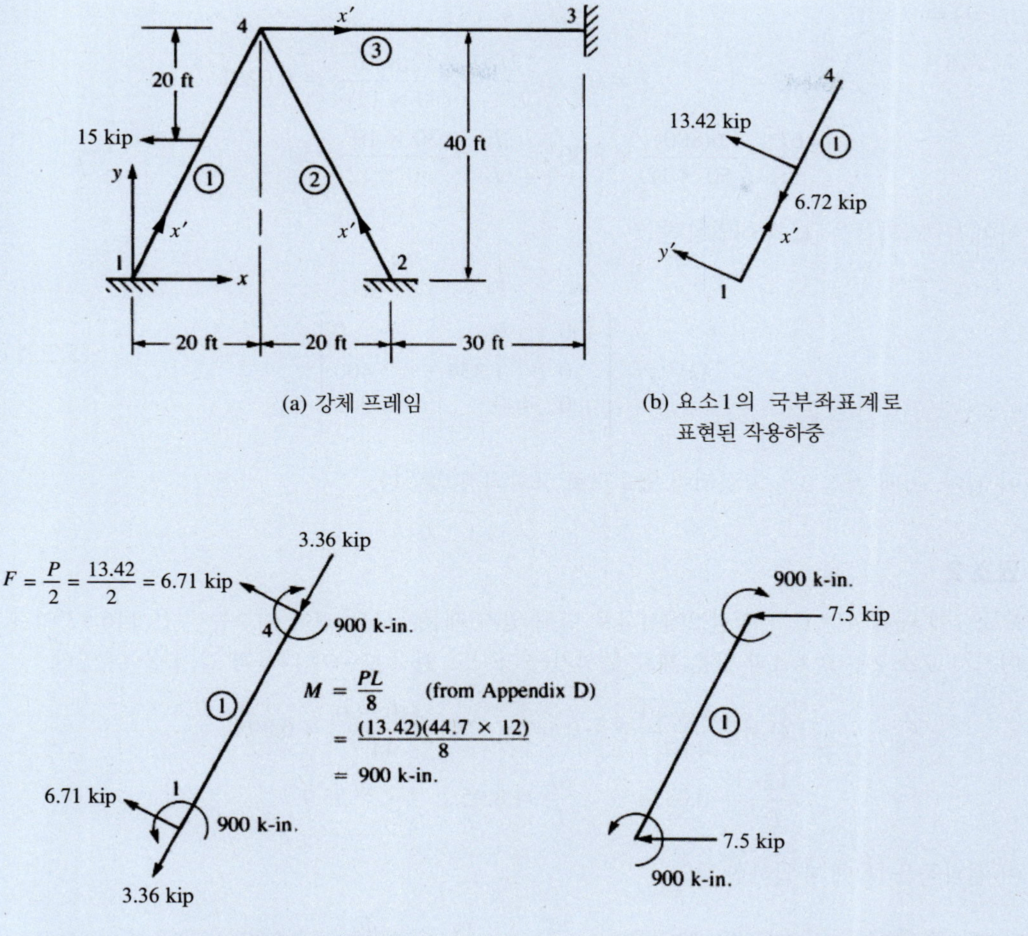

그림 5-8 • 요소에 외부 하중이 작용하는 강체 프레임

$$
\begin{array}{c} \\ [k^{(1)}] = \end{array}
\begin{array}{c}
\begin{array}{ccc} u_4 & v_4 & \phi_4 \end{array} \\
\begin{bmatrix} 90.9 & 178 & 448 \\ 178 & 359 & -224 \\ 448 & -224 & 179{,}000 \end{bmatrix}
\end{array}
\tag{5.2.30}
$$

이 된다. 여기서는 절점 4의 자유도에 관련된 강성행렬의 부분만이 포함된다. 왜냐하면 절점 1은 고정되어 있어서, 절점 1의 변위에 대한 해는 구할 필요가 없기 때문이다.

요소 3

요소 3에 대해 x'는 절점 4에서 3으로 향해 있기 때문에, x와 x'축 간에 이루는 각은 0°이다.

그러므로

$$C = 1 \qquad S = 0 \qquad \frac{12I}{L^2} = \frac{12(800)}{(50 \times 12)^2} = 0.0267$$

$$\frac{6I}{L} = \frac{6(800)}{50 \times 12} = 8.00 \qquad \frac{E}{L} = \frac{30 \times 10^3}{50 \times 12} = 50$$

이며, 이 결과들을 $[k]$에 대입하면

$$[k^{(3)}] = \begin{array}{c} \begin{matrix} u_4 & v_4 & \phi_4 \end{matrix} \\ \begin{bmatrix} 400 & 0 & 0 \\ 0 & 1.334 & 400 \\ 0 & 400 & 160{,}000 \end{bmatrix} \end{array} \tag{5.2.31}$$

이 된다. 이때 절점 3은 고정되어 있으므로 포함되지 않았다.

요소 2

요소 2에 대해서는 x'가 절점 2에서 4로 향해 있기 때문에, x와 x'이 이루는 각은 116.57°이다. 여기서 요소 2는 요소 1과 같은 재료 물성치를 가지고 있기 때문에 다음과 같이 쓸 수 있다.

$$C = \frac{20 - 40}{44.7} = -0.447 \qquad S = \frac{40 - 0}{44.7} = 0.895$$

$$\frac{12I}{L^2} = 0.0334 \qquad \frac{6I}{L} = 8.95 \qquad \frac{E}{L} = 55.9$$

이 결과들을 $[k]$에 대입하면

$$[k^{(2)}] = \begin{array}{c} \begin{matrix} u_4 & v_4 & \phi_4 \end{matrix} \\ \begin{bmatrix} 90.9 & -178 & 448 \\ -178 & 359 & 224 \\ 448 & 224 & 179{,}000 \end{bmatrix} \end{array} \tag{5.2.32}$$

이 되며, 여기서는 절점 2가 고정되어 있다. 식 (5.2.30), (5.2.31), (5.2.32)로 주어지는 강성행렬을 중첩하고, 절점 4에서는 그림 5-8(d)에서 주어진 절점력을 이용하면

$$\begin{Bmatrix} -7.50 \text{ kip} \\ 0 \\ -900 \text{ k-in.} \end{Bmatrix} = \begin{bmatrix} 582 & 0 & 896 \\ 0 & 719 & 400 \\ 896 & 400 & 518{,}000 \end{bmatrix} \begin{Bmatrix} u_4 \\ v_4 \\ \phi_4 \end{Bmatrix} \tag{5.2.33}$$

이며, 식 (5.2.33)의 연립방정식을 풀면

$$\begin{aligned} u_4 &= -0.0103 \text{ in.} \\ v_4 &= 0.000956 \text{ in.} \\ \phi_4 &= -0.00172 \text{ rad} \end{aligned} \tag{5.2.34}$$

이 된다. 다음으로 $\{f'\} = [k'][T]\{d\}$을 다시 이용하여 요소의 내력을 결정한다. 일반적으로

$$[T]\{d\} = \begin{bmatrix} C & S & 0 & 0 & 0 & 0 \\ -S & C & 0 & 0 & 0 & 0 \\ 0 & 0 & 1 & 0 & 0 & 0 \\ 0 & 0 & 0 & C & S & 0 \\ 0 & 0 & 0 & -S & C & 0 \\ 0 & 0 & 0 & 0 & 0 & 1 \end{bmatrix} \begin{Bmatrix} u_i \\ v_i \\ \phi_i \\ u_j \\ v_j \\ \phi_j \end{Bmatrix}$$

이 된다. 따라서 위의 행렬 곱을 수행하면 다음 식을 얻는다.

$$[T]\{d\} = \begin{Bmatrix} Cu_i + Sv_i \\ -Su_i + Cv_i \\ \phi_i \\ Cu_j + Sv_j \\ -Su_j + Cv_j \\ \phi_j \end{Bmatrix} \tag{5.2.35}$$

요소 1

$$[T]\{d\} = \begin{Bmatrix} 0 \\ 0 \\ 0 \\ (0.447)(-0.0103) + (0.895)(0.000956) \\ (-0.895)(-0.0103) + (0.447)(0.000956) \\ -0.00172 \end{Bmatrix} = \begin{Bmatrix} 0 \\ 0 \\ 0 \\ -0.00374 \\ 0.00963 \\ -0.00172 \end{Bmatrix} \tag{5.2.36}$$

$[k']$에 대한 식 (5.1.8)과 (5.2.36)을 이용하면,

$$[k'][T]\{d\} = \begin{bmatrix} 447 & 0 & 0 & -447 & 0 & 0 \\ 0 & 1.868 & 500.5 & 0 & -1.868 & 500.5 \\ 0 & 500.5 & 179{,}000 & 0 & -500.5 & 89{,}490 \\ -447 & 0 & 0 & 447 & 0 & 0 \\ 0 & -1.868 & -500.5 & 0 & 1.868 & -500.5 \\ 0 & 500.5 & 89{,}490 & 0 & -500.5 & 179{,}000 \end{bmatrix} \times \begin{Bmatrix} 0 \\ 0 \\ 0 \\ -0.00374 \\ 0.00963 \\ -0.00172 \end{Bmatrix} \tag{5.2.37}$$

이 값들은 이제 유효 절점력(*effective nodal force*)$\{f^{(e)}\}$이라고 부른다. 식 (5.2.37)의 행렬을 곱하고, 식 (4.4.11)을 이용하여 그림 5-8(c)에 나타낸 요소의 국부좌표계에서의 등가 절점력을 빼면, 요소 1의 절점 내력은 최종적으로 다음과 같이 된다.

$$\{f'^{(1)}\} = \begin{Bmatrix} 1.67 \\ -0.88 \\ -158 \\ -1.67 \\ 0.88 \\ -311 \end{Bmatrix} - \begin{Bmatrix} -3.36 \\ 6.71 \\ 900 \\ -3.36 \\ 6.71 \\ -900 \end{Bmatrix} = \begin{Bmatrix} 5.03 \text{ kip} \\ -7.59 \text{ kip} \\ -1058 \text{ k-in.} \\ 1.68 \text{ kip} \\ -5.83 \text{ kip} \\ 589 \text{ k-in.} \end{Bmatrix} \tag{5.2.38}$$

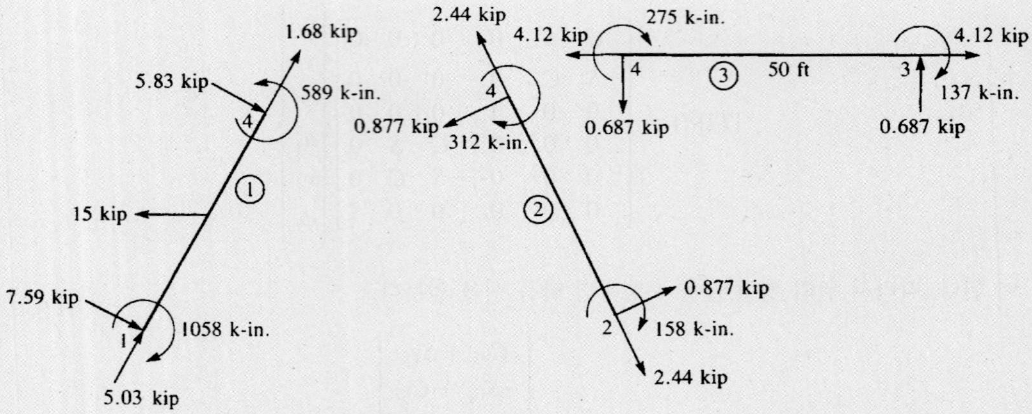

그림 5-9 • 그림 5.8(a)의 프레임에 대한 각 요소의 자유물체도

마찬가지로, 요소 3과 2에 대한 국부좌표계에서의 절점 내력을 구하기 위해 식 (5.2.35)와 (5.1.8)을 이용한다. 이 요소들은 요소 자체에 작용하는 하중이 없기 때문에, 국부좌표계에서의 최종적인 절점 내력은 $\{f'\} = [k'][T]\{d\}$로 주어진다. 이 힘들을 계산하면 다음과 같다.

요소 3

$$
\begin{aligned}
f'_{4x} &= -4.12 \text{ kip} \quad & f'_{4y} &= -0.687 \text{ kip} \quad & m'_4 &= -275 \text{ k-in.} \\
f'_{3x} &= 4.12 \text{ kip} \quad & f'_{3y} &= 0.687 \text{ kip} \quad & m'_3 &= -137 \text{ k-in.}
\end{aligned} \tag{5.2.39}
$$

요소 2

$$
\begin{aligned}
f'_{2x} &= -2.44 \text{ kip} \quad & f'_{2y} &= -0.877 \text{ kip} \quad & m'_2 &= -158 \text{ k-in.} \\
f'_{4x} &= 2.44 \text{ kip} \quad & f'_{4y} &= 0.877 \text{ kip} \quad & m'_4 &= -312 \text{ k-in.}
\end{aligned} \tag{5.2.40}
$$

각 요소에 대한 자유물체도를 그림 5-9에 그렸다. 각 요소는 평형상태에 있도록 결정되었는데, 수치해석 계산에서 종종 오차가 생기기도 한다. 그러나 절점 4의 평형과 전체 프레임의 평형 또한 만족된다. 예를 들면, 식 (5.2.38)~(5.2.40)의 결과를 이용하여 절점 4에서의 평형(이것은 전체좌표계에 대한 방정식의 정식화 과정에 내포되어 있다)을 확인해 보면,

$$
\begin{aligned}
\sum M_4 &= 589 - 275 - 312 = 2 \text{ k-in.} \qquad \text{(0에 가까움)} \\
\sum F_x &= 1.68(0.447) + 5.83(0.895) - 2.44(0.447) \\
&\quad -0.877(0.895) - 4.12 = -0.027 \text{ kip} \qquad \text{(0에 가까움)} \\
\sum F_y &= 1.68(0.895) - 5.83(0.447) + 2.44(0.895) \\
&\quad -0.877(0.447) - 0.687 = 0.004 \text{ kip} \qquad \text{(0에 가까움)}
\end{aligned}
$$

그러므로 이 해는 수치해석의 계산으로는 비교적 정확함을 알 수 있다.

봉과 프레임 요소를 둘 다 포함하고 있는 문제의 해법을 설명하기 위해 다음의 예제를 푼다.

예제 5.4

그림 5-10에서 보여주는 것처럼, 봉 요소 2는 외팔보 요소 1을 보강하기 위해 쓰인다. 절점 1에서의 변위와 요소 하중을 결정하라. 봉에 대해서 $A = 1.0 \times 10^{-3}$ m^{2}이며, 보에 대해서는 $A = 2 \times 10^{-3}$ m^2, $I = 5 \times 10^{-5}$ m^4, $L = 3$ m이다. 봉과 보 모두에 대해 $E = 210$ GPa이다. 봉과 보가 이루는 각은 45°이며, 500 kN의 힘이 절점 1에서 아래방향으로 작용하고 있다.

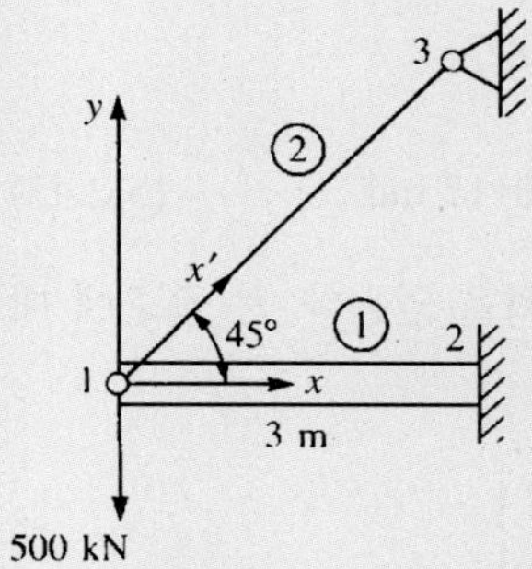

그림 5-10 • 봉 요소로 지지된 외팔보

풀이

간단히 하기 위해 절점 2와 3은 고정되어 있기 때문에 해를 얻기 위해 필요한 전체좌표계에 대한 강성행렬 $[K]$를 구하기 위해 필요한 각 요소 $[k]$의 일부분만을 취한다. 식 (3.4.23)을 이용하면 봉에 대한 $[k]$를 얻는다.

$$[k^{(2)}] = \frac{(1 \times 10^{-3})(210 \times 10^6)}{(3/\cos 45°)} \begin{bmatrix} 0.5 & 0.5 \\ 0.5 & 0.5 \end{bmatrix}$$

이 식을 계산하면,

$$[k^{(2)}] = 70 \times 10^3 \begin{array}{c} \begin{array}{cc} u_1 & v_1 \end{array} \\ \begin{bmatrix} 0.354 & 0.354 \\ 0.354 & 0.354 \end{bmatrix} \end{array} \frac{\text{kN}}{\text{m}} \tag{5.2.41}$$

식 (5.1.11)의 좌상부 3 × 3을 이용하면 보에 대한 $[k]$(축력 효과를 포함한다)를 얻는다.

$$[k^{(1)}] = 70 \times 10^3 \begin{array}{c} \begin{array}{ccc} u_1 & v_1 & \phi_1 \end{array} \\ \begin{bmatrix} 2 & 0 & 0 \\ 0 & 0.067 & 0.10 \\ 0 & 0.10 & 0.20 \end{bmatrix} \end{array} \frac{\text{kN}}{\text{m}} \tag{5.2.42}$$

여기서 $(E/L) \times 10^{-3}$은 식 (5.2.42)를 전개하는 데서 앞으로 뽑아 놓았다.

전체좌표계에서의 강성행렬을 얻기 위해 평소의 방법대로 식 (5.2.41)과 (5.2.42)를 모으면,

$$[K] = 70 \times 10^3 \begin{bmatrix} 2.354 & 0.354 & 0 \\ 0.354 & 0.421 & 0.10 \\ 0 & 0.10 & 0.20 \end{bmatrix} \frac{\text{kN}}{\text{m}} \tag{5.2.43}$$

절점 1에 대해 전체좌표계에서의 방정식을 쓰면,

$$\begin{Bmatrix} F_{1x} \\ F_{1y} \\ M_1 \end{Bmatrix} = \begin{Bmatrix} 0 \\ -500 \\ 0 \end{Bmatrix} = 70 \times 10^3 \begin{bmatrix} 2.354 & 0.354 & 0 \\ 0.354 & 0.421 & 0.10 \\ 0 & 0.10 & 0.20 \end{bmatrix} \begin{Bmatrix} u_1 \\ v_1 \\ \phi_1 \end{Bmatrix} \tag{5.2.44}$$

식 (5.2.44)를 풀면 다음과 같다.

$$u_1 = 0.00338 \text{ m} \qquad v_1 = -0.0225 \text{ m} \qquad \phi_1 = 0.0113 \text{ rad} \tag{5.2.45}$$

일반적으로 $\{f'\} = [k'][T]\{d\}$를 써서 국부좌표계에서의 요소 내력을 얻는다. 봉 요소에 대해서는

$$\begin{Bmatrix} f'_{1x} \\ f'_{3x} \end{Bmatrix} = \frac{AE}{L} \begin{bmatrix} 1 & -1 \\ -1 & 1 \end{bmatrix} \begin{bmatrix} C & S & 0 & 0 \\ 0 & 0 & C & S \end{bmatrix} \begin{Bmatrix} u_1 \\ v_1 \\ u_3 \\ v_3 \end{Bmatrix} \tag{5.2.46}$$

식 (5.2.46)의 행렬 곱의 첫 행의 식은

$$f'_{1x} = \frac{AE}{L}(Cu_1 + Sv_1) \tag{5.2.47}$$

이다. 수치들을 식 (5.2.47)에 대입하면

$$f'_{1x} = \frac{(1\times10^{-3} \text{ m}^2)(210 \times 10^6 \text{ kN/m}^2)}{4.24 \text{ m}} \left[\frac{\sqrt{2}}{2}(0.00338 - 0.0225)\right] \tag{5.2.48}$$

이며, 식 (5.2.48)을 계산하면

$$f'_{1x} = -670 \text{ kN} \tag{5.2.49}$$

이 된다. 여기서 (−) 부호는 f_{1x}'가 요소 2에 대해 x'와 반대 방향이라는 것을 의미한다. 마찬가지로,

$$f'_{3x} = 670 \text{ kN} \tag{5.2.50}$$

을 얻을 수 있다. 보 요소에서는 국부좌표축과 전체좌표축이 일치하고 있기 때문에 $\{f'\} = \{f\}$이고 $\{d'\} = \{d\}$이다. 그러므로 식 (5.16)으로부터 절점 1에서

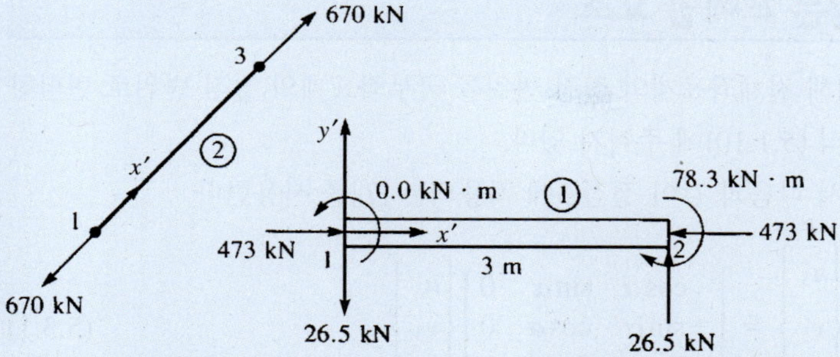

그림 5-11 • 그림 5-10의 봉(요소 2)과 보(요소 1) 요소의 자유물체도

$$\begin{Bmatrix} f'_{1x} \\ f'_{1y} \\ m'_1 \end{Bmatrix} = \begin{bmatrix} C_1 & 0 & 0 \\ 0 & 12C_2 & 6C_2L \\ 0 & 6C_2L & 4C_2L^2 \end{bmatrix} \begin{Bmatrix} u_1 \\ v_1 \\ \phi_1 \end{Bmatrix} \tag{5.2.51}$$

이 되며, 강성행렬의 좌상부 3 × 3 부행렬만이 필요하다. 왜냐하면 절점 2에서의 변위는 0이기 때문이다. 수치들을 식 (5.2.51)에 대입하면,

$$\begin{Bmatrix} f'_{1x} \\ f'_{1y} \\ m'_1 \end{Bmatrix} = 70 \times 10^3 \begin{bmatrix} 2 & 0 & 0 \\ 0 & 0.067 & 0.10 \\ 0 & 0.10 & 0.20 \end{bmatrix} \begin{Bmatrix} 0.00338 \\ -0.0225 \\ 0.0113 \end{Bmatrix}$$

그리고 행렬 곱을 수행하면

$$f'_{1x} = 473 \text{ kN} \qquad f'_{1y} = -26.5 \text{ kN} \qquad m'_1 = 0.0 \text{ kN} \cdot \text{m} \tag{5.2.52}$$

가 된다. 마찬가지로 식 (5.1.6)의 좌하부 3 × 3을 이용하면, 절점 2에서

$$\begin{Bmatrix} f'_{2x} \\ f'_{2y} \\ m'_2 \end{Bmatrix} = 70 \times 10^3 \begin{bmatrix} -2 & 0 & 0 \\ 0 & -0.067 & -0.10 \\ 0 & 0.10 & 0.10 \end{bmatrix} \begin{Bmatrix} 0.00338 \\ -0.0225 \\ 0.0113 \end{Bmatrix}$$

행렬 곱을 수행하면

$$f'_{2x} = -473 \text{ kN} \qquad f'_{2y} = 26.5 \text{ kN} \qquad m'_2 = -78.3 \text{ kN} \cdot \text{m} \tag{5.2.53}$$

가 된다.

식 (5.2.49), (5.2.50), (5.2.52), (5.2.53)의 결과를 설명하는 데 도움을 주기 위해 각 요소의 자유물체도를 그림 5-11에 그렸다. 이 결과들을 더 검증하기 위해 절점 1에서의 평형이 만족되는지를 확인할 수 있다. 또한 보에서 모멘트 평형이 만족하는지 검증을 해야 한다.

5.3 | 경사진 지지를 갖는 프레임 요소

그림 5-12의 프레임 요소에 대해 전체좌표계의 절점 변위를 국부좌표계의 절점 변위로 변환하는 데 쓰이는 변환행렬 $[T]$는 식 (5.1.10)에 주어져 있다.

그림 5-12에 보이는 예제에서 다음과 같이 절점 3에 적용되는 $[T]$를 사용한다.

$$\begin{Bmatrix} u_3' \\ v_3' \\ \phi_3' \end{Bmatrix} = \begin{bmatrix} \cos\alpha & \sin\alpha & 0 \\ -\sin\alpha & \cos\alpha & 0 \\ 0 & 0 & 1 \end{bmatrix} \begin{Bmatrix} u_3 \\ v_3 \\ \phi_3 \end{Bmatrix} \tag{5.3.1}$$

평면 프레임에 대해 3.9절에서 주어진 것과 같은 과정을 적용한다. 그림 5-12의 평면 프레임의 방정식들은 결과적으로 다음과 같이 쓸 수 있다[식 (3.9.13) 참조].

$$[T_i]\{f\} = [T_i][K][T_i]^T\{d\} \tag{5.3.2}$$

또는

$$\begin{Bmatrix} F_{1x} \\ F_{1y} \\ M_1 \\ F_{2x} \\ F_{2y} \\ M_2 \\ F_{3x}' \\ F_{3y}' \\ M_3 \end{Bmatrix} = [T_i][K][T_i]^T \begin{Bmatrix} u_1 = 0 \\ v_1 = 0 \\ \phi_1 = 0 \\ u_2 \\ v_2 \\ \phi_2 \\ u_3' \\ v_3' = 0 \\ \phi_3' = \phi_3 \end{Bmatrix} \tag{5.3.3}$$

여기서

$$[T_i] = \begin{bmatrix} [I] & [0] & [0] \\ [0] & [I] & [0] \\ [0] & [0] & [t_3] \end{bmatrix} \tag{5.3.4}$$

그리고

$$[t_3] = \begin{bmatrix} \cos\alpha & \sin\alpha & 0 \\ -\sin\alpha & \cos\alpha & 0 \\ 0 & 0 & 1 \end{bmatrix} \tag{5.3.5}$$

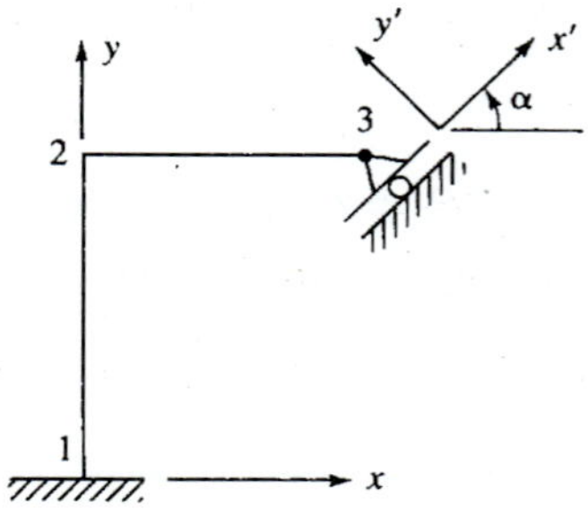

그림 5-12 • 경사진 지지점을 가진 프레임 구조물

5.4 | 격자 구조물 방정식

격자(grid)란 하중이 구조물의 평면에 수직하게 작용하는 구조물을 의미하는 것으로, 구조물의 평면 내에 하중이 작용하는 평면 프레임과는 다르다. 이제 격자 구조물 요소 강성행렬을 유도할 것이다. 격자 구조물의 요소들은 단단하게 고정되어 연결되어 있다고 가정된다. 따라서 연결된 요소 간의 절점에서 초기각은 변하지 않는다. 격자 구조물의 절점에서는 비틀림 모멘트와 굽힘 모멘트의 연속성이 존재한다. 격자 구조물의 예로는 마루나 교량의 상판이 있다. 전형적인 격자 구조물이 그림 5-13에 보이는 것처럼 하중 F_1, F_2, F_3, F_4를 받고 있다.

이제 격자 구조물 요소 강성행렬과 요소 방정식을 유도하고자 한다. 그림 5-14는 대표적인 격자 구조 요소에 대한 절점의 자유도와 절점력을 나타낸다. 그림에서 격자 구조물의 각 절점에서의 자유도는 수직 변위(격자에 수직한) v'_i, x'축에 대한 비틀림 회전(torsional rotation) ϕ'_{ix}, z'축에 대한 굽힘 회전 ϕ'_{iz}이다. 축방향 변위에 의한 효과는 무시한다. 즉, $u'_i = 0$이다. 절점력은 횡방향 하중 f'_{iy}, x'축에 관한 비틀림 모멘트(torsional moment) m'_{ix}, z'축에 관한 굽힘 모멘트 m'_{iz}로 이루어져 있다. 격자 요소는 축 하중에 대해서는 고려하지 않으므로 $f'_{ix} = 0$이다.

격자 구조 요소의 국부좌표계에서의 강성행렬을 유도하기 위해서는 기본적인 보 요소의 강성행렬식 (4.1.14)에 비틀림 효과를 포함할 필요가 있다. 식 (4.1.14)는 이미 굽힘과 전단 효과를 포함하고 있다.

비틀림 봉 요소 강성행렬을 유도하기 위해 3장에서 축력 봉 요소 강성행렬을 구할 때 사용된 것과 같은 방법을 사용한다. 그 유도과정에서 f_{ix}'을 m'_{ix}로, u'_i를 ϕ'_{ix}으로, E는 G(전단계수)로, A는 J(비틀림 상수)로, σ(전단 응력)는 τ(전단 응력)로, ε는 γ(전단 변형률)로 간단히 대치

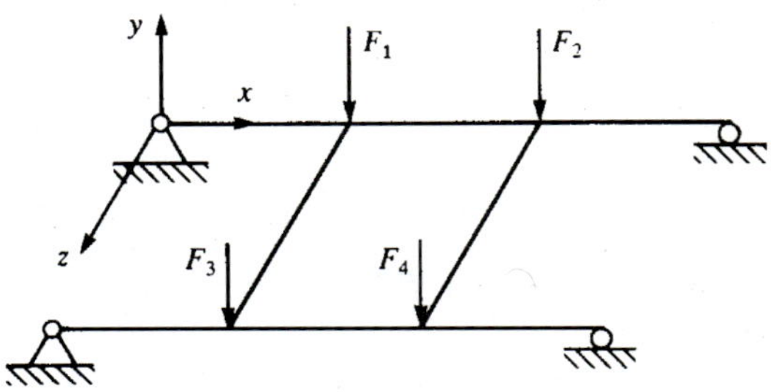

그림 5-13 • 전형적인 격자 구조물

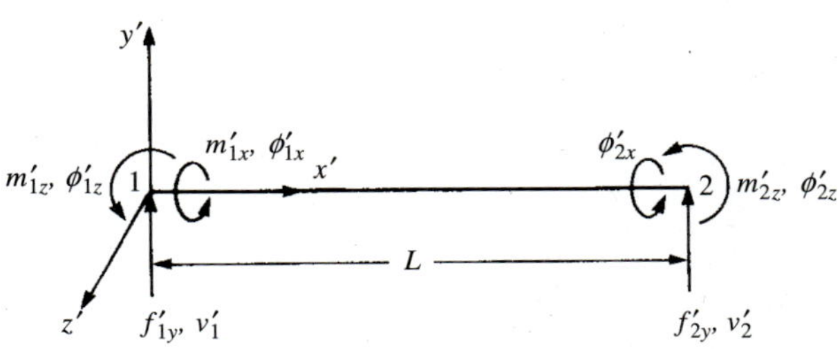

그림 5-14 • 절점력과 절점 자유도를 가진 격자 요소

하면 된다.

실제 유도 과정은 다음과 같이 단계별로 설명한다. 문제를 쉽게 하기 위해 반경 R의 둥근 단면으로 가정하는데, 다른 단면에도 일반적으로 적용될 수 있다.

제1단계

그림 5-15에는 절점 비틂하중, 비틀림 각, 요소 비틂하중에 대한 부호 규약이 나와 있다.

제2단계

봉의 x'축에 따라 비틀림 각은 다음과 같이 선형이라고 가정한다.

$$\phi' = a_1 + a_2 x' \tag{5.4.1}$$

여기서 a_1과 a_2를 미지의 요소 비틀림 각 ϕ'_{ix}과 ϕ'_{2x}으로 표현한다면,

$$\phi' = \left(\frac{\phi'_{2x} - \phi'_{1x}}{L}\right)x' + \phi'_{1x} \tag{5.4.2}$$

행렬 형태로는 식 (5.4.2)를 다음과 같이 쓸 수 있고,

$$\phi' = [N_1 \quad N_2]\begin{Bmatrix}\phi'_{1x} \\ \phi'_{2x}\end{Bmatrix} \tag{5.4.3}$$

여기서 형상함수는 다음과 같다.

$$N_1 = 1 - \frac{x'}{L} \qquad N_2 = \frac{x'}{L} \tag{5.4.4}$$

제3단계

그림 5-16의 봉의 미소 부분에서 비틀림 변형을 생각하면 전단 변형률 γ와 비틀림 각 ϕ'의 관계를 얻을 수 있다. 여기서 OA 같은 모든 반경 방향 직선은 비틀림 변형 후에도 직선을 유지한다고 가정한다면, 원호의 길이 $\widehat{AB}$는

$$\widehat{AB} = \gamma_{\max} dx' = R d\phi'$$

이고, 따라서 전단 변형률의 최댓값 $\gamma_{\max}$은

$$\gamma_{\max} = \frac{R d\phi'}{dx'}$$

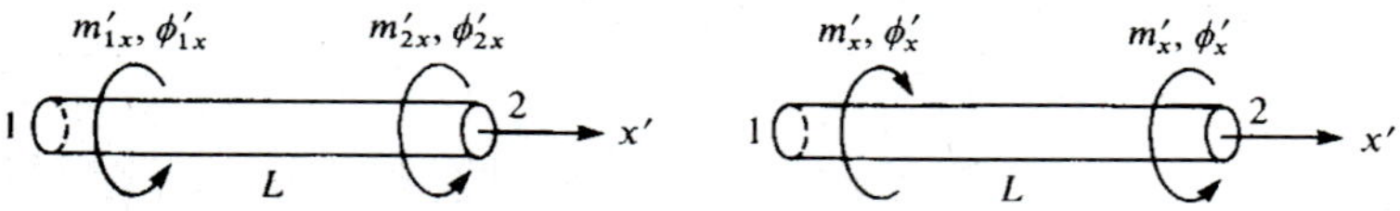

그림 5-15 • 절점 및 요소 비틂하중의 부호 규약

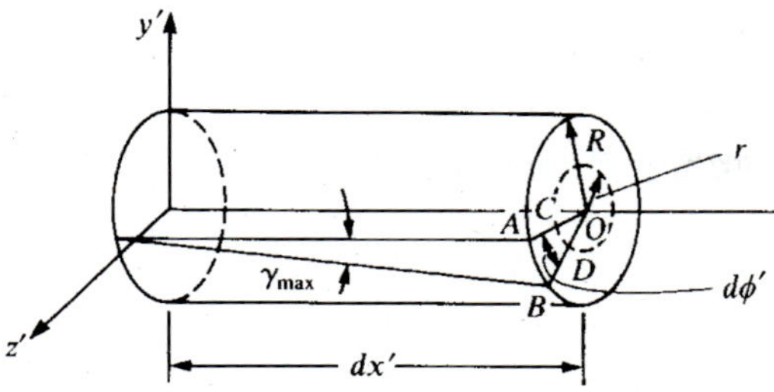

그림 5-16 • 봉 부분의 비틀림 변형

이 된다. 마찬가지로 임의의 반경 방향 위치 r에서도 삼각형 OAB와 OCD의 비례로부터

$$\gamma = r\frac{d\phi'}{dx'} = \frac{r}{L}(\phi'_{2x} - \phi'_{1x}) \tag{5.4.5}$$

이며, 여기서 식 (5.4.5)의 결과를 얻기 위해 식 (5.4.2)를 이용하였다.

선형 탄성 등방성 물질에 관한 전단응력 τ와 전단 변형률 γ의 관계는

$$\tau = G\gamma \tag{5.4.6}$$

이고, 여기서 G는 재료의 전단계수이다.

제4단계

다음과 같은 방법으로 요소 강성행렬을 유도한다. 기본역학으로부터 전단 응력과 작용한 토크와의 관계는

$$m'_x = \frac{\tau J}{R} \tag{5.4.7}$$

이고, 여기서 J는 원형 단면에 대한 **극 관성 모멘트**(*polar moment of inertia*), 일반적으로 단면이 원형이 아닌 경우에는 **비틀림 상수**(*torsional constant*)라고 부른다. 식 (5.4.5)와 (5.4.6)을 식 (5.4.7)에 대입하면,

$$m'_x = \frac{GJ}{L}(\phi'_{2x} - \phi'_{1x}) \tag{5.4.8}$$

그림 5-15의 절점 토크의 부호 규약에 따르면,

$$m'_{1x} = -m'_x \tag{5.4.9}$$

식 (5.4.9)에 식 (5.4.8)을 사용하면,

$$m'_{1x} = \frac{GJ}{L}(\phi'_{1x} - \phi'_{2x}) \tag{5.4.10}$$

유사하게,

$$m'_{2x} = m'_x \tag{5.4.11}$$

즉,
$$m'_{2x} = \frac{GJ}{L}(\phi'_{2x} - \phi'_{1x}) \tag{5.4.12}$$

식 (5.4.10)과 (5.4.12)를 행렬 형태로 표현하면, 비틀림 봉(torsion bar)의 강성행렬 방정식을 다음과 같이 얻을 수 있다.

$$\begin{Bmatrix} m'_{1x} \\ m'_{2x} \end{Bmatrix} = \frac{GJ}{L}\begin{bmatrix} 1 & -1 \\ -1 & 1 \end{bmatrix}\begin{Bmatrix} \phi'_{1x} \\ \phi'_{2x} \end{Bmatrix} \tag{5.4.13}$$

그러므로 비틀림 봉에 대한 강성행렬은 다음과 같다.

$$[k'] = \frac{GJ}{L}\begin{bmatrix} 1 & -1 \\ -1 & 1 \end{bmatrix} \tag{5.4.14}$$

다양한 구조물, 예를 들면 교량 상판의 단면은 대체로 원형이 아니다. 그러나 식 (5.4.13)과 (5.4.14)는 여전히 일반성을 가진다. 이 식들을 다른 단면에 적용하기 위해서는 특정 단면에 대한 비틀림 상수 J를 간단하게 유도한다. 예를 들면, 채널(channel), 앵글(angle), **I**형 같은 얇은 사각형 모양으로 만들어진 단면에 대해서 J는 다음과 같이 근사적으로 계산된다.

$$J = \sum \frac{1}{3} b_i t_i^3 \tag{5.4.15}$$

여기서 b_i는 단면을 형성하고 있는 요소의 길이이고, t_i는 단면을 형성하고 있는 요소의 두께이다. 표 5-1에 다양한 일상적인 단면에 대한 J값을 나열하였다. 첫 네 개의 단면은 **열린 단면**(*open section*)이라고 불린다. 식 (5.4.15)는 이 열린 단면들에만 적용된다(J의 개념에 관한 더 많은 사항은 참고문헌 [2]와 [3]을, 다양한 단면 모양에 대한 비틀림 상수의 표를 원한다면 참고문헌 [4]를 참조하기 바란다). 단면의 비틀림을 방지하기 위해 하중이 열린 단면들의 전단중심에 작용한다고 가정한다. 전단중심에 관한 자세한 사항은 참고문헌 [2]와 [5]를 참조하기 바란다.

식 (5.4.13)의 비틀림 효과를 식 (4.1.13)의 전단 효과와 굽힘 효과와 합치면 격자 구조 요소에 관한 국부좌표계의 강성행렬식을 얻을 수 있다.

$$\begin{Bmatrix} f'_{1y} \\ m'_{1x} \\ m'_{1z} \\ f'_{2y} \\ m'_{2x} \\ m'_{2z} \end{Bmatrix} = \begin{bmatrix} \frac{12EI}{L^3} & 0 & \frac{6EI}{L^2} & \frac{-12EI}{L^3} & 0 & \frac{6EI}{L^2} \\ & \frac{GJ}{L} & 0 & 0 & \frac{-GJ}{L} & 0 \\ & & \frac{4EI}{L} & \frac{-6EI}{L^2} & 0 & \frac{2EI}{L} \\ & & & \frac{12EI}{L^3} & 0 & \frac{-6EI}{L^2} \\ & & & & \frac{GJ}{L} & 0 \\ \text{Symmetry} & & & & & \frac{4EI}{L} \end{bmatrix} \begin{Bmatrix} v'_1 \\ \phi'_{1x} \\ \phi'_{1z} \\ v'_2 \\ \phi'_{2x} \\ \phi'_{2z} \end{Bmatrix} \tag{5.4.16}$$

여기서 식 (5.4.16)으로부터 격자 구조 요소에 대한 국부좌표계의 강성행렬은

$$[k'_G] = \begin{array}{c} \begin{matrix} v'_1 & \phi'_{1x} & \phi'_{1z} & v'_2 & \phi'_{2x} & \phi'_{2z} \end{matrix} \\ \begin{bmatrix} \dfrac{12EI}{L^3} & 0 & \dfrac{6EI}{L^2} & \dfrac{-12EI}{L^3} & 0 & \dfrac{6EI}{L^2} \\ 0 & \dfrac{GJ}{L} & 0 & 0 & \dfrac{-GJ}{L} & 0 \\ \dfrac{6EI}{L^2} & 0 & \dfrac{4EI}{L} & \dfrac{-6EI}{L^2} & 0 & \dfrac{2EI}{L} \\ \dfrac{-12EI}{L^3} & 0 & \dfrac{-6EI}{L^2} & \dfrac{12EI}{L^3} & 0 & \dfrac{-6EI}{L^2} \\ 0 & \dfrac{-GJ}{L} & 0 & 0 & \dfrac{GJ}{L} & 0 \\ \dfrac{6EI}{L^2} & 0 & \dfrac{2EI}{L} & \dfrac{-6EI}{L^2} & 0 & \dfrac{4EI}{L} \end{bmatrix} \end{array} \tag{5.4.17}$$

이고, 식 (5.4.17)의 열 위에 쓰인 기호로 알 수 있듯이 자유도는 (1) 수직 변위, (2) 비틀림 회전, (3) 굽힘 회전의 순이다.

격자 구조의 국부좌표계 자유도를 전체좌표계 자유도로 변환시키는 변환행렬은

$$\{T_G\} = \begin{bmatrix} 1 & 0 & 0 & 0 & 0 & 0 \\ 0 & C & S & 0 & 0 & 0 \\ 0 & -S & C & 0 & 0 & 0 \\ 0 & 0 & 0 & 1 & 0 & 0 \\ 0 & 0 & 0 & 0 & C & S \\ 0 & 0 & 0 & 0 & -S & C \end{bmatrix} \tag{5.4.18}$$

이며, 여기서 θ는 평면 x-z에서 x에서 x'으로의 방향이 반시계 방향이면 양(+)이다(그림 5-17). 그리고

$$C = \cos\theta = \frac{x_j - x_i}{L} \qquad S = \sin\theta = \frac{z_j - z_i}{L}$$

이며, 여기서 L은 절점 i에서 절점 j까지 요소의 길이이다. 격자 구조에 관한 식 (5.4.18)에서 알 수 있듯이 수직 변위 v'는 좌표 변환에 대해서 불변이다(즉, $y = y'$ 이므로)(그림 5-17).

평면 x-z에서 임의의 방향으로 놓여진 격자 구조 요소의 전체좌표계에 대한 강성행렬은 식 (5.4.17)과 (5.4.18)을 이용하여 다음과 같이 주어진다.

$$[k_G] = [T_G]^T[k'_G][T_G] \tag{5.4.19}$$

격자 구조 요소에 관한 전체좌표계에서의 강성행렬을 유도했으므로, 해를 구하는 과정은 평면 프레임에 대한 것과 같은 방법으로 하면 된다.

5.4절에서 유도된 식의 사용을 설명하기 위해 다음의 격자 구조물을 해석한다.

표 5-1 여러 가지 단면에 대한 비틀림 상수 J와 전단중심 SC

Cross Section	Torsional Constant

1. Channel

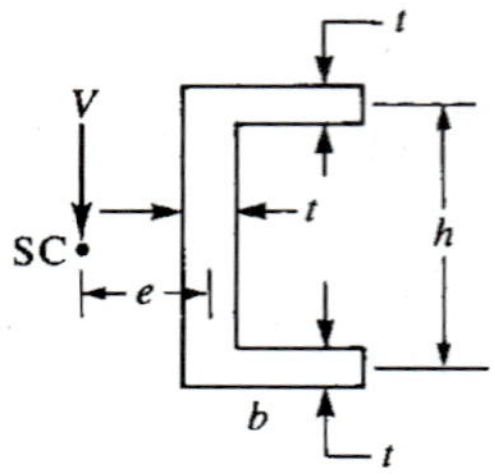

$$J = \frac{t^3}{3}(h + 2b)$$

$$e = \frac{h^2 b^2 t}{4I}$$

2. Angle

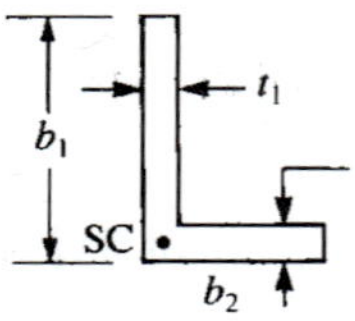

$$J = \tfrac{1}{3}(b_1 t_1^3 + b_2 t_2^3)$$

3. Z section

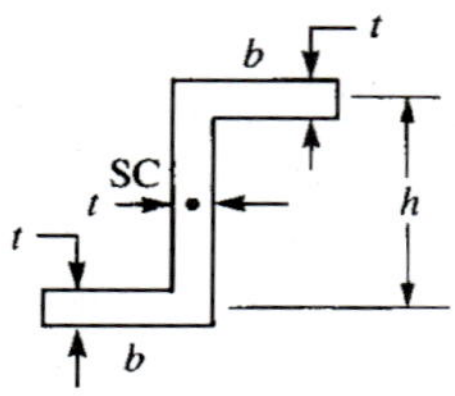

$$J = \frac{t^3}{3}(2b + h)$$

4. Wide-flanged beam with unequal flanges

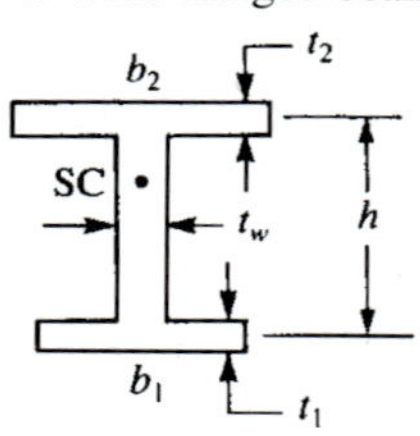

$$J = \tfrac{1}{3}(b_1 t_1^3 + b_2 t_2^3 + h t_w^3)$$

5. Solid circular

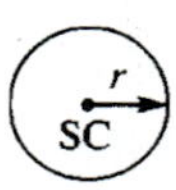

$$J = \frac{\pi}{2} r^4$$

6. Closed hollow rectangular

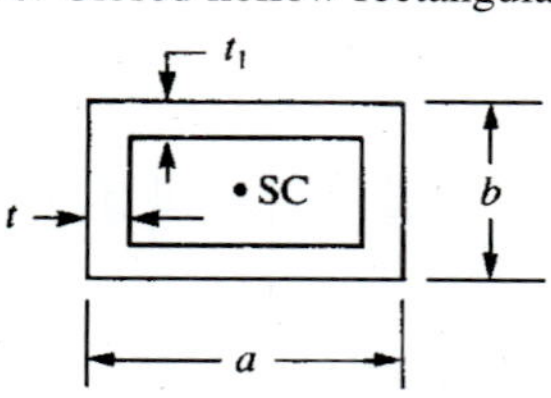

$$J = \frac{2tt_1(a - t)^2(b - t_1)^2}{at + bt_1 - t^2 - t_1^2}$$

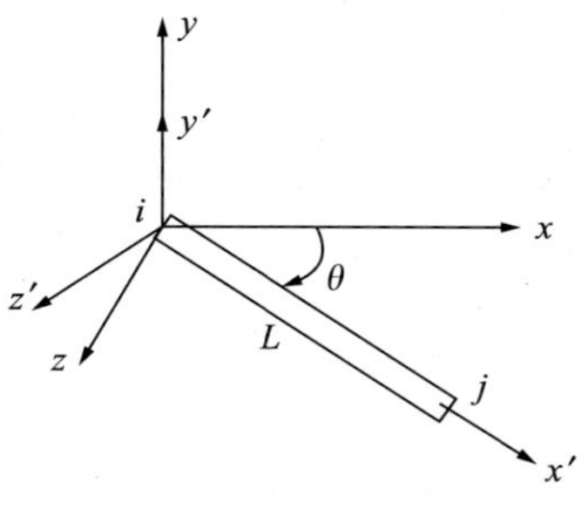

그림 5-17 • 평면 x-z상에 임의로 위치한 격자 요소

예제 5.5

그림 5-18에 나타낸 격자 구조물을 해석하라. 이 격자는 세 개의 요소로 이루어져 있고, 절점 2, 3, 4에서 고정되어 있다. 그리고 수직 아래방향으로 100 kip의 하중을 받고 있 다. 전체좌표계는 절점 3을 중심으로 설정되어 있다. 그리고 각 요소의 길이는 그림에 나타나 있다. 모든 격자 요소에 대해 $E = 30 \times 10^3$ ksi, $G = 12 \times 10^3$ ksi, $I = 400$ in^4, $J = 110$ in^{4}이다.

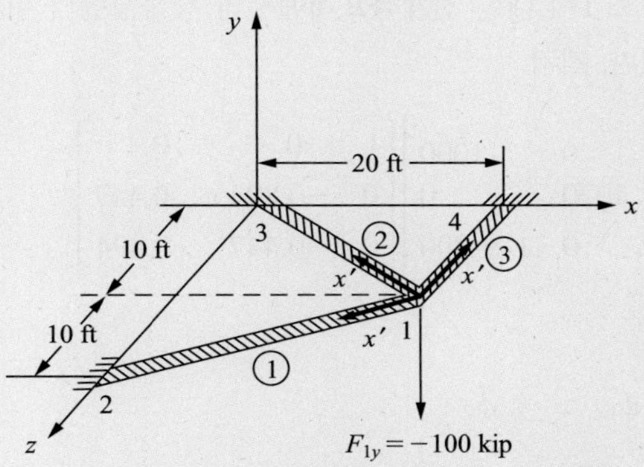

그림 5-18 • 해석을 위한 격자 구조물과 국부좌표계

풀이

국부좌표계에서의 강성행렬에 대한 식 (5.4.17)과 변환행렬식 (5.4.18)을 식 (5.4.19)에 대입하면, 각 요소에 대해 전체좌표계에서의 강성행렬을 구할 수 있다. 계산을 간단하게 하기 위해 절점 2, 3, 4에서의 경계조건인

$$v_2 = \phi_{2x} = \phi_{2z} = 0 \qquad v_3 = \phi_{3x} = \phi_{3z} = 0 \qquad v_4 = \phi_{4x} = \phi_{4z} = 0 \tag{5.4.20}$$

을 이용하면, 절점 1의 자유도와 연관된 국부좌표계에서의 강성행렬과 변환행렬의 위쪽 좌측의 3 × 3 부분만을 사용할 수 있다. 그러므로 각 요소에 대한 전체좌표계에서의 강성행렬은 다음과 같이 구한다.

요소 1

요소 1에 대해 요소 강성행렬을 구성할 때 국부좌표계 x'축은 절점 1에서 2로 향해 있다고 가정한다. 요소 강성행렬을 구하기 위해 다음과 같이 진행한다.

$$\begin{aligned} C &= \cos\theta = \frac{x_2 - x_1}{L^{(1)}} = \frac{-20 - 0}{22.36} = -0.894 \\ S &= \sin\theta = \frac{z_2 - z_1}{L^{(1)}} = \frac{10 - 0}{22.36} = 0.447 \\ \frac{12EI}{L^3} &= \frac{12(30 \times 10^3)(400)}{(22.36 \times 12)^2} = 7.45 \\ \frac{6EI}{L^2} &= \frac{6(30 \times 10^3)(400)}{(22.36 \times 12)^2} = 1000 \\ \frac{GJ}{L} &= \frac{(12 \times 10^3)(110)}{(22.36 \times 12)} = 4920 \\ \frac{4EI}{L} &= \frac{4(30 \times 10^3)(400)}{(22.36 \times 12)} = 179{,}000 \end{aligned} \tag{5.4.21}$$

식 (5.4.20)의 경계조건을 고려하고, 식 (5.4.21)의 값을 식 (5.4.17)의 $[k'_G]$와 식 (5.4.18)의 $[T_G]$에 대입하고, 또 식 (5.4.19)를 적용하면, 요소 1에 대한 전체좌표계에서의 강성행렬의 위쪽 좌측의 3 × 3 행렬을 다음과 같이 구할 수 있다. 각각

$$[k_G^{(1)}] = \begin{bmatrix} 1 & 0 & 0 \\ 0 & -0.894 & -0.447 \\ 0 & 0.447 & -0.094 \end{bmatrix} \begin{bmatrix} 7.45 & 0 & 1000 \\ 0 & 4920 & 0 \\ 1000 & 0 & 179{,}000 \end{bmatrix} \begin{bmatrix} 1 & 0 & 0 \\ 0 & -0.894 & 0.447 \\ 0 & -0.447 & -0.894 \end{bmatrix}$$

행렬 곱을 수행하면

$$[k_G^{(1)}] = \begin{array}{c} \begin{matrix} \quad v_1 & \quad\phi_1 & \quad\phi_2 \end{matrix} \\ \begin{bmatrix} 7.45 & -447 & -894 \\ -447 & 39{,}700 & 69{,}600 \\ -894 & 69{,}600 & 144{,}000 \end{bmatrix} \end{array} \frac{\text{kip}}{\text{in.}} \tag{5.4.22}$$

을 얻는다. 여기서 각 열에 붙어 있는 꼬리표는 자유도를 나타낸다.

요소 2

요소 2에 대해, 요소 강성행렬의 계산을 위해 국부좌표계 x'축은 절점 1에서 3으로 향해 있다고 가정한다. 요소 강성행렬을 구하기 위해 다음과 같은 식이 필요하다.

$$\begin{aligned} C &= \frac{x_3 - x_1}{L^{(2)}} = \frac{-20 - 0}{22.36} = -0.894 \\ S &= \frac{z_3 - z_1}{L^{(2)}} = \frac{-10 - 0}{22.36} = -0.447 \end{aligned} \tag{5.4.23}$$

식 (5.4.17)에 사용된 E, G, I, J, L의 값은 요소 1에 대한 식 (5.4.21)의 값들과 같다. 식 (5.4.19)를 이용하여 요소 2에 대한 전체좌표계에서의 강성행렬을 계산하면

$$[k_G^{(2)}] = \begin{bmatrix} 1 & 0 & 0 \\ 0 & -0.894 & 0.447 \\ 0 & -0.447 & -0.894 \end{bmatrix} \begin{bmatrix} 7.45 & 0 & 1000 \\ 0 & 4920 & 0 \\ 1000 & 0 & 179{,}000 \end{bmatrix} \begin{bmatrix} 1 & 0 & 0 \\ 0 & -0.894 & -0.447 \\ 0 & 0.447 & -0.894 \end{bmatrix}$$

이고, 이를 계산하면

$$[k_G^{(2)}] = \begin{bmatrix} 7.45 & 447 & -894 \\ 447 & 39{,}700 & -69{,}600 \\ -894 & -69{,}600 & 144{,}000 \end{bmatrix} \frac{\text{kip}}{\text{in.}} \qquad (5.4.24)$$

(열: v_1, ϕ_{1x}, ϕ_{1z})

이 된다.

요소 3

요소 3에 대해, 국부좌표계 x'축은 절점 1에서 4로 향해 있다고 가정한다. 요소 강성행렬을 구하기 위해 다음과 같은 식이 필요하다.

$$\begin{aligned} C &= \frac{x_4 - x_1}{L^{(3)}} = \frac{20 - 20}{10} = 0 \\ S &= \frac{z_4 - z_1}{L^{(3)}} = \frac{0 - 10}{10} = -1 \\ \frac{12EI}{L^3} &= \frac{12(30 \times 10^3)(400)}{(10 \times 12)^3} = 83.3 \\ \frac{6EI}{L^2} &= \frac{6(30 \times 10^3)(400)}{(10 \times 12)^2} = 5000 \\ \frac{GJ}{L} &= \frac{(12 \times 10^3)(110)}{(10 \times 12)} = 11{,}000 \\ \frac{4EI}{L} &= \frac{4(30 \times 10^3)(400)}{(10 \times 12)} = 400{,}000 \end{aligned} \qquad (5.4.25)$$

식 (5.4.25)를 사용하면, 요소 3에 대한 전체좌표계에서의 강성행렬의 위쪽 부분을 다음과 같이 구할 수 있다.

$$[k_G^{(3)}] = \begin{bmatrix} 83.3 & 5000 & 0 \\ 5000 & 400{,}000 & 0 \\ 0 & 0 & 11{,}000 \end{bmatrix} \frac{\text{kip}}{\text{in.}} \qquad (5.4.26)$$

(열: v_1, ϕ_{1x}, ϕ_{1z})

식 (5.4.22), (5.4.24), (5.4.26)으로부터 전체좌표계에서의 강성행렬을 중첩시키면, 격자 구조물에 대해 전체좌표계에서의 강성행렬을 다음과 같이 구할 수 있다(경계조건이 적용된 상태임).

$$[K_G] = \begin{array}{c} \begin{matrix} v_1 & \phi_{1x} & \phi_{1z} \end{matrix} \\ \begin{bmatrix} 98.2 & 5000 & -1790 \\ 5000 & 479{,}000 & 0 \\ -1790 & 0 & 299{,}000 \end{bmatrix} \end{array} \frac{\text{kip}}{\text{in.}} \tag{5.4.27}$$

격자 구조물의 행렬방정식은 다음과 같이 된다.

$$\begin{Bmatrix} F_{1y} = -100 \\ M_{1x} = 0 \\ M_{1z} = 0 \end{Bmatrix} = \begin{bmatrix} 98.2 & 5000 & -1790 \\ 5000 & 479{,}000 & 0 \\ -1790 & 0 & 299{,}000 \end{bmatrix} \begin{Bmatrix} v_1 \\ \phi_{1x} \\ \phi_{1z} \end{Bmatrix} \tag{5.4.28}$$

하중이 음(−)의 y방향으로 향하기 때문에 힘 F_{1y}는 음의 값을 가진다. 식 (5.4.28)을 풀어서 변위와 회전을 구하면 다음과 같다.

$$\begin{aligned} v_1 &= -2.83 \text{ in.} \\ \phi_{1x} &= 0.02595 \text{ rad} \\ \phi_{1z} &= -0.0169 \text{ rad} \end{aligned} \tag{5.4.29}$$

이러한 결과는 절점 1에서의 y 변위가 음의 부호로 보이는 것처럼 내려간다는 것과 x축에 대해 양의 방향으로 회전한다는 것, z축에 대해 음의 방향으로 회전한다는 것을 나타낸다. 이러한 결과는 지지에 대해 아래방향으로 하중이 작용한다는 점을 감안해 보면 예측 가능하다.

변위와 회전을 구한 후, 보와 평면 프레임에서 했던 것처럼 각 요소의 국부 요소 하중을 구할 수 있다. 국부 요소 하중(설계와 해석에서 필요함)은 식 $\{f'\} = [k'_G][T_G]\{d\}$을 이용하여 각 요소마다 다음과 같이 얻을 수 있다.

요소 1

$[k'_G]$와 $[T_G]$ 대한 식 (5.4.17), (5.4.18), 그리고 식 (5.4.29)를 이용하면 다음과 같다.

$$[T_G]\{d\} = \begin{bmatrix} 1 & 0 & 0 & 0 & 0 & 0 \\ 0 & -0.894 & 0.447 & 0 & 0 & 0 \\ 0 & -0.447 & -0.894 & 0 & 0 & 0 \\ 0 & 0 & 0 & 1 & 0 & 0 \\ 0 & 0 & 0 & 0 & -0.894 & 0.447 \\ 0 & 0 & 0 & 0 & -0.447 & -0.894 \end{bmatrix} \begin{Bmatrix} -2.83 \\ 0.02595 \\ -0.0169 \\ 0 \\ 0 \\ 0 \end{Bmatrix}$$

행렬을 계산하면,

$$[T_G]\{d\} = \begin{Bmatrix} -2.83 \\ -0.0339 \\ 0.00192 \\ 0 \\ 0 \\ 0 \end{Bmatrix} \tag{5.4.30}$$

그러면 $\{f'\} = [k'_G][T_G]\{d\}$는 다음과 같이 된다.

$$\begin{Bmatrix} f'_{1y} \\ m'_{1x} \\ m'_{1z} \\ f'_{2y} \\ m'_{2x} \\ m'_{2z} \end{Bmatrix} = \begin{bmatrix} 7.45 & 0 & 1000 & -7.45 & 0 & 1000 \\ 0 & 4920 & 0 & 0 & -4920 & 0 \\ 1000 & 0 & 179{,}000 & -1000 & 0 & 89{,}500 \\ -7.45 & 0 & -1000 & 7.45 & 0 & -1000 \\ 0 & -4920 & 0 & 0 & 4920 & 0 \\ 1000 & 0 & 89{,}500 & -1000 & 0 & 179{,}000 \end{bmatrix} \begin{Bmatrix} -2.83 \\ -0.0339 \\ 0.00192 \\ 0 \\ 0 \\ 0 \end{Bmatrix} \tag{5.4.31}$$

식 (5.4.31)의 행렬을 계산하면, 국부좌표계에서의 요소 하중을 다음과 같이 구할 수 있다.

$$\begin{Bmatrix} f'_{1y} \\ m'_{1x} \\ m'_{1z} \\ f'_{2y} \\ m'_{2x} \\ m'_{2z} \end{Bmatrix} = \begin{Bmatrix} -19.2 \text{ kip} \\ -167 \text{ k-in.} \\ -2480 \text{ k-in.} \\ 19.2 \text{ kip} \\ 167 \text{ k-in.} \\ -2600 \text{ k-in.} \end{Bmatrix} \tag{5.4.32}$$

요소 1에 작용하는 힘의 방향은 그림 5-19에 나오는 요소 1의 자유물체도에 나타낸 것과 같다.

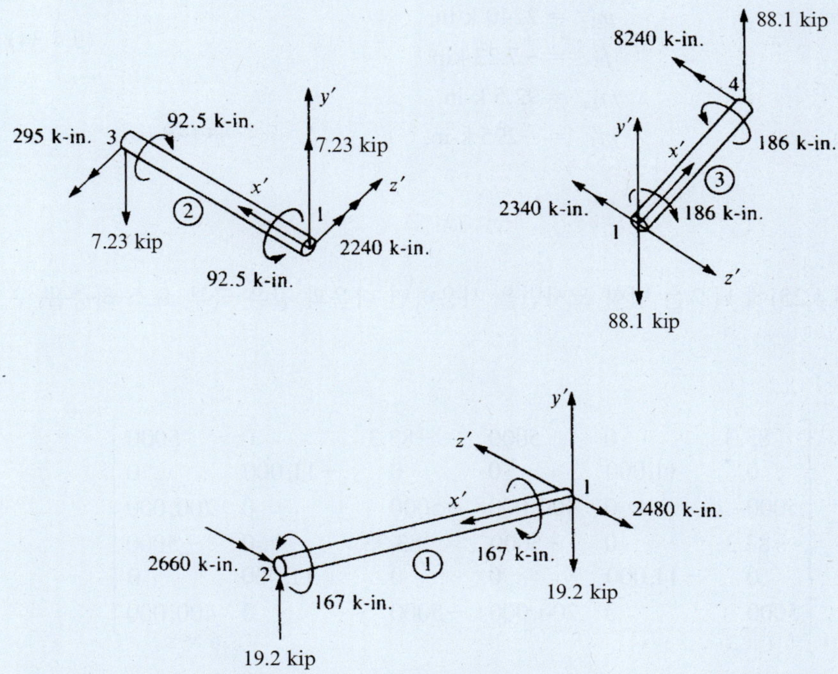

그림 5-19 • 그림 5-18의 각 요소에 대한 자유물체도 및 국부좌표계

요소 2

마찬가지로 $\{f'\} = [k'_G][T_G]\{d\}$을 식 (5.4.23)에서의 방향 코사인과 함께 요소 2에 적용하면

$$\begin{Bmatrix} f'_{1y} \\ m'_{1x} \\ m'_{1y} \\ f'_{3y} \\ m'_{3x} \\ m'_{3z} \end{Bmatrix} = \begin{bmatrix} 7.45 & 0 & 1000 & -7.45 & 0 & 1000 \\ 0 & 4920 & 0 & 0 & -4920 & 0 \\ 1000 & 0 & 179{,}000 & -1000 & 0 & 89{,}500 \\ -7.45 & 0 & -1000 & 7.45 & 0 & -1000 \\ 0 & -4920 & 0 & 0 & 4920 & 0 \\ 1000 & 0 & 89{,}500 & -1000 & 0 & 179{,}000 \end{bmatrix}$$

$$\times \begin{bmatrix} 1 & 0 & 0 & 0 & 0 & 0 \\ 0 & -0.894 & -0.447 & 0 & 0 & 0 \\ 0 & 0.447 & -0.894 & 0 & 0 & 0 \\ 0 & 0 & 0 & 1 & 0 & 0 \\ 0 & 0 & 0 & 0 & -0.894 & -0.447 \\ 0 & 0 & 0 & 0 & 0.447 & -0.894 \end{bmatrix} \begin{Bmatrix} -2.83 \\ 0.0295 \\ -0.0169 \\ 0 \\ 0 \\ 0 \end{Bmatrix} \tag{5.4.33}$$

이며, 식 (5.4.33)에서의 행렬을 곱하면 다음과 같은 국부좌표계에서의 요소 하중을 구할 수 있다.

$$\begin{aligned} f'_{1y} &= 7.23 \text{ kip} \\ m'_{1x} &= -92.5 \text{ k-in.} \\ m'_{1z} &= 2240 \text{ k-in.} \\ f'_{3y} &= -7.23 \text{ kip} \\ m'_{3x} &= 92.5 \text{ k-in.} \\ m'_{3z} &= -295 \text{ k-in.} \end{aligned} \tag{5.4.34}$$

요소 3

마지막으로, 식 (5.4.25)에 나오는 방향 코사인을 사용하면 다음과 같은 국부 요소 하중을 구할 수 있다.

$$\begin{Bmatrix} f'_{1y} \\ m'_{1x} \\ m'_{1z} \\ f'_{3y} \\ m'_{3x} \\ m'_{3z} \end{Bmatrix} = \begin{bmatrix} 83.3 & 0 & 5000 & -83.3 & 0 & 5000 \\ 0 & 11{,}000 & 0 & 0 & -11{,}000 & 0 \\ 5000 & 0 & 400{,}000 & -5000 & 0 & 200{,}000 \\ -83.3 & 0 & -5000 & 83.33 & 0 & -5000 \\ 0 & -11{,}000 & 0 & 0 & 11{,}000 & 0 \\ 5000 & 0 & 200{,}000 & -5000 & 0 & 400{,}000 \end{bmatrix}$$

$$\times \begin{bmatrix} 1 & 0 & 0 & 0 & 0 & 0 \\ 0 & 0 & -1 & 0 & 0 & 0 \\ 0 & 1 & 0 & 0 & 0 & 0 \\ 0 & 0 & 0 & 1 & 0 & 0 \\ 0 & 0 & 0 & 0 & 0 & -1 \\ 0 & 0 & 0 & 0 & 1 & 0 \end{bmatrix} \begin{Bmatrix} -2.83 \\ 0.0295 \\ -0.0169 \\ 0 \\ 0 \\ 0 \end{Bmatrix} \tag{5.4.35}$$

식 (5.4.35)에 나오는 행렬을 곱하면 국부 요소 하중을 다음과 같이 구할 수 있다.

$$\begin{aligned} f'_{1y} &= -88.1 \text{ kip} \\ m'_{1x} &= 186 \text{ k-in.} \\ m'_{1z} &= -2340 \text{ k-in.} \\ f'_{4y} &= 88.1 \text{ kip} \\ m'_{4x} &= -186 \text{ k-in.} \\ m'_{4z} &= -8240 \text{ k-in.} \end{aligned} \tag{5.4.36}$$

각 요소에 대한 자유물체도가 그림 5-19에 나타나 있다. 각 요소들은 평형상태에 있다. 각 요소들에 대해 x'축은 첫 번째 절점에서 두 번째 절점으로 향해 있다. y'축은 전체좌표계에서의 y축과 일치한다. 그리고 z'축은 평면 x'-y'와 수직하고, 그 방향은 오른손 법칙을 따라 정해진다.

절점 1에서의 평형을 확인하기 위해 그 절점에서의 자유물체도를 그렸다. 이 자유물체도는 그림 5-20에 나오는 것처럼 각 요소의 절점 1에서 전달되는 모든 하중과 모멘트를 보여주고 있다. 그림 5-20에서 각 요소로부터의 국부 요소 하중과 모멘트들은 전체좌표계의 성분으로 바뀌었고, 가해진 절점력도 모두 포함되었다. 이 과정을 수행하기 위해 일반적으로 $\{f'\} = [T]\{f\}$이고 따라서 $\{f\} = [T]^T\{f'\}$(왜냐하면 $[T]^T = [T]^{-1}$이므로)가 되는 사실을 이용한다. 각 요소에서 절점 1에서의 하중만을 변환하기 때문에 식 (5.4.18)의 $[T_G]$에서 위쪽 3 × 3만이 필요하다. 그러므로 절점 1에서의 국부 요소 하중과 모멘트에 각 요소의 변환행렬의 전치행렬을 앞에서 곱함으로써 전체좌표계에서의 절점력과 모멘트를 다음과 같이 구할 수 있다.

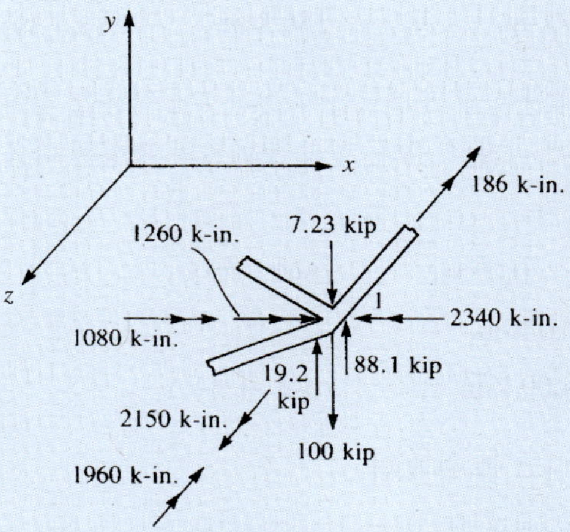

그림 5-20 • 그림 5-18의 절점 1의 자유물체도

요소 1

$$\begin{Bmatrix} f_{1y} \\ m_{1x} \\ m_{1z} \end{Bmatrix} = \begin{bmatrix} 1 & 0 & 0 \\ 0 & -0.894 & -0.447 \\ 0 & 0.447 & -0.894 \end{bmatrix} \begin{Bmatrix} -19.2 \\ -167 \\ -2480 \end{Bmatrix}$$

이를 계산하면, 전체좌표계에서 하중과 모멘트는

$$f_{1y} = -19.2 \text{ kip} \qquad m_{1x} = 1260 \text{ k-in.} \qquad m_{1z} = 2150 \text{ k-in.} \tag{5.4.37}$$

와 같다. 여기서 $y = y'$이기 때문에 $f_{1y} = f'_{iy}$이다.

요소 2

$$\begin{Bmatrix} f_{1y} \\ m_{1x} \\ m_{1z} \end{Bmatrix} = \begin{bmatrix} 1 & 0 & 0 \\ 0 & -0.894 & 0.447 \\ 0 & -0.447 & -0.894 \end{bmatrix} \begin{Bmatrix} 7.23 \\ -92.5 \\ 2240 \end{Bmatrix}$$

이를 계산하면, 전체좌표계에서 힘과 모멘트는 다음과 같다.

$$f_{1y} = 7.23 \text{ kip} \qquad m_{1x} = 1080 \text{ k-in.} \qquad m_{1z} = -1960 \text{ k-in.} \tag{5.4.38}$$

요소 3

$$\begin{Bmatrix} f_{1y} \\ m_{1x} \\ m_{1z} \end{Bmatrix} = \begin{bmatrix} 1 & 0 & 0 \\ 0 & 0 & 1 \\ 0 & -1 & 0 \end{bmatrix} \begin{Bmatrix} -88.1 \\ 186 \\ -2340 \end{Bmatrix}$$

이를 계산하면, 전체좌표계에서 힘과 모멘트는

$$f_{1y} = -88.1 \text{ kip} \qquad m_{1x} = -2340 \text{ k-in.} \qquad m_{iz} = -186 \text{ k-in.} \tag{5.4.39}$$

와 같다. 각 요소들로부터 크기는 같고 부호는 반대인 힘과 모멘트들이 절점 1에 작용할 것이다. 따라서 절점 1에서의 자유물체도가 그림 5-20에 나타나 있다. 힘과 모멘트의 평형은 다음과 같이 증명된다.

$$\sum F_{1y} = -100 - 7.23 + 19.2 + 88.1 = 0.07 \text{ kip} \qquad \text{(0에 가까움)}$$

$$\sum M_{1x} = -1260 - 1080 + 2340 = 0.0 \text{ k-in.}$$

$$\sum M_{1z} = -2150 + 1960 + 186 = -4.00 \text{ k-in.} \qquad \text{(0에 가까움)}$$

따라서 구한 해는 수치해석 오차 범위 내에서는 옳다고 볼 수 있다.

예제 5.6

그림 5-21의 격자 구조물을 해석하라. 이 격자 구조물은 두 개의 요소로 구성되어 있고, 절점 1과 3에서 고정되었으며, 수직 아래방향 22 kN의 하중을 받고 있다. 전체좌표계와 요소의 길이는 그림에 나타나 있다. $E = 210$ GPa, $G = 84$ GPa, I $= 16.6 \times 10^{-5}$ m^4, $J = 4.6 \times 10^{-5}$ m^{4}의 값을 사용하기로 한다.

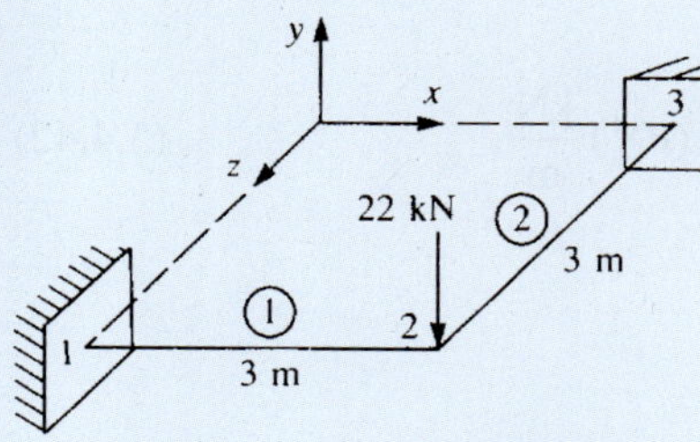

그림 5-21 • 격자 구조물 예제

풀이

예제 5.5에서처럼 경계조건을 사용하고, 절점 2에서의 자유도와 관련된 강성행렬의 일부분만을 표현하기로 한다. 절점 1과 3에서의 경계조건은

$$v_1 = \phi_{1x} = \phi_{1z} = 0 \qquad v_3 = \phi_{3x} = \phi_{3z} = 0 \tag{5.4.40}$$

이고, 각 요소에 대한 전체좌표계에서의 강성행렬은 다음과 같이 구해진다.

요소 1

요소 1에 대해 국부좌표계의 x'축은 전체좌표계 x축과 일치하도록 한다. 따라서

$$C = \frac{x_2 - x_1}{L^{(1)}} = \frac{3}{3} = 1 \qquad S = \frac{z_2 - z_1}{L^{(1)}} = \frac{3-3}{3} = 0$$

이며, 강성행렬을 구하는 데 필요한 다른 식들은 다음과 같다.

$$\begin{aligned} \frac{12EI}{L^3} &= \frac{12(210 \times 10^6 \ \text{kN/m}^2)(16.6 \times 10^{-5} \ \text{m}^4)}{(3 \ \text{m})^3} = 1.55 \times 10^4 \\ \frac{6EI}{L^2} &= \frac{6(210 \times 10^6)(16.6 \times 10^{-5})}{(3)^2} = 2.32 \times 10^4 \\ \frac{GJ}{L} &= \frac{(84 \times 10^6)(4.6 \times 10^{-5})}{3} = 1.28 \times 10^3 \\ \frac{4EI}{L} &= \frac{4(210 \times 10^6)(16.6 \times 10^{-5})}{3} = 4.65 \times 10^4 \end{aligned} \tag{5.4.41}$$

식 (5.4.40)의 경계조건을 고려하고, 식 (5.4.41)의 값을 식 (5.4.17)의 $[k'_G]$과 식 (5.4.18)의 $[T_G]$에 사용하고 식 (5.4.19)를 적용하면, 절점 2의 자유도에만 연관되는 전체좌표계에서의 강성행렬을 간략화하여 구할 수 있다.

$$[k_G^{(1)}] = \begin{bmatrix} 1 & 0 & 0 \\ 0 & 1 & 0 \\ 0 & 0 & 1 \end{bmatrix} \begin{bmatrix} 1.55 & 0 & -2.32 \\ 0 & 0.128 & 0 \\ -2.32 & 0 & 4.65 \end{bmatrix} (10^4) \begin{bmatrix} 1 & 0 & 0 \\ 0 & 1 & 0 \\ 0 & 0 & 1 \end{bmatrix}$$

요소 1에서 국부좌표축들은 전체좌표축들과 평행하기 때문에 $[T_G]$는 단위행렬이다. 따라서 $[k_G] = [k'_G]$이다. 행렬 계산을 수행하면 다음과 같다.

$$[k_G^{(1)}] = \begin{bmatrix} 1.55 & 0 & -2.32 \\ 0 & 0.128 & 0 \\ -2.32 & 0 & 4.65 \end{bmatrix} (10^4)\,\frac{\text{kN}}{\text{m}} \tag{5.4.42}$$

요소 2

요소 2에 대한 국부좌표계의 x'축은 절점 2에서 3으로 향해 있다고 가정한다. 따라서

$$C = \frac{x_3 - x_2}{L^{(2)}} = \frac{0-0}{3} = 0 \qquad S = \frac{z_3 - z_2}{L^{(2)}} = \frac{0-3}{3} = -1 \tag{5.4.43}$$

이며, 식 (5.4.17)에 사용될 다른 값들은 요소 1에 대한 식 (5.4.41)과 일치한다. 전체좌표계에서의 강성행렬의 식 (5.4.19)를 계산하면

$$[k_G^{(2)}] = \begin{bmatrix} 1 & 0 & 0 \\ 0 & 0 & 1 \\ 0 & -1 & 0 \end{bmatrix} \begin{bmatrix} 1.55 & 0 & 2.32 \\ 0 & 0.128 & 0 \\ 2.32 & 0 & 4.65 \end{bmatrix} (10^4) \begin{bmatrix} 1 & 0 & 0 \\ 0 & 0 & -1 \\ 0 & 1 & 0 \end{bmatrix}$$

이며, 여기서 $[k_G]$는 요소 2에서의 절점 2와 관련되어 축소되어 있다. 다시 행렬 계산을 수행하면

$$[k_G^{(2)}] = \begin{bmatrix} 1.55 & 2.32 & 0 \\ 2.32 & 4.65 & 0 \\ 0 & 0 & 0.128 \end{bmatrix} (10^4)\,\frac{\text{kN}}{\text{m}} \tag{5.4.44}$$

이 된다. 식 (5.4.42)와 (5.4.44)의 전체좌표계에서의 강성행렬을 중첩하면, 경계조건이 적용된 전체좌표계에서의 강성행렬을 다음과 같이 구할 수 있다.

$$[K_G] = \begin{bmatrix} 3.10 & 2.32 & -2.32 \\ 2.32 & 4.78 & 0 \\ -2.32 & 0 & 4.78 \end{bmatrix} (10^4)\,\frac{\text{kN}}{\text{m}} \tag{5.4.45}$$

격자 구조 행렬방정식은 다음과 같이 된다.

$$\begin{Bmatrix} F_{2y} = -22 \\ M_{2x} = 0 \\ M_{2z} = 0 \end{Bmatrix} = \begin{bmatrix} 3.10 & 2.32 & -2.32 \\ 2.32 & 4.78 & 0 \\ -2.32 & 0 & 4.78 \end{bmatrix} \begin{Bmatrix} v_2 \\ \phi_{2x} \\ \phi_{2z} \end{Bmatrix} (10^4) \tag{5.4.46}$$

변위와 회전에 대해 식 (5.4.46)을 풀면 다음과 같다.

$$\begin{aligned} v_2 &= -0.259 \times 10^{-2} \text{ m} \\ \phi_{2x} &= 0.126 \times 10^{-2} \text{ rad} \\ \phi_{2z} &= -0.126 \times 10^{-2} \text{ rad} \end{aligned} \tag{5.4.47}$$

국부좌표계에서의 조건식 $\{f'\} = [k'_G][T_G]$을 각 요소마다 적용하여 국부좌표계에서의 요소 하중을 다음과 같이 구할 수 있다.

요소 1

$[k'_G]$에 대한 식 (5.4.17)과 $[T_G]$에 대한 식 (5.4.18), 그리고 식 (5.4.47)을 이용하면

$$[T_G]\{d\} = \begin{bmatrix} 1 & 0 & 0 & 0 & 0 & 0 \\ 0 & 1 & 0 & 0 & 0 & 0 \\ 0 & 0 & 1 & 0 & 0 & 0 \\ 0 & 0 & 0 & 1 & 0 & 0 \\ 0 & 0 & 0 & 0 & 1 & 0 \\ 0 & 0 & 0 & 0 & 0 & 1 \end{bmatrix} \begin{Bmatrix} 0 \\ 0 \\ 0 \\ -0.259 \times 10^{-2} \\ 0.126 \times 10^{-2} \\ -0.126 \times 10^{-2} \end{Bmatrix}$$

이며, 행렬 곱을 계산하면

$$[T_G]\{d\} = \begin{Bmatrix} 0 \\ 0 \\ 0 \\ -0.259 \times 10^{-2} \\ 0.126 \times 10^{-2} \\ -0.126 \times 10^{-2} \end{Bmatrix} \tag{5.4.48}$$

이 된다. 식 (5.4.17), (5.4.41), (5.4.48)을 이용하면, 국부좌표계에서의 요소 하중을 다음과 같이 구할 수 있다.

$$\begin{Bmatrix} f'_{1y} \\ m'_{1x} \\ m'_{1z} \\ f'_{2y} \\ m'_{2x} \\ m'_{2z} \end{Bmatrix} = (10^4) \begin{bmatrix} 1.55 & 0 & 2.32 & -1.55 & 0 & 2.32 \\ & 0.128 & 0 & 0 & -0.128 & 0 \\ & & 4.65 & -2.32 & 0 & 2.33 \\ & & & 1.55 & 0 & -2.32 \\ & & & & 0.128 & 0 \\ \text{Symmetry} & & & & & 4.65 \end{bmatrix} \begin{Bmatrix} 0 \\ 0 \\ 0 \\ -0.259 \times 10^{-2} \\ 0.126 \times 10^{-2} \\ -0.126 \times 10^{-2} \end{Bmatrix} \tag{5.5.49}$$

행렬 곱을 계산하면 다음과 같다.

$$\begin{aligned} &f'_{1y} = 11.0 \text{ kN} \quad && m'_{1x} = -1.50 \text{ kN} \cdot \text{m} \quad && m'_{1z} = 31.0 \text{ kN} \cdot \text{m} \\ &f'_{2y} = -11.0 \text{ kN} \quad && m'_{2x} = 1.50 \text{ kN} \cdot \text{m} \quad && m'_{2z} = 1.50 \text{ kN} \cdot \text{m} \end{aligned} \tag{5.4.50}$$

요소 2

요소 2에 대해서도 국부좌표계에서의 요소 하중을 똑같은 방식으로 구할 수 있다. 요소 1과 똑같은 과정을 가지므로 자세한 것은 생략하고 최종 결과만을 다음과 같이 나열한다.

$$\begin{aligned} f'_{2y} &= -11.0\ \text{kN} & m'_{2x} &= 1.50\ \text{kN}\cdot\text{m} & m'_{2z} &= -1.50\ \text{kN}\cdot\text{m} \\ f'_{3y} &= 11.0\ \text{kN} & m'_{3x} &= -1.50\ \text{kN}\cdot\text{m} & m'_{3z} &= -31.0\ \text{kN}\cdot\text{m} \end{aligned} \tag{5.4.51}$$

국부좌표계에서의 요소 하중을 나타내는 자유물체도는 그림 5-22에 나타냈다.

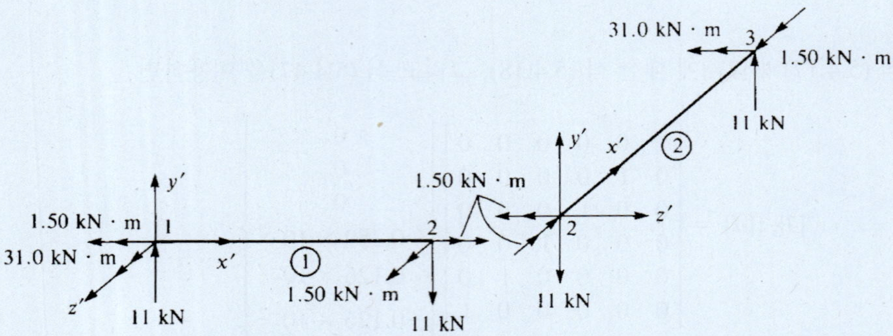

그림 5-22 • 그림 5-21의 각 요소에 대한 자유물체도

5.5 공간상에서 임의의 방향에 위치한 보 요소

이 절에서는 공간상에서, 즉 3차원에서 임의의 방향에 위치한 보 요소에 대한 강성행렬을 다룰 것이다. 이 요소는 3차원 공간상에 있는 프레임을 해석하는 데 쓰일 수 있다.

먼저 그림 5-23에 나타낸 것처럼 두 개의 축에 관한 굽힘을 생각해 보자.

축들에 대해 다음과 같은 부호를 정한다. 양(+)의 x'은 절점 1에서 2로 향한다. 그러면 y'은 단면의 관성 모멘트 I_y가 최소가 되는 주축이다. 그리고 오른손 법칙에 의해 z'축을 정하고 최대 관성 모멘트는 I_z라 한다.

평면 x'-z'에서의 굽힘

먼저 m'_y에 의한 평면 x'-z'에서의 굽힘을 생각해 보자. 시계 방향으로의 회전 ϕ'_y는 앞에서 구했던 한 축방향의 굽힘과 같다. 평면 x'-z'에서 굽힘에 대한 강성행렬은

$$[k'_y] = \frac{EI_y}{L^4}\begin{bmatrix} 12L & -6L^2 & -12L & -6L^2 \\ & 4L^3 & 6L^2 & 2L^3 \\ & & 12L & 6L^2 \\ \text{Symmetry} & & & 4L^3 \end{bmatrix} \tag{5.5.1}$$

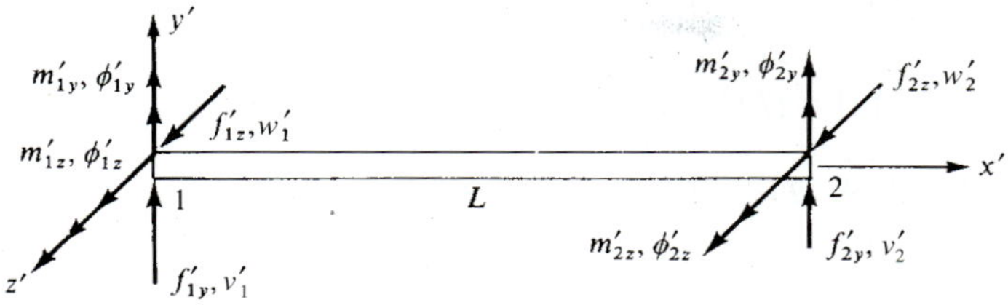

그림 5-23 • 두 축 y' 및 z'방향으로의 굽힘

이며, 여기서 I_y는 주축 y'에 대한 단면의 관성 모멘트이다. y'축은 관성 모멘트가 작은 축, 즉 $I_y < I_z$이다.

평면 x'-y'에서의 굽힘

평면 x'-z'에서의 m'_z에 의한 굽힘을 생각해 보자. 여기서 양(+)의 방향으로의 회전 ϕ'_z는 시계 방향이 아니라 반시계 방향이다. 그러므로 평면 x'-z'에서의 굽힘에 의한 강성행렬에는 몇 가지 부호 변화가 있다. 강성행렬은 결과적으로 다음과 같다.

$$[k'_z] = \frac{EI_z}{L^4}\begin{bmatrix} 12L & 6L^2 & -12L & 6L^2 \\ & 4L^3 & -6L^2 & 2L^3 \\ & & 12L & -6L^2 \\ \text{Symmetry} & & & 4L^3 \end{bmatrix} \tag{5.5.2}$$

식 (5.5.1)과 (5.5.2)를 축 강성행렬인 식 (3.1.14)와 회전 강성행렬인 식 (5.4.14)와 함께 중첩법에 의해 직접 결합하면 3차원 공간상에 있는 보 또는 프레임에 대한 요소 강성행렬이 주어진다.

$$\begin{array}{cccccccccccc} u'_1 & v'_1 & w'_1 & \phi'_{1x} & \phi'_{1y} & \phi'_{1z} & u'_2 & v'_2 & w'_2 & \phi'_{2x} & \phi'_{2y} & \phi'_{2z} \end{array}$$

$$[k'] = \left[\begin{array}{cccccc|cccccc}
\frac{AE}{L} & 0 & 0 & 0 & 0 & 0 & -\frac{AE}{L} & 0 & 0 & 0 & 0 & 0 \\
0 & \frac{12EI_z}{L^3} & 0 & 0 & 0 & \frac{6EI_z}{L^2} & 0 & -\frac{12EI_z}{L^3} & 0 & 0 & 0 & \frac{6EI_z}{L^2} \\
0 & 0 & \frac{12EI_y}{L^3} & 0 & -\frac{6EI_y}{L^2} & 0 & 0 & 0 & -\frac{12EI_y}{L^3} & 0 & -\frac{6EI_y}{L^2} & 0 \\
0 & 0 & 0 & \frac{GJ}{L} & 0 & 0 & 0 & 0 & 0 & -\frac{GJ}{L} & 0 & 0 \\
0 & 0 & -\frac{6EI_y}{L^2} & 0 & \frac{4EI_y}{L} & 0 & 0 & 0 & \frac{6EI_y}{L^2} & 0 & \frac{2EI_y}{L} & 0 \\
0 & \frac{6EI_z}{L^2} & 0 & 0 & 0 & \frac{4EI_z}{L} & 0 & -\frac{6EI_z}{L^2} & 0 & 0 & 0 & \frac{2EI_z}{L} \\
\hline
-\frac{AE}{L} & 0 & 0 & 0 & 0 & 0 & \frac{AE}{L} & 0 & 0 & 0 & 0 & 0 \\
0 & -\frac{12EI_z}{L^3} & 0 & 0 & 0 & -\frac{6EI_z}{L^2} & 0 & \frac{12EI_z}{L^3} & 0 & 0 & 0 & -\frac{6EI_z}{L^2} \\
0 & 0 & -\frac{12EI_y}{L^3} & 0 & \frac{6EI_y}{L^2} & 0 & 0 & 0 & \frac{12EI_y}{L^3} & 0 & \frac{6EI_y}{L^2} & 0 \\
0 & 0 & 0 & -\frac{GJ}{L} & 0 & 0 & 0 & 0 & 0 & \frac{GJ}{L} & 0 & 0 \\
0 & 0 & -\frac{6EI_y}{L^2} & 0 & \frac{2EI_y}{L} & 0 & 0 & 0 & \frac{6EI_y}{L^2} & 0 & \frac{4EI_y}{L} & 0 \\
0 & \frac{6EI_z}{L^2} & 0 & 0 & 0 & \frac{2EI_z}{L} & 0 & -\frac{6EI_z}{L^2} & 0 & 0 & 0 & \frac{4EI_z}{L}
\end{array}\right] \tag{5.5.3}$$

국부좌표계에서 전체좌표계로의 변환은 식 (5.5.4)와 같다.

$$[k] = [T]^T[k'][T] \tag{5.5.4}$$

여기서 $[k']$는 식 (5.5.3)에 의해 주어지며, $[T]$는 다음과 같이 주어진다.

$$[T] = \begin{bmatrix} [\lambda]_{3\times3} & & & \\ & [\lambda]_{3\times3} & & \\ & & [\lambda]_{3\times3} & \\ & & & [\lambda]_{3\times3} \end{bmatrix} \tag{5.5.5}$$

여기서

$$[\lambda] = \begin{bmatrix} C_{xx'} & C_{yx'} & C_{zx'} \\ C_{xy'} & C_{yy'} & C_{zy'} \\ C_{xz'} & C_{yz'} & C_{zz'} \end{bmatrix} \tag{5.5.6}$$

여기서 $C_{yx'}$와 $C_{xy'}$는 항상 같지는 않다. 방향 코사인은 그림 5-24에 나타내었다.

x'축에 대한 방향 코사인은 다음과 같다.

$$x' = \cos\theta_{xx'}\mathbf{i} + \cos\theta_{yx'}\mathbf{j} + \cos\theta_{zx'}\mathbf{k} \tag{5.5.7}$$

여기서

$$\begin{aligned} \cos\theta_{xx'} &= \frac{x_2 - x_1}{L} = l \\ \cos\theta_{yx'} &= \frac{y_2 - y_1}{L} = m \\ \cos\theta_{zx'} &= \frac{z_2 - z_1}{L} = n \end{aligned} \tag{5.5.8}$$

이다. y'축은 그림 5-25에 나타낸 것처럼 x'축과 z축에 대해 수직하도록, z축과 x'축과의 외적(cross product)이 y'축이 되도록 정한다.

$$z \times x' = y' = \frac{1}{D}\begin{vmatrix} \mathbf{i} & \mathbf{j} & \mathbf{k} \\ 0 & 0 & 1 \\ l & m & n \end{vmatrix} \tag{5.5.9}$$

$$y' = -\frac{m}{D}\mathbf{i} + \frac{l}{D}\mathbf{j} \tag{5.5.10}$$

그리고

$$D = (l^2 + m^2)^{1/2}$$

z'축은 직교성, 즉 $z' = x' \times y'$에 의해 다음과 같이 결정된다.

$$z' = x' \times y' = \frac{1}{D}\begin{vmatrix} \mathbf{i} & \mathbf{j} & \mathbf{k} \\ l & m & n \\ -m & l & 0 \end{vmatrix} \tag{5.5.11}$$

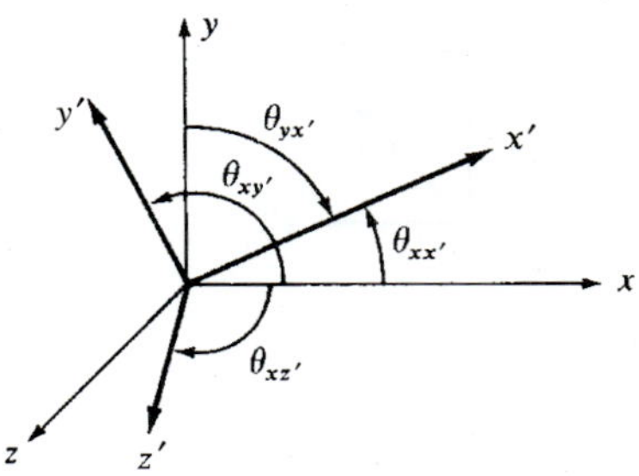

그림 5-24 • x축에 대한 방향 코사인

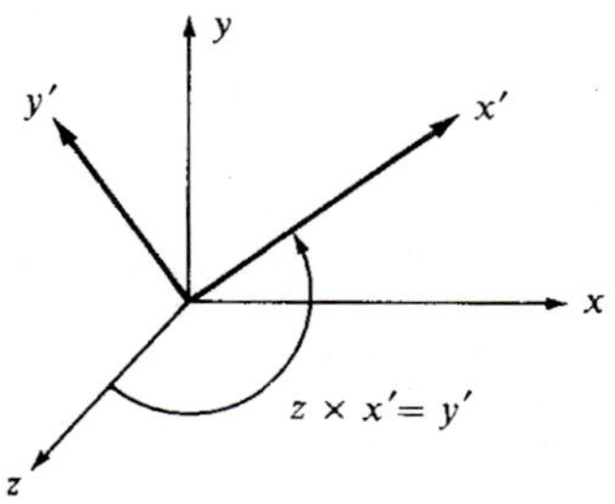

그림 5-25 • 국부좌표의 y'축이 어떻게 결정되는지를 보여주는 그림

또는

$$z' = -\frac{ln}{D}\mathbf{i} - \frac{mn}{D}\mathbf{j} + D\mathbf{k} \tag{5.5.12}$$

식 (5.5.7), (5.5.10), (5.5.12)를 결합하면, 3 × 3의 변환행렬은 다음과 같이 된다.

$$[\lambda]_{3\times 3} = \begin{bmatrix} l & m & n \\ -\dfrac{m}{D} & \dfrac{l}{D} & 0 \\ -\dfrac{ln}{D} & -\dfrac{mn}{D} & D \end{bmatrix} \tag{5.5.13}$$

이 벡터 [λ]는 임의의 벡터를 국부좌표계에서 전체좌표계로 회전시킨다. 이것은 $[T]$에서 쓰인 [λ]이다. 요약하면 다음과 같다.

$$\begin{aligned} \cos\theta_{xy'} &= -\frac{m}{D} \\ \cos\theta_{yy'} &= \frac{l}{D} \\ \cos\theta_{zy'} &= 0 \\ \cos\theta_{xz'} &= -\frac{ln}{D} \\ \cos\theta_{yz'} &= -\frac{mn}{D} \\ \cos\theta_{zz'} &= D \end{aligned} \tag{5.5.14}$$

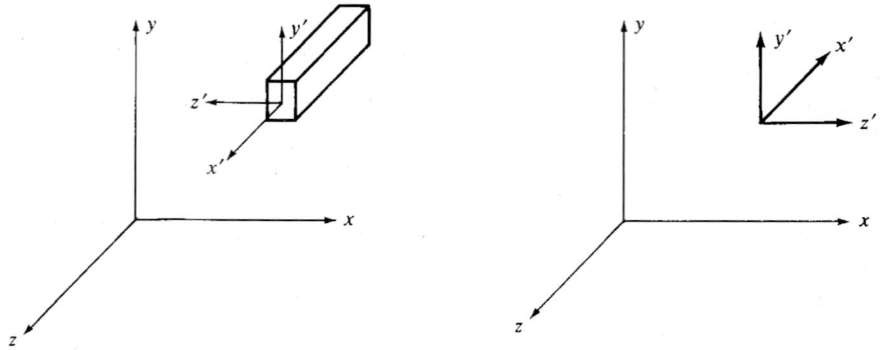

(a) z와 같은 방향의 x'　　　(b) z와 반대 방향의 x'

그림 5-26 • 변환행렬의 특수한 경우

국부좌표축과 전체좌표축이 서로 특별한 방향을 가질 때 두 가지 예외가 생긴다. 만약 국부좌표계 x'축이 전체좌표계 z축과 일치한다면, 부재는 전체좌표계의 z축과 평행하고, 그러면 그림 5-26(a)처럼 y'축이 미결정 상태가 된다. 이러한 경우 국부좌표계의 y'축은 전체좌표계 y축으로 선택된다. 따라서 양의 x'방향을 전체좌표계 z축과 일치하게 하면, $[\lambda]$는

$$[\lambda] = \begin{bmatrix} 0 & 0 & 1 \\ 0 & 1 & 0 \\ -1 & 0 & 0 \end{bmatrix} \tag{5.5.15}$$

이 되고, 양의 방향 x'축이 전체좌표계 z축과 반대 방향일 경우[그림 5-26(b)], $[\lambda]$는

$$[\lambda] = \begin{bmatrix} 0 & 0 & -1 \\ 0 & 1 & 0 \\ 1 & 0 & 0 \end{bmatrix} \tag{5.5.16}$$

이 된다.

예제 5.7

그림 5-27에 나타낸 것처럼 끝단의 절점 1 (0, 0, 0)과 2 (3, 4, 12)를 갖는 공간상의 보 요소의 전체좌표축에 대한 국부좌표축의 방향 코사인과 회전행렬을 결정하라.

풀이

우선 요소의 길이를 다음과 같이 정한다.

$$L = \sqrt{3^2 + 4^2 + 12^2} = 13$$

이제 식 (5.5.8)을 이용하면 다음과 같이 x'축의 방향 코사인을 얻을 수 있다.

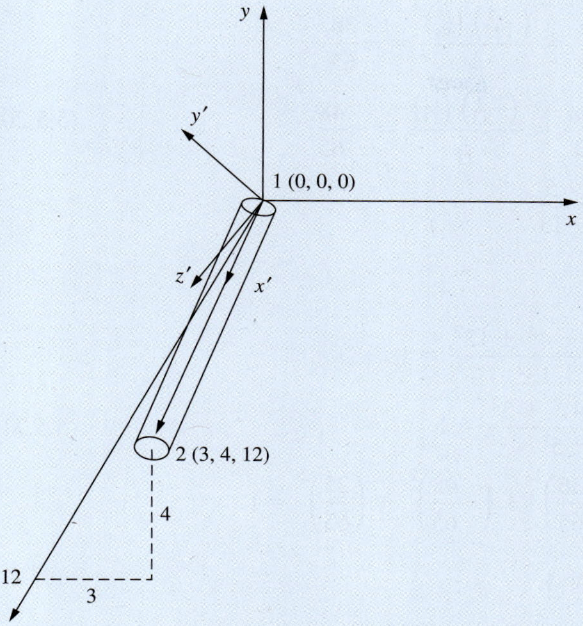

그림 5-27 • 공간상에 위치한 보 요소

$$
\begin{aligned}
l_x &= \frac{x_2 - x_1}{L} = \frac{3-0}{13} = \frac{3}{13} \\
m_x &= \frac{y_2 - y_1}{L} = \frac{4-0}{13} = \frac{4}{13} \\
n_x &= \frac{z_2 - z_1}{L} = \frac{12-0}{13} = \frac{12}{13}
\end{aligned} \tag{5.5.17}
$$

식 (5.5.10)이나 (5.5.14)에 의해 다음과 같이 y'축에 대한 방향 코사인을 얻을 수 있다.

$$
D = (l^2 + m^2)^{1/2} = \left[\left(\frac{3}{13}\right)^2 + \left(\frac{4}{13}\right)^2\right]^{1/2} = \frac{5}{13} \tag{5.5.18}
$$

y'축의 방향 코사인은 l_y, m_y, n_y로 정의할 수 있는데, 각각은 다음과 같다.

$$
\begin{aligned}
l_y &= -\frac{m}{D} = -\frac{4}{5} \\
m_y &= \frac{l}{D} = \frac{3}{5} \\
n_y &= 0
\end{aligned} \tag{5.5.19}
$$

z' 축에 대한 방향 코사인은 l_z, m_z, n_z로 정하고 식 (5.5.12)나 (5.5.14)를 사용하면 다음과 같다.

$$\begin{aligned} l_z &= -\frac{ln}{D} = \frac{\left(-\frac{3}{13}\right)\left(\frac{12}{13}\right)}{\frac{5}{13}} = -\frac{36}{65} \\ m_z &= -\frac{mn}{D} = \frac{\left(-\frac{4}{13}\right)\left(\frac{12}{13}\right)}{\frac{5}{13}} = -\frac{48}{65} \\ n_z &= D = \frac{5}{13} \end{aligned} \tag{5.5.20}$$

이제 $l^2 + m^2 + n^2 = 1$인지 확인하면,

$$\begin{aligned} &x'\text{에 대해}: \frac{3^2 + 4^2 + 12^2}{13^2} = 1 \\ &y'\text{에 대해}: \frac{(-4)^2 + 3^2}{5^2} = 1 \\ &z'\text{에 대해}: \left(-\frac{36}{65}\right)^2 + \left(-\frac{48}{65}\right)^2 + \left(\frac{25}{65}\right)^2 = 1 \end{aligned} \tag{5.5.21}$$

식 (5.5.13)에 의해 회전행렬은 다음과 같다.

$$[\lambda]_{3\times 3} = \begin{bmatrix} \frac{3}{13} & \frac{4}{13} & \frac{12}{13} \\ -\frac{4}{5} & \frac{3}{5} & 0 \\ -\frac{36}{65} & -\frac{48}{65} & \frac{5}{13} \end{bmatrix} \tag{5.5.22}$$

식 (5.5.17), (5.5.19), (5.5.20)으로부터 나온 방향 코사인 값으로부터 국부좌표축도 마찬가지로 그림 5-27과 같다.

예제 5.8

그림 5-28에서 보여주는 것처럼 공간 입체 구조에 대한 자유 절점(절점 1)에서의 변위와 회전, 요소에 작용하는 국부좌표의 힘과 모멘트를 정한다. 또한 절점 1에서의 평형을 확인한다. 보 3개의 요소 모두에 대해 $E = 30{,}000$ ksi, $G = 10{,}000$ ksi, $J = 50$ in^4, $I_y = 100$ in^4, $\mathrm{I_z} = 100$ in^4, $A = 10$ in^2, $L = 100$ in.로 한다.

풀이

각 요소에 대한 전체좌표계의 강성행렬을 얻기 위해 식 (5.5.4)를 사용한다. 이를 위해서는 우선 식 (5.5.3)을 사용해서 각 국부좌표에서의 강성행렬을 구하고, 식 (5.5.5)를 사용해서 각 요소에 대한 변환행렬을 구한 다음, 식 (5.5.6)과 (5.5.14)를 이용해서 각 요소에 대한 방향 코사인 행렬을 구해야 한다.

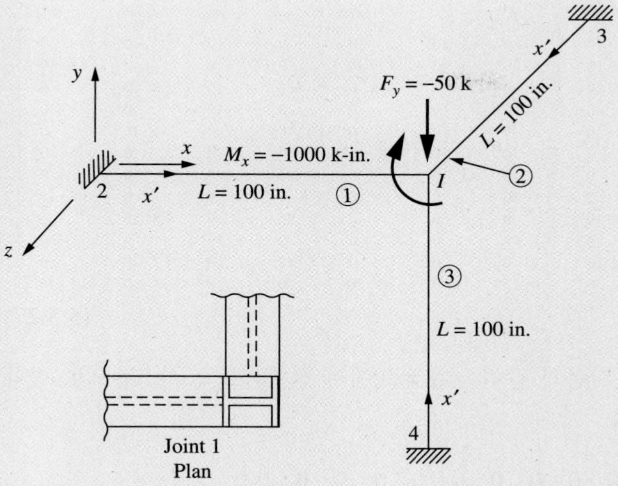

그림 5-28 • 해석을 위한 공간 프레임

요소 1

절점 2에서 절점 1 사이의 국부좌표축 x'을 그림 5-28에 보이는 것처럼 정한다. 그 결과 식 (5.5.8)을 사용해서 다음과 같은 x'좌표축에 대한 방향 코사인을 구할 수 있다.

$$l = 1 \qquad m = 0 \qquad n = 0 \tag{5.5.23}$$

또한

$$D = (l^2 + m^2)^{1/2} = 1$$

식 (5.5.10)과 (5.5.14)를 사용해서 다음과 같은 y'좌표축에 대한 방향 코사인을 구할 수 있다.

$$l_y = -\frac{m}{D} = 0 \qquad m_y = \frac{1}{D} = 1 \qquad n_y = 0 \tag{5.5.24}$$

식 (5.5.12)와 (5.5.14)를 사용해서 다음과 같은 z'좌표축에 대한 방향 코사인을 구할 수 있다.

$$l_z = -\frac{ln}{D} = 0 \qquad m_z = -\frac{mn}{D} = 0 \qquad n_z = D = 1 \tag{5.5.25}$$

식 (5.5.23)~(5.5.25)의 식을 식 (5.5.13)에 대입하면,

$$[\lambda] = \begin{bmatrix} 1 & 0 & 0 \\ 0 & 1 & 0 \\ 0 & 0 & 1 \end{bmatrix} \tag{5.5.26}$$

식 (5.5.3)을 사용하면 다음과 같이 요소 1에 대한 국부좌표의 강성행렬을 구할 수 있다.

$$[k'^{(1)}] = \begin{array}{c} \begin{matrix} \quad u'_2 & v'_2 & w'_2 & \phi'_{2x} & \phi'_{2y} & \phi'_{2z} & u'_1 & v'_1 & w'_1 & \phi'_{1x} & \phi'_{1y} & \phi'_{1z} \end{matrix} \\ \begin{bmatrix} 3\cdot10^3 & 0 & 0 & 0 & 0 & 0 & -3\cdot10^3 & 0 & 0 & 0 & 0 & 0 \\ 0 & 36 & 0 & 0 & 0 & 1.8\cdot10^3 & 0 & -36 & 0 & 0 & 0 & 1.8\cdot10^3 \\ 0 & 0 & 36 & 0 & -1.8\cdot10^3 & 0 & 0 & 0 & -36 & 0 & -1.8\cdot10^3 & 0 \\ 0 & 0 & 0 & 5\cdot10^3 & 0 & 0 & 0 & 0 & 0 & -5\cdot10^3 & 0 & 0 \\ 0 & 0 & -1.8\cdot10^3 & 0 & 12\cdot10^5 & 0 & 0 & 0 & 1.8\cdot10^3 & 0 & 6\cdot10^4 & 0 \\ 0 & 1.8\cdot10^3 & 0 & 0 & 0 & 1.2\cdot10^5 & 0 & -1.8\cdot10^3 & 0 & 0 & 0 & 6\cdot10^4 \\ -3\cdot10^3 & 0 & 0 & 0 & 0 & 0 & 3\cdot10^3 & 0 & 0 & 0 & 0 & 0 \\ 0 & -36 & 0 & 0 & 0 & -1.8\cdot10^3 & 0 & 36 & 0 & 0 & 0 & -1.8\cdot10^3 \\ 0 & 0 & -36 & 0 & 1.8\cdot10^3 & 0 & 0 & 0 & 36 & 0 & 1.8\cdot10^3 & 0 \\ 0 & 0 & 0 & -5\cdot10^3 & 0 & 0 & 0 & 0 & 0 & 5\cdot10^3 & 0 & 0 \\ 0 & 0 & -1.8\cdot10^3 & 0 & 6\cdot10^4 & 0 & 0 & 0 & 1.8\cdot10^3 & 0 & 1.2\cdot10^5 & 0 \\ 0 & 1.8\cdot10^3 & 0 & 0 & 0 & 6\cdot10^4 & 0 & -1.8\cdot10^3 & 0 & 0 & 0 & 1.2\cdot10^5 \end{bmatrix} \end{array} \tag{5.5.27}$$

식 (5.5.5)에 식 (5.5.26)을 사용하면, 다음과 같이 국부좌표에서 전체좌표축 시스템으로 변환하는 행렬을 다음과 같이 얻을 수 있다.

$$[T] = \begin{bmatrix} 1&0&0&0&0&0&0&0&0&0&0&0 \\ 0&1&0&0&0&0&0&0&0&0&0&0 \\ 0&0&1&0&0&0&0&0&0&0&0&0 \\ 0&0&0&1&0&0&0&0&0&0&0&0 \\ 0&0&0&0&1&0&0&0&0&0&0&0 \\ 0&0&0&0&0&1&0&0&0&0&0&0 \\ 0&0&0&0&0&0&1&0&0&0&0&0 \\ 0&0&0&0&0&0&0&1&0&0&0&0 \\ 0&0&0&0&0&0&0&0&1&0&0&0 \\ 0&0&0&0&0&0&0&0&0&1&0&0 \\ 0&0&0&0&0&0&0&0&0&0&1&0 \\ 0&0&0&0&0&0&0&0&0&0&0&1 \end{bmatrix} \tag{5.5.28}$$

마지막으로, 식 (5.5.4)를 사용해서 요소 1에 대한 전체좌표에서의 강성행렬을 다음과 같이 얻을 수 있다.

$$[k^{(1)}] = [T]^T[k'^{(1)}][T] =$$

$$\begin{array}{c} \begin{matrix} \quad u_2 & v_2 & w_2 & \phi_{2x} & \phi_{2y} & \phi_{2z} & u_1 & v_1 & w_1 & \phi_{1x} & \phi_{1y} & \phi_{1z} \end{matrix} \\ \begin{bmatrix} 3\cdot10^3 & 0 & 0 & 0 & 0 & 0 & -3\cdot10^3 & 0 & 0 & 0 & 0 & 0 \\ 0 & 36 & 0 & 0 & 0 & 1.8\cdot10^3 & 0 & -36 & 0 & 0 & 0 & 1.8\cdot10^3 \\ 0 & 0 & 36 & 0 & -1.8\cdot10^3 & 0 & 0 & 0 & -36 & 0 & -1.8\cdot10^3 & 0 \\ 0 & 0 & 0 & 5\cdot10^3 & 0 & 0 & 0 & 0 & 0 & -5\cdot10^3 & 0 & 0 \\ 0 & 0 & -1.8\cdot10^3 & 0 & 1.2\cdot10^5 & 0 & 0 & 0 & 1.8\cdot10^3 & 0 & 6\cdot10^4 & 0 \\ 0 & 1.8\cdot10^3 & 0 & 0 & 0 & 1.2\cdot10^5 & 0 & -1.8\cdot10^3 & 0 & 0 & 0 & 6\cdot10^4 \\ -3\cdot10^3 & 0 & 0 & 0 & 0 & 0 & 3\cdot10^3 & 0 & 0 & 0 & 0 & 0 \\ 0 & -36 & 0 & 0 & 0 & -1.8\cdot10^3 & 0 & 36 & 0 & 0 & 0 & -1.8\cdot10^3 \\ 0 & 0 & -36 & 0 & 1.8\cdot10^3 & 0 & 0 & 0 & 36 & 0 & 1.8\cdot10^3 & 0 \\ 0 & 0 & 0 & -5\cdot10^3 & 0 & 0 & 0 & 0 & 0 & 5\cdot10^3 & 0 & 0 \\ 0 & 0 & -1.8\cdot10^3 & 0 & 6\cdot10^4 & 0 & 0 & 0 & 1.8\cdot10^3 & 0 & 12\cdot10^5 & 0 \\ 0 & 1.8\cdot10^3 & 0 & 0 & 0 & 6\cdot10^4 & 0 & -1.8\cdot10^3 & 0 & 0 & 0 & 1.2\cdot10^5 \end{bmatrix} \end{array} \tag{5.5.29}$$

요소 2

절점 3에서 절점 1 사이의 국부좌표축 x'을 그림 5-28에서 보이는 것처럼 정한다. 국부좌표축 x'은 전체좌표축 z와 동일하다는 점을 알 수 있다. 그러므로 식 (5.5.15)로부터 다음을 얻을 수 있다.

$$[\lambda] = \begin{bmatrix} 0 & 0 & 1 \\ 0 & 1 & 0 \\ -1 & 0 & 0 \end{bmatrix} \tag{5.5.30}$$

요소 2의 모든 속성은 요소 1과 동일하기 때문에 국부좌표의 강성행렬은 식 (5.5.27)과 같다. 하지만 자유도는 절점 3과 절점 1을 모두 고려해야 한다.

식 (5.5.30)을 식 (5.5.5)에 대입하면 다음의 변환행렬을 얻을 수 있다.

$$[T] = \begin{bmatrix} 0 & 0 & 1 & 0 & 0 & 0 & 0 & 0 & 0 & 0 & 0 & 0 \\ 0 & 1 & 0 & 0 & 0 & 0 & 0 & 0 & 0 & 0 & 0 & 0 \\ -1 & 0 & 0 & 0 & 0 & 0 & 0 & 0 & 0 & 0 & 0 & 0 \\ 0 & 0 & 0 & 0 & 0 & 1 & 0 & 0 & 0 & 0 & 0 & 0 \\ 0 & 0 & 0 & 0 & 1 & 0 & 0 & 0 & 0 & 0 & 0 & 0 \\ 0 & 0 & 0 & -1 & 0 & 0 & 0 & 0 & 0 & 0 & 0 & 0 \\ 0 & 0 & 0 & 0 & 0 & 0 & 0 & 0 & 1 & 0 & 0 & 0 \\ 0 & 0 & 0 & 0 & 0 & 0 & 0 & 1 & 0 & 0 & 0 & 0 \\ 0 & 0 & 0 & 0 & 0 & 0 & -1 & 0 & 0 & 0 & 0 & 0 \\ 0 & 0 & 0 & 0 & 0 & 0 & 0 & 0 & 0 & 0 & 0 & 1 \\ 0 & 0 & 0 & 0 & 0 & 0 & 0 & 0 & 0 & 0 & 1 & 0 \\ 0 & 0 & 0 & 0 & 0 & 0 & 0 & 0 & 0 & -1 & 0 & 0 \end{bmatrix} \tag{5.5.31}$$

마지막으로, 식 (5.5.31)을 식 (5.5.4)에 대입해서 요소 2에 대한 전체좌표의 강성행렬을 다음과 같이 구할 수 있다.

$$[k^{(2)}] = \begin{array}{c} \begin{array}{cccccccccccc} u_3 & v_3 & w_3 & \phi_{3x} & \phi_{3y} & \phi_{3z} & u_1 & v_1 & w_1 & \phi_{1x} & \phi_{1y} & \phi_{1z} \end{array} \\ \begin{bmatrix} 36 & 0 & 0 & 0 & 1.8\cdot10^3 & 0 & -36 & 0 & 0 & 0 & 1.8\cdot10^3 & 0 \\ 0 & 36 & 0 & -1.8\cdot10^3 & 0 & 0 & 0 & -36 & 0 & -1.8\cdot10^3 & 0 & 0 \\ 0 & 0 & 3\cdot10^3 & 0 & 0 & 0 & 0 & 0 & -3\cdot10^3 & 0 & 0 & 0 \\ 0 & -1.8\cdot10^3 & 0 & 1.2\cdot10^5 & 0 & 0 & 0 & 1.8\cdot10^3 & 0 & 6\cdot10^4 & 0 & 0 \\ 1.8\cdot10^3 & 0 & 0 & 0 & 1.2\cdot10^5 & 0 & -1.8\cdot10^3 & 0 & 0 & 0 & 6\cdot10^4 & 0 \\ 0 & 0 & 0 & 0 & 0 & 5\cdot10^3 & 0 & 0 & 0 & 0 & 0 & -5\cdot10^3 \\ -36 & 0 & 0 & 0 & -1.8\cdot10^3 & 0 & 36 & 0 & 0 & 0 & -1.8\cdot10^3 & 0 \\ 0 & -36 & 0 & 1.8\cdot10^3 & 0 & 0 & 0 & 36 & 0 & 1.8\cdot10^3 & 0 & 0 \\ 0 & 0 & -3\cdot10^3 & 0 & 0 & 0 & 0 & 0 & 3\cdot10^3 & 0 & 0 & 0 \\ 0 & -1.8\cdot10^3 & 0 & 6\cdot10^4 & 0 & 0 & 0 & 1.8\cdot10^3 & 0 & 1.2\cdot10^5 & 0 & 0 \\ 1.8\cdot10^3 & 0 & 0 & 0 & 6\cdot10^4 & 0 & -1.8\cdot10^3 & 0 & 0 & 0 & 1.2\cdot10^5 & 0 \\ 0 & 0 & 0 & 0 & 0 & -5\cdot10^3 & 0 & 0 & 0 & 0 & 0 & 5\cdot10^3 \end{bmatrix} \end{array} \tag{5.5.32}$$

요소 3

절점 4에서 절점 1 사이의 국부좌표축 x'을 그림 5-28에 보이는 것처럼 정한다. 이때 방향 코사인은 다음과 같다.

$$l = \frac{0 - 0}{100} = 0 \qquad m = \frac{0 - (-100)}{100} = 1 \qquad n = \frac{0 - 0}{100} = 0 \tag{5.5.33}$$

또한 $D = 1$이다.

식 (5.5.14)를 사용해서 방향 코사인의 나머지를 다음과 같이 얻을 수 있다.

$$l_y = -\frac{m}{D} = -1 \qquad m_y = \frac{L}{D} = 0 \qquad n_y = 0 \tag{5.5.34}$$

그리고

$$l_z = -\frac{ln}{D} = 0 \qquad m_z = -\frac{mn}{D} = 0 \qquad n_z = D = 1 \tag{5.5.35}$$

식 (5.5.33)~(5.5.35)의 식을 사용하여 다음을 얻을 수 있다.

$$[\lambda] = \begin{bmatrix} 0 & 1 & 0 \\ -1 & 0 & 0 \\ 0 & 0 & 1 \end{bmatrix} \tag{5.5.36}$$

식 (5.5.5)를 사용해서 요소 3에 대한 변환행렬을 구하면 다음과 같다.

$$[T] = \begin{bmatrix} 0 & 1 & 0 & 0 & 0 & 0 & 0 & 0 & 0 & 0 & 0 & 0 \\ -1 & 0 & 0 & 0 & 0 & 0 & 0 & 0 & 0 & 0 & 0 & 0 \\ 0 & 0 & 1 & 0 & 0 & 0 & 0 & 0 & 0 & 0 & 0 & 0 \\ 0 & 0 & 0 & 0 & 1 & 0 & 0 & 0 & 0 & 0 & 0 & 0 \\ 0 & 0 & 0 & -1 & 0 & 0 & 0 & 0 & 0 & 0 & 0 & 0 \\ 0 & 0 & 0 & 0 & 0 & 1 & 0 & 0 & 0 & 0 & 0 & 0 \\ 0 & 0 & 0 & 0 & 0 & 0 & 1 & 0 & 0 & 0 & 0 & 0 \\ 0 & 0 & 0 & 0 & 0 & -1 & 0 & 0 & 0 & 0 & 0 & 0 \\ 0 & 0 & 0 & 0 & 0 & 0 & 0 & 1 & 0 & 0 & 0 & 0 \\ 0 & 0 & 0 & 0 & 0 & 0 & 0 & 0 & 0 & 1 & 0 & 0 \\ 0 & 0 & 0 & 0 & 0 & 0 & 0 & 0 & -1 & 0 & 0 & 0 \\ 0 & 0 & 0 & 0 & 0 & 0 & 0 & 0 & 0 & 0 & 0 & 1 \end{bmatrix} \tag{5.5.37}$$

요소 3의 속성은 요소 1의 속성과 동일하므로, 국부좌표의 강성행렬은 식 (5.5.27)에 나타낸 요소 1의 강성행렬과 같다. 자유도는 절점 4와 절점 1을 모두 고려해야 한다.

식 (5.5.37)을 식 (5.5.4)에 대입하면, 요소 3에 대한 전체좌표의 강성행렬을 다음과 같이 구할 수 있다.

$$[k^{(3)}] = \begin{bmatrix} 36 & 0 & 0 & 0 & 0 & -1.8\cdot10^3 & -36 & 0 & 0 & 0 & 0 & -1.8\cdot10^3 \\ 0 & 3\cdot10^3 & 0 & 0 & 0 & 0 & 0 & -3\cdot10^3 & 0 & 0 & 0 & 0 \\ 0 & 0 & 36 & 1.8\cdot10^3 & 0 & 0 & 0 & 0 & -36 & 1.8\cdot10^3 & 0 & 0 \\ 0 & 0 & 1.8\cdot10^3 & 1.2\cdot10^5 & 0 & 0 & 0 & 0 & -1.8\cdot10^3 & 6\cdot10^4 & 0 & 0 \\ 0 & 0 & 0 & 0 & 5\cdot10^3 & 0 & 0 & 0 & 0 & 0 & -5\cdot10^3 & 0 \\ -1.8\cdot10^3 & 0 & 0 & 0 & 0 & 1.2\cdot10^5 & 1.8\cdot10^3 & 0 & 0 & 0 & 0 & 6\cdot10^4 \\ -36 & 0 & 0 & 0 & 0 & 1.8\cdot10^3 & 36 & 0 & 0 & 0 & 0 & 1.8\cdot10^3 \\ 0 & -3\cdot10^3 & 0 & 0 & 0 & 0 & 0 & 3\cdot10^3 & 0 & 0 & 0 & 0 \\ 0 & 0 & -36 & -1.8\cdot10^3 & 0 & 0 & 0 & 0 & 36 & -1.8\cdot10^3 & 0 & 0 \\ 0 & 0 & 1.8\cdot10^3 & 6\cdot10^4 & 0 & 0 & 0 & 0 & -1.8\cdot10^3 & 1.2\cdot10^5 & 0 & 0 \\ 0 & 0 & 0 & 0 & -5\cdot10^3 & 0 & 0 & 0 & 0 & 0 & 5\cdot10^3 & 0 \\ -1.8\cdot10^3 & 0 & 0 & 0 & 0 & 6\cdot10^4 & 1.8\cdot10^3 & 0 & 0 & 0 & 0 & 1.2\cdot10^5 \end{bmatrix} \tag{5.5.38}$$

(열 순서: u_4, v_4, w_4, ϕ_{4x}, ϕ_{4y}, ϕ_{4z}, u_1, v_1, w_1, ϕ_{1x}, ϕ_{1y}, ϕ_{1z})

x, y, z방향에 대한 변위가 절점 2, 3, 4에서 모두 0이고, x, y, z축에 대한 회전도 절점 2, 3, 4에 대해 모두 0이라는 경계조건을 적용하면 간단하게 정리된 전체좌표의 강성행렬을 얻을 수 있다. 또한 가해진 전체좌표계에서의 힘은 절점 1에서 y의 음의 방향으로 작용하므로 $F_{1y} = -50$ kips로 표현되고, 절점 1에서 x축에 대한 전체좌표계에서의 모멘트는 $M_{1x} = -1000$ k-in.이다.

이러한 것들을 고려하면 최종 전체좌표에 대한 식은 다음과 같이 정리된다.

$$\begin{Bmatrix} 0 \\ -50 \\ 0 \\ -1000 \\ 0 \\ 0 \end{Bmatrix} = \begin{bmatrix} 3.072 \times 10^3 & 0 & 0 & 0 & -1.8 \times 10^3 & 1.8 \times 10^3 \\ 0 & 3.072 \times 10^3 & 0 & 1.8 \times 10^3 & 0 & -1.8 \times 10^3 \\ 0 & 0 & 3.072 \times 10^3 & -1.8 \times 10^3 & 1.8 \times 10^3 & 0 \\ 0 & 1.8 \times 10^3 & -1.8 \times 10^3 & 2.45 \times 10^5 & 0 & 0 \\ -1.8 \times 10^3 & 0 & 1.8 \times 10^3 & 0 & 2.45 \times 10^5 & 0 \\ 1.8 \times 10^3 & -1.8 \times 10^3 & 0 & 0 & 0 & 2.45 \times 10^5 \end{bmatrix} \begin{Bmatrix} u_1 \\ v_1 \\ w_1 \\ \phi_{1x} \\ \phi_{1y} \\ \phi_{1z} \end{Bmatrix} \tag{5.5.39}$$

마지막으로, 절점 1에서 변위와 회전에 대해 동시에 계산하면 다음을 얻을 수 있다.

$$\{d\} = \begin{bmatrix} 7.098 \times 10^{-5} \text{ in.} \\ -0.014 \text{ in.} \\ -2.352 \times 10^{-3} \text{ in.} \\ -3.996 \times 10^{-3} \text{ rad} \\ 1.78 \times 10^{-5} \text{ rad} \\ -1.033 \times 10^{-4} \text{ rad} \end{bmatrix} \tag{5.5.40}$$

앞에서 평면 프레임과 트러스에 대해서 했던 것처럼 이제 식 $\{f'\} = [k'][T]\{d\}$을 사용해서 각 요소에 대한 국부좌표의 요소 힘과 모멘트를 정할 수 있다. 공간 프레임 요소를 다루는 것처럼, 이러 한 국부좌표의 요소 힘과 모멘트는 각 요소의 각각의 끝단에서 수직항력과 두 개의 전단력, 비틀림 모멘트, 두 개의 굽힘 모멘트가 된다.

요소 1

국부좌표의 강성행렬을 위해 식 (5.5.27)을 사용하고, 변환행렬 $[T]$를 위해 식 (5.5.28)을 사용하고, 변위를 위해 식 (5.5.40)을 사용하면, 국부좌표의 요소 힘과 모멘트를 다음과 같이 얻을 수 있다.

$$\{f'^{(1)}\} = \begin{bmatrix} -0.213 \text{ kip} \\ 0.318 \text{ kip} \\ 0.053 \text{ kip} \\ 19.98 \text{ kip} \cdot \text{in.} \\ -3.165 \text{ kip} \cdot \text{in.} \\ 18.99 \text{ kip} \cdot \text{in.} \\ 0.213 \text{ kip} \\ -0.318 \text{ kip} \\ -0.053 \text{ kip} \\ -19.98 \text{ kip} \cdot \text{in.} \\ -2.097 \text{ kip} \cdot \text{in.} \\ 12.79 \text{ kip} \cdot \text{in.} \end{bmatrix} \tag{5.5.41}$$

요소 2

국부좌표의 강성행렬을 위해 식 (5.5.27)를 사용하고, 변환행렬 $[T]$를 위해식 (5.5.28)을 사용하고, 변위를 위해 식 (5.5.40)을 사용하면, 국부좌표의 요소 힘과 모멘트를 다음과 같이 얻을 수 있다.

$$\{f'^{(2)}\} = \begin{Bmatrix} 7.056 \text{ kip} \\ 7.697 \text{ kip} \\ -0.029 \text{ kip} \\ 0.517 \text{ kip} \cdot \text{in.} \\ 0.94 \text{ kip} \cdot \text{in.} \\ 264.957 \text{ kip} \cdot \text{in.} \\ -7.056 \text{ kip} \\ -7.697 \text{ kip} \\ 0.029 \text{ kip} \\ -0.517 \text{ kip} \cdot \text{in.} \\ 2.008 \text{ kip} \cdot \text{in.} \\ 504.722 \text{ kip} \cdot \text{in.} \end{Bmatrix} \tag{5.5.42}$$

요소 3

마찬가지로 식 (5.5.27), (5.5.37), (5.5.40)을 사용하면, 국부좌표의 요소 힘과 모멘트를 다음과 같이 얻을 수 있다.

$$\{f'^{(3)}\} = \begin{Bmatrix} 41.985 \text{ kip} \\ -0.183 \text{ kip} \\ -7.108 \text{ kip} \\ -0.089 \text{ kip} \cdot \text{in.} \\ 235.532 \text{ kip} \cdot \text{in.} \\ -6.073 \text{ kip} \cdot \text{in.} \\ -41.985 \text{ kip} \\ 0.183 \text{ kip} \\ 7.108 \text{ kip} \\ 0.089 \text{ kip} \cdot \text{in.} \\ 475.297 \text{ kip} \cdot \text{in.} \\ -12.273 \text{ kip} \cdot \text{in.} \end{Bmatrix} \tag{5.5.43}$$

절점으로 이전되는 각 요소로부터 절점 1의 힘과 모멘트를 고려함으로써 절점 1에서의 평형을 확인할 수 있다. 식 (5.5.41), (5.5.42), (5.5.43)의 결과를 이용해서 절점 1로 이전되는 적절한 힘과 모멘트를 구할 수 있다(뉴튼의 제3법칙에 기반하여 각 요소로부터 반대 방향으로 작용하는 힘과 모멘트는 절점 1로 보내진다). 예를 들어, 전체좌표의 y방향에 대한 전체 하중으로부터 확인할 수 있다(아래의 도식에 보인 바와 같이).

$$0.318 \text{ kip} + 7.697 \text{ kip} + 41.985 \text{ kip} - 50 \text{ kip} = (0\text{에 가까움}) \qquad (5.5.44)$$

식 (5.5.44)에서 0.318 kip은 요소 1에서의 전체좌표의 y방향과 동일한 국부좌표의 y'방향의 힘이고, 7.697 kip은 요소 2에서의 전체좌표의 y방향과 동일한 국부좌표의 y'방향의 힘이다. 반면에 41.985 kip은 요소 3에서의 전체좌표의 y방향과 동일한 국부좌표의 x'방향의 힘이다. 그림 5-28로부터 이러한 여러 축을 확인할 수 있다. 다른 평형방정식에 대한 증명은 독자들의 재량에 맡긴다.

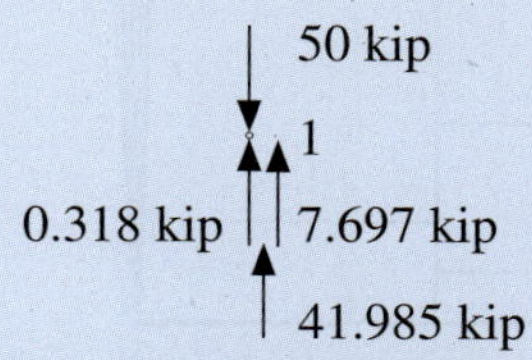

전체좌표계 y방향으로의 힘의 평형

그림 5-29는 3차원 프레임 요소를 이용한 예이다. 이것은 천정에 압력을 받는 버스 프레임에 대한 정적 해석이다. 이 모델에서는 599개의 프레임 요소와 357개의 절점이 사용되었다. 총 100 kN의 하중이 프레임의 천정에 있는 56개의 절점에 균일하게 분포되어 있다. 그림 5-30은 프레임의 뒷모습으로 프레임의 변형된 모습을 보여준다. 전복이나 전면 충돌 등과 같은 다른 하중상 태에 대한 프레임 모델의 해석도 참고문헌 [6]에서 연구되었다.

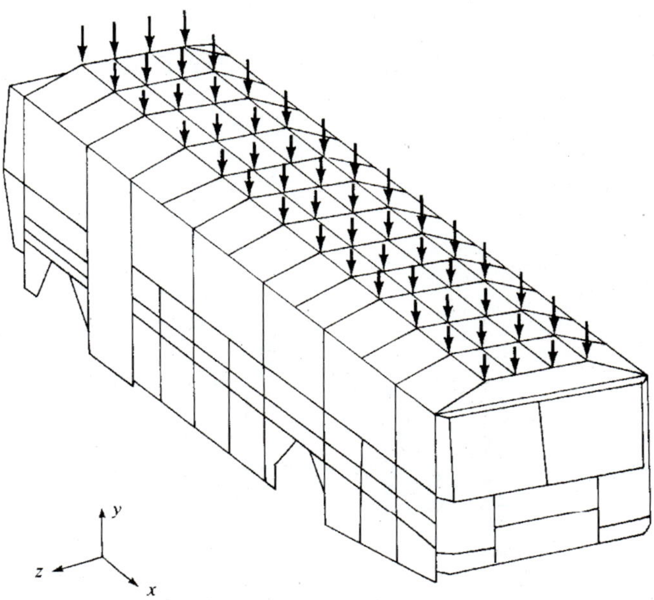

그림 5-29 • 지붕에 하중을 받는 버스 구조물의 유한요소모델[6]

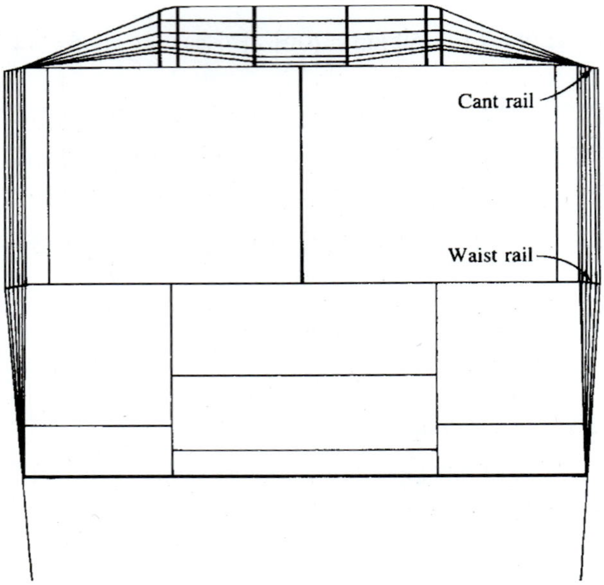

그림 5-30 • 사각형 단면 부재로 구성된 그림 5-29의 프레임 구조물의 변형된 모습

5.6 | 부분구조법의 개념

때때로 단일 시스템으로 해석되기에는 너무 큰 구조물들이 있다. 즉, 전체 강성행렬과 해를 위한 방정식이 컴퓨터의 용량을 초과할 경우이다. 이러한 문제는 전체 구조물을 여러 개의 **부분구조(substructure)**로 나누는 과정을 통해 해결될 수 있다. 예를 들면, 그림 5-31(a)에 나오는 것과 같은 항공기인데, 이러한 구조물을 일체로 모델링하고 전체 구조물의 응답을 계산하는 데는 수천 개의 절점과 요소가 필요하다. 만약 그림 5-31(b)에 나타낸 것과 같이 이 비행기를 항공기의 동체, 날개 등 여러 개의 부분구조물로 나눈다면, 확실하게 계산할 수 있으며 또 한정된 기억 용량을 가진 컴퓨터에서도 계산할 수 있을 것이다.

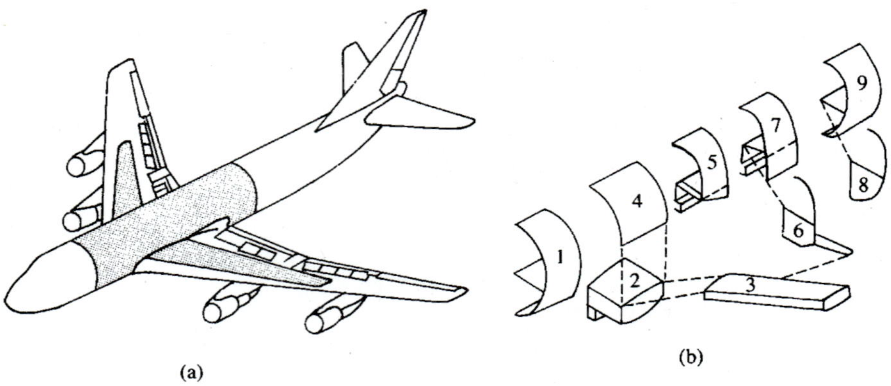

그림 5-31 • 부분구조물을 보여주는 항공기 프레임 (a) 보잉 747 여객기(빗금 친 부분이 유한요소법에 의해 해석되는 부분을 나타낸다), (b) 빗금 친 부분의 유한요소 부분구조물

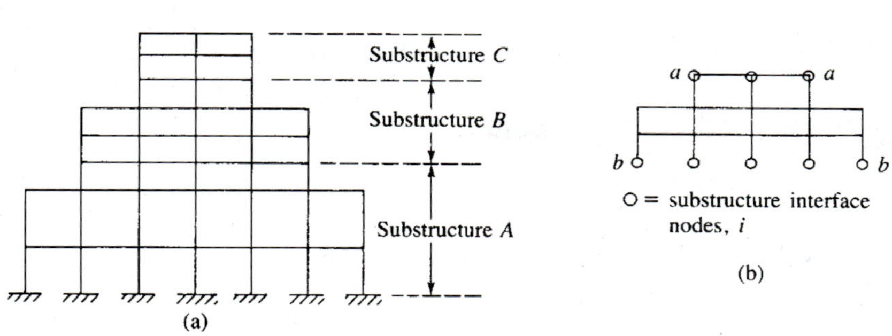

그림 5-32 • (a) 부분구조물 해석을 위한 프레임 구조물, (b) 부분구조물 B

이 항공기 프레임에 대한 해석은 각 부분구조물들을 독립적으로 취급하는 반면, 분할에 따르는 분할면에서의 힘과 변위에 대한 적합성을 고려함으로써 수행할 수 있다.

부분구조로 분할하여 계산하는 과정을 보여주기 위해 그림 5-32와 같은 프레임 구조물을 생각해 보자. 비록 하나의 시스템으로 해석할 수 있지만, 먼저 각각의 부분구조물들을 정의한다. 보통 이러한 부분구조물들을 유사한 크기로 나누며, 또 계산을 적게 하기 위해 되도록 분할을 적게 한다. 여기서는 프레임을 A, B, C의 세 부분으로 나누었다.

지금부터는 그림 5-32(b)에 나타낸 전형적인 부분구조 B를 해석해 보기로 하자. 이 부분구조는 윗부분(a-a)의 보를 포함하고 있으며, 아랫부분(b-b)의 보는 부분구조물 A에 포함되어 있는 것으로 한다. 물론 윗부분 보가 부분구조물 C에 포함될 수도 있고 아랫부분 보가 부분구조물 B에 포함될 수도 있다.

부분구조 B에 대한 힘-변위 관계식들은 접촉면과 내부에서의 힘과 변위로 다음과 같이 분할된다.

$$\begin{Bmatrix} \{F_i^B\} \\ \hline \{F_e^B\} \end{Bmatrix} = \left[\begin{array}{c|c} [K_{ii}^B] & [K_{ie}^B] \\ \hline [K_{ee}^B] & [K_{ei}^B] \end{array}\right] \begin{Bmatrix} \{d_i^B\} \\ \hline \{d_e^B\} \end{Bmatrix} \tag{5.6.1}$$

여기서 위첨자 B는 부분구조 B를 가리키며, 아래첨자 i는 접촉면(interface)을 가리킨다. 그리고 아래첨자 e는 정적 응축(static condensation)으로 소거될 내부(interior)의 절점력과 절점변위를 가리킨다. 정적 응축을 이용하면 식 (5.6.1)은 다음과 같이 된다.

$$\{F_i^B\} = [K_{ii}^B]\{d_i^B\} + [K_{ie}^B]\{d_e^B\} \tag{5.6.2}$$

$$\{F_e^B\} = [K_{ei}^B]\{d_i^B\} + [K_{ee}^B]\{d_e^B\} \tag{5.6.3}$$

식 (5.6.3)을 $\{d_e^B\}$에 대해 풀어서 내부 변위 $\{d_e\}$를 소거시키면 다음과 같이 된다.

$$\{d_e^B\} = [K_{ee}^B]^{-1}\left[\{F_e^B\} - [K_{ei}^B]\{d_i^B\}\right] \tag{5.6.4}$$

$\{d_e^B\}$에 관한 식 (5.6.4)를 식 (5.6.2)에 대입하면 다음과 같다.

$$\{F_i^B\} - [K_{ie}^B][K_{ee}^B]^{-1}\{F_e^B\} = \left([K_{ii}^B] - [K_{ie}^B][K_{ee}^B]^{-1}[K_{ei}^B]\right)\{d_i^B\} \tag{5.6.5}$$

다음 두 식을 정의하면,

$$\left\{\bar{F}_i^B\right\} = [K_{ie}^B][K_{ee}^B]^{-1}\{F_e^B\} \quad \text{그리고} \quad \left[\bar{K}_{ii}^B\right] = [K_{ii}^B] - [K_{ie}^B][K_{ee}^B]^{-1}[K_{ei}^B] \tag{5.6.6}$$

식 (5.6.6)을 식 (5.6.5)에 대입하면,

$$\{F_i^B\} - \left\{\bar{F}_i^B\right\} = \left[\bar{K}_{ii}^B\right]\{d_i^B\} \tag{5.6.7}$$

마찬가지로, 힘-변위 관계식을 부분구조 A와 C에 적용할 수 있다. 이 식들은 식 (5.6.1)과 같은 방식으로 분할될 수 있다.

$$\begin{Bmatrix} \{F_i^A\} \\ \hline \{F_e^A\} \end{Bmatrix} = \left[\begin{array}{c:c} \{K_{ii}^A\} & \{K_{ie}^A\} \\ \hdashline \{K_{ei}^A\} & \{K_{ee}^A\} \end{array}\right] \begin{Bmatrix} \{d_i^A\} \\ \hline \{d_e^A\} \end{Bmatrix} \tag{5.6.8}$$

$\{d_e^A\}$를 소거시키면,

$$\{F_i^A\} - \left\{\bar{F}_i^A\right\} = \left[\bar{K}_{ii}^A\right]\{d_i^A\} \tag{5.6.9}$$

마찬가지로, 부분구조 C에 대해서도

$$\{F_i^C\} - \left\{\bar{F}_i^C\right\} = \left[\bar{K}_{ii}^C\right]\{d_i^C\} \tag{5.6.10}$$

전체 프레임은 상위 요소(superelement) A, B, C를 접합면에서의 절점에서 연결한 것으로 본다(각 상위 요소들은 개개의 작은 요소들로 이루어져 있다). 적합조건을 이용하면,

$$\left\{d_{i\,\text{top}}^A\right\} = \left\{d_{i\,\text{bottom}}^B\right\} \quad \text{그리고} \quad \left\{d_{i\,\text{top}}^B\right\} = \left\{d_{i\,\text{bottom}}^C\right\} \tag{5.6.11}$$

즉, 접합면에서 변위가 같아야 한다.

전체 구조의 응답은 식 (5.6.7), (5.6.9), (5.6.10)을 직접중첩함으로써 얻을 수 있다. 여기서 마지막 식은 8개의 접합면 절점에서 [그림 5-32(b)] 변위들로 나타난다.

$$\{F_i\} - \left\{\bar{F}_i^A\right\} = [\bar{K}_{ii}]\{d_i\} \tag{5.6.12}$$

식 (5.6.12)의 해는 접합면에 있는 절점들의 변위를 나타낸다. 각 부분구조 내의 변위를 구하기 위해 $\{d_e^B\}$에 대한 힘-변위 관계식 (5.6.4)를 부분구조 A, C에 대해 사용한다. 예제 5.9는 부분구조 해석의 개념을 이해하기 위한 예이다. 손 계산의 편의를 위해 비교적 단순한 구조물을 사용하였다.

예제 5.9

그림 5-33에 나타낸 보에서 절점 3에서의 변위와 회전을 부분구조법을 써서 풀어라. 여기서 $E = 29 \times 10^3$ ksi, $I = 1000$ in^{4}이다.

풀이

부분구조법을 적용하기 위해 보를 그림 5-34에 나오는 것처럼 두 개의 부분구조 1과 2로 나눈다. 10 kip의 하중은 부분구조에 작용하거나 각각의 부분구조에 분산되어 작용하는 것으로 볼

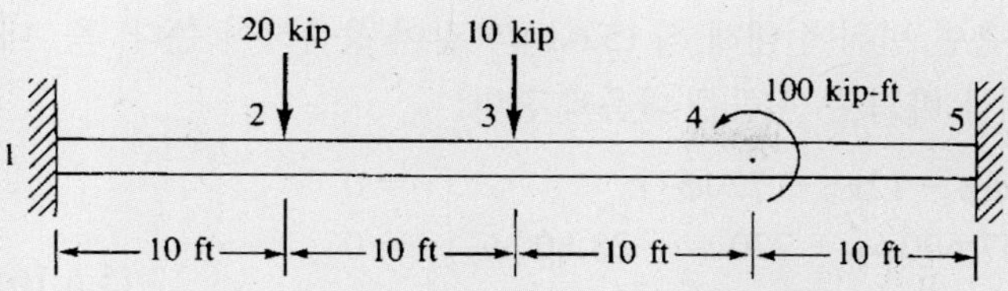

그림 5-33 • 부분구조물에 의해 해석되는 보

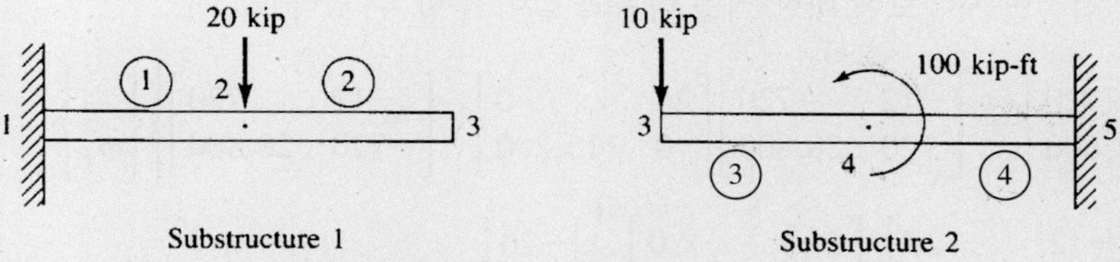

그림 5-34 • 부분구조물로 분할된 그림 5-33의 보

수도 있지만, 여기서는 부분구조 2의 절점 3에 작용한다고 본다.

각 보 요소에 대해 강성행렬은 식 (4.1.14)에 의해 다음과 같이 주어져 있다.

1	2
2	3
3	4
4	5

$$[k^{(1)}] = [k^{(2)}] = [k^{(3)}] = [k^{(4)}] = \frac{29 \times 10^6}{(120)^3}\begin{bmatrix} 12 & 6(120) & -12 & 6(120) \\ 6(120) & 4(120)^2 & -6(120) & 2(120)^2 \\ -12 & -6(120) & 12 & -6(120) \\ 6(120) & 2(120)^2 & -6(120) & 4(120)^2 \end{bmatrix} \tag{5.6.13}$$

$$= 16.78\begin{bmatrix} 12 & 720 & -12 & 720 \\ 720 & 57{,}600 & -720 & 28{,}800 \\ -12 & -720 & 12 & -720 \\ 720 & 28{,}800 & -720 & 57{,}600 \end{bmatrix} \tag{5.6.14}$$

부분구조 1의 요소 1과 2의 강성행렬을 더하면 다음과 같다.

$$16.78\left[\begin{array}{cc|cc} 12+12 & -720+720 & -12 & 720 \\ -720+720 & 57{,}600+57{,}600 & -720 & 28{,}800 \\ \hline -12 & -720 & 12 & -720 \\ 720 & 28{,}800 & -720 & 57{,}600 \end{array}\right]\left\{\begin{array}{c} v_2 \\ \phi_2 \\ \hline v_3 \\ \phi_3 \end{array}\right\} = \left\{\begin{array}{c} -20 \\ 0 \\ \hline 0 \\ 0 \end{array}\right\} \tag{5.6.15}$$

여기서 경계조건 $v_1 = \phi_1 = 0$은 이 식을 줄이기 위해 사용되었다.

식 (5.6.15)를 두 부분구조의 접촉면 변위에 대해 식 (5.6.6)과 같이 응축하여 쓴다. 즉, 내부 자유도 v_2와 ϕ_2를 소거한다. 순서를 바꿔 쓴 식들은 다음과 같다.

$$\begin{aligned}
&16.78(12v_3 - 720\phi_3 - 12v_2 - 720\phi_2) &= 0\\
&16.78(-720v_3 + 57{,}600\phi_3 + 720v_2 + 28{,}800\phi_2) &= 0\\
&16.78(-12v_3 + 720\phi_3 + 24v_2 + \phi_2) &= -20\\
&16.78(-720v_3 + 28{,}800\phi_3 + 0v_2 + 115{,}200\phi_2) &= 0
\end{aligned} \tag{5.6.16}$$

식 (5.6.6)을 이용하면 접촉면 자유도에 대한 식을 다음과 같이 구할 수 있다.

$$16.78\left\{\begin{bmatrix} 12 & -720 \\ -720 & 57{,}600 \end{bmatrix} - \begin{bmatrix} -12 & -720 \\ 720 & 28{,}800 \end{bmatrix}\begin{bmatrix} 24 & 0 \\ 0 & 115{,}200 \end{bmatrix}^{-1}\begin{bmatrix} -12 & 720 \\ -720 & 28{,}800 \end{bmatrix}\right\}\begin{Bmatrix} v_3 \\ \phi_3 \end{Bmatrix}$$
$$= \begin{Bmatrix} 0 \\ 0 \end{Bmatrix} - \begin{bmatrix} -12 & -720 \\ 720 & 28{,}800 \end{bmatrix}\begin{bmatrix} 24 & 0 \\ 0 & 115{,}200 \end{bmatrix}^{-1}\begin{Bmatrix} -20 \\ 0 \end{Bmatrix} \tag{5.6.17}$$

식 (5.6.17)을 계산하면,

$$\begin{bmatrix} 25.17 & -3020 \\ -3020 & 483{,}264 \end{bmatrix}\begin{Bmatrix} v_3 \\ \phi_3 \end{Bmatrix} = \begin{Bmatrix} -10 \\ 600 \end{Bmatrix} \tag{5.6.18}$$

부분구조 2의 요소 3과 요소 4의 강성행렬을 더하면 다음과 같다.

$$16.78\begin{bmatrix} 12 & 720 & -12 & 720 \\ 720 & 57{,}600 & -720 & 28{,}800 \\ -12 & -720 & 12+12 & -720+720 \\ 720 & 28{,}800 & -720+720 & 57{,}600+57{,}600 \end{bmatrix}\begin{Bmatrix} v_3 \\ \phi_3 \\ v_4 \\ \phi_4 \end{Bmatrix} = \begin{Bmatrix} -10 \\ 0 \\ 0 \\ 1200 \end{Bmatrix} \tag{5.6.19}$$

여기서 경계조건 $v_5 = \phi_5 = 0$이 식을 줄이기 위해 쓰였다.

정적 응축의 식 (5.6.6)을 사용하여, 접촉면 변위 v_3와 ϕ_3만을 포함하는 식을 얻을 수 있다.

$$16.78\left\{\begin{bmatrix} 12 & 720 \\ 720 & 57{,}600 \end{bmatrix} - \begin{bmatrix} -12 & 720 \\ -720 & 28{,}800 \end{bmatrix}\begin{bmatrix} 24 & 0 \\ 0 & 115{,}200 \end{bmatrix}^{-1}\begin{bmatrix} -12 & -720 \\ 720 & 28{,}800 \end{bmatrix}\right\}\begin{Bmatrix} v_3 \\ \phi_3 \end{Bmatrix}$$
$$= \begin{Bmatrix} -10 \\ 0 \end{Bmatrix} - \begin{bmatrix} -12 & 720 \\ -720 & 28{,}800 \end{bmatrix}\begin{bmatrix} 24 & 0 \\ 0 & 115{,}200 \end{bmatrix}^{-1}\begin{Bmatrix} 0 \\ 1200 \end{Bmatrix} \tag{5.6.20}$$

식 (5.6.20)을 계산하면,

$$\begin{bmatrix} 25.17 & 3020 \\ 3020 & 483{,}264 \end{bmatrix}\begin{Bmatrix} v_3 \\ \phi_3 \end{Bmatrix} = \begin{Bmatrix} -17.5 \\ -300 \end{Bmatrix} \tag{5.6.21}$$

식 (5.6.18)과 식 (5.6.21)을 더하면, 접촉면 자유도에 관한 최종적인 절점 평형방정식을 다음과 같이 구할 수 있다.

$$\begin{bmatrix} 50.34 & 0 \\ 0 & 966{,}528 \end{bmatrix}\begin{Bmatrix} v_3 \\ \phi_3 \end{Bmatrix} = \begin{Bmatrix} -27.5 \\ 300 \end{Bmatrix} \tag{5.6.22}$$

식 (5.6.22)를 절점 3에서의 변위와 회전에 대해 풀면

$$v_3 = -0.5463 \text{ in.}$$
$$\phi_3 = 0.0003104 \text{ rad} \tag{5.6.23}$$

을 얻는다.

여기서 다시 v_2와 ϕ_2를 구하기 위해 식 (5.6.15)와 (5.6.16)을 사용할 수 있고 v_4와 ϕ_4를 구하기 위해 식 (5.6.19)를 이용할 수 있다.

앞 예제는 어떻게 부분구조법이 이용되는지를 보여주는 간단한 예제였을 뿐, 부분구조법 개념을 사용하여야 하는 정도의 크기의 문제는 아니었다. 일반적으로 부분구조법 개념은 자유도가 아주 큰, 그림 5-31에 나오는 비행기 구조를 해석하는 경우에 사용된다.

식의 정리(Summary Equations)

평면 프레임 보 요소의 강성행렬:

$$[k] = \frac{E}{L} \times$$

$$\begin{bmatrix} AC^2 + \frac{12I}{L^2}S^2 & \left(A - \frac{12I}{L^2}\right)CS & -\frac{6I}{L}S & -\left(AC^2 + \frac{12I}{L^2}S^2\right) & -\left(A - \frac{12I}{L^2}\right)CS & -\frac{6I}{L}S \\ & AS^2 + \frac{12I}{L^2}C^2 & \frac{6I}{L}C & -\left(A - \frac{12I}{L^2}\right)CS & -\left(AS^2 + \frac{12I}{L^2}C^2\right) & \frac{6I}{L}C \\ & & 4I & \frac{6I}{L}S & -\frac{6I}{L}C & 2I \\ & & & AC^2 + \frac{12I}{L^2}S^2 & \left(A - \frac{12I}{L^2}\right)CS & \frac{6I}{L}S \\ & & & & AS^2 + \frac{12I}{L^2}C^2 & -\frac{6I}{L}C \\ \text{Symmetry} & & & & & 4I \end{bmatrix} \tag{5.1.11}$$

절점 3에서의 경사지지를 갖는 평면 프레임 요소의 방정식:

$$\begin{Bmatrix} F_{1x} \\ F_{1y} \\ M_1 \\ F_{2x} \\ F_{2y} \\ M_2 \\ F'_{3x} \\ F'_{3y} \\ M_3 \end{Bmatrix} = [T_i][K][T_i]^T \begin{Bmatrix} u_1 = 0 \\ v_1 = 0 \\ \phi_1 = 0 \\ u_2 \\ v_2 \\ \phi_2 \\ u'_3 \\ v'_3 = 0 \\ \phi'_3 = \phi_3 \end{Bmatrix} \tag{5.3.3}$$

여기서

$$[T_i] = \begin{bmatrix} [I] & [0] & [0] \\ [0] & [I] & [0] \\ [0] & [0] & [t_3] \end{bmatrix} \tag{5.3.4}$$

또한

$$[t_3] = \begin{bmatrix} \cos\alpha & \sin\alpha & 0 \\ -\sin\alpha & \cos\alpha & 0 \\ 0 & 0 & 1 \end{bmatrix} \tag{5.3.5}$$

비틀림 봉 요소의 강성행렬:

$$[k'] = \frac{GJ}{L}\begin{bmatrix} 1 & -1 \\ -1 & 1 \end{bmatrix} \tag{5.4.14}$$

다양한 단면에 대한 비틀림 상수는 표 5-1 참조:

$$J = \sum \frac{1}{3} b_i t_i^3 \tag{5.4.15}$$

격자 요소에 대한 강성행렬:

$$[k_G] = \begin{array}{c} \begin{matrix} v_1' & \phi_{1x}' & \phi_{1z}' & v_2' & \phi_{2x}' & \phi_{2z}' \end{matrix} \\ \begin{bmatrix} \frac{12EI}{L^3} & 0 & \frac{6EI}{L^2} & \frac{-12EI}{L^3} & 0 & \frac{6EI}{L^2} \\ 0 & \frac{GJ}{L} & 0 & 0 & \frac{-GJ}{L} & 0 \\ \frac{6EI}{L^2} & 0 & \frac{4EI}{L} & \frac{-6EI}{L^2} & 0 & \frac{2EI}{L} \\ \frac{-12EI}{L^3} & 0 & \frac{-6EI}{L^2} & \frac{12EI}{L^3} & 0 & \frac{-6EI}{L^2} \\ 0 & \frac{-GJ}{L} & 0 & 0 & \frac{GJ}{L} & 0 \\ \frac{6EI}{L^2} & 0 & \frac{2EI}{L} & \frac{-6EI}{L^2} & 0 & \frac{4EI}{L} \end{bmatrix} \end{array} \tag{5.4.17}$$

격자 요소에 대한 변환행렬:

$$[T_G] = \begin{bmatrix} 1 & 0 & 0 & 0 & 0 & 0 \\ 0 & C & S & 0 & 0 & 0 \\ 0 & -S & C & 0 & 0 & 0 \\ 0 & 0 & 0 & 1 & 0 & 0 \\ 0 & 0 & 0 & 0 & C & S \\ 0 & 0 & 0 & 0 & -S & C \end{bmatrix} \tag{5.4.18}$$

격자 요소에 대한 전체좌표계 강성행렬:

$$[k_G] = [T_G]^T[k'_G][T_G] \tag{5.4.19}$$

3차원 공간상의 보 혹은 프레임 요소의 강성행렬:

$$\begin{array}{cccccccccccc} u'_1 & v'_1 & w'_1 & \phi'_{1x} & \phi'_{1y} & \phi'_{1z} & u'_2 & v'_2 & w'_2 & \phi'_{2x} & \phi'_{2y} & \phi'_{2z} \end{array}$$

$$[k'] = \left[\begin{array}{cccccc|cccccc}
\frac{AE}{L} & 0 & 0 & 0 & 0 & 0 & -\frac{AE}{L} & 0 & 0 & 0 & 0 & 0 \\
0 & \frac{12EI_z}{L^3} & 0 & 0 & 0 & \frac{6EI_z}{L^2} & 0 & -\frac{12EI_z}{L^3} & 0 & 0 & 0 & \frac{6EI_z}{L^2} \\
0 & 0 & \frac{12EI_y}{L^3} & 0 & -\frac{6EI_y}{L^2} & 0 & 0 & 0 & -\frac{12EI_y}{L^3} & 0 & -\frac{6EI_y}{L^2} & 0 \\
0 & 0 & 0 & \frac{GJ}{L} & 0 & 0 & 0 & 0 & 0 & -\frac{GJ}{L} & 0 & 0 \\
0 & 0 & -\frac{6EI_y}{L^2} & 0 & \frac{4EI_y}{L} & 0 & 0 & 0 & \frac{6EI_y}{L^2} & 0 & \frac{2EI_y}{L} & 0 \\
0 & \frac{6EI_z}{L^2} & 0 & 0 & 0 & \frac{4EI_z}{L} & 0 & -\frac{6EI_z}{L^2} & 0 & 0 & 0 & \frac{2EI_z}{L} \\
\hline
-\frac{AE}{L} & 0 & 0 & 0 & 0 & 0 & \frac{AE}{L} & 0 & 0 & 0 & 0 & 0 \\
0 & -\frac{12EI_z}{L^3} & 0 & 0 & 0 & -\frac{6EI_z}{L^2} & 0 & \frac{12EI_z}{L^3} & 0 & 0 & 0 & -\frac{6EI_z}{L^2} \\
0 & 0 & -\frac{12EI_y}{L^3} & 0 & \frac{6EI_y}{L^2} & 0 & 0 & 0 & \frac{12EI_y}{L^3} & 0 & \frac{6EI_y}{L^2} & 0 \\
0 & 0 & 0 & -\frac{GJ}{L} & 0 & 0 & 0 & 0 & 0 & \frac{GJ}{L} & 0 & 0 \\
0 & 0 & -\frac{6EI_y}{L^2} & 0 & \frac{2EI_y}{L} & 0 & 0 & 0 & \frac{6EI_y}{L^2} & 0 & \frac{4EI_y}{L} & 0 \\
0 & \frac{6EI_z}{L^2} & 0 & 0 & 0 & \frac{2EI_z}{L} & 0 & -\frac{6EI_z}{L^2} & 0 & 0 & 0 & \frac{4EI_z}{L}
\end{array}\right] \tag{5.5.3}$$

3차원 공간상의 보 혹은 프레임 요소의 전체좌표계에 대한 강성행렬:

$$[k] = [T]^T[k'][T] \tag{5.5.4}$$

여기서

$$[T] = \begin{bmatrix} [\lambda]_{3\times3} & & & \\ & [\lambda]_{3\times3} & & \\ & & [\lambda]_{3\times3} & \\ & & & [\lambda]_{3\times3} \end{bmatrix} \tag{5.5.5}$$

또한

$$[\lambda] = \begin{bmatrix} C_{xx'} & C_{yx'} & C_{zx'} \\ C_{xy'} & C_{yy'} & C_{zy'} \\ C_{xz'} & C_{yz'} & C_{zx'} \end{bmatrix} \tag{5.5.6}$$

참고문헌

[1] Kassimali, A., *Structural Analysis*, 5th ed., Cengage Learning, Stamford, CT 2015.

[2] Budynas, R. G., *Advanced Strength and Applied Stress Analysis*, 2nd ed., McGraw-Hill, New York, 1999.

[3] Allen, H. G., and Bulson, P. S., *Background to Buckling*, McGraw-Hill, London, 1980.

[4] Young, W. C., and Budynas, R. G., *Roark's Formulas for Stress and Strain*, 7th ed., McGraw-Hill, New York, 2002.

[5] Gere, J. M., and Goodno, B. J., *Mechanics of Materials,* 7th ed., Cengage Learning, Mason, OH, 2009.

[6] Parakh, Z. K., *Finite Element Analysis of Bus Frames Under Simulated Crash Loadings*, M.S. Thesis, Rose-Hulman Institute of Technology, Terre Haute, Indiana, May 1989.

[7] Martin, H. C., *Introduction to Matrix Methods of Structural Analysis*, McGraw-Hill, New York, 1966.

[8] Juvinall, R. C., and Marshek, K. M., *Fundamentals of Machine Component Design*, 5th ed., p. 198, Wiley, 2013.

[9] *Machinery's Handbook*, Oberg, E., et. al., 26th ed., Industrial Press, N.Y., 2000.

[10] *Standard Specifications for Highway Bridges*, American Association of State Highway and Transportation Officials (AASHTO), Washington, D.C.

연습문제

Solve all problems using the finite element stiffness method.

5.1 For the rigid frame shown in Figure P5–1, determine (1) the displacement components and the rotation at node 2, (2) the support reactions, and (3) the forces in each element. Then check equilibrium at node 2. Let $E = 30 \times 10^6$ psi, $A = 10$ in^2, and $I = 500$ in^4 for both elements.

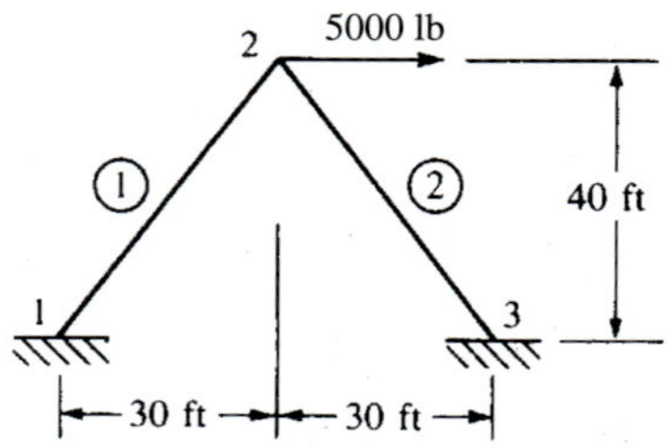

Figure P5-1 •

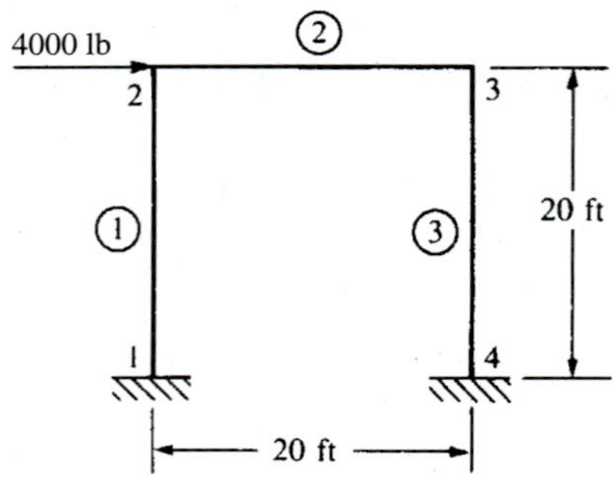

Figure P5-2 •

5.2 For the rigid frame shown in Figure P5–2, determine (1) the nodal displacement components and rotations, (2) the support reactions, and (3) the forces in each element. Let $E = 30 \times 10^6$ psi, $A = 10$ in^2, and $I = 500$ in^4 for all elements.

5.3 For the rigid stairway frame shown in Figure P5–3, determine (1) the displacements at node 2, (2) the support reactions, and (3) the local nodal forces acting on each element. Draw the bending moment diagram for the whole frame. Remember that the angle between elements 1 and 2 is preserved as deformation takes place; similarly for the angle between elements 2 and 3. Furthermore, owing to symmetry, $u_2 = -u_3$, $v_2 = v_3$, and $\phi_2 = -\phi_3$. What size A36 steel channel section would be needed to keep the allowable bending stress less than two-thirds of the yield stress? (For A36 steel, the yield stress is 36,000 psi.)

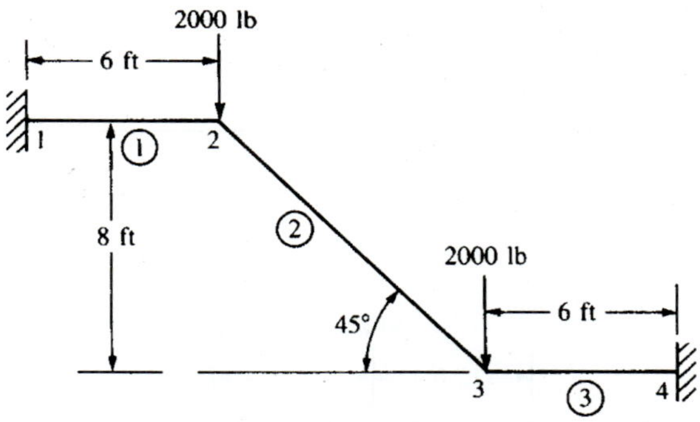

Figure P5-3 •

5.4 For the rigid frame shown in Figure P5–4, determine (1) the nodal displacements and rotation at node 4, (2) the reactions, and (3) the forces in each element. Then check equilibrium at node 4. Finally, draw the shear force and bending moment diagrams for each element. Let $E = 30 \times 10^3$ ksi , $A = 8$ in.^{2}, and $I = 800$ in.^{4} for all elements.

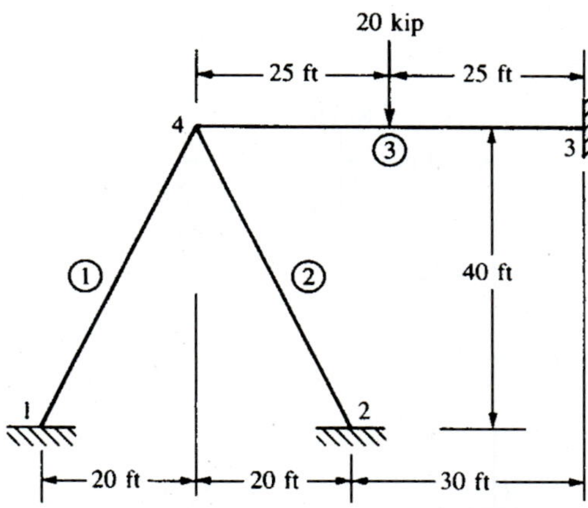

Figure P5-4 •

5.5–5.15 For the rigid frames shown in Figures P5–5 through P5–15, determine the displacements and rotations of the nodes, the element forces, and the reactions. The values of E, A, and I to be used are listed next to each figure.

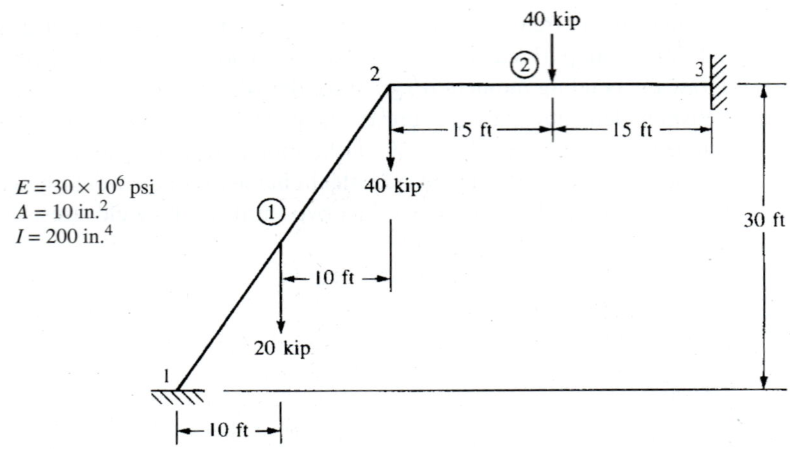

Figure P5-5 •

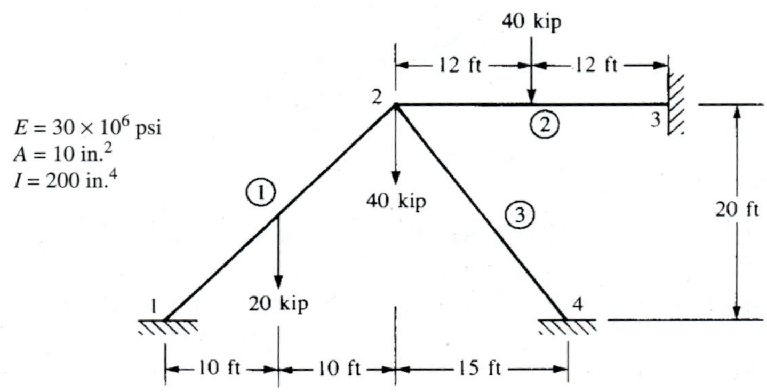

Figure P5-6 •

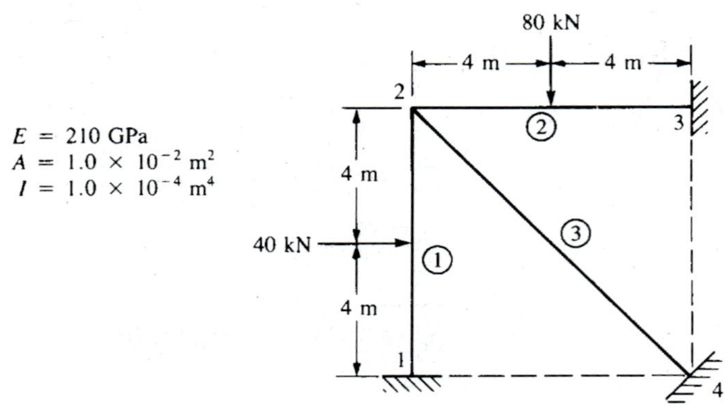

Figure P5-7 •

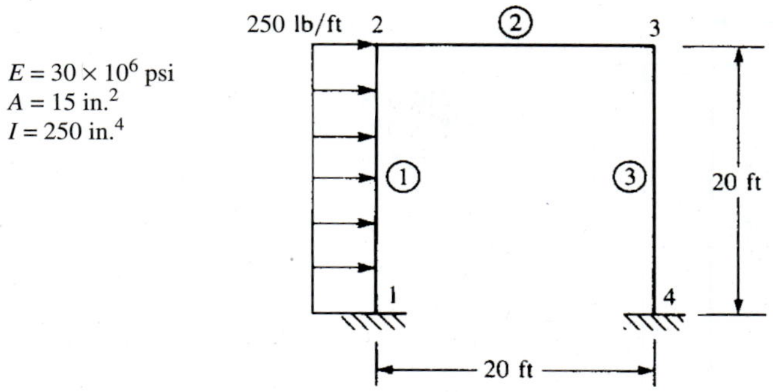

Figure P5-8 •

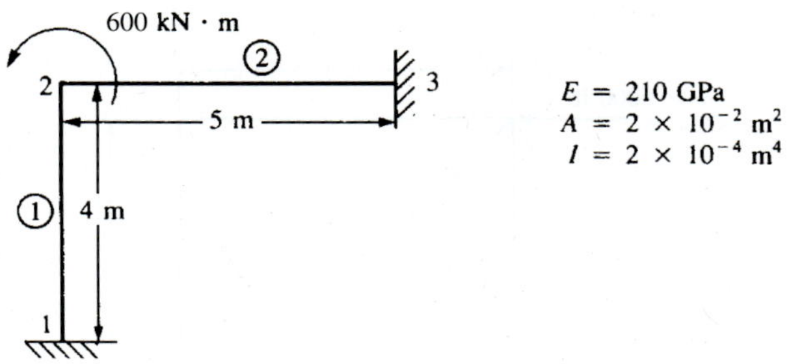

Figure P5-9 •

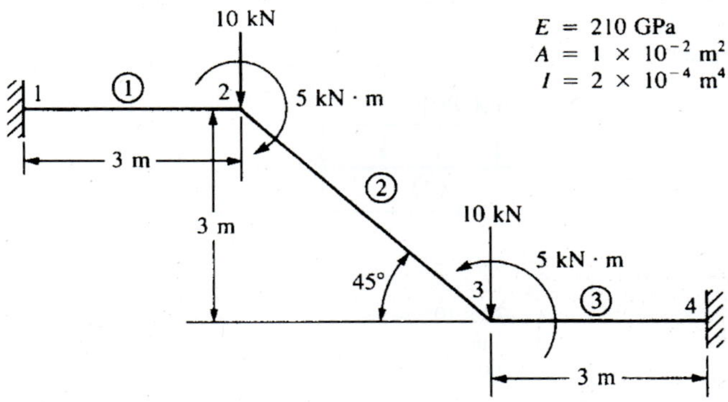

Figure P5-10 •

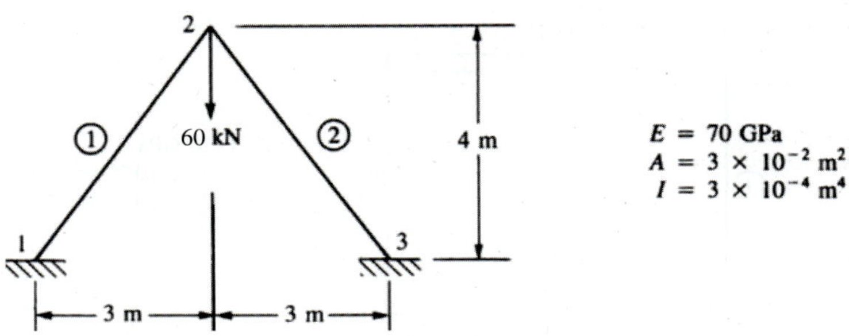

Figure P5-11 •

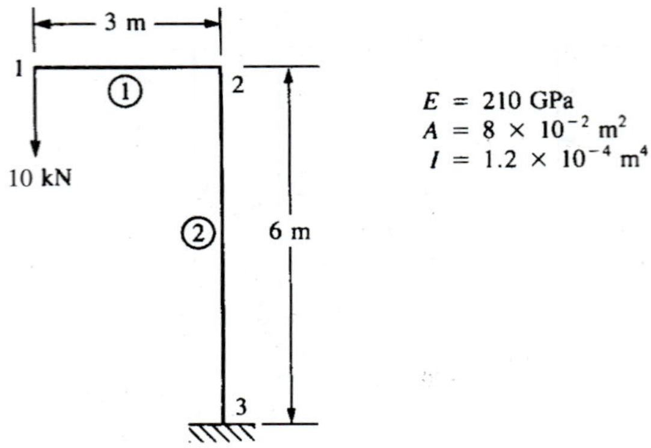

Figure P5-12 •

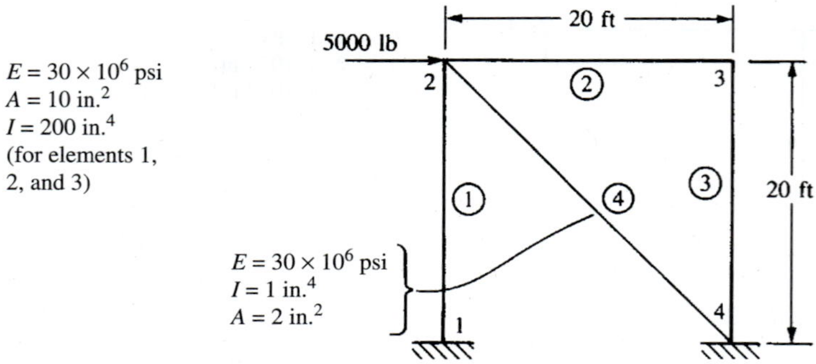

Figure P5-13 •

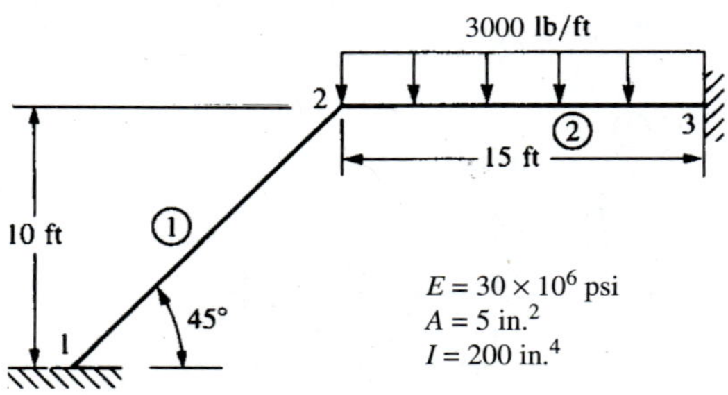

Figure P5-14 •

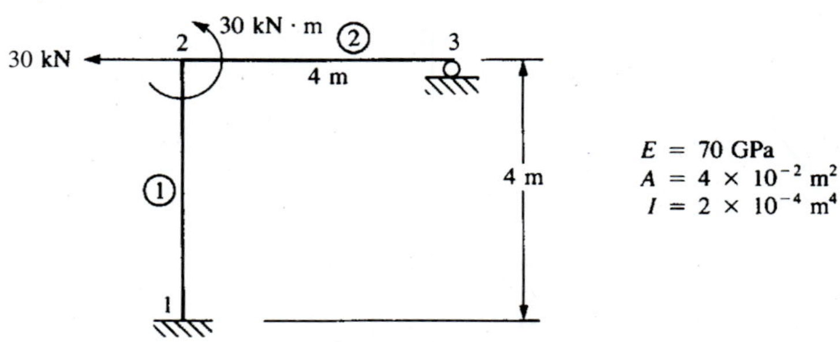

Figure P5-15 •

5.16–5.18 Solve the structures in Figures P5–16 through P5–18 by using substructuring.

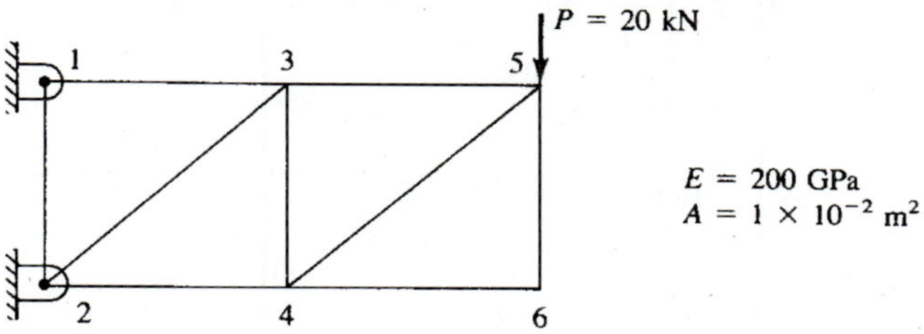

Figure P5-16 • (Substructure the truss at nodes 3 and 4)

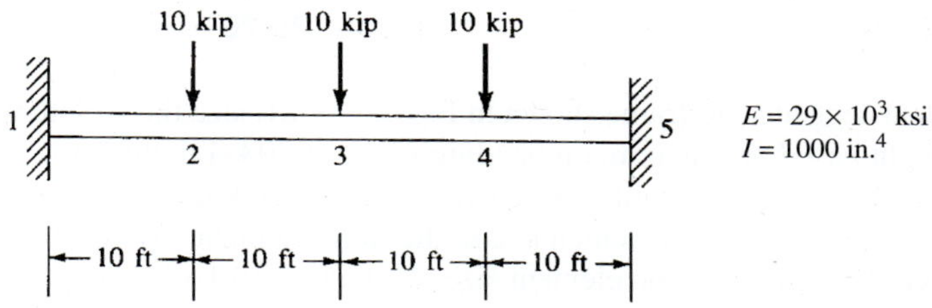

Figure P5-17 • (Substructure the beam at node 3)

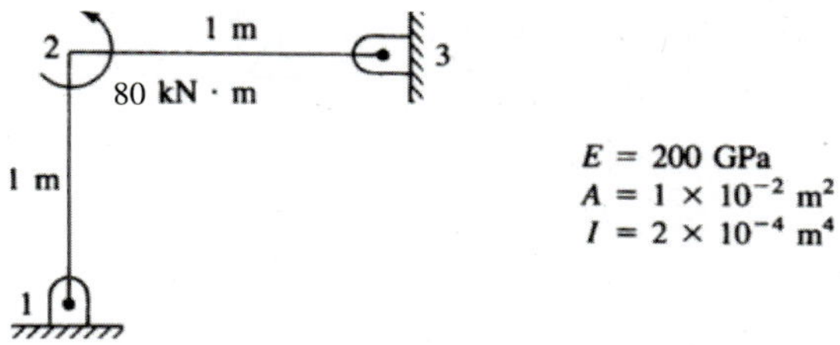

Figure P5-18 • (Substructure the frame at node 2)

Solve Problems 5.19 through 5.39 by using a computer program.

5.19 For the rigid frame shown in Figure P5–19, determine (1) the nodal displacement components and (2) the support reactions. (3) Draw the shear force and bending moment diagrams. For all elements, let $E = 30 \times 10^6$ psi, $I = 200$ in.^{4}, and $A = 10$ in.^{2}

5.20 For the rigid frame shown in Figure P5–20, determine (1) the nodal displacement components and (2) the support reactions. (3) Draw the shear force and bending moment diagrams. Let $E = 30 \times 10^6$ psi, $I = 200$ in.^{4}, and $A = 10$ in.^{2} for all elements, except as noted in the figure.

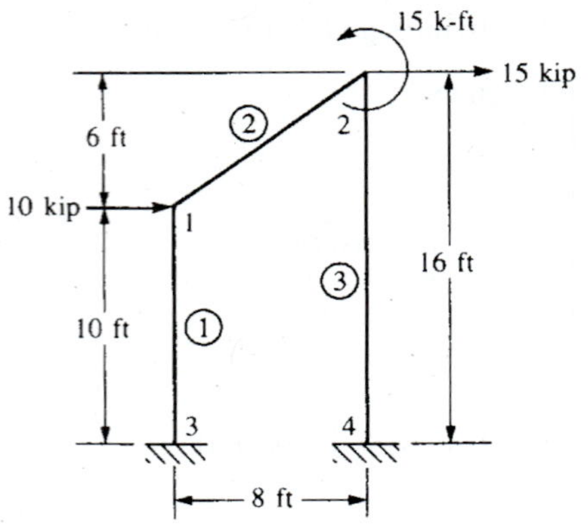

Figure P5-19 •

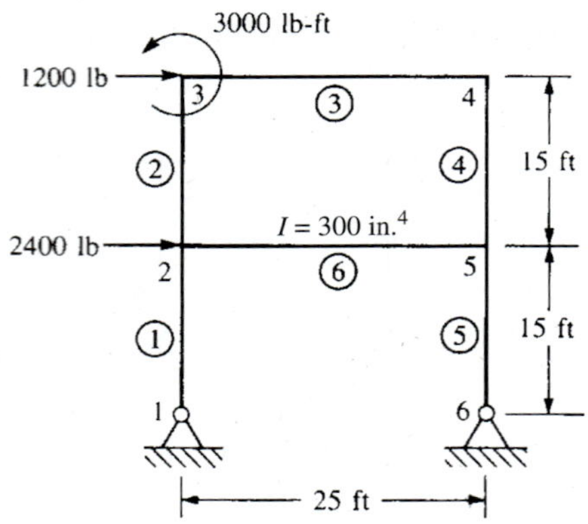

Figure P5-20 •

5.21 For the slant-legged rigid frame shown in Figure P5–21, size the structure for minimum weight based on a maximum bending stress of 20 ksi in the horizontal beam elements and a maximum compressive stress (due to bending and direct axial load) of 15 ksi in the slant-legged elements. Use the same element size for the two slant-legged elements and the same element size for the two 10-foot sections of the horizontal element. Assume A36 steel is used.

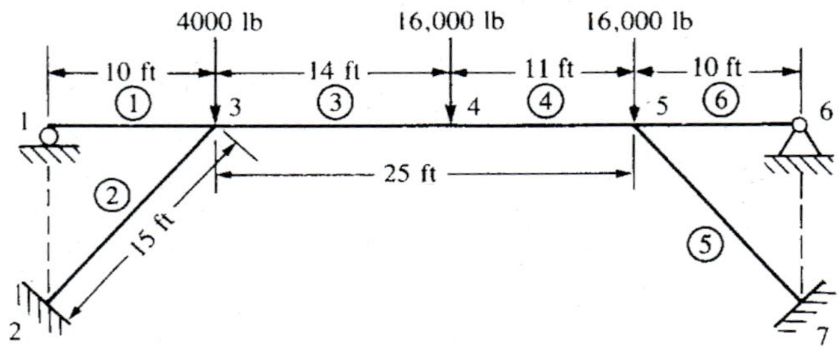

Figure P5-21 •

5.22 For the rigid building frame shown in Figure P5–22, determine the forces in each element and calculate the bending stresses. Assume all the vertical elements have $A = 10$ in.^{2} and $I = 100$ in.^{4} and all horizontal elements have $A = 15$ in.^{2} and $I = 150$ in.^{4} Let $E = 29 \times 10^6$ psi for all elements. Let $c = 5$ in. for the vertical elements and $c = 6$ in. for the horizontal elements, where c denotes the distance from the neutral axis to the top or bottom of the beam cross section, as used in the bending stress formula $\sigma = (Mc / I)$.

5.23–5.38 For the rigid frames or beams shown in Figures P5–23 through P5–38, determine the displacements and rotations at the nodes, the element forces, and the reactions.

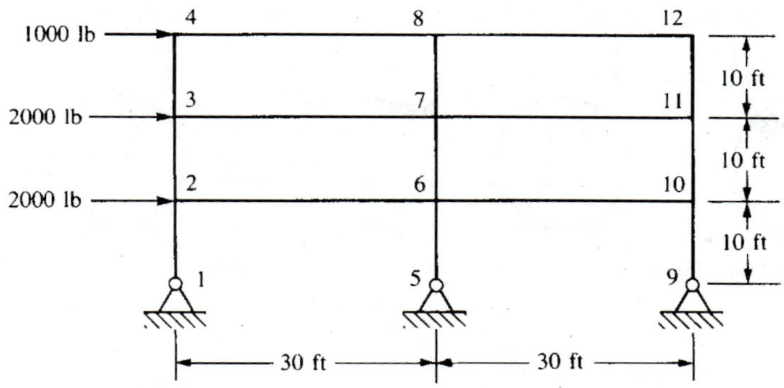

Figure P5-22 •

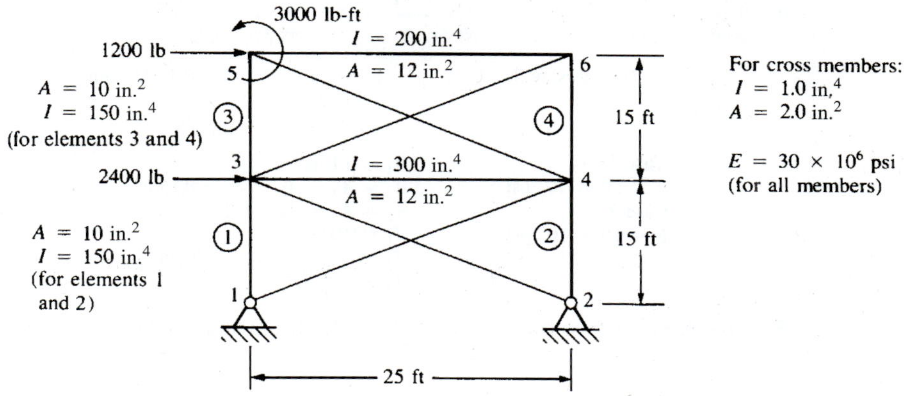

Figure P5-23 •

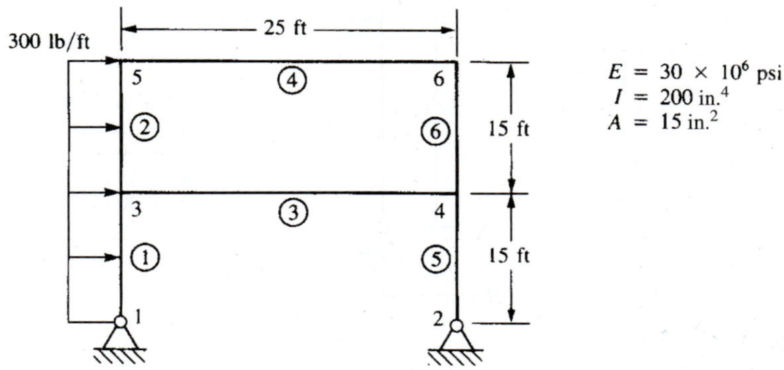

Figure P5-24 •

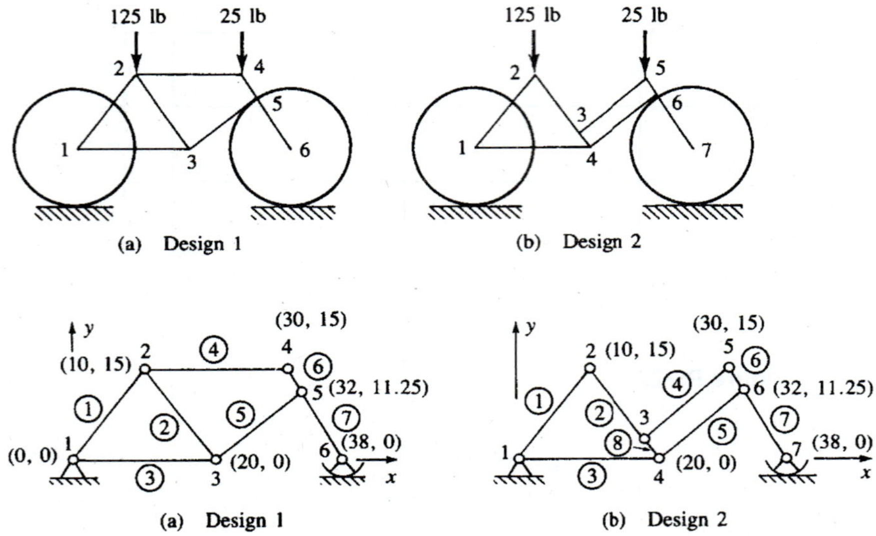

Case 1
$E = 30 \times 10^6$ psi
Case 2
$E = 10 \times 10^6$ psi

$A_1 = 0.1$ in.^{2}
$A_2 = A_3 = A_4 = A_5 = 0.15$ in.^{2}
$A_6 = A_7 = A_8 = 0.3$ in.^{2}
$I_1 = 0.01$ in.^{4}
$I_2 = I_3 = I_4 = I_5 = 0.02$ in.^{4}
$I_6 = I_7 = I_8 = 0.1$ in.^{4}

Figure P5-25 • Two bicycle frame models (coordinates shown in inches)

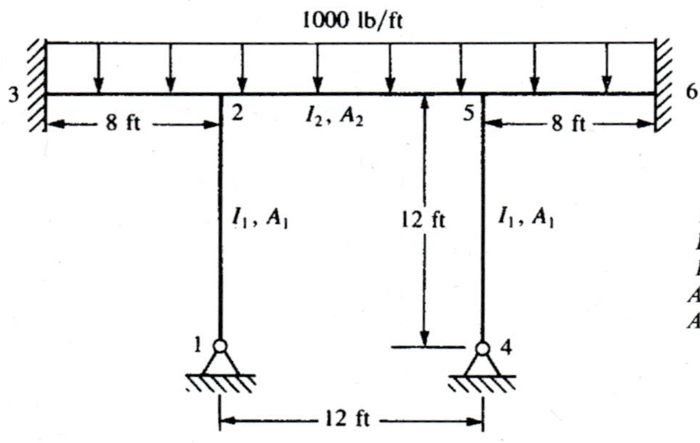

$E = 30 \times 10^6$ psi
$I_1 = 200$ in.^{4}
$I_2 = 400$ in.^{4}
$A_1 = 15$ in.^{2}
$A_2 = 30$ in.^{2}

Figure P5-26 •

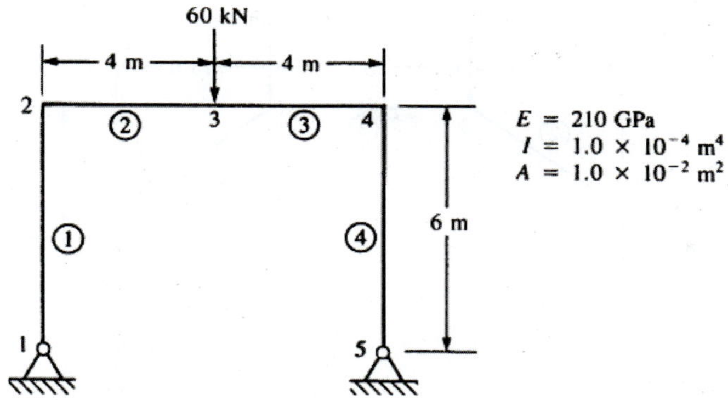

Figure P5-27 •

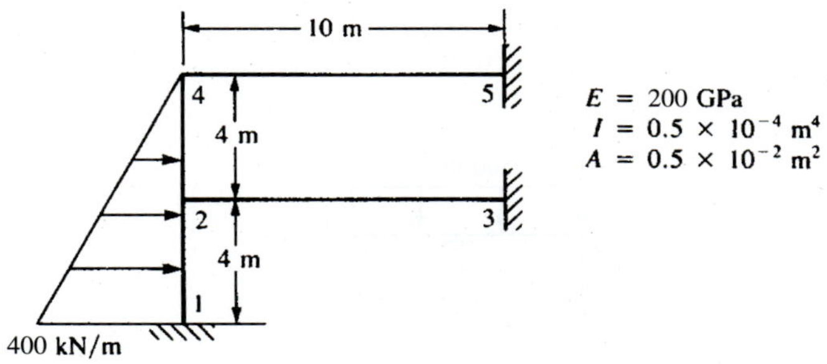

Figure P5-28 •

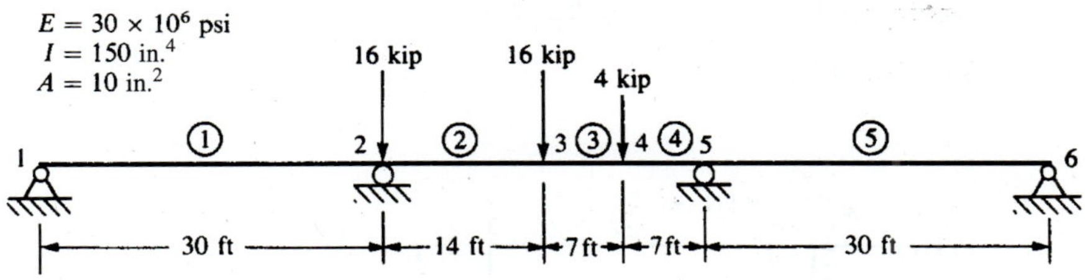

Figure P5-29 •

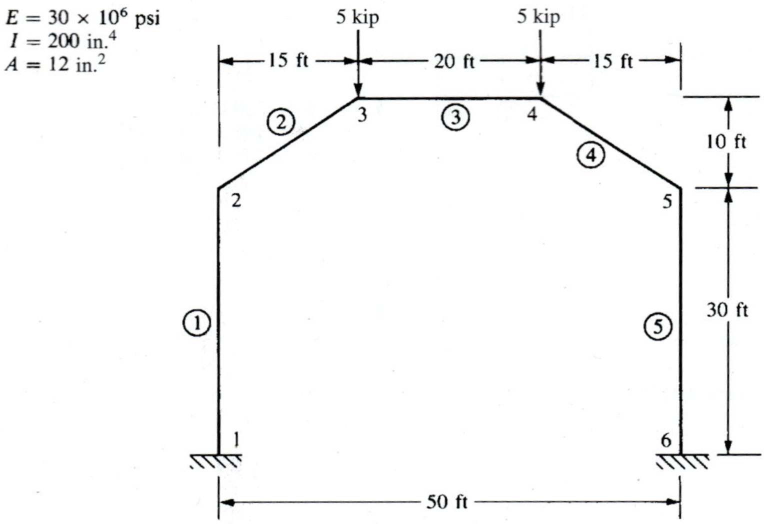

Figure P5-30 •

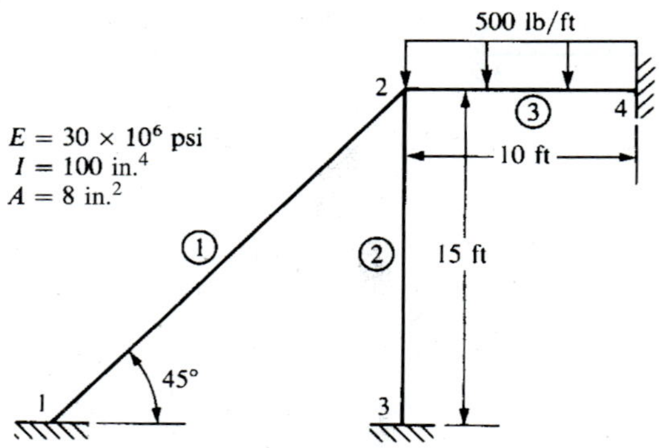

Figure P5-31 •

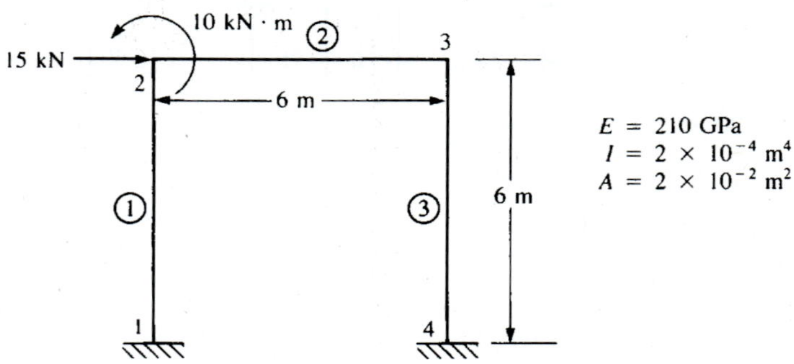

Figure P5-32 •

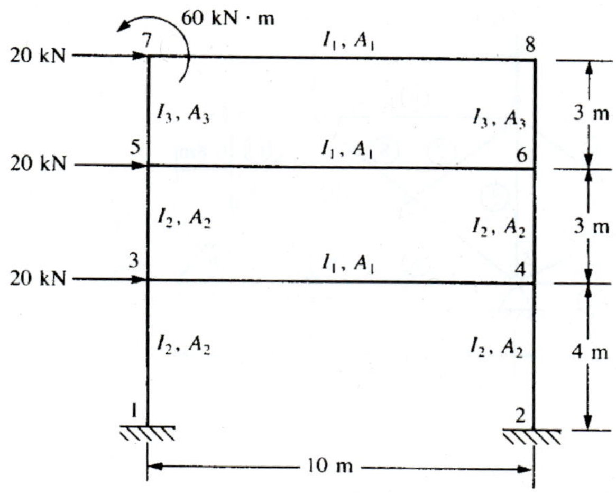

$$E = 210 \text{ GPa}$$
$$I_1 = 2 \times 10^{-4} \text{ m}^4$$
$$A_1 = 2 \times 10^{-2} \text{ m}^2$$
$$I_2 = 1 \times 10^{-4} \text{ m}^4$$
$$A_2 = 1 \times 10^{-2} \text{ m}^2$$
$$I_3 = 0.5 \times 10^{-4} \text{ m}^4$$
$$A_3 = 0.5 \times 10^{-2} \text{ m}^2$$

Figure P5-33 •

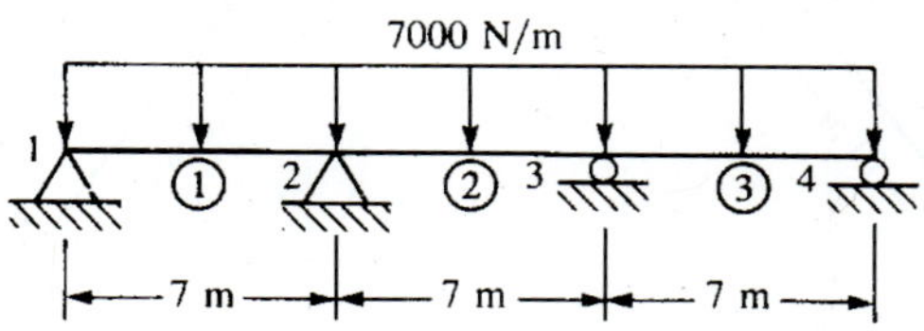

$$E = 210 \text{ GPa}$$
$$I = 1 \times 10^{-4} \text{ m}^4$$
$$A = 1 \times 10^{-2} \text{ m}^2$$

Figure P5-34 •

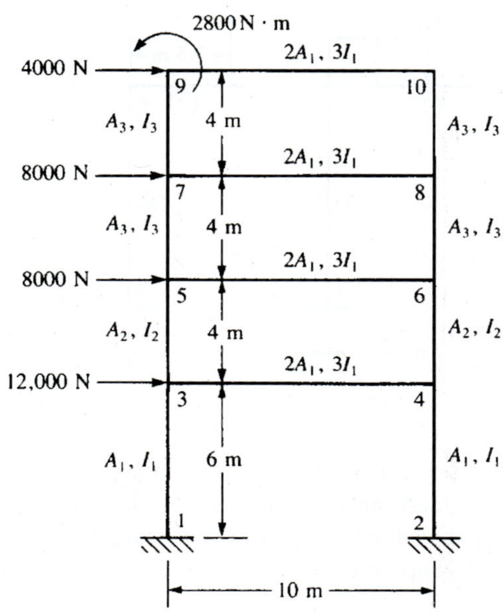

$$E = 210 \text{ GPa}$$
$$A_1 = 2.0 \times 10^{-2} \text{ m}^2$$
$$I_1 = 2.0 \times 10^{-4} \text{ m}^4$$
$$A_2 = 1.5 \times 10^{-2} \text{ m}^2$$
$$I_2 = 1.5 \times 10^{-4} \text{ m}^4$$
$$A_3 = 1.0 \times 10^{-2} \text{ m}^2$$
$$I_3 = 1.0 \times 10^{-4} \text{ m}^4$$

Figure P5-35 •

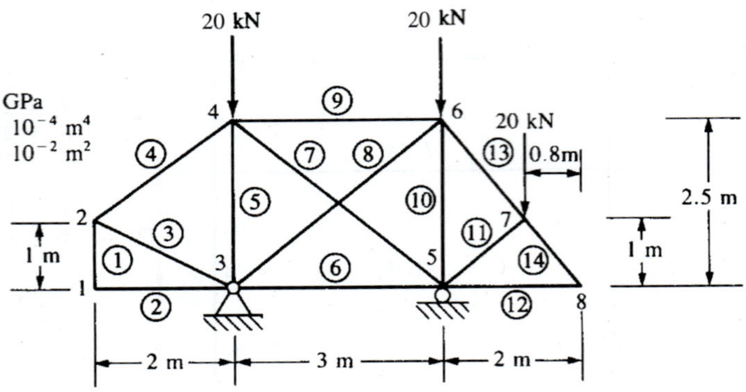

Figure P5-36 •

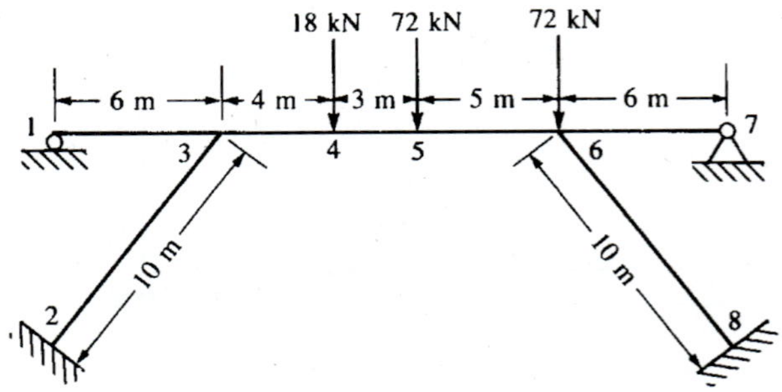

Figure P5-37 •

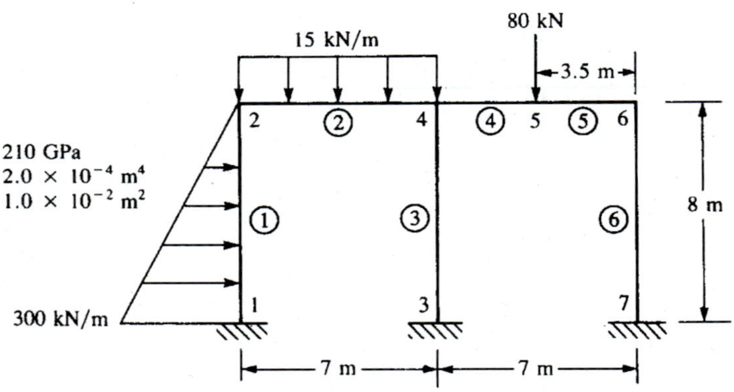

Figure P5-38 •

5.39 Consider the plane structure shown in Figure P5–39. First assume the structure to be a plane frame with rigid joints, and analyze using a frame element. Then assume the structure to be pin-jointed and analyze as a plane truss, using a truss element. If the structure is actually a truss, is it appropriate to model it as a rigid frame?

How can you model the truss using the frame (or beam) element? In other words, what idealization could you make in your model to use the beam element to approximate a truss?

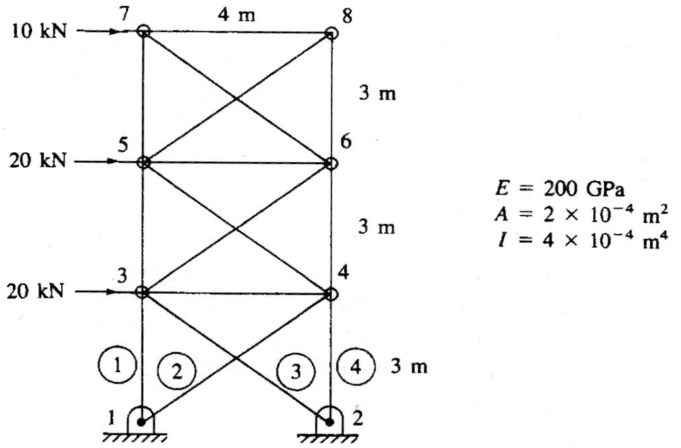

Figure P5-39 •

5.40 For the two-story, two-bay rigid frame shown in Figure P5–40, determine (1) the nodal displacement components and (2) the shear force and bending moments in each member. Let $E = 200$ GPa, $I = 2 \times 10^{-4}\,\text{m}^4$ for each horizontal member and $I = 1.5 \times 10^{-4}\,\text{m}^4$ for each vertical member.

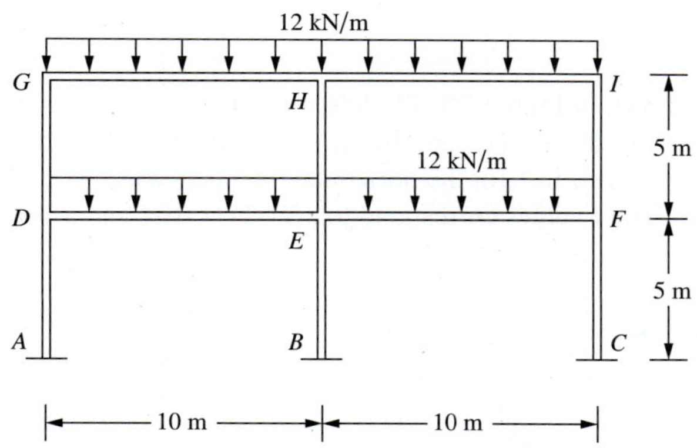

Figure P5-40 •

5.41 For the two-story, three-bay rigid frame shown in Figure P5–41, determine (1) the nodal displacements and (2) the member end shear forces and bending moments. (3) Draw the shear force and bending moment diagrams for each member. Let $E = 200$ GPa, $I = 1.29 \times 10^{-4}\,\text{m}^4$ for the beams and $I = 0.462 \times 10^{-4}\,\text{m}^4$ for the columns. The properties for I correspond to a W 610 × 155 and a W 410 × 114 wide-flange section, respectively, in metric units.

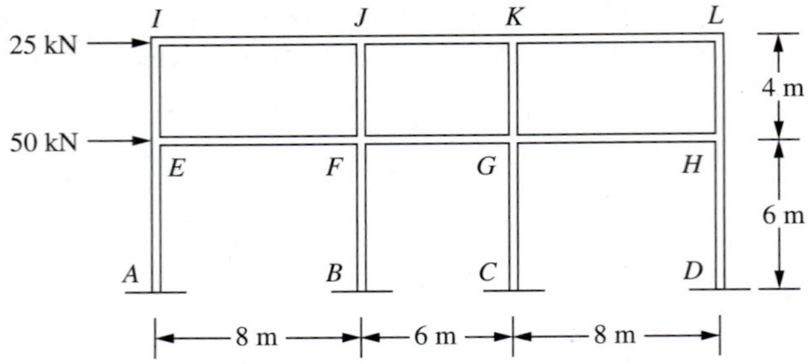

Figure P5-41 •

5.42 For the rigid frame shown in Figure P5–42, determine (1) the nodal displacements and rotations and (2) the member shear forces and bending moments. Let $E = 200$ GPa, $I = 0.795 \times 10^{-4}\,\text{m}^4$ for the horizontal members, and $I = 0.316 \times 10^{-4}\,\text{m}^4$ for the vertical members. These I values correspond to a W 460 × 158 and a W 410 × 85 wide-flange section, respectively.

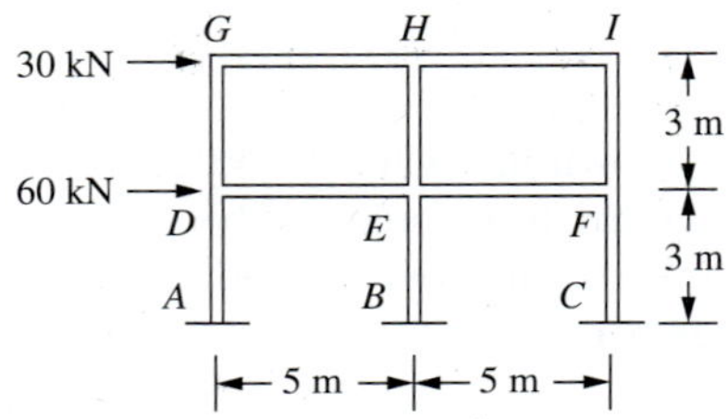

Figure P5-42 •

5.43 For the rigid frame shown in Figure P5–43, determine (1) the nodal displacements and rotations and (2) the shear force and bending moments in each member. Let $E = 29 \times 10^6$ psi, $I = 3100$ in.^{4} for the horizontal members and $I = 1100$ in.^{4} for the vertical members. The I values correspond to a W 24 × 104 and a W 16 × 77.

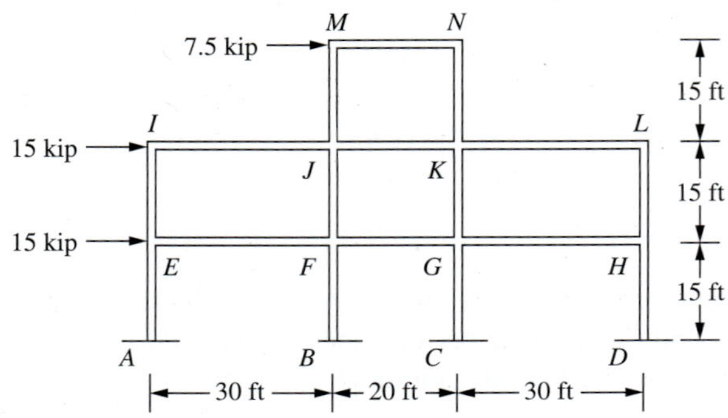

Figure P5-43 •

5.44 A structure is fabricated by welding together three lengths of I-shaped members as shown in Figure P5–44. The yield strength of the members is 36 ksi, $E = 29 \times 10^6$ psi, and Poisson's ratio is 0.3. The members all have cross-section properties corresponding to a W 18 × 76. That is, $A = 22.3$ in.^{2}, depth of section is $d = 18.21$ in., $I_x = 1330$ in.^{4} $S_x = 146$ in.^{3} $I_y = 152$ in.^{4} and $S_y = 27.6$ in^3 Determine whether a load of $Q = 10{,}000$ lb downward is safe against general yielding of the material. The factor of safety against general yielding is to be 2.0. Also, determine the maximum vertical and horizontal deflections of the structure.

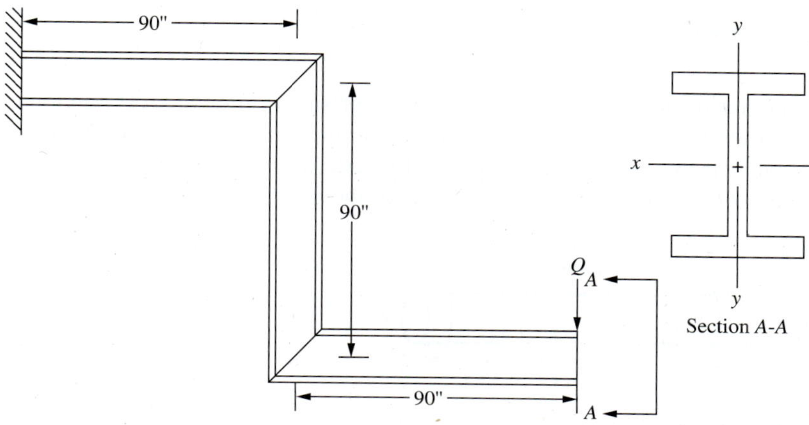

Figure P5-44 •

5.45 For the tapered beam shown in Figure P5–45, determine the maximum deflection using one, two, four, and eight elements. Calculate the moment of inertia at the midlength station for each element. Let $E = 30 \times 10^6$ psi, $I_0 = 100$ in^4, and $L = 100$ in. Run cases where $n = 1, 3$, and 7. Use a beam element. The analytical solution for deflection and slope at the free end for $n = 7$ is given by Reference [7] as shown below:

$$v_1 = \frac{PL^3}{49EI_0}(1/7 \text{ In } 8 + 2.5) = \frac{1}{17.5}\frac{PL^3}{EI_0}$$

$$\theta_1 = \frac{PL^2}{49EI_0}(\text{In } 8 - 7) = \frac{1}{9.95}\frac{PL^2}{EI_0}$$

$$I(x) = I_0\left(1 + n\frac{x}{L}\right)$$

where n = arbitrary numerical factor and I_0 = moment of inertia of section at $x = 0$.

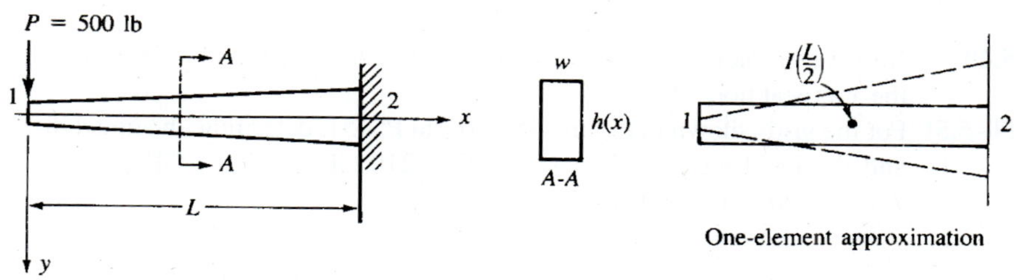

Figure P5-45 • Tapered cantilever beam

5.46 Derive the stiffness matrix for the nonprismatic torsion bar shown in Figure P5–46. The radius of the shaft is given by

$$r = r_0 + (x/L)r_0, \text{ where } r_0 \text{ is the radius at } x = 0.$$

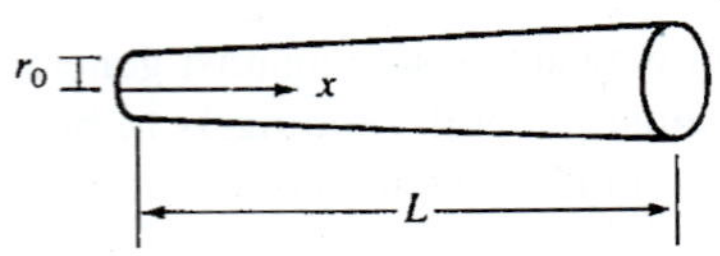

Figure P5-46 •

5.47 Derive the total potential energy for the prismatic circular cross-section torsion bar shown in Figure P5–47. Also determine the equivalent nodal torques for the bar subjected to uniform torque per unit length (lb-in./in.). Let G be the shear modulus and J be the polar moment of inertia of the bar.

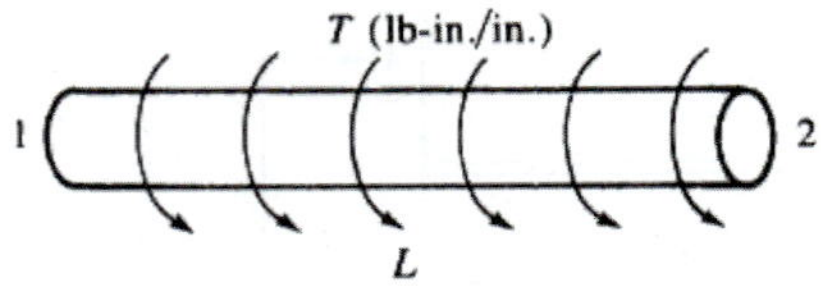

Figure P5-47 •

5.48 For the grid shown in Figure P5–48, determine the nodal displacements and the local element forces. Let $E = 30 \times 10^6$ psi, $G = 12 \times 10^6$ psi, $I = 200$ in.^{4}, and $J = 100$ in.^{4} for both elements.

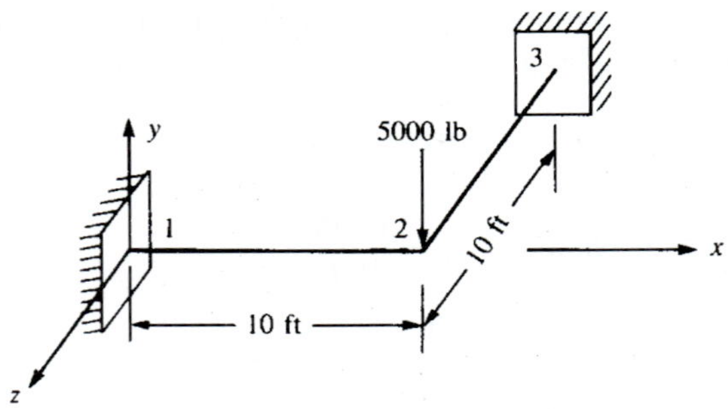

Figure P5-48 •

5.49 Resolve Problem 5–48 with an additional nodal moment of 1000 k-in. applied about the x axis at node 2.

5.50–5.51 For the grids shown in Figures P5–50 and P5–51, determine the nodal displacements and the local element forces. Let $E = 210$ GPa, $G = 84$ GPa, $I = 2 \times 10^{-4}\,\text{m}^4$, $J = 1 \times 10^{-4}\,\text{m}^4$, and $A = 1 \times 10^{-2}\,\text{m}^2$.

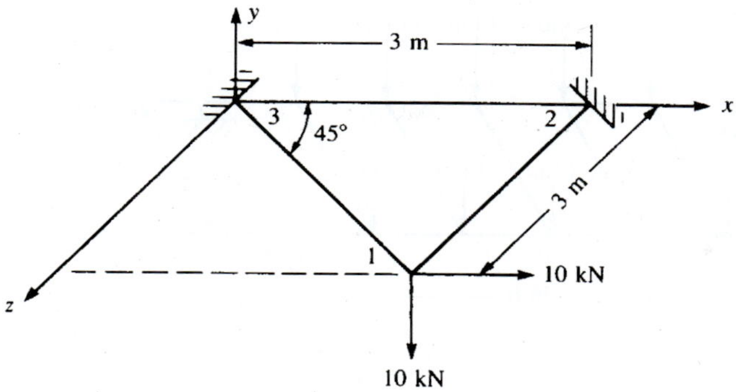

Figure P5-50 •

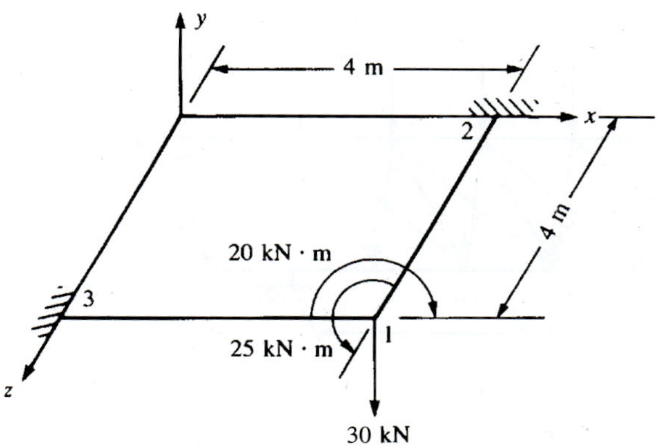

Figure P5-51 •

5.52–5.57 Solve the grid structures shown in Figures P5–52 through P5–57 using a computer program. For grids P5–52—P5–54, let $E = 30 \times 10^6$ psi, $G = 12 \times 10^6$ psi, $I = 200$ in.^{4}, and $J = 100$ in.^{4}, except as noted in the figures. In Figure P5–54, let the cross elements have $I = 50$ in.^{4} and $J = 20$ in.^{4}, with dimensions and loads as in Figure P5–53. For grids P5–55 through P5–57, let $E = 210$ GPa, $G = 84$ GPa, $I = 2 \times 10^{-4}\,\text{m}^4$, $J = 1 \times 10^{-4}\,\text{m}^4$, and $A = 1 \times 10^{-2}\,\text{m}^2$.

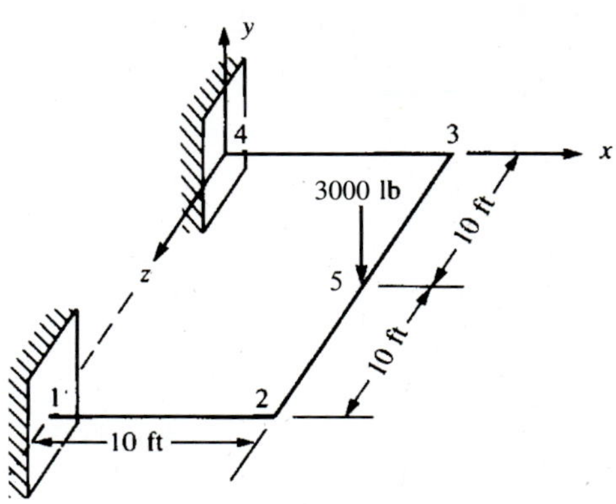

Figure P5-52 •

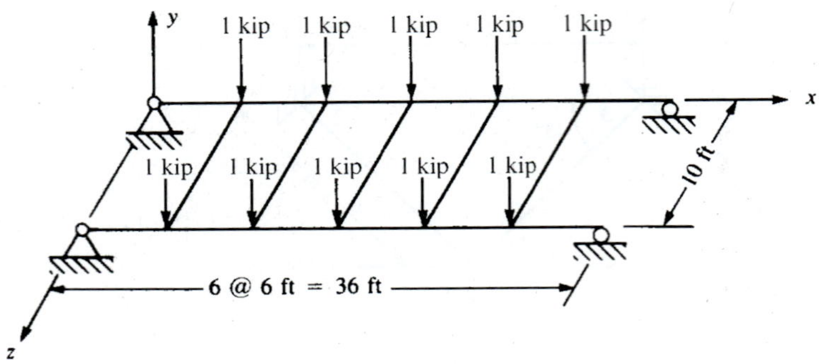

Figure P5-53 •

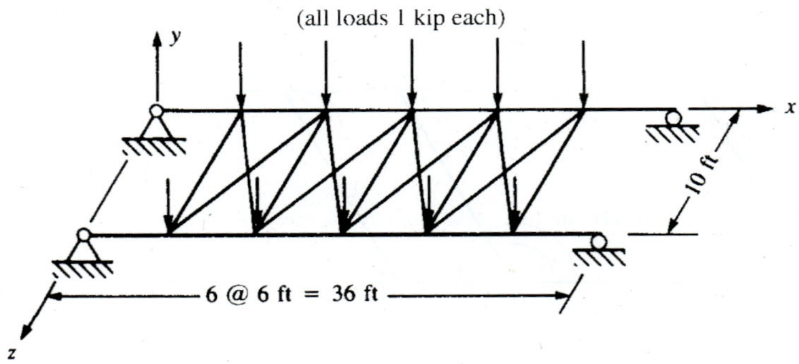

Figure P5-54 •

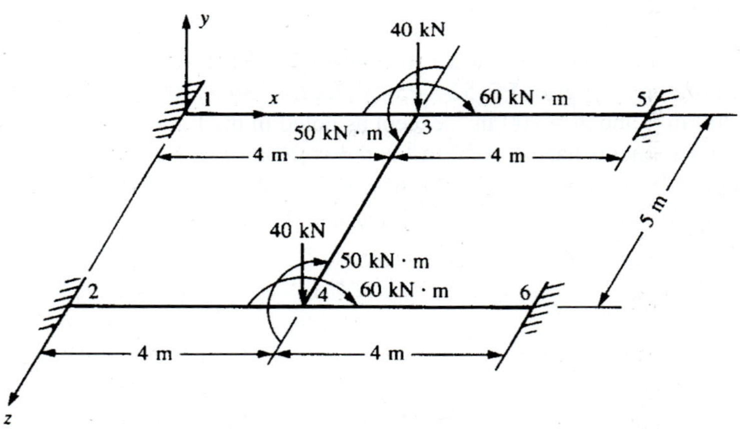

Figure P5-55 •

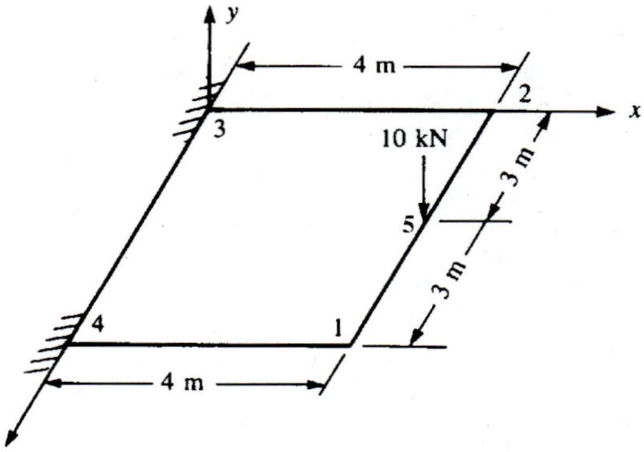

Figure P5-56 •

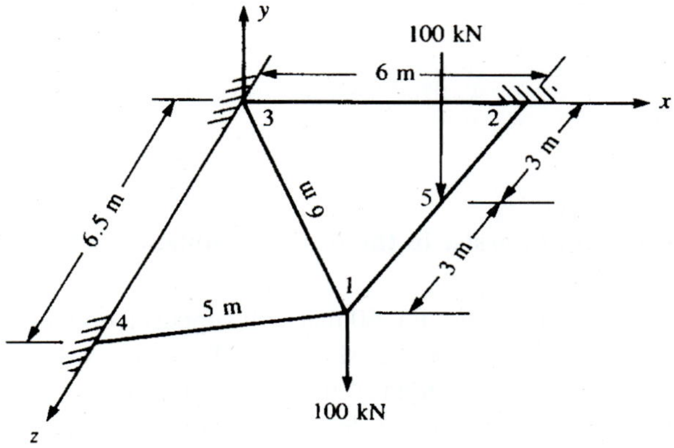

Figure P5-57 •

5.58–5.59 Determine the displacements and reactions for the space frames shown in Figures P5–58 and P5–59. Let $I_x = 100$ in.^{4}, $I_y = 200$ in.^{4}, $I_z = 1000$ in.^{4}, $E = 30{,}000$ ksi, $G = 12{,}000$ ksi, and $A = 100$ in.^{2} for both frames.

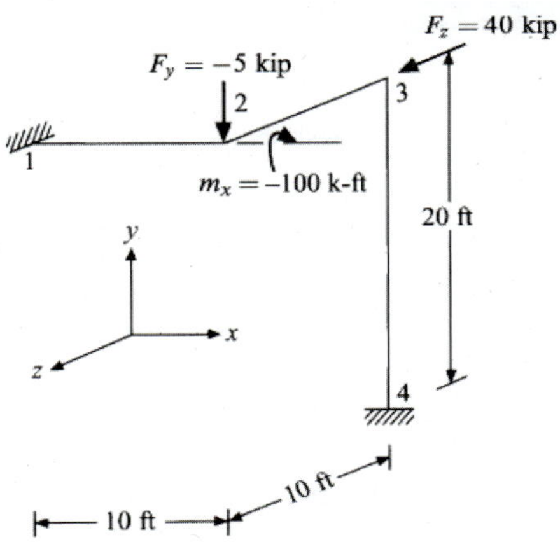

Figure P5-58 •

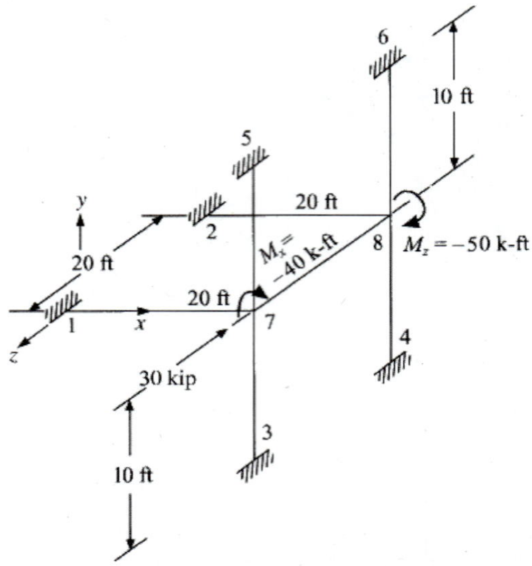

Figure P5-59 •

Use a computer program to assist in the design problems in Problems 5.60 through 5.79.

5.60 Design a jib crane as shown in Figure P5–60 that will support a downward load of 6000 lb. Choose a common structural steel shape for all members. Use allowable stresses of $0.66S_y$ (S_y is the yield strength of the material) in bending, and $0.60S_y$ in tension on gross areas. The maximum deflection should not exceed 1/360 of the length of the horizontal beam. Buckling should be checked using Euler's or Johnson's method as applicable.

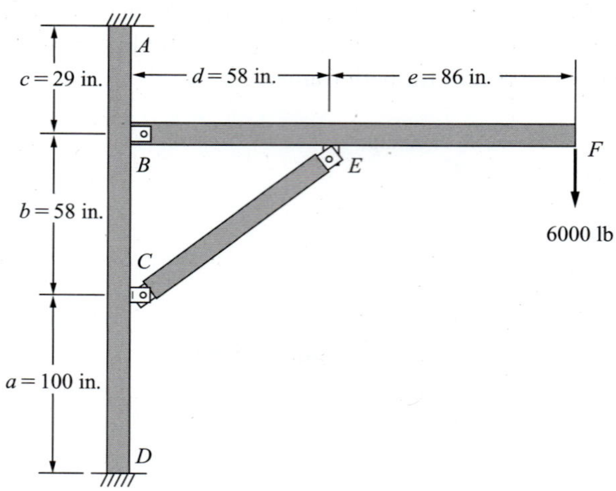

Figure P5-60 •

5.61 Design the support members AB and CD for the platform lift shown in Figure P5–61. Select a mild steel and choose suitable cross-sectional shapes with no more than a 4 : 1 ratio of moments of inertia between the two principal directions of the cross section. You may choose two different cross sections to make up each arm to reduce weight. The actual structure has four support arms, but the loads shown are for one side of the platform with the two arms shown. The loads shown are under operating conditions. Use a factor of safety of 2 for human safety. In developing the finite element model, remove the platform and replace it with statically equivalent loads at the joints at B and D. Use truss elements or beam elements with low bending stiffness to model the arms from B to D, the intermediate connection E to F, and the hydraulic actuator. The allowable stresses are $0.60S_y$ in bending and $0.60S_y$ in tension. Check buckling using either Euler's method or Johnson's method as appropriate. Also check maximum deflections. Any deflection greater than 1/360 of the length of member AB is considered too large.

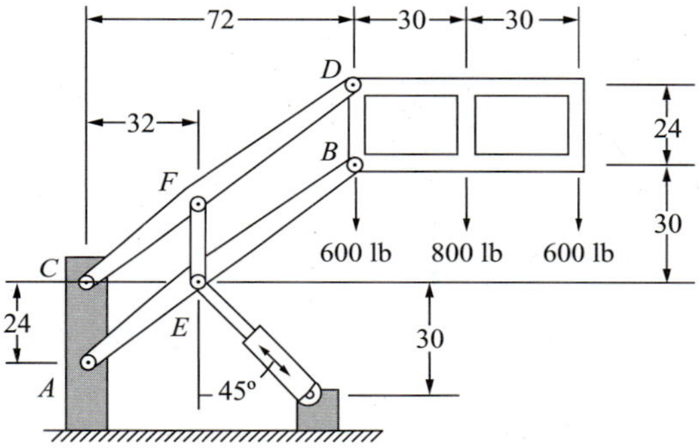

Figure P5-61 •

5.62 A two-story building frame is to be designed as shown in Figure P5–62. The members are all to be I-beams with rigid connections. We would like the floor joists beams to have a 15-in. depth and the columns to have a 10 in. width. The material is to be A36 structural steel. Two horizontal loads and vertical loads are shown. Select members such that the allowable bending in the beams is 24,000 psi. Check buckling in the columns using Euler's or Johnson's method as appropriate. The allowable deflection in the beams should not exceed 1/360 of each beam span. The overall sway of the frame should not exceed 0.5 in.

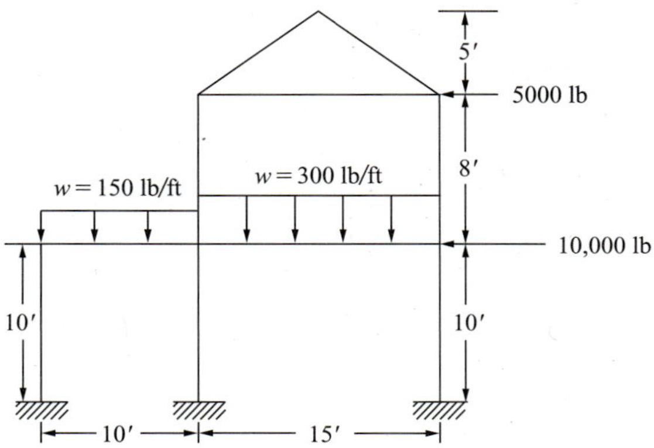

Figure P5-62 •

5.63 A pulpwood loader as shown in Figure P5–63 is to be designed to lift 2.5 kip. Select a steel and determine a suitable tubular cross section for the main upright member BF that has attachments for the hydraulic cylinder actuators AE and DG. Select a steel and determine a suitable box section for the horizontal load arm AC. The horizontal load arm may have two different cross sections AB and BC to reduce weight. The finite element model should use beam elements for all members except the hydraulic cylinders, which should be truss elements. The pinned joint at B between the upright and the horizontal beam is best modeled with end release of the end node of the top element on the upright member. The allowable bending stress is $0.60S_y$ in members AB and BC. Member BF should be checked for buckling. The allowable deflection at C should be less than 1/360 of the length of BC. As a bonus, the client would like you to select the size of the hydraulic cylinders AE and DG.

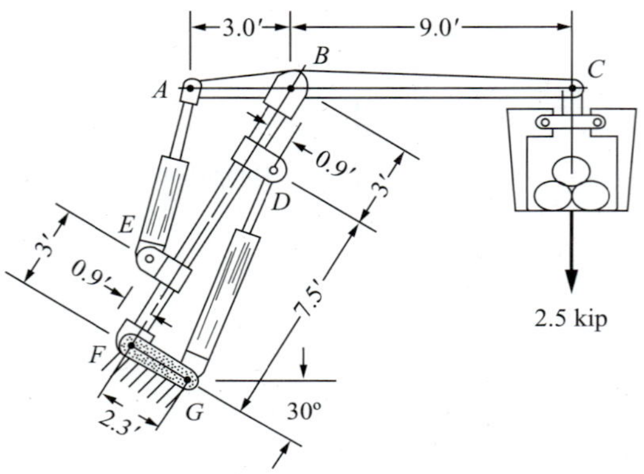

Figure P5-63 •

5.64 A piston ring (with a split as shown in Figure P5–64) is to be expanded by a tool to facilitate its installation. The ring is sufficiently thin (0.2 in. depth) to justify using conventional straight-beam bending formulas. The ring requires a displacement of 0.1 in. at its separation for installation. Determine the force required to produce this separation. In addition, determine the largest stress in the ring. Let $E = 18 \times 10^6$ psi, $G = 7 \times 10^6$ psi, cross-sectional area $A = 0.06$ in.^{2}, and principal moment of inertia $I = 4.5 \times 10^{-4}$ in.^{4}. The inner radius is 1.85 in., and the outer radius is 2.15 in. Use models with 4, 6, 8, 10, and 20 elements in a symmetric model until convergence to the same results occurs. Plot the displacement versus the number of elements for a constant force F predicted by the conventional beam theory equation of Reference [8].

$$\delta = \frac{3\pi FR^3}{EI} + \frac{\pi FR}{EA} + \frac{6\pi FR}{5GA} \qquad \text{where } R = 2.0 \text{ in. and } \delta = 0.1 \text{ in.}$$

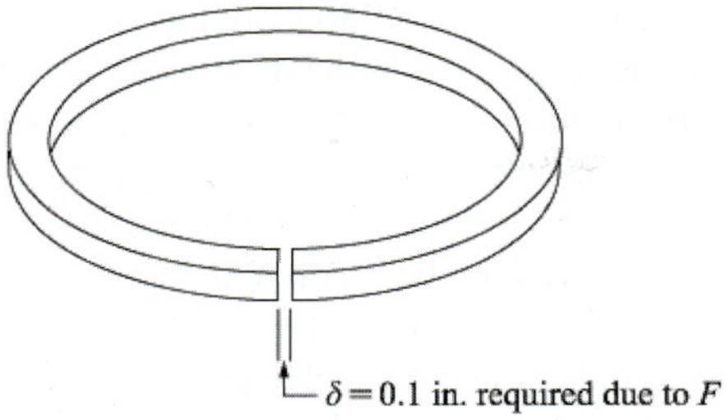

Figure P5-64 •

5.65 A small hydraulic floor crane as shown in Figure P5–65 carries a 5000-lb load. Determine the size of the beam and column needed. Select either a standard box section or a wide-flange section. Assume a rigid connection between the beam and column. The column is rigidly connected to the floor. The allowable bending stress in the beam is $0.60S_y$. The allowable deflection is 1/360 of the beam length. Check the column for buckling.

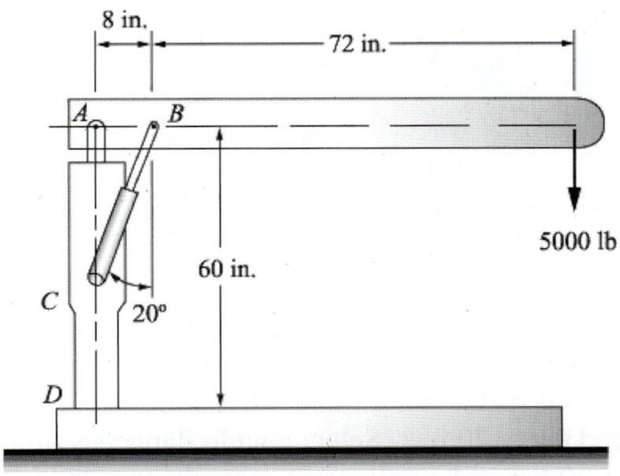

Figure P5-65 •

5.66 Determine the size of a solid round shaft such that the maximum angle of twist between C and B is 0.26 degrees per meter of length and the deflection of the beam is less than 0.005 inches under the pulley C for the loads, as shown in Figure P5–66. Assume simple supports at bearings A and B. Assume the shaft is made from cold-rolled AISI 1020 steel. (Recommended angles of twist in driven shafts can be found in *Machinery's Handbook*, Oberg, E., et. al., 26th ed., Industrial Press, N.Y., 2000.)

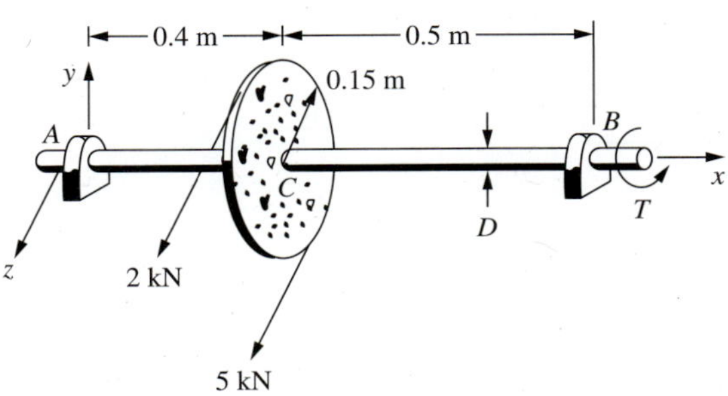

Figure P5-66 •

5.67 The shaft in Figure P5–67 supports a winch load of 780 lb and a torsional moment of 7800 lb-in. at *F* (26 inches from the center of the bearing at *A*). In addition, a radial load of 500 lb and an axial load of 400 lb act at point *E* from a worm gear-set. Assume the maximum stress in the shaft cannot be larger than that obtained from the maximum distortional energy theory with a factor of safety of 2.5. Also make sure the angle of twist is less than 1.5 deg between *A* and *D*. In your model, assume the bearing at *A* to be frozen when calculating the angle of twist. Bearings at *B*, *C*, and *D* can be assumed as simple supports. Determine the required shaft diameter.

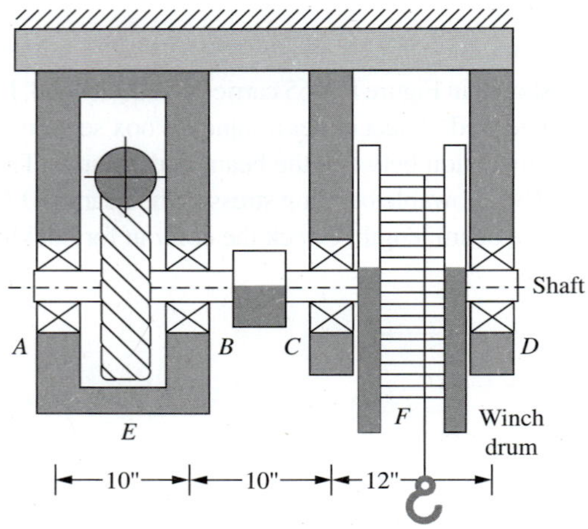

Figure P5-67 •

5.68 Design the gabled frame subjected to the external wind load shown in Figure P5–68 (comparable to an 80 mph wind speed) for an industrial building. Assume this is one of a typical frame spaced every 20 feet. Select a wide flange section based on allowable bending stress of 20 ksi and an allowable compressive stress of 10 ksi in any member. Neglect the possibility of buckling in any members. Use ASTM A36 steel.

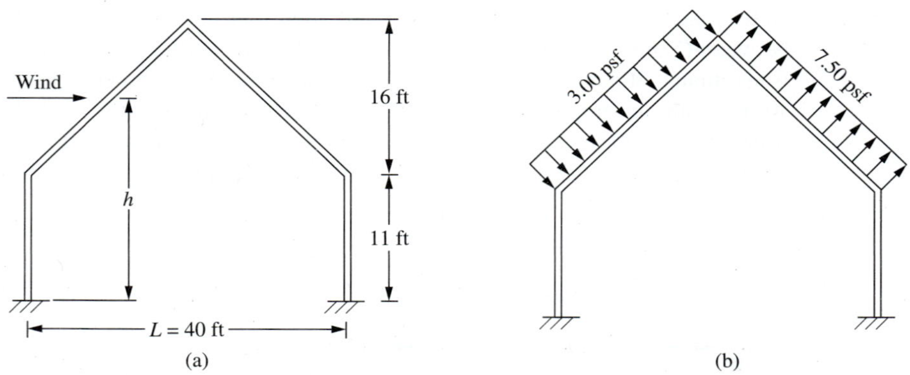

Figure P5-68 •

5.69 Design the gabled frame shown for a balanced snow load shown in Figure P5–69 (typical of the Midwest) for an apartment building. Select a wide flange section for the frame. Assume the allowable bending stress not to exceed 140 MPa. Use ASTM A36 steel.

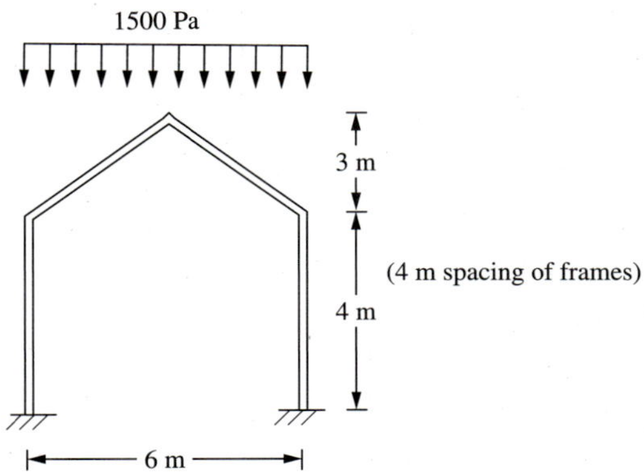

Figure P5-69 •

5.70 Design a gantry crane that must be able to lift 10 tons as it must lift compressors, motors, heat exchangers, and controls. This load should be placed at the center of one of the main 12-foot-long beams as shown in Figure P5–70, by the hoisting device location. Note that this beam is on one side of the crane. Assume you are using ASTM A36 structural steel. The crane must be 12 feet long, 8 feet wide, and 15 feet high. The beams should all be the same size, the columns all the same size, and the bracing all the same size. The corner bracing can be wide flange sections or some other common shape. You must verify that the structure is safe by checking the beam's bending strength and allowable deflection, the column's buckling strength, and the bracing's buckling strength. Use a factor of safety against material yielding of the beams of 5. Verify that the beam deflection is less than L/360, where L is the span of the beam. Check Euler buckling of the long columns and the bracing. Use a factor of safety against buckling of 5. Assume the column-to-beam joints to be rigid while the bracing (a total of eight braces) is pinned to the column and beam at each of the four corners. Also assume the gantry crane is on rollers with one roller locked down to behave as a pin support as shown.

5.71 Design the rigid highway bridge frame structure shown in Figure P5–71 for a moving truck load (shown below) simulating a truck moving across the bridge. Use the load shown and place it along the top girder at various locations. Use the allowable stresses in bending and compression and allowable deflection given in the *Standard Specifications for Highway Bridges*, American Association of State Highway and Transportation Officials (AASHTO), Washington, D.C. or use some other reasonable values.

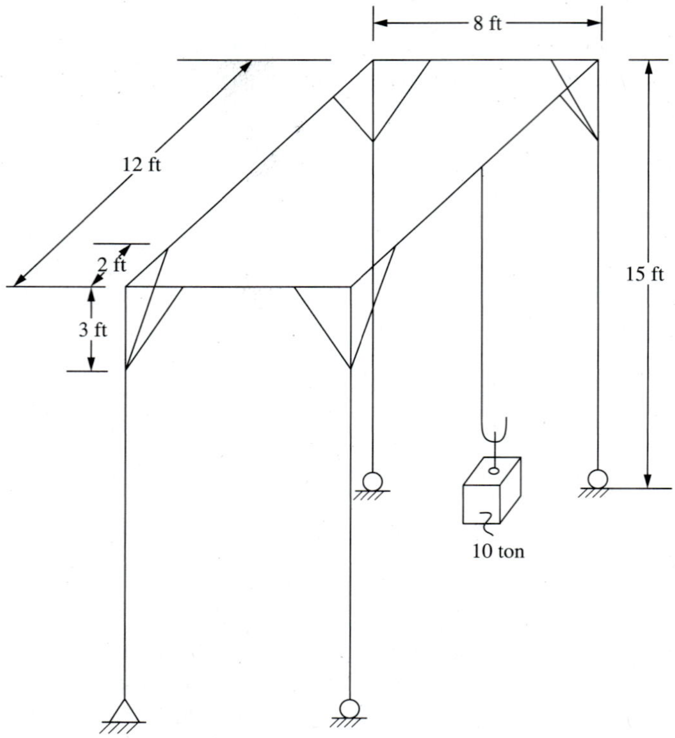

Figure P5-70 •

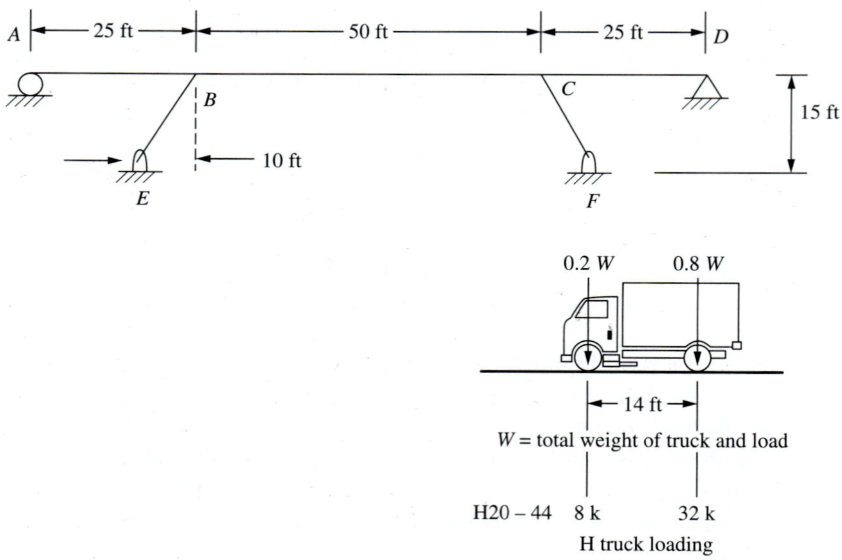

Figure P5-71 •

5.72 For the tripod space frame shown in Figure P5–72, determine standard steel pipe sections such that the maximum bending stress must not exceed 20 ksi, the compressive stress to prevent buckling must not exceed that given by the Euler buckling formula with a factor of safety of 2, and the maximum deflection will not exceed $L/360$ in any span, L. Assume the three bottom supports to be fixed. All coordinates are shown in units of inches.

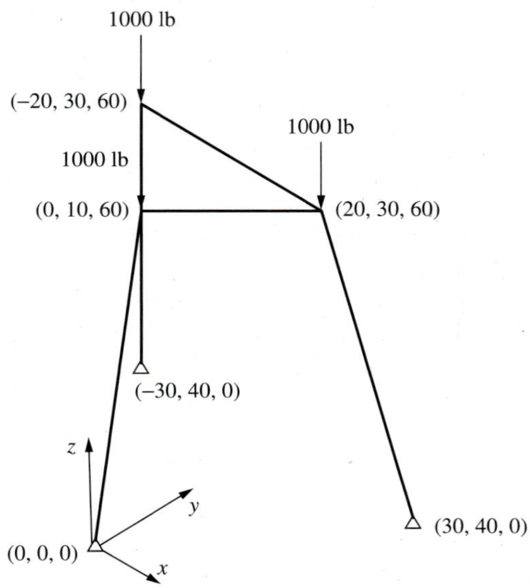

Figure P5-72 •

5.73 The curved semi-circular frame shown in Figure P5–73 is supported by a pin on the left end and a roller on the right end and is subjected to a load $P = 1000$ lb at its apex. The frame has a radius to centerline cross section of $R = 120$ in. Select a structural steel W shape from Appendix F such that the maximum stress does not exceed 20 ksi. Perform a finite element analysis using 4, 8, and then 16 elements in your finite element model. Also, determine the maximum deflection for each model. It is suggested that the finite element answers for deflection be compared to the solution obtained by classical methods, such as using Castigliano's theorem. The expression for deflection under the load is given by using Castigliano's theorem as

$$\delta_y = \frac{0.178PR^3}{EI} + \frac{0.393PR}{AE} + \frac{0.393PR}{A_vG}$$

where A is the cross sectional area of the W shape, A_v is the shear area of the W shape (use depth of web times thickness of web for the shear area); $E = 30 \times 10^6$ psi, and $G = 11.5 \times 10^6$ psi.

Now change the radius of the frame to 20 in. and repeat the problem. Run the finite element model with the shear area included in your computer program input and then without. Comment on the difference in results and compare to the predicted analytical deflection by using the equation above for δ_y.

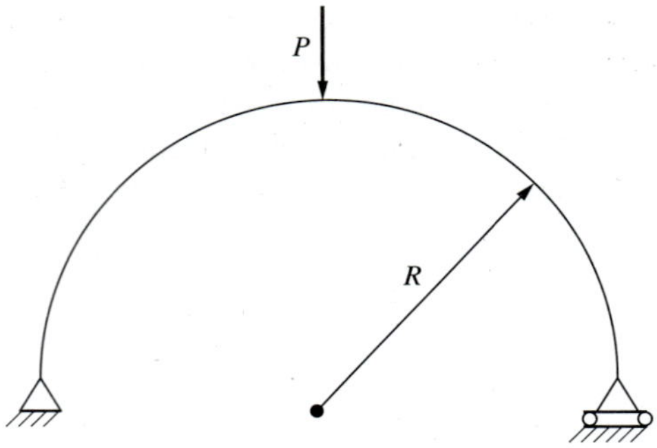

Figure P5-73 •

P5.74 For the water wheel frame shown in Figure P 5–74, determine a common cross section of an aluminum alloy, such that the von Mises stress is less than one-half of the yield strength of the material. The coordinates in inches are shown on the figure. A horizontal force of 400 lbf to simulate water pressure is applied at the lowest node. The nodes at the center of the waterwheel are assumed to be fixed. (By Caleb Johnson)

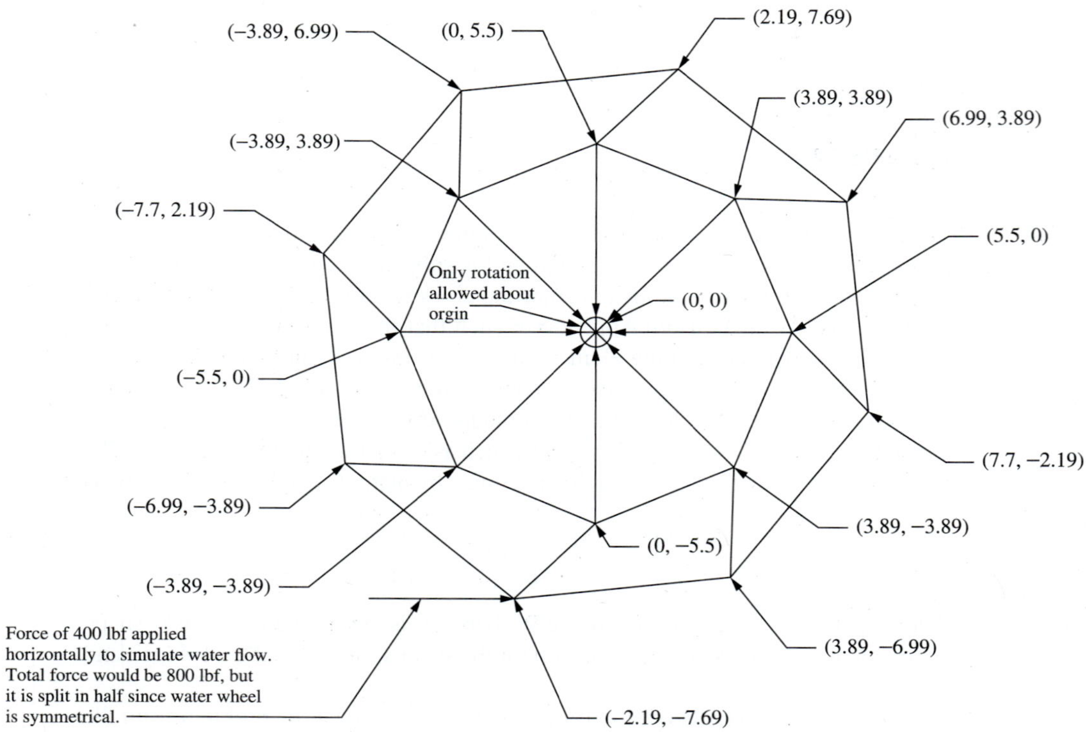

Figure P5-74 • Water wheel frame (By Caleb Johnson)

P5.75 A basketball hoop frame is to be design as shown in Figure P 5–75. Determine a standard pipe size such that the most critical compression member does not buckle and most critical tensile member does not yield. Also verify that the largest deflection is less than 0.5 inches. Assume the bottom supports are fixed. Apply a concentrated load of 500 lb downward to the end of the rim as shown in Figure P 5–75. (Take your own measurements.)

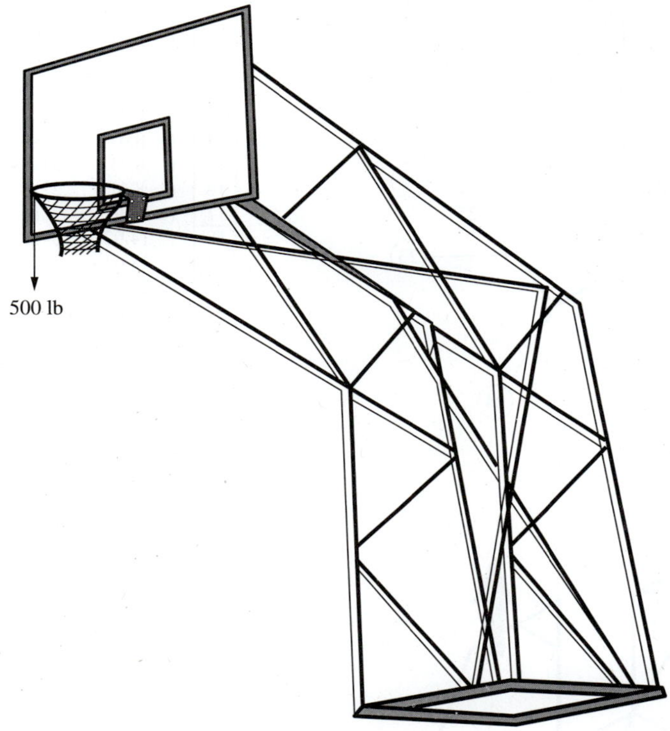

Figure P5-75 • Basketball hoop frame

P5.76 A space frame for a paraglider is shown in Figure P5–76(a). The applied forces and boundary conditions are also shown on the figure (b). The nodal coordinates are also listed below to assist in building the model. Determine a suitable pipe section based on a maximum von Mises stress equal to one-half the yield strength of the material. Try an aluminum alloy. Also determine the largest displacement and its location on the frame. (By Matthew Groshek)

P5.77 A motorcycle frame is shown in Figure P 5–77. The loads and boundary conditions are shown in the figure. The nodal coordinates are listed below to assist in building the model. Determine a suitable cross section and material based on a maximum von Mises stress equal to one-third of the yield strength of the material you select. Also, what is the maximum displacement, and where is it located on the frame? (By Kevin Roholt)

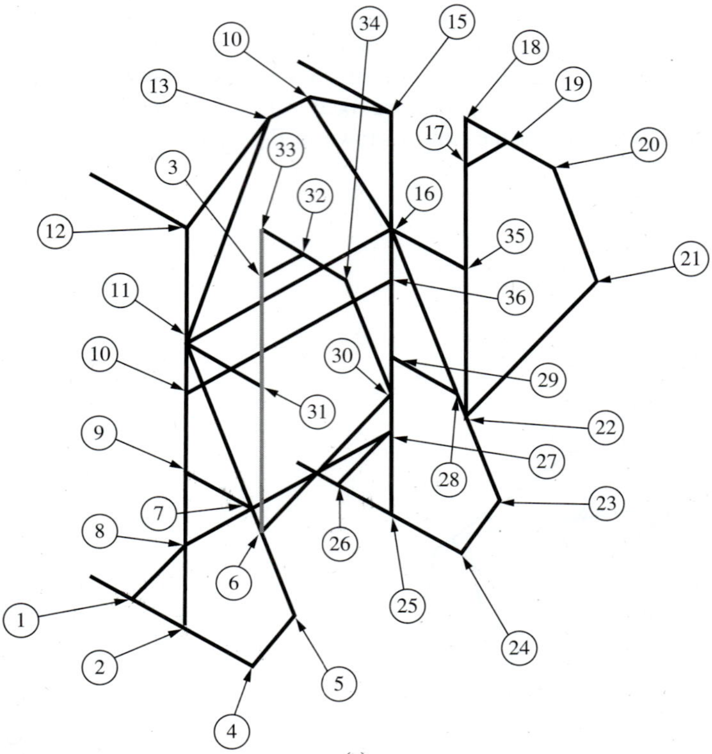

(a)

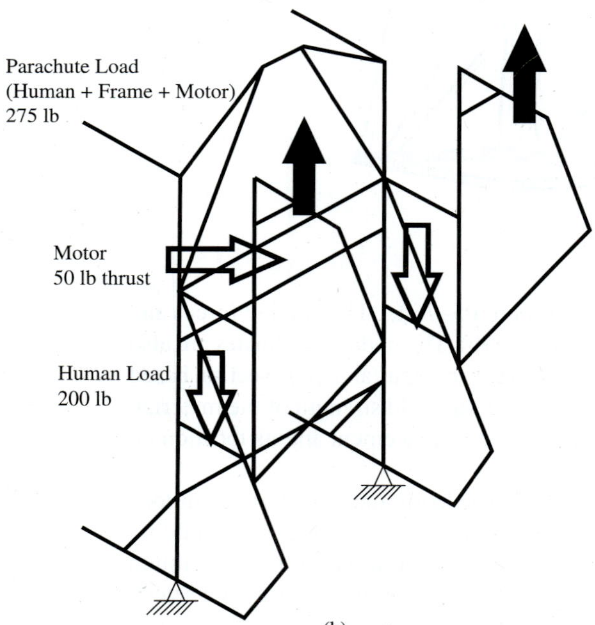

(b)

Coordinates (in.)					
		X	Y	Z	
1	(	3.65	0	0	)
2	(	8.41	0	0	)
3	(	14.92	30.81	0	)
4	(	14.39	0	0	)
5	(	17.79	5.81	0	)
6	(	14.92	10.92	0	)
7	(	14.03	12.5	0	)
8	(	8.41	6.5	0	)
9	(	8.41	12.5	0	)
10	(	8.41	18.52	0	)
11	(	8.41	22.5	0	)
12	(	8.41	31.5	0	)
13	(	8.41	36.5	−7.45	)
14	(	8.41	36.48	−10.62	)
15	(	8.41	31.5	−18	)
16	(	8.41	22.5	−18	)
17	(	14.92	30.81	−18	)
18	(	14.92	34.5	−18	)
19	(	18.61	34.5	−18	)
20	(	22.58	34.5	−18	)
21	(	26.35	27.26	−18	)
22	(	14.92	10.92	−18	)
23	(	17.79	5.81	−18	)
24	(	14.39	0	−18	)
25	(	8.41	0	−18	)
26	(	3.65	0	−18	)
27	(	8.41	6.5	−18	)
28	(	14.03	12.5	−18	)
29	(	8.41	12.5	−18	)
30	(	26.35	27.26	0	)
31	(	14.92	22.5	0	)
32	(	18.61	34.5	0	)
33	(	14.92	34.5	0	)
34	(	22.58	34.5	0	)
35	(	14.92	22.5	−18	)
36	(	8.41	18.52	−18	)

Figure P5-76 • (By Matthew Groshek)

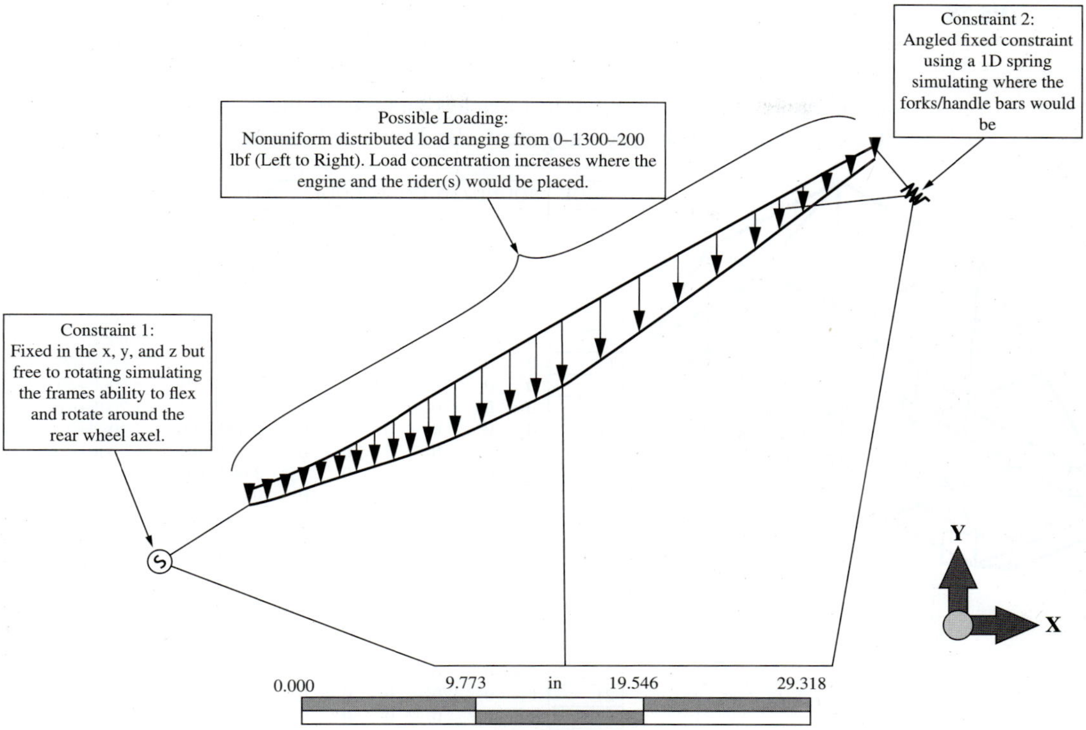

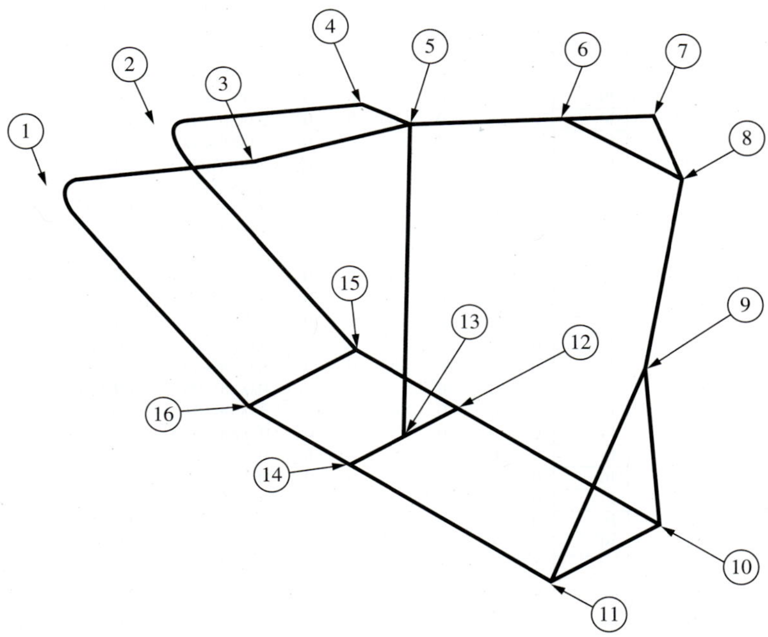

Coordinates (x,y,z):
Sketch plane: xy
Units: English (inch)

1	(0, 0, 4)
2	(0, 0, –4)
3	(15.5, 9.25, 4)
4	(15.5, 9.25, –4)
5	(23.25, 18.75, 0)
6	(34.5, 20.125, 0)
7	(41.5, 23.875, 0)
8	(43.75, 20.875, 0)
9	(41.25, 6.875, 0)
10	(38.75, –7.125, –4)
11	(38.75, –7.125, 4)
12	(23.25, –7.125, –4)
13	(23.25, –7.125, 0)
14	(23.25, –7.125, 4)
15	(15.5, –7.125, –4)
16	(15.5, –7.125, 4)

Figure P5-77 • Motorcycle frame (By Kevin Roholt)

P5.78 A go-kart frame is shown in Figure P 5.78. The nodal coordinates (in inch units) are also listed along with the fixed nodes located at three axle locations. Simulate a front end collision using 2500 lb of force applied to four front end nodes. Select a suitable pipe cross section that just reaches yielding of the material. Try ASTM A 36 steel or maybe a chrome moly steel. (By Nathan Christian)

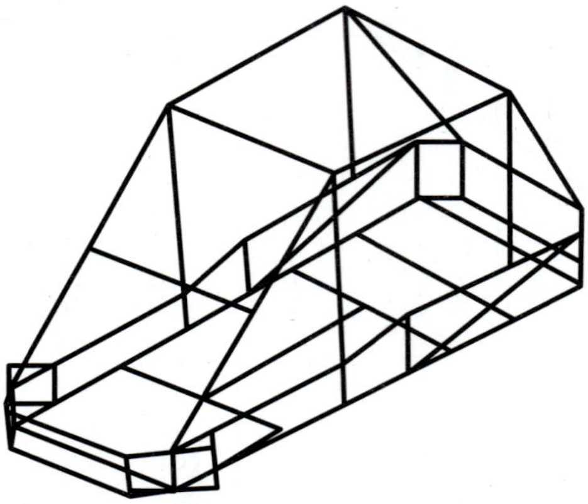

Figure P5-78 • Go-kart frame (By Nathan Christian)

NODE	BOUNDARY COND. CODES						NODAL POINT COORDINATES		
No.	Tx	Ty	Tz	Rx	Ry	Rz	X	Y	Z
1	0	0	0	0	0	0	4.000E+00	0.000E+00	0.000E+00
2	0	0	0	0	0	0	0.000E+00	4.000E+00	0.000E+00
3	1	1	1	1	1	1	−4.000E+00	8.000E+00	0.000E+00
4	0	0	0	0	0	0	0.000E+00	1.200E+01	0.000E+00
5	0	0	0	0	0	0	3.000E+01	4.000E+00	0.000E+00
6	0	0	0	0	0	0	2.600E+01	0.000E+00	0.000E+00
7	0	0	0	0	0	0	3.400E+01	8.000E+00	0.000E+00
8	0	0	0	0	0	0	3.000E+01	1.200E+01	0.000E+00
9	0	0	0	0	0	0	0.000E+00	2.400E+01	0.000E+00
10	0	0	0	0	0	0	1.500E+01	2.400E+01	0.000E+00
11	0	0	0	0	0	0	3.000E+01	2.400E+01	0.000E+00
12	0	0	0	0	0	0	0.000E+00	5.600E+01	0.000E+00
13	0	0	0	0	0	0	0.000E+00	6.800E+01	0.000E+00
14	1	1	1	1	1	1	0.000E+00	8.000E+01	0.000E+00
15	0	0	0	0	0	0	4.000E+00	8.400E+01	0.000E+00
16	0	0	0	0	0	0	2.600E+01	8.400E+01	0.000E+00
17	1	1	1	1	1	1	3.000E+01	8.000E+01	0.000E+00
18	0	0	0	0	0	0	3.000E+01	6.800E+01	0.000E+00
19	0	0	0	0	0	0	3.000E+01	5.600E+01	0.000E+00
20	0	0	0	0	0	0	1.500E+01	5.600E+01	0.000E+00
21	0	0	0	0	0	0	4.000E+00	0.000E+00	6.000E+00
22	0	0	0	0	0	0	0.000E+00	4.000E+00	6.000E+00
23	0	0	0	0	0	0	−4.000E+00	8.000E+00	6.000E+00
24	0	0	0	0	0	0	0.000E+00	1.200E+01	6.000E+00
25	0	0	0	0	0	0	0.000E+00	3.600E+01	6.000E+00
26	0	0	0	0	0	0	0.000E+00	4.800E+01	9.000E+00
27	0	0	0	0	0	0	0.000E+00	8.000E+01	9.000E+00
28	0	0	0	0	0	0	4.000E+00	8.400E+01	9.000E+00
29	0	0	0	0	0	0	2.600E+01	8.400E+01	9.000E+00
30	0	0	0	0	0	0	3.000E+01	8.000E+01	9.000E+00
31	0	0	0	0	0	0	3.000E+01	4.800E+01	9.000E+00
32	0	0	0	0	0	0	3.000E+01	3.600E+01	6.000E+00
33	0	0	0	0	0	0	3.000E+01	1.200E+01	6.000E+00
34	0	0	0	0	0	0	3.400E+01	8.000E+00	6.000E+00
35	0	0	0	0	0	0	3.000E+01	4.000E+00	6.000E+00
36	0	0	0	0	0	0	2.600E+01	0.000E+00	6.000E+00
37	0	0	0	0	0	0	0.000E+00	3.600E+01	0.000E+00
38	0	0	0	0	0	0	3.000E+01	3.600E+01	0.000E+00
39	0	0	0	0	0	0	0.000E+00	4.800E+01	0.000E+00
40	0	0	0	0	0	0	3.000E+01	4.800E+01	0.000E+00
41	0	0	0	0	0	0	0.000E+00	2.000E+01	2.100E+01
42	0	0	0	0	0	0	0.000E+00	3.600E+01	3.600E+01
43	0	0	0	0	0	0	3.000E+01	3.600E+01	3.600E+01
44	0	0	0	0	0	0	3.000E+01	2.000E+01	2.100E+01
45	0	0	0	0	0	0	0.000E+00	6.800E+01	3.600E+01
46	0	0	0	0	0	0	0.000E+00	6.800E+01	9.000E+00
47	0	0	0	0	0	0	3.000E+01	6.800E+01	3.600E+01
48	0	0	0	0	0	0	3.000E+01	6.800E+01	9.000E+00
49	1	1	1	1	1	1	0.000E+00	1.000E+14	0.000E+00
50	1	1	1	1	1	1	0.000E+00	0.000E+00	1.000E+14
51	1	1	1	1	1	1	1.000E+14	9.900E+00	0.000E+00
52	1	1	1	1	1	1	0.000E+00	−1.000E+14	0.000E+00
53	1	1	1	1	1	1	0.000E+00	0.000E+00	1.000E+14
54	1	1	1	1	1	1	−1.000E+14	0.000E+00	0.000E+00

5.79 A hunting stand is shown in Figure P 5–79. The coordinates of all nodes are also listed. Two 250 lb forces are applied to the top of the platform at the two center most nodes as shown. The frame is rated for 500 lb of force. Determine a standard suitable square tube of steel or aluminum based on a factor of safety of 2 against yielding of the material. (By Sam Hanson)

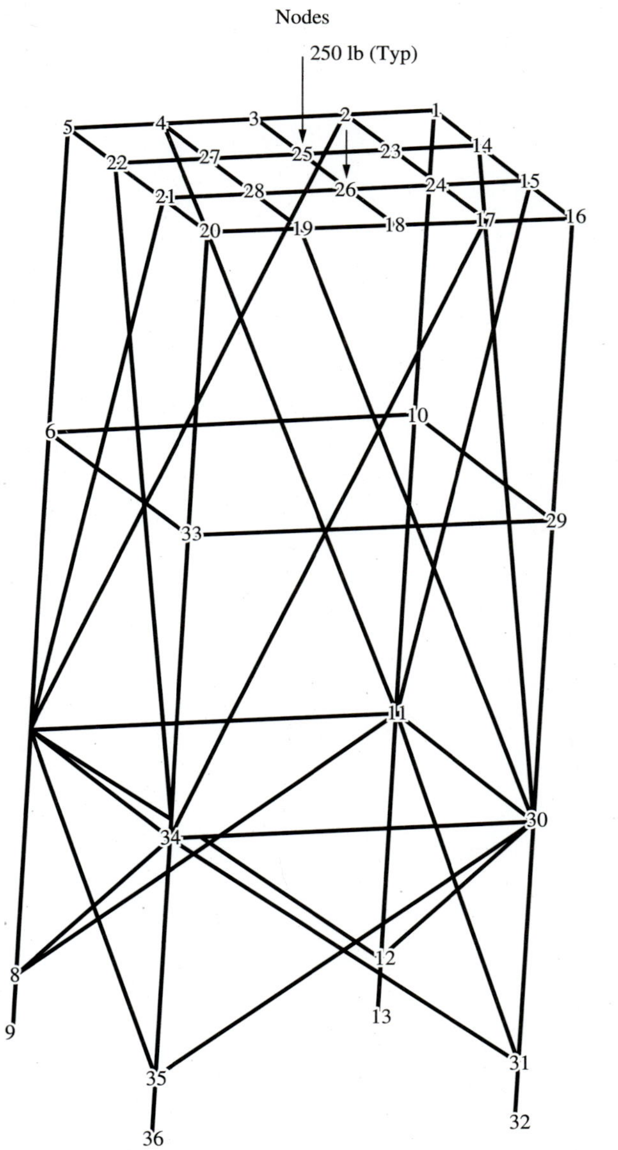

Figure P5-79 • Hunting stand frame (By Sam Hanson)

NODE	NODAL POINT COORDINATES (in.)		
No.	X	Y	Z
1	0.000E+00	0.000E+00	0.000E+00
2	1.200E+01	0.000E+00	0.000E+00
3	2.400E+01	0.000E+00	0.000E+00
4	3.600E+01	0.000E+01	0.000E+00
5	4.800E+01	0.000E+00	0.000E+00
6	4.800E+01	−4.000E+01	0.000E+00
7	4.800E+01	−8.000E+01	0.000E+00
8	4.800E+01	−1.120E+02	0.000E+00
9	4.800E+01	−1.200E+02	0.000E+00
10	0.000E+00	−4.000E+01	0.000E+00
11	0.000E+00	−8.000E+01	0.000E+00
12	0.000E+00	−1.120E+02	0.000E+00
13	0.000E+00	−1.200E+02	0.000E+00
14	0.000E+00	0.000E+00	−1.600E+01
15	0.000E+00	0.000E+00	−3.200E+01
16	0.000E+00	0.000E+00	−4.800E+01
17	1.200E+01	0.000E+00	−4.800E+01
18	2.400E+01	0.000E+00	−4.800E+01
19	3.600E+01	0.000E+00	−4.800E+01
20	4.800E+01	0.000E+00	−4.800E+01
21	4.800E+01	0.000E+00	−3.200E+01
22	4.800E+01	0.000E+00	−1.600E+01
23	1.200E+01	0.000E+00	−1.600E+01
24	1.200E+01	0.000E+00	−3.200E+01
25	2.400E+01	0.000E+00	−1.600E+01
26	2.400E+01	0.000E+00	−3.200E+01
27	3.600E+01	0.000E+00	−1.600E+01
28	3.600E+01	0.000E+00	−3.200E+01
29	0.000E+00	−4.000E+01	−4.800E+01
30	0.000E+00	−8.000E+01	−4.800E+01
31	0.000E+00	−1.120E+02	−4.800E+01
32	0.000E+00	−1.200E+02	−4.800E+01
33	4.800E+01	−4.000E+01	−4.800E+01
34	4.800E+01	−8.000E+01	−4.800E+01
35	4.800E+01	−1.120E+02	−4.800E+01
36	4.800E+01	−1.200E+02	−4.800E+01

CHAPTER 06

평면응력과 평면 변형률 강성방정식

학습목표

- 평면응력과 평면 변형률의 개념을 복습한다.
- 일정 변형률 삼각형(CST) 요소의 강성행렬과 방정식을 유도한다.
- CST 요소의 강성행렬과 응력을 결정하는 방법을 보인다.
- 2차원 요소의 체적력(body force)과 표면력(surface force)을 다루는 방법을 보인다.
- CST 요소 강성행렬의 상세한 표현을 유도한다.
- 평면응력 문제의 유한요소 해석을 상세하게 수행한다.
- 선형 사각형(Bilinear four-noded rectangular, Q4) 요소의 강성행렬을 유도한다.
- 보의 굽힘 문제에 대한 CST와 Q4 모델의 결과를 비교하고 요소들의 결점을 설명한다.

개요

2~5장에 걸쳐서 선 요소(line element)만을 고려했다. 두 개 이상의 선 요소들은 공통 절점에서만 연결되며, 트러스, 프레임 또는 격자 구조물과 같은 구조물을 형성한다. 선 요소는 단면적과 그에 관련된 관성 모멘트와 같은 기하학적 성질을 갖는다. 그러나 요소 내의 위치를 나타내기 위해서는 요소 길이에 따라 단지 하나의 국부좌표계 x가 요구된다(이것이 선 요소 또는 1차원 요소라 불리는 이유이다). 따라서 선 요소에 대한 절점 평형방정식을 세울 때 절점의 적합조건(compatibility)이 만족되어야 한다.

이 장에서는 2차원 유한요소를 설명한다. 2차원(평면) 요소는 x-y 좌표계와 같은 2차원 평면에서 세 개 이상의 점으로 구성된다. 이 요소는 그림 1-4, 1-5, 1-7(a), 6-2(a), 그리고 6-6(b)에서 보여주는 것과 같이 연속 구조물을 형성하기 위해 공통 절점과 또는 공통 변에서 연결된다. 2차원 요소에 대한 절점 평형방정식을 세우는 동안 절점의 적합조건이 동시에 만족되어야 한다. 적당한 변위함수를 채택하면 공통 변을 따라 적합성이 만족된다.

2차원 요소는 평면응력 문제와 평면 변형률 문제의 해석에 중요하다. (1) 평면응력 문제에는 그림 6-1과 같이 평판이 면 내 하중을 받을 때, 구멍, 필렛 혹은 기하학적으로 급격한 변화가 부분적 응력 집중을 초래하는 경우 등을 포함한다. (2) 평면 변형률 문제에는 그림 1-4에서 보듯이, 길이가 긴 지하 상자형 수로가 길이방향으로 균일 하중을 받는 문제의 경우, 혹은 그림 1-5에서와 같이 긴 원통형 제어 막대가 길이(혹은 깊이)에 따라 일정한 하중을 받는 문제의 경우, 그리고 그림 6-2에서 보여지듯이 댐이나 파이프가 길이방향에서는 일정한 하중을 받는 문제 등을 포함한다.

이 장은 **일정 변형률 삼각형 요소**(*constant-strain triangular element*)라 불리는 2차원, 즉 평면 유한요소에 대한 강성행렬을 유도하는 것에서부터 시작한다. 일정 변형률 삼각형 요소(CST)의 강성행렬로부터 시작하는 이유는 다른 2차원 요소들에 비해 아주 쉽게 유도할 수 있기 때문이다. 요소 전체에 걸쳐 변형률이 일정하기 때문에 CST 요소라 불린다.

CST 강성행렬을 최소 포텐셜 에너지 원리를 이용하여 유도하려고 하는데, 그 이유는 에너지 정식화가 2차원과 3차원 유한요소에 대해서 방정식 유도에 편리하기 때문이다.

그런 다음, 2장에서 제시된 직접강성법을 이용하여 평면 요소의 강성행렬을 조합하는 것을 보여주고, 단순한 얇은 판의 평면응력 요소 문제를 다룰 것이다. 그리고 그 판 안에서 응력을 포함한 모든 해를 완전하게 제시할 것이다.

마지막으로 선형 사각형(Q4) 요소의 강성행렬을 유도하고, 보의 굽힘 문제에 대하여 CST 요소와 Q4 요소를 이용한 유한요소해석 결과를 비교한다.

6.1 | 평면응력과 평면 변형률의 기본 개념

여기서는 평면응력과 평면 변형률의 개념을 설명한다. 이 장에서 유도되는 내용들은 평면응력 혹은 평면 변형률의 특성을 가지고 변형된다고 가정할 수 있는 시스템에만 적용될 수 있기 때문에 평면응력과 평면 변형률에 대한 개념은 매우 중요하므로 아래에서 상세히 설명한다.

평면응력

평면응력(plane stress)은 그 평면에 수직한 방향으로의 수직 응력(*normal stress*)과 전단 응력(*shear stress*)이 0이 되는 응력상태라고 정의된다. 예를 들면, 그림 6-1(a)와 (b)에서 평면 x-y에서 표면력 T(부재의 모서리 면에 작용하는 단위면적당 하중)를 받고 있는 평판은 평면응력상태에 있다고 말할 수 있다. 즉, 수직 응력 σ_z와 전단 응력 τ_{xz}, τ_{yz}를 0으로 가정한다. 일반적으로 얇고(평면 내에 있는 x와 y의 치수보다 훨씬 작은 z 치수를 가진) 평면 x-y 내에서만 하중이 작용하는 부재는 평면응력 상태로 간주할 수 있다.

평면 변형률

평면 변형률(plane strain)은 평면 x-y에 수직인 변형률 ε_z와 전단 변형률 γ_{xz}, γ_{yz}가 0으로 가정되는 변형률 상태이다. 평면 변형률의 가정은 일정한 단면적을 가진 z방향으로 긴 물체가 x방향 그리고 혹은 y방향으로만 작용하면서 z방향으로 변하지 않는 하중을 받는 경우에 실제 적용된다. 몇몇의 평면 변형률 예제가 그림 6-2 그리고 그림 1-4(길이가 긴 지하의 상자형 수로)과 1-5(원통형 제어 봉)에서 보여진다. 이들 예제에서 단지 구조물의 단위두께(1 in. 또는

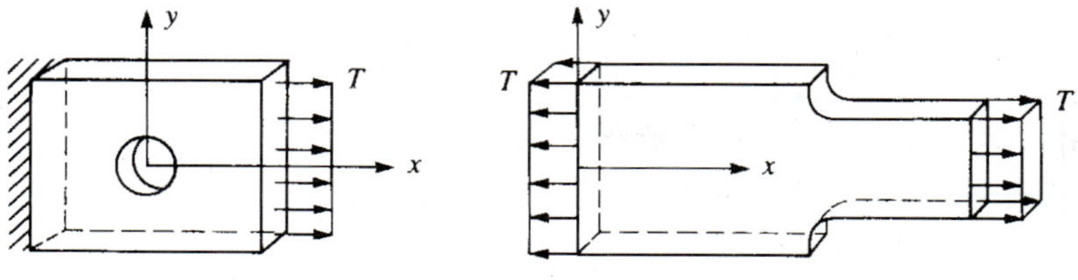

그림 6-1 • 평면응력 문제 (a) 구멍이 있는 평판, (b) 필렛이 있는 평판

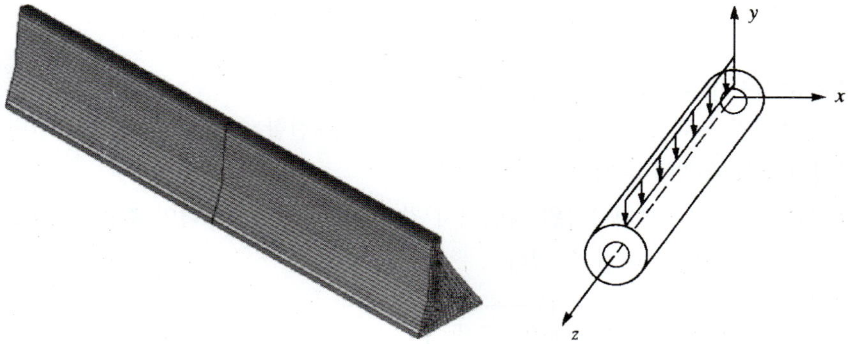

그림 6-2 • 평면 변형률 문제 (a) 수평하중을 받고 있는 댐(첨부된 칼라판 그림을 참조하시오), (b) 수직하중을 받고 있는 파이프

1 ft)가 고려되는데, 그 이유는 각 단위두께가 동일하게 거동하기 때문이다(끝점 근처는 제외). 그림 6-2에서 구조물의 유한요소 모델은 x방향 그리고(혹은) y방향으로 만 단위 두께에 걸쳐 하중이 작용하는 평면 x-y에서 적절히 격자분할된 단면적으로 구성된다.

2차원 응력과 변형률 상태

2차원 응력과 변형률 상태의 개념과, 이 상태에서의 응력-변형률 관계의 이해는 평면응력/변형률 삼각형 요소의 강성행렬을 유도하고 활용하기 위해서 반드시 필요하다. 그러므로 2차원 응력과 변형률의 필수적인 개념을 간단하게 검토해 보자(이 주제에 관한 자세한 설명은 참고문헌 [1], [2]와 부록 C를 참조).

우선 그림 6-3에 2차원 응력상태를 나타내었다. dx와 dy를 변으로 하는 미소 요소는 x와 y 방향(여기서는 수직면과 수평면)으로 작용하는 수직 응력 σ_x와 σ_y를 각각 가진다. 전단 응력 τ_{xy}는 x변(수직면)에서 y방향으로 작용한다. 전단 응력 τ_{yx}는 y변(수평면)에서 x방향으로 작용한다. 요소의 모멘트 평형에 의해 τ_{xy}와 τ_{yx}는 크기가 같아야 한다. 이 등식의 증명을 위해 부록 C.1을 참조하라. 그러므로 세 개의 독립적인 응력이 존재하고 벡터 열행렬에 의해 표기된다.

$$\{\sigma\} = \begin{Bmatrix} \sigma_x \\ \sigma_y \\ \tau_{xy} \end{Bmatrix} \tag{6.1.1}$$

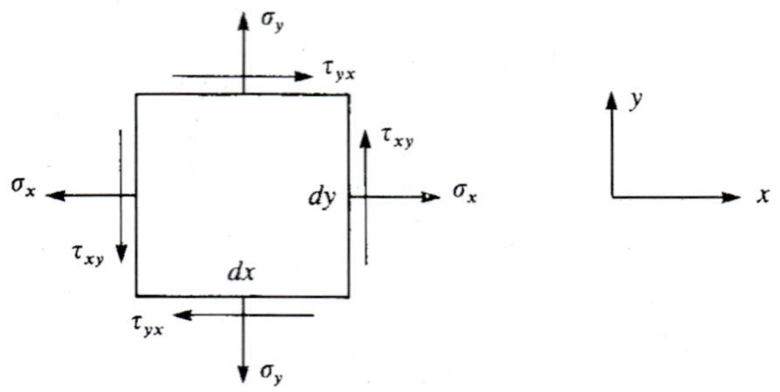

그림 6-3 • 2차원 응력상태

응력 요소의 평형방정식의 유도는 부록 C.1에 주어져 있다.

식 (6.1.1)에 의해 주어진 응력들을 절점 변위에 대한 식으로 표현할 수 있다. 그러므로 일단 절점 변위가 결정되면 이들 응력들은 직접 계산될 수 있다.

재료 강도학(참고문헌 [2])으로부터 2차원 평면에서 최대와 최소 수직 응력인 **주응력(principal stress)**은 다음 식으로부터 얻어질 수 있다.

$$\begin{aligned}\sigma_1 &= \frac{\sigma_x + \sigma_y}{2} + \sqrt{\left(\frac{\sigma_x - \sigma_y}{2}\right)^2 + \tau_{xy}^2} = \sigma_{\max} \\ \sigma_2 &= \frac{\sigma_x + \sigma_y}{2} - \sqrt{\left(\frac{\sigma_x - \sigma_y}{2}\right)^2 + \tau_{xy}^2} = \sigma_{\min}\end{aligned} \tag{6.1.2}$$

또한 **주응력 각(principal angle)** θ_p는 최대 혹은 최소 주응력이 작용하는 평면에 수직인 방향으로 다음과 같이 정의된다.

$$\tan 2\theta_p = \frac{2\tau_{xy}}{\sigma_x - \sigma_y} \tag{6.1.3}$$

그림 6-4는 주응력 σ_1, σ_2 그리고 주응력 각 θ_p를 보여준다. (그림 6-4에서 보여주듯이) 주응력이 작용하는 면 위에서는 전단 응력이 0이 됨에 유념해라.

그림 6-5에서는 구조물의 한 점에서 일반적인 2차원 응력상태를 나타낼 때 사용되는 미소 요소를 보여준다. 또 이 요소가 점 A에서 x와 y방향으로 u와 v 크기만큼 변형된 것과 x방향으로 선 AB를 따라 증분된 양 $(\partial u/\partial x)\ dx$와 y방향으로 선 AC를 따라 $(\partial v/\partial y)\ dy$만큼 변위가 생긴 것을 보여준다. 더욱이, 선 AB와 선 AC를 보면, 점 B가 점 A에 대해서 $(\partial v/\partial x)\ dx$만큼 위로 올라간 것과 점 C가 점 A에 대해서 $(\partial u/\partial y)\ dy$만큼 오른쪽으로 움직인 것을 알 수 있다.

수직과 전단 변형률의 일반적 정의에 따라 그림 6-5를 이용하면 다음 관계식을 얻을 수 있다.

$$\varepsilon_x = \frac{\partial u}{\partial x} \qquad \varepsilon_y = \frac{\partial v}{\partial y} \qquad \gamma_{xy} = \frac{\partial u}{\partial y} + \frac{\partial v}{\partial x} \tag{6.1.4}$$

식 (6.1.4)의 상세한 유도 과정은 부록 C.2에 주어져 있다. 그러므로 변형률 ε_x와 ε_y는 변형 전에 x와 y축에 각각 평행한 재료 선분에 대한 단위길이당 길이의 변화율이다. 이들 변형률을 수직[혹은 길이변화의(*extensional*) 혹은 길이방향의(*longitudinal*)] **변형률**이라 한다. 변형률 γ_{xy}는

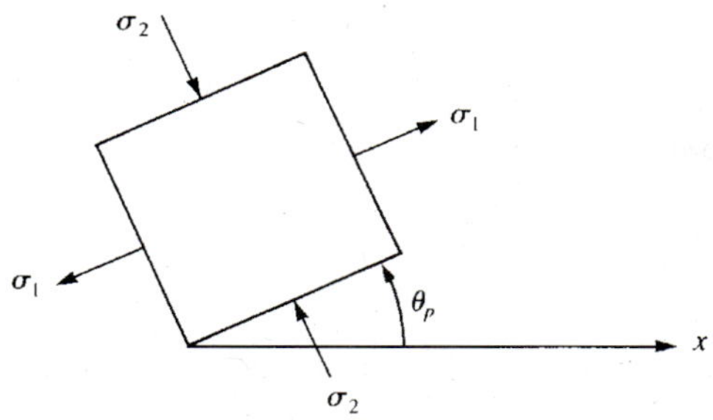

그림 6-4 • 주응력과 그 방향

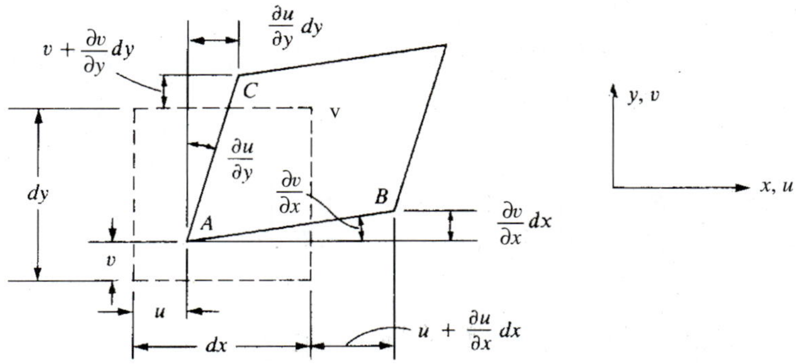

그림 6-5 • 평면 x-y 요소에서 선의 변위와 회전

미소 요소가 변형을 할 때 변 dx와 dy 사이에서 원래 직각이었던 각의 변화량이다. 이 변형률 γ_{xy}는 **전단 변형률**이라 한다.

식 (6.1.4)에서 주어진 변형률은 일반적으로 벡터 열행렬에 의해 표기된다.

$$\{\varepsilon\} = \begin{Bmatrix} \varepsilon_x \\ \varepsilon_y \\ \gamma_{xy} \end{Bmatrix} \tag{6.1.5}$$

식 (6.1.4)에서 주어진 x와 y방향으로 나타낸 변형률과 변위 사이의 관계가 이 장 이후의 내용을 이해하는 데 필요하다.

이제 평면응력과 평면 변형률에 대한 등방성 재료의 응력-변형률 관계식을 구한다. 평면응력에 있어서 다음과 같은 응력을 0으로 가정한다.

$$\sigma_z = \tau_{xz} = \tau_{yz} = 0 \tag{6.1.6}$$

식 (6.1.6)을 3차원 응력-변형률 관계[부록 C의 식 (C.3.10) 참조]에 적용해 보면 전단 변형률 $\gamma_{xz} = \gamma_{yz} = 0$이나, $\varepsilon_z \neq 0$이다. 따라서 평면응력 조건에서 다음과 같은 관계를 얻는다.

$$\{\sigma\} = [D]\{\varepsilon\} \tag{6.1.7}$$

여기서

$$[D] = \frac{E}{1-\nu^2}\begin{bmatrix} 1 & \nu & 0 \\ \nu & 1 & 0 \\ 0 & 0 & \dfrac{1-\nu}{2} \end{bmatrix} \tag{6.1.8}$$

이며, 식 (6.1.8)은 **응력－변형률 행렬**(혹은 **재료 구성행렬**)이라 불린다. 여기서 E는 탄성계수이고, ν는 포아송(Poisson)비이다. 식 (6.1.7)에서 $\{\sigma\}$는 식 (6.1.1)로, $\{\varepsilon\}$은 식 (6.1.5)로 정의된다.

평면 변형률에 있어서는 다음과 같은 변형률을 0으로 가정한다.

$$\varepsilon_z = \gamma_{xz} = \gamma_{yz} = 0 \tag{6.1.9}$$

식 (6.1.9)를 3차원 응력－변형률 관계[식 (C.3.10)]에 적용해 보면, 전단 응력 $\tau_{xz} = \tau_{yz} = 0$이나, $\sigma_z \neq 0$이다. 따라서 응력－변형률 행렬은 다음과 같다.

$$[D] = \frac{E}{(1+\nu)(1-2\nu)}\begin{bmatrix} 1-\nu & \nu & 0 \\ \nu & 1-\nu & 0 \\ 0 & 0 & \dfrac{1-2\nu}{2} \end{bmatrix} \tag{6.1.10}$$

행렬 $\{\sigma\}$와 $\{\varepsilon\}$은 평면응력의 경우와 같게 정의된다. 참고문헌 [1]에서 유도된 평면응력에 대한 기본 편미분 방정식은 다음과 같다.

$$\begin{aligned} \frac{\partial^2 u}{\partial x^2} + \frac{\partial^2 u}{\partial y^2} &= \frac{1+\nu}{2}\left(\frac{\partial^2 u}{\partial y^2} - \frac{\partial^2 v}{\partial x\,\partial y}\right) \\ \frac{\partial^2 v}{\partial x^2} + \frac{\partial^2 v}{\partial y^2} &= \frac{1+\nu}{2}\left(\frac{\partial^2 v}{\partial x^2} - \frac{\partial^2 u}{\partial x\,\partial y}\right) \end{aligned} \tag{6.1.11}$$

6.2 | 일정 변형률 삼각형 요소의 강성행렬과 방정식

평면 삼각형 요소에 대한 정식화 순서를 설명하고 기본 방정식을 얻기 위해서 그림 6-6(a)에서와 같이 인장의 표면력 하중 T_S를 받는 얇은 평판을 고려해 보자.

제1단계 요소 형태의 선정

평판 해석을 위해서 그림 6-6(b)에 주어진 분할된 평판에서 취한 그림 6-7의 기본 삼각형 요소를 고려한다. 그 분할된 평판은 삼각형 요소로 분할되었고, 각각의 삼각형 요소는 i, j, m과 같은 절점을 가진다. 삼각형 요소를 사용하는 이유는 불규칙한 모양을 가진 물체의 경계가 가장 실제와 가깝게 표현될 수 있고, 삼각형 요소와 관련된 수식들이 상대적으로 단순하기 때문이다. 크기가 큰 요소가 적게 사용된다면 이를 거친 **격자**(*coarse-mesh*)**분할**이라 한다. 각 절점은 두 개의 자유도, 즉 x와 y방향 변위를 가진다. 여기서 u_i와 v_i를 각각 절점 i에서의 x와 y방 향 변위 성분으로 한다.

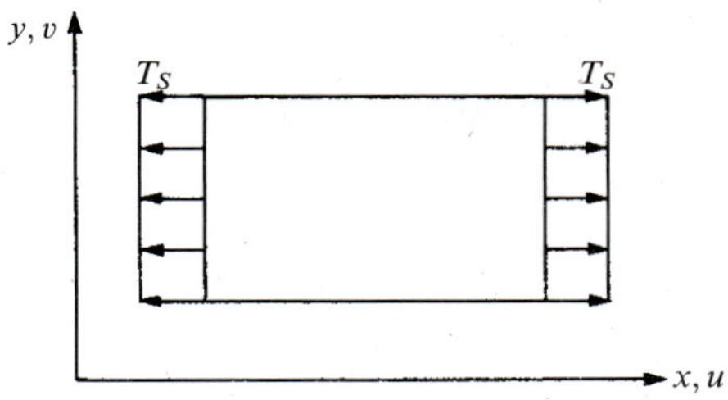

그림 6-6(a) • 인장을 받는 얇은 평판

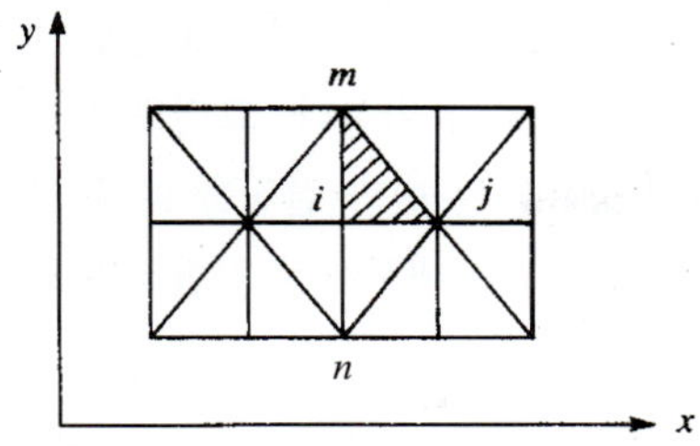

그림 6-6(b) • 삼각형 요소를 사용한 그림 6-6(a)의 분할된 평판

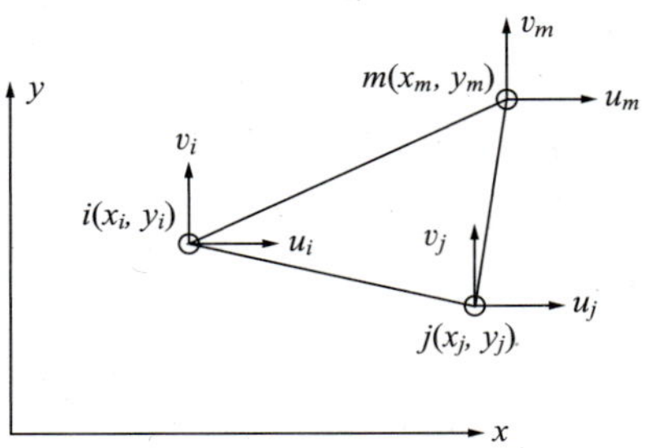

그림 6-7 • 자유도를 보여주는 기본 삼각형 요소

여기서는 정식화 과정이 반시계 방향 순서로 절점의 이름을 붙이는 방법에 기초하는데, 시계 방향 순서로 절점을 정하는 경우에도 정식화는 가능하다. 전체 구조물에 대해 일정한 방향으로 절점을 붙이는 방법은 계산 중에 요소 면적이 음(−)이 되는 것과 같은 문제를 피하기 위해 필요하다는 것을 알아야 한다. 여기서 (x_i, y_i), (x_j, y_j), 그리고 (x_m, y_m)은 각각 절점 i, j, m의 절점좌표이다.

절점 변위행렬은 다음과 같이 주어진다.

$$\{d\} = \begin{Bmatrix} \{d_i\} \\ \{d_j\} \\ \{d_m\} \end{Bmatrix} = \begin{Bmatrix} u_i \\ v_i \\ u_j \\ v_j \\ u_m \\ v_m \end{Bmatrix} \tag{6.2.1}$$

제2단계 변위함수의 선정

각 요소에 대해서 변위함수로서 다음과 같은 선형함수를 선택한다.

$$\begin{aligned} u(x,y) &= a_1 + a_2 x + a_3 y \\ v(x,y) &= a_4 + a_5 x + a_6 y \end{aligned} \tag{6.2.2}$$

여기서 $u(x, y)$와 $v(x, y)$는 요소 내 임의의 점 (x_i, y_i)에서의 변위를 나타내는 함수이다.

선형함수는 적합성이 만족되는 것을 보장한다. 주어진 양 끝점을 지나는 선형함수의 경로는 두 점을 지나는 직선으로 유일하다. 그러므로 1차 함수는 그림 6-6(b)의 변 i-j와 같이 이웃하는 요소들에 의해 공유되는 변과 절점을 따라 생기는 변위가 같다는 것을 보장한다. 식 (6.2.2)를 이용하면, 함수 u와 v를 내포하는 일반적인 변위함수 $\{\psi\}$는 다음과 같이 표현된다.

$$\{\psi\} = \begin{Bmatrix} a_1 + a_2x + a_3y \\ a_4 + a_5x + a_6y \end{Bmatrix} = \begin{bmatrix} 1 & x & y & 0 & 0 & 0 \\ 0 & 0 & 0 & 1 & x & y \end{bmatrix} \begin{Bmatrix} a_1 \\ a_2 \\ a_3 \\ a_4 \\ a_5 \\ a_6 \end{Bmatrix} \tag{6.2.3}$$

식 (6.2.2)에서 사용된 a값을 얻기 위해서는 식 (6.2.2)에 절점의 좌표를 대입한다.

$$\begin{aligned} u_i &= u(x_i, y_i) = a_1 + a_2x_i + a_3y_i \\ u_j &= u(x_j, y_j) = a_1 + a_2x_j + a_3y_j \\ u_m &= u(x_m, y_m) = a_1 + a_2x_m + a_3y_m \\ v_i &= v(x_i, y_i) = a_4 + a_5x_i + a_6y_i \\ v_j &= v(x_j, y_j) = a_4 + a_5x_j + a_6y_j \\ v_m &= v(x_m, y_m) = a_4 + a_5x_m + a_6y_m \end{aligned} \tag{6.2.4}$$

식 (6.2.4)의 처음 세 개의 식을 가지고 행렬 형태로 표기하고 a값을 구한다.

$$\begin{Bmatrix} u_i \\ u_j \\ u_m \end{Bmatrix} = \begin{bmatrix} 1 & x_i & y_i \\ 1 & x_j & y_j \\ 1 & x_m & y_m \end{bmatrix} \begin{Bmatrix} a_1 \\ a_2 \\ a_3 \end{Bmatrix} \tag{6.2.5}$$

이를 a에 대해 풀면,

$$\{a\} = [x]^{-1}\{u\} \tag{6.2.6}$$

여기서 $[x]$는 식 (6.2.5)의 오른쪽 항에 있는 3×3 행렬이다. 여인자(cofactor)를 이용한 방법(부록 A 참조)으로 $[x]$의 역행렬을 구할 수 있다. 그러므로

$$[x]^{-1} = \frac{1}{2A} \begin{bmatrix} \alpha_i & \alpha_j & \alpha_m \\ \beta_i & \beta_j & \beta_m \\ \gamma_i & \gamma_j & \gamma_m \end{bmatrix} \tag{6.2.7}$$

여기서

$$2A = \begin{vmatrix} 1 & x_i & y_i \\ 1 & x_j & y_j \\ 1 & x_m & y_m \end{vmatrix} \tag{6.2.8}$$

이다. 식 (6.2.8)은 $[x]$의 행렬식이고, 그 값은 다음과 같이 구한다.

$$2A = x_i(y_j - y_m) + x_j(y_m - y_i) + x_m(y_i - y_j) \tag{6.2.9}$$

여기서 A는 삼각형의 면적이다. 그리고

$$\begin{aligned} \alpha_i &= x_j y_m - y_j x_m & \alpha_j &= y_i x_m - x_i y_m & \alpha_m &= x_i y_j - y_i x_j \\ \beta_i &= y_j - y_m & \beta_j &= y_m - y_i & \beta_m &= y_i - y_j \\ \gamma_i &= x_m - x_j & \gamma_j &= x_i - x_m & \gamma_m &= x_j - x_i \end{aligned} \tag{6.2.10}$$

이다. $[x]^{-1}$을 계산한 후에, 식 (6.2.6)을 다음과 같은 확장된 행렬 형태로 표현할 수 있다.

$$\begin{Bmatrix} a_1 \\ a_2 \\ a_3 \end{Bmatrix} = \frac{1}{2A}\begin{bmatrix} \alpha_i & \alpha_j & \alpha_m \\ \beta_i & \beta_j & \beta_m \\ \gamma_i & \gamma_j & \gamma_m \end{bmatrix}\begin{Bmatrix} u_i \\ u_j \\ u_m \end{Bmatrix} \tag{6.2.11}$$

마찬가지로, 식 (6.2.4)의 마지막 세 개의 식을 사용하여 다음을 얻을 수 있다.

$$\begin{Bmatrix} a_4 \\ a_5 \\ a_6 \end{Bmatrix} = \frac{1}{2A}\begin{bmatrix} \alpha_i & \alpha_j & \alpha_m \\ \beta_i & \beta_j & \beta_m \\ \gamma_i & \gamma_j & \gamma_m \end{bmatrix}\begin{Bmatrix} v_i \\ v_j \\ v_m \end{Bmatrix} \tag{6.2.12}$$

좌표변수 x, y와 알고 있는 좌푯값 $\alpha_i, \alpha_j, \ldots, \gamma_m$과 모르는 절점 변위 u_i, u_j와 u_m의 형태로 $\{\psi\}$ 중의 x방향 변위함수 $u(x, y)$를 유도하려고 한다(v도 비슷하게 유도된다). 식 (6.2.2)를 행렬 형태로 쓰면 다음과 같다.

$$\{u\} = [1 \quad x \quad y]\begin{Bmatrix} a_1 \\ a_2 \\ a_3 \end{Bmatrix} \tag{6.2.13}$$

식 (6.2.11)을 식 (6.2.13)에 대입하면 다음과 같은 식을 얻는다.

$$\{u\} = \frac{1}{2A}[1 \quad x \quad y]\begin{bmatrix} \alpha_i & \alpha_j & \alpha_m \\ \beta_i & \beta_j & \beta_m \\ \gamma_i & \gamma_j & \gamma_m \end{bmatrix}\begin{Bmatrix} u_i \\ u_j \\ u_m \end{Bmatrix} \tag{6.2.14}$$

식 (6.2.14)를 전개하면 다음과 같다.

$$\{u\} = \frac{1}{2A}[1 \quad x \quad y]\begin{Bmatrix} \alpha_i u_i + \alpha_j u_j + \alpha_m u_m \\ \beta_i u_i + \beta_j u_j + \beta_m u_m \\ \gamma_i u_i + \gamma_j u_j + \gamma_m u_m \end{Bmatrix} \tag{6.2.15}$$

식 (6.2.15)에서 두 행렬을 곱하고 정리하면 다음과 같다.

$$u(x,y) = \frac{1}{2A}\{(\alpha_i + \beta_i x + \gamma_i y)u_i + (\alpha_j + \beta_j x + \gamma_j y)u_j + (\alpha_m + \beta_m x + \gamma_m y)u_m\} \tag{6.2.16}$$

비슷한 방법으로, 식 (6.2.16)에서 u_i를 v_i로, u_j를 v_j로, u_m을 v_m으로 대체하면 y방향의 변위함

수를 다음과 같이 얻는다.

$$v(x,y) = \frac{1}{2A}\{(\alpha_i + \beta_i x + \gamma_i y)v_i + (\alpha_j + \beta_j x + \gamma_j y)v_j + (\alpha_m + \beta_m x + \gamma_m y)v_m\} \quad (6.2.17)$$

식 (6.2.16)과 (6.2.17)로 주어지는 u와 v를 좀 더 단순하게 표현하기 위해서 다음 식을 정의한다.

$$\begin{aligned} N_i &= \frac{1}{2A}(\alpha_i + \beta_i x + \gamma_i y) \\ N_j &= \frac{1}{2A}(\alpha_j + \beta_j x + \gamma_j y) \\ N_m &= \frac{1}{2A}(\alpha_m + \beta_m x + \gamma_m y) \end{aligned} \quad (6.2.18)$$

그래서 식 (6.2.18)을 사용하여 식 (6.2.16)과 (6.2.17)을 다시 쓰면

$$\begin{aligned} u(x,y) &= N_i u_i + N_j u_j + N_m u_m \\ v(x,y) &= N_i v_i + N_j v_j + N_m v_m \end{aligned} \quad (6.2.19)$$

이다. 행렬 형태로 식 (6.2.19)를 표현하면

$$\{\psi\} = \begin{Bmatrix} u(x,y) \\ v(x,y) \end{Bmatrix} = \begin{Bmatrix} N_i u_i + N_j u_j + N_m u_m \\ N_i v_i + N_j v_j + N_m v_m \end{Bmatrix}$$

또는

$$\{\psi\} = \begin{bmatrix} N_i & 0 & N_j & 0 & N_m & 0 \\ 0 & N_i & 0 & N_j & 0 & N_m \end{bmatrix} \begin{Bmatrix} u_i \\ v_i \\ u_j \\ v_j \\ u_m \\ v_m \end{Bmatrix} \quad (6.2.20)$$

이다. 결론적으로, 식 (6.2.20)을 간략한 행렬 형태로 표현하면 다음과 같다.

$$\{\psi\} = [N]\{d\} \quad (6.2.21)$$

여기서 $[N]$은 다음과 같이 주어진다.

$$[N] = \begin{bmatrix} N_i & 0 & N_j & 0 & N_m & 0 \\ 0 & N_i & 0 & N_j & 0 & N_m \end{bmatrix} \quad (6.2.22)$$

이제 형상함수 N_i, N_j, 그리고 N_m을 이용하여 일반적인 변위 $\{\psi\}$를 $\{d\}$의 함수로 표현하였다. 형상함수를 임의의 요소의 표면에 걸쳐 그려보면 $\{\psi\}$의 형태를 나타낸다. 예를 들면, N_i는 $u_i = 1$로 놓고 다른 자유도는 모두 0으로, 즉 $u_j = u_m = v_i = v_j = v_m = 0$으로 놓고 요소의 표면 위에 그려보면 변수 u의 형상을 나타낸다. 게다가 $u(x_i, y_i)$는 u_i와 같다. 그러므로 점 (x_i, y_i)에서는 $N_i = 1$, $N_j = 0$, $N_m = 0$이 된다. 마찬가지로, $u(x_j, y_j) = u_j$이다. 그러므로 점 (x_j, y_j)에

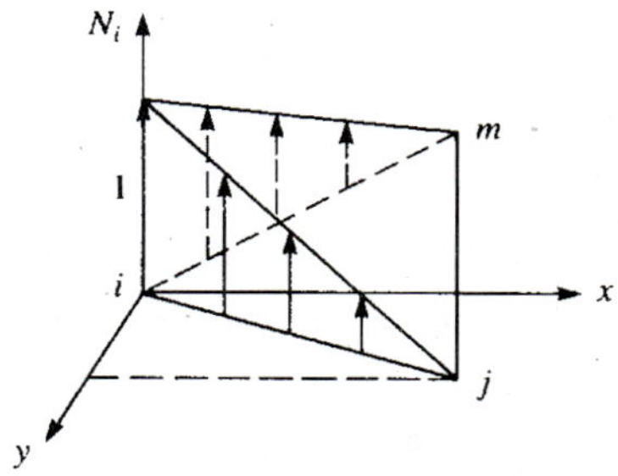

그림 6-8 • 전형적인 요소의 x-y 표면에 걸친 N_i의 변화

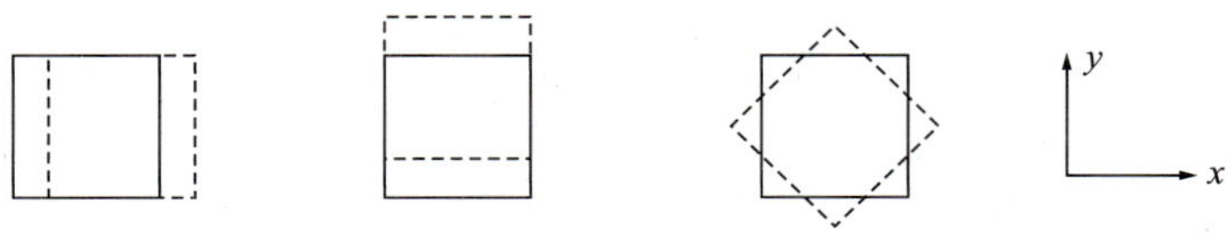

(a) 평면응력 요소의 강체운동 형태(좌측부터 x방향 병진, y방향 병진 그리고 회전)

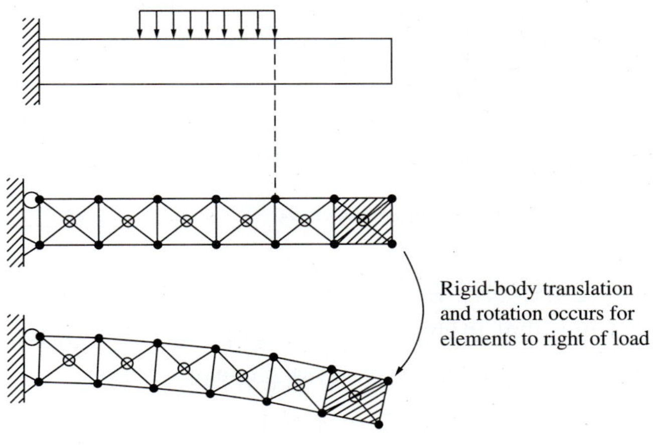

(b) 일정 변형률 삼각형 요소로 모델링된 외팔보: 하중 작용점 우측의 요소들은 응력이 작용하지 않는다.

그림 6-9 • 일정 변형률 삼각형 요소로 모델링된 외팔보에서 응력이 발생되지 않는 요소들

서는 $N_i = 0$, $N_j = 1$, $N_m = 0$이다. 그림 6-8은 전형적인 요소의 표면 위에 그려진 N_i의 형태를 보여준다. 절점 j와 m을 포함하여 j와 m을 연결하는 직선 위의 점을 제외하고 N_i는 0이 아니다라는 것에 주목해야 한다.

결국에는, 강체 변위를 모사하기 위해 u와 v가 일정한 값을 가질 수 있도록 요소 내의 모든 x와 y의 위치에 대해서 $N_i + N_j + N_m = 1$이다. 이와 같은 관계식의 증명은 3.2절에서 봉 요소에 대해 주어진 증명 방법을 따르며 연습문제로 남겨둔다(연습문제 6.1). 형상함수는 체적력과 표면력의 절점에서의 값을 구하기 위해서도 쓰이는데, 이에 대한 설명은 6.3절에서 주어진다.

일정 변형률 삼각형 요소가 2차원 평면응력 요소로 사용되기 위한 충분조건을 만족한다는 것이 그림 6-9에서 보여준다. 그림 6-9(a)에서 보여주는 것과 같이 변형이 없이 x방향이나 y방향으로 병진 이동과 회전을 모사할 수 있어야 한다. 삼각형의 평면응력 요소가 변형이 없는 강체로 병진과 회전을 모사할 수 있음을 그림 6-9(b)의 외팔보의 예에서 보여준다. 하중을 받는 지점의 오른쪽에 있는 요소들은 형상이나 크기의 변화가 없이 병진운동과 회전을 모사할 수 있다.

제3단계 변형률-변위와 응력-변형률 관계의 정의

미지의 절점 변위로 요소의 변형률과 응력을 표현한다.

요소 변형률

2차원 요소와 관련된 변형률은 다음과 같다.

$$\{\varepsilon\} = \begin{Bmatrix} \varepsilon_x \\ \varepsilon_y \\ \gamma_{xy} \end{Bmatrix} = \begin{Bmatrix} \dfrac{\partial u}{\partial x} \\ \dfrac{\partial v}{\partial y} \\ \dfrac{\partial u}{\partial y} + \dfrac{\partial v}{\partial x} \end{Bmatrix} \tag{6.2.23a}$$

식 (6.2.2)의 u와 v의 변위함수를 식 (6.2.23a)에 대입하면 다음 식을 얻는다.

$$\varepsilon_x = a_2 \qquad \varepsilon_y = a_6 \qquad \gamma_{xy} = a_3 + a_5 \tag{6.2.23b}$$

식 (6.2.23b)로부터 요소의 변형률은 일정한 것을 알 수 있다. 이에 일정변형률 삼각형 요소(constatnt strain triangle, CST)라 불린다. 또한 변위함수가 x와 y방향에 선형으로 가정되어서, 삼각형 요소의 모든 모서리는 변형이 진행되어도 직선을 유지함에 유념해라.

변위에 대한 식 (6.2.19)를 이용하면 다음과 같은 결과를 얻게 된다.

$$\frac{\partial u}{\partial x} = u_{,x} = \frac{\partial}{\partial x}(N_i u_i + N_j u_j + N_m u_m) \tag{6.2.24}$$

즉,

$$u_{,x} = N_{i,x} u_i + N_{j,x} u_j + N_{m,x} u_m \tag{6.2.25}$$

여기서 쉼표 다음에 나오는 변수는 그 변수에 대한 미분을 나타낸다. 또한 $u_i = u(x_i, y_i)$가 상수값이기 때문에 $u_{i,x} = 0$이다. $u_{j,x} = 0$과 $u_{m,x} = 0$도 마찬가지이다.

식 (6.2.18)을 이용하면 다음과 같이 식 (6.2.25)에 있는 형상함수의 미분을 얻을 수 있다.

$$N_{i,x} = \frac{1}{2A}\frac{\partial}{\partial x}(\alpha_i + \beta_i x + \gamma_i y) = \frac{\beta_i}{2A} \tag{6.2.26}$$

마찬가지로,

$$N_{j,x} = \frac{\beta_j}{2A} \qquad \text{그리고} \qquad N_{m,x} = \frac{\beta_m}{2A} \tag{6.2.27}$$

그러므로 식 (6.2.25)에 식 (6.2.26)과 (6.2.27)을 대입하면 다음과 같은 결과를 얻는다.

$$\frac{\partial u}{\partial x} = \frac{1}{2A}(\beta_i u_i + \beta_j u_j + \beta_m u_m) \tag{6.2.28}$$

마찬가지로, 다음과 같은 결과를 얻을 수 있다.

$$\begin{aligned} \frac{\partial v}{\partial y} &= \frac{1}{2A}(\gamma_i v_i + \gamma_j v_j + \gamma_m v_m) \\ \frac{\partial u}{\partial y} + \frac{\partial v}{\partial x} &= \frac{1}{2A}(\gamma_i u_i + \beta_i v_i + \gamma_j u_j + \beta_j v_j + \gamma_m u_m + \beta_m v_m) \end{aligned} \tag{6.2.29}$$

식 (6.2.23a)에 식 (6.2.28)과 (6.2.29)를 대입하면 다음과 같은 결과를 얻는다.

$$\{\varepsilon\} = \frac{1}{2A}\begin{bmatrix} \beta_i & 0 & \beta_j & 0 & \beta_m & 0 \\ 0 & \gamma_i & 0 & \gamma_j & 0 & \gamma_m \\ \gamma_i & \beta_i & \gamma_j & \beta_j & \gamma_m & \beta_m \end{bmatrix} \begin{Bmatrix} u_i \\ v_i \\ u_j \\ v_j \\ u_m \\ v_m \end{Bmatrix} \tag{6.2.30}$$

또는,

$$\{\varepsilon\} = \big[[B_i] \quad [B_j] \quad [B_m]\big] \begin{Bmatrix} \{d_i\} \\ \{d_j\} \\ \{d_m\} \end{Bmatrix} \tag{6.2.31}$$

여기서

$$[B_i] = \frac{1}{2A}\begin{bmatrix} \beta_i & 0 \\ 0 & \gamma_i \\ \gamma_i & \beta_i \end{bmatrix} \qquad [B_j] = \frac{1}{2A}\begin{bmatrix} \beta_j & 0 \\ 0 & \gamma_j \\ \gamma_j & \beta_j \end{bmatrix} \qquad [B_m] = \frac{1}{2A}\begin{bmatrix} \beta_m & 0 \\ 0 & \gamma_m \\ \gamma_m & \beta_m \end{bmatrix} \tag{6.2.32}$$

이다. 결론적으로, 단순화된 행렬 형태의 식으로 식 (6.2.31)을 다시 쓰면 다음과 같다.

$$\{\varepsilon\} = [B]\{d\} \tag{6.2.33}$$

여기서

$$[B] = \big[[B_i] \quad [B_j] \quad [B_m]\big] \tag{6.2.34}$$

종종 형상함수 구배행렬로 불리는 행렬 $[B]$는 x와 y좌표와 무관하다. 이 행렬은 식 (6.2.32)와 (6.2.10)에서 알 수 있듯이, 오직 요소의 절점좌표에만 좌우된다. 식 (6.2.33)에 주어진 변형률은 일정하다[앞의 식(6.2.23b)에 주어진 간단한 표현과 일치한다].

응력-변형률 관계

일반적으로 평면 내의 응력-변형률 관계는 다음과 같다.

$$\begin{Bmatrix} \sigma_x \\ \sigma_y \\ \tau_{xy} \end{Bmatrix} = [D] \begin{Bmatrix} \varepsilon_x \\ \varepsilon_y \\ \gamma_{xy} \end{Bmatrix} \tag{6.2.35}$$

여기서 $[D]$는 평면응력 문제에 대해서 식 (6.1.8)에서 주어지고, 평면 변형률 문제에 대해서는 식 (6.1.10)에서 주어진다. 식 (6.2.35)에 식 (6.2.33)을 대입하면 평면 내 응력에 대한 식을 다음과 같이 미지의 절점 자유도의 형태로 얻는다.

$$\{\sigma\} = [D][B]\{d\} \tag{6.2.36}$$

여기서 응력$\{\sigma\}$는 요소 내의 모든 곳에서 일정하다.

제4단계 요소 강성행렬과 방정식의 유도

최소 포텐셜 에너지 원리[1]를 사용하여 일반적인 일정 변형률의 삼각형 요소에 대한 방정식을 유도할 수 있다. 기본적인 평면응력 요소에 대해서 전체 포텐셜 에너지가 다음 식에서 보여주듯이 절점 변위 $u_i, v_i, u_j, \ldots, v_m$ (즉, $\{d\}$)의 함수라는 것을 기억하자.

$$\pi_p = \pi_p(u_i, v_i, u_j, \ldots, v_m) \tag{6.2.37}$$

전체 포텐셜 에너지는 다음과 같이 주어진다.

$$\pi_p = U + \Omega_b + \Omega_p + \Omega_s \tag{6.2.38}$$

여기서 변형 에너지는 다음과 같다.

$$U = \frac{1}{2} \iiint_V \{\varepsilon\}^T \{\sigma\}\, dV \tag{6.2.39}$$

식 (6.2.35)를 이용하면 다음과 같은 식을 얻는다.

$$U = \frac{1}{2} \iiint_V \{\varepsilon\}^T [D] \{\varepsilon\}\, dV \tag{6.2.40}$$

---

[1] 변분법을 이해하는 학생에게 추가 설명을 한다. 전체 포텐셜 에너지를 이용하는 강성도법 유한요소 정식화는 요소내부의 평형과 응력경계 조건은 요소의 모든 점에서 만족되는 것이 아니고 적분으로 평균화되어 만족되는 것임을 명심하라. 이와 같은 유한요소법의 수학적 정식화 기초를 문헌에서는 유한요소법의 약형태(weak form)라 칭한다. 이에 반하여 강형태(strong form)에서는 응력의 편비분 지배방정식과 경계조건이 모든 점에서 만족된다.

더불어 두 형태가 모두 평면응력 같은 문제들에 유효하기에, 약형태과 강형태라는 용어는 약형태의 유도과정에 약점이 있다는 것을 의미하지는 않는다. 실제로 자유도가 많아지면 약형태와 강형태가 같아짐은 증명된다. 보다 깊은 이론적 설명은 참고문헌 [3]을 참조하라.

식 (6.2.40)에서 $[D]^T = [D]$의 관계를 이용한다.

체적력(body force)의 포텐셜 에너지는 다음과 같다.

$$\Omega_b = -\iiint_V \{\psi\}^T \{X\}\, dV \tag{6.2.41}$$

여기서 $\{\psi\}$는 일반적인 변위함수이고, $\{X\}$는 단위체적당 중량, 즉 중량 밀도(일반적으로, lb_f/in^3 혹은 kN/m^3의 단위를 쓴다)이다.

집중하중의 포텐셜 에너지는 다음과 같다.

$$\Omega_p = -\{d\}^T \{P\} \tag{6.2.42}$$

여기서 $\{d\}$는 보통의 절점 변위를 나타내고, $\{P\}$는 외부 집중하중을 나타낸다.

분포하중(혹은 표면력)의 포텐셜 에너지는 다음과 같다.

$$\Omega_s = -\iint_S \{\psi_S\}^T \{T_S\}\, dS \tag{6.2.43}$$

여기서 $\{T_S\}$는 표면력(일반적으로 lb_f/in^2 혹은 kN/m^2의 단위를 쓴다)을 나타내고, $\{\psi_S\}$는 표면력이 작용하는 위치에서의 변위장, S는 표면력 $\{T_S\}$가 작용하는 표면을 나타낸다. 식 (6.2.21)과 비슷하게 $\{\psi_S\} = [N_S]\{d\}$를 사용하는데, $[N_S]$는 표면력이 작용하는 면에서의 형상함수 행렬이다.

$\{\psi\}$에 대한 식 (6.2.21)과 변형률에 대한 식 (6.2.33)을 이용하면 식 (6.2.40)~(6.2.43)에 이르는 식들은 다음과 같이 된다.

$$\begin{aligned}\pi_p = {} & \frac{1}{2}\iiint_V \{d\}^T[B]^T[D][B]\{d\}dV - \iiint_V \{d\}^T[N]^T\{X\}\,dV - \{d\}^T\{P\} \\ & - \iint_S \{d\}^T[N_S]^T\{T_S\}\,dS\end{aligned} \tag{6.2.44}$$

절점 변위 $\{d\}$는 일반적인 x-y 좌표계에 무관하므로, $\{d\}$는 식 (6.2.44)의 적분 밖으로 끌어낼 수 있다. 그러므로 다음과 같이 쓸 수 있다.

$$\begin{aligned}\pi_p = {} & \frac{1}{2}\{d\}^T\iiint_V [B]^T[D][B]\,dV\{d\} - \{d\}^T\iiint_V [N]^T\{X\}\,dV \\ & - \{d\}^T\{P\} - \{d\}^T\iint_S [N_S]^T\{T_S\}\,dS\end{aligned} \tag{6.2.45}$$

식 (6.2.41)~(6.2.43)에 이르는 식들로부터, 식 (6.2.45)의 마지막 세 개 항이 요소에 작용하는 총 하중 $\{f\}$를 나타낸다는 것을 알 수 있다. 즉,

$$\{f\} = \iiint_V [N]^T\{X\}\,dV + \{P\} + \iint_S [N_S]^T\{T_S\}\,dS \tag{6.2.46}$$

이며, 여기서 식 (6.2.46)의 오른쪽 항에서 첫 번째, 두 번째, 그리고 세 번째 항은 각각 체적력, 집중 절점력, 그리고 표면력을 나타낸다. 식 (6.2.45)에 식 (6.2.46)을 대입하면 다음과 같은 결

과를 얻게 된다.

$$\pi_p = \frac{1}{2}\{d\}^T \iiint_V [B]^T[D][B]\,dV\{d\} - \{d\}^T\{f\} \tag{6.2.47}$$

1차 변분, 즉 2장과 3장에서 보인 것과 같이 $\pi_p = \pi_p\{d\}$이므로 절점 변위에 대해서 π_p의 편미분을 취하면(3장과 4장에서 각각 봉과 보 요소에 대해 이미 행해진 것과 같이) 다음과 같은 결과를 얻게 된다.

$$\frac{\partial \pi_p}{\partial\{d\}} = \left[\iiint_V [B]^T[D][B]\,dV\right]\{d\} - \{f\} = 0 \tag{6.2.48}$$

식 (6.2.48)을 다시 쓰면 다음과 같다.

$$\iiint_V [B]^T[D][B]\,dV\{d\} = \{f\} \tag{6.2.49}$$

여기서 행렬 $\{d\}$에 대한 편미분은 이미 식 (2.6.12)에서 정의되었다. 식 (6.2.49)로부터 다음과 같은 관계를 알 수 있다.

$$[k] = \iiint_V [B]^T[D][B]\,dV \tag{6.2.50}$$

일정한 두께 t를 가진 요소에 대해서 식 (6.2.50)은 다음과 같이 쓸 수 있다.

$$[k] = t\iint_A [B]^T[D][B]\,dx\,dy \tag{6.2.51}$$

여기서 피적분항(integrand)은 일정 변형률 삼각형 요소에 대해서 x 혹은 y의 함수가 아니다. 그러므로 적분식 밖으로 끌어낼 수 있으며 다음과 같이 쓸 수 있다.

$$[k] = tA[B]^T[D][B] \tag{6.2.52}$$

여기서 A는 식 (6.2.9)와 같고, $[B]$는 식 (6.2.34)에서 주어진다. 그리고 $[D]$는 식 (6.1.8)이나 (6.1.10)에 의해 주어지고, 요소의 두께가 일정하다고 가정한다(이 가정은 요소의 크기가 작아짐에 따라 실제 상황에 수렴하게 한다).

식 (6.2.52)로부터 $[k]$가 절점좌표와($[B]$와 A가 절점좌표로 정의되어 있으므로), 재료 물성치인 E와 ν($[D]$가 이들의 함수이므로)의 함수임을 알 수 있다. 하나의 요소에 대하여 식 (6.2.52)를 전개하면 다음과 같다.

$$[k] = \begin{bmatrix} [k_{ii}] & [k_{ij}] & [k_{im}] \\ [k_{ji}] & [k_{jj}] & [k_{jm}] \\ [k_{mi}] & [k_{mj}] & [k_{mm}] \end{bmatrix} \tag{6.2.53}$$

여기서 2×2의 부행렬(submatrix)은 다음과 같이 주어진다.

$$\begin{aligned}[k_{ii}] &= [B_i]^T[D][B_i]tA \\ [k_{ij}] &= [B_i]^T[D][B_j]tA \\ [k_{im}] &= [B_i]^T[D][B_m]tA\end{aligned} \tag{6.2.54}$$

식 (6.2.54)에서, $[B_i]$, $[B_j]$, 그리고 $[B_m]$은 식 (6.2.32)에서 정의된다. 행렬 $[k]$는 6×6 행렬이다(왜냐하면 그 차수는 한 절점당 자유도의 수에 해당하는 2와 요소당 절점의 총수 3을 곱한 것이다).

일반적으로 식 (6.2.46)은 표면력과 체적력을 계산하는 데 사용된다. 식 (6.2.46)이 표면력과 체적력을 계산하는 데 사용될 때, 이들 힘이 에너지법으로부터 일관되게 유도되기 때문에 이들을 **일관 하중**(*consistent load*)이라 부른다. 일반적으로 2차 혹은 3차의 변위함수를 가지는 고차 요소에 대해서는 식 (6.2.46)이 사용되어야 한다. 그러나 CST 요소에 대해서는 체적력과 표면력을 절점에 동등하게 부과할 수 있고(equivalent load)(6.3절에서 예시된다), 집중 절점력에 더하여 요소의 하중행렬을 얻게 된다. 이때 요소 방정식은 다음과 같다.

$$\begin{Bmatrix} f_{1x} \\ f_{1y} \\ f_{2x} \\ f_{2y} \\ f_{3x} \\ f_{3y} \end{Bmatrix} = \begin{bmatrix} k_{11} & k_{12} & \dots & k_{16} \\ k_{21} & k_{22} & \dots & k_{26} \\ \vdots & \vdots & & \vdots \\ k_{61} & k_{62} & \dots & k_{66} \end{bmatrix} \begin{Bmatrix} u_1 \\ v_1 \\ u_2 \\ v_2 \\ u_3 \\ v_3 \end{Bmatrix} \tag{6.2.55}$$

결과적으로, 변형 에너지 U는 식 (6.2.47)의 첫 번째 항이며, 식 (6.2.50)으로 주어진 강성행렬을 이용하여 변위의 2차식인 $U = \frac{1}{2}\{d\}^T[k]\{d\}$으로 표현할 수 있음에 유의하라.

제5단계　전체좌표계에서의 방정식을 얻기 위한 요소 방정식의 조합과 경계조건의 도입

다음 식과 같이 직접강성법을 이용하여 전체 구조 강성행렬과 방정식을 얻을 수 있다.

$$[K] = \sum_{e=1}^{N} [k^{(e)}] \tag{6.2.56}$$

그리고

$$\{F\} = [K]\{d\} \tag{6.2.57}$$

식 (6.2.56)에서, 모든 요소 강성행렬은 전체 x-y 좌표계에서 정의된다. $\{d\}$는 전체 변위행렬이다.

$$\{F\} = \sum_{e=1}^{N} \{f^{(e)}\} \tag{6.2.58}$$

그리고 식 (6.2.58)은 체적력과 분포하중을 적당한 절점들에 동등하게 나누었거나(집중 절점력을 포함하여) 식 (6.2.46)을 이용함으로써 일관되게 얻어진 등가의 전체 절점력 행렬이다(체적력과 표면력을 처리하는 것에 관한 보다 자세한 설명은 6.3절에 제시된다).

식 (6.2.52)의 요소 강성행렬의 정식화에서 그 행렬은 전체좌표계에서 임의의 방향에 대해서 유도되었다. 그러므로 식 (6.2.52)는 모든 요소에 대해 적용할 수 있다. 모든 요소 행렬은 전체좌표계의 방향으로 표현된다. 그러므로 국부좌표계로부터 전체좌표계로의 변환은 필요하지 않다. 그러나 완벽을 기하기 위해 일정 변형률 삼각형 요소에 대한 국부좌표축이 전체 구조에 대한 전체좌표축에 대해 평행하지 않을 경우 사용되는 방법을 설명하려고 한다.

일정 변형률 삼각형 요소에 대한 국부좌표축이 전체 구조에 대한 전체좌표축에 평행하지 않다면, 3장에서 소개된 식 (3.3.16)에 의한 방법과 비슷한 좌표축 변환을 요소 절점력 행렬과 변위 행렬들뿐만 아니라 요소 강성행렬에 적용해야 한다. 전체좌표축 x-y에 평행하지 않은 국부좌표 x'-y'축를 가진 요소에 대한 고려로써 그림 6-10에서 보여주는 삼각형 요소에 대한 좌표축 변환을 구하려고 한다. 국부 절점력은 그림에서 보여주는 바와 같다. 국부 방정식으로부터 전체 방정식으로의 변환은 3.4절에서 설명한 방법을 따른다. 국부 변위와 전체 변위, 국부 하중과 전체 하중, 국부 강성행렬과 전체 강성행렬의 관계는 식 (3.4.14), (3.4.16), (3.4.22)와 같은 일반 표현식을 사용한다. 즉,

$$\{d'\} = [T]\{d\} \qquad \{f'\} = [T]\{f\} \qquad [k] = [T]^T[k'][T] \tag{6.2.59}$$

이다. 식 (6.2.59)에서 사용된 변환행렬 $[T]$에 대한 식 (3.4.15)는 일정 변형률 삼각형 요소에서는 두 개의 추가 자유도가 있기 때문에 확장되어야 한다. 그래서 식 (3.4.15)는 다음과 같이 확장된다.

$$[T] = \left[\begin{array}{cc|cc|cc} C & S & 0 & 0 & 0 & 0 \\ -S & C & 0 & 0 & 0 & 0 \\ \hline 0 & 0 & C & S & 0 & 0 \\ 0 & 0 & -S & C & 0 & 0 \\ \hline 0 & 0 & 0 & 0 & C & S \\ 0 & 0 & 0 & 0 & -S & C \end{array}\right] \begin{matrix} u_i \\ v_i \\ u_j \\ v_j \\ u_m \\ v_m \end{matrix} \tag{6.2.60}$$

여기서 $C = \cos\theta$, $S = \sin\theta$이며, θ는 그림 6-10에 도시되었다.

제6단계 절점 변위 구하기

미지의 전체 구조 절점 변위는 식 (6.2.57)에 의해 주어진 연립대수방정식을 풀면 구할 수 있다.

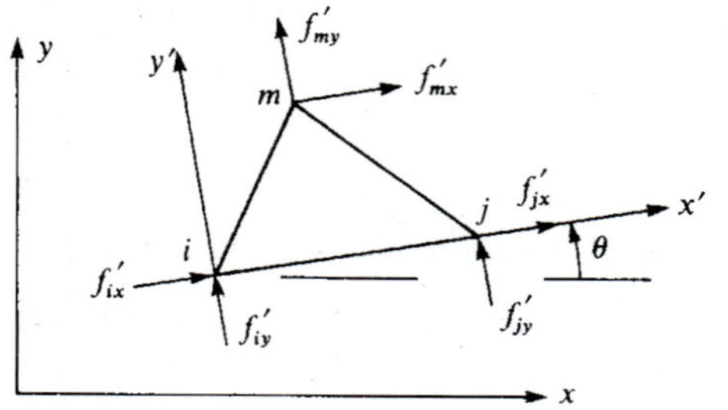

그림 6-10 • 전체좌표계의 축에 평행하지 않은 국부좌표계를 가진 삼각형 요소

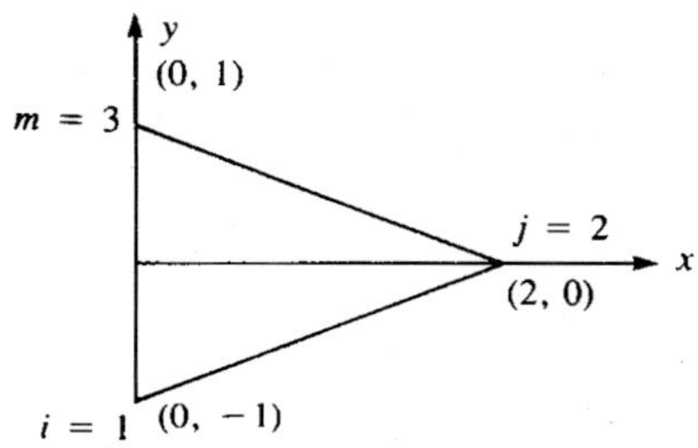

그림 6-11 • 강성행렬을 계산하기 위한 평면응력 요소

제7단계 요소 힘(응력) 구하기

절점 변위를 구하면 식 (6.2.33)과 (6.2.36)을 사용하여 전체좌표계의 x와 y방향에 대한 요소 내의 변형률과 응력을 얻을 수 있다. 결론적으로, 식 (6.1.2)의 변환식을 사용하여 평면 내 최대와 최소 주응력 σ_1과 σ_2를 구할 수 있다. 이들 응력은 보통 요소의 무게중심에서 작용한다고 가정된다. 주응력들 중 하나와 x축과 이루는 각은 식 (6.1.3)을 이용하여 구할 수 있다.

예제 6.1

그림 6-11에서 보여주는 요소에 대한 강성행렬을 구하라. 좌표는 inch 단위로 표기된다. 평면응력조건을 가정하라. 여기서 $E = 30 \times 10^6$ psi, $\nu = 0.25$, 두께 $t = 1$ in.이다. 요소의 절점 변위는 $u_i = 0.0$, $v_1 = 0.0025$ in., $u_2 = 0.0012$ in., $v_2 = 0.0$, $u_3 = 0.0$, $v_3 = 0.0025$ in.로 결정되었다고 가정한다. 이때 요소 응력을 구하라.

풀이

요소 강성행렬을 얻기 위해 식 (6.2.52)를 이용한다. $[k]$를 구하기 위해, 우선 식 (6.2.10)을 이용하여 다음과 같이 β와 γ들을 구한다.

$$\begin{aligned} \beta_i &= y_j - y_m = 0 - 1 = -1 & \gamma_i &= x_m - x_j = 0 - 2 = -2 \\ \beta_j &= y_m - y_i = 1 - (-1) = 2 & \gamma_j &= x_i - x_m = 0 - 0 = 0 \\ \beta_m &= y_i - y_j = -1 - 0 = -1 & \gamma_m &= x_j - x_i = 2 - 0 = 2 \end{aligned} \tag{6.2.61}$$

식 (6.2.32)와 (6.2.34)를 사용하면, 행렬 $[B]$가 다음과 같이 얻어진다.

$$[B] = \frac{1}{2(2)} \begin{bmatrix} -1 & 0 & 2 & 0 & -1 & 0 \\ 0 & -2 & 0 & 0 & 0 & 2 \\ -2 & -1 & 0 & 2 & 2 & -1 \end{bmatrix} \tag{6.2.62}$$

여기서 $A = 2\ \text{in}^2$임을 이용하였다.

평면응력조건에 대한 식 (6.1.8)은 다음과 같다.

$$[D] = \frac{30 \times 10^6}{1 - (0.25)^2} \begin{bmatrix} 1 & 0.25 & 0 \\ 0.25 & 1 & 0 \\ 0 & 0 & \dfrac{1 - 0.25}{2} \end{bmatrix} \text{psi} \tag{6.2.63}$$

식 (6.2.62)와 (6.2.63)을 식 (6.2.52)에 대입하면 다음을 얻는다.

$$[k] = \frac{(2)30 \times 10^6}{4(0.9375)} \begin{bmatrix} -1 & 0 & -2 \\ 0 & -2 & -1 \\ 2 & 0 & 0 \\ 0 & 0 & 2 \\ -1 & 0 & 2 \\ 0 & 2 & -1 \end{bmatrix}$$

$$\times \begin{bmatrix} 1 & 0.25 & 0 \\ 0.25 & 1 & 0 \\ 0 & 0 & 0.375 \end{bmatrix} \frac{1}{2(2)} \begin{bmatrix} -1 & 0 & 2 & 0 & -1 & 0 \\ 0 & -2 & 0 & 0 & 0 & 2 \\ -2 & -1 & 0 & 2 & 2 & -1 \end{bmatrix}$$

세 개의 행렬을 곱하면 다음과 같다.

$$[k] = 4.0 \times 10^6 \begin{bmatrix} 2.5 & 1.25 & -2 & -1.5 & -0.5 & 0.25 \\ 1.25 & 4.375 & -1 & -0.75 & -0.25 & -3.625 \\ -2 & -1 & 4 & 0 & -2 & 1 \\ -1.5 & -0.75 & 0 & 1.5 & 1.5 & -0.75 \\ -0.5 & -0.25 & -2 & 1.5 & 2.5 & -1.25 \\ 0.25 & -3.625 & 1 & -0.75 & -1.25 & 4.375 \end{bmatrix} \frac{\text{lb}}{\text{in.}} \tag{6.2.64}$$

응력을 구하기 위해 식 (6.2.36)을 이용한다. 식 (6.2.62)와 (6.2.63)을 계산된 절점 변위와 함께 식 (6.2.36)에 대입하면 다음과 같다.

$$\begin{Bmatrix} \sigma_x \\ \sigma_y \\ \tau_{xy} \end{Bmatrix} = \frac{30 \times 10^6}{1-(0.25)^2} \begin{bmatrix} 1 & 0.25 & 0 \\ 0.25 & 1 & 0 \\ 0 & 0 & 0.375 \end{bmatrix}$$

$$\times \frac{1}{2(2)} \begin{bmatrix} -1 & 0 & 2 & 0 & -1 & 0 \\ 0 & -2 & 0 & 0 & 0 & 2 \\ -2 & -1 & 0 & 2 & 2 & -1 \end{bmatrix} \begin{Bmatrix} 0.0 \\ 0.0025 \\ 0.0012 \\ 0.0 \\ 0.0 \\ 0.0025 \end{Bmatrix} \tag{6.2.65}$$

식 (6.2.65)에서 세 개의 행렬을 곱하면 응력들의 값을 구할 수 있다.

$$\sigma_x = 19,200 \text{ psi} \qquad \sigma_y = 4,800 \text{ psi} \qquad \tau_{xy} = -15,000 \text{ psi} \tag{6.2.66}$$

마지막으로, 주응력과 주각은 다음과 같이 식 (6.2.66)을 식 (6.1.2)와 (6.1.3)에 대입하여 얻을 수 있다.

$$\sigma_1 = \frac{19,200 + 4800}{2} + \left[\left(\frac{19,200 - 4800}{2} \right)^2 + (-15,000)^2 \right]^{1/2}$$
$$= 28,639 \text{ psi}$$
$$\sigma_2 = \frac{19,200 + 4800}{2} - \left[\left(\frac{19,200 - 4800}{2} \right)^2 + (-15,000)^2 \right]^{1/2} \quad (6.2.67)$$
$$= -4639 \text{ psi}$$
$$\theta_p = \frac{1}{2} \tan^{-1} \left[\frac{2(-15,000)}{19,200 - 4800} \right] = -32.2°$$

6.3 | 체적력과 표면력의 처리

체적력

식 (6.2.46)의 우변 중 첫 번째 항을 사용하여 절점에서의 체적력(body forces)을 다음과 같이 구할 수 있다.

$$\{f_b\} = \iiint_V [N]^T \{X\}\, dV \quad (6.3.1)$$

여기서

$$\{X\} = \begin{Bmatrix} X_b \\ Y_b \end{Bmatrix} \quad (6.3.2)$$

그리고 X_b와 Y_b는 각각 x와 y방향의 단위체적당 하중 단위의 중량 밀도이다. 이들 하중들은 예를 들면 실제 물체의 무게(중력에 의한 체적력), 각속도(9장에서 설명되는 **원심력**), 혹은 동역학에서의 관성력 때문에 발생된다.

식 (6.3.1)에서 $[N]$은 x와 y의 선형함수이다. 그러므로 적분이 반드시 수행되어야 한다. 요소

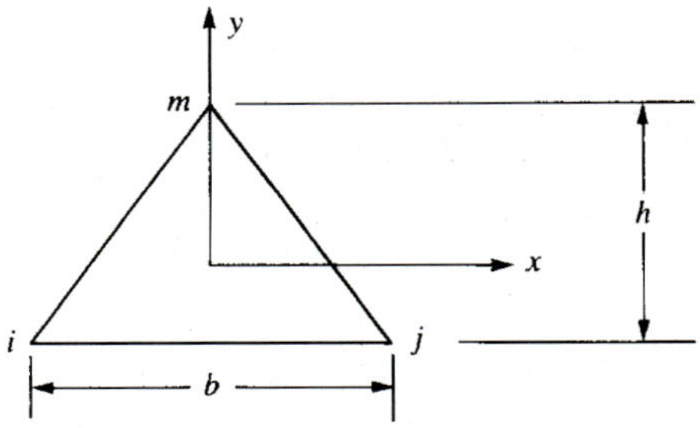

그림 6-12 • 질량중심에 좌표축을 가진 요소

의 무게중심에 좌표의 원점을 놓으면 일반성을 잃지 않으면서 적분이 간단해진다. 예를 들면, 그림 6-12에서 나타낸 좌표를 가진 요소를 고려하자. 요소의 무게중심에 좌표의 원점이 놓여 있을 때 무게중심의 정의로부터 $\iint x\,dA = \iint y\,dA = 0$이 된다. 그러므로 다음과 같은 식을 얻는다.

$$\iint \beta_i x\,dA = \iint \gamma_i y\,dA = 0 \tag{6.3.3}$$

그리고

$$\alpha_i = \alpha_j = \alpha_m = \frac{2A}{3} \tag{6.3.4}$$

식 (6.3.2)~(6.3.4)를 식 (6.3.1)에 대입하여 정리하면, 절점 i의 체적력은 다음과 같이 나타낼 수 있다.

$$\{f_{bi}\} = \begin{Bmatrix} X_b \\ Y_b \end{Bmatrix} \frac{tA}{3} \tag{6.3.5}$$

마찬가지로, j와 m 절점의 체적력을 고려하면 식 (6.3.5)와 같은 결과를 얻는다. 행렬 형태로 정리하면, 요소의 체적력은 다음과 같다.

$$\{f_b\} = \begin{Bmatrix} f_{bix} \\ f_{biy} \\ f_{bjx} \\ f_{bjy} \\ f_{bmx} \\ f_{bmy} \end{Bmatrix} = \begin{Bmatrix} X_b \\ Y_b \\ X_b \\ Y_b \\ X_b \\ Y_b \end{Bmatrix} \frac{At}{3} \tag{6.3.6}$$

식 (6.3.6)의 결과로부터 체적력은 세 개의 각 절점에 같은 크기로 분포된다는 것을 알 수 있다. 부호는 전체좌표계에서의 양의 x와 y에 대한 X_b와 Y_b의 방향에 좌우된다. 단지 y방향과 관련된 중력에 기인한 물체의 자중의 경우에 있어서는 $Y_b(X_b = 0)$의 값만을 가진다.

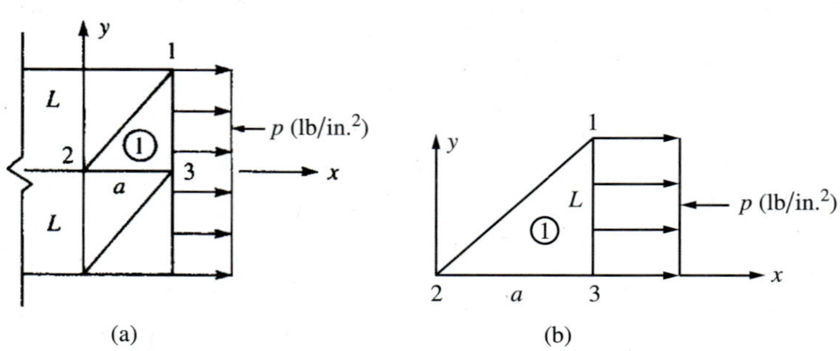

그림 6-13 • (a) 한 변에 균일 하중이 작용하는 요소, (b) 변 1-3을 따라 표면력을 갖는 요소 1

표면력

식 (6.2.46)의 우변에서 세 번째 항을 이용하면 다음과 같이 각 절점들에서의 표면력(surface forces)을 구할 수 있다.

$$\{f_s\} = \iint_S [N_S]^T \{T_S\}\, dS \tag{6.3.7}$$

식 (6.3.7)의 $[N_S]$에서 아래첨자 S는 표면력이 작용하는 표면에서 계산되는 형상함수를 의미한다.

그림 6-13(b)에서 보는 것과 같이 요소 1의 절점 1과 3 사이의 변에 일정 하중 p(가령, 단위를 $\mathrm{lb/in^2}$이라 하자)가 작용하는 경우에 식 (6.3.7)을 사용하는 예를 보여준다. 식 (6.3.7)에서 표면력은

$$\{T_S\} = \begin{Bmatrix} p_x \\ p_y \end{Bmatrix} = \begin{Bmatrix} p \\ 0 \end{Bmatrix} \tag{6.3.8}$$

그리고

$$[N_S]^T = \begin{bmatrix} N_1 & 0 \\ 0 & N_1 \\ N_2 & 0 \\ 0 & N_2 \\ N_3 & 0 \\ 0 & N_3 \end{bmatrix}_{x = a,\, y = y\text{ 에서의 값}} \tag{6.3.9}$$

$x = a$, $y = y$에서의 값 $x = a$, $y = y$(즉, $y = 0$부터 $y = L$까지)의 변에 표면력 p가 작용하기 때문에 $x = a$, $y = y$에서의 형상함수를 구하여 y방향에서는 0부터 L까지, z방향에서는 0부터 t까지 적분한다.

식 (6.3.8)과 (6.3.9)를 이용하면 식 (6.3.7)을 다음과 같이 쓸 수 있다.

$$\{f_s\} = \int_0^t \int_0^L \begin{bmatrix} N_1 & 0 \\ 0 & N_1 \\ N_2 & 0 \\ 0 & N_2 \\ N_3 & 0 \\ 0 & N_3 \end{bmatrix}_{x = a,\, y = y\text{ 에서의 값}} \begin{Bmatrix} p \\ 0 \end{Bmatrix} dz\, dy \tag{6.3.10}$$

식 (6.3.10)을 정리하면 다음과 같다.

$$\{f_s\} = t\int_0^L \begin{bmatrix} N_1 p \\ 0 \\ N_2 p \\ 0 \\ N_3 p \\ 0 \end{bmatrix}_{x = a,\, y = y\text{ 에서의 값}} dy \tag{6.3.11}$$

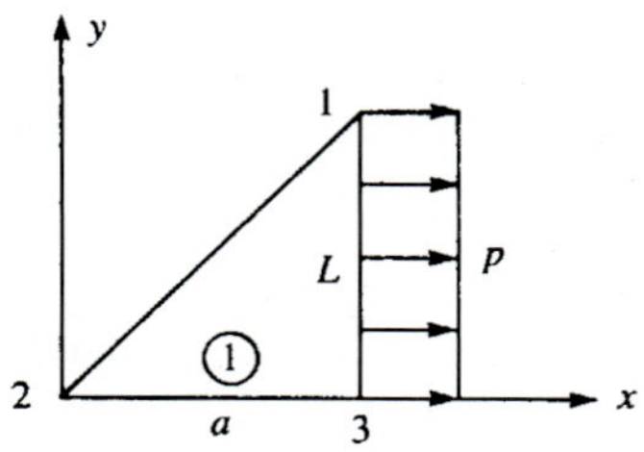

그림 6-14 • 변에 표면력(P)이 작용하는 전형적인 요소

이제 식 (6.2.18)($i = 1$인 경우)에 의해 다음과 같은 결과를 얻는다.

$$N_1 = \frac{1}{2A}(\alpha_1 + \beta_1 x + \gamma_1 y) \tag{6.3.12}$$

편의를 위해 그림 6-14에서 보는 것과 같이 요소에 대한 좌표계를 잡는다. 식 (6.2.10)의 정의를 이용하여 다음과 같은 식을 얻는다.

$$\alpha_i = x_j y_m - y_j x_m$$

즉, $i = 1, j = 2$ 그리고 $m = 3$인 경우에는

$$\alpha_1 = x_2 y_3 - y_2 x_3 \tag{6.3.13}$$

가 된다. 좌표를 식 (6.3.13)에 대입하면

$$\alpha_1 = 0 \tag{6.3.14}$$

이다. 마찬가지로, 다시 식 (6.2.10)을 사용하면

$$\beta_1 = 0 \qquad \gamma_1 = a \tag{6.3.15}$$

가 된다. 그러므로 식 (6.3.14)와 (6.3.15)를 식 (6.3.12)에 대입하면 다음과 같다.

$$N_1 = \frac{ay}{2A} \tag{6.3.16}$$

마찬가지로, 식 (6.2.18)을 사용하여 다음 식을 얻을 수 있다.

$$N_2 = \frac{L(a-x)}{2A} \qquad \text{그리고} \qquad N_3 = \frac{Lx - ay}{2A} \tag{6.3.17}$$

N_1, N_2, N_3에 대한 식 (6.3.16)과 (6.3.17)을 식 (6.3.11)에 대입한 후, $x = a$, $y = y$(이 좌표는 표면력 p가 작용하는 위치)에서의 N_1, N_2, N_3를 구한 다음, y에 대해 이 식을 적분하면 다음과 같은 결과를 얻는다.

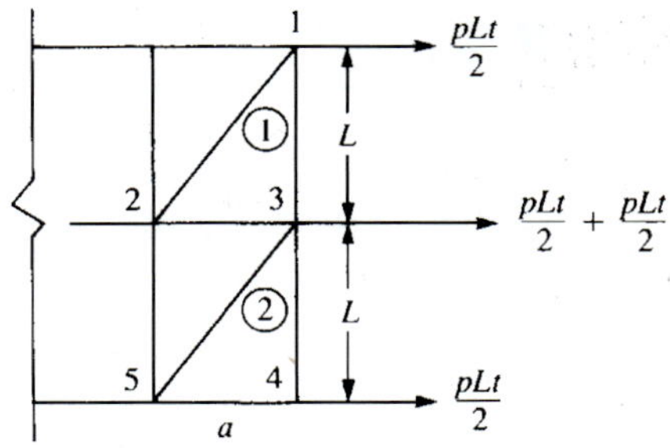

그림 6-15 • 표면력에 대한 등가 절점력

$$f_s\} = \frac{t}{2(aL/2)} \begin{Bmatrix} a\left(\frac{L^2}{2}\right)p \\ 0 \\ 0 \\ 0 \\ \left(L^2 - \frac{L^2}{2}\right)ap \\ 0 \end{Bmatrix} \tag{6.3.18}$$

여기서 절점 1과 3 사이에서 형상함수의 정의에 따라 $N_2 = 0$이다. 식 (6.3.18)을 정리하면, 결국 다음과 같다.

$$\{f_s\} = \begin{Bmatrix} f_{s1x} \\ f_{s1y} \\ f_{s2x} \\ f_{s2y} \\ f_{s3x} \\ f_{s3y} \end{Bmatrix} = \begin{Bmatrix} pLt/2 \\ 0 \\ 0 \\ 0 \\ pLt/2 \\ 0 \end{Bmatrix} \tag{6.3.19}$$

그림 6-15는 두 요소 1과 2에 대해서 표면하중에 대한 등가 절점력을 보여준다.

결론적으로, 일정 변형률 삼각형 요소에 대해서 요소의 변에 작용하는 분포하중은 정적으로 동등한 집중하중으로 치환하여 하중을 받는 변에 붙은 절점에 작용시킬 수 있다[이것은 식 (6.3.7)을 적용하는 것과 같은 결과이다]. 그러나 선형 변형률의 삼각형 요소(linear-strain triangle)(8장에서 다룸)와 같은 고차 차수의 요소에 대해서는 최소 포텐셜 에너지 원리에 기초한 식 (6.3.7)을 사용하여 하중을 치환하여야 한다. 고차 차수의 요소들에 대해서 식 (6.3.7)을 사용하여 하중을 치환하는 방법과 정적 등가 방법으로 치환한 값과는 일반적으로 다르다. 그러나 식 (6.3.7)을 이용하는 방법이 에너지법에 의한 직접적인 결과라는 점에서 일관성이 있다.

식 (6.3.7)에서 정의되는 최소 포텐셜 에너지 원리에 따른 하중행렬 $\{f_s\}$는 4장에서 보에 작용 하는 분포하중을 설명할 때 이미 사용된 등가 일(work equivalence)에 의한 하중행렬과 같다는 것을 알 수 있다.

6.4 | 일정 변형률 삼각형(CST) 요소의 강성행렬

강성행렬이 일반적으로 식 (6.4.1)에 의해 나타난 세 개의 행렬에 대한 곱셈은 대부분의 컴퓨터 프로그램에서 내부적으로 계산되는데, CST 요소에 대한 강성행렬을 명확하게 구하는 것은 값진 경험일 것이다. 여기서는 평면 변형률에 대해 구하려고 한다.

우선, 강성행렬이 다음과 같이 얻어진다는 것을 상기하자.

$$[k] = tA[B]^T[D][B] \tag{6.4.1}$$

여기서 평면 변형률의 경우 $[D]$는 식 (6.1.10)에 의해, $[B]$는 식 (6.2.34)에 의해 주어진다. 행렬 $[D]$와 $[B]$를 식 (6.4.1)에 대입하면 다음과 같다.

$$[k] = \frac{tE}{4A(1+\nu)(1-2\nu)}\begin{bmatrix} \beta_i & 0 & \gamma_i \\ 0 & \gamma_i & \beta_i \\ \beta_j & 0 & \gamma_j \\ 0 & \gamma_j & \beta_j \\ \beta_m & 0 & \gamma_m \\ 0 & \gamma_m & \beta_m \end{bmatrix} \times \begin{bmatrix} 1-\nu & \nu & 0 \\ \nu & 1-\nu & 0 \\ 0 & 0 & \dfrac{1-2\nu}{2} \end{bmatrix}\begin{bmatrix} \beta_i & 0 & \beta_j & 0 & \beta_m & 0 \\ 0 & \gamma_i & 0 & \gamma_j & 0 & \gamma_m \\ \gamma_i & \beta_i & \gamma_j & \beta_j & \gamma_m & \beta_m \end{bmatrix} \tag{6.4.2}$$

식 (6.4.2)의 행렬들을 곱하면 식 (6.4.3), 즉 평면 변형률에 대해 CST 요소의 강성행렬을 얻는다. $[k]$는 γ와 β들의 정의에서 보듯이, x와 y의 절점좌표들의 차에 대한 함수이고, 재료 물성치 E와 ν의 함수이며, 또한 요소 두께 t와 요소 면적 A의 함수이다.

$$[k] = \frac{tE}{4A(1+\nu)(1-2\nu)} \times \begin{bmatrix} \beta_i^2(1-\nu)+\gamma_i^2\left(\dfrac{1-2\nu}{2}\right) & \beta_i\gamma_i\nu+\beta_i\gamma_i\left(\dfrac{1-2\nu}{2}\right) & \beta_i\beta_j(1-\nu)+\gamma_i\gamma_j\left(\dfrac{1-2\nu}{2}\right) \\ & \gamma_i^2(1-\nu)+\beta_i^2\left(\dfrac{1-2\nu}{2}\right) & \beta_j\gamma_i\nu+\beta_i\gamma_j\left(\dfrac{1-2\nu}{2}\right) \\ & & \beta_j^2(1-\nu)+\gamma_j^2\left(\dfrac{1-2\nu}{2}\right) \\ & & \\ \text{Symmetry} & & \end{bmatrix}$$

$$
\begin{array}{ccc}
\beta_i\gamma_j\nu + \beta_j\gamma_i\left(\dfrac{1-2\nu}{2}\right) & \beta_i\beta_m(1-\nu) + \gamma_i\gamma_m\left(\dfrac{1-2\nu}{2}\right) & \beta_i\gamma_m\nu + \beta_m\gamma_i\left(\dfrac{1-2\nu}{2}\right) \\
\gamma_i\gamma_j(1-\nu) + \beta_i\beta_j\left(\dfrac{1-2\nu}{2}\right) & \beta_m\gamma_i\nu + \beta_i\gamma_m\left(\dfrac{1-2\nu}{2}\right) & \gamma_i\gamma_m(1-\nu) + \beta_i\beta_m\left(\dfrac{1-2\nu}{2}\right) \\
\beta_j\gamma_j\nu + \beta_j\gamma_j\left(\dfrac{1-2\nu}{2}\right) & \beta_j\beta_m(1-\nu) + \gamma_j\gamma_m\left(\dfrac{1-2\nu}{2}\right) & \beta_j\gamma_m\nu + \gamma_j\beta_m\left(\dfrac{1-2\nu}{2}\right) \\
\gamma_j^2(1-\nu) + \beta_j^2\left(\dfrac{1-2\nu}{2}\right) & \beta_m\gamma_j\nu + \beta_j\gamma_m\left(\dfrac{1-2\nu}{2}\right) & \gamma_j\gamma_m(1-\nu) + \beta_j\beta_m\left(\dfrac{1-2\nu}{2}\right) \\
 & \beta_m^2(1-\nu) + \gamma_m^2\left(\dfrac{1-2\nu}{2}\right) & \gamma_m\beta_m\nu + \beta_m\gamma_m\left(\dfrac{1-2\nu}{2}\right) \\
 & & \gamma_m^2(1-\nu) + \beta_m^2\left(\dfrac{1-2\nu}{2}\right)
\end{array}
\tag{6.4.3}
$$

평면응력의 경우에는 식 (6.4.3)에서 $1 - \nu$를 1로, $(1 - 2\nu)/2$를 $(1 - \nu)/2$로, 그리고 행렬 밖에 있는 $(1 + \nu)(1 - 2\nu)$를 $1 - \nu^2$으로 바꾸면 된다.

결론적으로, 고무 재료 혹은 소성 구조물과 같이 포아송비 ν가 0.5에 가까운 경우, 재료가 비압축성이 된다는 것에 주목해야 한다[2]. 평면 변형률의 경우 ν가 0.5에 가까워짐에 따라 재료 물성행렬[식 (6.1.10) 참조]과 식 (6.4.3)의 강성행렬에서 분모가 0이 된다. 0.5에 가까운 ν의 값 가령, 0.49는 구조방정식을 풀기 어렵게 한다. 이 경우 벌칙법(**페널티법**, *penalty formulation*)(참고문헌 [3])으로 불리는 특별한 정식화가 사용된다.

6.5 | 평면응력 문제의 유한요소 해법

평면응력에 대한 유한요소법을 설명하기 위해 다음 예제를 통해 자세한 해법을 제시한다.

예제 6.2

그림 6-16에서와 같이 표면력을 받는 얇은 판의 경우에 대해 절점 변위와 요소 응력을 구하라. 판 두께는 $t = 1$ in., $E = 30 \times 10^6$ psi, $\nu = 0.30$이다.

풀이

요소 분할

주어진 평판에 대한 유한요소 해석을 하기 위해, 우선 평판을 그림 6-17과 같이 두 개의 요소로 분할(discretization)한다. 이와 같은 거칠게 자른 격자는 잘게 자른 격자보다 실제에 가까운 평판 거동, 특히 고정단 근처에서의 거동을 구할 수 없다는 것을 이해해야 한다. 그러나 매우 긴 해답 풀이 과정을 거쳐야 하기 때문에 풀이 과정의 간략함을 위해서(그러나 풀이 과정에 대한 일반성을 잃지 않고) 거친 분할 방법을 사용할 것이다.

그림 6-16에서 보이는 인장 표면력은 다음과 같이 그림 6-17의 절점력으로 치환되었다.

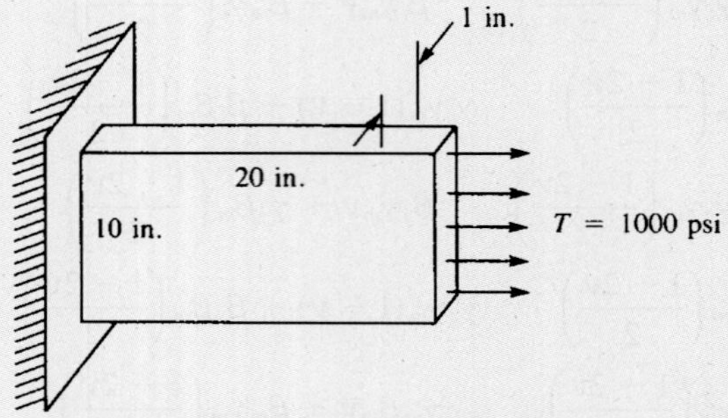

그림 6-16 • 인장응력을 받는 두께가 얇은 판

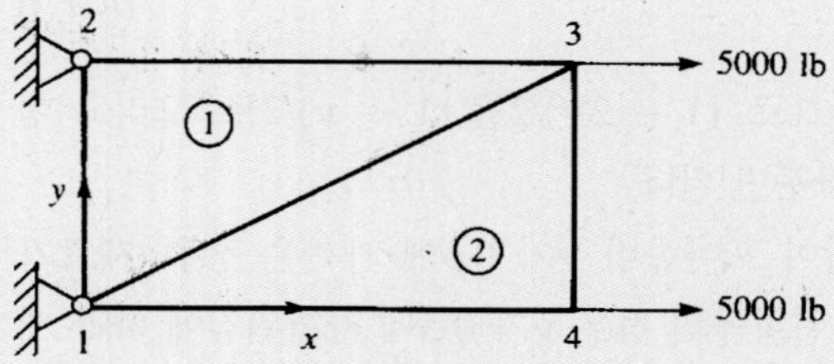

그림 6-17 • 격자분할된 판

$$F = \frac{1}{2}TA$$

$$F = \frac{1}{2}(1000\text{ psi})(1\text{ in.} \times 10\text{ in.})$$

$$F = 5000\text{ lb}$$

일반적으로 고차 요소에 있어서는 식 (6.3.7)이 분포 표면력을 절점력으로 바꾸는 데 사용되어야 한다. 그러나 CST 요소에 있어서는 6.3절에서 설명했듯이 정적으로 등가인 하중으로 대체하는 방법이 앞에서와 같이 직접 적용된다.

전체좌표계에서의 지배 행렬방정식은 다음과 같다.

$$\{F\} = [K]\{d\} \tag{6.5.1}$$

식 (6.5.1)의 행렬을 전개하면 다음과 같다.

$$\begin{Bmatrix} F_{1x} \\ F_{1x} \\ F_{2x} \\ F_{2y} \\ F_{3x} \\ F_{3y} \\ F_{4x} \\ F_{4y} \end{Bmatrix} = \begin{Bmatrix} R_{1x} \\ R_{1y} \\ R_{2x} \\ R_{2y} \\ 5000 \\ 0 \\ 5000 \\ 0 \end{Bmatrix} = [\mathrm{K}]\begin{Bmatrix} u_1 \\ v_1 \\ u_2 \\ v_2 \\ u_3 \\ v_3 \\ u_4 \\ v_4 \end{Bmatrix} = [K]\begin{Bmatrix} 0 \\ 0 \\ 0 \\ 0 \\ u_3 \\ v_3 \\ u_4 \\ v_4 \end{Bmatrix} \tag{6.5.2}$$

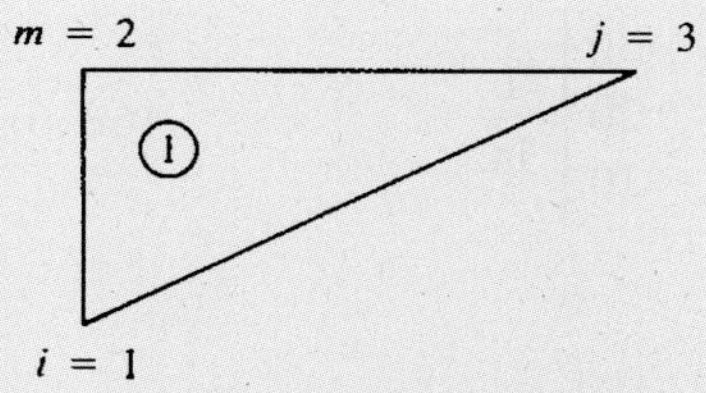

그림 6-18 • 격자분할된 판의 요소 1

여기서 $[K]$는 절점 1과 2에서 고정 경계 지지조건을 고려해서 행과 열을 없애기 전인 8×8 행렬(네 개의 절점에 대하여 각 절점마다 두 개의 자유도)이다.

강성행렬의 조합

각각의 요소 강성행렬을 중첩시킴으로써 전체좌표계에서의 강성행렬을 만들 수 있다. 식 (6.5.52)에 의해 하나의 요소에 대한 강성행렬은 다음과 같다.

$$[k] = tA[B]^T[D][B] \tag{6.5.3}$$

요소 1에 대한 그림 6-18에서, 절점 1에서 전체좌표축이 설정되었기 때문에 $x_i = 0$, $y_i = 0$, $x_j = 20$, $y_j = 10$, $x_m = 0$, $y_m = 10$인 좌표를 가진다. 그리고

$$A = \frac{1}{2}bh$$
$$A = \left(\frac{1}{2}\right)(20)(10) = 100 \text{ in.}^2$$

또는 일반적으로 A는 식 (6.2.9)의 절점좌표들로 이루어진 공식에 의해 구할 수도 있다.

이제 식 (6.2.34)에서 주어진 $[B]$를 구해보자. 전개된 형태로 쓰면 다음과 같다.

$$[B] = \frac{1}{2A}\begin{bmatrix} \beta_i & 0 & \beta_j & 0 & \beta_m & 0 \\ 0 & \gamma_i & 0 & \gamma_j & 0 & \gamma_m \\ \gamma_i & \beta_i & \gamma_j & \beta_j & \gamma_m & \beta_m \end{bmatrix} \tag{6.5.4}$$

그리고 식 (6.2.10)으로부터 다음을 얻는다.

$$\begin{aligned} \beta_i &= y_j - y_m = 10 - 10 = 0 \\ \beta_j &= y_m - y_i = 10 - 0 = 10 \\ \beta_m &= y_i - y_j = 0 - 10 = -10 \\ \gamma_i &= x_m - x_j = 0 - 20 = -20 \\ \gamma_j &= x_i - x_m = 0 - 0 = 0 \\ \gamma_m &= x_j - x_i = 20 - 0 = 20 \end{aligned} \tag{6.5.5}$$

식 (6.5.5)를 식 (6.5.4)에 대입하면 $[B]$는 다음과 같다.

$$[B] = \frac{1}{200}\begin{bmatrix} 0 & 0 & 10 & 0 & -10 & 0 \\ 0 & -20 & 0 & 0 & 0 & 20 \\ -20 & 0 & 0 & 10 & 20 & -10 \end{bmatrix}\frac{1}{\text{in.}} \tag{6.5.6}$$

평면응력의 경우 행렬 $[D]$는 다음과 같이 표현된다.

$$[D] = \frac{E}{(1-\nu^2)}\begin{bmatrix} 1 & \nu & 0 \\ \nu & 1 & 0 \\ 0 & 0 & \dfrac{1-\nu}{2} \end{bmatrix} \tag{6.5.7}$$

$\nu = 0.3$과 $E = 30 \times 10^6$ psi를 위의 식에 대입하여 다음을 얻는다.

$$[D] = \frac{30(10^6)}{0.91}\begin{bmatrix} 1 & 0.3 & 0 \\ 0.3 & 1 & 0 \\ 0 & 0 & 0.35 \end{bmatrix}\text{psi} \tag{6.5.8}$$

그러면,

$$[B]^T[D] = \frac{30(10^6)}{200(0.91)}\begin{bmatrix} 0 & 0 & -20 \\ 0 & -20 & 0 \\ 10 & 0 & 0 \\ 0 & 0 & 10 \\ -10 & 0 & 20 \\ 0 & 20 & -10 \end{bmatrix}\begin{bmatrix} 1 & 0.3 & 0 \\ 0.3 & 1 & 0 \\ 0 & 0 & 0.35 \end{bmatrix} \tag{6.5.9}$$

식 (6.5.9)를 계산하면 다음과 같다.

$$[B]^T[D] = \frac{(0.15)(10^6)}{0.91}\begin{bmatrix} 0 & 0 & -7 \\ -6 & -20 & 0 \\ 10 & 3 & 0 \\ 0 & 0 & 3.5 \\ -10 & -3 & 7 \\ 6 & 20 & -3.5 \end{bmatrix} \tag{6.5.10}$$

식 (6.5.3)에 대해서 식 (6.5.10)과 (6.5.6)을 이용하여 정리하면 요소 1에 대한 강성행렬을 다음과 같이 얻는다.

$$[k^{(1)}] = (1)(100)\frac{(0.15)(10^6)}{0.91}\begin{bmatrix} 0 & 0 & -7 \\ -6 & -20 & 0 \\ 10 & 3 & 0 \\ 0 & 0 & 3.5 \\ -10 & -3 & 7 \\ 6 & 20 & -3.5 \end{bmatrix} \times \frac{1}{2(100)}\begin{bmatrix} 0 & 0 & 10 & 0 & -10 & 0 \\ 0 & -20 & 0 & 0 & 0 & 20 \\ -20 & 0 & 0 & 10 & 20 & -10 \end{bmatrix} \tag{6.5.11}$$

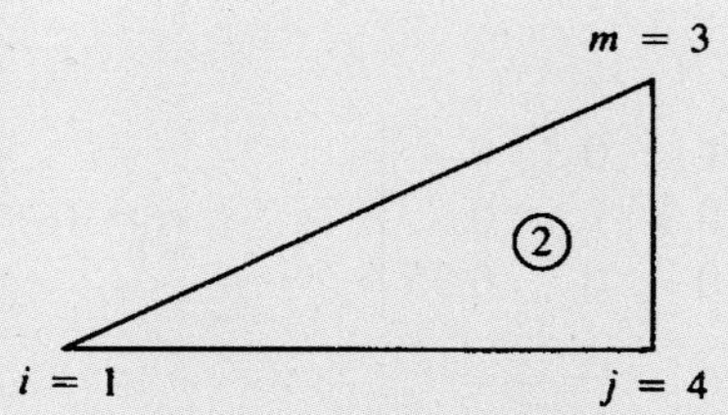

그림 6-19 • 격자분할된 판의 요소 2

식 (6.5.11)을 계산하면 다음과 같다.

$$[k^{(1)}] = \frac{75{,}000}{0.91}\begin{array}{c} \begin{matrix} u_1 & v_1 & u_3 & v_3 & u_2 & v_2 \end{matrix} \\ \begin{bmatrix} 140 & 0 & 0 & -70 & -140 & 70 \\ 0 & 400 & -60 & 0 & 60 & -400 \\ 0 & -60 & 100 & 0 & -100 & 60 \\ -70 & 0 & 0 & 35 & 70 & -35 \\ -140 & 60 & -100 & 70 & 240 & -130 \\ 70 & -400 & 60 & -35 & -130 & 435 \end{bmatrix} \end{array} \frac{\text{lb}}{\text{in.}} \tag{6.5.12}$$

여기서 열 위에 있는 수들은 요소 1의 강성행렬에서 자유도에 대한 절점의 순서를 나타낸다.

그림 6-19에서의 요소 2에 대해서는 $x_i = 0$, $y_i = 0$, $x_j = 20$, $y_j = 0$, $x_m = 20$, $y_m = 10$의 좌표를 가진다. 이때 식 (6.2.10)으로부터 다음 결과를 얻는다.

$$\begin{aligned} \beta_i &= y_j - y_m = 0 - 10 = -10 \\ \beta_j &= y_m - y_i = 10 - 0 = 10 \\ \beta_m &= y_i - y_j = 0 - 0 = 0 \\ \gamma_i &= x_m - x_j = 20 - 20 = 0 \\ \gamma_j &= x_i - x_m = 0 - 20 = -20 \\ \gamma_m &= x_j - x_i = 20 - 0 = 20 \end{aligned} \tag{6.5.13}$$

식 (6.5.4)에 식 (6.5.13)을 대입하면 다음과 같다.

$$[B] = \frac{1}{200}\begin{bmatrix} -10 & 0 & 10 & 0 & 0 & 0 \\ 0 & 0 & 0 & -20 & 0 & 20 \\ 0 & -10 & -20 & 10 & 20 & 0 \end{bmatrix}\frac{1}{\text{in.}} \tag{6.5.14}$$

행렬 $[D]$는 다음과 같고,

$$[D] = \frac{30(10^6)}{0.91}\begin{bmatrix} 1 & 0.3 & 0 \\ 0.3 & 1 & 0 \\ 0 & 0 & 0.35 \end{bmatrix}\text{psi} \tag{6.5.15}$$

이때 식 (6.5.14)와 (6.5.15)를 이용하면 다음과 같다.

$$[B]^T[D] = \frac{30(10^6)}{200(0.91)}\begin{bmatrix} -10 & 0 & 0 \\ 0 & 0 & -10 \\ 10 & 0 & -20 \\ 0 & -20 & 10 \\ 0 & 0 & 20 \\ 0 & 20 & 0 \end{bmatrix}\begin{bmatrix} 1 & 0.3 & 0 \\ 0.3 & 1 & 0 \\ 0 & 0 & 0.35 \end{bmatrix} \tag{6.5.16}$$

식 (6.5.16)을 계산하면 다음과 같다.

$$[B]^T[D] = \frac{(0.15)(10^6)}{0.91}\begin{bmatrix} -10 & -3 & 0 \\ 0 & 0 & -3.5 \\ 10 & 3 & -7 \\ -6 & -20 & 3.5 \\ 0 & 0 & 7 \\ 6 & 20 & 0 \end{bmatrix} \tag{6.5.17}$$

결국, 식 (6.5.17)과 (6.5.14)를 식 (6.5.3)에 대입하면 다음과 같이 요소 2에 대한 강성행렬을 얻는다.

$$[k^{(2)}] = (1)(100)\frac{(0.15)(10^6)}{0.91}\begin{bmatrix} -10 & -3 & 0 \\ 0 & 0 & -3.5 \\ 10 & 3 & -7 \\ -6 & -20 & 3.5 \\ 0 & 0 & 7 \\ 6 & 20 & 0 \end{bmatrix} \times \frac{1}{2(100)}\begin{bmatrix} -10 & 0 & 10 & 0 & 0 & 0 \\ 0 & 0 & 0 & -20 & 0 & 20 \\ 0 & -10 & -20 & 10 & 20 & 0 \end{bmatrix} \tag{6.5.18}$$

식 (6.5.18)을 계산하면 다음과 같다.

$$[k^{(2)}] = \frac{75{,}000}{0.91}\begin{matrix} u_1 & v_1 & u_4 & v_4 & u_3 & v_3 \end{matrix}\begin{bmatrix} 100 & 0 & -100 & 60 & 0 & -60 \\ 0 & 35 & 70 & -35 & -70 & 0 \\ -100 & 70 & 240 & -130 & -140 & 60 \\ 60 & -35 & -130 & 435 & 70 & -400 \\ 0 & -70 & -140 & 70 & 140 & 0 \\ -60 & 0 & 60 & -400 & 0 & 400 \end{bmatrix}\frac{\text{lb}}{\text{in.}} \tag{6.5.19}$$

여기서 요소 2의 강성행렬에 대한 자유도는 식 (6.5.19)의 열 위에서 보여진다. 식 (6.5.12)와 (6.5.19)의 요소 강성행렬을 전체 행렬 $[K]$의 차수로 확장하고 자유도를 절점 번호가 증가하는 순서로 재정리하여 다시 쓰면(여기서 상수 5를 공통 인수로 하여 밖으로 묶는다), 다음과 같은 결과를 얻게 된다.

요소 1

$$[k^{(1)}] = \frac{375{,}000}{0.91}\begin{bmatrix} 28 & 0 & -28 & 14 & 0 & -14 & 0 & 0 \\ 0 & 80 & 12 & -80 & -12 & 0 & 0 & 0 \\ -28 & 12 & 48 & -26 & -20 & 14 & 0 & 0 \\ 14 & -80 & -26 & 87 & 12 & -7 & 0 & 0 \\ 0 & -12 & -20 & 12 & 20 & 0 & 0 & 0 \\ -14 & 0 & 14 & -7 & 0 & 7 & 0 & 0 \\ 0 & 0 & 0 & 0 & 0 & 0 & 0 & 0 \\ 0 & 0 & 0 & 0 & 0 & 0 & 0 & 0 \end{bmatrix}\frac{\text{lb}}{\text{in.}} \quad (6.5.20)$$

(열 순서: $u_1\ v_1\ u_2\ v_2\ u_3\ v_3\ u_4\ v_4$)

요소 2

$$[k^{(2)}] = \frac{375{,}000}{0.91}\begin{bmatrix} 20 & 0 & 0 & 0 & 0 & -12 & -20 & 12 \\ 0 & 7 & 0 & 0 & -14 & 0 & 14 & -7 \\ 0 & 0 & 0 & 0 & 0 & 0 & 0 & 0 \\ 0 & 0 & 0 & 0 & 0 & 0 & 0 & 0 \\ 0 & -14 & 0 & 0 & 28 & 0 & -28 & 14 \\ -12 & 0 & 0 & 0 & 0 & 80 & 12 & -80 \\ -20 & 14 & 0 & 0 & -28 & 12 & 48 & -26 \\ 12 & -7 & 0 & 0 & 14 & -80 & -26 & 87 \end{bmatrix}\frac{\text{lb}}{\text{in.}} \quad (6.5.21)$$

(열 순서: $u_1\ v_1\ u_2\ v_2\ u_3\ v_3\ u_4\ v_4$)

자유도의 차수가 같기 때문에 식 (6.5.20)과 (6.5.21)로 표현된 요소 강성행렬을 중첩하면 다음과 같은 전체좌표계에서의 강성행렬을 얻는다.

$$[K] = \frac{375{,}000}{0.91}\begin{bmatrix} 48 & 0 & -28 & 14 & 0 & -26 & -20 & 12 \\ 0 & 87 & 12 & -80 & -26 & 0 & 14 & -7 \\ -28 & 12 & 48 & -26 & -20 & 14 & 0 & 0 \\ 14 & -80 & -26 & 87 & 12 & -7 & 0 & 0 \\ 0 & -26 & -20 & 12 & 48 & 0 & -28 & 14 \\ -26 & 0 & 14 & -7 & 0 & 87 & 12 & -80 \\ -20 & 14 & 0 & 0 & -28 & 12 & 48 & -26 \\ 12 & -7 & 0 & 0 & 14 & -80 & -26 & 87 \end{bmatrix}\frac{\text{lb}}{\text{in.}} \quad (6.5.22)$$

(열 순서: $u_1\ v_1\ u_2\ v_2\ u_3\ v_3\ u_4\ v_4$)

[다른 방법으로, 식 (6.5.22)를 얻기 위해서 식 (6.5.12)와 (6.5.19)에 직접강성법을 적용할 수 있다.] $[K]$를 식 (6.5.2)의 $\{F\} = [K]\{d\}$에 대입하면 다음과 같다.

$$\begin{Bmatrix} R_{1x} \\ R_{1y} \\ R_{2x} \\ R_{2y} \\ 5000 \\ 0 \\ 5000 \\ 0 \end{Bmatrix} = \frac{375{,}000}{0.91}\begin{bmatrix} 48 & 0 & -28 & 14 & 0 & -26 & -20 & 12 \\ 0 & 87 & 12 & -80 & -26 & 0 & 14 & -7 \\ -28 & 12 & 48 & -26 & -20 & 14 & 0 & 0 \\ 14 & -80 & -26 & 87 & 12 & -7 & 0 & 0 \\ 0 & -26 & -20 & 12 & 48 & 0 & -28 & 14 \\ -26 & 0 & 14 & -7 & 0 & 87 & 12 & -80 \\ -20 & 14 & 0 & 0 & -28 & 12 & 48 & -26 \\ 12 & -7 & 0 & 0 & 14 & -80 & -26 & 87 \end{bmatrix}\begin{Bmatrix} 0 \\ 0 \\ 0 \\ 0 \\ u_3 \\ v_3 \\ u_4 \\ v_4 \end{Bmatrix} \quad (6.5.23)$$

변위가 0인 자유도에 대응하는 행과 열을 제거함으로써 주어진 경계조건을 적용하면[즉, 식 (6.5.23)에서 1부터 4까지의 행과 열] 다음과 같다.

$$\begin{Bmatrix} 5000 \\ 0 \\ 5000 \\ 0 \end{Bmatrix} = \frac{375{,}000}{0.91} \begin{bmatrix} 48 & 0 & -28 & 14 \\ 0 & 87 & 12 & -80 \\ -28 & 12 & 48 & -26 \\ 14 & -80 & -26 & 87 \end{bmatrix} \begin{Bmatrix} u_3 \\ v_3 \\ u_4 \\ v_4 \end{Bmatrix} \tag{6.5.24}$$

식 (6.5.24)의 양 변에 $[K]^{-1}$를 곱하면 다음을 얻는다.

$$\begin{Bmatrix} u_3 \\ v_3 \\ u_4 \\ v_4 \end{Bmatrix} = \frac{0.91}{375{,}000} \begin{bmatrix} 48 & 0 & -28 & 14 \\ 0 & 87 & 12 & -80 \\ -28 & 12 & 48 & -26 \\ 14 & -80 & -26 & 87 \end{bmatrix}^{-1} \begin{Bmatrix} 5000 \\ 0 \\ 5000 \\ 0 \end{Bmatrix} \tag{6.5.25}$$

식 (6.5.25)에서 변위들을 구하면 다음과 같다.

$$\begin{Bmatrix} u_3 \\ v_3 \\ u_4 \\ v_4 \end{Bmatrix} = \frac{0.91}{75} \begin{bmatrix} 0.05024 \\ 0.00034 \\ 0.05470 \\ 0.00878 \end{bmatrix} \tag{6.5.26}$$

이를 계산하면 최종적으로 다음과 같이 변위를 구할 수 있다.

$$\begin{Bmatrix} u_3 \\ v_3 \\ u_4 \\ v_4 \end{Bmatrix} = \begin{Bmatrix} 609.6 \\ 4.2 \\ 663.7 \\ 104.1 \end{Bmatrix} \times 10^{-6} \text{ in.} \tag{6.5.27}$$

유한요소법에 의한 근사해와 해석적인 해를 비교하기 위해, 인장력을 받는 1차원 봉에 대한 이론해는 다음과 같다.

$$\delta = \frac{PL}{AE} = \frac{(10{,}000)20}{10(30 \times 10^6)} = 670 \times 10^{-6} \text{ in.}$$

그러므로 2차원 평판에 대한 식 (6.5.27)에서 절점의 x방향 변위 성분은 거친 격자와 삼각형 요소 강성의 방향성(상세한 것은 7.5절을 참조)을 고려했을 때 상당히 정확한 것으로 나타난다. 포아송비의 영향으로 절점 3의 y방향 변위는 아래로, 절점 4의 y방향 변위는 위로 향할 것으로 기대된다. 그러나 거친 격자에서의 삼각형 요소 강성의 방향성은 위와 같이 예상치 못하게 열등한 값을 준다.

이제 식 (6.2.36)을 사용하여 각 요소에서의 응력을 구한다.

$$\{\sigma\} = [D][B]\{d\} \tag{6.5.28}$$

일반적으로, 요소 1에 대해서 다음과 같이 쓸 수 있다.

$$\{\sigma\} = \frac{E}{(1-\nu^2)}\begin{bmatrix} 1 & \nu & 0 \\ \nu & 1 & 0 \\ 0 & 0 & \dfrac{1-\nu}{2} \end{bmatrix} \times \left(\frac{1}{2A}\right)\begin{bmatrix} \beta_1 & 0 & \beta_3 & 0 & \beta_2 & 0 \\ 0 & \gamma_1 & 0 & \gamma_3 & 0 & \gamma_2 \\ \gamma_1 & \beta_1 & \gamma_3 & \beta_3 & \gamma_2 & \beta_2 \end{bmatrix}\begin{Bmatrix} u_1 \\ v_1 \\ u_3 \\ v_3 \\ u_2 \\ v_2 \end{Bmatrix} \quad (6.5.29)$$

식 (6.5.6)에 의해 주어진 $[B]$에 대한 값, 식 (6.5.8)에 의해 주어진 $[D]$의 값, 그리고 식 (6.5.27)로 주어진 $\{d\}$의 적절한 값을 위의 식에 각각 대입하여 다음을 얻는다.

$$\{\sigma\} = \frac{30(10^6)(10^{-6})}{0.91(200)}\begin{bmatrix} 1 & 0.3 & 0 \\ 0.3 & 1 & 0 \\ 0 & 0 & 0.35 \end{bmatrix}$$
$$\times \begin{bmatrix} 0 & 0 & 10 & 0 & -10 & 0 \\ 0 & -20 & 0 & 0 & 0 & 20 \\ -20 & 0 & 0 & 10 & 20 & -10 \end{bmatrix}\begin{Bmatrix} 0 \\ 0 \\ 609.6 \\ 4.2 \\ 0 \\ 0 \end{Bmatrix} \quad (6.5.30)$$

식 (6.5.30)을 계산하면 다음과 같다.

$$\begin{Bmatrix} \sigma_x \\ \sigma_y \\ \tau_{xy} \end{Bmatrix} = \begin{Bmatrix} 1005 \\ 301 \\ 2.4 \end{Bmatrix} \text{psi} \quad (6.5.31)$$

일반적으로 요소 2에 대해서는 다음과 같은 결과를 얻게 된다.

$$\{\sigma\} = \frac{E}{(1-\nu^2)}\left(\frac{1}{2A}\right)\begin{bmatrix} 1 & \nu & 0 \\ \nu & 1 & 0 \\ 0 & 0 & \dfrac{1-\nu}{2} \end{bmatrix} \times \begin{bmatrix} \beta_1 & 0 & \beta_4 & 0 & \beta_3 & 0 \\ 0 & \gamma_1 & 0 & \gamma_4 & 0 & \gamma_3 \\ \gamma_1 & \beta_1 & \gamma_4 & \beta_4 & \gamma_3 & \beta_3 \end{bmatrix}\begin{Bmatrix} u_1 \\ v_1 \\ u_4 \\ v_4 \\ u_3 \\ v_3 \end{Bmatrix} \quad (6.5.32)$$

식 (6.5.32)에 수치값을 대입하면 다음과 같다.

$$\{\sigma\} = \frac{30(10^6)(10^{-6})}{0.91(200)}\begin{bmatrix} 1 & 0.3 & 0 \\ 0.3 & 1 & 0 \\ 0 & 0 & 0.35 \end{bmatrix}$$
$$\times \begin{bmatrix} -10 & 0 & 10 & 0 & 0 & 0 \\ 0 & 0 & 0 & -20 & 0 & 20 \\ 0 & -10 & -20 & 10 & 20 & 0 \end{bmatrix}\begin{Bmatrix} 0 \\ 0 \\ 663.7 \\ 104.1 \\ 609.6 \\ 4.2 \end{Bmatrix} \quad (6.5.33)$$

식 (6.5.33)을 계산하면 다음과 같은 응력을 얻는다.

$$\begin{Bmatrix} \sigma_x \\ \sigma_y \\ \tau_{xy} \end{Bmatrix} = \begin{Bmatrix} 995 \\ -1.2 \\ -2.4 \end{Bmatrix} \text{psi} \tag{6.5.34}$$

이제 식 (6.1.2)로부터 주응력을 계산할 수 있고, 식 (6.1.3)으로부터 주응력 중 하나가 x축과 이루는 각인 주각(principal angle)을 결정할 수 있다(또 다른 하나의 주응력은 처음의 주응력과 90°의 각을 이룬다). 요소 2에 대해서 이들 주응력을 계산하면 다음과 같다(요소 1의 주응력들도 비슷할 것이다.).

$$\sigma_1 = \frac{\sigma_x + \sigma_y}{2} + \left[\left(\frac{\sigma_x - \sigma_y}{2}\right)^2 + \tau_{xy}^2\right]^{1/2}$$

$$\sigma_1 = \frac{995 + (-1.2)}{2} + \left[\left(\frac{995 - (-1.2)}{2}\right)^2 + (-2.4)^2\right]^{1/2} \tag{6.5.35}$$

$$\sigma_1 = 497 + 498 = 995\,\text{psi}$$

$$\sigma_2 = \frac{995 + (-1.2)}{2} - 498 = -1.1\,\text{psi}$$

주각(principal angle)은 다음과 같다.

$$\theta_p = \frac{1}{2}\tan^{-1}\left[\frac{2\tau_{xy}}{\sigma_x - \sigma_y}\right] \tag{6.5.36}$$

또는

$$\theta_p = \frac{1}{2}\tan^{-1}\left[\frac{2(-2.4)}{995 - (-1.2)}\right] = 0°$$

평판의 한쪽 변에 x방향으로만 균일 분포하중 1,000 psi가 작용하기 때문에, 각 요소에서 응력 σ_x (= σ_1)이 1,000 psi 근처일 것이라는 것을 예상할 수 있다. 그래서 σ_x에 대한 식 (6.5.31)과 (6.5.34)의 결과는 상당히 잘 맞는다. 응력 σ_y는 매우 작으리라는 것도 예상할 수 있다(적어도 자유단 근처에서). 절점 1과 2에서 요소 1의 변위를 구속하는 것은 상당히 큰 요소 응력 σ_y를 야기한다. 반면에 요소 2는 단지 하나의 점에서만 구속이 있기 때문에 매우 작은 응력 σ_y가 야기된다. 전단 응력 τ_{xy}는 예상했듯이 0에 가깝다. 지지변 근처에서 더 작은 요소로 분할하여 요소의 수를 증가시키면 실제에 더 가까운 결과를 얻을 수 있다. 그러나 더 잘게 요소를 분할하면 매우 귀찮은 긴 풀이 과정을 필요로 한다. 그래서 여기서는 생략하였다. 컴퓨터 프로그램을 사용하면 이 평판 문제에 대한 보다 자세한 해를 얻을 수 있고, 훨씬 복잡한 평면응력과 변형률 문제를 풀 수 있다.

최대 뒤틀림 변형 에너지 이론(maximum distortion energy theory) [4] [**폰 미제스**(*von Mises*) 또는 **폰 미제스-헹키**(*von Mises- Hencky*) **이론으로도 불린다**]은 정하중을 받는 연성재의 경우에 폰 미제스 응력(**상당 응력** 또는 **유효 응력**이라고도 불린다)이 소재의 항복 강도 S_y에 이르면 파손이 일어날 것으로 예측한다. 참고문헌 [4]에 주어지는 폰 미제스 응력을 세 개의 주응력으로 표시하면 다음과 같고,

$$\sigma_{\mathrm{vm}} = \frac{1}{\sqrt{2}}\left[(\sigma_1 - \sigma_2)^2 + (\sigma_2 - \sigma_3)^2 + (\sigma_3 - \sigma_1)^2\right]^{1/2} \tag{6.5.37a}$$

x-y-z 좌표계의 성분으로는 다음과 같다.

$$\sigma_{\mathrm{vm}} = \frac{1}{\sqrt{2}}\left[(\sigma_x - \sigma_y)^2 + (\sigma_y - \sigma_z)^2 + (\sigma_z - \sigma_x)^2 + 6(\tau_{xy}^2 + \tau_{yz}^2 + \tau_{zx}^2)\right]^{1/2} \tag{6.5.37b}$$

그러므로 항복이 발생하려면 폰 미제스 응력이 재료의 항복 강도보다 크거나 같아야 한다. 즉,

$$\sigma_{\mathrm{vm}} \geq S_y \tag{6.5.38}$$

가 된다. 식 (6.5.37a)나 (6.5.37b)로부터 세 개의 주응력이나 x, y, z 좌표계에서의 6개의 응력 성분으로 표시되는 응력상태의 강도를 표현하는 스칼라값이 폰 미제스 응력임을 알 수 있다. 최대 주응력 같은 다른 응력 성분은 파손을 예측하는 데 적절하지 못하다.

거의 모든 컴퓨터 프로그램은 이와 같은 파손 이론을 사용하며 폰 미제스 응력값과 분포를 제공한다. 만약 폰 미제스 응력값이 고려하는 소재의 항복 강도보다 크거나 같으면, 항복 강도가 큰 다른 소재를 선택하거나 설계를 변경한다.

유리나 주철과 같이 인장과 압축에서 성질이 다른 취성재의 파손을 예측하는 경우에는 쿨롱-모어(Coulomb-Mohr) 이론을 사용할 것을 권한다. 이에 대한 보다 상세한 내용은 참고문헌 [4]를 참조하라.

6.6 | 사각형 평면요소(양방향 선형 사각형, Q4)

이제 4절점 직사각형 평면요소의 강성행렬을 유도한다. 뒤의 10.2절에서 일반적인 사각형 요소의 등매개변수 정식화에서 이 요소를 참조할 것이다. 식 (6.6.2)에서 주어지는 x, y 변위함수가 x, y에 선형이므로 종종 양방향 선형 사각형(bilinear rectangle, Q4)이라 불린다. 기호 "Q4"는 4절점 사각형요소를 표시한다.

직사각형 요소가 삼각형 요소보다 좋은 두 가지 장점은 자료 입력이 쉽고, 계산된 응력의 분석이 간단하다는 것이다. 반면에 직사각형 요소의 단점은 일직선 면을 따라 단순한 선형 변위를 갖는 직사각형이 실제의 경계조건 모서리를 올바르게 근사하지 못한다는 것이다.

1장에서 설명한 일반적인 단계에 따라 요소 강성행렬과 요소 방정식을 구할 것이다.

제1단계 요소 형태의 선정

그림 6-20에서 보여주는 것처럼 모서리에 절점 1~4(반시계 방향으로 번호가 주어짐)를 가진

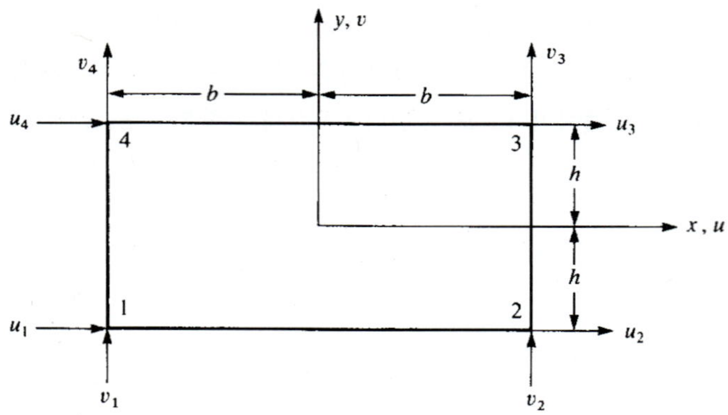

그림 6-20 • 절점 자유도가 보여지는 기본적 4절점 직사각형 요소

직사각형 요소(내부 각이 모두 90°)를 고려하자. 가로와 세로의 크기는 각각 $2b$와 $2h$이다.

구하고자 하는 절점 변위는 다음과 같이 주어진다.

$$\{d\} = \begin{Bmatrix} u_1 \\ v_1 \\ u_2 \\ v_2 \\ u_3 \\ v_3 \\ u_4 \\ v_4 \end{Bmatrix} \tag{6.6.1}$$

제2단계 변위함수의 선정

적합한 변위장을 형성하기 위해서는 각 변을 따라 단지 두 점(모서리 절점)만 존재하기 때문에, 요소 변위함수 u와 v는 각 변을 따라 선형이어야만 한다. 따라서 다음과 같은 선형 변위함수를 선정한다.

$$\begin{aligned} u(x,y) &= a_1 + a_2x + a_3y + a_4xy \\ v(x,y) &= a_5 + a_6x + a_7y + a_8xy \end{aligned} \tag{6.6.2}$$

식 (6.6.2)에는 a_1, a_2, $\cdots$, a_8 8개의 일반화된 자유도가 있고, 요소에는 각 절점마다 2개씩(절점 1에는 u_1과 v_1, $\cdots$, 절점 4에는 u_4와 v_4) 모두 8개의 자유도가 있다.

식 (6.6.2)로부터 통상적인 방법을 사용하여 a_i를 제거하여 다음 식을 얻는다.

$$\begin{aligned} u(x,y) &= \frac{1}{4bh}[(b-x)(h-y)u_1 + (b+x)(h-y)u_2 \\ &\quad + (b+x)(h+y)u_3 + (b-x)(h+y)u_4] \\ v(x,y) &= \frac{1}{4bh}[(b-x)(h-y)v_1 + (b+x)(h-y)v_2 \\ &\quad + (b+x)(h+y)v_3 + (b-x)(h+y)v_4] \end{aligned} \tag{6.6.3}$$

식 (6.6.3)의 변위는 형상함수와 미지 절점 변위의 항으로 다음 식과 같이 달리 표현될 수 있다.

$$\{\psi\} = [N]\{d\} \tag{6.6.4}$$

여기서 형상함수는 다음과 같이 주어진다.

$$\begin{aligned} N_1 &= \frac{(b-x)(h-y)}{4bh} \qquad N_2 = \frac{(b+x)(h-y)}{4bh} \\ N_3 &= \frac{(b+x)(h+y)}{4bh} \qquad N_4 = \frac{(b-x)(h+y)}{4bh} \end{aligned} \tag{6.6.5}$$

그리고 N_i는 가령 절점 1에서 $N_1 = 1$이고 모든 다른 절점에서는 $N_1 = 0$이 되는 것과 같은 특성을 가진다. 식 (6.6.4)의 확장된 형태는 다음과 같다.

$$\begin{Bmatrix} u \\ v \end{Bmatrix} = \begin{bmatrix} N_1 & 0 & N_2 & 0 & N_3 & 0 & N_4 & 0 \\ 0 & N_1 & 0 & N_2 & 0 & N_3 & 0 & N_4 \end{bmatrix} \begin{Bmatrix} u_1 \\ v_1 \\ u_2 \\ v_2 \\ u_3 \\ v_3 \\ u_4 \\ v_4 \end{Bmatrix} \tag{6.6.6}$$

제3단계 변형률–변위와 응력–변형률 관계의 정의

2차원 응력상태에서 요소 변형률은 다음과 같이 주어진다.

$$\begin{Bmatrix} \varepsilon_x \\ \varepsilon_y \\ \gamma_{xy} \end{Bmatrix} = \begin{Bmatrix} \dfrac{\partial u}{\partial x} \\ \dfrac{\partial v}{\partial y} \\ \dfrac{\partial u}{\partial y} + \dfrac{\partial v}{\partial x} \end{Bmatrix} \tag{6.6.7a}$$

식 (6.6.7a)에 식 (6.6.2)를 사용하면, 변형률을 a의 함수로 다음과 같이 나타내다.

$$\begin{aligned} \varepsilon_x &= a_2 + a_4 y \\ \varepsilon_y &= a_7 + a_8 x \\ \gamma_{xy} &= (a_3 + a_6) + a_4 x + a_8 y \end{aligned} \tag{6.6.7b}$$

식 (6.6.7a)에 식 (6.6.6)을 사용하여 u와 v의 미분을 취하면, 변형률은 절점 변위의 항으로 다음과 같이 표현될 수 있다.

$$\{\varepsilon\} = [B]\{d\} \tag{6.6.8}$$

여기서

$$[B] = \frac{1}{4bh}\begin{bmatrix} -(h-y) & 0 & (h-y) & 0 & (h+y) & 0 & -(h+y) & 0 \\ 0 & -(b-x) & 0 & -(b+x) & 0 & (b+x) & 0 & (b-x) \\ -(b-x) & -(h-y) & -(b+x) & (h-y) & (b+x) & (h+y) & (b-x) & -(h+y) \end{bmatrix} \tag{6.6.9}$$

식 (6.6.7b), 식 (6.6.8)과 (6.6.9)로부터 ε_x는 y의 함수이고, ε_y는 x의 함수이며, γ_{xy}는 x와 y의 함수임을 알 수 있다. 응력은 식 (6.2.36)의 공식에 의해 주어지는데, 여기서 $[B]$는 식 (6.6.9)를, $\{d\}$는 식 (6.6.1)을 이용한다.

제4단계 요소 강성행렬과 방정식의 유도

강성행렬은 다음 식에 의해 결정된다.

$$[k] = \int_{-h}^{h}\int_{-b}^{b}[B]^T[D][B]t\,dx\,dy \tag{6.6.10}$$

여기서 $[D]$는 식 (6.1.8)이나 식 (6.1.10)의 일반적인 평면응력 혹은 평면 변형률 조건에 의해 결정된다. 행렬 $[B]$는 x와 y의 함수이므로, 식 (6.6.10)의 적분은 계산되어야 한다. 직사각형 요소에 대한 행렬 $[k]$의 차수는 8×8이다. 식 (6.6.10)에 $b = 4$ in., $h = 2$ in., $t = 1$ in., $E = 30 \times 10^6$ 그리고 $\nu = 0.3$를 사용하여 얻은 계산 결과가 식 (6.6.11)에 주어진다[5].

$$[K] = \begin{bmatrix} 1.35e10 & 5.486e9 & -1.688e9 & -4.22e8 & -6.752e9 & -5.486e9 & -5.064e9 & 4.22e8 \\ 5.486e9 & 2.447e10 & 4.22e8 & 9.284e9 & -5.486e9 & -1.224e10 & -4.22e8 & -2.152e10 \\ -1.688e9 & 4.22e8 & 1.35e10 & -5.486e9 & -5.064e9 & -4.22e8 & -6.752e9 & 5.486e9 \\ -4.22e8 & 9.284e9 & -5.486e9 & 2.447e10 & 4.22e8 & -2.152e10 & 5.486e9 & -1.224e10 \\ -6.752e9 & -5.486e9 & -5.064e9 & 4.22e8 & 1.35e10 & 5.486e9 & -1.688e9 & -4.22e8 \\ -5.486e9 & -1.224e10 & -4.22e8 & -2.152e10 & 5.486e9 & 2.447e10 & 4.22e8 & 9.284e9 \\ -5.064e9 & -4.22e8 & -6.752e9 & 5.486e9 & -1.688e9 & 4.22e8 & 1.35e10 & -5.486e9 \\ 4.22e8 & -2.152e10 & 5.486e9 & -1.224e10 & -4.22e8 & 9.284e9 & -5.486e9 & 2.447e10 \end{bmatrix} \tag{6.6.11}$$

요소 하중행렬은 식 (6.2.46)에 의해 다음과 같이 결정된다.

$$\{f\} = \iiint_V [N]^T\{X\}\,dV + \{P\} + \iint_S [N_S]^T\{T\}\,dS \tag{6.6.12}$$

여기서 $[N]$은 식 (6.6.6)으로 주어진 직사각형 행렬이고, N_1에서 N_4는 식 (6.6.5)에 의해 주어진다. 결국 다음과 같은 요소방정식을 얻는다.

$$\{f\} = [k]\{d\} \tag{6.6.13}$$

제5~7단계

제5~7단계는 전체 강성행렬과 방정식의 조합, 미지 절점 변위의 결정, 응력 계산으로 CST에 대한 6.2절과 동일하다. 그러나 각 요소 내의 응력은 x와 y의 모든 방향으로 변한다.

표 6-1 CST 요소 모델과 Q4 요소 모델에 대한 자유단 처짐과 최대 주응력 비교(자유단 집중하중 P = 4000 N, 길이 L = 1 m, 단면 2차 모멘트 = 1 $\times 10^{-5}$ m^4, 두께 = 0.12 m, E = 200 GPa, G = 77.5 GPa).

Plane Element Used/Rows	Number of Nodes	Number of Degrees of Freedom	Free End Displ.,m	Tensor Stress, (0.05m from wall) σ_x, MPa
Q4/2	60	120	5.944×10^{-4}	17.34
Q4/4	200	400	6.509×10^{-4}	18.71
Q4/8	720	1440	6.661×10^{-4}	18.94
CST/2	60	120	3.630×10^{-4}	7.10
CST/4	200	400	5.537×10^{-4}	13.20
CST/8	720	1440	6.385×10^{-4}	16.91
Classical beam theory, $\nu_{end} = \dfrac{PL^3}{3\,EI} + \dfrac{6\,PL}{5\,AG}$			6.672×10^{-4}	19.00

CST 요소의 Q4 요소 모델에 대한 계산 결과 비교와 요소결합

표 6-1에서는 외팔보를 CST 또는 Q4 단일 요소로, 2열, 4열, 8열로 유한요소모델링하여 얻은 자유단 처짐과 최대 주응력을 비교한다.

Typical Q4 and CST models:

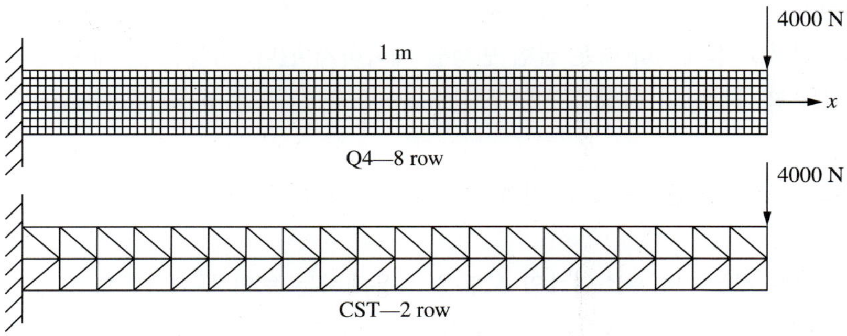

변위 결과

CST 요소를 사용하여 얻은 처짐은 정통 보 이론 결과에 비하여 작기 때문에 CST 요소의 격자는 실제보다 강성이 큰 것을 알 수 있다. 또한 CST 모델 결과는 정통 보 이론 해로의 수렴이 매우 늦다. 이것은 굽힘을 받는 보에서 응력은 두께방향으로는 선형으로 변하지만, 요소 내에서는 일정한 것으로 예측되는 CST 요소의 특성에 기인한다. 이것은 8장에 소개하는 선형 삼각형(LST)을 사용하면 개선된다.

CST의 LST에 대한 추가 비교는 8.3절에 주어진다. 표 8.1과 8.2 그리고 그림 8-6을 참조하라.

CST 요소 모델에 비하여 같은 자유도를 갖는 Q4 요소 모델이 보다 정확하게 처짐을 예측하

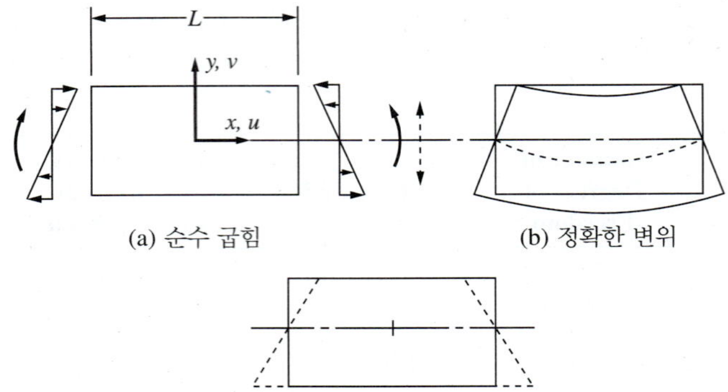

그림 6-21 • (a) 순수 굽힘, (b) 정확한 굽힘 변위, (c) Q4 요소 변위(선형의 모서리 변위)

는 결과가 보여진다. Q4 요소의 2열 모델은 보 이론의 처짐에 근사하게 예측하는 반면에 CST 요소의 2열 모델에 의한 예측은 상당히 부정확하다. 요소가 4열, 8열로 증가함에 따라 CST와 Q4 요소 모델 모두 예측의 정확도가 증가한다. 2절점 보 요소는 통상의 보 이론($\delta = PL^3/3EI$)과 같은 결과를 주기에(4.5절의 토론 참조), 응력 집중의 예측에 관심이 없는 경우에는 보의 굽힘 해석에 가장 적절한 요소이다.

순수 굽힘의 경우에는 전단 응력이나 전단 변형률이 없어야 하는데, 참고문헌 [3]에서 보이듯이 CST 요소는 잘못 계산된 전단 응력과 전단 변형률을 준다. 이러한 잘못 계산된 전단 변형 에너지는 굽힘 변형에 쓰여야 할 에너지를 흡수하게 된다. 따라서 CST 요소는 굽힘에 대한 강성이 크게 되어 결과적으로 실제보다 작은 굽힘 변형을 예측하게 된다. 이렇게 한 개 이상의 변형 모드에서 발생되는 과다강성의 현상을 **전단 잠김**(*shear locking* 또는 *parasitic shear*)이라 한다.

이 외에도 포아송비가 0.5에 근접하는 평면 변형률($\varepsilon_z = 0$인 경우) 문제에서는 격자 변형이 전혀 안 될 수도 있다.

모서리에서 선형 변위를 갖는 Q4 요소의 1열 모델을 사용해서는 보의 두께방향으로의 응력변화를 예측하지 못한다. 그림 6-21에서 예가 보여진다. 그림 6-21(a)의 순수 굽힘에 대하여 정확한 변위가 그림 6-21(b)에 보여지는데, 그림 6-21(c)에 보여지는 Q4 요소의 변위는 순수 굽힘의 변위를 예측할 수 없기 때문이다.

응력 결과

앞서 언급했듯이, CST 요소 내에서는 응력과 변형률이 일정한 반면에, Q4 요소 내에서는 수직 변형률 ε_x,와 수직 응력 σ_x,는 y방향에 선형으로 변한다[(식 6.6.7b를 참조하라)]. 따라서 CST 요소는 Q4 요소만큼 굽힘 현상을 잘 예측하지 못 한다. 4.1절에서 주어진 정통 보 이론의 굽힘 공식 $\sigma_x = -My/I$에서는 응력이 보의 두께방향으로 선형 변화하는 것으로 예측한다. 표 6-1에 보여지듯이, 열의 수가 늘어날수록 CST 요소에 비하여 Q_4 요소 모델 해가 정통 보 이론 해에 빠르게 수렴하며 윗면에서 0.05 m에서는 수직 응력 σ_x가 이론 해인 19 MPa에 근접한다.

궁극적으로는 8절점 직사각형 요소(eight node quadratic edge displacement element, Q8)가 CST나 Q8보다 굽힘 변형을 잘 예측한다. 따라서, 적은 수의 Q8 요소를 사용하여 보다 좋은 결과를 얻는다. 실제로 참고문헌 [3]에 보여지듯이, Q8 요소 1열 모델도 굽힘 변형에 타당한 결과를 준다. 10.5절에서 Q8 요소를 다시 설명하고, 외팔보의 굽힘에 대하여 Q8과 Q4 요소의 비교를 표 10.3에 보여준다.

위와 같은 몇 가지의 제약이 CST 요소에 있을지라도 평면응력 문제나 평면 변형률 문제의 해석에 CST 요소가 사용되어 왔다. 단지, 굽힘 변형에서와 같이 커다란 응력 구배가 있는 경우에는 좀 더 조밀한 격자를 사용할 것이 요구될 뿐이다. 또한 고무와 같이 포아송비가 0.5에 근접하는 재료의 해석 기능도 프로그램의 기능에 포함되어야 한다. 금속과 같은 통상의 재료는 포아송비가 0.3 정도이어서 잠김(locking)은 문제가 되지 않는다.

식의 정리(Summary Equations)

2차원 응력 상태에서 응력 벡터:

$$\{\sigma\} = \begin{Bmatrix} \sigma_x \\ \sigma_y \\ \tau_{xy} \end{Bmatrix} \tag{6.1.1}$$

2차원 응력 상태에서 주응력:

$$\begin{aligned} \sigma_1 &= \frac{\sigma_x + \sigma_y}{2} + \sqrt{\left(\frac{\sigma_x - \sigma_y}{2}\right)^2 + \tau_{xy}^2} = \sigma_{\max} \\ \sigma_2 &= \frac{\sigma_x + \sigma_y}{2} - \sqrt{\left(\frac{\sigma_x - \sigma_y}{2}\right)^2 + \tau_{xy}^2} = \sigma_{\min} \end{aligned} \tag{6.1.2}$$

주응력 각:

$$\tan 2\theta_p = \frac{2\tau_{xy}}{\sigma_x - \sigma_y} \tag{6.1.3}$$

2차원 응력 상태에서 변형률-변위 관계 식:

$$\varepsilon_x = \frac{\partial u}{\partial x} \qquad \varepsilon_y = \frac{\partial v}{\partial y} \qquad \gamma_{xy} = \frac{\partial u}{\partial y} + \frac{\partial v}{\partial x} \tag{6.1.4}$$

2차원 응력 상태에서 변형률 벡터:

$$\{\varepsilon\} = \begin{Bmatrix} \varepsilon_x \\ \varepsilon_y \\ \gamma_{xy} \end{Bmatrix} \tag{6.1.5}$$

2차원 응력 상태에서 응력-변형률 관계(구성방정식):

$$\{\sigma\} = [D]\{\varepsilon\} \tag{6.1.7}$$

평면응력 상태에서 응력-변형률 관계 행렬(구성방정식 행렬):

$$[D] = \frac{E}{1-\nu^2}\begin{bmatrix} 1 & \nu & 0 \\ \nu & 1 & 0 \\ 0 & 0 & \dfrac{1-\nu}{2} \end{bmatrix} \tag{6.1.8}$$

평면 변형률 상태에서 응력-변형률 관계 행렬(구성방정식 행렬):

$$[D] = \frac{E}{(1+\nu)(1-2\nu)}\begin{bmatrix} 1-\nu & \nu & 0 \\ \nu & 1-\nu & 0 \\ 0 & 0 & \dfrac{1-2\nu}{2} \end{bmatrix} \tag{6.1.10}$$

3절점 삼각형 요소의 변위함수:

$$\begin{aligned} u(x,y) &= a_1 + a_2x + a_3y \\ v(x,y) &= a_4 + a_5x + a_6y \end{aligned} \tag{6.2.2}$$

3절점 삼각형 요소의 형상함수:

$$\begin{aligned} N_i &= \frac{1}{2A}(\alpha_i + \beta_i x + \gamma_i y) \\ N_j &= \frac{1}{2A}(\alpha_j + \beta_j x + \gamma_j y) \\ N_m &= \frac{1}{2A}(\alpha_m + \beta_m x + \gamma_m y) \end{aligned} \tag{6.2.18}$$

여기서,

$$\begin{aligned} &\alpha_i = x_j y_m - y_j x_m \qquad &&\alpha_j = y_i x_m - x_i y_m \qquad &&\alpha_m = x_i y_j - y_i x_j \\ &\beta_i = y_j - y_m &&\beta_j = y_m - y_i &&\beta_m = y_i - y_j \\ &\gamma_i = x_m - x_j &&\gamma_j = x_i - x_m &&\gamma_m = x_j - x_i \end{aligned} \tag{6.2.10}$$

3절점 삼각형 요소의 형상함수 행렬:

$$[N] = \begin{bmatrix} N_i & 0 & N_j & 0 & N_m & 0 \\ 0 & N_i & 0 & N_j & 0 & N_m \end{bmatrix} \tag{6.2.22}$$

변형률-변위 관계의 행렬 식:

$$\{\varepsilon\} = \begin{bmatrix} [B_i] & [B_j] & [B_m] \end{bmatrix}\begin{Bmatrix} \{d_i\} \\ \{d_j\} \\ \{d_m\} \end{Bmatrix} \tag{6.2.31}$$

여기서, 구배행렬은

$$[B_i] = \frac{1}{2A}\begin{bmatrix} \beta_i & 0 \\ 0 & \gamma_i \\ \gamma_i & \beta_i \end{bmatrix} \qquad [B_j] = \frac{1}{2A}\begin{bmatrix} \beta_j & 0 \\ 0 & \gamma_j \\ \gamma_j & \beta_j \end{bmatrix} \qquad [B_m] = \frac{1}{2A}\begin{bmatrix} \beta_m & 0 \\ 0 & \gamma_m \\ \gamma_m & \beta_m \end{bmatrix} \tag{6.2.32}$$

$$[B] = \big[[B_i][B_j][B_m]\big] \tag{6.2.34}$$

변위행렬의 함수로 나타낸 응력－변형률 관계:

$$\{\sigma\} = [D][B]\{d\} \tag{6.2.36}$$

2차원 응력상태에서 전체 포텐셜 에너지:

$$\pi_p = U + \Omega_b + \Omega_p + \Omega_s \tag{6.2.38}$$

여기서,

변형률 에너지는

$$U = \frac{1}{2}\iiint_V \{\varepsilon\}^T\{\sigma\}\,dV \tag{6.2.39}$$

체적력의 포텐셜 에너지는

$$\Omega_b = -\iiint_V \{\psi\}^T\{X\}\,dV \tag{6.2.41}$$

집중하중의 포텐셜 에너지는

$$\Omega_p = -\{d\}^T\{P\} \tag{6.2.42}$$

표면력의 포텐셜 에너지는

$$\Omega_s = -\iint_S \{\psi_S\}^T\{T_S\}\,dS \tag{6.2.43}$$

CST 요소의 강성행렬:

$$[k] = tA[B]^T[D][B] \tag{6.2.52}$$

체적력 행렬의 상세:

$$\{f_b\} = \begin{Bmatrix} f_{bix} \\ f_{biy} \\ f_{bjx} \\ f_{bjy} \\ f_{bmx} \\ f_{bmy} \end{Bmatrix} = \begin{Bmatrix} X_b \\ Y_b \\ X_b \\ Y_b \\ X_b \\ Y_b \end{Bmatrix}\frac{At}{3} \tag{6.3.6}$$

모서리 1-3에서의 균일 표면력에 대한 표면력 행렬의 상세:

$$\{f_s\} = \begin{Bmatrix} f_{s1x} \\ f_{s1y} \\ f_{s2x} \\ f_{s2y} \\ f_{s3x} \\ f_{s3y} \end{Bmatrix} = \begin{Bmatrix} pLt/2 \\ 0 \\ 0 \\ 0 \\ pLt/2 \\ 0 \end{Bmatrix} \tag{6.3.19}$$

CST 강성행렬에서의 상세 표현[식(6.4.3)을 참조]:

폰 미제스 응력:

$$\sigma_{\text{vm}} = \frac{1}{\sqrt{2}}\left[(\sigma_1 - \sigma_2)^2 + (\sigma_2 - \sigma_3)^2 + (\sigma_3 - \sigma_1)^2\right]^{1/2} \tag{6.5.37a}$$

최대 뒤틀림 변형 에너지 파손 이론:

$$\sigma_{\text{vm}} \geq S_y \tag{6.5.38}$$

양방향 선형 4절점 직사각형 요소의 변위함수:

$$\begin{aligned} u(x,y) &= a_1 + a_2x + a_3y + a_4xy \\ v(x,y) &= a_5 + a_6x + a_7y + a_8xy \end{aligned} \tag{6.6.2}$$

4절점 직사각형 요소의 형상함수:

$$\begin{aligned} N_1 &= \frac{(b-x)(h-y)}{4bh} & N_2 &= \frac{(b+x)(h-y)}{4bh} \\ N_3 &= \frac{(b+x)(h+y)}{4bh} & N_4 &= \frac{(b-x)(h+y)}{4bh} \end{aligned} \tag{6.6.5}$$

4절점 직사각형 요소의 변형률-변위 관계 식:

$$\begin{aligned} \varepsilon_x &= a_2 + a_4y \\ \varepsilon_y &= a_7 + a_8x \\ \gamma_{xy} &= (a_3 + a_6) + a_4x + a_8y \end{aligned} \tag{6.6.7b}$$

변형률-변위 관계의 행렬식:

$$\{\varepsilon\} = [B]\{d\} \tag{6.6.8}$$

여기서, 구배행렬은

$$[B] = \frac{1}{4bh}\begin{bmatrix} -(h-y) & 0 & (h-y) & 0 & (h+y) & 0 & -(h+y) & 0 \\ 0 & -(b-x) & 0 & -(b+x) & 0 & (b+x) & 0 & (b-x) \\ -(b-x) & -(h-y) & -(b+x) & (h-y) & (b+x) & (h+y) & (b-x) & -(h+y) \end{bmatrix} \tag{6.6.9}$$

4절점 직사각형 요소의 강성행렬:

$$[k] = \int_{-h}^{h}\int_{-b}^{b}[B]^T[D][B]t\,dx\,dy \tag{6.6.10}$$

4절점 직사각형 요소의 요소 힘 행렬:

$$\{f\} = \iiint_V [N]^T\{X\}\,dV + \{P\} + \iint_S [N_s]^T\{T\}\,dS \tag{6.6.12}$$

참고문헌

[1] Timoshenko, S., and Goodier, J., *Theory of Elasticity*, 3rd ed., McGraw-Hill, New York, 1970.

[2] Gere, J. M., *Mechanics of Materials*, 5th ed., Brooks/Cole Publishers, Pacific Grove, CA, 2001.

[3] Cook, R. D., Malkus, D. S., Plesha, M. E., and Witt, R. J., *Concepts and Applications of Finite Element Analysis*, 4th ed., Wiley, New York, 2002.

[4] Shigley, J. E., Mischke, C. R., and Budynas, R. G., *Mechanical Engineering Design*, 7th ed., McGraw-Hill, New York, 2004.

[5] Mathcad 15.0, Parametric Technology Corp.

연습문제

6.1 Sketch the variations of the shape functions N_j and N_m, given by Eqs. (6.2.18), over the surface of the triangular element with nodes i, j, and m. Check that $N_i + N_j + N_m = 1$ anywhere on the element.

6.2 For a simple three-noded triangular element, show explicitly that differentiation of Eq. (6.2.47) indeed results in Eq. (6.2.48); that is, substitute the expression for $[B]$ and the plane stress condition for $[D]$ into Eq. (6.2.47), and then differentiate π_p with respect to each nodal degree of freedom in Eq. (6.2.47) to obtain Eq. (6.2.48).

6.3 Evaluate the stiffness matrix for the elements shown in Figure P6-3. The coordinates are in units of inches. Assume plane stress conditions. Let $E = 10 \times 10^6$ psi, $\nu = 0.25$, and thickness $t = 1$ in.

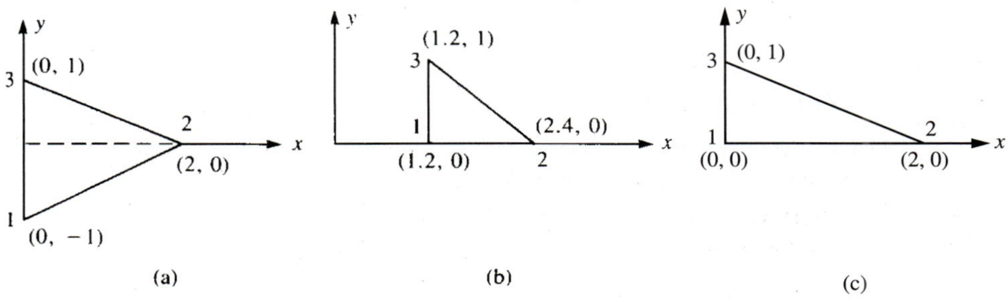

Figure P6-3 •

6.4 For the elements given in Problem 6.3, the nodal displacements are given as

$$u_1 = 0.0 \text{ in.} \quad v_1 = 0.0025 \text{ in.} \quad u_2 = 0.0012 \text{ in.}$$
$$v_2 = 0.0 \text{ in.} \quad u_3 = 0.0 \text{ in.} \quad v_3 = 0.0025 \text{ in.}$$

Determine the element stresses $\sigma_x, \sigma_y, \tau_{xy}, \sigma_1$, and σ_2 and the principal angle θ_p. Use the values of E, ν, and t given in Problem 6.3.

6.5 Determine the von Mises stress for Problem 6.4.

6.6 Evaluate the stiffness matrix for the elements shown in Figure P6-6. The coordinates are given in units of millimeters. Assume plane stress conditions. Let $E = 105$ GPa, $\nu = 0.25$, and $t = 10$ mm.

6.7 For the elements given in Problem 6.6, the nodal displacements are given as

$$u_1 = 2.0 \text{ mm} \qquad v_1 = 1.0 \text{ mm} \qquad u_2 = 0.5 \text{ mm}$$
$$v_2 = 0.0 \text{ mm} \qquad u_3 = 3.0 \text{ mm} \qquad v_3 = 1.0 \text{ mm}$$

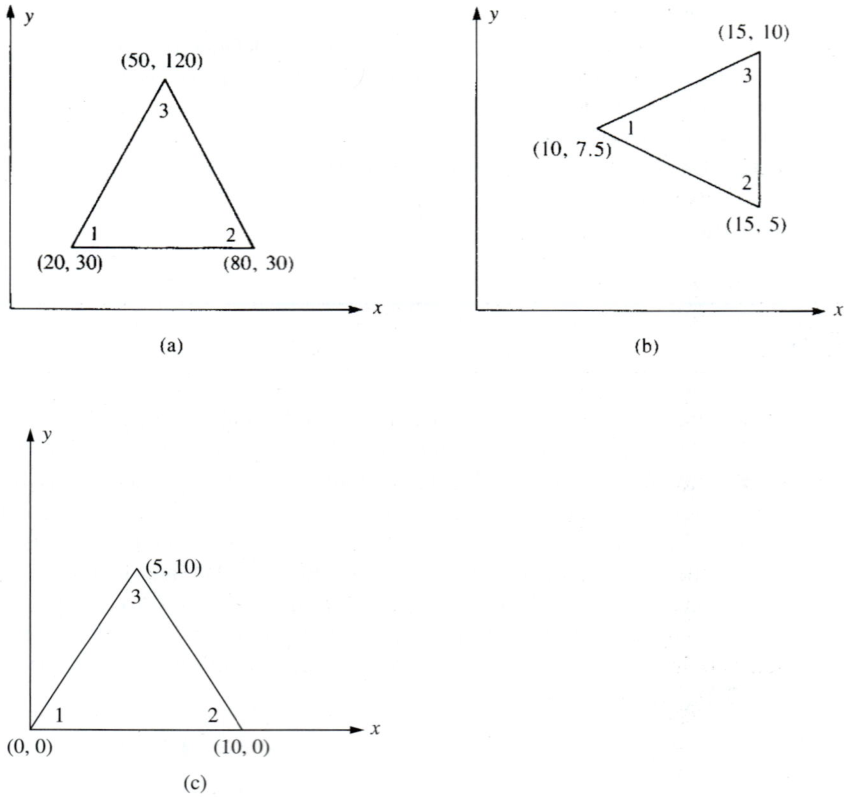

Figure P6-6 ·

Determine the element stresses $\sigma_x, \sigma_y, \tau_{xy}, \sigma_1$, and σ_2 and the principal angle θ_p. Use the values of E, ν, and t given in Problem 6.6.

6.8 Determine the von Mises stress for Problem 6.7.

6.9 For the plane strain elements shown in Figure P6-9, the nodal displacements are given as

$$u_1 = 0.001 \text{ in.} \qquad v_1 = 0.005 \text{ in.} \qquad u_2 = 0.001 \text{ in.}$$
$$v_2 = 0.0025 \text{ in.} \qquad u_3 = 0.0 \text{ in.} \qquad v_3 = 0.0 \text{ in.}$$

Determine the element stresses σ_x, σ_y, τ_{xy}, σ_1, and σ_2 and the principal angle θ_p. Let $E = 10 \times 10^6$ psi and $\nu = 0.25$, and use unit thickness for plane strain. All coordinates are in inches.

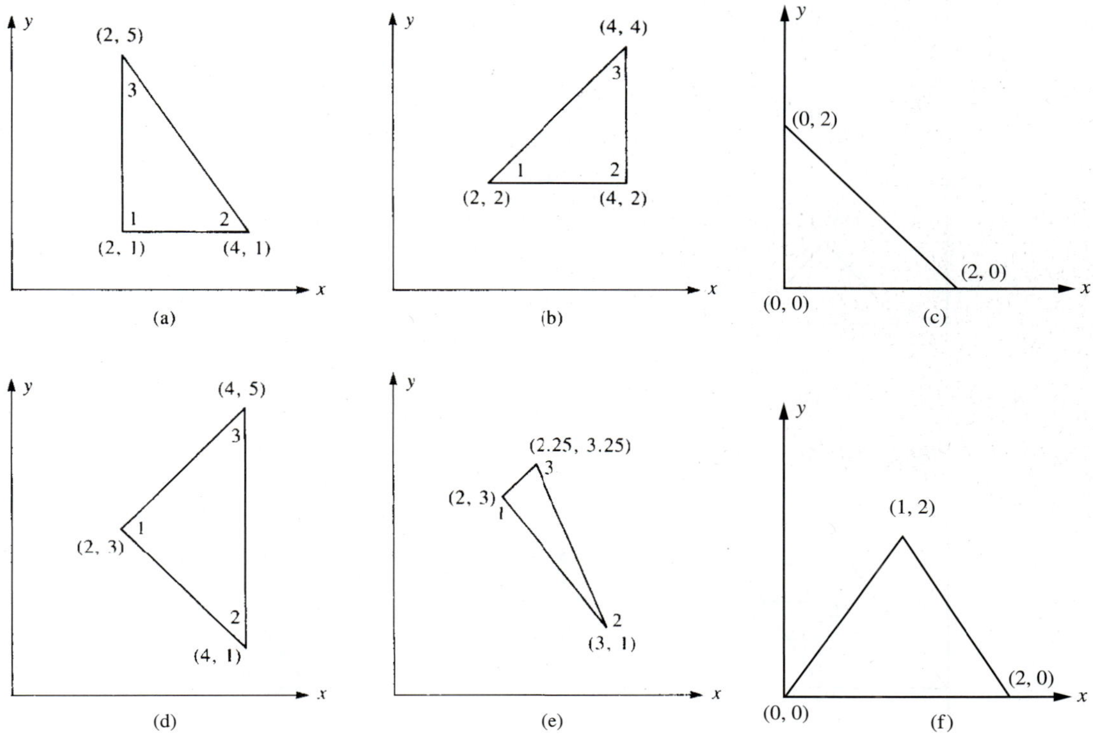

Figure P6-9 •

6.10 For the plane strain elements shown in Figure P6-10, the nodal displacements are given as

$$u_1 = 0.005 \text{ mm} \quad v_1 = 0.002 \text{ mm} \quad u_2 = 0.0 \text{ mm}$$
$$v_2 = 0.0 \text{ mm} \quad u_3 = 0.005 \text{ mm} \quad v_3 = 0.0 \text{ mm}$$

Determine the element stresses σ_x, σ_y, τ_{xy}, σ_1, and σ_2 and the principal angle θ_p. Let $E = 105$ GPa and $\nu = 0.3$, and use unit thickness for plane strain. All coordinates are in millimeters.

6.11 Determine the nodal forces for (1) a linearly varying pressure p_x on the edge of the triangular element shown in Figure P6-11(a); and (2) the quadratic varying pressure shown in Figure P6-11(b) by evaluating the surface integral given by Eq. (6.3.7). Assume the element thickness is equal to t.

6.12 Determine the nodal forces for (1) the quadratic varying pressure loading shown in Figure P6-12(a) and (2) the sinusoidal varying pressure loading shown in Figure P6-12(b) by the work equivalence method [use the surface integral expression given by Eq. (6.3.7)]. Assume the element thickness to be t.

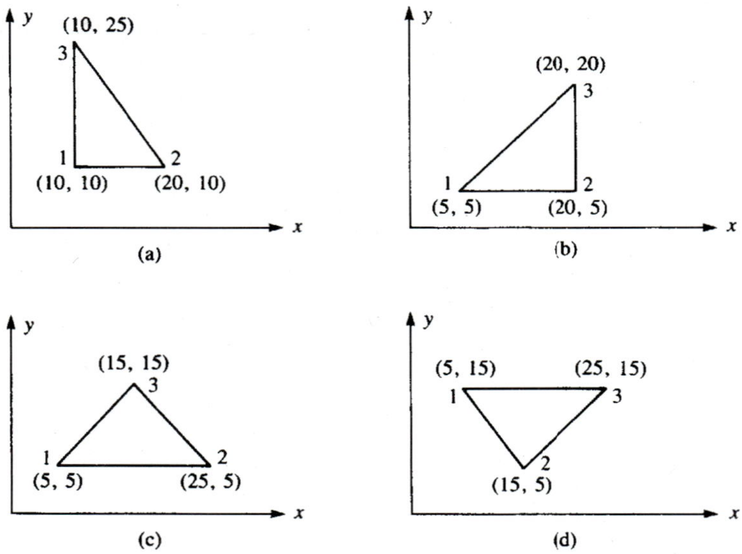

Figure P6-10 •

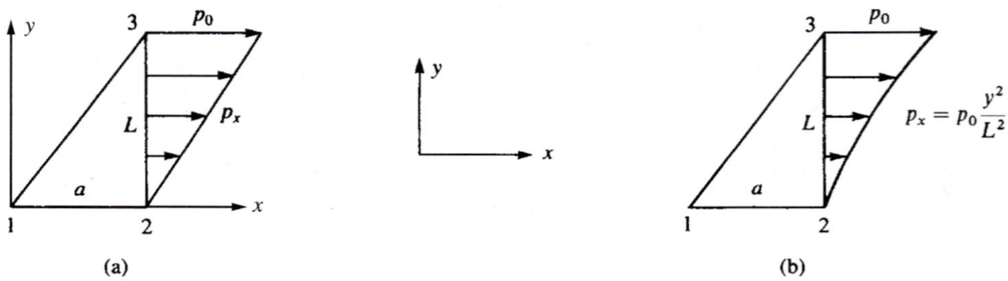

Figure P6-11 •

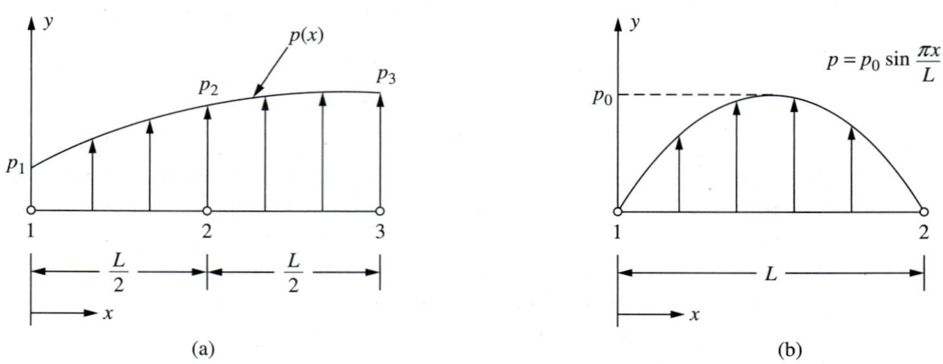

Figure P6-12 •

6.13 Determine the nodal displacements and the element stresses, including principal stresses, for the thin plate of Section 6.5 with a uniform shear load (instead of a tensile load) acting on the right edge, as shown in Figure P6-13. Use $E = 30 \times 10^6$ psi, $\nu = 0.30$, and $t = 1$ in. (Hint: The $[K]$ matrix derived in Section 6.5 and given by Eq. (6.5.22) can be used to solve the problem.)

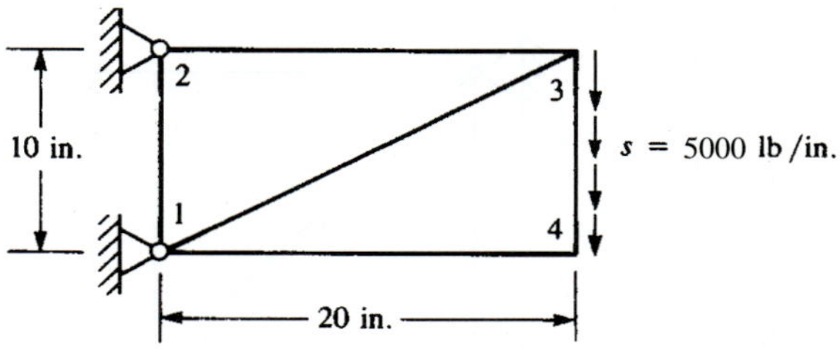

Figure P6-13 •

6.14 Determine the nodal displacements and the element stresses, including principal stresses, due to the loads shown for the thin plates in Figure P6-14. Use $E = 105$ GPa, $\nu = 0.30$, and $t = 5$ mm. Assume plane stress conditions apply. The recommended discretized plates are shown in the figures. Use a computer program to solve these.

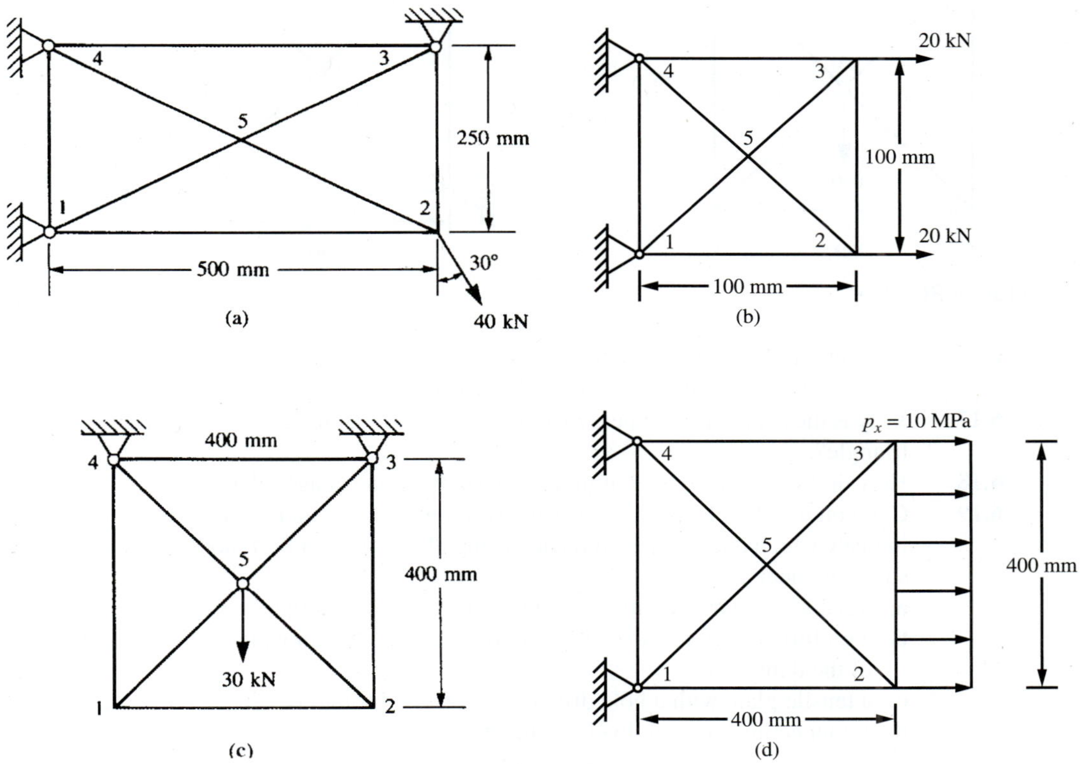

Figure P6-14 •

6.15 Determine the nodal displacements and the element stresses, including principal stresses, due to the loads shown for the thin plates in Figure P6–15. Use $E = 30 \times 10^6$ psi, $v = 0.30$, and $t = 0.25$ inches. Assume plane stress conditions apply. The recommended discretized plates are shown in the figures. Use a computer program to solve these.

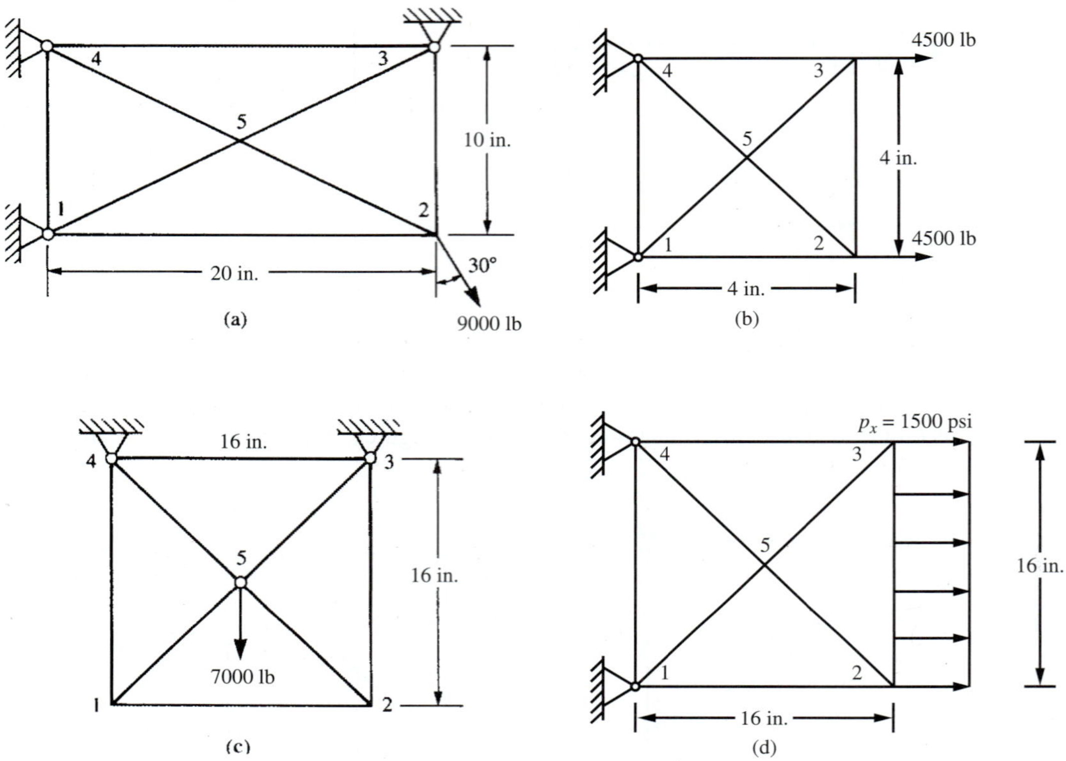

Figure P6-15 •

6.16 Evaluate the body force matrix for the plates shown in Figures P6–14(a) and (c). Assume the weight density to be 154.2 kN/m^3.

6.17 Why is the triangular stiffness matrix derived in Section 6.2 called a constant-strain triangle?

6.18 How do the stresses vary within the constant-strain triangle element?

6.19 Can you use the plane stress or plane strain element to model the following? If so, indicate which ones are best modeled using plane stress or best modeled using plane strain elements.

a. a flat slab floor of a building with vertical loading perpendicular to the slab

b. a uniform concrete dam subjected to hydrostatic loading along the whole length of the dam

c. a tensile plate with a hole drilled tranversely through it

d. a connecting rod with loads in the plane of the rod

e. a soil mass subjected to a strip footing loading

f. a wrench subjected to a force in the plane of the wrench

g. a wrench subjected to twisting forces (the twisting forces act out of the plane of the wrench)

h. a triangular plate connection with loads in the plane of the triangle

i. a triangular plate connection with out-of-plane loads

6.20 The plane stress element only allows for in-plane displacements, while the frame or beam element resists displacements and rotations. How can we combine the plane stress and beam elements and still ensure compatibility?

6.21 For the plane structures modeled by triangular elements shown in Figure P6-21, show that numbering in the direction that has fewer nodes, as in Figure P6-21(a) (as opposed to numbering in the direction that has more nodes), results in a reduced bandwidth. Illustrate this fact by filling in, with X s, the occupied elements in $[K]$ for each mesh, as was done in Appendix B.4. Compare the bandwidths for each case.

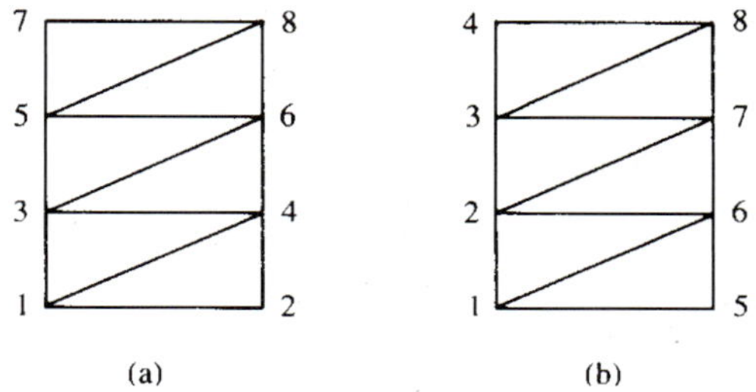

Figure P6-21 •

6.22 Go through the detailed steps to evaluate Eq. (6.3.6).

6.23 How would you treat a linearly varying thickness for a three-noded triangle?

6.24 Compute the stiffness matrix of element 1 of the two-triangle element model of the rectangular plate in plane stress shown in Figure P6-24. Then use it to compute the stiffness matrix of element 2.

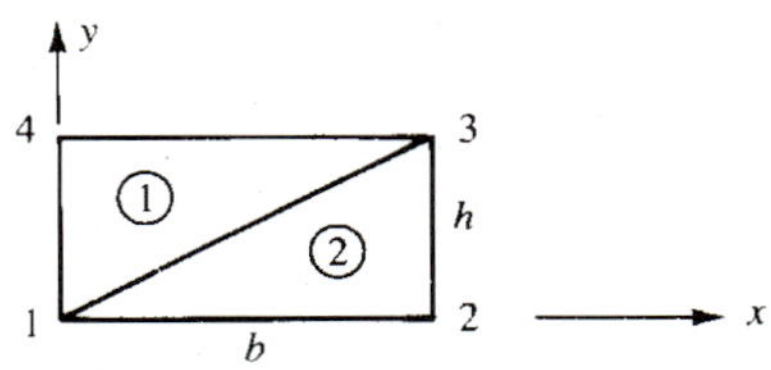

Figure P6-24 •

6.25 Show that the sum $N_1 + N_2 + N_3 + N_4$ is equal to 1 anywhere on a rectangular element, where N_1 through N_4 are defined by Eqs. (6.6.5).

6.26 For the rectangular element of Figure 6-20 on page 374 the nodal displacements are given by

$$u_1 = 0 \text{ in.} \qquad v_1 = 0 \text{ in.} \qquad u_2 = 0.005 \text{ in.}$$
$$v_2 = 0.0025 \text{ in.} \quad u_3 = 0.0025 \text{ in.} \quad v_3 = -0.0025 \text{ in.}$$
$$u_4 = 0 \text{ in.} \qquad v_4 = 0 \text{ in.}$$

For $b = 2$ in., $h = 1$ in., $E = 30 \times 10^6$ psi, and $\nu = 0.3$, determine the element strains and stresses at the centroid of the element and at the corner nodes.

CHAPTER 07

실용적 모델링; 결과평가; 평면응력과 변형률 해석 예제

학습목표

- 가로세로비(aspect ratio), 대칭(symmetry), 자연적인 분할(natural subdivisions), 요소배열(sizing of elements)과 *h*-법, *p*-법, *r*-법 격자 세밀화(*h*, *p*, and *r* methods of refinement), 집중하중과 무한 응력, 무한매개, 다른 요소 간의 연결과 같은 유한요소법의 해를 모델링할 때 고려되어야 하는 개념을 설명한다.
- 본질적으로 유한요소 해에 내재되어 있는 근사화를 설명한다.
- 해의 수렴을 설명하고 이를 위한 패치 시험(patch test)을 소개한다.
- 절점 값을 결정하는 일반적인 평균화법(종종 평탄법—smoothing—이라 불린다)을 포함하여 요소응력의 해석을 논의한다.
- 평면응력과 평면 변형률 해석에 사용되는 전형적인 유한요소 과정의 흐름도를 소개한다.
- 자전거 렌치에 대하여 컴퓨터를 이용한 풀이 과정을 소개한다.
- 평면응력과 변형률 요소 모델이 적용될 수 있는 실생활의 여러 문제를 설명한다. 예를 들어, 자전거 렌치, 홈과 구멍의 응력집중을 받는 연결막대, 불규칙한 모양의 과부하 보호 장치, 조절 가능한 렌치, 그리고 기둥과 보가 표면접촉을 갖도록 용접된 구조물에서 보와 기둥의 접촉/분리를 허용하는 요소가 있는 문제들을 다룬다.

개요

이 장에서는 몇 가지 모델링 지침을 설명할 것이다. 이 지침에는 일반적으로 추천하는 격자 크기, 자연적으로 분할해야 하는 곳 그리고 대칭성과 관계된 경계조건들의 이용이 포함된다. 평형, 적합성, 해의 수렴성에 관한 논의가 뒤따를 것이고, 그런 다음 응력 결과를 평가하는 것에 대해 고찰할 것이다.

그리고 컴퓨터 프로그램 해석 결과를 보여준다. 이 프로그램은 방정식의 수가 많아서 보통의 방법으로는 풀 수 없는 복잡한 다자유도계 평면응력과 평면 변형률 문제를 쉽게 다룬다. 또한 해석적인 해가 존재하지 않는 문제들(복잡한 기하학적 형상, 복잡한 하중을 포함하는 문제나, 고전적인 미분방정식 접근법으로 기술할 수 있도록 하기 위해 문제를 간략화하는 비현실적 가정이 전제된 문제들)도 결과적으로는 근사화된 대수방정식을 푸는 유한요소법에 의해 매우 신뢰성 있는 해를 얻을 수 있다.

7.1 | 유한요소모델링

유한요소법에 의한 해를 구하기 위해 임의의 문제를 모델링할 때 고려해야 할 몇 가지 개념에 관해 논의한다.

일반적인 고려사항

유한요소모델링은 물체 내부에 일어나는 물리적 상호작용을 가시화하는 기술이다. 우리는 경험을 통해 혹은 경험자와 같이 일을 함으로써 좋은 모델링 방법을 배울 수 있을 것이다. 범용 컴퓨터 프로그램은 특정 분야의 문제들에 관한 몇 가지 지침을 제공한다[12, 15]. 이 절의 나머지 부분에서는 유한요소모델링에서 반드시 고려해야 할 몇 가지 중요한 개념을 기술한다.

모델링에 있어서 사용자는 실제 발생하는 물리 현상을 이해하고, 이용 가능한 여러 가지 요소의 물리적 거동을 이해해야 하는 어려운 일에 직면한다. 문제의 물리 현상을 가능한 비슷하게 나타낼 수 있는 요소를 결정하는 것은 사용자가 해야 할 중요한 결정사항 중 한 가지이다. 때때로 문제에 부과된 경계조건을 이해하는 것도 어려운 일이다. 또한 물체에 작용하는 하중의 종류와 크기, 작용 위치를 결정하는 것 역시 어렵다. 다시 강조하지만, 경험자와 같이 일을 하거나 문헌을 보면서 이러한 어려움을 극복할 수 있다.

가로세로비와 요소 형상

가로세로비(aspect ratio)는 사변형 요소의 가장 긴 모서리의 가장 작은 모서리에 대한 비율로 정의된다. 많은 경우 가로세로비가 증가할수록 해의 정확도는 감소한다. 이 점을 설명하기 위해 그림 7-1(a)는 굽힘을 받는 보를 해석하기 위해 사용된 5가지 다른 유한요소모델을 보여주고 있다. 여기서는 6.6절에서 소개되는 사각형 요소를 사용한다. 그림 7-1(b)는 보의 점 A에서의 변위의 오차를 가로세로비에 대해 나타낸 그림이다. 표 7-1은 5가지 모델과 정확한 해에 대해서 점 A와 B에서의 변위를 보여주고 있다[2].

가로세로비가 50에 도달할 때까지 여전히 만족스러운 결과를 주는 예외적인 경우가 있다. 예를 들어, 실제 문제에서 어떤 위치의 응력구배가 0에 가까우면, 그 위치에서의 가로세로비가 커도 여전히 좋은 결과를 보여준다.

일반적으로 요소는 그 형상이 작고(compact) 규칙적(regular)일 때 좋은 결과를 낳는다. 요소에 따라 형상 변형에 대한 민감도가 다르지만, (1) 그림 7-1의 경우 1, 2에서와 같이 가로세로비가 낮도록 하고, (2) 사변형 요소의 모서리각은 90°에 가깝도록 유지한다. 그림 7-2는 좋지 않은 결과를 초래하는 경향이 있는 부적당한 형태의 요소를 보여주고 있다. 단지 몇 개의 부적당한 형태의 요소가 모델에 존재한다면, 보통 그 부적당한 요소들 근처에서만 부정확한 결과

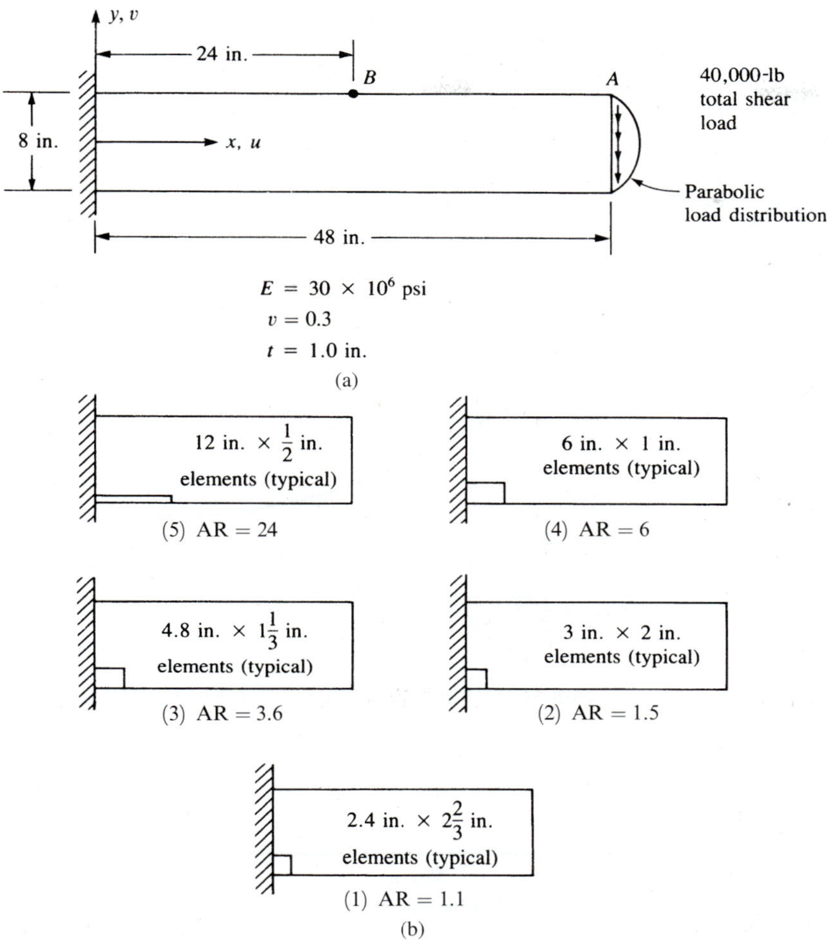

그림 7-1 • (a) 하중을 받는 보, (b) 다섯 가지 가로세로비(AR)의 효과

가 발생한다. 그림 7-2(c)와 같이 $\alpha \geqslant 170°$이면 Autodesk 프로그램[12]에서는 사각형을 두 개의 삼각형으로 분할한다.

대칭의 이용

대칭*을 적당히 이용하면 모델링이 쉽다. 대칭을 이용하면 실제 문제를 축소시켜 줄 수 있다. 따라서 보다 적은 노동력과 전산 경비로 요소를 좀 더 세밀하게 분할할 수 있다(대칭성의 이용에 관한 다른 논의는 참고문헌 [3]을 참조하라).

그림 7-3에서 7-5는 대칭조건을 이용하는 모델링인데, (1) 지반하중이 작용하는 토양 덩어리(soil mass), (2) 필렛이 있는 축 하중을 받는 부재, (3) 내부 압력이 작용하는 구멍을 가진 판을 모델링한 것이다. 대칭면에 수직한 방향으로의 변위는 0이 되어야 함에 주목하기 바란다.

* 대칭이라는 것은 크기, 모양, 하중위치, 물성치, 그리고 경계조건이 분할선이나 분할면의 반대쪽과 일치한다는 것을 의미한다.

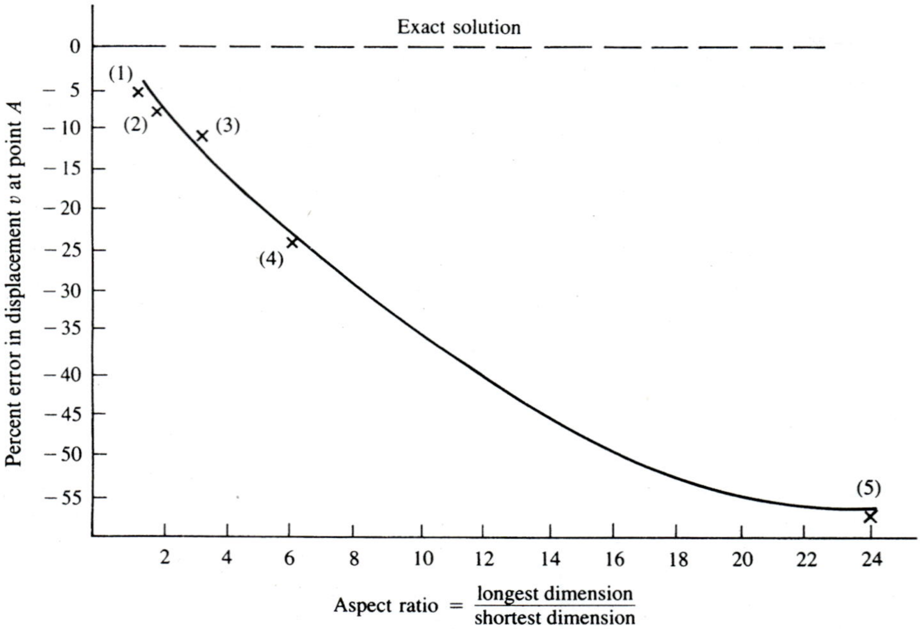

(c)

그림 7-1 • (c) 가로세로비의 함수로서 나타낸 해의 부정확성(괄호 안의 숫자는 표 7-1에 나열된 것과 대응한다)

표 7-1 여러 가지 가로세로비에 대한 결과 비교

Case	Aspect Ratio	Number of Nodes	Number of Elements	Vertical Displacement, ν (in.) Point A	Vertical Displacement, ν (in.) Point B	Percent Error in Displacement at A
1	1.1	84	60	−1.093	−0.346	5.2
2	1.5	85	64	−1.078	−0.339	6.4
3	3.6	77	60	−1.014	−0.328	11.9
4	6.0	81	64	−0.886	−0.280	23.0
5	24.0	85	64	−0.500	−0.158	56.0
Exact solution [2]				−1.152	−0.360	

그림 7-3에서 절점 2~6은 롤러로 모델링되었는데, 여기서 대칭면은 절점 1~6을 지나며 모델면에 수직한 평면이다. 그림 7-4(a)와 7-5(a)에는 대칭면이 두 개 존재한다. 그러므로 그림 7-4(b)와 7-5(b)에서와 같이 실제 형태의 1/4만 모델링하면 된다. 따라서 수직 대칭면과 수평 대칭면을 따라 각 절점에 롤러가 사용되었다.

앞서 3장에서 지적한 바와 같이, 진동 문제와 좌굴 문제에서는 기하학적 대칭이 진동 모드나 좌굴 모드에서의 대칭성을 의미하지 않으므로 대칭조건은 주의 깊게 사용되어야 한다.

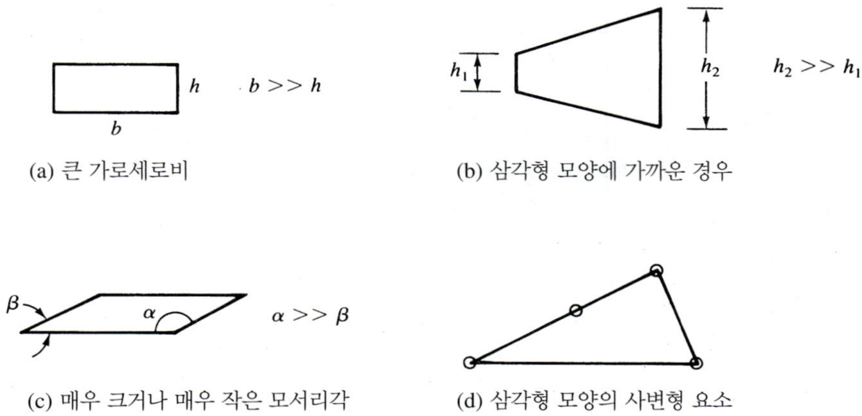

그림 7-2 • 나쁜 형상을 가진 요소들

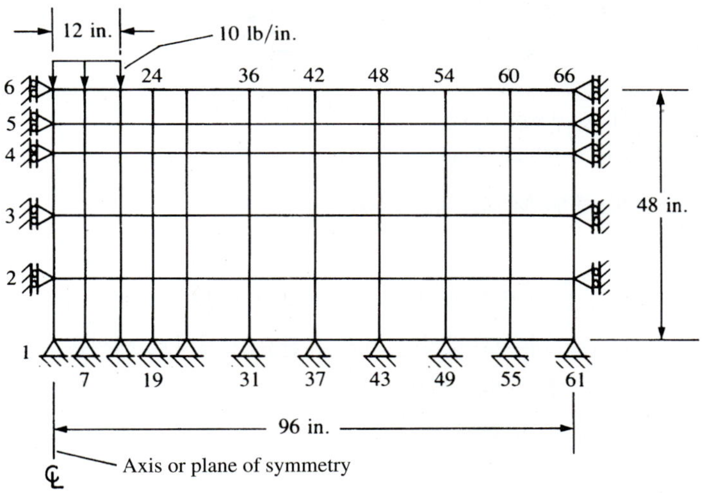

그림 7-3 • 지반하중을 받는 토양에 대한 대칭성의 적용(오른쪽 반의 모델)
(절점 수 = 66, 요소 수 = 50) (2.54 cm = 1 in., 4.445 N = 1 lb)

불연속 지역에서의 자연적인 분할

그림 7-6은 유한요소 격자분할에 있어서 자연적인 분할을 설명하고 있다. 예를 들어, 그림 7-6(a)와 (b)에 보이는 바와 같이 집중하중이 작용하는 위치나 하중이 불연속한 점에서 절점들이 필요하다. 그림 7-6(c)에서와 같이 판 두께가 갑작스럽게 변하거나, 그림 7-6(d)와 (e)에서와 같이 재료 물성치가 갑작스럽게 변하는 곳에서 당연한 절점선(nodal line)이 정의된다. 그 외 그림 7-6(f)와 같은 모서리 절점이나 그림 7-5와 같은 부재의 구멍 주위는 당연하게 분할하여야 한다.

격자 수정(세밀화)과 수렴, *h*-법, *p*-법 및 *r*-법에 의한 세밀화

이 절에서는 꼭 필요한 만큼의 자유도를 사용하여 해의 정확도를 높이는 유한요소 격자 개선

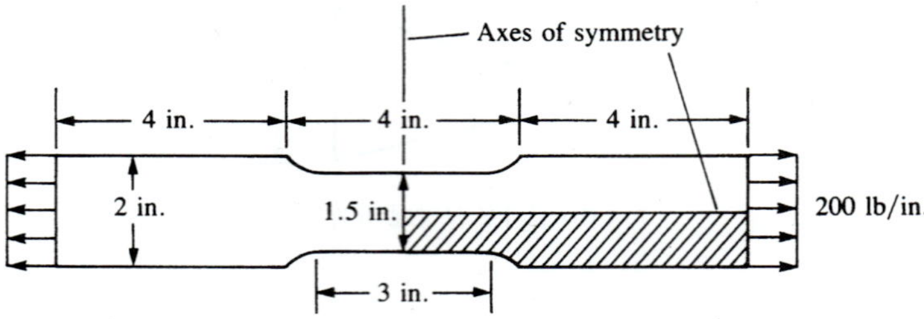

(a) 필렛을 가진 축 하중을 받는 평면응력

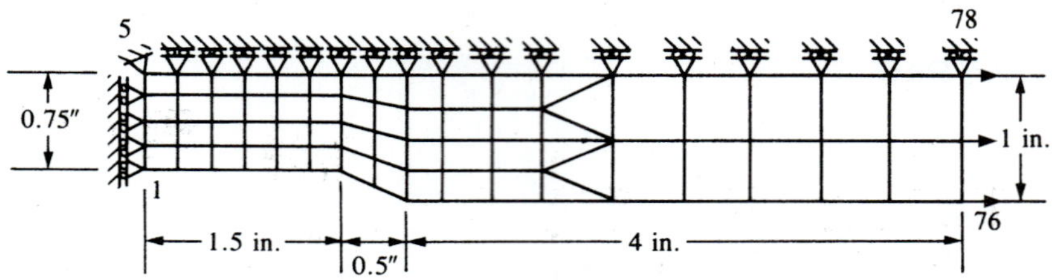

(b) 부재의 빗금 친 1/4 부분의 유한요소모델
(절 점수 = 78, 요소 수 = 60) (2.54 cm = 1 in.)

그림 7-4 • 필렛을 가진 축 하중을 받는 평면응력 부재에 대한 대칭성 적용

방법 3가지를 소개한다. 격자 밀도 및 요소 크기 등에 관련하여 프로그램에서 설정한 기본 값을 이용하여 얻은 최소한으로 적절한 요소 개수로 생성한 기본 유한요소 격자로 해석을 하여 기준 해를 얻는다. 그런 후에는 격자 밀도를 늘리는 등의 방법으로 격자를 수정하고, 다시 유한요소 해를 얻고 기준 해와 비교 분석한다. 이 과정을 사용자가 미리 정한 오차 내에 도달할 때까지 되풀이 한다.

구조해석의 문제에서 변위, 회전, 응력, 변형률을 보다 정확히 구하기 위해 많은 프로그램이 두 가지 방법을, 몇몇 프로그램에서는 세 가지 방법을 갖추고 있다. (물론 구조해석 이외의 문제에도 적용된다.) 이 방법들은 *h*-법, *p*-법, *r*-법이라 불린다. 이 방법들을 이용하여 유한요소 격자를 수정하거나 세밀화하여 해석을 다시 하여 결과를 개선한다. 해석자들의 목적은 문제에 요구되는 정확도를 얻기에 꼭 필요한 만큼의 자유도를 사용하도록 격자를 세밀화하는 것이다. **적응 세밀화**(*adaptive refinement*)라 불리는 이 방법의 궁극적 목적은 모든 요소에서 비슷한 크기의 오차를 갖도록 하는 것이다.

격자분할은 구조물의 기하학적 형상과 하중조건, 경계조건에 따라 달라진다. 예를 들어, 필렛, 구멍, 코너가 있는 곳에 발생하는 응력집중이나 응력구배가 큰 곳에서는 그림 7-4, 7-5, 7-6(f)에서 나타낸 것처럼 그 부분에서 세밀한 격자가 필요하다.

다음에 *h*-법, *p*-법과 *r*-법에 의한 세밀화를 간략히 설명하고, 이 방법을 보다 심도 있게 알고자 하는 사람들을 위한 참고문헌을 소개한다.

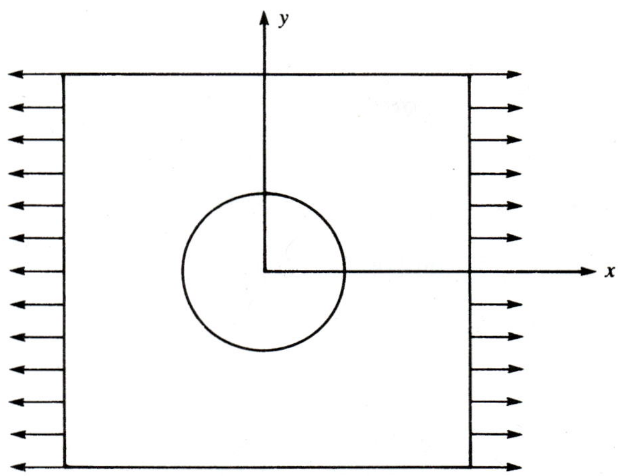

(a) 평면응력하의 구멍이 있는 판

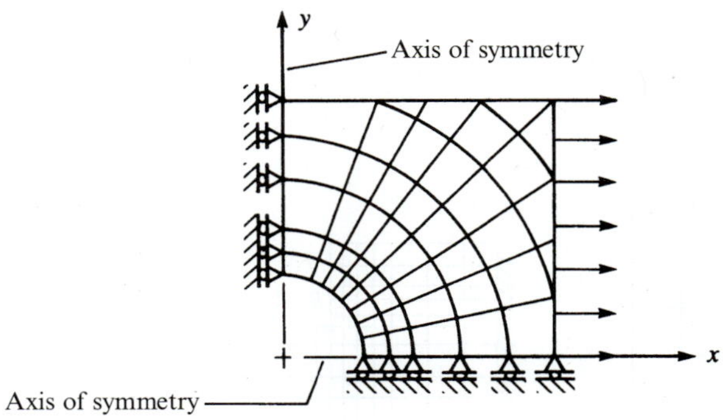

(b) 판의 1/4 부분의 유한요소모델

그림 7-5 • 인장하중을 받는 구멍이 있는 판에 대해 대칭성을 사용하여 문제를 축소하기

h-법 격자 세밀화

h-법 격자 세밀화에서는 구조재의 특성에 맞는 형상함수(예를 들면, 봉에는 선형함수, 보에는 3차 함수, CST에는 완전 선형함수)를 쓰는 특정한 요소만을 사용한다. 처음에 사용하는 기본 격자는 오차 예측을 위한 기준 해를 제공하는데 이는 격자 개선의 기초로 쓰인다. 이를 바탕으로 같은 종류의 요소로 요소의 크기를 작게 하여 격자를 세밀화한다. 종종 균질 세밀화가 이루어진다. 일례로, 그림 7-7(a)에 보이는 원래의 격자는 그림 7-7(b)에서와 같이 양쪽 방향에 두 개로 분할되었다. 그림 7-7(c)에서와 같은 비균질 격자 세밀화가 보다 많이 사용되고 있다(충격파 또는 유체 유동의 얇은 경계층과 같은 특정한 물리적 현상을 모사할 수 있도록 국부적 격자 세밀화도 사용된다)[19]. 격자 세밀화는 해석 결과가 이전 단계의 세밀화 격자에 근거한 해석 결과와 비슷할 때까지 계속된다. 물론 격자의 일부분은 요소의 크기가 커질 수도 있다. 예를 들면, 응력이 변하지 않거나 변화가 매우 작은 곳에서는 보다 큰 요소를 사용하여도 좋다. *h*-법 격자 세밀화의 지침의 시작은 참고문헌 [20, 21, 22, 23]에 주어진다. 참

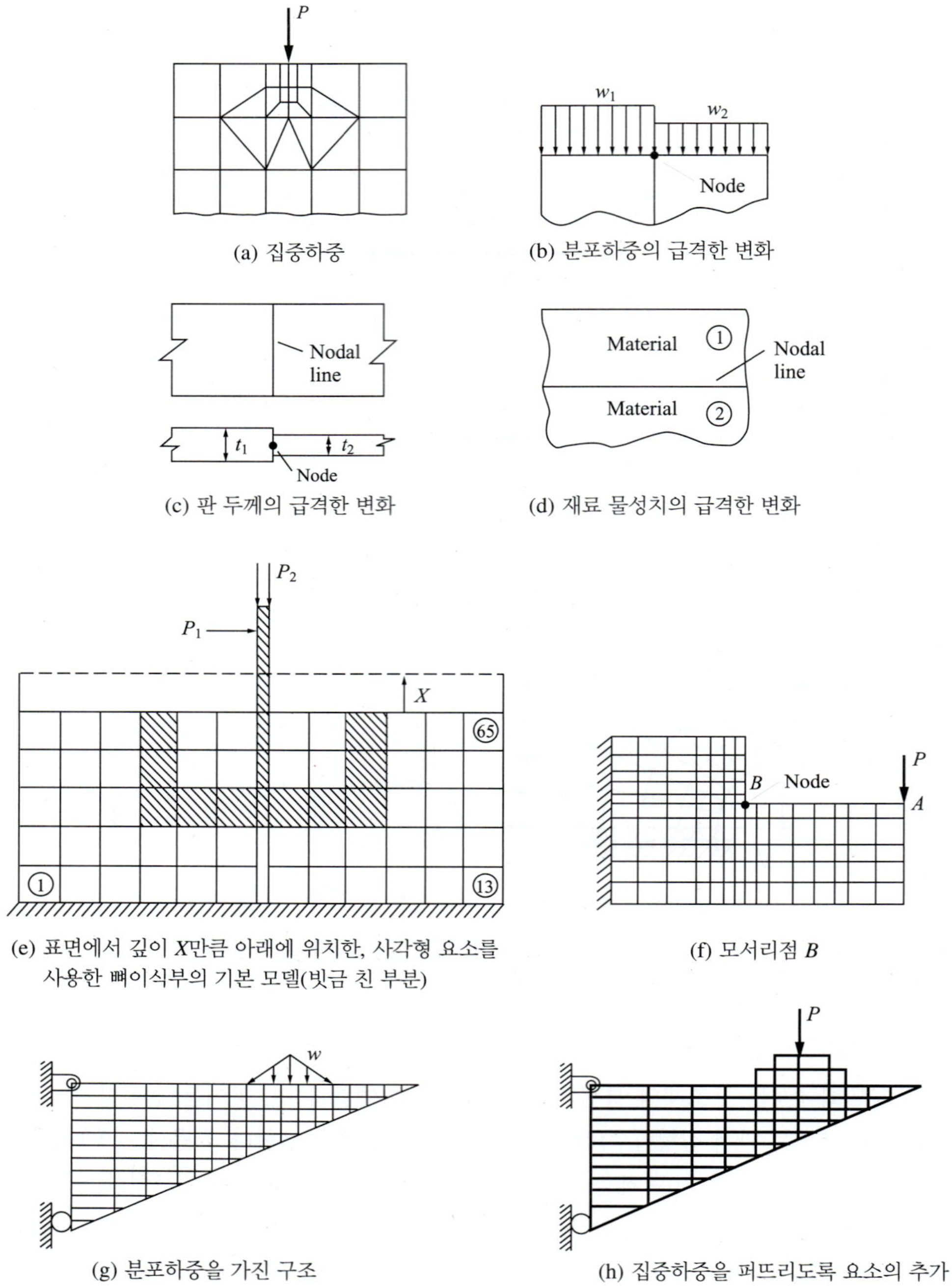

(a) 집중하중

(b) 분포하중의 급격한 변화

(c) 판 두께의 급격한 변화

(d) 재료 물성치의 급격한 변화

(e) 표면에서 깊이 X만큼 아래에 위치한, 사각형 요소를 사용한 뼈이식부의 기본 모델(빗금 친 부분)

(f) 모서리점 B

(g) 분포하중을 가진 구조

(h) 집중하중을 퍼뜨리도록 요소의 추가

그림 7-6 • 불연속 지역에서 자연적인 요소 분할

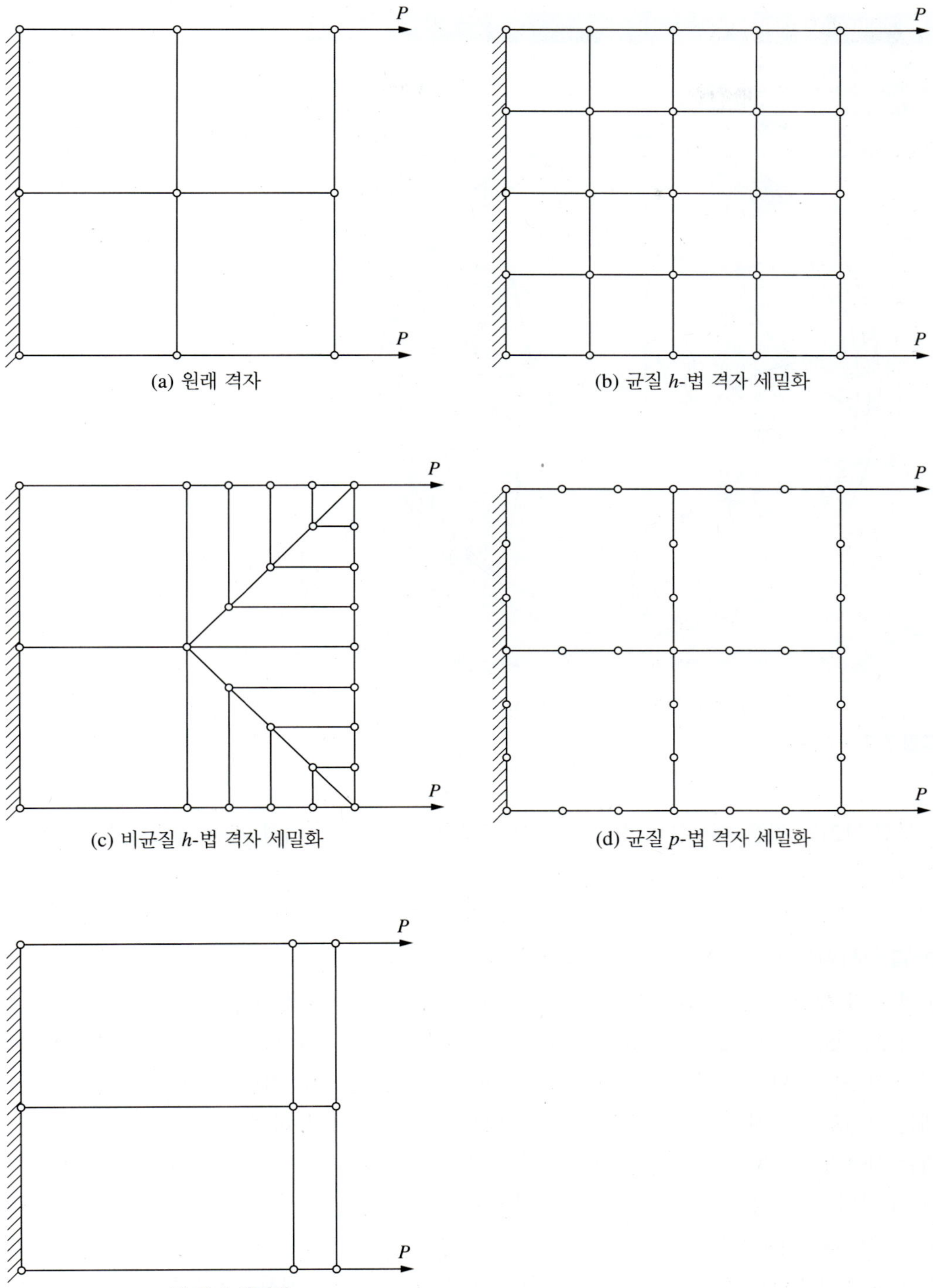

(a) 원래 격자

(b) 균질 *h*-법 격자 세밀화

(c) 비균질 *h*-법 격자 세밀화

(d) 균질 *p*-법 격자 세밀화

(e) *r*-법 격자 세밀화

그림 7-7 • *h*-법과 *p*-법, *r*-법 격자 세밀화 예제

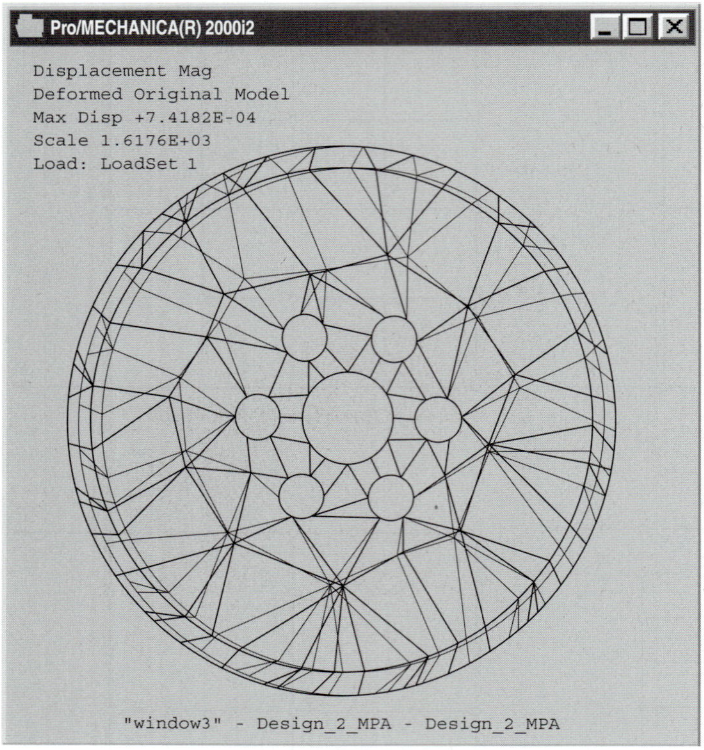

(f) 활차의 Pro/MECHANICA 모델

그림 7-7 • *(계속)*

고문헌 [12]와 같은 대부분의 상용 컴퓨터 프로그램은 h-법에 의한 격자 세밀화를 기반으로 한다.

p-법 격자 세밀화

p-법 격자 세밀화에서는 다항식의 차수 p를 사용자가 원하는 해의 정확도를 얻도록 고차로 높인다[24, 25, 26, 27, 28]. p-법 격자 세밀화에서는 경계조건, 하중 및 물체의 형상과 같은 문제의 조건들을 보다 근접하게 모델링하도록 다항식의 차수 p를 조절한다. 통상적으로 격자의 형태는 그대로 유지하는 반면에 근사식의 차수를 올려 문제를 반복하여 푼다. 반복하여 얻은 결과는 사용자가 정한 수렴 한계와 비교한다. 일반적으로 고차의 근사식은 보다 좋은 결과를 준다. 고차의 근사식을 사용하는 것은 사용자가 유한요소 프로그램에서 선택할 수 있다. 따라서 p-법 세밀화에서는 h-법 세밀화에서와 같은 새로운 격자 생성을 통한 격자 세밀화는 필요하지 않다(h-법 세밀화도 격자 재생성 알고리즘을 채택하는 프로그램에서는 자동화될 수 있다). 문제의 특성에 따라 거칠은 격자도 종종 허용되는 결과를 준다. 오차의 정의와 예측에 관한 심도 있는 논의는 참고문헌 [19]에 있다.

p-법 격자 세밀화는 존재하는 절점의 자유도를 높이거나, 존재하는 요소의 경계에 새로운 절점을 추가하거나, 요소 내부의 자유도를 높이는 방법도 포함한다. 모든 요소에 똑같은 세밀

화가 적용되는 균질 p-법 격자 세밀화가 그림 7-7(d)에 주어져 있다. 많이 사용되는 상용 컴퓨터 프로그램 중의 하나인 Pro/MECHANICA [29]는 오로지 p-법 격자 세밀화만을 사용한다. 그림 7-7(f)에 Pro/MECHANICA를 이용하여 격자분할한 활차(pulley)의 유한요소모델이 보여진다.

r-법 격자 세밀화

r-법 격자 세밀화에서는 요소의 개수나 변위함수의 차수를 변경하지 않고 절점의 위치를 바꾼다. 그림 7-7(a)에 보이는 원래의 격자를 r-법 격자 세밀화로 얻은 일례를 그림 7-7(e)에서 볼 수 있다. 하중이 작용하는 근처에는 격자가 세밀화되었으나, 먼 곳은 엉성하게 된다.

변환 삼각형

그림 7-4는 작은 사변형 요소에서 더 큰 사변형 요소로 바뀌는 곳에서 삼각형 요소를 사용하는 것을 보여주고 있다. 단순한 CST 요소들에 대해 요소 변에 있는 중간 절점들이 CST 방정식을 유도한 에너지 정식화와 상반되어 있기 때문에 이렇게 삼각형 요소를 쓰는 것은 필수적이다. 만약 중간 절점들이 사용된다면, 적합 조건을 보장할 수 없어서 변형된 모델에서 구멍이 생길 수도 있다. 8장에 기술된 선형 변형률 삼각형 요소(LST)와 같은 고차 요소를 사용하면 요소 변을 따라 중간 절점들을 사용하면서도 적합성을 유지할 수 있다.

집중하중 또는 점하중과 무한 응력

집중하중(또는 점하중)은 집중하중의 자유도를 수용할 수 있는 요소의 절점에 적용될 수 있다. 예를 들면, 트러스 요소, 2차원, 그리고 3차원 고체 요소들은 병진의 자유도만을 가지고 있으므로 요소의 절점에 집중 모멘트는 작용시킬 수 없고 집중하중만 작용시킬 수 있다. 그러나 집중하중은 작은 면적에 높은 밀도의 분포하중을 수학적으로 편리하도록 이상화한 것임을 알아야 한다.

보, 판재, 고체에 관한 전통적인 선형 탄성 이론에 의하면[2, 16, 17], 집중의 수직하중이 작용하는 점에서 보에는 유한 변위와 유한 응력, 판재에는 유한 변위와 무한 응력, 2차원 그리고 3차원의 고체에는 무한 변위와 무한 응력을 허용한다. 이는 보, 판재, 그리고 고체의 탄성체에 대한 선형 이론에서의 응력에 대한 가정들이 다르기 때문이다. 실제의 집중하중은 소재의 소성 변형을 유발하며, 선형 탄성 이론은 소성 변형의 시작을 예측할 수 없다.

유한요소 해석에서는 유한요소모델의 절점에 집중하중이 작용할 경우에 결코 무한 변위와 무한 응력을 주지 않는다. 평면응력 또는 평면 변형률 모델에서의 집중하중은 무한 변위나 무한 응력을 일으키지 않는 분포하중 몇 개가 작용하는 것에 상응한다. 무한 변위와 무한 응력은 집중하중 작용점 주위의 격자를 세밀화하여 근사화할 수 있다. 그림 7-6(a)와 같이 집중하중을 받는 절점 주위를 세밀화하여야 하며, 그림 7-6(f)의 점 B와 같이 하중 작용점에서 떨어진 지역의 응력이 관심이 있는 값이고 집중하중 근처의 변형과 응력은 근사화한 값으로 해석의 목적이 아닌 것을 이해하여야 한다. 집중하중에 관한 위의 설명은 집중 반력에도 적용된다.

집중하중을 모델링하는 또 다른 방법은 그림 7-6(h)와 같이 새로운 요소를 첨부하고 그곳에 집중하중을 작용시키는 것이다. 실제 구조물의 하중이 작용하고 있는 면 위에 새로이 부가된 요소의 탄성계수를 변화시켜 분포하중의 분포 형태를 조절할 수 있다. 이 방법은 집중하중을 실제 구조물에 있는 몇 개의 요소에 분포시킨다.

그림 7-6(f)에 보이는 입구 모서리에서와 같이 특이한 형상과 하중의 경우에도 탄성해석은 무한 응력을 줄 수 있다. 입구 모서리점 *B*에서는 무한대의 응력이 예측된다. 따라서 탄성이론에 근거한 유한해석은 입구 모서리점에서(아무리 세밀한 격자를 만들어도) 무한대의 값에 수렴하지 못한다[18]. 입구 모서리를 작은 반경으로 모따기를 하거나 소성 변형을 모사하는 이론을 도입하여야 한다.

무한 매체

그림 7-3은 무한 매체(지반하중을 받는 토양)를 표현하는 전형적인 모델을 보여준다. 이 유한요소모델에서는 충분한 범위까지 포함되어 있어서 지반하중으로부터 멀리 떨어진 곳에서는 절점 변위나 요소에서의 응력이 무시할 수 있을 만큼 작아야 한다. 모델링되어야 하는 매체의 범위를 결정하기 위해서는 하중으로부터의 수평과 수직 거리를 바꾸어가면서 응력과 변위에 미치는 영향을 알아보는 방법의 시행착오법으로 결정한다. 그 외 방법으로는 비슷한 문제를 풀어본 적이 있는 다른 연구자의 경험이 도움이 될지도 모른다. 동질의 토양에 대해 경험적으로 모델의 수평거리가 하중 작용면의 폭보다 약 4~6배 정도이고, 수직거리가 4~10배 정도이면 하중 작용면의 영향을 무시할 수 있다고 알려져 있다(참고문헌 [4]~[6] 참조). 또한 무한요소(infinite element)를 사용하는 것에 대해 참고문헌 [13]에 기술되어 있다.

모델의 수평 길이와 수직 길이를 설정한 후에는 경계조건을 이상화하여야 한다. 보통 하중으로부터 멀리 떨어진 곳의 수평 변위는 무시할 수 있을 만큼 작으므로 그 경계에서는 절점의 수평 변위를 구속한다(그림 7-3의 오른쪽 경계). 그래서 오른쪽 경계를 따라 수평운동을 구속하기 위해 롤러들이 사용되었다. 그림 7-3에서처럼 아래 바닥 경계는 바닥 변을 따라 각 절점에 핀지지를 사용함으로써 완전히 고정될 수 있다. 그 외 다른 방법으로, 바닥은 수직 변위에 대해서만 구속될 수도 있다. 선택은 모델 바닥에서의 토양조건에 달려 있다. 보통 아래쪽 경계를 기반석으로 생각하면 완전한 고정조건이 가정된다.

그림 7-3에서 대칭성을 가정했으므로 왼쪽 수직 경계는 하중의 중심 바로 밑에 있는 것으로 한다. 앞에서 말한 바와 같이, 대칭축 위의 모든 절점은 수평 변위가 제한된다.

마지막으로, 보, 평면응력과 평면 변형률, 3차원 고체 요소와 같은 다른 종류의 요소를 모델링하는 데 있어서 추가적으로 필요한 사항에 대해서는 참고문헌 [11]을 이용할 것을 추천한다.

다른 종류 요소들의 연결(혼합)

보 요소와 CST 같은 평면요소를 혼합하듯이, 종종 서로 다른 요소를 연결하여 사용하는 유한요소모델이 필요한 경우가 있다. 이 경우에 문제는 각 요소의 절점들이 서로 다른 자유도를 갖는다는 것이다. 평면 요소에서는 단지 평면 내에서의 변위를, 보 요소는 횡방향 변위와 회전을

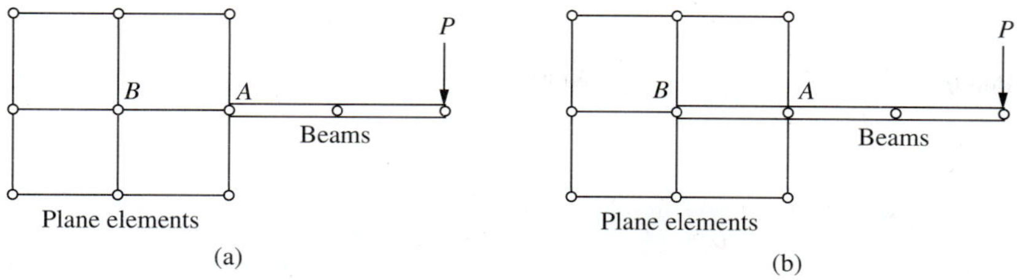

그림 7-8 • 평판 요소에 보 요소의 연결: (a) 모멘트는 전달 안 됨, (b) 모멘트가 전달됨

자유도로 준다. 보는 절점에서 집중 모멘트를 지지할 수 있으나, 평면 요소(CST)는 그렇지 못하다. 따라서 그림 7-8(a)에서와 같이, 보 요소가 한 점 *A*에서 평면 요소에 연결된 경우에는 점 *A*는 힌지가 된다. 이것은 두 종류의 요소가 연결되는 곳에서 하중만이 전달된다는 것을 의미한다. 또한 강성핼렬은 해를 주지 못하는 비가역(singular)이 된다. 한 개의 보 요소 *AB*를 추가한 그림 7-8(b)에서와 같이, 한 개 이상의 보 요소를 평면 요소 내부로 부가하여 위의 문제를 해결할 수 있다. 이제 모멘트가 평면 요소 내부로 전달될 수 있다. 이러한 방법은 보 요소와 평면 요소의 병진운동이 점 *A*, *B*에서 연결된다. 절점의 회전은 단지 보 요소 *AB*에만 관련된다. 평면 요소에서 계산된 응력은 점 *A* 근처에서는 대체로 정확하지 못하다.

서로 다른 종류의 요소들을 연결하는 예들이 그림 1-5, 1-11, 12-11, 그리고 16-33에 주어져 있다. 보 요소와 평판 요소의 연결은 그림 1-5, 12-11, 16-33에서 보여주며, 평판 요소와 고체 요소의 연결은 그림 1-11에서 보여준다.

모델의 검토

격자분할된 유한요소모델은 결과를 계산하기 전에 주의 깊게 검토(checking)되어야 한다. 이상적으로는 보다 객관적일 수 있는, 모델링 작업에 참여하지 않은 사람들이 검토하는 것이 바람직하다.

세밀한 그래픽 처리 능력을 가지고 있는 전처리기(preprocessor)들은 절점을 잘못 위치시키거나, 요소를 빠뜨리거나, 하중과 경계 지지부를 잘못 위치시키는 것과 같은 오류를 매우 쉽게 찾을 수 있게 해준다. 전처리기들은 오류 찾기를 쉽게 하기 위해 색, 그림 축소(그림 7-9에서는 요소들을 구분해서 보여준다), 회전, 분할, 확장, 안 보이는 선은 감추는 기능을 가지고 있다.

또한 대부분의 상용 프로그램은 과도하게 찌그러진 요소 형태에 관한 경고 기능, 충분히 지지되었는가에 대한 검토 기능 등을 가지고 있다. 그렇지만 사용자는 성공적인 해석을 수행하기 위해 적절한 요소 형태를 선택해야 하고, 올바른 방향과 크기의 하중 및 지지점을 바르게 위치시켜야 하며, 일관된 단위 계를 사용하는 것 등을 지켜야 한다.

결과 검토와 대표적인 후처리 결과

의도한 대로 고정지지된 절점의 변위가 제대로 0이 되었는지 결과를 확인해야 한다. 변위와 응력 등의 해가 수렴하도록 격자 세밀화도 실행해야 한다. 대칭성이 존재하면 응력과 변위가 대칭성을 따르는지 보여야 한다. 대칭면의 한편에 대한 해는 전체 구조물에 대한 해를 줌을 알아

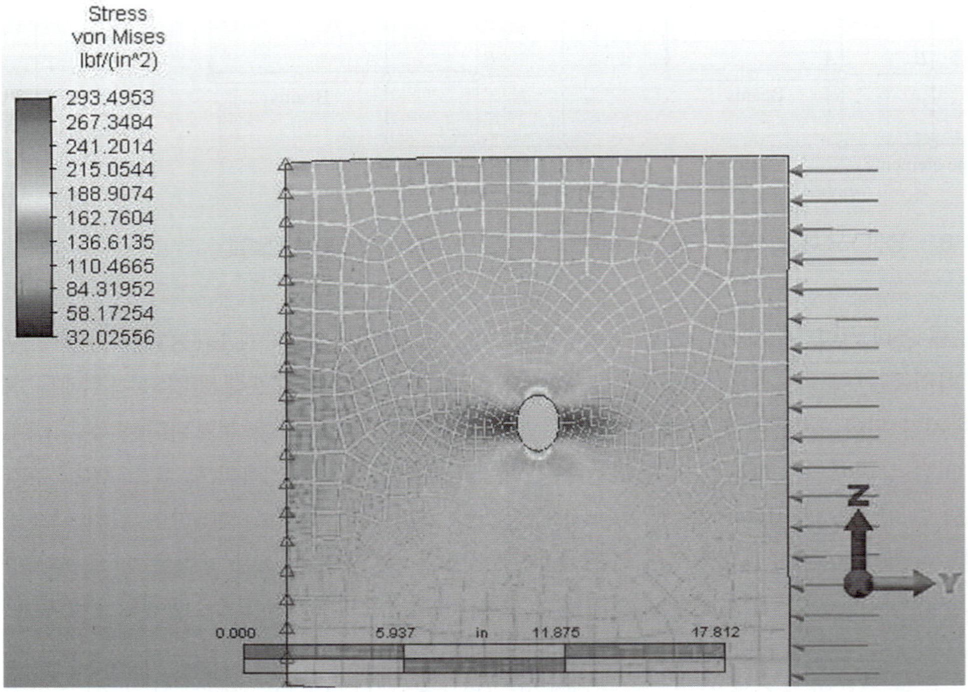

그림 7-9 • 전처리 프로그램 [12]을 이용하여 (길이 20 in., 두께 1 in., 반경 1 in.인 구멍이 있는) 강판을 자동 격자분할로 얻은 격자에 나타나는 지지조건, 100 psi의 표면력과 폰 미제스(von Mises) 응력분포

야 한다. 유한요소 프로그램에 의해 계산된 결과는 다른 방법에 의한 결과(비록 그것이 유한요소법의 결과보다 나쁘더라도)와 비교되어야 한다. 예를 들어, 특히 해석 결과의 수치적인 크기에 대한 개념이 없을 경우 재료역학의 근사식, 실험 데이터 혹은 더 단순하지만 비슷한 문제의 수치해석 결과가 비교에 이용될 수 있다. 모든 결과를 사용할 때는 어느 정도 주의해야 하는데, 그것은 교과서나 자료책, 실험 결과 등에 뜻밖의 오류가 있을 수 있기 때문이다.

맨 나중에 결과를 처리하고, 검토하고, 해석하는 데 따른 자료를 준비하는 데 썼던 시간만큼 많은 시간을 보내야 한다.

마지막으로, 평면응력 문제에 대한 전형적인 후처리(postprocessor) 결과를 그림 7-9(그림 7-10)에서 보여준다. 다른 예제들은 7.6절에서 보여준다.

7.2 | 유한요소 해석 결과의 평형조건과 적합조건

가정된 변위장을 바탕으로 한 유한요소법을 이용하여 얻은 응력 해석 문제의 근사해는 일반적으로 탄성 이론에 의한 해가 정확하게 만족시켜야 할 평형조건과 적합조건을 모두 만족시키지는 못한다. 하지만 정확한 해는 매우 소수의 경우에만 존재함을 기억하라. 그렇기 때문에 유한요소법은 근사적이기는 하지만 합리적인 수치해를 얻는 데 매우 실용적인 방법이다. 1장에 설명되었고 이 책을 통해 수없이 설명된 유한요소법의 장점을 기억하기 바란다.

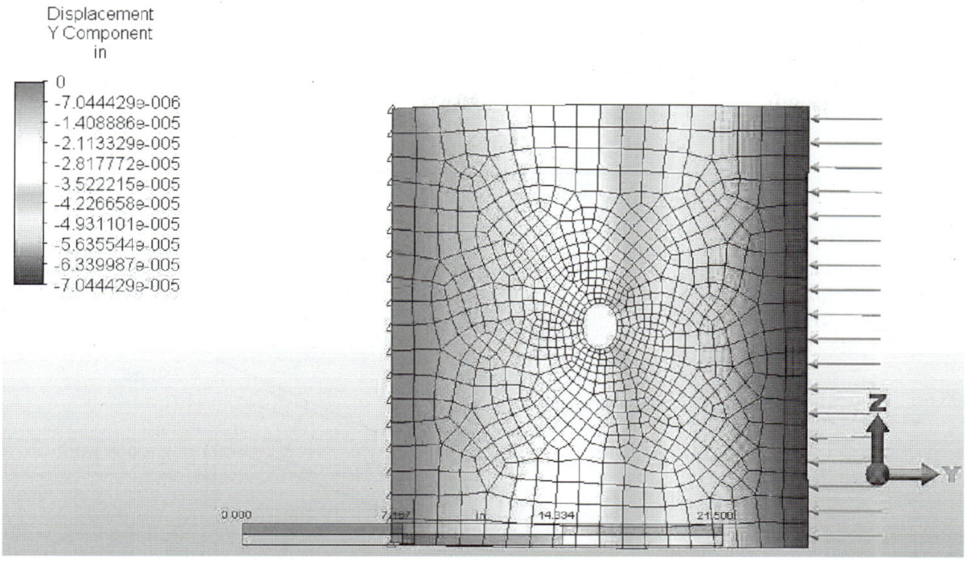

그림 7-10 • 변형된 형상이 보이는 구멍이 있는 평판. 평판의 왼쪽 변은 고정되고, 오른쪽 변에는 100 psi 압축응력을 받는다. 최대 수평 변위는 오른쪽 변의 중앙에서 발생하며 -7.044×10^{-5} in.이다(두께 1 in.의 강철판이다).

이제 유한요소 근사해가 본질적으로 가지고 있는 몇 가지 특징을 소개하기로 한다.

1. 절점에서 힘과 모멘트의 평형을 만족한다. 이것은 전체좌표계에서의 방정식 $\{F\} = [K]\{d\}$가 절점의 평형방정식이고, $\{d\}$의 해는 각 절점에 걸리는 모든 힘과 모멘트의 합이 0이 되도록 얻어지므로 옳다. 전체 구조물의 평형도 만족하는데, 구조물의 반작용력이 전체좌표계에서의 하중에 포함되어 있고, 따라서 절점 평형방정식에 포함되어 있기 때문이다. 3장의 트러스와 5장 프레임 해석을 포함한 수많은 예제가 절점의 평형과 전체 구조물의 평형을 보여준다.
2. 요소 내부의 평형을 항상 만족시키지는 않는다. 그러나 3장의 일정 변형률 봉과 6장의 일정 변형률 삼각형에 대해서는 요소 내부의 평형을 만족한다. 또한 3차 변위함수를 사용하면 4장의 기본적인 보의 평형 미분방정식을 만족하므로 요소 내부에서 힘과 모멘트의 평형을 만족한다. 하지만 8장의 선형 변형률 삼각형 요소나, 9장의 축대칭 요소, 10장의 직사각형 요소는 요소 평형방정식을 근사적으로만 만족할 뿐이다.
3. 요소 경계에서는 평형을 만족시키지 않는다. 두 개의 인접한 유한요소들의 일부를 포함하는 미소 요소는 평형상태에 있지 않다(그림 7-11). 트러스와 프레임 해석에 사용되는 선요소(line element)에 대해서는 3~5장의 예제에 보이는 바와 같이 요소 간 평형(interelement equilibrium)을 만족한다. 그러나 2차원과 3차원 요소는 보통 요소 간 평형을 만족하지 않는다. 예를 들어, 예제 6.2의 결과에 보이는 것과 같이 두 요소 사이의 대각선 변에서의 수직 응력은 두 요소 사이에서 서로 다르다. 또한 격자가 거칠다면 요소 간 평형을 만족시키지 않는 정도가 심해진다. 이론적으로 예측되는 것과는 달리 자유단에서의 수직

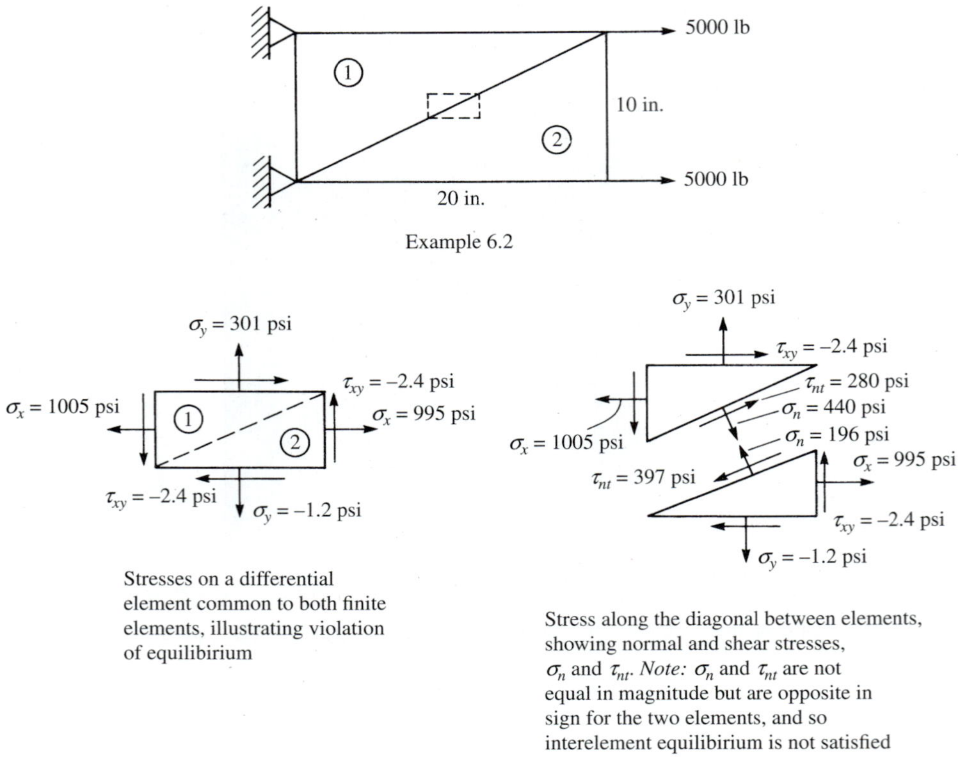

그림 7-11 • 예제 6.2에서 미소 요소와 두 요소 사이의 대각선 변에서 일어나는 평형 위반(격자분할이 거칠어서 평형을 더 크게 위반하였다)

응력과 전단 응력은 보통 0이 아니다. 예제 6.2는 자유단 응력 σ_y와 τ_{xy}가 0이 아님을 보여줌으로써 이것을 설명하고 있다. 그러나 더 많은 요소를 사용할수록 응력이 없는 자유단에서 σ_y와 τ_{xy}는 0에 수렴할 것이다.

4. 요소 변위장이 연속함수이므로 요소 내부에서 적합조건을 만족시킨다. 따라서 개별적인 요소는 찢어지지 않는다.

5. 요소 방정식을 만들 때, 적합조건은 절점에서 만족된다. 따라서 요소들은 공통의 절점에서만 연결을 유지하게 된다. 마찬가지로, 경계조건이 지지 절점에서 주어지기 때문에 구조물은 지지 절점에 고정되어 있다.

6. 적합조건은 요소 간 경계에서 만족될 수도 있고, 안 될 수도 있다. 봉이나 보와 같은 선 요소에 대해서 요소 간 경계는 절점뿐이다. 그래서 앞의 항목 5는 이러한 선 요소들에 적용된다. 6장의 일정 변형률 삼각형과 직사각형 요소들은 변형되었을 때 변이 직선을 유지하므로 요소 간 적합성이 존재한다. 즉, 이러한 평면 요소들은 공통 선을 따라 열림, 겹침, 불연속 없이 변형된다. 요소 간 틈이나 겹침을 허용하는 비적합 요소(incompatible element)가 허용될 수도 있고, 오히려 바람직할 수도 있다. 어떤 경우에는 비적합 요소 정식화가 더 빨리 수렴함이 알려져 있다[1](이 주제에 대한 더 많은 정보는 참고문헌 [7]과 [8]을 참조하라).

7.3 | 해의 수렴성과 격자 세밀화

3.2절에서는 봉 요소에 관하여 이른바 적합하고 완전한 변위함수를 선택하는 지침을 제시하였다. 그 네 가지 지침은 일반적으로 적용할 수 있고, 그것들을 만족하면 특별한 문제의 해에 대하여 단조 수렴(monotonic convergence)을 보장한다[9]. 유한요소법의 변위 정식화에 이러한 적합하고 완전한 변위함수가 사용되면(실제의 구조물보다 강성이 큰 유한요소모델을 만들게 되어) 실제 강성의 상한치를 얻으므로, 변위에 대해서는 그림 7-12에 보이는 바와 같이 변위의 하한을 얻는다[10].

따라서 격자 크기가 줄어들어 요소의 수가 증가하면, 적합하고 완전한 변위함수가 사용되었을 경우에 해의 단조 수렴을 보장받는다. 이러한 수렴의 예는 참고문헌 [1]과 [11]에, 또 그림 7-1(a)에서 보이는 하중을 받는 보에 대해 표 7-2에 주어져 있다. 표의 모든 요소는 직사각형 요소이다. 표 7-2의 결과는 요소의 개수(또는 절점의 수로 계산된 자유도의 수)가 정확한 해로 수렴하는 데 주는 영향을 보여준다. 또한 가로세로비의 영향을 볼 수 있다. 경우 2와 3을 비교하면 알 수 있듯이 가로세로비가 커지면 자유도를 증가시키더라도 좋지 않은 결과를 낳는다.

패치 시험

유한요소모델에 사용되는 요소가 해에 대한 수렴성을 갖는지를 조사하기 위하여, **패치 시험** (*patch test*)이 처음에는 Irons [30, 31]이 비등각(nonconforming) 판재 요소의 안전성을 시험하기 위해 고안하였고, Taylor, et al. [32], MacNeal and Harder [33], Bathe [34], Belytschko, et al. [35]와 Cook, et al. [7] 등에 의해 심도 있게 논의되었다. 패치 시험은 부분적으로

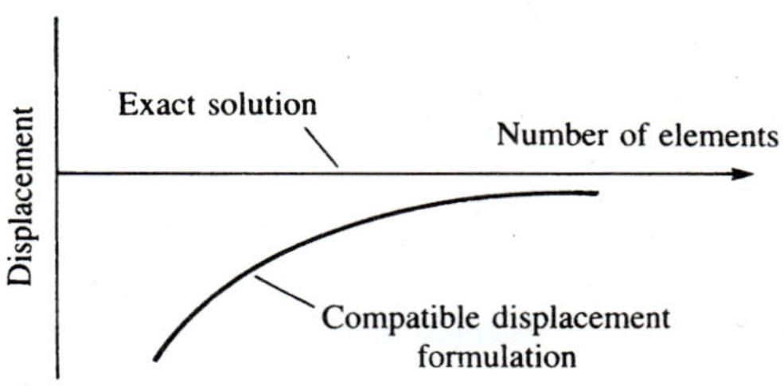

그림 7-12 • 적합 변위 정식화에 따른 유한요소 해의 수렴

표 7-2 요소 수의 따른 결과의 비교

Case	Number of Nodes	Number of Elements	Aspect Ratio	Vertical Displacement, v (in.) Point *A*
1	21	12	2	−0.740
2	39	24	1	−0.980
3	45	32	3	−0.875
4	85	64	1.5	−1.078
5	105	80	1.2	−1.100
Exact solution [2]				−1.152

는 3.2절에서 설명된 것과 같은 요구조건—요소는 구조물의 변형에 유발되는 강체 운동과 일정 변형률 상태를 모사할 수 있어야 한다는 조건—에 근거한다. 일반적으로 패치 시험이 "수렴에 필요 충분 조건은 아니어도", 요소가 수렴조건을 만족시킬 수 있는지를 결정하는 데 패치 시험이 사용된다[34]. 또한 10장에서 소개하는 등매개변수 정식화에서 강성행렬의 수치적분에 사용되는 가우스(Gauss) 적분점의 수가 충분한지를 결정하는 데 사용된다.

패치 시험 예

다음의 예에서, 변위 기반으로 올바르게 정식화된 요소[일례로, 식 (6.2.2)이 사용되는 평면응력-변형률 요소]가 적합한 격자(compatible mesh; 인접한 요소 간의 연속과 요소 내에서의 연속을 만족시키는 격자)에 사용될 때에 패치 시험은 자동으로 만족됨을 보여준다.

그림 7-13에 보이듯이 적어도 한 개의 패치점(patch node; 패치 내부의 절점)을 갖으며, 불규칙한 형상의 요소로 구성된 간략한 유한요소격자를 갖고 패치 시험이 수행된다. 불규칙한 요소와는 달리(직사각형 같은) 몇몇의 규칙적인 요소는 아마도 패치 시험을 통과할 것이기 때문에 요소들은 반드시 불규칙적이어야 한다. 요소들은 모두 삼각형이거나 모두 직사각형 또는 둘이 섞여도 좋다. 외곽 경계선은 직사각형이 될 수 있다.

"변위" 패치 시험은 요소가 강체 운동과 일정 변형률 상태를 모사할 수 있는지를 조사한다. 요소가 강체 운동을 나타낼 수 있는지를 증명하기 위해 다음을 수행한다:

1단계 경계선의 모든 점에 x변위를 준다(일례로 1). 즉, $u_1 = u_2 = u_3 = u_4 = u_6 = u_7 = u_8 = u_9 = 1$ (x방향 병진 운동 검사). 이 절점들의 y방향 변위는 0으로 입력한다.

2단계 내부의 절점 5를 포함하여 모든 점에 힘을 0으로 입력한다.

3단계 강성도법 1단계의 변위값 1을 이용하여 유한요소 정식을 만든다.

4단계 절점 5의 변위를 구한다.

5단계 강체 운동 시험을 통과하려면, 절점 5의 변위는 $u_5 = 1$, $v_5 = 0$이어야 한다.

6단계 x변위와 y변위를 바꾸어 위의 과정을 되풀이 한다(y방향 병진 운동 검사). 이제 절점 5의 변위는 $u_5 = 0$, $v_5 = 1$이어야 한다.

7단계 절점 5를 제외한 모든 점에 u_i's $= 1$, v_i's $= 1$을 입력한다(x-y 대각선 방향 병진 운동

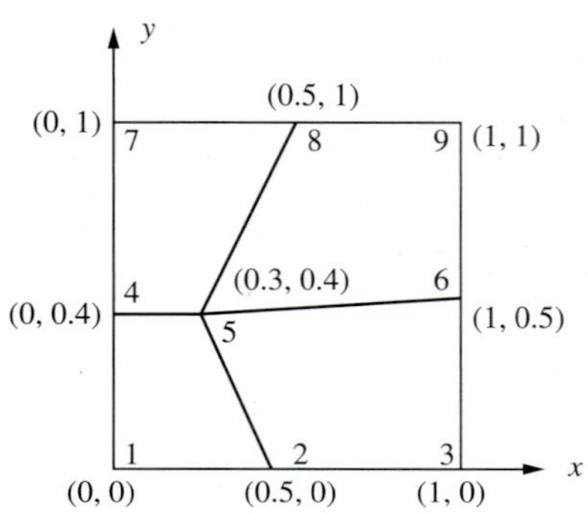

그림 7-13 • 변위 패치 시험을 위한 직사각형 요소 패치

검사). 이제 절점 5의 변위는 $u_5 = 1$, $v_5 = 1$이어야 한다.

8단계 모든 요소에서 변형률은 0이어야 한다.

요소가 일정 변형률 상태를 나타낼 수 있는지를 증명하기 위해 다음을 수행한다:

1단계 변위를 미분하여 변형률을 얻으므로, 선형의 변위함수는 일정 변형률을 만들 수 있다. $u(x, y) = x$, $v(x, y) = 0$라 하면 $\varepsilon_x = \partial_u/\partial_x = 1$가 된다. 평면 내의 다른 변형률, $\varepsilon_y = \partial v/\partial y = 0$, $\gamma_{xy} = \partial u/\partial y + \partial_v/\partial_x = 0$이다. 각 절점의 변위는 그 점의 x좌푯값과 같아야 한다. 패치 시험을 통과하려면, 계산으로 얻은 절점 5의 x변위값이 x좌푯값과 같아야 한다. 즉, $u_5 = 0.3$, $v_5 = 0.0$이 되어야 한다.

2단계 $u(x, y) = 0$, $v(x, y) = y$에 대하여 위의 과정을 되풀이한다. $\varepsilon_x = 0$, $\varepsilon_y = 1$, 그리고 $\gamma_{xy} = 0$가 된다. 물론, 각 절점의 변위는 그 점의 y좌푯값과 같아야 한다. 패치 시험을 통과하려면, 계산으로 얻은 절점 5의 y변위 값이 y좌푯값과 같아야 한다. 즉, $u_5 = 0.0$, $v_5 = 0.4$가 되어야 한다.

3단계 수직 변형률들은 0이고, 전단 변형률 $\gamma_{xy} = 1$인 경우에 대하여 위의 과정을 되풀이 한다.

"힘" 패치 시험은 외력과 관련된 오차가 없음을 입증한다. 이 시험의 절차는 다음과 같다.

1단계 $\sigma_x = 1$ 또는 다른 일정한 값의 균일 표면력이 패치의 우측 경계에 작용하는 것으로 가정한다. 이 표면력을 일-등가 절점하중으로 대체한다.

2단계 내부의 절점 5에는 하중이 작용하지 않는다.

3단계 패치는 강체 운동을 막기에 충분한 경계조건을 갖는다. 그림 7-14에서는 좌측 변에 2개의 핀지지와 두 개의 롤러지지를 갖는다. (한 개의 롤러만 있어도 강체 운동을 막는다.) 롤러지지는 포아송(Poisson) 효과로 변형률 ε_y를 유발한다. 이 변형률은 0이 아닌 포아송비에 의해 발생되고 반영되어야 한다.

4단계 직접강성법으로 변위와 요소 응력을 구한다. 요소 내에서 $\sigma_x = 1$의 균일 응력을 얻어야 한다. σ_y와 τ_{xy}는 0이어야 한다.

5단계 윗변에 $\sigma_y = 1$, $\sigma_x = \tau_{xy} = 0$이 작용하는 것으로 가정하고, 위의 과정을 되풀이한다. 다음에는 수직 응력들은 0이고, $\tau_{xy} = 1$인 경우를 되풀이한다.

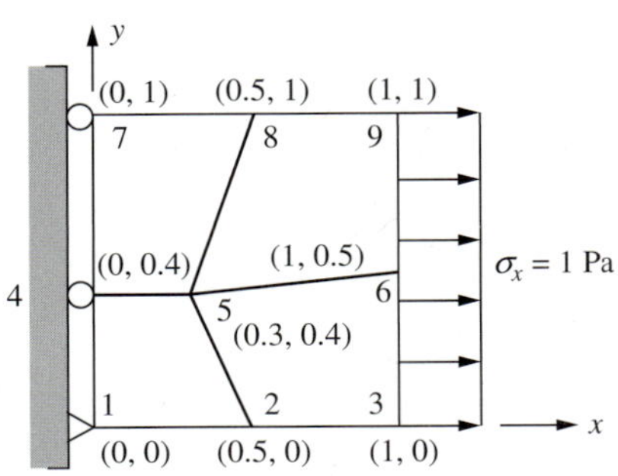

그림 7-14 • 힘 패치 시험을 위한 직사각형 요소 패치

다른 요소에도 패치 시험을 적용할 수 있다. 일례로, 11장의 3차원 응력상태에 대한 고체 요소의 패치는 6개의 일정 응력상태를 나타낼 수 있어야 한다. 12장의 판재 굽힘에 대한 패치 시험은 일정 굽힘 모멘트 M_x, M_y 그리고 일정 비틀림 모멘트 M_{xy}를 모사할 수 있어야 한다.

패치 시험을 통과하는 요소는 다음의 필요 조건을 만족시킬 수 있다.

(a) 변형률이 없는 강체 운동

(b) 일정 변형률 상태

(c) 일정 변형률 상태에 있는 인접한 요소와의 적합성

위의 필요 조건들은 이 요소로 이루어진 격자가 조밀해지면 해에 수렴하게 됨을 보증한다.

따라서 패치 시험은 새롭게 개발된 요소의 수렴성을 검토하는 표준 시험이다. 그러나 이 시험이 요소의 다른 응용에 대해서도 적절하다고 암시하지는 않는다. 패치 시험을 통과한 요소일지라도 엉성한 격자로는 정확도가 낮으며, 격자가 조밀해져도 수렴속도가 느릴 수도 있다.

7.4 | 응력결과의 해석

이 책에서 사용된 강성법 또는 변위법에 의한 유한요소 정식화에서 첫 번째 결정되는 물리량은 요소를 이어주는 절점 변위이다. 요소의 응력이나 변형률 같은 이차적인 물리량은 $\{\varepsilon\} = [B]\{d\}$와 $\{\sigma\} = [D][B]\{d\}$를 이용하여 얻는다. 봉이나 일정 변형률 삼각형과 같이 선형 변위 함수를 사용하는 요소의 경우, $[B]$가 일정하므로 $[D]$가 일정하다고 가정하면 응력은 요소 전체에 걸쳐서 일정하다. 이러한 경우 그 응력이 요소 도심에서의 값으로 지정해도 타당한 결과를 주며 실제 많이 쓰이는 방법이다.

그러나 축 부재에 대해 3.11절에서 설명하는 바와 같이, 응력은 변위처럼 정확히 예측되지 않는다(그림 3-32와 3-33 참조). 예를 들어, 그림 7-1에서 보를 모델링하는 데 있어서 일정 변형률 요소나 일정 응력 요소가 사용되었음을 기억하라. 이러한 이유로 각각의 요소 응력은 일정하다고 가정되었다. 그림 7-15는 벽에 접한 요소의 도심 위치에서 보의 두께(깊이)방향으로

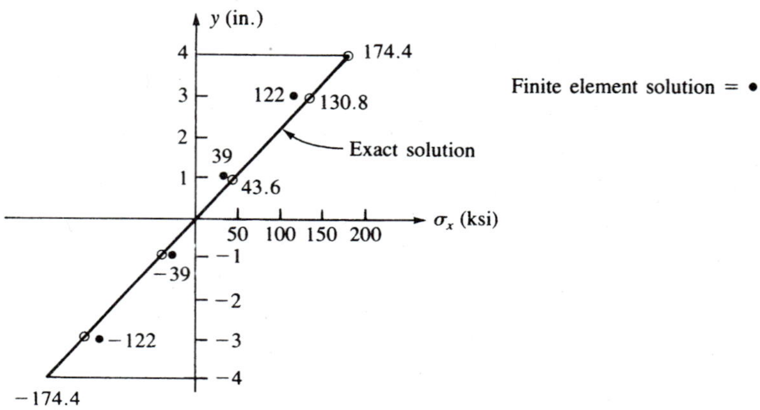

그림 7-15 • 보 단면을 따른 유한요소 해와 정확한 해의 굽힘 응력 비교

굽힘 응력을, 보 이론으로부터의 정확한 해와 표 7-2의 경우 4의 유한요소 해를 비교하고 있다. 이 유한요소모델은 보 깊이방향으로 네 개의 요소로 구성되어 있다. 그래서 깊이방향으로 네 개의 응력 값이 얻어진다. 한편 응력이 가장 잘 맞는 곳은 각 요소의 중점에서인데, 그 이유는 변위의 미분이 절점에서보다는 절점 사이에서 더 잘 맞기 때문이다.

8장의 선형 변형률 삼각형과 같은 고차 요소에서는 $[B]$와 응력은 좌푯값의 함수이다. 보통 응력은 요소의 도심(centroid)에서 직접 계산된다.

다른 방법으로 요소의 각 절점에서 계산되는 응력의 평균값 혹은 가중치가 있는 평균값을 사용하기도 한다. 이 평균법에서는 먼저 요소의 가우스 적분점에서 계산된 응력과 그 요소의 형상함수를 이용하여 절점에서의 응력을 계산한다(10장에 서술됨). 공통 절점을 공유하는 모든 요소에서 공유 절점의 응력을 계산하여 평균화하여 공통 절점의 응력으로 정의한다. 이러한 평균화법을 **평탄화**(*smoothing*)라 칭한다. 그림 7-9에 평탄화로 얻은 폰 미제스(von Mises) 응력의 비축적 등고도(contour)가 나타나 있다.

평탄화는 해석 모델과 그 결과에 심각한 오류를 만들지 않으면서 부드러운 표현의 등고도를 가능하게 한다. 그러나 반드시 평탄화하지 않은 결과의 등고도와 비교 확인하여야 한다. 평탄화하지 않은 등고도에서 불연속도가 큰 지역은 모델링의 오류에 의한 것으로 그 지역에서는 격자 세밀화가 요구된다.

평탄화되지 않은 등고도가 불연속이 중요하지 않거나 작은 지역에 국한되어 있다면, 평탄화된 등고도는 높은 신뢰도를 갖는다. 그러나 평탄화가 잘못된 결과를 주는 예외도 있다. 예를 들면, 인접한 요소의 두께 변화가 크면[그림 7-6(c)를 참조] 두께가 다른 두 요소의 응력에는 불연속이 존재한다. 평탄화는 그러한 실제의 응력 불연속을 감출 것이다. 탄성계수가 다르게 되면 다른 재료 사이에 변형률의 불연속이 생긴다[그림 7-6(d) 참조]. 가열하거나 작은 경사를 이용하여 억지로 끼워 맞춤 된 두 원통의 경우에 접촉면에서 두 원통의 원주 응력은 큰 차이가 있다[16].

변형된 격자에 평탄화된 응력 등고도와 같은 컴퓨터 프로그램 예제들이 7.6절에 있다. 등고도에 나타나는 응력은 폰 미제스 응력[6.5절에 설명된 바와 같이 정하중을 받는 연성재의 파손을 예측하기 위한 최대 뒤틀림 변형 에너지(maximum distorsion energy) 이론에서 사용되는 응력]이거나, 트레스카(Tresca) 응력(정하중을 받는 연성재의 파손을 예측하기 위한 최대 전단 응력 이론 또는 트레스카 이론에서 사용되는 응력)이거나[14, 16], 최대/최소 주응력들이다.

7.5 | 평면응력–변형률 문제 풀이의 흐름도

그림 7-16은 6장에서 소개된 이론에 근거하여 평면응력과 평면 변형률 문제를 해석하기 위해 사용되는 유한요소 해석 절차의 흐름도이다.

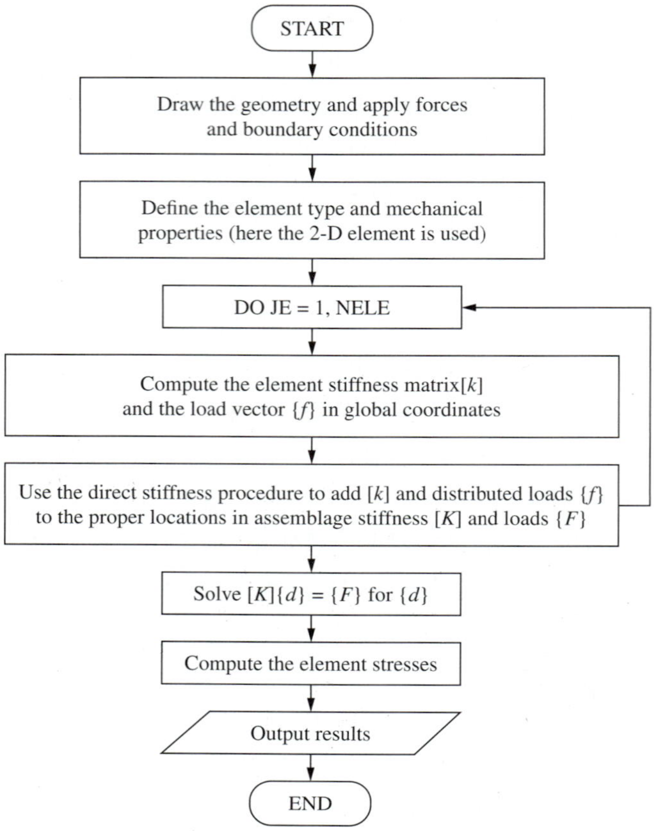

그림 7-16 • 평면응력-변형률 문제를 위한 유한요소 절차의 흐름도

7.6 | 컴퓨터 프로그램을 이용한 단계별 해석, 평면응력-변형률 문제에 대한 여러 모델과 해석 결과

이 절에서는 평면응력 문제의 컴퓨터를 이용한 단계별 해석과 컴퓨터 프로그램[12]을 이용하여 푼 평면응력-변형률 문제들의 결과를 보여준다. 여러 종류의 어려운 문제를 범용 컴퓨터 프로그램을 사용하여 해석한 결과들이다.

컴퓨터를 이용한 단계별 해석의 대상은 그림 7-17(a)에 보이는 양면 렌치(bicycle wrench)이다. 렌치에 걸리는 응력을 풀기 위한 절차는 다음과 같다. (몇몇 단계는 교환될 수도 있다.)

1단계 그림 7-17(a)에 보이는 바와 같이 표준화된 드로잉 프로그램으로 렌치의 윤곽을 그리는 것이다. 렌치의 정확한 치수는 그림 P7-38에 주어져 있다. 렌치의 전반적인 폭은 20 mm, 길이는 140 mm이다. 육각형에서 한 변의 길이는 중앙의 경우는 9 mm, 양 끝의 경우에는 7 mm이다. 양 끝의 외부 원의 반경은 15 mm이다.

2단계 2차원 격자 생성기를 이용하여 그림 7-17(b)~(d)와 같은 모델 격자를 만든다.

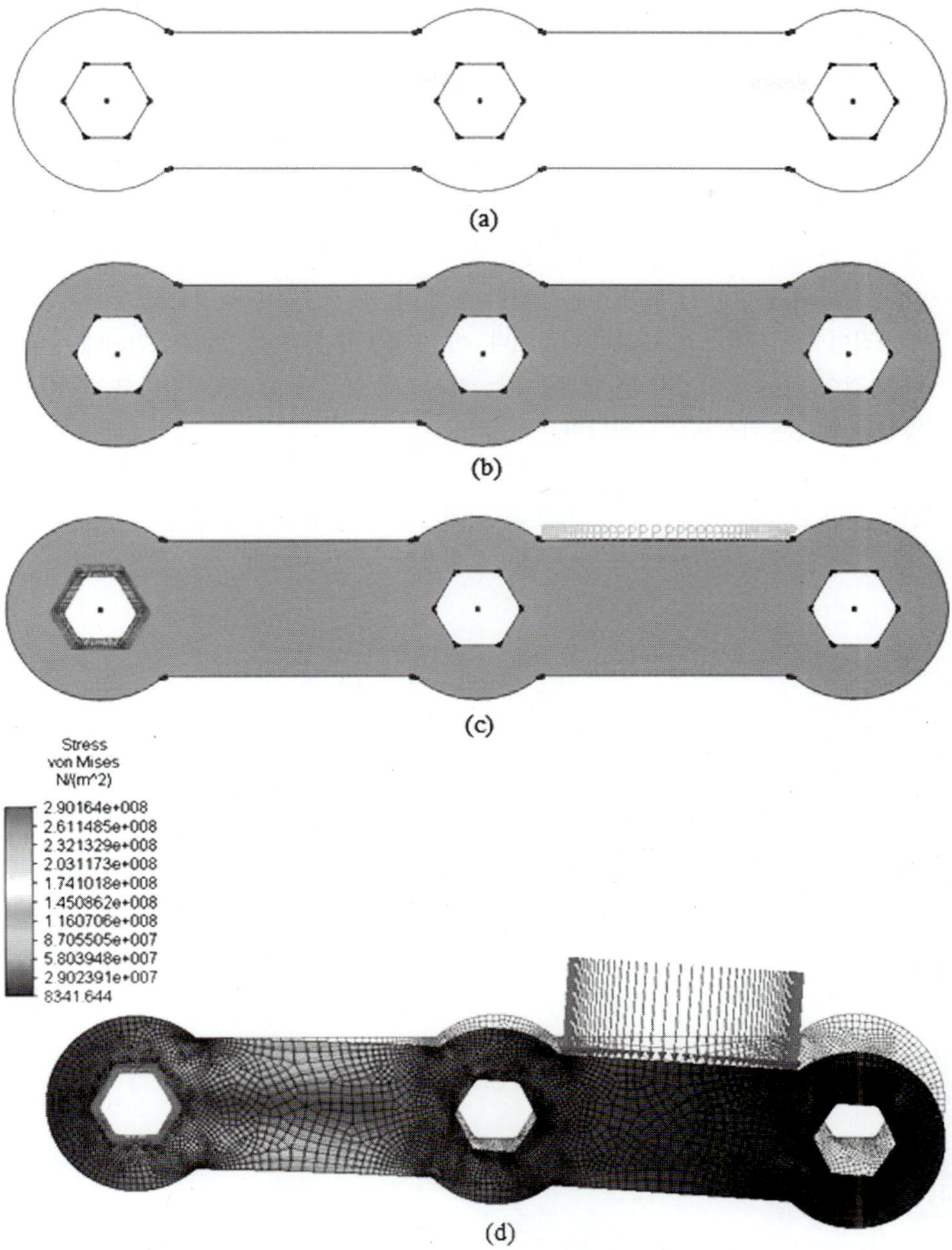

그림 7-17 • 양면 렌치(bicycle wrench) (a) 렌치 윤곽도, (b) 렌치의 유한요소 격자, (c) 경계조건과 렌치에 작용하는 표면력, (d) 폰 미제스 응력 분포(Joseph McIlree와 David Knopp 제공)(첨부된 칼라판 그림을 참조하시오)

3단계 올바른 절점에 적절한 경계조건을 적용하는 것이다. 그림 7-17(c)에 보이듯이 왼쪽 육각형 구멍의 내부에 있는 절점에 Δ로 표시되었다. Δ로 표시된 절점은 완전히 고정된다. 렌치의 평면에서 y, z방향 모두에 움직임이 제한되었다는 것을 의미한다.

4단계 분포하중이 작용하는 면과 표면력의 크기를 결정한다. 중앙과 오른쪽 육각형 구멍 사이의 윗면에 4.41 MPa의 표면력이 작용하는 것을 그림 7-17(c)에서 볼 수 있다. 컴퓨터 프로그램에서는 사용자가 선택할 때 이 표면은 붉은색으로 변한다.

5단계 재료의 물성을 선택한다. 여기서는 ASTM A-514 강재가 선택되었다. 담금질과 풀림 처리가 되어 강도가 높아 두께를 최소화할 수 있는 재료이다.

6단계 해석에 적합한 요소의 형태를 선정한다. 여기서는 평면응력 해석이 적절하여 평면응력 요소를 선정하였다. 평면응력 요소는 두께가 지정되어야 한다. 첫 번째 시도에서는 10 mm로 하였는데, 이 두께는 렌치의 다른 치수들과 비교하면 적절한 크기이다.

7단계 부가적인 선택사항으로 모델의 검사이다. 이 단계를 수행하면, 그림 7-17(c)에 나타낸 바와 같이 완전히 고정된 좌측 절점에는 경계조건이 삼각형으로 나타나고, 표면력의 방향과 위치는 화살표로 나타난다.

8단계 모델의 응력 해석을 수행한다.

9단계 변위 분포도, 주응력 분포도, 그리고 폰 미제스 응력 분포도 등과 같은 결과를 검토한

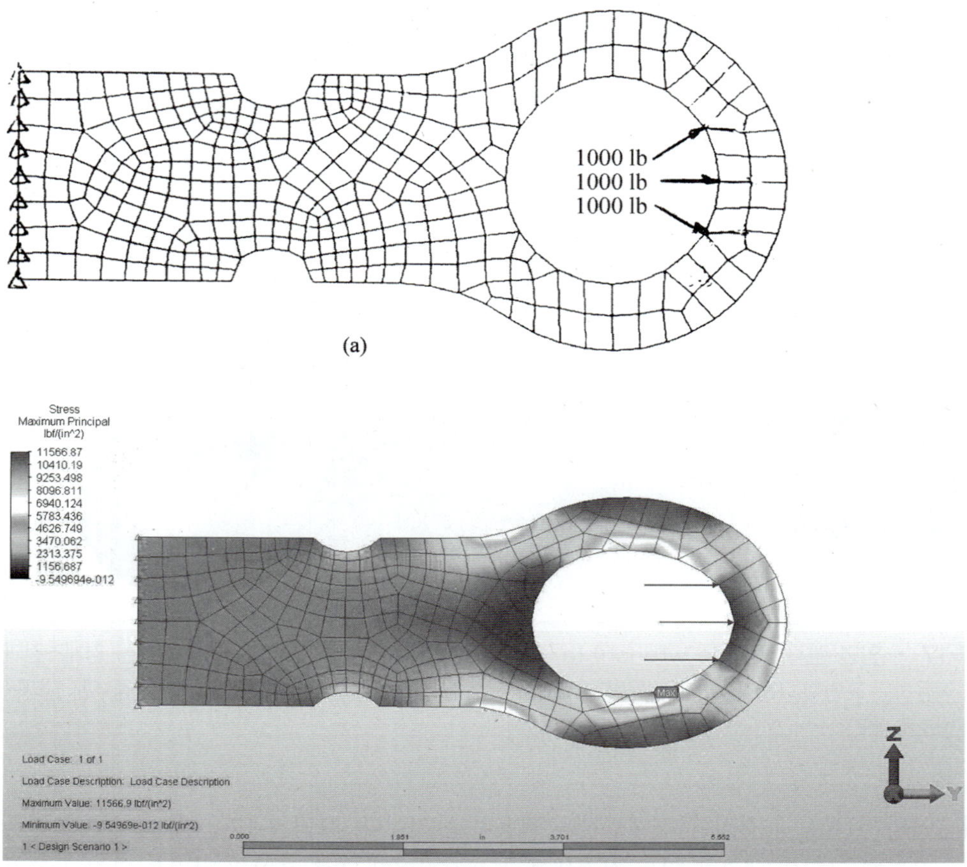

그림 7-18 • (a) 인장하중을 받는 연결 봉, (b) 봉에 발생한 주응력 분포(첨부된 칼라판 그림을 참조하시오)(Jeff Artus 제공)

다. 폰 미제스 응력 분포도는 6.5절에 설명된 최대 뒤틀림 변형 에너지 이론에 근거하여 렌치의 파손 여부를 결정하는 데 사용된다. 폰 미제스 응력 분포가 그림 7-17(d)에 주어져 있다. 그림 7-17(d)에 표시된 최대 폰 미제스 응력은 290 MPa이고, ASTM A-514 강재의 항복 강도는 690 MPa이다. 따라서 렌치는 항복에 대하여 안전하다. 안전계수가 만족되거나, 최대 변형이 허용될 수 있는 크기인지 등의 부가적 시도가 있을 수 있다.

그림 7-18(a)는 강재 연결 봉의 유한요소 해석 모델을 보여준다. 왼쪽 변은 고정되어 있고, 오른쪽 구멍의 안쪽 모서리에 모두 3000 lb의 하중이 작용하고 있다. 이 연결 봉의 상세한 것은 이 장의 끝에 있는 그림 P7-15에 주어져 있다. 그림 7-18(b)에는 최대 주응력 분포가 주어져 있다. 가장 큰 주응력 값은 11,567 psi로 구멍 내부 모서리의 윗면과 아랫면에 나타난다.

그림 7-19는 과하중 방지 기구(overload protection device; 이 문제의 상세한 설명은 문제 7.33을 참조하라)의 유한요소 격자와 폰 미제스 응력 분포를 보여준다. 기구의 위쪽 부재가 모델링되었다. 전단 핀 위치의 절점 *S*는 수직 변위가 구속되었고, 핀 구멍 *B*의 경계의 5개 절점은 수직과 수평방향의 변위가 구속된다. 핀 구멍 *A*의 모든 점은 수직방향의 변위가 구속된다. 절점 *S*의 핀을 전단 파괴시키는 40 MPa의 응력이 작용하는지를 조사하기 위해, 점 *E* 근처의 안쪽 표면 아래의 세 점에 700 N을 균등하게 작용시켰다. 가장 큰 폰 미제스 응력은 201 MPa이고, 두께 12 mm인 기구의 잘린 단면의 안쪽 변에 나타난다.

그림 7-20에는 내부에 구멍이 있고 경사진 판이 우측 변에서 5 kN의 인장하중을 받을 때 폰 미제스 응력 분포가 보인다. 왼쪽 변은 구속된다. 이 문제의 상세한 설명은 연습문제 7.26에 주어져 있다. 가장 큰 폰 미제스 응력은 6.17 MPa로 구멍의 윗면에 발생하고, 두 번째로 큰 폰 미제스 응력은 5.78 MPa로 크기가 가장 작은 단면과 경사가 시작되는 곳 사이의 굴곡에서 발생한다.

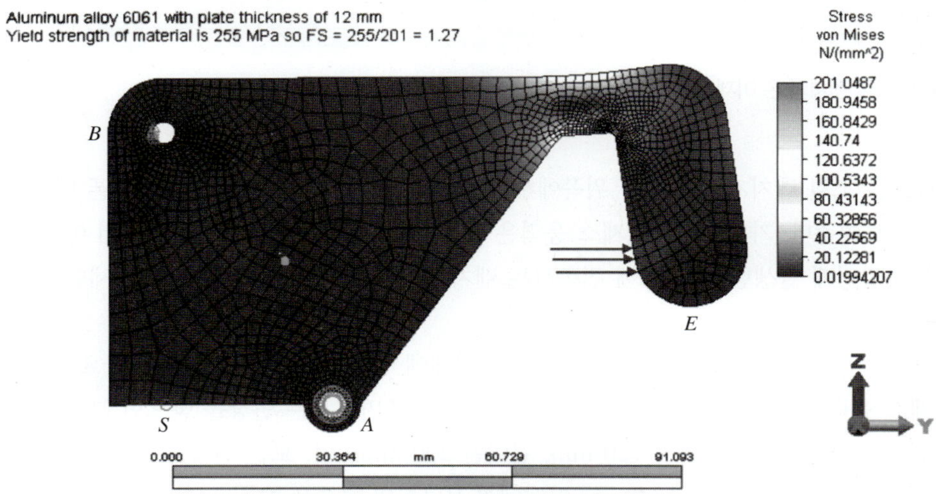

그림 7-19 • 과하중 방지 기구의 폰 미제스 응력 분포(첨부된 칼라판 그림을 참조하시오)

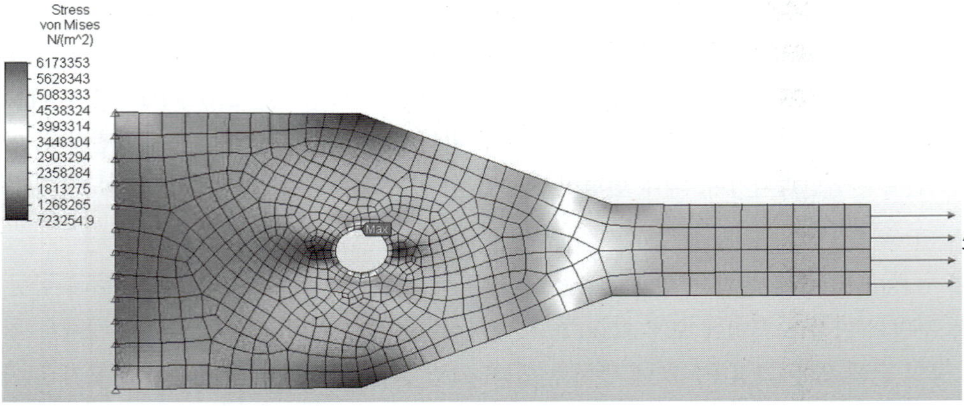

그림 7-20 • 구멍을 가진 경사진 판의 주응력 분포 그림(Matthew Groshek과 Caleb Johnson 제공)

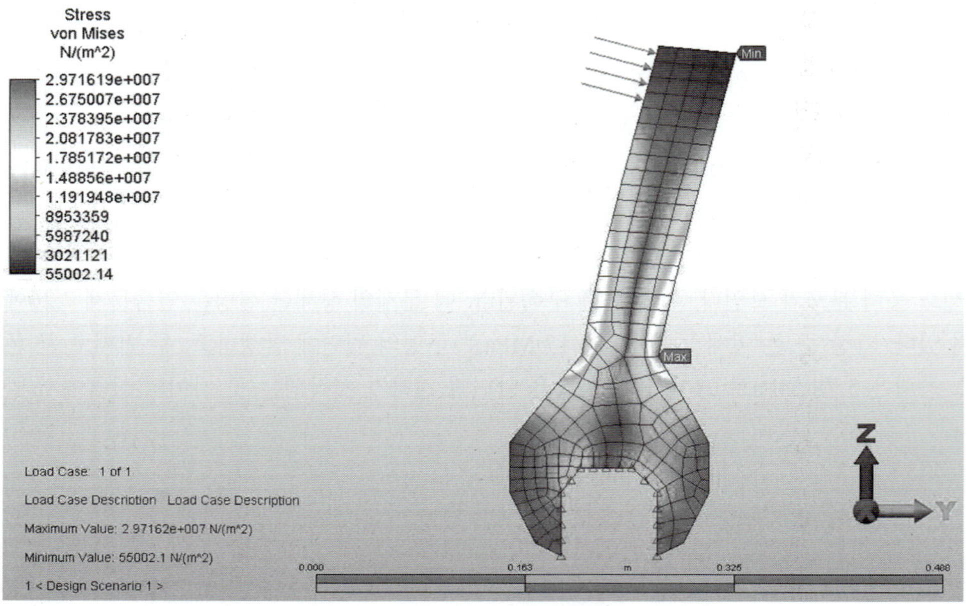

그림 7-21 • 조절 렌치의 폰 미제스 응력 분포(John Schuster와 Nick Soper 제공)

그림 7-21은 조절 렌치가 그림처럼 위쪽에서 50 mm에 걸쳐 700 N을 받을 때에 폰 미제스 응력 분포를 보여준다. 가장 큰 폰 미제스 응력은 29.72 MPa로 폭이 좁은 손잡이에서 아랫 부분의 우측 바깥면에 발생한다. 볼트에 접촉하는 렌치 머리의 안쪽은 고정되었다. 상세한 설명은 문제 7.28에 있다.

마지막으로 그림 7-22(a)는 보가 기둥에 윗면과 아래에 필렛 용접된 구조물의 유한요소모델과 폰 미제스 응력 분포를 보여준다. 보와 기둥의 단순접촉면에서는 인장을 받으면 분리를 허용한다. 보의 높이는 70 mm, 폭은 120 mm, 길이는 200 mm이다. 보는 왼쪽 끝에서 160 mm 떨어진 단면에서 윗모서리로부터 60 mm 아래에서 10 kN의 하중을 수직으로 받고 있다. 모든 소재는 강철이며, E = 205 GPa, ν = 0.25이다. 필렛 용접 치수는 6 mm이다.

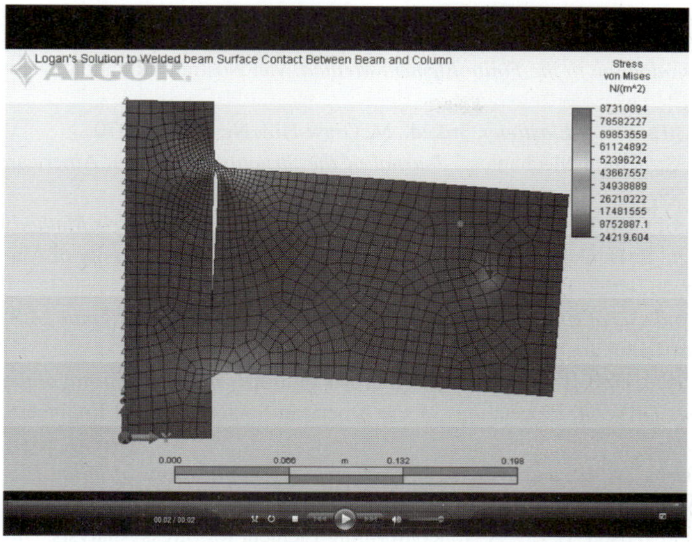

(a)

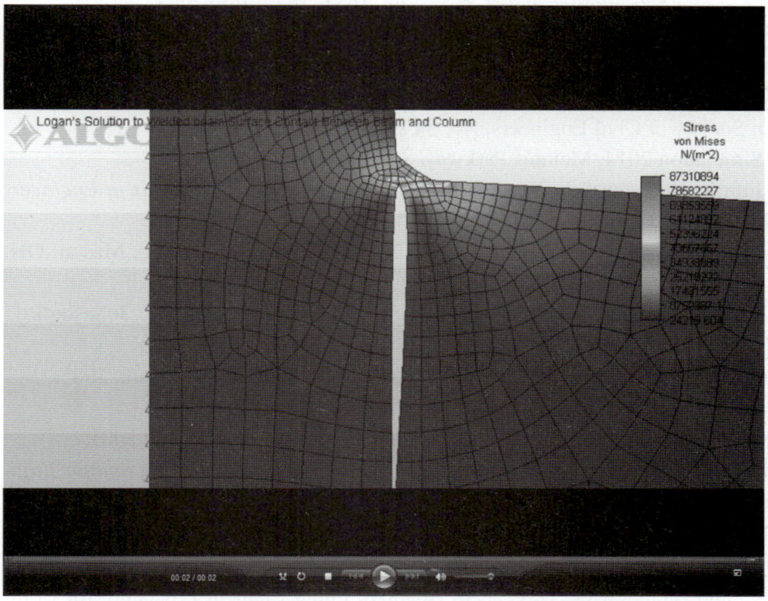

(b)

그림 7-22 • (a) 기둥에 용접된 보의 폰 미제스 응력 분포(87.3 Mpa의 최대 폰 미제스 응력은 위쪽 용접부 하단에 발생한다), (b) 확대된 위쪽 용접부(기둥과 보가 분리될 수 있도록 단순 접촉으로 처리했음을 주시하라)(첨부된 칼라판 그림을 참조하시오)

위쪽 용접부를 격자 세밀화로 요소의 수를 2배로 한 후에는 최대 폰 미제스 응력은 87.3 MPa로 위쪽 용접부 하단에 발생하는 것이 확대된 그림 7-22(b)에서 잘 보인다. 이 값은 참고문헌 [36] 458~460쪽에 주어진 통상의 해석 값 94 MPa와 비교적 근사하다.

참고문헌

[1] Desai, C. S., and Abel, J. F., *Introduction to the Finite Element Method*, Van Nostrand Reinhold, New York, 1972.

[2] Timoshenko, S., and Goodier, J., *Theory of Elasticity*, 3rd ed., McGraw-Hill, New York, 1970.

[3] Glockner, P. G., "Symmetry in Structural Mechanics," *Journal of the Structural Division*, American Society of Civil Engineers, Vol. 99, No. ST1, pp. 71–89, 1973.

[4] Yamada, Y., "Dynamic Analysis of Civil Engineering Structures," *Recent Advances in Matrix Methods of Structural Analysis and Design*, R. H. Gallagher, Y. Yamada, and J. T. Oden, eds., University of Alabama Press, Tuscaloosa, AL, pp. 487–512, 1970.

[5] Koswara, H., *A Finite Element Analysis of Underground Shelter Subjected to Ground Shock Load*, M.S. Thesis, Rose-Hulman Institute of Technology, Terre Haute, IN, 1983.

[6] Dunlop, P., Duncan, J. M., and Seed, H. B., "Finite Element Analyses of Slopes in Soil," *Journal of the Soil Mechanics and Foundations Division*, Proceedings of the American Society of Civil Engineers, Vol. 96, No. SM2, March 1970.

[7] Cook, R. D., Malkus, D. S., Plesha, M. E., and Witt, R. J., *Concepts and Applications of Finite Element Analysis*, 4th ed., Wiley, New York, 2002.

[8] Taylor, R. L., Beresford, P. J., and Wilson, E. L., "A Nonconforming Element for Stress Analysis," *International Journal for Numerical Methods in Engineering*, Vol. 10, No. 6, pp. 1211–1219, 1976.

[9] Melosh, R. J., "Basis for Derivation of Matrices for the Direct Stiffness Method," *Journal of the American Institute of Aeronautics and Astronautics,* Vol. 1, No. 7, pp. 1631–1637, July 1963.

[10] Fraeijes de Veubeke, B., "Upper and Lower Bounds in Matrix Structural Analysis," *Matrix Methods of Structural Analysis*, AGARDograph 72, B. Fraeijes de Veubeke, ed., Macmillan, New York, 1964.

[11] Dunder, V., and Ridlon, S., "Practical Applications of Finite Element Method," *Journal of the Structural Division*, American Society of Civil Engineers, No. ST1, pp. 9–21, 1978.

[12] Autodesk Mechanical Simulation 2014, Mclnnis Parkway, San Rafael, CA 94903.

[13] Bettess, P., "More on Infinite Elements," *International Journal for Numerical Methods in Engineering*, Vol. 15, pp. 1613–1626, 1980.

[14] Gere, J. M., and Goodno, B. J., *Mechanics of Materials*, 7th ed., Cengage Learning, Mason, OH, 2009.

[15] ANSYS-Engineering Analysis Systems User's Manual, Swanson Analysis System, Inc., Johnson Rd., P.O. Box 65 Houston, PA, 15342.

[16] Cook, R. D., and Young, W. C., *Advanced Mechanics of Materials*, Macmillan, New York, 1985.

[17] Cook, R. D., *Finite Element Modeling for Stress Analysis*, Wiley, New York, 1995.

[18] Kurowski, P., "EasilyMade Errors Mar FEA Results," Machine Design, September. 13, 2001.

[19] Huebner, K. H., Dewirst, D. L., Smith, D. E., and Byrom, T. G., *The Finite Element Method for Engineers*, Wiley, New York, 2001.

[20] Demkowicz, L., Devloo, P., and Oden, J. T., "On an h-Type Mesh-Refinement Strategy Based on Minimization of Interpolation Errors," *Comput. Methods Appl. Mech. Eng.*, Vol. 53, pp. 67–89, 1985.

[21] Löhner, R., Morgan, K., and Zienkiewicz, O. C., "An Adaptive Finite Element Procedure for Compressible High Speed Flows," *Comput. Methods Appl. Mech. Eng.*, Vol. 51, pp. 441–465, 1985.

[22] Löhner, R., "An Adaptive Finite Element Scheme for Transient Problems in CFD," *Comput. Methods Appl. Mech. End.*, Vol. 61, pp. 323–338, 1987.

[23] Ramakrishnan, R., Bey, K. S., and Thornton, E. A., "Adaptive Quadrilateral and Triangular Finite Element Scheme for Compressible Flows," *AIAA J.*, Vol. 28, No. 1, pp. 51–59, 1990.

[24] Peano, A. G., "Hierarchies of Conforming Finite Elements for Plane Elasticity and Plate Bending," *Comput. Match. Appl.*, Vol. 2, pp. 211–224, 1976.

[25] Szabó, B. A., "Some Recent Developments in Finite Element Analysis," *Comput. Match. Appl.*, Vol. 5, pp. 99–115, 1979.

[26] Peano, A. G., Pasini, A., Riccioni., R. and Sardella, L., "Adaptive Approximation in Finite Element Structural Analysis," *Comput. Struct.*, Vol. 10, pp. 332–342, 1979.

[27] Zienkiewicz, O. C., Gago, J. P. de S. R., and Kelly, D. W., "The Hierarchical Concept in Finite Ele-

ment Analysis," *Comput. Struct.*, Vol. 16, No. 1–4, pp. 53–65, 1983.

[28] Szabó, B. A., "Mesh Design for the p-Version of the Finite Element Method," *Comput. Methods Appl. Mech. Eng.*, Vol. 55, pp. 181–197, 1986.

[29] Toogood, Roger, *Pro/MECHANICA, Structural Tutorial,* SDC Publications, 2001.

[30] Bazeley, G. P., Cheung, Y. K., Irons, B. M., and Zienkiewicz, O. C., "Triangular Elements in Plate Bending—Conforming and Nonconforming Solutions," *Proceedings of the Conference on Matrix Methods in Structural Mechanics*, Wright Patterson Air Force Base, Dayton, Ohio, pp. 547–576, 1965.

[31] Irons, B. M., and Razzaque, A., "Experience with the Patch Test for Convergence of Finite Element Methods," *The Mathematical Foundations of Finite Element Method with Applications to Partial Differential Equations*, A. R. Aziz, ed., Academic Press, New York, pp. 557–587, 1972.

[32] MacNeal, R. H., and Harder, R. L., "A Proposed Standard Set of Problems to Test Finite Element Accuracy," *Finite Elements in Analysis and Design*, Vol. 1, No. 1, pp. 3–20, 1985.

[33] Taylor, R. L., Simo, J. C., Zienkiewicz, O. C., and Chan, A. C. H., "The Patch Test—A Condition for Assessing FEM Convergence," *International Journal for Numerical Methods in Engineering,* Vol. 22, No. 1, pp. 39–62, 1986.

[34] Bathe, K-J., *Finite Element Procedures*, Prentice Hall, 1996.

[35] Belytschko, T., Liu, W. K., and Moran, B., *Nonlinear Finite Elements for Continua and Structures*, Wiley, 2000.

[36] Juvinall, R. C., and Marshek, K. M., *Fundamentals of Machine Component Design,* 5th ed., p. 198, Wiley, 2012.

연습문제

7.1 For the finite element mesh shown in Figure P7–1, comment on the appropriateness of the mesh. Indicate the mistakes in the model. Explain and show how to correct them.

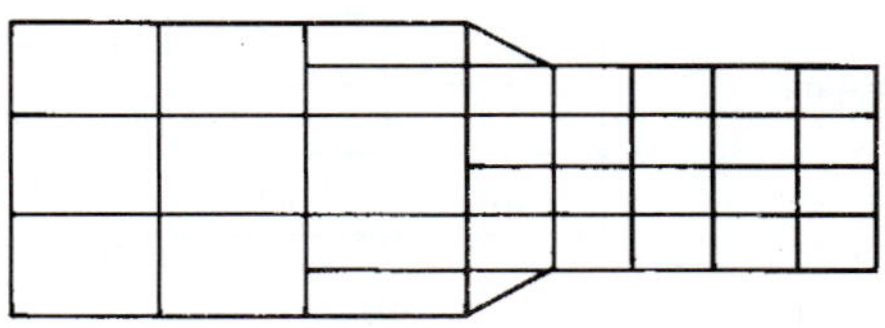

Figure P7-1 •

7.2 Comment on the mesh sizing in Figure P7–2. Is it reasonable? If not, explain why not.

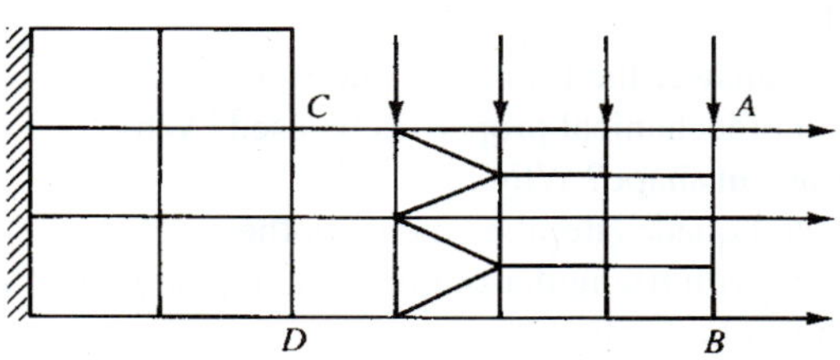

Figure P7-2 •

7.3 What happens if the material property $\nu = 0.5$ in the plane strain case? Is this possible? Explain.

7.4 Under what conditions is the structure in Figure P7–4 a plane strain problem? Under what conditions is the structure a plane stress problem?

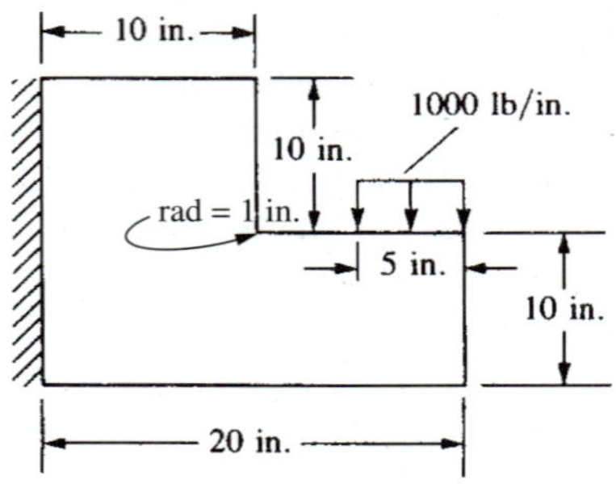

Figure P7-4 •

7.5 When do problems occur using the smoothing (averaging of stress at the nodes from elements connected to the node) method for obtaining stress results?

7.6 What thickness do you think is used in computer programs for plane strain problems?

7.7 Which one of the CST models shown in Figure P7–7 is expected to give the best results for a cantilever beam subjected to an end shear load? Why?

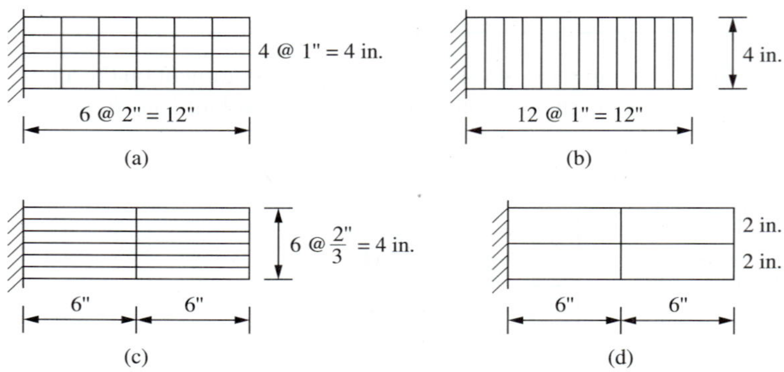

Figure P7-7 •

7.8 The plane stress element only has in-plane displacements, while the frame element resists displacements and rotations. How can we combine the plane stress and beam elements and still insure compatibility? That is, how can we make sure the frame element and plane stress element remain together?

7.9 In considering the patch test, answer the following questions:

a. Can elements of different mechanical properties be used? Why?

b. Can the patch be arbitrary in shape? Why?

c. Can we mix triangular and quadrilateral elements in the patch test?

d. Can we mix bar elements with triangular or quadrilateral elements? Why?

e. When should the patch test be applied?

7.10 Consider the bar with two elements shown in Figure P7.10. Perform a patch test using these two elements. Let $E = 200$ GPa, and $A = 1 \times 10^{-4}$ m^2. Use the standard bar element stiffness matrix [Eq. (3.1.14)] derived using the shape functions $N_1(x) = x/L$ and $N_2(x) = 1 - x/L$.

a. For the rigid body motion test, set $u_1 = 1$ m and $u_3 = 1$ m and verify that $u_2 = 1$ m by using the direct stiffness method.

b. For the constant strain test, assume linear displacement function $u(x) = x$ for the nodes at the boundaries, such that $u_1 = 0$ and $u_3 = 2$ m, and verify that $u_2 = 0.6$ m.

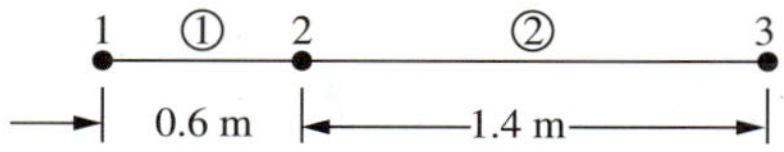

Figure P7-10 •

Solve the following problems using a computer program. In some of these problems, we suggest that students be assigned separate parts (or models) to facilitate parametric studies.

7.11 Consider the rectangular plate shown (Figure P7–11) in plane stress. Using a computer program, verify that the plane stress element of the code satisfied the patch test. That is, apply constant displacement of $u = 0.005$ m to the right-side nodes, 3, 6, and 9, and determine the displacement at interior node 5. Use $E = 200$ GPa, $\nu = 0.3$, and plate thickness of 0.1 m. Explain your results.

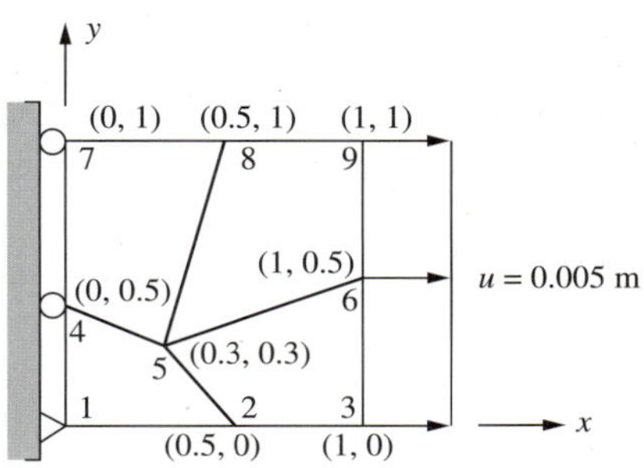

Figure P7-11 •

7.12 Determine the free-end displacements and the element stresses for the plate discretized into four triangular elements and subjected to the tensile forces shown in Figure P7–12. Compare your results to the solution given in Section 6.5. Why are these results different? Let $E = 30 \times 10^6$ psi, $\nu = 0.30$, and $t = 1$ in.

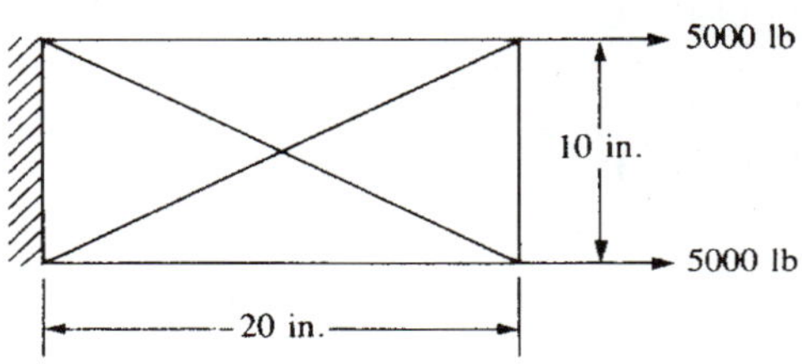

Figure P7-12 •

7.13 Determine the stresses in the plate with the hole subjected to the tensile stress shown in Figure P7–13. Graph the stress variation σ_x versus the distance y from the hole. Let $E = 200$ GPa, $\nu = 0.25$, and $t = 25$ mm. (Use various mesh densities, depending on your computer program in your finite element model.) Use symmetry as appropriate.

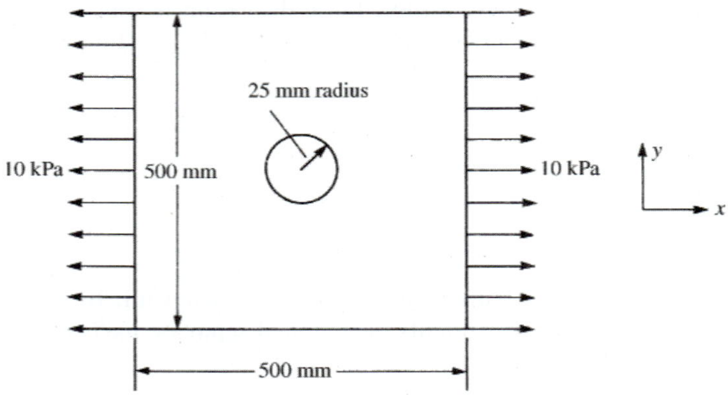

Figure P7-13 •

7.14 Solve the following problem of a steel tensile plate with a concentrated load applied at the top, as shown in Figure P7–14. Determine at what depth the effect of the load dies out. Plot stress σ_y versus distance from the load. At distances of 1 in., 2 in., 4 in., 6 in., 10 in., 15 in., 20 in., and 30 in. from the load, list σ_y versus these distances. Let the width of the plate be $b = 4$ in., thickness of the plate be $t = 0.25$ in., and length be $L = 40$ in. Look up the concept of St. Venant's principle to see how it explains the stress behavior in this problem.

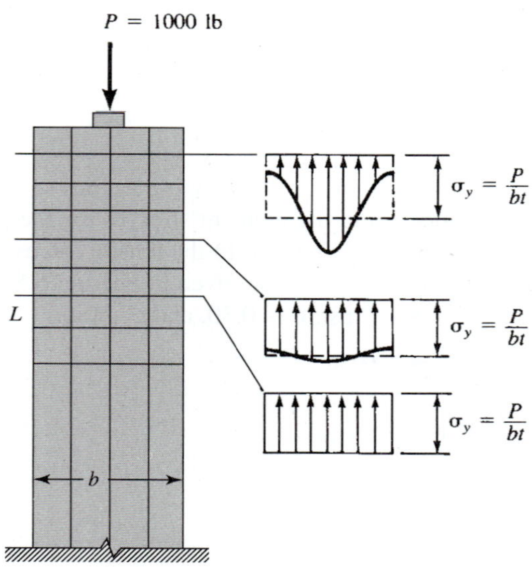

Figure P7-14 •

7.15 For the flat connecting rod shown in Figure P7–15, determine the maximum principal stresses and their location. Let $E = 30 \times 10^6$ psi, $\nu = 0.25$, $t = 1$ in., and $P = 1000$ lb.

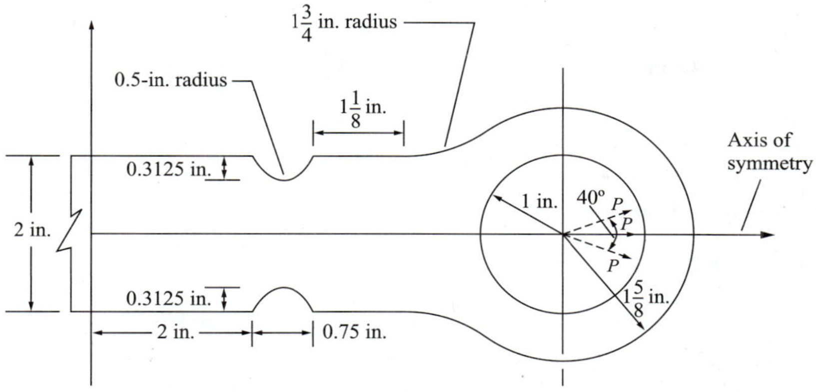

Figure P7-15 •

7.16 Determine the maximum principal stresses and their locations for the member with fillet subjected to tensile surface tractions shown in Figure P7–16. Let $E = 200$ GPa and $\nu = 0.25$. Then let $E = 73$ GPa and $\nu = 0.30$. Let $t = 25$ mm for both cases. Compare your answers for the two cases.

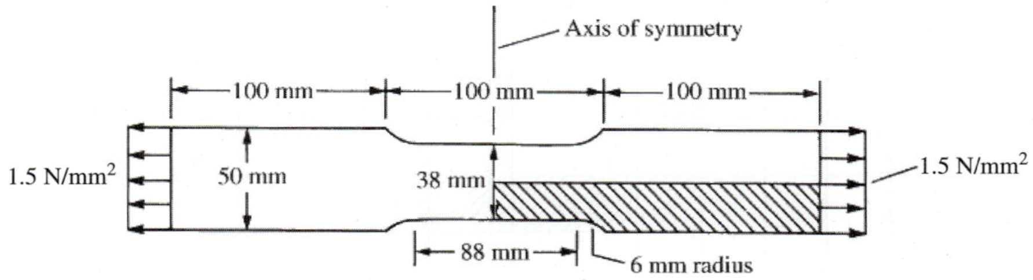

Figure P7-16 •

7.17 Determine the maximum principal stresses in the member with a re-entrant corner as shown in Figure P7–17. At what location are the principal stresses largest? Let $E = 30 \times 10^6$ psi and $\nu = 0.25$. Use plane strain conditions.

7.18 Determine the maximum principal stresses in the soil mass subjected to the strip footing load shown in Figure P7–18. Use a width of $2D$ and depth of D, where D is 3, 4, 6, 8, and 10 ft. Plot the maximum stress contours on your finite element model for each case. Compare your results. Comment regarding your observations on modeling infinite media. Let $E = 30{,}000$ psi and $\nu = 0.30$. Use plane strain conditions.

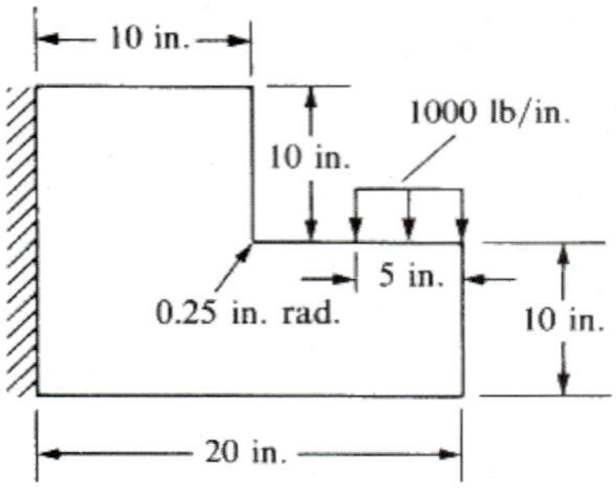

Figure P7-17 •

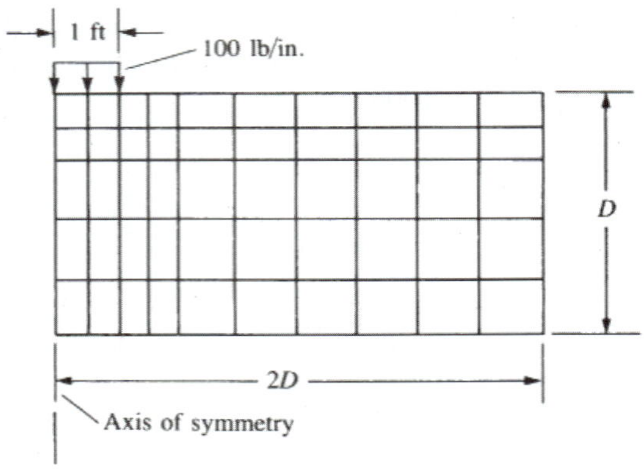

Figure P7-18 •

7.19 For the tooth implant subjected to loads shown in Figure P7–19, determine the maximum principal stresses. Let $E = 1.6 \times 10^6$ psi and $\nu = 0.3$ for the dental restorative implant material (cross-hatched), and let $E = 1 \times 10^6$ psi and $\nu = 0.35$ for the bony material. Let $X = 0.05$ in., 0.1 in., 0.2 in., 0.3 in., and 0.5 in., where X represents the various depths of the implant beneath the bony surface. Rectangular elements are used in the finite element model shown in Figure P7–19. Assume the thickness of each element to be $t = 0.25$ in.

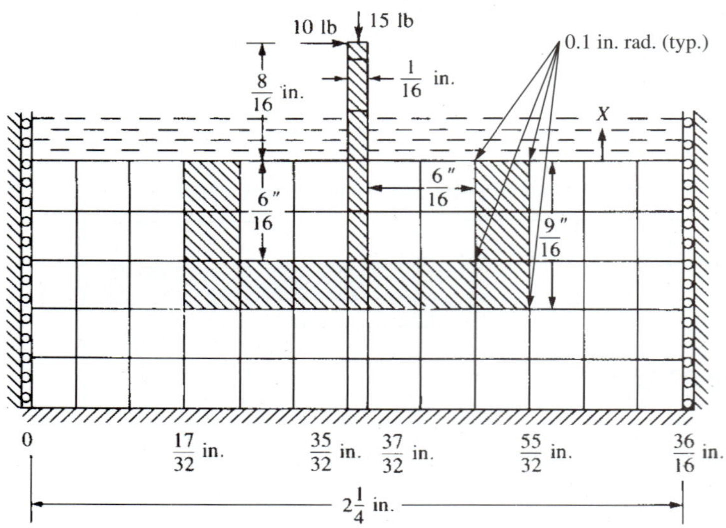

Figure P7-19 •

7.20 Determine the middepth deflection at the free end and the maximum principal stresses and their location for the beam subjected to the shear load variation shown in Figure P7–20. Do this using 64 rectangular elements all of size 12 in. $\times$ $\frac{1}{2}$ in.; then all of size 6 in. $\times$ 1 in.; then all of size 3 in. $\times$ 2 in.. Then use 60 rectangular elements all of size 2.4 in. $\times$ $2\frac{2}{3}$ in.; then all of size 4.8 in. $\times$ $1\frac{1}{3}$ in. Compare the free-end deflections and the maximum principal stresses in each case to the exact solution. Let $E = 30 \times 10^6$ psi, $\nu = 0.3$, and $t = 1$ in. Comment on the accuracy of both displacements and stresses.

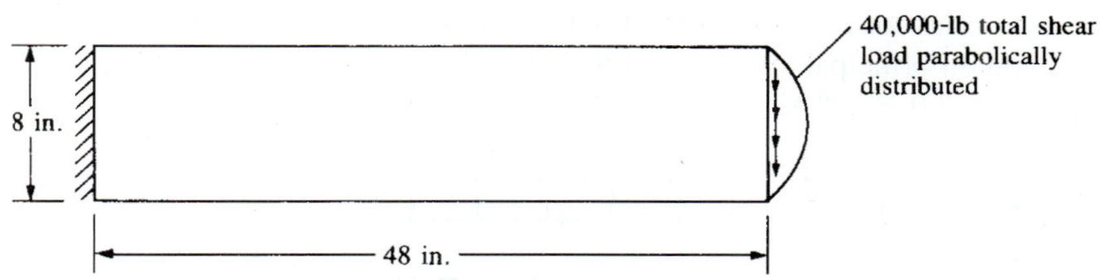

Figure P7-20 •

7.21 Determine the stresses in the shear wall shown in Figure P7–21. At what location are the principal stresses largest? Let $E = 21$ GPa, $\nu = 0.25$, $t_{wall} = 0.10$ m, and $t_{beam} = 0.20$ m. Use 0.1 m radii at the re-entrant corners.

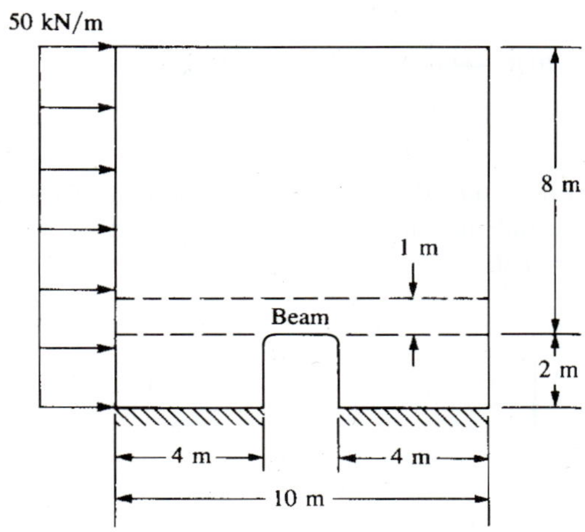

Figure P7-21 •

7.22 Determine the stresses in the plates with the round and square holes subjected to the tensile stresses shown in Figure P7–22. Compare the largest principal stresses for each plate. Let $E = 210$ GPa, $\nu = 0.25$, and $t = 5$ mm.

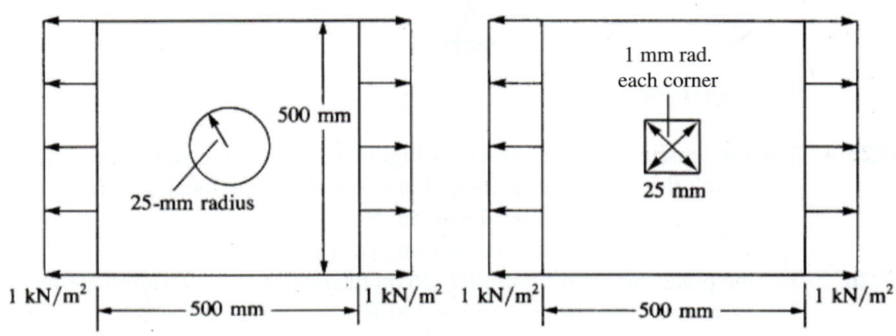

Figure P7-22 •

7.23 For the concrete overpass structure shown in Figure P7–23, determine the maximum principal stresses and their locations. Assume plane strain conditions. Let $E = 3.0 \times 10^6$ psi and $\nu = 0.30$.

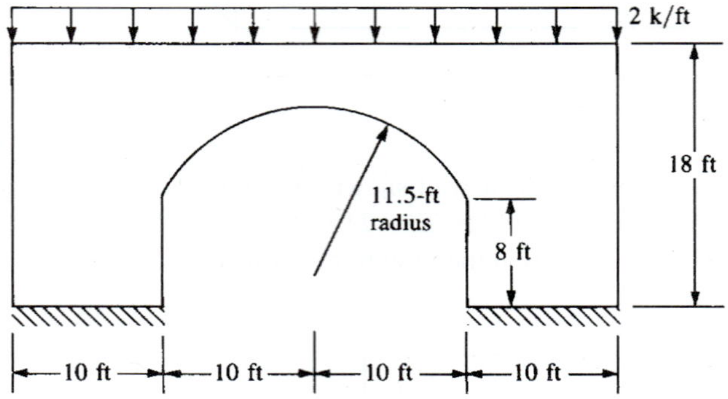

Figure P7-23 •

7.24 For the steel culvert shown in Figure P7–24, determine the maximum von Mises stresses and their locations and the largest displacement and its location. Let $E_{\text{steel}} = 210$ GPa and let $\nu = 0.30$.

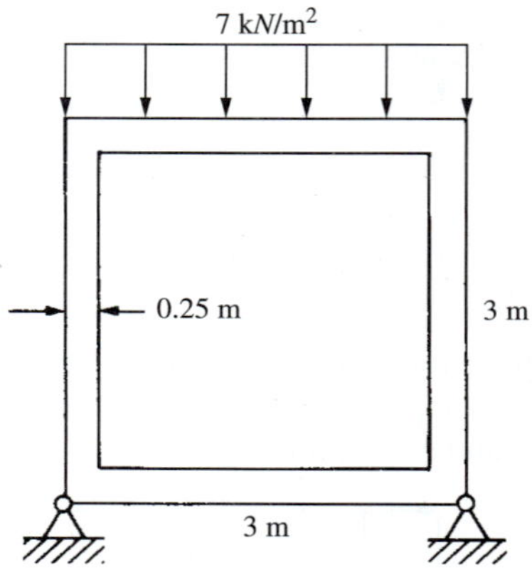

Figure P7-24 •

7.25 For the tensile member shown in Figure P7–25 on the next page with two holes, determine the maximum principal stresses and their locations. Let $E = 210$ GPa, $\nu = 0.25$, and $t = 10$ mm. Then let $E = 70$ GPa and $\nu = 0.30$. Compare your results. Use 2 kN/m^2 spread uniformly over the right side.

7.26 For the plate shown in Figure P7–26 on the next page, determine the maximum von Mises stresses and their locations. Let $E = 210$ GPa and $\nu = 0.25$.

7.27 For the concrete dam shown subjected to water pressure in Figure P7–27, determine the principal stresses. Let $E = 3.5 \times 10^6$ psi and $\nu = 0.15$. Assume plane strain conditions. Perform the analysis for self-weight and then for hydrostatic (water) pressure against the dam vertical face as shown.

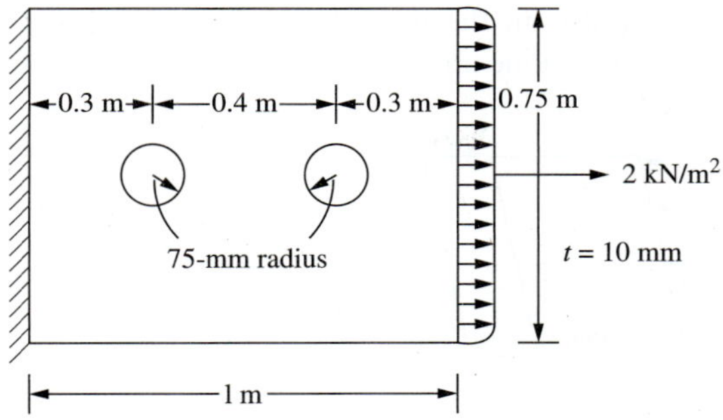

Figure P7-25 •

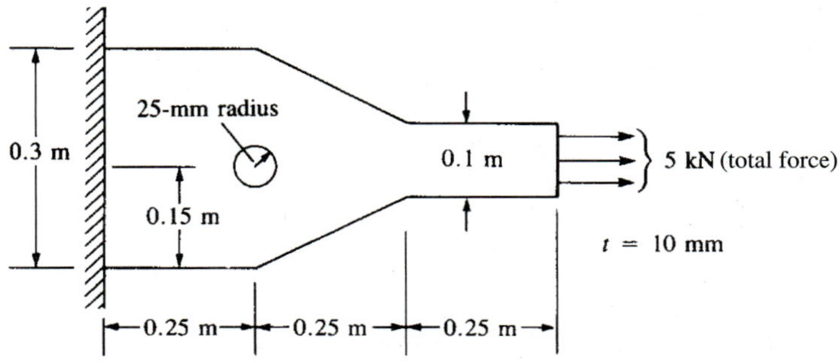

Figure P7-26 •

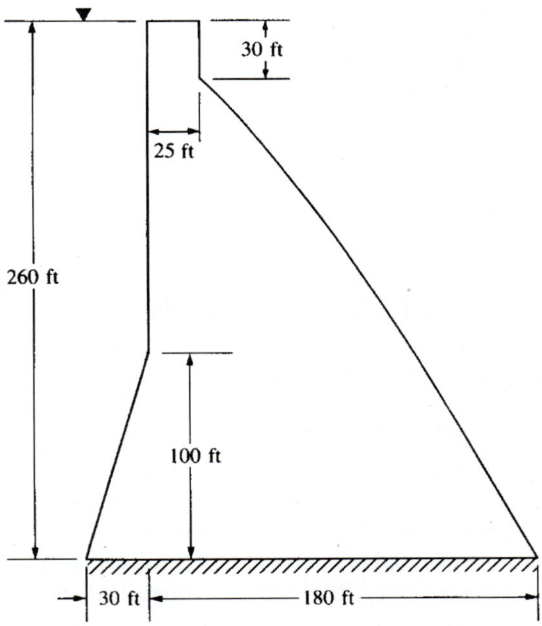

Figure P7-27 •

7.28 Determine the von Mises stresses in the wrench shown in Figure P7–28. Let $E = 200$ GPa and $\nu = 0.25$, and assume uniform thickness $t = 10$ mm. Assume the bottom inside surface is fixed.

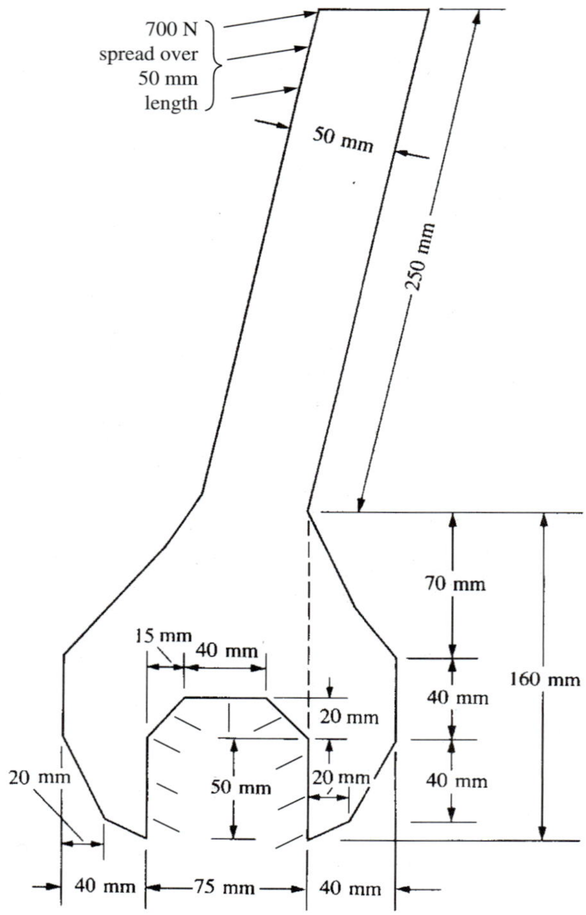

Figure P7-28 ·

7.29 Determine the principal stresses in the blade implant and the bony material shown in Figure P7–29 on page 431. Let $E_{blade} = 20$ GPa, $\nu_{blade} = 0.30$, $E_{bone} = 12$ GPa, and $\nu_{bone} = 0.35$. Assume plane stress conditions with $t = 5$ mm.

7.30 Determine the stresses in the plate shown in Figure P7–30 on page 431. Let $E = 210$ GPa and $\nu = 0.25$. The element thickness is 10 mm.

7.31 For the 1 in. thick canopy hook shown in Figure P7–31 on page 432, used to hold down an aircraft canopy, determine the maximum von Mises stress and maximum deflection. The hook is subjected to a concentrated upward load of 5000 lb as shown. Assume boundary conditions of fixed supports over the lower half of the inside hole diameter. The hook is made from AISI 4130 steel, quenched and tempered at 400°F. Remember that the stress at the load is not accurate. (This problem is by Mr. Steven Miller.)

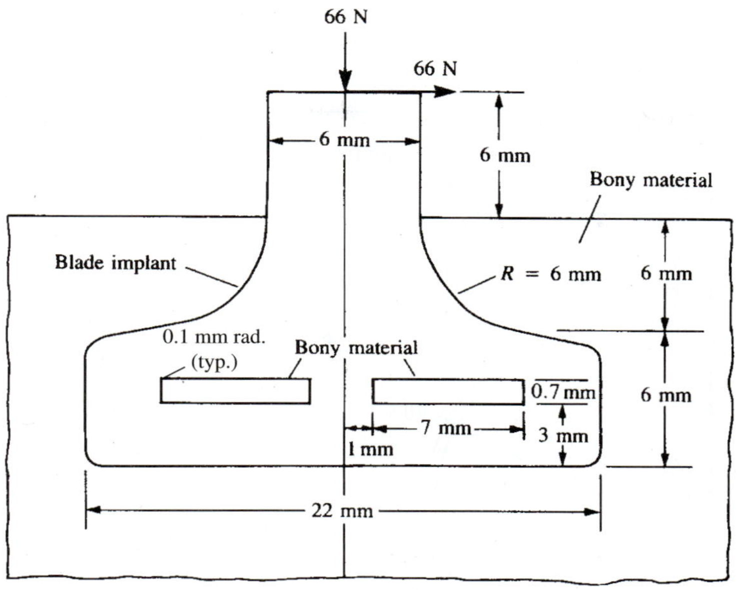

Figure P7-29 •

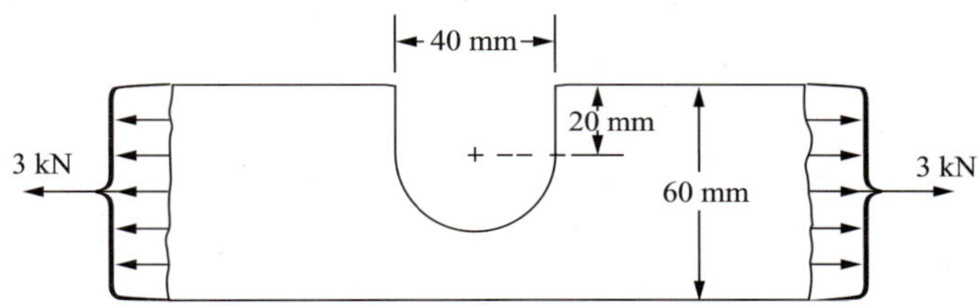

Figure P7-30 •

7.32 For the $\frac{1}{4}$ in. thick L-shaped steel bracket shown in Figure P7–32 on page 432, show that the stress at the 90° re-entrant corner never converges. Try models with increasing numbers of elements to show this while plotting the maximum principal stress in the bracket. That is, start with one model, then refine the mesh around the re-entrant corner and see what happens, say, after two refinements. Why? Then add a fillet, say, of radius $\frac{1}{2}$ in. and see what happens as you refine the mesh. Again plot the maximum principal stress for each refinement.

Use a computer program to help solve the design-type problems, 7.33 through 7.39.

7.33 The machine shown in Figure P7–33 on page 433 is an overload protection device that releases the load when the shear pin S fails. Determine the maximum von Mises stress in the upper part ABE if the pin shears when its shear stress is 40 MPa. Assume the upper part to have a uniform thickness of 6 mm. Assume plane stress conditions for the upper part. The part is made of 6061 aluminum alloy. Is the thickness sufficient to prevent failure based on the maximum distortion energy theory? If not, suggest a better thickness. (Scale all dimensions as needed.)

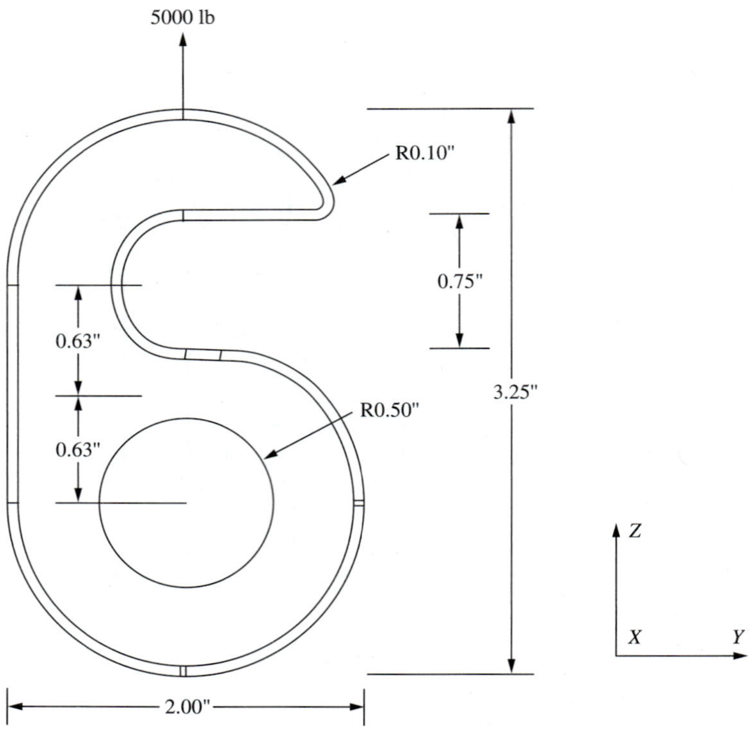

Figure P7-31 •

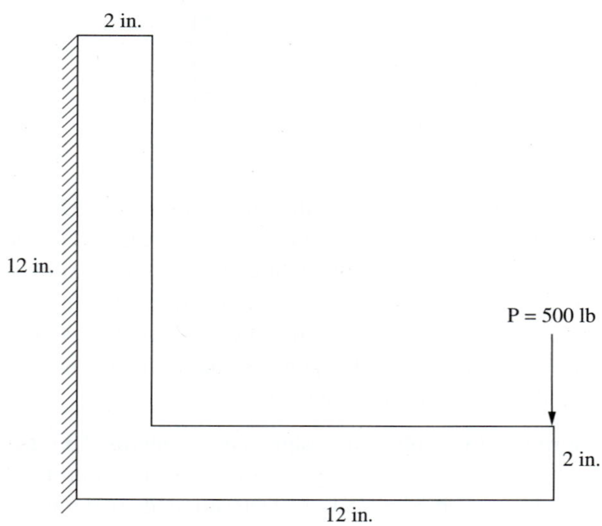

Figure P7-32 •

7.34 The steel triangular plate $\frac{1}{4}$ in. thick shown in Figure P7–34 on page 433 is bolted to a steel column with $\frac{3}{4}$in.-diameter bolts in the pattern shown. Assuming the column and bolts are very rigid relative to the plate and neglecting friction forces between the column and plate, determine the highest load exerted on any bolt. The bolts should not

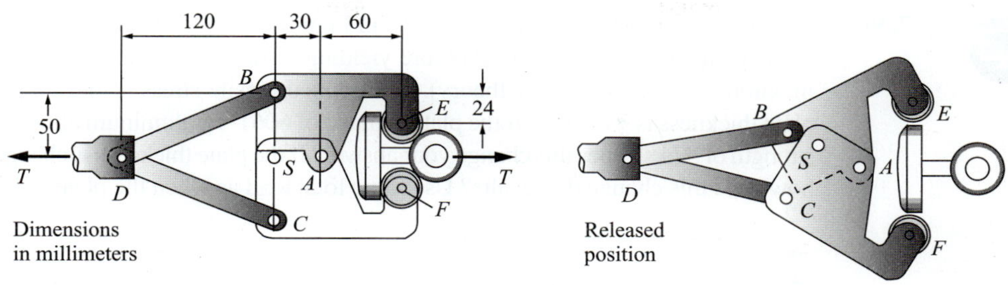

Figure P7-33 •

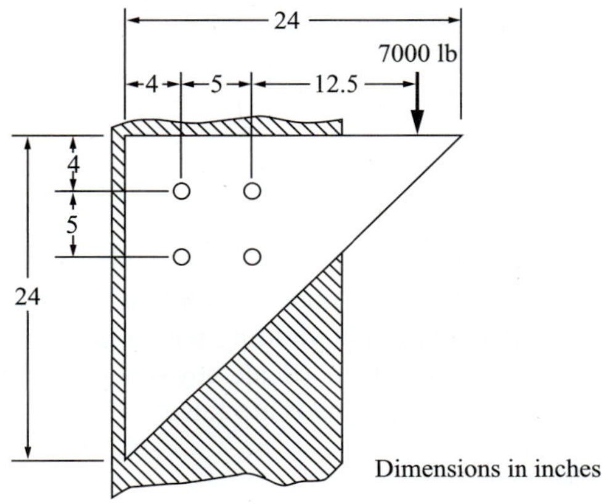

Figure P7-34 •

be included in the model; just fix the nodes around the bolt circles and consider the reactions at these nodes as the bolt loads. If $\frac{3}{4}$in.-diameter bolts are not sufficient, recommend another standard diameter. Assume a standard material for the bolts. Compare the reactions from the finite element results to those found by classical methods.

7.35 A $\frac{1}{4}$ in. thick machine part supports an end load of 1000 lb as shown in Figure P7–35. Determine the stress concentration factors for the two changes in geometry located at the radii shown on the lower side of the part. Compare the stresses you get to classical beam theory results with and without the change in geometry, that is, with a uniform depth of 1 in. instead of the additional material depth of 1.5 in. Assume standard mild steel is used for the part. Recommend any changes you might make in the geometry.

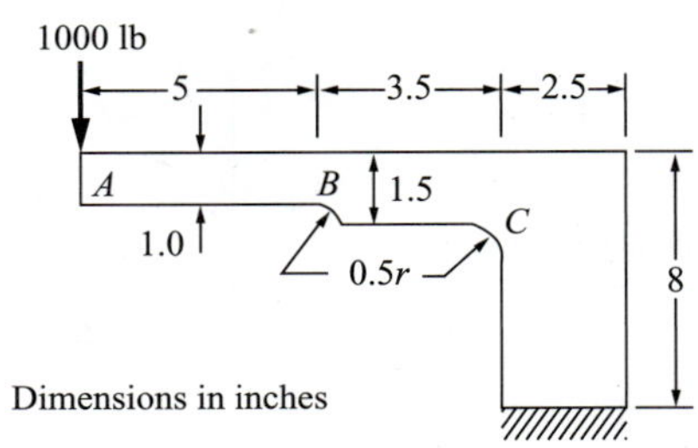

Figure P7-35 •

7.36 A plate with an off-center hole is shown in Figure P7–36. Determine how close to the top edge the hole can be placed before yielding of the A36 steel occurs (based on the maximum distortion energy theory). The applied tensile stress is 10,000 psi, and the plate thickness is $\frac{1}{4}$ in. Now if the plate is made of 6061-T6 aluminum alloy with a yield strength of 37 ksi, does this change your answer? If the plate thickness is changed to $\frac{1}{2}$ in., how does this change the results? Use same total load as when the plate is $\frac{1}{4}$ in. thick.

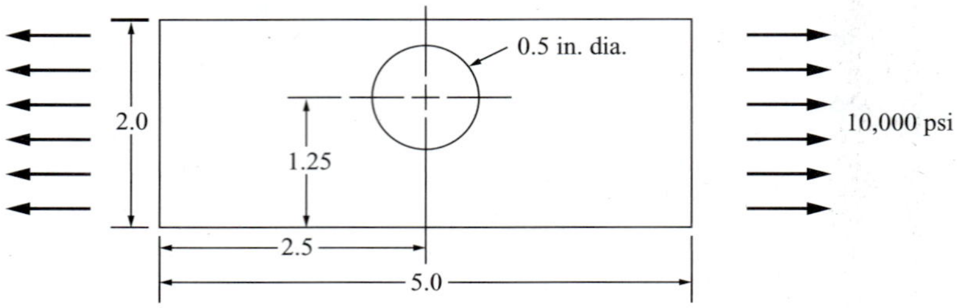

Dimensions in inches

Figure P7-36 •

7.37 One arm of a crimper tool shown in Figure P7–37 is to be designed of 1080 as-rolled steel. The loads are shown in the figure. Fix the nodes around the two holes. Select a thickness for the arm based on the material not yielding with a factor of safety of 1.5. Recommend any other changes in the design. (Scale any other dimensions that you need.) Remember stresses at concentrated loads are false.

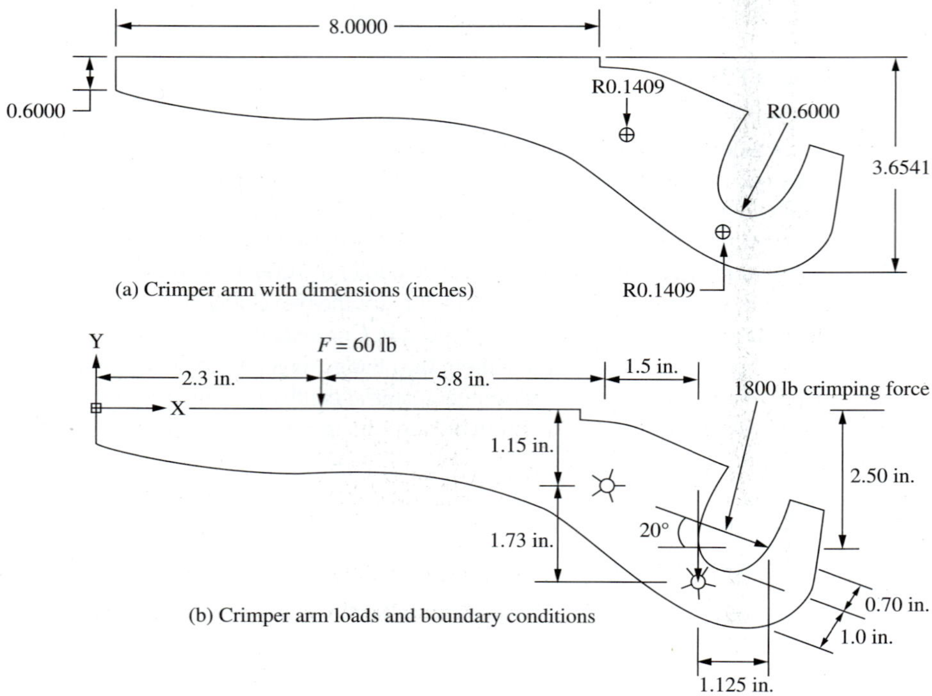

Figure P7-37 •

7.38 Design the bicycle wrench with the approximate dimensions shown in Figure P7–38. If you need to change dimensions explain why. The wrench should be made of steel or aluminum alloy. Determine the thickness needed based on the maximum distortion energy theory. Plot the deformed shape of the wrench and the principal stress and von Mises stress. The boundary conditions are shown in the figure, and the loading is shown as a distributed load acting over the right part of the wrench. Use a factor of safety of 1.5 against yielding. Round each corner with a 10 mm radius.

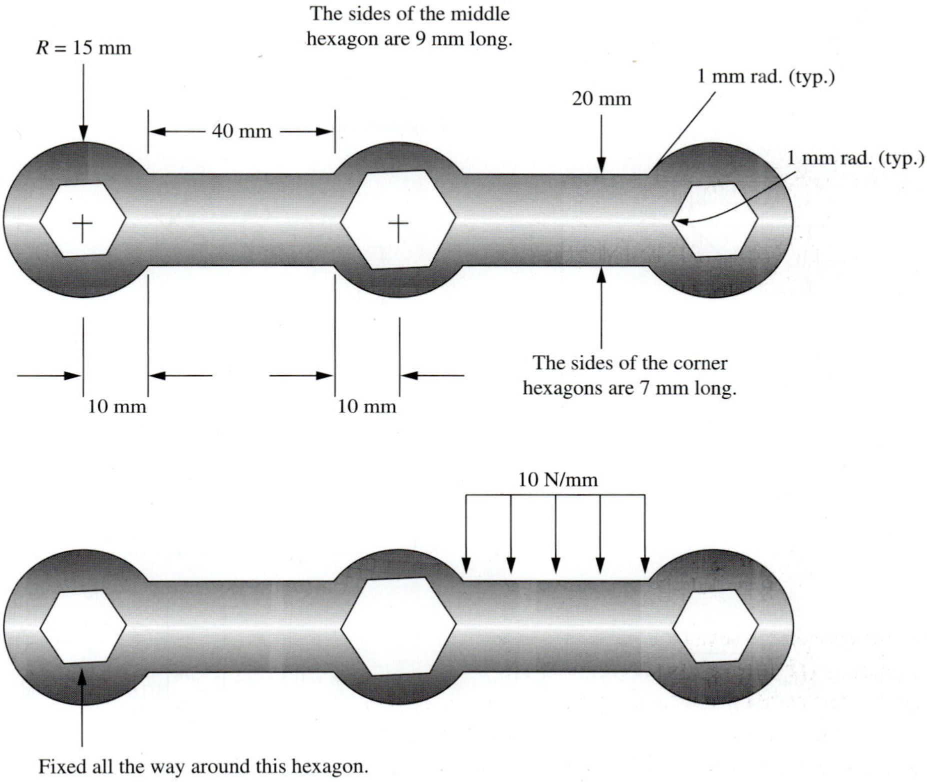

Figure P7-38 •

7.39 For the various parts shown in Figure P7–39 on the next page determine the best one to relieve stress. Make the original part have a small radius of 0.1 in. at the inside reentrant corners. Place a uniform pressure load of 1000 psi on the right end of each part and fix the left end. All units shown are taken in inches. Let the material be A36 steel.

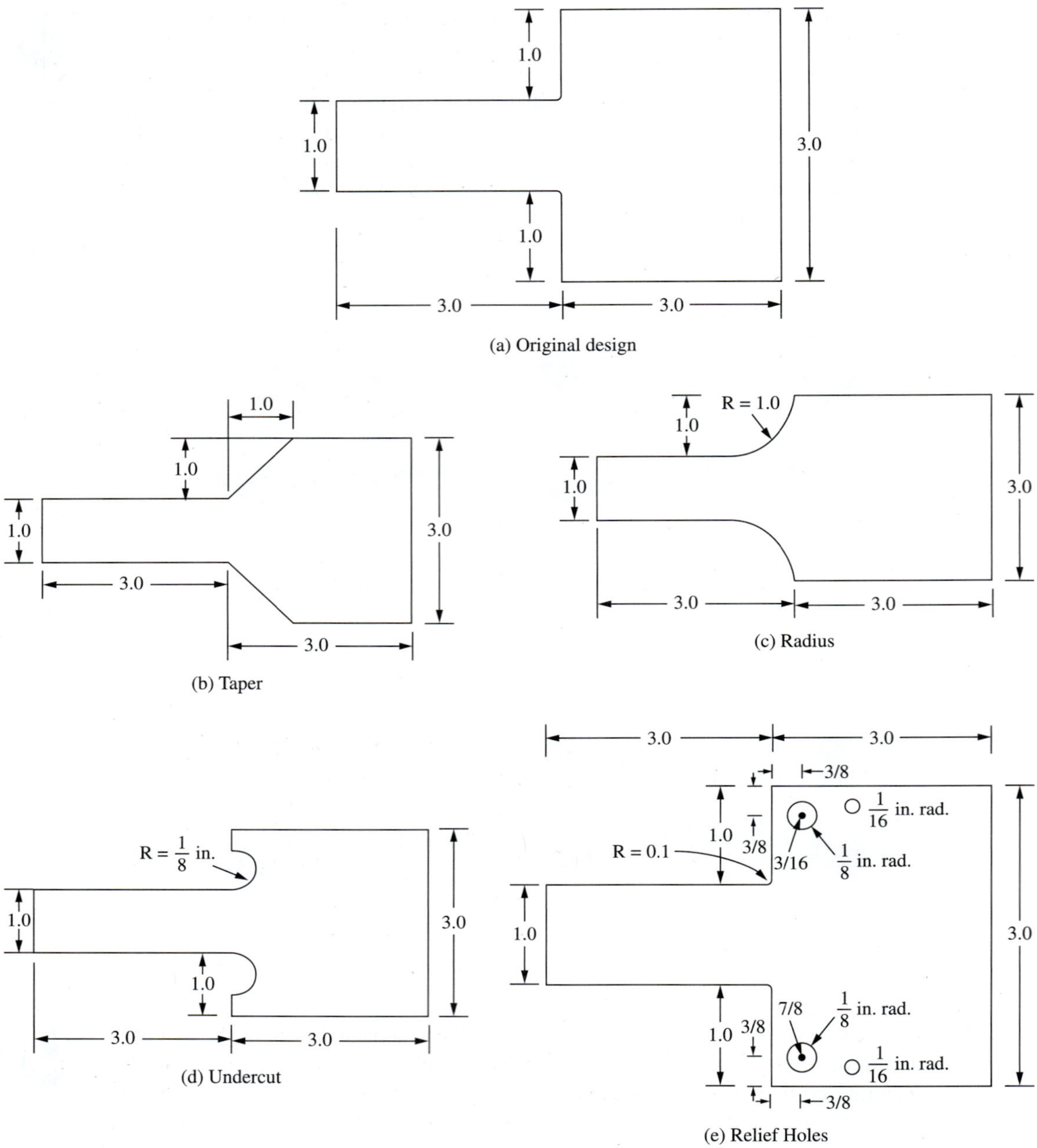

(a) Original design

(b) Taper

(c) Radius

(d) Undercut

(e) Relief Holes

Figure P7-39 •

CHAPTER 08

선형 변형률 삼각형 요소

학습목표

- 선형 변형률 삼각형 요소(LST)의 강성행렬을 구한다.
- LST 강성행렬이 결정될 수 있는 방법에 대해 설명한다.
- CST와 LST의 결괏값 차이를 비교한다.

개요

이 장에서는 **선형 변형률 삼각형 요소**(*linear-strain triangle*, LST)라 불리는 고차의 삼각형 요소에 대한 강성행렬과 관련식들을 유도한다. 많은 상용 유한요소 프로그램에 사용되고 있는 이 요소는 6장에서 소개된 일정 변형률 삼각형 요소(CST)에 비해 몇 가지 장점을 가지고 있다.

LST 요소는 6개의 절점과 그에 따라 미지수인 12개의 변위 자유도를 가진다. 이 요소에서의 변위함수들은 CST에서처럼 선형이 아니라 2차 함수로 표현된다.

LST 요소에서의 유한요소 관련식들은 6장의 CST 요소의 유한요소 관련식의 유도 과정과 같은 방법에 의해 얻어진다. 그러나 모든 방정식은 훨씬 복잡해진 형태이며 12개의 식으로 구성된다. 이에 따라 많은 계산 과정들은 컴퓨터에 의해 실행된다.

요소 방정식들을 유도한 다음, LST 요소와 CST 요소를 사용하여 해석한 문제들의 결과를 비교할 것이다. 고차의 LST 요소의 소개를 통해 고차 요소들의 장점을 보게 되고, 유한요소 해석의 개념을 더욱 이해할 수 있을 것이다.

8.1 선형 변형률 삼각형 요소의 강성행렬과 유한요소 방정식

일정 변형률 삼각형 요소(CST)의 경우와 같은 과정을 거쳐 LST 요소의 강성행렬과 유한요소 방정식을 유도하고자 한다. 또한 부호 규약들도 많은 부분이 앞에서와 같다.

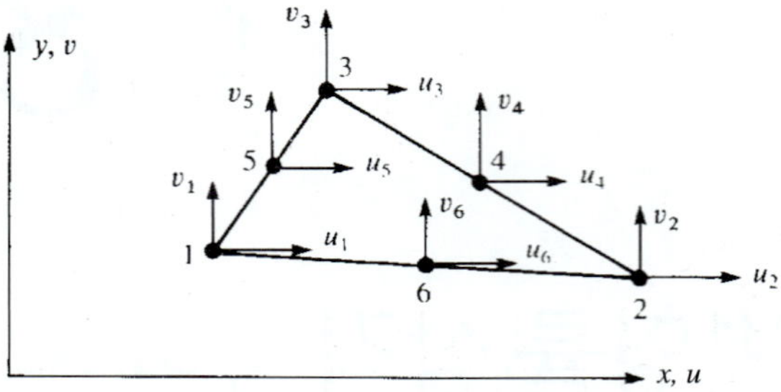

그림 8-1 • 기본적인 6절점 삼각형 요소

제1단계 요소 형태의 선정

모서리의 세 절점과 통상 각 변의 중앙에 위치한 세 절점을 부가하여 그림 8-1과 같이 모두 6개의 절점을 가지고 있는 삼각형 요소를 고려한다. 따라서 모서리 절점들의 좌푯값들이 주어지면 컴퓨터 프로그램은 변의 중앙에 위치한 절점들을 자동으로 생성할 수 있다.

미지수인 절점 변위들은 다음과 같이 주어진다.

$$\{d\} = \begin{Bmatrix} \{d_1\} \\ \{d_2\} \\ \{d_3\} \\ \{d_4\} \\ \{d_5\} \\ \{d_6\} \end{Bmatrix} = \begin{Bmatrix} u_1 \\ v_1 \\ u_2 \\ v_2 \\ u_3 \\ v_3 \\ u_4 \\ v_4 \\ u_5 \\ v_5 \\ u_6 \\ v_6 \end{Bmatrix} \tag{8.1.1}$$

제2단계 변위함수의 선정

각 요소에 대해 2차 변위함수를 다음과 같이 선택한다.

$$\begin{aligned} u(x,y) &= a_1 + a_2 x + a_3 y + a_4 x^2 + a_5 xy + a_6 y^2 \\ v(x,y) &= a_7 + a_8 x + a_9 y + a_{10} x^2 + a_{11} xy + a_{12} y^2 \end{aligned} \tag{8.1.2}$$

변위함수의 12개 계수 a_i는 삼각형 요소의 자유도 수와 같다. 삼각형 요소의 세 절점은 각 변을 따라 위치하게 되고, 세 점은 포물선을 유일하게 결정하므로 위 식의 연속함수는 요소 내의 변위 적합성을 만족시킨다. 또한 인접한 요소의 공유 변은 같은 점을 공유하므로 변을 가로지르는 변위 적합성을 유지하게 된다.

삼각형 요소들의 경우에는 일반적으로 직각좌표계 내의 완전 다항식으로 요소 내의 변위장을 정의할 수 있다. 그림 8-2에서 보여주는 바와 같이 파스칼 삼각형에서 일정한 수 이내의 모

Terms in Pascal Triangle	*Polynomial Degree*	*Number of Terms*	*Triangle*
1	0 (constant)	1	
$x \quad y$	1 (linear)	3	CST 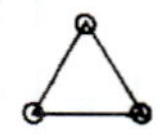 (Chap. 6)
$x^2 \quad xy \quad y^2$	2 (quadratic)	6	LST 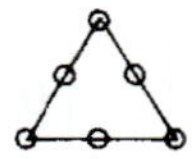 (Chap. 8)
$x^3 \quad x^2y \quad xy^2 \quad y^3$	3 (cubic)	10	QST 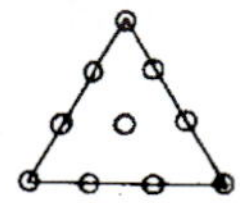

그림 8-2 • 평면 삼각형 요소의 종류와 파스칼 삼각형에 기반한 다항식 계수와의 관계

든 항을 이용하여 요소 내의 변위장, 즉 유한요소의 형상함수를 표현할 수 있다. 고차 요소에 대해서 필요에 따라 내부 절점을 이용하게 된다. 6장에서 소개된 CST 요소의 경우에는 완전 선형함수가 변위를 정의하는 데 이용되었다. 이 장에서 소개되고 있는 LST 요소에서는 완전한 2차 함수가 사용되고 있다. 2차 변형률 삼각형 요소(QST 요소)의 경우에는 열 번째 내부 절점을 필요로 하며 완전 3차 함수로 변위장을 정의한다.

식 (8.1.2)의 일반적인 형태의 변위함수들은 행렬 형태로 다음과 같이 표현된다.

$$\{\psi\} = \begin{Bmatrix} u \\ v \end{Bmatrix} = \begin{bmatrix} 1 & x & y & x^2 & xy & y^2 & 0 & 0 & 0 & 0 & 0 & 0 \\ 0 & 0 & 0 & 0 & 0 & 0 & 1 & x & y & x^2 & xy & y^2 \end{bmatrix} \begin{Bmatrix} a_1 \\ a_2 \\ \vdots \\ a_{12} \end{Bmatrix} \tag{8.1.3}$$

또한 식 (8.1.3)을 다음과 같이 간략하게 표현할 수 있다.

$$\{\psi\} = [M^*]\{a\} \tag{8.1.4}$$

여기서 $[M^*]$는 식 (8.1.3)의 우변 첫 번째 행렬로 정의된다. 계수 a_1부터 a_{12}까지는 다음과 같이 좌표를 u와 v에 대입함으로써 얻어질 수 있다.

$$\begin{Bmatrix} u_1 \\ u_2 \\ \vdots \\ u_6 \\ v_1 \\ \vdots \\ v_5 \\ v_6 \end{Bmatrix} = \begin{bmatrix} 1 & x_1 & y_1 & x_1^2 & x_1y_1 & y_1^2 & 0 & 0 & 0 & 0 & 0 & 0 \\ 1 & x_2 & y_2 & x_2^2 & x_2y_2 & y_2^2 & 0 & 0 & 0 & 0 & 0 & 0 \\ \vdots & \vdots & \vdots & \vdots & \vdots & \vdots & \vdots & \vdots & \vdots & \vdots & \vdots & \vdots \\ 1 & x_6 & y_6 & x_6^2 & x_6y_6 & y_6^2 & 0 & 0 & 0 & 0 & 0 & 0 \\ 0 & 0 & 0 & 0 & 0 & 0 & 1 & x_1 & y_1 & x_1^2 & x_1y_1 & y_1^2 \\ \vdots & \vdots & \vdots & \vdots & \vdots & \vdots & \vdots & \vdots & \vdots & \vdots & \vdots & \vdots \\ 0 & 0 & 0 & 0 & 0 & 0 & 1 & x_5 & y_5 & x_5^2 & x_5y_5 & y_5^2 \\ 0 & 0 & 0 & 0 & 0 & 0 & 1 & x_6 & y_6 & x_6^2 & x_6y_6 & y_6^2 \end{bmatrix} \begin{Bmatrix} a_1 \\ a_2 \\ \vdots \\ a_6 \\ a_7 \\ \vdots \\ a_{11} \\ a_{12} \end{Bmatrix} \tag{8.1.5}$$

계수 a_i들에 관하여 풀면 다음과 같다.

$$\begin{Bmatrix} a_1 \\ \vdots \\ a_6 \\ a_7 \\ \vdots \\ a_{12} \end{Bmatrix} = \begin{bmatrix} 1 & x_1 & y_1 & x_1^2 & x_1y_1 & y_1^2 & 0 & 0 & 0 & 0 & 0 & 0 \\ \vdots & \vdots & \vdots & \vdots & \vdots & \vdots & \vdots & \vdots & \vdots & \vdots & \vdots & \vdots \\ 1 & x_6 & y_6 & x_6^2 & x_6y_6 & y_6^2 & 0 & 0 & 0 & 0 & 0 & 0 \\ 0 & 0 & 0 & 0 & 0 & 0 & 1 & x_1 & y_1 & x_1^2 & x_1y_1 & y_1^2 \\ \vdots & \vdots & \vdots & \vdots & \vdots & \vdots & \vdots & \vdots & \vdots & \vdots & \vdots & \vdots \\ 0 & 0 & 0 & 0 & 0 & 0 & 1 & x_6 & y_6 & x_6^2 & x_6y_6 & y_6^2 \end{bmatrix}^{-1} \begin{Bmatrix} u_1 \\ \vdots \\ u_6 \\ v_1 \\ \vdots \\ v_6 \end{Bmatrix} \tag{8.1.6}$$

또한 식 (8.1.6)은 다음과 같이 나타낼 수 있다.

$$\{a\} = [X]^{-1}\{d\} \tag{8.1.7}$$

여기서 $[X]$는 식 (8.1.6)의 우변에 있는 12 × 12 정방행렬이다. 컴퓨터를 이용하여 $[X]$의 역행렬은 쉽게 구할 수 있으며, 절점 변위들의 함수로 표시된 계수 a_i를 식 (8.1.4)에 대입한다. 이 과정에서 $[X]$의 6 × 6 부분 정방행렬만의 역행렬이 필요하다. 결과적으로 식 (8.1.4)에 식 (8.1.7)을 대입하면, 형상함수들과 절점 자유도의 항으로 표현되는 일반적 변위를 다음과 같이 얻을 수 있다.

$$\{\psi\} = [N]\{d\} \tag{8.1.8}$$

여기서

$$[N] = [M^*][X]^{-1} \tag{8.1.9}$$

제3단계 변형률–변위와 응력–변형률 관계의 정의

요소 내의 변형률은 전과 같이 주어진다.

$$\{\varepsilon\} = \begin{Bmatrix} \varepsilon_x \\ \varepsilon_y \\ \gamma_{xy} \end{Bmatrix} = \begin{Bmatrix} \dfrac{\partial u}{\partial x} \\ \dfrac{\partial v}{\partial y} \\ \dfrac{\partial v}{\partial x} + \dfrac{\partial u}{\partial y} \end{Bmatrix} \tag{8.1.10}$$

식 (8.1.3)의 u와 v를 식 (8.1.10)에 대입하면, 변형률과 일반화된 변위의 관계식을 얻는다.

$$\{\varepsilon\} = \begin{bmatrix} 0 & 1 & 0 & 2x & y & 0 & 0 & 0 & 0 & 0 & 0 & 0 \\ 0 & 0 & 0 & 0 & 0 & 0 & 0 & 0 & 1 & 0 & x & 2y \\ 0 & 0 & 1 & 0 & x & 2y & 0 & 1 & 0 & 2x & y & 0 \end{bmatrix} \begin{Bmatrix} a_1 \\ a_2 \\ \vdots \\ a_{12} \end{Bmatrix} \tag{8.1.11}$$

식 (8.1.11)로부터 요소 내에서의 변형률 분포는 선형 변화하는 것을 알 수 있으며, 이러한 이유로 **선형 변형률 삼각형** 요소라고 불린다. 식 (8.1.11)의 우변 항의 첫 번째 행렬은 $[M']$으로 간략히 표현하며 아래와 같이 다시 쓸 수 있다.

$$\{\varepsilon\} = [M'][\{a\}] \tag{8.1.12}$$

식 (8.1.6)을 식 (8.1.12)에 대입하여 a_i를 소거하면, 변형률 $\{\varepsilon\}$을 절점 변위의 함수로 다음과 같이 표현할 수 있다.

$$\{\varepsilon\} = [B]\{d\} \tag{8.1.13}$$

위 식에서 $[B]$는 변수 x, y와 절점의 좌푯값들 (x_1, y_1). . . (x_6, y_6)의 함수로 다음과 같다.

$$[B] = [M'][X]^{-1} \tag{8.1.14}$$

여기서 식 (8.1.14)를 표현하는 데 식 (8.1.7)이 사용되었다. $[B]$가 3×12 차수의 행렬임에 주의하자.

응력은 앞에서와 같이 변형률의 함수로 다음과 같이 표현된다.

$$\begin{Bmatrix} \sigma_x \\ \sigma_y \\ \tau_{xy} \end{Bmatrix} = [D]\begin{Bmatrix} \varepsilon_x \\ \varepsilon_y \\ \gamma_{xy} \end{Bmatrix} = [D][B]\{d\} \tag{8.1.15}$$

여기서 강성행렬 $[D]$는 평면응력 해석에 대해서는 식 (6.1.8)로 정의되고, 평면 변형률 해석에서는 식 (6.1.10)으로 정의된다. 이 응력 성분들은 x와 y의 선형함수이다.

제4단계 요소 강성행렬과 방정식의 유도

요소의 강성행렬 유도는 6.2절에서 이용한 식 (6.2.50), 즉 다음 식을 사용한다.

$$[k] = \iiint_V [B]^T[D][B]dV \tag{8.1.16}$$

그러나 식 (8.1.14)에 의해 주어진 행렬 $[B]$는 변수 x, y의 함수이다. 따라서 식 (8.1.16)의 적분을 실행하여야 한다. 일반적으로 행렬 $[B]$는 다음과 같은 형태를 갖는다.

$$[B] = \frac{1}{2A}\begin{bmatrix} \beta_1 & 0 & \beta_2 & 0 & \beta_3 & 0 & \beta_4 & 0 & \beta_5 & 0 & \beta_6 & 0 \\ 0 & \gamma_1 & 0 & \gamma_2 & 0 & \gamma_3 & 0 & \gamma_4 & 0 & \gamma_5 & 0 & \gamma_6 \\ \gamma_1 & \beta_1 & \gamma_2 & \beta_2 & \gamma_3 & \beta_3 & \gamma_4 & \beta_4 & \gamma_5 & \beta_5 & \gamma_6 & \beta_6 \end{bmatrix} \tag{8.1.17}$$

여기서 β와 γ는 절점의 좌표뿐만 아니라 변수 x, y의 함수이며, 뒷장의 식 (8.2.8)에서 예들을 보여준다. 식 (8.1.16)에서 행렬들의 곱으로 얻어지는 강성행렬은 12×12로 됨을 알 수 있다. 이 강성행렬의 명확한 표현은 적분으로 인해 매우 복잡하기 때문에 여기서는 주어지지 않는다. 그러나 좌표계의 원점이 요소의 도심에 주어질 경우에는 해석적인 적분 표현이 가능해진다[9]. 또 다른 방법은 면적좌표계 [3, 8, 9]를 이용하여 강성행렬의 해석적인 표현을 얻을 수 있다. 그러나 이 경우에도 장황하게 많은 계산이 요구되므로 적분의 실행은 수치해석에 의존하는 것이 가장 좋은 방법이다(수치적분은 10.3절에서 설명한다).

요소 내의 체적력과 표면력은 각 절점의 하중에 자동적으로 합하면 안 되고, 강성행렬의 유도에서와 같이 형상함수를 이용하여 에너지가 같도록 상응 공식화로 얻어진 식 (6.3.1)과 (6.3.7)을 사용하여야 한다(연습문제 8.3과 8.4가 이러한 개념을 설명한다). 이렇게 얻은 하중들은 절점에 작용하는 집중하중에 더하여 요소의 하중행렬을 구성하게 된다. 이때의 하중행렬은 6개의 절점에 x, y 두 방향의 하중 성분으로 인해 12 × 1 행렬로 만들어진다. 따라서 요소 방정식은 다음과 같다.

$$\underset{(12\times 1)}{\begin{Bmatrix} f_{1x} \\ f_{1y} \\ \vdots \\ f_{6y} \end{Bmatrix}} = \underset{(12\times 12)}{\begin{bmatrix} k_{11} & \cdots & k_{1,12} \\ k_{21} & & k_{2,12} \\ \vdots & & \vdots \\ k_{12,1} & \cdots & k_{12,12} \end{bmatrix}} \underset{(12\times 1)}{\begin{Bmatrix} u_1 \\ v_1 \\ \vdots \\ v_6 \end{Bmatrix}} \tag{8.1.18}$$

제5~7단계

전체적인 강성행렬과 유한요소 방정식의 유도, 미지수인 전체 절점 변위의 결정 및 응력의 계산을 포함하는 제5~7단계는 일정 변형률 삼각형 요소의 경우에 설명된 6.2절의 과정과 같다. 그러나 LST 요소의 경우에는 요소 내에서 응력은 선형 분포를 이루게 된다. 통상적으로, 요소 내의 응력은 요소의 도심에서의 응력을 사용하거나 절점에서의 응력을 평균하여 얻는다.

8.2 | LST 강성행렬의 계산 예

앞 절에서 소개된 LST 요소의 강성행렬 계산 예를 살펴보고자 한다. 그림 8-3에는 전형적인 LST 요소와 그 좌표가 주어져 있다. 삼각형 요소는 밑변 b, 높이 h이며, 각 변의 중간에 절점을 가지고 있다.

행렬방정식 (8.1.5)의 처음 6개 식을 이용하여 좌푯값이 주어진 6개 절점의 변위 u를 계산함으로써 계수 $a_1, a_2, \ldots, a_6$를 얻을 수 있다. 먼저 각 절점들의 변위는 다음과 같다.

$$\begin{aligned} u_1 &= u(0,0) = a_1 \\ u_2 &= u(b,0) = a_1 + a_2 b + a_4 b^2 \\ u_3 &= u(0,h) = a_1 + a_3 h + a_6 h^2 \\ u_4 &= u\left(\frac{b}{2},\frac{h}{2}\right) = a_1 + a_2\frac{b}{2} + a_3\frac{h}{2} + a_4\left(\frac{b}{2}\right)^2 + a_5\frac{bh}{4} + a_6\left(\frac{h}{2}\right)^2 \\ u_5 &= u\left(0,\frac{h}{2}\right) = a_1 + a_3\frac{h}{2} + a_6\left(\frac{h}{2}\right)^2 \\ u_6 &= u\left(\frac{b}{2},0\right) = a_1 + a_2\frac{b}{2} + a_4\left(\frac{b}{2}\right)^2 \end{aligned} \tag{8.2.1}$$

위 식들을 풀면, a_i 계수들은 다음과 같다.

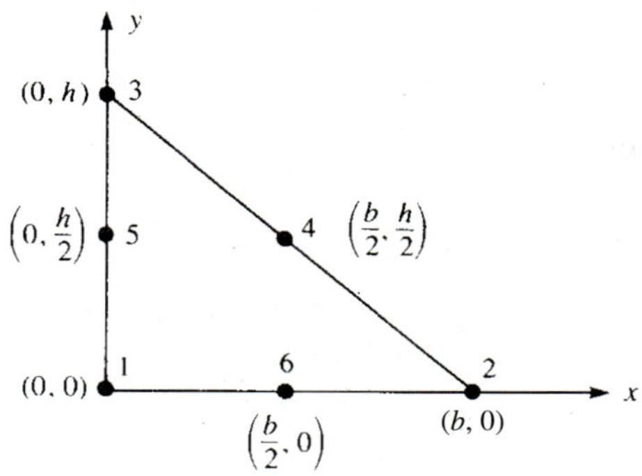

그림 8-3 • 강성행렬의 계산을 위한 LST 삼각형

$$\begin{aligned} a_1 &= u_1 \qquad a_2 = \frac{4u_6 - 3u_1 - u_2}{b} \qquad a_3 = \frac{4u_5 - 3u_1 - u_3}{h} \\ a_4 &= \frac{2(u_2 - 2u_6 + u_1)}{b^2} \qquad a_5 = \frac{4(u_1 + u_4 - u_5 - u_6)}{bh} \\ a_6 &= \frac{2(u_3 - 2u_5 + u_1)}{h^2} \end{aligned} \tag{8.2.2}$$

변위 u에 관한 식 (8.1.2)에 식 (8.2.2)를 대입하여 다음과 같은 결과를 얻는다.

$$\begin{aligned} u = u_1 &+ \left[\frac{4u_6 - 3u_1 - u_2}{b}\right]x + \left[\frac{4u_5 - 3u_1 - u_3}{h}\right]y + \left[\frac{2(u_2 - 2u_6 + u_1)}{b^2}\right]x^2 \\ &+ \left[\frac{4(u_1 + u_4 - u_5 - u_6)}{bh}\right]xy + \left[\frac{2(u_3 - 2u_5 + u_1)}{h^2}\right]y^2 \end{aligned} \tag{8.2.3}$$

마찬가지로, 6개의 각 절점에서의 변위 v를 계산한 다음, 그 결과를 식 (8.1.2)로부터 v에 대한 표현으로 치환하여 a_7부터 a_{12}까지를 풀면 다음을 얻는다.

$$\begin{aligned} v = v_1 &+ \left[\frac{4v_6 - 3v_1 - v_2}{b}\right]x + \left[\frac{4v_5 - 3v_1 - v_3}{h}\right]y + \left[\frac{2(v_2 - 2v_6 + v_1)}{b^2}\right]x^2 \\ &+ \left[\frac{4(v_1 + v_4 - v_5 - v_6)}{bh}\right]xy + \left[\frac{2(v_3 - 2v_5 + v_1)}{h^2}\right]y^2 \end{aligned} \tag{8.2.4}$$

식 (8.2.3)과 (8.2.4)로부터 형상함수를 이용하여 일반적인 변위에 관한 식을 다음과 같이 얻을 수 있다.

$$\begin{Bmatrix} u \\ v \end{Bmatrix} = \begin{bmatrix} N_1 & 0 & N_2 & 0 & N_3 & 0 & N_4 & 0 & N_5 & 0 & N_6 & 0 \\ 0 & N_1 & 0 & N_2 & 0 & N_3 & 0 & N_4 & 0 & N_5 & 0 & N_6 \end{bmatrix} \begin{Bmatrix} u_1 \\ v_1 \\ \vdots \\ v_6 \end{Bmatrix} \tag{8.2.5}$$

여기서 형상함수들은 식 (8.2.3)의 u_i의 계수들을 정리하여 얻는다. 예를 들면, 식 (8.2.3)의 u_1의 모든 계수를 합하면 N_1을 얻는다. 위 식에서 형상함수들은 다음과 같이 주어진다.

$$N_1 = 1 - \frac{3x}{b} - \frac{3y}{h} + \frac{2x^2}{b^2} + \frac{4xy}{bh} + \frac{2y^2}{h^2} \qquad N_2 = \frac{-x}{b} + \frac{2x^2}{b^2}$$
$$N_3 = \frac{-y}{h} + \frac{2y^2}{h^2} \qquad N_4 = \frac{4xy}{bh} \qquad N_5 = \frac{4y}{h} - \frac{4xy}{bh} - \frac{4y^2}{h^2} \tag{8.2.6}$$
$$N_6 = \frac{4x}{b} - \frac{4x^2}{b^2} - \frac{4xy}{bh}$$

변형률을 나타내는 식 (8.1.10)은 식 (8.2.5)에서 u와 v를 미분하여 얻을 수 있다.

$$\{\varepsilon\} = [B]\{d\} \tag{8.2.7}$$

위에서 $[B]$는 식 (8.1.17)과 같은 형태로 β와 γ는 다음과 같다.

$$\beta_1 = -3h + \frac{4hx}{b} + 4y \qquad \beta_2 = -h + \frac{4hx}{b} \qquad \beta_3 = 0$$
$$\beta_4 = 4y \qquad \beta_5 = -4y \qquad \beta_6 = 4h - \frac{8hx}{b} - 4y$$
$$\gamma_1 = -3b + 4x + \frac{4by}{h} \qquad \gamma_2 = 0 \qquad \gamma_3 = -b + \frac{4by}{h} \tag{8.2.8}$$
$$\gamma_4 = 4x \qquad \gamma_5 = 4b - 4x - \frac{8by}{h} \qquad \gamma_6 = -4x$$

위 식의 β와 γ는 그림 8-3의 요소에만 적용된다. 식 (8.2.7)에 식 (8.1.1)과 (8.1.17)을 대입하면 다음의 결과를 얻는다.

$$\varepsilon_x = \frac{1}{2A}[\beta_1 u_1 + \beta_2 u_2 + \beta_3 u_3 + \beta_4 u_4 + \beta_5 u_5 + \beta_6 u_6]$$
$$\varepsilon_y = \frac{1}{2A}[\gamma_1 v_1 + \gamma_2 v_2 + \gamma_3 v_3 + \gamma_4 v_4 + \gamma_5 v_5 + \gamma_6 v_6] \tag{8.2.9}$$
$$\gamma_{xy} = \frac{1}{2A}[\gamma_1 u_1 + \beta_1 v_1 + \cdots + \beta_6 v_6]$$

두께가 일정한 삼각형 요소의 강성행렬은 식 (8.2.8)을 식 (8.1.17)에 대입하여 얻은 $[B]$를 식 (8.1.16)에 대입하여 적절한 적분 과정을 통해 얻을 수 있다. 12×12인 강성행렬의 직접적인 표현은 매우 길어서 여기에는 주어져 있지 않으며, 참고문헌 [1]과 [2]에는 고차의 유한요소들에 관한 강성행렬을 전체적으로 표현하고 있다.

8.3 | 요소들의 비교

전체 절점의 수가 일정할 경우에 LST 요소 격자를 이용하여 얻은 실제 응력 및 변위 분포가 같은 수의 절점으로 보다 많은 요소를 갖는 CST 격자로부터 얻은 값보다 일반적으로 정확하다. 예를 들면, 그림 8-4에서와 같이 6절점으로 된 한 개의 LST 격자는 같은 절점수로 이루어진 네 개의 CST 격자보다 좋은 결과를 준다(단, 균등 응력 분포의 경우는 제외한다).

6장에서 CST 요소를 이용하여 얻은 결과와 8장의 LST 요소로부터 얻은 결과를 비교해 보고자 한다. 그림 8-5에서와 같이 포물선 분포의 하중을 받는 외팔보를 고려한다. 탄성계수 E

(a) (b)

그림 8-4 • 기본 삼각형 요소 (a) 네 개의 CST 요소 (b) 한 개의 LST 요소

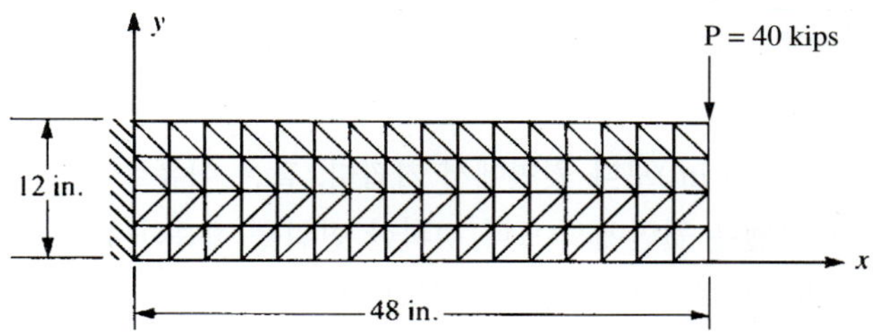

그림 8-5 • CST와 LST 요소를 비교하기 위해 사용된 4 × 6 격자의 외팔보

$= 30 \times 10^6$ psi, 포아송(Poisson)비 $\nu = 0.25$, 하중 $P = 40$ kips, 그리고 두께 $t = 1.0$ in이다.

표 8-1에서는 CST 요소와 LST 요소를 사용하여 계산한 경우들을 보여주고 있다. 표 8-2에서는 외팔보의 계산에서 각 경우들에 의해 계산된 자유단의 처짐과 응력 σ_x의 비교를 보여준다. 표 8-2로부터 주어진 삼각형 요소에서 전체 자유도가 클수록 정확한 해에 보다 근접한 근사해를 주는 것을 알 수 있다(A-1과 A-2의 비교, B-1과 B-2의 비교). 같은 수의 절점을 갖는 경우에는 LST를 이용한 해석이 CST를 이용한 해석보다 좀 더 정확하다는 것을 알 수 있다(A-1과 B-1의 비교).

그러나 LST 모델 B-1을 이용하여 얻은 굽힘 응력 σ_x가 CST를 이용하여 얻은 값보다 정확하지 않은 이유는 다음과 같다. 응력은 요소의 도심에서 계산됨을 기억하라. LST 모델 B-1에 비교하여 CST 모델 A-1의 경우에 응력이 계산되는 요소의 도심이 윗면에 보다 가깝다. 전통적인 굽힘 응력 해석에서는 굽힘 응력의 크기가 중립축으로부터의 거리에 선형 비례하기 때문에 가장 큰 응력은 보의 윗면에 발생한다. 따라서 모델 A-1(두께방향으로 네 개의 요소를 가짐)의 경우에 요소의 도심(윗면에서 0.75 in.)이 모델 B-1(두께방향으로 두 개의 요소를 가

표 8-1 그림 8-5의 외팔보에 대해 CST와 LST의 결과를 비교하기 위해 사용된 ANSYS [10]의 모델들

Series of Tests Run	Number of Nodes	Number of Degrees of Freedom, n_d	Number of Triangular Elements
A-1 4 × 16 mesh	85	160	128 CST
A-2 8 × 32	297	576	512 CST
B-1 2 × 8	85	160	32 LST
B-2 4 × 16	297	576	128 LST

표 8-2 그림 8-5의 외팔보에 대한 CST와 LST의 결과 비교

Run	n_d	Bandwidth n_b	Tip Deflection (in.)	σ_x (ksi)	Location (in.), x; y
A-1	160	14	–0.29555	67.236	2.250, 11.250
A-2	576	22	–0.33850	81.302	1.125, 11.630
B-1	160	18	–0.33470	58.885	4.500, 10.500
B-2	576	22	–0.35159	69.956	2.250, 11.250
Beam theory solution, $v_{\text{end}} = \dfrac{PL^3}{3EI} + \dfrac{6PL}{5AG}$			–0.3570	80.000	0, 12

[1]밴드 폭(Bandwidth)의 설명은 부록 B.4에 주어진다.

짐)의 응력이 계산되는 요소 도심(윗면에서 1.5 in.)보다 윗면에서 가깝다. 같은 이유로 A-2와 B-2도 유사한 현상이 나타난다. 즉, LST 모델은 윗면에서 보다 정확한 변위를 예측하나, 요소의 도심에서 계산되는 응력은 CST 모델에 의한 예측이 보다 정확하다.

굽힘 해석에서 CST 모델을 이용한 결과가 약간의 오차가 있을지라도, 두께방향으로 충분한 수의 CST 요소를 사용하면 보의 굽힘 해석에 적절한 결과를 얻을 수 있음을 표 8-2로부터 알 수 있다. 일반적으로 CST 요소와 LST 요소를 이용한 해석은 충분한 수의 요소를 사용하면 거의 모든 평면응력-변형률 문제에 좋은 결과를 준다. 실제로 거의 모든 상용 프로그램은 평면응력-변형률 문제 해석을 위해 CST 요소와 LST 요소를 포함하고 있으나, 이들 요소는 주로 격자 생성 과정에서 중간 단계(transition) 요소로 사용되고 있다. 상용 프로그램들에서는 4절점의 등매개변수 평면응력-변형률 요소가 문제 해석에 가장 많이 사용되고 있으며, 이 책에서는 10장에 소개되어 있다.

또한 유한요소 해석에 의해 구한 변위는 정확한 해보다 항상 작게(또는 같게) 나타나는 것을 주지해야 한다. 변위에 기초한 유한요소 정식화에서 구성된 강성은 실제 구조물의 강성보다 큰 것이 그 이유이며, 3.10절과 7.3절에서 보다 심도 있게 논의되었다. 이러한 주장의 논증은 참고문헌 [4~7]에 주어져 있다.

마지막으로, 참고문헌 [8]에서 발췌한 그림 8-6에서는 양쪽 변에 포물선 형태의 분포하중을 받는 사각형 판의 해석에서 CST 요소와 LST 요소를 사용한 결과를 비교한다. LST 모델은 점 A의 수평 변위에 대하여 CST 모델보다 빨리 정확한 해에 접근하고 있다. 그러나 적절한 수의 자유도를 갖는 CST 모델도 상당히 좋은 결과를 주고 있다. 예를 들면, 100개의 절점(200개의 자유도)을 갖는 CST 모델은 같은 수의 자유도를 갖는 LST 모델의 해와 거의 비슷한 결과를 주고 있다.

결론적으로, 표 8-2와 그림 8-6으로부터 절점의 수가 작은 격자를 이용하여 평면응력 해석을 할 경우에는 LST 모델이 CST 모델보다 우수한 편이다. 그러나 절점의 수가 많을 경우에 강성행렬의 생성 비용, 행렬 계산의 밴드폭(bandwidth), 그리고 수치해석의 복잡성을 고려하면 LST 같은 고차의 삼각형 요소를 사용하는 모델이 명백하게 유리하지는 않다.

Q4 직사각형과 CST는 6.6절에서 비교되었다(표 6-1 참조). 일반적인 직사각형 요소 Q4,

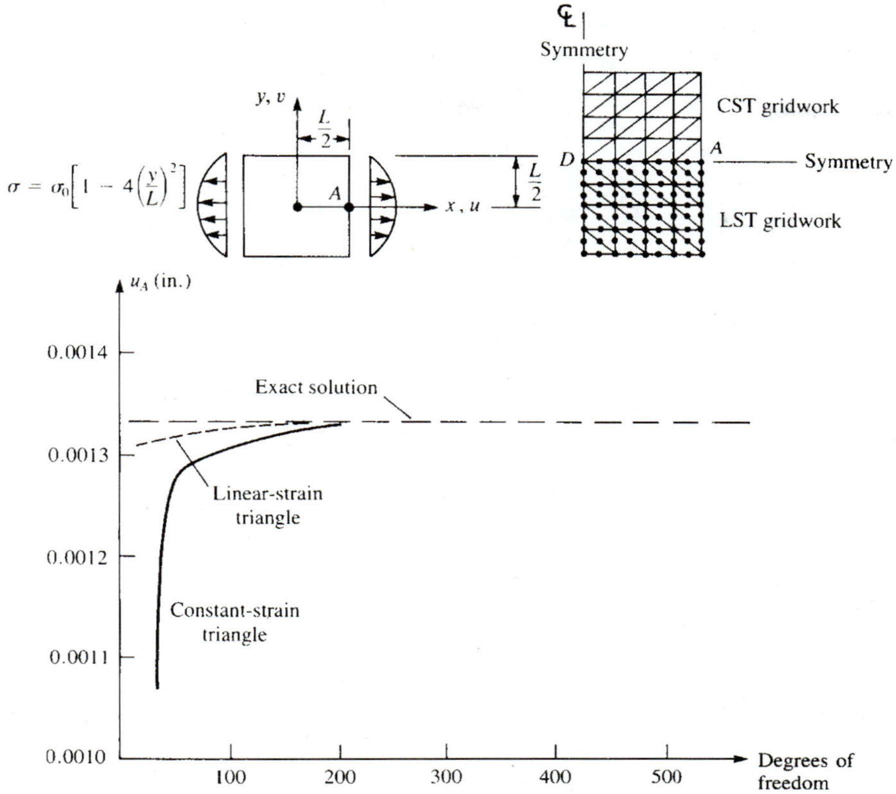

그림 8-6 • 포물선적인 모서리 분포하중을 받는 평판(plate); 삼각형 요소들에 대한 결과의 비교 (*Gallagher, R. H. Finite Element Analysis: Fundamentals, © 1975*, New Jersey, Upper Saddle River에 소재한 Pearson Education, Inc.,의 허용으로 제공됨)

Q6, Q8, Q9, 그리고 Q12는 10장에서 설명되며, Q4와 Q6의 비교는 표 10-3에 주어진다. 보의 굽힘에 대하여 다르게 격자분할된 CST, LST, Q4, Q6, Q8, 그리고 Q9의 결과가 표 10-4에 주어진다.

식의 정리(Summary Equations)

선형 병형률 삼각형(LST) 요소에 대한 변위함수:

$$
\begin{aligned}
u(x,y) &= a_1 + a_2 x + a_3 y + a_4 x^2 + a_5 xy + a_6 y^2 \\
v(x,y) &= a_7 + a_8 x + a_9 y + a_{10} x^2 + a_{11} xy + a_{12} y^2
\end{aligned}
\tag{8.1.2}
$$

형상함수 행렬:

$$[N] = [M^*][X]^{-1} \tag{8.1.9}$$

여기서

$$[M^*] = \begin{bmatrix} 1 & x & y & x^2 & xy & y^2 & 0 & 0 & 0 & 0 & 0 & 0 \\ 0 & 0 & 0 & 0 & 0 & 0 & 1 & x & y & x^2 & xy & y^2 \end{bmatrix}$$

그리고

$$[X]^{-1} = \begin{bmatrix} 1 & x_1 & y_1 & x_1^2 & x_1y_1 & y_1^2 & 0 & 0 & 0 & 0 & 0 & 0 \\ \vdots & \vdots & \vdots & \vdots & \vdots & \vdots & \vdots & \vdots & \vdots & \vdots & \vdots & \vdots \\ 1 & x_6 & y_6 & x_6^2 & x_6y_6 & y_6^2 & 0 & 0 & 0 & 0 & 0 & 0 \\ 0 & 0 & 0 & 0 & 0 & 0 & 1 & x_1 & y_1 & x_1^2 & x_1y_1 & y_1^2 \\ \vdots & \vdots & \vdots & \vdots & \vdots & \vdots & \vdots & \vdots & \vdots & \vdots & \vdots & \vdots \\ 0 & 0 & 0 & 0 & 0 & 0 & 1 & x_6 & y_6 & x_6^2 & x_6y_6 & y_6^2 \end{bmatrix}^{-1}$$

변형률–일반화된 변위 방정식:

$$\{\varepsilon\} = \begin{bmatrix} 0 & 1 & 0 & 2x & y & 0 & 0 & 0 & 0 & 0 & 0 & 0 \\ 0 & 0 & 0 & 0 & 0 & 0 & 0 & 0 & 1 & 0 & x & 2y \\ 0 & 0 & 1 & 0 & x & 2y & 0 & 1 & 0 & 2x & y & 0 \end{bmatrix} \begin{Bmatrix} a_1 \\ a_2 \\ \vdots \\ a_{12} \end{Bmatrix} \tag{8.1.11}$$

참고문헌

[1] Pederson, P., "Some Properties of Linear Strain Triangles and Optimal Finite Element Models," *International Journal for Numerical Methods in Engineering*, Vol. 7, pp. 415~430, 1973.

[2] Tocher, J. L., and Hartz, B. J., "Higher-Order Finite Element for Plane Stress," *Journal of the Engineering Mechanics Division*, Proceedings of the American Society of Civil Engineers, Vol. 93, No. EM4, pp. 149~174, Aug. 1967.

[3] Bowes, W. H., and Russell, L. T., *Stress Analysis by the Finite Element Method for Practicing Engineers*, Lexington Books, Toronto, 1975.

[4] Fraeijes de Veubeke, B., "Upper and Lower Bounds in *Matrix Structural Analysis," Matrix Methods of Structural Analysis*, AGAR-Dograph 72, B. Fraeijes de Veubeke, ed., Macmillan, New York, 1964.

[5] McLay, R. W., *Completeness and Convergence Properties of Finite Element Displacement Functions: A General Treatment,* American Institute of Aeronautics and Astronautics Paper No. 67~143, AIAA 5th Aerospace Meeting, New York, 1967.

[6] Tong, P., and Pian, T. H. H., "The Convergence of Finite Element Method in Solving Linear Elastic Problems," *International Journal of Solids and Structures*, Vol. 3., pp. 865~879, 1967.

[7] Cowper, G. R., "Variational Procedures and Convergence of Finite-Element Methods," *Numerical and Computer Methods in Structural Mechanics*, S. J. Fenves, N. Perrone, A. R. Robinson, and W. C. Schnobrich, eds, Academic Press, New York, 1973.

[8] Gallagher, *R., Finite Element Analysis Fundamentals*, Prentice Hall, Englewood Cliffs, New Jersey, 1975.

[9] Zienkiewicz, O. C., *The Finite Element Method*, 3rd ed., McGraw-Hill, New York, 1977.

[10] ANSYS—Engineering Analysis System, Johnson Rd.,P.O. Box 65, Houston, PA 15342.

연습문제

8.1 Evaluate the shape functions given by Eq. (8.2.6). Sketch the variation of each function over the surface of the triangular element shown in Figure 8–3.

8.2 Express the strains ε_x, ε_y, and γ_{xy} for the element of Figure 8–3 by using the results given in Section 8.2. Evaluate these strains at the centroid of the element; then evaluate the stresses at the centroid in terms of E and ν. Assume plane stress conditions apply.

8.3 For the element of Figure 8–3 (shown again as Figure P8–3) subjected to the uniform pressure shown acting over the vertical side, determine the nodal force replacement system using Eq. (6.3.7). Assume an element thickness of t.

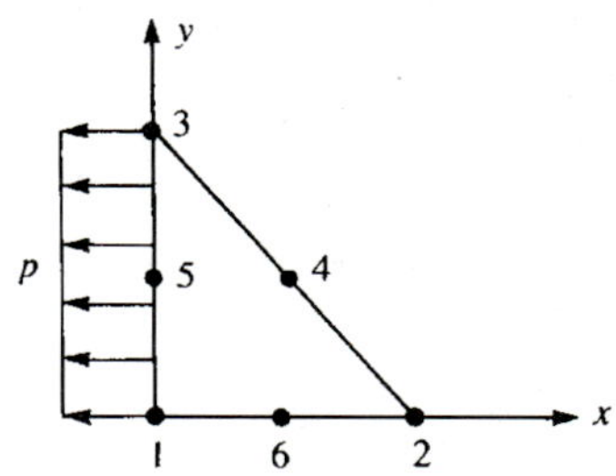

Figure P8-3 •

8.4 For the element of Figure 8–3 (shown as Figure P8–4) subjected to the linearly varying line load shown acting over the vertical side, determine the nodal force replacement system using Eq. (6.3.7). Compare this result to that of Problem 6.11. Are these results expected? Explain.

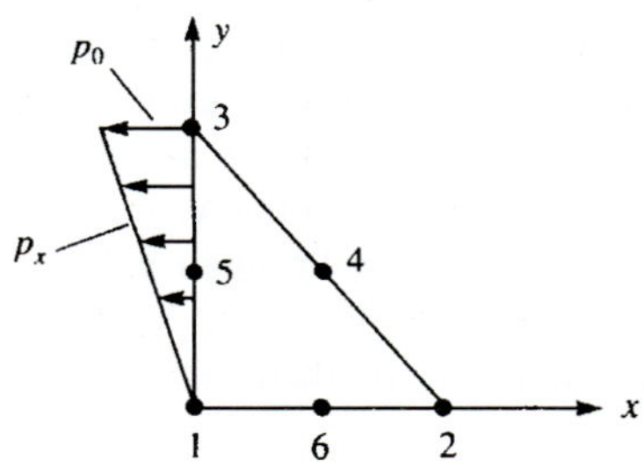

Figure P8-4 •

8.5 For the linear-strain elements shown in Figure P8–5, determine the strains ε_x, ε_y, and γ_{xy}. Evaluate the stresses σ_x, σ_y, and τ_{xy} at the centroids. The coordinates of the nodes are shown in units of inches. Let $E = 30 \times 10^6$ psi, $\nu = 0.25$, and $t = 0.25$ in. for both elements. Assume plane stress conditions apply. The nodal displacements are given as

$$
\begin{aligned}
u_1 &= 0.0 \text{ in.} & v_1 &= 0.0 \text{ in.}\\
u_2 &= 0.001 \text{ in.} & v_2 &= 0.002 \text{ in.}\\
u_3 &= 0.0005 \text{ in.} & v_3 &= 0.0002 \text{ in.}\\
u_4 &= 0.0002 \text{ in.} & v_4 &= 0.0001 \text{ in.}\\
u_5 &= 0.0 \text{ in.} & v_5 &= 0.0001 \text{ in.}\\
u_6 &= 0.0005 \text{ in.} & v_6 &= 0.001 \text{ in.}
\end{aligned}
$$

(*Hint*: Use the results of Section 8.2.)

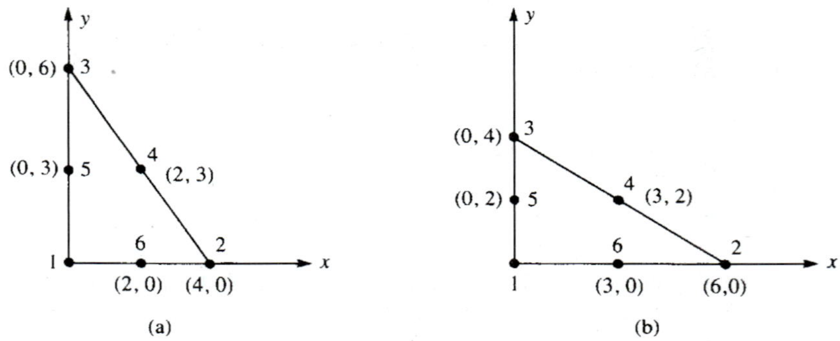

Figure P8-5 •

8.6 For the linear-strain element shown in Figure P8–6, determine the strains ε_x, ε_y, and γ_{xy}. Evaluate these strains at the centroid of the element; then evaluate the stresses σ_x, σ_y, and τ_{xy} at the centroid. The coordinates of the nodes are shown in units of millimeters. Let $E = 210$ GPa, $\nu = 0.25$, and $t = 10$ mm. Assume plane stress conditions apply. Use the nodal displacements given in Problem 8.5 (converted to millimeters). Note that the β's and γ's from the example in Section 8.2 cannot be used here as the element in Figure P8–6 is oriented differently than the one in Figure 8–3.

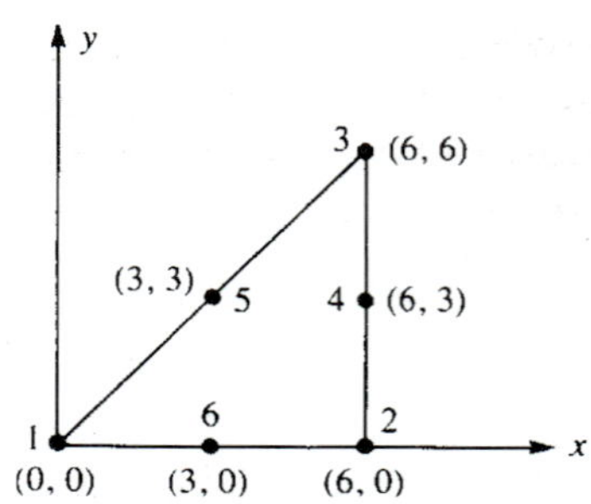

Figure P8-6 •

8.7 Evaluate the shape functions for the linear-strain triangle shown in Figure P8–7. Then evaluate the $[B]$ matrix. Units are millimeters.

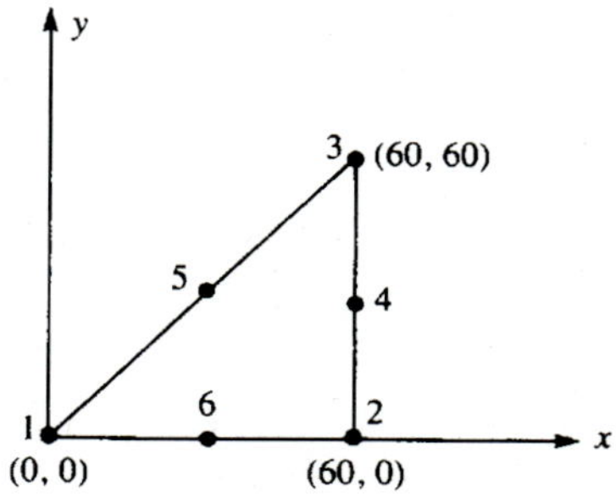

Figure P8-7 •

8.8 Use the LST element to solve Example 6.2. Compare the results.

8.9 Write a computer program to solve plane stress problems using the LST element.

CHAPTER 09

축대칭 요소

학습목표

- 축대칭 문제의 탄성 방정식 개념과 원리를 다시 확인한다.
- 축대칭 요소 강성행렬과 체적력(body force), 표면력(surface traction) 방정식을 유도한다.
- 강성법을 사용한 축대칭의 압력 용기의 해를 설명한다.
- 원통형 압력 용기의 유한요소 해와 정확한 해(exact solution)를 비교한다.
- 축대칭 요소의 실생활 문제를 설명한다.

개요

앞 장들에서는 1차원 선 요소(2~5장)와 2차원 평면 요소(6~8장)에 대해 살펴보았다. 이 장에서는 **축대칭 요소**라 불리는 특별한 2차원 평면 요소를 살펴보겠다. 이러한 요소는 물체의 형상과 하중이 물체 중심축에 대칭인 경우의 문제 해석에 아주 유용하다. 가령 원형으로 하중을 받는 토질이나, 두꺼운 벽을 가진 압력 용기 문제들은 이 장에서 전개된 요소를 사용하여 해석될 수 있다.

수직 단면이 평면 삼각형이 되는 가장 단순한 축대칭 요소인 삼각형 원환체(圓環體)의 강성행렬의 전개로부터 시작하겠다.

그리고 축대칭 요소 방정식의 사용을 설명하기 위해 두꺼운 벽을 가진 압력 용기의 상세한 계산 예를 소개한다. 이어서 이 장에서 고려된 축대칭 요소를 사용하여 모델링된 몇 가지 전형적인 큰 규모의 문제들을 설명할 것이다.

9.1 강성행렬의 유도

이 절에서는 축대칭 요소에 대한 강성행렬과 체적력, 표면력 행렬을 유도할 것이다. 그러나 전개하기 전에 유도를 이해하는 데 전제가 되는 몇 가지 기본적인 개념을 소개할 것이다. 축대칭 요소는 그림 9-1의 z축과 같은 축에 대한 기하학적 형태나 하중이 회전 대칭인 삼각형 원환체

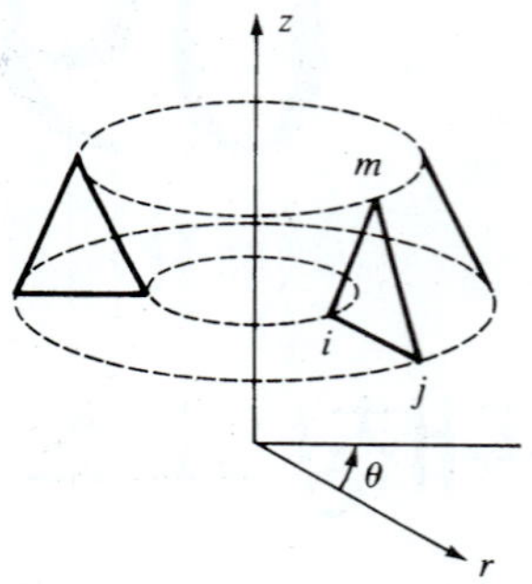

그림 9-1 • 전형적인 축대칭 요소 *ijm*

이다. 따라서 z축은 **대칭축** 혹은 **회전축**이라 불린다. 요소의 각 수직 단면은 평면 삼각형이다. 축대칭 삼각형 요소의 절점은 그림 9-1에 나타낸 것처럼 원주선들을 그린다.

평면응력 문제에서 응력들은 단지 평면 x-y에만 존재한다. 축대칭 문제에서 반경방향 변위는 σ_r, σ_θ, σ_z, τ_{rz}를 일으키는 원주방향 변형률을 발생시킨다. 여기서 r, θ, z는 각각 반경방향, 원주방향, 축방향을 나타낸다. 삼각형 원환체 요소들은 복잡한 표면들을 모사하여 작업하기가 간단하기 때문에 축대칭 시스템을 이상화시키는 데 종종 사용된다. 예를 들어, 그림 9-2(a)에 보이는 원형 면적(원형 발판)에 하중을 받는 준무한 반공간, 그림 9-2(b)에 보이는 원통형 압력용기, 그림 9-2(c)에 보이는 엔진 밸브대 등의 축대칭 문제는 이 장에서 소개되는 축대칭 요소를 사용하여 풀 수 있다.

형상, 물성, 경계조건과 하중이 z축에 대하여 대칭이기 때문에 응력은 θ좌표에 대해 무관하다. 따라서 θ에 대한 모든 미분값은 없어지고, 변위 성분 v (θ에 접선방향), 전단 변형률 $\gamma_{r\theta}$와 $\gamma_{\theta z}$, 그리고 전단 응력 $\tau_{r\theta}$와 $\tau_{\theta z}$는 모두 0의 값을 갖는다.

그림 9-3은 축대칭 고리 요소와 그 단면을 보여주고 있는데, 이것은 축대칭 문제에 있어서 일반적인 변형률 상태를 표현하기 위함이다. 그것은 원통좌표계에서 단면의 평면상에서 요소 $ABCD$의 변위를 표현하는 데 아주 편리하다. 그런 다음 u, w를 각각 반경방향과 축방향의 변위라고 하자. 요소의 측면 AB는 u만큼, 측면 CD는 길이는 $u + (\partial u / \partial r)dr$만큼 반경방향으로 변형된다. 이때 반경방향의 수직 변형률은 다음과 같이 주어진다.

$$\varepsilon_r = \frac{\partial u}{\partial r} \tag{9.1.1a}$$

일반적으로 접선방향의 변형률은 접선 변위 v와 반경 변위 u에 의존한다. 그러나 축대칭 변형 작용에 있어서는 접선 변위 v가 모두 0임을 상기하라. 따라서 접선방향 변형률은 오직 반경방향 변위에만 기인한다. 단지 반경방향 변위 u만 가지고 있으므로, 새로운 호 $\widehat{AB}$의 길이는 $(r + u)d\theta$이고 접선방향 변형률은 다음과 같이 주어진다.

$$\varepsilon_\theta = \frac{(r + u)\, d\theta - r\, d\theta}{r\, d\theta} = \frac{u}{r} \tag{9.1.1b}$$

그 다음, 축방향 요소인 $BDEF$를 고려해서 축방향 변형률과 전단 변형률을 얻고자 한다. 그

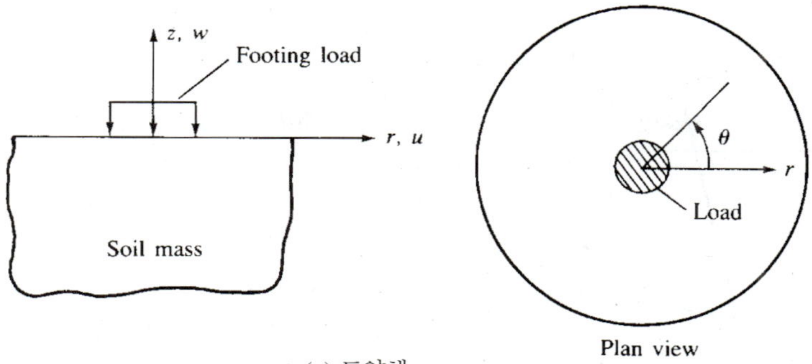

(a) 토양체

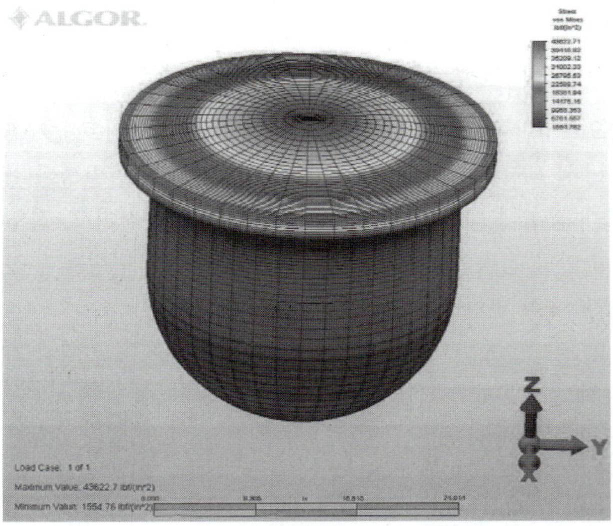

(b) 닫힌 압력 용기

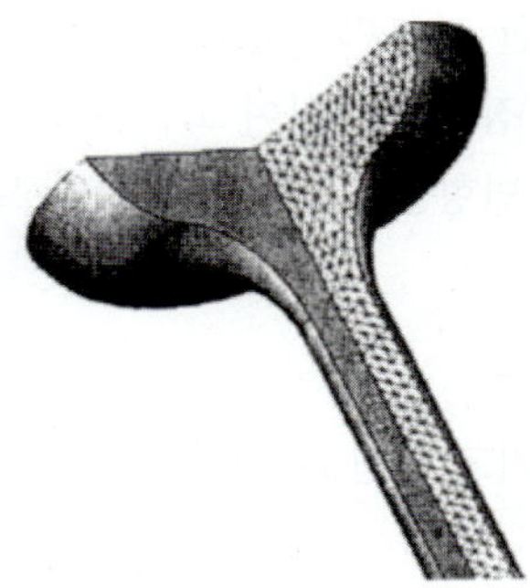

(c) 엔진 밸브

그림 9-2 • 축대칭 문제의 예 (a) 축대칭 요소에 의해 모델링되는 준무한 반공간(semi-infinite half-space), (b) 닫힌 압력 용기(Courtesy of Autodesk, Inc)(첨부된 칼라판 그림을 참조하시오), (c) 엔진 밸브대

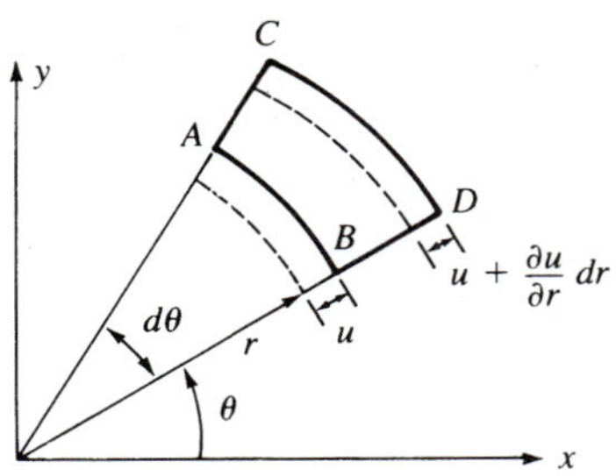

(a)

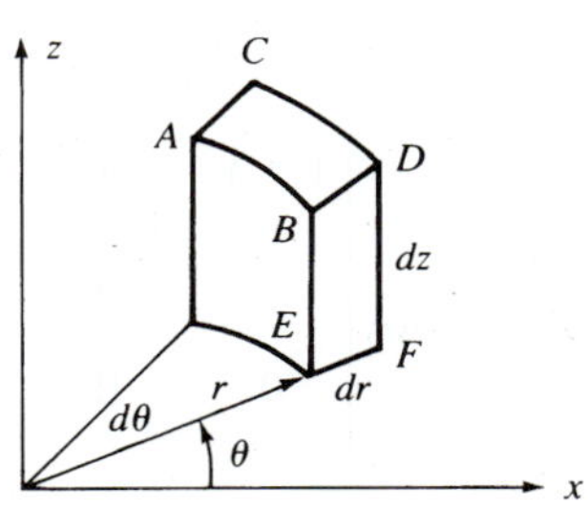

(b)

그림 9-3 • (a) 평면의 단면, (b) 축대칭 요소

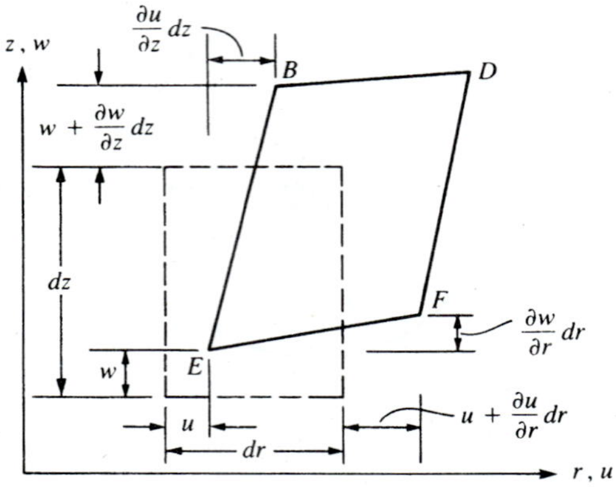

그림 9-4 • 평면 *r-z*에서 요소 선들의 변위와 회전

림 9-4에서 요소는 점 E에서 반경방향으로 u만큼, 축방향으로 w만큼 변형된다. 그리고 선 BE를 따라 $(\partial w / \partial z)\, dz$만큼 추가 변형되고, 선 EF를 따라 $(\partial u / \partial r)\, dr$만큼 추가 변형이 발생된다. 또한 선 EF와 BE를 관찰해 보면 점 F가 점 E에 대하여 위로 $(\partial w / \partial r)\, dr$만큼 움직이고, 점 B가 점 E에 대하여 오른쪽으로 $(\partial u / \partial z)\, dz$만큼 움직인 것을 알 수 있다. 다시, 수직 변형률과 전단 변형률의 기본적인 정의로부터 축방향 수직 변형률을 다음과 같이 얻을 수 있다.

$$\varepsilon_z = \frac{\partial w}{\partial z} \tag{9.1.1c}$$

그리고 평면 r-z에서 전단 변형률은 다음과 같다.

$$\gamma_{rz} = \frac{\partial u}{\partial z} + \frac{\partial w}{\partial r} \tag{9.1.1d}$$

식 (9.1.1a~d)의 변형률-변위 관계를 정리하면 다음과 같다.

$$\varepsilon_r = \frac{\partial u}{\partial r} \qquad \varepsilon_\theta = \frac{u}{r} \qquad \varepsilon_z = \frac{\partial w}{\partial z} \qquad \gamma_{rz} = \frac{\partial u}{\partial z} + \frac{\partial w}{\partial r} \tag{9.1.1e}$$

부록 C에 주어진 일반적인 응력-변형률 관계를 단순화하여 얻은 등방성의 축대칭 응력-변형률 관계는 다음과 같다.

$$\begin{Bmatrix} \sigma_r \\ \sigma_z \\ \sigma_\theta \\ \tau_{rz} \end{Bmatrix} = \frac{E}{(1+\nu)(1-2\nu)} \begin{bmatrix} 1-\nu & \nu & \nu & 0 \\ \nu & 1-\nu & \nu & 0 \\ \nu & \nu & 1-\nu & 0 \\ 0 & 0 & 0 & \frac{1-2\nu}{2} \end{bmatrix} \begin{Bmatrix} \varepsilon_r \\ \varepsilon_z \\ \varepsilon_\theta \\ \gamma_{rz} \end{Bmatrix} \tag{9.1.2}$$

축대칭 유한요소 해석의 이론적인 개발 절차는 다음과 같이 6장에서 주어진 평면응력-변형률 문제의 경우를 따른다.

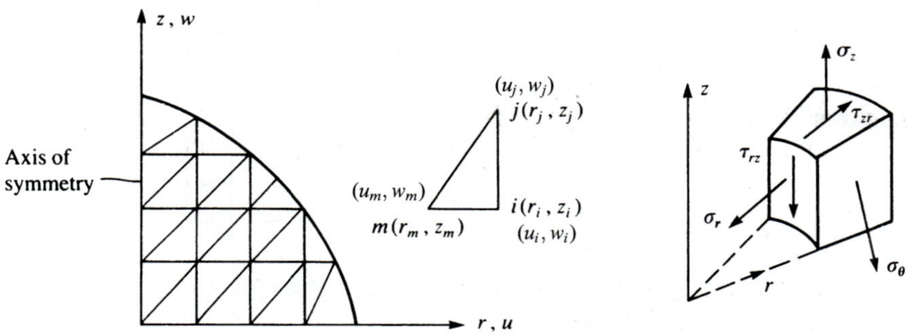

(a) 삼각형 요소로 분할된 축대칭 고체의 전형적 단면 (b) 축대칭 문제에서 응력

그림 9-5 • 축대칭 고체의 격자분할

제1단계 요소 형태의 선정

축대칭 고체가 전형적인 삼각형 요소로 격자분할된 형태가 그림 9-5(a)에 주어져 있다. 요소는 세 개의 절점을 가지며, 각 절점마다 두 개의 자유도를 가진다(일례로 절점 i에서 u_i와 w_i). 축대칭 문제에 있어서의 응력이 그림 9-5(b)에 나타나 있다.

제2단계 변위함수의 선정

요소 변위함수는 다음과 같이 취할 수 있다.

$$\begin{aligned} u(r,z) &= a_1 + a_2 r + a_3 z \\ w(r,z) &= a_4 + a_5 r + a_6 z \end{aligned} \tag{9.1.3}$$

그 결과, 우리는 평면응력, 일정 변형률 삼각형 요소에서 사용했던 것처럼 동일한 선형 변위함수를 가진다. 다시, 변위함수에서 소개한 a_i의 총 개수(6개)는 요소의 자유도의 총 개수와 같다. 절점 변위는 다음과 같다.

$$\{d\} = \begin{Bmatrix} \{d_i\} \\ \{d_j\} \\ \{d_m\} \end{Bmatrix} = \begin{Bmatrix} u_i \\ w_i \\ u_j \\ w_j \\ u_m \\ w_m \end{Bmatrix} \tag{9.1.4}$$

그리고 절점 i에서 변위 u는 다음과 같다.

$$u(r_i, z_i) = u_i = a_1 + a_2 r_i + a_3 z_i \tag{9.1.5}$$

식 (9.1.3)을 이용하면, 일반적인 변위함수는 다음과 같은 행렬 형태로 표현된다.

$$\{\psi\} = \begin{Bmatrix} u \\ w \end{Bmatrix} = \begin{Bmatrix} a_1 + a_2 r + a_3 z \\ a_4 + a_5 r + a_6 z \end{Bmatrix} = \begin{bmatrix} 1 & r & z & 0 & 0 & 0 \\ 0 & 0 & 0 & 1 & r & z \end{bmatrix} \begin{Bmatrix} a_1 \\ a_2 \\ a_3 \\ a_4 \\ a_5 \\ a_6 \end{Bmatrix} \tag{9.1.6}$$

그림 9-5(a)에 보이는 절점의 좌표를 식 (9.1.6)에 대입하면 6.2절에서와 비슷한 방법으로 a_i 값을 구할 수 있다. 결과식은 다음과 같다.

$$\begin{Bmatrix} a_1 \\ a_2 \\ a_3 \end{Bmatrix} = \begin{bmatrix} 1 & r_i & z_i \\ 1 & r_j & z_j \\ 1 & r_m & z_m \end{bmatrix}^{-1} \begin{Bmatrix} u_i \\ u_j \\ u_m \end{Bmatrix} \tag{9.1.7}$$

그리고

$$\begin{Bmatrix} a_4 \\ a_5 \\ a_6 \end{Bmatrix} = \begin{bmatrix} 1 & r_i & z_i \\ 1 & r_j & z_j \\ 1 & r_m & z_m \end{bmatrix}^{-1} \begin{Bmatrix} w_i \\ w_j \\ w_m \end{Bmatrix} \tag{9.1.8}$$

식 (9.1.7)과 (9.1.8)에서 역행렬을 계산하면 다음과 같다.

$$\begin{Bmatrix} a_1 \\ a_2 \\ a_3 \end{Bmatrix} = \frac{1}{2A} \begin{bmatrix} \alpha_i & \alpha_j & \alpha_m \\ \beta_i & \beta_j & \beta_m \\ \gamma_i & \gamma_j & \gamma_m \end{bmatrix} \begin{Bmatrix} u_i \\ u_j \\ u_m \end{Bmatrix} \tag{9.1.9}$$

그리고

$$\begin{Bmatrix} a_4 \\ a_5 \\ a_6 \end{Bmatrix} = \frac{1}{2A} \begin{bmatrix} \alpha_i & \alpha_j & \alpha_m \\ \beta_i & \beta_j & \beta_m \\ \gamma_i & \gamma_j & \gamma_m \end{bmatrix} \begin{Bmatrix} w_i \\ w_j \\ w_m \end{Bmatrix} \tag{9.1.10}$$

여기서

$$\begin{array}{lll} \alpha_i = r_j z_m - z_j r_m & \alpha_j = r_m z_i - z_m r_i & \alpha_m = r_i z_j - z_i r_j \\ \beta_i = z_j - z_m & \beta_j = z_m - z_i & \beta_m = z_i - z_j \\ \gamma_i = r_m - r_j & \gamma_j = r_i - r_m & \gamma_m = r_j - r_i \end{array} \tag{9.1.11}$$

식 (6.2.18)과 유사하게, 형상함수를 정의한다.

$$\begin{aligned} N_i &= \frac{1}{2A}(\alpha_i + \beta_i r + \gamma_i z) \\ N_j &= \frac{1}{2A}(\alpha_j + \beta_j r + \gamma_j z) \\ N_m &= \frac{1}{2A}(\alpha_m + \beta_m r + \gamma_m z) \end{aligned} \tag{9.1.12}$$

식 (9.1.7)과 (9.1.8)을 식 (9.1.6)에 대입하고, 식 (9.1.12)의 형상함수를 이용하여 일반적인 변위함수를 표현하면 다음과 같다.

$$\{\psi\} = \begin{Bmatrix} u(r,z) \\ w(r,z) \end{Bmatrix} = \begin{bmatrix} N_i & 0 & N_j & 0 & N_m & 0 \\ 0 & N_i & 0 & N_j & 0 & N_m \end{bmatrix} \begin{Bmatrix} u_i \\ w_i \\ u_j \\ w_j \\ u_m \\ w_m \end{Bmatrix} \tag{9.1.13}$$

혹은

$$\{\psi\} = [N]\{d\} \tag{9.1.14}$$

제3단계 변형률-변위와 응력-변형률 관계의 정의

식 (9.1.1e)와 (9.1.3)을 사용하면, 변형률은 다음과 같이 된다.

$$\{\varepsilon\} = \begin{Bmatrix} a_2 \\ a_6 \\ \dfrac{a_1}{r} + a_2 + \dfrac{a_3 z}{r} \\ a_3 + a_5 \end{Bmatrix} \tag{9.1.15}$$

식 (9.1.15)를 a_i로 이루어진 열행렬을 이용하여 다시 쓰면 다음과 같다.

$$\begin{Bmatrix} \varepsilon_r \\ \varepsilon_z \\ \varepsilon_\theta \\ \gamma_{rz} \end{Bmatrix} = \begin{bmatrix} 0 & 1 & 0 & 0 & 0 & 0 \\ 0 & 0 & 0 & 0 & 0 & 1 \\ \dfrac{1}{r} & 1 & \dfrac{z}{r} & 0 & 0 & 0 \\ 0 & 0 & 1 & 0 & 1 & 0 \end{bmatrix} \begin{Bmatrix} a_1 \\ a_2 \\ a_3 \\ a_4 \\ a_5 \\ a_6 \end{Bmatrix} \tag{9.1.16}$$

식 (9.1.9)와 (9.1.10)을 식 (9.1.16)에 대입하고, 식 (9.1.16)을 이용하면 다음과 같은 결과를 얻을 수 있다.

$$\{\varepsilon\} = \frac{1}{2A} \begin{bmatrix} \beta_i & 0 & \beta_j & 0 & \beta_m & 0 \\ 0 & \gamma_i & 0 & \gamma_j & 0 & \gamma_m \\ \dfrac{\alpha_i}{r} + \beta_i + \dfrac{\gamma_i z}{r} & 0 & \dfrac{\alpha_j}{r} + \beta_j + \dfrac{\gamma_j z}{r} & 0 & \dfrac{\alpha_m}{r} + \beta_m + \dfrac{\gamma_m z}{r} & 0 \\ \gamma_i & \beta_i & \gamma_j & \beta_j & \gamma_m & \beta_m \end{bmatrix} \begin{Bmatrix} u_i \\ w_i \\ u_j \\ w_j \\ u_m \\ w_m \end{Bmatrix} \tag{9.1.17}$$

혹은 식 (9.1.17)을 간단한 행렬 형태로 다시 쓰면 다음과 같다.

$$\{\varepsilon\} = [[B_i]\,[B_j]\,[B_m]]\begin{Bmatrix} u_i \\ w_i \\ u_j \\ w_j \\ u_m \\ w_m \end{Bmatrix} \tag{9.1.18}$$

여기서

$$[B_i] = \frac{1}{2A}\begin{bmatrix} \beta_i & 0 \\ 0 & \gamma_i \\ \dfrac{\alpha_i}{r} + \beta_i + \dfrac{\gamma_i z}{r} & 0 \\ \gamma_i & \beta_i \end{bmatrix} \tag{9.1.19}$$

마찬가지 방법으로, 식 (9.1.19)에서 첨자 i를 j로, 그다음 m으로 바꾸어 부행렬인 $[B_j]$와 $[B_m]$을 얻을 수 있다. 식 (9.1.18)을 간결한 행렬 형태로 다시 쓰면 다음과 같다.

$$\{\varepsilon\} = [B]\{d\} \tag{9.1.20}$$

여기서

$$[B] = [[B_i]\,[B_j]\,[B_m]] \tag{9.1.21}$$

$[B]$는 형상함수 구배행렬이라 칭한다.

$[B]$는 r과 z좌표의 함수임을 주목하라. 따라서 일반적으로 변형률 ε_θ는 상수가 아니다.

응력은 다음 식에 의해 주어진다.

$$\{\sigma\} = [D][B]\{d\} \tag{9.1.22}$$

여기서 $[D]$는 식 (9.1.2)의 우변의 첫 번째 행렬에 의해 주어진다(6장에서 언급한 것처럼 $\nu = 0.5$에 대해서는 특별한 공식이 사용되어야 한다. 참고문헌 [9] 참조).

제4단계 요소의 강성행렬과 방정식의 유도

일반적으로 강성행렬은 다음과 같으며,

$$[k] = \iiint_V [B]^T[D][B]\,dV \tag{9.1.23}$$

원주방향의 경계를 따라 적분한 후에는 다음과 같다.

$$[k] = 2\pi\iint_A [B]^T[D][B]r\,dr\,dz \tag{9.1.24}$$

식 (9.1.21)의 행렬 $[B]$는 r과 z의 함수이다. 따라서 $[k]$는 r과 z의 함수이고, 차수는 6×6이다.

다음 세 가지 방법 중 하나로 식 (9.1.24)의 $[k]$에 대해 계산할 수 있다.

1. 10장에서 소개되는 수치적분법[가우스(Gauss) 절점적분법]
2. 직접적인 해석적인 곱셈과 항목별로 적분[1]
3. 요소의 도심점 $(\bar{r}, \bar{z})$에 대하여 $[B]$를 계산

$$r = \bar{r} = \frac{r_i + r_j + r_m}{3} \qquad z = \bar{z} = \frac{z_i + z_j + z_m}{3} \tag{9.1.25}$$

그리고 $[B(\bar{r}, \bar{z})] = [\bar{B}]$로 정의하자. 따라서 첫 번째 근사값은

$$[k] = 2\pi \bar{r} A [\bar{B}]^T [D][\bar{B}] \tag{9.1.26}$$

만약 삼각형으로 세분한 것이 최종 응력 분포에 적절하다면(즉, 응력구배가 높은 곳에서 요소가 작다면), 세 번째 방법에 의해서도 좋은 결과를 얻을 수 있다.

분포되어 있는 체적력

중력과 같은 하중(z축 방향으로) 혹은 회전하는 기계 부품에서의 원심력(r축 방향으로)과 같은 하중은 체적력으로 고려된다(그림 9-6 참조). 체적력은 다음 식에 의해 구할 수 있다.

$$\{f_b\} = 2\pi \iint_A [N]^T \begin{Bmatrix} R_b \\ Z_b \end{Bmatrix} r\, dr\, dz \tag{9.1.27}$$

여기서 z축에 대하여 일정한 각속도 ω로 움직이는 기계 부품에 대해 $R_b = \omega^2 \rho r$이다. 여기서 ρ는 재료의 질량 밀도이고, r은 반경방향 좌표이다. 그리고 Z_b는 중력에 기인하는 단위체적당 체적력이다.

절점 i에서 체적력을 고려하면 다음 식을 얻는다.

$$\{f_{bi}\} = 2\pi \iint_A [N_i]^T \begin{Bmatrix} R_b \\ Z_b \end{Bmatrix} r\, dr\, dz \tag{9.1.28}$$

여기서

$$[N_i]^T = \begin{bmatrix} N_i & 0 \\ 0 & N_i \end{bmatrix} \tag{9.1.29}$$

식 (9.1.28)에서 적분을 실행하면 다음과 같다.

$$\{f_{bi}\} = \frac{2\pi}{3} \begin{Bmatrix} \bar{R}_b \\ Z_b \end{Bmatrix} A\bar{r} \tag{9.1.30}$$

여기서 좌표의 원점은 요소의 도심으로 취한다. 그리고 $\bar{R}_b$는 요소의 도심에서 계산된 단위체적당 반경방향의 체적력이다. 절점 j와 m의 체적력도 절점 i에 대해 식 (9.1.30)에서 주어진 것

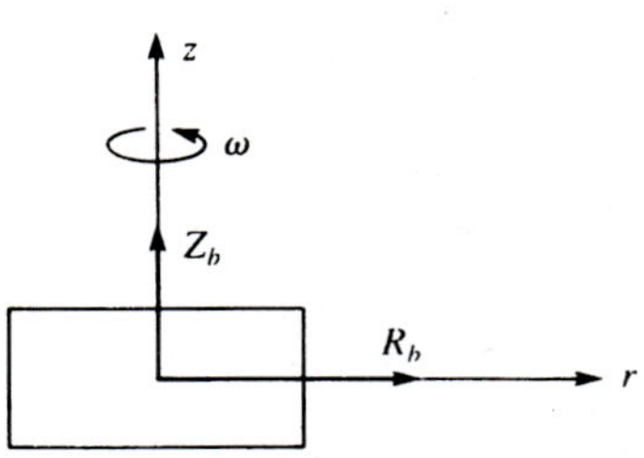

그림 9-6 • 단위체적당 체적력을 받는 축대칭 요소

과 동일하다. 따라서 요소에 대해 다음 식을 얻는다.

$$\{f_b\} = \frac{2\pi\bar{r}A}{3}\begin{Bmatrix}\bar{R}_b \\ Z_b \\ \bar{R}_b \\ Z_b \\ \bar{R}_b \\ Z_b\end{Bmatrix} \tag{9.1.31}$$

여기서

$$\bar{R}_b = \omega^2\rho\bar{r} \tag{9.1.32}$$

식 (9.1.31)에서 축방향 체적력과 달리 반경방향 체적력은 근사치이다.

표면력

표면력은 다음 식에 의해 구할 수 있다.

$$\{f_s\} = \iint_S [N_s]^T\{T\}\,dS \tag{9.1.33}$$

여기서 $[N_s]$는 표면력이 작용하는 표면에서의 형상함수 행렬이다.

반경방향 압력 p_r과 축방향 압력 p_z에 대하여 다음 식을 얻는다.

$$\{f_s\} = \iint_S [N_S]^T\begin{Bmatrix}p_r \\ p_z\end{Bmatrix}dS \tag{9.1.34}$$

예를 들어, 그림 9-7에 보이는 것처럼 요소의 수직면 jm, 즉 면 $r = r_j$을 따라 균일한 하중 p_r과 p_z가 작용한다고 하자. 우리는 각 절점에 대하여 식 (9.1.34)를 사용할 수 있다. 예를 들어, 절점 j에 대하여 N_j를 식 (9.1.12)로부터 식 (9.1.34)에 대입하면 다음을 얻는다.

$$\{f_{sj}\} = \int_{z_j}^{z_m}\frac{1}{2A}\begin{bmatrix}\alpha_j + \beta_j r + \gamma_j z & 0 \\ 0 & \alpha_j + \beta_j r + \gamma_j z\end{bmatrix}\begin{Bmatrix}p_r \\ p_z\end{Bmatrix}2\pi r_j\,dz \tag{9.1.35}$$

식 (9.1.35)를 해석적으로 적분을 수행하고, f_{si}와 f_{sm}에 대해 동일하게 계산하면 각 절점 i, j, m에서의 전체 표면력의 분포를 다음과 같이 얻을 수 있다.

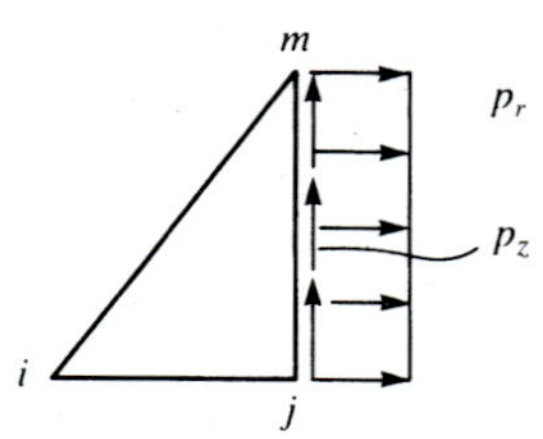

그림 9-7 • 표면력을 받는 축대칭 요소

$$\{f_s\} = \frac{2\pi r_j(z_m - z_j)}{2}\begin{Bmatrix} 0 \\ 0 \\ p_r \\ p_z \\ p_r \\ p_z \end{Bmatrix} \tag{9.1.36}$$

제5~7단계

제5~7단계에서는 전체 강성행렬, 전체 하중행렬, 그리고 방정식들의 조합을 포함한다. 절점의 자유도에 대해 푼다. 그리고 요소의 응력을 계산한다. 이러한 순서는 CST 요소에 대한 6장의 내용과 비슷하다. 축대칭 요소 내에서는 응력이 일정하지 않고, 이들은 LST 요소 응력을 결정하는 데 사용되는 두 가지 방법 중 하나에 의해 대개 결정된다. 도심에서 요소 응력을 결정하든지, 요소에 대해 절점의 응력을 계산하고 그 값들을 평균한다. 후자의 방법은 몇몇 경우 더 정확한 값을 보여준다[2].

예제 9.1

그림 9-8에 보이듯이 일정한 각속도 $\omega = 100$ rev/min으로 회전하고 있는 축대칭 물체의 요소에 대하여 근사한 체적력 행렬을 계산하라. 재료의 무게도 포함하라. 여기서 무게 밀도 ρ_ω는 0.283 lb/in^{3}이다. 요소의 좌표(inch 단위)는 그림에 표시되어 있다.

근사한 체적력 행렬을 얻기 위해 식 (9.1.31)을 계산할 필요가 있다. 따라서 요소 도심에서 단위체적당 체적력은

$$Z_b = 0.283 \text{ lb/in}^3$$

이고, 식 (9.1.32)에 의해 다음을 얻는다.

$$\bar{R}_b = \omega^2 \rho \bar{r} = \left[\left(100\frac{\text{rev}}{\text{min}}\right)\left(2\pi\frac{\text{rad}}{\text{rev}}\right)\left(\frac{1\text{ min}}{60\text{ s}}\right)\right]^2 \frac{(0.283 \text{ lb/in}^3)}{(32.2 \times 12) \text{ in./s}^2}(2.333 \text{ in.})$$

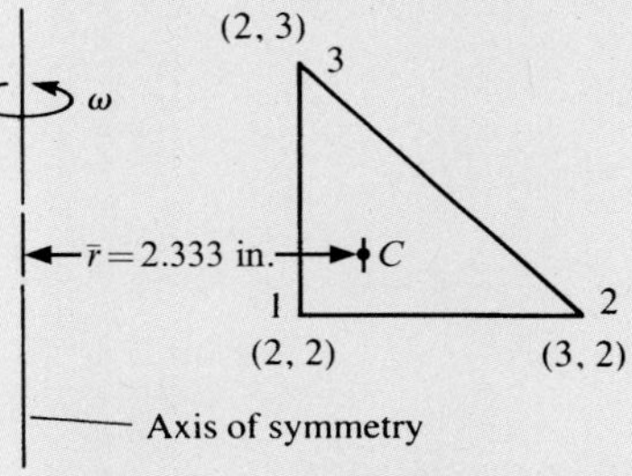

그림 9-8 • 각속도로 회전하는 축대칭 요소

$$\bar{R}_b = 0.187 \text{ lb/in}^3$$
$$\frac{2\pi\bar{r}A}{3} = \frac{2\pi(2.333)(0.5)}{3} = 2.44 \text{ in}^3$$
$$f_{b1r} = (2.44)(0.187) = 0.457 \text{ lb}$$
$$f_{b1z} = -(2.44)(0.283) = -0.691 \text{ lb} \qquad \text{(아래방향)}$$

식 (9.1.31)에서 첫 번째 근사해를 사용하기 때문에, r방향에서 절점 체적력은 모두 같다. 그리고 z방향 체적력도 모두 같다. 따라서

$$f_{b2r} = 0.457 \text{ lb} \quad f_{b2z} = -0.691 \text{ lb}$$
$$f_{b3r} = 0.457 \text{ lb} \quad f_{b3z} = -0.691 \text{ lb}$$

이다.

9.2 | 축대칭 압력 용기의 해

9.1절에서 개발된 식의 사용 예를 보여주기 위해 축대칭 응력 문제를 풀 것이다.

예제 9.2

그림 9-9에서 내압 $p = 1$ psi를 받는 길고 두꺼운 벽을 가진 실린더에 발생되는 변위와 응력을 구하라.

격자분할

실린더에 대한 유한요소 해를 구하기 위해 그림 9-10에 보이는 것처럼 실린더를 네 개의 삼각형 요소로 격자분할한다. 격자분할된 평면의 얇은 조각은 실린더의 모든 거동을 나타낸다. 우리는 해석적인 해를 얻고자 하기 때문에 단순성을 위해(그러나 방법의 일반성에서의 손실은 없이) 요소의 수가 작은 격자가 사용된다. 전체 지배 행렬방정식은 다음과 같다.

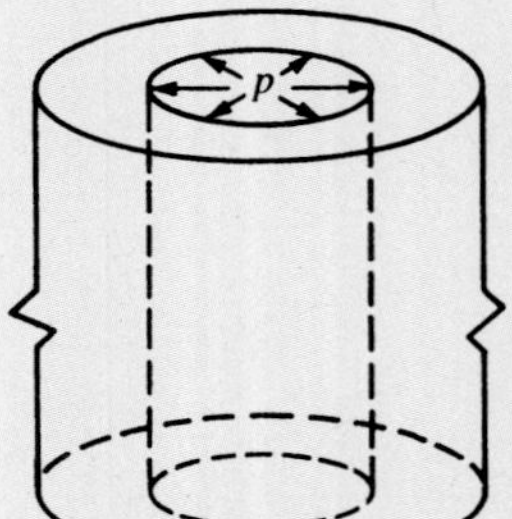

그림 9-9 • 내압을 받는 두꺼운 벽의 실린더

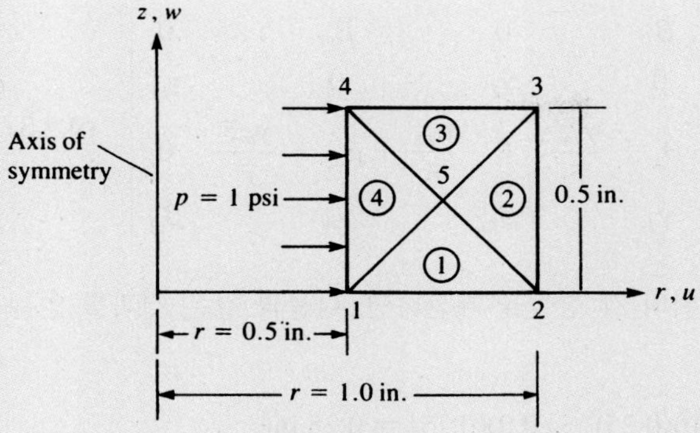

그림 9-10 • 격자분할된 실린더 조각

$$\begin{Bmatrix} F_{1r} \\ F_{1z} \\ F_{2r} \\ F_{2z} \\ F_{3r} \\ F_{3z} \\ F_{4r} \\ F_{4z} \\ F_{5r} \\ F_{5z} \end{Bmatrix} = [K] \begin{Bmatrix} u_1 \\ w_1 \\ u_2 \\ w_2 \\ u_3 \\ w_3 \\ u_4 \\ w_4 \\ u_5 \\ w_5 \end{Bmatrix} \tag{9.2.1}$$

여기서 행렬 $[K]$의 차수는 10×10이다.

강성행렬의 조합

각 요소의 강성행렬을 중첩하는 일반적인 방법으로 행렬 $[K]$를 조합한다. 단순성을 위해 식 (9.1.26)에 주어진 첫 번째 근사해 방법을 사용하여 요소행렬을 계산할 것이다. 따라서

$$[k] = 2\pi\bar{r}A[\bar{B}]^T[D][\bar{B}] \tag{9.2.2}$$

가 된다. 요소 1에 대해(그림 9-11), 그림 9-10에 주어진 전체좌표계에 대한 좌푯값은 $r_i = 0.5$, $z_i = 0$, $r_j = 1.0$, $z_j = 0$, $r_m = 0.75$, $z_m = 0.25$(요소 1에 대해 $i = 1, j = 2, m = 5$)이다.

$[\bar{B}]$를 계산하고자 한다. $[\bar{B}]$는 요소의 도심인 $r = \bar{r}$, $z = \bar{z}$에서 식 (9.1.19)를 계산하여 얻으며, 다음 식과 같이 확장된다.

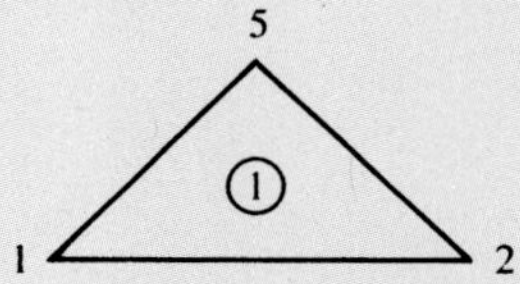

그림 9-11 • 격자분할된 실린더의 요소 1

$$[\bar{B}] = \frac{1}{2A}\begin{bmatrix} \beta_i & 0 & \beta_j & 0 & \beta_m & 0 \\ 0 & \gamma_i & 0 & \gamma_j & 0 & \gamma_m \\ \dfrac{\alpha_i}{\bar{r}} + \beta_i + \dfrac{\gamma_i \bar{z}}{\bar{r}} & 0 & \dfrac{\alpha_j}{\bar{r}} + \beta_j + \dfrac{\gamma_j \bar{z}}{\bar{r}} & 0 & \dfrac{\alpha_m}{\bar{r}} + \beta_m + \dfrac{\gamma_m \bar{z}}{\bar{r}} & 0 \\ \gamma_i & \beta_i & \gamma_j & \beta_j & \gamma_m & \beta_m \end{bmatrix} \tag{9.2.3}$$

요소의 좌푯값과 식 (9.1.11)을 이용하여 위의 각 항들을 계산하면, 다음과 같은 결과를 얻는다.

$$\begin{aligned} \alpha_i &= r_j z_m - z_j r_m = (1.0)(0.25) - (0.0)(0.75) = 0.25 \text{ in}^2 \\ \alpha_j &= r_m z_i - z_m r_i = (0.75)(0) - (0.25)(0.5) = -0.125 \text{ in}^2 \\ \alpha_m &= r_i z_j - z_i r_j = (0.5)(0.0) - (0)(1.0) = 0.0 \text{ in}^2 \\ \beta_i &= z_j - z_m = 0.0 - 0.25 = -0.25 \text{ in.} \\ \beta_j &= z_m - z_i = 0.25 - 0 = 0.25 \text{ in.} \\ \beta_m &= z_i - z_j = 0.0 - 0.0 = 0.0 \text{ in.} \\ \gamma_i &= r_m - r_j = 0.75 - 1.0 = -0.25 \text{ in.} \\ \gamma_j &= r_i - r_m = 0.5 - 0.75 = -0.25 \text{ in.} \\ \gamma_m &= r_j - r_i = 1.0 - 0.5 = 0.5 \text{ in.} \end{aligned} \tag{9.2.4}$$

그리고 $\bar{r} = 0.5 + \dfrac{1}{2}(0.5) = 0.75 \text{ in.}$ $\qquad \bar{z} = \dfrac{1}{3}(0.25) = 0.0833 \text{ in.}$

$$A = \frac{1}{2}(0.5)(0.25) = 0.0625 \text{ in}^2$$

식 (9.2.4)의 결과를 식 (9.2.3)에 대입하면 다음과 같다.

$$[\bar{B}] = \frac{1}{0.125}\begin{bmatrix} -0.25 & 0 & 0.25 & 0 & 0 & 0 \\ 0 & -0.25 & 0 & -0.25 & 0 & 0.5 \\ 0.0556 & 0 & 0.0556 & 0 & 0.0556 & 0 \\ -0.25 & -0.25 & -0.25 & 0.25 & 0.5 & 0 \end{bmatrix} \frac{1}{\text{in.}} \tag{9.2.5}$$

축대칭 응력 문제인 경우 행렬 $[D]$는 식 (9.1.2)에서 주어진다.

$$[D] = \frac{E}{(1+\nu)(1-2\nu)}\begin{bmatrix} 1-\nu & \nu & \nu & 0 \\ \nu & 1-\nu & \nu & 0 \\ \nu & \nu & 1-\nu & 0 \\ 0 & 0 & 0 & \dfrac{1-2\nu}{2} \end{bmatrix} \tag{9.2.6}$$

$\nu = 0.3$, $E = 30 \times 10^6$ psi를 대입하면 다음을 얻는다.

$$[D] = \frac{30(10^6)}{(1+0.3)[1-2(0.3)]}\begin{bmatrix} 1-0.3 & 0.3 & 0.3 & 0 \\ 0.3 & 1-0.3 & 0.3 & 0 \\ 0.3 & 0.3 & 1-0.3 & 0 \\ 0 & 0 & 0 & \dfrac{1-2(0.3)}{2} \end{bmatrix} \quad (9.2.7)$$

식 (9.2.7)을 단순화시키면 다음과 같다.

$$[D] = 57.7(10^6)\begin{bmatrix} 0.7 & 0.3 & 0.3 & 0 \\ 0.3 & 0.7 & 0.3 & 0 \\ 0.3 & 0.3 & 0.7 & 0 \\ 0 & 0 & 0 & 0.2 \end{bmatrix} \text{psi} \quad (9.2.8)$$

식 (9.2.5)와 (9.2.8)을 사용하면 다음을 얻을 수 있다.

$$[\bar{B}]^T[D] = \frac{57.7(10^6)}{0.125}\begin{bmatrix} -0.158 & -0.0583 & -0.0361 & -0.05 \\ -0.075 & -0.175 & -0.075 & -0.05 \\ 0.192 & 0.0917 & 0.114 & -0.05 \\ -0.075 & -0.175 & -0.075 & 0.05 \\ 0.0167 & 0.0166 & 0.0388 & 0.1 \\ 0.15 & 0.35 & 0.15 & 0 \end{bmatrix} \quad (9.2.9)$$

식 (9.2.5)와 (9.2.9)를 식 (9.2.2)에 대입하면, 요소 1에 대해 다음과 같은 강성행렬을 얻을 수 있다.

$$\begin{matrix} \quad\quad i=1 \quad\quad\quad\quad j=2 \quad\quad\quad\quad m=5 \end{matrix}$$

$$[k^{(1)}] = (10^6)\begin{bmatrix} 54.46 & 29.45 & -31.63 & 2.26 & -29.37 & -31.71 \\ 29.45 & 61.17 & -11.33 & 33.98 & -31.72 & -95.15 \\ -31.63 & -11.33 & 72.59 & -38.52 & -20.31 & 49.84 \\ 2.26 & 33.98 & -38.52 & 61.17 & 22.66 & -95.15 \\ -29.37 & -31.72 & -20.31 & 22.66 & 56.72 & 9.06 \\ -31.71 & -95.15 & 49.84 & -95.15 & 9.06 & 190.31 \end{bmatrix} \frac{\text{lb}}{\text{in.}} \quad (9.2.10)$$

요소 1 강성행렬에서 열 위쪽에 쓰인 숫자 1, 2, 5는 전체 자유도의 절점 번호를 나타낸다.

요소 2에 대해(그림 9-12), 좌표는 $r_i = 1.0$, $z_i = 0.0$, $r_j = 1.0$, $z_j = 0.5$, $r_m = 0.75$, $z_m = 0.25$(요소 2에 대해 $i = 2$, $j = 3$, $m = 5$)이다. 따라서 다음과 같은 결과를 얻는다.

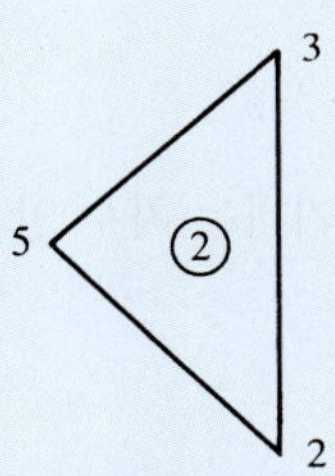

그림 9-12 • 격자분할된 실린더의 요소 2

$$\begin{aligned}\alpha_i &= (1.0)(0.25) - (0.5)(0.75) = -0.125 \text{ in}^2\\ \alpha_j &= (0.75)(0.0) - (0.25)(1.0) = -0.25 \text{ in}^2\\ \alpha_m &= (1.0)(0.5) - (0.0)(1.0) = 0.5 \text{ in}^2\end{aligned} \tag{9.2.11}$$

$$\begin{aligned}\beta_i &= 0.5 - 0.25 = 0.25 \text{ in.} \quad & \beta_j &= 0.25 - 0.0 = 0.25 \text{ in.}\\ \beta_m &= 0.0 - 0.5 = -0.5 \text{ in.} \quad & \gamma_i &= 0.75 - 1.0 = -0.25 \text{ in.}\\ \gamma_j &= 1.0 - 0.75 = 0.25 \text{ in.} \quad & \gamma_m &= 1.0 - 1.0 = 0.0 \text{ in.}\end{aligned}$$

그리고 $\bar{r} = 0.9167 \text{ in.} \qquad \bar{z} = 0.25 \text{ in.} \qquad A = 0.0625 \text{ in}^2$

식 (9.2.11)을 식 (9.2.2)에 넣어 요소 1과 같이 계산하면 요소 2에 대한 강성행렬을 얻는다.

$$[k^{(2)}] = (10^6)\overset{\quad i=2 \qquad\qquad\qquad j=3 \qquad\qquad\qquad m=5}{\begin{bmatrix} 85.75 & -46.07 & 52.52 & 12.84 & -118.92 & 33.23\\ -46.07 & 74.77 & -12.84 & -41.54 & 45.32 & -33.23\\ 52.52 & -12.84 & 85.74 & 46.07 & -118.92 & -33.23\\ 12.84 & -41.54 & 46.07 & 74.77 & -45.32 & -33.23\\ -118.92 & 45.32 & -118.92 & -45.32 & 216.41 & 0\\ 33.23 & -33.23 & -33.23 & -33.23 & 0 & 66.46\end{bmatrix}} \frac{\text{lb}}{\text{in.}} \tag{9.2.12}$$

우리는 요소 1과 2에 대해 강성행렬을 구할 때 사용했던 것과 같은 방법으로 요소 3과 4에 대한 강성행렬을 얻을 수 있다.

$$[k^{(3)}] = (10^6)\overset{\quad i=3 \qquad\qquad\qquad j=4 \qquad\qquad\qquad m=5}{\begin{bmatrix} 72.58 & 38.52 & -31.63 & 11.33 & -20.31 & -49.84\\ 38.52 & 61.17 & -2.26 & 33.98 & -22.66 & -95.15\\ -31.63 & -2.26 & 54.46 & -29.45 & -29.37 & 31.72\\ 11.33 & 33.98 & -29.45 & 61.17 & 31.72 & -95.15\\ -20.31 & -22.66 & -29.37 & 31.72 & 56.72 & -9.06\\ -49.84 & -95.15 & 31.72 & -95.15 & -9.06 & 190.31\end{bmatrix}} \frac{\text{lb}}{\text{in.}} \tag{9.2.13}$$

그리고

$$[k^{(4)}] = (10^6)\overset{\quad i=4 \qquad\qquad\qquad j=1 \qquad\qquad\qquad m=5}{\begin{bmatrix} 41.53 & -21.90 & 20.39 & 0.75 & -66.45 & 21.14\\ -21.90 & 47.57 & -0.75 & -26.43 & 36.24 & -21.14\\ 20.39 & -0.75 & 41.53 & 21.90 & -66.45 & -21.14\\ 0.75 & -26.43 & 21.90 & 47.57 & -36.24 & -21.14\\ -66.45 & 36.24 & -66.45 & -36.24 & 169.14 & 0\\ 21.14 & -21.14 & -21.14 & -21.14 & 0 & 42.28\end{bmatrix}} \frac{\text{lb}}{\text{in.}} \tag{9.2.14}$$

식 (9.2.10), (9.2.12)~(9.2.14)의 요소 강성행렬을 중첩할 때, 절점 자유도의 증가하는 차수 안에서 각 강성행렬의 요소를 재배열하여 다음과 같은 전체 강성행렬을 얻는다.

$$[K] = (10^6)\begin{bmatrix} 95.99 & 51.33 & -31.63 & 2.26 & 0 & 0 & 20.39 & -0.75 & -95.82 & -52.86 \\ 51.35 & 108.74 & -11.33 & 33.98 & 0 & 0 & 0.75 & -26.43 & -67.96 & -116.3 \\ -31.63 & -11.33 & 158.34 & -84.59 & 52.52 & 12.84 & 0 & 0 & -139.2 & 83.07 \\ 2.26 & 33.98 & -84.59 & 135.94 & -12.84 & -41.54 & 0 & 0 & 67.98 & -128.4 \\ 0 & 0 & 52.52 & -12.84 & 158.33 & 84.59 & -31.63 & 11.33 & -139.2 & -83.07 \\ 0 & 0 & 12.84 & -41.54 & 84.59 & 135.94 & -2.26 & 33.98 & -67.98 & -128.4 \\ 20.39 & 0.75 & 0 & 0 & -31.63 & -2.26 & 95.99 & -51.35 & -95.82 & 52.86 \\ -0.75 & -26.43 & 0 & 0 & 11.33 & 33.98 & -51.35 & 108.74 & 67.96 & -116.3 \\ -95.82 & -67.96 & -139.2 & 67.98 & -139.2 & -67.98 & -95.82 & 67.96 & 498.99 & 0 \\ -52.86 & -116.3 & 83.07 & -128.4 & -83.07 & -128.4 & 52.86 & -116.3 & 0 & 489.36 \end{bmatrix}\frac{\text{lb}}{\text{in.}} \tag{9.2.15}$$

절점에 작용하는 하중은 식 (9.1.36)에 의해 주어진다.

$$F_{1r} = F_{4r} = \frac{2\pi(0.5)(0.5)}{2}(1) = 0.785\ \text{lb} \tag{9.2.16}$$

다른 모든 절점에 작용하는 하중은 0이다. $[K]$에 대한 식 (9.2.15)와 절점력에 대한 식 (9.2.16)을 식 (9.2.1)에 대입하면, 다음과 같이 절점의 변위를 구할 수 있다.

$$\begin{aligned} u_1 &= 0.0322 \times 10^{-6}\ \text{in.} & w_1 &= 0.00115 \times 10^{-6}\ \text{in.} \\ u_2 &= 0.0219 \times 10^{-6}\ \text{in.} & w_2 &= 0.00206 \times 10^{-6}\ \text{in.} \\ u_3 &= 0.0219 \times 10^{-6}\ \text{in.} & w_3 &= -0.00206 \times 10^{-6}\ \text{in.} \\ u_4 &= 0.0322 \times 10^{-6}\ \text{in.} & w_4 &= -0.00115 \times 10^{-6}\ \text{in.} \\ u_5 &= 0.0244 \times 10^{-6}\ \text{in.} & w_5 &= 0 \end{aligned} \tag{9.2.17}$$

반경방향 변위는 안쪽 변에서 일정하고($u_1 = u_4$) 바깥쪽 변에서도 일정하므로($u_2 = u_3$) 위의 절점 변위들은 예상했던 것과 같다. 더군다나 포아송(Poisson) 효과와 대칭성으로부터 내측의 절점들과 외측의 절점들에서 축방향 변위는 크기가 같고 방향이 반대이다. 즉, $w_1 = -w_4$ 그리고 $w_2 = -w_3$이다. 결론적으로, 대칭성으로부터 중앙점의 축방향 변위는 0이 된다($w_5 = 0$).

이제 식 (9.1.22)를 사용하여 각 요소 내에서의 응력을 계산한다.

$$\{\sigma\} = [D][\bar{B}]\{d\} \tag{9.2.18}$$

요소 1에 대해, $[\bar{B}]$에 대한 식 (9.2.5)와 $[D]$에 대한 식 (9.2.8)과 $\{d\}$에 대한 식 (9.2.17)을 식 (9.2.18)에 대입하여 다음 값을 얻을 수 있다.

$$\begin{aligned} \sigma_r &= -0.338\ \text{psi} & \sigma_z &= -0.0126\ \text{psi} \\ \sigma_\theta &= 0.942\ \text{psi} & \tau_{rz} &= -0.1037\ \text{psi} \end{aligned}$$

마찬가지로 요소 2에 대해서도 구할 수 있다.

$$\begin{aligned} \sigma_r &= -0.105\ \text{psi} & \sigma_z &= -0.0747\ \text{psi} \\ \sigma_\theta &= 0.690\ \text{psi} & \tau_{rz} &= 0.000\ \text{psi} \end{aligned}$$

요소 3에 대한 응력은 다음과 같고,

$$\sigma_r = -0.337 \text{ psi} \quad \sigma_z = -0.0125 \text{ psi}$$
$$\sigma_\theta = 0.942 \text{ psi} \quad \tau_{rz} = 0.1037 \text{ psi}$$

요소 4에 대한 응력은 다음과 같다.

$$\sigma_r = -0.470 \text{ psi} \quad \sigma_z = 0.1493 \text{ psi}$$
$$\sigma_\theta = 1.426 \text{ psi} \quad \tau_{rz} = 0.000 \text{ psi}$$

그림 9-13에 여기서 계산된 결과와 참고문헌 [5]의 결과와 정확한 해[10]가 나타나 있다. 참고문헌 [5]의 경우 1과 본 예제에서 사용된 거친 격자에 기인하는 유한한 결과를 제외하고는 정확한 해와 아주 잘 일치함을 살펴보라. 참고문헌 [5]에서 응력은 사변형의 중심에서 도시하였고, 연결되어 있는 네 개 삼각형의 응력을 평균하여 구한다.

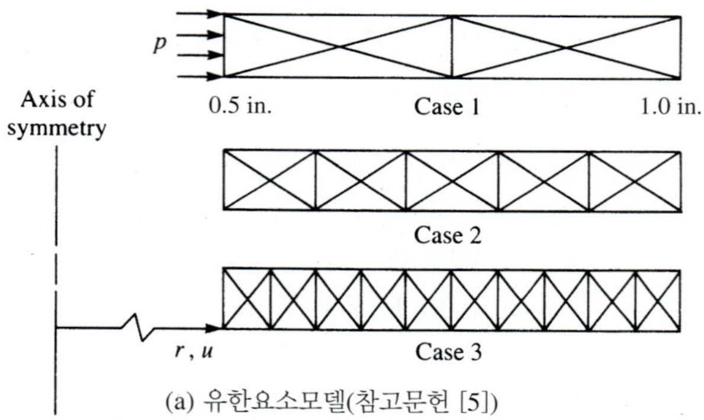

(a) 유한요소모델(참고문헌 [5])

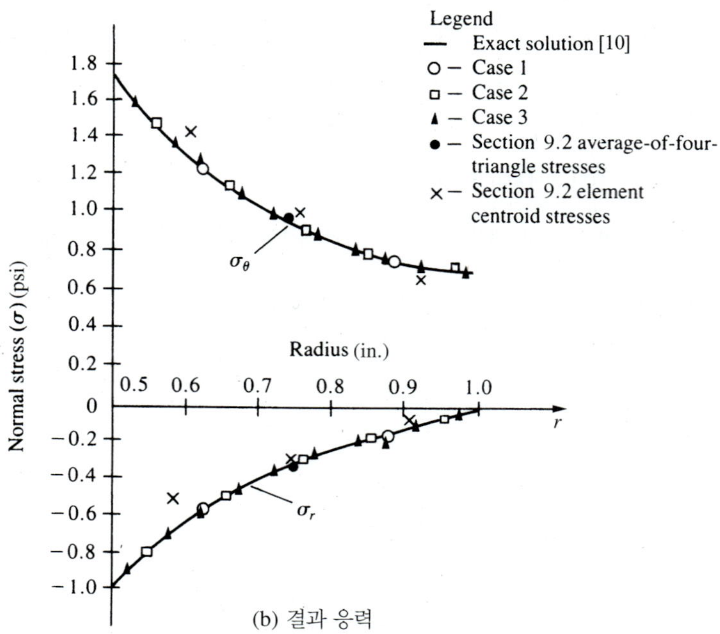

(b) 결과 응력

그림 9-13 • 내압을 받는 두꺼운 벽의 실린더의 유한요소 해석

9.3 | 축대칭 요소의 적용

수많은 구조물(그리고 비구조물)이 축대칭으로 분류될 수 있다. 이 장에서 유도된 축대칭 요소를 사용하여 정확하게 모델링된 몇 가지 전형적인 구조물이 그림 9-14, 9-15, 9-17에 나타나 있다.

그림 9-14는 강으로 보강된 콘크리트 압력 용기의 유한요소모델을 나타낸다. 용기는 평평한 헤드와 두꺼운 벽을 가진 실린더이다. 축대칭(z축)이므로 구조물의 중앙을 통과하는 평면 r-z의 절반만 모델링하는 것이 필요하다. 콘크리트는 이 장에서 개발된 축대칭 삼각형 요소를 사용하여 모델링된다. 강 요소는 콘크리트와 강 사이의 연속성을 유지하기(혹은 완전한 접착이라는 가정) 위해 콘크리트 요소의 경계면을 따라 놓인다. 용기는 그림에 보이는 것처럼 내부

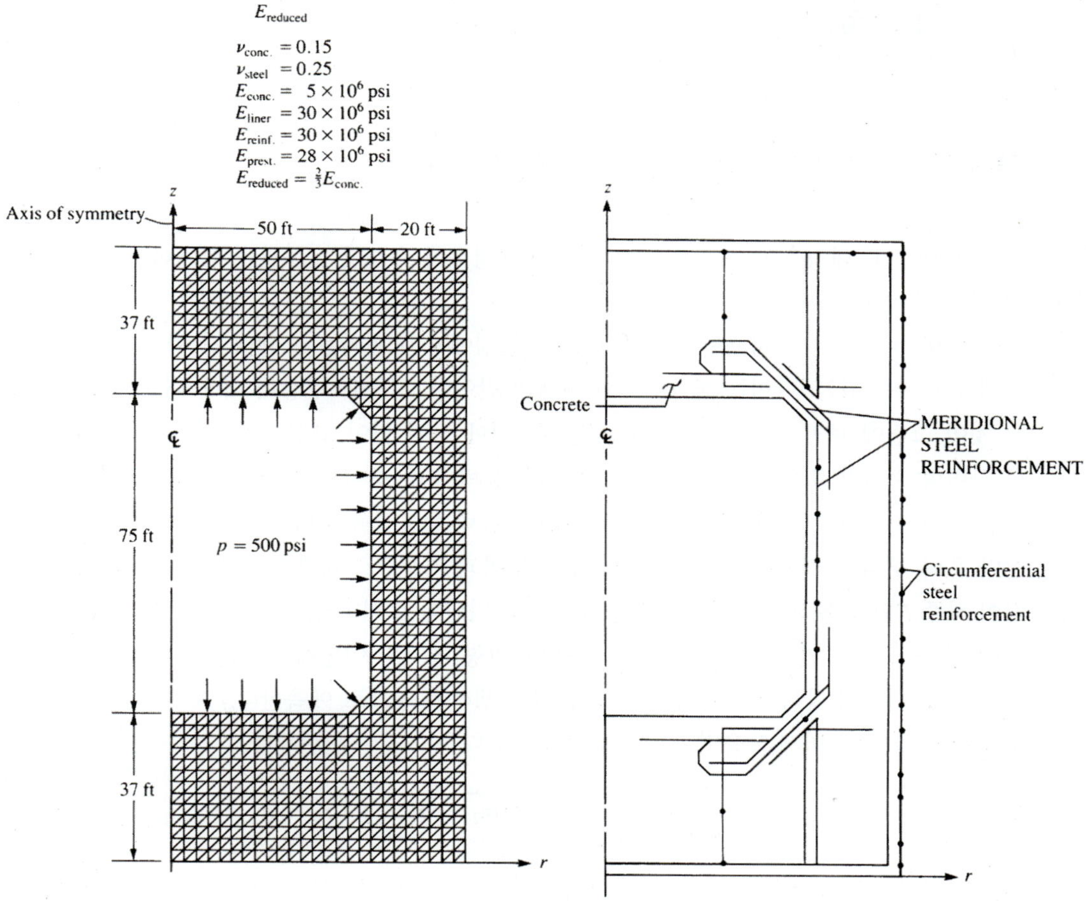

(a) 반응로의 철근 콘크리트에 대한 유한요소 이상화 모델의 2차원 형상

(b) 철로 보강재의 축대칭 이상화

그림 9-14 • 철근 콘크리트 압력 용기의 모델(*Nuclear Engineering and Design* Volume 3, Issue 1, Rashid, Yosef R., *Analysis of Axisymmetric Composite Structures by the Finite Element Method*, Pages No. 163-182, Copyright 1966, Elsevier의 승인을 얻어 발췌)

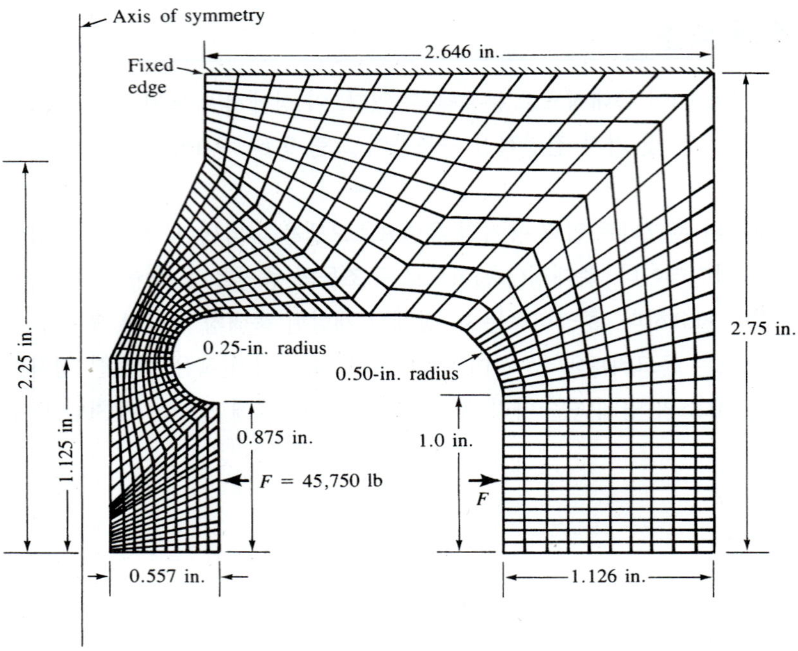

그림 9-15 • 고강도 강 다이의 모델(924개의 절점과 830개의 요소)

압력을 받는다. 대칭축을 따라 있는 절점들은 대칭축에 수직한 운동만을 방지하기 위해 롤러에 의해 지지되어야만 한다.

그림 9-15는 얇은 플라스틱 필름을 만드는 공정에서 사용되는 고강도 강 다이의 유한요소 모델을 보여준다[7]. 다이는 불규칙적인 형태의 판이다. 하중과 형상에 대해 대칭축이 존재하는 것이 그림에 보인다. 다이의 윗면은 견고한 판에 붙어 있어 고정지지가 된다. 다이는 단순한 사변형 축대칭 요소를 사용하여 모델링된다. 응력이 큰 곳이 주 관심대상이다. 그림 9-16은 그림 9-15의 다이에 대한 폰 미제스(von Mises) 응력 등고선을 나타낸다. 폰 미제스 응력(또는 상단 응력, 유효 응력[8])은 종종 설계에 있어서 파괴 기준으로 사용된다. 7.1절에 설명된 바와 같이 하중 F의 작용점에 인위적으로 큰 응력이 나타남을 주시하라.

(정하중을 받는 연성재에 대하여 최대 전단 변형 에너지 이론에 근거한 파손론은 폰 미제스 응력이 재료의 항복 강도보다 크면 파손이 발생하는 것으로 예측한다.) 또한 식 (6.5.37)과 (6.5.38)로부터 폰 미제스 응력 σ_{vm}은 주응력들과 다음과 같이 관련된다.

$$\sigma_{vm} = \frac{1}{\sqrt{2}}\sqrt{(\sigma_1 - \sigma_2)^2 + (\sigma_2 - \sigma_3)^2 + (\sigma_3 - \sigma_1)^2} \tag{9.3.1}$$

여기서 주응력은 σ_1, σ_2, σ_3에 의해 주어진다. 그림 9-16의 결과는 상용 컴퓨터 프로그램인 ANSYS로부터 얻었다[12].

가격이 비싼 시제품을 만들기 전에 형상이 수정된 다이들의 유한요소 해석을 수행하여 가장 적합한 다이를 찾는다. 시제품의 적정성에 대한 확신은 이러한 비교 연구를 통해 향상된다. 마지막으로, 그림 9-17은 원형 필렛으로 단이 만들어진 4130 강재 축이 700 N/cm^{2}의 축방향 압

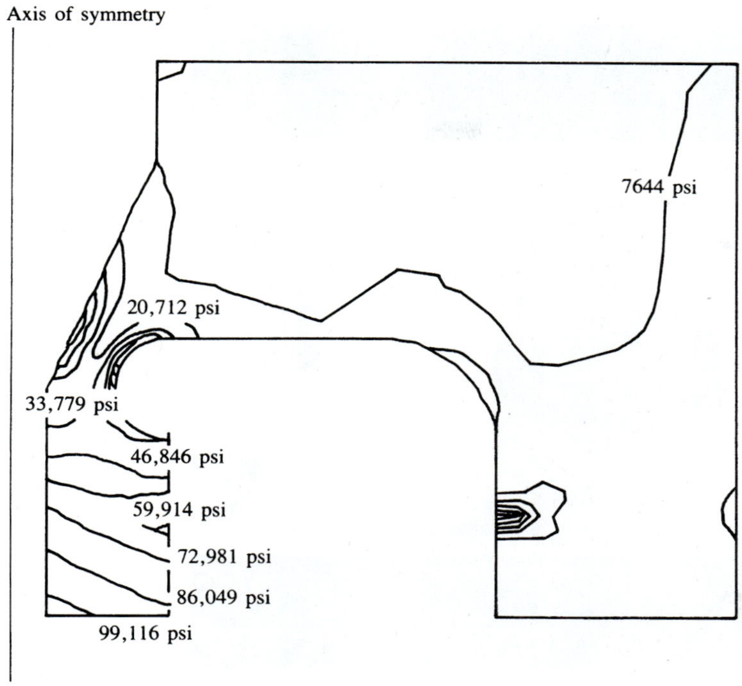

그림 9-16 • 그림 9-15의 축대칭 모델에 대한 폰 미제스 응력 등고선(반경방향으로 0.015 in.의 변위가 발생됨)

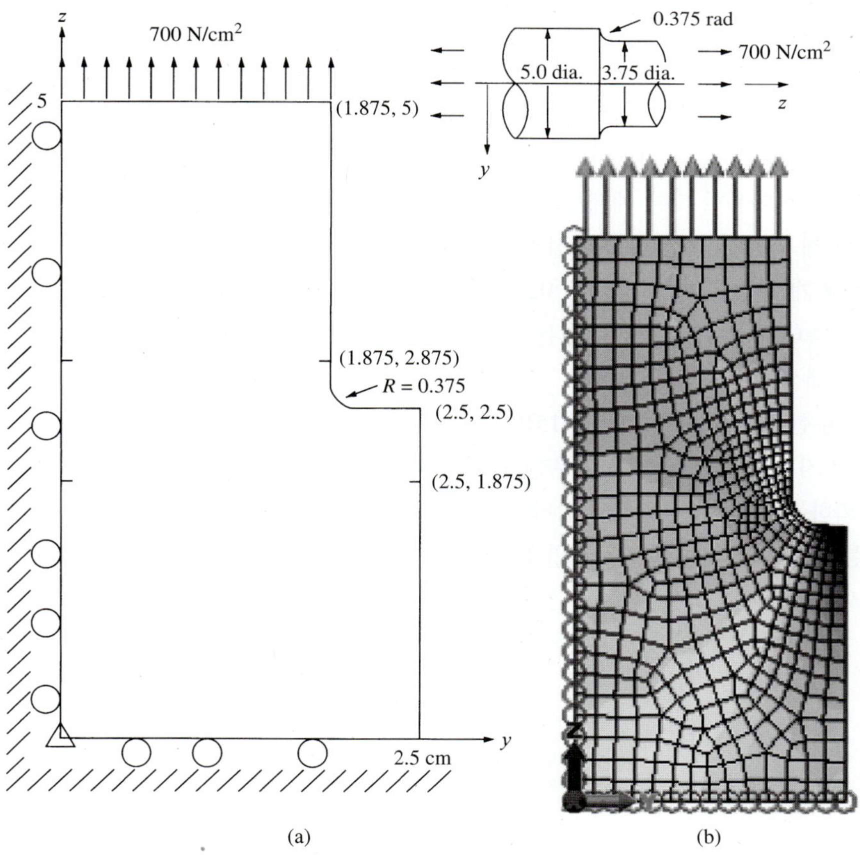

그림 9-17 • (a) 축 하중을 받는 단이 있는 축, (b) 격자분할된 모델

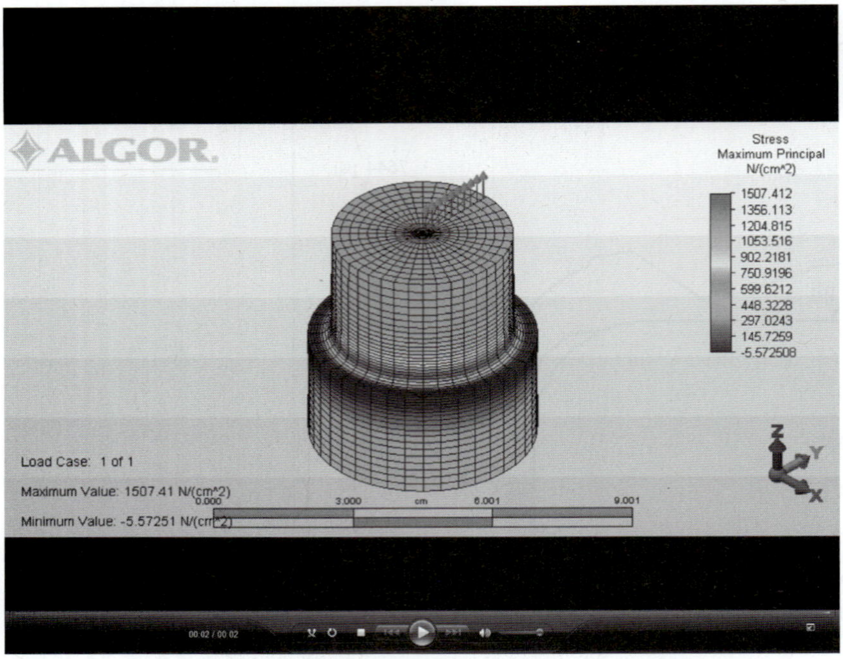

그림 9-18 • 그림 9-17의 축에 대한 주응력 선도(첨부된 칼라판 그림을 참조하시오)

력을 받는 것을 보여준다. 반복하중에 대한 피로해석에서는 평균 축응력 700 N/cm^{2}에 적용되는 정확한 응력 집중계수가 필요하다. 그림에 보이는 형상에 대한 응력 집중계수를 구하여야 한다. 그러므로 가장 큰 응력이 발생하는 위치도 알아야 한다. 그림 9-18은 컴퓨터 프로그램 [11] 해석에서 얻은 최대 주응력 선도이다. 가장 큰 주응력은 1507.4 N/cm^{2}로 필렛에서 발생되었다. 축대칭 요소를 이용한 다른 예제들은 참고문헌 [2]~[6]에 주어져 있다.

이 장에서는 세 개 절점을 가진 간단한 삼각형 요소를 이용한 축대칭 계의 유한요소 해석이 6장에서 개발된 세 개 절점을 가진 삼각형 요소를 이용한 2차원 평면응력 문제와 유사함을 보여주었다. 따라서 축대칭 요소를 가지고 있는 상용의 2차원 컴퓨터 프로그램에 있는 2차원 요소는 축대칭 구조 해석에 사용될 수 있다.

마지막으로, 단순한 사변형 요소(그림 9-15의 강 다이 해석에 사용되었던 네 개의 절점을 가지며, 각 절점이 2 자유도인 요소)나 참고문헌 [6]에서처럼 u와 w에 대하여 3차 다항식(a항이 10개)으로 근사화하는 것과 같은 고차의 삼각형 요소들이 축대칭 해석에 사용될 수 있음을 주목하라. 여기서는 단순성과 기하학적 경계면을 보다 쉽게 나타낼 수 있는 세 개의 절점을 가진 삼각형 요소가 사용되었다.

식의 정리(Summary Equations)

(모두 축대칭 요소에 한정된다.)

축대칭 상태에 대한 변형률-변위 관계식:

$$\varepsilon_r = \frac{\partial u}{\partial r} \qquad \varepsilon_\theta = \frac{u}{r} \qquad \varepsilon_z = \frac{\partial w}{\partial z} \qquad \gamma_{rz} = \frac{\partial u}{\partial z} + \frac{\partial w}{\partial r} \tag{9.1.1.e}$$

등방성 물질에 대한 응력-변형률 관계식:

$$\begin{Bmatrix} \sigma_r \\ \sigma_z \\ \sigma_\theta \\ \tau_{rz} \end{Bmatrix} = \frac{E}{(1+\nu)(1-2\nu)} \begin{bmatrix} 1-\nu & \nu & \nu & 0 \\ \nu & 1-\nu & \nu & 0 \\ \nu & \nu & 1-\nu & 0 \\ 0 & 0 & 0 & \dfrac{1-2\nu}{2} \end{bmatrix} \begin{Bmatrix} \varepsilon_r \\ \varepsilon_z \\ \varepsilon_\theta \\ \gamma_{rz} \end{Bmatrix} \tag{9.1.2}$$

축대칭 삼각형 요소에 대한 변위함수:

$$\begin{aligned} u(r,z) &= a_1 + a_2 r + a_3 z \\ w(r,z) &= a_4 + a_5 r + a_6 z \end{aligned} \tag{9.1.3}$$

축대칭 삼각형 요소에 대한 형상함수:

$$\begin{aligned} N_i &= \frac{1}{2A}(\alpha_i + \beta_i r + \gamma_i z) \\ N_j &= \frac{1}{2A}(\alpha_j + \beta_j r + \gamma_j z) \\ N_m &= \frac{1}{2A}(\alpha_m + \beta_m r + \gamma_m z) \end{aligned} \tag{9.1.12}$$

구배행렬:

$$[B_i] = \frac{1}{2A} \begin{bmatrix} \beta_i & 0 \\ 0 & \gamma_i \\ \dfrac{\alpha_i}{r} + \beta_i + \dfrac{\gamma_i z}{r} & 0 \\ \gamma_i & \beta_i \end{bmatrix} \tag{9.1.19}$$

그리고

$$[B] = [[B_i] \quad [B_j] \quad [B_m]] \tag{9.1.21}$$

행렬 형태의 변형률-변위 방정식:

$$\{\varepsilon\} = [B]\{d\} \tag{9.1.20}$$

행렬 형태의 응력-변위 방정식:

$$\{\sigma\} = [D][B]\{d\} \tag{9.1.22}$$

요소 강성행렬:

$$[k] = 2\pi\iint_A [B]^T[D][B]r\,dr\,dz \tag{9.1.24}$$

초기 근사값 강성행렬:

$$[k] = 2\pi\bar{r}A[\bar{B}]^T[D][\bar{B}] \tag{9.1.26}$$

초기 근사값 체적력 행렬:

$$\{f_b\} = \frac{2\pi\bar{r}A}{3}\begin{Bmatrix} \bar{R}_b \\ Z_b \\ \bar{R}_b \\ Z_b \\ \bar{R}_b \\ Z_b \end{Bmatrix} \tag{9.1.31}$$

$$\bar{R}_b = \omega^2\rho\bar{r} \tag{9.1.32}$$

균일한 반경방향 압력, 축방향 압력 작용 시 요소면 j-m에 대한 표면력 행렬:

$$\{f_s\} = \frac{2\pi r_j(z_m - z_j)}{2}\begin{Bmatrix} 0 \\ 0 \\ p_r \\ p_z \\ p_r \\ p_z \end{Bmatrix} \tag{9.1.36}$$

참고문헌

[1] Utku, S., “Explicit Expressions for Triangular Torus Element Stiffness Matrix,” *Journal of the American Institute of Aeronautics and Astronautics*, Vol. 6, No. 6, pp. 1174–1176, June 1968.

[2] Zienkiewicz, O. C., *The Finite Element Method*, 3rd ed., McGraw-Hill, London, 1977.

[3] Clough, R., and Rashid, Y., “Finite Element Analysis of Axisymmetric Solids,” *Journal of the Engineering Mechanics Division, American Society of Civil Engineers*, Vol. 91, pp. 71–85, Feb. 1965.

[4] Rashid, Y., “Analysis of Axisymmetric Composite Structures by the Finite Element Method,” *Nuclear Engineering and Design*, Vol. 3, pp. 163–182, 1966.

[5] Wilson, E., “Structural Analysis of Axisymmetric Solids,” *Journal of the American Institute of Aeronautics and Astronautics*, Vol. 3, No. 12, pp. 2269–2274, Dec. 1965.

[6] Chacour, S., “A High Precision Axisymmetric Triangular Element Used in the Analysis of Hydraulic Turbine Components,” Transactions of the American Society of Mechanical Engineers, *Journal of Basic Engineering*, Vol. 92, pp. 819–826, 1973.

[7] Greer, R. D., *The Analysis of a Film Tower Die Utilizing the ANSYS Finite Element Package*, M.S. Thesis, Rose-Hulman Institute of Technology, Terre Haute, IN, May 1989.

[8] Gere, J. M., and Goodno, B. J., *Mechanics of Materials*, 7th ed., Cengage Learning, Mason, OH, 2009.

[9] Cook, R. D., Malkus, D. S., Plesha, M. E., and Witt, R. J., *Concepts and Applications of Finite Element Analysis,* 4th ed., Wiley, New York, 2002.

[10] Cook, R. D., and Young, W. C., *Advanced Mechanics of Materials, Macmillan*, New York, 1985.
[11] Autodesk Mechanical Simulation 2014, McInnis Parkway, San Rafael, CA 94903.
[12] Swanson, J. A., ANSYS-Engineering Analysis System's User's Manual, Swanson Analysis Systems, Inc., Johnson Rd., P.O. Box 65, Houston, PA 15342.

연습문제

9.1 For the elements shown in Figure P9–1, evaluate the stiffness matrices using Eq. (9.2.2). The coordinates are shown in the figures. Let $E = 15 \times 10^6$ psi and $\nu = 0.25$ for each element.

9.2 Evaluate the nodal forces used to replace the linearly varying surface traction shown in Figure P9–2. Hint: Use Eq. (9.1.34).

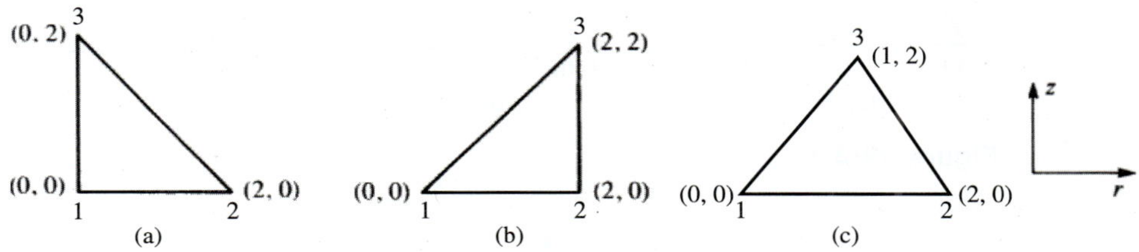

Figure P9-1 •

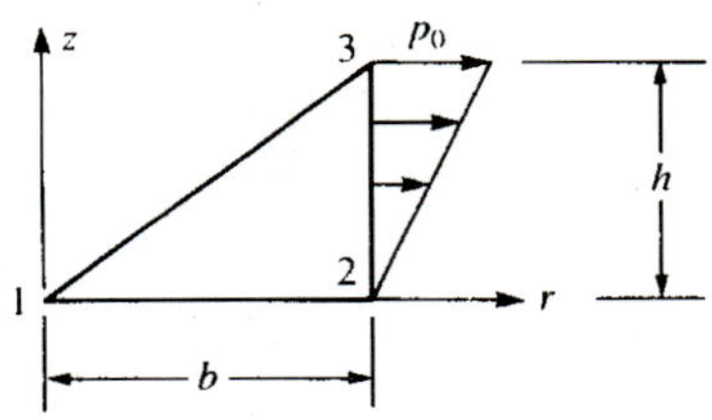

Figure P9-2 •

9.3 For an element of an axisymmetric body rotating with a constant angular velocity $\omega = 20$ rpm as shown in Figure P9–3, evaluate the body-force matrix. The coordinates of the element are shown in the figure. Let the weight density ρ_w be 0.283 lb / in^3.

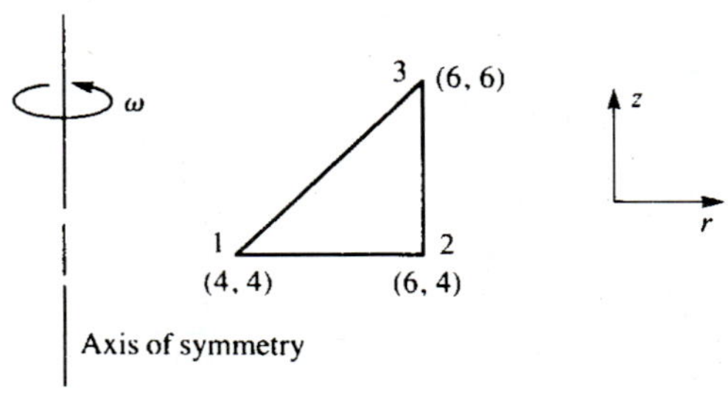

Figure P9-3 •

9.4 For the axisymmetric elements shown in Figure P9–4, determine the element stresses. Let $E = 15 \times 10^6$ psi and $\nu = 0.25$. The coordinates (in inches) are shown in the figures, and the nodal displacements for each element are $u_1 = 0.0001$ in., $w_1 = 0.0002$ in., $u_2 = 0.0005$ in., $w_2 = 0.0003$ in., $u_3 = 0$, and $w_3 = 0$.

9.5 Explicitly show that the integration of Eq. (9.1.35) yields the j surface forces given by Eq. (9.1.36).

9.6 For the elements shown in Figure P9–6, evaluate the stiffness matrices using Eq. (9.2.2). The coordinates (in millimeters) are shown in the figures. Let $E = 105$ GPa and $\nu = 0.25$ for each element.

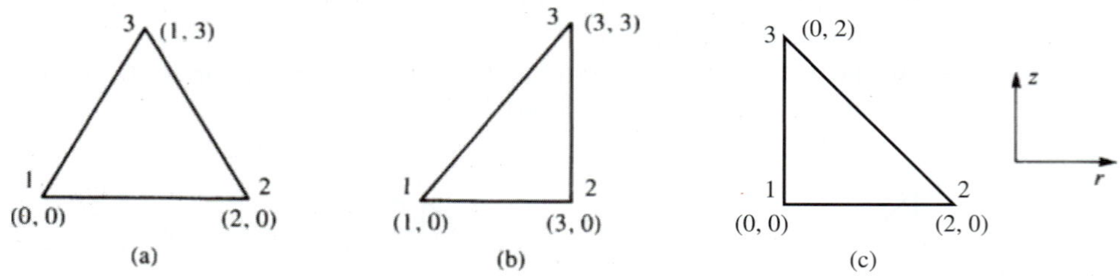

Figure P9-4 •

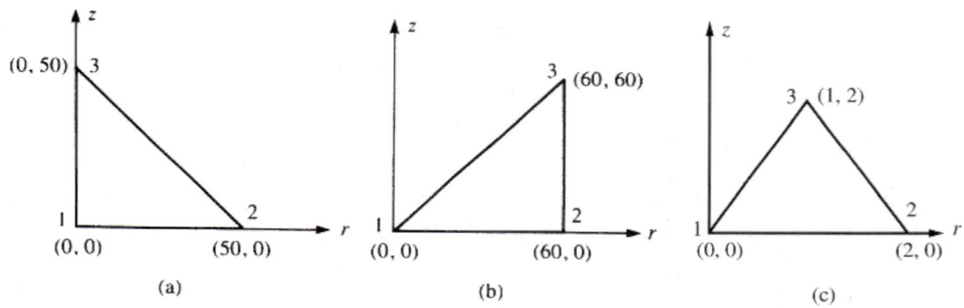

Figure P9-6 •

9.7 For the axisymmetric elements shown in Figure P9–7, determine the element stresses. Let $E = 105$ GPa and $\nu = 0.25$. The coordinates (in millimeters) are shown in the figures, and the nodal displacements for each element are

$$u_1 = 0.05 \text{ mm} \quad w_1 = 0.03 \text{ mm}$$
$$u_2 = 0.01 \text{ mm} \quad w_2 = 0.01 \text{ mm}$$
$$u_3 = 0.0 \text{ mm} \quad w_3 = 0.0 \text{ mm}$$

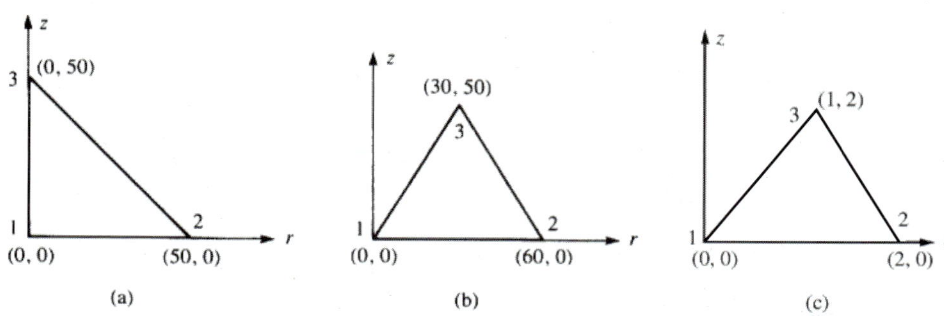

Figure P9-7 •

9.8 Can we connect plane stress elements with axisymmetric ones? Explain.

9.9 Is the three-noded triangular element considered in Section 9.1 a constant strain element? Why or why not?

9.10 How should one model the boundary conditions of nodes acting on the axis of symmetry?

9.11 How would you evaluate the circumferential strain, ε_θ, at $r = 0$? What is this strain in terms of the a's given in Eq. (9.1.15). Hint: Elasticity theory tells us that the radial strain must equal the circumferential strain at $r = 0$.

9.12 What will be the stresses σ_r and σ_θ at $r = 0$? Hint: Look at Eq. (9.1.2) after considering Problem 9.11.

Solve the following axisymmetric problems using a computer program.

9.13 The soil mass in Figure P9–13 is loaded by a force transmitted through a circular footing as shown. Determine the stresses in the soil. Compare the values of σ_r using an axisymmetric model with the σ_y values using a plane stress model. Let $E = 3000$ psi and $\nu = 0.45$ for the soil mass.

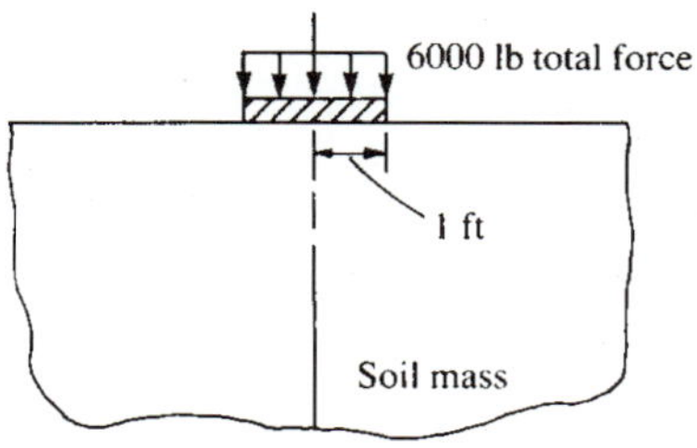

Figure P9-13 •

9.14 Perform a stress analysis of the pressure vessel shown in Figure P9–14. Let $E = 5 \times 10^6$ psi and $\nu = 0.15$ for the concrete, and let $E = 29 \times 10^6$ psi and $\nu = 0.25$ for the steel liner. The steel liner is 2 in. thick. Let the pressure p equal 500 psi. Use a 0.5 in. radius in the re-entrant corners.

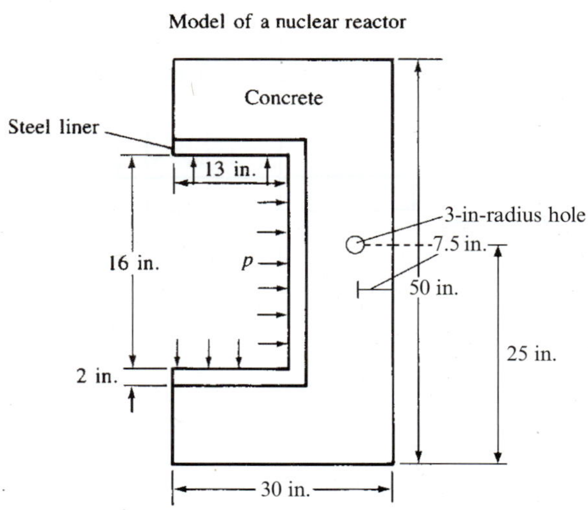

Figure P9-14 •

9.15 Perform a stress analysis of the concrete pressure vessel with the steel liner shown in Figure P9–15. Let $E = 30$ GPa and $\nu = 0.15$ for the concrete, and let $E = 205$ GPa and $\nu = 0.25$ for the steel liner. The steel liner is 50 mm thick. Let the pressure p equal 700 kPa. Use a 10 mm radius in the re-entrant corners.

9.16 Perform a stress analysis of the disk shown in Figure P9–16 if it rotates with constant angular velocity of $\omega = 50$ rpm. Let $E = 30 \times 10^6$ psi, $\nu = 0.25$, and the weight density $\rho_w = 0.283$ lb/in^3 (mass density, $\rho = \rho_w/(g = 386$ in./s^2). (Use 8 and then 16 elements symmetrically modeled similar to Example 9.4. Compare the finite element solution to the theoretical circumferential and radial stresses given by

$$\sigma_\theta = \frac{3+\nu}{8}\rho\omega^2 a^2\left(1 - \frac{1+3\nu r^2}{3+\nu a^2}\right), \qquad \sigma_r = \frac{3+\nu}{8}\rho\omega^2 a^2\left(1 - \frac{r^2}{a^2}\right)$$

9.17 For the die casting shown in Figure P9–17, determine the maximum stresses and their locations. Let $E = 30 \times 10^6$ psi and $\nu = 0.25$. The dimensions are shown in the figure.

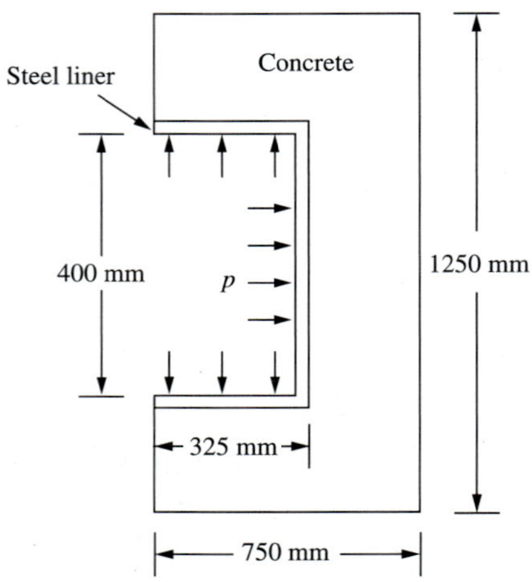

Figure P9-15 •

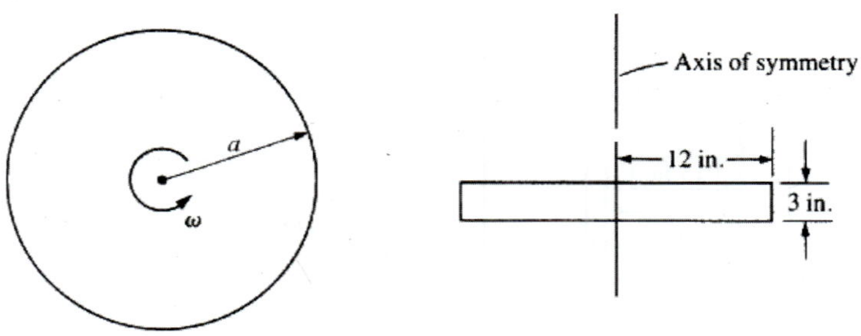

Figure P9-16 •

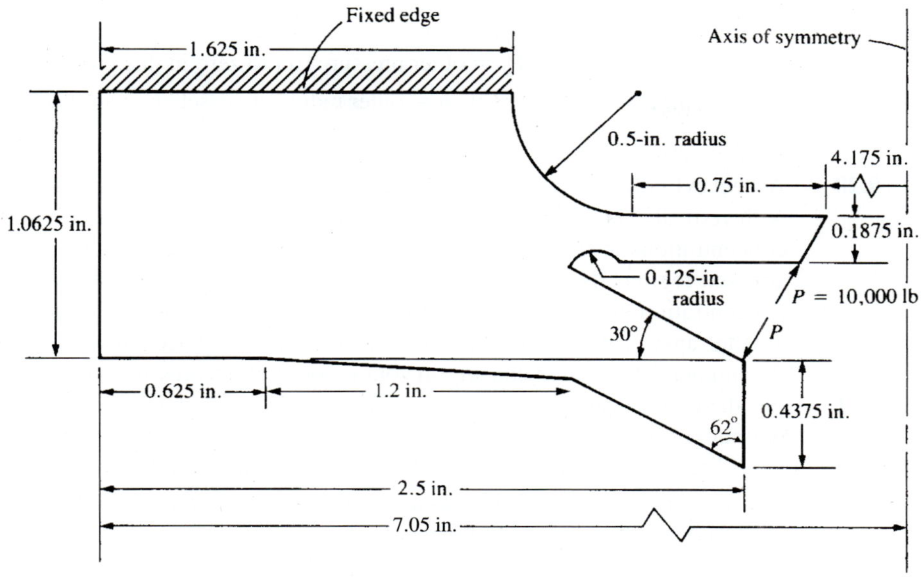

Figure P9-17 •

9.18 For the axisymmetric connecting rod shown in Figure P9–18, determine the stresses σ_z, σ_r, σ_θ, and τ_{rz}. Plot stress contours (lines of constant stress) for each of the normal stresses. Let $E = 30 \times 10^6$ psi and $\nu = 0.25$. The applied loading and boundary conditions are shown in the figure. A typical discretized rod is shown in the figure for illustrative purposes only.

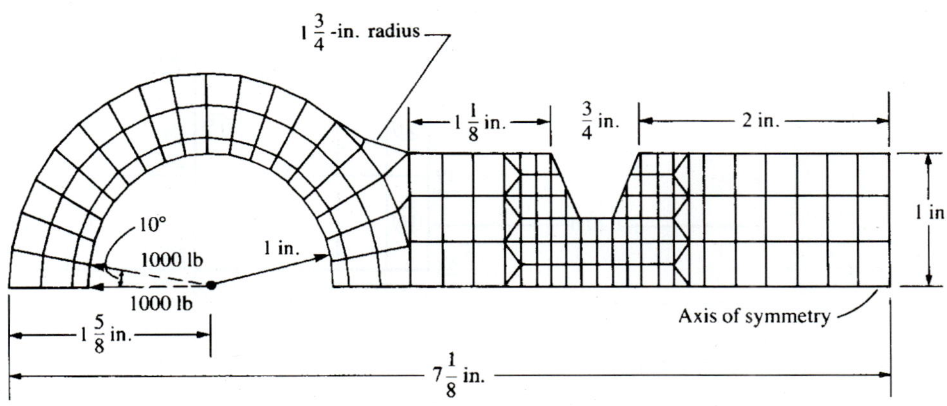

Figure P9-18 •

9.19 For the thick-walled open-ended cylindrical pipe subjected to internal pressure shown in Figure P9–19, use five layers of elements to obtain the circumferential stress, σ_θ, and the principal stresses and maximum radial displacement. Compare these results to the exact circumferential stress and radial displacement equations given by

$$\sigma_\theta = \left(\frac{P_i a^2 + P_0 b^2}{b^2 - a^2}\right) + \left(\frac{a^2 b^2}{r^2(b^2 - a^2)}\right)(P_i - P_0)$$

$$\Delta r = \frac{r}{E(b^2 - a^2)}\left[(1-\nu)(P_i a^2 - P_0 b^2) + \frac{(1+\nu)a^2 b^2}{r^2}(P_i - P_0)\right]$$

where

P_i = inner pressure, P_0 = outer pressure (set to zero in this problem)

a = inner radius of vessel, b = outer radius of vessel, r = any radial location

Let E = 205 GPa and ν = 0.3.

9.20 A steel cylindrical pressure vessel with flat plate end caps is shown in Figure P9–20 with vertical axis of symmetry. Addition of thickened sections helps to reduce stress concentrations in the corners. Analyze the design and identify the most critically stressed regions. Note that inside sharp re-entrant corners produce infinite stress concentration zones, so refining the mesh in these regions will not help you get a better answer unless you use an inelastic theory or place small fillet radii there. Recommend any design changes in your report. Let the pressure inside be 1000 kPa.

9.21 For the cylindrical vessel with hemispherical ends (heads) under uniform internal pressure of intensity p = 500 psi shown in Figure P9–21, determine the maximum von Mises stress and where it is located. The material is ASTM—A242 quenched and tempered alloy steel. Use a factor of safety of 3 against yielding. The inner radius is a = 100 inches and the thickness t = 2 in.

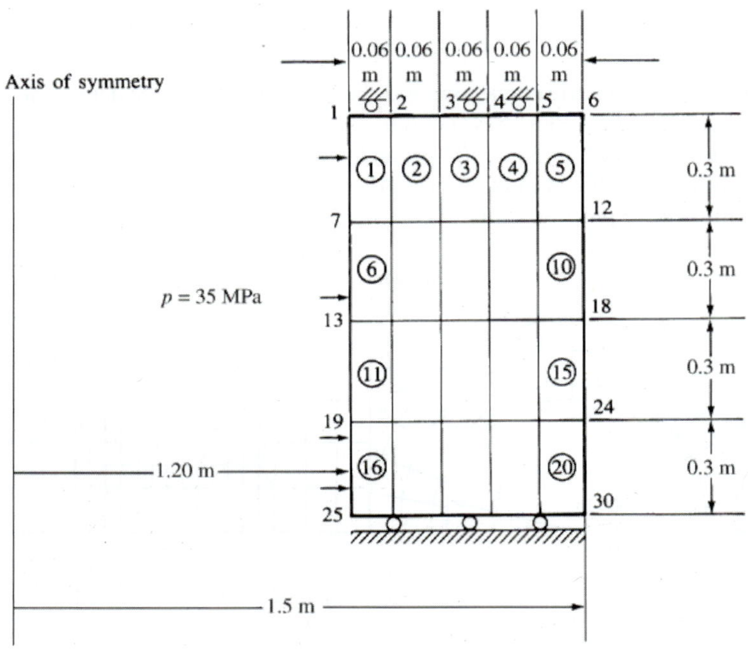

Figure P9-19 •

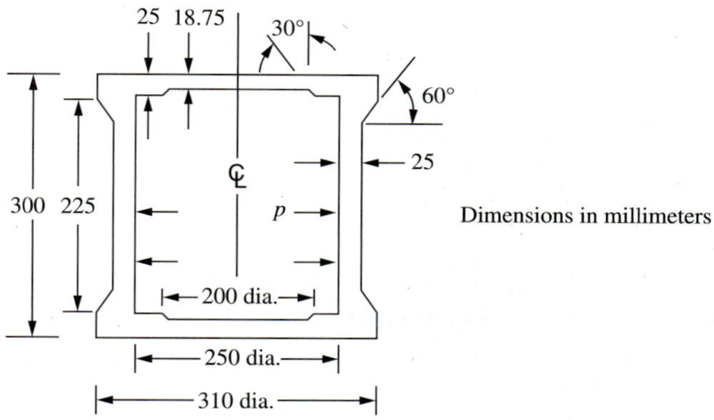

Figure P9-20 •

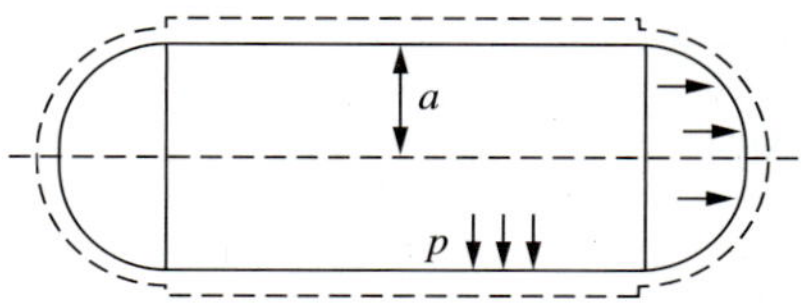

Figure P9-21 •

9.22 For the cylindrical vessel with *ellipsoidal heads* shown in Figure P9–22a under loading $p = 500$ psi, determine if the vessel is safe against yielding. Use the same material and factor of safety as in Problem 9.21. Now let $a = 100$ in., $b = 50$ in., and thickness $t = 2$ in. Which vessel has the lowest hoop stress? Recommend the preferred head shape of the two based on your answers.

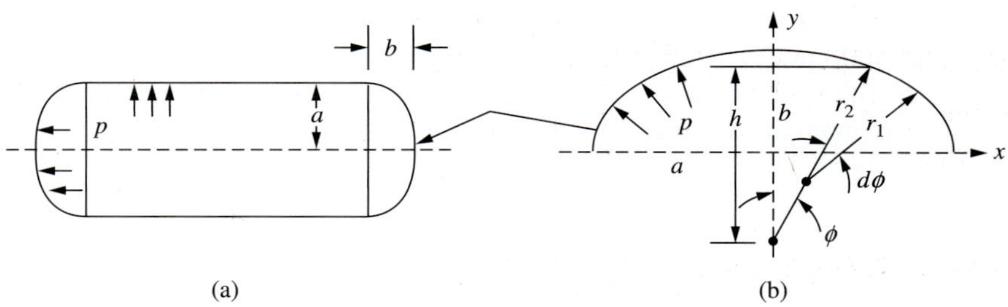

Figure P9-22 •

For modeling purposes, the equation of an ellipse is given by $b^2x^2 + a^2y^2 = a^2b^2$, where a is the major axis and b is the minor axis of the ellipse shown in Figure P9–22(b).

9.23 The syringe with plunger is shown in Figure P9–23. The material of the syringe is glass with $E = 69$ GPa, $\nu = 0.15$, and tensile strength of 5 MPa. The bottom hole is assumed to be closed under test conditions. Determine the deformation and stresses in the glass. Compare the maximum principal stress in the glass to the ultimate tensile strength. Do you think the syringe is safe? Why?

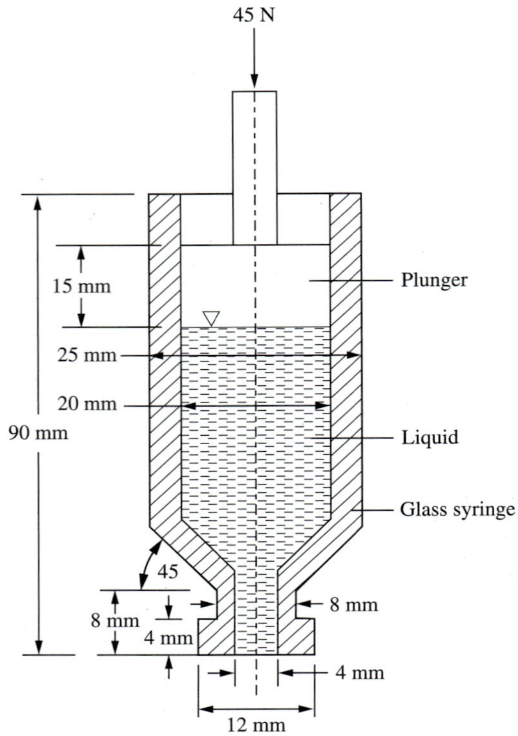

Figure P9-23 •

9.24 For the tapered solid circular shaft shown in Figure P9–24, a semicircular groove has been machined into the side. The shaft is made of a hot rolled 1040 steel alloy with yield strength of 71,000 psi. The shaft is subjected to a uniform axial pressure of 4000 psi. Determine the maximum principal stresses and von Mises stresses at the fillet and at the semicircular groove. Is the shaft safe from failure based on the maximum distortion energy theory?

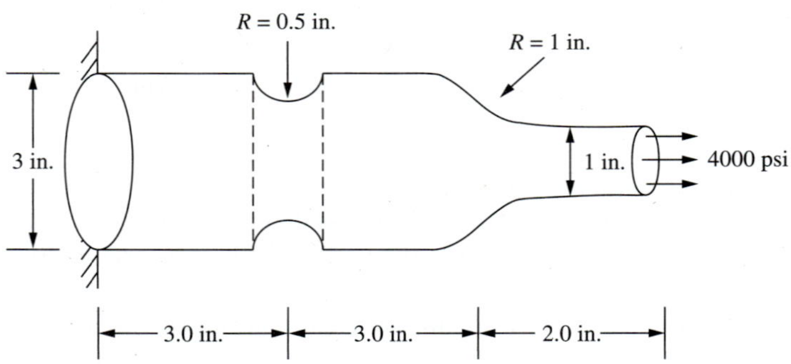

Figure P9-24 •

9.25 A steel hole punch is shown in Figure P9–25a. Investigate the proper material for a hole punch. Tell me what material you used and why? Model the punch without the side groove (Figure P9–25b) and with the side groove (Figure P9–25c). Determine the von Mises stress distribution throughout the punch for both cases. Are the punches safe under the loading shown?

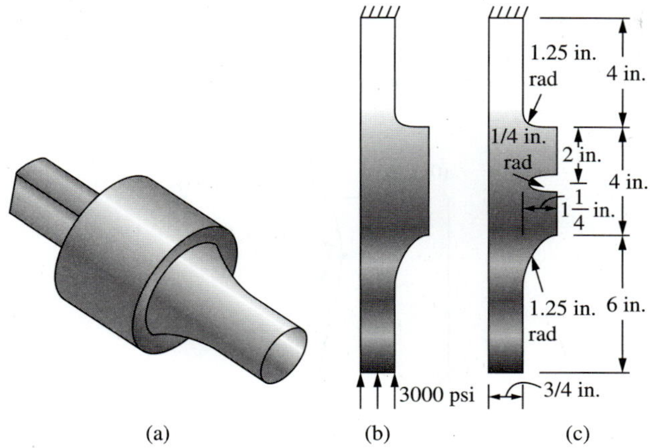

Figure P9-25 •

9.26 A drawing of a cannon is shown in Figure P 9-26a. It is in the shape of a truncated cone. The material of the cannon is a bronze with yield strength of 37 ksi. The uniform thickness of the cannon wall is 3 inches. The cannon is tapered from 10 inches outer diameter at the left end to 8 inches at 62 inches from the left end and then tapered back out at the breach (right) end. Figure P 9–26b shows the dimensions to be used for the finite element model. The pressure inside during firing can reach 20,000 psi. Determine the largest von Mises stress and show its location on a proper stress plot. Based on the maximum distortion energy theory, will the cannon material yield? Use a small fillet radius of 1 inch at the transitions at points C and F shown in Figure P 9–26b. You may want to neglect any other small details, such as the left end knob and the stiffener rings.

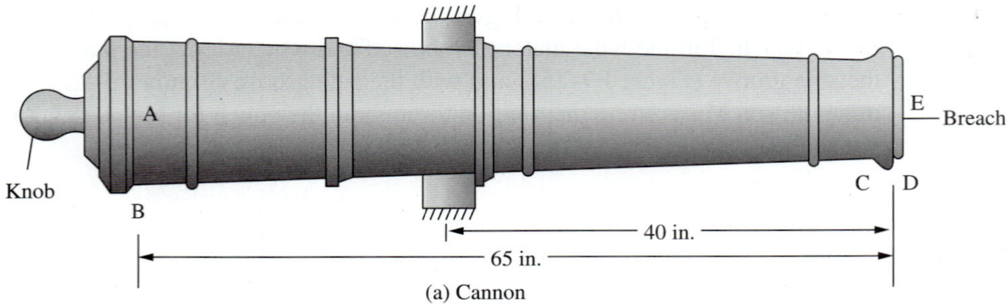

(a) Cannon

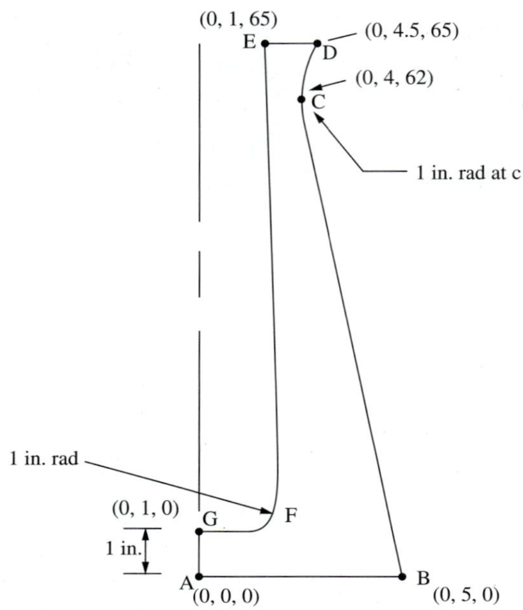

(b) Simplified cannon cross-section for axisymmetric modeling (dimentions shown in inch units)

Figure P9-26 •

9.27 A simplified model of a flywheel as shown in Figure P9–27 is considered as a uniform thin disk with center hole for mounting on a shaft. Assume the flywheel with inner radius of hole of 1 inch and outer radius of the flywheel of 4 inches. Assume the flywheel is made of 1045 high carbon steel. The flywheel shaft is turning at 2000 rpm. Determine: (a) the highest circumferential stress in the flywheel and its radial location. Compare this value to that obtained using analytical equations for a rotating thin hollow disk. (b) What speed can the flywheel tolerate before yielding based on the maximum distortional energy theory (MDET)? (c) If the flywheel is instead made of 6061-T6 aluminum alloy, what maximum speed can the flywheel tolerate based on MDET?

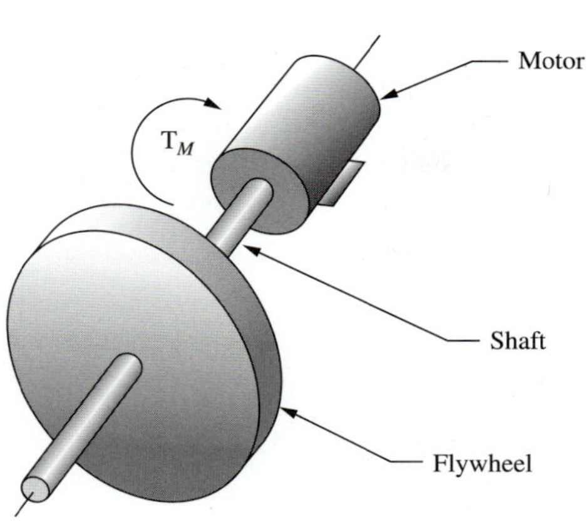

Figure P9-27 •

CHAPTER 10

등매개변수 정식화

학습목표

- 봉 요소 강성행렬의 등매개변수 정식화를 수행한다.
- 4개의 절점을 갖는 평면 사각형 요소 강성행렬의 등매개변수 정식화를 설명한다.
- 정적분의 수치 계산에 사용되는 2가지의 수치적분방법[뉴튼-코츠(Newton-Cotes) 적분법과 가우스 적분법(Gaussian Quadrature)]을 설명하고, 특정 예제에 적용하는 방법을 보여준다.
- 4점 가우스 적분법에 의해 평면 사각형 요소의 강성행렬을 도출하는 과정을 설명한다.
- 4점 가우스 적분법에 의해 평면 사각형 요소의 강성행렬을 도출하는 과정을 보여주는 예제를 풀어본다.
- 가우스 적분법을 사용하여 평면 사각형 요소 내부의 주어진 점에서 응력을 구하는 방법을 예제를 사용하여 설명한다.
- 가우스 적분법을 사용하여 3개의 절점을 갖는 봉의 강성행렬을 구하고 이론해를 이용하여 구한 결과와 비교한다.
- 3개의 절점을 갖는 선형 변형률 봉 요소, 개선된 직사각형 평면응력 요소(Q6), 8개와 9개의 절점을 갖는 2차 사각형 요소(Q8과 Q9)와 12개의 절점을 갖는 3차 사각형 요소(Q12) 등 고차 형상함수를 설명한다.
- CST, Q4, Q6, Q8과 Q9 요소의 성능을 보 요소와 비교한다.

개요

이 장에서는 요소 강성행렬의 등매개변수 정식화를 소개한다. 8장에서 LST 요소를 고려해 본 결과 우리는 전체좌표계에서 표현된 요소 행렬과 유한요소 방정식의 유도가 6장에서의 CST처럼 가장 단순한 요소를 제외하고는 아주 어려운 작업이라는 것을 알 수 있다(가능하다 하더라도). 이러한 이유에서 등매개변수 정식화가 개발되었다(참고문헌 [1] 참조). 등매개변수 방법이 약간 지루할 수도 있다(그리고 처음에는 혼동스럽다). 그러나 그것은 컴퓨터 프로그램 공식화를 단순하게 해주고, 2차원과 3차원 응력 해석과 비구조물 문제에 일반적으로 적용할 수 있다. 등매개변수 정식화는 직선 외에 곡면을 가진 요소의 생성을 허용한다. 더군다나, 많은 상용 컴퓨터 프로그램들(1장에서 설명한)은 다양한 요소 선택 기능을 위해 등매개변수 정식화를 적용한다.

먼저, 단순 봉 요소의 강성행렬을 유도하기 위한 등매개변수 정식화를 알아보겠다. 봉 요소를 사용하면 표현 결과가 단순해져 이해를 쉽게 하는 데 도움이 된다.

그 다음, 사각형 요소 강성행렬에 대한 등매개변수 정식화를 소개한 후, 사각형 요소 강성행렬을 계산하는 수치적분을 소개할 것이고, 일반적인 수치적분방법에 등매개변수 정식화를 적용하는 것을 설명할 것이다.

마지막으로, 여러 가지 고차 요소 및 고차 형상함수를 설명하고, 그 성능을 보 요소와 비교한다.

10.1 봉 요소 강성행렬의 등매개변수 정식화

등매개변수(*isoparametric*)라는 용어는 요소의 변위를 근사화하는 데 사용한 형상함수[*N*]가 요소의 형상을 정의하는 데 사용한 것과 동일하다라는 뜻에서 유래하였다. 따라서 변위에 대한 형상함수가 $u = a_1 + a_2 s$일 때 봉 요소를 위한 점의 절점좌표나 요소의 물리적 형상을 표현하기 위해서도 동일하게 $x = a_1 + a_2 s$를 사용한다.

등매개변수 요소 방정식은 전체좌표계에서 요소의 방향에 의한 것이 아니라 요소의 기하학적 형상에 의해 정의되는 **고유좌표계**(*natural* 또는 *intrinsic coordinate*) s를 사용하여 정식화된다. 축 좌표 s는 (봉이 공간에서 어떤 방향으로 놓여 있는지에 상관없이) 봉에 부착되어 봉의 축 길이를 따라 정해진다. 특정한 구조물의 각 요소에 부착된 고유좌표계 s와 전체좌표계 x 사이에는 **변환사상**(*transformation mapping*)이라 불리는 관계가 있다. 그리고 이 관계는 요소 방정식 정식화에 사용되어야만 한다.

이제 그림 10-1(a)의 두 절점으로 구성된 단순 선형 봉 요소 강성행렬의 등매개변수 정식화를 전개해 보자.

제1단계 요소 형태의 선정

먼저 고유좌표계 s는 그림 10-1(b)에서 보여주는 것처럼 요소의 중심에 원점이 위치하여 요소에 붙어 있다. s축은 x축에 평행일 필요는 없다. 이것은 단지 편의를 위한 것이다.

각 절점에서 전체좌표계상의 x축과 관련된 축방향 변위가 u_1, u_2인 2 자유도를 갖는 봉 요소를 고려한다.

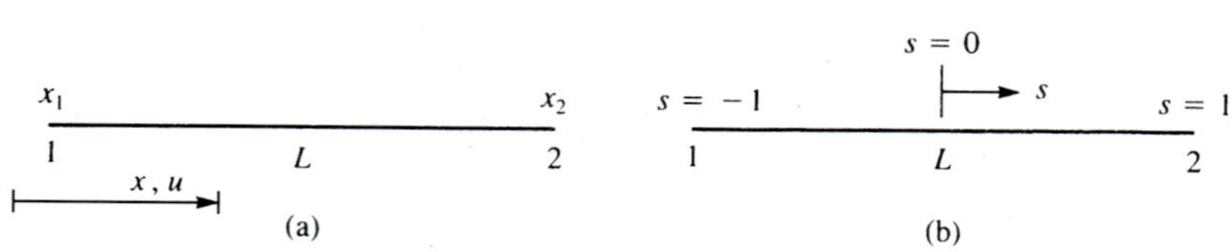

그림 10-1 • (a) 고유좌표계 s와 (b) 전체좌표계 x에서의 선형 봉 요소

특별한 경우, s와 x축이 서로 평행일 때, s축과 x축은 다음과 같은 관계가 있다.

$$x = x_c + \frac{L}{2}s \tag{10.1.1a}$$

여기서 x_c는 요소 도심의 전체 좌표값이다.

전체좌표계로 표현한 $x_c = (x_1 + x_2)/2$를 식 (10.1.1a)에 대입하여 고유좌표계를 전체좌표계 로 다음과 같이 표현할 수 있다.

$$s = [x - (x_1 + x_2)/2][2/(x_2 - x_1)] \tag{10.1.1b}$$

봉에서의 위치를 정의하기 위해 사용한 형상함수는 봉에서의 변위를 정의하기 위해 3장에서 사용된 방법으로 찾는다(3.1절 참조). 고유좌표와 전체좌표를 다음과 같이 연관시킴으로써 시작한다.

$$x = a_1 + a_2 s \tag{10.1.2}$$

여기서 s가 $-1 \leq s \leq 1$임을 주목하자. a_i를 x_1과 x_2의 함수로 표현하면 다음과 같다.

$$x = \frac{1}{2}[(1 - s)x_1 + (1 + s)x_2] \tag{10.1.3}$$

행렬 형태로 식 (10.1.3)을 다음과 같이 나타낼 수 있다.

$$\{x\} = [N_1 \quad N_2]\begin{Bmatrix} x_1 \\ x_2 \end{Bmatrix} \tag{10.1.4}$$

식 (10.1.4)에서 형상함수는 다음과 같다.

$$N_1 = \frac{1 - s}{2} \qquad N_2 = \frac{1 + s}{2} \tag{10.1.5}$$

식 (10.1.5)의 선형 형상함수는 요소내한 점의 s좌표를 x좌표로 사상시킨다. 예를 들어, 식 (10.1.3)에 $s = -1$을 대입하면 $x = x_1$이 된다. 그림 10-2의 이러한 형상함수는 3.1절에서 보간함수에 대해 정의된 것과 동일한 성질을 가짐을 알 수 있다. 그러므로 N_1은 $x_1 = 1$이고 $x_2 = 0$에 대해 요소의 길이에 걸쳐 그림을 그렸을 때 x좌표의 물리적 형상을 나타낸다. 그리고 N_2는 $x_2 = 1$이고 $x_1 = 0$에 대해 요소의 길이에 걸쳐 그림을 그렸을 때 x좌표를 나타낸다. 또한 $N_1 + N_2 = 1$이어야 한다.

이 형상함수들은 요소 내에서 반드시 연속이고 1차 미분값을 가져야 한다.

제2단계 변위함수의 선정

봉 내의 변위함수는 요소 형상을 정의하기 위해 사용된 식 (10.1.5)와 동일한 형상함수로 정의된다. 즉,

$$\{u\} = [N_1 \quad N_2]\begin{Bmatrix} u_1 \\ u_2 \end{Bmatrix} \tag{10.1.6}$$

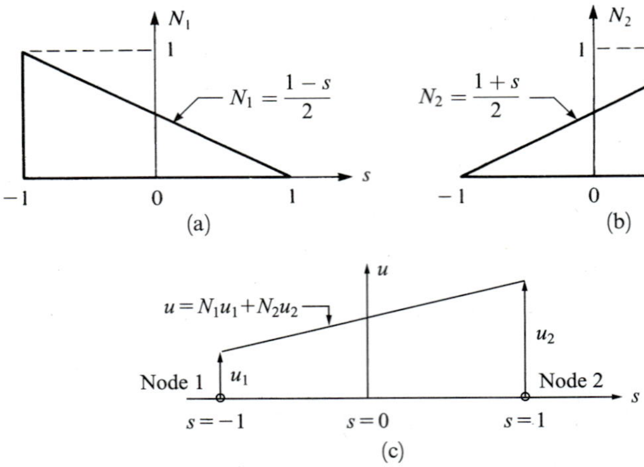

그림 10-2 • 고유좌표를 가진 형상함수의 변화 (a) 형상함수 N_1, (b) 형상함수 N_2, 그리고 (c) 요소 전체 길이에 분포된 선형 변위장 u.

이다. 관심 있는 점의 특별한 좌표 s를 $[N]$에 대입하면, 식 (10.1.6)은 절점 자유도 u_1과 u_2의 항으로 봉 요소 내부 해당 점의 변위를 나타낸다. u와 x가 동일한 절점에서 동일한 형상함수에 의해 정의되기 때문에 **등매개변수**라고 불린다.

제3단계 변형률–변위와 응력–변형률 관계의 정의

이제 $[k]$를 계산하기 위해 요소 행렬 $[B]$를 정식화해 보자. 이 방법을 설명하기 위해 등매개변수 정식화를 사용한다. 단순 봉 요소에 대해 등매개변수 정식화를 사용하는 것은 이로운 점이 별로 없어 보인다. 그러나 고차 요소에 대해서는 장점이 확실해질 것이다. 왜냐하면 상대적으로 단순한 컴퓨터 프로그램 공식화가 가능하기 때문이다.

요소 강성행렬을 만들기 위해서는 변형률을 결정해야만 한다. 변형률은 변위를 x에 대해 미분함으로써 얻어진다. 그러나 변위 u는 식 (10.1.6)에 의해 주어진 것처럼 s의 함수이다. 따라서 다음과 같이 함수 u에 대해 미분의 연쇄 법칙을 적용해야만 한다.

$$\frac{du}{ds} = \frac{du}{dx}\frac{dx}{ds} \tag{10.1.7}$$

이제 식 (10.1.6)과 (10.1.3)을 이용하여 (du/ds)와 (dx/ds)를 계산하고 $(du/dx) = \varepsilon_x$를 구한다. 따라서 (du/dx)에 대해 식 (10.1.7)을 풀면 다음과 같다.

$$\frac{du}{dx} = \frac{\left(\dfrac{du}{ds}\right)}{\left(\dfrac{dx}{ds}\right)} \tag{10.1.8}$$

식 (10.1.6)의 u를 이용하면 다음을 얻는다.

$$\frac{du}{ds} = \frac{u_2 - u_1}{2} \tag{10.1.9a}$$

그리고 식 (10.1.3)의 x로부터 다음 식을 얻는다.

$$\frac{dx}{ds} = \frac{x_2 - x_1}{2} = \frac{L}{2} \tag{10.1.9b}$$

위 식은 $x_2 - x_1 = L$을 이용하였다.

식 (10.1.8)에 식 (10.1.9a)와 (10.1.9b)를 대입하면 다음과 같은 결과를 얻는다.

$$\{\varepsilon_x\} = \begin{bmatrix} -\frac{1}{L} & \frac{1}{L} \end{bmatrix} \begin{Bmatrix} u_1 \\ u_2 \end{Bmatrix} \tag{10.1.10}$$

$\{\varepsilon\} = [B]\{d\}$이기 때문에, 변형률-변위 행렬 $[B]$는 식 (10.1.10)에서 다음과 같이 주어진다.

$$[B] = \begin{bmatrix} -\frac{1}{L} & \frac{1}{L} \end{bmatrix} \tag{10.1.11}$$

선형 형상함수를 사용하여 행렬 $[B]$는 상수항으로 이루어지며 요소 내에서 변형률은 일정함에 주의하라. 세 개의 절점을 가진 2차 봉 요소와 같은 고차 요소에 있어서 $[B]$는 고유좌표 s의 함수가 된다[식 (10.5.16) 참조].

응력행렬은 후크의 법칙(Hooke's law)을 이용하여 다음과 같이 주어진다.

$$\{\sigma\} = E\{\varepsilon\} = E[B]\{d\}$$

제4단계 요소 강성행렬과 요소 방정식의 유도

강성행렬은 다음 식과 같다.

$$[k] = \int_0^L [B]^T[D][B]A\,dx \tag{10.1.12}$$

그러나 일반적으로, $[B]$가 s의 함수이므로 좌표 x를 s로 변환시켜야만 한다. 이러한 변환의 일반적인 형태는 다음 식에 의해 주어진다(참고문헌 [4]와 [5] 참조).

$$\int_0^L f(x)\,dx = \int_{-1}^1 f(s)|[J]|\,ds \tag{10.1.13}$$

여기서 $[J]$는 **자코비언**(*Jacobian*)이라 불린다. 1차원의 경우 $|[J]| = J$이다. 단순 봉 요소에 대해, 식 (10.1.9b)로부터 다음 식을 얻는다.

$$|[J]| = \frac{dx}{ds} = \frac{L}{2} \tag{10.1.14}$$

식 (10.1.14)에서, 자코비언은 전체좌표계에서의 요소 길이의 고유좌표계에서의 요소 길이에 대한 비로 표시됨을 주시하라. 일반적으로 $|[J]|$는 s의 함수이고, 절점의 좌푯값에 의존한다. 이것은 사각형 요소에 대한 식 (10.2.22)를 살펴보면 알 수 있다(10.2절에 자코비언에 대해 더 많이 설명되어 있다). 식 (10.1.12)에 식 (10.1.13)과 (10.1.14)를 적용하면, 고유좌표계로 표현된 강성행렬을 얻는다.

$$[k] = \frac{L}{2}\int_{-1}^{1}[B]^T E[B]A\, ds \tag{10.1.15}$$

여기서 1차원인 경우로 식 (10.1.15)에서 탄성계수 $E = [D]$를 사용했다. 식 (10.1.11)을 식 (10.1.15)에 대입하고, 단순 적분을 수행하면 다음과 같다.

$$[k] = \frac{AE}{L}\begin{bmatrix} 1 & -1 \\ -1 & 1 \end{bmatrix} \tag{10.1.16}$$

식 (10.1.16)은 식 (3.1.14)와 같다. 고차의 1차원 요소에 대해 해석적인 정확한 해를 구하는 적분은 불가능하지는 않지만 어렵다(예제 10.7 참조). 단순한 직사각형 요소 강성행렬 조차도 해석적 표현을 얻기는 어렵다(6.6절 참조). 그러나 10.3절에 설명된 것처럼 수치적분을 사용하면 등매개변수 정식화의 이점이 뚜렷해진다.

체적력

이제 고유좌표계 s를 이용하여 체적력 행렬을 구한다. 식 (3.10.20b)를 이용하면 체적력 행렬은

$$\{f_b\} = \iiint_V [N]^T\{X_b\}\, dV \tag{10.1.17}$$

이며, $dV = A\, dx$를 이용하면 다음과 같이 된다.

$$\{f_b\} = A\int_0^L [N]^T\{X_b\}\, dx \tag{10.1.18}$$

N_1과 N_2에 관한 식 (10.1.5)를 위 식의 $[N]$에 대입하고, 식 (10.1.9b)의 $dx = (L/2)\, ds$를 이용하면 다음을 얻는다.

$$\{f_b\} = A\int_{-1}^{1}\begin{Bmatrix} \dfrac{1-s}{2} \\ \dfrac{1+s}{2} \end{Bmatrix}\{X_b\}\frac{L}{2}ds \tag{10.1.19}$$

식 (10.1.19)의 적분을 수행하면 다음과 같다.

$$\{f_b\} = \frac{ALX_b}{2}\begin{Bmatrix} 1 \\ 1 \end{Bmatrix} \tag{10.1.20}$$

위의 체적력 행렬 $\{f_b\}$의 물리적 의미를 살펴보면, AL은 요소의 체적이고 X_b는 단위체적당 하중이므로 ALX_b는 요소에 작용하는 전체 하중이다. 계수 $\frac{1}{2}$은 체적력이 요소의 두 절점에 균등하게 분배됨을 나타낸다.

표면력

표면력은 식 (3.10.20a)로부터 다음과 같이 표현할 수 있다.

$$\{f_s\} = \iint_S [N_s]^T\{T_x\}\, dS \tag{10.1.21}$$

단면이 일정하고, 표면력이 요소의 길이를 따라 표면에 일정하게 작용하면

$$\{f_s\} = \int_0^L [N_s]^T \{T_x\}\, dx \tag{10.1.22}$$

이며, 여기서 T_x는 단위길이당 하중이다. N_1과 N_2에 관한 식 (10.1.5)를 위의 식에 대입하면

$$\{f_s\} = \int_{-1}^{1} \begin{Bmatrix} \dfrac{1-s}{2} \\ \dfrac{1+s}{2} \end{Bmatrix} \{T_x\} \frac{L}{2}\, ds \tag{10.1.23}$$

가 되며, 식 (10.1.23)의 적분을 수행하면 다음과 같다.

$$\{f_s\} = \{T_x\} \frac{L}{2} \begin{Bmatrix} 1 \\ 1 \end{Bmatrix} \tag{10.1.24}$$

식 (10.1.24)의 물리적 의미를 살펴보면, $\{T_x\}$는 단위체적당 하중이므로 $\{T_x\}\ L$은 요소에 작용하는 전체 표면력이다. 계수 $\frac{1}{2}$은 등분포 표면력이 요소의 두 절점에 균등하게 분배됨을 나타낸다. 일반적으로 $\{T_x\}$가 x(또는 s)의 함수이므로 각 절점에 할당되는 하중의 크기는 같지 않으며, 예제 3.12와 같이 적분을 수행하여 얻는다.

10.2 | 평면 사각형 요소(Q4) 강성행렬의 등매개변수 정식화

등매개변수라는 용어는 요소 내에서 변위를 정의하기 위해 사용한 것과 동일한 형상함수를 사용하여 요소의 형상을 정의하는 데에서 유래되었음을 상기하라. 따라서 변위에 대한 함수가 $u = a_1 + a_2s + a_3t + a_4st$일 때, 평면 요소 내에서 좌표점을 기술하기 위해서 동일하게 $x = a_1 + a_2s + a_3t + a_4st$를 사용한다.

고유좌표계 s-t는 전체좌표계 x-y에서 요소 방향에 의해서가 아니라 요소의 기하학적 형상에 의해 정의된다. 봉 요소 예에서와 같이, 특정 구조물의 각 요소에 대해 두 개 좌표계 사이의 변환 사상이 존재하고, 그 관계는 요소 정식화에 사용될 수 있어야 한다.

이제 단순 선형 평면 요소의 강성행렬에 대한 등매개변수 정식화를 설명할 것이다(이 요소는 모서리에 4개의 절점을 갖기 때문에 Q4 요소라고도 불린다). 이 정식화는 일반적이어서 가령 변을 따라 세 개의 절점을 가지고 일직선 면 혹은 2차 곡선 면을 가지는 2차 평면 요소와 같이 더욱 복잡한(고차) 요소에 적용시킬 수 있다. 고차 요소는 선형 요소에 비해 추가 절점을 가지며 선형 요소와는 다른 형상함수를 사용한다. 그러나 강성행렬을 구하는 단계는 동일하다. 선형 평면 요소 정식화에 이어서 이러한 고차 요소들에 대해 간략하게 설명할 것이다.

제1단계 요소 형태의 선정

먼저 그림 10-3(a)에서 보여주는 것처럼, 고유좌표 s-t는 요소의 중심에 원점이 있고, 요소에 부착되어 있다. s축과 t축은 직각일 필요는 없고, x축이나 y축과 평행이 아니어도 된다. s-t 좌

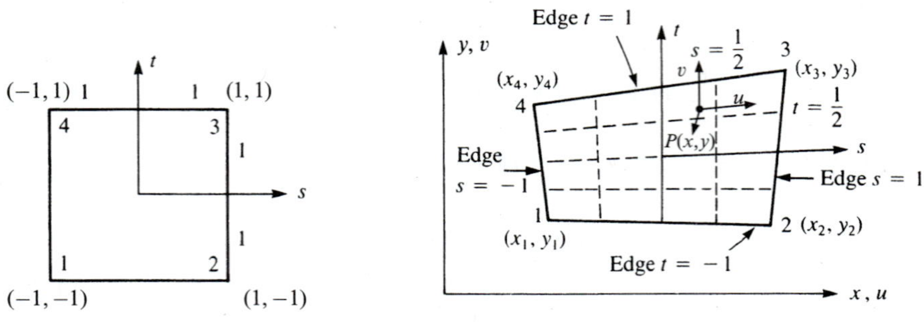

(a) (b)

그림 10-3 • (a) s-t좌표에서의 선형 정사각형 요소 (b) x-y좌표에서의 정사각형 요소 8개의 절점좌표 x_1, $y_1, \ldots, y_4$에 의해 결정되는 크기와 형상

표의 방향은 사각형의 네 모서리 절점과 변이 +1이나 −1에 의해 경계를 형성하도록 한다. 이렇게 정의된 방향은 일반적인 수치적분방법을 적극 활용할 수 있도록 한다.

전체좌표계에서의 x와 y방향에 연관된 u_1, v_1, ..., u_4, v_4의 8 자유도를 갖는 사각형을 고려해보자. 그림 10-3(b)에서 보여주는 것처럼, 요소는 임의 형상의 일직선 면을 갖는다.

특별히 요소가 전체좌표계의 x-y방향에 평행한 변을 가진 직사각형 요소가 될 때, s-t좌표는 전체좌표 x, y와 다음과 같이 연관될 수 있다.

$$x = x_c + bs \qquad y = y_c + ht \tag{10.2.1}$$

여기서 x_c와 y_c는 요소 도심의 전체좌표계 값이다.

먼저 전체좌표계 x, y가 고유좌표계 s, t와 다음과 같이 연결되어 있다고 가정한다.

$$\begin{aligned} x &= a_1 + a_2 s + a_3 t + a_4 st \\ y &= a_5 + a_6 s + a_7 t + a_8 st \end{aligned} \tag{10.2.2}$$

그리고 x_1, x_2, x_3, x_4, y_1, y_2, y_3, y_4의 항으로 a_i를 풀면, 다음의 식을 얻을 수 있다.

$$\begin{aligned} x &= \frac{1}{4}[(1-s)(1-t)x_1 + (1+s)(1-t)x_2 \\ &\quad + (1+s)(1+t)x_3 + (1-s)(1+t)x_4] \\ y &= \frac{1}{4}[(1-s)(1-t)y_1 + (1+s)(1-t)y_2 \\ &\quad + (1+s)(1+t)y_3 + (1-s)(1+t)y_4] \end{aligned} \tag{10.2.3}$$

식 (10.2.3)을 행렬 형태로 다음과 같이 표현할 수 있다.

$$\begin{Bmatrix} x \\ y \end{Bmatrix} = \begin{bmatrix} N_1 & 0 & N_2 & 0 & N_3 & 0 & N_4 & 0 \\ 0 & N_1 & 0 & N_2 & 0 & N_3 & 0 & N_4 \end{bmatrix} \begin{Bmatrix} x_1 \\ y_1 \\ x_2 \\ y_2 \\ x_3 \\ y_3 \\ x_4 \\ y_4 \end{Bmatrix} \tag{10.2.4}$$

여기서 식 (10.2.4)의 형상함수들은 다음과 같다.

$$
\begin{aligned}
N_1 &= \frac{(1-s)(1-t)}{4} \qquad N_2 = \frac{(1+s)(1-t)}{4} \\
N_3 &= \frac{(1+s)(1+t)}{4} \qquad N_4 = \frac{(1-s)(1+t)}{4}
\end{aligned}
\tag{10.2.5}
$$

식 (10.2.5)의 형상함수는 선형이다. 이러한 형상함수는 그림 10-3(a)의 정사각형 요소 내 어느 점의 s와 t좌표라도 그림 10-3(b)의 사변형 요소 내 x와 y좌표로 사상할 수 있음을 보여준다. 예를 들어, $s = -1$, $t = -1$인 정사각형 요소에서 절점 1의 좌표를 고려하자. 식 (10.2.4)와 (10.2.5)를 사용하면, 식 (10.2.4)의 좌변은 다음과 같다.

$$
x = x_1 \qquad y = y_1 \tag{10.2.6}
$$

마찬가지로, 절점 2, 3, 4에서 국부 절점좌표를 사상할 수 있다. 결국 s-t 등매개변수 좌표계에서의 정사각형 요소는 전체좌표계의 사변형 요소로 사상된다. 또한 s와 t의 모든 값에 대해 $N_1 + N_2 + N_3 + N_4 = 1$임을 주목하라.

식 (10.2.5)에서 형상함수를 보면, 절점 i에서 N_i ($i = 1, 2, 3, 4$)는 1이고 다른 절점에서는 0의 값을 갖는다. 요소 내에서 국부좌푯값에 따라 변하는 N_i의 물리적 형상을 그림 10-4에서 보여준다. 예를 들어, N_1은 $x_1 = 1$, $y_1 = 1$이고, x_2, y_2, x_3, y_3, x_4, y_4는 모두 0인 기하학적 형상을 나타낸다.

이제까지 우리는 식 (10.2.2)처럼 일반화된 좌표(a_i)를 이용하여 고유좌표와 전체좌표와의 관계를 가정하거나 혹은 변위를 a_i의 함수로 가정하는 것에 의해서 요소 형상함수를 전개해 왔다. 그러나 3.2절에서 설명했고 많은 경우에 사용했던 다음의 두 조건을 바탕으로 직관에 의해 형상함수를 직접 표현할 수 있다. 즉,

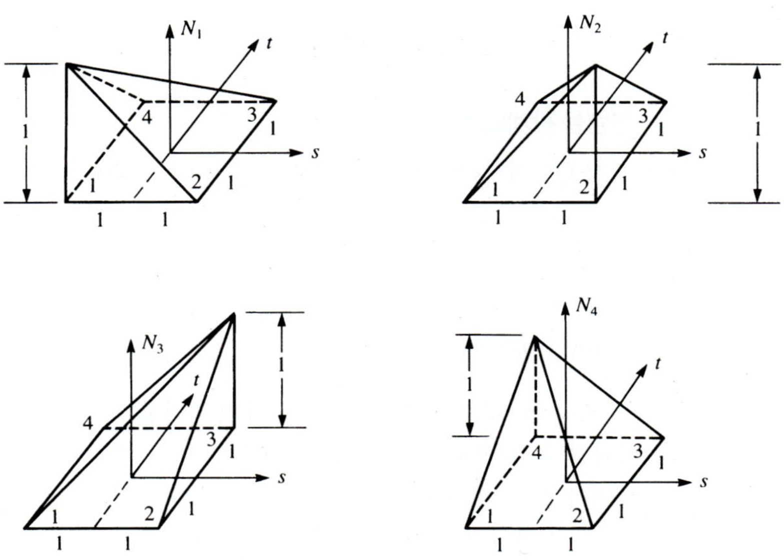

그림 10-4 • 선형 정사각형 요소에서 형상함수의 변화

$$\sum_{i=1}^{n} N_i = 1 \qquad (i = 1, 2, \ldots, n)$$

이며, 여기서 n은 변위 형상함수 N_i의 개수이다. 그리고 절점 i에서 $N_i = 1$이고, i 이외의 모든 절점에서는 $N_i = 0$이다. 더군다나, 세 번째 조건은 4장의 봉 요소에서처럼 변위의 연속성을 만족시켜야 할 때는 라그랑지안(Lagrangian) 보간법에 기초를 두고 있고, 추가적으로 경사의 연속성이 만족되어야만 한다면 허미션(Hermitian) 보간법에 기초를 둔다(형상함수를 위한 라그랑지안과 허미션 보간법의 사용에 대한 설명은 참고문헌 [4]와 [6]을 참조).

제2단계 변위함수의 선정

요소 내의 변위함수는 요소 형상을 정의하기 위해 사용한 형상함수에 의해 정의된다. 즉,

$$\begin{Bmatrix} u \\ v \end{Bmatrix} = \begin{bmatrix} N_1 & 0 & N_2 & 0 & N_3 & 0 & N_4 & 0 \\ 0 & N_1 & 0 & N_2 & 0 & N_3 & 0 & N_4 \end{bmatrix} \begin{Bmatrix} u_1 \\ v_1 \\ u_2 \\ v_2 \\ u_3 \\ v_3 \\ u_4 \\ v_4 \end{Bmatrix} \tag{10.2.7}$$

이며, 여기서 u와 v는 전체좌표계 x와 y방향의 변위이다. 그리고 형상함수들은 식 (10.2.5)에 의해 주어진다. 그림 10-3(b)에 나타낸 요소 내부의 점 $P(x, y)$의 변위는 식 (10.2.7)의 u와 v이다.

식 (6.6.6)과 (10.2.7)을 비교하면, 변의 길이가 $2b$와 $2h$(그림 6-20)인 직사각형 요소와 변의 길이가 2인 정사각형 요소 사이의 유사성을 알 수 있다. 만약 $b = 1$과 $h = 1$로 놓으면, 식 (6.6.5)와 (10.2.5)의 형상함수는 동일하다.

제3단계 변형률–변위와 응력–변형률 관계의 정의

6.6절과 식 (6.6.7b)에 설명된 것과 같이 Q4 직사각형 요소의 변형률은 전체좌표계에서 다음과 같이 주어진다.

$$\begin{aligned} \varepsilon_x &= a_2 + a_4 y, \\ \varepsilon_y &= a_7 + a_8 x, \\ \gamma_{xy} &= (a_3 + a_6) + a_4 x + a_8 y \end{aligned}$$

그림 10-5와 위 식에 나타낸 것처럼, ε_x는 x좌표가 아니라 y좌표에 따라 변화하고, ε_y는 y좌표가 아니라 x좌표에 따라 변화한다. 따라서 수직 변형률 ε_x는 요소의 길이에 따라 변하지 않는다. 그러므로 이 요소는 표 6-1의 결과에서 알 수 있듯이 보의 길이와 깊이 방향으로 많은 요소가 사용되지 않는다면 보의 모멘트 변화를 정확하게 모델링하지 못할 것이다.

이제 일반적인 형상을 갖는 사변형의 $[k]$를 계산하기 위해 요소행렬 $[B]$를 정식화하기로 하

자. 그러나 8장에서 보여준 것처럼 x와 y좌표의 항으로 형상함수를 쓰는 것은 불가능하지는 않지만, 어렵기 때문에 등매개변수 좌표 s와 t의 항으로 정식화를 수행할 것이다. 이것은 지루하게 보일지도 모르나 x-y 좌표계로 표현하는 것보다 s-t 좌표계 표현을 사용하는 것이 더 쉽기 때문이다. 이러한 접근은 또한 컴퓨터 프로그램 공식화를 단순하게 해준다.

요소 강성행렬을 만들기 위해서 변위의 도함수로 정의되는 변형률을 x-y 좌표계에서 결정해야만 한다. 그러나 변위는 식 (10.2.5)의 형상함수를 가지고, 식 (10.2.7)에 의해 주어진 것처럼 s-t 좌표계 함수이다. 변위함수 u, v를 f로 나타내면 먼저 $(\partial f / \partial x)$와 $(\partial f / \partial y)$를 결정해야만 한다. u와 v가 s와 t의 항으로 표현되었기 때문에 미분의 연쇄 법칙을 적용해야만 한다. 왜냐하면 s와 t를 x와 y의 함수로 직접 표현할 수 없기 때문이다. x와 y의 함수인 f에 대해 연쇄 법칙을 적용하면 다음과 같다.

$$\begin{aligned} \frac{\partial f}{\partial s} &= \frac{\partial f}{\partial x}\frac{\partial x}{\partial s} + \frac{\partial f}{\partial y}\frac{\partial y}{\partial s} \\ \frac{\partial f}{\partial t} &= \frac{\partial f}{\partial x}\frac{\partial x}{\partial t} + \frac{\partial f}{\partial y}\frac{\partial y}{\partial t} \end{aligned} \tag{10.2.8}$$

식 (10.2.8)에서 $(\partial f / \partial s)$, $(\partial f / \partial t)$, $(\partial x / \partial s)$, $(\partial y / \partial s)$, $(\partial x / \partial t)$, $(\partial y / \partial t)$는 식 (10.2.7)과 (10.2.4)를 이용하여 구할 수 있다. $(\partial f / \partial x)$와 $(\partial f / \partial y)$를 구해야만 변형률을 구할 수 있다. 예를 들면, $\varepsilon_x = (\partial u / \partial x)$이다. 따라서 행렬식의 계산을 포함하는(부록 B 참조) 크라마의 법칙(Cramer's rule)을 사용하여 $(\partial f / \partial x)$와 $(\partial f / \partial y)$를 구하기 위해 식 (10.2.8)을 푼다.

$$\frac{\partial f}{\partial x} = \frac{\begin{vmatrix} \frac{\partial f}{\partial s} & \frac{\partial y}{\partial s} \\ \frac{\partial f}{\partial t} & \frac{\partial y}{\partial t} \end{vmatrix}}{\begin{vmatrix} \frac{\partial x}{\partial s} & \frac{\partial y}{\partial s} \\ \frac{\partial x}{\partial t} & \frac{\partial y}{\partial t} \end{vmatrix}} \qquad \frac{\partial f}{\partial y} = \frac{\begin{vmatrix} \frac{\partial x}{\partial s} & \frac{\partial f}{\partial s} \\ \frac{\partial x}{\partial t} & \frac{\partial f}{\partial t} \end{vmatrix}}{\begin{vmatrix} \frac{\partial x}{\partial s} & \frac{\partial y}{\partial s} \\ \frac{\partial x}{\partial t} & \frac{\partial y}{\partial t} \end{vmatrix}} \tag{10.2.9}$$

여기서 분모의 행렬식은 **자코비언** 행렬 $[J]$의 행렬식이고, 자코비언 행렬은 다음과 같다.

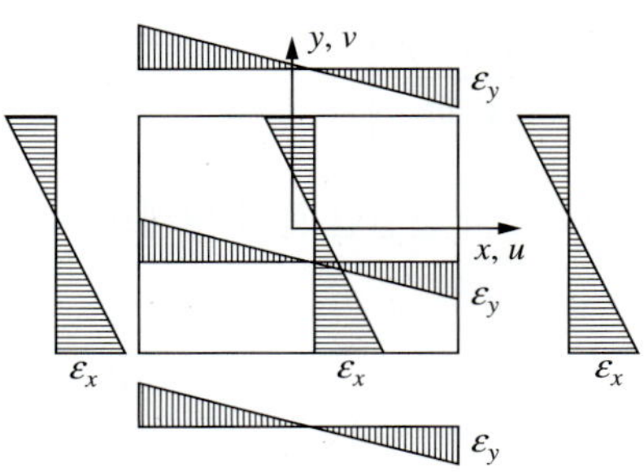

그림 10-5 • Q4 요소에서의 수직 응력 변화

$$[J] = \begin{bmatrix} \dfrac{\partial x}{\partial s} & \dfrac{\partial y}{\partial s} \\ \dfrac{\partial x}{\partial t} & \dfrac{\partial y}{\partial t} \end{bmatrix} \tag{10.2.10}$$

이제 요소 변형률을 다음과 같이 표현한다.

$$\{\varepsilon\} = [B]\{d\} \tag{10.2.11}$$

여기서 $[B]$는 s와 t의 함수로서 표현된다. 우리는 행렬 형태로 주어진 변형률과 변위 사이의 일반적인 관계를 가지고 $[B]$를 구하는 정식화를 진행한다.

$$\begin{Bmatrix} \varepsilon_x \\ \varepsilon_y \\ \gamma_{xy} \end{Bmatrix} = \begin{bmatrix} \dfrac{\partial(\ )}{\partial x} & 0 \\ 0 & \dfrac{\partial(\ )}{\partial y} \\ \dfrac{\partial(\ )}{\partial y} & \dfrac{\partial(\ )}{\partial x} \end{bmatrix} \begin{Bmatrix} u \\ v \end{Bmatrix} \tag{10.2.12}$$

여기서 식 (10.2.12)의 우변의 직사각형 행렬은 **연산자 행렬**(*operator matrix*)이다. 즉, $\partial(\ )/\partial x$와 $\partial(\ )/\partial y$는 괄호 안에 대입하는 변수의 편미분을 나타낸다.

식 (10.2.9)를 사용하면 다음 식을 얻는다.

$$\begin{aligned} \frac{\partial(\ )}{\partial x} &= \frac{1}{|[J]|}\left[\frac{\partial y}{\partial t}\frac{\partial(\ )}{\partial s} - \frac{\partial y}{\partial s}\frac{\partial(\ )}{\partial t} \right] \\ \frac{\partial(\ )}{\partial y} &= \frac{1}{|[J]|}\left[\frac{\partial x}{\partial s}\frac{\partial(\ )}{\partial t} - \frac{\partial x}{\partial t}\frac{\partial(\ )}{\partial s} \right] \end{aligned} \tag{10.2.13}$$

여기서 $|[J]|$는 $[J]$의 행렬식으로 식 (10.2.10)에 주어져 있다. 식 (10.2.12)에 식 (10.2.13)을 사용하여 고유좌표(s-t)의 항으로 표현된 변형률에 대한 다음 식을 얻을 수 있다.

$$\begin{Bmatrix} \varepsilon_x \\ \varepsilon_y \\ \gamma_{xy} \end{Bmatrix} = \frac{1}{|[J]|} \begin{bmatrix} \dfrac{\partial y}{\partial t}\dfrac{\partial(\ )}{\partial s} - \dfrac{\partial y}{\partial s}\dfrac{\partial(\ )}{\partial t} & 0 \\ 0 & \dfrac{\partial x}{\partial s}\dfrac{\partial(\ )}{\partial t} - \dfrac{\partial x}{\partial t}\dfrac{\partial(\ )}{\partial s} \\ \dfrac{\partial x}{\partial s}\dfrac{\partial(\ )}{\partial t} - \dfrac{\partial x}{\partial t}\dfrac{\partial(\ )}{\partial s} & \dfrac{\partial y}{\partial t}\dfrac{\partial(\ )}{\partial s} - \dfrac{\partial y}{\partial s}\dfrac{\partial(\ )}{\partial t} \end{bmatrix} \begin{Bmatrix} u \\ v \end{Bmatrix} \tag{10.2.14}$$

식 (10.2.7)을 사용하여, 식 (10.2.14)를 형상함수와 전체좌표계의 간결한 행렬 형태로 다음과 같이 표현할 수 있다.

$$\{\varepsilon\} = [D'][N]\{d\} \tag{10.2.15}$$

여기서 $[D']$는 다음과 같이 주어지는 연산자 행렬이다.

$$[D'] = \frac{1}{|[J]|}\begin{bmatrix} \frac{\partial y}{\partial t}\frac{\partial(\ )}{\partial s} - \frac{\partial y}{\partial s}\frac{\partial(\ )}{\partial t} & 0 \\ 0 & \frac{\partial x}{\partial s}\frac{\partial()}{\partial t} - \frac{\partial x}{\partial t}\frac{\partial(\ )}{\partial s} \\ \frac{\partial x}{\partial s}\frac{\partial(\ )}{\partial t} - \frac{\partial x}{\partial t}\frac{\partial(\ )}{\partial s} & \frac{\partial y}{\partial t}\frac{\partial(\ )}{\partial s} - \frac{\partial y}{\partial s}\frac{\partial(\ )}{\partial t} \end{bmatrix} \tag{10.2.16}$$

그리고 $[N]$은 식 (10.2.7) 우변의 첫 번째 행렬로 2×8 형상함수 행렬이며, $\{d\}$는 식 (10.2.7) 우변의 열 벡터이다.

$[B]$를 다음과 같이 정의하면,

$$\underset{(3 \times 8)}{[B]} = \underset{(3 \times 2)}{[D']} \quad \underset{(2 \times 8)}{[N]} \tag{10.2.17}$$

s와 t의 함수로서 $[B]$가 표현되고, 이에 따라 변형률은 s와 t로 표현된다. 여기서 $[B]$는 식 (10.2.17)에 나타낸 것처럼 3×8 행렬이다.

$[B]$의 구체적인 형태는 $[D']$에 대한 식 (10.2.16)과 형상함수에 대한 식 (10.2.5)를 식 (10.2.17)에 대입하여 얻을 수 있다. 행렬 곱셈 결과는 다음과 같다.

$$[B(s,\ t)] = \frac{1}{|[J]|}[[B_1] \quad [B_2] \quad [B_3] \quad [B_4]] \tag{10.2.18}$$

여기서 $[B]$의 부분행렬은 다음과 같이 주어진다.

$$[B_i] = \begin{bmatrix} a(N_{i,s}) - b(N_{i,t}) & 0 \\ 0 & c(N_{i,t}) - d(N_{i,s}) \\ c(N_{i,t}) - d(N_{i,s}) & a(N_{i,s}) - b(N_{i,t}) \end{bmatrix} \tag{10.2.19}$$

여기서, i는 1, 2, 3, 4에 해당하는 변수이다. 그리고

$$\begin{aligned} a &= \frac{1}{4}[y_1(s-1) + y_2(-1-s) + y_3(1+s) + y_4(1-s)] \\ b &= \frac{1}{4}[y_1(t-1) + y_2(1-t) + y_3(1+t) + y_4(-1-t)] \\ c &= \frac{1}{4}[x_1(t-1) + x_2(1-t) + x_3(1+t) + x_4(-1-t)] \\ d &= \frac{1}{4}[x_1(s-1) + x_2(-1-s) + x_3(1+s) + x_4(1-s)] \end{aligned} \tag{10.2.20}$$

식 (10.2.5)에 의해 정의되는 형상함수를 이용하여 다음을 얻는다.

$$N_{1,s} = \frac{1}{4}(t-1) \qquad N_{1,t} = \frac{1}{4}(s-1) \qquad (\text{등등}) \tag{10.2.21}$$

여기서 콤마와 이어지는 변수 s 또는 t가 의미하는 것은 그 변수들에 관한 편미분이다 즉, $N_{1,s} \equiv \partial N_1 / \partial s$ 등이다. 행렬식 $|[J]|$은 s와 t의 다항식이고, 가장 단순한 경우인 선형 평면 요소의 경우에도 계산하기가 복잡하다. 그러나 $|[J]|$에 대한 식 (10.2.10)과 x와 y에 대한 식 (10.2.3)을 사

용하여 다음과 같이 $|[J]|$을 계산할 수 있다.

$$|[J]| = \frac{1}{8}\{X_c\}^T \begin{bmatrix} 0 & 1-t & t-s & s-1 \\ t-1 & 0 & s+1 & -s-1 \\ s-t & -s-1 & 0 & t+1 \\ 1-s & s+1 & -t-1 & 0 \end{bmatrix} \{Y_c\} \tag{10.2.22}$$

여기서

$$\{X_c\}^T = [x_1 \quad x_2 \quad x_3 \quad x_4] \tag{10.2.23}$$

그리고

$$\{Y_c\} = \begin{Bmatrix} y_1 \\ y_2 \\ y_3 \\ y_4 \end{Bmatrix} \tag{10.2.24}$$

$|[J]|$가 s와 t 그리고 알고 있는 전체좌표 $x_1, x_2, \ldots, y_4$의 함수라는 것을 알 수 있다. 따라서 $[B]$는 분자, 분모에 있어서 모두 s와 t의 함수이며[식 (10.2.22)에서 주어진 $|[J]|$에 의해], 또한 알고 있는 전체좌푯값 x_1에서 y_4까지의 함수이다.

응력과 변형률 관계는 $\{\sigma\} = [D][B]\{d\}$이고, $[B]$가 s와 t의 함수이기 때문에 응력행렬 $\{\sigma\}$도 s와 t의 함수가 된다.

제4단계　요소 강성행렬과 방정식의 유도

이제 s-t좌표의 항으로 강성행렬을 표현해 보자. 일정한 두께 h를 가진 요소에 대해 다음 식을 얻는다.

$$[k] = \iint_A [B]^T[D][B]h\,dx\,dy \tag{10.2.25}$$

그러나 $[B]$는 식 (10.2.18)~(10.2.20)에서 보여주는 바와 같이 s와 t의 함수이다. 그래서 우리는 s와 t에 대해 적분해야만 한다. 다시 한 번 변수와 적분 구간을 x와 y에서 s와 t로 변환시키기 위해, $[J]$의 행렬식 계산을 포함하는 표준 절차를 거쳐야만 한다. 이러한 일반적인 변환 형태는 다음과 같이 주어진다(참고문헌 [4, 5] 참조).

$$\iint_A f(x, y)\,dx\,dy = \iint_A f(s, t)|[J]|\,ds\,dt \tag{10.2.26}$$

식 (10.2.26)에서 우변의 적분항에 $|[J]|$을 포함시킨 것은 적분 계산 법칙에 기인한다(이 법칙의 완전한 증명에 대해서는 참고문헌 [5] 참조). 자코비언 행렬의 행렬식은 고유좌표계에서의 요소 면적($ds \cdot dt$)에 대한 전체좌표계에서의 요소 면적($dx \cdot dy$)의 비를 나타낸다. 요소의 표면적이 A인 직사각형과 평행사변형 요소의 경우, $J = A/4$인 상수가 된다. 식 (10.2.25)에 식 (10.2.26)을 대입하면 다음과 같은 결과를 얻는다.

$$[k] = \int_{-1}^{1}\int_{-1}^{1}[B]^T[D][B]h|[J]|\,ds\,dt \tag{10.2.27}$$

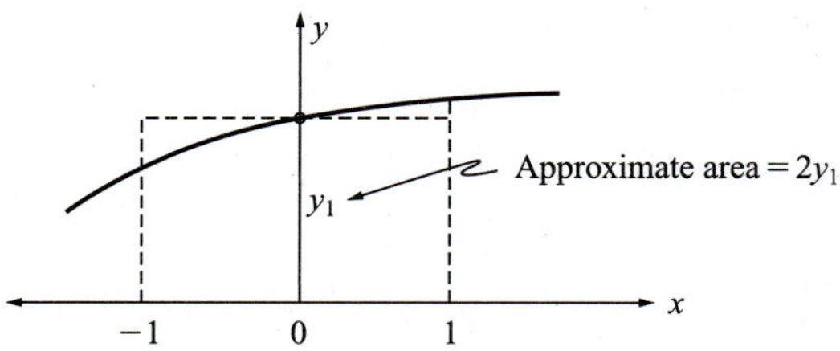

그림 10-9 • 하나의 적분점을 사용한 가우스 적분법

가우스 적분법

다음 적분을 구하기 위해

$$I = \int_{-1}^{1} y\ dx \tag{10.3.4}$$

[여기서 $y = y(x)$이다] 그림 10-9에 나타낸 것처럼 중앙에서의 값 $y(0) = y_1$과 간격을 곱한다. 계산 결과 $I = 2y_1$을 얻게 되고, 함수 y가 직선이면 정확한 해가 된다. 이것은 단지 한 개의 적분점을 사용하기 때문에 소위 **1점 가우스 적분법(*one-point Gaussian quadrature*)**의 예제가 된다. 그러므로

$$I = \int_{-1}^{1} y(x)\ dx \cong 2y(0) \tag{10.3.5}$$

이며, 위의 결과는 잘 알려진 중간점 규칙(midpoint rule)이다. 이 공식의 일반화[식 (10.3.5)]는 다음과 같다.

$$I = \int_{-1}^{1} y\ dx = \sum_{i=1}^{n} W_i y_i \tag{10.3.6}$$

즉, 적분을 근사화하기 위해 n개의 적분점에서 함수를 계산하고, 적당한 가중치 W_i를 각 수치 y_i에 곱해서 합한다. 가우스 적분법은 주어진 적분점의 개수에 대해 가능한 최고의 정확성을 주는 적분점들을 선택한다. 적분점은 간격의 중심에 대해서 대칭적으로 위치한다. 대칭인 두 점의 가중치 W_i는 동일하다. 표 10-2는 처음 3차, 즉, 한 개, 두 개, 세 개 적분점(더 완전한 표는 참고문헌 [2]를 참조)까지의 적당한 적분점과 가중계수 값을 준다. 예를 들어, 두 개의 적분점을 사용하면(그림 10-10), $W_1 = W_2 = 1.000$이기 때문에 $I = y_1 + y_2$가 된다. 만약 $y = f(x)$가 x^3까지의 항을 가진 다항식이라면 이것은 정확한 결과이다. n개의 점(가우스 점)을 사용

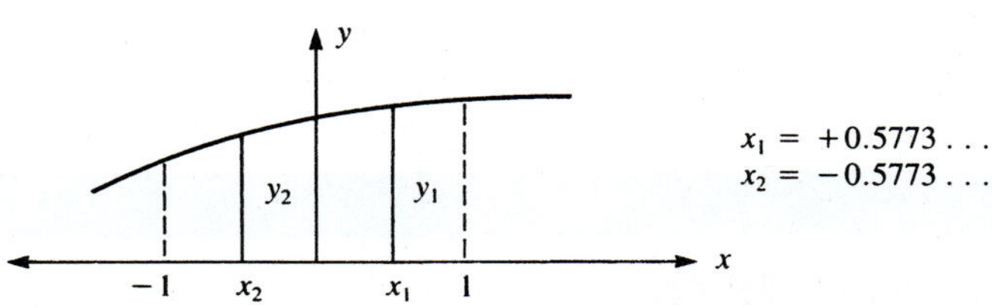

그림 10-10 • 두 개의 적분점을 사용한 가우스 적분법

하는 가우스 적분법은 적분항이 $(2n-1)$차 이하의 다항식인 경우 정확한 계산값을 준다. n개의 점을 사용하여 주어진 함수 $y=f(x)$를 $(2n-1)$차 다항식으로 효과적으로 대체할 수 있다. 수치적분의 정확성은 다항식이 주어진 곡선에 얼마나 일치하는지에 달려 있다.

만약 함수 $f(x)$가 다항식이 아니라면, 가우스 적분법은 부정확하다. 그러나 더 많은 가우스 점을 사용하면 결과가 더 정확하게 된다. 일반적으로 두 다항식의 비는 다항식이 아니기 때문에, 가우스 적분법은 다항식의 비에 대해서는 정확한 적분값을 산출하지 않음을 알아야 한다.

2점 공식

식 (10.3.6)에 근거한 2점($n=2$) 가우스 공식을 유도하기 위해 다음 식을 이용한다.

$$I=\int_{-1}^{1} y\, dx = W_1 y_1 + W_2 y_2 = W_1 y(x_1) + W_2 y(x_2) \tag{10.3.7}$$

네 개의 미지 매개변수 W_1, W_2, x_1, x_2를 구해야 한다. 그래서 y를 3차 함수로 가정한다.

$$y = C_0 + C_1 x + C_2 x^2 + C_3 x^3 \tag{10.3.8}$$

일반적으로 네 개의 변수를 갖는 2점 가우스 공식은 곡선 아래의 면적을 정확하게 예측할 것으로 기대된다. 즉,

$$A=\int_{-1}^{1} (C_0 + C_1 x + C_2 x^2 + C_3 x^3)\, dx = 2C_0 + \frac{2C_2}{3} \tag{10.3.9}$$

하지만 가우스 적분법에서는 $x=\pm a$에서 같은 가중치를 갖는 두 개의 대칭 가우스 점을 사용하기 때문에, $W_1 = W_2$, $x_1 = x_2$라 가정할 수 있다. 따라서 가우스 공식으로 예측되는 면적은

$$A_G = Wy(-a) + Wy(a) = 2W(C_0 + C_2 a^2) \tag{10.3.10}$$

이며, 여기서 $y(-a)$와 $y(a)$는 식 (10.3.8)에서 계산된다. 만약 오차 $e = A - A_G$가 임의의 C_0와 C_2에 대해 사라진다면, 오차에 대한 표현식에 식 (10.3.9)와 (10.3.10)을 이용하여 다음 식을 얻는다.

$$\frac{\partial e}{\partial C_0} = 0 = 2 - 2W \quad \text{또는} \quad W = 1 \tag{10.3.11}$$

그리고
$$\frac{\partial e}{\partial C_2} = 0 = \frac{2}{3} - 2a^2 W \quad \text{또는} \quad a = \sqrt{\frac{1}{3}} = 0.5773\ldots \tag{10.3.12}$$

이로부터 $W=1$과 $a=0.5773\ldots$임을 알 수 있고, 이 값들은 표 10-2에 주어진 2점의 가우스 적분법에 대한 W_i와 $a_i(x_i)$이다.

예제 10.3

3점 가우스 적분법을 이용하여 다음의 적분을 계산하라.

$I=\int_{-1}^{1} [x^2 + \cos(x/2)]\, dx$ 그리고 (b) $I=\int_{-1}^{1} (3^x - x)\, dx$

풀이

(a) 표 10-2에서 세 개의 가우스 점과 가중계수를 찾으면 다음과 같다. $x_1 = x_3 = \pm 0.77459 \ldots$, $x_2 = 0.000\ldots$, $W_1 = W_3 = \frac{5}{9}$, $W_2 = \frac{8}{9}$. 그러므로 적분 계산은 다음과 같다.

$$I = \left[(-0.77459)^2 + \cos\left(-\frac{0.77459}{2}\text{rad}\right)\right]\frac{5}{9} + \left[0^2 + \cos\frac{0}{2}\right]\frac{8}{9} + \left[(0.77459)^2 + \cos\left(\frac{0.77459}{2}\text{rad}\right)\right]\frac{5}{9}$$
$$= 1.918 + 0.667 = 2.585$$

정확한 해 $I_{exact} = 2.585$와 비교해 보라.

이 경우에 3점 가우스 적분법은 네 자리의 유효숫자까지 정확한 값을 준다.

(b) 앞에서 이용한 3점 가우스 적분법과 가중계수를 이용하여 적분을 계산한 결과는 다음과 같다.

$$I = [3^{(-0.77459)} - (-0.77459)]\frac{5}{9} + [3^0 - 0]\frac{8}{9} + [3^{(0.77459)} - (0.77459)]\frac{5}{9}$$
$$= 0.66755 + 0.88889 + 0.86065 = 2.4229 \text{(네 자리 유효숫자로 2.423)}$$

정확한 해 $I_{exact} = 2.427$과 비교해 보라. 오차는 $2.427 - 2.423 = 0.004$이다.

2차원 문제에서는 먼저 한 좌표에 대해 적분한 다음 다른 좌표에 대해 적분함으로써 다음과 같은 적분 공식을 얻을 수 있다.

$$\begin{aligned} I &= \int_{-1}^{1}\int_{-1}^{1} f(s, t)\, ds\, dt = \int_{-1}^{1}\left[\sum_i W_i f(s_i, t)\right] dt \\ &= \sum_j W_j\left[\sum_i W_i f(s_i, t_j)\right] = \sum_j \sum_j W_i W_j f(s_i, t_j) \end{aligned} \tag{10.3.13}$$

식 (10.3.13)에서 우리는 각 방향으로 가우스 점을 똑같은 개수로 사용할 필요는 없다(즉, i와 j가 같을 필요는 없다). 그러나 일반적으로 똑같은 개수를 사용한다. 예를 들어, 4점을 가진 가

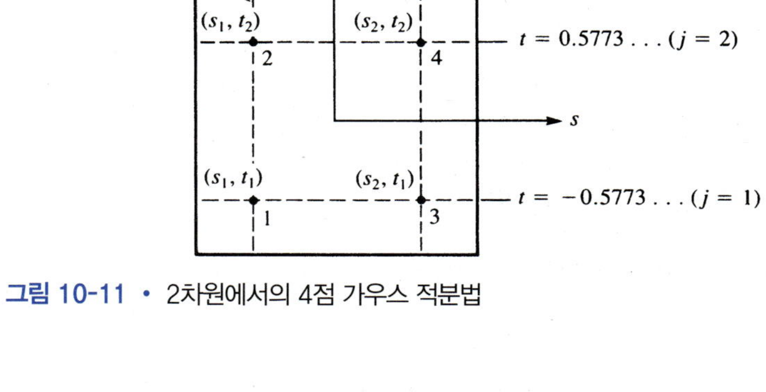

그림 10-11 • 2차원에서의 4점 가우스 적분법

우스 규칙(종종 2 × 2 규칙으로 설명된다)을 그림 10-11에 나타냈다. 식 (10.3.13)을 $i = 1, 2$ 그리고 $j = 1, 2$에 대해 전개하면 다음과 같다.

$$I = W_1 W_1 f(s_1, t_1) + W_1 W_2 f(s_1, t_2) + W_2 W_1 f(s_2, t_1) + W_2 W_2 f(s_2, t_2) \qquad (10.3.14)$$

여기서 4개의 추출점은 $s_i, t_i = \pm 0.5773\ldots = \pm 1/\sqrt{3}$에 위치하고 가중계수는 모두 1.000이다. 따라서 식 (10.3.13)에서의 두 번의 합계 부호는 직사각형 내의 네 개 점에 대한 한 번의 합계 부호로 해석될 수 있다.

일반적으로 3차원에서는 다음 식을 갖는다.

$$I = \int_{-1}^{1}\int_{-1}^{1}\int_{-1}^{1} f(s, t, z)\, ds\; dt\; dz = \sum_i \sum_j \sum_k W_i W_j W_k\, f(s_i, t_j, z_k) \qquad (10.3.15)$$

10.4 | 가우스 적분법에 의한 강성행렬과 응력행렬의 계산

강성행렬의 계산

이전 장들에서 2차원 요소에 대해 다음 식을 살펴보았다.

$$[k] = \iint_A [B(x,y)]^T [D][B(x, y)]h\, dx\, dy \qquad (10.4.1)$$

여기서 일반적으로 적분항은 x, y와 절점좌푯값의 함수이다.

10.2절에서, 사변형 요소의 $[k]$가 요소 내의 -1부터 1까지 구간을 갖는 s-t 국부좌표의 항과 전체좌표계에서 절점좌표의 항으로서 계산될 수 있음을 보았다. 편의를 위해 식 (10.2.27)을 다음과 같이 다시 쓴다.

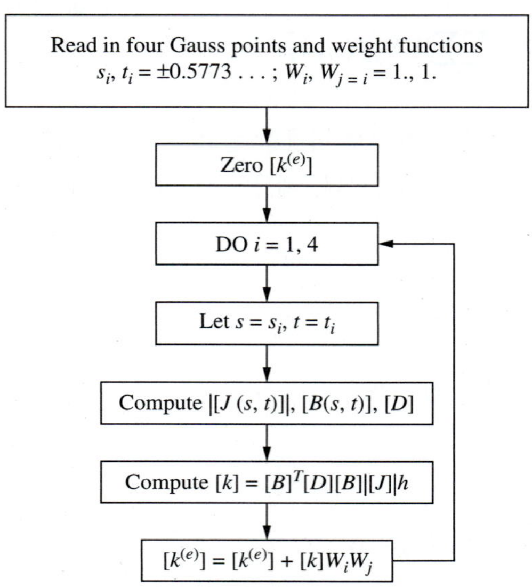

그림 10-12 • 4점 가우스 적분법에 의해 $[k^{(e)}]$를 구하기 위한 흐름도

$$[k] = \int_{-1}^{1}\int_{-1}^{1}[B(s, t)]^T[D][B(s, t)]|[J]|\,h\,ds\,dt \tag{10.4.2}$$

여기서 $|[J]|$는 식 (10.2.22)에 의해 정의되고, $[B]$는 식 (10.2.18)에 의해 정의된다. 식 (10.4.2)에서 적분항 $[B]^T\,[D][B]|[J]|$의 각 계수는 식 (10.3.13)의 $f\,(s, t)$가 적분되는 것과 같은 방법으로 수치적분에 의해 계산된다.

4점 가우스 적분법을 사용하여 요소에 대한 $[k]$를 식 (10.4.2)와 같이 계산하는 흐름도가 그림 10-12에 주어져 있다. 4개의 절점을 갖는 사각형 요소(Q4 요소)에 대해 4점 가우스 적분법을 사용하면 "완전적분(full integration)"이라 일컫는다. 이때, 완전적분은 감차적분(reduced integration)과 대응되는 것으로 직사각형 요소와 같이 요소의 형상이 왜곡되지 않고 규칙적인 모양을 갖는 경우, 요소강성 행렬의 다항식을 정확하게 적분하는 데 필요한 가우스 점의 개수 또는 적분 차수를 의미한다. 예를 들어, 선형 Q4 요소를 완전적분하기 위해서는 각 방향별로 2개의 적분점이 필요하다. 4점 가우스 적분법 규칙은 비교적 사용하기가 쉽다. 또한 이 방법은 참고문헌 [7]에서와 같이 좋은 결과를 주는 것을 알 수 있다. 그림 10-12에서 4점 가우스 적분법(이제 i = 1에서 4까지 한 번의 합계를 사용하여)에 대한 명확하고 구체적인 표현은 다음과 같다.

$$\begin{aligned}[k] = {} & [B(s_1, t_1)]^T[D][B(s_1, t_1)]|[J(s_1, t_1)]|\,hW_1W_1 \\ & + [B(s_2, t_2)]^T[D][B(s_2, t_2)]|[J(s_2, t_2)]|\,hW_2W_2 \\ & + [B(s_3, t_3)]^T[D][B(s_3, t_3)]|[J(s_3, t_3)]|\,hW_3W_3 \\ & + [B(s_4, t_4)]^T[D][B(s_4, t_4)]|[J(s_4, t_4)]|\,hW_4W_4\end{aligned} \tag{10.4.3}$$

여기서 그림 10-11에서 보여주는 것처럼 $s_1 = t_1 = -0.5773$, $s_2 = -0.5773$, $t_2 = 0.5773$, $s_3 = 0.5773$, $t_3 = -0.5773$, $s_4 = t_4 = 0.5773$이고, $W_1 = W_2 = W_3 = W_4 = 1.000$이다.

예제 10.4

4점 가우스 적분법 규칙을 사용하여 그림 10-13에 주어진 사각형 요소에 대한 강성행렬을 계산하라. $E = 30 \times 10^6$ psi이고 $\nu = 0.25$이다. 전체좌표계는 인치로 나타내며, $h = 1$ in.로 가정한다.

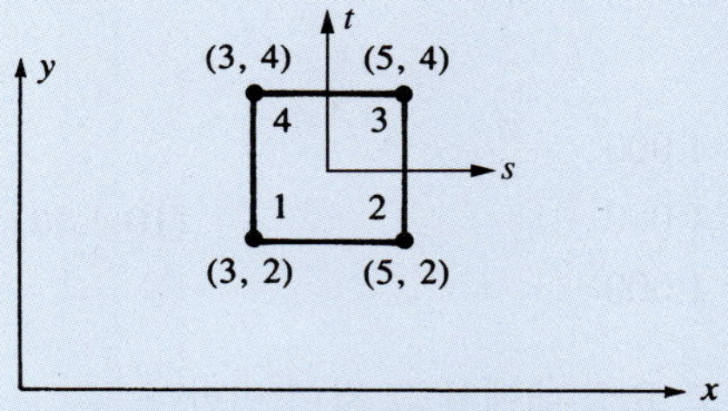

그림 10-13 • 강성 계산을 위한 사변형 요소

풀이

식 (10.4.3)을 이용하여 행렬 $[k]$를 계산한다. 4점 규칙에 사용될 점들은 다음과 같다(그림

10-11을 참조하라).

$$\begin{aligned}(s_1,\ t_1) &= (-0.5773,\ -0.5773)\\(s_2,\ t_2) &= (-0.5773,\ 0.5773)\\(s_3,\ t_3) &= (0.5773,\ -0.5773)\\(s_4,\ t_4) &= (0.5773,\ 0.5773)\end{aligned} \tag{10.4.4a}$$

가중치는 $W_1 = W_2 = W_3 = W_4 = 1.000$이다.

따라서 식 (10.4.3)에 의해 다음 식을 얻는다.

$$\begin{aligned}[k] = {} & [B(-0.5773,\ -0.5773)]^T[D][B(-0.5773,\ -0.5773)]\\ & \times |[J(-0.5773,\ -0.5773)]|(1)(1.000)(1.000)\\ & + [B(-0.5773,\ 0.5773)]^T[D][B(-0.5773,\ 0.5773)]\\ & \times |[J(-0.5773,\ 0.5773)]|(1)(1.000)(1.000)\\ & + [B(0.5773,\ -0.5773)]^T[D][B(0.5773,\ -0.5773)]\\ & \times |[J(0.5773,\ -0.5773)]|(1)(1.000)(1.000)\\ & + [B(0.5773,\ 0.5773)]^T[D][B(0.5773,\ 0.5773)]\\ & \times |[J(0.5773,\ 0.5773)]|(1)(1.000)(1.000)\end{aligned} \tag{10.4.4b}$$

$[k]$를 계산하기 위해, 식 (10.2.22)를 사용하여 각 가우스 점에서 $|[J]|$를 계산한다. 예를 들면, $|[J]|$의 한 부분은 다음과 같이 주어진다.

$$\begin{aligned}&|[J(-0.5773,\ -0.5773)]| = \frac{1}{8}[3 \quad 5 \quad 5 \quad 3]\\ &\times \begin{bmatrix} 0 & 1-(-0.5773) & -0.5773-(-0.5773) & -0.5773-1\\ -0.5773-1 & 0 & -0.5773+1 & -0.5773-(-0.5773)\\ -0.5773-(-0.5773) & -(-0.5773)-1 & 0 & -0.5773+1\\ 1-(-0.5773) & -0.5773+(-0.5773) & -0.5773-1 & 0\end{bmatrix}\\ &\times \begin{Bmatrix} 2\\ 2\\ 4\\ 4\end{Bmatrix} = 1.000\end{aligned} \tag{10.4.4c}$$

유사하게,

$$\begin{aligned}|[J(-0.5773,\ 0.5773)]| &= 1.000\\ |[J(0.5773,\ -0.5773)]| &= 1.000\\ |[J(0.5773,\ 0.5773)]| &= 1.000\end{aligned} \tag{10.4.4d}$$

이번 예제에서는 $|[J]| = 1$이지만, 일반적으로 $|[J]| \neq 1$이고 요소 내에서 그 값이 변한다.

그 다음, 식 (10.2.18)과 (10.2.19)를 이용하여 $[B]$를 계산한다. 예를 들어, $[B]$의 한 부분은 다음과 같다.

$$[B(-0.5773,\ -0.5773)] = \frac{1}{|[J(-0.5773,\ -0.5773)]|}[[B_1]\quad [B_2]\quad [B_3]\quad [B_4]]$$

여기서, 식 (10.2.19)에 의해

$$[B_1] = \begin{bmatrix} aN_{1,s} - bN_{1,t} & 0 \\ 0 & cN_{1,t} - dN_{1,s} \\ cN_{1,t} - dN_{1,s} & aN_{1,s} - bN_{1,t} \end{bmatrix} \qquad (10.4.4e)$$

그리고 식 (10.2.20)과 (10.2.21)에 의해 a, b, c, d, $N_{1,s}$, $N_{1,t}$가 계산된다. 예를 들면,

$$\begin{aligned} a &= \frac{1}{4}[y_1(s-1) + y_2(-1-s) + y_3(1+s) + y_4(1-s)] \\ &= \frac{1}{4}\{2(-0.5773-1) + 2[-1-(-0.5773)] + 4[1+(-0.5773)] + 4[1-(-0.5773)]\} \\ &= 1.00 \end{aligned} \qquad (10.4.4f)$$

이 되며, b, c, d를 얻을 때에도 동일한 계산이 사용된다. 또한

$$\begin{aligned} N_{1,s} &= \frac{1}{4}(t-1) = \frac{1}{4}(-0.5773-1) = -0.3943 \\ N_{1,t} &= \frac{1}{4}(s-1) = \frac{1}{4}(-0.5773-1) = -0.3943 \end{aligned} \qquad (10.4.4g)$$

가 된다. 위와 비슷한 방법으로 (−0.5773, −0.5773)에서 $[B_2]$, $[B_3]$, $[B_4]$도 $[B_1]$과 같이 계산된다. 그리고 다른 가우스 점[식 (10.4.4a)]에서 $[B]$를 반복하여 계산한다.

$[B]$와 $[k]$를 계산하기 위해 특별하게 쓰인 컴퓨터 프로그램을 사용하여, 다음과 같은 $[B(-0.5773,\ -0.5773)]$의 최종 형태를 얻는다.

$$[B(-0.5773,\ -0.5773)] =$$
$$\begin{bmatrix} -0.1057 & 0 & 0.1057 & 0 & 0 & -0.1057 & 0 & -0.3943 \\ -0.1057 & -0.1057 & -0.3943 & 0.1057 & 0.3943 & 0 & -0.3943 & 0 \\ 0 & 0.3943 & 0 & 0.1057 & 0.3943 & 0.3943 & 0.1057 & -0.3943 \end{bmatrix} \qquad (10.4.4h)$$

식 (6.1.8)로부터 행렬 $[D]$는 다음과 같다.

$$[D] = \frac{E}{1-\nu^2}\begin{bmatrix} 1 & \nu & 0 \\ \nu & 1 & 0 \\ 0 & 0 & \dfrac{1-\nu}{2} \end{bmatrix} = \begin{bmatrix} 32 & 8 & 0 \\ 8 & 32 & 0 \\ 0 & 0 & 12 \end{bmatrix} \times 10^6 \text{ psi} \qquad (10.4.4i)$$

최종적으로, 식 (10.4.4b)를 이용하여 다음과 같은 행렬 $[k]$를 얻는다.

$$[k] = 10^4 \begin{bmatrix} 1466 & 500 & -866 & -99 & -733 & -500 & 133 & 99 \\ 500 & 1466 & 99 & 133 & -500 & -733 & -99 & -866 \\ -866 & 99 & 1466 & -500 & 133 & -99 & -733 & 500 \\ -99 & 133 & -500 & 1466 & 99 & -866 & 500 & -733 \\ -733 & -500 & 133 & 99 & 1466 & 500 & -866 & -99 \\ -500 & -733 & -99 & -866 & 500 & 1466 & 99 & 133 \\ 133 & -99 & -733 & 500 & -866 & 99 & 1466 & -500 \\ 99 & -866 & 500 & -733 & -99 & 133 & -500 & 1466 \end{bmatrix} \tag{10.4.4j}$$

요소 응력의 계산

사각형 요소 내에서는 응력 $\{\sigma\} = [D][B]\{d\}$가 일정하지 않다. $[B]$가 s와 t의 함수이기 때문에 $\{\sigma\}$ 또한 s와 t의 함수이다. 실제로 응력은 강성행렬 $[k]$의 계산에 사용된 가우스 적분점에서 계산된다. 2×2 적분을 이용하는 사각형 요소의 경우에는 4점에서 응력 데이터를 얻는다. 데이터 양을 줄이기 위해 종종 $s = 0$, $t = 0$에서 응력을 계산하기도 한다. 7.4절에서 설명된 다른 방법은 공통 절점을 포함하고 있는 모든 요소에서 공통 절점의 응력을 계산한 후 그 평균값을 공통 절점에서의 응력으로 나타내는 것이다. 이것은 대부분의 컴퓨터 프로그램에서 사용하는 방법이다. 이러한 프로그램에서 얻어진 응력 분포도는 이와 같은 평균 절점 응력 계산법에 의존한다. 예제 10.5에서는 요소의 중앙점, 즉 $s = 0$, $t = 0$에서의 응력을 계산하기 위해 가우스 적분법을 이용하는 예를 보여준다.

예제 10.5

그림 10-13의 사각형 요소에 대하여, $E = 30 \times 10^6$ psi, $\nu = 0.3$인 평면응력상태를 가정한다. 변위는 $u_1 = 0$, $v_1 = 0$, $u_2 = 0.001$ in., $v_2 = 0.0015$ in., $u_3 = 0.003$ in., $v_3 = 0.0016$ in., $u_4 = 0$, $v_4 = 0$이다. $s = 0$, $t = 0$에서의 응력 σ_x, σ_y, 그리고 τ_{xy}를 구하라.

풀이

식 (10.2.18)~(10.2.20)을 이용하여 $s = 0$, $t = 0$에서의 $[B]$를 계산한다.

$$[B] = \frac{1}{|[J]|}[[B_1] \quad [B_2] \quad [B_3] \quad [B_4]] \tag{10.2.18}$$

$$[B(0,\ 0)] = \frac{1}{|[J(0,\ 0)]|}[[B_1(0,\ 0)] \quad [B_2(0,\ 0)] \quad [B_3(0,\ 0)] \quad [B_4(0,\ 0)]] \quad \text{(반복)}$$

식 (10.2.22)에 의해, $|[J]|$는

$$|[J(0,\ 0)]| = \frac{1}{8}[3 \quad 5 \quad 5 \quad 3]\begin{bmatrix} 0 & 1 & 0 & -1 \\ -1 & 0 & 1 & 0 \\ 0 & -1 & 0 & 1 \\ 1 & 0 & -1 & 0 \end{bmatrix}\begin{Bmatrix} 2 \\ 2 \\ 4 \\ 4 \end{Bmatrix}$$

$$= \frac{1}{8}[-2 \quad -2 \quad 2 \quad 2]\begin{Bmatrix} 2 \\ 2 \\ 4 \\ 4 \end{Bmatrix}$$

$$|[J(0,\ 0)]| = 1 \tag{10.4.5a}$$

이 때 $|[J]| = 1 = A/4$이다. 여기서 A는 그림 10-13의 직사각형의 표면적으로 그 값은 $A = 2 \times 2 = 4\ \text{in}^2$이다.

식 (10.2.19)에 의해 다음을 얻는다.

$$[B_i] = \begin{bmatrix} aN_{i,s} - bN_{i,t} & 0 \\ 0 & cN_{i,t} - dN_{i,s} \\ cN_{i,t} - dN_{i,s} & aN_{i,s} - bN_{i,t} \end{bmatrix} \tag{10.4.5b}$$

식 (10.2.20)에 의해 다음을 얻을 수 있다.

$$a = 1 \qquad b = 0 \qquad c = 1 \qquad d = 0$$

식 (10.2.5)의 형상함수를 s, t에 관하여 편미분하고, $s = 0$, $t = 0$에서의 값을 구하면 다음과 같다.

$$\begin{matrix} N_{1,s} = -\frac{1}{4} & N_{1,t} = -\frac{1}{4} & N_{2,s} = \frac{1}{4} & N_{2,t} = -\frac{1}{4} \\ N_{3,s} = \frac{1}{4} & N_{3,t} = \frac{1}{4} & N_{4,s} = -\frac{1}{4} & N_{4,t} = \frac{1}{4} \end{matrix} \tag{10.4.5c}$$

따라서 식 (10.4.5c)를 식 (10.4.5b)에 대입하면 다음과 같은 결과를 얻는다.

$$[B_1] = \begin{bmatrix} -\frac{1}{4} & 0 \\ 0 & -\frac{1}{4} \\ -\frac{1}{4} & -\frac{1}{4} \end{bmatrix} \quad [B_2] = \begin{bmatrix} \frac{1}{4} & 0 \\ 0 & -\frac{1}{4} \\ -\frac{1}{4} & \frac{1}{4} \end{bmatrix} \quad [B_3] = \begin{bmatrix} \frac{1}{4} & 0 \\ 0 & \frac{1}{4} \\ \frac{1}{4} & \frac{1}{4} \end{bmatrix} \quad [B_4] = \begin{bmatrix} -\frac{1}{4} & 0 \\ 0 & \frac{1}{4} \\ \frac{1}{4} & -\frac{1}{4} \end{bmatrix} \tag{10.4.5d}$$

식 (10.4.5a)의 $|[J]| = 1$과 식 (10.4.5d)를 식 (10.2.18)에 대입하여 $[B]$를 구하고, 식 (6.1.8)의 평면응력의 구성방정식 행렬 $[D]$를 이용하여 요소의 응력 행렬 $\{\sigma\}$를 구한다.

$$\{\sigma\} = [D][B]\{d\} = (30)\frac{10^6\begin{bmatrix} 1 & 0.3 & 0 \\ 0.3 & 1 & 0 \\ 0 & 0 & 0.35 \end{bmatrix}}{1 - 0.09}$$

$$\times \begin{bmatrix} -0.25 & 0 & 0.25 & 0 & 0.25 & 0 & -0.25 & 0 \\ 0 & -0.25 & 0 & -0.25 & 0 & 0.25 & 0 & 0.25 \\ -0.25 & -0.25 & -0.25 & 0.25 & 0.25 & 0.25 & 0.25 & -0.25 \end{bmatrix}\begin{Bmatrix} 0 \\ 0 \\ 0.001 \\ 0.0015 \\ 0.003 \\ 0.0016 \\ 0 \\ 0 \end{Bmatrix}$$

$$\{\sigma\} = \begin{Bmatrix} 3.321 \cdot 10^4 \\ 1.071 \cdot 10^4 \\ 1.417 \cdot 10^4 \end{Bmatrix} \text{ psi}$$

10.5 고차 형상함수(Q6, Q8, Q9과 Q12 요소 포함)

일반적으로 고차 요소 형상함수는 선형 요소의 각 변에 추가 절점을 더해줌으로써 유도될 수 있다. 이러한 요소들은 각 요소 내에서 고차 변형률 분포를 가지며, 적은 수의 요소를 가지고도 정확한 해로의 빠르게 수렴한다(그러나 보다 고차의 복잡한 요소는 해석에 사용된 요소의 수가 적어도 단순한 선형 요소를 많이 사용한 경우보다 많은 계산 시간을 필요로 한다). 고차 요소를 사용하는 또 다른 장점은 불규칙적인 형태의 곡선 경계를 단순한 일직선 변을 가진 선형 요소를 사용하는 것보다 정확하게 근사화시킬 수 있다는 것이다.

선형 변형률 봉

그림 10-14에서 보여주는 세 절점 선형 변형률 변위(그리고 2차 형상함수)를 가지고 고차 요소의 개념 설명을 시작한다. 그림 10-14는 전체좌표계에서 x_1, x_2, 그리고 x_3의 세 점의 좌푯값을 갖는 2차의 등매개변수 봉 요소이다(또한 선형 변형률 봉이라 한다).

예제 10.6

그림 10-14에 주어진 3절점 선형 변형률 등매개변수 봉 요소에 대하여 (a) 형상함수 N_1, N_2, N_3와 (b) 변형률-변위 행렬 $[B]$를 구하라. 축방향 변위함수는 $u = a_1 + a_2 s + a_3 s^2$와 같이 2차의 다항식으로 가정하라.

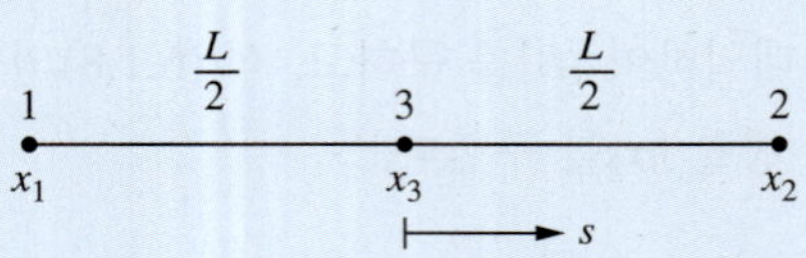

그림 10-14 • 3절점 선형 변형률 봉 요소

풀이

(a) 등매개변수 요소에 대한 형상함수를 구하기 위해, x를 다음과 같이 축방향좌표(고유좌표계)의 함수로 가정한다.

$$x = a_1 + a_2 s + a_3 s^2 \tag{10.5.1}$$

a_i를 절점좌표의 항으로 나타내기 위해 다음을 이용한다.

$$\begin{aligned} x(-1) &= a_1 - a_2 + a_3 = x_1 \text{ 또는 } x_1 = a_1 - a_2 + a_3 \\ x(0) &= a_1 = x_3 \qquad\qquad\quad\ \text{또는 } x_3 = a_1 \\ x(1) &= a_1 + a_2 + a_3 = x_2 \text{ 또는 } x_2 = a_1 - a_2 + a_3 \end{aligned} \tag{10.5.2}$$

위의 두 번째 식 $a_1 = x_3$를 첫 번째와 세 번째 식에 대입하면 다음을 얻는다.

$$\begin{aligned} x_1 &= x_3 - a_2 + a_3 \\ x_2 &= x_3 + a_2 + a_3 \end{aligned} \tag{10.5.3}$$

식 (10.5.3)을 a_2, a_3에 관하여 풀면

$$\begin{aligned} a_3 &= (x_1 + x_2 - 2x_3)/2 \\ x_1 &= x_3 - a_2 + ((x_1 + x_2 - 2x_3)/2) \end{aligned} \tag{10.5.4}$$

$$a_2 = x_3 - x_1 + ((x_1 + x_2 - 2x_3)/2) = (x_2 - x_1)/2 \tag{10.5.5}$$

이고, 식 (10.5.2), 식 (10.5.4), 식 (10.5.5)로부터 구한 각각의 a_1, a_2, a_3를 식 (10.5.1)에 주어진 식에 대입하면

$$x = a_1 + a_2 s + a_3 s^2 = x_3 + \frac{x_2 - x_1}{2} s + \frac{x_1 + x_2 - 2x_3}{2} s^2 \tag{10.5.6}$$

이다. 위의 식을 x_1, x_2, x_3에 관하여 정리하면 다음과 같다.

$$x = \left(\frac{s(s-1)}{2}\right) x_1 + \frac{s(s+1)}{2} x_2 + (1 - s^2) x_3 \tag{10.5.7}$$

식 (10.5.7)의 x를 형상함수 행렬과 축방향 좌푯값의 항으로 다음과 같이 표현할 수 있다.

$$\{x\} = [N_1 \quad N_2 \quad N_3] \begin{Bmatrix} x_1 \\ x_2 \\ x_3 \end{Bmatrix} = \left[\left(\frac{s(s-1)}{2}\right) \ \frac{s(s+1)}{2} \ (1 - s^2)\right] \begin{Bmatrix} x_1 \\ x_2 \\ x_3 \end{Bmatrix} \tag{10.5.8}$$

따라서 형상함수들은 다음과 같다.

$$N_1 = \frac{s(s-1)}{2} \qquad N_2 = \frac{s(s+1)}{2} \qquad N_3 = (1 - s^2) \tag{10.5.9}$$

(b) 변형률-변위 행렬 $[B]$를 다음과 같이 구한다.

축방향 변형률의 정의로부터 다음 식을 얻을 수 있다.

$$\{\varepsilon_x\} = \frac{du}{dx} = \frac{du}{ds}\frac{ds}{dx} = [B] \begin{Bmatrix} u_1 \\ u_2 \\ u_3 \end{Bmatrix} \tag{10.5.10}$$

등매개변수 정식화를 수행한다는 것은 변위함수의 근사화를 좌표계 함수의 근사화와 같도록 하는 것이다. 따라서 식 (10.5.6)을 이용하면 다음과 같은 식을 얻는다.

$$u = u_3 + \frac{u_2}{2} s - \frac{u_1}{2} s + \frac{u_1}{2} s^2 + \frac{u_2}{2} s^2 - \frac{2u_3}{2} s^2 \tag{10.5.11}$$

u를 s에 관하여 미분하면 다음과 같은 식을 얻는다.

$$\frac{du}{ds} = \frac{u_2}{2} - \frac{u_1}{2} + u_1 s + u_2 s - 2u_3 s = \left(s - \frac{1}{2}\right)u_1 + \left(s + \frac{1}{2}\right)u_2 + (-2s)u_3 \tag{10.5.12}$$

앞에서 2절점 일정 변형률 봉 요소에서 증명한 $dx/ds = L/2 = |[J]|$[식 (10.1.9b) 참조]은 고차의 1차원 요소뿐 아니라 2절점 일정 변형률 봉요소에도 적용된다. 이 관계식과 식 (10.5.12)를 식 (10.5.10)에 대입하면 다음을 얻는다.

$$\begin{aligned}\frac{du}{dx} &= \frac{du}{ds}\frac{ds}{dx} = \left(\frac{2}{L}\right)\left(\left(s - \frac{1}{2}\right)u_1 + \left(s + \frac{1}{2}\right)u_2 + (-2s)u_3\right)\\ &= \left(\frac{2s-1}{L}\right)u_1 + \left(\frac{2s+1}{L}\right)u_2 + \left(\frac{-4s}{L}\right)u_3\end{aligned} \tag{10.5.13}$$

위 식을 행렬식 형태로 쓰면 다음과 같다.

$$\frac{du}{dx} = \begin{bmatrix} \frac{2s-1}{L} & \frac{2s+1}{L} & \frac{-4s}{L} \end{bmatrix} \begin{Bmatrix} u_1 \\ u_2 \\ u_3 \end{Bmatrix} \tag{10.5.14}$$

식 (10.5.14)는 축방향 변형률을 나타낸다. 즉,

$$\{\varepsilon_x\} = \frac{du}{dx} = \begin{bmatrix} \frac{2s-1}{L} & \frac{2s+1}{L} & \frac{-4s}{L} \end{bmatrix} \begin{Bmatrix} u_1 \\ u_2 \\ u_3 \end{Bmatrix} = [B]\begin{Bmatrix} u_1 \\ u_2 \\ u_3 \end{Bmatrix} \tag{10.5.15}$$

가 된다. 따라서 구배(기울기)행렬 $[B]$는 다음과 같다.

$$[B] = \begin{bmatrix} \frac{2s-1}{L} & \frac{2s+1}{L} & \frac{-4s}{L} \end{bmatrix} \tag{10.5.16}$$

예제 10.7

앞의 예제에서 주어진 3절점 봉 요소(그림 10-14)의 강성행렬을 이론적으로 구하라. 예제 10.6의 행렬 $[B]$를 이용하라.

풀이

예제 10.6의 식 (10.5.16)에서 다음을 얻는다.

$$[B] = \begin{bmatrix} \frac{2s-1}{L} & \frac{2s+1}{L} & \frac{-4s}{L} \end{bmatrix}, \quad [J] = \frac{L}{2} \quad [\text{식 (10.1.9b) 참조}] \tag{10.5.17}$$

행렬 $[B]$에 대한 표현을 강성행렬에 관한 식 (10.1.15)에 대입하면 다음과 같이 된다.

$$[k] = \frac{L}{2}\int_{-1}^{1} [B]^T E[B]A\,ds = \frac{AEL}{2}\int_{-1}^{1} \begin{bmatrix} \dfrac{(2s-1)^2}{L^2} & \dfrac{(2s-1)(2s+1)}{L^2} & \dfrac{(2s-1)(-4s)}{L^2} \\ \dfrac{(2s+1)(2s-1)}{L^2} & \dfrac{(2s+1)^2}{L^2} & \dfrac{(2s+1)(-4s)}{L^2} \\ \dfrac{(-4s)(2s-1)}{L^2} & \dfrac{(-4s)(2s+1)}{L^2} & \dfrac{(-4s)^2}{L^2} \end{bmatrix} ds \tag{10.5.18}$$

식 (10.5.18)에서 적분항들을 간단히 하면

$$[k] = \frac{AE}{2L}\int_{-1}^{1} \begin{bmatrix} 4s^2-4s+1 & 4s^2-1 & -8s^2-4s \\ 4s^2-1 & 4s^2+4s+1 & -8s^2-4s \\ -8s^2+4s & -8s^2-4s & 16s^2 \end{bmatrix} ds \tag{10.5.19}$$

가 된다. 식 (10.5.19)의 적분을 수행하면 다음을 얻는다.

$$[k] = \frac{AE}{2L}\left.\begin{bmatrix} \dfrac{4}{3}s^3-2s^2+s & \dfrac{4}{3}s^3-s & -\dfrac{8}{3}s^3+2s^2 \\ \dfrac{4}{3}s^3-s & \dfrac{4}{3}s^3+2s^2+s & -\dfrac{8}{3}s^3-2s^2 \\ -\dfrac{8}{3}s^3+2s^2 & -\dfrac{8}{3}s^3-2s^2 & \dfrac{16}{3}s^3 \end{bmatrix}\right|_{-1}^{1} \tag{10.5.20}$$

양 극한인 −1과 1을 대입하여 계산하면, 다음과 같은 결과를 얻는다.

$$[k] = \frac{AE}{2L}\begin{bmatrix} \dfrac{4}{3}-2+1 & \dfrac{4}{3}-1 & -\dfrac{8}{3}+2 \\ \dfrac{4}{3}-1 & \dfrac{4}{3}+2+1 & -\dfrac{8}{3}-2 \\ -\dfrac{8}{3}+2 & -\dfrac{8}{3}-2 & \dfrac{16}{3} \end{bmatrix} - \begin{bmatrix} -\dfrac{4}{3}-2-1 & -\dfrac{4}{3}+1 & \dfrac{8}{3}+2 \\ -\dfrac{4}{3}+1 & -\dfrac{4}{3}+2-1 & \dfrac{8}{3}-2 \\ \dfrac{8}{3}+2 & \dfrac{8}{3}-2 & -\dfrac{16}{3} \end{bmatrix} \tag{10.5.21}$$

식 (10.5.21)을 간단히 함으로써 최종의 강성행렬을 얻는다.

$$[k] = \frac{AE}{2L}\begin{bmatrix} 4.67 & 0.667 & -5.33 \\ 0.667 & 4.67 & -5.33 \\ -5.33 & -5.33 & 10.67 \end{bmatrix} \tag{10.5.22}$$

예제 10.8

그림 10-15에서 나타낸 3절점 봉 요소의 강성행렬을 2점 가우스 적분법으로 구하는 예를 보여 주고자 한다. 그 후, 이 결과를 예제 10.7의 이론해 계산 결과와 비교하라.

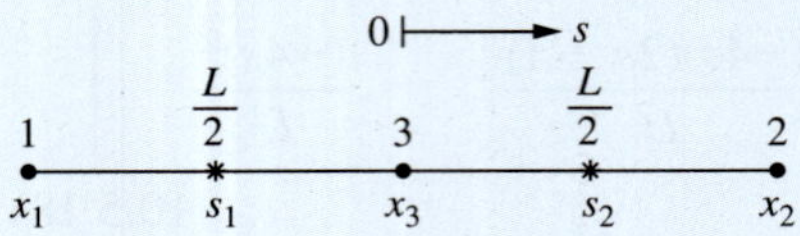

그림 10-15 • 두 개의 가우스 적분점을 갖는 3절점 봉 요소

풀이

식 (10.5.18)의 강성행렬로부터 풀이를 시작한다.

$$[k] = \frac{L}{2}\int_{-1}^{1}[B]^T E[B]A\,ds = \frac{AEL}{2}\int_{-1}^{1}\begin{bmatrix} \dfrac{(2s-1)^2}{L^2} & \dfrac{(2s-1)(2s+1)}{L^2} & \dfrac{(2s-1)(-4s)}{L^2} \\ \dfrac{(2s+1)(2s-1)}{L^2} & \dfrac{(2s+1)^2}{L^2} & \dfrac{(2s+1)(-4s)}{L^2} \\ \dfrac{(-4s)(2s-1)}{L^2} & \dfrac{(-4s)(2s+1)}{L^2} & \dfrac{(-4s)^2}{L^2} \end{bmatrix} ds \tag{10.5.23}$$

2점 가우스 적분법을 이용하여 그림 10-15에 나타낸 두 개의 가우스 점에서 강성행렬을 구한다. 두 가우스 점의 값은

$$s_1 = -0.57735, \quad s_2 = 0.57735 \tag{10.5.24}$$

이며, 상응하는 가중계수는 다음과 같다.

$$W_1 = 1, \quad W_2 = 1 \tag{10.5.25}$$

각 가우스 점에서 식 (10.5.23)의 모든 적분항을 계산하고 각 항마다 가중계수를 곱한다(여기서 가중계수는 1). 강성행렬의 요소들은 가우스 점들에서 계산한 것을 합하여 최종값을 구한다. 2점 가우스 적분법에서는 두 개의 가우스 점에서 구한 값을 합하게 된다. 식 (10.5.23)으로 주어진 강성행렬의 각 요소들은 다음과 같이 계산된다.

1-1 요소:

$$\sum_{i=1}^{2} W_i(2s_i - 1)^2 = (1)[2(-0.57735) - 1]^2 + (1)[2(0.57735) - 1]^2 = 4.6667$$

1-2 요소:

$$\sum_{i=1}^{2} W_i(2s_i-1)(2s_i+1) = (1)[(2)(-0.57735) - 1][(2)(-0.57735) + 1] + (1)[(2)(0.57735) - 1][(2)(0.57735) + 1] = 0.6667$$

1-3 요소:

$$\sum_{i=1}^{2} W_i(-4s_i(2s_i - 1)) = (1)(-4)(-0.57735)[(2)(-0.57735) - 1] + (1)(-4)(0.57735)[(2)(0.57735) - 1] = -5.3333$$

2-2 요소:

$$\sum_{i=1}^{2} W_i(2s_i + 1)^2 = (1)[(2)(-0.57735) + 1]^2 + (1)[(2)(0.57735) + 1]^2 = 4.6667$$

2-3 요소:

$$\sum_{i=1}^{2} W_i[-4s_i(2s_i + 1)] = (1)(-4)(-0.57735)[(2)(-0.57735) + 1] + (1)(-4)(0.57735)[(2)(0.57735) + 1] = -5.3333$$

3-3 요소:

$$\sum_{i=1}^{2} W_i(16s_i^2) = (1)(16)(-0.57735)^2 + (1)(16)(0.57735)^2 = 10.6667$$

이 된다. 대칭을 이용하여 나머지 항들을 얻으며, 최종 강성행렬은 다음과 같다.

$$[k] = \frac{AE}{2L}\begin{bmatrix} 4.67 & 0.667 & -5.33 \\ 0.667 & 4.67 & -5.33 \\ -5.33 & -5.33 & 10.67 \end{bmatrix} \tag{10.5.26}$$

식 (10.6.26)은 이론적으로 적분하여 얻은 식 (10.6.22)와 일치함을 알 수 있다.

거동이 개선된 고차 요소의 개념을 더 잘 설명하기 위해, Q6 요소를 먼저 설명하고, 그 후 참고문헌 [3]과 [8]에서 기술한 것처럼 2차 요소(Q8과 Q9)와 3차 요소(Q12)의 형상함수를 고려할 것이다. 그 후 그림 10-20에 보인 것과 같이 하나의 외팔보를 CST, Q4, Q6, Q8, Q9과 같은 여러 종류의 요소 형태를 이용하여 격자분할한 후 유한요소 해석을 수행한 결과를 비교한다.

개선된 직사각형 평면응력 요소(Q6)

Q4 요소에 내재하는 전단잠김을 제거하기 위해, Q4 요소 변위함수에 ($g_1 \sim g_4$) 내부 자유도(internal degree of freedom)를 추가함으로 개선된 요소를 개선된 직사각형 평면응력 요소(Q6)라 부른다.

Q4 요소가 4개의 형상함수를 사용한 반면 Q6 요소의 변위함수는 6개의 형상함수를 포함하고 있다. Q6 요소의 변위함수는 다음과 같다.

$$u = \sum_{i=1}^{4} N_i u_i + g_1(1 - s^2) + g_2(1 - t^2)$$
$$v = \sum_{i=1}^{4} N_i v_i + g_3(1 - s^2) + g_4(1 - t^2) \qquad (10.5.27)$$

여기서, 형상함수 N_i는 식 (10.2.5)를 사용한다.

식 (10.5.27)과 같이 Q6 요소의 변위장은 (g_1~g_4)을 추가하여 일정 곡률 상태를 나타낼 수 있는 모드[일명 버블 모드(bubble mode)라고도 불리는 모드]를 사용함으로써 개선된다. 이러한 Q6 요소에서는 노드 사이의 곡선 변화가 허용되고, s축 또는 t축을 중립축으로 사용하여 휨을 모델링할 수 있다. 이러한 모드를 그림 10-16에 나타내었다. 이러한 모드의 크기는 요소의 내부 변형률 에너지를 최소화하여 결정한다. 추가적인 자유도는 요소 강성행렬이 만들어지기 전에 응축된다. 그러므로 4개의 모서리 절점과 관련된 자유도만 나타난다. 직사각형 형상의 Q6 요소는 순수휨을 정확하게 모델링할 수 있다.

이 요소는 사용자가 적합 모드(compatible mode) 또는 비적합 모드(incompatible mode)에 대한 선택을 할 수 있다면 Autodesk [11]와 같은 컴퓨터 프로그램에서도 사용될 수 있을 것이다. 적합 모드를 선택하는 것은 Q4 요소를 사용하는 것인 반면, 비적합 모드를 선택하는 것은 Q6 요소를 사용하는 것이다. 대부분의 경우 비적합 모드를 선택하는 것이 좋으며, 특별히 휨 문제에 대해 더 좋은 결과를 얻을 수 있다. g_1~g_4 자유도는 내부 자유도이고 절점 자유도가 아니기 때문에, 다른 요소와 연결되지 않는다. 그로 인해 인접한 두 요소의 변이 서로 다른 곡률을 가질 가능성이 있으며, 공유하고 있는 가장 자리에서 변위장이 서로 맞지 않을 수 있다. 그러므로 g 자유도와 관련된 모드와 해당 요소를 각각 비적합 모드와 비적합 요소라고 부른다. 이러한 비적합성은 그림 10-17에 보인 것과 같은 하중 조건에서 발생할 수 있다. Q6 요소에

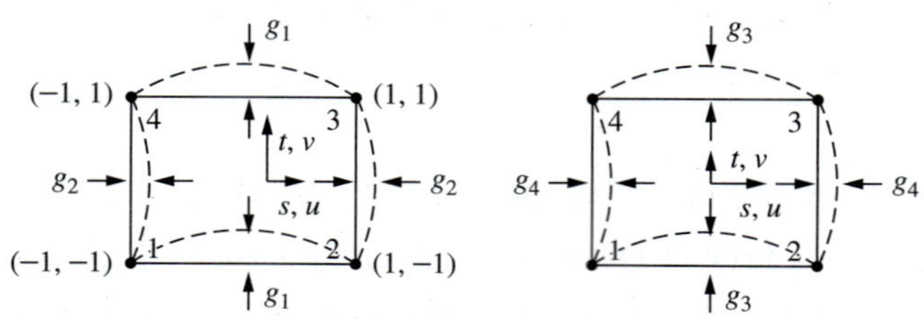

그림 10-16 • Q6 요소에 포함된 일정 곡률 모드

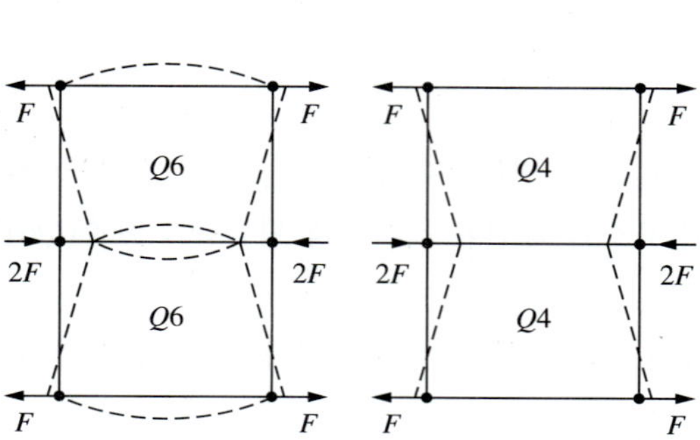

그림 10-17 • Q6 요소에서 변위 비적합성을 보여주는 g 자유도와 관련된 모드

대한 더 많은 정보는 참고문헌 [9]와 [10]을 참조하라.

사각형 요소(Q8과 Q9)

그림 10-18은 네 개의 모서리 절점과 변의 중간에 추가된 네 개의 절점을 가진 2차 등매개변수 요소를 보여준다. 이러한 8절점 요소를 종종 "Q8" 요소라고 부른다.

2차 요소의 형상함수는 x와 y좌표가 식 (10.5.28)과 같은 불완전 3차 다항식에 바탕을 둔다.

$$\begin{aligned} x &= a_1 + a_2 s + a_3 t + a_4 st + a_5 s^2 + a_6 t^2 + a_7 s^2 t + a_8 st^2 \\ y &= a_9 + a_{10} s + a_{11} t + a_{12} st + a_{13} s^2 + a_{14} t^2 + a_{15} s^2 t + a_{16} st^2 \end{aligned} \tag{10.5.28}$$

위의 함수는 a_i들의 개수와 동일한 자유도 개수를 갖도록 선정되었다(2 자유도를 가지는 8개의 절점은 모두 16 자유도를 준다). 문헌에서는 Q8 요소를 "운 좋은" 요소("serendipity" element)로 칭한 그 이유는 불완전한 3차 함수에 근거하였으나 보의 휨과 같은 경우에도 좋은 결과를 주기 때문이다. 등매개변수 정식화를 수행하기 때문에 식 (10.5.28)의 x와 y에 관한 근사화는 u와 v에 관한 근사화에도 동일하게 사용된다.

형상함수를 설명하기 위해서는 참고문헌 [3]에서 주어진 것처럼 모서리 절점에 대한 형태와 변 중간의 절점에 대한 형태와 같은 두 가지의 형태가 요구된다. 모서리 절점($i = 1, 2, 3, 4$)에 대해

$$\begin{aligned} N_1 &= \frac{1}{4}(1-s)(1-t)(-s-t-1) \\ N_2 &= \frac{1}{4}(1+s)(1-t)(s-t-1) \\ N_3 &= \frac{1}{4}(1+s)(1+t)(s+t-1) \\ N_4 &= \frac{1}{4}(1-s)(1+t)(-s+t-1) \end{aligned} \tag{10.5.29}$$

혹은 간결한 첨자 기호법으로 식 (10.5.29)를 다음과 같이 표현한다.

$$N_i = \frac{1}{4}(1+ss_i)(1+tt_i)(ss_i+tt_i-1) \tag{10.5.30}$$

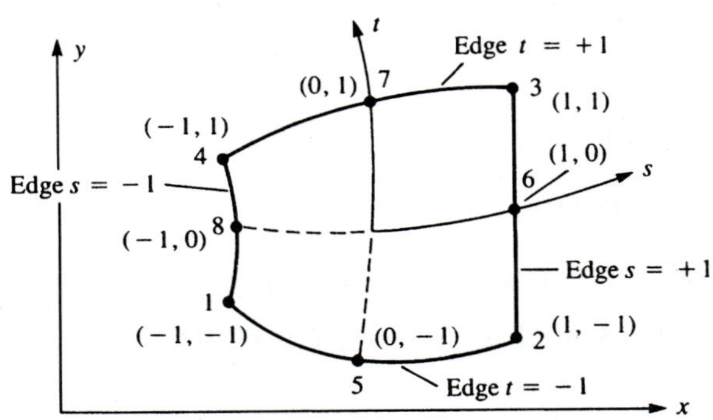

그림 10-18 • 2차원 등매개변수 요소

여기서 i는 형상함수의 번호이다. 그리고

$$\begin{aligned} s_i &= -1,\ 1,\ 1,\ -1 \qquad (i = 1,\ 2,\ 3,\ 4) \\ t_i &= -1,\ -1,\ 1,\ 1 \qquad (i = 1,\ 2,\ 3,\ 4) \end{aligned} \tag{10.5.31}$$

이다. 변 중간 절점($i = 5, 6, 7, 8$)에 대해

$$\begin{aligned} N_5 &= \frac{1}{2}(1-t)(1+s)(1-s) \\ N_6 &= \frac{1}{2}(1+s)(1+t)(1-t) \\ N_7 &= \frac{1}{2}(1+t)(1+s)(1-s) \\ N_8 &= \frac{1}{2}(1-s)(1+t)(1-t) \end{aligned} \tag{10.5.32}$$

혹은 첨자 기호법으로 다음과 같이 표현한다.

$$\begin{aligned} N_i &= \frac{1}{2}(1-s^2)(1+tt_i) \qquad t_i = -1,\ 1 \qquad (i = 5,\ 7) \\ N_i &= \frac{1}{2}(1+ss_i)(1-t^2) \qquad s_i = 1,\ -1 \qquad (i = 6,\ 8) \end{aligned} \tag{10.5.33}$$

식 (10.5.29)와 (10.5.32)로부터 변의 형상과 변위가 s^2(t가 일정한 변을 따라)으로 혹은 t^2(s가 일정한 변을 따라)으로 변할 수 있음을 관찰할 수 있다. 게다가 절점 i에서 $N_i = 1$이고 다른 절점에서 $N_i = 0$이 되어 일반적인 형상함수의 조건을 만족시킨다.

변위함수는 다음과 같이 주어진다.

$$\begin{Bmatrix} u \\ v \end{Bmatrix} = \begin{bmatrix} N_1 & 0 & N_2 & 0 & N_3 & 0 & N_4 & 0 & N_5 & 0 & N_6 & 0 & N_7 & 0 & N_8 & 0 \\ 0 & N_1 & 0 & N_2 & 0 & N_3 & 0 & N_4 & 0 & N_5 & 0 & N_6 & 0 & N_7 & 0 & N_8 \end{bmatrix} \times \begin{Bmatrix} u_1 \\ v_1 \\ u_2 \\ v_2 \\ \vdots \\ v_8 \end{Bmatrix} \tag{10.5.34}$$

그리고 변형률 행렬은 다음과 같다.

$$\{\varepsilon\} = [D'][N]\{d\}$$

$$[B] = [D'][N]$$

식 (10.2.16)의 $[D']$와 식 (10.5.34)에 주어진 2×16 행렬인 $[N]$과 식 (10.2.17)을 이용하여 행렬 $[B]$를 유도할 수 있다. 여기서 N은 식 (10.5.29)와 식 (10.5.32)에 의해 명시적인 형태로 정의된다.

8절점을 가진 2차 등매개변수 요소에 대하여 유도된 행렬 $[B]$와 행렬 $[k]$를 계산하기 위해,

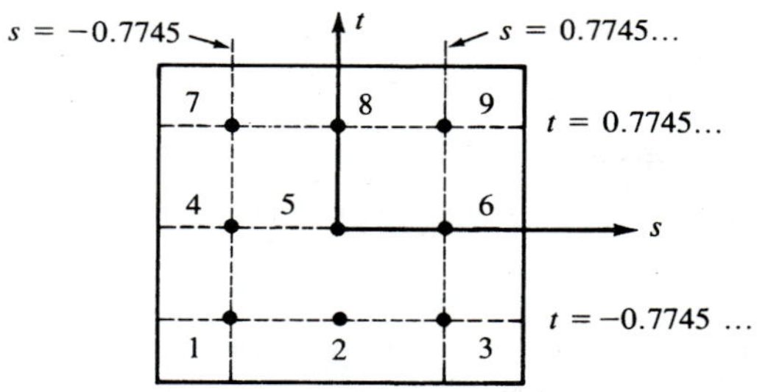

그림 10-19 • 2차원에서의 3 × 3 규칙

9점 가우스 규칙을 사용한다(종종 3 × 3 규칙으로 설명됨). 2 × 2와 3 × 3 규칙을 사용한 결과는 커다란 차이점을 보여주었고, Bathe and Wilson [7]에 의해 3 × 3 규칙이 추천되었다. 표 10-2는 가우스 적분점의 위치와 관련된 가중치를 나타낸다. 3 × 3 규칙은 그림 10-19에 나타냈다.

그림 10-18에 나타낸 것처럼 $s = 0$, $t = 0$에 9번째 점을 추가하여 "Q9"이라 불리는 새로운 요소를 만들 수 있다. 9번째 점은 외부의 어떤 점과도 연결이 안 된 내부점이다. 이제 식 (10.5.28)의 x, y 그리고 u, v에 $a_{17}s^2t^2$과 $a_{18}s^2t^2$항을 더할 수 있다. 이러한 Q9 요소는 형상함수를 라그랑지안 보간법으로 구할 수 있기 때문에, 라그랑지안 요소라 일컫는다. 보다 상세한 것은 참고문헌 [8]을 참조하라.

이제 6장, 8장, 10장에서 설명한 여러 종류의 평면 요소를 이용하여 격자분할한 외팔보 해석 결과를 비교해보자. 그림 10-20에는 CST, Q4, Q6, Q8, Q9 요소를 이용하여 격자분할한 해석 결과와 고전적인 보 요소를 이용한 해석 결과를 비교하였다. 이때 Autodesk 또는 다른 프

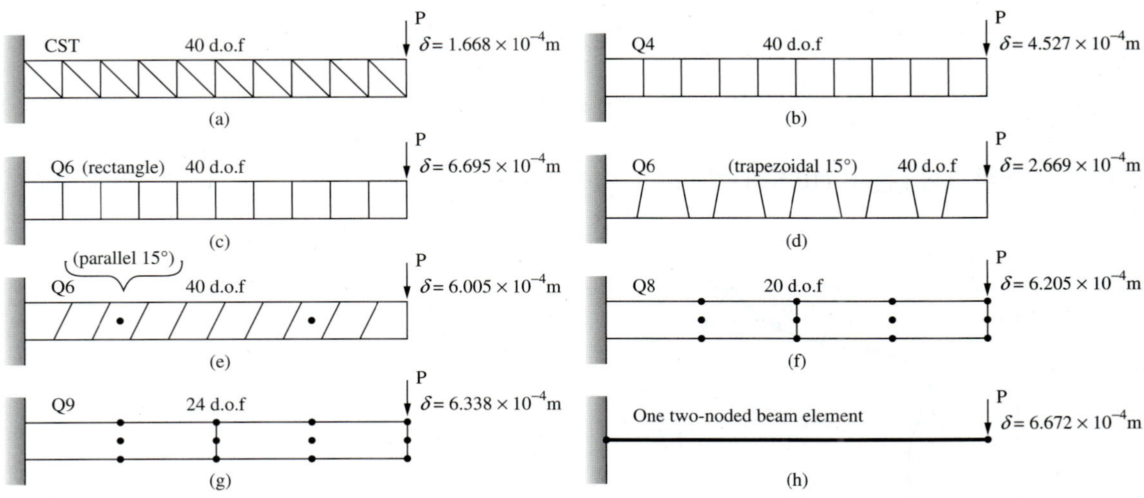

그림 10-20 • CST, Q4, Q6, Q8, Q9 요소를 사용하여 해석한 외팔보 자유단 δ의 처짐 비교(P = 4000 N, 길이 = 1 m, I = 1 × 10^{-5} m^4, 두께 = 0.12 m, E = 200 GPa, v = 0.30). 각 모델에 대한 전체 자유도의 개수(절점당 2개의 자유도)가 표시되어 있다.

로그램에서 제공된 Q6 요소(또는 비적합 Q4 요소)는 Q4 요소에서 발생하는 전단 잠김을 제거하므로 그림 10-20(c)에 보인 것과 같이 한 줄의 직사각형 요소만으로도 변위에 대한 탁월한 해석 결과를 얻을 수 있다. 하지만 그림 10-20(d)에 보인 것과 같이 수직 방향에서 작은 경사(예를 들어 15도)를 갖는 사다리꼴 형태의 Q6 요소를 사용하면 구조물의 강성이 지나치게 증가된다. 또한 그림 10-20(e)에 보인 것과 같이 평행사변형 형태의 Q6 요소를 사용하면 사다리꼴 형태의 Q6 요소를 사용한 것보다는 작지만 해의 정확도가 감소한다. Q8과 Q9 요소는 그림 10-20(f)와 (g)와 같이 한 줄에 두 개의 요소만을 사용하거나 Q6 격자와 비교해 전체적으로 더 적은 자유도만으로도 좋은 결과를 얻을 수 있다. 추가적인 내부 절점을 갖는 Q9 요소는 Q8 요소보다 조금 더 좋은 결과를 도출한다. 그림 10-20(a)의 CST 요소와 그림 10-20(b)의 Q4 적합 요소를 사용하면 6.6절과 8.3절에 설명한 바와 같이 전단 잠김으로 인해 가장 나쁜 해석 결과를 얻게 된다.

또한 그림 10-20(h)에 나타낸 것과 같이 두 개의 절점을 갖는 가장 기본적인 보 요소(4장 참조)를 사용하면 자유단에서 회전과 수직 방향 변위에 대한 두 개의 자유도만을 사용해도 정확한 처짐값을 얻을 수 있다. 외팔보와 같은 보 요소를 모델링할 때, 응력 집중이 주된 관심사가 아니라면 보 요소를 사용하는 것이 효율적이라는 것을 보여준다.

3차 요소(Q12)

그림 10-21의 3차 요소는 4개의 모서리 절점과 각 변을 따라 길이 1/3 지점과 2/3 지점에 추가 절점을 갖는다. 3차 요소의 형상함수(참고문헌 [3]에서 유도된)는 불완전 4차 다항식에 기반한다. 그 결과

$$x = a_1 + a_2 s + a_3 t + a_4 s^2 + a_5 st + a_6 t^2 + a_7 s^2 t + a_8 st^2 + a_9 s^3 + a_{10} t^3 + a_{11} s^3 t + a_{12} st^3 \quad (10.5.35)$$

이고, y에 대해서도 동일한 다항식을 갖는다. 모서리 절점($i = 1, 2, 3, 4$)에 대해

$$N_i = \frac{1}{32}(1 + ss_i)(1 + tt_i)[9(s^2 + t^2) - 10] \quad (10.5.36)$$

이며, s_i와 t_i는 식 (10.5.31)에 의해 주어진다. $s = \pm 1$인 변의 절점($i = 7, 8, 11, 12$)에 대해

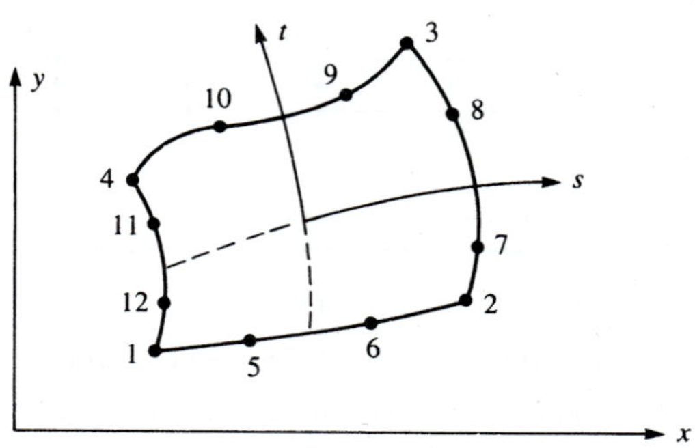

그림 10-21 • 3차원 등매개변수 요소

$$N_i = \frac{9}{32}(1 + ss_i)(1 + 9tt_i)(1 - t^2) \tag{10.5.37}$$

이며, $s_i = \pm 1$과 $t_i = \pm\frac{1}{3}$을 가진다. $t = \pm 1$인 변의 절점($i = 5, 6, 9, 10$)에 대해

$$N_i = \frac{9}{32}(1 + tt_i)(1 + 9ss_i)(1 - s^2) \tag{10.5.38}$$

이며, $t_i = \pm 1$과 $s_i = \pm\frac{1}{3}$을 가진다.

식 (10.5.29)~(10.5.32)에 의해 2차 요소에 대한 형상함수가 주어졌고, 식 (10.5.36)~(10.5.38)에 의해 3차 요소에 대한 형상함수가 주어졌으므로, 식 (10.2.17)을 사용하여 2차와 3차 요소의 $[B]$를 구할 수 있고, 식 (10.2.27)을 사용하여 $[k]$를 구할 수 있으며, 궁극적으로는 수치적분을 수행할 수 있다. 3차 요소는 $[k]$행렬을 정확하게 계산하기 위해 3×3 규칙(9개의 점)을 필요로 한다. 가장 바람직한 것은 강성행렬, 분포하중, 체적력을 위한 방정식에 사용가능하고 응력 해석뿐 아니라 비구조물 문제에 적용할 수 있는 다양한 형상함수를 개발하는 것이라고 결론 지을 수 있다.

요소좌표 x와 y를 절점좌표 x_i와 y_i로 근사화하는 형상함수 N_i와 변위 u와 v를 절점 변위 u_i와 v_i로 근사화하는 형상함수가 같으므로 **등매개변수 정식화**라 칭해진다. 예를 들어, 선형 요소 $x = \sum_{i=1}^{4} N_i x_i$와 변위함수 $u = \sum_{i=1}^{4} N_i u_i$에 대하여 식 (10.2.5)에 주어진 동일한 형상함수 N_i를 사용한다. 좌표의 형상함수가 변위의 형상함수보다 낮은 차수를 가지면(일례로, x는 선형, u는 2차 함수인 경우) **저매개변수**(*subparametric*) **정식화**라 칭한다.

마지막으로, 그림 10-21을 참조하여 어느 한 요소가 변 (1-2)를 따라서는 선형 형상을 가지고, 두 변 (2-3과 1-4)를 따라서는 2차 형상을, 변 (3-4)를 따라 3차 형상을 가질 수도 있음에 주의하라. 그러므로 단순한 선형 요소가 모델에서 급속한 응력 변화가 예상되는 지점에서 다른 고차 요소와 섞일 수 있다. 고차 요소 사용의 장점은 참고문헌 [3]에 더 자세히 설명되어 있다.

식의 정리(Summary Equations)

2절점 봉 요소에 대한 전체좌표계와 고유좌표계 사이의 관계:

$$x = a_1 + a_2 s \tag{10.1.2}$$

고유좌표계 s에서 2절점 봉 요소에 대한 형상함수:

$$N_1 = \frac{1 - s}{2} \qquad N_2 = \frac{1 + s}{2} \tag{10.1.5}$$

2절점 봉 요소에 대한 변위함수:

$$\{u\} = [N_1 \quad N_2]\begin{Bmatrix} u_1 \\ u_2 \end{Bmatrix} \tag{10.1.6}$$

2절점 봉 요소에 대한 구배(기울기)행렬:

$$[B] = \left[-\frac{1}{L}\ \frac{1}{L}\right] \tag{10.1.11}$$

봉 요소에 대한 자코비언 행렬의 행렬식:

$$|[J]| = \frac{dx}{ds} = \frac{L}{2} \tag{10.1.14}$$

2절점 봉 요소에 대한 강성행렬:

$$[k] = \frac{L}{2}\int_{-1}^{1}[B]^T E[B]A\, ds \tag{10.1.15}$$

$$[k] = \frac{AE}{L}\begin{bmatrix} 1 & -1 \\ -1 & 1 \end{bmatrix} \tag{10.1.16}$$

2절점 봉 요소에 대한 체적력 행렬:

$$\{f_b\} = \frac{ALX_b}{2}\begin{Bmatrix} 1 \\ 1 \end{Bmatrix} \tag{10.1.20}$$

2절점 봉 요소에 대한 표면력 행렬:

$$\{f_s\} = \{T_x\}\frac{L}{2}\begin{Bmatrix} 1 \\ 1 \end{Bmatrix} \tag{10.1.24}$$

사각형 요소에서 전체좌표계와 고유좌표계 사이의 관계:

$$\begin{aligned} x &= a_1 + a_2 s + a_3 t + a_4 st \\ y &= a_5 + a_6 s + a_7 t + a_8 st \end{aligned} \tag{10.2.2}$$

$$\begin{aligned} x = \frac{1}{4}[&(1-s)(1-t)x_1 + (1+s)(1-t)x_2 \\ &+ (1+s)(1+t)x_3 + (1-s)(1+t)x_4] \\ y = \frac{1}{4}[&(1-s)(1-t)y_1 + (1+s)(1-t)y_2 \\ &+ (1+s)(1+t)y_3 + (1-s)(1+t)y_4] \end{aligned} \tag{10.2.3}$$

고유좌표계로 표현된 4절점 사각형 요소의 형상함수:

$$\begin{aligned} N_1 &= \frac{(1-s)(1-t)}{4} \quad & N_2 &= \frac{(1+s)(1-t)}{4} \\ N_3 &= \frac{(1+s)(1+t)}{4} \quad & N_4 &= \frac{(1-s)(1+t)}{4} \end{aligned} \tag{10.2.5}$$

고유좌표계에서 변형률–변위 방정식:

$$\{\varepsilon\} = [D'][N]\{d\} \tag{10.2.15}$$

4절점 사각형 요소에 대한 자코비안 행렬의 행렬식:

$$|[J]| = \frac{1}{8}\{X_c\}^T \begin{bmatrix} 0 & 1-t & t-s & s-1 \\ t-1 & 0 & s+1 & -s-t \\ s-t & -s-1 & 0 & t+1 \\ 1-s & s+t & -t-1 & 0 \end{bmatrix} \{Y_c\} \tag{10.2.22}$$

$$\{X_c\}^T = [x_1\ x_2\ x_3\ x_4]$$

여기서

$$\{Y_c\} = \begin{Bmatrix} y_1 \\ y_2 \\ y_3 \\ y_4 \end{Bmatrix} \tag{10.2.24}$$

고유좌표계에서 4절점 사각형 요소에 대한 강성행렬:

$$[k] = \int_{-1}^{1}\int_{-1}^{1}[B]^T[D][B]h\,|[J]|\,ds\,dt \tag{10.2.27}$$

고유좌표계에서 4절점 사각형 요소에 대한 체적력 행렬:

$$\underset{(8\times 1)}{\{f_b\}} = \int_{-1}^{1}\int_{-1}^{1}\underset{(8\times 2)}{[N]^T}\ \underset{(2\times 1)}{\{X\}}\ h|[J]|\,ds\,dt \tag{10.2.28}$$

t = 1인 변에 작용하는 표면력 행렬:

$$\underset{(4\times 1)}{\{f_s\}} = \int_{-1}^{1}\underset{(4\times 2)}{[N_s]}^T\ \underset{(2\times 1)}{\{T\}}\ h\frac{L}{2}ds \tag{10.2.29}$$

t = 1인 변에 균일한 p_s와 p_t가 작용하는 경우, 전체 표면력행렬은 다음과 같다.

$$\{f_s\} = h\frac{L}{2}[0\quad 0\quad 0\quad 0\quad p_s\quad p_t\quad p_s\quad p_t]^T \tag{10.2.31}$$

수치적분을 위한 뉴튼-코츠 공식:

$$I = \int_{-1}^{1} y\,dx = h\sum_{i=0}^{n} C_i y_i = h[C_0y_0 + C_1y_1 + C_2y_2 + C_3y_3 + \ldots + C_ny_n] \tag{10.3.1}$$

뉴튼-코츠 적분 간격 및 적분점은 표 10-1을 참조하라.
수치적분을 위한 가우스 적분법 공식:

$$I = \int_{-1}^{1} y\,dx = \sum_{i=1}^{n} W_i y_i \tag{10.3.6}$$

−1에서 1사이의 가우스 적분점은 표 10-2를 참조하라.

4절점 사각형 요소의 강성행렬 산정을 위한 4점 가우스 적분법 공식:

$$\begin{aligned}[k] = &[B(s_1, t_1)]^T[D][B(s_1, t_1)]|[J(s_1, t_1)]|\, h\, W_1W_1 \\ &+ [B(s_2, t_2)]^T[D][B(s_2, t_2)]|[J(s_2, t_2)]|\, h\, W_2W_2 \\ &+ [B(s_3, t_3)]^T[D][B(s_3, t_3)]|[J(s_3, t_3)]|\, h\, W_3W_3 \\ &+ [B(s_4, t_4)]^T[D][B(s_4, t_4)]|[J(s_4, t_4)]|\, h\, W_4W_4\end{aligned} \tag{10.4.3}$$

3절점 봉 요소에 대한 축방향 좌표계 함수:

$$x = a_1 + a_2s + a_3s^2 \tag{10.5.1}$$

3절점 봉 요소에 대한 형상함수:

$$N_1 = \frac{s(s-1)}{2} \qquad N_2 = \frac{s(s+1)}{2} \qquad N_3 = (1-s^2) \tag{10.5.9}$$

3절점 봉 요소에 대한 구배(기울기)행렬:

$$[B] = \left[\frac{2s-1}{L} \;\; \frac{2s+1}{L} \;\; \frac{-4s}{L}\right] \tag{10.5.16}$$

Q6 요소의 변위함수:

$$\begin{aligned} u &= \sum_{i=1}^{4} N_iu_i + g_1(1-s^2) + g_2(1-t^2) \\ v &= \sum_{i=1}^{4} N_iv_i + g_3(1-s^2) + g_4(1-t^2)\end{aligned} \tag{10.5.27}$$

여기서 N_i는 식 (10.2.5)를 참조하라.

8절점 사각형 요소(Q8)에 대한 x와 y좌표 함수:

$$\begin{aligned} x &= a_1 + a_2s + a_3t + a_4st + a_5s^2 + a_6t^2 + a_7s^2t + a_8st^2 \\ y &= a_9 + a_{10}s + a_{11}t + a_{12}st + a_{13}s^2 + a_{14}t^2 + a_{15}s^2t + a_{16}st^2\end{aligned} \tag{10.5.28}$$

식 (10.5.29)와 식 (10.5.32)에 8절점 사각형 요소(Q8)에 대한 형상함수가 주어져 있다.

12절점 사각형 요소(Q12)에 대한 x좌표 함수:

$$\begin{aligned} x = &a_1 + a_2s + a_3t + a_4s^2 + a_5st + a_6t^2 + a_7s^2t + a_8st^2 \\ &+ a_9s^3 + a_{10}t^3 + a_{11}s^3t + a_{12}st^3\end{aligned} \tag{10.5.35}$$

식 (10.5.36), 식 (10.5.37), 식 (10.5.38)에 12절점 사각형 요소(Q12)에 대한 형상함수가 주어져 있다.

참고문헌

[1] Irons, B. M., "Engineering Applications of Numerical Integration in Stiffness Methods," *Journal of the American Institute of Aeronautics and Astronautics*, Vol. 4, No. 11, pp. 2035–2037, 1966.

[2] Stroud, A. H., and Secrest, D., *Gaussian Quadrature Formulas*, Prentice-Hall, Englewood Cliffs, NJ, 1966.

[3] Ergatoudis, I., Irons, B. M., and Zienkiewicz, O. C., "Curved Isoparametric, Quadrilateral Elements for Finite Element Analysis," *International Journal of Solids and Structures*, Vol. 4, pp. 31–42, 1968.

[4] Zienkiewicz, O. C., *The Finite Element Method*, 3rd ed., McGraw-Hill, London, 1977.

[5] Thomas, B. G., and Finney, R. L., *Calculus and Analytic Geometry*, Addison-Wesley, Reading, MA, 1984.

[6] Gallagher, R., *Finite Element Analysis Fundamentals*, Prentice-Hall, Englewood Cliffs, NJ, 1975.

[7] Bathe, K. J., and Wilson, E. L., *Numerical Methods in Finite Element Analysis*, Prentice-Hall, Englewood Cliffs, NJ, 1976.

[8] Cook, R. D., Malkus, D. S., Plesha, M. E., and Witt, R. J., *Concepts and Applications of Finite Element Analysis*, 4th ed., Wiley, New York, 2002.

[9] Bathe, Klaus-Jurgen, *Finite Element Procedures in Engineering Analysis*, Prentice-Hall, Englewood Cliffs, New Jersey, 1982.

[10] Wilson, E.L., and Ibrahimbegovic, A. "Use of Incompatible Displacement Modes for the Calculation of Element Stiffness and Stresses," *Finite Elements in Analysis and Design*, Vol. 7, pp. 229–241, 1990.

[11] Autodesk Mechanical Simulation 2014, Mclnnis Parkway, San Rafael, CA 94903.z

연습문제

10.1 For the three-noded linear strain bar with three coordinates of nodes x_1, x_2, and x_3, shown in Figure P10-1 in the global-coordinate system show that the Jacobian determinate is $|[J]| = L/2$

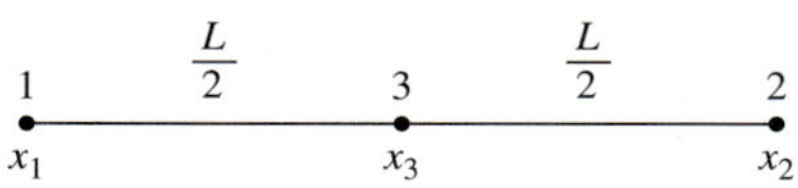

Figure P10-1 •

10.2 For the two-noded one-dimensional isoparametric element shown in Figure P10-2 (a) and (b), with shape functions given by Eq. (10.1.5), determine (a) intrinsic coordinate s at point A and (b) shape functions N_1 and N_2 at point A. If the displacements at nodes one and two are respectively, $u_1 = 0.005$ in. and $u_2 = -0.005$ in., determine (c) the value of the displacement at point A and (d) the strain in the element.

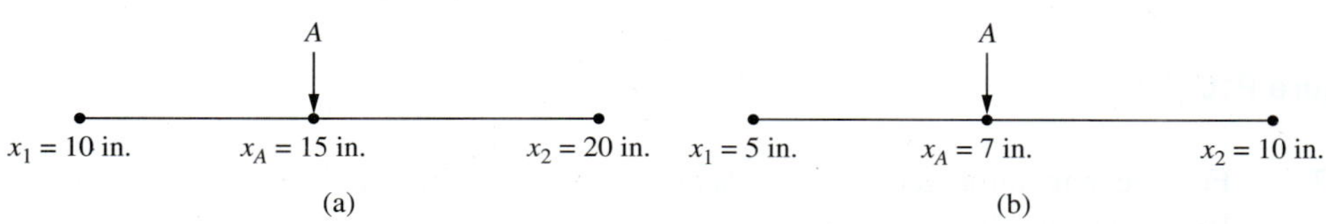

Figure P10-2 •

10.3 Answer the same questions as posed in problem 10.2 with the data listed under the Figure P10-3.

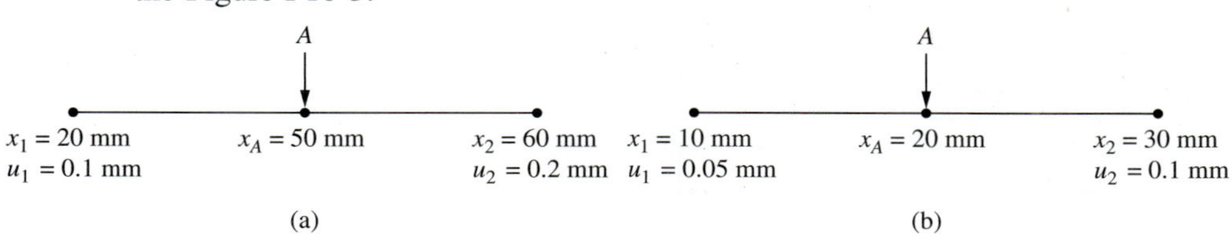

Figure P10-3 •

10.4 For the four-noded bar element in Figure P10-4, show that the Jacobian determinate is $|[J]| = L/2$. Also determine the shape functions $N_1 - N_4$ and the strain/displacement matrix $[B]$. Assume $u = a_1 + a_{2s} + a_3 s^2 + a_4 s^3$

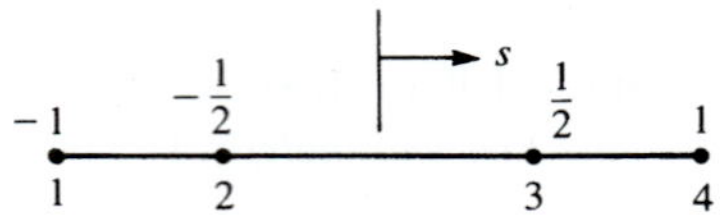

Figure P10-4 •

10.5 Using the three-noded bar element shown in Figure P10-5 (a) and (b), with shape functions given by Eq. (10.5.9), determine (a) the intrinsic coordinate s at point A and (b) the shape functions, N_1, N_2, and N_3 at A. For the displacements of the nodes shown in Figure P10-5, determine (c) the displacement at A and (d) the axial strain expression in the element.

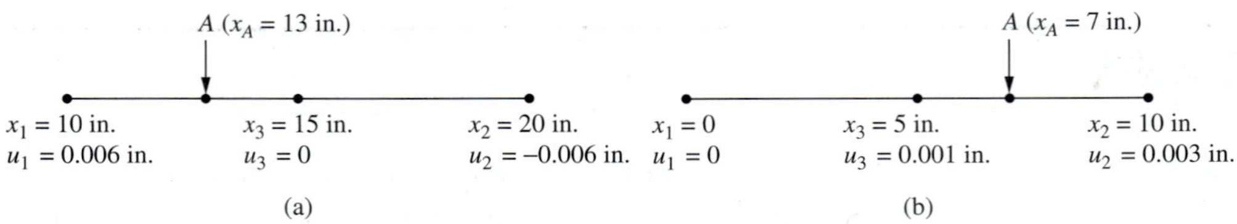

Figure P10-5 •

10.6 Using the three-noded bar element shown in Figure P10-5 (a) and (b), with shape functions given by Eq. (10.5.9), determine (a) the intrinsic coordinate s at point A and (b) the shape functions, N_1, N_2, and N_3 at point A. For the displacements of the nodes shown in Figure P10-6, determine (c) the displacement at A and (d) the axial strain expression in the element.

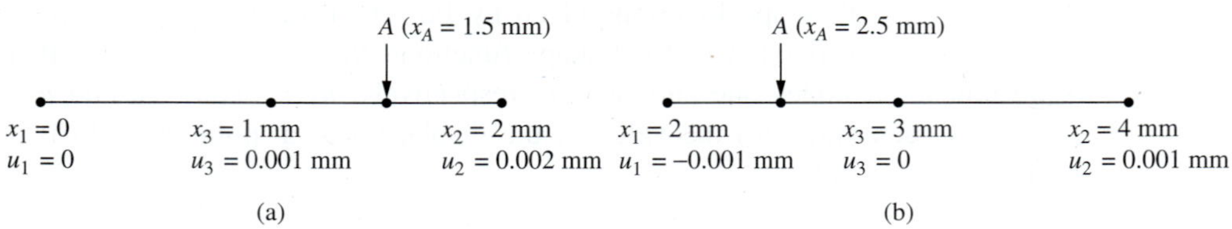

Figure P10-6 •

10.7 For the bar subjected to the linearly varying axial line load shown in Figure P10-7, use the linear strain (three-noded element) with two elements in the model, to determine the nodal displacements and nodal stresses. Compare your answer with that in Figure 3-31 and Eqs. (3.11.6) and (3.11.7). Let $A = 2$ in.^{2} and $E = 30 \times 10^6$ psi. Hint: Use Eq. (10.5.22) for the element stiffness matrix.

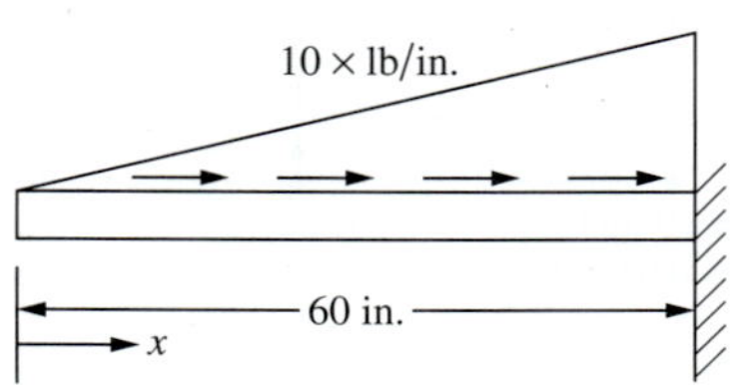

Figure P10-7 •

10.8 Use the three-noded bar element and find the axial displacement at the end of the rod shown in Figure P10-8. Determine the stress at $x = 0$, $x = L/2$ and $x = \text{L}$. Let $A = 2 \times 10^{-4}\ \text{m}^2$, $E = 205$ GPa, and $L = 4$ m. Hint: Use Eq. (10.5.22) for the element stiffness matrix.

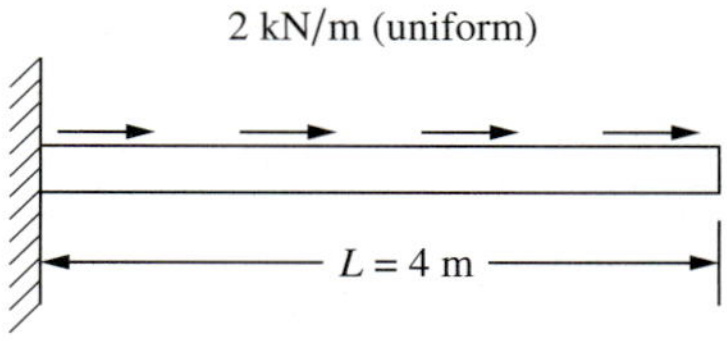

Figure P10-8 •

10.9 Derive $|[J]|$ given by Eq. (10.2.22) for a four-noded isoparametric quadrilateral element.

10.10 Show that for the quadrilateral element described in Section 10.2, $[J]$ can be expressed as

$$[J] = \begin{bmatrix} N_{1,s} & N_{2,s} & N_{3,s} & N_{4,s} \\ N_{1,t} & N_{2,t} & N_{3,t} & N_{4,t} \end{bmatrix} \begin{bmatrix} x_1 & y_1 \\ x_2 & y_2 \\ x_3 & y_3 \\ x_4 & y_4 \end{bmatrix}$$

10.11 Determine the Jacobian matrix $[J]$ and its determinant for the elements shown in Figure P10-11. Show that the determinant of $[J]$ for rectangular and parallelogram shaped elements is equal to $A/4$, where A is the physical area of the element and 4 actually represents the area of the rectangle of sides 2×2 when $b = 1$ and $h = 1$ in Figure 6-20.

10.12 Derive Eq. (10.2.18) with $[B_i]$ given by Eq. (10.2.19) by substituting Eq. (10.2.16) for $[D']$ and Eqs. (10.2.5) for the shape functions into Eq. (10.2.17).

10.13 Use Eq. (10.2.30) with $p_s = 0$ and $p_t = p$ (a constant) alongside 3-4 of the element shown in Figure 10-5 on page 500 to obtain the nodal forces.

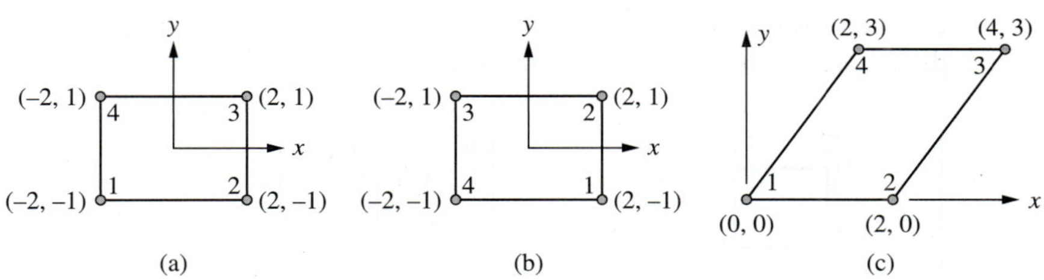

Figure P10-11 •

10.14 For the element shown in Figure P10-14, replace the distributed load with the energy equivalent nodal forces by evaluating a force matrix similar to Eq. (10.2.29). Let $h = 0.1$ in thick. The global coordinates (in inches) are shown in Figure P10-14.

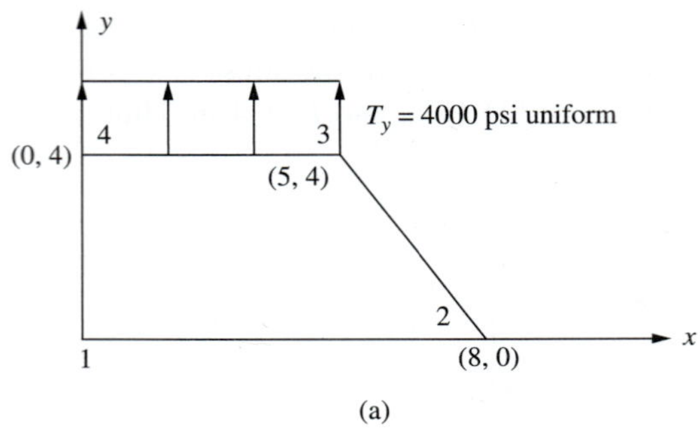

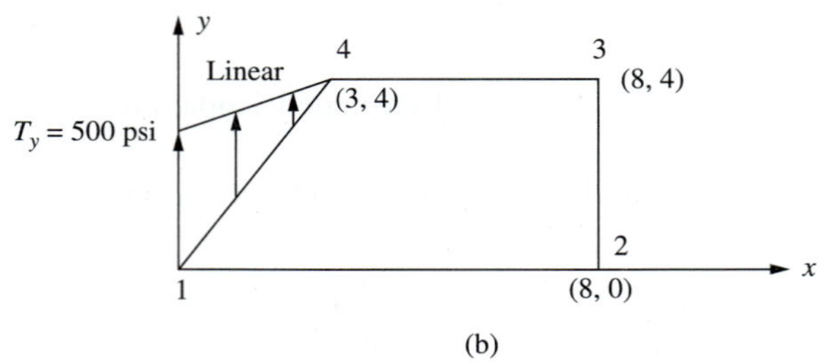

Figure P10-14 •

10.15 Use Gaussian quadature with two and three Gauss points and Table 10-2 to evaluate the following integrals:

(a) $\int_{-1}^{1} \cos\frac{s}{2}\,ds$ (b) $\int_{-1}^{1} s^2\,ds$ (c) $\int_{-1}^{1} s^4\,ds$

(d) $\int_{-1}^{1} \frac{\cos s}{1 - s^2}\,ds$ (e) $\int_{-1}^{1} s^3\,ds$ (f) $\int_{-1}^{1} s \cos s\,ds$ (g) $\int_{-1}^{1} (4^s - 2s)\,ds$

Then use the Newton-Cotes quadrature with two and three sampling points and Table 10-1 to evaluate the same integrals. Compare your results.

10.16 For the quadrilateral elements shown in Figure P10-16, write a computer program to evaluate the stiffness matrices using four-point Gaussian quadrature as outlined in Section 10.4. Let $E = 30 \times 10^6$ psi and $\nu = 0.25$. The global coordinates (in inches) are shown in the figures.

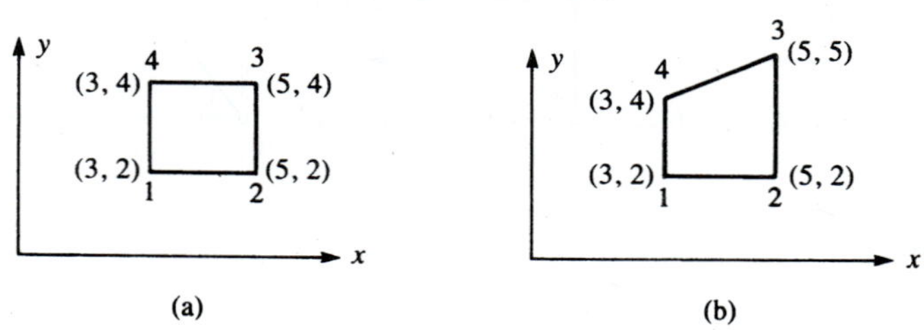

Figure P10-16 •

10.17 For the quadrilateral elements shown in Figure P10-17, evaluate the stiffness matrices using four-point Gaussian quadrature as outlined in Section 10.4. Let $E = 210$ GPa and $\nu = 0.25$. The global coordinates (in millimeters) are shown in the figures.

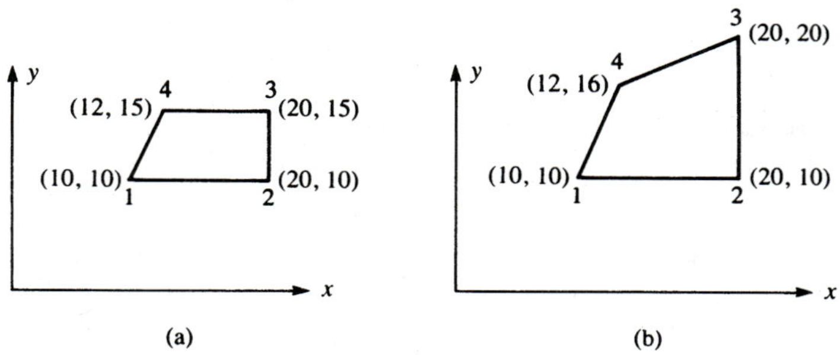

Figure P10-17 •

10.18 Evaluate the matrix $[B]$ for the quadratic quadrilateral element shown in Figure 10-18 on page 523 (Section 10.5).

10.19 Evaluate the stiffness matrix for the four-noded bar of Problem 10.4 using three-point Gaussian quadrature.

10.20 For the rectangular element of Figure P10-20 with the nodal displacements given by

$$u_1 = 0 \qquad v_1 = 0 \qquad u_2 = 0.005 \text{ in.}$$
$$v_2 = 0.0025 \text{ in.} \qquad u_3 = 0.0025 \text{ in.} \qquad v_3 = -0.0025 \text{ in.}$$
$$u_4 = 0 \qquad v_4 = 0$$

determine the $\{\sigma\}$ matrix at $s = 0, t = 0$ using the isoparametric formulation described in Section 10.4. (Also see Example 10.5.) Let $E = 30 \times 10^6$ psi and $\nu = 0.3$.

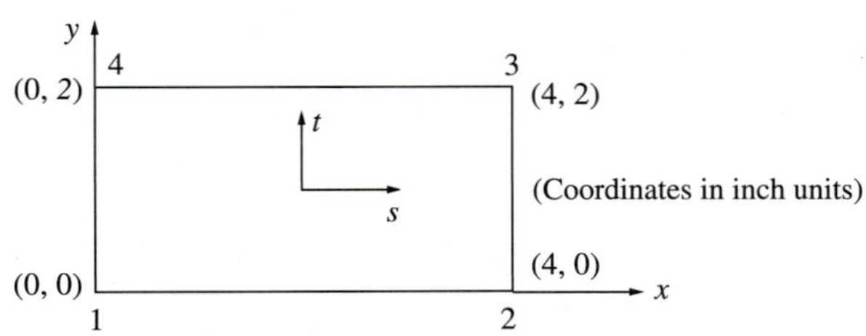

Figure P10-20 •

10.21 For the three-noded bar (Figure P10-1), what Gaussian quadrature rule (how many Gauss points) would you recommend to evaluate the stiffness matrix? Why?

10.22 Compare the Q4 and Q6 elements. What properly makes the Q6 better in modeling beam bending? What is a weakness of the Q6 element that is not inherent in the Q4 element?

10.23 Compare the Q4 and Q8 elements. What makes the Q8 a better element to model beam bending?

CHAPTER 11

3차원 응력 해석

학습목표

- 3차원 응력과 변형률에 관한 개념을 소개한다.
- 사면체 고체 요소(tetrahedral solid-element)를 사용한 강성행렬을 유도한다.
- 요소의 체적력과 표면력을 어떻게 적용하는지 설명한다.
- 사면체 고체 요소의 강성행렬에 관한 예제를 보여준다.
- 선형 8절점 요소와 2차원 20절점 요소를 포함한 3차원 육면체 요소의 강성행렬에 대한 등매개변수 정식화를 설명한다.
- 상용화된 컴퓨터 프로그램을 이용하여 3차원 모델과 현실적인 문제에 적용한 결과를 보여준다.
- 4절점 사면체 요소, 10절점 사면체 요소, 8절점 육면체 요소와 20절점 육면체 요소를 비교한다.

개요

이 장에서는 3차원의 고체 요소를 고려한다. 이러한 요소는 2차원 해석이나 축대칭 해석보다 더 정확한 해석을 얻고자 하는 일반적인 3차원 물체의 응력 해석에 유용하다. 3차원 문제의 예제는 아치 댐, 두꺼운 벽을 가진 압력 용기, 중장비와 자동차 산업에서 사용하는 단조 부품 등이다. 그림 11-1은 전형적인 자동차 부품의 유한요소모델이다. 그림 1-7은 수압 굴착기(backhoe) 프레임의 주물품 모델, 그림 1-9는 임플란트를 가진 골반 모델, 그림 11-7에서 11-10까지는 각각 단조품 모델, 발판 모델, 중공 파이프 모델, 교류발전기 브래킷 모델이다.

사면체는 기본적인 3차원 요소이므로 이를 이용하여 형상함수, 강성행렬, 하중행렬들을 전체좌표계의 함수로 유도한다. 이어서 육면체 요소에 대한 강성행렬의 등매개변수 정식화를 전개한다. 마지막으로, 몇 가지 전형적인 3차원 응용 문제도 제공될 것이다.

이 장의 마지막 절에서는 컴퓨터 프로그램을 이용한 3차원 문제의 해석 결과를 보여줄 것이다.

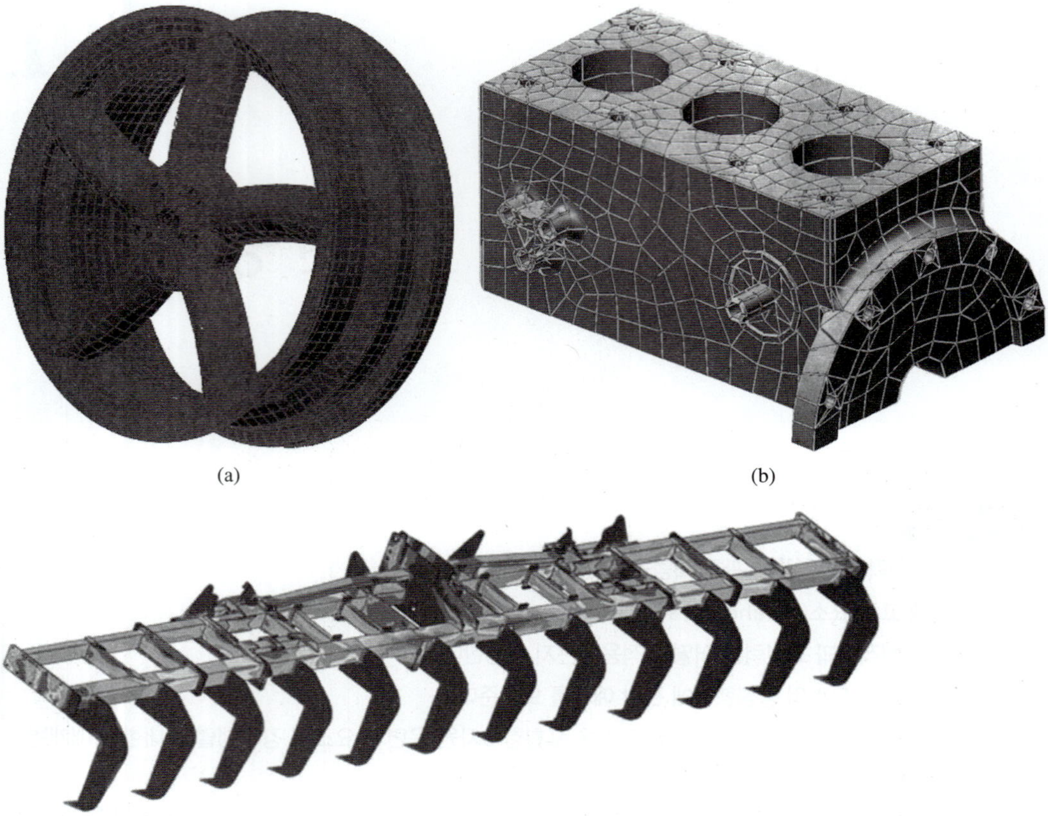

(a) (b) (c)

그림 11-1 • (a) 바퀴 테(Mark Blair 제공), (b) 엔진 블록(Mark Guard 제공), (c) *심토용 쟁기*—농사 도구인 12열 심토용 쟁기(Autodesk Inc. 제공)(첨부된 칼라판 그림을 참조하시오)

11.1 | 3차원 응력과 변형률

그림 11-2에서 보여주는 것처럼 직교좌표계에서 dx, dy, dz의 치수를 갖는 3차원 미소요소와 그 요소에 작용하는 수직 응력과 전단 응력을 고려한다. 이러한 요소는 3차원 응력상태에 있는 물체에 대해 세 개의 서로 수직한 평면에 작용하는 응력상태를 쉽게 나타낸다. 일반적으로, 수직 응력은 요소의 면에 수직이고, σ_x, σ_y, σ_z로 나타낸다. 전단 응력은 요소의 면(평면) 내에 작

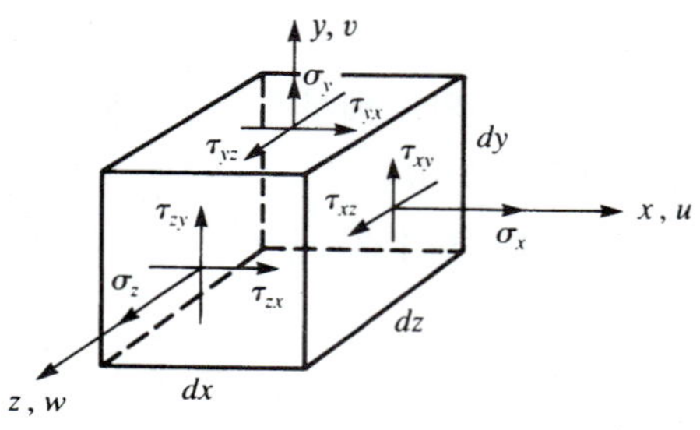

그림 11-2 • 요소에서의 3차원 응력

용하고, τ_{xy}, τ_{yz}, τ_{zx} 등으로 표시된다.

요소의 모멘트 평형으로부터 다음을 유도할 수 있다(부록 C 참조).

$$\tau_{xy} = \tau_{yx} \quad \tau_{yz} = \tau_{zy} \quad \tau_{zx} = \tau_{xz}$$

따라서 세 개의 수직 응력과 세 개의 독립적인 전단 응력이 있다.

요소의 변형률-변위 관계는 부록 C로부터 다음과 같이 주어진다.

$$\varepsilon_x = \frac{\partial u}{\partial x} \qquad \varepsilon_y = \frac{\partial v}{\partial y} \qquad \varepsilon_z = \frac{\partial w}{\partial z} \tag{11.1.1}$$

여기서 u, v, w는 각각 x, y, z방향으로의 변위이다. 전단 변형률 γ는 다음과 같이 주어진다.

$$\begin{aligned} \gamma_{xy} &= \frac{\partial u}{\partial y} + \frac{\partial v}{\partial x} = \gamma_{yx} \\ \gamma_{yz} &= \frac{\partial v}{\partial z} + \frac{\partial w}{\partial y} = \gamma_{zy} \\ \gamma_{zx} &= \frac{\partial w}{\partial x} + \frac{\partial u}{\partial z} = \gamma_{xz} \end{aligned} \tag{11.1.2}$$

여기서도 전단 응력과 마찬가지로, 세 개의 독립적인 전단 변형률만 존재한다.

응력과 변형률은 열행렬로 다음과 같이 표시된다.

$$\{\sigma\} = \begin{Bmatrix} \sigma_x \\ \sigma_y \\ \sigma_z \\ \tau_{xy} \\ \tau_{yz} \\ \tau_{zx} \end{Bmatrix} \qquad \{\varepsilon\} = \begin{Bmatrix} \varepsilon_x \\ \varepsilon_y \\ \varepsilon_z \\ \gamma_{xy} \\ \gamma_{yz} \\ \gamma_{zx} \end{Bmatrix} \tag{11.1.3}$$

등방성 재료의 응력-변형률 관계는 다음과 같이 주어진다.

$$\{\sigma\} = [D]\{\varepsilon\} \tag{11.1.4}$$

여기서 $\{\sigma\}$와 $\{\varepsilon\}$은 식 (11.1.3)에 의해 정의된다. 그리고 구성행렬 $[D]$(부록 C 참조)는 다음과 같다.

$$[D] = \frac{E}{(1+\nu)(1-2\nu)} \begin{bmatrix} 1-\nu & \nu & \nu & 0 & 0 & 0 \\ & 1-\nu & \nu & 0 & 0 & 0 \\ & & 1-\nu & 0 & 0 & 0 \\ & & & \frac{1-2\nu}{2} & 0 & 0 \\ & & & & \frac{1-2\nu}{2} & 0 \\ \text{Symmetry} & & & & & \frac{1-2\nu}{2} \end{bmatrix} \tag{11.1.5}$$

11.2 | 사면체 요소

우리는 다시 1장에서 설명한 일반적인 단계를 따라 사면체 응력 요소의 강성행렬을 유도한다. 이러한 과정은 6장에서 미리 설명한 평면 요소의 확장이라고 할 수 있다. 이러한 확장은 참고 문헌 [1]과 [2]에 제안된 바 있다.

제1단계 요소 형태의 선정

그림 11-3에 나타낸 모서리 절점 1~4를 가진 사면체 요소를 고려하자. 이 요소는 네 개의 절점을 가진 고체 요소이다. 요소의 절점은 마지막 절점(절점 4)에서 보았을 때, 첫 세 개의 절점이 1, 2, 3, 4나 2, 3, 1, 4와 같이 반시계 방향으로 번호가 매겨져야만 한다. 이러한 절점의 순서는 부피가 음수가 되는 것을 막아주는데, 6장에서 CST 요소에 대하여 반시계 방향으로 절점의 순서를 매기는 것과 일치한다(사면체 요소의 강성행렬 $[k]$를 등매개변수 정식화로 구하는 경우에는 절점 번호의 순서는 임의로 할 수 있다. 강성행렬 $[k]$를 등매개변수 정식화로 구하는 것은 11.3절에서 주어진다.) 미지의 절점 변위는 다음과 같이 주어진다.

$$\{d\} = \begin{Bmatrix} u_1 \\ v_1 \\ w_1 \\ \vdots \\ u_4 \\ v_4 \\ w_4 \end{Bmatrix} \tag{11.2.1}$$

따라서 절점마다 3개의 자유도가 있고, 요소마다 12개의 총 자유도가 있다.

제2단계 변위함수의 선정

각 변을 따라 오직 두 개의 점(모서리 절점)만 존재하기 때문에 적합 변위장의 형성을 위해서 요소 변위함수 u, v, w는 각 변을 따라 선형이어야만 하고 사면체의 각 평면에서도 선형이어야 한다. 다음과 같은 선형 변위함수를 선택할 수 있다.

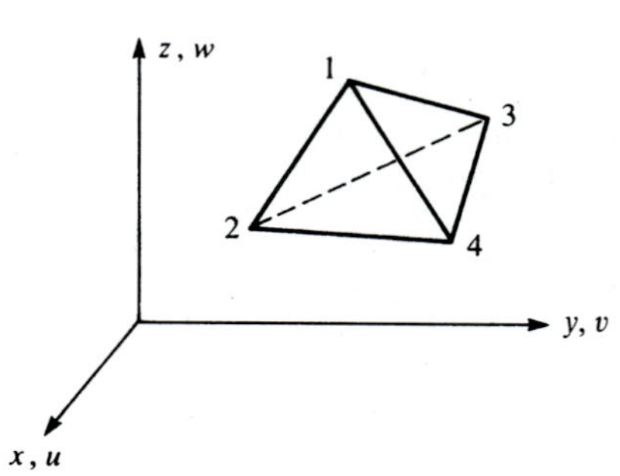

그림 11-3 • 사면체 고체 요소

$$\begin{aligned} u(x,y,z) &= a_1 + a_2x + a_3y + a_4z \\ v(x,y,z) &= a_5 + a_6x + a_7y + a_8z \\ w(x,y,z) &= a_9 + a_{10}x + a_{11}y + a_{12}z \end{aligned} \tag{11.2.2}$$

6장에서와 같이 주어진 절점좌푯값(x_1, y_1, z_1, ..., z_4)과 미지의 절점 변위(u_1, v_1, w_1, . . . , w_4)의 함수로 a_i들을 구하면 다음과 같은 식을 얻을 수 있다.

$$\begin{aligned} u(x,y,z) = \frac{1}{6V}\{&(\alpha_1 + \beta_1x + \gamma_1y + \delta_1z)u_1 \\ &+ (\alpha_2 + \beta_2x + \gamma_2y + \delta_2z)u_2 \\ &+ (\alpha_3 + \beta_3x + \gamma_3y + \delta_3z)u_3 \\ &+ (\alpha_4 + \beta_4x + \gamma_4y + \delta_4z)u_4\} \end{aligned} \tag{11.2.3}$$

여기서 $6V$는 다음의 행렬식을 계산하여 얻는다.

$$6V = \begin{vmatrix} 1 & x_1 & y_1 & z_1 \\ 1 & x_2 & y_2 & z_2 \\ 1 & x_3 & y_3 & z_3 \\ 1 & x_4 & y_4 & z_4 \end{vmatrix} \tag{11.2.4}$$

V는 사면체의 부피를 나타낸다. 식 (11.2.3)의 계수 α_i, β_i, γ_i, δ_i ($i = 1, 2, 3, 4$)는 다음 식에 의해 주어진다.

$$\begin{aligned} &\alpha_1 = \begin{vmatrix} x_2 & y_2 & z_2 \\ x_3 & y_3 & z_3 \\ x_4 & y_4 & z_4 \end{vmatrix} \qquad \beta_1 = -\begin{vmatrix} 1 & y_2 & z_2 \\ 1 & y_3 & z_3 \\ 1 & y_4 & z_4 \end{vmatrix} \\ &\gamma_1 = \begin{vmatrix} 1 & x_2 & z_2 \\ 1 & x_3 & z_3 \\ 1 & x_4 & z_4 \end{vmatrix} \qquad \delta_1 = -\begin{vmatrix} 1 & x_2 & y_2 \\ 1 & x_3 & y_3 \\ 1 & x_4 & y_4 \end{vmatrix} \end{aligned} \tag{11.2.5}$$

그리고

$$\begin{aligned} &\alpha_2 = -\begin{vmatrix} x_1 & y_1 & z_1 \\ x_3 & y_3 & z_3 \\ x_4 & y_4 & z_4 \end{vmatrix} \qquad \beta_2 = \begin{vmatrix} 1 & y_1 & z_1 \\ 1 & y_3 & z_3 \\ 1 & y_4 & z_4 \end{vmatrix} \\ &\gamma_2 = -\begin{vmatrix} 1 & x_1 & z_1 \\ 1 & x_3 & z_3 \\ 1 & x_4 & z_4 \end{vmatrix} \qquad \delta_2 = \begin{vmatrix} 1 & x_1 & y_1 \\ 1 & x_3 & y_3 \\ 1 & x_4 & y_4 \end{vmatrix} \end{aligned} \tag{11.2.6}$$

그리고

$$\begin{aligned} &\alpha_3 = \begin{vmatrix} x_1 & y_1 & z_1 \\ x_2 & y_2 & z_2 \\ x_4 & y_4 & z_4 \end{vmatrix} \qquad \beta_3 = -\begin{vmatrix} 1 & y_1 & z_1 \\ 1 & y_2 & z_2 \\ 1 & y_4 & z_4 \end{vmatrix} \\ &\gamma_3 = \begin{vmatrix} 1 & x_1 & z_1 \\ 1 & x_2 & z_2 \\ 1 & x_4 & z_4 \end{vmatrix} \qquad \delta_3 = -\begin{vmatrix} 1 & x_1 & y_1 \\ 1 & x_2 & y_2 \\ 1 & x_4 & y_4 \end{vmatrix} \end{aligned} \tag{11.2.7}$$

그리고

$$\alpha_4 = -\begin{vmatrix} x_1 & y_1 & z_1 \\ x_2 & y_2 & z_2 \\ x_3 & y_3 & z_3 \end{vmatrix} \quad \beta_4 = \begin{vmatrix} 1 & y_1 & z_1 \\ 1 & y_2 & z_2 \\ 1 & y_3 & z_3 \end{vmatrix}$$

$$\gamma_4 = -\begin{vmatrix} 1 & x_1 & z_1 \\ 1 & x_2 & z_2 \\ 1 & x_3 & z_3 \end{vmatrix} \quad \delta_4 = \begin{vmatrix} 1 & x_1 & y_1 \\ 1 & x_2 & y_2 \\ 1 & x_3 & y_3 \end{vmatrix} \tag{11.2.8}$$

v와 w에 대한 표현은 식 (11.2.3)에서 단순히 u_i를 v_i로 치환하거나, u_i를 w_i로 치환하여 얻는다.

식 (11.2.3)에 의해 주어진 u에 대한 변위식과 이와 유사한 형태의 v나 w에 대한 변위식은 형상함수와 미지의 절점 변위에 대해 확장된 형태로 표현될 수 있다.

$$\begin{Bmatrix} u \\ v \\ w \end{Bmatrix} = \begin{bmatrix} N_1 & 0 & 0 & N_2 & 0 & 0 & N_3 & 0 & 0 & N_4 & 0 & 0 \\ 0 & N_1 & 0 & 0 & N_2 & 0 & 0 & N_3 & 0 & 0 & N_4 & 0 \\ 0 & 0 & N_1 & 0 & 0 & N_2 & 0 & 0 & N_3 & 0 & 0 & N_4 \end{bmatrix} \begin{Bmatrix} u_1 \\ v_1 \\ w_1 \\ \vdots \\ u_4 \\ v_4 \\ w_4 \end{Bmatrix} \tag{11.2.9}$$

여기서 형상함수는 다음과 같다.

$$N_1 = \frac{(\alpha_1 + \beta_1 x + \gamma_1 y + \delta_1 z)}{6V} \quad N_2 = \frac{(\alpha_2 + \beta_2 x + \gamma_2 y + \delta_2 z)}{6V}$$
$$N_3 = \frac{(\alpha_3 + \beta_3 x + \gamma_3 y + \delta_3 z)}{6V} \quad N_4 = \frac{(\alpha_4 + \beta_4 x + \gamma_4 y + \delta_4 z)}{6V} \tag{11.2.10}$$

그리고 식 (11.2.9) 우변의 직사각형 행렬은 형상함수 행렬 $[N]$이다.

제3단계 변형률–변위와 응력–변형률 관계의 정의

3차원 응력상태에 대한 요소 변형률은 다음과 같이 주어진다.

$$\{\varepsilon\} = \begin{Bmatrix} \varepsilon_x \\ \varepsilon_y \\ \varepsilon_z \\ \gamma_{xy} \\ \gamma_{yz} \\ \gamma_{zx} \end{Bmatrix} = \begin{Bmatrix} \dfrac{\partial u}{\partial x} \\ \dfrac{\partial v}{\partial y} \\ \dfrac{\partial w}{\partial z} \\ \dfrac{\partial u}{\partial y} + \dfrac{\partial v}{\partial x} \\ \dfrac{\partial v}{\partial z} + \dfrac{\partial w}{\partial y} \\ \dfrac{\partial w}{\partial x} + \dfrac{\partial u}{\partial z} \end{Bmatrix} \tag{11.2.11}$$

식 (11.2.9)를 식 (11.2.11)에 대입하여 다음 식을 얻는다.

$$\{\varepsilon\} = [B]\{d\} \tag{11.2.12}$$

여기서

$$[B] = [[B_1][B_2][B_3][B_4]] \tag{11.2.13}$$

식 (11.2.13)에서 부행렬 $[B_1]$은 다음과 같이 정의된다.

$$[B_1] = \begin{bmatrix} N_{1,x} & 0 & 0 \\ 0 & N_{1,y} & 0 \\ 0 & 0 & N_{1,z} \\ N_{1,y} & N_{1,x} & 0 \\ 0 & N_{1,z} & N_{1,y} \\ N_{1,z} & 0 & N_{1,x} \end{bmatrix} \tag{11.2.14}$$

여기서 아래첨자 뒤의 콤마는 뒤에 따르는 변수에 대한 편미분을 나타낸다. 부행렬 $[B_2]$, $[B_3]$, $[B_4]$는 식 (11.2.14)의 첨자 1을 각각 2, 3, 4로 바꾸면 얻을 수 있다. 형상함수식 (11.2.10)을 식 (11.2.14)에 대입하면, $[B_1]$은 다음과 같이 된다.

$$[B_1] = \frac{1}{6V}\begin{bmatrix} \beta_1 & 0 & 0 \\ 0 & \gamma_1 & 0 \\ 0 & 0 & \delta_1 \\ \gamma_1 & \beta_1 & 0 \\ 0 & \delta_1 & \gamma_1 \\ \delta_1 & 0 & \beta_1 \end{bmatrix} \tag{11.2.15}$$

$[B_2]$, $[B_3]$, $[B_4]$에 대해서도 유사한 표현을 얻을 수 있다.

요소 응력과 요소 변형률의 관계는 다음과 같다.

$$\{\sigma\} = [D]\{\varepsilon\} \tag{11.2.16}$$

여기서 탄성 재료에 대한 구성행렬은 식 (11.1.5)에 의해 주어진다.

제4단계 요소 강성행렬과 방정식의 유도

요소 강성행렬은 다음과 같다.

$$[k] = \iiint_V [B]^T[D][B]\,dV \tag{11.2.17}$$

$[B]$와 $[D]$의 행렬은 단순한 사면체 요소에서는 상수이기 때문에, 식 (11.2.17)은 다음과 같이 단순화될 수 있다.

$$[k] = [B]^T[D][B]V \tag{11.2.18}$$

여기서 V는 요소의 체적이다. 요소 강성행렬의 차수는 12×12이다.

체적력

요소 체적력 행렬은 다음과 같다.

$$\{f_b\} = \iiint_V [N]^T \{X\}\, dV \tag{11.2.19}$$

여기서 식 (11.2.9)의 $[N]$은 3×12 행렬이다.

$$\{X\} = \begin{Bmatrix} X_b \\ Y_b \\ Z_b \end{Bmatrix} \tag{11.2.20a}$$

체적력이 요소 내에서 일정한 경우, 총 체적력은 네 개의 절점에 균일하게 작용한다. 즉,

$$\{f_b\} = \frac{V}{4}[X_b\ Y_b\ Z_b\ X_b\ Y_b\ Z_b\ X_b\ Y_b\ Z_b\ X_b\ Y_b\ Z_b]^T \tag{11.2.20b}$$

가 된다. 요소의 체적력 행렬의 차수는 12×1이다.

표면력

마찬가지로, 표면력은 다음과 같이 주어진다.

$$\{f_s\} = \iint_S [N_s]^T \{T\} dS \tag{11.2.21}$$

여기서 $[N_s]$는 표면력이 작용하는 표면에서 계산된 형상함수 행렬이다.

예를 들어, 그림 11-3이나 11-4에 나타낸 것과 같이 일정한 압력 p가 절점 1, 2, 3이 있는 면에 작용하는 경우를 고려해보자. 압력 분포에 의한 절점력은 다음과 같다.

$$\{f_s\} = \iint_S [N]^T \Big|_{\substack{\text{절점 1,2,3이 있는} \\ \text{면에서 계산}}} \begin{Bmatrix} p_x \\ p_y \\ p_z \end{Bmatrix} dS \tag{11.2.22}$$

여기서 p_x, p_y, p_z는 각각 p의 x, y, z 성분이다. 식 (11.2.22)를 간단히 하고 적분하면 다음과 같은 결과를 얻는다.

$$\{f_s\} = \frac{S_{123}}{3} \begin{Bmatrix} p_x \\ p_y \\ p_z \\ p_x \\ p_y \\ p_z \\ p_x \\ p_y \\ p_z \\ 0 \\ 0 \\ 0 \end{Bmatrix} \tag{11.2.23}$$

여기서 S_{123}은 절점 1, 2, 3으로 정의된 표면적이다. 참고문헌 [8]에서 설명한 것처럼 체적좌표계를 사용하면 식 (11.2.22)의 적분이 쉬워진다.

예제 11.1

그림 11-4에 나타낸 사면체 요소의 강성행렬을 구하기 위해 필요한 행렬을 계산하라. $E = 30 \times 10^6$이고 $\nu = 0.30$이다. 좌표는 그림에서 in. 단위로 표시하였다.

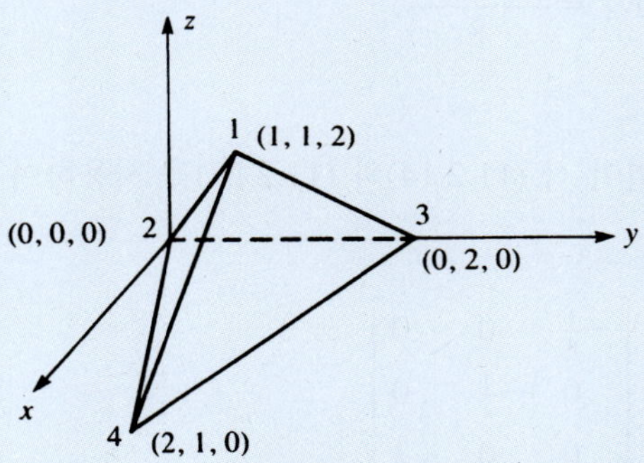

그림 11-4 • 사면체 요소

풀이

요소 강성행렬을 계산하기 위해, 먼저 요소 체적 V와 식 (11.2.4)~(11.2.8)을 이용하여 모든 α, β, δ, γ를 결정한다. 식 (11.2.4)로부터 다음을 얻는다.

$$6V = \begin{vmatrix} 1 & 1 & 1 & 2 \\ 1 & 0 & 0 & 0 \\ 1 & 0 & 2 & 0 \\ 1 & 2 & 1 & 0 \end{vmatrix} = 8 \text{ in}^3 \tag{11.2.24}$$

식 (11.2.5)로부터 다음과 같은 결과를 얻는다.

$$\alpha_1 = \begin{vmatrix} 0 & 0 & 0 \\ 0 & 2 & 0 \\ 2 & 1 & 0 \end{vmatrix} = 0 \qquad \beta_1 = -\begin{vmatrix} 1 & 0 & 0 \\ 1 & 2 & 0 \\ 1 & 1 & 0 \end{vmatrix} = 0 \tag{11.2.25}$$

그리고 같은 방법으로,

$$\gamma_1 = 0 \qquad \delta_1 = 4$$

다음과 같은 결과를 얻으며, 식 (11.2.6)~(11.2.8)로부터 다음의 결과를 얻는다.

$$\begin{aligned} &\alpha_2 = 8 && \beta_2 = -2 && \gamma_2 = -4 && \delta_2 = -1 \\ &\alpha_3 = 0 && \beta_3 = -2 && \gamma_3 = 4 && \delta_3 = -1 \\ &\alpha_4 = 0 && \beta_4 = 4 && \gamma_4 = 0 && \delta_4 = -2 \end{aligned} \tag{11.2.26}$$

α는 길이의 세제곱인 체적 단위이고, 반면에 β, γ, δ는 길이의 제곱 단위를 갖는다는 것을 주의하라.

그 다음, 형상함수는 식 (11.2.25)와 (11.2.26)의 결과와 식 (11.2.10)을 이용하여 다음과 같이 얻어진다.

$$N_1 = \frac{4z}{8} \qquad N_2 = \frac{8 - 2x - 4y - z}{8}$$
$$N_3 = \frac{-2x + 4y - z}{8} \qquad N_4 = \frac{4x - 2z}{8} \tag{11.2.27}$$

$N_1 + N_2 + N_3 + N_4 = 1$이 만족되는지 확인하라.

식 (11.2.13)으로 주어진 행렬 $[B]$의 6×3 부행렬이 식 (11.2.14)와 (11.2.27)을 사용하여 다음과 같이 계산된다.

$$[B_1] = \begin{bmatrix} 0 & 0 & 0 \\ 0 & 0 & 0 \\ 0 & 0 & \frac{1}{2} \\ 0 & 0 & 0 \\ 0 & \frac{1}{2} & 0 \\ \frac{1}{2} & 0 & 0 \end{bmatrix} \qquad [B_2] = \begin{bmatrix} -\frac{1}{4} & 0 & 0 \\ 0 & -\frac{1}{2} & 0 \\ 0 & 0 & -\frac{1}{8} \\ -\frac{1}{2} & -\frac{1}{4} & 0 \\ 0 & -\frac{1}{8} & -\frac{1}{2} \\ -\frac{1}{8} & 0 & -\frac{1}{4} \end{bmatrix}$$
$$[B_3] = \begin{bmatrix} -\frac{1}{4} & 0 & 0 \\ 0 & \frac{1}{2} & 0 \\ 0 & 0 & -\frac{1}{8} \\ \frac{1}{2} & -\frac{1}{4} & 0 \\ 0 & -\frac{1}{8} & \frac{1}{2} \\ -\frac{1}{8} & 0 & -\frac{1}{4} \end{bmatrix} \qquad [B_4] = \begin{bmatrix} \frac{1}{2} & 0 & 0 \\ 0 & 0 & 0 \\ 0 & 0 & -\frac{1}{4} \\ 0 & \frac{1}{2} & 0 \\ 0 & -\frac{1}{4} & 0 \\ -\frac{1}{4} & 0 & \frac{1}{2} \end{bmatrix} \tag{11.2.28}$$

그 다음, 행렬 $[D]$는 식 (11.1.5)를 사용하여 다음과 같이 계산된다.

$$[D] = \frac{30 \times 10^6}{(1 + 0.3)(1 - 0.6)} \begin{bmatrix} 0.7 & 0.3 & 0.3 & 0 & 0 & 0 \\ & 0.7 & 0.3 & 0 & 0 & 0 \\ & & 0.7 & 0 & 0 & 0 \\ & & & 0.2 & 0 & 0 \\ & & & & 0.2 & 0 \\ \text{Symmetry} & & & & & 0.2 \end{bmatrix} \tag{11.2.29}$$

마지막으로, 식 (11.2.24), (11.2.28), (11.2.29)로부터의 결과를 식 (11.2.18)의 V, $[B]$, $[D]$에 각각 대입하여 요소 강성행렬을 구한다. 최종적으로 도출된 12×12 강성행렬은 다음과 같다.

$$[k] = [B]^T[D][B]V$$

$$10^6 \times \begin{bmatrix}
3.846 & 0 & 0 & -0.962 & 0 & -1.923 & -0.962 & 0 & -1.923 & -1.923 & 0 & 3.846 \\
0 & 3.846 & 0 & 0 & -0.962 & -3.846 & 0 & -0.962 & 3.846 & 0 & -1.923 & 0 \\
0 & 0 & 13.462 & -2.885 & -5.769 & -3.365 & -2.885 & 5.769 & -3.365 & 5.769 & 0 & -6.731 \\
-0.962 & 0 & -2.885 & 7.452 & 4.808 & 1.202 & -0.24 & -0.962 & 1.202 & -6.25 & -3.846 & 0.481 \\
0 & -0.962 & -5.769 & 4.808 & 14.663 & 2.404 & 0.962 & -12.26 & 0.481 & -5.769 & -1.442 & 2.885 \\
-1.923 & -3.846 & -3.365 & 1.202 & 2.404 & 5.649 & 1.202 & -0.481 & -2.043 & -0.481 & 1.923 & -0.24 \\
-0.962 & 0 & -2.885 & -0.24 & 0.962 & 1.202 & 7.452 & -4.808 & 1.202 & -6.25 & 3.846 & 0.481 \\
0 & -0.962 & 5.769 & -0.962 & -12.26 & -0.481 & -4.808 & 14.663 & -2.404 & 5.769 & -1.442 & -2.885 \\
-1.923 & 3.846 & -3.365 & 1.202 & 0.481 & -2.043 & 1.202 & -2.404 & 5.649 & -0.481 & -1.923 & -0.24 \\
-1.923 & 0 & 5.769 & -6.25 & -5.769 & -0.481 & -6.25 & 5.769 & -0.481 & 14.423 & 0 & -4.808 \\
0 & -1.923 & 0 & -3.846 & -1.442 & 1.923 & 3.846 & -1.442 & -1.923 & 0 & 4.808 & 0 \\
3.846 & 0 & -6.731 & 0.481 & 2.885 & -0.24 & 0.481 & -2.885 & -0.24 & -4.808 & 0 & 7.212
\end{bmatrix}$$

11.3 | 등매개변수 정식화와 육면체 요소

이제 몇 가지 3차원 육면체 요소에 대한 강성행렬의 등매개변수 정식화를 설명한다.

선형 육면체 요소

그림 11-5(a)에 나타낸 기본적인 (선형) 육면체 요소는 그림 11-5(b)에서 보여주는 것처럼 s, t, z'의 등매개변수 고유좌표계에서 표시된 8개의 모서리 절점을 갖는다. 요소 면들은 $s, t, z' = \pm 1$에 의해 정의된다(그리스 문자 ξ, η, ζ보다 익숙한 s, t, z'를 좌표축으로 사용한다).

강성행렬의 등매개변수 정식화는 10장에서 설명한 평면 요소에 대한 강성행렬의 등매개변수 정식화와 유사한 단계를 따른다.

요소의 형상을 정의하는 함수 x는 일반화된 자유도 a_i로 다음과 같이 표시된다.

$$x = a_1 + a_2 s + a_3 t + a_4 z' + a_5 st + a_6 tz' + a_7 z's + a_8 stz' \tag{11.3.1}$$

식 (11.3.1)과 같은 형태의 함수가 y와 z에도 사용된다. y에 대하여는 $a_9 \sim a_{16}$, z에 대하여는 $a_{17} \sim a_{24}$가 사용된다.

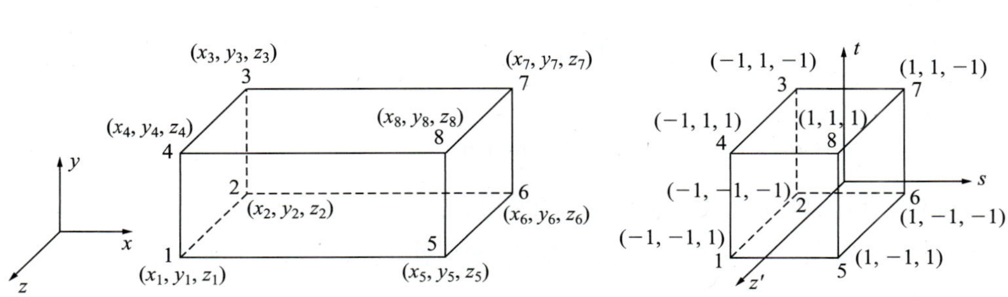

그림 11-5 • 선형 육면체 요소. (a) 전체좌표계에서의 요소, (b) (s, t, z') 고유좌표계에서 원점을 중심으로 대칭이 되도록 한 변의 크기가 2로 사상된 요소

먼저 식 (10.3.4)를 z좌표가 포함되도록 다음과 같이 확장한다.

$$\begin{Bmatrix} x \\ y \\ z \end{Bmatrix} = \sum_{i=1}^{8} \left(\begin{bmatrix} N_i & 0 & 0 \\ 0 & N_i & 0 \\ 0 & 0 & N_i \end{bmatrix} \begin{Bmatrix} x_i \\ y_i \\ z_i \end{Bmatrix} \right) \tag{11.3.2}$$

여기서 형상함수들은 다음과 같다.

$$N_i = \frac{(1 + ss_i)(1 + tt_i)(1 + z'z'_i)}{8} \tag{11.3.3}$$

여기서 $s_i, t_i, z'_i = \pm 1$이고 $i = 1, 2, \ldots, 8$이다. 예를 들어,

$$N_1 = \frac{(1 + ss_1)(1 + tt_1)(1 + z'z'_i)}{8} \tag{11.3.4}$$

그리고 그림 11-5로부터 $s_1 = -1, t_1 = -1, z'_i = +1$을 식 (11.3.4)에 대입하면 다음 식을 얻을 수 있다.

$$N_1 = \frac{(1 - s)(1 - t)(1 + z')}{8} \tag{11.3.5a}$$

다른 형상함수도 같은 방법으로 구할 수 있다. 식 (11.3.3)의 형상함수를 식 (11.3.2)에 사용하면 요소 내 임의 점의 고유좌표계의 값 (s, t, z')을 전체좌표계의 값으로 사상한다. 예를 들면, $i = 8$인 경우에 $s_8 = 1, t_8 = 1, z'_8 = 1$을 식 (11.3.3)에 대입하여 N_8을 구하면

$$N_8 = \frac{(1 + s)(1 + t)(1 + z')}{8} \tag{11.3.5b}$$

가 되며, 다른 형상함수들도 유사한 형태로 얻어진다. 그리고 절점 8에서 모든 형상함수들의 값을 구하면, $N_8 = 1$이고 절점 8에서 다른 형상함수들의 값은 0이 된다. [식 (11.3.5a)로부터 $s = 1$이거나 $t = 1$이면 $N_1 = 0$임을 알 수 있다.] 따라서 식 (11.3.2)를 이용하면 다음과 같은 결과를 얻게 된다.

$$x = x_8 \qquad y = y_8 \qquad z = z_8$$

실제로 식 (11.3.2)는 고유좌표계에서의 한 점을 전체좌표계의 한 점으로 사상함을 확인하였다.

일반화된 자유도의 항으로 표시된 변위함수는 요소의 형상을 묘사하는 식 (11.3.1)과 같은 형태이다.

$$u = a_1 + a_2 s + a_3 t + a_4 z' + a_5 st + a_6 tz' + a_7 z's + a_8 stz' \tag{11.3.6a}$$

식 (11.3.6a)는 변위 v와 w를 표현하는 데 사용되었던 식과 유사하다. 이제 선형 육면체 요소는 24개의 자유도를 갖는다. 그러므로 w를 포함한 변위함수는 식 (11.3.3)에서 정의된 동일한 형상함수를 사용하여 다음과 같이 표현된다.

$$\begin{Bmatrix} u \\ v \\ w \end{Bmatrix} = \sum_{i=1}^{8} \left(\begin{bmatrix} N_i & 0 & 0 \\ 0 & N_i & 0 \\ 0 & 0 & N_i \end{bmatrix} \begin{Bmatrix} u_i \\ v_i \\ w_i \end{Bmatrix} \right) \tag{11.3.6b}$$

형상함수 행렬의 크기는 이제 3×24가 된다.

식 (10.3.10)의 자코비언 행렬은 다음과 같이 확장된다.

$$[J] = \begin{bmatrix} \dfrac{\partial x}{\partial s} & \dfrac{\partial y}{\partial s} & \dfrac{\partial z}{\partial s} \\ \dfrac{\partial x}{\partial t} & \dfrac{\partial y}{\partial t} & \dfrac{\partial z}{\partial t} \\ \dfrac{\partial x}{\partial z'} & \dfrac{\partial y}{\partial z'} & \dfrac{\partial z}{\partial z'} \end{bmatrix} \tag{11.3.7}$$

전체좌표로 표시된 식 (11.2.11)의 변형률−변위 관계는 z에 관한 미분을 포함하기 때문에 식 (10.2.9)를 다음과 같이 확장할 수 있다.

$$\frac{\partial f}{\partial x} = \frac{\begin{vmatrix} \dfrac{\partial f}{\partial s} & \dfrac{\partial y}{\partial s} & \dfrac{\partial z}{\partial s} \\ \dfrac{\partial f}{\partial t} & \dfrac{\partial y}{\partial t} & \dfrac{\partial z}{\partial t} \\ \dfrac{\partial f}{\partial z'} & \dfrac{\partial y}{\partial z'} & \dfrac{\partial z}{\partial z'} \end{vmatrix}}{|[J]|} \qquad \frac{\partial f}{\partial y} = \frac{\begin{vmatrix} \dfrac{\partial x}{\partial s} & \dfrac{\partial f}{\partial s} & \dfrac{\partial z}{\partial s} \\ \dfrac{\partial x}{\partial t} & \dfrac{\partial f}{\partial t} & \dfrac{\partial z}{\partial t} \\ \dfrac{\partial x}{\partial z'} & \dfrac{\partial f}{\partial z'} & \dfrac{\partial z}{\partial z'} \end{vmatrix}}{|[J]|}$$

$$\frac{\partial f}{\partial z} = \frac{\begin{vmatrix} \dfrac{\partial x}{\partial s} & \dfrac{\partial y}{\partial s} & \dfrac{\partial f}{\partial s} \\ \dfrac{\partial x}{\partial t} & \dfrac{\partial y}{\partial t} & \dfrac{\partial f}{\partial t} \\ \dfrac{\partial x}{\partial z'} & \dfrac{\partial y}{\partial z'} & \dfrac{\partial f}{\partial z'} \end{vmatrix}}{|[J]|} \tag{11.3.8}$$

식 (11.3.8)의 f에 u, v, w를 대입하고 변형률에 대한 정의를 이용하면, 변형률을 고유좌표 (s, t, z')의 함수로 식 (10.2.14)와 유사하게 표현할 수 있다. 다른 간결한 형태로는 식 (10.2.15)와 유사하게 형상함수와 전체좌표계에서의 절점좌푯값의 항으로 변형률을 표현할 수 있다. 식 (10.2.17)과 유사한 형태로 주어지는 행렬 $[B]$는 s, t, z'의 함수이고, 6×24 행렬이다.

24×24 강성행렬은 다음과 같이 주어진다.

$$[k] = \int_{-1}^{1}\int_{-1}^{1}\int_{-1}^{1} [B]^T[D][B]\,|[J]|\,ds\,dt\,dz' \tag{11.3.9a}$$

$[k]$는 수치적분으로 계산한다(10.3절 참조). 즉, $2 \times 2 \times 2$ 규칙(혹은 2점 규칙)을 사용하여 8개의 절점을 가진 육면체 요소 강성행렬을 계산한다. 실제로 표 11-1에 정의된 8개의 추출점은 $[k]$를 계산하는 데 다음과 같이 사용된다.

표 11-1 선형 육면체 요소에 대한 가우스 점과 가중 계수[a]

Points, i	s_i	t_i	z'_i	Weight, W_i
1	$-1/\sqrt{3}$	$-1/\sqrt{3}$	$1/\sqrt{3}$	1
2	$1/\sqrt{3}$	$-1/\sqrt{3}$	$1/\sqrt{3}$	1
3	$1/\sqrt{3}$	$1/\sqrt{3}$	$1/\sqrt{3}$	1
4	$-1/\sqrt{3}$	$1/\sqrt{3}$	$1/\sqrt{3}$	1
5	$-1/\sqrt{3}$	$-1/\sqrt{3}$	$-1/\sqrt{3}$	1
6	$1/\sqrt{3}$	$-1/\sqrt{3}$	$-1/\sqrt{3}$	1
7	$1/\sqrt{3}$	$1/\sqrt{3}$	$-1/\sqrt{3}$	1
8	$-1/\sqrt{3}$	$1/\sqrt{3}$	$-1/\sqrt{3}$	1

[a] $1/\sqrt{3} = 0.57735$

$$[k] = \sum_{i=1}^{8}[B(s_i,t_i,z'_i)]^T[D][B(s_i,t_i,z'_i)]\,|[J(s_i,t_i,z'_i)]|\,W_iW_jW_k \tag{11.3.9b}$$

2점 규칙으로부터 $W_i = W_j = W_k$이다.

10.2절에서 소개된 선형 사각형 요소에서처럼, 8절점 선형 육면체 요소는 변형이 발생하면 변이 직선을 유지하므로 보의 굽힘을 올바르게 모델링할 수 없다. 굽힘 변형 중에는 요소는 신장되며 전단 잠김이 발생한다. 전단 잠김에 대한 개념은 6.6절에 소개되었고 이에 대한 치료법은 10.5절에 설명되었다. 전단 잠김과 치료법에 대한 더 자세한 내용은 참고문헌 [12]에 설명되어 있다. 그러나 다음에 소개되는 2차 육면체 요소에서는 전단 잠김의 문제가 발생되지 않는다.

2차 육면체 요소

그림 11-6에서 나타낸 2차 육면체 요소는 12개의 변 중간 절점을 포함하여 총 20개의 절점을 가진다.

요소의 형상을 나타내는 함수 x는 20개의 일반화된 자유도 a_i로 다음과 같이 표시된다.

$$\begin{aligned} x &= a_1 + a_2 s + a_3 t + a_4 z' + a_5 st + a_6 tz' + a_7 z's + a_8 s^2 + a_9 t^2 \\ &\quad + a_{10}z'^2 + a_{11}s^2 t + a_{12}st^2 + a_{13}t^2 z' + a_{14}tz'^2 + a_{15}z'^2 s \\ &\quad + a_{16}z's^2 + a_{17}stz' + a_{18}s^2 tz' + a_{19}st^2 z' + a_{20}stz'^2 \end{aligned} \tag{11.3.10}$$

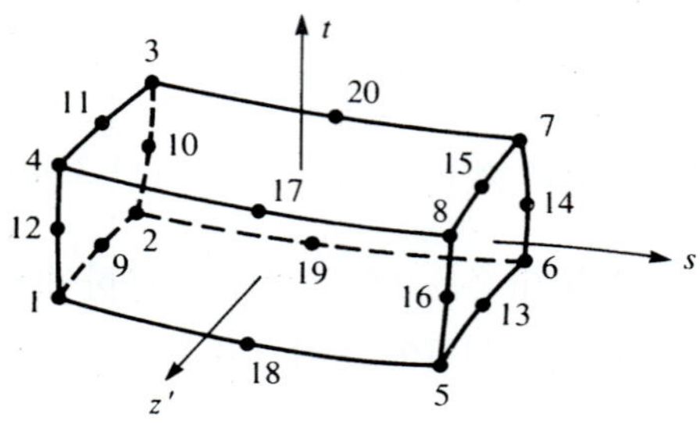

그림 11-6 • 2차 육면체 등매개변수 요소

y와 z도 비슷하게 표현된다.

x방향 변위함수 u는 x방향의 요소 형상을 정의할 때 사용된 다항식인 식 (11.3.10)과 동일하게 사용한다. 변위함수 v와 변위함수 w도 비슷하게 표현된다. 요소 간 적합성을 만족시키기 위해 3차 항 s^3, t^3, z'^3은 제외하였고, 대신 3개의 2차항 s^2tz', st^2z', stz'^2을 사용하였다.

강성행렬은 앞에서 설명한 선형 육면체 요소와 동일한 단계를 적용해서 유도한다. 그러나 형상함수는 새로운 형태가 된다. 다시, s_i, t_i, $z_i' = \pm 1$이라 놓으면, 모서리 절점($i = 1, 2, \ldots, 8$)에 대해 다음과 같은 형상함수를 구할 수 있다.

$$N_i = \frac{(1 + ss_i)(1 + tt_i)(1 + z'z_i')}{8}(ss_i + tt_i + z'z_i' - 2) \tag{11.3.11}$$

$s_i = 0$, $t_i = \pm 1$, $z_i' = \pm 1$ ($i = 17, 18, 19, 20$)인 면의 중간 절점에 대한 형상함수는 다음과 같다.

$$N_i = \frac{(1 - s^2)(1 + tt_i)(1 + z'z_i')}{4} \tag{11.3.12}$$

$s_i = \pm 1$, $t_i = 1$, $z_i' = \pm 1$ ($i = 10, 12, 14, 16$)인 면의 중간 절점에 대한 형상함수는 다음과 같다.

$$N_i = \frac{(1 + ss_i)(1 - t^2)(1 + z'z_i')}{4} \tag{11.3.13}$$

마지막으로, $s_i = \pm 1$, $t_i = \pm 1$, $z_i' = 0$ ($i = 9, 11, 13, 15$)의 면의 중간 절점에 대한 형상함수는 다음과 같다.

$$N_i = \frac{(1 + ss_i)(1 + tt_i)(1 - z'^2)}{4} \tag{11.3.14}$$

이제 $[B]$는 60×60 행렬이 된다. 그러므로 식 (11.3.9a)를 사용하면, 강성행렬의 차수가 60×60이 되고, 이것은 2차 육면체 요소가 20개 절점과 각 절점당 세 개의 자유도(u_i, v_i, w_i)를 가진다는 사실과 일치한다.

20절점을 가진 2차 고체 요소에 대한 강성행렬은 $3 \times 3 \times 3$ 규칙(27점)을 사용하여 유도할 수 있다. 그러나 특별한 14점 규칙이 더 좋은 선택이 될 수도 있다(참고문헌 [9], [10] 참조).

10.5절의 8절점 평면 요소(그림 10-18)와 같이, 20절점 고체 요소도 운 좋은 요소(serendipity element)라 불린다.

그림 1-7과 11-7에 3차원 고체 모델링을 위해 선형과 2차(곡선 변) 고체 요소를 사용하는 것을 나타냈다.

3차원 문제를 풀기 위한 상용 프로그램[11](1장의 참고문헌 [46~56] 참조)이 주어지는 경우도 있다. 그림 11-8, 11-9, 11-10은 각각 강재 발판, 중공 파이프, 교류발전기 브래킷 등을 컴퓨터 프로그램을 사용하여 해석한 예들이다[11]. 이러한 문제들은 본질적으로 3차원 응력상태를 갖기 때문에, 6장과 8장에서 설명한 2차원 요소를 사용하지 않고 대신 3차원 요소를 사용한다. 즉, 강재 발판, 중공 파이프, 교류발전기 브래킷 등의 일부에서는 세 개의 수직 응력 성분과

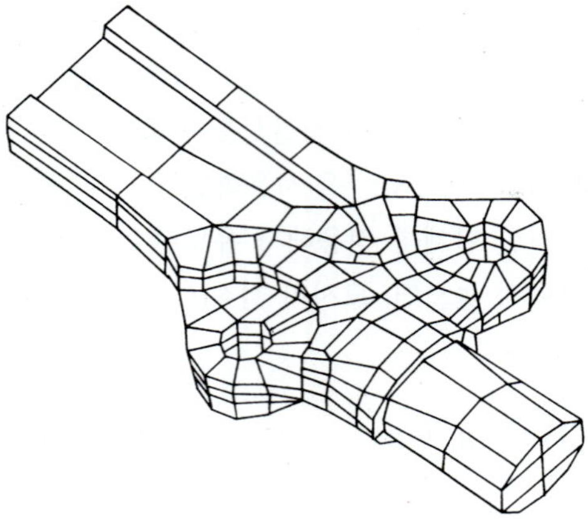

그림 11-7 • 선형 및 2차원 고체 요소를 사용한 단조품의 유한요소모델

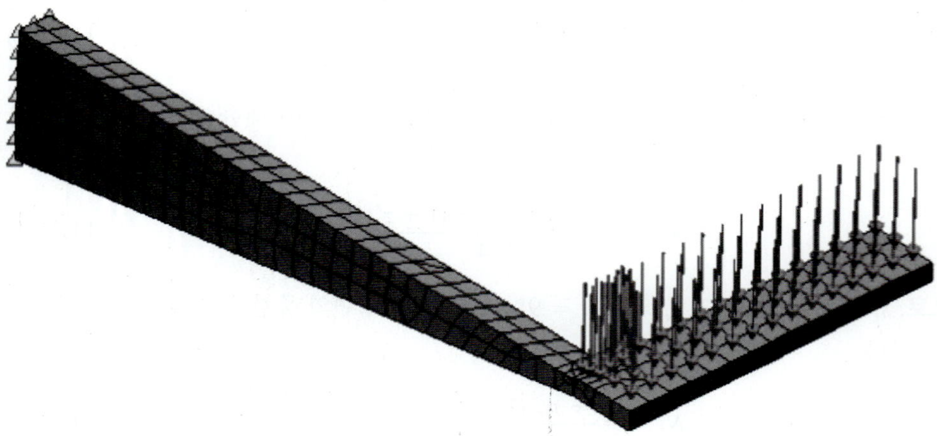

그림 11-8 • 3차원 강재 발판(왼쪽 뒷면이 완전 고정되고 앞쪽 발판면에 100 N의 표면력이 균등하게 아래방향으로 작용)(Justin Hronek 제공)

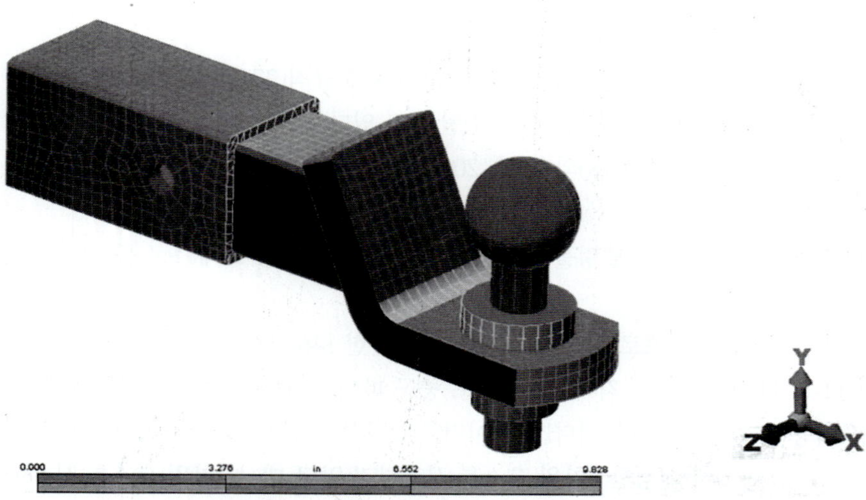

그림 11-9 • 트레일러 결합 장치의 격자 모델(David Anderson 제공)(첨부된 칼라판 그림을 참조하시오)

그림 11-10 • 교류발전기 브래킷의 격자분할된 모델(Seagrave Fire Apparatus, LLC의 디자인 엔지니어 Andrew Heckman 제공)

세 개의 전단 응력 성분 모두가 비슷한 크기를 갖는다. 이러한 문제들에서는 3차원 육면체 요소나 사면체 요소(또는 두 가지를 혼합하여)를 사용할 때 정확한 결과를 얻는다.

육면체 요소를 사용하여 모델링한 발판의 경우 최대 von Mises 응력은 71.1 MPa이며, 모두 굴곡의 안쪽 구석에서 발생한다. 최대 변위는 자유단 끝점에서 발생하며, 아래쪽으로 0.439 mm이다(자세한 치수와 물성치에 관해서는 예제 11.14를 참조하라).

그림 11-9에 나타낸 강재 트레일러 결합 장치는 볼(ball)에 2,830 lb크기의 횡방향력과 수직하향력을 동시에 받고 있다. 집중하중이 가해지는 볼 하부에서 발생하는 비현실적인 응력집중을 제외하면, 해석결과 얻어진 최대 폰 미제스(von Mises) 응력은 결합장치의 곡선부 내에서 발생하고 그 크기는 59 ksi이다. 최대 변위는 볼의 꼭대기 부분에서 발생하며 그 크기는 0.06 in이다. 최대변위값은 유한요소 해석과 동일한 하중 조건에서 수행한 실험 결과와 일치한다.

ASTM-A36 열간 압연강으로 만들어진 교류발전기 브래킷의 모델은 13,298개의 육면체 요소와 10,425개의 절점으로 만들어졌다. 앞쪽 평판의 면에 모두 1,000 lb의 하중이 작용하였다. 브래킷의 뒷면의 변위는 구속하였다. 해석 결과 얻어진 최대 폰 미제스 응력은 11,538 psi로 브래킷 중앙부의 폭이 가장 좁은 곳의 윗면에 발생하였고, 최대 수직처짐은 0.01623 in로 브래킷 앞면 끝에서 발생하였다.

참고문헌 [3]에 따르면 11.1절에 설명한 사면체 요소를 사용하는 것보다는 8개의 절점을 가진 단순한 육면체 요소를 사용하면 더 좋은 결과를 얻을 수 있다. 또한 표 11-2에는 길이 100 in, 폭 6 in, 높이 12 in인 3차원 외팔보를 해석할 때 4절점(일정 변형률) 사면체 요소, 선형 변형률 사면체 요소(변의 중앙에 절점이 추가된 10절점 사면체 요소), 8절점 육면체 요소, 그리고 20절점 육면체 요소를 사용한 모델들의 해석 결과를 비교하였다. 해석에 사용된 강재 보는 $E = 30 \times 10^6$ psi이고 자유단에서 위쪽으로 10,000 lb의 하중을 받는다. 그림 11-11에 8절점 육면체 모델의 주응력 분포를 나타냈다. 전통적인 보 이론을 이용한 정확한 해도 비교를 위해 포함하였다. 일정 변형률(4절점) 사면체 요소를 이용한 해석 결과는 매우 나쁜 반면, 선형 변형률(10절점) 사면체 요소는 훨씬 좋은 결과를 준다. 이것은 선형 변형률 모델이 보의 굽힘 변형

표 11-2 4점 사면체 요소, 10점 사면체 요소, 8점 육면체 요소, 그리고 20점 육면체 요소를 사용한 외팔보 해석 결과 비교

Solid Element Used	Number of Nodes	Number of Degrees of Freedom	Number of Elements	Free End Displ., in.	Principal Stress, psi
4-noded tet	30	90	61	0.0053	562
4-noded tet	415	1245	1549	0.0282	2357
4-noded tet	896	2688	3729	0.0420	3284
4-noded tet	1658	4974	7268	0.0548	4056
10-noded tet	144	432	61	0.1172	6601
10-noded tet	2584	7752	1549	0.1277	7970
8-noded brick	64	192	27	0.1190	5893
8-noded brick	343	1029	216	0.1253	6507
8-noded brick	1331	3993	1000	0.1277	6836
20-noded brick	208	624	27	0.1250	7899
20-noded brick	1225	3675	216	0.1285	8350
20-noded brick	4961	14,883	1000	0.1297	8323
Classical solution				0.1286	6940

주: Mr. William Gobeli의 결과를 이용함

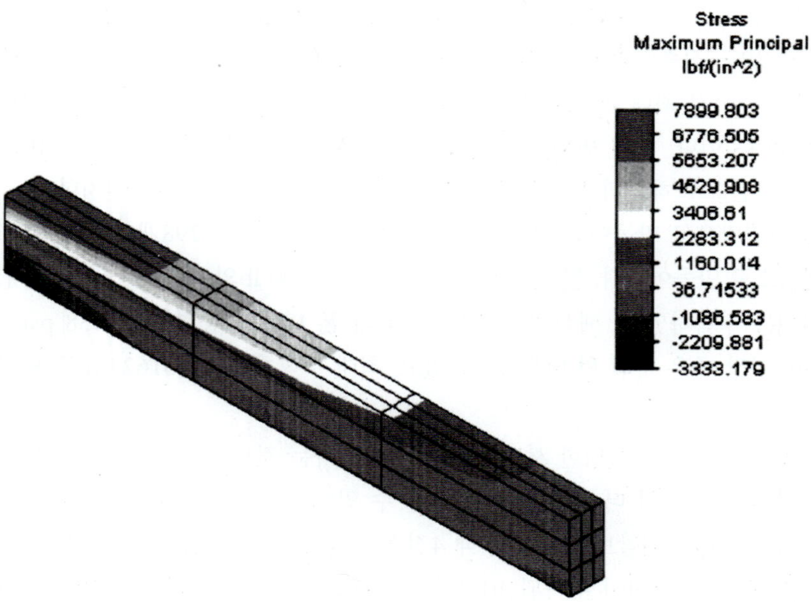

그림 11-11 • 주응력 분포를 보여주는 8점 육면체 모델(27개 육면체 요소)

을 보다 잘 예측하기 때문이다. 8절점과 20절점 육면체 요소도 비슷한 경향을 보이나, 전통적인 굽힘에 대한 이론해와 비교하면 사면체 요소를 이용한 값보다 정확하다.

요약하면, 3차원 요소를 사용하면 연립해서 풀어야 할 방정식의 개수가 많아지며, 큰 밴드

폭이 생성되기 때문에 더 많은 컴퓨터의 기억장소를 필요로 한다. 예를 들어, 20 × 20 × 20 절점(= 총 8,000개의 절점)으로 된 모델은 각 절점당 자유도 3을 곱하여 24,000개의 연립방정식을 풀게 된다.

마지막으로, 참고문헌 [4~7]은 저매개변수 곡선 요소, 선형 사면체 요소, 8절점 선형 등매개 요소, 20절점 2차 등매개변수 요소 등의 고체 요소를 사용한 3차원 프로그램과 해석 과정을 보여준다.

식의 정리(Summary Equations)

변형률-변위 관계식:

$$\varepsilon_x = \frac{\partial u}{\partial x} \qquad \varepsilon_y = \frac{\partial v}{\partial y} \qquad \varepsilon_z = \frac{\partial w}{\partial z} \tag{11.1.1}$$

$$\gamma_{xy} = \frac{\partial u}{\partial y} + \frac{\partial v}{\partial x} = \gamma_{yx} \qquad \gamma_{yz} = \frac{\partial v}{\partial z} + \frac{\partial w}{\partial y} = \gamma_{zy} \qquad \gamma_{zx} = \frac{\partial w}{\partial x} + \frac{\partial u}{\partial z} = \gamma_{xz} \tag{11.1.2}$$

응력과 변형률 행렬:

$$\{\sigma\} = \begin{Bmatrix} \sigma_x \\ \sigma_y \\ \sigma_z \\ \tau_{xy} \\ \tau_{yz} \\ \tau_{zx} \end{Bmatrix} \qquad \{\varepsilon\} = \begin{Bmatrix} \varepsilon_x \\ \varepsilon_y \\ \varepsilon_z \\ \gamma_{xy} \\ \gamma_{yz} \\ \gamma_{zx} \end{Bmatrix} \tag{11.1.3}$$

구성행렬(Constitutive matrix):

$$[D] = \frac{E}{(1+\nu)(1-2\nu)} \begin{bmatrix} 1-\nu & \nu & \nu & 0 & 0 & 0 \\ & 1-\nu & \nu & 0 & 0 & 0 \\ & & 1-\nu & 0 & 0 & 0 \\ & & & \frac{1-2\nu}{2} & 0 & 0 \\ & & & & \frac{1-2\nu}{2} & 0 \\ \text{Symmetry} & & & & & \frac{1-2\nu}{2} \end{bmatrix} \tag{11.1.5}$$

변위함수:

$$\begin{aligned} u(x,y,z) &= a_1 + a_2 x + a_3 y + a_4 z \\ v(x,y,z) &= a_5 + a_6 x + a_7 y + a_8 z \\ w(x,y,z) &= a_9 + a_{10} x + a_{11} y + a_{12} z \end{aligned} \tag{11.2.2}$$

사면체 요소의 형상함수:

$$N_1 = \frac{(\alpha_1 + \beta_1 x + \gamma_1 y + \delta_1 z)}{6V} \quad N_2 = \frac{(\alpha_2 + \beta_2 x + \gamma_2 y + \delta_2 z)}{6V}$$
$$N_3 = \frac{(\alpha_3 + \beta_3 x + \gamma_3 y + \delta_3 z)}{6V} \quad N_4 = \frac{(\alpha_4 + \beta_4 x + \gamma_4 y + \delta_4 z)}{6V} \tag{11.2.10}$$

그리고

$$6V = \begin{vmatrix} 1 & x_1 & y_1 & z_1 \\ 1 & x_2 & y_2 & z_2 \\ 1 & x_3 & y_3 & z_3 \\ 1 & x_4 & y_4 & z_4 \end{vmatrix} \tag{11.2.4}$$

구배(기울기)행렬:

$$[B_1] = \frac{1}{6V}\begin{bmatrix} \beta_1 & 0 & 0 \\ 0 & \gamma_1 & 0 \\ 0 & 0 & \delta_1 \\ \gamma_1 & \beta_1 & 0 \\ 0 & \delta_1 & \gamma_1 \\ \delta_1 & 0 & \beta_1 \end{bmatrix} \tag{11.2.15}$$

사면체 요소에 대한 강성행렬:

$$[k] = [B]^T[D][B]V \tag{11.2.18}$$

사면체 요소에 대한 체적력 행렬:

$$\{f_b\} = \frac{V}{4}[X_b\ Y_b\ Z_b\ X_b\ Y_b\ Z_b\ X_b\ Y_b\ Z_b\ X_b\ Y_b\ Z_b]^T \tag{11.2.20b}$$

사면체 요소에서 절점 1, 2, 3으로 이루어진 면에 작용하는 표면력 행렬:

$$\{f_s\} = \frac{S_{123}}{3}\begin{Bmatrix} p_x \\ p_y \\ p_z \\ p_x \\ p_y \\ p_z \\ p_x \\ p_y \\ p_z \\ 0 \\ 0 \\ 0 \end{Bmatrix} \tag{11.2.23}$$

8절점 선형 사면체 요소의 형상을 정의하는 함수:

$$x = a_1 + a_2 s + a_3 t + a_4 z' + a_5 st + a_6 tz' + a_7 z's + a_8 stz' \tag{11.3.1}$$

8절점 등매개변수 육면체 요소의 형상함수:

$$N_i = \frac{(1 + ss_i)(1 + tt_i)(1 + z'z_i')}{8} \tag{11.3.3}$$

8절점 육면체 요소에 대한 x방향 변위 함수:

$$u = a_1 + a_2 s + a_3 t + a_4 z' + a_5 st + a_6 tz' + a_7 z's + a_8 stz' \tag{11.3.6a}$$

8절점 육면체 요소에 대한 강성행렬:

$$[k] = \int_{-1}^{1}\int_{-1}^{1}\int_{-1}^{1} [B]^T[D][B]\,|[J]|\,ds\,dt\,dz' \tag{11.3.9a}$$

8절점 육면체 요소의 강성 행렬 전개를 위한 2 × 2 × 2 법칙(8점 법칙):

$$[k] = \sum_{i=1}^{8}[B(s_i, t_i, z_i')]^T[D][B(s_i, t_i, z_i')]\,|[J(s_i, t_i, z_i')]|\,W_i W_j W_k \tag{11.3.9b}$$

표 11-1은 선형 육면체 요소에 대한 가우스 적분점 목록이다.
20절점 2차 육면체 요소의 형상을 정의하는 함수:

$$\begin{aligned} x &= a_1 + a_2 s + a_3 t + a_4 z' + a_5 st + a_6 tz' + a_7 z's + a_8 s^2 + a_9 t^2 \\ &\quad + a_{10} z'^2 + a_{11} s^2 t + a_{12} st^2 + a_{13} t^2 z' + a_{14} tz'^2 + a_{15} z'^2 s \\ &\quad + a_{16} z's^2 + a_{17} stz' + a_{18} s^2 tz' + a_{19} st^2 z' + a_{20} stz'^2 \end{aligned} \tag{11.3.10}$$

y, z방향에 대해서도 유사한 식으로 표현할 수 있다.
20절점 육면체 요소에 대한 형상함수:

$$N_i = \frac{(1 + ss_i)(1 + tt_i)(1 + z'z_i')}{8}(ss_i + tt_i + z'z_i' - 2) \quad (i = 1, 2, \ldots, 8) \tag{11.3.11}$$

$$N_i = \frac{(1 - s^2)(1 + tt_i)(1 + z'z_i')}{4} \quad (i = 17, 18, 19, 20) \tag{11.3.12}$$

$$N_i = \frac{(1 + ss_i)(1 - t^2)(1 + z'z_i')}{4} \quad (i = 10, 12, 14, 16) \tag{11.3.13}$$

$$N_i = \frac{(1 + ss_i)(1 + tt_i)(1 - z'^2)}{4} \quad (i = 9, 11, 13, 15) \tag{11.3.14}$$

참고문헌

[1] Martin, H. C., "Plane Elasticity Problems and the Direct Stiffness Method." *The Trend in Engineering*, Vol. 13, pp. 5–19, Jan. 1961.

[2] Gallagher, R. H., Padlog, J., and Bijlaard, P. P., "Stress Analysis of Heated Complex Shapes," *Journal of the American Rocket Society*, pp. 700–707, May 1962.
[3] Melosh, R. J., "Structural Analysis of Solids," *Journal of the Structural Division,* American Society of Civil Engineers, pp. 205–223, Aug. 1963.
[4] Chacour, S., "DANUTA, a Three-Dimensional Finite Element Program Used in the Analysis of Turbo-Machinery," Transactions of the American Society of Mechanical Engineers, *Journal of Basic Engineering*, March 1972.
[5] Rashid, Y. R., "Three-Dimensional Analysis of Elastic Solids-I: Analysis Procedure," *International Journal of Solids and Structures*, Vol. 5, pp. 1311–1331, 1969.
[6] Rashid, Y. R., "Three-Dimensional Analysis of Elastic Solids-II: The Computational Problem," *International Journal of Solids and Structures*, Vol. 6, pp. 195–207, 1970.
[7] *Three-Dimensional Continuum Computer Programs for Structural Analysis*, Cruse, T. A., and Griffin, D. S., eds., American Society of Mechanical Engineers, 1972.
[8] Zienkiewicz, O. C., *The Finite Element Method*, 3rd ed., McGraw-Hill, London, 1977.
[9] Irons, B. M., "Quadrature Rules for Brick Based Finite Elements," *International Journal for Numerical Methods in Engineering*, Vol. 3, No. 2, pp. 293–294, 1971.
[10] Hellen, T. K., "Effective Quadrature Rules for Quadratic Solid Isoparametric Finite Elements," *International Journal for Numerical Methods in Engineering*, Vol. 4, No. 4, pp. 597–599, 1972.
[11] Autodesk, Inc. McInnis Parkway San Rafael, CA 90903.
[12] Cook, R. D., Malkus, D. S., Plesha, M. E., and Witt, R. J., *Concepts and Applications of Finite Element Analysis*, 4th ed., Wiley, New York, 2002.

연습문제

11.1 Evaluate the matrix $[B]$ for the tetrahedral solid element shown in Figure P11–1.

11.2 Evaluate the stiffness matrix for the elements shown in Figure P11–1. Let $E = 10 \times 10^6$ psi and $\nu = 0.3$.

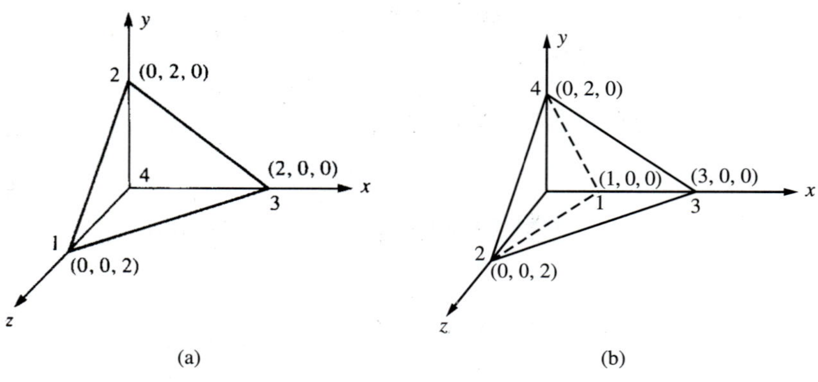

Figure P11-1 •

11.3 For the elements shown in Figure P11–1, assume the nodal displacements have been determined to be

$$
\begin{array}{lll}
u_1 = 0.005 \text{ in.} & v_1 = 0.0 & w_1 = 0.0 \\
u_2 = 0.001 \text{ in.} & v_2 = 0.0 & w_2 = 0.001 \text{ in.} \\
u_3 = 0.005 \text{ in.} & v_2 = 0.0 & w_3 = 0.0 \\
u_4 = -0.001 \text{ in.} & v_4 = 0.0 & w_4 = 0.005 \text{ in.}
\end{array}
$$

Determine the strains and then the stresses in the elements. Let $E = 10 \times 10^6$ psi and $\nu = 0.3$.

11.4 What is special about the strains and stresses in the tetrahedral element?

11.5 Show that for constant body force Z_b acting on an element ($X_b = 0$ and $Y_b = 0$),

$$\{f_{bi}\} = \frac{V}{4}\begin{Bmatrix} 0 \\ 0 \\ Z_b \end{Bmatrix}$$

where $\{f_{bi}\}$ represents the body forces at node i of the element with volume V.

11.6 Evaluate the $[B]$ matrix for the tetrahedral solid element shown in Figure P11–6. The coordinates are in units of millimeters.

11.7 Evaluate the stiffness matrix for the elements shown in Figure P11–6. Let $E = 100$ GPa and $\nu = 0.3$.

11.8 For the elements shown in Figure P11–6, assume the nodal displacements have been determined to be

$$\begin{array}{lll} u_1 = 0.0 & v_1 = 0.0 & w_1 = 0.0 \\ u_2 = 0.01 \text{ mm} & v_2 = 0.02 \text{ mm} & w_2 = 0.01 \text{ mm} \\ u_3 = 0.02 \text{ mm} & v_3 = 0.01 \text{ mm} & w_3 = 0.005 \text{ mm} \\ u_4 = 0.0 & v_4 = 0.01 \text{ mm} & w_4 = 0.01 \text{ mm} \end{array}$$

Determine the strains and then the stresses in the elements. Let $E = 100$ GPa and $\nu = 0.3$.

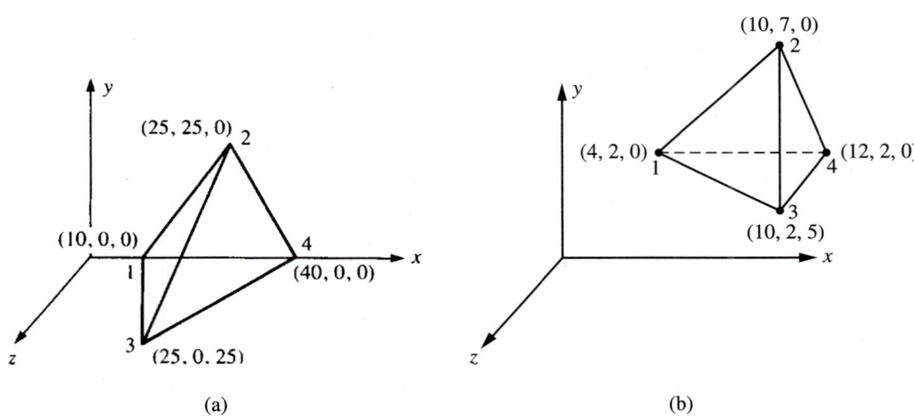

Figure P11-6 •

11.9 For the linear strain tetrahedral element shown in Figure P11–9, (a) express the displacement fields u, v, and w in the x, y and z directions, respectively. Hint: There are 10 nodes each with three translational degrees of freedom, u_i, v_i, and w_i. Also look at the linear strain triangle given by Eq. (8.1.2) or the expansion of Eq. (11.2.2).

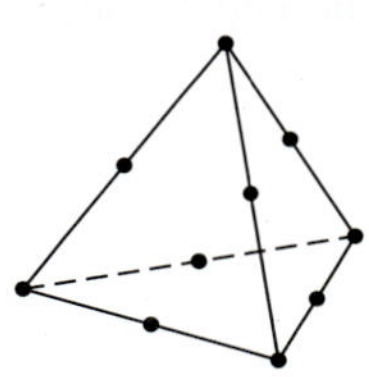

Figure P11-9 •

11.10 Figure P11–10 shows how solid and plane elements may be connected. What restriction must be placed on the externally applied loads for this connection to be acceptable?

11.11 Express the explicit shape functions N_2 through N_8, similar to N_1 given by Eq. (11.3.4), for the linear hexahedral element shown in Figure 11–5 on page 541.

11.12 Express the explicit shape functions for the corner nodes of the quadratic hexahedral element shown in Figure 11–6 on page 544.

11.13 Write a computer program to evaluate $[k]$ of Eq. (11.3.9a) using a $2 \times 2 \times 2$ Gaussian quadrature rule.

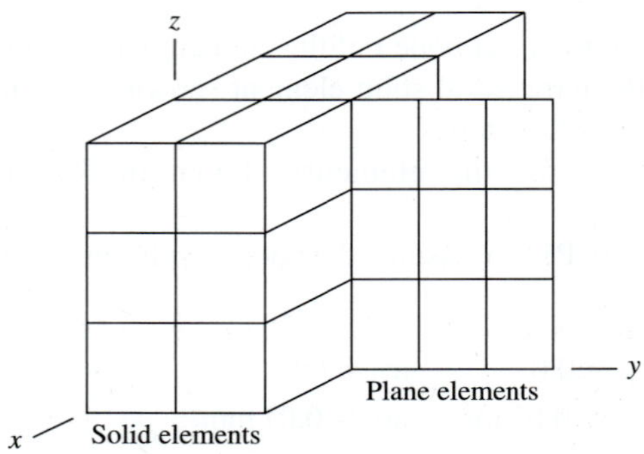

Figure P11-10 •

Solve the following problems using a computer program.

11.14 Determine the deflections at the four corners of the free end of the structural steel cantilever beam shown in Figure P11–14. Also determine the maximum principal stress. Compare your answer for deflections to the classical beam theory equation ($\delta = PL^3/(3EI)$).

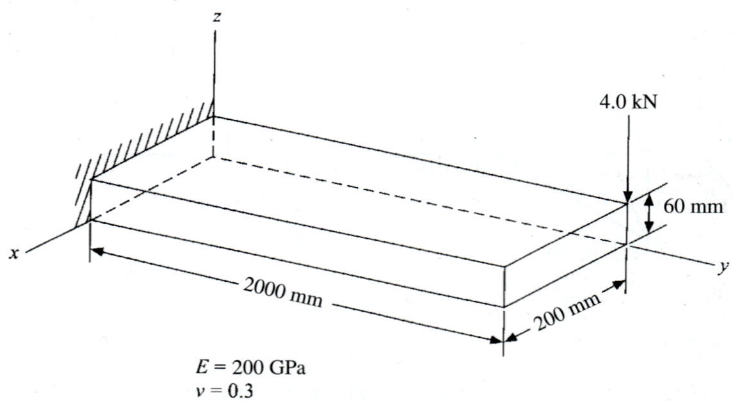

Figure P11-14 •

11.15 A portion of a structural steel brake pedal in a vehicle is modeled as shown in Figure P11–15. Determine the maximum deflection at the pedal under a uniform pressure acting over the pedal totaling 100 N.

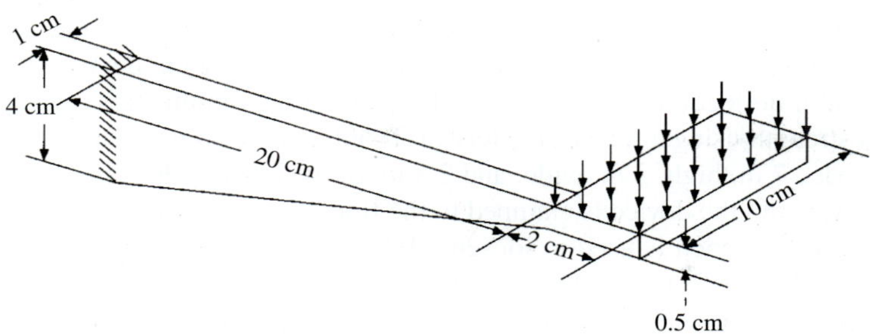

Figure P11-15 •

11.16 For the crane hook shown in Figure P11–16, determine the largest displacement and the maximum von Mises stress and where this value is located on the hook. Use AISI 4130 steel with yield strength of 66.7 ksi, modulus of elasticity of 30×10^3 ksi, and Poisson's ratio of 0.3. The total load of 22,500 lbf is applied over 15 nodes located on the bottom inside face to simulate a lifting force. The underside of the top of the circular portion of the hook is fixed from vertical translation. All dimensions are in inches.

11.17 An S-shaped block used in force measurement as shown in Figure P11–17 is to be designed for a pressure of 1000 psi applied uniformly to the top surface. Determine the uniform thickness of the block needed such that the sensor is compressed no more than 0.05 in. Also make sure that the maximum stress from the maximum distortion energy failure theory is less than the yield strength of the material. Use a factor of safety of 1.5 on the stress only. The overall size of the block must fit in a 3-in.-high, 2-in.-wide, 2-in.-deep volume. The block should be made of steel.

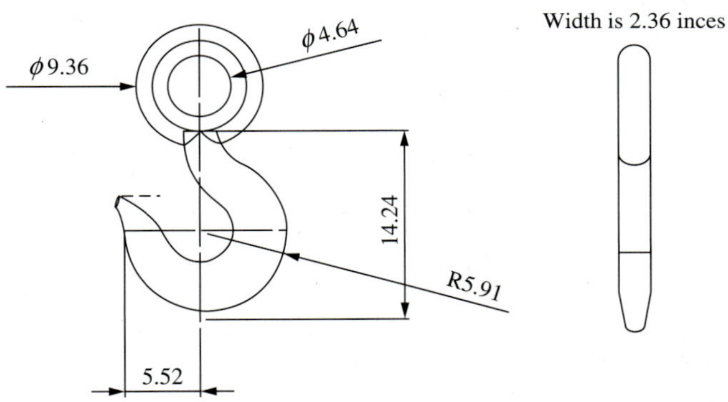

Figure P11-16 • Crane hook (By John Stec)

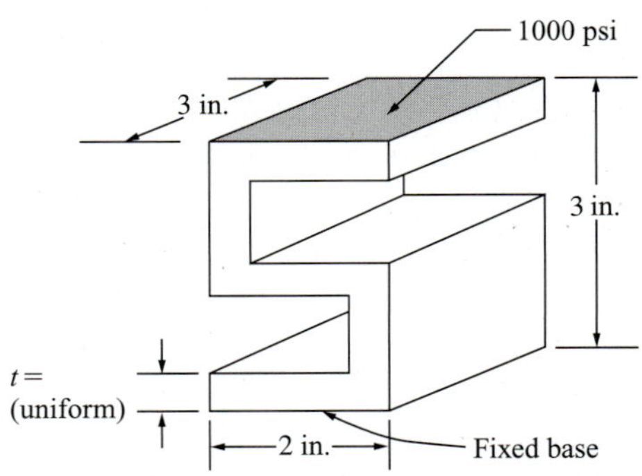

Figure P11-17 • S-shaped block

11.18 A device is to be hydraulically loaded to resist an upward pressure $P = 600$ psi as shown in Figure P11–18. Determine the thickness of the device such that the maximum deflection is 0.1 in. vertically and the maximum stress is less than the yield strength using a factor of safety of 2 (only on the stress). The device must fit in a space 7 in. high, 3 in. wide, and 2.3 in. deep. The top flange is bent vertically as shown, and the device is clamped to the floor. Use steel for the material.

11.19 An "Allen" wrench is used to loosen a bolt that has a hex-head cross section. As shown in Figure P11–19. This wrench is a 5 mm size and is made of quenched and tempered carbon steel with modulus of elasticity of 200 GPa, Poisson's ratio of 0.29, and yield strength of 615 MPa. The wrench is used to loosen a rusty bolt. To simulate the fixity a surface 2.5 mm in depth from the bottom is held fixed. A total force of 125 N is applied uniformly over 25 mm at the end of the horizontal section of the wrench. Determine the maximum von Mises stress in the wrench. Also determine the maximum displacement. Comment on the safety of the wrench based on whether it will yield or not. (This problem is by Justin Hronek.)

11.20 A blacksmith desires to forge a work piece using the anvil shown in Figure P11–20. The anvil is bolted to a workbench with 4-$\frac{1}{2}$ in. diameter bolts. The anvil is made of gray cast iron with $E = 15 \times 10^3$ ksi and $\nu = 0.21$. The tensile and compressive strengths are 31 ksi and 109 ksi, respectively. A surface pressure of 1 ksi is applied to the horn of the anvil during the forging process. Determine the maximum principal stress and its location on the anvil. (This problem is by Dan Baxter.)

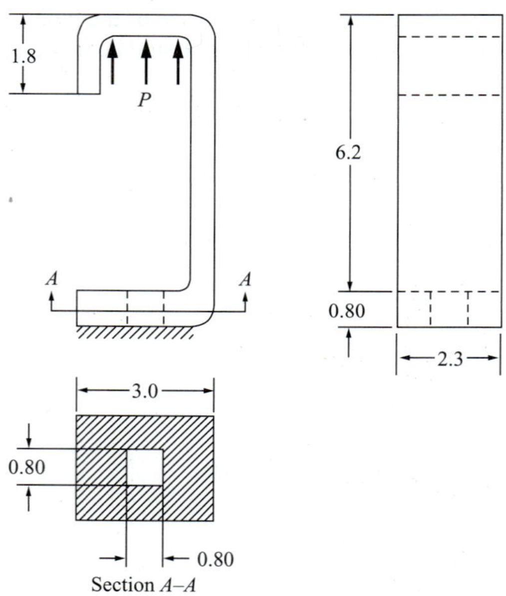

Figure P11-18 • Hydraulically loaded device (dimensions in inch units)

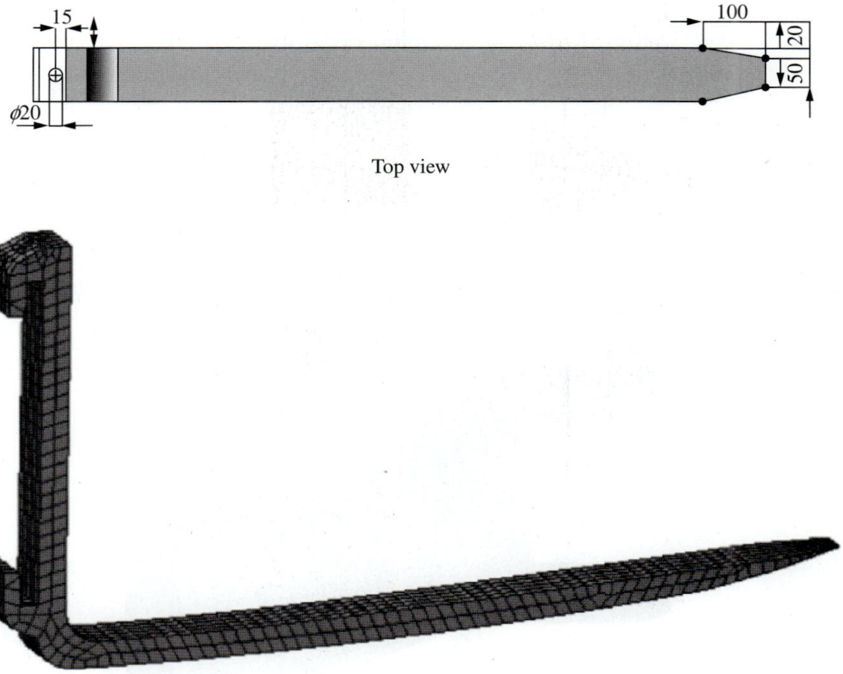

Figure P11-21 • (continued)

11.22 A radio-control car front steering unit is shown in Figure P11–22. The arm is made of molded ABS plastic with a modulus of elasticity of 362,000 psi and a tensile strength of 6000 psi. The base of the steering unit is attached to the frame of the car by bolts, so the three holes that the bolts pass through are assumed fixed around their cylindrical surface (as shown in the finite element model). A force of 3 lbs is applied circumferentially around the upper finger (as shown in the finite element model). This force represents the typical weight of a remote-control car. Determine the maximum von Mises stress and largest displacement of the control arm. (This problem is by Phillip Grommes.)

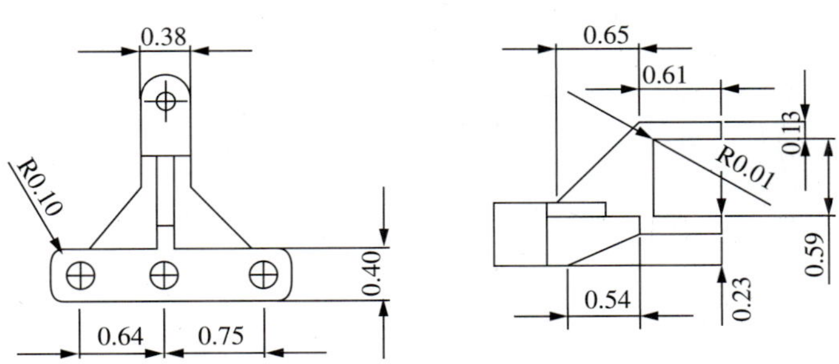

Figure P11-22 • Radio-control front steering unit (all dimensions in inches) and finite element model (By Phillip Grommes)

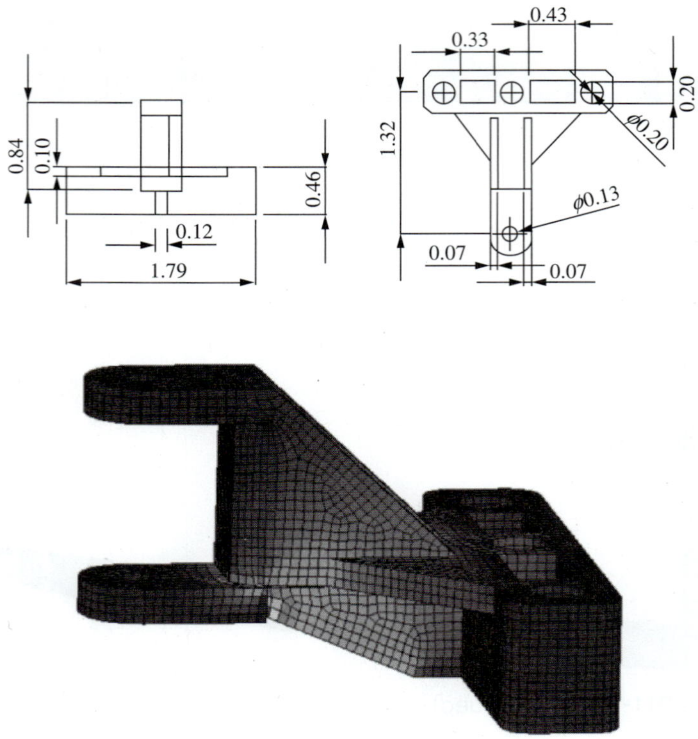

Figure P11-22 • (continued)

11.23 The hitch shown in Figure P11–23 is used on an International 496 disk. The hitch is made of cold drawn 1018 steel with $E = 29 \times 10^6$ psi and $\nu = 0.30$. The yield strength of the material is 53,700 psi. The disk requires 200 hp to pull at 6 mph. The total force of 12,500 lbf in the hitch is then determined from force equal to power divided by velocity. Determine the maximum von Mises stress and the deflection of the hitch under the load. In the model, use two 6250 lbf applied to each side of the hitch and fix the nodes at the ends of the attachment to the disk frame (as shown in the finite element model). (This problem is by Byron Manternach.)

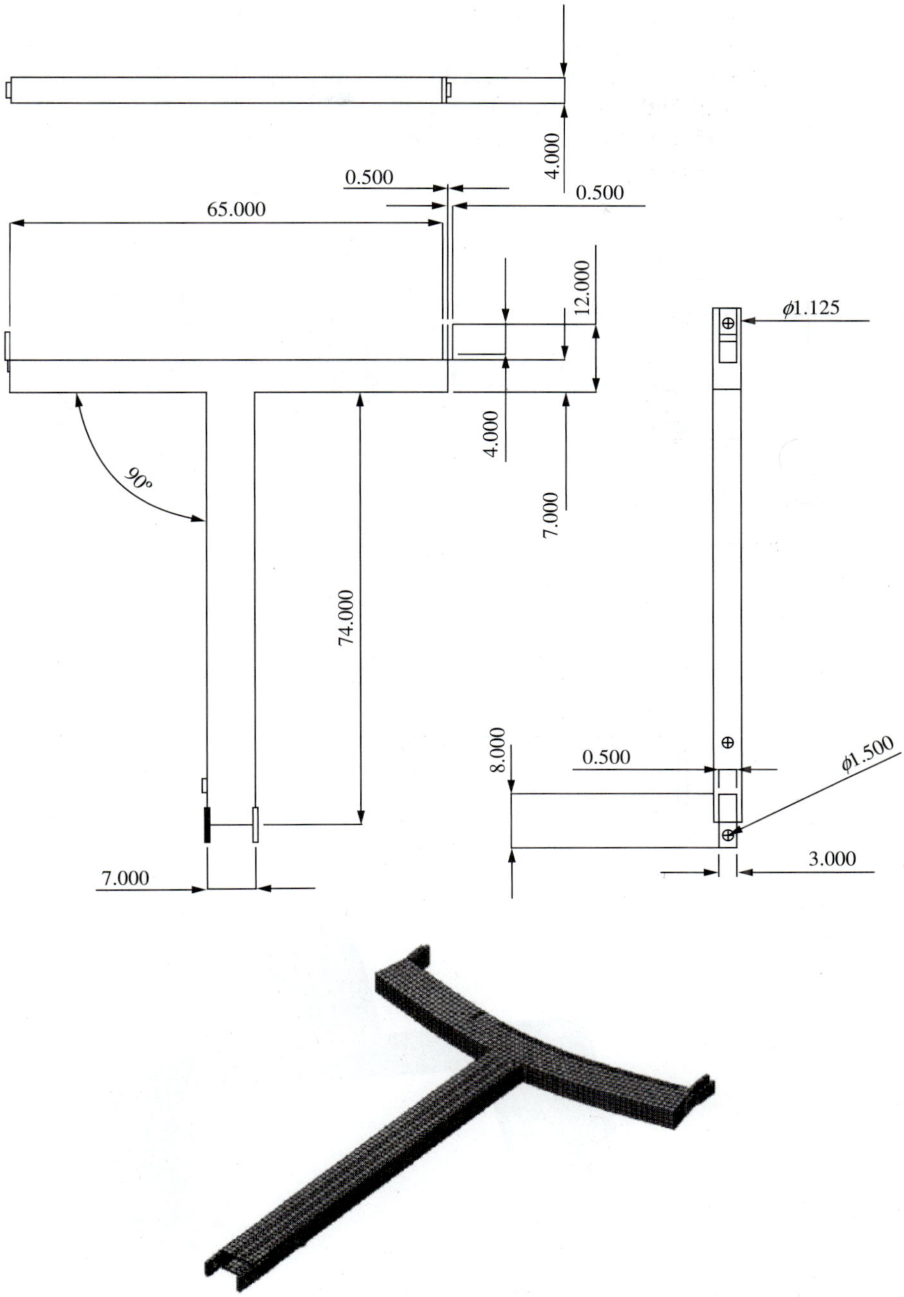

Figure P11-23 • Hitch from a 24-foot-wide International 496 disk (dimensions in inches) and typical finite element model (By Byron Manternach)

11.24 A swivel C bracket shown in Figure P11–24 is mounted to a ceiling of a building and has a speaker (not shown) of 30 lbf hanging from each mounting hole. The mounting bracket is made of A 36 steel with a modulus of elasticity of 29×10^6 psi, Poisson's ratio of 0.29, and yield strength of 36,000 psi. Determine the maximum von Mises stress and deflection in the bracket. (This problem is by Tyler Austin and Kyle Jones.)

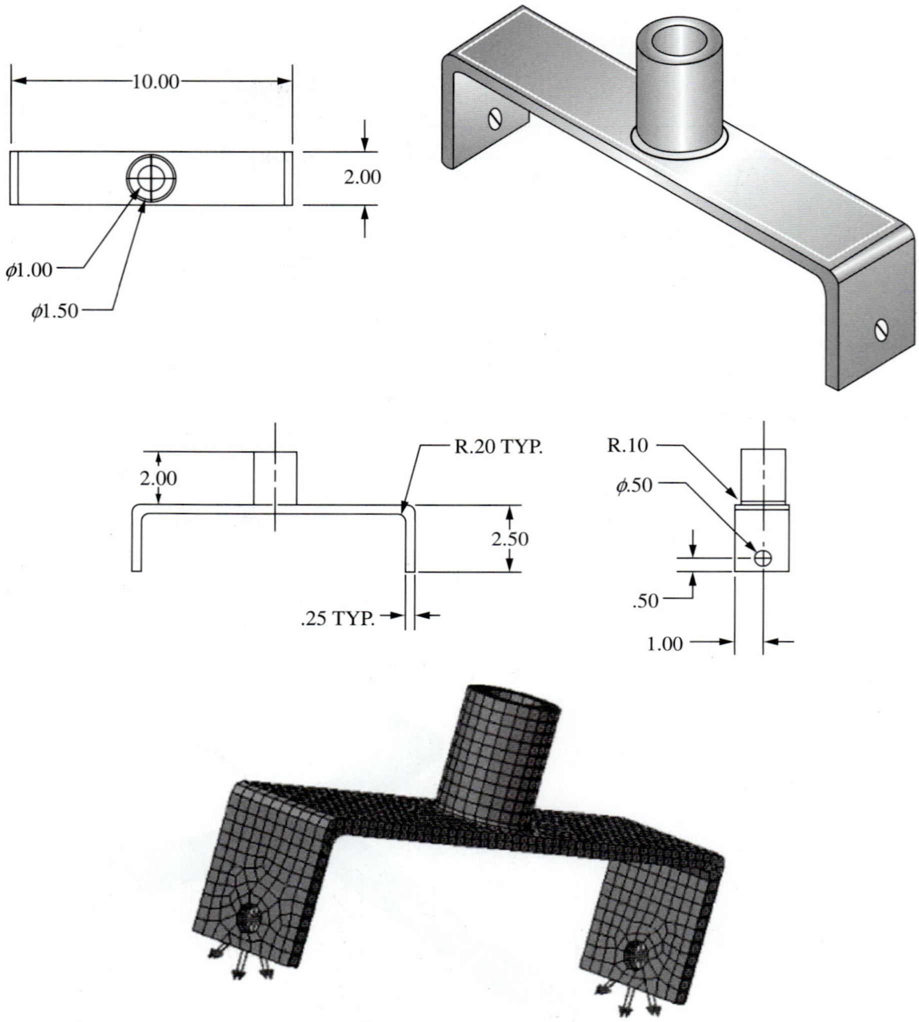

Figure P11-24 • Swivel C bracket (dimension in inches) and typical finite element model (By Tyler Austin and Kyle Jones)

11.25 The lower arms of a front-end loader are shown in Figure P11–25. The loader material is AISI 1010 cold drawn steel with a modulus of elasticity of 29.7×10^6 psi and Poisson's ratio of 0.29. The yield strength of the material is 44,200 psi. In the finite element model, the back faces of the top horizontal members are fixed. Determine the maximum force that can be applied to the bottom of the left arm to cause yielding of the arm. You may want to try loads that are vertical (y-directed) and lateral (z-directed). (This problem is by Quentin Moller.)

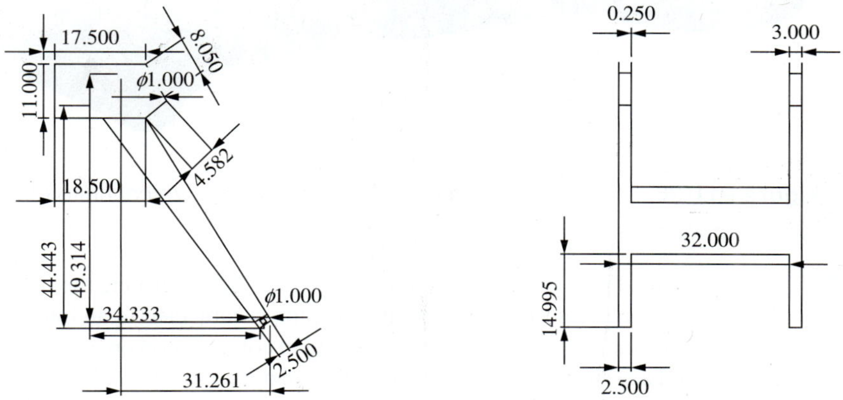

The depth of the 32-in. cross member is 5 in. into the paper

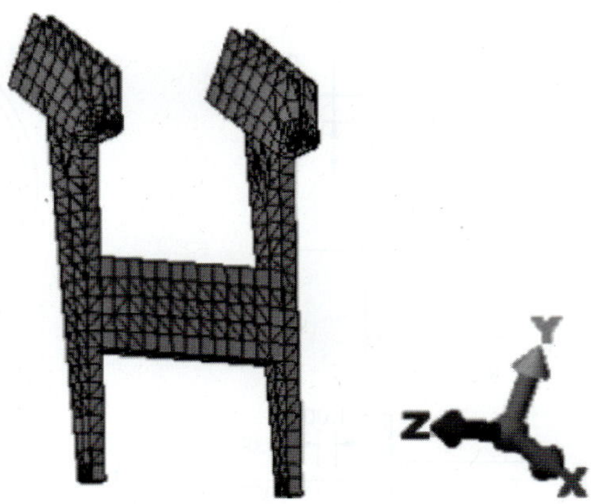

Figure P11-25 • Lower arms of front end loader (dimensions in inches) and a typical finite element model (By Quentin Moller)

11.26 A bicycle stem is shown in Figure P11–26. The stem attaches the handlebars to the steerer tube of the fork. The stem is made of 7075-T6 aluminum alloy with yield strength of 504 MPa. The load of 1200 N is spread over the mounting surface to the handlebar in the $x - y$ plane and acts at a 45° angle from the axis of the stem. The inner surface of the stem that attaches to the steerer tube is fixed in translation in the y-direction and in rotation about the y-axis. Determine the largest von Mises stress and its location on the stem. (This problem is courtesy of Stephen Wilson.)

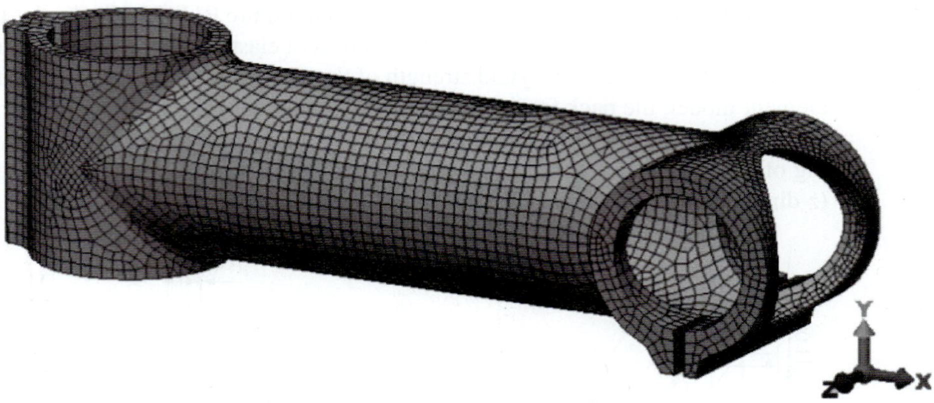

Figure P11-26 • Bicycle stem (dimensions in mm) and typical finite element model (By Stephen Wilson)

11.27 For the flanged pipe section shown in Figure P11–27, determine the maximum von Mises stress and largest displacement. The pipe is subjected to an internal pressure of 350 psi in addition to a 100 lbf force acting in compression on each end of the two flanges and a 50 lbf force on the smaller, top flange. The edge of the inner diameter of the pipe is fixed as the bolts would be assumed to resist rotation and translation. The material is grey cast iron with modulus of elasticity of 13×10^6 psi and Poisson's ration of 0.24.

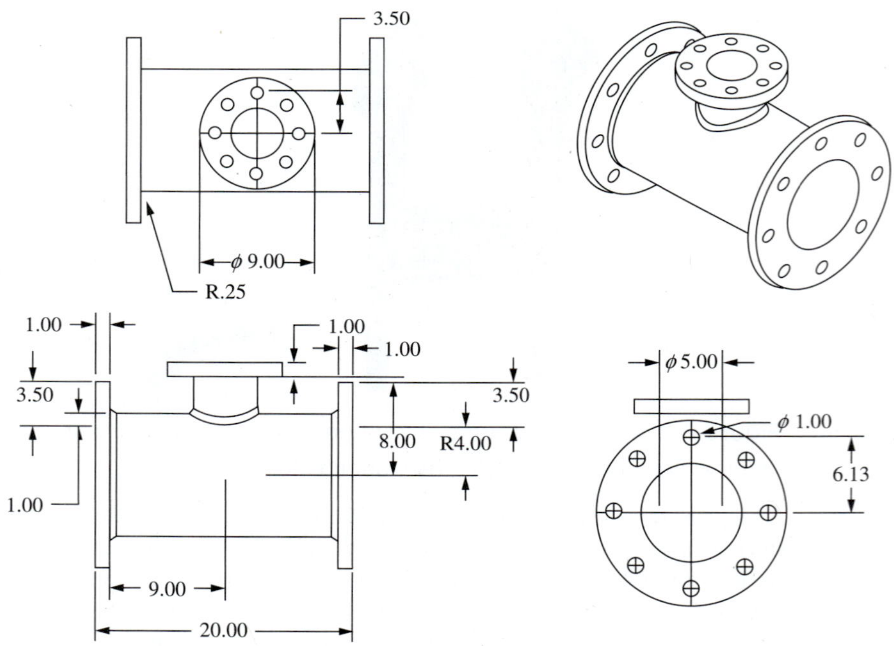

Figure P11-27 • Pipe section showing dimensions in inch units (By Trevor King)

11.28 A solid part shown in Figure P11–28 is made to locate parts into proper position. The material is AISI 1005 steel with $E = 200$ GPa and $\nu = 0.29$. The front faces are fixed, and a pressure P of 100 MPa is applied to the semi-circular face of the inside slot, as shown in the figure. Determine the largest von Mises stress and its location on the locator device.

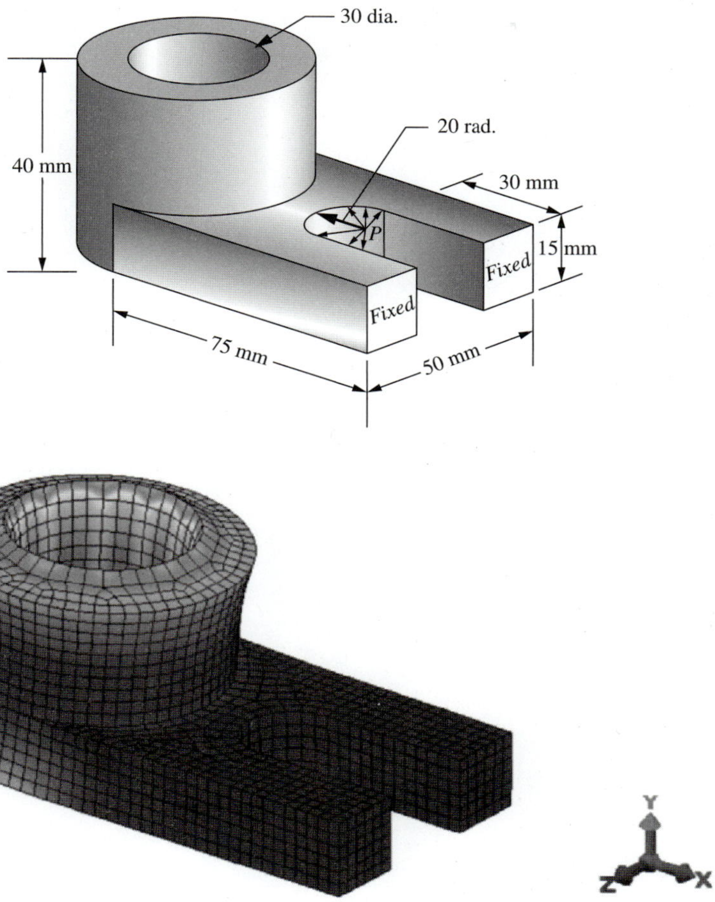

Figure P11-28 • Locator part (dimensions in mm) with typical finite element model (See the full-color insert for a color version of this figure.)

CHAPTER 12

평판 굽힘 요소

학습목표

- 평판 굽힘에 관한 기본 개념을 소개한다.
- 기본적인 평판 굽힘 요소의 강성행렬을 유도한다.
- 몇 가지 평판 요소의 수치적 해석을 비교한다.
- 컴퓨터를 사용하여 평판 굽힘 문제의 해석 결과를 구한다.

개요

이 장에서는 먼저 평판 굽힘 현상과 이론에 대한 기본 개념을 설명한다. 중요한 구조 요소인 평판 요소는 압력 용기, 굴뚝(그림 1-5 참조), 자동차 부품 등과 같은 구조물의 모델링과 해석에 사용된다. 그림 12-1은 평판 굽힘 요소를 사용한 컴퓨터 케이스와 물탱크 유한요소모델이다. 이어서 통상적으로 쓰이는 평판 요소들에 관한 논의가 주어진다. 수많은 평판 요소의 정식화가 존재한다. 이 장의 목적은 가장 널리 쓰이는 평판 요소의 강성행렬 유도를 보여주고, 문헌에 수록된 다른 굽힘 요소들을 이용한 해석 결과와 비교하여 설명하는 것이다.

컴퓨터 프로그램을 이용한 평판 굽힘 문제의 해를 소개하며 이 장을 마무리한다.

12.1 | 평판 굽힘의 기본 개념

평판은 단순 굽힘에서 보를 2차원으로 연장하는 것으로 간주될 수 있다. 보는 횡방향 하중을 받고 평판은 평판에 수직인 하중을 받아 굽힘 변형을 겪는다. 평판은 평평하다[판이 곡면인 경우에는 쉘(shell)이라 불린다]. 보는 한 개의 굽힘 모멘트 성분을 갖지만, 평판은 두 개의 굽힘 모멘트 성분과 비틀림 모멘트 성분을 갖는다.

여기서는 전통적 박판(thin-plate) 이론인 키르히호프(Kirchhoff) 평판 이론을 다룬다[1]. 키르히호프 이론에 쓰인 가정의 대부분은 4장과 참고문헌 [2]에 소개된 전통적 보 이론인 오일러-베르누이(Euler-Bernoulli) 보 이론에서의 가정들과 유사하다.

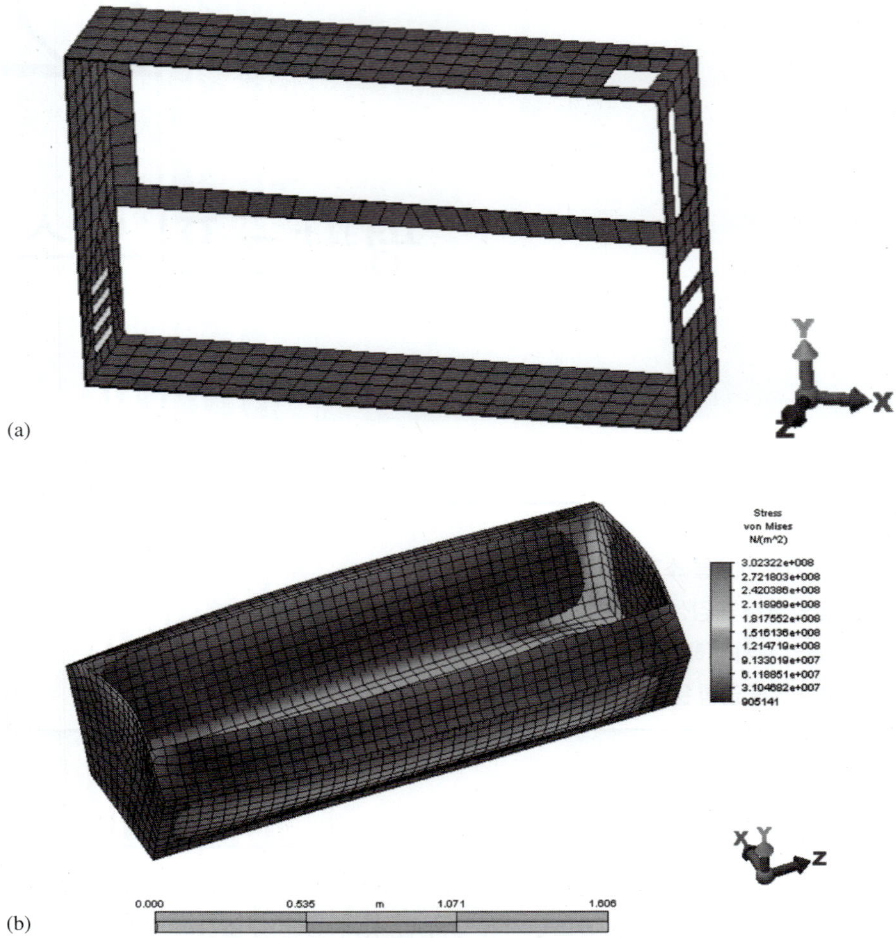

그림 12-1 • (a) 컴퓨터 케이스와 (b) 물탱크(첨부된 칼라판 그림을 참조하시오)

형상과 변형의 기본 특성

그림 12-2에서 보듯 평판의 z방향의 두께는 t이며 평면 x-y에 존재하는 박판에 대하여 기본 박판 식들을 유도하고자 한다. 평판의 표면은 $z = \pm t/2$이고, 중립면은 $z = 0$이다. 평판의 기하학적 형상에 관한 기본 가정은 다음과 같다: (1) 평판의 두께는 평면상의 치수 b, c에 비해 매우 작다(즉, $t \ll b$ 또는 c). [두께 t가 평판의 폭, 즉 b 또는 c의 1/10보다 크면 횡방향 전단을 고려해야 하며, 이때 평판은 후판(thick plate)이라 불린다.] (2) 두께방향 처짐 w는 두께 t보다 훨씬 작다(즉, $w/t \ll 1$).

키르히호프 가정

그림 12-3(a)에서 보여주듯이 x축에 수직인 평면에 의해 잘려진 평판의 미소 요소를 고려하자. 하중 q는 평면을 z방향의 위쪽으로 또는 측면으로 변형시키며, 점 P의 처짐 w는 x, y만의 함수로 가정한다. 즉, $w = w(x, y)$이고 평판은 z방향으로는 인장되지 않는다. 하중을 받기 전에 평판 면에 수직인 선분 a-b는 변형 후에도 수직을 유지한다[그림 12-3(b) 참조]. 위의 가정은 다

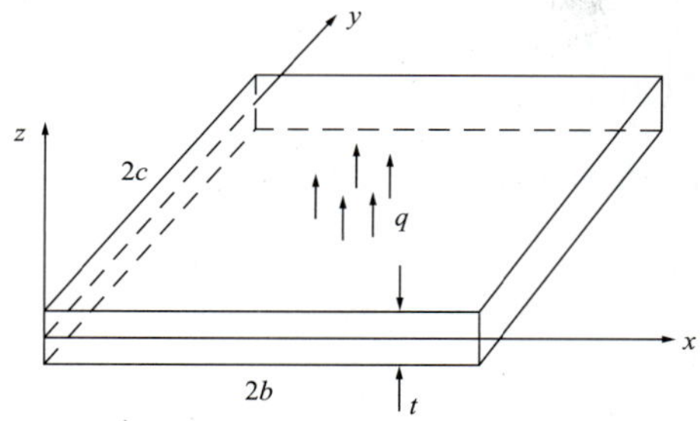

그림 12-2 • 횡하중과 치수를 보여주는 기본 박판

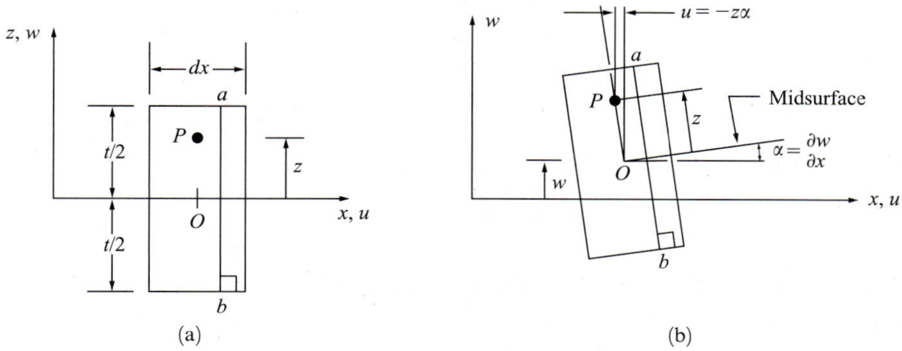

그림 12-3 • 두께 t인 평판의 미소 요소. (a) 하중을 받기 전과 (b) 키르히호프 이론에 근거한 변형 후 점 P의 변위. 횡방향 전단 변형은 무시되어 단면의 직각은 직각을 유지하였다. 평면 y-z에서의 변형도 비슷하다.

음의 키르히호프 가정과 일치한다.

1. 평판 면에 수직인 법선은 수직을 유지한다, 즉, 횡방향의 전단 변형률 $\gamma_{yz} = 0$이고, 마찬가지로 $\gamma_{xz} = 0$이다. 그러나 γ_{xy}는 0이 아니다. 즉, 평판 면에 대해 수직인 각은 변형 후에 직각이 유지되지 않을 수 있다. 평판은 평면 내에서는 비틀릴 수 있다.
2. 두께 변화는 무시되어 법선방향의 인장은 없다. 즉, 법선방향의 변형률 $\varepsilon_z = 0$이다.
3. 수직 응력 σ_z는 응력-변형률 식에서 평면 내의 변형률 ε_x나 ε_y에 영향을 주지 않으며 무시할 수 있다.
4. 평면상의 하중, 즉 박막하중(membrane force)은 여기서는 무시되고, 평면응력은 후에 중첩될 수 있다(즉, 6장의 일정 변형률 삼각형 요소의 거동이 평판 굽힘 요소의 저항에 중첩될 수 있다). 즉, 중립면에서 x, y방향의 면 내의 변형은 0으로 가정된다; $u(x, y, 0) = 0$과 $v(x, y, 0) = 0$.

키르히호프 가정에 근거하면, 그림 12-3에서 임의의 점 P는 작은 회전 α에 의해 x방향 변위를 갖는다.

$$u = -z\alpha = -z\left(\frac{\partial w}{\partial x}\right) \tag{12.1.1}$$

마찬가지로, y방향 변위는 다음과 같다.

$$v = -z\left(\frac{\partial w}{\partial y}\right) \tag{12.1.2}$$

평판의 곡률은 평판 법선의 회전 변화율로 주어지며 다음과 같이 정의된다.

$$\kappa_x = -\frac{\partial^2 w}{\partial x^2} \quad \kappa_y = -\frac{\partial^2 w}{\partial y^2} \quad \kappa_{xy} = -\frac{2\partial^2 w}{\partial x \partial y} \tag{12.1.3}$$

식 (12.1.3)의 첫 항은 보 이론에서 쓰인다[식 (4.1.1e)].

식 (12.1.3)과 (6.1.4)의 평면 변형률 정의를 이용하면, 평면 내의 변위-변형률 관계는 다음과 같이 주어진다.

$$\varepsilon_x = -z\frac{\partial^2 w}{\partial x^2} \quad \varepsilon_y = -z\frac{\partial^2 w}{\partial y^2} \quad \gamma_{xy} = -2z\frac{\partial^2 w}{\partial x \partial y} \tag{12.1.4a}$$

식 (12.1.4a)에 식 (12.1.3)을 대입하면 다음 식을 얻는다.

$$\varepsilon_x = -z\kappa_x \quad \varepsilon_y = -z\kappa_y \quad \gamma_{xy} = -z\kappa_{xy} \tag{12.1.4b}$$

식 (12.1.4a)의 첫 번째 식은 보 이론[식 (4.1.10) 참조]에서 쓰인다. 다른 식들은 평판 이론에서 새롭게 사용된 식이다.

응력-변형률 관계

위의 세 번째 가정에 근거하여, 등방성 재료에 대한 평면 내의 변형률과 응력의 관계는 다음과 같은 평면응력식으로 나타낼 수 있다.

$$\begin{aligned} \sigma_x &= \frac{E}{1-\nu^2}(\varepsilon_x + \nu\varepsilon_y) \\ \sigma_y &= \frac{E}{1-\nu^2}(\varepsilon_y + \nu\varepsilon_x) \\ \tau_{xy} &= G\gamma_{xy} \end{aligned} \tag{12.1.5}$$

면 내(in-plane) 수직 응력과 면 내 전단 응력은 그림 12-4(a)에서 보여주듯이 평판의 변에 작용한다. 이러한 면 내 응력들은 보에서의 응력 분포와 유사하게 평판의 중립면($z = 0$)에서 z방향에 대해 선형으로 분포한다. 횡방향 전단 변형은 무시되지만, 횡방향 전단 응력 τ_{yz}와 τ_{xz}는 존재한다. 보 이론에서와 같이 횡방향 전단 응력들은 두께방향에 2차식 형태로 변화한다. 식 (12.1.5)의 응력들은 그림 12-4(b)에서 보여주는 것과 같이 평판의 변에 작용하는 굽힘 모멘트 M_x, M_y와 비틀림 모멘트 M_{xy}와 관련되어 있다.

이 모멘트들은 실제로는 x와 y의 함수이고, 평판 면 내에서 단위길이당으로 계산된다. 따라서 모멘트들은 다음과 같다.

$$M_x = \int_{-t/2}^{t/2} z\sigma_x\,dz \quad M_y = \int_{-t/2}^{t/2} z\sigma_y\,dz \quad M_{xy} = \int_{-t/2}^{t/2} z\tau_{xy}\,dz \tag{12.1.6}$$

식 (12.1.4b)를 식 (12.1.5)에 대입하여 얻은 응력을 식 (12.1.6)에 대입하면 다음과 같이 모멘트와 곡률 간의 관계식을 얻을 수 있다.

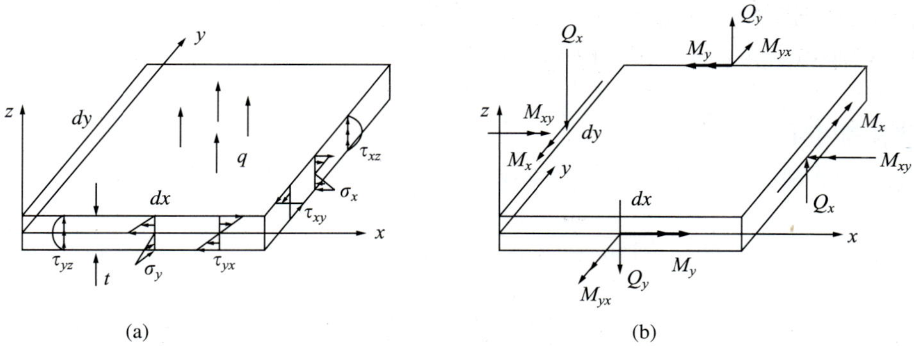

그림 12-4 • 평판의 미소 요소 (a) 평판 모서리에 작용하는 응력, (b) 그에 따른 모멘트와 하중

$$M_x = D(\kappa_x + \nu\kappa_y) \quad M_y = D(\kappa_y + \nu\kappa_x) \quad M_{xy} = \frac{D(1-\nu)}{2}\kappa_{xy} \tag{12.1.7}$$

여기서 $D = Et^3/[12(1-\nu^2)]$은 평판의 굽힘 강성(bending rigidity)이라 불린다(lb-in. 단위).

평판의 각 변에 작용하는 수직 응력의 최댓값은 $z = t/2$, 즉 바닥면이나 윗면에서 얻어진다. 예를 들면, 다음과 같다.

$$\sigma_x = \frac{6M_x}{t^2} \tag{12.1.8}$$

위 식은 평판의 폭이 1이고 $c = t/2$일 때의 굽힘 공식 $\sigma_x = M_x c/I$와 비슷하다.

평판 굽힘에 대한 지배 평형 미분방정식(governing equilibrium differential equation)은 요소의 변위함수를 선정할 때 중요하다. 이 방정식들은 z방향의 힘의 평형과 x와 y축에 관한 모멘트 평형을 만족하는 평형 미분방정식으로 다음과 같이 주어진다.

$$\begin{aligned} \frac{\partial Q_x}{\partial x} + \frac{\partial Q_y}{\partial y} + q = 0 \\ \frac{\partial M_x}{\partial x} + \frac{\partial M_{xy}}{\partial y} - Q_x = 0 \\ \frac{\partial M_y}{\partial y} + \frac{\partial M_{xy}}{\partial x} - Q_y = 0 \end{aligned} \tag{12.1.9}$$

여기서 횡방향 분포하중(psi 단위) q와 횡방향 전단하중(lb/in. 단위) Q_x, Q_y를 그림 12-4(b)에 나타내었다.

이제 모멘트-곡률 관계식인 식 (12.1.7)을 식 (12.1.9)의 두 번째와 세 번째 식에 대입하여 Q_x, Q_y에 관하여 풀고 식 (12.1.9)의 첫 번째 식에 대입하면, 다음과 같이 등방성 박판의 굽힘 변형에 관한 편미분 지배방정식을 얻을 수 있다.

$$D\left(\frac{\partial^4 w}{\partial x^4} + \frac{2\partial^4 w}{\partial x^2 \partial y^2} + \frac{\partial^4 w}{\partial y^4}\right) = q \tag{12.1.10}$$

식 (12.1.10)은 박판 굽힘의 변위에 관한 해답은 하나의 변위 성분인 w, 즉 횡방향 변위 성분만을 이용해서 구할 수 있음을 보여준다.

식 (12.1.10)은 y에 관한 편미분을 무시하면 보에 관한 식 (4.1.1g)로 단순화된다(평판의 폭이 1이고 포아송(Poisson) 효과가 없을 때 평판의 굽힘 강성 D는 보의 굽힘 강성 EI가 된다).

평판의 포텐셜 에너지

평판의 전체 포텐셜 에너지는 다음과 같이 주어진다.

$$U = \frac{1}{2}\int(\sigma_x\varepsilon_x + \sigma_y\varepsilon_y + \tau_{xy}\gamma_{xy})\,dV \tag{12.1.11}$$

식 (12.1.4b)와 (12.1.6)을 식 (12.1.11)에 대입하면, 포텐셜 에너지는 모멘트와 곡률의 함수로 표현된다.

$$U = \frac{1}{2}\int(M_x\kappa_x + M_y\kappa_y + M_{xy}\kappa_{xy})\,dA \tag{12.1.12}$$

12.2 | 평판 굽힘 요소 강성행렬과 방정식의 유도

평판 굽힘에 관한 수많은 유한요소들이 오랜 기간에 걸쳐 개발되었고, 참고문헌 [3]은 88개의 요소를 인용하고 있다. 여기서는 12개의 자유도를 갖는 기본 사각형 요소(그림 12-5)를 이용한 유한요소 정식화 하나만을 소개한다. 이 요소의 정식화와 삼각형 요소를 포함한 많은 다른 요소의 정식화는 참고문헌 [4~18]에 상세히 주어져 있다.

앞 장에서 유도한 봉, 보, 평면응력-변형률, 축대칭, 고체 요소들에 대한 강성행렬과 방정식과 일관된 과정으로 정식화가 수행될 것이다.

제1단계 요소형태의 선정

그림 12-5에 나타낸 것처럼 12개의 자유도를 갖는 기본 사각형 요소를 이용한다. 각 절점은 세 개의 자유도, 즉 z방향의 횡방향 변위 w, x축에 관한 회전 θ_x, y축에 관한 회전 θ_y를 갖는다.

절점 i에서의 절점 변위행렬은 다음과 같다.

$$\{d_i\} = \begin{Bmatrix} w_i \\ \theta_{xi} \\ \theta_{yi} \end{Bmatrix} \tag{12.2.1}$$

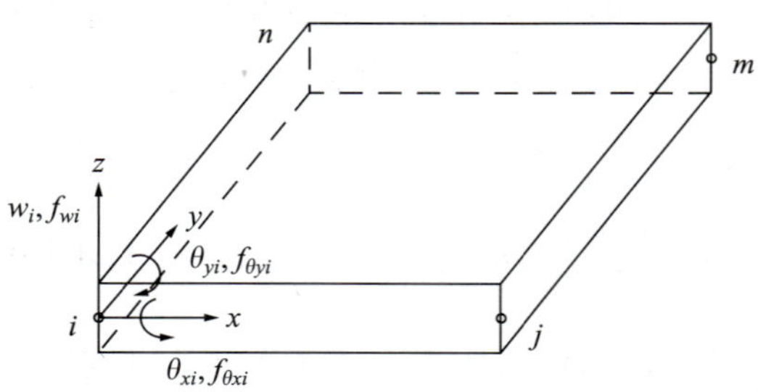

그림 12-5 • 절점 자유도를 보여주는 기본 직사각형 요소

여기서 회전은 횡방향 변위와 다음과 같은 관계가 있다.

$$\theta_x = +\frac{\partial w}{\partial y} \qquad \theta_y = -\frac{\partial w}{\partial x} \tag{12.2.2}$$

θ_y의 음의 부호는 y축에 관한 양의 회전이 음의 변위 w를 필요로 하기 때문이다.

전체 요소 변위행렬은 다음과 같이 주어진다.

$$\{d\} = \{[d_i] \quad [d_j] \quad [d_m] \quad [d_n]\}^T \tag{12.2.3}$$

제2단계 변위함수의 선정

요소가 12개의 자유도를 가지므로 x와 y에 대한 12개 항으로 된 다항식을 변위함수로 선정한다.

$$\begin{aligned} w = a_1 + a_2x + a_3y + a_4x^2 + a_5xy + a_6y^2 + a_7x^3 + a_8x^2y \\ + a_9xy^2 + a_{10}y^3 + a_{11}x^3y + a_{12}xy^3 \end{aligned} \tag{12.2.4}$$

식 (12.2.4)는 파스칼 삼각형(그림 8-2 참조)의 관점에서 불완전 4차식이다. 3차식(10개의 항)까지는 완전 함수이고, 완전 4차 함수의 표현을 위해서는 나머지 다섯 항 중에서 단지 두 항만을 선택하여야 한다. 가장 적절한 선택은 요소 경계에서의 변위의 연속성을 보장하는 x^3y와 xy^3이다. (x^4와 y^4은 요소 경계에서 변위의 불연속을 일으키므로 적절하지 못하다. x^2y^2은 쌍을 이룰 수 있는 항이 없어 배제되었다.) 식 (12.2.4)의 함수는 최소 포텐셜 에너지 가정을 충족시키지는 못하나, 하중을 받지 않는 부분에서는 기본 미분방정식[식 (12.1.10)]을 만족시킨다.

더불어 이 함수는 구조적으로 강체운동과 일정 변형률을 나타낼 수 있는 항이 있어서 강체운동과 일정 변형률을 모사할 수 있다. 그러나 인접 요소 간 공통 경계에서는 기울기가 연속이 아니다.

기울기의 불연속을 관찰하기 위해 다항식의 값과 변(그림 12-5에서 x축, 즉 변 i-j)에서의 기울기를 계산하면 다음과 같은 식을 얻을 수 있다.

$$\begin{aligned} w &= a_1 + a_2x + a_4x^2 + a_7x^3 \\ \frac{\partial w}{\partial x} &= a_2 + 2a_4x + 3a_7x^2 \\ \frac{\partial w}{\partial y} &= a_3 + a_5x + a_8x^2 + a_{12}x^3 \end{aligned} \tag{12.2.5}$$

변위 w는 보에서와 같이 3차 함수이고, 기울기 $\partial w/\partial x$는 보의 굽힘에서의 기울기와 같다. 보 요소에서와 같이 네 개의 상수 a_1, a_2, a_4, a_7은 끝점에서의 조건(wi, wj, θ_{yi}, θ_{yj})을 이용하여 정의할 수 있다. 그러므로 w와 $\partial w/\partial x$는 변을 따라 모두 정의된다. 수직구배(기울기) $\partial w/\partial y$는 x의 3차 함수이다. 그러나 $\partial w/\partial y$를 정의하기 위해서는 네 개의 상수(a_3, a_5, a_8, a_{12})를 정의해야 하는데, 단지 두 개의 자유도만이 남아 있다. 따라서 이 기울기는 하나의 값으로 정의될 수 없고, 이에 따라 기울기의 불연속이 일어난다. 그래서 변위함수 w는 부적합(nonconforming)하다고 일컫는다. 이 요소를 사용하여 유한요소 해석으로 얻은 답은 최소 포텐셜 에너지 이론을 충족시키지 못한다. 그러나 이 요소는 만족할 만한 해답을 주는 것이 입증되었고, 수렴성에 대한 것도 증명되었다[8].

상수 $a_1 \sim a_{12}$는 좌푯값이 주어질 때 절점에서의 변위 w와 기울기들에 관한 12개의 연립방정식들로부터 결정할 수 있다. 먼저 변위와 기울기들에 관한 식은 다음과 같다.

$$\begin{Bmatrix} w \\ +\dfrac{\partial w}{\partial y} \\ -\dfrac{\partial w}{\partial x} \end{Bmatrix} = \begin{bmatrix} 1 & x & y & x^2 & xy & y^2 & x^3 & x^2y & xy^2 & y^3 & x^3y & xy^3 \\ 0 & 0 & +1 & 0 & +x & +2y & 0 & +x^2 & +2xy & +3y^2 & +x^3 & +3xy^2 \\ 0 & -1 & 0 & -2x & -y & 0 & -3x^2 & -2xy & -y^2 & 0 & -3x^2y & -y^3 \end{bmatrix} \times \begin{Bmatrix} a_1 \\ a_2 \\ a_3 \\ \vdots \\ a_{12} \end{Bmatrix} \tag{12.2.6}$$

자유도 행렬을 간단한 행렬식으로 표현하면 다음과 같다.

$$\{\psi\} = [P]\{a\} \tag{12.2.7}$$

여기서 $[P]$는 식 (12.2.6)에서 우변의 첫 번째인 3×12 행렬이다.

이제 식 (12.2.6)을 절점에서 계산하면 다음과 같다.

$$\{d\} = \begin{Bmatrix} w_i \\ \theta_{xi} \\ \theta_{yi} \\ w_j \\ \vdots \end{Bmatrix} = \begin{bmatrix} 1 & x_i & y_i & x_i^2 & x_iy_i & y_i^2 & x_i^3 & x_i^2y_i & x_iy_i^3 & y_i^3 & x_i^3y_i & x_iy_i^3 \\ 0 & 0 & +1 & 0 & +x_i & +2y_i & 0 & +x_i^2 & +2x_iy_i & +3y_i^2 & +x_i^3 & +3x_iy_i^2 \\ \vdots \\ \vdots \\ \cdots & \cdots & \cdots & \cdots & \cdots & \cdots & \cdots & \cdots & \cdots & \cdots & \cdots & \cdots \end{bmatrix} \times \begin{Bmatrix} a_1 \\ a_2 \\ \vdots \\ a_{12} \end{Bmatrix} \tag{12.2.8}$$

식 (12.2.8)을 간단한 행렬식으로 표현하면 다음과 같다.

$$\{d\} = [C]\{a\} \tag{12.2.9}$$

여기서 $[C]$는 식 (12.2.8)에서 우변의 12×12 행렬이다.

그러므로 상수 $a_1 \sim a_{12}$는 다음 식으로 계산할 수 있다.

$$\{a\} = [C]^{-1}\{d\} \tag{12.2.10}$$

이제 식 (12.2.7)은 다음과 같이 표현된다.

$$\{\psi\} = [P][C]^{-1}\{d\} \tag{12.2.11}$$

또는

$$\{\psi\} = [N]\{d\} \tag{12.2.12}$$

여기서 $[N] = [P][C]^{-1}$은 3 × 12인 형상함수 행렬이다. 형상함수 N_i, N_j, N_m, 그리고 N_n에 관한 구체적인 형태는 참고문헌 [9]에 주어진다.

제3단계 변형률(곡률)-변위와 응력(모멘트)-곡률 관계의 정의

식 (12.1.3)에 주어진 곡률 식들에 근거하여 곡률행렬은 다음과 같이 주어진다.

$$\{\kappa\} = \begin{Bmatrix} \kappa_x \\ \kappa_y \\ \kappa_{xy} \end{Bmatrix} = \begin{Bmatrix} -2a_4 - 6a_7x - 2a_8y - 6a_{11}xy \\ -2a_6 - 2a_9x - 6a_{10}y - 6a_{12}xy \\ -2a_5 - 4a_8x - 4a_9y - 6a_{11}x^2 - 6a_{12}y^2 \end{Bmatrix} \tag{12.2.13}$$

위의 식을 행렬식으로 표현하면 다음과 같다.

$$\{\kappa\} = [Q]\{a\} \tag{12.2.14}$$

여기서 $[Q]$는 식 (12.2.13)에 있는 a의 값들을 곱한 3 × 12 계수 행렬이다. 식 (12.2.10)의 $\{a\}$를 사용하면 다음과 같은 곡률 행렬을 얻을 수 있다.

$$\{\kappa\} = [B]\{d\} \tag{12.2.15}$$

여기서

$$[B] = [Q][C]^{-1} \tag{12.2.16}$$

$[B]$는 3 × 12 구배행렬이다.

평판의 모멘트-곡률 행렬은 다음과 같다.

$$\{M\} = \begin{Bmatrix} M_x \\ M_y \\ M_{xy} \end{Bmatrix} = [D]\begin{Bmatrix} \kappa_x \\ \kappa_y \\ \kappa_{xy} \end{Bmatrix} = [D][B]\{d\} \tag{12.2.17}$$

여기서 $[D]$는 등방성 재료에 대한 구성행렬로 다음과 같이 정의된다.

$$[D] = \frac{Et^3}{12(1-\nu^2)}\begin{bmatrix} 1 & \nu & 0 \\ \nu & 1 & 0 \\ 0 & 0 & \dfrac{1-\nu}{2} \end{bmatrix} \tag{12.2.18}$$

식 (12.2.17)의 마지막 항은 식 (12.2.15)를 이용하여 얻은 것이다.

제4단계 요소 강성행렬과 방정식의 유도

요소 강성행렬은 다음과 같은 일반적인 강성행렬의 형태로 주어진다.

$$[k] = \iint [B]^T [D][B]\, dx\, dy \tag{12.2.19}$$

여기서 $[B]$는 식 (12.2.16)으로 정의되며, $[D]$는 식 (12.2.18)로 정의된다. 4절점 사각형 요소의 강성행렬은 12×12 행렬이다. $[k]$의 상세한 표현은 참고문헌 [4]와 [5]에 주어져 있다.

z방향으로 작용하는 단위면적당 분포하중 q에 의한 표면력 행렬은 표준화된 식으로 다음과 같이 주어진다.

$$\{F_s\} = \iint [N_s]^T q\, dx\, dy \tag{12.2.20}$$

크기가 $2b \times 2c$인 사각형 요소의 표면에 작용하는 균일 분포하중 q에 의한 절점 i에서의 하중과 모멘트는 다음과 같다.

$$\begin{Bmatrix} f_{wi} \\ f_{\theta xi} \\ f_{\theta yi} \end{Bmatrix} = 4qcb \begin{Bmatrix} 1/4 \\ -c/12 \\ b/12 \end{Bmatrix} \tag{12.2.21}$$

절점 j, m, 그리고 n에 대해서도 비슷한 식을 얻을 수 있다. 4.4절에서 설명한 보 요소의 경우와 같이 균일한 분포하중은 일-등가(work-equivalent) 힘 치환의 일환으로 절점에서 모멘트를 일으키는 것에 주목하라.

요소 방정식은 다음과 같다.

$$\begin{Bmatrix} f_{wi} \\ f_{\theta xi} \\ f_{\theta yi} \\ \vdots \\ f_{\theta yn} \end{Bmatrix} = \begin{bmatrix} k_{11} & k_{12} & \dots & k_{1,12} \\ k_{21} & k_{22} & \dots & k_{2,12} \\ k_{31} & k_{32} & \dots & k_{3,12} \\ \vdots & & \dots & \dots \\ & & \dots & \dots \\ k_{12,1} & & \dots & k_{12,12} \end{bmatrix} \begin{Bmatrix} w_i \\ \theta_{xi} \\ \theta_{yi} \\ \vdots \\ \theta_{yn} \end{Bmatrix} \tag{12.2.22}$$

이어지는 다음 단계들, 즉 전체 강성행렬식의 조합, 경계조건(여기서는 w, θ_x, θ_y에 관한 경계조건)의 적용, 절점의 변위와 기울기(절점당 세 개의 자유도가 있다)에 대한 연립방정식의 풀이 등은 앞 장에서 소개한 표준 절차를 따른다.

12.3 | 평판 요소들의 수치해석 비교

여기서는 사각형 평판 요소 정식화의 수치해석 결과에 대하여 비교한다. 문헌에는 수많은 평판 요소 정식화가 소개되었음을 기억하라. 그림 12-6은 모든 변에서 힌지로 지지되고 중앙에 집중하중을 받는 정사각형 평판에 대하여 여러 가지 정식화에 의한 수치해석 결과를 비교하여

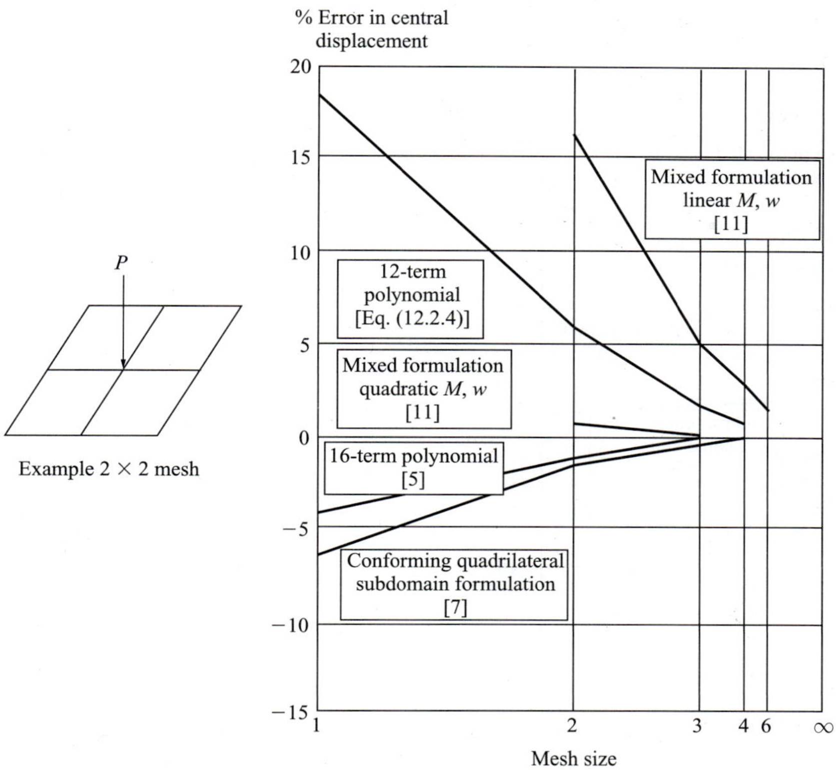

그림 12-6 • 사각형 평판 요소 정식화의 수치해석 비교(Gallagher, R. H., *Finite Element Analysis Fundamentals*, 1975, p. 345. Reprinted by permission of Prentice-Hall, Inc., Upper Saddle River, NJ.)

보여준다. 결과들은 수치해답의 상한과 하한을 보여주고, 다양한 평판 요소 정식화의 수렴성을 입증하고 있다. 12.2절에서 소개된 12항 다항식의 정식화에 의한 결과도 포함되어 있다. 12항 다항식의 정식화에 의한 결과가 상한에서 정확한 해에 수렴하는 것에 주목하라. 이 결과는 상한의 수치해석값을 준다. 12항 다항식으로는 요소 간의 경계에서 기울기가 연속이 아니므로 최소 포텐셜 에너지 정식화가 에너지 하한값을 주는 특성을 보여주지 못한다. 그러나 요소의 수가 증가하면 수치해답은 정확한 해에 수렴한다[1].

그림 12-6은 사각형 요소의 정식화를 이용해서 푼 결과이고, 그림 12-7은 동일한 문제를 삼각형 평판 정식화를 이용하여 얻은 결과이다. 그림 12-6과 그림 12-7에서 여러 가지의 정식화가 상한과 하한에서 정확한 해에 수렴하는 것을 볼 수 있다. 몇몇 요소는 다른 요소들보다 좋은 결과를 준다.

Autodesk 프로그램[19]은 부두앙 프레이즈 드 뵈베끄(Baudoin Fraeijs de Veubeke)의 이름을 따서 뵈베끄(Veubeke) 16 자유도 “부영역(subdomain)” 정식화[7]를 사용한다. 뵈베끄 정식화는 적합 변위 정식화에 근거하여 하한에서 수렴한다. 이 장의 끝에 있는 참고문헌에서는 여러 가지 정식화의 상세한 설명을 소개한다.

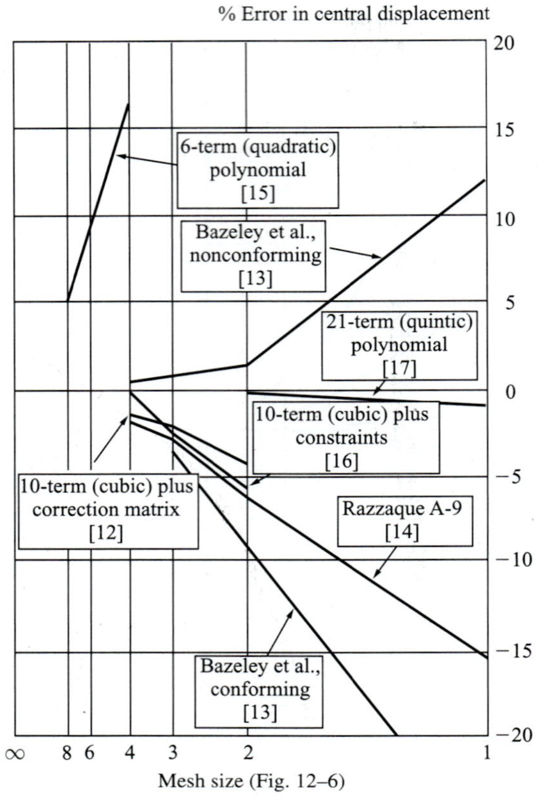

그림 12-7 • 네 변에서 단순지지되고 중앙에 집중하중을 받는 정사각형 평판의 삼각형 평판 요소 정식화의 수치해석 비교(Gallagher, R. H., *Finite Element Analysis Fundamentals*, 1975, p. 350. Reprinted by permission of Prentice-Hall, Inc., Upper Saddle River, NJ.)

마지막으로, 그림 12-8은 민틀린(Mindlin) 평판 이론에 근거한 평판 요소들의 해석결과를 보여준다.

민틀린 평판 요소는 굽힘 변형과 횡방향 전단변형을 모두 고려한다. 민틀린 평판 이론의 상세한 설명은 참고문헌 [6]을 참조하라. 그림 12-8에서 가장 좋은 요소는 “잡종 요소(heterosis element)”[10]이다.

12.4 평판 굽힘 문제들에 대한 컴퓨터 해답(수치해)

평판 굽힘 문제에 대해 컴퓨터 프로그램을 이용하여 구한 해답을 예제 12.2에 소개한다[19]. 3차원 공간에서의 3절점 그리고 4절점 평판 요소가 사용되었다. 허용된 요소의 자유도는 세 방향 병진 변위(u, v, w)와 평면 내의 회전(θ_x, θ_y)이다. 평판에 수직한 회전 자유도는 정의되지 않아서 구속되어야 한다. 컴퓨터 프로그램에는 참고문헌 [5]와 [7]에서 설명된 16항 다항식 요소가 사용되었다. 이러한 요소는 뵈베끄 평판이라고 불리며, 적합 변위 정식화에 근거한 것으로 변위의 하한에서 수렴한다. 중앙에 집중하중을 받는 클램프로 고정된 평판을 그림 12-6에 나타냈다.

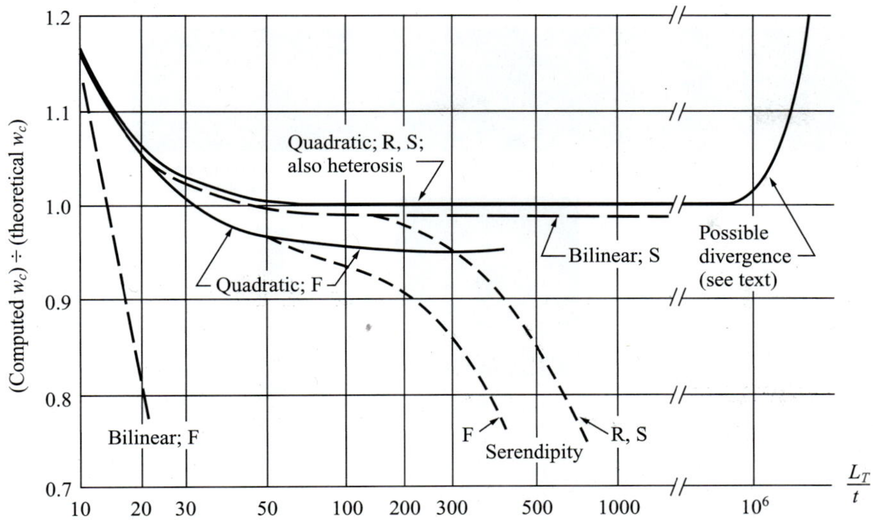

그림 12-8 • 균일 분포하중을 받는 정사각형 판. 두께는 t, 모서리는 L_T이며, 네 모서리에서 클램프로 지지되고 있다. 모든 경우에 8 × 8 격자가 사용되었다. L_T/t가 크면 박판이며, L_T/t가 작으면 횡방향 전단 변형이 중요하다. 민들린(Mindlin) 평판 요소 정식화에 근거하여 축소 적분(R, Reduced Integration), 선택 적분(S, Selective Integration), 완전 적분(F, Full Integration)을 사용한다. (Cook, R., Malkus D., and Plesha, M. *Concepts and Applications of Finite Element Analysis*, 3rd ed., 1989, p. 326. Repreinted by permission of John Wiley & Sons, Inc., New York.)

예제 12.1

그림 12-9는 네 변이 고정되고 중앙에 집중하중이 작용하는 정사각형 강재 평판을 보여준다. 이 평판의 최대 처짐을 구하라.

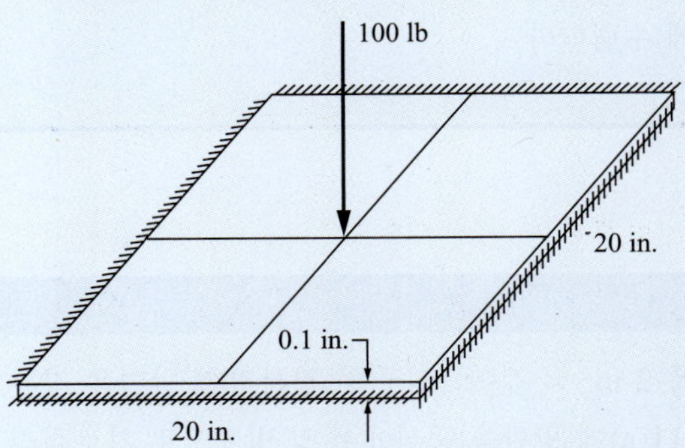

그림 12-9 • 예제 12.1의 클램프 지지된 2 × 2 평판 격자 모델

풀이

평판을 모델링하는 2 × 2 격자가 생성된다. 해석된 변위 분포는 그림 12-10에 나타냈다. 집중하중이 작용하는 점에서 발생되는 최대 변위의 값은 −0.07583 in.이다.

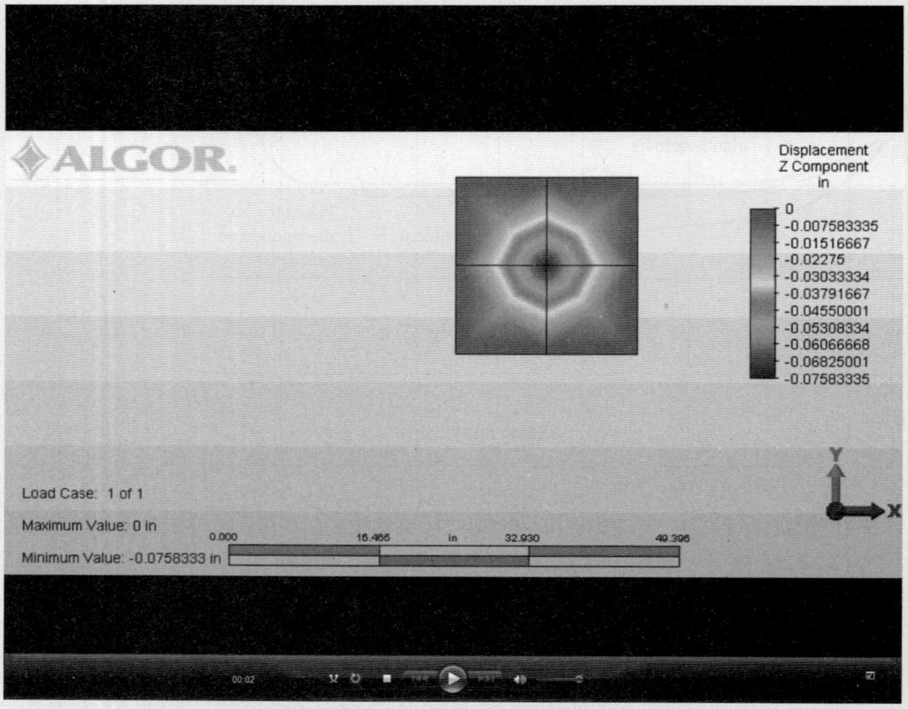

그림 12-10 • 예제 12.1의 클램프 지지된 평판의 변위 분포도(첨부된 칼라판 그림을 참조하시오)

집중하중이 작용하는 평판 굽힘에 대한 정해는 참고문헌 [1]에 다음과 같이 주어져 있다.

$w = 0.0056PL^2/D = 0.0056(-100 \text{ lb})(20 \text{ in.})^2 / (2.747 \times 10^3 \text{ lb-in.}) = -0.0815 \text{ in.}$

여기서,

$D = Et^3/(12(1 - \nu^2) = (30 \times 10^6 \text{ psi})(0.1 \text{ in.})^3 / [12(1 - 0.3^2)] = 2.747 \times 10^3 \text{ lb-in.}$

4×4 격자를 이용하여 격자를 개선하면 정해에 수렴한다.

예제 12.2

예제 12.1에서 사용된 클램프 지지된 평면을 폭 2-in. × 깊이 12-in.의 직사각형 단면을 갖는 보로 보강하였다. 보강에 사용된 보는 그림 12-11(a)에 평판을 중심에서 양 방향으로 가로질러 4부분으로 나누는 선으로 표시하였다. (그림 1-5에서도 보 요소와 평판 요소를 함께 사용하여 굴뚝을 모델링하였다.)

풀이

변위에 대한 해석 결과를 그림 12-11(b)에 나타냈다. 최대 처짐은 -1.324×10^{-6} in.로 줄어들었다.

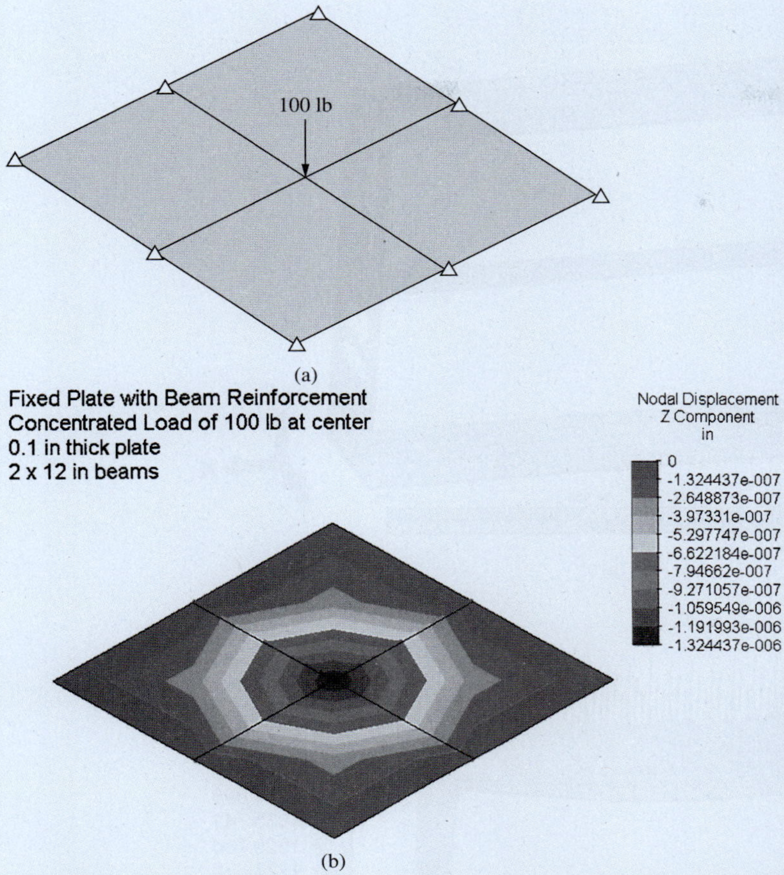

그림 12-11 • (a) 보와 평판 요소가 요소의 중심선에서 합쳐진 모델, (b) 모델 (a)의 수직 변위 분포도

예제 12.3

그림 12-12(a)는 컴퓨터 케이스에 대한 유한요소모델이다. 이 모델은 평판 굽힘 요소를 이용하여 구축하였다.

풀이

윗면에 0.1-psi의 등분포 압력이 작용하고 케이스 하부에 고정 지점 조건을 적용한 컴퓨터 케이스에 대한 유한요소 해석 결과를 그림 12-12(b)에 von Mises 응력 분포를 사용하여 나타냈다. 자세한 치수에 대해서는 연습문제 12.13을 참조하라.

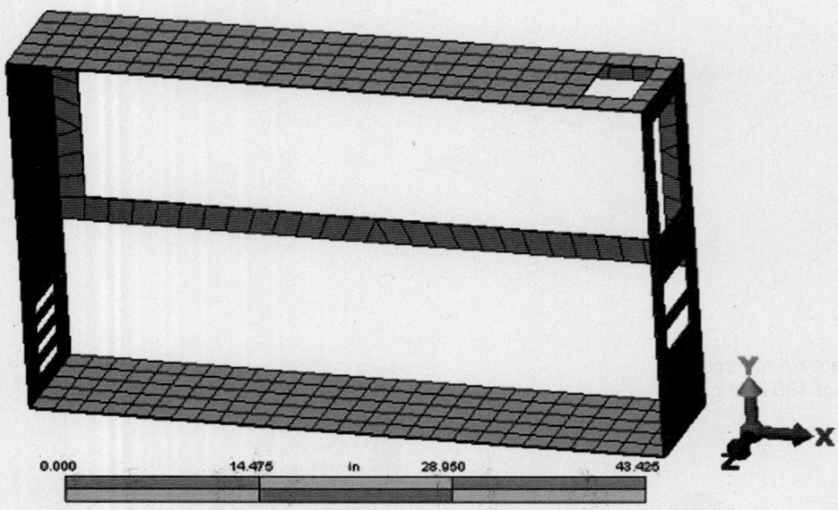

(a)

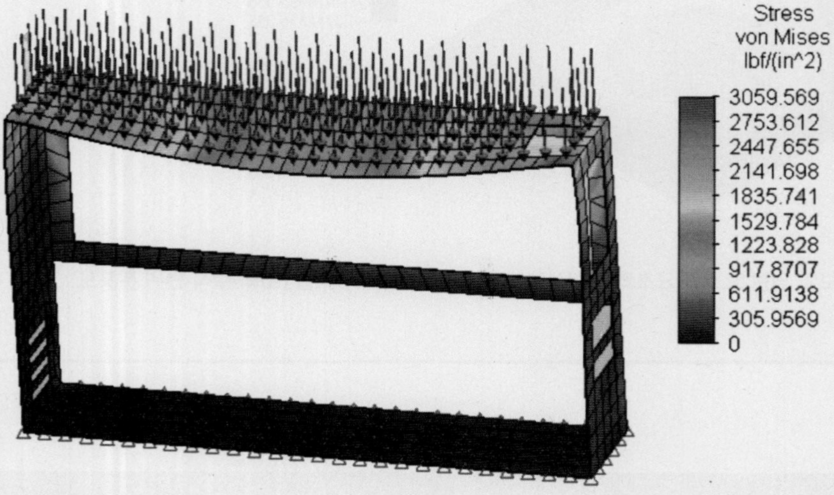

(b)

그림 12-12 • (a) 평판 굽힘 요소를 사용한 컴퓨터 케이스 유한요소모델(첨부된 칼라판 그림을 참조하시오) (b) 압력 하중, 경계조건과 해석을 통해 얻은 폰 미제스(von Mises) 응력(Nicholas Dachniwskyj 제공)

식의 정리(Summary Equations)

판의 곡률식:

$$\kappa_x = -\frac{\partial^2 w}{\partial x^2} \quad \kappa_y = -\frac{\partial^2 w}{\partial y^2} \quad \kappa_{xy} = -\frac{2\,\partial^2 w}{\partial x\,\partial y} \tag{12.1.3}$$

변형률−변위 관계식:

$$\varepsilon_x = -z\frac{\partial^2 w}{\partial x^2} \quad \varepsilon_y = -z\frac{\partial^2 w}{\partial y^2} \quad \gamma_{xy} = -2z\frac{\partial^2 w}{\partial x \partial y} \tag{12.1.4a}$$

응력−변형률 관계식:

$$\begin{aligned} \sigma_x &= \frac{E}{1-\nu^2}(\varepsilon_x + \nu\varepsilon_y) \\ \sigma_y &= \frac{E}{1-\nu^2}(\varepsilon_y + \nu\varepsilon_x) \\ \tau_{xy} &= G\gamma_{xy} \end{aligned} \tag{12.1.5}$$

모멘트−곡률 관계식:

$$M_x = D(\kappa_x + \nu\kappa_y) \quad M_y = D(\kappa_y + \nu\kappa_x) \quad M_{xy} = \frac{D(1-\nu)}{2}\kappa_{xy} \tag{12.1.7}$$

여기서, $D = Et^3/[12(1 - \nu^2)]$.
굽힘에 의해 평판에 작용하는 수직 응력:

$$\sigma_x = \frac{6M_x}{t^2} \tag{12.1.8}$$

평판의 포텐셜 에너지:

$$U = \frac{1}{2}\int (M_x\kappa_x + M_y\kappa_y + M_{xy}\kappa_{xy})\, dA \tag{12.1.12}$$

4절점 직사각형 평판의 횡방향 변위함수:

$$\begin{aligned} w = a_1 + a_2x + a_3y + a_4x^2 + a_5xy + a_6y^2 + a_7x^3 + a_8x^2y \\ + a_9xy^2 + a_{10}y^3 + a_{11}x^3y + a_{12}xy^3 \end{aligned} \tag{12.2.4}$$

구배(기울기)행렬:

$$[B] = [Q][C]^{-1} \tag{12.2.16}$$

4절점 직사각형 평판의 모멘트−곡률 행렬:

$$\{M\} = \begin{Bmatrix} M_x \\ M_y \\ M_{xy} \end{Bmatrix} = [D]\begin{Bmatrix} \kappa_x \\ \kappa_y \\ \kappa_{xy} \end{Bmatrix} = [D][B]\{d\} \tag{12.2.17}$$

평판 굽힘에 대한 구성행렬:

$$[D] = \frac{Et^3}{12(1-\nu^2)}\begin{bmatrix} 1 & \nu & 0 \\ \nu & 1 & 0 \\ 0 & 0 & \dfrac{1-\nu}{2} \end{bmatrix} \tag{12.2.18}$$

강성행렬:

$$[k] = \iint [B]^T [D][B] \, dx \, dy \tag{12.2.19}$$

균일한 압력을 받는 판의 i번째 절점에서의 표면력 행렬:

$$\begin{Bmatrix} f_{wi} \\ f_{\theta xi} \\ f_{\theta yi} \end{Bmatrix} = 4qcb \begin{Bmatrix} 1/4 \\ -c/12 \\ b/12 \end{Bmatrix} \tag{12.2.21}$$

참고문헌

[1] Timoshenko, S. and Woinowsky-Krieger, S., *Theory of Plates and Shells*, 2nd ed., McGraw-Hill, New York, 1969.

[2] Gere, J. M., and Goodno, B. J. *Mechanics of Material*, 7th ed., Cengage Learning, Mason, OH, 2009.

[3] Hrabok, M. M., and Hrudley, T. M., "A Review and Catalog of Plate Bending Finite Elements," *Computers and Structures*, Vol. 19, No. 3, 1984, pp. 479–495.

[4] Zienkiewicz, O. C., and Taylor R. L., *The Finite Element Method*, 4th ed., Vol. 2, McGraw-Hill, New York, 1991.

[5] Gallagher, R. H., *Finite Element Analysis Fundamentals*, Prentice-Hall, Englewood Cliffs, NJ, 1975.

[6] Cook, R. D., Malkus, D. S., Plesha, M. E., and Witt, R. J., *Concepts and Applications of Finite Element Analysis*, 4th ed., Wiley, New York, 2002.

[7] Fraeijs De Veubeke, B., "A Conforming Finite Element for Plate Bending," *International Journal of Solids and Structures*, Vol. 4, No. 1, pp. 95–108, 1968.

[8] Walz, J. E., Fulton, R. E., and Cyrus N.J., "Accuracy and Convergence of Finite Element Approximations," Proceedings of the Second Conference on Matrix Method in Structural Mechanics, AFFDL TR 68-150, pp. 995–1027, Oct., 1968.

[9] Melosh, R. J., "Basis of Derivation of Matrices for the Direct Stiffness Method," *Journal of AIAA*, Vol. 1, pp. 1631–1637, 1963.

[10] Hughes, T. J. R., and Cohen, M., "The 'Heterosis' Finite Element for Plate Bending," *Computers and Structures*, Vol. 9, No. 5, 1978, pp. 445–450.

[11] Bron, J., and Dhatt, G., "Mixed Quadrilateral Elements for Bending," *Journal of AIAA*, Vol. 10, No. 10, pp. 1359–1361, Oct., 1972.

[12] Kikuchi, F., and Ando, Y., "Some Finite Element Solutions for Plate Bending Problems by Simplified Hybrid Displacement Method," *Nuclear Engineering Design*, Vol. 23, pp. 155–178, 1972.

[13] Bazeley, G., Cheung, Y., Irons, B., and Zienkiewicz, O., "Triangular Elements in Plate Bending—Conforming and Non-Conforming Solutions," Proceedings of the First Conference on Matrix Methods on Structural Mechanics, AFFDL TR 66-80, pp. 547–576, Oct., 1965.

[14] Razzaque, A. Q., "Program for Triangular Elements with Derivative Smoothing," *International Journal for Numerical Methods in Engineering*, Vol. 6, No. 3, pp. 333–344, 1973.

[15] Morley, L. S. D., "The Constant-Moment Plate Bending Element," *Journal of Strain Analysis*, Vol. 6, No. 1, pp. 20–24, 1971.

[16] Harvey, J. W., and Kelsey, S., "Triangular Plate Bending Elements with Enforced Compatibility," *AIAA Journal*, Vol. 9, pp. 1023–1026, 1971.

[17] Cowper, G. R., Kosko, E., Lindberg, G., and Olson M., "Static and Dynamic Applications of a High Precision Triangular Plate Bending Element", *AIAA Journal*, Vol. 7, No. 10, pp. 1957–1965, 1969.

[18] Hinton, E., and Huang, H. C., "A Family of Quadrilateral Mindlin Plate Elements with Substitute Shear Strain Fields," *Computers and Structures*, Vol. 23, No. 3, pp. 409–431, 1986.

[19] Autodesk, Inc., McInnis Parkway San Rafael, CA 94903.

연습문제

Solve these problems using the plate element from a computer program.

12.1 A square steel plate (Figure P12 − 1) of dimensions 20 in. × 20 in. with thickness of 0.1 in. is clamped all around. The plate is subjected to a uniformly distributed loading of 1 lb/in^2. Using a 2 × 2 mesh and then a 4 × 4 mesh, determine the maximum deflection and maximum stress in the plate. Compare the finite element solution to the classical one in [1].

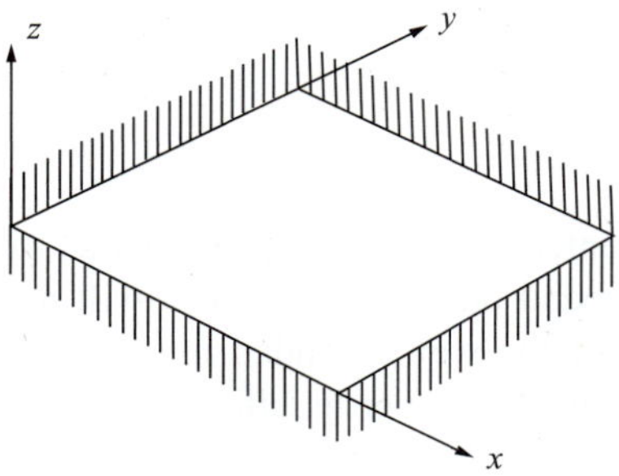

Figure P12-1 •

12.2 An *L*-shaped plate (Figure P12 − 2) with thickness 0.1 in. is made of ASTM A-36 steel. Determine the deflection under the load and the maximum principal stress and its location using the plate element. Then model the plate as a grid with two beam elements with each beam having the stiffness of each *L*-portion of the plate and compare your answer.

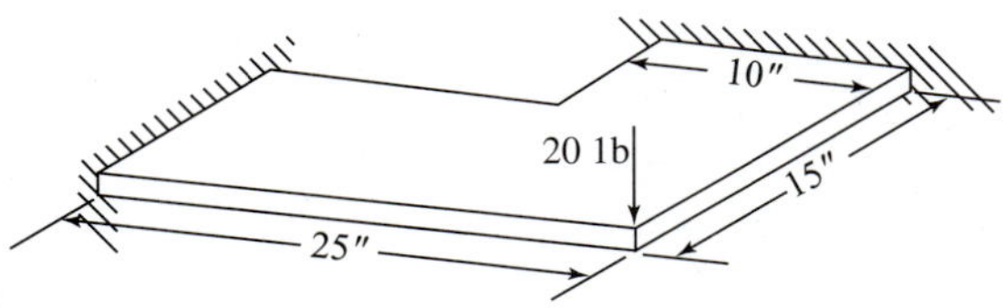

Figure P12-2 •

12.3 A square (Figure P12 − 3) simply supported 20 in. × 20 in. steel plate with thickness 0.15 in. has a round hole of 4 in. diameter drilled through its center. The plate is uniformly loaded with a load of 5 lb/in^2. Determine the maximum principal stress in the plate.

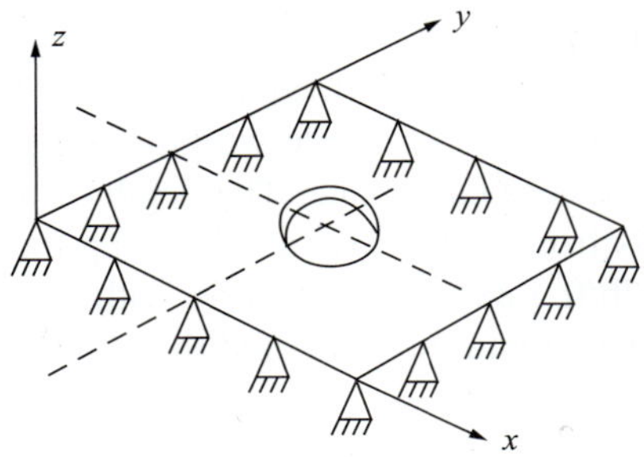

Figure P12-3 •

12.4 A *C*-channel section (Figure P12 – 4) structural steel beam of 2-in. wide flanges, 3 in. depth and thickness of both flanges and web of 0.25 in. is loaded as shown with 100 lb acting in the *y* direction on the free end. Determine the free end deflection and angle of twist. Now move the load in the it. direction until the rotation (angle of twist) becomes zero.

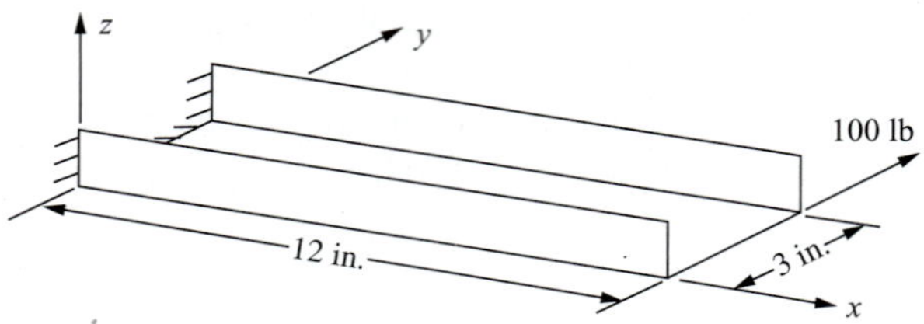

Figure P12-4 •

This distance is called the shear center (the location where the force can be placed so that the cross section will bend but not twist). You will need to add a beam or plate element to the center of the web extended into the negative *z* direction and place the load at the end of this proper length beam. (See Table 5 – 1 for the equation for the shear center location.)

12.5 For the simply supported structural steel *W* 14 × 61 wide ftange beam shown in Figure P12-5, compare the plate element model results with the classical beam bending results for deftection and bending stress. The beam is subjected to a central vertical load of 22 kip. The cross-sectional area is 17.9 in.^{2}, depth is 13.89 in., flange width is 9.995 in., ftange thickness of 0.645 in., web thickness of 0.375 in., and moment of inertia about the strong axis is 640 in.^{4}

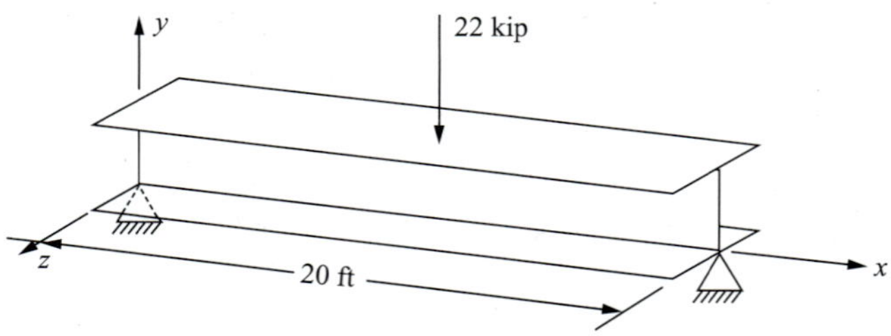

Figure P12-5 •

12.6 For the structural steel plate structure shown in Figure P12 – 6, determine the maximum principal stress and its location. If the stresses are unacceptably high, recommend any design changes. The initial thickness of each plate is 0.25 in. The left and right edges are simply supported. The load is a uniformly applied pressure of 15 lb/in.^{2} over the top plate.

12.7 Design a steel box structure (Figure P12 – 7) 4 ft wide × 8 ft long made of plates to be used to protect construction workers while working in a trench. That is, determine a recommended thickness of each plate. The depth of the structure must be 8 ft. Assume the loading is from a side load acting along the long sides due to a wet soil (density of 62.4 lb/ft^3) and varies linearly with the depth. The allowable deflection of the plate type structure is 1 in. and the allowable stress is 20 ksi.

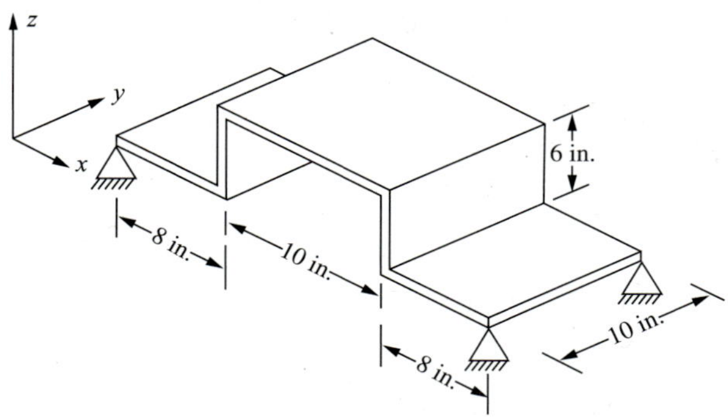

Figure P12-6 •

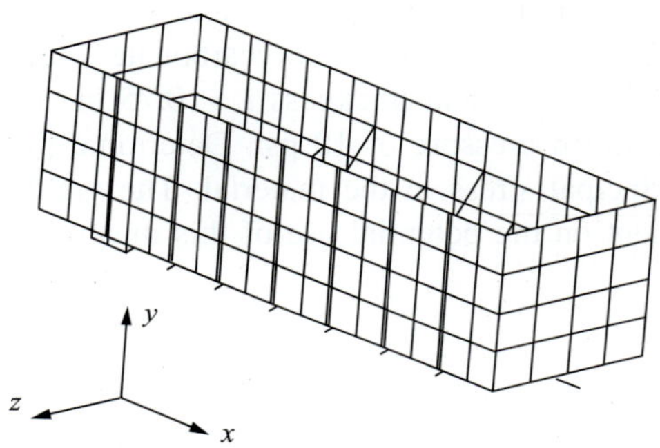

Figure P12-7 •

12.8 Determine the maximum deflection and maximum principal stress of the circular plate shown in Figure P12 − 8. The plate is subjected to a uniform pressure p = 50 kPa and fixed along its outer edge. Let E = 200 GPa, v = 0.3, radius r = 500 mm, and thickness t = 20 mm.

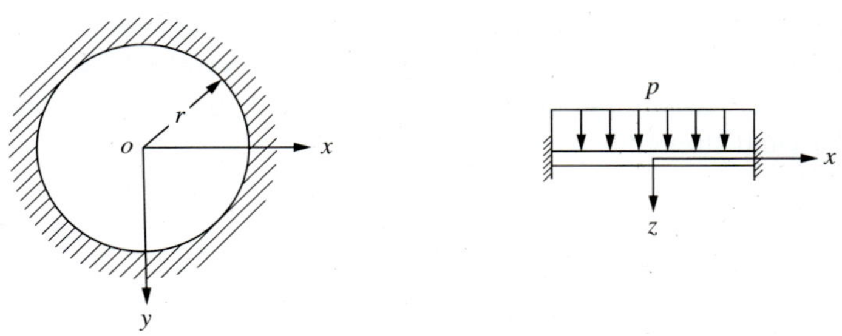

Figure P12-8 •

12.9 Determine the maximum deflection and maximum principal stress for the plate shown in Figure P12 − 9. The plate is fixed along all three sides. A uniform pressure of 100 MPa is applied to the surface. The plate is made of steel with E = 200 GPa, v = 0.3, and thickness t = 10 mm, a = 0.75m and b = 1m.

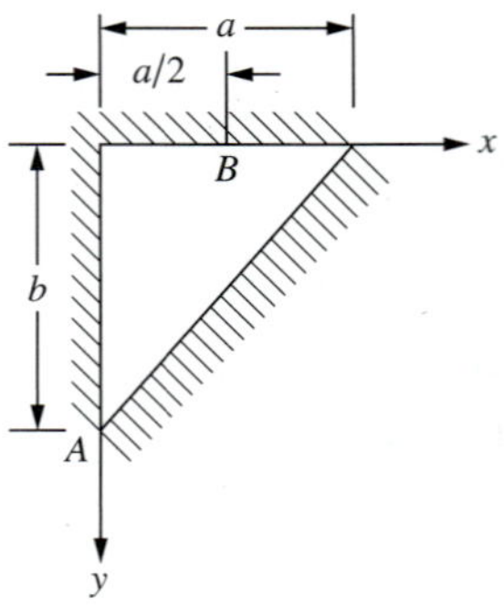

Figure P12-9 •

12.10 An aircraft cabin window of circular cross section and simple supports all around as shown in Figure P12 − 10 is made of polycarbonate with $E = 0.345 \times 10^6$ psi, $\nu = 0.36$, radius = 20 in., and thickness $t = 0.75$ in. The safety of the material is tested at a uniform pressure of 10 psi. Determine the maximum deflection and maximum principal stress in the material. The yield strength of the material is 9 ksi. Comment on the potential use of this material in regard to strength and deflection.

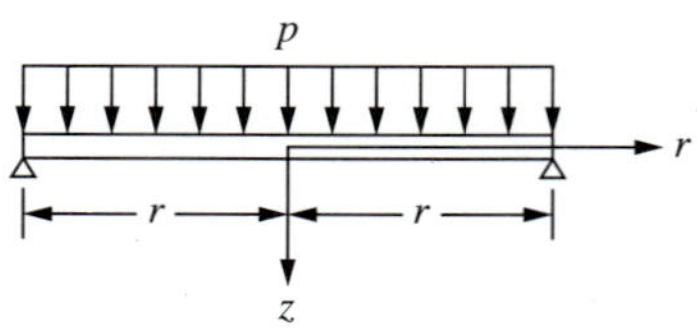

Figure P12-10 •

12.11 A square steel plate 2 m × 2 m and 10 mm thick at the bottom of a tank must support salt water at a height of 3 m, as shown in Figure P12 − 11. Assume the plate to be built in (fixed all around). The plate allowable stress is 100 MPa. Let $E = 200$ GPa, $\nu = 0.3$ for the steel properties. The weight density of salt water is 10.054 kN/m^3. Determine the maximum principal stress in the plate and compare to the yield strength.

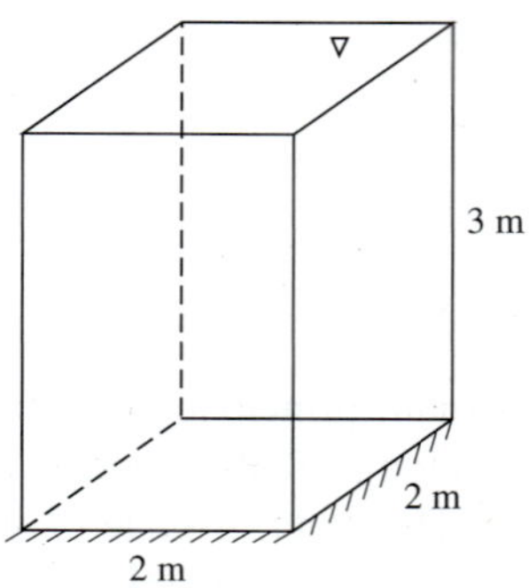

Figure P12-11 •

12.12 A stockroom floor carries a uniform load of $p = 80\ \text{lb/ft}^2$ over half the floor as shown in Figure P12-12. The floor has opposite edges clamped and remaining edges and midspan simply supported. The dimensions are 10 ft by 20 ft. The floor thickness is 4 in. The floor is made of reinforced concrete with $E = 3 \times 10^6$ psi and $v = 0.25$. Determine the maximum deflection and maximum principal stress in the floor.

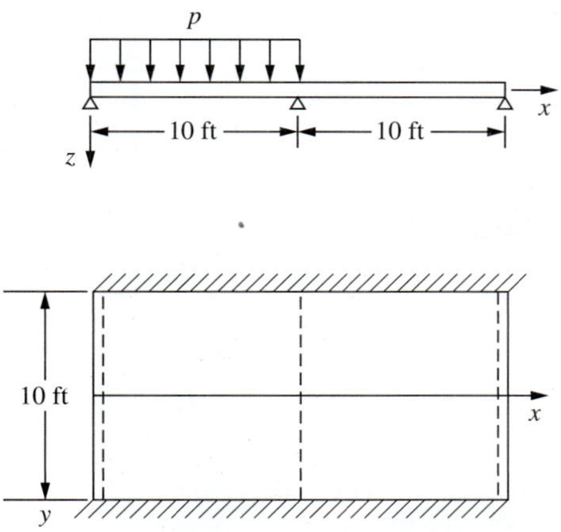

Figure P12-12 •

12.13 A computer case shown in Figure P12-13 is made of AISI 4130 steel. The top surface is subjected to a uniform pressure load of 0.1 psi. The thickness of the case is uniformly 0.125 in. The bottom surface is fully constrained. Model the case using plate bending elements. Determine the maximum von Mises stress and largest deflection of the top face of the case.

12.14 The hopper shown in Figure P12-14 is to be made of plate steel with 0.25-in. thick walls. Apply a surface traction or pressure load to the walls to simulate a grain loading. Use plate bending elements to model the hopper. Determine through research typical values to be used for the loading. Determine the von Mises stress throughout the vessel.

12.15 A manure spreader tank is shown in Figure P12-15. The tank is 90 in. long. The bottom axle is 12 in. long measured along the tank axis direction and located in the middle. The single front end coupling is 6 in. in length measured along the axis of the tank. The pressure is a variable surface pressure extending from the top edge to bottom and given by the function shown with a maximum pressure of 11.6 psi at the center of the tank. (The density of manure is taken as 8.3 lbf/gallon or 0.0359 lbf/in.^{3}). Other dimensions are shown in the figures. Assume the tank is made of plate steel with modulus of elasticity of 29×10^6 psi and Poisson's ratio of 0.29. Determine the von Mises stress throughout the tank and the maximum displacement. (This problem by Justin Hronyk.)

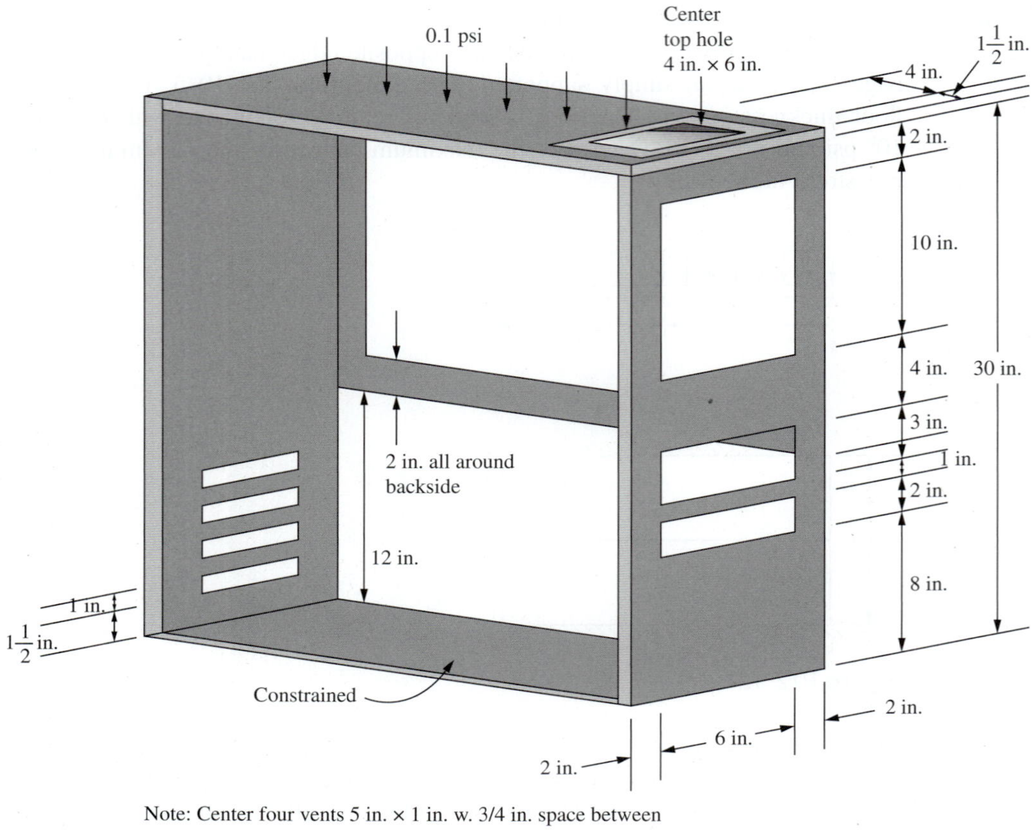

Figure P12-13 • Computer case

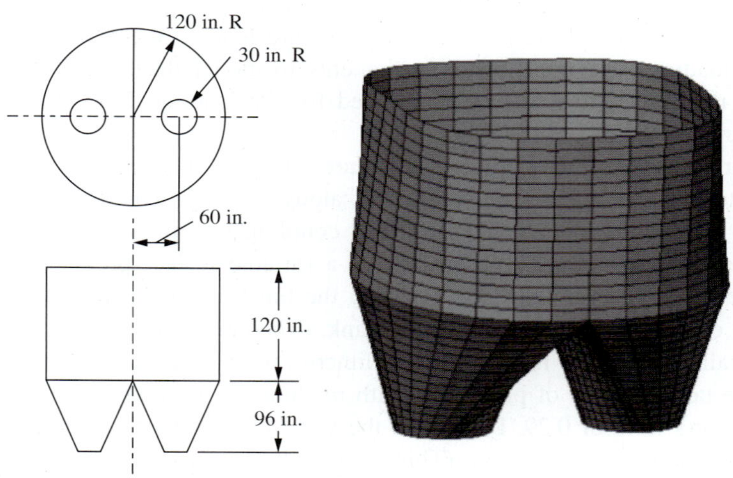

Figure P12-14 • Hopper

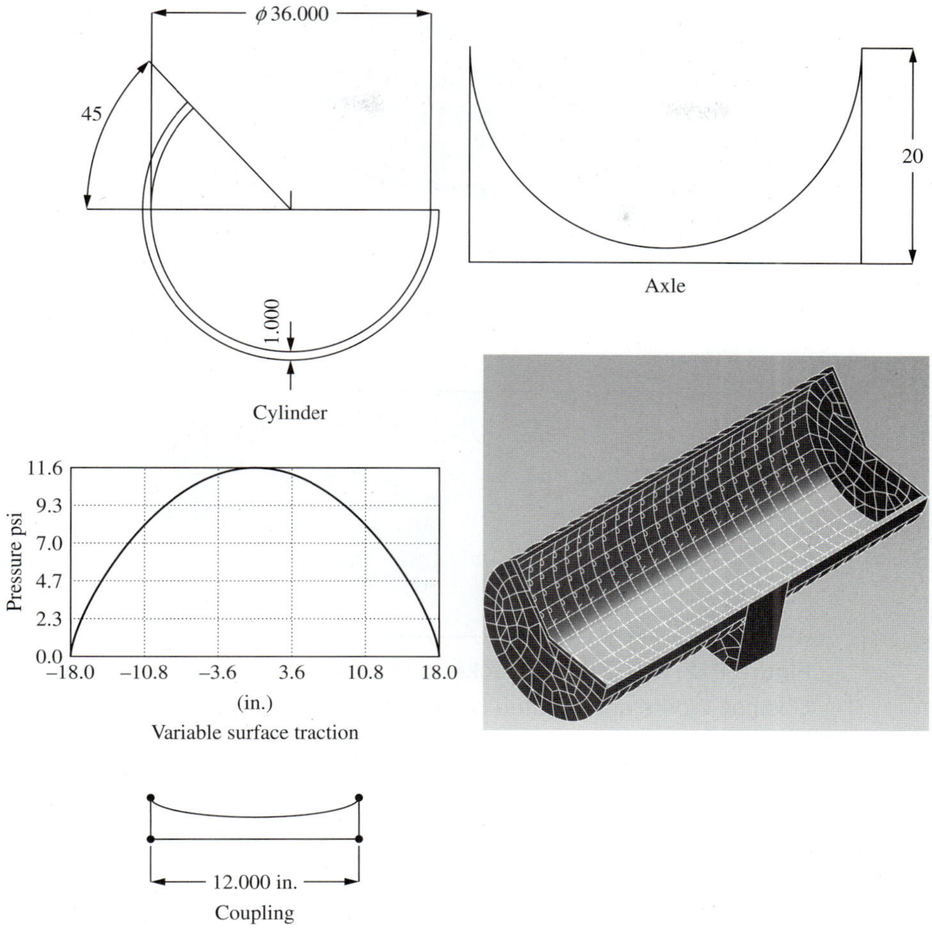

Figure P12-15 • Manure spreader tank showing dimensions (in.) and pressure load variation (By Justin Hronek)

12.16 A tractor bucket with dimensions is shown in Figure P12 – 16. The load on the bucket is 600 lb spread uniformly over the inside surface. Three split surfaces are fully constrained. The bucket material is A36 structural steel. Determine the von Mises stress throughout the bucket. (This problem was done in Cosmos Works and created by John Mirth and Brian Niggemann.)

Draw the typical bucket using your own dimensions or use the scaled drawing with dimensions shown in Figure P12 – 16.

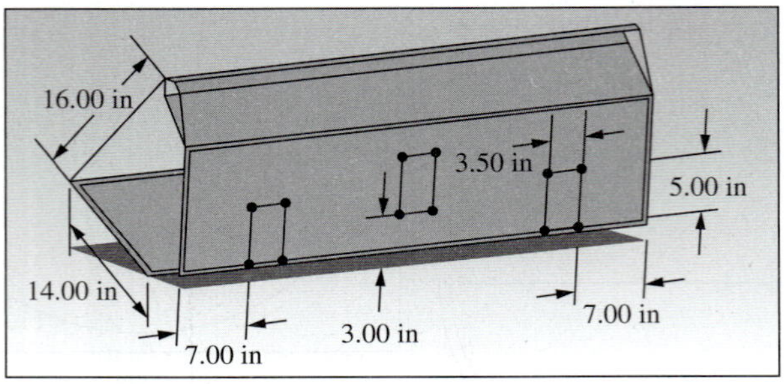

Split surfaces on the bucket

Figure P12-16 • Tractor bucket with dimensions shown in inches (Done in Cosmos Works and created by John Mirth and Brian Niggeman)

CHAPTER 13

열전달과 물질이동

학습목표

- 1차원 열전도에 대한 기본 미분방정식을 유도한다.
- 대류에 의한 열전달을 1차원 열전달 모델에 포함한다.
- 열전달에 사용되는 대표적인 단위들을 소개한다.
- 수증기 응결을 통한 대기 대류의 일반적 모드에 기반하여 열전달계수와 매체의 대표적인 열전도율에 대한 목록을 작성한다.
- 전도와 대류에 의한 열전달에 대해 1차원 유한요소식을 유도한다.
- 유한요소법을 이용하여 열전달 문제를 푸는 단계를 소개한다.
- 1차원 열전달 문제를 푸는 방법을 예제를 통해 설명한다.
- 2차원 열전달 유한요소 방정식을 전개하고 2차원 문제 풀이 예를 소개한다.
- 점 또는 선형의 열원을 어떻게 다루는지 설명한다.
- 언제 3차원 유한요소모델을 사용해야 하는지 설명한다.
- 유체의 물질이동과 1차원 열전달을 소개한다.
- 갤러킨(Galerkin)법을 이용하여 물질이동과 열전달에 관한 유한요소 방정식을 유도한다.
- 2차원과 3차원 열전달 과정에 대한 순서도를 보여준다.
- 컴퓨터 프로그램을 이용하여 푼 2차원과 3차원 예제를 보여준다.

개요

이 장에서는 비구조물 문제 풀이를 위해 유한요소법을 사용하는 것을 처음으로 소개한다. 먼저 열전달 문제에 대하여 고려해 본다. 침투성 매체를 통한 누수 현상, 축의 비틀림, 그리고 정자기 역학(참고문헌 [3])과 같은 많은 유사한 문제들은 열전달 문제와 같은 형태의 지배방정식(그러나 다른 물리적인 특성을 가진)을 갖는다.

열전달 문제의 해석을 통해 물체 내부의 온도 분포를 결정할 수 있을 것이다. 이때 물체 안으로 또는 밖으로의 열 이동 정도와 열응력들을 결정할 수 있다. 그림 13-1은 실린더 헤드의

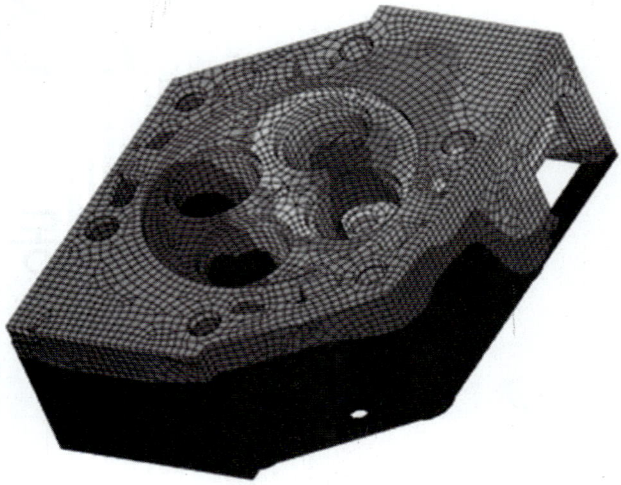

그림 13-1 • 실린더 헤드의 온도 분포를 나타내는 유한요소 해석 결과(육면체 요소가 사용되었다)(Courtesy of Autodesk, Inc.)(첨부된 칼라판 그림을 참조하시오)

온도 분포를 나타내는 3차원 모델이다. 실린더 헤드는 열방출은 줄이고 출력밀도는 높인 디젤 엔진의 한 부분으로서 AISI 410 스테인리스강으로 만들어졌다. 온도 분포에 대한 해석 결과를 보면, 두 개의 배기구 사이 접속부에서 온도가 가장 높아서 붉은색으로 표시되었고, 이때 최고 온도는 1500°F에 이른다. 이러한 온도 결과를 이용하여 선형 응력 분석을 수행하면 85 ksi에서 200 ksi 사이의 열응력값을 얻을 수 있다. 엔지니어는 초기 원형 시험에서 관찰한 거동을 선형 응력 분석 결과를 통해 확인할 수 있다. 가장 큰 열응력이 발생한 곳은 예비 시제품에서 새는 현상이 발생한 실린더 헤드 부분과 일치한다.

먼저 1차원 열전도에 대한 기본 미분방정식을 유도하고 2차원에 대해 확장한다. 열전달과 관련된 물리량들의 단위들을 재검토할 것이다.

응력 해석을 다루었던 앞 장들에서는 요소 방정식들을 유도하기 위해 최소 포텐셜 에너지 원리를 사용했다. 그리고 그때 요소에 대한 변위함수를 가정하는 것이 그 유도의 시작이었다. 이제 비구조물 열전달 문제에 대해서도 유사한 과정을 적용한다. 먼저 각각의 요소에 대해 온도함수를 가정한다. 그리고 요소 방정식들을 얻기 위해 최소 포텐셜 에너지 범함수 대신 유사한 범함수를 최소화한다. 그렇게 하여 구조 문제에서의 강성행렬, 하중행렬과 비슷한 행렬들을 얻는다.

열전달 문제에 대한 1차원, 2차원, 3차원 유한요소 방정식을 고려할 것이고, 2차원 모델 내부에서와 봉의 길이에 따른 온도 분포를 결정하는 예제를 제공할 것이며, 3차원 열전달 예제를 보여줄 것이다.

다음으로, 유체 물질이동의 영향을 고려할 것이다. 1차원 물질이동 현상은 기본 열전달 미분방정식 내에 포함되어 있다. 변분법을 이용한 정식화가 이 문제에 대해 가능한지 명백하지 않기 때문에 유한요소 방정식들을 얻기 위한 미분방정식에 갤러킨(Galerkin) 잔여법을 직접 적용할 것이다(물질이동 강성행렬은 비대칭임에 유의하라). 그리고 열교환기 설계/해석 문제에 대한 유한요소 해와 정확한 해가 일치하는지를 비교할 것이다.

마지막으로, 2차원과 3차원 열전달 문제의 해석을 위한 컴퓨터 프로그램을 보여줄 것이다.

13.1 | 기본 미분방정식의 유도

1차원 열전도(대류가 없음)

대류가 없는 1차원 열전도 문제에 대한 기본 미분방정식을 유도하려 한다. 이 유도의 목적은 열전달 현상에 대한 물리적 직관력을 높이고 그 문제의 유한요소 정식화를 완전히 이해할 수 있도록 하기 위함이다(열전달에 대한 추가적인 내용은 참고문헌 [1], [2]와 같은 서적을 참조). 그림 13-2에 나타낸 검사체적(control volume)에서부터 시작한다. 에너지 보존에 의해,

$$E_{\text{in}} + E_{\text{generated}} = \Delta U + E_{\text{out}} \tag{13.1.1}$$

또는

$$q_x A\,dt + QA\,dx\,dt = \Delta U + q_{x+dx} A\,dt \tag{13.1.2}$$

여기서

E_{in}은 검사체적에 유입되는 에너지이고, 단위는 Joules (J) 또는 kW · h 또는 Btu이다.

ΔU는 저장 에너지의 변화량이고, 단위는 kW · h (kWh) 또는 Btu이다.

q_x는 검사체적의 x 면을 통해 전도되어 유입되는 열유속이고, 단위는 kW/m^2 또는 $Btu/(h\text{-}ft^2)$ 이다.

q_{x+dx}는 검사체적의 $x + dx$ 면을 통해 전도되어 유출되는 열유속이다.

t는 시간이고, 단위는 h 또는 s (U.S. 단위계에서) 또는 s (SI 단위계에서)이다.

Q는 내부 열원(단위부피당, 단위시간당 생성되는 열로 양의 값)이고, 단위는 kW/m^3 또는 $Btu/(h\text{-}ft^3)$이다[열흡수(heat sink), 물체로부터의 열방출은 음(−)의 값을 갖는다].

A는 열유속 q에 수직인 단면의 면적이고, 단위는 m^2 또는 ft^2이다.

푸리에(Fourier) 열전도 법칙은 다음과 같다.

$$q_x = -K_{xx}\frac{dT}{dx} \tag{13.1.3}$$

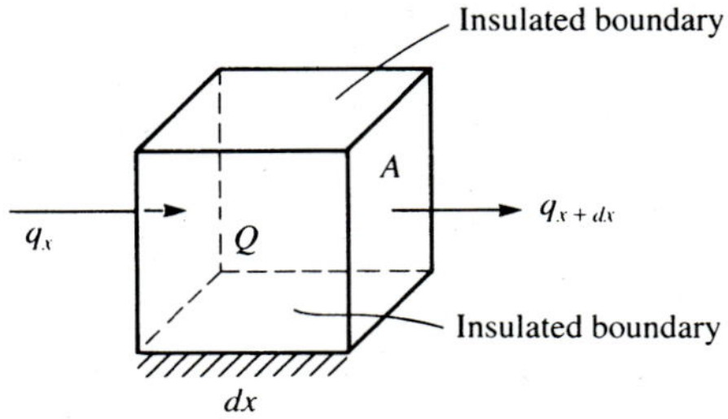

그림 13-2 • 1차원 열전도에 대한 검사체적

여기서

K_{xx}는 x방향의 열전도율이고, 단위는 kW/(m · °C) 또는 Btu/(h-ft-°F)이다.

T는 온도이고, 단위는 °C 또는 °F이다.

dT/dx는 온도구배(기울기)이고, 단위는 °C/m 또는 °F/ft이다.

식 (13.1.3)은 x방향의 열유속이 x방향의 온도구배(기울기)에 비례함을 의미한다. 부호 규약에 의해 식 (13.1.3)에 사용된 음(−)의 부호는 열유동이 온도 증가와 방향이 반대일 때 양(+)의 값을 갖는다는 것을 내포한다. 식 (13.1.3)은 응력 해석 문제에 대한 1차원 응력−변형률 법칙, 즉 $\sigma_x = E(du/dx)$이다. 유사하게,

$$q_{x+dx} = -K_{xx}\left.\frac{dT}{dx}\right|_{x+dx} \tag{13.1.4}$$

이며, 식 (13.1.4)에서 기울기는 $x + dx$에서 구한다. 테일러(Taylor) 급수에 의해 임의의 일반 함수 $f(x)$는 다음과 같이 표현된다.

$$f_{x+dx} = f_x + \frac{df}{dx}dx + \frac{d^2f}{dx^2}\frac{dx^2}{2} + \cdots$$

그러므로 테일러 급수의 2차항까지를 사용하면 다음과 같이 된다.

$$q_{x+dx} = -\left[K_{xx}\frac{dT}{dx} + \frac{d}{dx}\left(K_{xx}\frac{dT}{dx}\right)dx\right] \tag{13.1.5}$$

저장된 에너지의 변화는 다음과 같이 표현할 수 있다.

$$\begin{aligned}\Delta U &= \text{비열} \times \text{질량} \times \text{온도 변화}\\ &= c(\rho A\ dx)\ dT\end{aligned} \tag{13.1.6}$$

여기서 c는 비열이고, 단위는 kW · h/(kg · °C) 또는 Btu/(slug-°F)이다. 그리고 ρ는 질량밀도이고, 단위는 kg/m^3 또는 slug/ft^{3}이다. 식 (13.1.3), (13.1.5), 그리고 (13.1.6)을 식 (13.1.2)에 대입하고, $A\ dx\ dt$로 나누어서 간단히 정리하면, 다음과 같은 1차원 열전도 방정식을 얻을 수 있다.

$$\frac{\partial}{\partial x}\left(K_{xx}\frac{\partial T}{\partial x}\right) + Q = \rho c\frac{\partial T}{\partial t} \tag{13.1.7}$$

정상상태에서 시간에 관한 미분은 0이 된다. 따라서 식 (13.1.7)은 다음과 같이 된다.

$$\frac{d}{dx}\left(K_{xx}\frac{dT}{dx}\right) + Q = 0 \tag{13.1.8}$$

일정한 열전도율과 정상상태인 경우에, 식 (13.1.7)은 다음과 같고,

$$K_{xx}\frac{d^2T}{dx^2} + Q = 0 \tag{13.1.9}$$

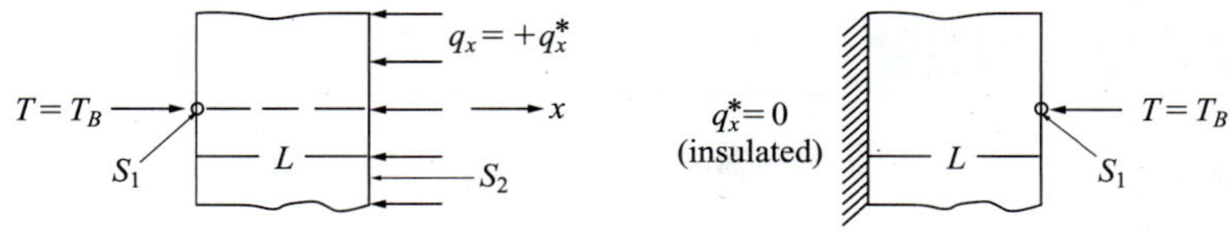

그림 13-3 • 1차원 열전도에서 경계조건의 예

경계조건은 식 (13.1.10)과 같이 된다.

$$T = T_B \quad (S_1\text{상에서}) \tag{13.1.10}$$

여기서 T_B는 알고 있는 경계온도를 나타내고 S_1은 온도값이 주어진 표면이다. 그리고

$$q_x^* = -K_{xx}\frac{dT}{dx} = \text{상수} \quad (S_2\text{상에서}) \tag{13.1.11}$$

이며, 여기서 S_2는 열유속 q_x^* 또는 온도구배(기울기)가 알려진 표면이다. 절연된 경계에서 $q_x^* = 0$이다. 이와 같은 상이한 경계조건을 그림 13-3에 나타냈으며, 부호 규약에 따라 열이 물체로 유입될 때 q_x^*는 양(+)의 값을 갖고, 열이 물체로부터 방출될 때 음(−)의 값을 갖는다.

2차원 열전도(대류가 없음)

그림 13-4의 2차원 열전도 문제를 고려하면, 1차원의 경우와 유사하게 정상상태에 대해 전체 좌표 x와 y방향에 일치하는 물성치들을 볼 수 있다.

$$\frac{\partial}{\partial x}\left(K_{xx}\frac{\partial T}{\partial x}\right) + \frac{\partial}{\partial y}\left(K_{yy}\frac{\partial T}{\partial y}\right) + Q = 0 \tag{13.1.12}$$

경계조건은

$$T = T_B \quad (S_1\text{상에서}) \tag{13.1.13}$$

$$q_n = q_n^* = K_{xx}\frac{\partial T}{\partial x}C_x + K_{yy}\frac{\partial T}{\partial y}C_y = \text{상수} \quad (S_2\text{상에서}) \tag{13.1.14}$$

이며, 여기서 C_x와 C_y는 그림 13-5의 S_2 표면에 수직한 단위 벡터 $\boldsymbol{n}$의 방향 코사인 값이다. 여기서도 역시 부호 규약에 따라, q_n^*는 열이 물체의 경계면을 따라 유입되는 경우 양수(+)로 표현된다.

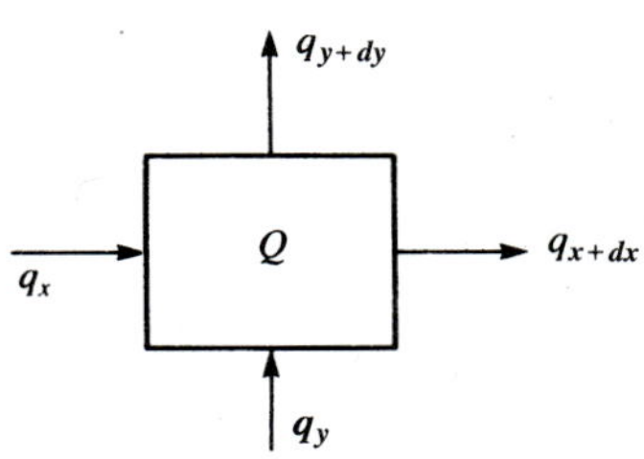

그림 13-4 • 2차원 열전도에 대한 검사체적

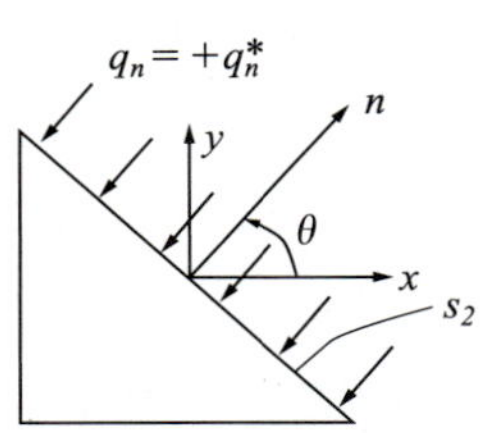

그림 13-5 • S_2 표면에 수직한 단위벡터

13.2 | 대류 열손실이 있는 열전달

유체와 접촉하고 있는 전도체의 경우, 두 물체 사이에 온도차가 발생하면 유체와 전도체의 표면에서 열전달이 일어나게 된다.

이 유체는 외적인 펌프작용(**강제대류**)에 의하거나 내부 온도차에 의해 유체 내부에서 생성되는 부력(**자연대류** 또는 **자유대류**)에 의해 움직일 것이다.

이제 대류 열손실이 있는 1차원 열전도에 대한 기본 미분방정식을 유도할 것이다. 이때 y, z 방향으로의 온도 변화보다 x방향으로의 온도 변화가 더 크다고 가정한다. 그림 13-6은 유도하는 데 사용된 검사체적을 보여준다. 다시, 에너지 보존에 대한 식 (13.1.1)에 의해 다음 식을 얻는다.

$$q_x A\,dt + QA\,dx\,dt = c(\rho A\,dx)\,dT + q_{x+dx} A\,dt + q_h P\,dx\,dt \tag{13.2.1}$$

위 식 (13.2.1)의 모든 항들은 아래에 주어진 대류 열전달에 의한 열유동이 뉴튼(Newton)의 냉각법칙에 의해 주어진다는 것을 제외하면 13.1절과 같은 의미를 가진다.

$$q_h = h(T - T_\infty) \tag{13.2.2}$$

여기서

h는 열전달계수 혹은 대류계수이고, 단위는 kW/(m^2 · °C) 또는 Btu/(h-ft^2-°F)이다.

T는 고체/유체의 접촉면에서의 고체 표면온도이다.

T_∞는 유체의 온도(여기서는 자유 유동 유체온도)이다.

식 (13.2.1)의 P는 일정한 단면적 A를 둘러싸고 있는 주변길이/둘레(perimeter)이다.

다시, 식 (13.1.3)~(13.1.6)과 (13.2.2)를 식 (13.2.1)에 대입하고, $A\ dt\ dx$로 나눈 후 간략하게 하면 다음과 같이 대류가 있는 1차원 열전도에 대한 방정식을 얻을 수 있다.

$$\frac{\partial}{\partial x}\left(K_{xx}\frac{\partial T}{\partial x}\right) + Q = \rho c\frac{\partial T}{\partial t} + \frac{hP}{A}(T - T_\infty) \tag{13.2.3}$$

위의 식은 (1) 식 (13.1.10)에 주어진 온도, (2) 식 (13.1.11)에서 주어진 온도구배(기울기), (3) 그림 13-7에 나타낸 1차원 물체(body) 끝에서의 대류에 의한 열손실과 같은 여러 가지 가능한

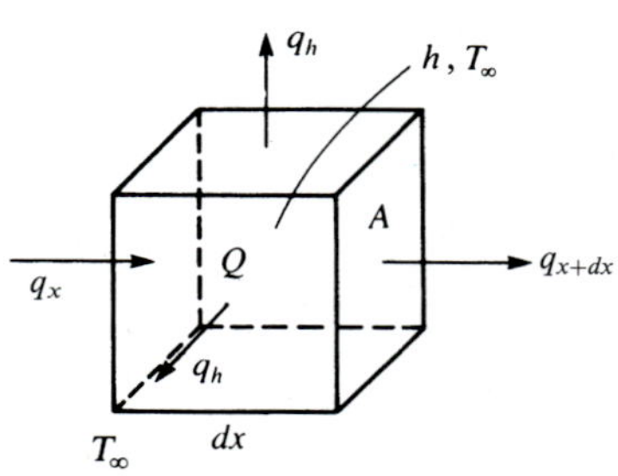

그림 13-6 • 대류를 가진 1차원 열전도의 검사체적

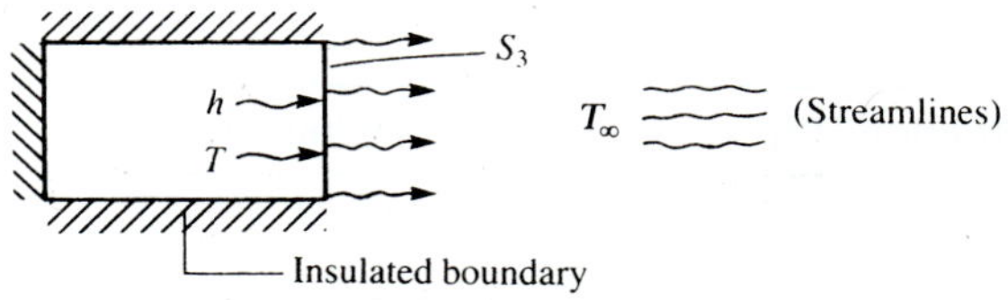

그림 13-7 • 대류 열전달을 설명하는 모델(면 S_3의 화살표는 대류로 인한 열전달을 나타낸다.)

경계조건들을 가진다. 고체와 유체의 접촉면에서 유체 내부의 열유동과 고체 벽 내부의 열 유동이 같으므로, 대류를 가진 열전도 문제에 대한 경계조건으로 다음의 식이 얻어진다.

$$-K_{xx}\frac{dT}{dx} = h(T - T_\infty) \quad (S_3\text{상에서}) \tag{13.2.4}$$

13.3 | 전형적 단위; 열전도율 K; 열전달계수 h

표 13-1에서는 열전달 문제에 사용되고 있는 전형적 단위들(typical units)을 나열하고 있다.

표 13-2는 여러 가지 고체와 액체의 전형적인 열전도율을 나타낸다. 열전도율 K [Btu/(h-ft-°F) 또는 W/(m · °C)]는 단위시간(h)에 온도 1도(°F 또는 °C)를 올리기 위해 주어진 물질의 단위길이(ft 또는 m)를 흐르는 열에너지의 양(Btu 또는 W · h)을 측정한다.

표 13-3은 여러 대류 상태에서 대류계수 값의 근사적인 범위를 나타낸다. 열전달계수 h [Btu/(h-ft-°F) 또는 W/(m · °C) 단위]는 단위시간(h)에 온도 1도(°F 또는 °C)를 올리기 위해 주어진 물질의 단위면적당(ft^2 또는 m^2)을 가로질러 흐르는 열에너지의 양(Btu 또는 W · h)을 측정한다.

자연대류 또는 **자유대류**는, 예를 들어, 가열된 평판이 외부 운동요인이 없는 실내 공기에 놓여 있을 때 발생한다. 평판 가까이의 밀도구배(기울기)의 결과로 발생되는 이러한 공기의 움직

표 13-1 열전달 문제에 사용되는 전형적 단위

Variable	SI	U.S. Customary
Thermal conductivity, K	kW/ (m · °C)	Btu/(h-ft^2-°F)
Temperature, T	°C or K	°F or °R
Internal heat source, Q	kW/m^3	Btu/(h-ft^3)
Heat flux, q	kW/m^2	Btu/(h-ft^2)
Heat flow, $\bar{q}$	kW	Btu/h
Convection coefficient, h	kW/(m^2 · °C)	Btu/(h-ft^2-°F)
Energy, E	kW · h	Btu
Specific heat, c	(kW · h) / (kg · °C)	Btu/(slug- °F)
Mass density, p	kg/m^3	slug/ft^3

표 13-2 몇 가지 고체와 액체의 전형적인 열전도율

Material	K [Btu/(h-ft-°F)]	K [W/(m · °C)]
Solids		
Aluminum, 0°C (32°F)	117	202
Steel (1% carbon), 0°C	20	35
Fiberglass, 20°C (68°F)	0.020	0.035
Concrete, 0°C	0.468–0.81	0.81–1.40
Earth, coarse gravelly, 20°C	0.300	0.520
Wood, oak, radial direction, 20°C	0.098	0.17
Fluids		
Engine oil, 20°C	0.084	0.145
Dry air, atmospheric pressure, 20°C	0.014	0.0243

표 13-3 열전달계수의 근사값(참고문헌 [1])

Mode	h [Btu/(h-ft^2-°F)]	h [W/(m^2 · °C)]
Free convection, air	1–5	5–25
Forced convection, air	2–100	10–500
Forced convection, water	20–3,000	100–15,000
Boiling water	500–5,000	2,500–25,000
Condensation of water vapor	1,000–20,000	5,000–100,000

임을 자연대류 또는 자유대류라고 한다. **강제대류**는, 예를 들어, 평판 위에 선풍기 바람에 의한 공기운동이 발생되는 경우 등에서 경험할 수 있다.

13.4 | 변분법을 이용한 1차원 유한요소 정식화

온도 분포는 물체 안으로 혹은 밖으로 이동하는 열의 양과 물체 내부의 응력들에 영향을 미친다. 열응력은 어떤 평형상태로부터 온도구배를 경험하지만 모든 방향으로 자유롭게 팽창할 수는 없는 모든 물체에서 발생한다. 열응력을 측정하기 위해서는 물체 내부의 온도 분포를 알아야만 한다. 유한요소법은 물체 내부의 온도 분포와 열응력과 같은 양들을 예측하기 위한 실제적인 방법이다. 이 절에서는 변분법을 사용하여 1차원 열전달 방정식들을 정식화한다. 이러한 종류의 해석 방법을 설명하기 위한 예제들이 포함되어 있다.

제1단계 요소 형태의 선정

두 개의 절점 1과 2를 갖는 기본 요소를 그림 13-8(a)에 표시하였다.

제2단계 온도함수의 선정

3장의 변위함수와 유사하게 요소 내부에서의 온도함수 T[그림 13-8(b)]를 다음과 같이 선택한다.

$$T(x) = N_1 t_1 + N_2 t_2 \tag{13.4.1}$$

여기서 t_1, t_2는 나중에 정해질 절점의 온도이다.

$$N_1 = 1 - \frac{x}{L} \quad N_2 = \frac{x}{L} \tag{13.4.2}$$

봉 요소에서와 같은 형상함수를 이용하여 $[N]$을 구성하면 다음과 같다.

$$[N] = \left[1 - \frac{x}{L} \quad \frac{x}{L}\right] \tag{13.4.3}$$

절점온도 행렬은 다음과 같고,

$$\{t\} = \begin{Bmatrix} t_1 \\ t_2 \end{Bmatrix} \tag{13.4.4}$$

식 (13.4.1)은 다음과 같이 행렬식 형태로 나타낼 수 있다.

$$\{T\} = [N]\{t\} \tag{13.4.5}$$

제3단계 온도구배–온도와 열유속–온도구배의 관계식

변형률 행렬 $\{\varepsilon\}$과 유사한 온도구배 행렬 $\{g\}$는 다음과 같다.

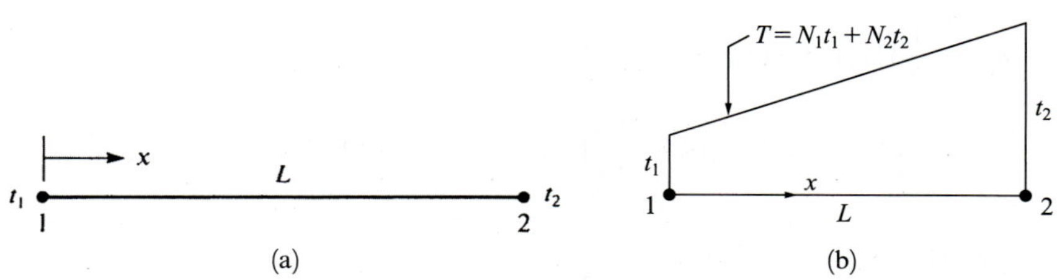

그림 13-8 • (a) 기본적인 1차원 온도 요소, (b) 요소의 길이에 따른 온도 변화

$$\{g\} = \begin{Bmatrix} \frac{dT}{dx} \end{Bmatrix} = [B]\{t\} \tag{13.4.6}$$

여기서 $[B]$는 $T(x)$에 대한 식 (13.4.1)을 식 (13.4.6)에 대입하고 x에 대해 미분하여 얻는다.

$$[B] = \begin{bmatrix} \frac{dN_1}{dx} & \frac{dN_2}{dx} \end{bmatrix}$$

식 (13.4.2)를 위의 식에 대입하면,

$$[B] = \begin{bmatrix} -\frac{1}{L} & \frac{1}{L} \end{bmatrix} \tag{13.4.7}$$

열유속-온도구배의 관계는 다음과 같다.

$$q_x = -[D]\{g\} \tag{13.4.8}$$

여기서 물성행렬은 다음과 같다.

$$[D] = [K_{xx}] \tag{13.4.9}$$

제4단계 요소 전도행렬과 방정식의 유도

식 (13.1.9)~(13.1.11)과 식 (13.2.3)은 다음의 범함수(포텐셜 에너지 범함수 π_p와 유사한 함수)를 최소화하여 유도될 수 있다(참고문헌 [4~6]에 주어진 바와 같다).

$$\pi_h = U + \Omega_Q + \Omega_q + \Omega_h \tag{13.4.10}$$

여기서

$$U = \frac{1}{2}\iiint_V \left[K_{xx}\left(\frac{dT}{dx}\right)^2\right] dV$$
$$\Omega_Q = -\iiint_V QT\, dV \quad \Omega_q = -\iint_{S_2} q^*T\, dS \quad \Omega_h = \frac{1}{2}\iint_{S_3} h(T - T_\infty)^2\, dS \tag{13.4.11}$$

이고, S_2와 S_3는 각각 열유동(유속) q^*와 대류 손실 $h(T - T_\infty)$가 발생하는 독립된 면적이다[q^*는 표면 내부로 향하는 방향이 양(+)이다]. q^*와 h는 식 (13.4.11)에 나타내 것처럼 같은 표면 위에서 동시에 발생하지 않기 때문에 같은 표면 위에 명기할 수 없다.

식 (13.4.11)에 식 (13.4.5), (13.4.6), (13.4.9)를 대입하고 식 (13.4.10)을 이용하여 π_h를 행렬 형태로 나타내면 다음과 같다.

$$\begin{aligned}\pi_h = {} & \frac{1}{2}\iiint_v [\{g\}^T[D]\{g\}]dV - \iiint_V \{t\}^T[N]^T Q\, dV \\ & -\iint_{S_2}\{t\}^T[N]^T q^*\, dS + \frac{1}{2}\iint_{S_3} h[(\{t\}^T[N]^T - T_\infty)^2]dS\end{aligned} \tag{13.4.12}$$

여기서 식 (13.4.12)에 식 (13.4.6)을 대입하고 절점온도 $\{t\}$가 일반 좌표 x와 y에 독립적이므로 적분의 밖으로 꺼낼 수 있다는 사실을 이용하여 다음 식을 얻는다.

$$\pi_h = \frac{1}{2}\{t\}^T \iiint_V [B]^T[D][B]^T\, dV\{t\} - \{t\}^T \iiint_V [N]^T Q\, dV - \{t\}^T \iint_{S_2} [N]^T q^*\, dS + \frac{1}{2}\iint_{S_3} h[\{t\}^T[N]^T[N]\{t\} - (\{t\}^T[N]^T + [N]\{t\})\, T_\infty + T_\infty^2]\, dS \tag{13.4.13}$$

식 (13.4.13)에서, 표면 적분 S_3 내부에 절점온도 $\{t\}$를 그대로 두고 최소화를 실행한다. $\{t\}$에 대한 식 (13.4.13)의 최소화로부터 다음을 얻는다.

$$\frac{\partial \pi_h}{\partial\{t\}} = \iiint_V [B]^T[D][B]\, dV\{t\} - \iiint_V [N]^T Q\, dV - \iint_{S_2} [N]^T q^*\, dS + \iint_{S_3} h[N]^T[N]\, dS\{t\} - \iint_{S_3} [N]^T hT_\infty\, dS = 0 \tag{13.4.14}$$

여기서 식 (13.4.13)의 마지막 항 hT_∞^2은 π_h를 최소화하는 동안 소거되는 상수이다. 식 (13.4.14)를 간단히 하면

$$\left[\iiint_V [B]^T[D][B]\, dV + \iint_{S_3} h[N]^T[N]\, ds\right]\{t\} = \{f_Q\} + \{f_q\} + \{f_h\} \tag{13.4.15}$$

가 되며, 여기서 하중행렬은 다음과 같이 정의된다.

$$\{f_Q\} = \iiint_V [N]^T Q\, dV \qquad \{f_q\} = \iint_{S_2} [N]^T q^*\, dS \qquad \{f_h\} = \iint_{S_3} [N]^T hT_\infty\, dS \tag{13.4.16}$$

식 (13.4.16)에서, 첫 항 $\{f_Q\}$(열원)는 체적력 행렬과 같은 형태이다. 그리고 두 번째 항 $\{f_q\}$(열유속)와 세 번째 항 $\{f_h\}$(열전달 또는 대류)는 응력 해석 문제의 표면력(분포하중) 행렬과 유사하다. 식 (6.2.46)과 (13.4.16)을 비교해보면 확인할 수 있다. $\{f\} = [k]\{t\}$형태의 공식화된 요소 방정식을 만들기 위해, 식 (13.4.15)에 주어진 열전달 문제를 위한 요소 전도행렬[1]을 다음과 같이 정의한다.

$$[k] = \iiint_V [B]^T[D][B]\, dV + \iint_{S_3} h[N]^T[N]\, dS \tag{13.4.17}$$

여기서 식 (13.4.17)의 첫 번째, 두 번째 적분은 각각 전도와 대류의 영향을 나타낸다. 각각의 요소에 대해 식 (13.4.15)에 식 (13.4.17)을 대입하여 다음을 얻는다.

[1] 요소 전도행렬을 종종 **강성행렬**이라 부른다. **강성행렬**은 온도, 변위 등과 같은 미지의 자유도와 알려진 상수의 곱으로 이루어진 행렬에 대해 일반적으로 사용되는 용어이다.

$$\{f\} = [k]\{t\} \tag{13.4.18}$$

식 (13.4.7)과 (13.4.9)를 식 (13.4.17)의 첫 항에 대입하면, 1차원 요소에 대한 행렬 $[k]$의 전도 부분을 다음과 같이 구할 수 있다.

$$\begin{aligned}[k_c] &= \iiint_V [B]^T[D][B]\ dV = \int_0^L \begin{Bmatrix} -\dfrac{1}{L} \\ \dfrac{1}{L} \end{Bmatrix} [K_{xx}] \begin{bmatrix} -\dfrac{1}{L} & \dfrac{1}{L} \end{bmatrix} A\,dx \\ &= \frac{AK_{xx}}{L^2}\int_0^L \begin{bmatrix} 1 & -1 \\ -1 & 1 \end{bmatrix} dx \end{aligned} \tag{13.4.19}$$

또는 최종적으로

$$[k_c] = \frac{AK_{xx}}{L}\begin{bmatrix} 1 & -1 \\ -1 & 1 \end{bmatrix} \tag{13.4.20}$$

행렬 $[k]$의 대류 부분은 다음과 같다.

$$[k_h] = \iint_{S_3} h[N]^T[N]\,dS = hP\int_0^L \begin{Bmatrix} 1 - \dfrac{x}{L} \\ \dfrac{x}{L} \end{Bmatrix} \begin{bmatrix} 1 - \dfrac{x}{L} & \dfrac{x}{L} \end{bmatrix} dx$$

적분을 실행하면

$$[k_h] = \frac{hPL}{6}\begin{bmatrix} 2 & 1 \\ 1 & 2 \end{bmatrix} \tag{13.4.21}$$

이며, 여기서

$$dS = P\,dx$$

이다. P는 요소의 주변길이이다(일정하다고 가정). 그러므로 식 (13.4.20)과 (13.4.21)을 더하면 행렬 $[k]$가 구해진다.

$$[k] = \frac{AK_{xx}}{L}\begin{bmatrix} 1 & -1 \\ -1 & 1 \end{bmatrix} + \frac{hPL}{6}\begin{bmatrix} 2 & 1 \\ 1 & 2 \end{bmatrix} \tag{13.4.22}$$

h가 요소의 경계에서 0일 때 식 (13.4.22)에서의 오른쪽 두 번째 항($[k]$의 대류 부분)이 0이 된다. 이 경우는, 예를 들어, 절연된 경계와 같다.

식 (13.4.16)을 간단히 하고, Q, q^*, hT_∞를 상수라 하면, 하중행렬 항은 다음과 같다.

$$\{f_Q\} = \iiint_V [N]^T Q\,dV = QA\int_0^L \begin{Bmatrix} 1 - \dfrac{x}{L} \\ \dfrac{x}{L} \end{Bmatrix} dx = \frac{QAL}{2}\begin{Bmatrix} 1 \\ 1 \end{Bmatrix} \tag{13.4.23}$$

그리고,
$$\{f_q\} = \iint_{S_2} q^*[N]^T\ dS = q^*P\int_0^L \begin{Bmatrix} 1 - \dfrac{x}{L} \\ \dfrac{x}{L} \end{Bmatrix} dx = \frac{q^*PL}{2}\begin{Bmatrix} 1 \\ 1 \end{Bmatrix} \tag{13.4.24}$$

그리고,
$$\{f_h\} = \iint_{S_3} hT_\infty[N]^T\ dS = \frac{hT_\infty PL}{2}\begin{Bmatrix} 1 \\ 1 \end{Bmatrix} \tag{13.4.25}$$

그러므로 식 (13.4.23)~(13.4.25)를 더하면 다음 식을 얻게 된다.

$$\{f\} = \frac{QAL + q^*PL + hT_\infty PL}{2}\begin{Bmatrix} 1 \\ 1 \end{Bmatrix} \tag{13.4.26}$$

식 (13.4.26)은 균일한 것으로 가정된 균일한 열원 Q의 절반, 균일 열유속 q^*(양의 q^*가 물체로 유입된다)의 절반, 그리고 주변 표면으로부터의 대류 hT_∞의 절반이 요소의 각 절점에 가해진다는 것을 의미한다.

끝으로, 한 요소의 자유단에서의 대류를 고려해야만 한다. 그림 13-9에서 보여주는 것과 같이 요소의 오른쪽 끝단에서만 발생하는 대류를 가정하면, 강성행렬에 추가할 대류 항은 다음과 같다.

$$[k_h]_{\text{end}} = \iint_{S_{\text{end}}} h[N]^T[N]\ dS \tag{13.4.27}$$

요소의 오른쪽 끝단에서 $N_1 = 0$이고 $N_2 = 1$이다. 이 값을 식 (13.4.27)에 대입하면 다음과 같다.

$$[k_h]_{\text{end}} = \iint_{S_{\text{end}}} h\begin{Bmatrix} 0 \\ 1 \end{Bmatrix}[0\quad 1]\ dS = hA\begin{bmatrix} 0 & 0 \\ 0 & 1 \end{bmatrix} \tag{13.4.28}$$

요소의 자유단에서의 대류 하중은 오른쪽 끝단(대류가 발생하는)의 형상함수와 봉의 단면적 A와 같은 S_3(대류가 발생하는 표면)를 식 (13.4.25)에 적용하여 구한다.

$$\{f_h\}_{\text{end}} = hT_\infty A\begin{Bmatrix} N_1(x = L) \\ N_2(x = L) \end{Bmatrix} = hT_\infty A\begin{Bmatrix} 0 \\ 1 \end{Bmatrix} \tag{13.4.29}$$

위 식은 요소의 오른쪽 끝단으로부터의 대류 하중을 나타내며, $N_1(x = L)$은 $x = L$에서 N_1의 값을 의미한다. 식 (13.4.2)로부터 $N_1(x = L) = 0$이고 $N_2(x = L) = 1$이 된다.

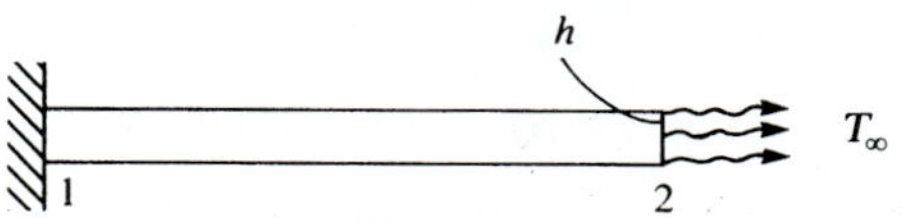

그림 13-9 • 요소의 끝단으로부터의 대류 하중

제5단계 전체좌표계에서의 방정식을 얻기 위한 요소 방정식의 조합과 경계조건의 도입

구조물 문제(2.4절에 기술된 **직접강성법**)와 같은 조합 방법을 사용하여 전체좌표계에 대한 구조물의 전도행렬을 얻는다.

$$[K] = \sum_{e=1}^{N}[k^{(e)}] \tag{13.4.30}$$

단위는 보통 kW/°C 혹은 Btu/(h-°F)이다. 전체좌표계에 대한 하중행렬(global force matrix)은 모든 요소 열원의 합이며 다음과 같다.

$$\{F\} = \sum_{e=1}^{N}\{f^{(e)}\} \tag{13.4.31}$$

단위는 보통 kW 혹은 Btu/h이다. 전체좌표계에 대한 방정식은 다음 식과 같고, 경계조건은 식 (13.1.13)에 의해 주어진 절점의 온도이다.

$$\{F\} = [K]\{t\} \tag{13.4.32}$$

열유속식 (13.1.11)과 대류식 (13.2.4)의 경계조건들은 분포하중이 응력 해석 문제에서 중요했던 것과 같이 실제적으로 중요한 것임을 기억해야 한다. 즉, 이들은 식 (13.4.2)에서 주어진 것과 같이 일관된 접근방식([k]를 유도하기 위해 이용된 것과 같은 형상함수를 사용한)을 통해 하중행렬에 포함된다.

이제 열전도 문제는 유한요소법에 의해 해를 구할 수 있다. 열전달 문제의 유한요소 정식화 과정은 응력 해석 문제의 경우와 유사하다. 13.5절에서는 1차원 문제에 사용된 방정식을 유도한 후에 2차원 열전달 문제를 풀기 위해 사용할 특성방정식을 유도할 것이다.

제6단계 절점온도의 계산

절점온도 경계조건식 (13.1.13)을 만족시키는 전체좌표계에서의 절점온도 $\{t\}$를 계산한다.

제7단계 요소 내의 온도구배와 열유속의 계산

끝으로, 식 (13.4.6)으로부터 요소 내의 온도구배를 계산하고, 일반적으로 식 (13.4.8)로부터 열유속을 계산한다.

이 절에서 전개시킨 방정식들의 사용법을 설명하기 위해 몇 가지 1차원 열전달 문제를 계산해 보자.

예제 13.1

둘레가 절연된 봉의 길이에 따른 온도 분포를 결정하라(그림 13-10). 왼쪽 끝단의 온도는 100°F이고 자유 유동 온도는 10°F이다. h = 10 Btu/(h-ft^2-°F), K_{xx} = 20 Btu/(h-ft-°F)라 놓자. h의 값은 공기의 강제대류에 대한 전형적인 값이고, K_{xx}는 탄소강(표 13-2와 13-3 참조)의 전형적인 전도율 값이다.

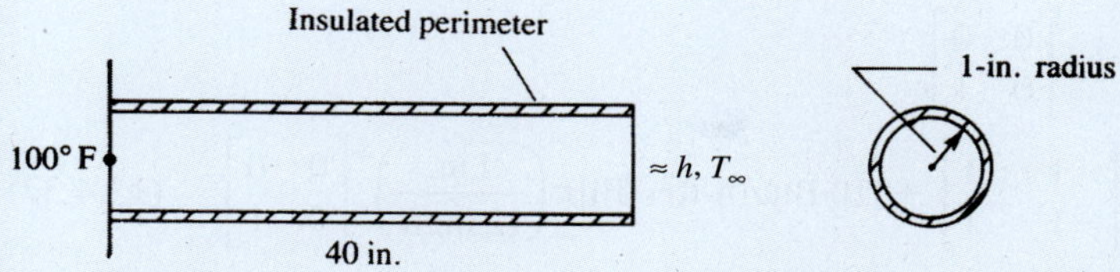

그림 13-10 • 온도 변화가 있는 1차원 봉

풀이

유한요소 분할은 그림 13-11에서 보여준다. 그리고 계산을 간단하게 하기 위해 10 in. 길이의 요소 네 개를 사용한다. 왼쪽 끝단과 주변이 절연되어 있기 때문에 대류 열손실은 오른쪽 끝단에서만 고려하게 될 것이다. 다음과 같이 각 요소에 대한 강성행렬을 계산한다.

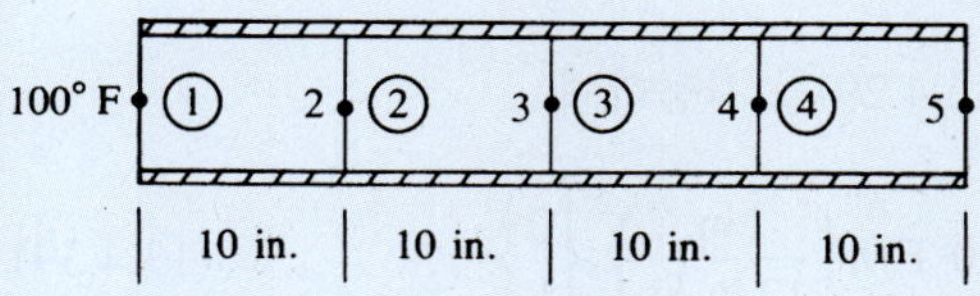

그림 13-11 • 유한요소로 분할된 봉

$$\frac{AK_{xx}}{L} = \frac{\pi(1\text{ in.})^2[20\text{ Btu/(h-ft-°F)}](1\text{ ft}^2)}{\left(\dfrac{10\text{ in.}}{12\text{ in./ft}}\right)(144\text{ in}^2)} = 0.5236\text{ Btu/(h-°F)} \tag{13.4.33}$$

일반적으로 식 (13.4.22)와 (13.4.27)로부터 다음 식을 얻는다.

$$[k] = \frac{AK_{xx}}{L}\begin{bmatrix} 1 & -1 \\ -1 & 1 \end{bmatrix} + \frac{hPL}{6}\begin{bmatrix} 2 & 1 \\ 1 & 2 \end{bmatrix} + \iint_{S_{\text{end}}} h[N]^T[N]\,dS \tag{13.4.34}$$

요소 1에 대해 식 (13.4.33)에 식 (13.4.34)를 대입하면 다음 식을 얻는다.

$$[k^{(1)}] = 0.5236\begin{bmatrix} 1 & -1 \\ -1 & 1 \end{bmatrix}\text{Btu/(h-°F)} \tag{13.4.35}$$

여기서 식 (13.4.34)의 오른쪽 두 번째와 세 번째 항은 요소 1과 관계된 대류 항이 없기 때문에 0이 된다. 마찬가지 방법으로 요소 2, 3에 대해 구하면 다음을 얻는다.

$$[k^{(2)}] = [k^{(3)}] = [k^{(1)}] \tag{13.4.36}$$

그러나 요소 4는 오른쪽 끝단 평면에서의 열손실 때문에 추가적인 대류 항을 가진다. 따라서 식 (13.4.28)을 이용하여 다음 식이 얻어진다.

$$[k^{(4)}] = [k^{(1)}] + hA\begin{bmatrix} 0 & 0 \\ 0 & 1 \end{bmatrix}$$

$$= 0.5236\begin{bmatrix} 1 & -1 \\ -1 & 1 \end{bmatrix} + [10\ \text{Btu/(h-ft}^2\text{-°F)}]\pi\left(\frac{1\ \text{in.}}{12\ \text{in./ft}}\right)^2\begin{bmatrix} 0 & 0 \\ 0 & 1 \end{bmatrix} \tag{13.4.37}$$

$$= \begin{bmatrix} 0.5236 & -0.5236 \\ -0.5236 & 0.7418 \end{bmatrix}\text{Btu/(h-°F)}$$

일반적으로 요소 하중행렬을 얻기 위해 식 (13.4.23)~(13.4.25)와 식 (13.4.29)를 이용한다. 이 예제에서는 $Q = 0$(열원이 없다), $q^* = 0$(열유속이 없다)이고, 오른쪽 끝단을 제외하고 대류가 없기 때문에 요소 하중행렬은 다음과 같이 된다.

$$\{f^{(1)}\} = \{f^{(2)}\} = \{f^{(3)}\} = 0 \tag{13.4.38}$$

$$\{f^{(4)}\} = hT_\infty A\begin{Bmatrix} 0 \\ 1 \end{Bmatrix} \qquad \text{식 (13.4.29)를 사용하여}$$

$$= [10\ \text{Btu/(h-ft}^2\text{-°F)}](10\text{°F})\pi\left(\frac{1\ \text{in.}}{12\ \text{in./ft}}\right)^2\begin{Bmatrix} 0 \\ 1 \end{Bmatrix} \tag{13.4.39}$$

$$= 2.182\begin{Bmatrix} 0 \\ 1 \end{Bmatrix}\ \text{Btu/h}$$

직접강성법을 사용하여 요소 강성행렬식 (13.4.35)~(13.4.37)과 요소 하중행렬식 (13.4.38)과 (13.4.39)를 조합하면 다음과 같은 연립방정식이 구해진다.

$$\begin{bmatrix} 0.5236 & -0.5236 & 0 & 0 & 0 \\ -0.5236 & 1.0472 & -0.5236 & 0 & 0 \\ 0 & -0.5236 & 1.0472 & -0.5236 & 0 \\ 0 & 0 & -0.5236 & 1.0472 & -0.5236 \\ 0 & 0 & 0 & -0.5236 & 0.7418 \end{bmatrix}\begin{Bmatrix} t_1 \\ t_2 \\ t_3 \\ t_4 \\ t_5 \end{Bmatrix} = \begin{Bmatrix} F_1 \\ 0 \\ 0 \\ 0 \\ 2.182 \end{Bmatrix} \tag{13.4.40}$$

여기서 F_1은 절점 1에서의 미지의 열 유동률(응력 해석 문제에서의 미지의 지점 반력과 유사)이다. 또한 $t_1 = 100$°F와 같은 절점온도에 대한 경계조건이 주어져 있다. 이와 같이 온도가 0이 아닌 경계조건은 응력 해석 문제에서 기술했던 것과 같은 방법으로 다루어진다(2.5절과 부록 B.4 참조). 강성(전도)행렬과 하중행렬은 다음과 같이 변화시킬 수 있다.

$$\begin{bmatrix} 1 & 0 & 0 & 0 & 0 \\ 0 & 1.0472 & -0.5236 & 0 & 0 \\ 0 & -0.5236 & 1.0472 & -0.5236 & 0 \\ 0 & 0 & -0.5236 & 1.0472 & -0.5236 \\ 0 & 0 & 0 & -0.5236 & 0.7418 \end{bmatrix}\begin{Bmatrix} t_1 \\ t_2 \\ t_3 \\ t_4 \\ t_5 \end{Bmatrix} = \begin{Bmatrix} 100 \\ 52.36 \\ 0 \\ 0 \\ 2.182 \end{Bmatrix} \tag{13.4.41}$$

여기서 온도조건 $t_1 = 100°\text{F}$에 상응하는 강성행렬의 첫 번째 행과 열 안의 항들은 주 대각 성분을 제외하고 0의 값을 가진다. 그리고 주 대각 성분은 1의 값을 가진다. 강성행렬의 첫 번째 행은 절점 1에서의 절점온도와 같다. 또한 식 (13.4.40)의 두 번째 식의 좌측 항에 있는 $(-0.5236) \times (100°\text{F}) = -52.36$ 항은 식 (13.4.41)의 두 번째 행 (+52.36) 안의 우측 항으로 이항되었다. 구하고자 하는 온도의 식, 즉 두 번째부터 다섯 번째까지의 식을 계산[가우스(Gauss) 소거법]하면 다음을 얻는다.

$$t_2 = 85.93\,°\text{F} \quad t_3 = 71.87\,°\text{F} \quad t_4 = 57.81\,°\text{F} \quad t_5 = 43.75\,°\text{F} \tag{13.4.42}$$

이와 같은 기초 문제에 대해서, 왼쪽 끝단 경계조건이 식 (13.1.10)과 같이 주어지고 오른쪽 끝단 경계조건이 식 (13.2.4)와 같이 주어진 전도에 대한 미분방정식 (13.1.9)의 정확한 해는 봉의 길이에 대해 선형 온도 분포를 나타낸다. 정확한 해에 의해 10 in. 간격(유한요소 절점 간격과 같다)으로 구한 온도는 유한요소법에 의해 구한 온도와 일치한다. 온도함수가 각 유한요소에서 선형이라고 가정했기 때문에 정확한 해와 유한요소 해가 일치하리라는 것을 예상할 수 있다. F_1은 식 (13.4.40)의 첫 번째에 의해 결정될 수 있음을 기억하라.

예제 13.2

13.4절에서 전개된 방정식들의 사용법을 보다 상세히 설명하기 위해 그림 13-12에 나타낸 열전달 문제를 푼다. 봉 요소의 둘레와 오른쪽 끝단이 자유유동유체(free stream fluid)에 노출되어 있는 1차원 봉에 대하여 봉의 길이를 따라 3 in. 간격마다 온도를 구하고 요소 1을 통과하는 열 유동률의 값을 결정하라. $K_{xx} = 3$ Btu/(h-in.-°F), $h = 1.0$ Btu/(h-in^2.-°F), 그리고 $T_\infty =$ 20°F이고, 봉의 왼쪽 끝단에서의 온도는 200°F이다.

그림 13-12 • 온도 변화를 갖는 1차원 봉

풀이

그림 13-13에 유한요소로 분할된 봉을 나타냈다. 더 많은 요소들로 보다 정확하게 근사해를 얻을 수 있겠지만, 세 개의 요소로 분할하여 봉을 따라 네 개의 절점에서 온도를 결정하였다. 그리고 그 해석적 해는 식 (13.2.3)에서 시간에 대한 편미분을 0으로 놓은 식을 풀어서 얻는다. 봉의 길이에 대해 둘레(perimeter)와 오른쪽 끝단에서 대류 열손실이 있을 것이다. 절연된 왼쪽 끝단은 대류 열손실이 없을 것이다. 식 (13.4.22)와 (13.4.28)을 사용하여 다음 식과 같은 각 요소에 대해 강성행렬을 계산한다.

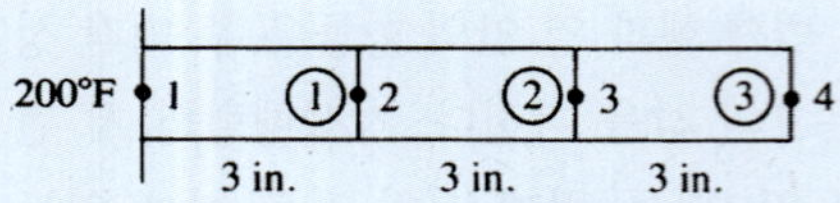

그림 13-13 • 그림 13-12의 유한요소로 분할된 봉

$$
\begin{aligned}
\frac{AK_{xx}}{L} &= \frac{(4\pi)(3)}{3} = 4\pi \text{ Btu/(h-°F)} \\
\frac{hPL}{6} &= \frac{(1)(4\pi)(3)}{6} = 2\pi \text{ Btu/(h-°F)} \\
hA &= (1)(4\pi) = 4\pi \text{ Btu/(h-°F)}
\end{aligned}
\tag{13.4.43}
$$

식 (13.4.43)의 결과를 식 (13.4.22)에 대입하면, 요소 1에 대한 강성행렬이 다음과 같이 얻어진다.

$$
\begin{aligned}
[k^{(1)}] &= 4\pi\begin{bmatrix} 1 & -1 \\ -1 & 1 \end{bmatrix} + 2\pi\begin{bmatrix} 2 & 1 \\ 1 & 2 \end{bmatrix} \\
&= 4\pi\begin{bmatrix} 2 & -\frac{1}{2} \\ -\frac{1}{2} & 2 \end{bmatrix} \text{Btu/(h-°F)}
\end{aligned}
\tag{13.4.44}
$$

요소 1의 끝단을 가로지르는 대류가 없기 때문에(왼쪽 끝단은 절연되어 있고 오른쪽 끝단은 전체 봉의 안쪽에 있다. 그러므로 유체운동에 노출되지 않는다), 식 (13.4.28)에서 주어진 것과 같이 요소의 끝단에서 대류에 의한 강성행렬의 항은 0이 된다. 요소 2도 같은 이유로 다음과 같다.

$$
[k^{(2)}] = [k^{(1)}] = 4\pi\begin{bmatrix} 2 & -\frac{1}{2} \\ -\frac{1}{2} & 2 \end{bmatrix} \text{Btu/(h-°F)} \tag{13.4.45}
$$

요소 3은 오른쪽 끝단에 노출된 표면으로 인한 열손실 때문에 추가(대류) 항을 갖는다. 그러므로 식 (13.4.28)이 요소 3의 강성행렬에 추가되어 다음과 같은 식을 얻을 수 있다.

$$
\begin{aligned}
[k^{(3)}] &= [k^{(1)}] + hA\begin{bmatrix} 0 & 0 \\ 0 & 1 \end{bmatrix} = 4\pi\begin{bmatrix} 2 & -\frac{1}{2} \\ -\frac{1}{2} & 2 \end{bmatrix} + 4\pi\begin{bmatrix} 0 & 0 \\ 0 & 1 \end{bmatrix} \\
&= 4\pi\begin{bmatrix} 2 & -\frac{1}{2} \\ -\frac{1}{2} & 3 \end{bmatrix} \text{Btu/(h-°F)}
\end{aligned}
\tag{13.4.46}
$$

일반적으로 식 (13.4.26)과 (13.4.29)를 사용하여 하중행렬을 계산한다. $Q = 0$이고 $q^* = 0$이므로 식 (13.4.25)에 주어진 hT_∞ 하중항만 남는다. 그러므로

$$\{f^{(1)}\} = \{f^{(2)}\} = \frac{hT_\infty PL}{2}\begin{Bmatrix}1\\1\end{Bmatrix} = \frac{(1\,\text{Btu/(h-in}^2\text{-°F)}(20\,\text{°F})(4\pi)(3\,\text{in.})}{2}\begin{Bmatrix}1\\1\end{Bmatrix}$$
$$= 4\pi\begin{Bmatrix}30\\30\end{Bmatrix} \tag{13.4.47a}$$

요소 3은 둘레와 오른쪽 끝단 모두에서 대류 항을 갖는다. 그러므로

$$\{f^{(3)}\} = \{f^{(1)}\} + hT_\infty A\begin{Bmatrix}0\\1\end{Bmatrix} = 4\pi\begin{Bmatrix}30\\30\end{Bmatrix} + (1\,\text{Btu/h-in}^2\text{-°F})\,(20\,\text{°F})\pi(2\,\text{in.})^2\begin{Bmatrix}0\\1\end{Bmatrix}$$
$$= 4\pi\begin{Bmatrix}30\\50\end{Bmatrix} \tag{13.4.47b}$$

직접강성법으로 식 (13.4.44)~(13.4.46)과 식 (13.4.47a)~(13.4.47b)의 요소행렬을 조합하여 강성행렬과 하중행렬을 각각 만들면 다음과 같은 연립방정식을 유도할 수 있다. (여기서 4π 항은 식 (13.4.48)의 양변에서 나누어 소거한다.)

$$\begin{bmatrix} 2 & -\frac{1}{2} & 0 & 0 \\ -\frac{1}{2} & 4 & -\frac{1}{2} & 0 \\ 0 & -\frac{1}{2} & 4 & -\frac{1}{2} \\ 0 & 0 & -\frac{1}{2} & 3 \end{bmatrix}\begin{Bmatrix} t_1 = 200 \\ t_2 \\ t_3 \\ t_4 \end{Bmatrix} = \begin{Bmatrix} F_1' + 30 \\ 30 + 30 \\ 30 + 30 \\ 50 \end{Bmatrix} \tag{13.4.48}$$

여기서 $F'_1 = F_1/4\pi$ 이다.

식 (13.4.48)의 2번째에서 4번째 식을 전개하면 다음과 같다.

$$\begin{aligned} 4t_2 - 0.5t_3 + 0t_4 &= 100 + 60 \\ -0.5t_2 + 4t_3 - 0.5t_4 &= 60 \\ 0t_2 - 0.5t_3 + 3t_4 &= 50 \end{aligned} \tag{13.4.49}$$

절점에서의 온도 $t_2 - t_4$를 구하면 다음과 같다.

$$t_2 = 42.87\text{°F} \quad t_3 = 22.92\text{°F} \quad t_4 = 20.49\text{°F} \tag{13.4.50}$$

그 다음 식 (13.4.6)과 (13.4.9)를 식(13.4.8)에 대입하여 요소 1에 대한 열유속을 계산한다.

$$q^{(1)} = -K_{xx}[B]\{t\} \tag{13.4.51}$$

식 (13.4.7)을 식 (13.4.51)에 대입하면 다음과 같다.

$$q^{(1)} = -K_{xx}\begin{bmatrix} -\frac{1}{L} & \frac{1}{L} \end{bmatrix}\begin{Bmatrix} t_1 \\ t_2 \end{Bmatrix} \tag{13.4.52}$$

식 (13.4.52)에 t_1과 t_2값을 대입하면 다음을 얻는다.

$$q^{(1)} = -3\begin{bmatrix} -\frac{1}{3} & \frac{1}{3} \end{bmatrix}\begin{Bmatrix} 200 \\ 42.87 \end{Bmatrix}$$

또는

$$q^{(1)} = 157.1\,\text{Btu}/(\text{h-in}^2) \tag{13.4.53}$$

q가 작용하는 단면적을 식 (13.4.53)에 곱함으로써 열 유동률 $\bar{q}$를 다음과 같이 구할 수 있다.

$$\bar{q}^{(1)} = 157.1(4\pi) = 1975\,\text{Btu/h}$$

여기서 열유속이 양(+)의 값을 갖는 것은 열의 흐름이 절점 1에서 2로 흘렀다는 것을 나타낸다(오른쪽 방향).

예제 13.3

그림 13-14에 나타낸 평면 벽은 두께가 1 m이다. 벽의 왼쪽 표면 ($x = 0$)은 200°C의 일정한 온도로 유지되어 있고 오른쪽 표면($x = L = 1$ m)은 절연되어 있다. 열전도율은 $K_{xx} = 25$ W(m · °C)이고 벽 내부에는 $Q = 400$ W/m^{3}의 열이 균일한 분포로 발생된다. 이때 벽 두께 방향으로의 온도 분포를 결정하라.

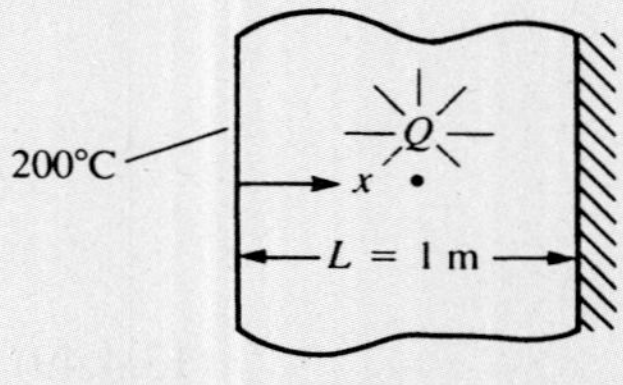

그림 13-14 • 균일한 분포의 열생성을 갖는 평면 벽 안에서의 전도

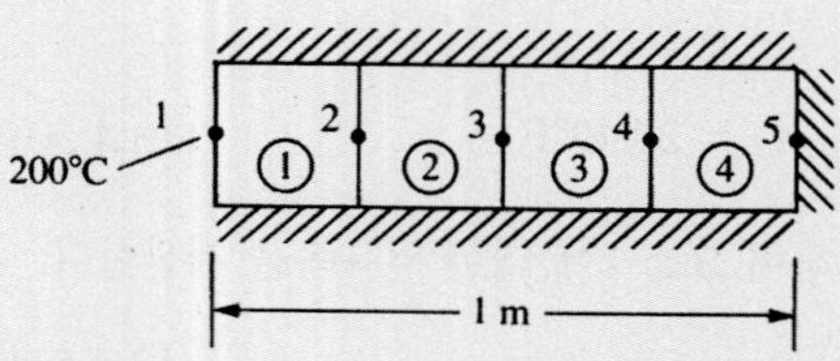

그림 13-15 • 그림 13-14의 분할된 모델

풀이

이 문제는 1차원 열전달 문제로서 근사화될 수 있다. 그림 13-15에 벽의 분할된 모델을 나타냈다. 단위단면적($A = 1$ m^2)을 갖는 네 개의 길이가 같은 요소를 사용한다. 단위면적은 벽의 대표적인 단면을 나타낸다. 이때 벽 모델의 원주 부분은 경계조건을 정확히 모델링하기 위해 절연되었다.

식 (13.4.22)와 식 (13.4.28)을 이용하여 다음과 같이 요소 강성행렬을 계산한다.

$$\frac{AK_{xx}}{L} = \frac{(1\ \text{m}^2)[25\ \text{W/(m}\cdot{}^\circ\text{C)}]}{0.25\ \text{m}} = 100\ \text{W/}^\circ\text{C}$$

동일한 각각의 요소에 대하여 다음 식을 얻는다.

$$[k] = 100\begin{bmatrix} 1 & -1 \\ -1 & 1 \end{bmatrix} \text{W/}^\circ\text{C} \tag{13.4.54}$$

대류가 발생하지 않기 때문에 $h = 0$이다. 그러므로 대류에 의한 $[k]$항은 없다.

요소 하중행렬들은 식 (13.4.26)으로 주어진다. $Q = 400\ \text{W/m}^3$, $q = 0$, $h = 0$이므로, 식 (13.4.26)은 다음과 같이 된다.

$$\{f\} = \frac{QAL}{2}\begin{Bmatrix} 1 \\ 1 \end{Bmatrix} \tag{13.4.55}$$

요소 1과 같은 전형적인 요소에 대한 식 (13.4.55)를 계산하면 다음을 얻는다.

$$\begin{Bmatrix} f_{1x} \\ f_{2x} \end{Bmatrix} = \frac{(400\ \text{W/m}^3)(1\ \text{m}^2)(0.25\ \text{m})}{2}\begin{Bmatrix} 1 \\ 1 \end{Bmatrix} = \begin{Bmatrix} 50 \\ 50 \end{Bmatrix}\text{W} \tag{13.4.56}$$

모든 다른 요소들에 대한 하중행렬은 식 (13.4.56)과 같다.

식 (13.4.54)와 (13.4.56), 그리고 식 (13.4.56)과 유사한 다른 하중행렬 및 요소행렬들을 조합하면 다음과 같다.

$$100\begin{bmatrix} 1 & -1 & 0 & 0 & 0 \\ -1 & 2 & -1 & 0 & 0 \\ 0 & -1 & 2 & -1 & 0 \\ 0 & 0 & -1 & 2 & -1 \\ 0 & 0 & 0 & 1 & 1 \end{bmatrix}\begin{Bmatrix} t_1 \\ t_2 \\ t_3 \\ t_4 \\ t_5 \end{Bmatrix} = \begin{Bmatrix} F_1 + 50 \\ 100 \\ 100 \\ 100 \\ 50 \end{Bmatrix} \tag{13.4.57}$$

주어진 온도 $t_1 = 200°\text{C}$를 식 (13.4.57)에 대입하고 양변을 100으로 나눈 후, 오른쪽 하중행렬의 첫 번째 항을 200°C가 되게 정리하면 다음 식을 얻는다.

$$\begin{bmatrix} 1 & 0 & 0 & 0 & 0 \\ 0 & 2 & -1 & 0 & 0 \\ 0 & -1 & 2 & -1 & 0 \\ 0 & 0 & -1 & 2 & -1 \\ 0 & 0 & 0 & -1 & 1 \end{bmatrix}\begin{Bmatrix} t_1 \\ t_2 \\ t_3 \\ t_4 \\ t_5 \end{Bmatrix} = \begin{Bmatrix} 200^\circ\text{C} \\ 201 \\ 1 \\ 1 \\ 0.5 \end{Bmatrix} \tag{13.4.58}$$

식 (13.4.58)의 두 번째부터 다섯 번째까지의 식을 풀어 다음을 구한다.

$$t_2 = 203.5^\circ\text{C} \qquad t_3 = 206^\circ\text{C} \qquad t_4 = 207.5^\circ\text{C} \qquad t_5 = 208^\circ\text{C} \tag{13.4.59}$$

식 (13.4.57)의 첫 번째를 사용하여 왼쪽 끝단 밖으로 유출되는 열 유동률을 구한다.

$$F_1 = 100(t_1 - t_2) - 50$$
$$F_1 = 100(200 - 203.5) - 50$$
$$F_1 = -400 \text{ W}$$

왼쪽 끝단의 경계조건이 식 (13.1.10)과 같고 오른쪽 끝단의 경계조건이 식 (13.1.11)과 같으며 $q_x^* = 0$인 식 (13.1.9)와 같은 전도미분방정식의 정확한 해는 벽 두께를 따라 포물선 온도 분포를 갖는다[2]. 유한요소의 절점에 해당하는 지점 x에서 온도를 참고문헌 [2]에 주어진 온도함수식으로부터 계산하면 다음과 같다.

$$t_2 = 203.5°\text{C} \qquad t_3 = 206°\text{C} \qquad t_4 = 207.5°\text{C} \qquad t_5 = 208°\text{C} \tag{13.4.60}$$

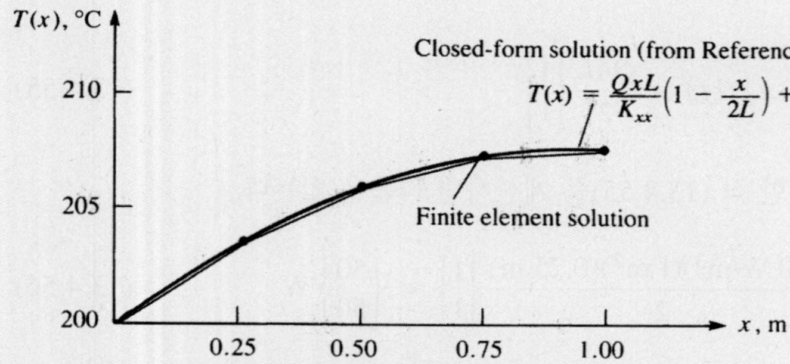

그림 13-16 • 예제 13.3에 대한 유한요소 해와 정확한 해의 비교

그림 13-16은 벽 두께방향의 온도 변화에 대한 정확한 해와 유한요소 해를 비교한 것이다. 유한요소의 절점에서 구한 값들과 정확한 해들은 같다. 왜냐하면 일관된 등가 하중행렬을 사용하였기 때문이다(이에 대해서는 3.10절과 3.11절에서 분포하중을 받는 축방향 봉과 그리고 4.5절에서 분포하중을 받는 보에 대해 설명한 부분을 참고하라). 그러나 유한요소모델은 그림 13-16처럼 절점에서의 온도값을 직선으로 연결하여 각 요소 내에서 선형 온도 분포를 갖는다는 점을 주목하여야 한다.

예제 13.4

그림 13-17에 나타낸 핀(fin)은 둘레가 단열되어 있다. 왼쪽 끝은 일정한 온도 100°C를 유지한다. 양의 열유속 $q = 5000 \text{ W/m}^2$이 오른쪽 끝에 작용한다. 열전도 상수 $K_{xx} = 6 \text{ W/(m-°C)}$, 단면적 $A = 0.1 \text{ m}^2$이라 하자. $L = 0.4$ m일 경우 $L/4$, $L/2$, $3L/4$인 지점에서의 온도를 구하라.

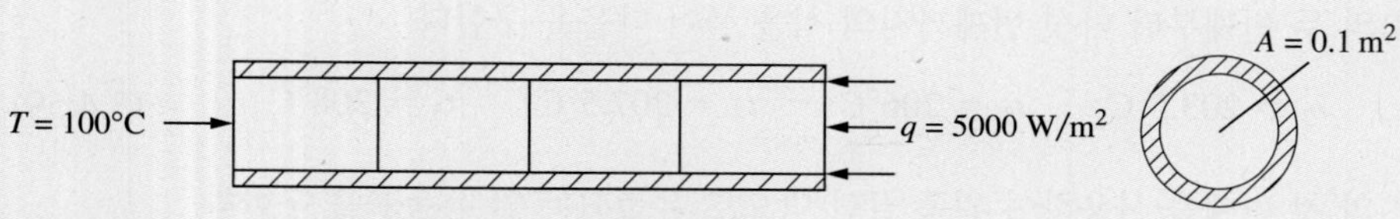

그림 13-17 • 한쪽 끝에 열유속이 있는 단열된 핀

풀이

식 (13.4.22)에서 단열된 둘레로는 열전달이 없기 때문에 두 번째 항을 0으로 하고, 왼쪽 끝은 일정한 온도, 오른쪽 끝은 일정한 양의 열유속인 상태로 하면 다음 식이 얻어진다.

$$[k^{(1)}] = [k^{(2)}] = [k^{(3)}] = \frac{AK_{xx}}{L}\begin{bmatrix} 1 & -1 \\ -1 & 1 \end{bmatrix}$$
$$= \frac{(0.1\,\text{m}^2)(6\,\text{W}/(\text{m-°C})}{0.1\,\text{m}}\begin{bmatrix} 1 & -1 \\ -1 & 1 \end{bmatrix} = \begin{bmatrix} 6 & -6 \\ -6 & 6 \end{bmatrix}\text{W}/°\text{C} \tag{13.4.61}$$

이고

$[k^{(4)}] = [k^{(1)}]$ 또한

$\{f^{(1)}\} = \{f^{(2)}\} = \{f^{(3)}\} = \begin{Bmatrix} 0 \\ 0 \end{Bmatrix}$ $\quad Q = 0$ (내부의 열원이 없음) 그리고 $q^* = 0$

(표면 열유속이 없을 때)

$$\{f^{(4)}\} = qA\begin{Bmatrix} 0 \\ 1 \end{Bmatrix} = (5000\,\text{W/m}^2)(0.1\,\text{m}^2)\begin{Bmatrix} 0 \\ 1 \end{Bmatrix} = \begin{Bmatrix} 0 \\ 500 \end{Bmatrix}\text{W} \tag{13.4.62}$$

식 (13.4.61)로부터 전체 강성행렬을 조합하고 식 (13.4.62)로부터 전체 하중행렬을 조합하면 다음과 같은 전체 행렬을 얻을 수 있다.

$$\begin{bmatrix} 6 & -6 & 0 & 0 & 0 \\ & 12 & -6 & 0 & 0 \\ & & 12 & -6 & 0 \\ & & & 12 & -6 \\ \text{Symmetry} & & & & 6 \end{bmatrix}\begin{Bmatrix} t_1 \\ t_2 \\ t_3 \\ t_4 \\ t_5 \end{Bmatrix} = \begin{Bmatrix} F_{1x} \\ 0 \\ 0 \\ 0 \\ 500 \end{Bmatrix} \tag{13.4.63}$$

이제 온도에 관한 경계조건을 적용하면,

$$t_1 = 100\,°\text{C} \tag{13.4.64}$$

t_1에 대한 식 (13.4.64)를 식 (13.4.63)에 대입하면, 연립방정식을 풀어 두 번째에서 네 번째 미지수 $t_2 - t_5$에 대한 값을 계산할 수 있다.

$$t_2 = 183.33°\text{C}, \quad t_3 = 266.67°\text{C}, \quad t_4 = 350°\text{C}, \quad t_5 = 433.33°\text{C} \tag{13.4.65}$$

식 (13.4.65)에서 구한 절점온도를 식 (13.4.63)의 첫 번째 식에 대입하면 절점 1에서의 절점 열방출량을 구할 수 있다.

$$F_{1x} = 6(100°\text{C} - 183.33°\text{C}) = -500\,\text{W} \tag{13.4.66}$$

식 (13.4.66)에 주어진 열방출량은 음수이며, 이것은 열이 왼쪽 끝에서부터 오른쪽으로 움직임을 뜻한다. 이 열방출은 핀의 오른쪽 끝으로 움직이는 열방출량 $qA = (5000)(0.1) = 500$ W과 같다.

열평형과 함께 푸리에의 열전도 법칙과 뉴튼의 냉각법칙에 대한 확실한 개념을 설명하기 위해 다음 문제를 풀어보자.

예제 13.5

그림 13-18에 나타낸 합성 노벽(composite furnace wall)은 두 개의 균질(homogeneous) 슬래브가 맞닿은 형태로 만들어져 있다. 내화 벽돌 슬래브 1과 절연 슬래브 2의 열전도율을 각각 $k_1 = 1$ W/(m-°C)와 $k_2 = 0.3$ W/(m-°C)라 하자. 왼쪽 면은 열전달계수 $h_L = 10$ W/(m^2-°C)이고, 주변 온도 $T_\infty L = 1000$°C인 용광로 내부에 노출되어 있다. 오른쪽 면은 열전달계수 $h_R = 3$ W/(m^2-°C)이고, 주변 온도가 25°C인 용광로 외부에 위치하고 있다. 내화벽돌과 절연 벽돌 사이의 접촉면에서의 열저항은 무시할 수 있다. 슬래브의 두께는 각각 $L_1 = 0.20$ m와 $L_2 = 0.10$ m이다. 합성 노벽의 왼쪽 면, 접촉면, 오른쪽 면에서의 온도와 노벽을 통해 전달되는 열을 구하라.

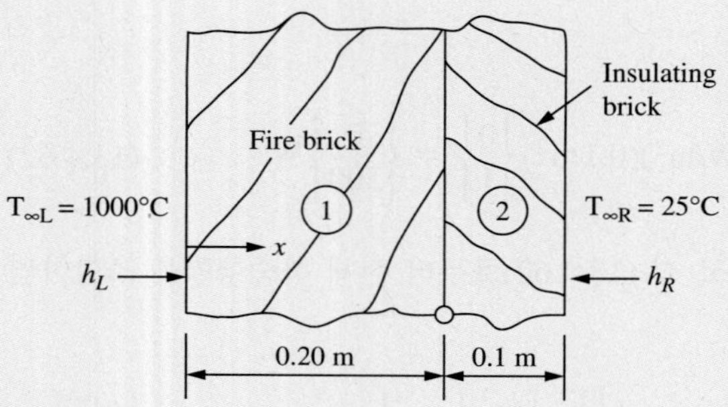

그림 13-18 • 합성 노벽

풀이

노벽은 충분히 높아서 수직 방향의 열유속은 무시할 수 있으며, 열유동은 노벽의 두께방향으로 1차원이라고 가정하자. 그러면 유한요소모델에서 단면은 단위면적($A = 1$ m^2)이 된다고 가정할 수 있다. 유한요소모델은 그림 13-19에 보인 것과 같이 두 개의 1차 유한요소로 이루어져 있다.

이 문제를 풀기 위해 두 가지 방법으로 식을 유도하려고 한다. 첫 번째 방법에서는 유한요소모델(그림 13-19)의 모든 절점 3군데에서 열유동의 평형을 이용하고 두 번째 방법에서는 직접강성법을 사용하여 유도한다.

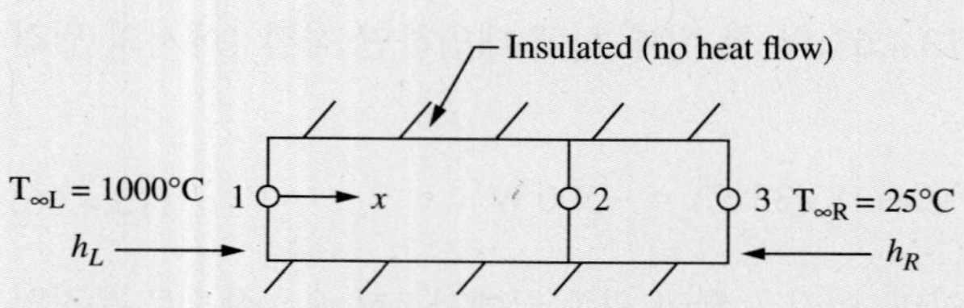

그림 13-19 • 노벽의 유한요소모델

방법1: 절점에서의 열평형 방정식

대류에 의해 절점 1로 들어가는 열유동은 식 (13.2.2)에 주어진 뉴튼의 냉각법칙에 의해 다음과 같다.

$$\bar{q}_1 = Ah_L(T_{\infty L} - t_1) \tag{13.4.67}$$

식 (13.1.30)에 주어진 푸리에의 열전도 법칙에 의해 요소 1과 요소 2를 통과하는 열유동은 다음과 같다.

$$\bar{q}_2 = \frac{Ak_1}{L_1}(t_1 - t_2) \tag{13.4.68}$$

그리고

$$\bar{q}_3 = \frac{Ak_2}{L_2}(t_2 - t_3) \tag{13.4.69}$$

뉴튼의 냉각법칙에 의해 절점 3으로 빠져나가는 열유동은 다음과 같다.

$$\bar{q}_4 = Ah_R(t_3 - T_{\infty R}) \tag{13.4.70}$$

노벽을 통과하는 열유동이 일정하므로($\bar{q}_1 = \bar{q}_2 = \bar{q}_3 = \bar{q}_4$), 절점 1, 2, 3에서 열평형 방정식을 적용하면 다음 식들을 도출할 수 있다.

$$\bar{q}_1 = \bar{q}_2$$

또는

$$Ah_L(T_{\infty L} - t_1) = \frac{Ak_1}{L_1}(t_1 - t_2) \quad \text{절점 1에서} \tag{13.4.71}$$

$$\bar{q}_2 = \bar{q}_3$$

또는

$$\frac{Ak_1}{L_1}(t_1 - t_2) = \frac{Ak_2}{L_2}(t_2 - t_3) \quad \text{절점 2에서} \tag{13.4.72}$$

$$\bar{q}_3 = \bar{q}_4$$

또는

$$\frac{Ak_2}{L_2}(t_2 - t_3) = Ah_R(t_3 - T_{\infty R}) \quad \text{절점 3에서} \tag{13.4.73}$$

위의 식들을 $[K]\{t\} = \{F\}$ 형태의 행렬식으로 재배열하면 다음과 같은 식을 최종적으로 유도할 수 있다.

$$\begin{bmatrix} \frac{Ak_1}{L_1} + Ah_L & \frac{-Ak_1}{L_1} & 0 \\ \frac{-Ak_1}{L_1} & \frac{Ak_1}{L_1} + \frac{Ak_2}{L_2} & \frac{-Ak_2}{L_2} \\ 0 & \frac{-Ak_2}{L_2} & \frac{Ak_2}{L_2} + Ah_R \end{bmatrix} \begin{Bmatrix} t_1 \\ t_2 \\ t_3 \end{Bmatrix} = \begin{Bmatrix} Ah_L T_{\infty L} \\ 0 \\ Ah_R T_{\infty R} \end{Bmatrix} \tag{13.4.74}$$

방법2: 직접강성법

요소의 강성행렬은 식 (13.4.20)과 같다.

$$[k] = \frac{Ak}{L}\begin{bmatrix} 1 & -1 \\ -1 & 1 \end{bmatrix} \tag{13.4.75}$$

요소의 오른쪽 끝단에서 일어나는 대류에 의해 식 (13.4.28)을 얻는다.

$$[k_h]_{\text{rt end}} = hA\begin{bmatrix} 0 & 0 \\ 0 & 1 \end{bmatrix} \tag{13.4.76}$$

마찬가지로 요소의 왼쪽 끝단에서 일어나는 대류에 의해 다음 식을 얻는다.

$$[k_h]_{\text{lt end}} = hA\begin{bmatrix} 1 & 0 \\ 0 & 0 \end{bmatrix} \tag{13.4.77}$$

요소의 오른쪽 끝단에서 일어나는 대류하중은 식 (13.4.29)와 같다.

$$\{f_h\}_{\text{rt end}} = h_R T_{\infty R} A\begin{Bmatrix} 0 \\ 1 \end{Bmatrix} \tag{13.4.78}$$

마찬가지로 요소의 왼쪽 끝단에서 일어나는 대류하중은 다음과 같다.

$$\{f_h\}_{\text{lt end}} = h_L T_{\infty L} A\begin{Bmatrix} 1 \\ 0 \end{Bmatrix} \tag{13.4.79}$$

각 절점의 열평형 방정식을 직접강성법에 의해 조합하면 식 (13.4.74)와 동일한 식을 얻을 수 있다.

식 (13.4.74)에 주어진 조건을 대입하면 다음 식을 얻는다.

$$\begin{bmatrix} 15 & -5 & 0 \\ -5 & 8 & -3 \\ 0 & -3 & 6 \end{bmatrix}\begin{Bmatrix} t_1 \\ t_2 \\ t_3 \end{Bmatrix} = \begin{Bmatrix} 1 \times 10^4 \\ 0 \\ 75 \end{Bmatrix} \tag{13.4.80}$$

식 (13.4.80)을 풀면 각 절점에서의 온도를 구할 수 있다.

$$t_1 = 899.14°\text{C}, \qquad t_2 = 697.41°\text{C}, \qquad t_3 = 361.21°\text{C} \tag{13.4.81}$$

노벽을 통과하는 열유동은 푸리에의 열전도 법칙으로부터 다음과 같이 구할 수 있다.

$$\overline{q} = \frac{-k_1 A}{L_1}(t_2 - t_1) = \frac{(-1\,\text{W/m-°C})(1\,\text{m}^2)\,(697.41 - 899.14)°\text{C}}{0.20\,\text{m}} = 1009\,\text{W} \tag{13.4.82}$$

노벽을 통과할 때 발생하는 열손실은 대류 경계조건으로부터 다음과 같이 구할 수 있다.

$$\overline{q}_4 = Ah_R(t_3 - T_{\infty R}) = (+1\,\text{m}^2)\,(3\,\text{W/m}^2\text{-°C})\,(361.21 - 25)°\text{C} = 1009\,\text{W} \tag{13.4.83}$$

이 문제에 대한 정확한 해는 기본적인 미분방정식인 식 (13.1.8)을 풀어서 구할 수 있다. 이때 내부 열원이 없기 때문에 $Q = 0$으로 한다. 해를 구하기 위해 미분방정식을 한 번 적분하여 얻어진 열유속식을 이용하고 두 번 적분하여 얻어진 온도에 대한 함수식 $T(x)$를 사용한다. 이때 $T(x)$는 $0 \le x \le L_1$인 위치에서 구한 $T_1(x)$와 $L_1 \le x \le L_2$인 위치에서 구한 $T_2(x)$로 나눠진다. 두 개의 온도 방정식에는 4개의 적분상수가 포함되어 있고, 미지의 적분상수를 결정하기 위해 경계조건을 사용한다. 절점 1과 3에서 대류열전달과 전도열전달에 대하여 $T_1(0) = t_1$과 $T_2(L) = t_3$과 같이 설정한다. 마지막으로, 두 벽체 사이의 접촉면에서 온도와 열유동에 관한 경계조건을 설정한다. 적용할 조건은 $T_1(x = L_1) = T_2(x = L_2)$와 $x = L_1$에서 $q_1 = k_1 dT_1/dx = k_2 dT_2/dx$와 같다. 풀어야 할 최종 연립방정식은 6개의 미지수(즉, 적분상수 $c_1 - c_4$와 절점온도 t_1, t_3)를 갖는 6개의 식이 된다. 절점온도 t_1, t_3의 값을 구한 후 얻어진 온도함수는 다음과 같다.

$$T_1(x) = -1008.62x + 899.138 \qquad 0 \le x \le L_1 = 0.20\,\text{m}$$

그리고

$$T_2(x) = -3362.07x + 1369.83 \qquad L_1 = 0.2\,\text{m} \le x \le L = 0.30\,\text{m}$$

각 절점에서 유한요소법으로 얻는 온도함수의 값[즉, $T_1(0)$, $T_1(0.2)$, $T_2(0.2)$, $T_2(0.3)$]은 해석해와 동일하다.

끝으로, 1차원 이상의 복잡한 문제들에 대해서 정확한 해를 구하는 것이 불가능하거나 어려운 경우에 유한요소법을 이용하면 높은 신뢰도를 갖는 근사해를 구할 수 있다는 장점이 있음을 기억해야 한다. 일반적인 컴퓨터 프로그램들을 통한 유한요소법의 자동화는 유한요소법을 매우 강력하게 만든다.

13.5 | 2차원 유한요소 정식화

많은 물체들은 2차원 열전달 문제로서 모델링할 수 있기 때문에 이제 2차원 문제에 적합한 요소 방정식들을 전개할 것이다. 다음에 나오는 예들은 2차원 요소를 사용한 경우이다.

제1단계 요소 형태의 선정

그림 13-20의 세 개의 절점을 가진 삼각형 요소는 2차원 열전달 문제의 해석에 쓰이는 기본 요소이다.

제2단계 온도함수의 선정

온도함수는 다음과 같이 주어진다.

$$\{T\} = [N_i \quad N_j \quad N_m]\begin{Bmatrix} t_i \\ t_j \\ t_m \end{Bmatrix} \tag{13.5.1}$$

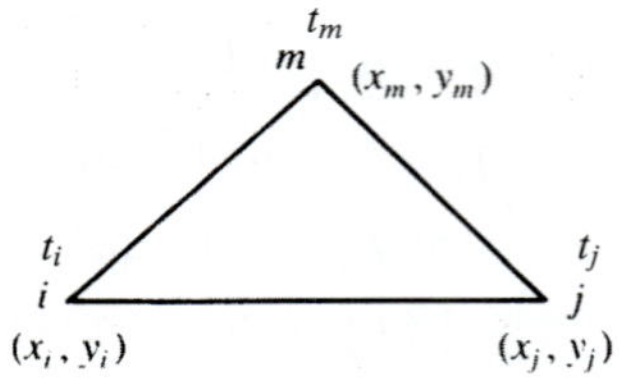

그림 13-20 • 절점온도를 가진 기본 삼각형 요소

여기서 t_i, t_j, t_m은 절점온도들이고, 형상함수들은 다시 식 (6.2.18)에 의해 주어진다.

$$N_i = \frac{1}{2A}(\alpha_i + \beta_i x + \gamma_i y) \tag{13.5.2}$$

N_j와 N_m도 유사한 형태의 식으로 표현된다. 여기서 α, β, γ는 식 (6.2.10)에 의해 정의된다.

6장에서 다룬 CST 요소에서는 각 절점당 두 개의 자유도를 갖고 있었지만(x, y방향의 변위), 열전달 문제에서는 3절점 삼각형 요소에 대해 식 (13.5.1)에서 보여주듯이 각 절점에서 하나의 스칼라(scalar) 값만을 미지수로 갖는다(절점온도). 이는 13.7절에서 소개될 3차원 요소에서도 유효하다. 이에 따라 열전달 문제는 스칼라 경계치 문제(scalar-valued boundary value problem)로 알려져 있다.

제3단계 온도구배–온도와 열유속–온도구배 관계의 정의

응력 해석 문제에서의 변형률 행렬과 유사하게 열유속 행렬을 다음과 같이 정의할 수 있다.

$$\{g\} = \begin{Bmatrix} \dfrac{\partial T}{\partial x} \\ \dfrac{\partial T}{\partial y} \end{Bmatrix} \tag{13.5.3}$$

식 (13.5.3)에 식 (15.5.1)을 대입하여 나타내면 다음과 같다.

$$\{g\} = \begin{bmatrix} \dfrac{\partial N_i}{\partial x} & \dfrac{\partial N_j}{\partial x} & \dfrac{\partial N_m}{\partial x} \\ \dfrac{\partial N_i}{\partial y} & \dfrac{\partial N_j}{\partial y} & \dfrac{\partial N_m}{\partial y} \end{bmatrix} \begin{Bmatrix} t_i \\ t_j \\ t_m \end{Bmatrix} \tag{13.5.4}$$

온도구배 행렬 $\{g\}$는 응력 해석 문제의 변형률 행렬 $\{\varepsilon\}$과 유사하게 주어진다.

$$\{g\} = [B]\{t\} \tag{13.5.5}$$

여기서 행렬 $[B]$는 식 (13.5.2)의 세 방정식을 식 (13.5.4) 우변의 직사각형 행렬에 대입해서 구한다.

$$[B] = \frac{1}{2A}\begin{bmatrix} \beta_i & \beta_j & \beta_m \\ \gamma_i & \gamma_j & \gamma_m \end{bmatrix} \tag{13.5.6}$$

열유속–온도구배 관계는 다음과 같다.

$$\begin{Bmatrix} q_x \\ q_y \end{Bmatrix} = -[D]\{g\} \tag{13.5.7}$$

여기서, 물성행렬은 다음과 같다.

$$[D] = \begin{bmatrix} K_{xx} & 0 \\ 0 & K_{yy} \end{bmatrix} \tag{13.5.8}$$

제4단계 요소 전도행렬과 방정식의 유도

식 (13.4.17)의 요소 강성행렬은 다음과 같다.

$$[k] = \iiint_V [B]^T[D][B]\,dV + \iint_{S_3} h[N]^T[N]\ dS \tag{13.5.9}$$

여기서

$$\begin{aligned}[k_c] &= \iiint_V [B]^T[D][B]\,dV \\ &= \iiint_V \frac{1}{4A^2}\begin{bmatrix} \beta_i & \gamma_i \\ \beta_j & \gamma_j \\ \beta_m & \gamma_m \end{bmatrix}\begin{bmatrix} K_{xx} & 0 \\ 0 & K_{yy} \end{bmatrix}\begin{bmatrix} \beta_i & \beta_j & \beta_m \\ \gamma_i & \gamma_j & \gamma_m \end{bmatrix} dV \end{aligned} \tag{13.5.10}$$

요소 내에서 두께가 일정하다면 식 (13.5.10)의 모든 적분항이 상수가 되어 다음을 얻을 수 있다.

$$[k_c] = \iiint_V [B]^T[D][B]\,dV = tA[B]^T[D][B] \tag{13.5.11}$$

식 (13.5.11)은 전체좌표계에 대한 강성행렬식 (13.5.9)에서 온전히 전도에 의한 부분이다. 식 (13.5.9)의 두 번째 적분(전체좌표계에 대한 강성행렬의 대류부분)은 다음과 같이 정의된다.

$$[k_h] = \iint_{S_3} h[N]^T[N]\,dS \tag{13.5.12}$$

식 (13.5.12) 안의 행렬을 곱하면 다음 식이 구해진다.

$$[k_h] = h\iint_{S_3}\begin{bmatrix} N_iN_i & N_iN_j & N_iN_m \\ N_jN_i & N_jN_j & N_jN_m \\ N_mN_i & N_mN_j & N_mN_m \end{bmatrix} dS \tag{13.5.13}$$

식 (13.5.13)의 활용을 설명하기 위해 대류가 있는 삼각형 요소의 절점 i와 j 사이의 면을 고려한다(그림 13-21 참조). 이때 면 i-j를 따라 $N_m = 0$이므로, 다음 식을 얻을 수 있다.

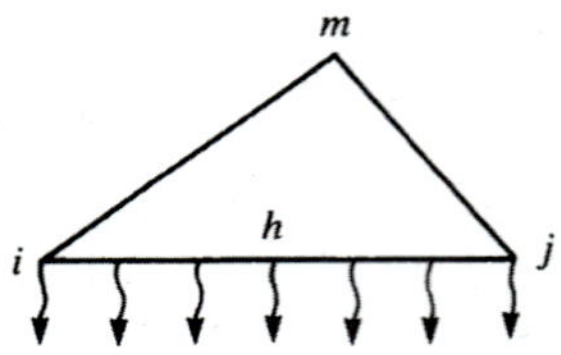

그림 13-21 • 면 *i-j*에서의 대류에 대한 열손실

$$[k_h] = \frac{hL_{i\text{-}j}t}{6}\begin{bmatrix} 2 & 1 & 0 \\ 1 & 2 & 0 \\ 0 & 0 & 0 \end{bmatrix} \tag{13.5.14}$$

여기서 $L_{i\text{-}j}$는 $i\text{-}j$ 사이의 길이이다.

식 (13.4.16)에서 하중행렬 적분은 일정 열원 Q에 대하여 다음과 같다.

$$\{f_Q\} = \iiint_V Q[N]^T\,dV = Q\iiint_V [N]^T\,dV \tag{13.5.15}$$

그러므로 이 적분은 다음과 같이 된다(계산은 독자에게 맡긴다).

$$\{f_Q\} = \frac{QV}{3}\begin{Bmatrix} 1 \\ 1 \\ 1 \end{Bmatrix} \tag{13.5.16}$$

여기서 $V = At$는 요소의 부피이다. 식 (13.5.16)은 같은 크기의 세 부분에서 물체에 의해 발생되는 열이 절점에서 생성된 것으로 표현된다(탄성 문제의 체적력과 같다). 식 (13.4.16)의 두 번째 하중행렬은 다음과 같다.

$$\{f_q\} = \iint_{S_2} q^*[N]^T dS = \iint_{S_2} q^*\begin{Bmatrix} N_i \\ N_j \\ N_m \end{Bmatrix} dS \tag{13.5.17}$$

위의 식은 다음과 같이 세분화된다.

$$\frac{q^*L_{i\text{-}j}t}{2}\begin{Bmatrix} 1 \\ 1 \\ 0 \end{Bmatrix} \qquad (\text{면 } i\text{-}j\text{상에서}) \tag{13.5.18}$$

$$\frac{q^*L_{j\text{-}m}t}{2}\begin{Bmatrix} 0 \\ 1 \\ 1 \end{Bmatrix} \qquad (\text{면 } j\text{-}m\text{상에서}) \tag{13.5.19}$$

$$\frac{q^*L_{m\text{-}i}t}{2}\begin{Bmatrix} 1 \\ 0 \\ 1 \end{Bmatrix} \qquad (\text{면 } m\text{-}i\text{상에서}) \tag{13.5.20}$$

여기서 $L_{i\text{-}j}$, $L_{j\text{-}m}$, $L_{m\text{-}i}$는 요소의 측면 길이이다. 그리고 q^*는 각각의 변에서 일정하다고 가정한다. 적분 $\iint_{S_3} hT_\infty[N]^T\, dS$는 식 (13.5.18)~(13.5.20) 안에서 간단하게 q^*를 hT_∞로 대치함으로써 식 (13.5.17)과 유사하게 계산될 수 있다.

제5~7단계

제5~7단계는 13.4절에서 기술한 것과 동일하다.

13.5절에서 유도된 식들을 설명하기 위해 몇 가지 2차원 열전달 문제를 푼다.

예제 13.6

그림 13-22에 나타낸 2차원 물체의 온도 분포를 결정하라. 물체 왼쪽에서의 온도는 100°F를 유지한다. 물체의 위쪽과 바닥 면은 절연되어 있다. 오른쪽 면에서 열전달계수 $h = 20$ Btu/(h-ft2 - °F)인 열대류가 일어나고 있다. 자유 유동 온도는 $T_\infty = 50$°F이며, 열전도율은 $K_{xx} = K_{yy} = 25$ Btu/(h - ft - °F)이다. 물체의 치수는 그림에 주어져 있다. 두께는 1 ft로가정한다.

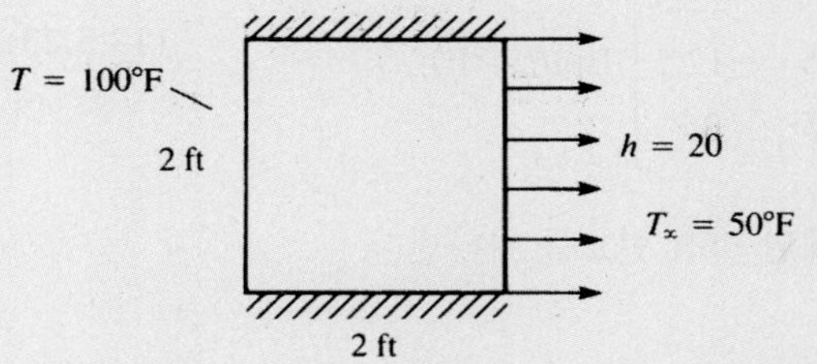

그림 13-22 • 온도 변화와 대류 손실이 주어진 2차원 물체

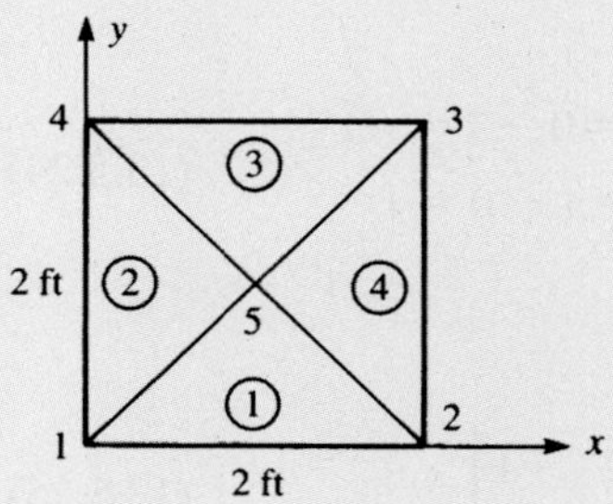

그림 13-23 • 그림 13-22의 요소로 분할된 2차원 물체

풀이

그림 13-23과 같이 요소를 분할한다. 간편하고 편리하게 풀기 위해 똑같은 크기의 삼각형 요소 네 개를 사용한다. 다른 면들은 절열되어 있으므로 물체의 오른쪽 면에서만 대류 열손실이 있을 것이다. 모든 요소들에 대해 적용된 식 (13.5.11)과 요소 4에만 적용된 식 (13.5.14)를 사용하여 요소 강성행렬들을 계산한다. 왜냐하면, 대류가 요소 4의 한 변을 통해서만 일어나기 때문이다.

요소 1

요소 1의 절점 좌푯값들은 $x_1 = 0,\ y_1 = 0,\ x_2 = 2,\ y_2 = 0,\ x_5 = 1,\ y_5 = 1$이다. 이 좌푯값들과 식 (6.2.10)을 사용하여 다음을 얻는다.

$$\begin{array}{lll} \beta_1 = 0 - 1 = -1 & \beta_2 = 1 - 0 = 1 & \beta_5 = 0 - 0 = 0 \\ \gamma_1 = 1 - 2 = -1 & \gamma_2 = 0 - 1 = -1 & \gamma_5 = 2 - 0 = 2 \end{array} \tag{13.5.21}$$

식 (13.5.11)에 식 (13.5.21)과 $t = 1$ ft, $A = \frac{1}{2}(2\text{ ft})(1\text{ ft}) = 1\text{ ft}^2$을 대입하여 다음을 얻는다.

$$[k_c^{(1)}] = tA[B]^T[D][B] = \frac{1(1)}{2(2)}\begin{bmatrix} -1 & -1 \\ 1 & -1 \\ 0 & 2 \end{bmatrix}\begin{bmatrix} 25 & 0 \\ 0 & 25 \end{bmatrix}\begin{bmatrix} -1 & 1 & 0 \\ -1 & -1 & 2 \end{bmatrix} \tag{13.5.22}$$

여기서, $[B]$와 $[D]$는 각각 식 (13.5.6)과 식 (13.5.8)과 같다.

식 (13.5.22)를 간단히 정리하면 다음과 같다.

$$[k_c^{(1)}] = \begin{array}{c} \begin{array}{ccc} 1 & 2 & 5 \end{array} \\ \begin{bmatrix} 12.5 & 0 & -12.5 \\ 0 & 12.5 & -12.5 \\ -12.5 & -12.5 & 25 \end{bmatrix} \end{array} \text{Btu/(h-°F)} \tag{13.5.23}$$

위의 식에서 열 위에 적힌 숫자들은 그 열과 관계된 절점 번호를 나타낸다.

요소 2

요소 2의 절점 좌푯값들은 $x_1 = 0,\ y_1 = 0,\ x_5 = 1,\ y_5 = 1,\ x_4 = 0,\ y_4 = 2$이다.

이 좌푯값들을 사용하여 다음을 얻는다.

$$\begin{array}{lll} \beta_1 = 1 - 2 = -1 & \beta_5 = 2 - 0 = 2 & \beta_4 = 0 - 1 = -1 \\ \gamma_1 = 0 - 1 = -1 & \gamma_5 = 0 - 0 = 0 & \gamma_4 = 1 - 0 = 1 \end{array} \tag{13.5.24}$$

식 (13.5.11)에 식 (13.5.24)를 대입하여 다음을 얻는다.

$$[k_c^{(2)}] = \frac{1}{4}\begin{bmatrix} -1 & -1 \\ 2 & 0 \\ -1 & 1 \end{bmatrix}\begin{bmatrix} 25 & 0 \\ 0 & 25 \end{bmatrix}\begin{bmatrix} -1 & 2 & -1 \\ -1 & 0 & 1 \end{bmatrix} \tag{13.5.25}$$

식 (13.5.25)를 간단히 정리하면 다음과 같다.

$$[k_c^{(2)}] = \begin{array}{c} \begin{array}{ccc} 1 & 5 & 4 \end{array} \\ \begin{bmatrix} 12.5 & -12.5 & 0 \\ -12.5 & 25 & -12.5 \\ 0 & -12.5 & 12.5 \end{bmatrix} \end{array} \text{Btu/(h-°F)} \tag{13.5.26}$$

요소 3

요소 3의 절점 좌푯값들은 $x_4 = 0$, $y_4 = 2$, $x_5 = 1$, $y_5 = 1$, $x_3 = 2$, $y_3 = 2$이다. 이 좌푯값들을 사용하여 다음을 얻는다.

$$\begin{aligned} \beta_4 &= 1 - 2 = -1 \qquad & \beta_5 &= 2 - 2 = 0 \qquad & \beta_3 &= 2 - 1 = 1 \\ \gamma_4 &= 2 - 1 = 1 & \gamma_5 &= 0 - 2 = -2 & \gamma_3 &= 1 - 0 = 1 \end{aligned} \tag{13.5.27}$$

식 (13.5.11)에 식 (13.5.27)을 대입하면 다음을 얻는다.

$$[k_c^{(3)}] = \begin{array}{c} \begin{array}{ccc} 4 & 5 & 3 \end{array} \\ \begin{bmatrix} 12.5 & -12.5 & 0 \\ -12.5 & 25 & -12.5 \\ 0 & -12.5 & 12.5 \end{bmatrix} \end{array} \text{Btu/(h-°F)} \tag{13.5.28}$$

요소 4

요소 4의 절점 좌푯값들은 $x_2 = 2$, $y_2 = 0$, $x_3 = 2$, $y_3 = 2$, $x_5 = 1$, $y_5 = 1$이다. 이 좌푯값들을 사용하여 다음을 얻는다.

$$\begin{aligned} \beta_2 &= 2 - 1 = 1 \qquad & \beta_3 &= 1 - 0 = 1 \qquad & \beta_5 &= 0 - 2 = -2 \\ \gamma_2 &= 1 - 2 = -1 & \gamma_3 &= 2 - 1 = 1 & \gamma_5 &= 2 - 2 = 0 \end{aligned} \tag{13.5.29}$$

식 (13.5.11)에 식 (13.5.29)를 대입하면 다음을 얻는다.

$$[k_c^{(4)}] = \begin{array}{c} \begin{array}{ccc} 2 & 3 & 5 \end{array} \\ \begin{bmatrix} 12.5 & 0 & -12.5 \\ 0 & 12.5 & -12.5 \\ -12.5 & -12.5 & 25 \end{bmatrix} \end{array} \text{Btu/(h-°F)} \tag{13.5.30}$$

요소 4에 대하여 대류 열손실에 의해 생기는 강성행렬을 구한다. 왜냐하면 면 2-3이 자유 유동 온도에 노출되어 있기 때문이다. $i = 2$와 $j = 3$에 대해 식 (13.5.14)를 사용하면 다음을 얻는다.

$$[k_h^{(4)}] = \frac{(20)(2)(1)}{6} \begin{bmatrix} 2 & 1 & 0 \\ 1 & 2 & 0 \\ 0 & 0 & 0 \end{bmatrix} \tag{13.5.31}$$

식 (13.5.31)을 간단히 정리하면 다음과 같다.

$$[k_h^{(4)}] = \begin{array}{c} \begin{array}{ccc} 2 & 3 & 5 \end{array} \\ \begin{bmatrix} 13.3 & 6.67 & 0 \\ 6.67 & 13.3 & 0 \\ 0 & 0 & 0 \end{bmatrix} \end{array} \text{Btu/(h-°F)} \tag{13.5.32}$$

식 (13.5.30)과 (13.5.32)를 더하면, 전체좌표계에 대한 요소 4의 강성행렬을 얻는다.

$$[k^{(4)}] = \begin{bmatrix} 25.83 & 6.67 & -12.5 \\ 6.67 & 25.83 & -12.5 \\ -12.5 & -12.5 & 25 \end{bmatrix} \text{Btu/(h-°F)} \quad \begin{matrix} 2 & 3 & 5 \end{matrix} \tag{13.5.33}$$

식 (13.5.23), (13.5.26), (13.5.28), (13.5.33)에 의해 얻어지는 강성행렬들을 더하면, 다음과 같이 전체좌표계에 대한 강성행렬을 얻는다.

$$[K] = \begin{bmatrix} 25 & 0 & 0 & 0 & -25 \\ 0 & 38.33 & 6.67 & 0 & -25 \\ 0 & 6.67 & 38.33 & 0 & -25 \\ 0 & 0 & 0 & 25 & -25 \\ -25 & -25 & -25 & -25 & 100 \end{bmatrix} \text{Btu/(h-°F)} \tag{13.5.34}$$

다음으로, q^*를 hT_∞로 대치하고 식 (13.5.18)~(13.5.20)을 사용하여 요소 하중행렬들을 얻는다. $Q = 0$, $q^* = 0$이고 면 2-3에서만 대류 열전달이 있기 때문에, 요소 4만이 절점력을 받는 요소이다. 따라서

$$\{f^{(4)}\} = \begin{Bmatrix} f_2 \\ f_3 \\ f_5 \end{Bmatrix} = \frac{hT_\infty L_{2-3}t}{2} \begin{Bmatrix} 1 \\ 1 \\ 0 \end{Bmatrix} \tag{13.5.35}$$

이며, 식 (13.5.35)에 수치를 대입하여 계산하면 다음과 같다.

$$\{f^{(4)}\} = \frac{(20)(50)(2)(1)}{2} \begin{Bmatrix} 1 \\ 1 \\ 0 \end{Bmatrix} = \begin{Bmatrix} 1000 \\ 1000 \\ 0 \end{Bmatrix} \frac{\text{Btu}}{\text{h}} \tag{13.5.36}$$

식 (13.5.34)와 (13.5.36)을 사용하면, 전체좌표계에서 조합된 방정식을 다음과 같이 구할 수 있다.

$$\begin{bmatrix} 25 & 0 & 0 & 0 & -25 \\ 0 & 38.33 & 6.67 & 0 & -25 \\ 0 & 6.67 & 38.33 & 0 & -25 \\ 0 & 0 & 0 & 25 & -25 \\ -25 & -25 & -25 & -25 & 100 \end{bmatrix} \begin{Bmatrix} t_1 \\ t_2 \\ t_3 \\ t_4 \\ t_5 \end{Bmatrix} = \begin{Bmatrix} F_1 \\ 1000 \\ 1000 \\ F_4 \\ 0 \end{Bmatrix} \tag{13.5.37}$$

절점온도 경계조건은 $t_1 = 100$°F, $t_4 = 100$°F이다. 강성행렬과 하중행렬들을 다음과 같이 수정한다.

$$\begin{bmatrix} 1 & 0 & 0 & 0 & 0 \\ 0 & 38.33 & 6.67 & 0 & -25 \\ 0 & 6.67 & 38.33 & 0 & -25 \\ 0 & 0 & 0 & 1 & 0 \\ 0 & -25 & -25 & 0 & 100 \end{bmatrix} \begin{Bmatrix} t_1 \\ t_2 \\ t_3 \\ t_4 \\ t_5 \end{Bmatrix} = \begin{Bmatrix} 100 \\ 1000 \\ 1000 \\ 100 \\ 5000 \end{Bmatrix} \tag{13.5.38}$$

주어진 온도조건 $t_1 = 100°\text{F}$와 $t_4 = 100°\text{F}$에 대응되는 첫 번째와 네 번째 행과 열의 항들은 주대각선을 제외하고는 0이 되고, 주 대칭축은 1이 된다. 그리고 하중행렬의 첫 번째와 네 번째 행은 주어진 절점온도와 같아진다. 또한 식 (13.5.37)의 다섯 번째 방정식의 좌측 항에서 $(-25)(100°\text{F}) + (-25) \times (100°\text{F}) = -5000$인 항은 식 (13.5.38)의 다섯 번째 행에서 우측 항으로 이항되었다(+5000으로). 식 (13.5.38)의 두 번째, 세 번째, 그리고 다섯 번째 방정식은 구하고자 하는 절점온도에 관한 식이며, 이제 통상적인 방법으로 풀 수 있다. 해는 다음과 같다.

$$t_2 = 69.33°\text{F} \quad t_3 = 69.33°\text{F} \quad t_5 = 84.62°\text{F} \tag{13.5.39}$$

예제 13.7

그림 13-24에서 나타낸 2차원 물체에 대해 온도 분포를 결정하라. 물체의 윗부분은 100°C로 유지되고 다른 변들은 절연되어 있다. 그리고 그림에서 보는 바와 같이 $Q = 1000\ \text{W/m}^3$인 열원이 전체 평판에 걸쳐 균일하게 작용하고 있다. 두께는 1 m로 일정하고 $K_{xx} = K_{yy} = 25$ W/(m · °C)로 가정한다.

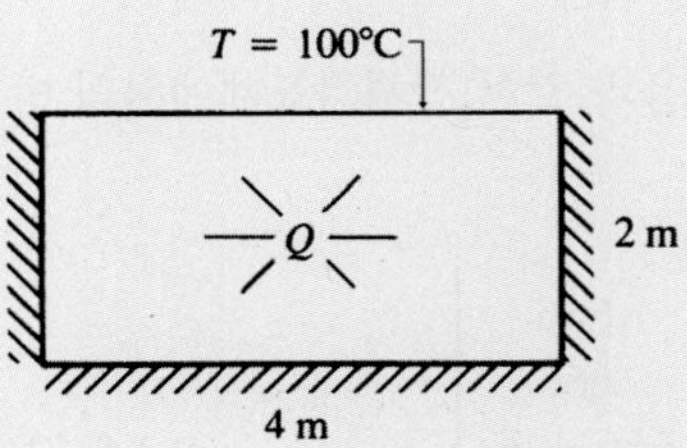

그림 13-24 • 열원을 가지는 2차원 물체

풀이

물체의 왼쪽과 오른쪽의 양 변으로부터 2 m 위치에 수직 대칭평면을 갖기 때문에 왼쪽의 절반만을 고려한다. 이 수직 평면은 절연된 경계로 가정할 수 있다. 그림 13-25에 분할된 유한요소 모델을 보여주고 있다.

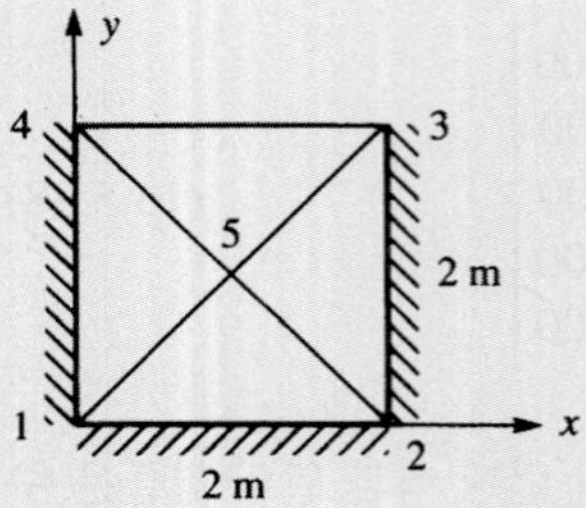

그림 13-25 • 그림 13-24의 분할된 물체

이제 요소 강성행렬들을 계산할 것이다. 좌표계의 크기가 예제 13.6과 같기 때문에 요소 강성행렬이 식 (13.5.23), (13.5.26), (13.5.28), (13.5.30)과 같게 된다. 요소의 어느 면에서도 대류가 없음을 기억하라. 따라서 강성행렬에서 대류 항 $[k_h]$는 0이 된다. 요소 강성행렬들을 더하면 다음과 같은 전체좌표계에 대한 강성행렬을 얻는다.

$$[K] = \begin{bmatrix} 25 & 0 & 0 & 0 & -25 \\ 0 & 25 & 0 & 0 & -25 \\ 0 & 0 & 25 & 0 & -25 \\ 0 & 0 & 0 & 25 & -25 \\ -25 & -25 & -25 & -25 & 100 \end{bmatrix} \text{W/°C} \tag{13.5.40}$$

열원 Q가 각각의 요소에 대해 균일하게 작용하기 때문에, 식 (13.5.16)을 사용하여 각 요소에 대한 절점력들을 계산하면 다음과 같이 된다.

$$\{f^{(e)}\} = \frac{QV}{3}\begin{Bmatrix} 1 \\ 1 \\ 1 \end{Bmatrix} = \frac{1000(1\,\text{m}^3)}{3}\begin{Bmatrix} 1 \\ 1 \\ 1 \end{Bmatrix} = \begin{Bmatrix} 333 \\ 333 \\ 333 \end{Bmatrix} \text{W} \tag{13.5.41}$$

식 (13.5.40)을 사용하고 식 (13.5.41)을 각 요소에 적용하면 다음과 같이 전체좌표계에서의 방정식으로 조합할 수 있다.

$$\begin{bmatrix} 25 & 0 & 0 & 0 & -25 \\ 0 & 25 & 0 & 0 & -25 \\ 0 & 0 & 25 & 0 & -25 \\ 0 & 0 & 0 & 25 & -25 \\ -25 & -25 & -25 & -25 & 100 \end{bmatrix}\begin{Bmatrix} t_1 \\ t_2 \\ t_3 \\ t_4 \\ t_5 \end{Bmatrix} = \begin{Bmatrix} 666 \\ 666 \\ 666 + F_3 \\ 666 + F_4 \\ 1333 \end{Bmatrix} \tag{13.5.42}$$

절점온도 경계조건은 $t_3 = 100$°C와 $t_4 = 100$°C과 같다. 예제 13.4에서 보인 방법으로, 식 (13.5.42)의 강성행렬과 하중행렬들을 다음과 같이 수정할 수 있다.

$$\begin{bmatrix} 25 & 0 & 0 & 0 & -25 \\ 0 & 25 & 0 & 0 & -25 \\ 0 & 0 & 1 & 0 & 0 \\ 0 & 0 & 0 & 1 & 0 \\ -25 & -25 & 0 & 0 & 100 \end{bmatrix}\begin{Bmatrix} t_1 \\ t_2 \\ t_3 \\ t_4 \\ t_5 \end{Bmatrix} = \begin{Bmatrix} 666 \\ 666 \\ 100 \\ 100 \\ 6333 \end{Bmatrix} \tag{13.5.43}$$

식 (13.5.43)은 경계 온도조건들을 만족하고 식 (13.5.42)와 동일하다. 즉, 첫 번째와 두 번째, 다섯 번째 방정식은 각가 식 (13.5.42)의 첫 번째와 두 번째, 다섯 번째 방정식과 같다. 그리고 식 (13.5.43)의 세 번째와 네 번째 방정식은 절점 3과 4에서 경계 온도조건들을 똑같이 만족한다. 식 (13.5.43)에서 구하려는 절점온도에 상응하는 행인 첫 번째와 두 번째, 다섯 번째 방정식을 동시에 풀면 그 결과는 다음과 같다.

$$t_1 = 180°\text{C} \quad t_2 = 180°\text{C} \quad t_5 = 153°\text{C} \tag{13.5.44}$$

식 (13.5.42)에 식 (13.5.44)의 결괏값을 대입하여 절점 3, 4에서의 열전달의 비율을 알아낼 수 있다(F_3, F_4로 나타낸다).
식 (13.5.42)의 세 번째 식을 사용하면,

$$25t_3 - 25t_5 = 666 + F_3$$

t_3와 t_5에 수치를 대입하면 다음을 얻을 수 있다.

$$25(100) - 25(153) = 666 + F_3$$

또는

$$F_3 = -1991\text{ W}$$

유사하게,

$$F_4 = -1991\text{ W}$$

F_3와 F_4의 음(−)의 부호는 절점 3과 4에서 열유동이 물체의 바깥쪽으로 일어난다는 것을 의미한다.

13.6 | 선 또는 점 열원

실제 열전달 문제에 있어서 공통의 문제점들은 어떤 큰 매체의 매우 작은 체적이나 면적에 존재하는 열 생성원의 문제이다. 이러한 열원이 작은 체적이나 면적에 있을 때는 **선**이나 **점 열원**으로 이상화시킬 수 있다. 콘크리트나 흙 같은 매체 안에 있는 뜨거운 수관과 어떤 물질 안에 있는 전기선 등은 선 열원으로 이상화시킬 수 있는 실제적인 예가 될 수 있다.

선이나 점 열원은 분할된 유한요소모델이 생성될 때 열원이 있는 곳에 단순하게 절점을 포함시켜 고려할 수 있다. 그러면 그 절점에 부여된 자유도에 해당하는 전체 하중행렬에 선 열원의 값을 더하면 된다. 그러나 요소 내에 열원을 두는 것이 편리하면 선 열원으로 처리하는 다른 과정이 사용될 수 있다.

이제 그림 13-26에 나타낸 2차원 요소의 점 (x_o, y_o)에 위치한 크기가 Q^*인 선 열원을 Btu/(h-ft)의 단위로 생각해 보자. 열원 Q는 그 요소 체적에서 더 이상 상수가 아니다.

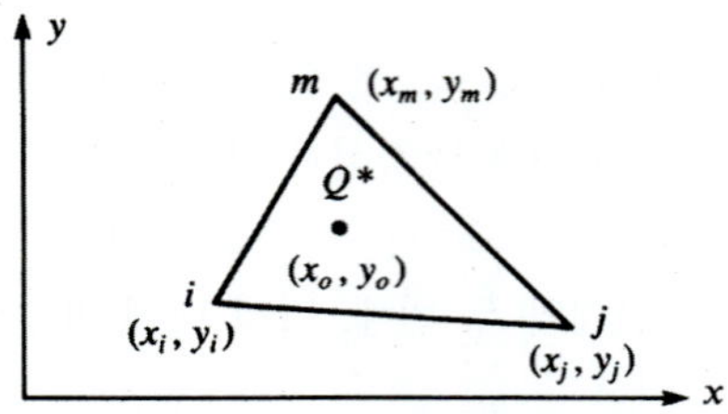

그림 13-26 • 전형적인 삼각형 요소 내에 위치한 선 열원

식 (13.4.16)을 써서 열원행렬을 다음과 같이 표현할 수 있다.

$$\{f_Q\} = \iiint_V \begin{Bmatrix} N_i \\ N_j \\ N_m \end{Bmatrix} \Bigg|_{x=x_0, y=y_0} \frac{Q^*}{A^*} dV \tag{13.6.1}$$

여기서 A^*는 Q^*가 작용하는 단면적이다. 그리고 형상함수들은 $x = x_o$와 $y = y_o$에서 계산된다. 식 (13.6.1)은 다음과 같이 다시 쓸 수 있다.

$$\{f_Q\} = \iint_{A^*} \int_0^t \begin{Bmatrix} N_i \\ N_j \\ N_m \end{Bmatrix} \Bigg|_{x=x_o, y=y_o} \frac{Q^*}{A^*} dA\, dz \tag{13.6.2}$$

형상함수가 $x = x_o$와 $y = y_o$에서 계산되어 더 이상 x, y의 함수가 아니므로 식 (13.6.2)를 다음과 같이 간단히 할 수 있다.

$$\{f_Q\} = \begin{Bmatrix} N_i \\ N_j \\ N_m \end{Bmatrix} \Bigg|_{x=x_o, y=y_o} Q^* t \text{ Btu/h} \tag{13.6.3}$$

식 (13.6.3)으로부터, 각 절점에 할당되어 있는 선 열원 Q^*의 일부분은 선 열원에 대한 (x_o, y_o)의 좌표를 써서 계산된 N_i, N_j, N_m의 값으로 구성됨을 알 수 있다. 한 요소 내에 있는 임의의 점에서 형상함수들이 합이 1[즉, $N_i(x_o, y_o) + N_j(x_o, y_o) + N_m(x_o, y_o) = 1$]이 된다는 것을 상기하면, Q^*의 총량이 단지 나뉘어져 분포되어 있음을 알 수 있다. 따라서

$$Q_i^* + Q_j^* + Q_m^* = Q^* \tag{13.6.4}$$

이다.

예제 13.8

그림 13-27과 같이 요소 내의 점 (5, 2)에 $Q^* = 65$ Btu/(h-in.)인 선 열원이 위치해 있다. 각 절점에 할당된 Q^*의 양을 결정하라. 모든 절점의 좌표는 inch 단위이고 요소의 두께는 $t = 1$ in.로 가정한다.

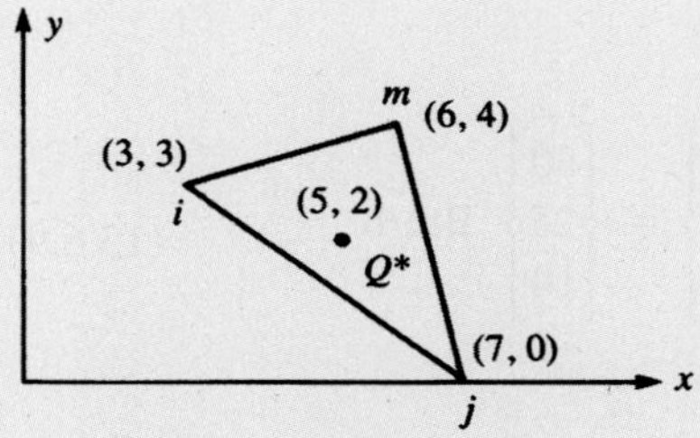

그림 13-27 • 삼각형 요소 내에 위치한 선 열원

풀이

먼저 형상함수 계산과 관련되며, 식 (6.2.10)에 정의되어 있는 α, β, 그리고 γ의 값을 계산하여야 한다.

$$\begin{aligned} \alpha_i &= x_j y_m - x_m y_j = 7(4) - 6(0) = 28 \\ \alpha_j &= x_m y_i - x_i y_m = 6(3) - 3(4) = 6 \\ \alpha_m &= x_i y_j - x_j y_i = 3(0) - 7(3) = -21 \\ \beta_i &= y_j - y_m = 0 - 4 = -4 \\ \beta_j &= y_m - y_i = 4 - 3 = 1 \\ \beta_m &= y_i - y_j = 3 - 0 = 3 \\ \gamma_i &= x_m - x_j = 6 - 7 = -1 \\ \gamma_j &= x_i - x_m = 3 - 6 = -3 \\ \gamma_m &= x_j - x_i = 7 - 3 = 4 \end{aligned} \tag{13.6.5}$$

또한
$$2A = \begin{vmatrix} 1 & x_i & y_i \\ 1 & x_j & y_j \\ 1 & x_m & y_m \end{vmatrix} = \begin{vmatrix} 1 & 3 & 3 \\ 1 & 7 & 0 \\ 1 & 6 & 4 \end{vmatrix} = 13 \tag{13.6.6}$$

식 (13.6.5)와 (13.6.6)을 식 (13.5.2)에 대입하면 다음과 같다.

$$\begin{aligned} N_i &= \frac{1}{13}[28 - 4x - 1y] \\ N_j &= \frac{1}{13}[6 + x - 3y] \\ N_m &= \frac{1}{13}[-21 + 3x + 4y] \end{aligned} \tag{13.6.7}$$

식 (13.6.7)에 $x = 5$, $y = 2$를 대입하면, N_i, N_j, N_m의 값은 다음과 같이 계산된다.

$$\begin{aligned} N_i &= \frac{1}{13}[28 - 4(5) - 1(2)] = \frac{6}{13} \\ N_j &= \frac{1}{13}[6 + 5 - 3(2)] = \frac{5}{13} \\ N_m &= \frac{1}{13}[-21 + 3(5) + 4(2)] = \frac{2}{13} \end{aligned} \tag{13.6.8}$$

그러므로 식 (13.6.3)을 사용하여 다음을 얻을 수 있다.

$$\begin{Bmatrix} f_{Qi} \\ f_{Qj} \\ f_{Qm} \end{Bmatrix} = Q^*t \begin{Bmatrix} N_i \\ N_j \\ N_m \end{Bmatrix}_{\substack{x=x_o=5 \\ y=y_o=2}} = \frac{65(1)}{13} \begin{Bmatrix} 6 \\ 5 \\ 2 \end{Bmatrix} = \begin{Bmatrix} 30 \\ 25 \\ 10 \end{Bmatrix} \text{ Btu/h} \tag{13.6.9}$$

13.7 | 3차원 유한요소 정식화

세 방향에서 열전달이 이루어질 경우(그림 13-28의 q_x, q_y, q_z) 열전달 과정을 설명하기 위해서는 3차원 요소를 사용하여 시스템을 구성해야 할 것이다. 3차원 전도열전달에 관한 기본 편미분 방정식은 체적 열원 Q를 포함하여 식 (13.7.1)과 같이 나타낼 수 있다. 식 (13.7.1)은 1차원 열유동에 관한 식 (13.1.7)을 3차원으로 연장한 식이다. 식 (13.7.1)은 물체 내의 어느 점에서든지 전도에 의해 단위 부피로 유입되는 순수 열(net heat)과 생성된 체적 열원의 합은 해당 부피에 저장된 열에너지의 변화와 같다는 것을 의미한다.

$$\frac{\partial}{\partial x}\left(K_{xx}\frac{\partial T}{\partial x}\right) + \frac{\partial}{\partial y}\left(K_{yy}\frac{\partial T}{\partial y}\right) + \frac{\partial}{\partial z}\left(K_{zz}\frac{\partial T}{\partial z}\right) + Q = \rho c\frac{\partial T}{\partial t} \tag{13.7.1}$$

3차원 열전달에 관해서는 그림 13-29를 예로 들 수 있다. 그림 13-29(a)와 (b)는 기판에 접합된 전자장치를 나타낸다[11]. 이 모델은 실리콘 칩, 은-공정물 판, 산화 알루미늄 전달물, 접합부, 구리 기판, 인쇄 회로기판으로 구성되어 있다. 이 모델은 컴퓨터 프로그램 Autodesk [10]를 이용하여, 총 1395개의 절점을 갖는 8절점 고체 요소 965개와 216개의 열해석 요소로 모델링하였다. 대칭성 때문에 실제의 1/4만을 모델링하였다. 그림 13-29(c)는 개인용 컴퓨터의 중앙처리장치 냉각을 위한 열흡수(heat sink) 모델을 보여 주고 있다(2차원 모델을 사용해도 좋

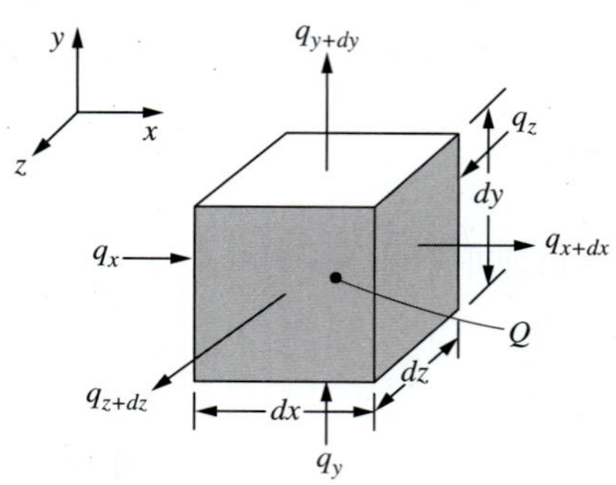

그림 13-28 • 3차원 열전달

은 결과를 얻어낼 수 있다). 마지막으로, 그림 13-29(d)는 엔진 블록에 대한 것으로, 불규칙한 형상의 3차원 물체에 대한 3차원 열전달 해석 예를 보여 주고 있다.

상용 컴퓨터 프로그램에서 3차원 열전달 해석을 위해 사용하는 요소는 11장에서 3차원 응력 해석을 위해 사용한 요소와 동일한 것이다. 이 요소들은 3절점 사면체요소(그림 11-2)와 8절점 육면체요소(그림 11-5)와 20절점 육면체요소(그림 11-6)로 이루어져 있고, 열전달과 응력 해석 사이의 차이점은 각 절점에서 온도를 표현하기 위한 하나의 자유도만을 갖는다는 점이다. x, y, z방향으로의 온도함수는 식 (13.5.2)를 3차원으로 확장시켜 구하거나, 4절점 사면체 요소에 대한 식 (11.2.10)의 형상함수를 이용하거나, 8절점 육면체 요소에 대한 식 (11.3.3)을 이용하거나, 20절점 육면체 요소에 대한 식 (11.3.11~11.3.14)를 이용하여 구할 수 있다. 그림 13-30에 절점온도가 포함된 일반적인 8절점 육면체 요소를 나타냈다.

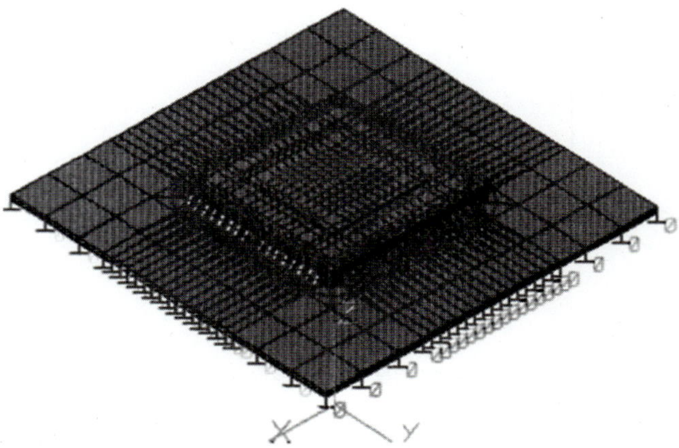

FEA model of 68-pin SMT component

(a) 전자회로 기판에 접합된 전자부품

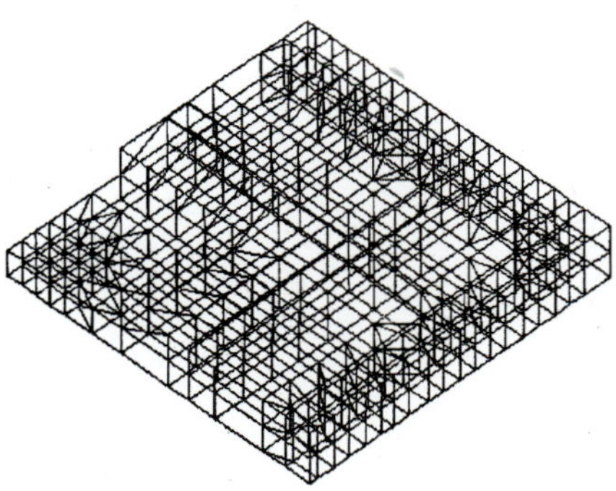

(b1) 전달체의 유한요소모델

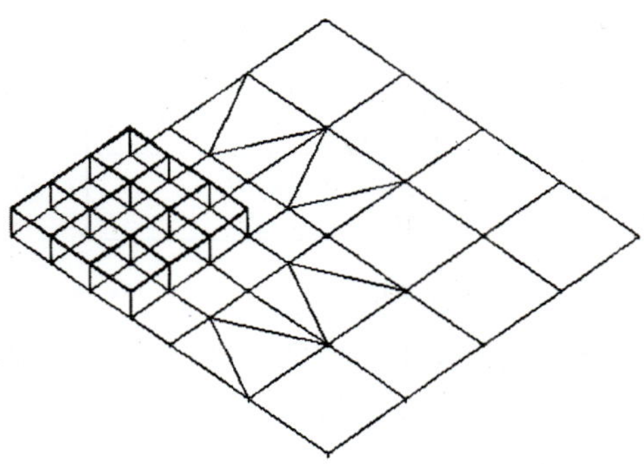

(b2) 실리콘 칩(왼쪽 부분)과 은 혼합물의 유한요소모델

그림 13-29 • 3차원 열전달의 예

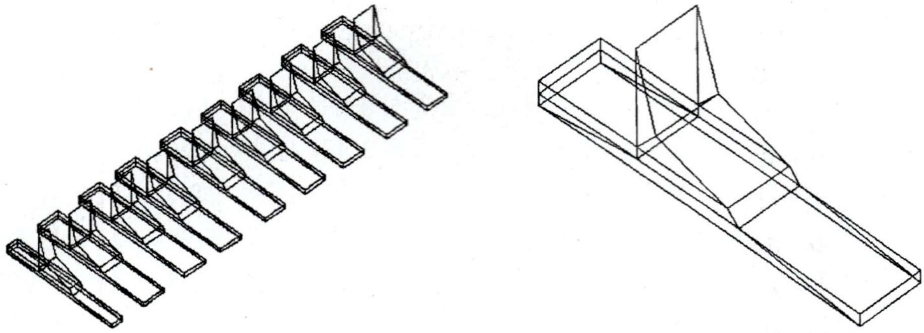

(b3) 접합부와 구리 기판의 유한요소모델 (b4) 접합부와 구리 기판의 확대된 모델

(b) 각각의 부품을 보여주는 유한요소모델(전체의 1/4의 열해석 모델)

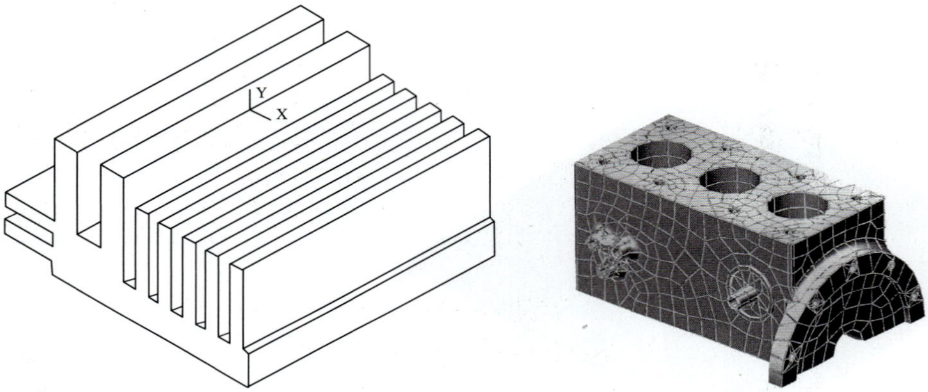

(c) 컴퓨터 마이크로칩의 냉각에 사용되는 냉각판 (d) 엔진블록

그림 13-29 • 3차원 열전달의 예(*계속*)

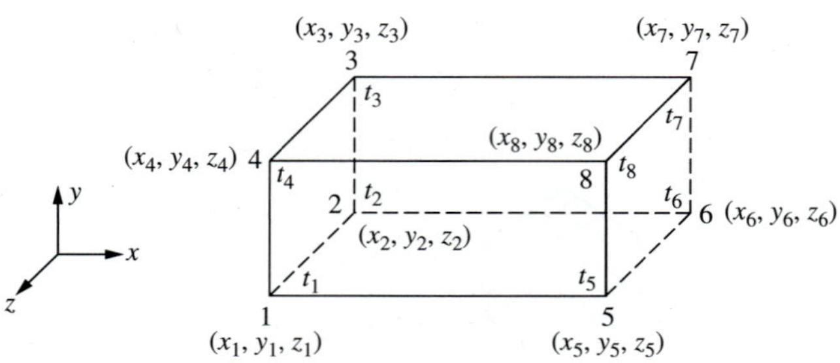

그림 13-30 • 열전달에 대한 절점온도를 보여주는 8절점 육면체 요소

13.8 | 물질이동을 갖는 1차원 열전달

이제 전도, 대류, 그리고 유체의 **물질이동**(또는 **전달**)에 기인한 1차원 열유동에 대한 기본 미분방정식을 유도하자. 물질이동을 포함하는 미분방정식의 유도 목적은 변분법을 적용하기 어려운 문제에 어떻게 갤러킨법을 직접 적용하는 것이 가능한지를 보여주기 위함이다. 이는 미분

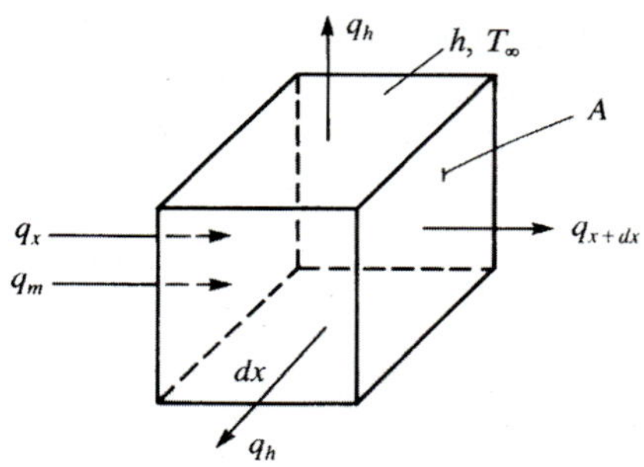

그림 13-31 • 대류와 물질이동을 가진 1차원 열전도에 대한 검사체적

방정식이 홀수번 미분되어 식 (1.4.3)의 형태로 표현되지 않기 때문이다.

미분방정식에서 사용된 검사체적은 그림 13-31과 같다. 다시, 식 (13.1.1)의 에너지 보존 법칙을 적용하면 다음을 얻을 수 있다.

$$q_x A\,dt + QA\,dx\,dt = c\rho A\,dx\,dT + q_{x+dx}A\,dt + q_h P\,dx\,dt + q_m\,dt \tag{13.8.1}$$

식 (13.8.1)의 모든 항들은 아래와 같이 주어지는 추가적인 물질이동 항을 제외하고는 13.1절과 13.2절에서와 같은 의미를 갖는다[1].

$$q_m = \dot{m}cT \tag{13.8.2}$$

여기서 추가의 변수 $\dot{m}$은 **질량 유속률**로 전형적인 kg/h나 slug/h의 단위를 갖는다.

다시, 식 (13.1.3)~(13.1.6), (13.2.2), (13.8.2)를 식 (13.8.1)에 대입하고 x, t에 관해 미분하면 다음 식이 얻어진다.

$$\frac{\partial}{\partial x}\left(K_{xx}\frac{\partial T}{\partial x}\right) + Q = \frac{\dot{m}c}{A}\frac{\partial T}{\partial x} + \frac{hP}{A}(T - T_\infty) + \rho c\frac{\partial T}{\partial t} \tag{13.8.3}$$

식 (13.8.3)은 물질이동이 있는 곳에서의 열전달에 대해 사용되는 식으로 홀수 미분항($\partial T/\partial x$)이 있는 기본적인 1차원 열전달 미분방정식이다.

13.9 | 물질이동이 있는 열전달의 갤러킨법을 이용한 유한요소 정식화

물질이동이 있는 곳에서의 열전달 미분방정식을 식 (13.8.3)과 같이 얻었으므로 3.12절에서 기술한 바와 같이 갤러킨 잔여법을 미분방정식에 직접 적용하여 유한요소 방정식을 유도한다. $Q = 0$이고 시간에 대한 미분이 0이 되는 정상상태를 가정한다.

잔여(residual) R은 다음과 같이 주어진다.

$$R(T) = -\frac{d}{dx}\left(K_{xx}\frac{dT}{dx}\right) + \frac{\dot{m}c}{A}\frac{dT}{dx} + \frac{hP}{A}(T - T_\infty) \tag{13.9.1}$$

식 (3.12.3)에 의한 갤러킨법을 식 (13.9.1)에 적용하면 다음 식을 얻는다.

$$\int_0^L\left[-\frac{d}{dx}\left(K_{xx}\frac{dT}{dx}\right) + \frac{\dot{m}c}{A}\frac{dT}{dx} + \frac{hP}{A}(T - T_\infty)\right]N_i\,dx = 0 \qquad (i = 1,\ 2) \tag{13.9.2}$$

여기서 형상함수는 식 (13.4.2)에서 주어진다. 식 (13.9.2)의 첫 번째 항을 부분적분하면 다음과 같다.

$$u = N_i \qquad du = \frac{dN_i}{dx}dx$$
$$dv = -\frac{d}{dx}\left(K_{xx}\frac{dT}{dx}\right)dx \qquad v = -K_{xx}\frac{dT}{dx} \tag{13.9.3}$$

일반적 부분적분식 (13.9.3)을 이용하여[식 (3.12.6) 참조] 다음을 얻는다.

$$\int_0^L \left[-\frac{d}{dx}\left(K_{xx}\frac{dT}{dx}\right)\right]N_i\,dx = -K_{xx}\frac{dT}{dx}N_i\Big|_0^L + \int_0^L K_{xx}\frac{dT}{dx}\frac{dN_i}{dx}dx \tag{13.9.4}$$

식 (13.9.4)를 식 (13.9.2)에 대입하면,

$$\int_0^L\left(K_{xx}\frac{dT}{dx}\frac{dN_i}{dx}\right)dx + \int_0^L\left[\frac{\dot{m}c}{A}\frac{dT}{dx} + \frac{hP}{A}(T - T_\infty)\right]N_i\,dx = K_{xx}\frac{dT}{dx}N_i\Big|_0^L \tag{13.9.5}$$

식 (13.4.1)에 식 (13.4.2)를 대입하면,

$$\frac{dT}{dx} = -\frac{t_1}{L} + \frac{t_2}{L} \tag{13.9.6}$$

식 (13.4.2)로부터 다음 식을 얻는다.

$$\frac{dN_1}{dx} = -\frac{1}{L} \qquad \frac{dN_2}{dx} = \frac{1}{L} \tag{13.9.7}$$

$N_i = N_1 = 1 - (x/L)$로 두고, 식 (13.9.6), (13.9.7)을 식 (13.9.5)에 대입하고, T에 관한 식 (13.4.1)을 사용하면 첫 번째의 유한요소 방정식을 얻을 수 있다.

$$\int_0^L K_{xx}\left(-\frac{t_1}{L} + \frac{t_2}{L}\right)\left(-\frac{1}{L}\right)dx + \int_0^L \frac{\dot{m}c}{A}\left(-\frac{t_1}{L} + \frac{t_2}{L}\right)\left(1 - \frac{x}{L}\right)dx$$
$$+ \int_0^L \frac{hP}{A}\left[\left(1 - \frac{x}{L}\right)t_1 + \left(\frac{x}{L}\right)t_2 - T_\infty\right]\left(\frac{1-x}{L}\right)dx = q_{x1}^* \tag{13.9.8}$$

여기서 식 (13.1.3)에서 주어진 q_x에 관한 정의가 식 (13.9.8)에 사용되었다. 식 (13.9.8)은 $x = 0$일 때 $N_1 = 1$, $x = L$일 때 $N_1 = 0$이기 때문에 $x = 0$에서 하나의 경계조건 q_{x1}^*만 갖는다. 식 (13.9.8)을 적분하면 다음과 같다.

$$\left(\frac{K_{xx}A}{L} - \frac{\dot{m}c}{2} + \frac{hPL}{3}\right)t_1 + \left(-\frac{K_{xx}A}{L} + \frac{\dot{m}c}{2} + \frac{hPL}{6}\right)t_2 = q_{x1}^* + \frac{hPL}{2}T_\infty \tag{13.9.9}$$

여기서 q_{x1}^*는 절점 1에서 계산된 q_x의 값으로 정의된다.

두 번째 유한요소 방정식을 얻기 위해 식 (13.9.5)에서 $N_i = N_2 = x/L$라 하고, 다시 식 (13.9.6), (13.9.7), (13.4.1)을 식 (13.9.5)에 대입하면 다음 식이 얻어진다.

$$\left(-\frac{K_{xx}A}{L} - \frac{\dot{m}c}{2} + \frac{hPL}{6}\right)t_1 + \left(\frac{K_{xx}A}{L} + \frac{\dot{m}c}{2} + \frac{hPL}{3}\right)t_2 = q_{x2}^* + \frac{hPL}{2}T_\infty \tag{13.9.10}$$

여기서 q^*_{x2}는 절점 2에서 계산된 q_x의 값으로 정의된다. 식 (13.9.9), (13.9.10)을 행렬 형태로 다시 쓰면 다음과 같다.

$$\left[\frac{K_{xx}A}{L}\begin{bmatrix} 1 & -1 \\ -1 & 1 \end{bmatrix} + \frac{\dot{m}c}{2}\begin{bmatrix} -1 & 1 \\ -1 & 1 \end{bmatrix} + \frac{hPL}{6}\begin{bmatrix} 2 & 1 \\ 1 & 2 \end{bmatrix}\right]\begin{Bmatrix} t_1 \\ t_2 \end{Bmatrix} = \frac{hPLT_\infty}{2}\begin{Bmatrix} 1 \\ 1 \end{Bmatrix} + \begin{Bmatrix} q^*_{x1} \\ q^*_{x2} \end{Bmatrix} \tag{13.9.11}$$

식 (13.9.11)에 요소 방정식 $\{f\} = [k]\{t\}$를 적용하면, 요소 강성행렬은 세 부분으로 구성되어 있음을 알 수 있다.

$$[k] = [k_c] + [k_h] + [k_m] \tag{13.9.12}$$

여기서

$$[k_c] = \frac{K_{xx}A}{L}\begin{bmatrix} 1 & -1 \\ -1 & 1 \end{bmatrix} \qquad [k_h] = \frac{hPL}{6}\begin{bmatrix} 2 & 1 \\ 1 & 2 \end{bmatrix} \qquad [k_m] = \frac{\dot{m}c}{2}\begin{bmatrix} -1 & 1 \\ -1 & 1 \end{bmatrix} \tag{13.9.13}$$

그리고 요소 절점력과 미지의 절점온도 행렬은 다음과 같다.

$$\{f\} = \frac{hPLT_\infty}{2}\begin{Bmatrix} 1 \\ 1 \end{Bmatrix} + \begin{Bmatrix} q^*_{x1} \\ q^*_{x2} \end{Bmatrix} \qquad \{t\} = \begin{Bmatrix} t_1 \\ t_2 \end{Bmatrix} \tag{13.9.14}$$

식 (13.9.13)으로부터 물질이동 강성행렬 $[k_m]$은 비대칭 행렬이고, 그에 따라 $[k]$도 비대칭 행렬임을 알 수 있다. 또한 열유속이 존재한다면 일반적으로 시스템의 자유단에서 일어난다. 그러므로 q_{x1}과 q_{x2}는 일반적으로 이러한 요소로 모델링한 시스템의 자유단에서 일어난다. 요소들이 결합되었을 때, 시스템 안에 축적되는 열유속이 없다면 열유속 q_{x1}과 q_{x2}는 두 요소의 공통 절점에서 크기는 같고 방향은 반대가 된다. 더구나, 절연된 끝단이라면 q^*_x는 0이 된다.

이 절에서 유도된 물질이동과 함께 일어나는 열전달에 대한 유한요소 방정식의 사용법을 설명하기 위해 다음의 문제를 풀어 보자.

예제 13.9

그림 13-29에서와 같이 직경 1 in., 길이 5 in.인 둥근 관의 내부에서 4.72 lb/h의 속도로 공기가 흐르고 있다. 관 입구에서 공기의 초기온도는 100°F이다. 관의 벽 온도는 관 전체에 걸쳐 200°F로 일정하다. 공기의 비열은 0.24 Btu/(lb-°F)이고, 공기와 관벽 사이의 대류계수는 2.7 Btu/(h-ft^2-°F)이며, 공기의 열전도율은 0.017 Btu/(h-ft-°F)이다. 관을 따라 흐르는 공기의 각 부분에서 온도를 구하고, 입구와 출구에서의 열유동을 구하라. 여기서 질량 유속과 비열은 질량 단위 대신에 힘의 단위로 주어졌는데, 이것은 방정식을 구성할 때 $\dot{m}c$ 곱에서 단위가 소거되기 때문에 문제가 되지 않는다.

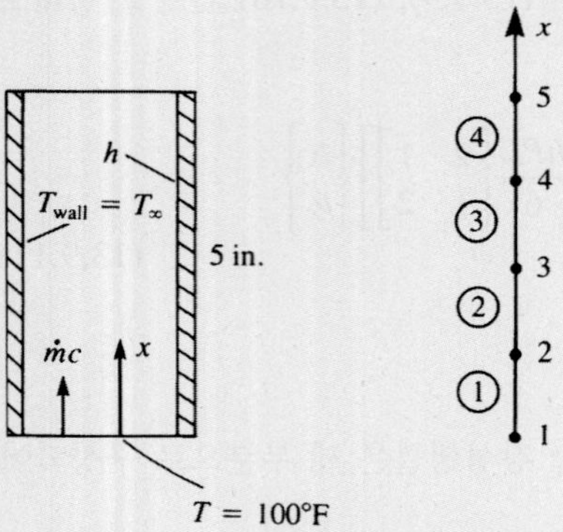

그림 13-32 • 관을 통하는 공기 흐름과 유한요소모델

먼저 식 (13.9.13)과 (13.9.14)를 써서 요소의 강성행렬과 하중행렬을 다음과 같이 결정한다.

$$\frac{K_{xx}A}{L} = \frac{(0.017)\left[\frac{\pi(1)^2}{4(144)}\right]}{1.25/12} = 0.891 \times 10^{-3} \text{ Btu/(h-°F)}$$

$$\dot{m}c = (4.72)(0.24) = 1.133 \text{ Btu/(h-°F)} \tag{13.9.15}$$

$$\frac{hPL}{6} = \frac{(2.7)(0.262)(0.104)}{6} = 0.0123 \text{ Btu/(h-°F)}$$

$$hPLT_\infty = (2.7)(0.262)(0.104)(200) = 14.71 \text{ Btu/h}$$

식 (13.9.15)에서 강성행렬의 전도 부분이 무시될 수 있음을 알 수 있다. 그러므로 전체좌표계에 대한 강성행렬에서 이 전도 효과를 무시하면 다음의 식이 얻어진다.

$$[k^{(1)}] = \frac{1.133}{2}\begin{bmatrix} -1 & 1 \\ -1 & 1 \end{bmatrix} + 0.0123\begin{bmatrix} 2 & 1 \\ 1 & 2 \end{bmatrix} = \begin{bmatrix} -0.542 & 0.579 \\ -0.554 & 0.591 \end{bmatrix} \tag{13.9.16}$$

마찬가지로, 모든 요소들이 같은 성질을 가지므로,

$$[k^{(2)}] = [k^{(3)}] = [k^{(4)}] = [k^{(1)}] \tag{13.9.17}$$

식 (13.9.14)와 (13.9.15)를 사용하여 요소 하중행렬을 다음과 같이 구할 수 있다.

$$\{f^{(1)}\} = \{f^{(2)}\} = \{f^{(3)}\} = \{f^{(4)}\} = \begin{Bmatrix} 7.35 \\ 7.35 \end{Bmatrix} \tag{13.9.18}$$

식 (13.9.16)과 (13.9.17)을 이용하여 전체좌표계에 대한 강성행렬을 만들고 식 (13.9.18)을 사용해서 전체좌표계에 대한 하중행렬을 만들면 전체좌표계에 대한 방정식을 다음과 같이 구할 수 있다.

$$\begin{bmatrix} -0.542 & 0.579 & 0 & 0 & 0 \\ -0.554 & 0.591-0.542 & 0.579 & 0 & 0 \\ 0 & -0.554 & 0.591-0.542 & 0.579 & 0 \\ 0 & 0 & -0.554 & 0.591-0.542 & 0.579 \\ 0 & 0 & 0 & -0.554 & 0.591 \end{bmatrix} \begin{Bmatrix} t_1 \\ t_2 \\ t_3 \\ t_4 \\ t_5 \end{Bmatrix} = \begin{Bmatrix} F_1 + 7.35 \\ 14.7 \\ 14.7 \\ 14.7 \\ 7.35 \end{Bmatrix} \tag{13.9.19}$$

경계조건 $t_1 = 100°\text{F}$를 대입하고 식 (13.9.19)를 다시 쓰면 다음과 같다.

$$\begin{bmatrix} 1 & 0 & 0 & 0 & 0 \\ 0 & 0.049 & 0.579 & 0 & 0 \\ 0 & -0.554 & 0.049 & 0.579 & 0 \\ 0 & 0 & -0.554 & 0.049 & 0.579 \\ 0 & 0 & 0 & -0.554 & 0.591 \end{bmatrix} \begin{Bmatrix} t_1 \\ t_2 \\ t_3 \\ t_4 \\ t_5 \end{Bmatrix} = \begin{Bmatrix} 100 \\ 14.7 + 55.4 \\ 14.7 \\ 14.7 \\ 7.35 \end{Bmatrix} \tag{13.9.20}$$

식 (13.9.20)에서 구하고자 하는 온도에 대해 두 번째부터 다섯 번째까지의 방정식을 풀면 다음을 얻을 수 있다.

$$t_2 = 106.1°\text{F} \qquad t_3 = 112.1°\text{F} \qquad t_4 = 117.6°\text{F} \qquad t_5 = 122.6°\text{F} \tag{13.9.21}$$

식 (13.8.2)를 사용하면, 다음과 같이 관의 내부와 외부로 출입하는 열유동도 구할 수 있다.

$$\begin{aligned} q_{\text{in}} &= \dot{m}ct_1 = (4.72)(0.24)(100) = 113.28 \ \text{Btu/h} \\ q_{\text{out}} &= \dot{m}ct_5 = (4.72)(0.24)(122.6) = 138.9 \ \text{Btu/h} \end{aligned} \tag{13.9.22}$$

여기서, 다시 q에 대한 전도 영향은 무시할 수 있다. 즉, $-kA\Delta T$는 무시할 수 있다. 참고문헌 [7]에 기술되어 있는 정확한 해는 다음과 같다.

$$t_5 = 123.0°\text{F} \qquad q_{\text{out}} = 139.33 \ \text{Btu/h} \tag{13.9.23}$$

유한요소 해가 정확한 해와 비교하여 거의 차이가 없음을 알 수 있다..

식 (13.9.13)에 의해 주어진 강성행렬의 항목들은 참고문헌 [8]에서 열교환기를 해석하기 위해 쓰인다. 이중관 열교환기나 관류 열교환기에서 반대 방향으로 흐르는 두 가지 유체 사이에 적절한 열교환이 이루어질 수 있는 관의 길이를 예측하기 위해 위와 같은 유한요소 해석을 사용한다. 유한요소 해와 정확한 해가 서로 잘 일치하는 것이 참고문헌 [9]에 수록되어 있다.

끝으로, 문제에 대한 변분 정식화를 얻기는 어려우나 문제를 기술할 미분방정식은 이용 가능할 때, 갤러킨법과 같은 잔여법(residual method)이 문제를 풀기 위해 사용될 수도 있음을 기억하라.

13.10 | 열전달 문제의 프로그램 흐름도와 예제

그림 13-33은 2차원과 3차원 열전달 문제를 해석하는 데 사용되는 유한요소 프로그램의 흐름도이다.

그림 13-34와 13-35는 이 장에서 다룬 2차원 열전달 요소를 이용한 2차원 온도 분포에 대한 그림이다(Autodesk [10]을 이용하였다).

그림 13-34(a)는 정사각형 평판의 경계에 온도조건이 주어진 경우에 관한 그림이다. 그림 13-34(b)는 평판의 유한요소모델과 온도 분포 결과를 보여준다.

그림 13-35(a)는 고온의 가스를 전달하는 표면온도 380°C의 정사각형 덕트(duct)를 보여주고 있다. 덕트는 원형의 유리섬유로 감싸져 있다. 그림 13-35(b)는 유리 섬유의 온도 분포를 나타낸 유한요소모델이다.

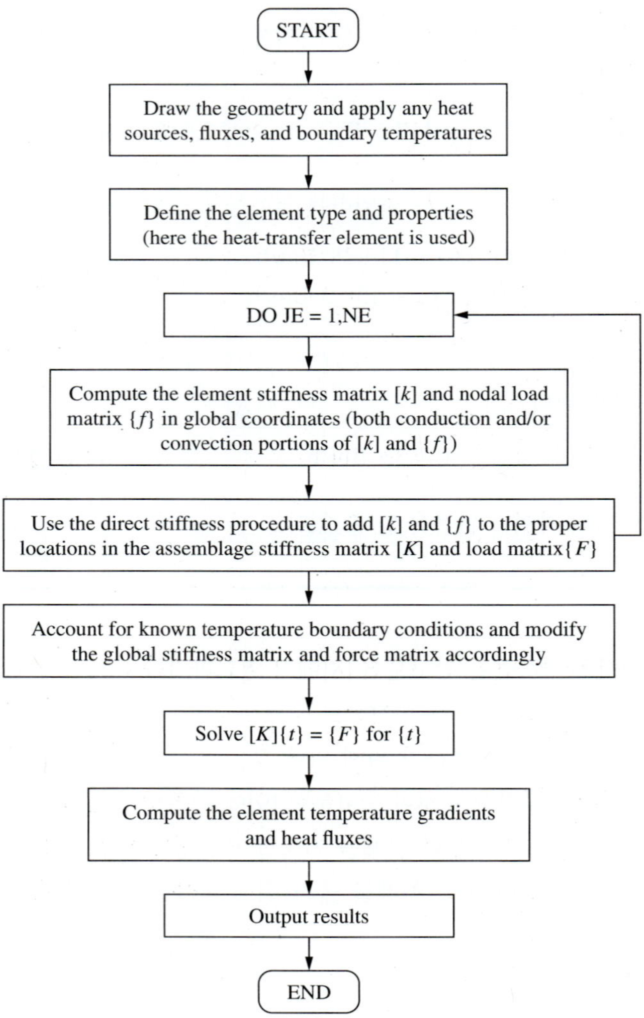

그림 13-33 • 2차원 열전달 절차의 흐름도

그림 13-36과 그림 13-37은 13.7절에 설명한 3차원 고체 요소를 사용하여 온도 변화에 따른 구조체의 온도 분포와 열유속을 구한 해석 결과이다. 그림 13.36에는 모루 코(anvil nose)가 482°F까지 가열되었을 때 전체 모루의 온도 분포를 보여준다. 그림 13-37은 평평한 해머 끝단의 표면 온도가 210°C인 강재 단조해머(forging hammer) 모델을 보여준다. 해머 손잡이 끝단의 온도는 84.2°C임에 유의하라.

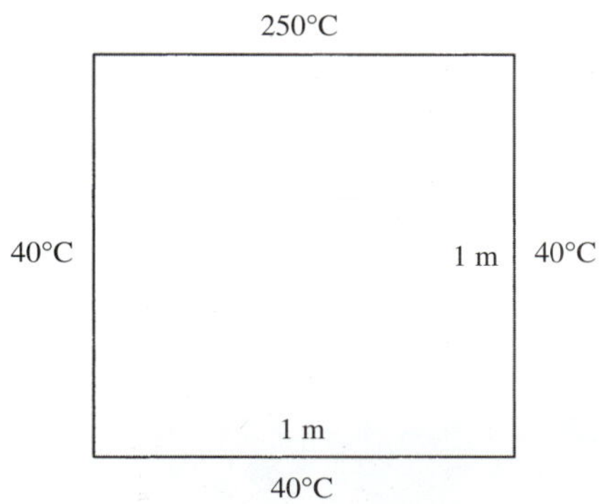

(a)

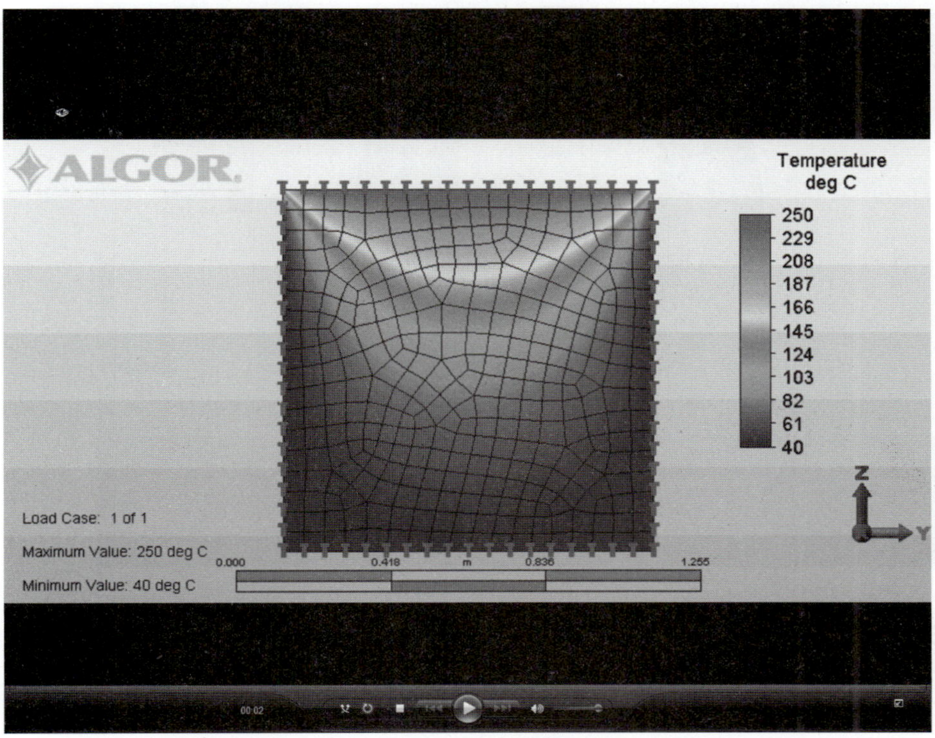

(b)

그림 13-34 • (a) 온도 분포를 갖는 사각형 평판, (b) 온도 분포 결과를 나타낸 유한요소모델(David Walgrave 제공)(첨부된 칼라판 그림을 참조하시오)

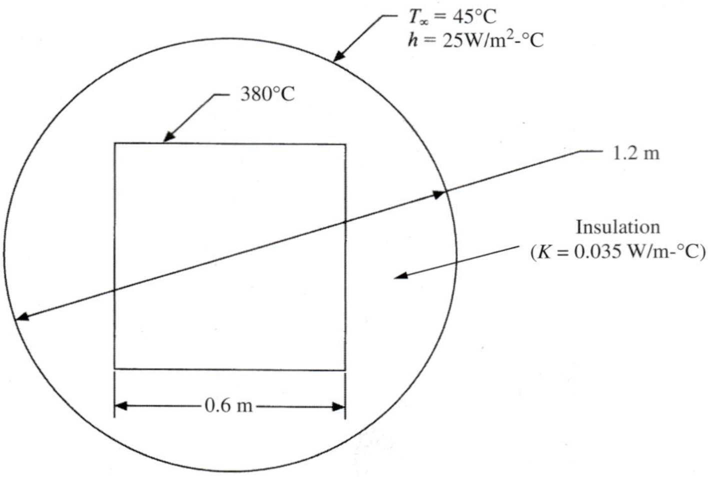

(a)

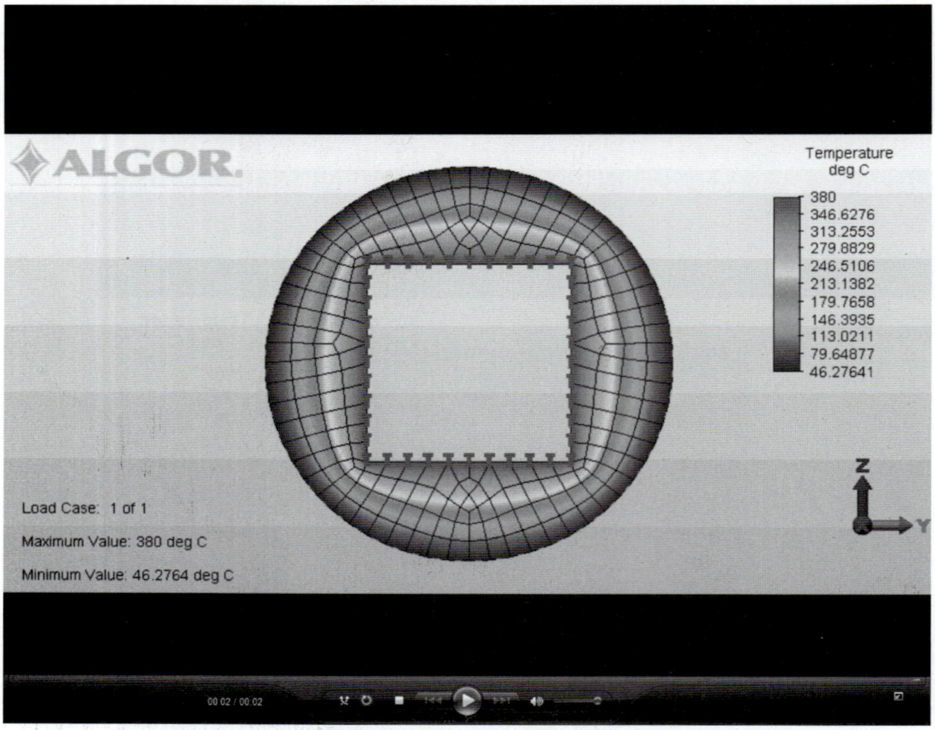

(b)

그림 13-35 • (a) 절연제로 감싸진 사각형 덕트, (b) 절연제의 온도 분포를 나타낸 유한요소모델(첨부된 칼라판 그림을 참조하시오)

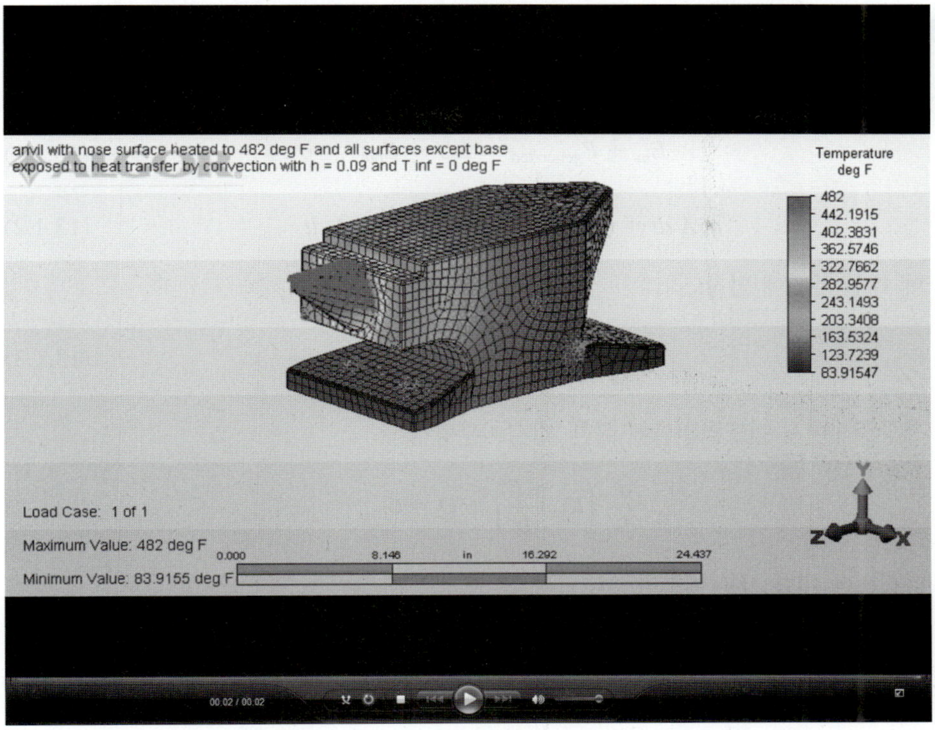

그림 13-36 • 모루의 온도 분포(Dan Baxter 제공)(첨부된 칼라판 그림을 참조하시오)

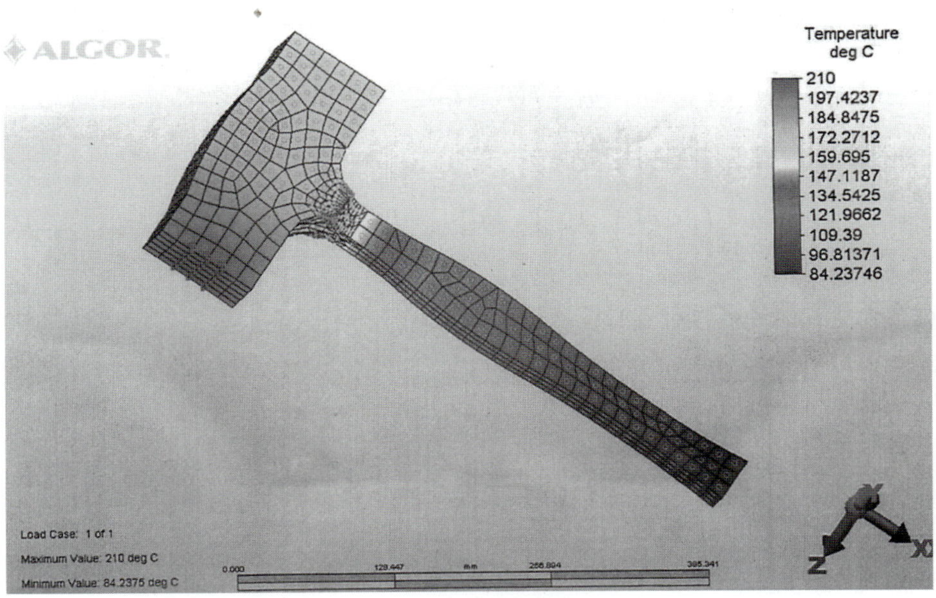

그림 13-37 • 단조 해머의 온도 분포(Wilson Arifin 제공)

식의 정리(Summary Equations)

에너지 보존 법칙(전도열전달):

$$E_{\text{in}} + E_{\text{generated}} = \Delta U + E_{\text{out}} \tag{13.1.1}$$

$$q_x A\ dt + QA\ dx\ dt = \Delta U + q_{x+dx} A\ dt \tag{13.1.2}$$

열전도에 대한 푸리에 법칙:

$$q_x = -K_{xx}\frac{dT}{dx} \tag{13.1.3}$$

1차원 정상상태에서 전도열전달에 대한 기본 미분방정식:

$$\frac{d}{dx}\left(K_{xx}\frac{dT}{dx}\right) + Q = 0 \tag{13.1.8}$$

2차원 열전도에 대한 기본 미분방정식:

$$\frac{\partial}{\partial x}\left(K_{xx}\frac{\partial T}{\partial x}\right) + \frac{\partial}{\partial y}\left(K_{yy}\frac{\partial T}{\partial y}\right) + Q = 0 \tag{13.1.12}$$

에너지 보존 법칙(대류가 있을 경우):

$$q_x A\ dt + QA\ dx\ dt = c(\rho A\ dx)\ dT + q_{x+dx} A\ dt + q_h P\ dx\ dt \tag{13.2.1}$$

뉴튼의 냉각법칙:

$$q_h = h(T - T_\infty) \tag{13.2.2}$$

1차원 대류열전도에 대한 기본 미분방정식:

$$\frac{\partial}{\partial x}\left(K_{xx}\frac{\partial T}{\partial_x}\right) + Q = \rho c\frac{\partial T}{\partial t} + \frac{hP}{A}(T - T_\infty) \tag{13.2.3}$$

1차원(2절점) 온도 요소에 대한 온도함수:

$$T(x) = N_1 t_1 + N_2 t_2 \tag{13.4.1}$$

1차원 온도 요소에 대한 형상함수:

$$N_1 = 1 - \frac{x}{L} \qquad N_2 = \frac{x}{L} \tag{13.4.2}$$

온도구배(기울기)행렬:

$$\{g\} = \left\{\frac{dT}{dx}\right\} = [B]\{t\} \tag{13.4.6}$$

구배(기울기)행렬:

$$[B] = \begin{bmatrix} \dfrac{dN_1}{dx} & \dfrac{dN_2}{dx} \end{bmatrix} \tag{13.4.7}$$

열유속-온도구배(기울기)의 관계식:

$$q_x = -[D]\{g\} \tag{13.4.8}$$

물성치행렬:

$$[D] = [K_{xx}] \tag{13.4.9}$$

열전달에 대한 범함수(functional):

$$\pi_h = U + \Omega_Q + \Omega_q + \Omega_h \tag{13.4.10}$$

전도와 대류에 의한 열전달 강성행렬:

$$[k] = \iiint_V [B]^T[D][B]\,dV + \iint_{S_3} h[N]^T[N]\,dS \tag{13.4.17}$$

1차원(봉) 요소의 강성행렬에서 전도와 관련된 행렬:

$$[k_c] = \frac{AK_{xx}}{L}\begin{bmatrix} 1 & -1 \\ -1 & 1 \end{bmatrix} \tag{13.4.20}$$

1차원(봉) 요소의 강성행렬에서 대류와 관련된 행렬:

$$[k_h] = \frac{hPL}{6}\begin{bmatrix} 2 & 1 \\ 1 & 2 \end{bmatrix} \tag{13.4.21}$$

하중행렬 항(Force matrix terms):

봉 요소에서 균일한 열원에 의한 항:

$$\{f_Q\} = \iiint_V [N]^T Q\ dV = QA\int_0^L \begin{Bmatrix} 1 - \dfrac{x}{L} \\ \dfrac{x}{L} \end{Bmatrix} dx = \frac{QAL}{2}\begin{Bmatrix} 1 \\ 1 \end{Bmatrix} \tag{13.4.24}$$

봉 요소 주변 표면을 따라 균일한 열유속에 의한 항:

$$\{f_Q\} = \frac{q^*PL}{2}\begin{Bmatrix} 1 \\ 1 \end{Bmatrix} \tag{13.4.24}$$

봉 요소 주변 표면을 따라 균일한 대류에 의한 항:

$$\{f_h\} = \iint_{S_3} hT_\infty[N]^T\,dS = \frac{hT_\infty PL}{2}\begin{Bmatrix} 1 \\ 1 \end{Bmatrix} \tag{13.4.25}$$

봉 요소 오른쪽 끝단의 대류에 의한 강성행렬:

$$[k_h]_{\text{end}} = \iint_{S_{\text{end}}} h \begin{Bmatrix} 0 \\ 1 \end{Bmatrix} [0 \quad 1]\, dS = hA \begin{bmatrix} 0 & 0 \\ 0 & 1 \end{bmatrix} \tag{13.4.28}$$

봉 요소 오른쪽 끝단의 대류에 의한 하중 항:

$$\{f_h\}_{\text{end}} = hT_\infty A \begin{Bmatrix} N_1(x = L) \\ N_2(x = L) \end{Bmatrix} = hT_\infty A \begin{Bmatrix} 0 \\ 1 \end{Bmatrix} \tag{13.4.29}$$

전체방정식:

$$\{F\} = [K]\{t\} \tag{13.4.32}$$

2차원 삼각형 요소에 대한 온도함수:

$$\{T\} = [N_i \quad N_j \quad N_m] \begin{Bmatrix} t_i \\ t_j \\ t_m \end{Bmatrix} \tag{13.5.1}$$

2차원 삼각형 요소에 대한 형상함수:

$$N_i = \frac{1}{2A}(\alpha_i + \beta_i x + \gamma_i y) \tag{13.5.2}$$

2차원 삼각형 요소에 대한 온도구배(기울기):

$$\{g\} = \begin{Bmatrix} \dfrac{\partial T}{\partial x} \\ \dfrac{\partial T}{\partial y} \end{Bmatrix} \tag{13.5.3}$$

$$\{g\} = [B]\{t\} \tag{13.5.5}$$

2차원 삼각형 요소에 대한 구배(기울기) 행렬:

$$[B] = \frac{1}{2A} \begin{bmatrix} \beta_i & \beta_j & \beta_m \\ \gamma_i & \gamma_j & \gamma_m \end{bmatrix} \tag{13.5.6}$$

2차원 삼각형 요소의 열유속/온도구배 관계식:

$$\begin{Bmatrix} q_x \\ q_y \end{Bmatrix} = -[D]\{g\} \tag{13.5.7}$$

2차원 삼각형 요소에 대한 물성치행렬:

$$[D] = \begin{bmatrix} K_{xx} & 0 \\ 0 & K_{yy} \end{bmatrix} \tag{13.5.8}$$

2차원 삼각형 요소에서 전도에 의한 강성행렬:

$$[k_c] = \iiint_V [B]^T [D][B]\, dV = tA[B]^T [D][B] \tag{13.5.11}$$

2차원 삼각형 요소의 변 i-j에서 전도에 의한 강성행렬:

$$[k_h] = \frac{hL_{i-j}t}{6} \begin{bmatrix} 2 & 1 & 0 \\ 1 & 2 & 0 \\ 0 & 0 & 0 \end{bmatrix} \tag{13.5.14}$$

2차원 삼각형 요소에 대한 하중 항:

균일 열원에 의한 항:

$$\{f_Q\} = \frac{QV}{3} \begin{Bmatrix} 1 \\ 1 \\ 1 \end{Bmatrix} \tag{13.5.16}$$

변 i-j에서의 균일한 열유속에 의한 항:

$$\{f_q\} = \frac{q^* L_{i-j}t}{2} \begin{Bmatrix} 1 \\ 1 \\ 0 \end{Bmatrix} \quad (\text{면 } i\text{-}j\text{상에서}) \tag{13.5.18}$$

2차원 삼각형 요소에서 선 또는 점 열원에 의한 하중행렬:

$$\{f_Q\} = \begin{Bmatrix} N_i \\ N_j \\ N_m \end{Bmatrix} \Bigg|_{x = x_o, y = y_o} Q^* t \ \ \text{Btu/h} \tag{13.6.3}$$

전도에 의한 3차원 열전달 기본 미분방정식:

$$\frac{\partial}{\partial x}\left(K_{xx}\frac{\partial T}{\partial x}\right) + \frac{\partial}{\partial y}\left(K_{yy}\frac{\partial T}{\partial y}\right) + \frac{\partial}{\partial z}\left(K_{zz}\frac{\partial T}{\partial z}\right) + Q = \rho c \frac{\partial T}{\partial t} \tag{13.7.1}$$

물질이동 항:

$$q_m = \dot{m}cT \tag{13.8.2}$$

열전달 프로그램의 흐름도(그림 13-33 참조)

참고문헌

[1] Holman, J. P., *Heat Transfer*, 9th ed., McGraw-Hill, New York, 2002.

[2] Kreith, F., and Black, W. Z., *Basic Heat Transfer*, Harper & Row, New York, 1980.

[3] Lyness, J. F., Owen, D. R. J., and Zienkiewicz, O. C., "The Finite Element Analysis of Engineering Systems Governed by a Non-Linear Quasi-Harmonic Equation," *Computers and Structures*, Vol. 5, pp. 65~79, 1975.

[4] Zienkiewicz, O. C., and Cheung, Y. K., "Finite Elements in the Solution of Field Problems," *The Engineer*, pp. 507~510, Sept. 24, 1965.

[5] Wilson, E. L., and Nickell, R. E., "Application of the Finite Element Method to Heat Conduction Analysis," *Nuclear Engineering and Design*, Vol. 4, pp. 276~286, 1966.

[6] Emery, A. F., and Carson, W. W., "An Evaluation of the Use of the Finite Element Method in the Computation of Temperature," *Journal of Heat Transfer*, American Society of Mechanical Engineers, pp. 136~145, May 1971.

[7] Rohsenow, W. M., and Choi, H. Y., *Heat, Mass, and Momentum Transfer*, Prentice Hall, Englewood Cliffs, NJ, 1963.

[8] Goncalves, L., *Finite Element Analysis of Heat Exchangers,* M.S. Thesis, Rose-Hulman Institute of Technology, Terre Haute, IN, 1984.

[9] Kern, D. Q., and Kraus, A. D., *Extended & Surface Heat Transfer*, McGraw-Hill, New York, 1972.

[10] Heat Transfer Reference Division, Docutech On-line Documentation, Algor, Inc., Pittsburgh, PA

[11] Beasley, K. G., "Finite Element Analysis Model Development of Leadless Chip Carrier and Printed Wiring Board," M. S., Thesis, Rose-Hulman Institute of Technology, Terr Haute, IN, Nov. 1992.

연습문제

13.1 For the one-dimensional composite bar shown in Figure P13 – 1, determine the interface temperatures. For element 1, let K_{xx} = 200 W/(mr · °C); for element 2, let K_{xx} = 100 W/(m · °C); and for element 3, let K_{xx} = 50 W/(m · °C). Let A = 0.1 m^2. The left end has a constant temperature of 100°C, and the right end has a constant temperature of 300°C.

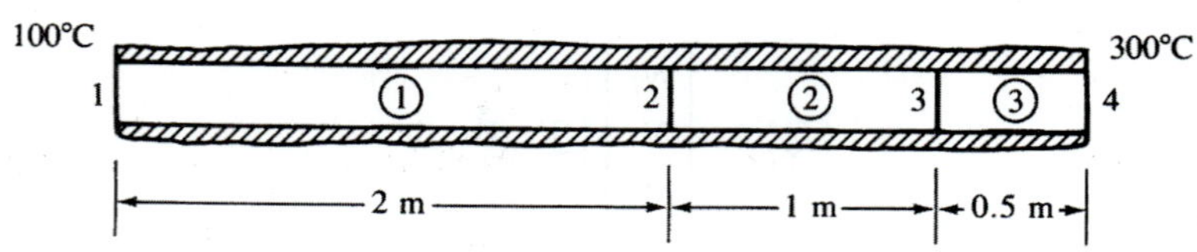

Figure P13-1 •

13.2 For the one-dimensional rod shown in Figure P13 – 2 (insulated except at the ends), determine the temperatures at $L/3$, $2L/3$, and L. Let K_{xx} = 6 Btu/(h.-in.-°F), h = 1.0 Btu/(h-in^2-°F), and T_∞ = 0°F. The temperature at the left end is 200°F.

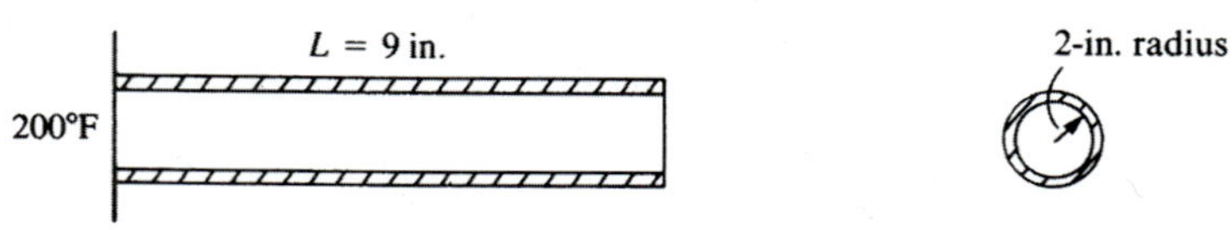

Figure P13-2 •

13.3 A rod with uniform cross-sectional area of 2 in^2 and thermal conductivity of 3 Btu/(h-in.-°F) has heat flow in the x direction only (Figure P13 − 3). The right end is insulated. The left end is maintained at 50°F, and the system has the linearly distributed heat flux shown.

Use a two-element model and estimate the temperature at the node points and the heat flow at the left boundary.

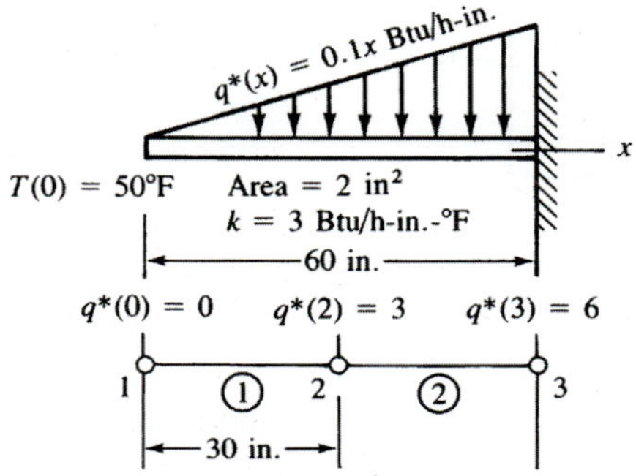

Figure P13-3 •

13.4 The rod of 1-in. radius shown in Figure P13 − 4 generates heat internally at the rate of uniform Q = 5000 Btu/(h-ft^3) throughout the rod. The left edge and perimeter of the rod are insulated, and the right edge is exposed to an environment of T_∞ = 50°F. The convection heat-transfer coefficient between the wall and the environment is h = 100 Btu/(h-ft^2-°F). The thermal conductivity of the rod is K_{xx} = 12 Btu/(h-ft-°F). The length of the rod is 3 in. Calculate the temperature distribution in the rod. Use at least three elements in your finite element model.

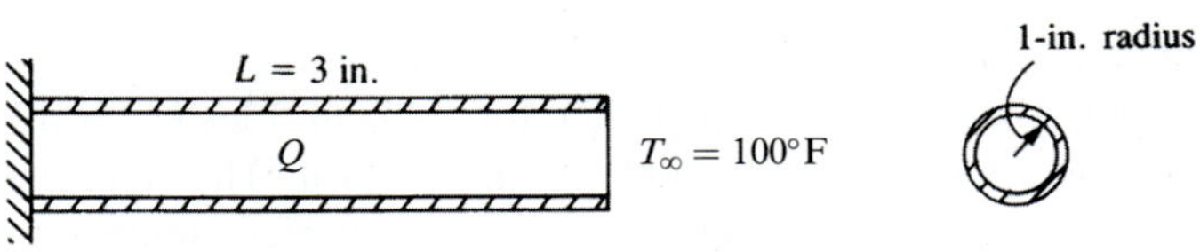

Figure P13-4 •

13.5 The fin shown in Figure P13 − 5 is insulated on the perimeter. The left end has a constant temperature of °C. A positive heat flux of q^* = 500 W/m^2 acts on the right end. Let K_{xx} = 6 W/(m · °C) and cross-sectional area A = 0.1 m^2. Determine the temperatures at L/4, L/2, 3L/4, and L, where L = 0.4 m.

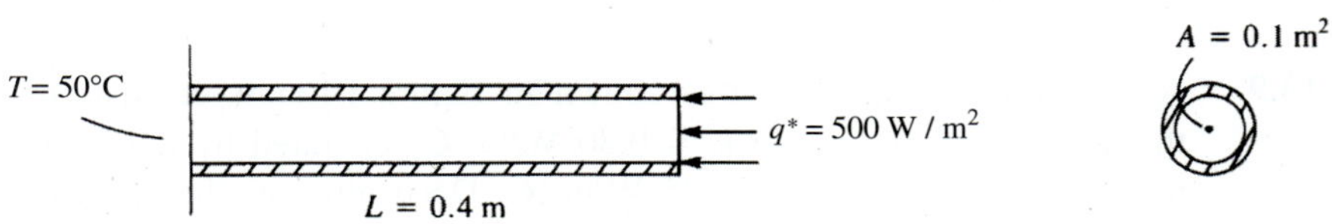

Figure P13-5 •

13.6 For the composite wall shown in Figure P13–6, determine the interface temperatures. What is the heat flux through the 8-cm portion? Use the finite element method. Use three elements with the nodes shown. 1 cm = 0.01 m.

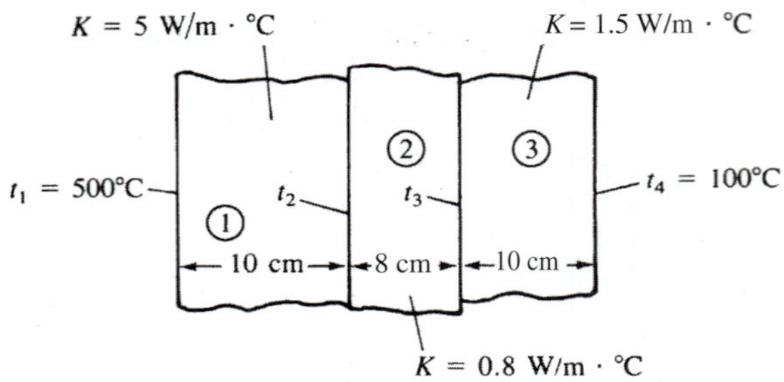

Figure P13-6 •

13.7 For the composite wall idealized by the one-dimensional model shown in Figure P13–7, determine the interface temperatures. For element 1, let K_{xx} = 5 W/(m · °C) for element 2, K_{xx} = 10 W/(m · °C); and for element 3, K_{xx} = 15 W/(m · °C). The left end has a constant temperature of 100°C and the right end has a constant temperature of 500°C.

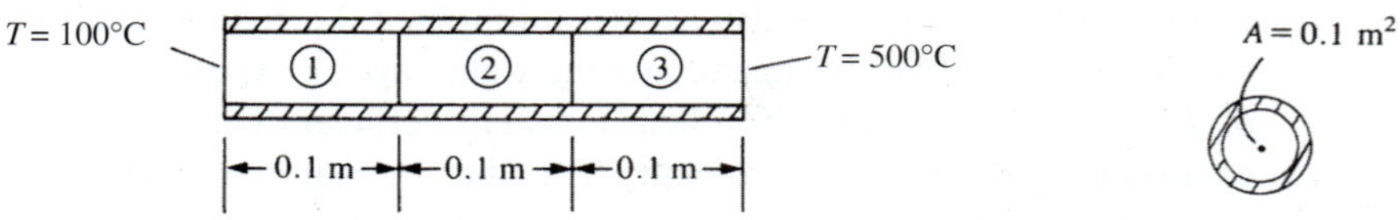

Figure P13-7 •

13.8 A composite wall is shown in Figure P13–8. For element 1, let K_{xx} = 5 W/(m-°C), for element 2 let K_{xx} = 10 W/(m-°C), for element 3 let K_{xx} = 15 W/(m-°C). The left end has a heat source of 600 W applied to it. The right end is held at 10°C. Determine the left end temperature and the interface temperatures and the heat flux through element 3.

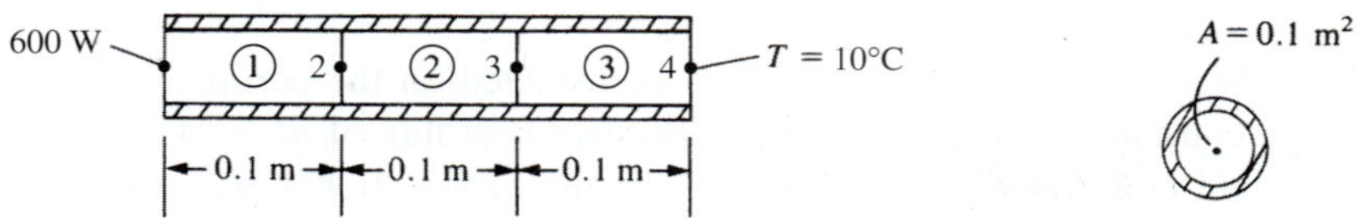

Figure P13-8 •

13.9 A double-pane glass window shown in Figure P13–9, consists of two 4-mm thick layers of glass with k = 0.80 W/m-°C separated by a 10 mm thick stagnant air space with k = 0.025 W/m-°C. Determine (a) the temperature at both surfaces of the inside layer of glass and the temperature at the outside surfaces of glass, and (b) the steady rate of heat transfer in Watts through the double pane. Assume the inside room temperature $T_{i\infty}$ = 20°C with h_i = 10 W/m^2-°C and the outside temperature $T_{0\infty}$ = −10°C with h_0 = 30 W/m^2 -°C. Assume one-dimensional heat flow through the glass.

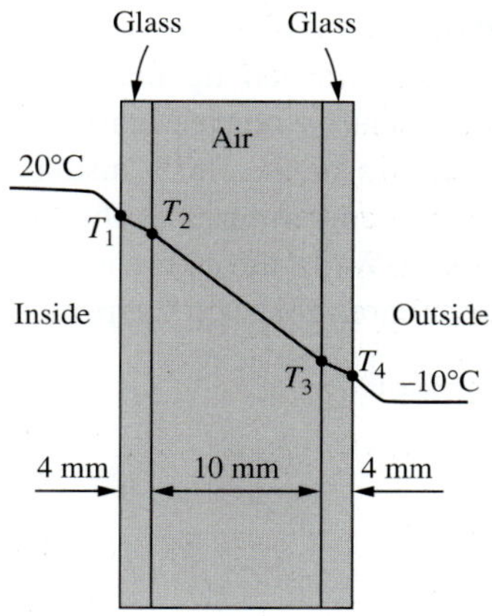

Figure P13-9 •

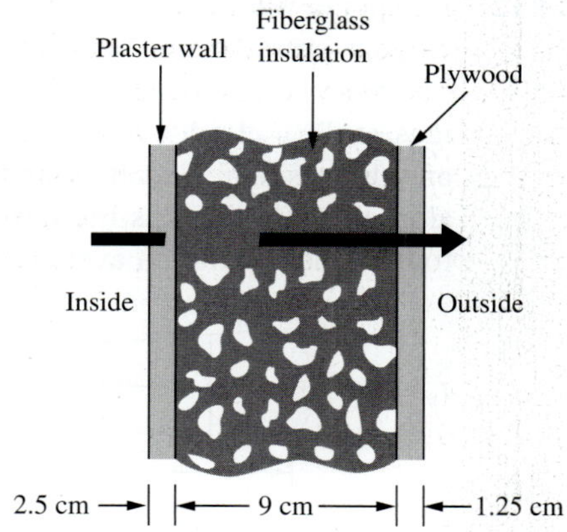

Figure P13-10 •

13.10 For the composite wall of a house, shown in Figure P13 − 10, determine the temperatures at the inner and outer surfaces and at the interfaces. The wall is composed of 2.5 cm thick plaster wall (k = 0.20 W/m-°C) on the inside, a 9 cm thick layer of fiberglass insulation (k = 0.038 W/m-°C), and a 1.25 cm plywood layer (k = 0.12 W/m-°C) on the outside. Assume the inside room air is 20°C with convection coefficient of 10 W/m^2-°C and the outside air at −20°C with convection coefficient of 20 W/m^2-°C. Also, determine the rate of heat transfer through the wall in Watts. Assume one-dimensional heat flow through the wall thickness.

13.11 Condensing steam is used to maintain a room at 20°C. The steam flows through pipes that keep the pipe surface at 100°C. To increase heat transfer from the pipes, stainless steel fins (k = 15 W/m-°C), 20 cm long and 0.5 cm in diameter, are welded to the pipe surface as shown in Figure P13 − 11. A fan forces the room air over the pipe and fins, resulting in a heat transfer coefficient of 50 W/m^2-°C at the base surface of the fin where it is welded to the pipe. However, the air flow distribution increases the heat transfer coefficient to 80 W/m^2-°C at the fin tip. Assume the variation in heat transfer coefficient to then vary linearly from left end to right end of the fin surface. Determine the temperature distribution at L/4 locations along the fin. Also determine the rate of heat loss from each fin.

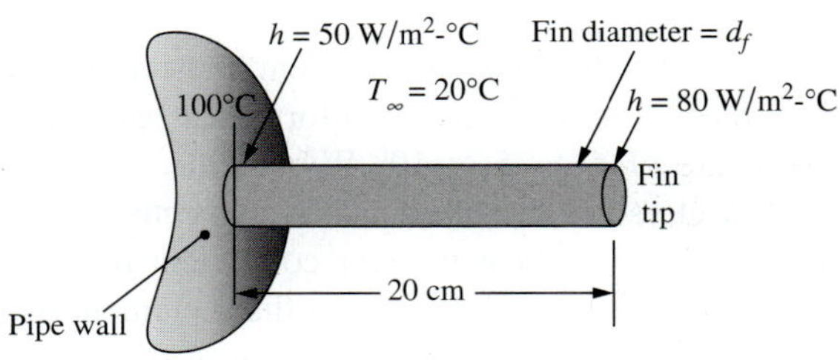

Figure P13-11 •

13.12 A tapered aluminum fin (k = 200 W/m-°C), shown in Figure P13 − 12, has a circular cross section with base diameter of 1 cm and tip diameter of 0.5 cm. The base is maintained at 200°C and looses heat by convection to the surroundings at T_∞ = 10 °C, h = 150 W/m^2-°C. The tip of the fin is insulated. Assume one-dimensional heat flow and determine the temperatures at the quarter points along the fin. What is the rate of heat loss in Watts through each element? Use four elements with an average cross-sectional area for each element.

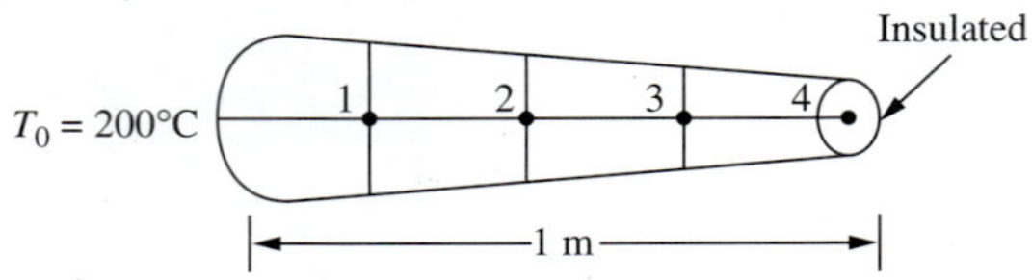

Figure P13-12 •

13.13 A wall is constructed of an outer layer of 0.5 inch thick plywood (k = 0.80 Btu/h-ft-°F), an inner core of 5 inch thick fiberglass insulation (k = 0.020 Btu/h-ft-°F), and an inner layer of 0.5 inch thick sheetrock (k = 0.10 Btu/h-ft-°F) (Figure P13 − 13). The inside temperature is 70°F with h = 1.5 Btu/h-ft^2-°F, while the outside temperature is −10°F with h = 4 Btu/h-ft^2-°F. Determine the temperature at the interfaces of the materials and the rate of heat flow in Btu/h through the wall.

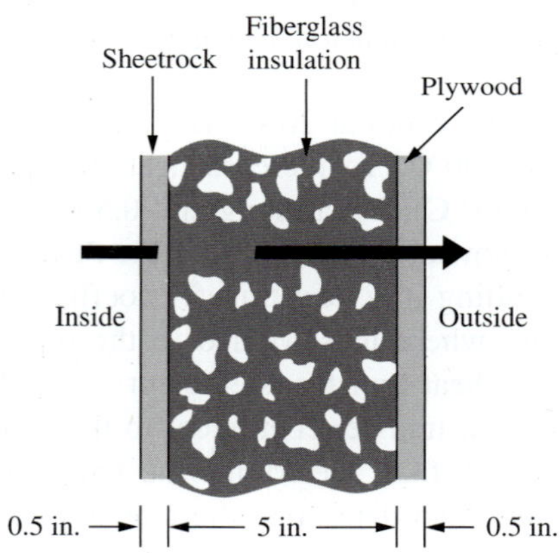

Figure P13-13 •

13.14 A large plate of stainless steel with thickness of 5 cm and thermal conductivity of k = 15 W/m-°C is subjected to an internal uniform heat generation throughout the plate at constant rate of $Q = 5 \times 10^6$ W/m^3. One side of the plate is maintained at 0°C by ice water, and the other side is subjected to convection to an environment at T_∞ = 35°C, with heat transfer coefficient h = 40 W/m^2-°C, as shown in Figure P13 − 14. Use two elements in a finite element model to estimate the temperatures at each surface and in the middle of the plate's thickness. Assume a one-dimensional heat transfer through the plate.

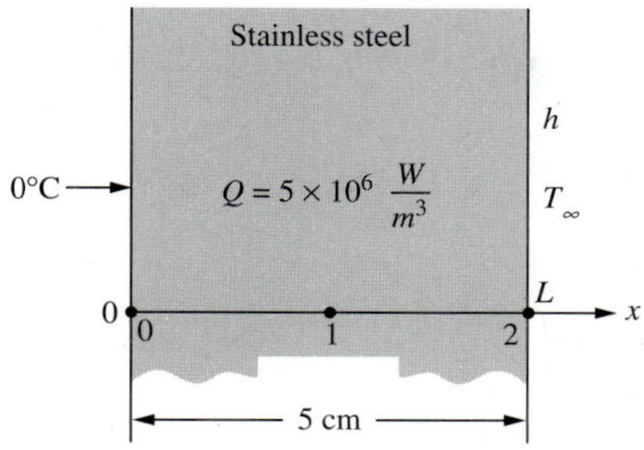

Figure P13-14 •

13.15 The base plate of an iron is 0.6 cm thick. The plate is subjected to 100 W of power (provided by resistance heaters inside the iron, as shown in Figure P13 – 15), over a base plate cross-sectional area of 250 cm^2, resulting in a uniform flux generated on the inside surface. The thermal conductivity of the metal base plate is k = 20 W/m-°C. The outside ambient air temperature is 20°C with a heat transfer coefficient of 20 W/m^2-°C at steady-state conditions. Assume one-dimensional heat transfer through the plate thickness. Using three elements, model the plate to determine the temperatures at the inner surface and interior one-third points.

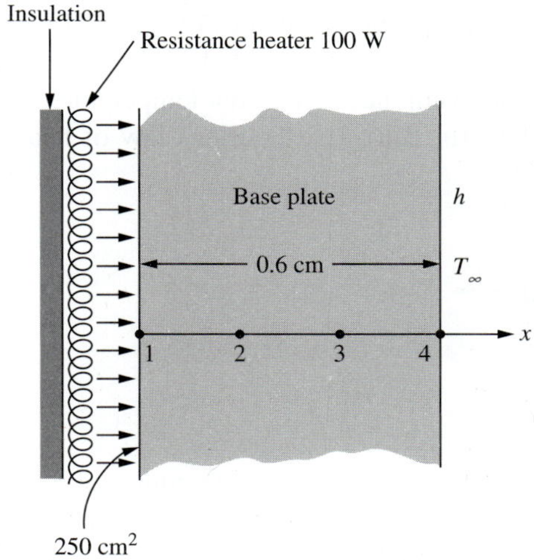

Figure P13-15 •

13.16 A hot surface is cooled by attaching fins (called pin fins) to it, as shown in Figure P13 – 16. The surface of the plate (left end of the pin) is 90°C. The fins are 6 cm long and have a cross-sectional area of 5×10^{-6} m^2 with a perimeter of 0.006 m. The fins are made of copper (k = 400 W/m-°C). The temperature of the surrounding air is T_∞ = 20°C with heat transfer coefficient on the surface (including the end surface) of h 510 W/m^2-°C. A model of the typical fin is also shown in Figure P13 – 16. Use three elements in your finite element model to determine the temperatures along the fin length.

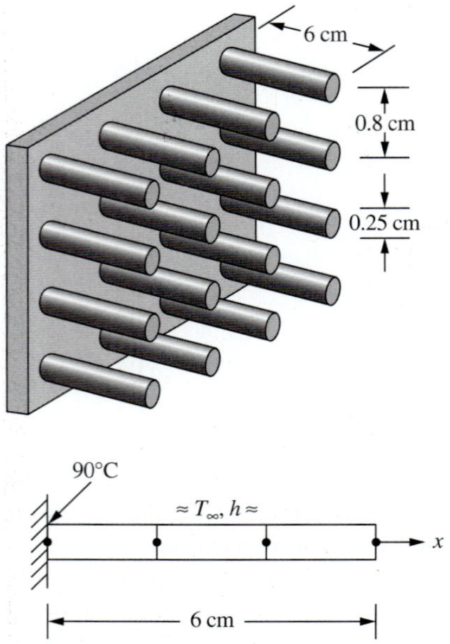

Figure P13-16 •

13.17 Use the direct method to derive the element equations for the one-dimensional steady-state conduction heat-transfer problem shown in Figure P13 – 17. The bar is insulated all around and has cross-sectional area A, length L, and thermal conductivity K_{xx}. Determine the relationship between nodal temperatures t_1 and t_2 (°F) and the thermal inputs F_1 and F_2 (in Btu). Use Fourier's law of heat conduction for this case.

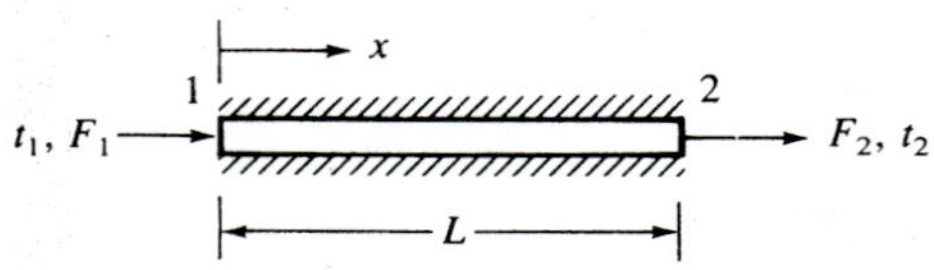

Figure P13-17 •

13.18 Express the stiffness matrix and the force matrix for convection from the left end of a bar, as shown in Figure P13 – 18. Let the cross-sectional area of the bar be A, the convection coefficient be h, and the free stream temperature be T_∞.

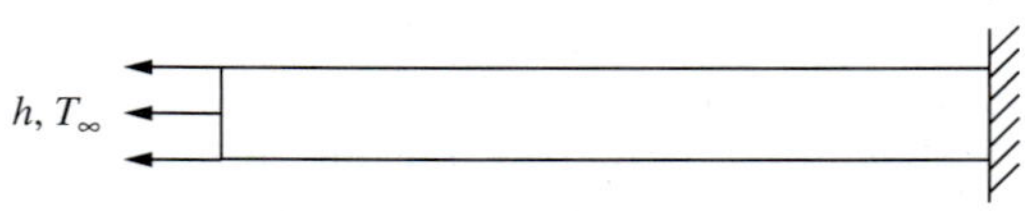

Figure P13-18 •

13.19 For the element shown in Figure P13 – 19, determine the $[k]$ and $\{f\}$ matrices. The conductivities are $K_{xx} = K_{yy} = 10$ Btu/(h-ft-°F) and the convection coefficient is $h = 20$ Btu/(h-ft^2-°F). Convection occurs across the i-j surface. The free-stream temperature is $T_\infty = 70$°F. The coordinates are expressed in units of feet. Let the line source be $Q^* = 300$ Btu/(h-ft) as located in the figure. Take the thickness of the element to be 1 ft.

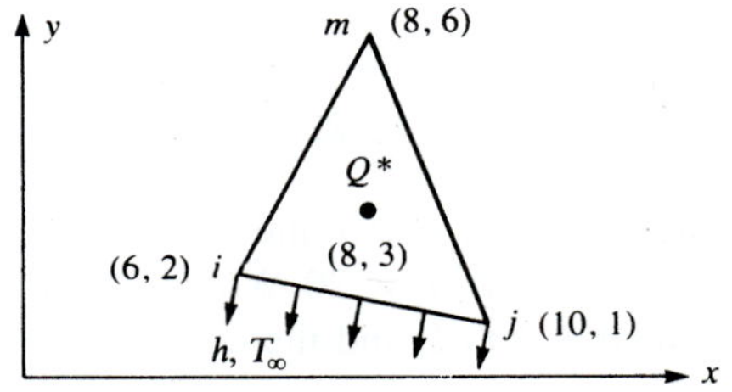

Figure P13-19 •

13.20 Calculate the $[k]$ and $\{f\}$ matrices for the element shown in Figure P13 – 20. The conductivities are $K_{xx} = K_{yy} = 10$ W/(m · °C) and the convection coefficient is $h = 20$ W/(m^2 · °C). Convection occurs across the i-m surface. The free-stream temperature is $T_\infty = 15$°C. The coordinates are shown expressed in units of meters. Let the line source be $Q^* = 200$ W/m as located in the figure. Take the thickness of the element to be 1 m.

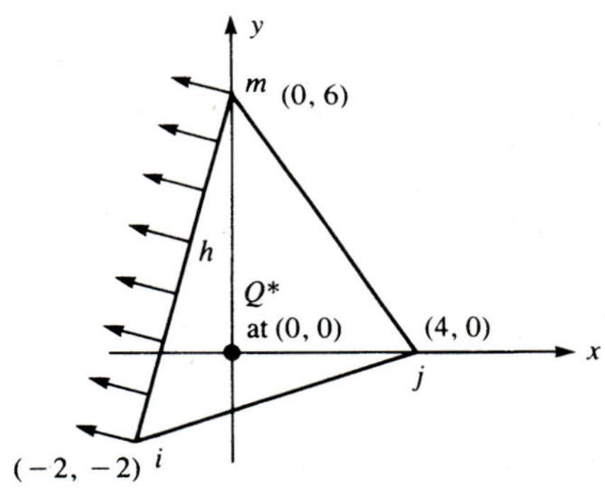

Figure P13-20 •

13.21 For the square two-dimensional body shown in Figure P13 – 21, determine the temperature distribution. Let $K_{xx} = K_{yy} = 25$ Btu/(h-ft-°F) and $h = 10$ Btu/(h-ft^2 – °F). Convection occurs across side 4 – 5. The free-stream temperature is $T_\infty = 50$ °F. The temperatures at nodes 1 and 2 are 100°F. The dimensions of the body are shown in the figure. Take the thickness of the body to be 1 ft.

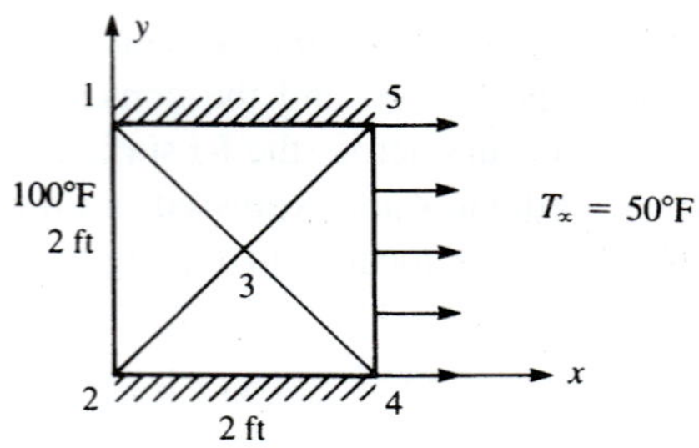

Figure P13-21 •

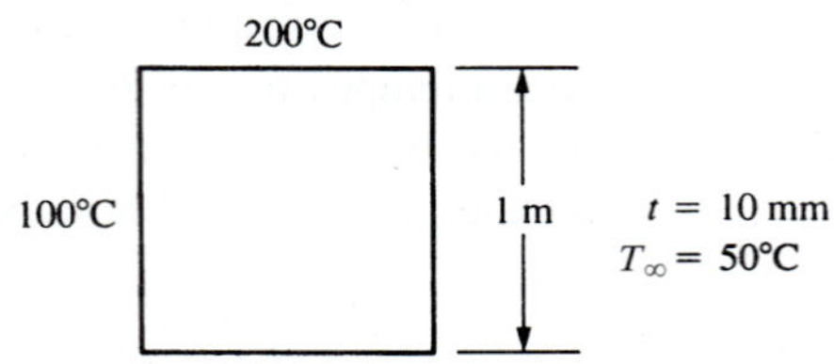

Figure P13-22 •

13.22 For the square plate shown in Figure P13-22, determine the temperature distribution. Let $K_{xx} = K_{yy} = 10$ W/(m · °C) and $h = 20$ W/(m^2 · °C). The temperature along the left side is maintained at 100°C and that along the top side is maintained at 200°C.

Use a computer program to calculate the temperature distribution in the following two-dimensional bodies.

13.23 For the body shown in Figure P13-23, determine the temperature distribution. Surface temperatures are shown in the figure. The body is insulated along the top and bottom edges, and $K_{xx} = K_{yy} = 1.0$ Btu/(h-in.-°F). No internal heat generation is present.

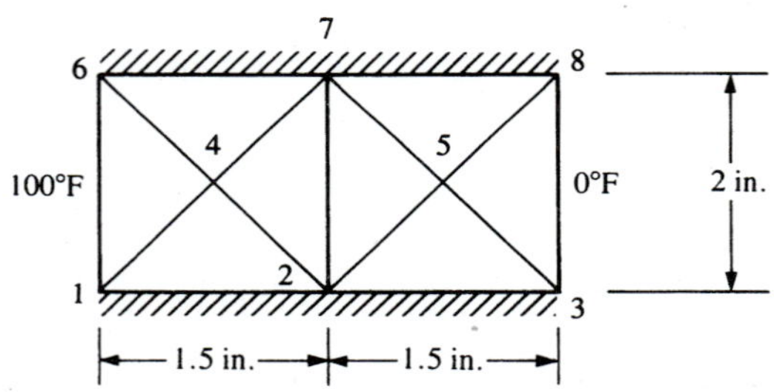

Figure P13-23 •

13.24 For the square two-dimensional body shown in Figure P13-24, determine the temperature distribution. Let $K_{xx} = K_{yy} = 10$ Btu/(h-ft-°F). The top surface is maintained at 400°F and the other three sides are maintained at 50°F. Also, plot the temperature contours on the body.

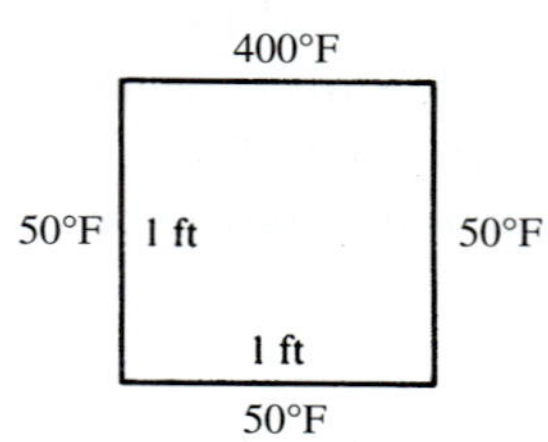

Figure P13-24 •

13.25 For the square two-dimensional body shown in Figure P13 – 25, determine the temperature distribution. Let $K_{xx} = K_{yy} = 10$ Btu/(h-ft-°F) and $h = 10$ Btu/(h-ft^2-°F). The top face is maintained at 400°F, the left face is maintained at 50°F, and the other two faces are exposed to an environmental (free-stream) temperature of 50°F. Also, plot the temperature contours on the body.

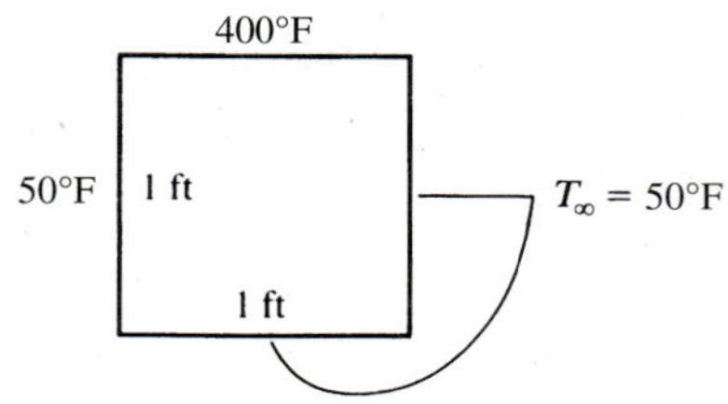

Figure P13-25 •

13.26 Hot water pipes are located on 2.0-ft centers in a concrete slab with $K_{xx} = K_{yy} = 0.80$ Btu/(h-ft-°F), as shown in Figure P13 – 26. If the outside surfaces of the concrete are at 75°F and the water has an average temperature of 200°F, determine the temperature distribution in the concrete slab. Plot the temperature contours through the concrete. Use symmetry in your finite element model.

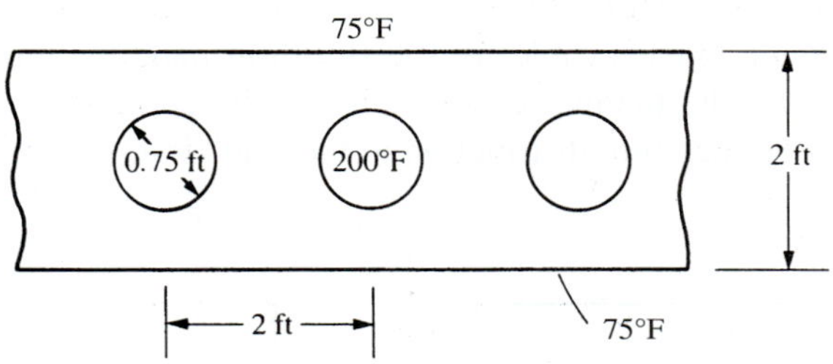

Figure P13-26 •

13.27 The cross section of a tall chimney shown in Figure 13 – 27 has an inside surface temperature of 330°F and an exterior temperature of 50°F. The thermal conductivity is $K = 0.5$ Btu/(h-ft-°F). Determine the temperature distribution within the chimney per unit length.

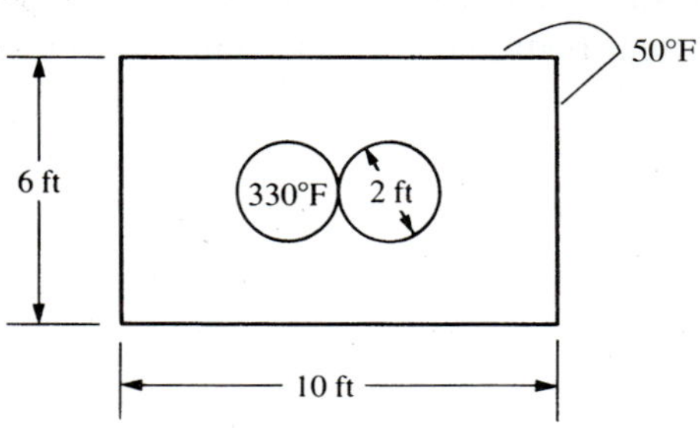

Figure P13-27 •

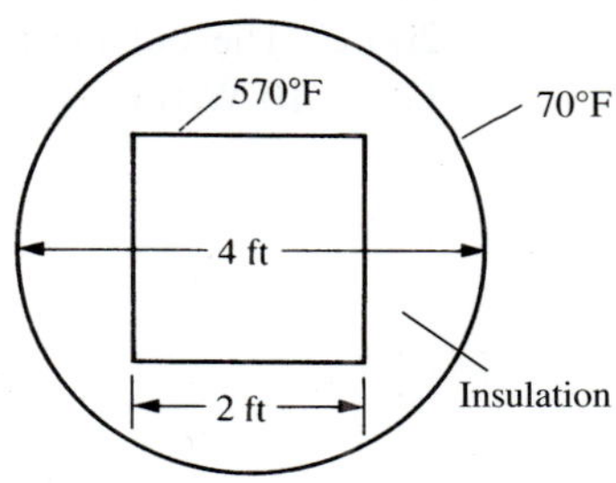

Figure P13-28 •

13.28 The square duct shown in Figure P13 – 28 carries hot gases such that its surface temperature is 570°F. The duct is insulated by a layer of circular fiberglass that has a thermal conductivity of $K = 0.020$ Btu/(h-ft-°F). The outside surface temperature of the fiberglass is maintained at 70°F. Determine the temperature distribution within the fiberglass.

13.29 The buried pipeline in Figure P13 – 29 transports oil with an average temperature of 60°F. The pipe is located 15 ft below the surface of the earth. The thermal conductivity of the earth is 0.6 Btu/(h-ft-°F). The surface of the earth is 50°F. Determine the temperature distribution in the earth.

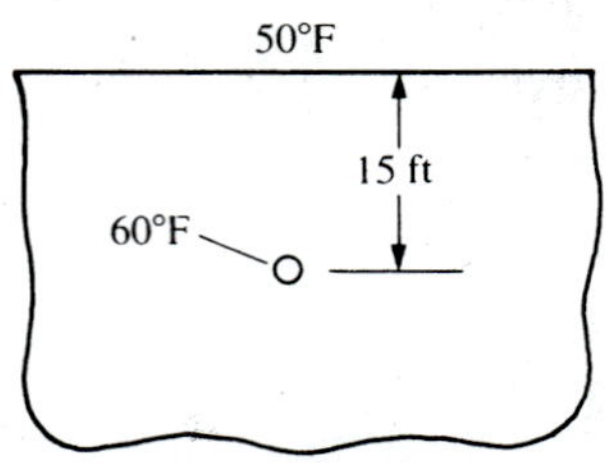

Figure P13-29 •

13.30 A 10-in.-thick concrete bridge deck is embedded with heating cables, as shown in Figure P13 – 30. If the lower surface is at 0°F, the rate of heat generation (assumed to be the same in each cable) is 100 Btu/(h-in.) and the top surface of the concrete is at 35°F. The thermal conductivity of the concrete is 0.500 Btu/(h-ft-°F). What is the temperature distribution in the slab? Use symmetry in your model.

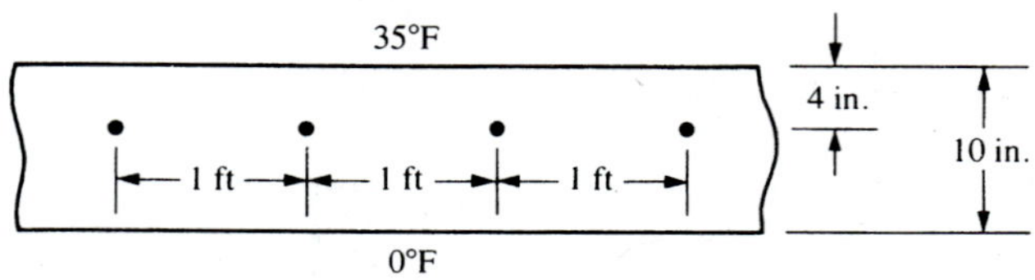

Figure P13-30 •

13.31 For the circular body with holes shown in Figure P13 – 31, determine the temperature distribution. The inside surfaces of the holes have temperatures of 200°C. The outside of the circular body has a temperature of 20°C. Let $K_{xx} = K_{yy} = 10$ W/(m · °C).

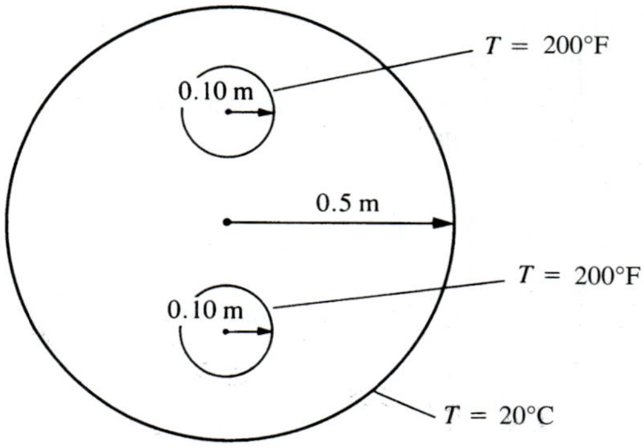

Figure P13-31 •

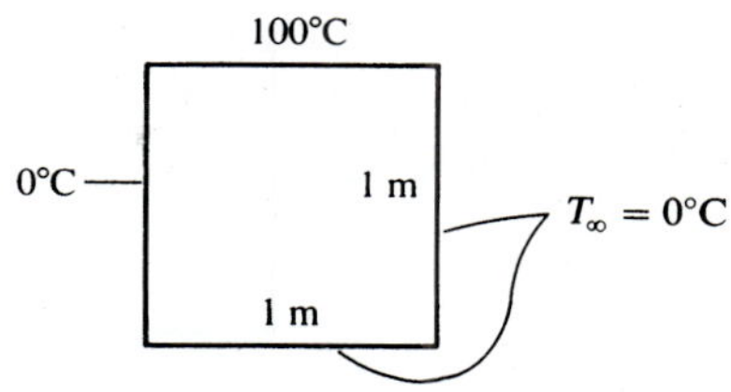

Figure P13-32 •

13.32 For the square two-dimensional body shown in Figure P13 – 32, determine the temperature distribution. Let $K_{xx} = K_{yy} = 5$ W/(m · °C) and $h = 10$ W/(m^2 · °C). The top face is maintained at 100°C, the left face is maintained at 0°C, and the other two faces are exposed to a free-stream temperature of 0°C. Also, plot the temperature contours on the body.

13.33 A 200-mm-thick concrete bridge deck is embedded with heating cables as shown in Figure P13 – 33. If the ambient temperature under the deck is –10°C with $h = 10$ W/(m^2-°C) and the ambient air temperature above the deck is 10°C with $h = 10$ W/(m^2-°C), what is the temperature distribution in the slab? The heating cables are line sources generating heat of $Q^* = 50$ W/m. The thermal conductivity of the concrete is 1.2 W/m-°C. Use symmetry in your model.

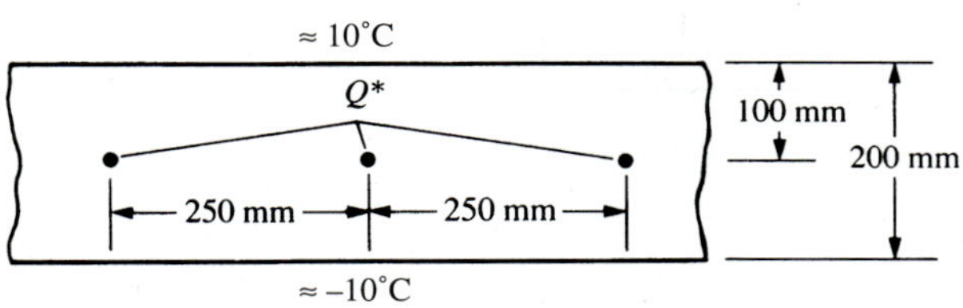

Figure P13-33 •

13.34 For the two-dimensional body shown in Figure P13 – 34, determine the temperature distribution. Let the left and right ends have constant temperatures of 200°C and 0°C, respectively. Let $K_{xx} = K_{yy} = 5$ W/(m · °C). The body is insulated along the top and bottom.

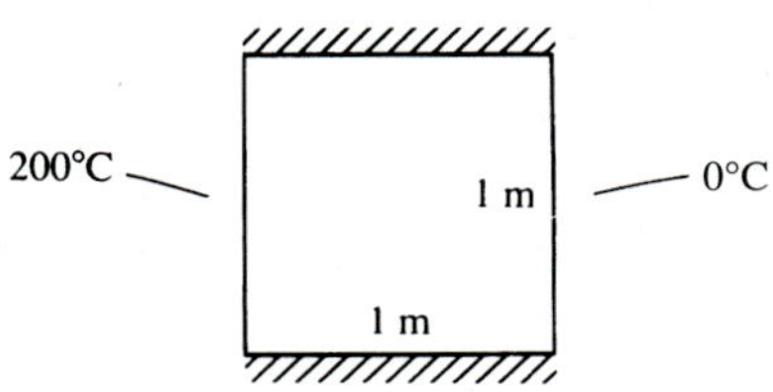

Figure P13-34 •

13.35 For the two-dimensional body shown in Figure P13 – 35, determine the temperature distribution. The top and bottom sides are insulated. The left side has a constant temperature of 100°C. The right side is subjected to heat transfer by convection. Let $K_{xx} = K_{yy} = 10$ W/(m · °C).

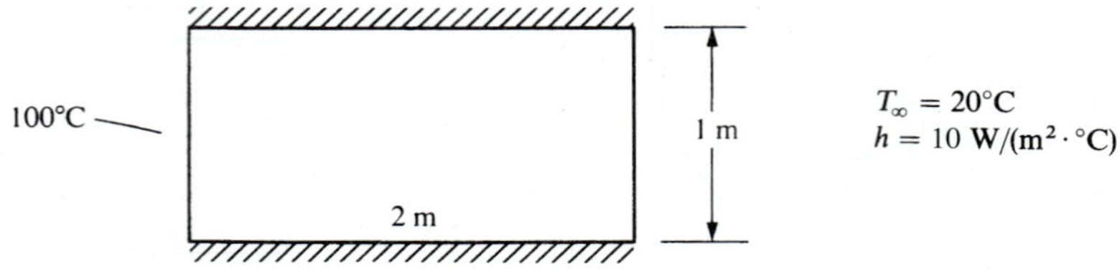

Figure P13-35 •

13.36 For the two-dimensional body shown in Figure P13 – 36, determine the temperature distribution. The left and right sides are insulated. The top surface is subjected to heat transfer by convection. The bottom and internal portion surfaces are maintained at 300°C.

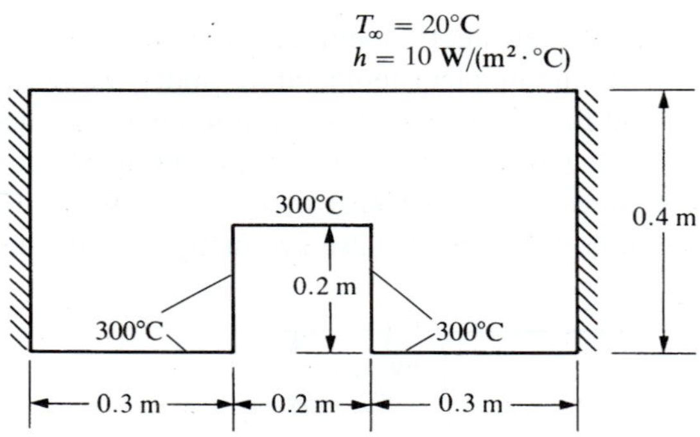

Figure P13-36 •

13.37 Determine the temperature distribution and rate of heat flow through the plain carbon steel ingot shown in Figure P13 – 37. Let k = 60 W/m-K) for the steel. The top surface is held at 60°C, while the underside surface is held at 10°C. Assume that no heat is lost from the sides.

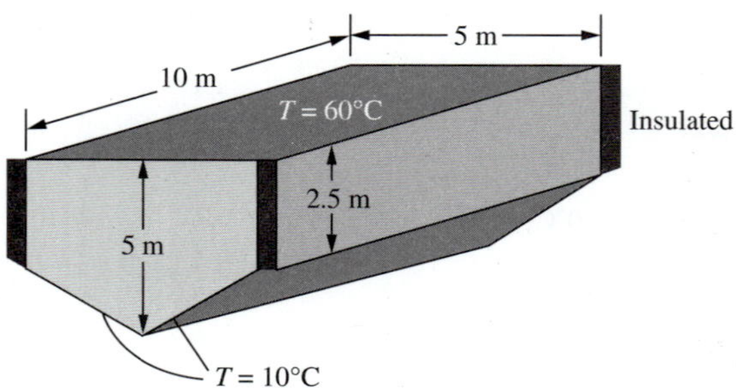

Figure P13-37 •

13.38 Determine the temperature distribution and rate of heat flow from a 5 cm outer diameter pipe at 180°C placed eccentrically within a larger cylinder of insulation ($k = 0.058$ W/m-°C) as shown in Figure P13 − 38. The diameter of the outside cylinder is 15 cm, and the surface temperature is 10°C.

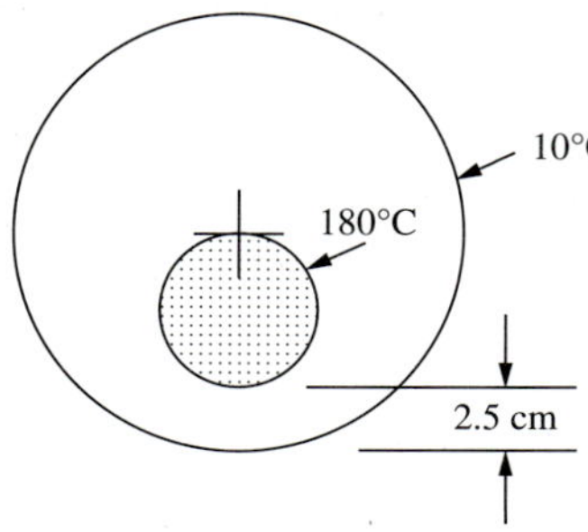

Figure P13-38 •

13.39 Determine the temperature distribution and rate of heat flow in the molded foam insulation ($k = 0.17$ Btu/h-ft-°F) shown in Figure P13 − 39.

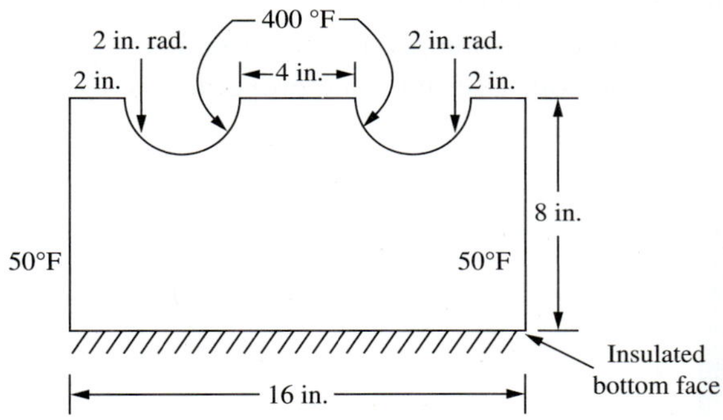

Figure P13-39 •

13.40 For the basement wall shown in Figure P13 − 40, determine the temperature distribution and the heat transfer through the wall and soil. The wall is constructed of concrete ($k = 1.0$ Btu/h-ft-°F). The soil has an average thermal conductivity of $k = 0.85$ Btu/h-ft-°F. The inside air is maintained at 70 °F with a convection coefficient $h = 2.0$ Btu/h-ft^2-°F. The outside air temperature is 10 °F with a heat transfer coefficient of $h = 6$ Btu/h-ft^2-°F. Assume a reasonable distance from the wall of five feet that the horizontal component of heat transfer becomes negligible. Make sure this assumption is correct.

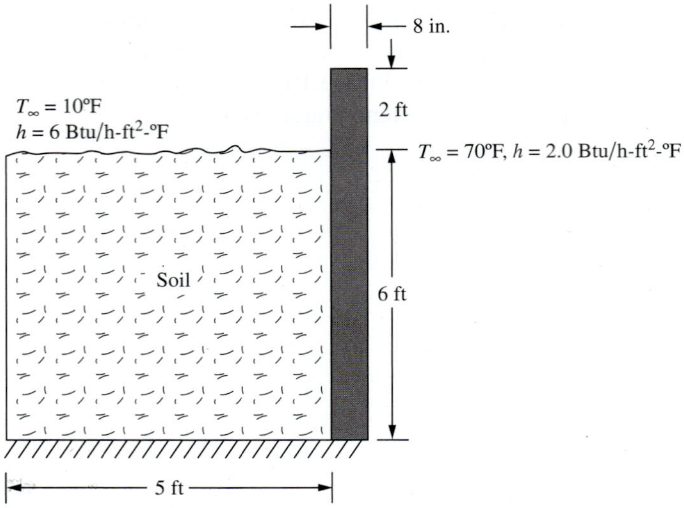

Figure P13-40 •

13.41 Now add a 6 in. thick concrete floor to the model of Figure P13 − 40 (as shown in Figure P13 − 41). Determine the temperature distribution and the heat transfer through the concrete and soil. Use the same properties as shown in Problem 13 − 40.

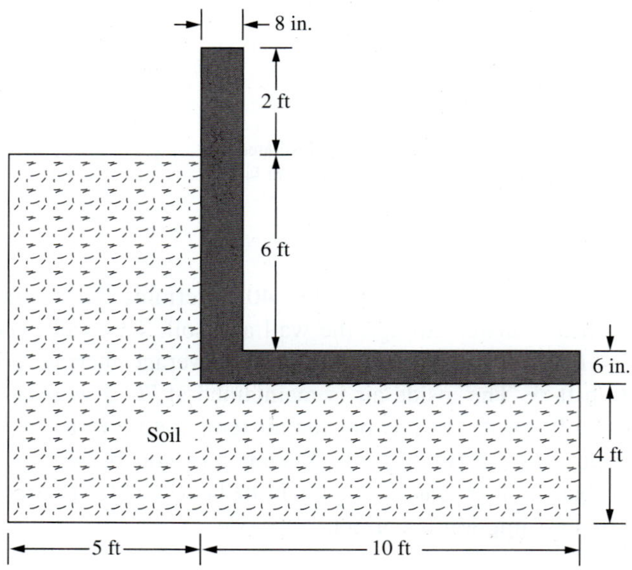

Figure P13-41 •

13.42 Aluminum fins (k = 170 W/m-K) with triangular profiles shown in Figure P13 − 42 are used to remove heat from a surface with a temperature of 200°C. The temperature of the surrounding air is 10°C. The natural convection coefficient is h = 25 W/m²-K. Determine the temperature distribution throughout and the heat loss from a typical fin.

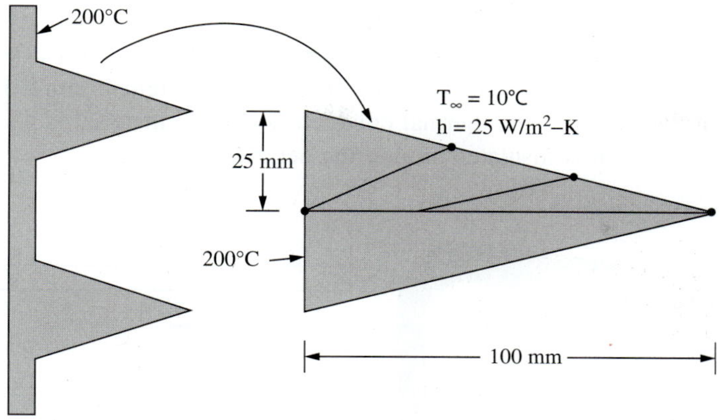

Figure P13-42 •

13.43 The forging hammer shown in Figure P13 – 43 is subjected to a surface temperature of 210°C acting on the lower flat surface of the steel hammer head. The hammer's thermal conductivity is 20 W/m-K and the room temperature is assumed to be 40°C with a convection coefficient of 3.216×10^{-6} J/(s-°C-mm²). Determine the temperature distribution throughout the hammer.

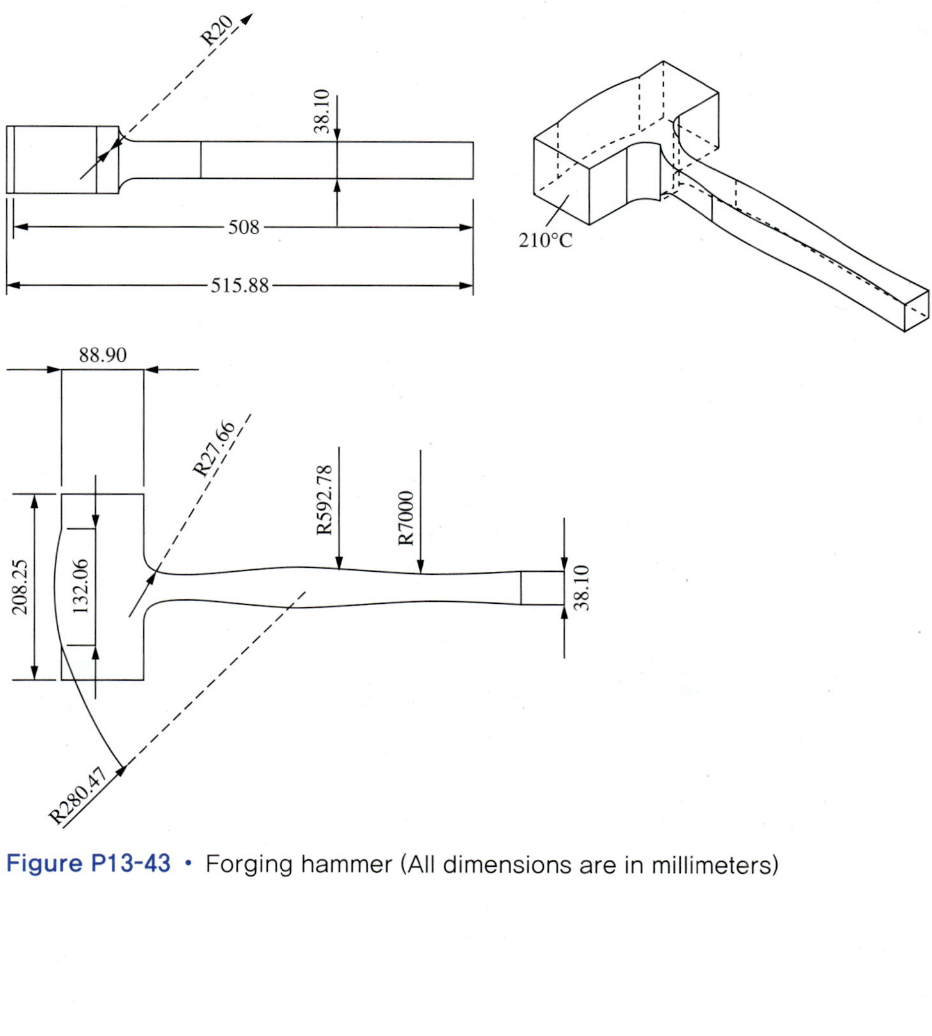

Figure P13-43 • Forging hammer (All dimensions are in millimeters)

13.44 The Allen wrench shown in Figure P13 − 44 is unloaded but now exposed to a temperature of 300 K, at its lower end, while the other end has a heat flux of 10 W/m^2 acting over the end surface. Determine the temperature distribution throughout the wrench. The thermal conductivity of the material is 43.6 W/m-K. Assume the wrench is insulated around the perimeter.

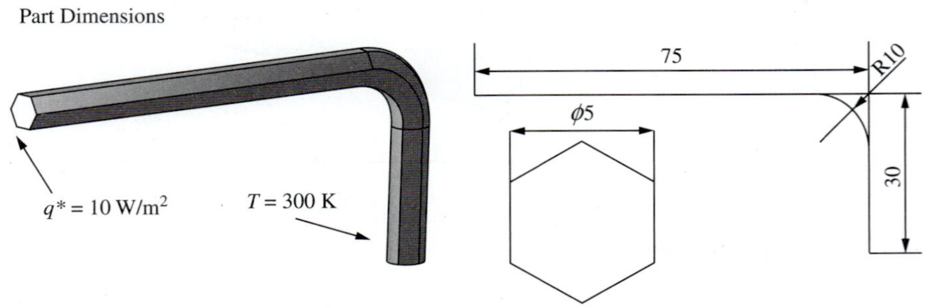

Figure P13-44 • Allen wrench

13.45 The forklift from Figure P13 − 45 has its load removed. The fork is made of AISI 4130 steel. The thermal conductivity of the steel is 35 W/m°C. The top surface of the fork is at 50°C. The other surfaces of the L-shaped appendages located at the upper and lower left sides of the forklift are at room temperature (assume 25°C). Determine the temperature distribution throughout the fork.

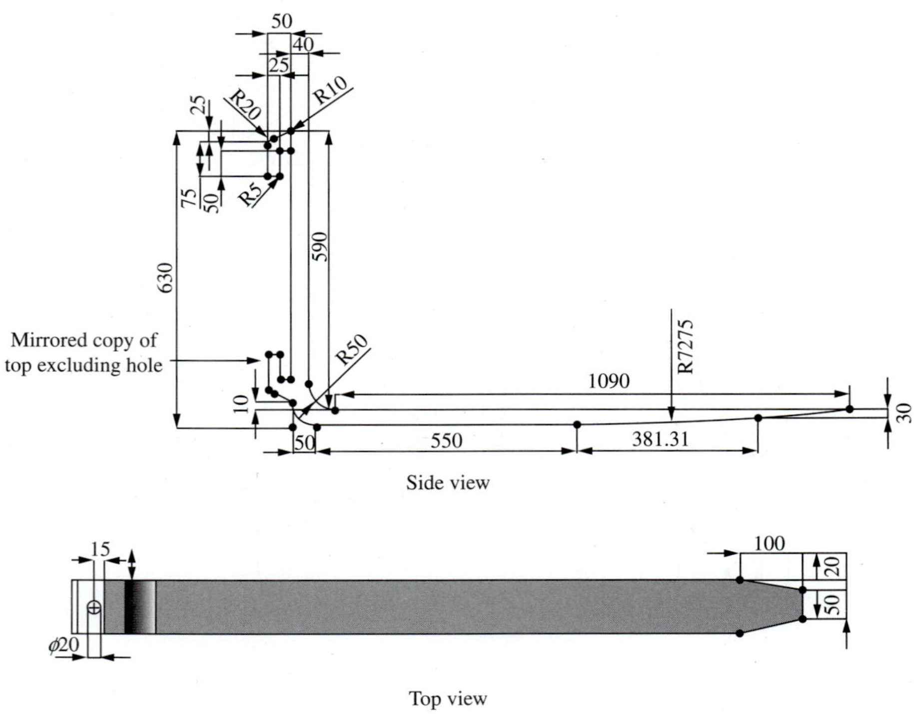

Figure P13-45 • Fork from forklift (dimensions mm)

13.46 The radio control car front steering unit in Figure P13 – 46 (detailed dimensions shown in Figure P11 – 22) is now relieved of stress, but its base has an applied temperature of 100°F. The lower surface of the lower right-side flange has an applied temperature of 50°F. Other surfaces are exposed to T_∞ = 70°F and h = 1 Btu/h-ft^2-°F. The unit is made of ABS (acrylonitrile butadine styrene) with k = 0.104 Btu/ft-hr-°F. Determine the temperature throughout the steering unit.

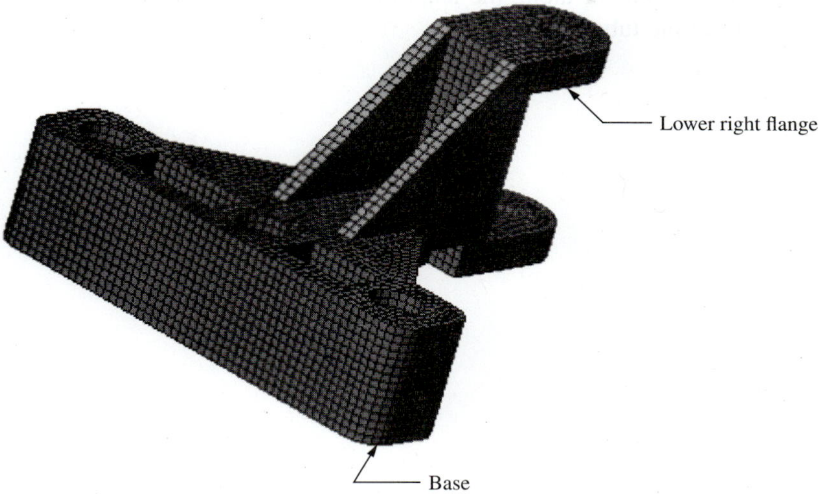

Figure P13-46 • Steering unit

13.47 The hitch shown in Figure P13 – 47 (detailed dimensions shown in Figure P11 – 23) is unloaded but has an applied temperature of 200°F to the front end and an applied temperature of 10°F to the rear surface. Determine the temperature distribution throughout the hitch. The rest of the surfaces are exposed to ambient temperature of 70°F with h = 2 Btu/h-ft^2-°F. Let k = 20 Btu/h-ft-°F.

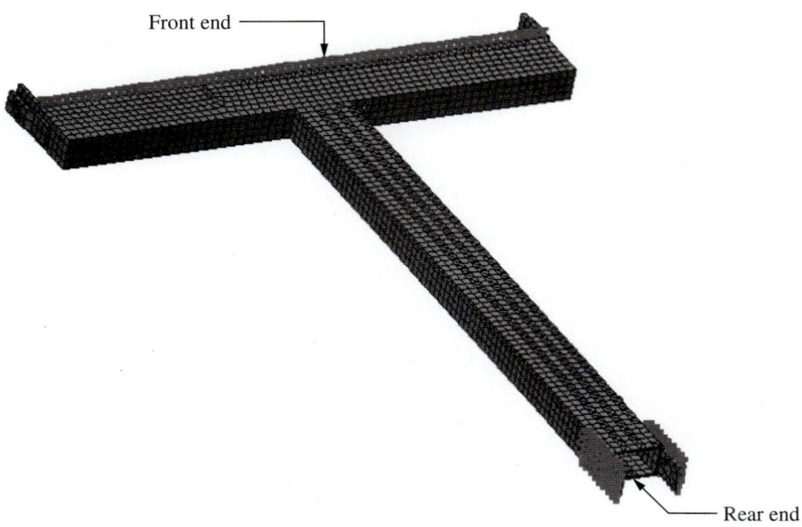

Figure P13-47 • Hitch from disk

13.48 Air is flowing at a rate of 10 lb/h inside a round tube with a diameter of 1.5 in. and length of 10 in., similar to Figure 13 – 32 on page 645. The initial temperature of the air entering the tube is 50°F. The wall of the tube has a uniform constant temperature of 200°F. The specific heat of the air is 0.24 Btu/(lb-°F), the convection coefficient between the air and the inner wall of the tube is 3.0 Btu/h-ft^2-°F), and the thermal conductivity is 0.017 Btu/h-ft-°F). Determine the temperature of the air along the length of the tube and the heat flow at the inlet and outlet of the tube.

CHAPTER 14

투과성 매체와 유압 네트워크를 통한 유체 유동 및 전기 회로와 정전기학

학습목표

- 다르시(Darcy)의 법칙을 포함한, 투과성 매체를 통한 정상상태 유체 유동에 대한 기본적인 미분방정식을 유도한다.
- 파이프 주변과 파이프를 통하여 흐르는 정상상태, 비압축성, 그리고 비점성 유체 유동에 사용되는 방정식을 설명한다.
- 투과성 매체 및 파이프를 통한 유체 유동의 1차원 유한요소 강성행렬과 방정식을 정식화한다.
- 1차원 유체 유동에 대한 해를 직접 증명한다.
- 투과성 매체 및 파이프를 통한 유체의 유동, 고체 주위를 흐르는 유체의 유동에 대하여 2차원 유한요소 방정식을 전개한다.
- 유압 네트워크에 사용되는 요소에 대한 강성행렬을 유도한다.
- 유한요소 직접강성법을 이용하여 유압 네트워크의 해를 설명한다.
- 유체 유동 과정의 흐름도를 보여준다.
- 옴(Ohm)의 법칙과 키르히호프(Kirchhoff)의 법칙을 포함하여 전기 회로 이론을 설명하고, 전기 회로 문제를 푸는 데 사용되는 강성행렬을 소개한다.
- 유한요소 직접강성법을 이용하여 전기 회로 문제의 해를 설명한다.
- 쿨롱(Coulomb)의 법칙과 가우스(Gauss)의 법칙, 그리고 포아송(Poisson) 방정식을 포함하여 정전기학의 기본 개념을 소개한다.
- 정전기 문제의 2차원 유한요소 정식화를 소개한다.
- 정전기 문제의 유한요소 해를 직접 구해본다.
- 컴퓨터 프로그램를 통해 얻은 정전기 문제의 해의 예시를 보여준다.

개요

이 장에서는 흙댐을 통해 흐르는 물의 유동과 같이 투과성 매체(porous media)를 통한 유체의 유동 그리고 파이프 속을 흐르는 유동과 고체 주위를 흐르는 유동에 대해서 고려해 본다. 이러한 방정식의 형태는 13장에서 설명되었던 열전달 방정식과 같음을 관찰하게 될 것이다.

정상상태, 비회전(즉, 유체 입자들이 병진운동만 하는 경우), 비압축성(질량 밀도가 불변), 그리고 비점성(점성을 갖지 않음)인 이상적인 유체에 대한 1차원 기본 미분방정식을 유도하는 것으로부터 시작한다. 그리고 이 방법을 2차원 문제에 대해서까지 확장한다. 유체 유동과 관련된 물리량들에 사용된 단위들에 대해서도 역시 고려해 본다. 점성 유동, 압축성 유동, 그리고 3차원 문제와 같은 그 이상의 주제들에 대해서는 참고문헌 [1]을 참조하기 바란다.

요소 방정식을 만들어내는 데에는 열전달 문제에서와 똑같은 절차를 사용할 것이다. 즉, 각 요소 내에서 투과성 매체(침수)를 통한 유동에 대해서는 수두를 가정하여 정의하고, 파이프 안이나 고체 주변을 흐르는 유체의 유동에 대해서는 속도 포텐셜을 정의한다. 그리고 2장, 3장, 4장에서 사용되었던 것과 비슷한 직접접근법과 13장에서 사용된 범 함수의 최소화가 요소 방정식을 얻는 데 사용된다. 이 방정식들은 결과적으로 응력 해석 문제에서의 강성행렬과 하중행렬과 유사한 행렬이 되거나 또는 열전달 문제에서의 열전도 하중행렬과 유사한 행렬이 된다.

그 다음, 1차원과 2차원 유체 유동 문제에 대한 유한요소 정식화를 고찰하고 투과성 매체와 파이프를 통한 1차원 유체 유동 예제와 2차원 영역에서의 유동을 고려한다. 2차원 유체 유동 문제에 대한 결과를 소개한다.

또한, 유압 네트워크를 통과하는 유동과 전기 회로를 고려하고, 이들과 스프링 조합체와의 상사성을 보여준다.

마지막으로, 정전기 해석의 개념을 설명하고 컴퓨터 프로그램 예제와 함께 정전기 해석을 위한 2차원 유한요소 정식화 과정을 전개한다.

14.1 | 기본 미분방정식의 유도

투과성 매체를 통한 유체 유동

먼저 투과성 매체를 통해 흐르는 정상상태 유체 유동의 1차원 문제에 대한 기본 미분방정식을 유도해 보자. 이 유도의 목적은 유체 유동 현상에 대한 물리적 이해력을 제공하는 것인데, 유동 문제의 유한요소 정식화를 완전히 이해하기 위해서는 유체 유동 현상을 확실히 알아야 한다(유체 유동에 대한 추가 정보는 참고문헌 [2]와 [3]을 참조). 그림 14-1에 나타낸 검사체적(control volume)을 고려해 보자. 질량 보존의 법칙에 의해,

$$M_{\text{in}} + M_{\text{generated}} = M_{\text{out}} \tag{14.1.1}$$

또는

$$\rho v_x A\,dt + \rho Q\,dt = \rho v_{x+dx} A\,dt \tag{14.1.2}$$

여기서

M_{in}은 검사체적으로 들어가는 질량이고, 단위는 kg 또는 slug이다.

$M_{\text{generated}}$는 물체 내에서 생성되는 질량이다.

M_{out}은 검사체적에서 나가는 질량이다.

v_x는 x 표면에서의 유동의 속도이고, 단위는 m/s 또는 in./s이다.

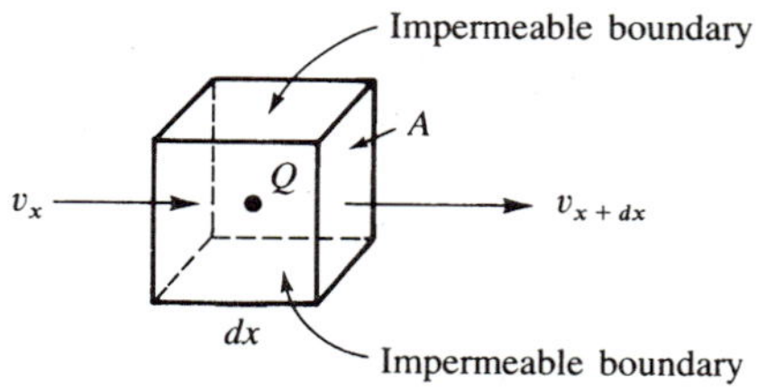

그림 14-1 • 1차원 유체 유동에 대한 검사체적

v_{x+dx}는 $x + dx$ 표면에서 검사체적으로부터 나가는 유동의 속도이다.
t는 시간이고, 단위는 s이다.
Q는 내부의 유체 생성원(내부 체적 유량)이고, 단위는 m^3/s 또는 $in.^3/s$이다.
ρ는 유체의 질량 밀도이고, 단위는 kg/m^3 또는 $slugs/in^3$이다.
A는 유동에 수직한 단면의 단면적이고, 단위는 m^2 또는 in^2이다.

다르시(Darcy)의 법칙에 의해 유체 유동의 속도와 수력구배(hydraulic gradient; x에 대한 유체 수두의 변화)의 관계는 다음과 같다.

$$v_x = -K_{xx}\frac{d\phi}{dx} = -K_{xx}g_x \tag{14.1.3}$$

여기서

K_{xx}는 투과성 매체의 x방향 투과계수이고, 단위는 m/s 또는 in./s이다.
ϕ는 유체 수두이고, 단위는 m 또는 in.이다.
$d\phi/dx = g_x$는 수두구배 또는 수력구배이고, 투과(seepage) 문제에서는 단위가 없다.

식 (14.1.3)은 x방향 속도가 x방향으로의 수두구배에 비례한다는 것을 말해준다. 식 (14.1.3)에서 음의 부호는 유동의 수두가 증가하는 방향의 반대 방향으로 유동의 부호가 양이라는 것을 의미한다. 혹은 유체는 수두가 더 낮은 방향으로 흐른다는 것을 의미한다. 식 (14.1.3)은 푸리에(Fourier)의 열전도 법칙인 식 (13.1.3)과 유사하다.

비슷하게,

$$v_{x+dx} = -K_{xx}\left.\frac{d\phi}{dx}\right|_{x+dx} \tag{14.1.4}$$

이며, 여기서 기울기는 $x + dx$에서 계산된다. 식 (13.1.5)를 얻을 때와 같이 테일러(Taylor) 급수 확장에 의해 다음을 얻을 수 있다.

$$v_{x+dx} = -\left[K_{xx}\frac{d\phi}{dx} + \frac{d}{dx}\left(K_{xx}\frac{d\phi}{dx}\right)dx\right] \tag{14.1.5}$$

여기서 테일러 급수의 두 개 항만이 식 (14.1.5)에 사용되었다. 식 (14.1.3)과 (14.1.5)를 식 (14.1.2)에 대입하고, 식 (14.1.2)를 $\rho A\ dx\ dt$로 나누어 정리하면, 투과성 매체를 통한 1차원 유

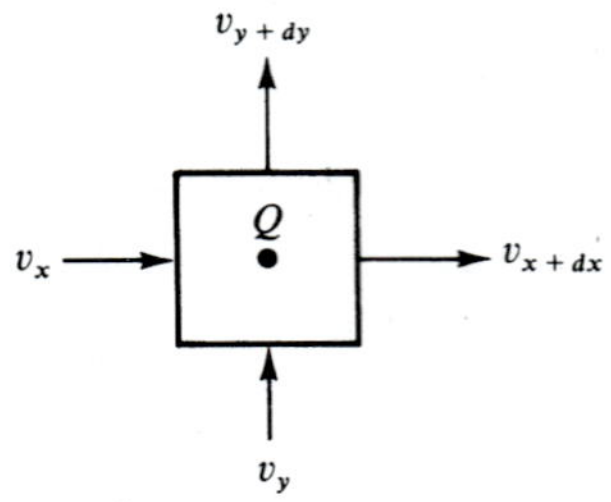

그림 14-2 • 2차원 유체 유동에 대한 검사체적

동 방정식을 다음과 같이 얻게 된다.

$$\frac{d}{dx}\left(K_{xx}\frac{d\phi}{dx}\right)+\bar{Q}=0 \tag{14.1.6}$$

여기서 $\bar{Q} = Q/A\ dx$는 단위체적당 유량이며 단위는 1/s이다. 일정한 투과계수에 대해 식 (14.1.6)은 다음과 같이 된다.

$$K_{xx}\frac{d^2\phi}{dx^2}+\bar{Q}=0 \tag{14.1.7}$$

경계조건들은

$$\phi=\phi_B \quad (S_1\text{상에서}) \tag{14.1.8}$$

의 형태이다. 여기서 ϕ_B는 알고 있는 경계 수두이고, S_1은 이 수두가 주어진 표면이다. 그리고

$$v_x^* = -K_{xx}\frac{d\phi}{dx} = \text{상수} \quad (S_2\text{상에서}) \tag{14.1.9}$$

이며, 여기서 S_2는 지정된 속도 v_x^*, 즉 기울기가 알려진 표면이다. 비투과성 경계에서는 $v_x^* = 0$이다.

위의 유도 과정을 13.1절의 1차원 열전도 문제에 대한 유도와 비교하면 변수들 간에 상당한 유사성이 있음을 관찰할 수 있다. 즉, ϕ는 온도함수 T와 유사하고, v_x는 열유속과 유사하며, 그리고 K_{xx}는 열전도율과 유사하다.

이제 그림 14-2에 나타낸 투과성 매체를 통한 2차원 유동에 대해서 생각해 본다. 1차원 유동의 경우와 마찬가지로 전체좌표계에서의 x와 y방향과 일치하는 물성치를 갖는 경우에 다음 식을 유도할 수 있다.

$$\frac{\partial}{\partial x}\left(K_{xx}\frac{\partial\phi}{\partial x}\right)+\frac{\partial}{\partial y}\left(K_{yy}\frac{\partial\phi}{\partial y}\right)+\bar{Q}=0 \tag{14.1.10}$$

이때 경계조건은

$$\phi=\phi_B \quad (S_1\text{상에서}) \tag{14.1.11}$$

그리고 $$K_{xx}\frac{\partial\phi}{\partial x}C_x + K_{yy}\frac{\partial\phi}{\partial y}C_y = \text{상수} \quad (S_2\text{상에서}) \tag{14.1.12}$$

이다. 여기서 C_x와 C_y는 그림 13-5에 이미 나타낸 것과 마찬가지로 표면 S_2에 수직한 단위벡터의 방향 코사인이다.

파이프 내와 고체 주위를 흐르는 유체 유동

이제부터 비압축성이고 비점성인 유체의 정상상태 비회전 유동을 고찰해 보자. 이상적인 유체의 경우, 유체 입자들은 회전하지 않는다. 그 입자들은 병진운동만을 하며 유체와 표면 간의 마찰은 무시된다. 또한 유체는 고체를 통과하거나 고체의 표면으로부터 분리될 수 없다. 이러한 분리는 빈 공간을 만들어낼 수도 있기 때문이다.

이러한 유체운동에 대한 방정식들은 유선의 함수(stream function) 형태로 표현될 수도 있고 속도 포텐셜함수의 형태로 표현될 수도 있다. 우리는 수두와 유사한 속도 포텐셜을 사용할 것이다. 이 수두는 앞 절에서 투과성 매체를 통해 흐르는 유동에 대한 미분방정식의 유도에 사용되었던 것이다.

유체의 속도 v는 속도 포텐셜함수 ϕ와 다음과 같은 관계를 갖는다.

$$v_x = -\frac{\partial\phi}{\partial x} \quad v_y = -\frac{\partial\phi}{\partial y} \tag{14.1.13}$$

여기서 v_x와 v_y는 각각 x와 y방향의 속도이다. 유체 생성원(source)이나 흡수(sink) Q가 없을 때, 2차원에서 질량 보존은 다음과 같이 2차원 미분방정식으로 나타난다.

$$\frac{\partial^2\phi}{\partial x^2} + \frac{\partial^2\phi}{\partial y^2} = 0 \tag{14.1.14}$$

식 (14.1.14)는 $K_{xx} = K_{yy} = 1$로 하고 $Q = 0$으로 하면 식 (14.1.10)과 유사하다. 그러므로 식 (14.1.14)는 식 (14.1.10)의 특별한 형태이다. 경계조건은

$$\phi = \phi_B \quad (S_1\text{상에서}) \tag{14.1.15}$$

그리고 $$\frac{\partial\phi}{\partial x}C_x + \frac{\partial\phi}{\partial y}C_y = \text{상수} \quad (S_2\text{상에서}) \tag{14.1.16}$$

이다. 여기서 C_x와 C_y는 표면 S_2에 수직한 단위벡터 **n**의 방향 코사인이다. 또한 그림 14-3을

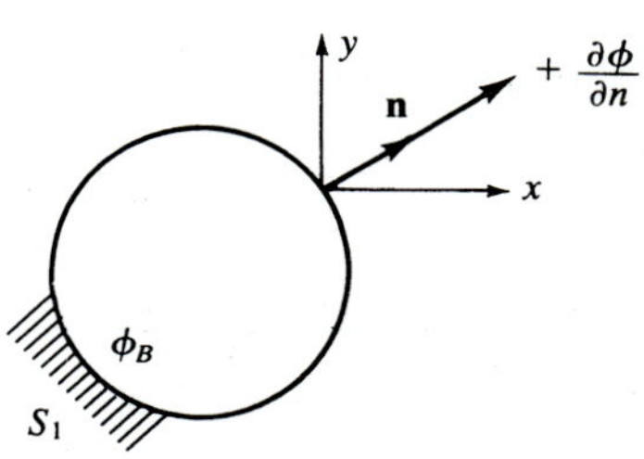

그림 14-3 • 유체 유동의 경계조건

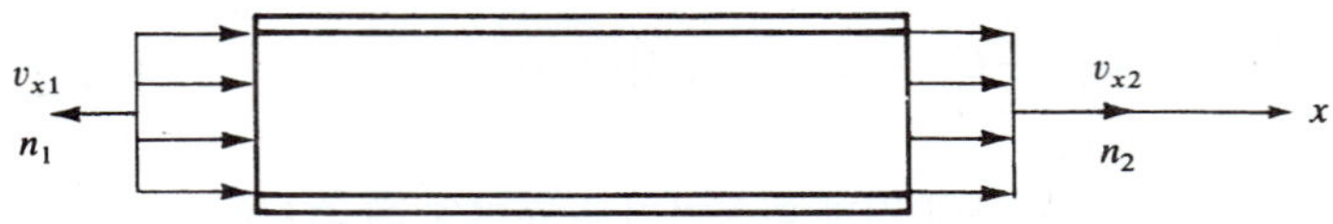

그림 14-4 • 파이프 좌우 모서리에서의 기지의 속도

참조하라. 식 (14.1.15)는 경계표면 S_1에서 속도 포텐셜 ϕ_B를 알고 있음을 말해준다. 반면에 그림 14-3에 보인 파이프 유동에서 알 수 있듯이, 식 (14.1.16)은 표면 S_2에 수직한 방향으로 속도 포텐셜 구배, 즉 속도가 알려져 있음을 말해준다.

S_2상의 경계조건의 부호 규약을 분명히 하기 위해, 그림 14-4에 보여주듯이 파이프를 통해 양의 x방향으로 흐르는 유체의 경우를 고찰해 보자. 좌변 (1)에서의 속도와 우변 (2)에서의 속도를 알고 있다고 가정한다. 식 (14.1.13)에 의해 유체의 속도는 속도 포텐셜과 다음과 같은 관계를 갖는다.

$$v_x = -\frac{\partial \phi}{\partial x}$$

좌변 (1)에서 $v_x = v_{x1}$이라고 가정한다. 그러면

$$v_{x1} = -\frac{\partial \phi}{\partial x}$$

이 된다. 그러나 수직 방향은 표면으로부터 나가는 방향 또는 밖으로의 방향이 항상 양의 방향이다. 그러므로 양의 n_1은 왼쪽 방향이다. 반면에 양의 x는 오른쪽 방향이다. 결과적으로 다음과 같다.

$$\frac{\partial \phi}{\partial n_1} = -\frac{\partial \phi}{\partial x} = v_{x1} = v_{n1}$$

우변 (2)에서 $v_x = v_{x2}$라고 가정한다. 이제 수직 방향 n_2는 x방향과 똑같다. 그러므로

$$\frac{\partial \phi}{\partial n_2} = \frac{\partial \phi}{\partial x} = -v_{x2} = -v_{n2}$$

이다. 결론적으로, 경계 유동 속도는 좌변에서처럼 표면(영역)으로 들어가는 방향이면 양이고, 우변에서처럼 표면에서 나가는 방향이면 음이다.

비투과성 경계에서 경계에 수직한 유동 속도는 0이 되어야 하고, 따라서 속도 포텐셜의 미분은 0이 되어야 한다. 균일한 또는 일정한 속도를 가진 경계에서 속도 포텐셜 ϕ의 기울기로 주어질 수 있다. 예로서 식 (14.1.13)을 참조하라. 이러한 생각은 또한 예제 14.3에서 예시된다.

14.2 | 1차원 유한요소 정식화

이제 유동 문제가 13장의 열전달 문제와 유사하다는 사실을 인식하고 유동 문제를 1차원 유한요소 정식화하는 것을 진행한다. 단지 온도함수 T를 유체 속도 포텐셜함수 ϕ로 치환하고, 절

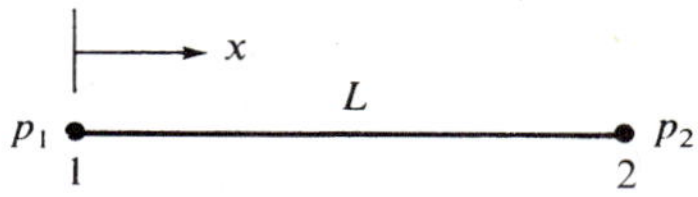

그림 14-5 • 기본적인 1차원 유체 유동 요소

점온도 벡터 $\{t\}$를 절점 포텐셜의 벡터 $\{p\}$로 치환하고, 열유속 q를 유체 속도 v로 치환하고, 그리고 열전도율 K를 투과성 매체를 통한 유동의 투과계수 K로 대체한다. 만약 파이프 속 또는 고체 주위를 흐르는 유동을 고찰한다면, K는 1로 간주한다. 각 단계는 다음과 같다.

제1단계 요소 형태의 선정

그림 14-5에 보인 것과 같이, p_1과 p_2로 표시된 절점 수두 또는 포텐셜을 가진 기본 2절점 요소를 사용한다.

제2단계 포텐셜함수의 선정

13.4절의 온도함수와 비슷한 포텐셜함수 ϕ를 다음과 같이 선택한다.

$$\phi = N_1 p_1 + N_2 p_2 \tag{14.2.1}$$

여기서 p_1과 p_2는 절점 포텐셜[혹은 투과성(seepage)의 문제에서는 수두]이며 구하고자 하는 값들이다. 그리고

$$N_1 = 1 - \frac{x}{L} \quad N_2 = \frac{x}{L} \tag{14.2.2}$$

이다. 이것 역시 열전달 요소에 대해 사용했던 것과 똑같은 형상함수이다. 그러므로 행렬 $[N]$은

$$[N] = \left[1 - \frac{x}{L} \quad \frac{x}{L}\right] \tag{14.2.3}$$

이다.

제3단계 기울기-포텐셜과 속도-기울기 관계의 정의

수력구배 행렬 $\{g\}$는 다음과 같이 주어지며,

$$\{g\} = \left\{\frac{d\phi}{dx}\right\} = [B]\{p\} \tag{14.2.4}$$

여기서 $[B]$는 다음의 식 (13.4.7)과 같으며

$$[B] = \left[-\frac{1}{L} \quad \frac{1}{L}\right] \tag{14.2.5}$$

그리고

$$\{p\} = \begin{Bmatrix} p_1 \\ p_2 \end{Bmatrix} \tag{14.2.6}$$

표 14-1 투과성 매체의 투과계수

Material	K (cm/s)
Clay	1×10^{-8}
Sandy clay	1×10^{-3}
Ottawa sand	2 to 3×10^{-2}
Coarse gravel	1

속도-기울기 관계는 다르시의 법칙에 기초를 두고 있으며 다음과 같이 주어진다.

$$v_x = -[D]\{g\} \tag{14.2.7}$$

여기서 물성행렬은 다음과 같다.

$$[D] = [K_{xx}] \tag{14.2.8}$$

K_{xx}는 투과성 매체의 x방향으로의 투과계수이다. 투과성 매체의 대표적인 투과계수를 표 14-1에 열거해 놓았다. $K > 10^{-1}$ cm/s일 때 투과성이 높으며, $K < 10^{-7}$일 때 물질이 거의 투과성이 없는 것으로 간주한다. 파이프 속이나 고체 주위를 흐르는 이상적인 유동에 대해서 임의로, 그러나 편리한 숫자인 $K = 1$로 한다.

제4단계 요소 강성행렬과 방정식의 유도

유체 유동 문제는 식 (13.4.17)의 우변의 첫 번째 항을 사용하여 얻을 수 있는 강성행렬을 갖는다. 즉, 유동 강성행렬은 열전달 문제에서의 강성행렬의 전도부분과 유사하다. 강성행렬에 더해지는 대류행렬에 비교되는 항은 없다. 그러나 우리는 직접 접근법을 사용할 것인데, 이것은 3장에서 봉 요소에 대해 강성행렬을 처음으로 만들 때 사용했던 방법과 같다.

그림 14-6에서 보여주는 길이가 L이고 균일한 단면적 A를 갖는 유체 요소를 고찰해 보자. 강 성행렬은 구조 문제에서 절점력과 절점 변위의 관계를, 온도 문제에서는 절점 열유속 항과 절점 온도의 관계를 정의함을 상기하자. 유체 유동 문제에서는 절점 체적 유량과 절점 포텐셜 또는 절점 수두와의 관계, 즉 $\{f\} = [k]\{p\}$로 강성행렬을 정의한다. 그러므로

$$f = v^*A \tag{14.2.9}$$

이다. 이 식은 체적 유량 f를 정의하는데, 단위는 m^3/s 또는 in^3/s이다. 이제 식 (14.2.7)과 (14.2.8)을 식 (14.2.9)에 대입하여 다음을 얻는다.

$$f = -K_{xx}Ag \ \text{m}^3/\text{s} \ \text{ 또는 } \ \text{in}^3/\text{s} \tag{14.2.10}$$

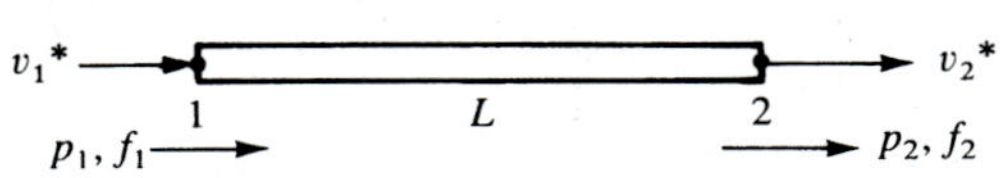

그림 14-6 • 절점 속도가 주어진 유체 요소

이것은 스칼라 형태이다. 식 (14.2.4)와 (14.2.5)에 기초하여 g를 다음과 같이 표현한다.

$$g = \frac{p_2 - p_1}{L} \tag{14.2.11}$$

절점 1과 2에 식 (14.2.10)과 (14.2.11)을 적용하여 다음을 얻는다.

$$f_1 = -K_{xx}A\frac{p_2 - p_1}{L} \tag{14.2.12}$$

그리고

$$f_2 = K_{xx}A\frac{p_2 - p_1}{L} \tag{14.2.13}$$

여기서 f_1은 요소로 들어가는 방향이며, 유체가 요소 내로 흘러 들어감을 가리킨다(p_1은 p_2보다 커야 하는데 이는 요소 내로 유체를 밀어넣을 수 있도록 하는 것이며, 이때 f_1은 양으로 나타난다). 반면에 f_2는 요소로부터 밖으로 나가는 방향이며, 유체가 요소 밖으로 흘러나감을 가리킨다. 그러므로 음의 부호는 식 (14.2.13)에서 양의 부호로 바뀌었다. 식 (14.2.12)와 (14.2.13)을 행렬 형태로 함께 표현하면 다음과 같다.

$$\begin{Bmatrix} f_1 \\ f_2 \end{Bmatrix} = \frac{AK_{xx}}{L}\begin{bmatrix} 1 & -1 \\ -1 & 1 \end{bmatrix}\begin{Bmatrix} p_1 \\ p_2 \end{Bmatrix} \tag{14.2.14}$$

그러면 투과성 매체를 통한 유동에 대한 강성행렬은 다음과 같다.

$$[k] = \frac{AK_{xx}}{L}\begin{bmatrix} 1 & -1 \\ -1 & 1 \end{bmatrix} \text{ m}^2/\text{s} \text{ 또는 } \text{in}^2/\text{s} \tag{14.2.15}$$

식 (14.2.15)는 열전도 요소에 대한 식 (13.4.20) 또는 1차원(축 응력) 봉 요소에 대한 식 (3.1.14)와 유사하다. 투과율 행렬, 즉 강성행렬의 단위는 m^2/s 또는 in^2/s이다.

일반적으로 기본 요소에는 펌프로 인한 것과 같이 내부 유체 생성원 또는 흡수(sink)가 작용하거나, 강이나 내에서와 같이 표면 유량 유입이 작용한다. 이러한 것들 또는 비슷한 효과들을 포함하기 위해, 그림 14-6의 요소에 이제 그림 14-7에서 보여주는 것과 같이 전체 요소에 걸쳐 작용하는 균일한 내부 유체 생성원 Q와 표면에 작용하는 균일한 표면유동률 q^*를 포함시킨다. 하중행렬의 항들은

$$\{f_Q\} = \iiint_V [N]^T Q\,dV = \frac{QAL}{2}\begin{Bmatrix} 1 \\ 1 \end{Bmatrix} \text{ m}^3/\text{s} \text{ 또는 } \text{in}^3/\text{s} \tag{14.2.16}$$

이며, 여기서 Q의 단위는 $\text{m}^3/(\text{m}^3 \cdot \text{s})$, 즉 1/s이다. 그리고

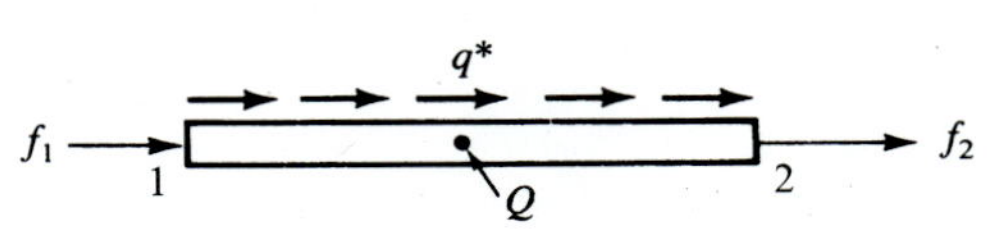

그림 14-7 • 체적 유체 유량에 부가한 유체 생성원

$$\{f_q\} = \iint_{S^2} q^*[N]^T \, dS = \frac{q^* Lt}{2}\begin{Bmatrix}1\\1\end{Bmatrix} \text{ m}^3/\text{s 또는 in}^3/\text{s} \tag{14.2.17}$$

이며, 여기서 q^*의 단위는 m/s 또는 in./s이다. 식 (14.2.16)과 (14.2.17)은 균일하게 분포하는 단위체적당 체적 유량 Q의 절반(유체 생성원은 양이고 흡수는 음이다)이 각 절점에 할당되고 표면 유량의 절반씩(역시 유체 생성원이 양)이 각 절점에 할당된다는 사실을 말해준다.

제5단계 전체좌표계에서의 방정식을 얻기 위한 요소 방정식의 조합과 경계조건의 도입

전체 강성행렬 $[K]$, 전체 하중행렬 $\{F\}$, 그리고 전체 방정식들을 다음과 같이 조합한다.

$$[K] = \sum [k^{(e)}] \quad \{F\} = \sum \{f^{(e)}\} \tag{14.2.18}$$

그리고

$$\{F\} = [K]\{p\} \tag{14.2.19}$$

조합 절차는 직접강성법과 비슷하다. 그러나 이것은 두 요소 간의 공통 절점에서는 포텐셜이 같다는 기준으로 만들어진다. 절점 포텐셜에 대한 경계조건은 식 (14.1.15)에 주어져 있다.

제6단계 절점 포텐셜의 계산

이제 전체좌표계에서의 절점 포텐셜 $\{p\}$를 계산한다. 여기서 절점 포텐셜의 경계조건들이 식 (14.1.15)에 주어져 있다.

제7단계 요소 속도와 체적 유량의 계산

마지막으로, 식 (14.2.7)로부터 요소 속도들을 계산한다. 그리고 유량 Q_f를 다음과 같이 구한다.

$$Q_f = (v)(A) \text{ m}^3/\text{s 또는 in}^3/\text{s} \tag{14.2.20}$$

예제 14.1

다음을 결정하라: (a) 그림 14-8에 보인 굵은 자갈 같은 매체의 길이방향으로의 수두 분포, (b) 위쪽 부분에서의 속도, (c) 위쪽 부분에서의 체적 유량. 꼭대기에서의 수두는 10 in.이고, 바닥

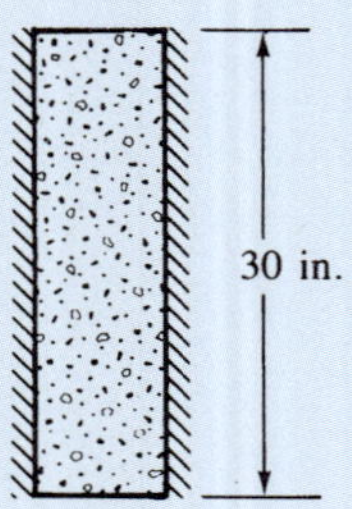

그림 14-8 • 투과성 매체에서의 1차원 유체 유동

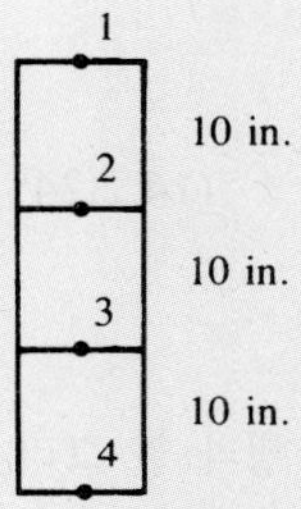

그림 14-9 • 투과성 매체에서의 유한요소 격자

에서의 수두는 1 in.이다. 투과계수는 $K_{xx} = 0.5$ in./s으로 하고, 단면적은 $A = 1$ in^{2}으로 가정한다.

풀이

그림 14-9에 유한요소 분할을 해 놓았다. 간단히 하기 위해 각각 길이가 10 in.인 세 개의 요소를 사용할 것이다.

각 요소에 대한 강성행렬은 다음과 같이 계산한다.

$$\frac{AK_{xx}}{L} = \frac{(1 \text{ in}^2)(0.5 \text{ in./s})}{10 \text{ in.}} = 0.05 \text{ in}^2/\text{s}$$

식 (14.2.15)를 요소 1, 2, 3에 적용하면 다음을 얻는다.

$$[k^{(1)}] = [k^{(2)}] = [k^{(3)}] = 0.05\begin{bmatrix} 1 & -1 \\ -1 & 1 \end{bmatrix} \text{ in}^2/\text{s} \tag{14.2.21}$$

일반적으로 식 (14.2.16)과 (14.2.17)은 요소하중을 얻는 데 사용된다. 그러나 이 예제에서 $Q = 0$(유체 생성원이나 흡수가 없음)이고 $q^* = 0$(가해진 표면 유동률이 없음)이다. 그러므로

$$\{f^{(1)}\} = \{f^{(2)}\} = \{f^{(3)}\} = 0 \tag{14.2.22}$$

이다.

식 (14.2.21)로부터 요소 강성행렬들을 조합하면, 직접강성법을 사용하여 다음 방정식을 얻는다.

$$0.05\begin{bmatrix} 1 & -1 & 0 & 0 \\ -1 & 2 & -1 & 0 \\ 0 & -1 & 2 & -1 \\ 0 & 0 & -1 & 1 \end{bmatrix}\begin{Bmatrix} p_1 \\ p_2 \\ p_3 \\ p_4 \end{Bmatrix} = \begin{Bmatrix} 0 \\ 0 \\ 0 \\ 0 \end{Bmatrix} \tag{14.2.23}$$

알고 있는 절점 수두 경계조건들은 $p_1 = 10$ in.과 $p_4 = 10$ in.이다. 이들 수두가 0이 아닌 경계 조건들은 4장에서 응력 해석 문제에 대해 설명한 대로 다룰 수 있다. 이제 다음과 같이 강성(투과율)행렬과 하중행렬을 수정한다.

$$\begin{bmatrix} 1 & 0 & 0 & 0 \\ 0 & 0.1 & -0.05 & 0 \\ 0 & -0.05 & 0.1 & 0 \\ 0 & 0 & 0 & 1 \end{bmatrix} \begin{Bmatrix} p_1 \\ p_2 \\ p_3 \\ p_4 \end{Bmatrix} = \begin{Bmatrix} 10 \\ 0.5 \\ 0.05 \\ 1 \end{Bmatrix} \tag{14.2.24}$$

여기서 주어진 수두 $p_1 = 10$ in.과 $p_4 = 10$ in.에 대응하는 강성행렬의 첫 번째 행과 열 그리고 네 번째 행과 열의 항들은 주 대각선을 제외하고는 0이 되게 하였다. 첫 번째와 네 번째 행과 열의 주 대각선은 1이 되게 하였다. 그리고 하중행렬의 첫 번째 행과 네 번째 행은 이미 알고 있는 절점 1과 4에서의 절점 수두와 같게 하였다. 또한 식 (14.2.23)의 두 번째 방정식의 좌측 항에서의 $(-0.05) \times (10 \text{ in.}) = -0.5$ in.인 항과 식 (14.2.23)의 세 번째 방정식 좌측항에서의 $(-0.05) \times (1 \text{ in.}) = -0.05$ in.는 두 번째 행과 세 번째 행에서 우측 항으로 이항되었다 ($+0.5$와 $+0.05$같이). 식 (14.2.24)의 두 번째 방정식과 세 번째 방정식을 이제 풀 수가 있다. 계산결과 해는 다음과 같이 얻어진다.

$$p_2 = 7 \text{ in.} \quad p_3 = 4 \text{ in.} \tag{14.2.25}$$

그 다음, 식 (14.2.7)을 사용하여 요소 1에서의 유체 속도를 다음과 같이 결정한다.

$$v_x^{(1)} = -K_{xx}[B]\{p^{(1)}\} \tag{14.2.26}$$

$$= -K_{xx}\begin{bmatrix} -\frac{1}{L} & \frac{1}{L} \end{bmatrix}\begin{Bmatrix} p_1 \\ p_2 \end{Bmatrix} \tag{14.2.27}$$

즉,

$$v_x^{(1)} = 0.15 \text{ in./s} \tag{14.2.28}$$

다른 요소들에서도 속도는 역시 0.15 in./s임을 확인할 수 있다. 그 이유는 단면이 일정하고 물성치들이 균일하기 때문이다. 그 다음, 식 (14.2.20)을 사용하여 요소 1에서의 체적 유량 Q_f를 다음과 같이 결정할 수 있다.

$$Q_f = vA = (0.15 \text{ in./s})(1 \text{ in}^2) = 0.15 \text{ in}^3/\text{s} \tag{14.2.29}$$

이 체적 유량은 매체의 길이에 걸쳐서 일정하다.

예제 14.2

그림 14-10에서 보여주는 단면이 변하는 연속 파이프에 대해 교점에서 포텐셜을 결정하고, 파이프의 각 부분에서의 속도와 체적 유량을 결정하라. 왼쪽 끝에서의 포텐셜은 $p_1 = 10 \text{ m}^2/\text{s}$이고, 오른쪽 끝에서는 $p_4 = 1 \text{ m}^2/\text{s}$이다.

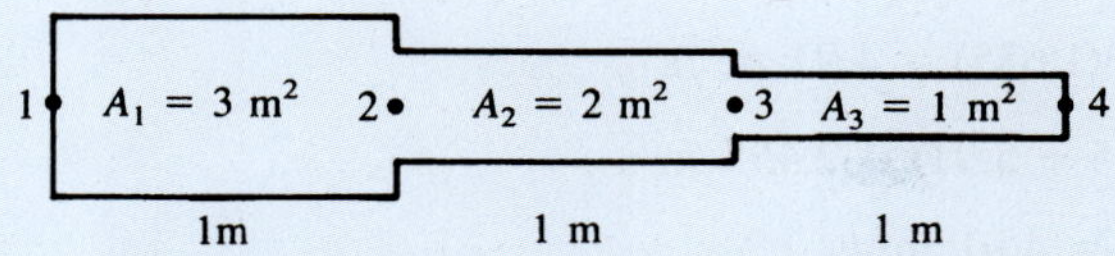

그림 14-10 • 단면이 변하는 파이프 내의 유동

풀이

연속 파이프를 통한 유체 유동에 대하여 $K_{xx} = 1$이다. 이 파이프는 그림 14-11에 보인 것과 같이 세 개의 요소와 네 개의 절점으로 분할된다. 식 (14.2.15)를 사용하면 요소 강성행렬은 다음과 같다.

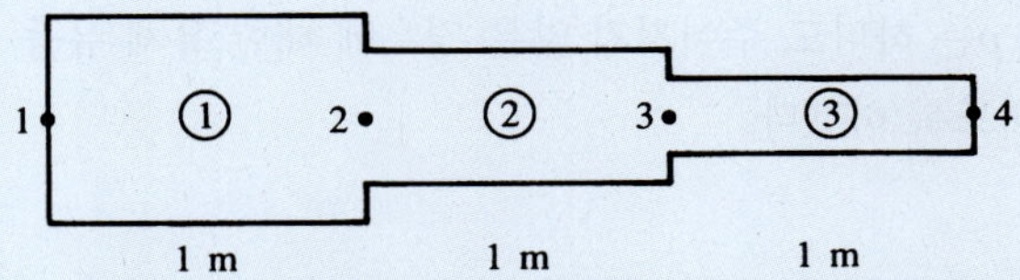

그림 14-11 • 요소로 분할된 파이프

$$[k^{(1)}] = \frac{3}{1}\begin{bmatrix} 1 & -1 \\ -1 & 1 \end{bmatrix} \text{m} \quad [k^{(2)}] = \frac{2}{1}\begin{bmatrix} 1 & -1 \\ -1 & 1 \end{bmatrix} \text{m} \quad [k^{(3)}] = \frac{1}{1}\begin{bmatrix} 1 & -1 \\ -1 & 1 \end{bmatrix} \text{m} \tag{14.2.30}$$

여기서 $[k]$의 단위는 파이프를 통한 유체 유동에 대하여 미터이다.

여기에는 가해진 유체 생성원이 없으므로 $\{f^{(1)}\} = \{f^{(2)}\} = \{f^{(3)}\} = 0$이다. 요소 강성행렬들을 조합하여 다음과 같은 방정식을 구성한다.

$$\begin{bmatrix} 3 & -3 & 0 & 0 \\ -3 & 5 & -2 & 0 \\ 0 & -2 & 3 & -1 \\ 0 & 0 & -1 & 1 \end{bmatrix} \begin{Bmatrix} 10 \\ p_2 \\ p_3 \\ 1 \end{Bmatrix} = \begin{Bmatrix} 0 \\ 0 \\ 0 \\ 0 \end{Bmatrix} \frac{\text{m}^3}{\text{s}} \tag{14.2.31}$$

통상적인 방법으로 p_2와 p_3에 대해식 (14.2.31)을 푼다.

$$p_2 = 8.365\ \text{m}^2/\text{s} \quad p_3 = 5.91\ \text{m}^2/\text{s} \tag{14.2.32}$$

식 (14.2.7)과 (14.2.20)을 사용하면, 각 요소에서의 속도와 체적 유량을 구할 수 있다.

$$\begin{aligned} v_x^{(1)} &= -[B]\{p^{(1)}\} \\ &= -\begin{bmatrix} -\dfrac{1}{L} & \dfrac{1}{L} \end{bmatrix} \begin{Bmatrix} 10 \\ 8.365 \end{Bmatrix} \\ &= 1.635\ \text{m/s} \end{aligned}$$

$$
\begin{aligned}
Q_f^{(1)} &= Av_x^{(1)} = 3(1.635) = 4.91\ \mathrm{m^3/s} \\
v_x^{(2)} &= -(-8.365 + 5.91) = 2.455\ \mathrm{m/s} \\
Q_f^{(2)} &= 2.455(2) = 4.91\ \mathrm{m^3/s} \\
v_x^{(3)} &= -(-5.91 + 1) = 4.91\ \mathrm{m/s} \\
Q_f^{(3)} &= 4.91(1) = 4.91\ \mathrm{m^3/s}
\end{aligned}
$$

포텐셜은 왼쪽에서 더 크고 오른쪽으로 갈수록 감소한다. 이 사실은 속도가 오른쪽 방향임을 말해 준다. 질량이 보존되므로 체적 유량은 파이프를 따라서 일정하다.

이제 유체 속도가 경계조건으로 주어지고 p는 하나도 주어지지 않은 경우에 대한 유체 유동 문제를 어떻게 풀 수 있을지에 대해서 설명하도록 하겠다.

예제 14.3

그림 14-12에 표면이 매끈하고 단면이 균일하게 1 in^{2}인 파이프가 격자분할된 것이 보인다. 파이프의 왼쪽 끝단에서 속도가 $v_x = 2$ in./s일 때 파이프 중앙과 오른쪽 끝단에서의 유동 속도를 결정하라.

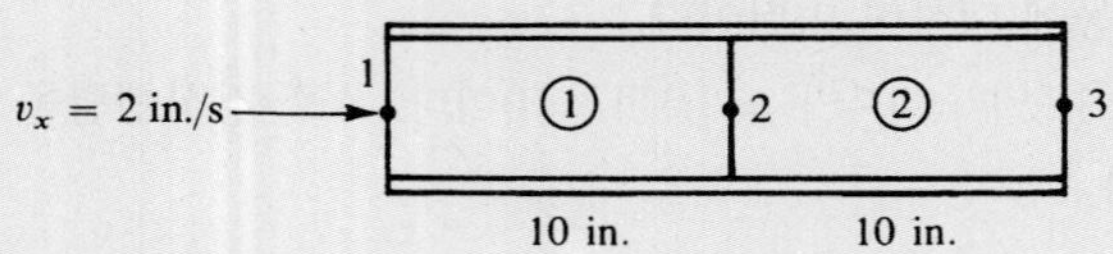

그림 14-12 • 유체 유동 문제에 대해서 요소로 분할된 파이프

풀이

매끈한 파이프를 통한 유체 유동에 대해 $K_{xx} = 1$과 식 (14.2.15)를 사용하면, 요소 강성행렬들은

$$[k^{(1)}] = \frac{1}{10}\begin{bmatrix} 1 & -1 \\ -1 & 1 \end{bmatrix}\text{in.} \quad [k^{(2)}] = \frac{1}{10}\begin{bmatrix} 1 & -1 \\ -1 & 1 \end{bmatrix}\text{in.} \tag{14.2.33}$$

이 된다. 여기서 $[k]$의 단위는 파이프를 통한 유체 유동에 대하여 인치이다.

요소 강성행렬들을 조합하여 다음의 방정식들을 얻는다.

$$\frac{1}{10}\begin{bmatrix} 1 & -1 & 0 \\ -1 & 2 & -1 \\ 0 & -1 & 1 \end{bmatrix}\begin{Bmatrix} p_1 \\ p_2 \\ p_3 \end{Bmatrix} = \begin{Bmatrix} f_1 \\ f_2 \\ f_3 \end{Bmatrix} \tag{14.2.34}$$

주어진 경계조건은 $v_x = 2$ in./s이고, 식 (14.2.9)에 의해 다음을 얻는다.

$$f_1 = v_1 A = (2\ \text{in./s})(1\ \text{in}^2) = 2\ \text{in}^3/\text{s} \tag{14.2.35}$$

식 (14.2.34)에서 p_1, p_2, 그리고 p_3은 미지수이기 때문에, 이 포텐셜들을 직접적으로 결정할 수는 없다. 이것은 구조 문제에서 구조가 강체운동을 못하게 하도록 하는 변위조건들을 지정하지 않고 구조 문제를 풀려고 시도할 때 생기는 문제와 비슷하다. 이는 2장에서 논의되었던 것이다. p는 구조 문제에서의 변위에 해당하므로 해를 얻기 위해서는 p값을 적어도 한 개는 지정해야 하는 것으로 나타난다. 그러면 다음과 같이 진행한다. p_3에 대해 편리한 값을 선택하자(예를 들면, $p_3 = 0$으로 놓는다). (속도가 p의 도함수이거나 또는 p들 간의 차이의 함수이므로, $p_3 = 0$이라는 값은 받아들일 만하다). 그러면 p_1과 p_2가 미지수이다. 이를 풀면 $p_3 = 0$에 해당하는 p_1과 p_2를 얻는다. 그러므로 식 (14.2.34)의 첫 두 개의 식으로부터 다음을 얻는다.

$$\frac{1}{10}\begin{bmatrix} 1 & -1 \\ -1 & 1 \end{bmatrix}\begin{Bmatrix} p_1 \\ p_2 \end{Bmatrix} = \begin{Bmatrix} 2 \\ 0 \end{Bmatrix} \tag{14.2.36}$$

여기서 $f_2 = 0$과 식 (14.2.35)로부터 $f_1 = 2\ \text{in}^3/\text{s}$을 얻을 수 있다. 왜냐하면 절점 2에 가해진 유체 힘(fluid force)이 없기 때문이다.

식 (14.2.36)을 풀면 다음을 얻는다.

$$p_1 = 40 \quad p_2 = 20 \tag{14.2.37}$$

이것들은 p_1과 p_2에 대한 절대적인 값이 아니라 p_3에 대한 상대적인 값이다. 속도는 p들 간의 차이에 의존하므로 각 요소에서의 유체 속도는 절대적인 값들이다. 이들 p들 간의 차이는 p_3에 대해 어떤 값을 선택하든지 간에 똑같다. 예를 들면, $p_3 = 10$을 택하여 속도에 대해 풀이해봄으로써 이를 확인할 수 있다[이때 $p_1 = 50$이고, $p_2 = 30$이며, 식 (14.2.38)에서처럼 v의 값은 똑같다].

$$v_x^{(1)} = -\begin{bmatrix} -\frac{1}{L} & \frac{1}{L} \end{bmatrix}\begin{Bmatrix} 40 \\ 20 \end{Bmatrix} = 2\ \text{in./s} \tag{14.2.38}$$

그리고 $$v_x^{(2)} = -\begin{bmatrix} -\frac{1}{L} & \frac{1}{L} \end{bmatrix}\begin{Bmatrix} 20 \\ 0 \end{Bmatrix} = 2\ \text{in./s}$$

유압 네트워크를 통과하는 유체 유동

건물과 산업 플랜트, 농장의 관개 파이프 네트워크, 도시의 수도 시스템 및 발전소에서 일반적으로 발견되는 유압 또는 파이프 네트워크 또한 유한요소법을 사용하여 해석할 수 있다. 이러한 네트워크에서의 압력에 의한 흐름은 선형 방정식 시스템으로 기술될 수 있다. 그림 14-13

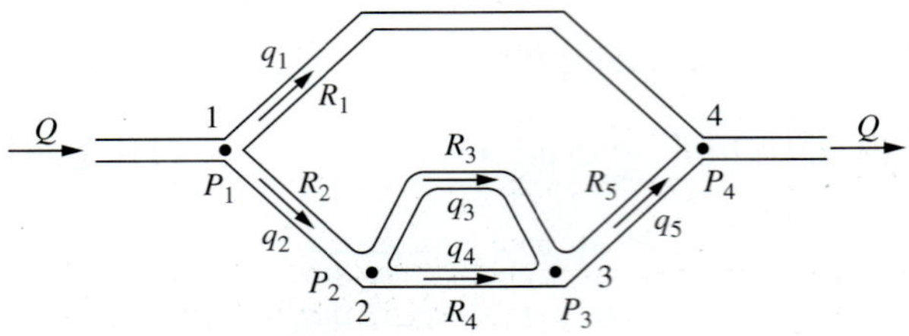

그림 14-13 • 전형적인 파이프 네트워크(1-4, 1-2, 2-3U, 2-3L 및 3-4의 다섯 개의 브랜치로 구성되며, 여기서 U와 L은 절점 2와 3 사이의 상부 및 하부 브랜치를 나타낸다.)

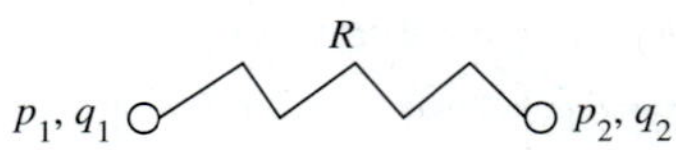

그림 14-14 • 절점 압력과 유량을 보여주는 기본 브랜치 저항기 요소

과 같은 네트워크에서는 유체 흐름의 소스 Q(체적 유량; in^3/s 또는 m^3/s의 단위)가 파이프 네트워크를 통해 유체가 흐르도록 한다. 유체가 각 브랜치를 통해 흐를 때, 각 브랜치에는 저항이 존재하는데 일반적으로 유체의 점성계수 μ (lb-s/in^2, ft^2 또는 N-s/m^2의 단위; 섭씨 20도 물의 전형적인 μ의 값은 1.002×10^{-6} N-s/m^2), 파이프 브랜치의 길이, 파이프의 직경, 브랜치 내에서의 유체 유동의 평균 속도와 마찰계수의 함수이다. 이러한 요인들은 파이프 브랜치를 통한 압력 강하를 유발한다. 층류, 비점성, 정상상태의 유동과 네트워크의 브랜치에서의 압력 강하 Δp (lb/in^2 또는 N/m^2의 단위)가 해당 브랜치에서의 체적 유량 q (in^3/s 또는 m^3/s의 단위)에 비례한다고 가정하면, 푸와죄유(Poiseuille)의 법칙에 따라 다음의 식이 성립한다.

$$\Delta p = Rq \tag{14.2.39}$$

여기서, R은 lb-s/in^5 또는 N-s/m^5의 단위를 가지는 브랜치 저항계수이다. 긴 원형 파이프를 통과하는 유동에 대한 R은 일반적으로 $R = 128\ \mu L/(\pi d^4)$로 주어지는데, L은 브랜치의 길이, d는 파이프의 직경으로 p와 q에 사용된 것과 일관된 단위를 가진다.

이제 그림 14-14와 같이 스프링 요소와 유사한 네트워크의 브랜치를 나타내는 기본 요소를 생각해보자.

식 (14.2.39)를 이용하여, 각 절점에서의 체적 유량과 압력 사이의 관계를 다음과 같이 행렬 방정식으로 나타낸다.

$$\frac{1}{R}\begin{bmatrix} 1 & -1 \\ -1 & 1 \end{bmatrix}\begin{Bmatrix} p_1 \\ p_2 \end{Bmatrix} = \begin{Bmatrix} q_1 \\ q_2 \end{Bmatrix} \tag{14.2.40}$$

식 (14.2.40)은 절점 압력과 체적 유량 사이의 요소 평형 방정식이다. 이제 파이프 저항의 강성행렬을 절점 체적 유량과 절점 압력 사이의 관계를 나타내는 행렬로 정의한다. 식 (14.2.40)으로부터 요소 강성행렬은 다음과 같다.

$$[k] = \frac{1}{R}\begin{bmatrix} 1 & -1 \\ -1 & 1 \end{bmatrix} \tag{14.2.41}$$

2장의 스프링 요소와 파이프 저항기 요소 사이의 유사성을 다음과 같이 이끌어 낼 수 있다. 절점 압력은 절점 변위와, 절점 유량은 절점 힘과, 저항 R은 스프링 상수 k의 역수와 유사하다.

이제 그림 14-13의 각각의 브랜치에 대하여 식 (14.2.39)과 함께 단위시간당 모든 단면을 통과하는 유체의 질량이 반드시 같아야 한다는 유동의 연속 조건을 적용해보자. 일정한 밀도의 단일 유체 특성을 가지는 네트워크에 대해서, 이 조건은 파이프의 두 개의 다른 단면에서 $Q_1 = Q_2$가 성립함과 동일하다. 이 네트워크에서는 절점 1, 2, 3의 압력은 모른다고 가정하고 기저 압력인 0을 절점 4의 압력으로 사용하자.

먼저, 식 (14.2.39)를 이용하여 각 브랜치(요소)의 유량을 다음과 같이 나타낸다.

$$\begin{aligned}
&\text{브랜치 1-4:} \quad q_1 = \frac{p_1 - 0}{R_1} \qquad &&\text{브랜치 1-2:} \quad q_2 = \frac{p_1 - p_2}{R_2} \\
&\text{브랜치 2-3U:} \quad q_2 = \frac{p_2 - p_3}{R_3} \qquad &&\text{브랜치 2-3L:} \quad q_4 = \frac{p_2 - p_3}{R_4} \\
&\text{브랜치 3-4:} \quad q_3 = \frac{p_3 - 0}{R_5}
\end{aligned} \tag{14.2.42}$$

그리고 유동의 연속 조건을 다음과 같이 적용한다.

$$\begin{aligned}
&\text{절점 1에서:} \quad Q = q_1 + q_2 \\
&\text{절점 2에서:} \quad q_2 = q_3 + q_4 \\
&\text{절점 3에서:} \quad q_3 + q_4 = q_5
\end{aligned} \tag{14.2.43}$$

유동의 연속 조건에 의해 $q_2 = q_5$임을 명심하기 바란다.

이제 식 (14.2.43)에 식 (14.2.42)를 사용하면 다음과 같은 방정식을 얻게 된다.

$$\begin{aligned}
&\text{절점 1에서:} \quad Q = \frac{p_1 - 0}{R_1} + \frac{p_1 - p_2}{R_2} \\
&\text{절점 2에서:} \quad \frac{p_1 - p_2}{R_2} = \frac{p_2 - p_3}{R_3} + \frac{p_2 - p_3}{R_4} \\
&\text{절점 3에서:} \quad \frac{p_3}{R_5} = \frac{p_2 - p_3}{R_3} + \frac{p_2 - p_3}{R_4}
\end{aligned} \tag{14.2.44}$$

식 (14.2.44)를 행렬의 형태로 표현하면 다음과 같다.

$$\begin{bmatrix} \frac{1}{R_1} + \frac{1}{R_2} & -\frac{1}{R_2} & 0 \\ -\frac{1}{R_2} & \frac{1}{R_3} + \frac{1}{R_4} + \frac{1}{R_2} & -\frac{1}{R_3} - \frac{1}{R_4} \\ 0 & -\frac{1}{R_3} - \frac{1}{R_4} & \frac{1}{R_3} + \frac{1}{R_4} + \frac{1}{R_5} \end{bmatrix} \begin{Bmatrix} p_1 \\ p_2 \\ p_3 \end{Bmatrix} = \begin{Bmatrix} Q \\ 0 \\ 0 \end{Bmatrix} \tag{14.2.45}$$

지금부터는 직접강성법을 사용하여 식 (14.2.45)와 동일한 선형 방정식 시스템을 유도하는 방법에 대해 설명할 것이다. 식 (14.2.41)을 이용하면, 각각의 브랜치 요소에 대한 강성행렬을 아래와 같이 얻을 수 있다.

$$[k^{(1)}] = \frac{1}{R_1}\begin{bmatrix} 1 & -1 \\ -1 & 1 \end{bmatrix} \quad (1,\ 4) \qquad [k^{(2)}] = \frac{1}{R_2}\begin{bmatrix} 1 & -1 \\ -1 & 1 \end{bmatrix} \quad (1,\ 2) \qquad [k^{(3)}] = \frac{1}{R_3}\begin{bmatrix} 1 & -1 \\ -1 & 1 \end{bmatrix} \quad (2,\ 3)$$

$$[k^{(4)}] = \frac{1}{R_4}\begin{bmatrix} 1 & -1 \\ -1 & 1 \end{bmatrix} \quad (2,\ 3) \qquad [k^{(5)}] = \frac{1}{R_5}\begin{bmatrix} 1 & -1 \\ -1 & 1 \end{bmatrix} \quad (3,\ 4) \tag{14.2.46}$$

여기서, 식 (14.2.46)의 위첨자들은 요소 브랜치를 나타낸다. 즉, 식 (14.2.46)의 행렬 위에 표시된 숫자로부터 알 수 있듯이, 요소 1은 절점 1로부터 절점 4까지를 의미하고, 요소 2는 절점 1에서 절점 2까지를, 요소 3은 절점 2에서 절점 3으로 가는 파이프 중 위쪽 부분을, 요소 4는 절점 2에서 절점 3으로 가는 파이프 중 아래쪽 부분을, 그리고 요소 5는 절점 3에서 절점 4까지에 해당된다. 직접강성법과 함께 식 (14.2.46)의 강성행렬들을 사용하면, 다음과 같이 전체좌표계에서의 강성행렬과 방정식을 조합할 수 있다.

$$\begin{bmatrix} \frac{1}{R_1}+\frac{1}{R_2} & -\frac{1}{R_2} & 0 \\ -\frac{1}{R_2} & \frac{1}{R_2}+\frac{1}{R_3}+\frac{1}{R_4} & -\frac{1}{R_3}-\frac{1}{R_4} \\ 0 & -\frac{1}{R_3}-\frac{1}{R_4} & \frac{1}{R_3}+\frac{1}{R_4}+\frac{1}{R_5} \end{bmatrix} \begin{Bmatrix} p_1 \\ p_2 \\ p_3 \end{Bmatrix} = \begin{Bmatrix} Q \\ 0 \\ 0 \end{Bmatrix} \tag{14.2.47}$$

여기서, Q는 절점 1에 가해지는 전체좌표계에서의 힘과 유사하다.

식 (14.2.47)을 식 (14.2.45)와 비교해보면, 두 식이 동일함을 알 수 있다.

예제 14.4

그림 14-13의 파이프 네트워크에서, $R_1 = 10$, $R_2 = 5$, $R_3 = 2$, $R_4 = 3$, 그리고 $R_5 = 5$이며 모두 N-s/m^{5}의 단위로 주어져 있다. 절점 4의 압력은 0으로 설정하고 $Q = 0.5$ m^3/s이다. 이때 직접강성법을 사용하여 절점 1, 2, 3에서의 압력을 구하라.

풀이

식 (14.2.46)에서, 요소 강성행렬들은 다음과 같다.

$$[k^{(1)}] = \frac{1}{10}\begin{bmatrix} 1 & -1 \\ -1 & 1 \end{bmatrix} \quad (1,\ 4) \qquad [k^{(2)}] = \frac{1}{5}\begin{bmatrix} 1 & -1 \\ -1 & 1 \end{bmatrix} \quad (1,\ 2) \qquad [k^{(3)}] = \frac{1}{2}\begin{bmatrix} 1 & -1 \\ -1 & 1 \end{bmatrix} \quad (2,\ 3)$$

제4단계

요소 강성행렬은 다음과 같이 주어진다.

$$[k] = \iiint_V [B]^T [D][D] dV \tag{14.3.9}$$

삼각형 요소들의 두께가 일정하다고 가정하고 피적분 항들이 일정하다는 점에 유의하면 다음 식을 얻는다.

$$[k] = tA[B]^T[D][B] \ \mathrm{m^2/s} \text{ 혹은 } \mathrm{in^2/s} \tag{14.3.10}$$

이것은 다음과 같이 간단히 할 수 있다.

$$[k] = \frac{tK_{xx}}{4A}\begin{bmatrix} \beta_i^2 & \beta_i\beta_j & \beta_i\beta_m \\ \beta_i\beta_j & \beta_j^2 & \beta_j\beta_m \\ \beta_i\beta_m & \beta_j\beta_m & \beta_m^2 \end{bmatrix} + \frac{tK_{yy}}{4A}\begin{bmatrix} \gamma_i^2 & \gamma_i\gamma_j & \gamma_i\gamma_m \\ \gamma_i\gamma_j & \gamma_j^2 & \gamma_j\gamma_m \\ \gamma_i\gamma_m & \gamma_j\gamma_m & \gamma_m^2 \end{bmatrix} \tag{14.3.11}$$

하중행렬은 요소 전체에 걸쳐 단위체적당 체적 유량이 일정할 때 다음과 같다.

$$\{f_Q\} = \iiint_V Q[N]^T \, dV = Q\iiint_V [N]^T \, dV \tag{14.3.12}$$

계산하면 다음과 같다.

$$\{f_Q\} = \frac{QV}{3}\begin{Bmatrix} 1 \\ 1 \\ 1 \end{Bmatrix}\frac{\mathrm{m^3}}{\mathrm{s}} \text{ 또는 } \frac{\mathrm{in^3}}{\mathrm{s}} \tag{14.3.13}$$

두 번째 하중행렬은 아래와 같고,

$$\{f_q\} = \iint_{S_2} q^*[N]^T \, dS = \iint_{S_2} q^* \begin{Bmatrix} N_i \\ N_j \\ N_m \end{Bmatrix} dS \tag{14.3.14}$$

이것은 다음과 같이 쓸 수 있다.

$$\text{변 } i\text{-}j\text{에 대해 } \{f_q\} = \frac{q^* L_{i-j} t}{2}\begin{Bmatrix} 1 \\ 1 \\ 0 \end{Bmatrix}\frac{\mathrm{m^3}}{\mathrm{s}} \text{ 또는 } \frac{\mathrm{in^3}}{\mathrm{s}} \tag{14.3.15}$$

변 *j-m*과 변 *m-i*에서도 비슷한 항들을 갖는다[식 (13.5.19)와 (13.5.20) 참조]. 여기서 $L_{i\text{-}j}$는 요소의 변 *i-j*의 길이이고, q^*는 가정된 일정한 표면 유동률이다. 요소에 유체가 더해지고 있으면 Q와 q^* 둘 다 양의 값이다. Q와 q^*의 단위는 $\mathrm{m^3/(m^3 \cdot s)}$와 m/s이다. 그러면 전체 하중행렬은 $\{f_Q\}$와 $\{f_q\}$의 합이다.

예제 14.5

그림 14-16에 나타낸 2차원 모래흙 층에 대해, 포텐셜 분포를 결정하라. 좌변에서의 포텐셜(수두)은 10.0 m로 일정하고, 우변에서는 0.0 m이다. 위쪽과 아래쪽 변은 불투과성이다. 투과율은 $K_{xx} = K_{yy} = 25 \times 10^{-5}$ m/s이며, 두께는 단위 두께로 가정한다.

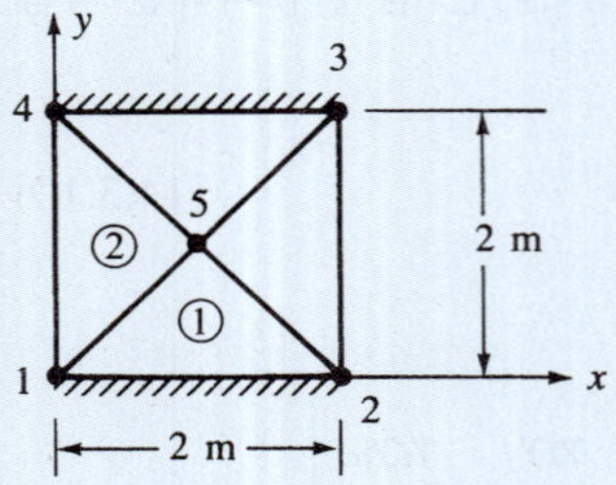

그림 14-16 • 2차원 투과성 매체

유한요소모델은 그림 14-16에서 보여주고 있다. 간편하고 쉽게 풀기 위해 똑같은 크기의 삼각형 요소 네 개만을 사용한다. 결과의 정확도를 높이기 위해서는 격자를 더 잘게 자를 필요가 있을 것이다. 이 물체는 그림 13-25에서와 똑같은 크기의 좌푯값을 갖는다. 그러므로 전체 강성행렬은 식 (13.5.40)으로서 다음과 같이 주어진다.

$$[K] = \begin{bmatrix} 25 & 0 & 0 & 0 & -25 \\ 0 & 25 & 0 & 0 & -25 \\ 0 & 0 & 25 & 0 & -25 \\ 0 & 0 & 0 & 25 & -25 \\ -25 & -25 & -25 & -25 & 100 \end{bmatrix} \times 10^{-5}\,\frac{\text{m}^2}{\text{s}} \tag{14.3.16}$$

$Q = 0$이고 $q^* = 0$이므로 하중행렬들은 0이다. 경계조건들을 적용하면 다음과 같다.

$$p_1 = p_4 = 10.0\text{ m}\ p_2 = p_3 = 0$$

그리고 그러면 조합된 전체 방정식은 다음과 같다.

$$10^{-5}\begin{bmatrix} 25 & 0 & 0 & 0 & -25 \\ 0 & 25 & 0 & 0 & -25 \\ 0 & 0 & 25 & 0 & -25 \\ 0 & 0 & 0 & 25 & -25 \\ -25 & -25 & -25 & -25 & 100 \end{bmatrix}\begin{Bmatrix} 10 \\ 0 \\ 0 \\ 10 \\ p_5 \end{Bmatrix} = \begin{Bmatrix} 0 \\ 0 \\ 0 \\ 0 \\ 0 \end{Bmatrix} \tag{14.3.17}$$

p_5에 대하여 식 (14.3.17)의 다섯 번째 방정식을 풀면, 다음을 얻게 된다.

$$p_5 = 5\text{ m}$$

식 (14.3.7)과 (14.3.3)을 사용하여 요소 2의 속도를 다음과 같이 얻는다.

$$\begin{Bmatrix} v_x^{(2)} \\ v_y^{(2)} \end{Bmatrix} = -\begin{bmatrix} 25 & 0 \\ 0 & 25 \end{bmatrix} \times 10^{-5} \frac{1}{2A} \begin{bmatrix} -1 & 2 & -1 \\ -1 & 0 & 1 \end{bmatrix} \begin{Bmatrix} p_1 \\ p_5 \\ p_4 \end{Bmatrix} \tag{14.3.18}$$

여기서 $\beta_1 = -1$, $\beta_5 = 2$, $\beta_4 = -1$, $\gamma_1 = -1$, $\gamma_5 = 0$, 그리고 $\gamma_4 = 1$이며, 이것은 식 (13.5.24)로부터 얻은 것이다. 식 (14.3.18)로부터 다음을 얻는다.

$$v_x^{(2)} = 125 \times 10^{-5}\ \text{m/s}\ v_y^{(2)} = 0$$

예를 들어, 펌프에 의한 선(line) 유체 생성원이나 점(point) 유체 생성원은 13.6절에서 열원에 대해 기술된 방법과 똑같은 방식으로 다루어질 수 있다. 유한요소모델을 만들 때 한 절점에 유체 생성원이 있으면 그 유체 생성원은 그 절점에 할당된 전체좌표계에서의 자유도에 대응되는 전체좌표계에서의 하중행렬의 행에 더해질 수 있다. 그 유체 생성원이 한 요소의 내부에 존재하면 13.6절을 사용하여 이 유체 생성원을 적당한 절점에 할당할 수 있다. 이것은 다음의 예제에 설명되어 있다.

예제 14.6

$Q^* = 6500\ \text{m}^2/\text{h}$의 유체를 펌핑하고 있는 펌프가 그림 14-17에 나타낸 요소에서 좌표 점 (5, 2)에 위치하고 있다. 각 절점에 할당되는 Q^*의 양을 결정하라. 모든 절점 좌표의 단위는 미터이다. 두께는 단위 두께 $t = 1$ mm라고 가정한다.

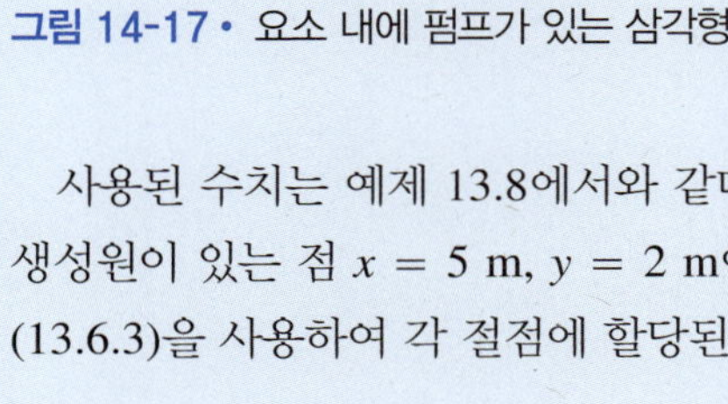

그림 14-17 • 요소 내에 펌프가 있는 삼각형 요소

사용된 수치는 예제 13.8에서와 같다. 그러므로 형상함수들은 식 (13.6.7)과 동일하다. 유체 생성원이 있는 점 $x = 5$ m, $y = 2$ m에서 계산하면, 형상함수들은 식 (13.6.8)과 같아진다. 식 (13.6.3)을 사용하여 각 절점에 할당된 Q^*의 양, 즉 하중행렬을 다음과 같이 얻을 수 있다.

$$\begin{Bmatrix} f_{Qi} \\ f_{Qj} \\ f_{Qm} \end{Bmatrix} = Q^* t \begin{Bmatrix} N_i \\ N_j \\ N_m \end{Bmatrix} \Bigg|_{\substack{x = x_0 = 5\,\text{m} \\ y = y_0 = 2\,\text{m}}} \tag{14.3.19}$$

$$= \frac{(6500\ \text{m}^2/\text{h})(1\ \text{mm})}{(13)\left(\dfrac{1000\ \text{mm}}{1\ \text{m}}\right)} \begin{Bmatrix} 6 \\ 5 \\ 2 \end{Bmatrix} = \begin{Bmatrix} 3.0 \\ 2.5 \\ 1.0 \end{Bmatrix} \frac{\text{m}^3}{\text{h}}$$

14.4 유체 유동 문제의 프로그램 흐름도와 예제

그림 14-18은 투과성 매체 혹은 파이프를 흐르는 2차원 정상 유동에 대한 유한요소 해석에 관한 흐름도이다. 우리는 투과성 매체를 통한 유동이 전도 열전달과 유사한 과정임을 알고 있다. 더욱 복잡한 유동의 해석을 위해서는 참고문헌 [6]을 참고하길 바란다.

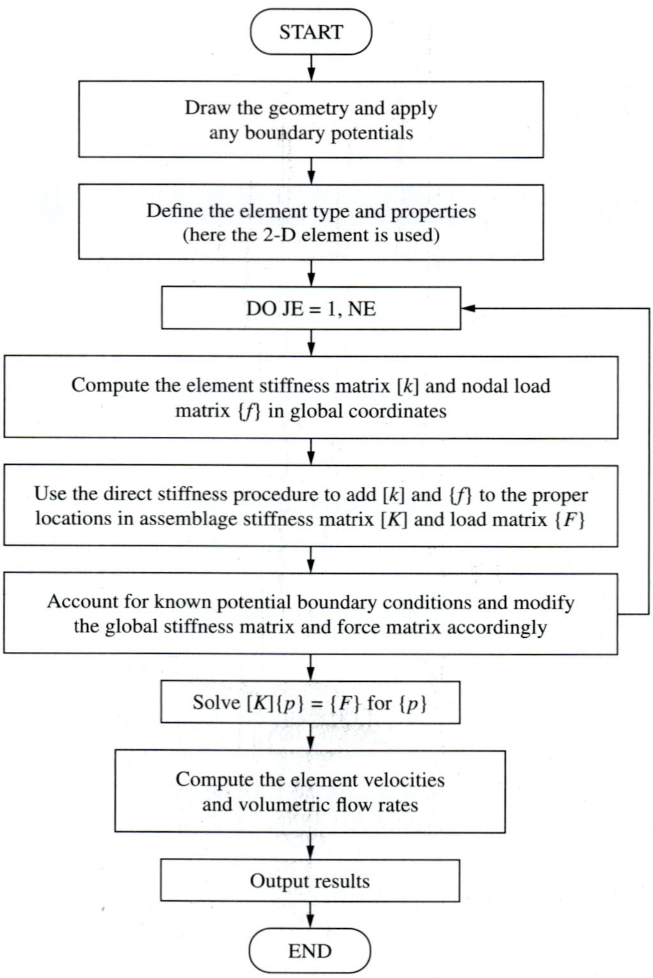

그림 14-18 • 2차원 유체 유동 절차의 흐름도

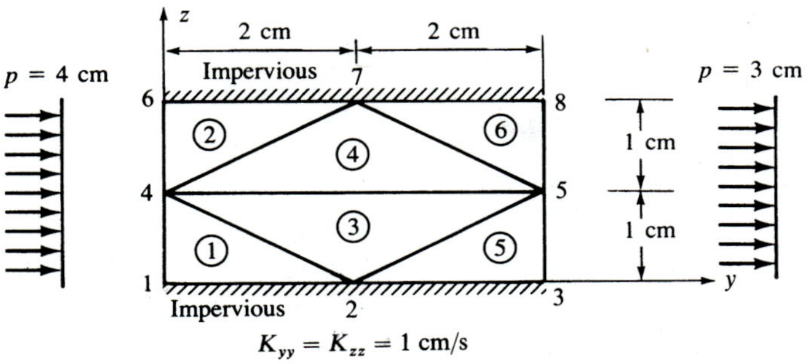

그림 14-19 • 2차원 유체 유동 문제

표 14-2 절점 포텐셜

Node Number	Potential
1	4.00
2	3.50
3	3.00
4	4.00
5	3.00
6	4.00
7	3.50
8	3.00

이제 2차원 비압축성 정상 유동에 관한 컴퓨터 프로그램의 해석 결과에 대해서 알아보도록 하겠다. 이 프로그램은 그림 14-18의 흐름도를 기초로 하고 있다.

투과성 매체의 유동과 전도 열전달 과정 사이의 유사성을 이용하여 그림 14-19의 문제를 참고문헌 [4]의 열전달 해석 절차를 이용하여 풀도록 한다. 그림 14-19에 격자분할된 문제로서 윗면과 밑바닥 면은 불침투성이다. 반면에 오른쪽 면에서는 수두가 3 cm로 일정하고 왼쪽 면에서는 4 cm로 일정하다.

참고문헌 [4]를 이용한 절점 포텐셜의 결과는 표 14-2에 나타내었다. 이 결과는 다른 컴퓨터 프로그램을 이용하여 해석 결과를 엄밀히 비교할 수 있다(참고문헌 [5] 참조).

14.5 | 전기 회로

전기 네트워크 또는 회로에서의 전류 흐름은 직접강성법을 사용하여 얻은 선형 방정식들로 기술할 수 있다. 그림 14-20과 같은 전기 회로에서, (배터리와 같은) 전압원이 회로를 통해 전류가 흐르게 한다. 전류가 (전구나 모터와 같은) 저항기를 통과하면 전압의 일부가 저항기에 흡수된다. 옴(Ohm)의 법칙에 따르면, 저항기 양단의 전압 강하 ΔV는 다음과 같이 주어진다.

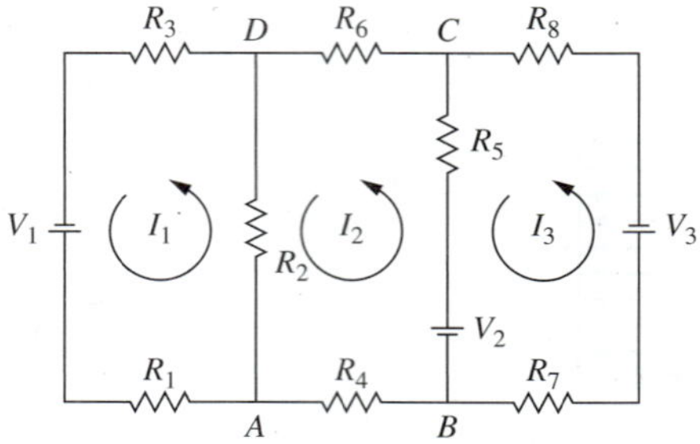

그림 14-20 • 전형적인 전기 회로(이 회로는 3개의 루프로 구성)

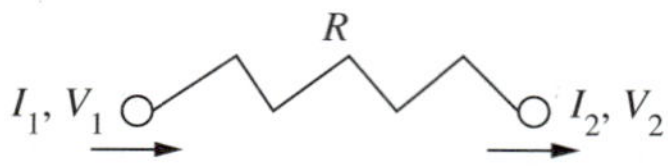

그림 14-21 • 절점의 전류와 전압을 보여주는 기본 저항기 요소

$$\Delta V = RI \tag{14.5.1}$$

위 식에서 전압 V는 볼트 단위로 측정되며, 저항 R은 옴(그리스 기호 오메가 Ω 또는 R로 옴이 표기됨)으로 측정되며 전류 I는 암페어 단위(amperes or amps)로 측정된다.

여기서 먼저 그림 14-21과 같이 스프링 요소와 유사한 저항기 요소를 기본 요소로 생각해 보자.

식 (14.5.1)의 옴의 법칙을 사용하면, 저항기 양단의 전압 차와 저항기의 각 끝단을 통과하는 전류 흐름 사이의 관계를 다음과 같이 행렬 방정식으로 나타낼 수 있다.

$$\begin{Bmatrix} V_1 \\ V_2 \end{Bmatrix} = R\begin{bmatrix} 1 & -1 \\ -1 & 1 \end{bmatrix}\begin{Bmatrix} I_1 \\ I_2 \end{Bmatrix} \tag{14.5.2}$$

식 (14.5.2)는 절점 전류와 절점 전압 간의 요소에서의 평형 상태를 나타낸다.

저항기에 대한 강성행렬은 절점 전압과 절점 전류를 연관시키는 행렬로 정의된다. 식 (14.5.2)로부터 강성행렬은 다음과 같다.

$$[k] = R\begin{bmatrix} 1 & -1 \\ -1 & 1 \end{bmatrix} \tag{14.5.3}$$

저항기 요소와 2장에서 설명한 스프링 요소 사이의 유사성을 밝혀보면, 절점 전류는 절점 변위와, 절점 전압은 절점 힘과 유사하며, 저항 R은 스프링 상수 k에 해당한다.

이제 그림 14-20의 전기 회로에 대한 해와 관련된 몇 가지 부호규약을 설명하자. 이 회로는 3개의 폐루프로 구성되어 있다. 왼쪽부터 루프 1, 루프 2, 루프 3으로 지칭하고 회로 해석 표준에 따라 각 루프에 흐르는 전류를 I_1, I_2, I_3로 정의하며 이들을 각 루프 안에 화살표로 나타낸다. 루프 전류의 방향은 임의로 정할 수 있지만, 여기에서는 반시계 방향을 양의 방향으로 정의한다. 전류에 대한 방정식을 풀 때, 만약 전류가 음수이면 전류의 실제 방향은 선택한 방향과 반대 방향 또는 시계 방향이 된다. 배터리에 의한 전압의 양의 방향에 대해서도 주의를 기울여야 한다. 만약 전류의 방향을 나타내는 화살표가 배터리 내에서 음극(짧은 쪽)에서 양극(긴 쪽)을 가리키면 양의 전압을 의미하고, 반대의 경우는 음의 전압을 의미한다. 예를 들어, I_1이 반시계 방향으로 배터리 V_1의 짧은 쪽으로 흘러 들어가므로 V_1은 양의 값을 가진다.

회로 내의 전류의 흐름은 키르히호프(Kirchhoff)의 법칙으로 기술된다. 즉, 루프의 한쪽 방향으로 저항과 전류의 곱인 전압 강하를 합한 것은 같은 방향으로 (예를 들어, 배터리와 같은) 전압원들을 합한 것과 같다.

이제 그림 14-20의 각 루프에서의 전류의 값들을 알아낼 때 필요한 세 개의 루프 방정식을 세우기 위해 앞에서 설명한 부호규약과 함께 옴의 법칙과 키르히호프의 법칙을 모두 사용할 것이다. 즉, 그림 14-20의 세 개의 루프 중, 루프 1에 대해서는 아래 식과 같다.

루프 1: $$V_{R1} + V_{R2} + V_{R3} = V_1 \qquad (14.5.4)$$

여기서, 루프 1과 관계된 저항기들을 통과할 때 나타나는 전압 강하는 아래와 같다.

$$V_{R1} = R_1 I_1, \quad V_{R2} = R_2(I_1 - I_2), \quad V_{R3} = R_3 I_1 \qquad (14.5.5)$$

루프 2의 전류 I_2는 루프 1의 브랜치 AD로도 흐르는데, 이때 D에서 A방향으로 R_2로 흘러 내려가는 전류 I_2에 의해 R_2I_2의 전압 강하$(-R_2I_2)$가 생긴다. 반면에, 전류 I_1은 A에서 D방향으로 R_2로 흘러 올라간다. 또한 I_1이 배터리의 음극(짧은 쪽)에서 양극(긴 쪽)으로 흐르므로 식 (14.5.4)에서 배터리 전압 V_1은 양수이다. 비슷한 방법으로, 루프 2에 대해서는 아래 식과 같다.

루프 2: $$-R_2 I_1 + (R_2 + R_4 + R_5 + R_6) I_2 - R_5 I_3 = V_2 \qquad (14.5.6)$$

여기서 $-R_2I_2$는 브랜치 AD를 통해 흐르는 전류 I_1에 의한 음의 전압 강하이며, 이는 루프 2에 대해서 I_2가 R_2로 흘러 들어가는 방향과 반대 방향으로 I_1이 R_2로 흐르기 때문이다.

루프 3: $$-R_5 I_2 + (R_5 + R_7 + R_8) I_3 = -V_2 - V_3 \qquad (14.5.7)$$

I_3가 V_2와 V_3 모두에 대해 양극(긴 쪽)으로부터 음극(짧은 쪽)으로 흐르기 때문에, 루프 3에서는 배터리 전압 V_2와 V_3가 모두 음수라는 것에 주목하기 바란다.

식 (14.5.5)~(14.5.7)은 $[K]\{I\} = \{V\}$와 같이 행렬 형태로 표시할 수 있다. 이 부분에 대한 연습은 여러분의 재량에 맡기며, 대신에 이 전기 회로를 풀기 위해 직접강성법을 사용하는 방법을 실제 수치를 사용하여 예제 14.7에서 설명할 것이다.

예제 14.7

그림 14-22의 3-루프 전기 회로에 대해 각 루프에서의 전류를 구하라. 저항기의 저항과 배터리의 전압은 그림에 표시되어 있다. 저항기의 강성행렬과 직접강성법을 사용하라.

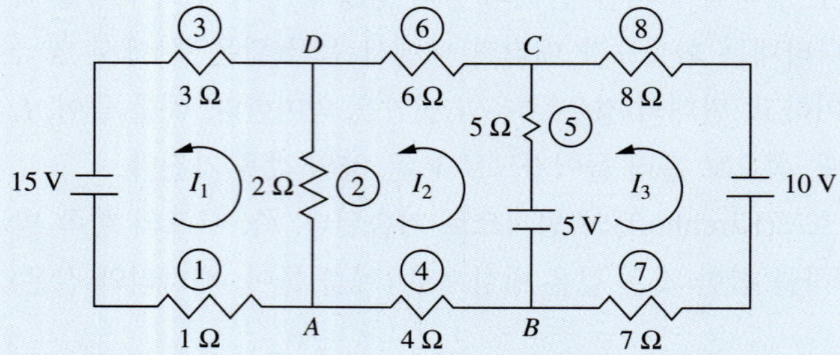

그림 14-22 • 3-루프 전기 회로

풀이

식 (14.5.3)으로부터 저항기 요소의 강성행렬은 다음과 같다.

$$[k^{(1)}] = \overset{\begin{matrix} I_1 & 0 \end{matrix}}{\begin{bmatrix} 1 & -1 \\ -1 & 1 \end{bmatrix}} \quad [k^{(2)}] = \overset{\begin{matrix} I_1 & I_2 \end{matrix}}{\begin{bmatrix} 2 & -2 \\ -2 & 2 \end{bmatrix}} \quad [k^{(3)}] = \overset{\begin{matrix} I_1 & 0 \end{matrix}}{\begin{bmatrix} 3 & -3 \\ -3 & 3 \end{bmatrix}} \quad [k^{(4)}] = \overset{\begin{matrix} I_2 & 0 \end{matrix}}{\begin{bmatrix} 4 & -4 \\ -4 & 4 \end{bmatrix}}$$

$$[k^{(5)}] = \overset{\begin{matrix} I_2 & I_3 \end{matrix}}{\begin{bmatrix} 5 & -5 \\ -5 & 5 \end{bmatrix}} \quad [k^{(6)}] = \overset{\begin{matrix} I_2 & 0 \end{matrix}}{\begin{bmatrix} 6 & -6 \\ -6 & 6 \end{bmatrix}} \quad [k^{(7)}] = \overset{\begin{matrix} I_3 & 0 \end{matrix}}{\begin{bmatrix} 7 & -7 \\ -7 & 7 \end{bmatrix}} \quad [k^{(8)}] = \overset{\begin{matrix} I_3 & 0 \end{matrix}}{\begin{bmatrix} 8 & -8 \\ -8 & 8 \end{bmatrix}} \tag{14.5.8}$$

여기서 행렬 위의 표시들은 각 루프로부터 해당 저항기로 흐르는 전류를 나타낸다. 0은 단 하나의 전류만이 그 저항기를 통해 흐른다는 것을 의미한다.

직접강성법을 이용하여 전체좌표계에서의 방정식을 조합하면 다음과 같다.

$$\begin{bmatrix} 1+2+3 & -2 & 0 \\ -2 & 2+4+5+6 & -5 \\ 0 & -5 & 5+7+8 \end{bmatrix} \begin{Bmatrix} I_1 \\ I_2 \\ I_3 \end{Bmatrix} = \begin{Bmatrix} V_1 = 15 \\ V_2 = 5 \\ V_3 = -10-5=-15 \end{Bmatrix} \tag{14.5.9}$$

방정식을 조합할 때, 강성행렬들이 각각의 저항기를 통과하는 전류를 나타내는 것을 주목하기 바란다. 예를 들어, 키르히호프의 법칙에 의하면 요소 1에는 루프 1의 전류 I_1만 흐른다. 반면, 그림 14-22에서 볼 수 있듯이 요소 2에는 루프 1 주위로 반시계 방향으로 흐르는 양의 전류(위 방향의 전류) I_1과 루프 2 주위로 반시계방향으로 흐르는, 아래 방향으로 요소 2를 통과하는 음의 전류 I_2가 흐른다. 또한 그림 14-22에 나와 있듯이 루프 1에서의 전압은 루프 1의 전류가 배터리의 음극(짧은 쪽)에서 양극(긴 쪽)으로 흐르므로, 규약에 의해 +15 V이다. 유사하게 전류 I_2가 배터리의 음극에서 양극으로 흐르므로, 식 (14.5.9)에서 루프 2의 전압은 양의 값을 가진다. 마지막으로, 루프 3의 전압은 10 V와 5 V 배터리에서 나온다. 루프 3의 전류가 10 V 배터리의 양극에서 음극 방향으로 흐르므로, 이 배터리의 전압은 −10 V가 된다. 마찬가지로, 전류 I_3가 5 V 배터리의 양극으로부터 음극으로 흐르므로, 이 배터리의 전압도 −5 V가 된다. 따라서 전체 전압 V_3는 $V_3 = -10 - 5 = -15$ V이다.

규약에 따라 반시계 방향이 루프 전류의 양의 방향으로 선택되었기 때문에, 강성행렬의 비대각 항목들은 모두 음의 값을 가진다는 점을 주목하기 바란다.

식 (14.5.9)를 연립하여 풀면, 다음과 같은 전류값들을 얻는다.

$$I_1 = 2.638\,\text{amps} \quad I_2 = 0.414\,\text{amps} \quad I_3 = -0.646\,\text{amps} \tag{14.5.10}$$

I_3의 음의 부호는, 그림 14-22에서 I_3가 실제로는 시계 방향으로 흐른다는 것을 의미한다.

각 루프의 전류들이 결정되면 브랜치 전류 또한 계산할 수 있다. 만약 그림 14-22에서 브랜치 AB와 같이 하나의 루프 전류만 브랜치로 흐른다면, 브랜치 전류 I_2와 루프 전류가 같다. 만약 브랜치 AD 또는 BC와 같이 하나 이상의 루프 전류가 브랜치를 통과한다면, (키르히호프의 법칙에 의해) 브랜치 전류는 브랜치 내에서의 루프 전류의 합이 된다. 예를 들어, 브랜치 AD에서의 전류는 I_1방향으로 $I_1 - I_2 = 2.638 - 0.414 = 2.224$ amps이다. 같은 방법으로, 브랜치 BC에서의 전류는 $I_2 - I_3 = 0.414 - (-0.646) = 1.060$ amps이다.

14.6 | 정전기학

정전기학은 위치를 알고 있는 대전체들 사이에 작용하는 힘을 기술한다. 먼저 정전기학의 개념과 관련된 몇 가지 기본 법칙을 소개할 것이다. 그리고 나서 전위와 전기장이 주요 관심사인 정전기학 문제를 풀기 위해 사용하는 유한요소법에 대해 설명할 것이다. 정전기학에 대한 보다 자세한 내용은 참고문헌 [8~11]을 참고하기 바란다.

쿨롱(Coulombs)의 법칙

한 입자의 전하는 기호 q로 표시하며, 단위는 쿨롱(C = Amp−s)이다. 전자 하나의 전하는 -1.60219×10^{-19} 쿨롱이다. 그림 14-23과 같이 거리 r만큼 떨어져 있고 q_1과 q_2의 전하를 띠고 있는 움직이지 않는 두 개의 작은 입자의 경우, 대전된 입자 2로부터 입자 1에 작용하는 크기가 $\mathbf{F}_1$인 전기력 벡터 F_1은 쿨롱의 법칙에 의해 다음과 같이 주어진다.

$$\mathbf{F}_1 = \frac{q_1 q_2 \mathbf{n}_{21}}{4\pi\varepsilon_0 r^2}(N) \tag{14.6.1}$$

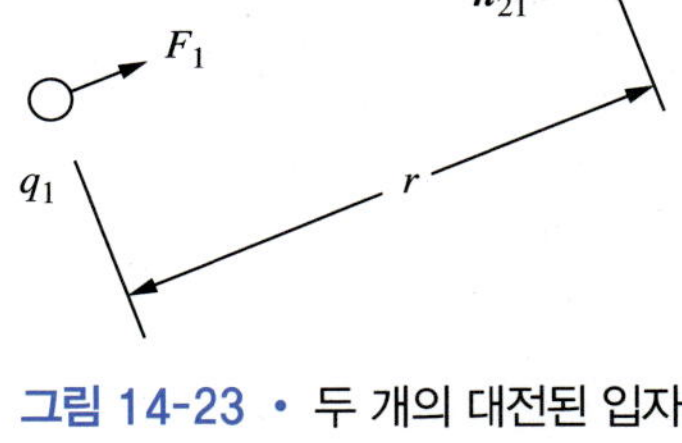

그림 14-23 • 두 개의 대전된 입자들에 대한 쿨롱의 법칙 개념도

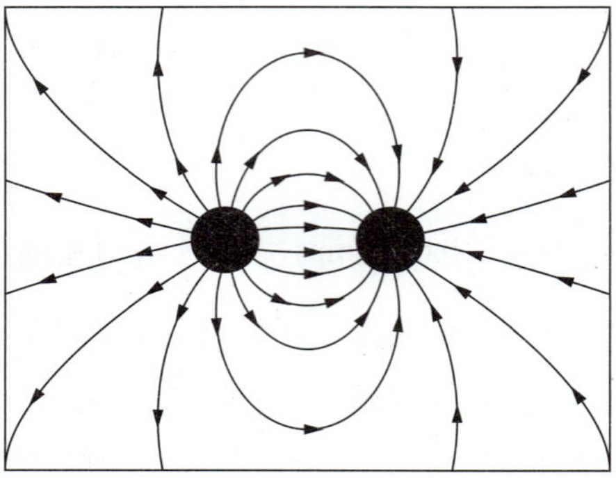

그림 14-24 • 양전하와 음전하 주위의 전기력선

여기서 $\mathbf{n}_{21}$은 입자 2로부터 입자 1을 가리키는 단위벡터이고 ε_0는 자유 공간의 유전율(전기 상수)로 힘을 newton으로, 전하를 쿨롱으로, 거리 r을 meter 단위로 표시하였을 때 8.854×10^{-12} farads/m (또는 A−s/V−m)의 값을 가진다.

여러 개의 전하에 의해 생성된 전기장에 대해서는 쿨롱의 법칙을 확장하고 중첩의 원리를 사용할 수 있는데, (전하의 분포라 할 수 있는) N개의 다중 전하로부터 (x_0, y_0, z_0)에 위치하는 시험 전하 또는 기본 전하 q_0에 작용하는 전체 힘은 개별 힘들의 벡터합으로 나타낼 수 있다. 이 힘은 아래와 같이 표현할 수 있다.

$$\mathbf{F}(x_0, y_0, z_0) = q_0 \sum_{i=1}^{N} \frac{q_i}{4\pi\varepsilon_0 r_i^2}\mathbf{n}_i \tag{14.6.2}$$

여기서 r_i는 q_0로부터 각각의 전하 q_i까지의 거리를 나타낸다.

이제 식 (14.6.2)의 양변을 q_0로 나누어, 점전하들 N에 의한 위치 (x_0, y_0, z_0)에서의 전체 전기장을 단위 전하 q_0당의 힘 $F(x_0, y_0, z_0)$으로 아래와 같이 정의하자.

$$\mathbf{E}(x_0, y_0, z_0) = \sum_{i=1}^{N} \frac{q_i}{4\pi\varepsilon_0 r_i^2}\mathbf{n}_i(\mathrm{V/m}) \tag{14.6.3}$$

전기장은 단위 길이당 전압(volts per meter)의 단위로 표현된다. 전하 분포에 의한 전기장이 주어졌을 때, 임의의 지점 (x, y, z)에서 시험 전하 q에 작용하는 힘은 다음과 같이 표현된다.

$$\mathbf{F}(x, y, z) = q\mathbf{E}(x, y, z) \tag{14.6.4}$$

전기장은 종종 그림 14-24와 같이 전기력선을 그려서 나타낸다. 이러한 형태를 예제 14.9와 14.10에서 컴퓨터 프로그램을 사용하여 구한 결과에 대해서 보여줄 것이다.

그런 후에 2차원 정전기력 문제에 대한 유한요소 방정식들을 유도할 것이다. 가우스(Gauss)의 법칙으로부터 파생된 포아송 방정식이 유한요소 방정식의 기초가 되기 때문에, 지금부터 미분방정식 형태의 가우스의 법칙을 유도해 보도록 하자.

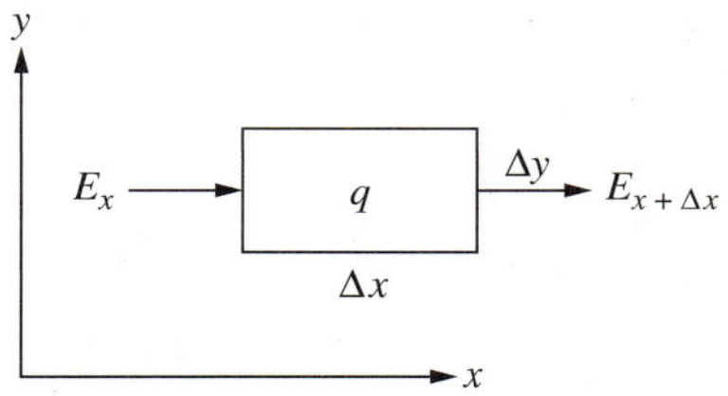

그림 14-25 • x와 $x + \Delta x$ 면을 따라 출입하는 전기력 선과 요소 내의 전하 밀도를 보여주는 미소 검사체적

가우스(Gauss)의 법칙

가우스의 법칙은 공간상에서의 전하의 분포인 전하 밀도 ρ[입방미터당 쿨롱의 단위(C/m^3)]와 그 결과로 생기는 전기장 사이의 관계식을 나타낸다. 만약 점전하에 의한 전기장이 구형 대칭이라면, 가우스의 법칙으로부터 가우스의 법칙을 유도할 수 있다.

아래와 같이 미소 요소 내의 전하의 합을 요소의 부피로 나눈 값으로 정의되는 전하 밀도 ρ가 작용하는, 그림 14-25와 같은 3차원 미소 요소 체적을 고려해보자.

$$\rho(x, y, z) \cong \frac{\sum_i q_i}{\Delta x \Delta y \Delta z} (\text{C/m}^3) \tag{14.6.5}$$

가우스의 법칙에 의하면, 자유 공간에서 표면 밖으로 나가는 전기력선들의 전체 플럭스(flux)는 미소 체적 내의 전체 전하의 양을 ε_0로 나눈 값과 같다. 만약 부피 내에 전하가 없다면 ($\rho = 0$), 미소 체적 안으로 들어오는 모든 전기력선은 반드시 밖으로 나가야 한다.

먼저, 그림 14-25와 같이 Δy와 Δz의 곱을 면적으로 가지는 x축에 수직한 두 면을 고려해보자. 검사체적 표면 밖으로 나가는 플럭스는 다음과 같다.

$$-E_x \Delta y \Delta z + E_{x+\Delta x} \Delta y \Delta z \tag{14.6.6}$$

y와 z방향으로 E의 작은 변화에 대해 식 (14.6.6)의 두 번째 항을 테일러 급수 전개하였을 때의 처음 두 항만을 고려한다면, 아래와 같은 식을 얻을 수 있다.

$$E_{x+\Delta x} = E_x + \frac{\partial E_x}{\partial x} \Delta x \tag{14.6.7}$$

식 (14.6.7)을 식 (14.6.6)에 대입한 결과는 다음과 같다.

$$\frac{\partial E_x}{\partial x} \Delta x \Delta y \Delta z \tag{14.6.8}$$

y축과 z축에 수직인 다른 면들에 대한 기여도는 식 (14.6.8)과 유사한 형태를 가진다. 표면에서의 플럭스들의 기여도가 검사체적 내의 전체 전하의 양을 ε_0으로 나눈 값과 같다라고 놓으면, 아래와 같은 식을 얻을 수 있다.

$$\frac{\partial E_x}{\partial x} + \frac{\partial E_y}{\partial y} + \frac{\partial E_z}{\partial z} = \frac{\rho}{\varepsilon_0} (\text{V/m}^2) \tag{14.6.9}$$

식 (14.6.9)의 좌변은 **전기장 벡터의 다이버전스**(*divergence*)라고 한다. 따라서 미분 형태의 가우스의 법칙은 다음과 같다.

$$\nabla \cdot E = \frac{\rho}{\varepsilon_0} \tag{14.6.10}$$

여기서, ∇ 기호는 아래와 같이 정의되는 del 연산자(nabla 기호)이며

$$\nabla = \frac{\partial}{\partial x}\mathbf{i} + \frac{\partial}{\partial y}\mathbf{j} + \frac{\partial}{\partial z}\mathbf{k} \tag{14.6.11}$$

점 연산자는 내적을 의미한다.

포아송(Poisson)의 방정식

전기장은 아래와 같은 벡터 E로 표현할 수 있다.

$$E = -\nabla\phi(\mathrm{V/m}) \tag{14.6.12}$$

여기서 ϕ는 볼트 단위의 스칼라 정전기 포텐셜을 나타낸다. (음의 기호는 전기장이 양전하에서 음전하로의 방향을 가지는 반면, 포텐셜은 그 반대 방향으로 증가하기 때문이다.)

식 (14.6.12)를 식 (14.6.10)에 대입하면 다음의 식을 얻는다.

$$\nabla \cdot (\nabla\phi) = -\frac{\rho}{\varepsilon_0} \tag{14.6.13}$$

또는 외연적인 형태로 표시하면, 식 (14.6.13)을 아래와 같이 쓸 수 있다.

$$\frac{\partial^2\phi}{\partial x^2} + \frac{\partial^2\phi}{\partial y^2} + \frac{\partial^2\phi}{\partial z^2} = \frac{-\rho}{\varepsilon_0} \tag{14.6.14}$$

식 (14.6.14)를 직교좌표계에서의 포아송 방정식이라고 부른다.

유전상수

선형 등방성 유전전하의 경우(등방성 유전상수라 함은 유전상수가 모든 방향으로 같음을 의미함), 아래와 같이 전체 전기장 벡터는 인가된 전기장과 같은 방향을 가리킨다.

$$E = E_0/\varepsilon_r$$

여기서 ε_r을 상대 유전상수라고 부른다. 상대 유전상수는 물질의 절대 전기상수 ε [epsilon]을 전기상수 ε_0로 나눈 값으로도 정의된다. 상대 유전상수(상대 유전율 또는 상대 정적 유전율로도 불림)들은 정전기력 문제를 푸는 데 사용되며 정전기 관련 교재(참고문헌 [8~9])에서 찾을 수 있다. 몇 가지 재료의 전형적인 값들은 다음과 같다.

표준 온도와 압력에서의 공기 = 1.00058986,
폴리에틸렌 = 2.25, 종이 = 3.5,
이산화 규소 = 3.9, 고무 = 7,
흑연 = 10−15, 섭씨 20도의 물 = 80

유전 물질들은 송전선에 사용된다. 동축 케이블의 경우, 중앙 도체와 바깥쪽 차폐물질 사이에 종종 폴리에틸렌이 사용된다. 용매의 상대 정적 유전율은 극성을 나타내는 상대적인 단위이다. 예를 들어, 극성이 강한 물질인 물은 위에 열거되어 있듯이 섭씨 20도에서 유전상수가 80이며 얼룩 제거제로 사용되는 헥산의 경우 유전상수가 2이다.

자유공간상의 전하와 유전 전하가 모두 존재하는 임의의 매질에 대해, 식 (14.6.13)의 일반화된 포아송의 방정식은 아래와 같이 주어진다(참고문헌 [9~11] 참조).

$$\nabla \cdot (\varepsilon_r \nabla \phi) = -\frac{\rho}{\varepsilon_0} \tag{14.6.15}$$

2차원 삼각형 요소의 유한요소 정식화

이제부터 정전기력 문제에 대한 유한요소 정식화를 소개한다.

식 (14.6.15)로부터, 등방성 매질의 2차원 정전기력 문제를 지배하는 기본적인 미분방정식(포아송의 방정식)은 다음과 같이 주어진다.

$$\frac{\partial}{\partial x}\left(\varepsilon \frac{\partial V}{\partial x}\right) + \frac{\partial}{\partial y}\left(\varepsilon \frac{\partial V}{\partial y}\right) = -\rho \tag{14.6.16}$$

여기서 절대 유전율 $\varepsilon = \varepsilon_r \varepsilon_0$와 $V = \phi$의 관계식을 사용하였다.

6장에서 정의한 단계들을 따라서, 정전기력 문제를 해석하는 데 필요한 강성행렬과 방정식들을 유도할 것이다.

제1단계 요소 형태의 선정

직사각형 요소(6.6절)와 일반적인 사각형 요소(10.2절) 또한 유한요소법에서 사용될 수 있지만, 6.2절에서의 응력 해석과 13.5절에서의 열전달 해석을 위해 소개되었던 삼각형 요소가 2차원 유한요소해석에서 기본적으로 사용된다. 간략한 설명을 위해, 그림 14-26에 나타낸 꼭지점에만 절점이 위치한 1차 삼각형 요소를 고려해 보자. 절점 i, j, m에서의 포텐셜 v_i, v_j, v_m은 13장에 기술된 열전달 문제에서의 절점 온도와 유사하다.

제2단계 포텐셜 함수의 선정

포텐셜 함수는 아래와 같이 이중선형 방정식으로 나타낼 수 있다.

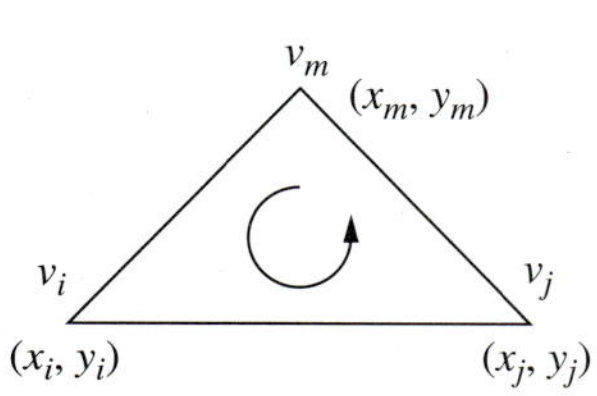

그림 14-26 • 절점 포텐셜로 구성된 기본적인 삼각형 요소

$$V(x, y) = a_1 + a_2 x + a_3 y \tag{14.6.17}$$

또는 6.2절에서 구체적으로 나타낸 형식으로 나타내면 다음과 같다.

$$\{V\} = [N_i \; N_j \; N_m]\begin{Bmatrix} v_i \\ v_j \\ v_m \end{Bmatrix} = [N]\{v\} \tag{14.6.18}$$

여기서 v_i, v_j, v_m은 절점 전압 또는 포텐셜이며, 형상함수는 식 (6.2.18)과 같이 주어진다.

$$N_i = \frac{1}{2A}(\alpha_i + \beta_i x + \gamma_i y) \tag{14.6.19}$$

N_j와 N_m에 대해서도 비슷하게 표현할 수 있다. 여기서 α, β, γ는 식 (6.2.10)에 의해 정의된다.

식 (14.6.18)에서 볼 수 있듯이, 열전달 문제에서처럼 하나의 스칼라 값(절점 포텐셜)이 각 절점에서의 주요한 미지수이다. 다시 말하면, 스칼라 값을 미지수로 가지는 경계치 문제이다.

제3단계 포텐셜 구배와 포텐셜, 전기장과 포텐셜 구배 관계의 정의

전압 또는 포텐셜 구배 행렬을 다음과 같이 온도 구배 재료와 유사한 형태로 정의한다.

$$\{g\} = \begin{Bmatrix} \dfrac{\partial V}{\partial x} \\ \dfrac{\partial V}{\partial y} \end{Bmatrix} \tag{14.6.20}$$

식 (14.6.20)에서 식 (14.6.18)을 사용하면, 아래의 식을 얻을 수 있다.

$$\{g\} = \begin{bmatrix} \dfrac{\partial N_i}{\partial x} & \dfrac{\partial N_j}{\partial x} & \dfrac{\partial N_m}{\partial x} \\ \dfrac{\partial N_i}{\partial y} & \dfrac{\partial N_j}{\partial y} & \dfrac{\partial N_m}{\partial y} \end{bmatrix}\begin{Bmatrix} v_i \\ v_j \\ v_m \end{Bmatrix} \tag{14.6.21}$$

좀 더 간결한 행렬 형태로, $\{g\}$를 나타내면 다음과 같다.

$$\{g\} = [B]\{v\} \tag{14.6.22}$$

여기서 구배 행렬 $[B]$는 아래와 같다.

$$[B] = \frac{1}{2A}\begin{bmatrix} \beta_i & \beta_j & \beta_m \\ \gamma_i & \gamma_j & \gamma_m \end{bmatrix} \tag{14.6.23}$$

전기장 벡터는 다음과 같이 주어진다.

$$E = -\text{grad}\, V = -\nabla V = -\mathbf{i}\frac{\partial V}{\partial x} - \mathbf{j}\frac{\partial V}{\partial y} \tag{14.6.24}$$

식 (14.6.24)에서 식 (14.6.18)과 식 (14.6.19)를 사용하면, 전기장 벡터를 아래와 같이 표현할 수 있다.

$$E = -\mathbf{i}\frac{1}{2A}\left(\beta_i v_i + \beta_j v_j + \beta_m v_m\right) - \mathrm{j}\frac{1}{2A}\left(\gamma_i v_i + \gamma_j v_j + \gamma_m v_m\right) \tag{14.6.25}$$

식 (14.6.20)과 식 (14.6.22)를 사용하면, E를 행렬형태로 표시할 수 있다.

$$\begin{Bmatrix} E_x \\ E_y \end{Bmatrix} = -\{g\} = -[B]\{v\} \tag{14.6.26}$$

선형 등방성 매질에서의 전기 변위장 벡터 **D** (C/m^2 단위)는 선형 등방성 매질에서의 전기장 벡터 **E**와 아래와 같은 관계를 가진다.

$$\mathbf{D} = \varepsilon\mathbf{E}(\mathrm{C/m^2} \text{ 또는 } \mathrm{A-s/m^2}) \tag{14.6.27}$$

식 (14.6.27)에서 식 (14.6.26)을 사용하면, 식 (13.5.7)의 열 플럭스와 온도 구배 사이의 관계와 유사한 형태로 전기장 변위와 전압 구배 사이의 관계를 다음과 같이 표현할 수 있다.

$$\begin{Bmatrix} D_{ex} \\ D_{ey} \end{Bmatrix} = -\begin{bmatrix} \varepsilon & 0 \\ 0 & \varepsilon \end{bmatrix}\begin{Bmatrix} E_x \\ E_y \end{Bmatrix} = -[D]\{g\} \tag{14.6.28}$$

제4단계 요소 강성행렬과 방정식의 유도

요소 강성행렬은 식 (13.4.10)의 범함수와 비슷한 형태의 다음과 같이 주어지는 정전기 에너지 범함수의 최소화를 통해 얻는다.

$$\pi_e = U + \Omega_\rho \tag{14.6.29}$$

여기서 요소의 부피 V'에 대해 작용하는 전기장(전기장 에너지)에 저장된 내부에너지로부터의 포텐셜은 아래와 같다.

$$U = \iiint_{V'} \frac{1}{2}\varepsilon E^2 \, dV' \tag{14.6.30}$$

전하 밀도[식 (6.2.41)의 무게밀도 또는 식 (13.4.11)의 내부 열원과 유사한] ρ의 포텐셜 에너지는 다음과 같이 주어진다.

$$\Omega_\rho = -\iiint_{V'} \rho V \, dV' \tag{14.6.31}$$

$E^2 = \mathrm{E} \cdot \mathrm{E}$이고 식 (14.6.30)의 **E**에 대해서 식 (14.6.24)를 사용하면, U를 아래와 같이 표현할 수 있다.

$$U = \iiint_{V'} \frac{1}{2}\varepsilon\left[\left(\frac{\partial V}{\partial x}\right)^2 + \left(\frac{\partial V}{\partial y}\right)^2\right]dV' \tag{14.6.32}$$

강성행렬과 기본 요소에 대한 방정식들을 얻기 위하여 π_e를 전압에 대해 최소화할 수 있도록 π_e를 절점 전압의 함수로 표시하고자 한다. 이때, 식 (14.6.31)과 (14.6.32)에 대하여 식 (14.6.18), (14.6.19), (14.6.20), (14.6.28)을 사용함으로써 전체 에너지를 다음과 같이 절점 전압의 함수인 행렬 형태로 표현하는 것이 가장 편리하다.

$$\pi_e = \frac{1}{2}\iiint_{V'} \{g\}^T[D]\{g\}\,dV' - \iiint_{V'} \{\rho\}\{v\}^T[N]^T\,dV' \tag{14.6.33}$$

일반적으로, [체적력에 관한 식 (6.2.41)과 유사한] 식 (14.6.33)의 열 행렬 $\{V\}$와 $\{\rho\}$를 적절하게 곱하기 위해서는 전압 함수 $\{V\}$의 전치행렬을 곱해야 한다. 따라서 식 (A.2.10)에 설명된 행렬 곱의 전치 연산의 특징으로부터 $\{V\}^T = \{v\}^T[N]^T$가 식 (14.6.33)에서 사용되었다.

이제 $\{g\}$에 대한 식 (14.6.22)를 식 (14.6.33)에 대입하면 아래의 식을 얻게 된다.

$$\pi_e = \frac{1}{2}\{v\}^T\iiint_{V'} [B]^T[D][B]\,dV'\{v\} - \{v\}^T\iiint_{V'} [N]^T\{\rho\}\,dV' \tag{14.6.34}$$

여기서, 절점 전압은 일반적인 x-y좌표에 독립적이기 때문에 $\{v\}$는 적분기호 밖으로 빼어 놓았다.

이제 전체 에너지를 절점 전압 행렬에 대해 최소화하면, 다음과 같은 식을 얻는다.

$$\frac{\partial \pi_e}{\partial\{v\}} = \left[\iiint_{V'} [B]^T[D][B]\,dV'\right]\{v\} - \iiint_{V'} [N]^T\{\rho\}\,dV' \tag{14.6.35}$$

식 (14.6.35)에서 절점 전압 행렬과 곱해져 있는 첫 번째 적분항은 강성행렬을 나타내며, 두 번째 적분항은 전하 밀도에 의한 전원 또는 하중행렬을 나타낸다.

식 (14.6.35)의 피적분함수는 상수이다. 따라서 강성행렬을 간단한 형태로 나타내면 다음과 같다.

$$[k] = tA[B]^T[D][B]\,(\text{C/V}) \tag{14.6.36}$$

여기서 t는 요소의 일정한 두께이고, A는 식 (6.2.9)에 의해 결정되는 요소의 표면적이며, $[B]$는 식 (14.6.23)에 의해, 그리고 $[D]$는 식 (14.6.28)에 의해 각각 주어진다. 3절점 삼각형의 강성행렬에 대해서는 식 (14.6.36)이 아래와 같은 특정한 형태를 가짐을 보일 수 있다.

$$[k] = \frac{\varepsilon}{4A}\begin{bmatrix} \beta_i\beta_i + \gamma_i\gamma_i & \beta_i\beta_j+\gamma_i\gamma_j & \beta_i\beta_m + \gamma_i\gamma_m \\ & \beta_j\beta_j+\gamma_j\gamma_j & \beta_j\beta_m + \gamma_j\gamma_m \\ & & \beta_m\beta_m + \gamma_m\gamma_m \end{bmatrix} t\,(\text{C/V}) \tag{14.6.37}$$

이때 처음에 임의로 정해진 절점 i로부터 요소의 반시계 방향으로 절점 j와 절점 m을 순서대로 정해야 한다.

요소에 균일하게 작용하는 일정한 전하 밀도에 대해서 식 (14.6.35)의 두 번째 적분항은 6.3절에 설명되어 있는 것과 같이, 일정한 무게 밀도에 의한 체적력에 대한 식 (6.3.6)이나 일정한 열원에 의한 식 (13.5.16)에서 주어진 형태로 계산할 수 있다. 이 적분항은 다음과 같이 표현된다.

$$\{f_\rho\} = \begin{Bmatrix} f_{\rho 1} \\ f_{\rho 2} \\ f_{\rho 3} \end{Bmatrix} = \frac{tA\rho}{3}\begin{Bmatrix} 1 \\ 1 \\ 1 \end{Bmatrix}(\mathrm{C}) \tag{14.6.38}$$

따라서 요소 내에서 일정하다고 가정한 전하 밀도의 1/3씩이 각 절점에 적용된다.

제5단계 전체좌표계에서의 방정식을 얻기 위한 요소 방정식의 조합과 경계조건의 도입

직접강성법을 이용하여 다음과 같이 전체좌표계에서의 강성행렬과 전원행렬, 그리고 방정식들을 얻는다.

$$[K] = \sum [k^{(e)}] \qquad \{F\} = \sum \{f^{(e)}\} \tag{14.6.39}$$

그리고

$$\{F\} = [K]\{v\} \tag{14.6.40}$$

여기서 $\{v\}$는 전체 시스템의 절점 전압 행렬이다.
경계조건은 두 가지의 유형이 있다.

1. 디리클레(*Dirichlet*) 조건 또는 표면 S_1에 포텐셜이 부여된 유형. 이러한 조건들은 (응력해석 문제에서 알고 있는 변위를 적용하는 것과 유사하게) 알고 있는 전압을 하나 또는 그 이상의 절점에 적용하여 강제할 수 있다. 예를 들어, 그림 14-27에 보이는 것과 같이 절점 1에 포텐셜 또는 전압(v_1 = 1 V라고 가정)을 가할 수 있다.
2. 노이만(*Neumann*) 조건 또는 표면 S_2에서 전압 또는 포텐셜의 미분값이 알려진 유형. 이 경우 전기장 강도, E = −grad V는 그림 14-28에서와 같이 표면 S_2에 접해야 한다. (이러한

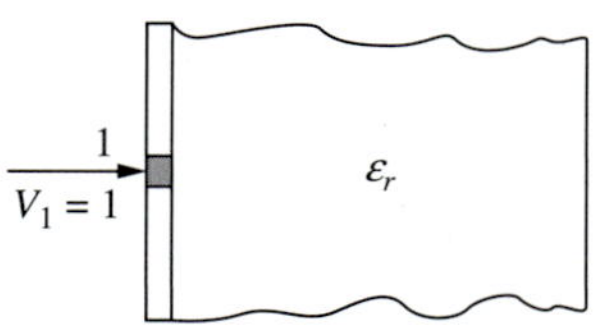

그림 14-27 • 디리클레(Dirichlet) 또는 절점 1에 가해진 경계 포텐셜 혹은 전압

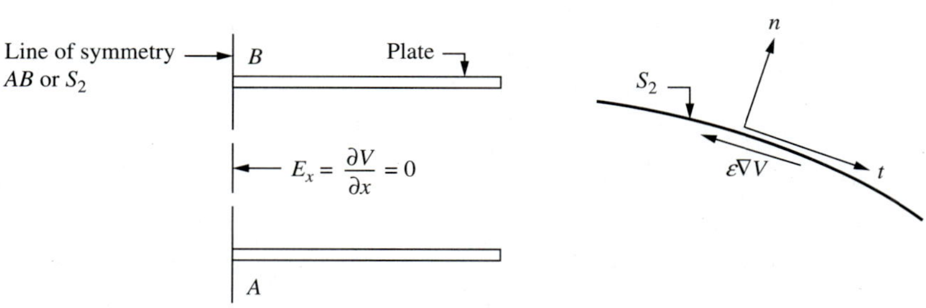

그림 14-28 • 전기장 강도에 대한 노이만(Neumann) 유형의 미분 경계조건(선 *AB*는 기하학적인 대칭선이자 포텐셜의 대칭선이다)

경계조건들은 유한요소 응용프로그램에서 지정할 필요는 없다.)

제6단계 절점 포텐셜 또는 전압의 계산

식 (14.6.40)에 의해 주어지는 대수 연립방정식을 경계조건을 적용하여 풀어서 전체좌표계에서의 포텐셜 또는 전압을 계산한다.

제7단계 전기장과 전기 변위장의 계산

식 (14.6.26)과 (14.6.28)을 사용하여 각 절점이나 요소의 중앙에서의 전기장과 전기 변위장을 계산한다.

이제, 정전기학 문제에 대한 간단한 풀이 예를 소개한다.

예제 14.8

그림 14-29의 2-요소 모델에 대하여 오른쪽 끝단에서의 절점 전압들을 구하라. 절점 1에는 10 V의 전압이 걸려 있고, 절점 2의 전압은 0 V이다. 판은 단위 두께(t = 1 m)를 가지고 있고 유전율은 $\varepsilon = 5$이다. 전하 밀도는 없다.

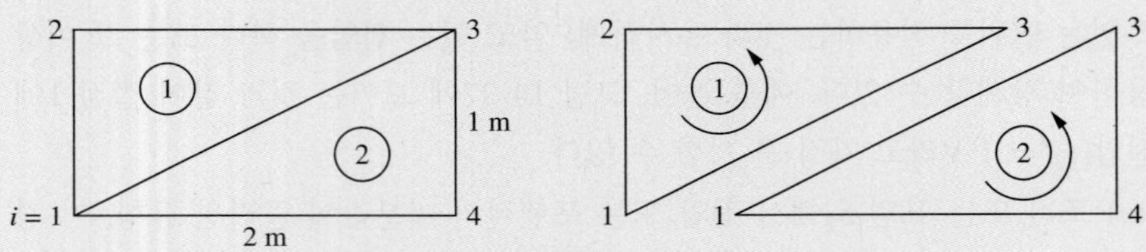

그림 14-29 • 절점 전압을 받고 있는 판과 두 개의 요소

풀이

식 (6.2.10)에서 정의한 β와 γ와 함께 식 (13.5.6)을 사용하면 다음과 같은 식을 얻는다.

요소 1:

$$\begin{aligned}\beta_i &= \beta_1 = y_3 - y_2 = 1 - 1 = 0,\\ \beta_j &= \beta_3 = y_2 - y_1 = 1 - 0 = 1,\\ \beta_m &= \beta_2 = y_1 - y_3 = 0 - 1 = -1\\ \gamma_i &= \gamma_1 = x_2 - x_3 = 0 - 2 = -2,\\ \gamma_j &= \gamma_3 = x_1 - x_2 = 0 - 0 = 0,\\ \gamma_m &= \gamma_2 = x_3 - x_1 = 2 - 0 = 2\end{aligned} \tag{14.6.41}$$

요소 2:

$$\begin{aligned}&\beta_1 = y_4 - y_3 = 0 - 1 = -1, \quad \beta_4 = y_3 - y_1 = 1 - 0 = 1, \quad \beta_3 = y_1 - y_4 = 0 - 0 = 0\\ &\gamma_1 = x_3 - x_4 = 2 - 2 = 0, \quad \gamma_4 = x_1 - x_3 = 0 - 2 = -2, \quad \gamma_3 = x_4 - x_1 = 2 - 0 = 2\end{aligned} \tag{14.6.42}$$

$[B]$를 구하기 위해 식 (14.6.23)에서 식 (14.6.41)과 (14.6.42)를 사용하고, $[D]$에 대해서는 식 (14.6.28)을, 그리고 식 (14.6.36)에서 $A = 1\ \text{m}^2$을 사용하면, 두 개의 요소에 대해 아래와 같은 강성행렬을 얻게 된다.

$$[k^{(1)}] = tA[B]^T[D][B] = 1(1)\begin{bmatrix} 0 & 0.5 & -0.5 \\ -1 & 0 & 1 \end{bmatrix}^T \begin{bmatrix} 5 & 0 \\ 0 & 5 \end{bmatrix}\begin{bmatrix} 0 & 0.5 & -0.5 \\ -1 & 0 & 1 \end{bmatrix}$$

$$= \begin{bmatrix} 5 & 0 & -5 \\ 0 & 1.25 & -1.25 \\ -5 & -1.25 & 6.25 \end{bmatrix}(\text{C/V}) \tag{14.6.43}$$

비슷한 방법으로,

$$[k^{(2)}] = \begin{bmatrix} 1.25 & -1.25 & 0 \\ -1.25 & 6.25 & -5 \\ 0 & -5 & 5 \end{bmatrix}(\text{C/V}) \tag{14.6.44}$$

직접강성법을 사용하여 전체 강성행렬을 조합하면, 전체좌표계에서의 방정식 $\{F\} = [K]\{v\}$를 얻는다.

$$\begin{Bmatrix} 0 \\ 0 \\ 0 \\ 0 \end{Bmatrix} = \begin{bmatrix} 6.25 & -5 & 0 & -1.25 \\ -5 & 6.25 & -1.25 & 0 \\ 0 & -1.25 & 6.25 & -5 \\ -1.25 & 0 & -5 & 6.25 \end{bmatrix}\begin{Bmatrix} v_1 = 10 \\ v_2 = 0 \\ v_3 \\ v_4 \end{Bmatrix} \tag{14.6.45}$$

$v_1 = 10$, $v_2 = 0$ V의 절점 전압 경계조건을 적용하고, 절점 전압 v_3과 v_4를 구하기 위해 식 (14.6.45)의 세 번째와 네 번째 식을 풀면

$$v_3 = 4.444\ \text{V}, \qquad v_4 = 5.556\ \text{V} \tag{14.6.46}$$

요소 1과 요소 2에서의 전기장은 식 (14.6.26)을 이용하여 다음과 같이 구할 수 있다.

$$\{E^{(1)}\} = -[B^{(1)}]\{v^{(1)}\} = -\begin{bmatrix} 0 & 0.5 & -0.5 \\ -1 & 0 & 1 \end{bmatrix}\begin{pmatrix} 10 \\ 4.444 \\ 0 \end{pmatrix} = \begin{bmatrix} -2.222 \\ 10 \end{bmatrix}\ \text{V/m} \tag{14.6.47}$$

그리고

$$\{E^{(2)}\} = -[B^{(2)}]\{v^{(2)}\} = -\begin{bmatrix} -0.5 & 0.5 & 0 \\ 0 & -1 & 1 \end{bmatrix}\begin{pmatrix} 10 \\ 5.556 \\ 4.444 \end{pmatrix} = \begin{bmatrix} 2.222 \\ 1.112 \end{bmatrix}\ \text{V/m} \tag{14.6.48}$$

이제 두 개의 정전기학 문제에 대해 컴퓨터 프로그램을 이용한 해를 보도록 하자.

예제 14.9

무한히 길고 밀폐된, 가로 1 m, 세로 0.4 m의 직사각형 유로가 공기로 채워져 있다. 상단은 측

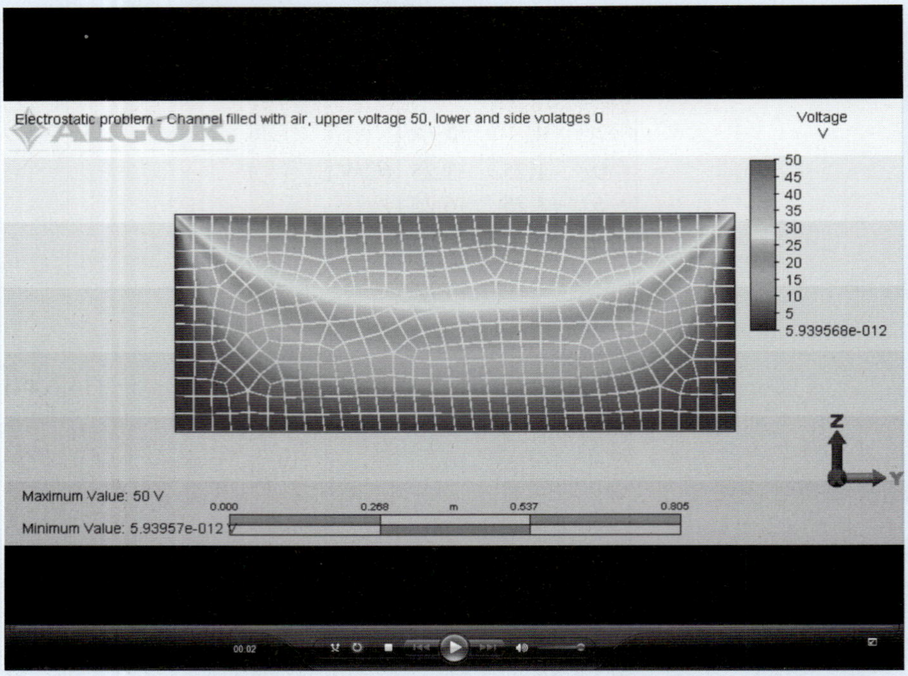

그림 14-30 • 유로에서의 전압 분포(첨부된 칼라판 그림을 참조하시오)

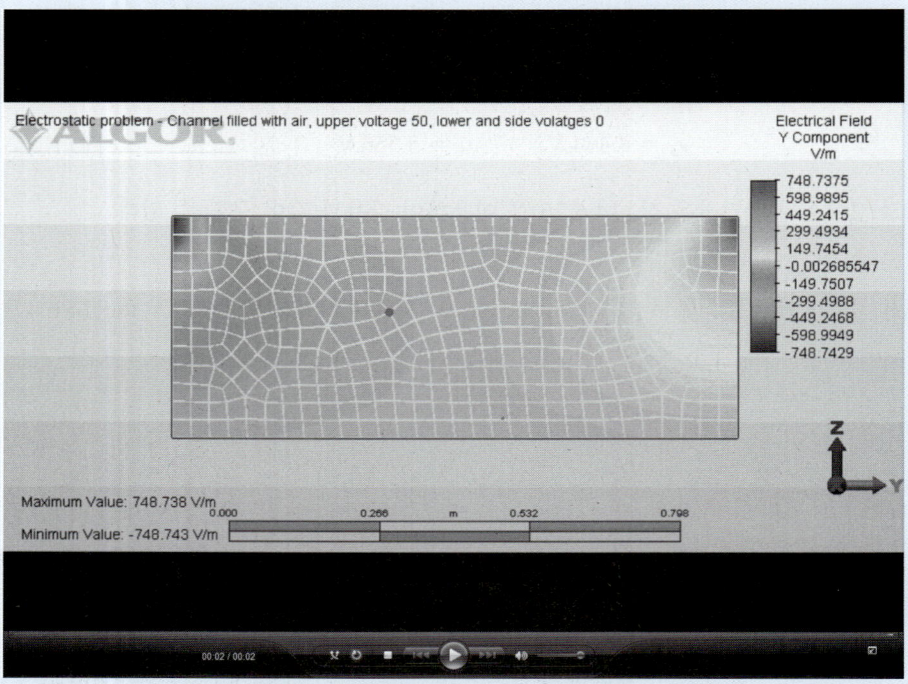

그림 14-31 • 유로에서의 전기장 분포

면으로부터 절연되어 있고 50 V의 포텐셜에 연결되어 있다. 측면과 하단은 접지(0 V)되어 있다. 공기의 유전 상수는 1로 가정하고, 유로 내의 전압 분포와 전기장을 구하라.

풀이

그림 14-30에 유로에서의 전압 분포와 함께 유로의 유한요소모델을 나타내었다. 그림 14-31은 y방향으로의 전기장의 분포를 보여준다.

예제 14.10

부스바(busbar)는 110 V 배전함에서 전력을 분배하는 데 사용되는 직사각형의 전도체이다. 부스바의 측면에는 110 V의 전압이 걸려있다. 그림 14-32의 시스템에서 하단은 0 V로 접지되어 있다. 부스바 주위의 물질은 공기(ε = 1)라고 가정하자. 또한, 모델의 좌측면을 따라 형상과 포텐셜이 수직선에 대해 대칭이라고 가정한다. 따라서 모델은 실제로는 전체 시스템의 절반에 해당된다. 이때 전압의 분포와 최대 전기장 강도를 구하라. 2차원 유한요소모델을 사용하고 두께는 0.1 m라고 하자.

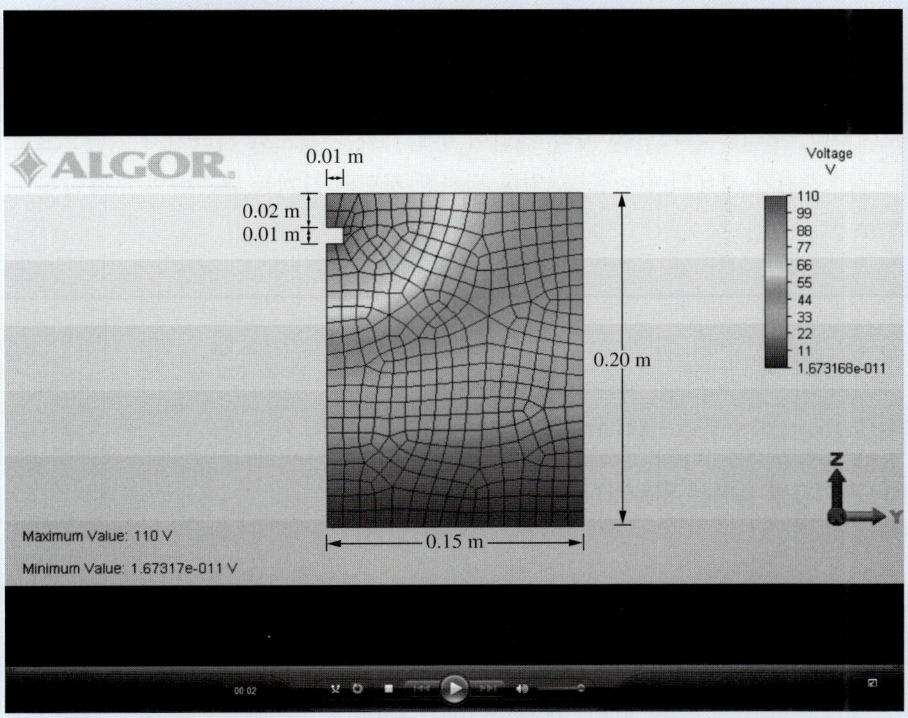

그림 14-32 • 공기로 둘러싸인 부스바의 유한요소모델과 전압 분포(첨부된 칼라판 그림을 참조하시오)

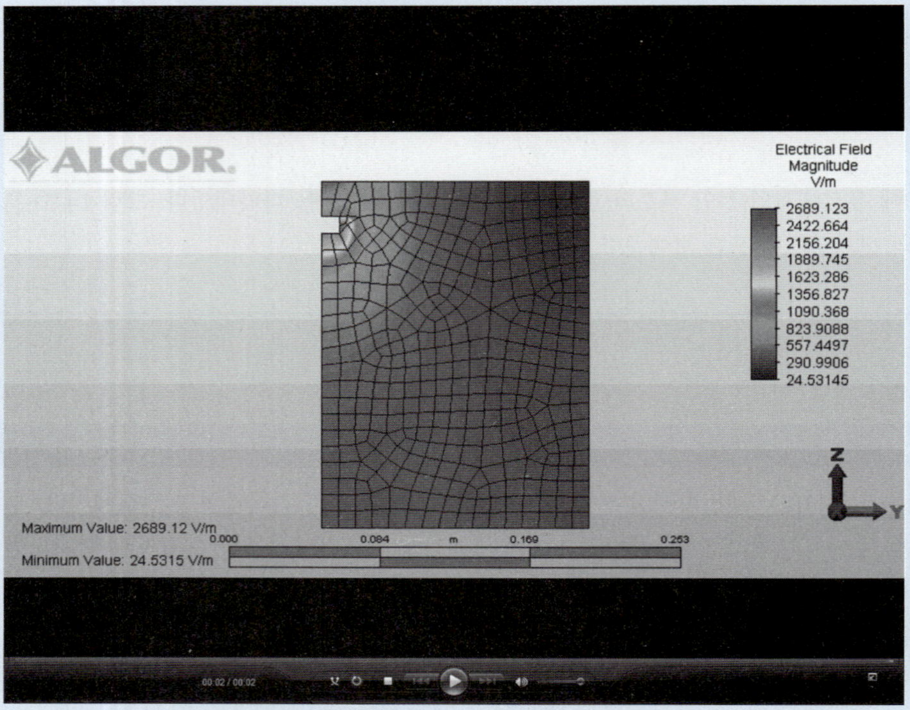

그림 14-33 • 전기장 강도의 크기

풀이

그림 14-32와 14-33의 결과들은 부스바 주위의 공기를 통한 전압의 분포와 전기장 강도의 크기 분포를 보여준다. 모델의 우측면을 따라 전압이 0에 가까운 값으로 사라지지 않았으므로, 모델에서 더 많은 공기가 사용되어야 한다. 최대 전기장 강도의 크기는 부스바의 우측단 근처에서 2689 V/m이다.

식의 정리(Summary Equations)

투과성 매체와 파이프를 통하는 유동에 대한 기본 방정식

질량 보존의 법칙:

$$M_{\text{in}} + M_{\text{generated}} = M_{\text{out}} \tag{14.1.1}$$

또는

$$\rho v_x A dt + \rho Q dt = \rho v_{x+dx} A dt \tag{14.1.2}$$

다르시의 법칙:

$$v_x = -K_{xx}\frac{d\phi}{dx} = -K_{xx}g_x \tag{14.1.3}$$

투과성 매체를 통과하는 1차원 유체 유동에 대한 기본 미분방정식:

$$\frac{d}{dx}\left(K_{xx}\frac{d\phi}{dx}\right) + \bar{Q} = 0 \tag{14.1.6}$$

투과성 매체를 통과하는 2차원 유체 유동에 대한 기본 미분방정식:

$$\frac{\partial}{\partial x}\left(K_{xx}\frac{\partial\phi}{\partial x}\right) + \frac{\partial}{\partial y}\left(K_{yy}\frac{\partial\phi}{\partial y}\right) + \bar{Q} = 0 \tag{14.1.10}$$

파이프를 통과하거나 고체형상 주위를 흐르는 유체 유동에 대한 속도/속도 포텐셜 관계식:

$$v_x = -\frac{\partial\phi}{\partial x} \qquad v_y = -\frac{\partial\phi}{\partial y} \tag{14.1.13}$$

파이프를 통과하거나 고체형상 주위를 흐르는 유체 유동에 대한 기본 미분방정식:

$$\frac{\partial^2\phi}{\partial x^2} + \frac{\partial^2\phi}{\partial y^2} = 0 \tag{14.1.14}$$

1차원 유체 유동에 대한 유한요소 방정식

1차원 유체 유동의 유한요소 정식화를 위한 포텐셜 함수:

$$\phi = N_1 p_1 + N_2 p_2 \tag{14.2.1}$$

다르시의 법칙에 의한 속도/구배 관계식:

$$v_x = -[D]\{g\} \tag{14.2.7}$$

투과성 매체를 통과하는 1차원 유체 유동에 대한 강성행렬:

$$[k] = \frac{AK_{xx}}{L}\begin{bmatrix} 1 & -1 \\ -1 & 1 \end{bmatrix} \text{ m}^2/\text{s} \ \text{ 또는 } \ \text{in}^2/\text{s} \tag{14.2.15}$$

투과성 매체를 통과하는 1차원 유체 유동에 대한 하중행렬 항:

내부 유원으로부터의 체적 유량에 의한 항:

$$\{f_Q\} = \iiint_V [N]^T Q\, dV = \frac{QAL}{2}\begin{Bmatrix} 1 \\ 1 \end{Bmatrix} \text{ m}^3/\text{s} \ \text{ 또는 } \ \text{in}^3/\text{s} \tag{14.2.16}$$

면적 유량률에 의한 항:

$$\{f_q\} = \iint_{S_1} q^* [N]^T\, dS = \frac{q^* Lt}{2}\begin{Bmatrix} 1 \\ 1 \end{Bmatrix} \text{m}^3/\text{s} \ \text{ 또는 } \ \text{in}^3/\text{s} \tag{14.2.17}$$

유압 네트워크 방정식

유압 파이프 네트워크를 통과하는 유동에 대한 푸와죄유의 법칙:

$$\Delta p = Rq \tag{14.2.39}$$

유동저항이 있는 파이프를 흐르는 유체에 대한 강성행렬:

$$[k] = \frac{1}{R}\begin{bmatrix} 1 & -1 \\ -1 & 1 \end{bmatrix} \tag{14.2.41}$$

유체 유동에 대한 유한요소 정식화를 위한 2차원 방정식

포텐셜 함수:

$$[\phi] = [N_i \quad N_j \quad N_m]\begin{Bmatrix} p_i \\ p_j \\ p_m \end{Bmatrix} \tag{14.3.1}$$

속도/구배 행렬 관계식:

$$\begin{Bmatrix} v_x \\ v_y \end{Bmatrix} = -[D]\{g\} \tag{14.3.7}$$

재료물성 행렬:

$$[D] = \begin{bmatrix} K_{xx} & 0 \\ 0 & K_{yy} \end{bmatrix} \tag{14.3.8}$$

강성행렬:

$$[k] = \frac{tK_{xx}}{4A}\begin{bmatrix} \beta_i^2 & \beta_i\beta_j & \beta_i\beta_m \\ \beta_i\beta_j & \beta_j^2 & \beta_j\beta_m \\ \beta_i\beta_m & \beta_j\beta_m & \beta_m^2 \end{bmatrix} + \frac{tK_{yy}}{4A}\begin{bmatrix} \gamma_i^2 & \gamma_i\gamma_j & \gamma_i\gamma_m \\ \gamma_i\gamma_j & \gamma_j^2 & \gamma_j\gamma_m \\ \gamma_i\gamma_m & \gamma_j\gamma_m & \gamma_m^2 \end{bmatrix} \tag{14.3.11}$$

요소의 균일 체적 유량률에 대한 하중행렬:

$$\{f_Q\} = \frac{QV}{3}\begin{Bmatrix} 1 \\ 1 \\ 1 \end{Bmatrix}\frac{\text{m}^3}{\text{s}} \quad \text{또는} \quad \frac{\text{in}^3}{\text{s}} \tag{14.3.13}$$

요소의 경계에 작용하는 균일한 면적 유량에 대한 하중행렬:

$$\text{변 } i\text{-}j\text{에 대해 } \{f_q\} = \frac{q^* L_{i-j} t}{2}\begin{Bmatrix} 1 \\ 1 \\ 0 \end{Bmatrix}\frac{\text{m}^3}{\text{s}} \quad \text{또는} \quad \frac{\text{in}^3}{\text{s}} \tag{14.3.15}$$

선 또는 점 유원에 대한 하중행렬:

$$\begin{Bmatrix} f_{Qi} \\ f_{Qj} \\ f_{Qm} \end{Bmatrix} = Q^{*}t \begin{Bmatrix} N_i \\ N_j \\ N_m \end{Bmatrix} \Bigg|_{\substack{x = x_0 \\ y = y_0}} \qquad \text{(식 14.3.19)}$$

유체 유동 해석 컴퓨터 프로그램에 대한 흐름도는 그림 14-18 참조.

전기 네트워크

옴의 법칙:

$$\Delta V = RI \qquad (14.5.1)$$

전압차/전류 행렬 방정식:

$$\begin{Bmatrix} V_1 \\ V_2 \end{Bmatrix} = R \begin{bmatrix} 1 & -1 \\ -1 & 1 \end{bmatrix} \begin{Bmatrix} I_1 \\ I_2 \end{Bmatrix} \qquad (14.5.2)$$

저항기 요소의 강성행렬:

$$[k] = R \begin{bmatrix} 1 & -1 \\ -1 & 1 \end{bmatrix} \qquad (14.5.3)$$

정전기학

기본 방정식:

쿨롱의 법칙:

$$\mathbf{F}_1 = \frac{q_1 q_2 \mathbf{n}_{21}}{4\pi\varepsilon_0 r^2} \qquad (14.6.1)$$

가우스의 법칙:

$$\nabla \cdot \mathbf{E} = \frac{\rho}{\varepsilon_0} \qquad (14.6.10)$$

포아송의 법칙:

$$\frac{\partial^2 \phi}{\partial x^2} + \frac{\partial^2 \phi}{\partial y^2} + \frac{\partial^2 \phi}{\partial z^2} = \frac{-\rho}{\varepsilon_0} \qquad (14.6.14)$$

유전상수 ε (698쪽 참조)

2차원 정전기 해석을 위한 유한요소 방정식:

기본 미분방정식:

$$\frac{\partial}{\partial x}\left(\varepsilon \frac{\partial V}{\partial x}\right) + \frac{\partial}{\partial y}\left(\varepsilon \frac{\partial V}{\partial y}\right) = -\rho \qquad (14.6.16)$$

포텐셜 함수:

$$V(x, y) = a_1 + a_2 x + a_3 y \tag{14.6.17}$$

구배 행렬:

$$\{g\} = \begin{Bmatrix} \dfrac{\partial V}{\partial x} \\ \dfrac{\partial V}{\partial y} \end{Bmatrix} \tag{14.6.20}$$

구배/절점 전압 행렬 방정식:

$$\{g\} = [B]\{v\} \tag{14.6.22}$$

$$[B] = \frac{1}{2A}\begin{bmatrix} \beta_i & \beta_j & \beta_m \\ \gamma_i & \gamma_j & \gamma_m \end{bmatrix} \tag{14.6.23}$$

전기장 벡터:

$$E = -\text{grad}\, V = -\nabla V = -\mathbf{i}\frac{\partial V}{\partial x} - \mathbf{j}\frac{\partial V}{\partial y} \tag{14.6.24}$$

전기장/절점 전압 행렬 방정식:

$$\begin{Bmatrix} E_x \\ E_y \end{Bmatrix} = -\{g\} = -[B]\{v\} \tag{14.6.26}$$

전기 변위장/전압 구배 행렬 방정식:

$$\begin{Bmatrix} D_{ex} \\ D_{ey} \end{Bmatrix} = -\begin{bmatrix} \varepsilon & 0 \\ 0 & \varepsilon \end{bmatrix}\begin{Bmatrix} E_x \\ E_y \end{Bmatrix} = -[D]\{g\} \tag{14.6.28}$$

정전기적 에너지 범함수:

$$\pi_e = U + \Omega_\rho \tag{14.6.29}$$

절점 전압의 함수로 표현된 정전기적 범함수:

$$\pi_e = \frac{1}{2}\{v\}^T \iiint_{V'} [B]^T [D][B]\, dV' \{v\} - \{v\}^T \iiint_{V'} [N]^T \{\rho\}\, dV' \tag{14.6.34}$$

강성행렬:

$$[k] = \frac{\varepsilon}{4A}\begin{bmatrix} \beta_i\beta_i + \gamma_i\gamma_i & \beta_i\beta_j + \gamma_i\gamma_j & \beta_i\beta_m + \gamma_i\gamma_m \\ & \beta_j\beta_j + \gamma_j\gamma_j & \beta_j\beta_m + \gamma_j\gamma_m \\ & & \beta_m\beta_m + \gamma_m\gamma_m \end{bmatrix} t\,(\text{C/V}) \tag{14.6.37}$$

요소 내의 균일한 전하 밀도에 대한 하중행렬:

$$\{f_\rho\} = \begin{Bmatrix} f_{\rho 1} \\ f_{\rho 2} \\ f_{\rho 3} \end{Bmatrix} = \frac{tA\rho}{3}\begin{Bmatrix} 1 \\ 1 \\ 1 \end{Bmatrix}(\mathrm{C}) \tag{14.6.38}$$

전체좌표계에서의 방정식:

$$\{F\} = [K]\{v\} \tag{14.6.40}$$

참고문헌

[1] Chung, T. J., *Finite Element Analysis in Fluid Dynamics*, McGraw-Hill, New York, 1978.

[2] John, J. E. A., and Haberman, W. L., *Introduction to Fluid Mechanics*, Prentice Hall, Englewood Cliffs, NJ, 1988.

[3] Harr, M. E., *Ground Water and Seepage*, McGraw-Hill, New York, 1962.

[4] Autodesk Inc., McInnis Parkway, San Rafael, CA 94903.

[5] Logan, D. L., *A First Course in the Finite Element Method*, 2nd ed., PWS-Kent Publishers, Boston, MA, 1992.

[6] Mohtar, R. H., Bralts, V. F., and Shayya, W. H., "A Finite Element Model for the Analysis and Optimization of Pipe Networks," Vol. 34(2), 1991, *Transactions of ASAE*, pp. 393–401.

[7] ANSYS *Engineering Analysis Systems User's Manual*, Swanson Analysis Systems. Inc., Johnson Rd., P.O. Box 65, Houston, PA, 15342.

[8] Jackson, J. D., *Classical Electrodynamics*, 3rd, ed., Wiley, NY, 1998.

[9] Ida, Nathan, *Engineering Electromagnetics*, 2nd ed., Springer Verlag, NY, 2004.

[10] Bastos, J. P. A. and Sadowski, N., *Electromagnetic Modeling by Finite Element Methods*, Marcel Dekker, NY, 2003.

[11] Humphries, S. Jr., *Field Solutions on Computers*, CRC Press, NY, 1997.

연습문제

14.1 For the one-dimensional flow through the porous media shown in Figure P14-1, determine the potentials at one-third and two-thirds of the length. Also determine the velocities in each element. Let $A = 0.2\ \mathrm{m}^2$.

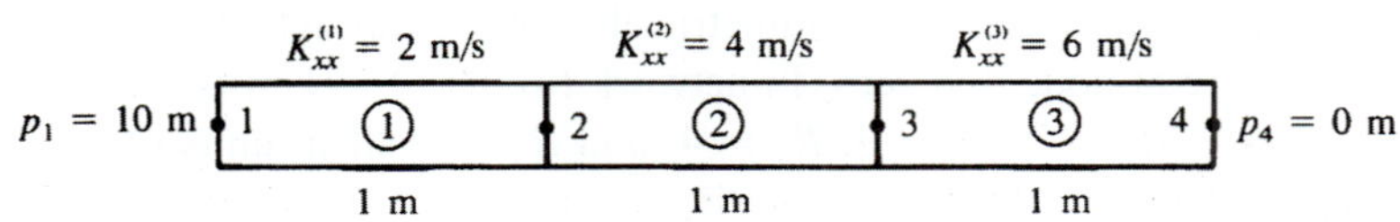

Figure P14-1 •

14.2 For the one-dimensional flow through the porous medium shown in Figure P14-2 with fluid flux at the right end, determine the potentials at the third points. Also determine the velocities in each element. Let $A = 2\ \mathrm{m}^2$.

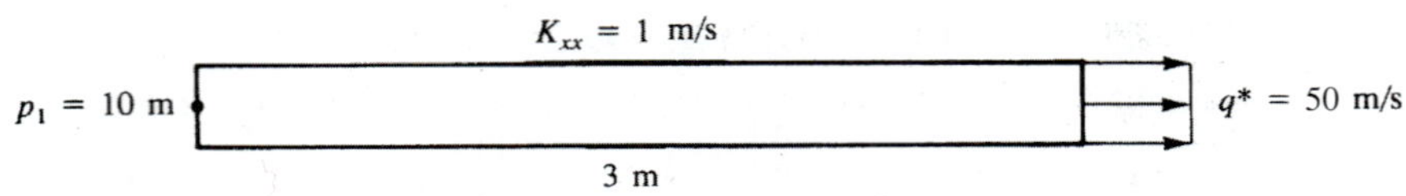

Figure P14-2 •

14.3 For the one-dimensional fluid flow through the stepped porous medium shown in Figure P14-3, determine the potentials at the junction of each area. Also determine the velocities in each element. Let $K_{xx} = 1$ in./s.

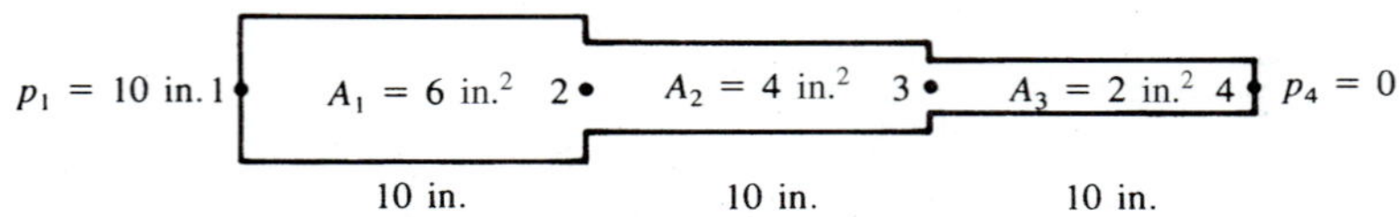

Figure P14-3 •

14.4 For the one-dimensional fluid-flow problem (Figure P14-4) with velocity known at the right end, determine the velocities and the volumetric flow rates at nodes 1 and 2. Let $K_{xx} = 2$ cm/s.

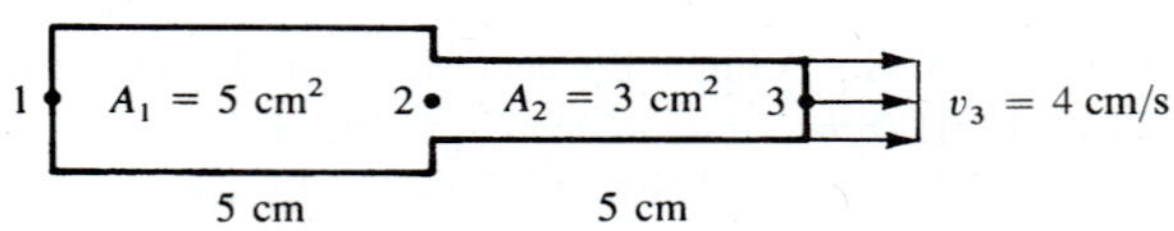

Figure P14-4 •

14.5 Derive the stiffness matrix, Eq. (14.2.15), using the first term on the right side of Eq. (13.4.17).

14.6 For the one-dimensional fluid-flow problem in Figure P14-6, determine the velocities and volumetric flow rates at nodes 2 and 3. Let $K_{xx} = 10^{-1}$ in./s.

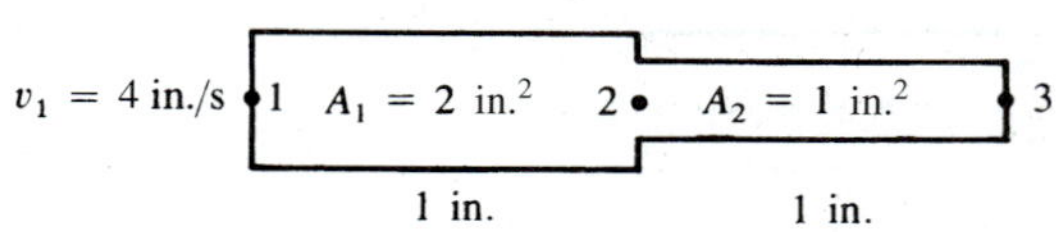

Figure P14-6 •

14.7 For the simple pipe networks shown in Figure P14-7, determine the pressures at nodes 1, 2, and 3 and the volumetric flow rates through the branches. Assume the pressure at node 4 is zero. In network (a), let $Q = 1$ m^3/s. Let the resistances be, $R_1 = 1$, $R_2 = 2$, $R_3 = 3$, $R_4 = 4$, and $R_5 = 5$ all in units of N-s/m^5. In network (b), let $Q = 1000$ in^3/s and the resistances be $R_1 = 10$, $R_2 = 20$, $R_3 = 30$, $R_4 = 40$, and $R_5 = 50$ all in units of lb-s/in.^{5}

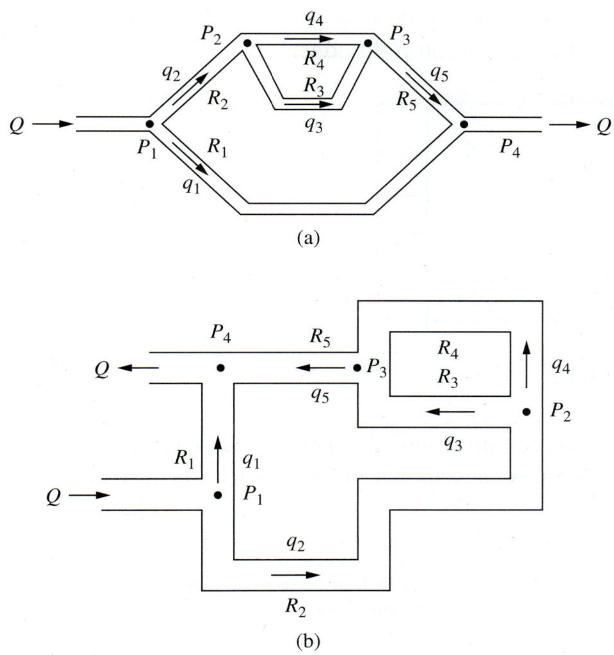

Figure P14-7 •

14.8 For the triangular element subjected to a fluid source shown in Figure P14-8, determine the amount of Q^* allocated to each node.

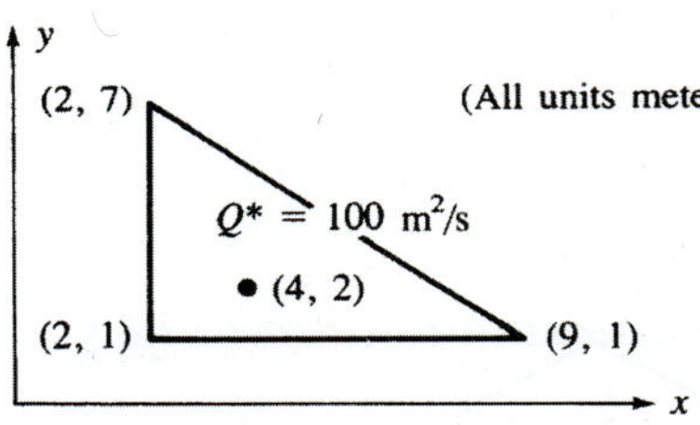

Figure P14-8 •

14.9 For the triangular element subjected to the surface fluid source shown in Figure P14-9, determine the amount of fluid force at each node.

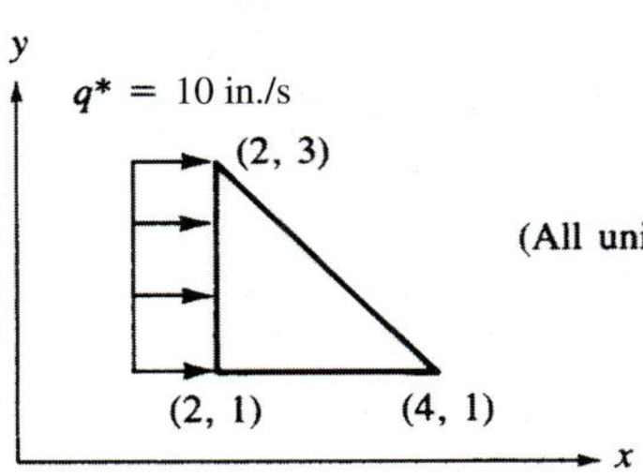

Figure P14-9 •

14.10 For the two-dimensional fluid flow shown in Figure P14-10, determine the potentials at the center and right edge.

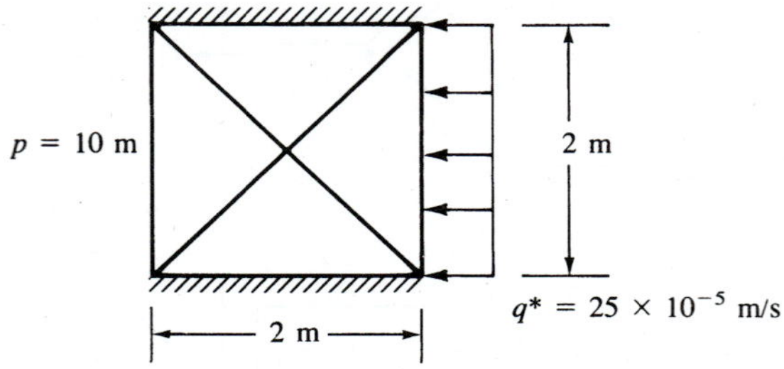

Figure P14-10 •

14.11-14.16 Using a computer program, determine the potential distribution in the two-dimensional bodies shown in Figures P14-11 to P14-16.

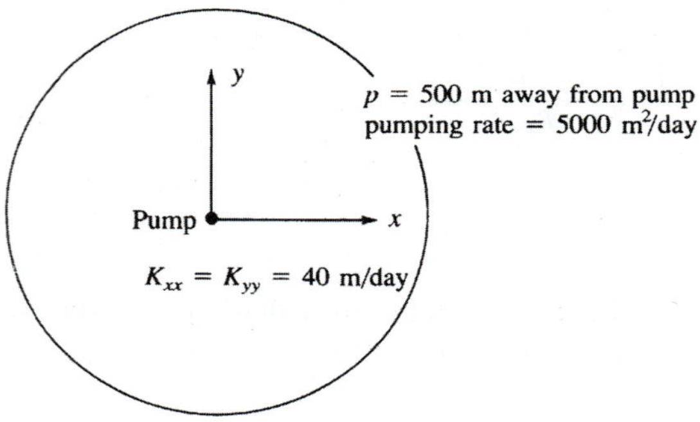

Figure P14-11 •

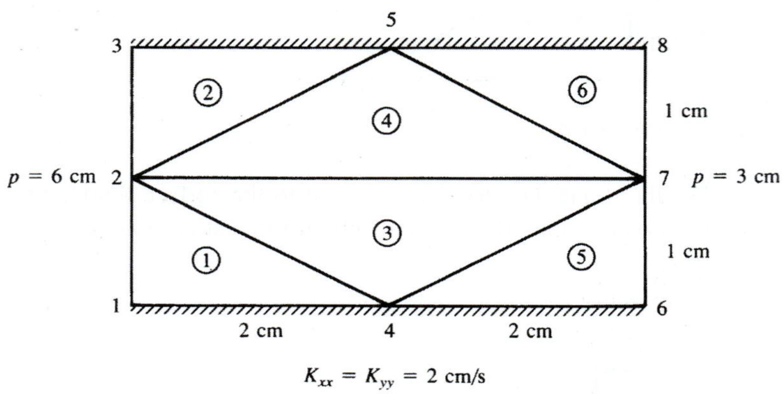

Figure P14-12 •

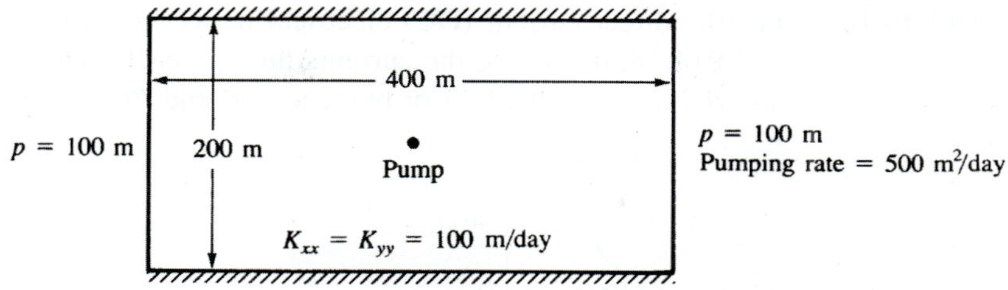

Figure P14-13 •

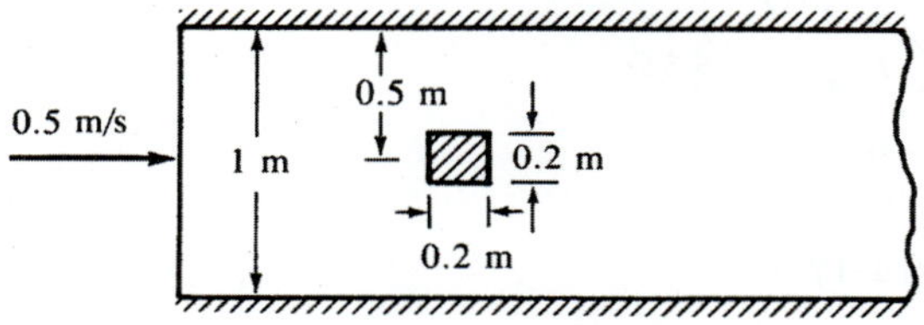

Figure P14-14 •

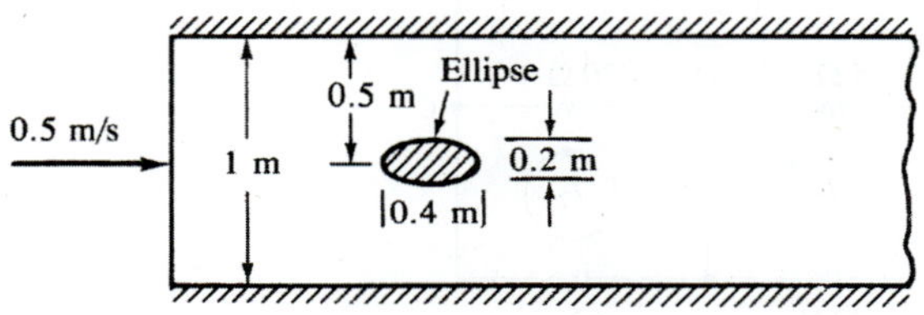

Figure P14-15 •

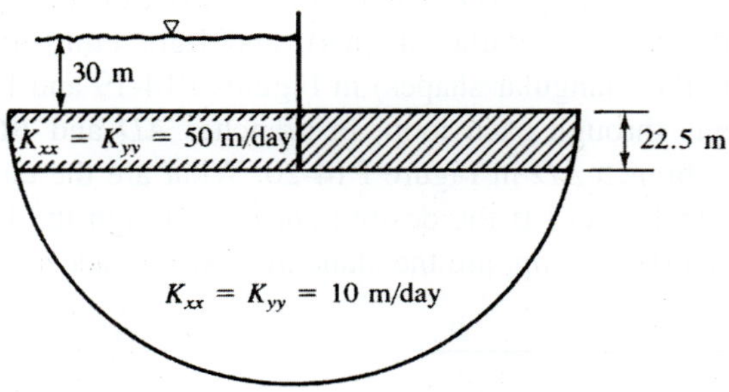

Figure P14-16 •

14.17-14.18 For the direct current (DC) electrical networks shown in Figures P14-17 and P14-18, determine the currents through each loop and in branches *AD* and *BC* in Figure P14-17 or branches *AB* and *BC* in Figure P14-18.

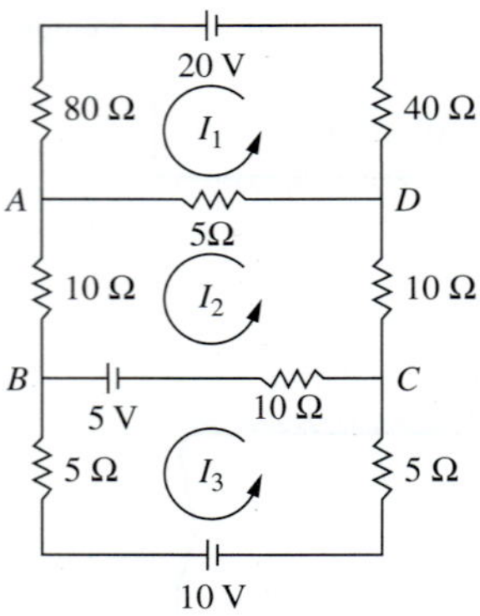

Figure P14-17 •

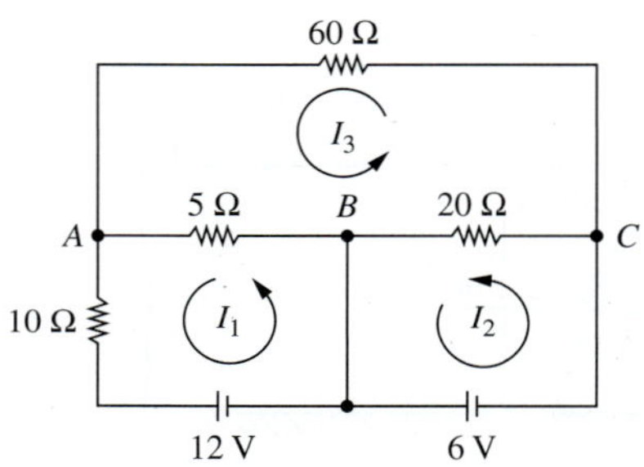

Figure P14-18 •

14.19-14.20 For the direct current (DC) networks consisting of batteries, resistors (shown by the rectangular shapes), and light emitting diodes (LEDs) (shown by the triangular shapes) in Figures P14-19 and P14-20, determine the currents through each loop, in branches *AD* and *BC* in Figure P14-19, and in branch *AD* in Figure P14-20. What are the currents in each diode in these figures? If the desired current through the LEDs is to be not greater than 0.015 amp, are the standard resistors acceptable?

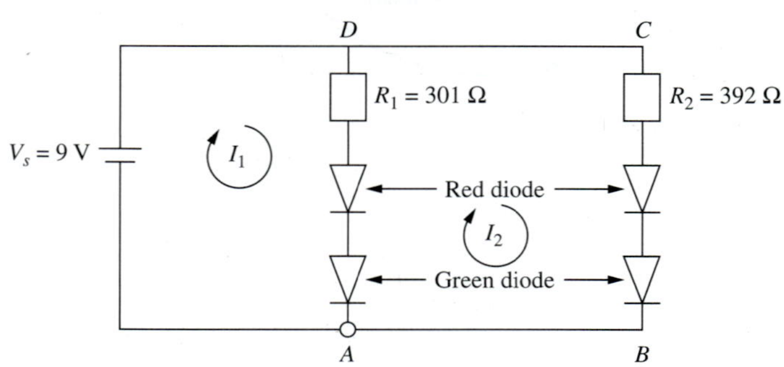

Figure P14-19 •

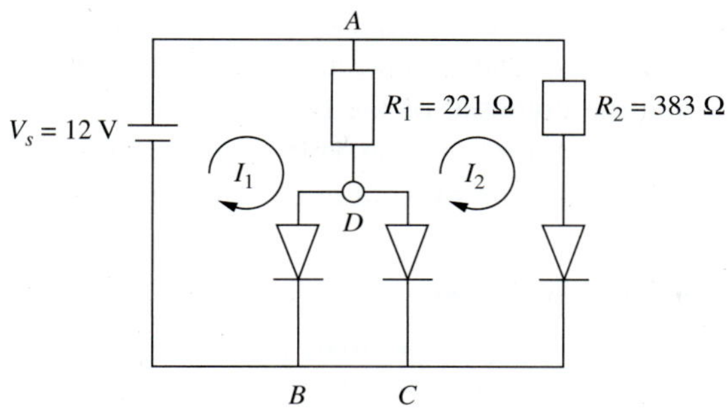

Figure P14-20 •

14.21 For the thin plate shown in Figure P14-21, determine the voltages at the right end nodes. The voltages at nodes 1 and 2 are, respectively 20 and 0 V. Let the dielectric constant of the material be that of silicon dioxide ($\varepsilon = 3.9$). Use a model of two elements as in Example 14.8. Assume a thickness of 0.01 m.

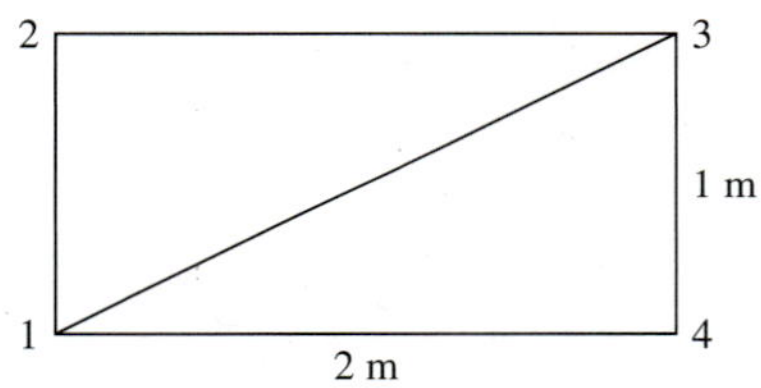

Figure P14-21 •

For the following problems, use a computer program that solves elec trostatics problems.

14.22 For the infinitely long air-enclosed channel shown in Figure P14-22, determine the voltage variation through the air ($\varepsilon = 1$) and the largest electric field magnitude and where it is located.

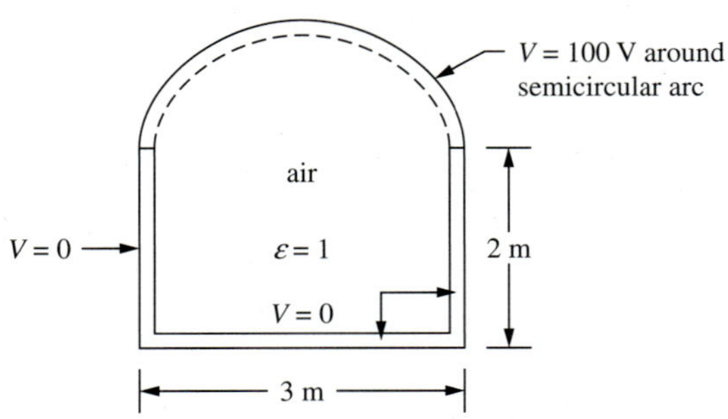

Figure P14-22 •

14.23 A busbar is a rectangular conductor used in distribution of electric power in a distribution box. The ground and busbar are considered perfect insulators. Assume the potential of the busbar is 240 V. For the system shown in Figure P14-23, determine the voltage distribution in the air ($\varepsilon = 1$) around the busbar and the maximum electric field intensity.

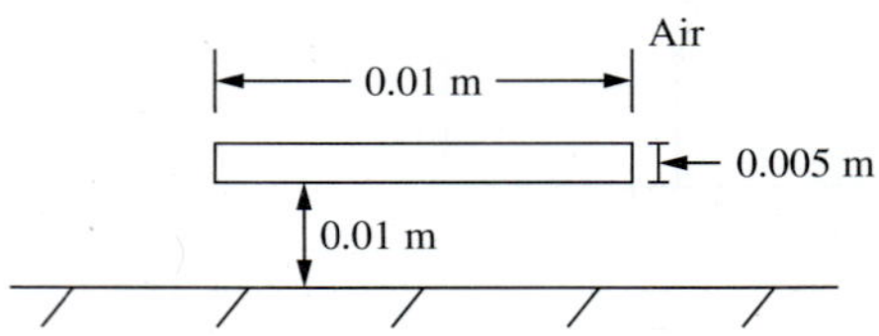

Figure P14-23 •

CHAPTER 15

열응력

학습목표

- 열응력 문제를 정식화한다.
- 1차원 봉에 대한 열 하중행렬을 유도한다.
- 2차원 평면응력과 평면 변형률 조건에 대한 3절점 삼각형 요소의 열 하중행렬을 유도한다.
- 온도 변화에 따른 열응력 문제에 대한 봉, 트러스, 그리고 평면응력 예제를 풀어본다.
- 온도 변화에 따른 평면응력의 열응력 해석에 대한 유한요소 해석 결과를 보여준다.
- 온도 변화에 의한 3차원 물체의 열응력 해에 대한 유한요소 해석 결과를 설명한다.

개요

이 장에서는 물체 내부의 열응력 문제를 고찰해 보기로 하자. 우선 열응력(물체 내부의 온도가 변화하는 동안 물체 전체 혹은 물체 일부분의 강제된 움직임 때문에 발생하는 응력)으로 인한 변형 에너지를 다룰 것이다.

열 변형 에너지 방정식을 최소화하여 열 하중행렬을 구하는 과정이 제시된다. 그 다음, 이러한 열 하중행렬을 1차원 봉 요소와 2차원 평면응력 요소, 평면 변형률 요소에 대해 전개할 것이다.

마지막으로, 1차원과 2차원 문제의 풀이 과정을 간략히 설명하고, 2차원, 3차원 열응력 문제를 해석하는 데 사용된 컴퓨터 프로그램에 대한 설명과 함께 몇 가지 예제에 대한 해석 결과를 보여줄 것이다.

15.1 | 열응력 문제의 정식화와 관련 예제

변위함수와 관련된 변형률뿐만 아니라 온도 변화, 융기(미세한 수분에 의한), 기계적인 하중 등의 다른 원인들에 의해 발생하는 변형률이 물체 내부에 있을 수 있다. 그러나 여기서는 온도 변화에 의한 변형률 ε_T만을 고려하도록 하자. 그리고 1차원과 2차원 문제를 모두 고려한다.

부적절한 설계는 구조물에 작용하는 온도 변화에 대해서 큰 응력을 발생시킬 수 있다. 교량

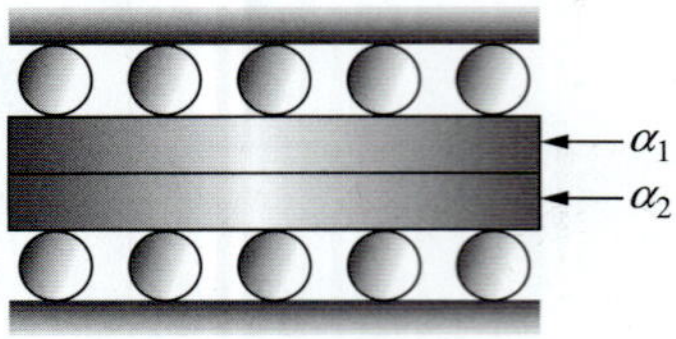

그림 15-1 • 열팽창계수가 다른 두 가지 재료로 구성된 합성 부재

에 있어서 보 혹은 슬랩(slab)의 부적절한 구속은 온도 변화로, 큰 압축응력이나 혹은 좌굴에 의한 파손을 끼칠 수 있다. 또한 부정정 트러스 구조물에 있어서 큰 온도 변화는 각 부재 사이의 응력을 유발할 수 있으며, 이와 비슷한 과정으로 기계 부품 사이의 팽창 및 수축을 막기 위한 구속 부분 역시 온도차이에 의해 큰 응력이 발생한다. 두 가지 이상의 재료로 이루어진 합성 부재가 열적으로 적절히 고려되지 않은 상황에서의 온도차이 역시 큰 응력이 발생하는 원인이 된다. 물체 사이의 열팽창계수의 차이가 클 경우에는 자유 팽창 과정에서조차도 응력이 발생한다(그림 15-1).

부재의 온도가 변화하면 부재의 치수가 변화한다. 길이 L을 갖는 구속되지 않은 부재 AB(그림 15-2)가 온도 변화 T를 받을 때의 길이 변화는 다음과 같이 나타낼 수 있다.

$$\delta_T = \alpha TL \tag{15.1.1}$$

여기서 α는 **열팽창계수**이며, T는 온도의 변화량이다. 열팽창계수 α는 기계적 재료 물성치이며, 이는 USCS 단위계에서는 1/°F의 단위를 갖고(°F는 화씨 단위이다), SI 단위계에서는 1/°C의 단위를 갖는다(°C는 섭씨 단위이다). 식 (15.1.1)에서의 δ_T는 팽창할 때 양(+)의 값을 갖고, 수축할 때 음(−)의 값을 갖는다. 일반적인 α값은 구조용 강재(structural steel)의 경우는 $\alpha = 6.5 \times 10^{-6}/°F\ (12 \times 10^{-6})/°C$의 값을 가지며, 알루미늄 합금은 $\alpha = 13 \times 10^{-6}/°F\ (23 \times 10^{-6})/°C$를 갖는다.

수직 변형률의 정의를 이용하여 온도 변화에 대한 변형률을 결정할 수 있다. 봉이 일정한 온도 T의 온도 변화를 가질 때(그림 15-2), 변형률은 변형된 길이를 원래의 길이로 나누어서 구할 수 있다. 축방향에 대해 이를 다음과 같이 표현할 수 있다.

$$\varepsilon_T = \alpha T \tag{15.1.2}$$

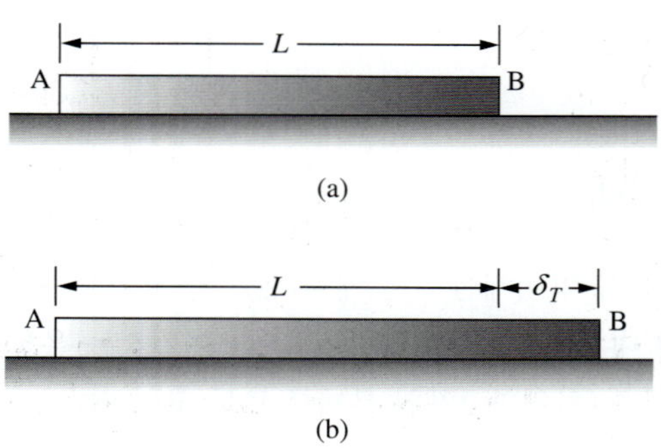

그림 15-2 • (a) 구속이 되지 않은 부재, (b) 균일한 온도 증가가 발생한 경우의 부재

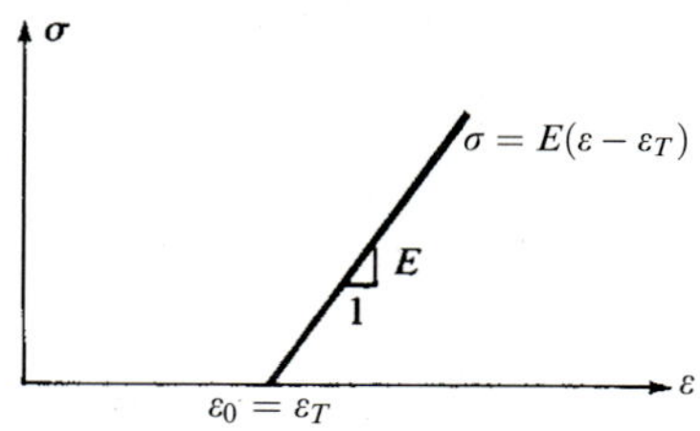

그림 15-3 • 초기 열 변형률에 대한 선형 응력–변형률 법칙

그림 15-2의 봉은 다른 부재나 혹은 지지점에서 어떠한 구속도 받지 않고 자유롭게 팽창이 가능하므로, 봉은 어떠한 응력도 받지 않고 있는 상태이다. 일반적으로, 정정 구조물에 있어서는 하나 또는 더 많은 수의 부재에 발생하는 균일한 온도 변화가 다른 어떤 부재 내에도 응력을 발생시키지 않는다. 이와 같은 구조물은 무응력(stress-free) 상태라 할 수 있다. 부정정 구조물에 있어서는 하나 또는 더 많은 수의 부재에 발생하는 균일한 온도 변화가 보통 다른 부재 내에 σ_T의 응력을 유발한다. 온도 변화로 인해 응력은 발생하지 않으나 ε_T의 변형률을 갖는 경우나, 길이 변화나 변형 없이 σ_T의 응력을 갖는 경우가 있다.

이제 1차원 열응력 문제를 살펴보자. 그림 15-3은 초기(열) 변형률($\varepsilon_0 = \varepsilon_T$), 선형 응력–변형률의 관계를 보여준다.

1차원 문제에 대해 그림 15-3에서 다음 식을 얻는다.

$$\varepsilon_x = \frac{\sigma_x}{E} + \varepsilon_T \tag{15.1.3}$$

만약, 일반적으로 $1/E = [D]^{-1}$라고 한다면, 위의 식 (15.1.3)은 다음과 같이 일반 행렬 형태로 쓸 수 있다.

$$\{\varepsilon\} = [D]^{-1}\{\sigma\} + \{\varepsilon_T\} \tag{15.1.4}$$

식 (15.1.4)를 $\{\sigma\}$에 대해 정리하면 다음과 같다.

$$\{\sigma\} = D(\{\varepsilon\} - \{\varepsilon_T\}) \tag{15.1.5}$$

단위부피당 변형 에너지(변형 에너지 밀도)는 그림 15-3의 σ-ε 선도의 아랫부분 면적이다.

$$u_0 = \frac{1}{2}\{\sigma\}(\{\varepsilon\}) - \{\varepsilon_T\}) \tag{15.1.6}$$

여기서 식 (15.1.5)와 (15.1.6)을 이용하면,

$$u_0 = \frac{1}{2}(\{\varepsilon\} - \{\varepsilon_T\})^T[D](\{\varepsilon\} - \{\varepsilon_T\}) \tag{15.1.7}$$

여기서는 일반적으로 행렬의 곱셈을 하기 위해 변형률 행렬의 전치행렬이 필요하다.

따라서 총 변형 에너지는 다음 식이 되며,

$$U = \int_V u_0\, dV \tag{15.1.8}$$

식 (15.1.7)을 식 (15.1.8)에 대입하면 다음을 얻는다.

$$U = \int_V \frac{1}{2}(\{\varepsilon\} - \{\varepsilon_T\})^T [D](\{\varepsilon\} - \{\varepsilon_T\})\, dV \tag{15.1.9}$$

이제 $\{\varepsilon\} = [B]\{d\}$를 사용하여 위의 식 (15.1.9)를 정리하면

$$U = \frac{1}{2}\int_V ([B]\{d\} - \{\varepsilon_T\})^T [D]([B]\{d\} - \{\varepsilon_T\})\, dV \tag{15.1.10}$$

가 되며, 이를 풀어서 쓰면 다음의 식을 얻는다.

$$\begin{aligned} U = \frac{1}{2}\int_V (&\{d\}^T[B]^T[D][B]\{d\} - \{d\}^T[B]^T[D]\{\varepsilon_T\} \\ &-\{\varepsilon_T\}^T[D][B]\{d\} + \{\varepsilon_T\}^T[D]\{\varepsilon_T\})\, dV \end{aligned} \tag{15.1.11}$$

식 (15.1.11)의 첫 번째 항은 기계적 하중에 의한 응력 때문에 발생하는 보통의 변형 에너지 (strian energy)이다. 즉,

$$U_L = \frac{1}{2}\int_V \{d\}^T[B]^T[D][B]\{d\}\, dV \tag{15.1.12}$$

이며, 식 (15.1.11)의 두 번째와 세 번째 항은 동일하므로 모두 다음 식으로 쓸 수 있다.

$$U_T = \int_V \{d\}^T[B]^T[D]\{\varepsilon_T\}\, dV \tag{15.1.13}$$

식 (15.1.11)의 마지막(네 번째) 항은 상수이고 최소 포텐셜 에너지의 원리를 적용하면 다음과 같 이 없어진다.

$$\frac{\partial U}{\partial\{d\}} = 0 \tag{15.1.14}$$

그러므로 $U = U_L + U_T$라고 하고, 식 (15.1.12)와 (15.1.13)을 식 (15.1.14)에 대입하여 다음 두 식을 얻는다.

$$\frac{\partial U_L}{\partial\{d\}} = \int_V [B]^T[D][B]\, dV\{d\} \tag{15.1.15}$$

그리고

$$\frac{\partial U_T}{\partial\{d\}} = \int_V [B]^T[D]\{\varepsilon_T\} dV = \{f_T\} \tag{15.1.16}$$

식 (15.1.15)의 적분항은 요소 강성행렬 $\{k\}$의 일반적인 형태이고, 식 (15.1.16)은 요소 내 온도 변화 때문에 발생하는 하중 혹은 하중 벡터라는 것을 알 수 있다.

1차원 봉

이제 1차원 열응력 문제에 대해 생각해 보자. 열팽창계수 α의 등방성 재료로 만들어진 1차원 봉의 온도가 T만큼 균일하게 상승할 경우에 대한 **열 변형률 행렬**을 다음과 같이 정의하자.

$$\{\varepsilon_T\} = \{\varepsilon_{xT}\} = \{\alpha T\} \tag{15.1.17}$$

여기서 α의 단위는 (in./in.)/°F 또는 (mm/mm)/°C이다.

(양 끝에 절점이 있는) 단순한 1차원 봉에 대한 문제의 경우에는 식 (15.1.17)을 식 (15.1.16)에 대입하여 다음과 같이 열 하중행렬을 구한다.

$$\{f_T\} = A\int_0^L [B]^T[D]\{\alpha T\}\,dx \tag{15.1.18}$$

앞서 3장에서 다루었던 1차원 문제의 경우처럼 식 (3.10.15)와 (3.10.13)에서

$$[D] = [E] \qquad [B] = \begin{bmatrix} -\dfrac{1}{L} & \dfrac{1}{L} \end{bmatrix} \tag{15.1.19}$$

이며, 위의 식 (15.1.19)를 식 (15.1.18)에 대입하여 다음과 같은 열 하중행렬을 얻는다.

$$\{f_T\} = \begin{Bmatrix} f_{T1} \\ f_{T2} \end{Bmatrix} = \begin{Bmatrix} -E\alpha TA \\ E\alpha TA \end{Bmatrix} \tag{15.1.20}$$

2차원 평면응력 및 평면 변형률

2차원 열응력 문제에 있어서, 이방성 물질의 경우에는 x방향과 y방향으로의 물성치가 다르기 때문에(예를 들면, $E_x \neq E_y$) 두 개의 축 변형률 ε_{xT}, ε_{yT}, 그리고 전단 변형률 γ_{xyT}가 발생한다(그림 15-4 참조). 2차원 열응력 문제의 경우, 이방성 물질에 대한 열 변형률 행렬은 다음과 같다.

$$\{\varepsilon_T\} = \begin{Bmatrix} \varepsilon_{xT} \\ \varepsilon_{yT} \\ \gamma_{xyT} \end{Bmatrix} \tag{15.1.21}$$

T만큼 온도가 상승할 때, 열팽창계수 α를 갖는 등방성 재료 내부($E_x = E_y$)의 **평면응력**의 경우, 열 변형률 행렬은 다음과 같다.

$$\{\varepsilon_T\} = \begin{Bmatrix} \alpha T \\ \alpha T \\ 0 \end{Bmatrix} \tag{15.1.22}$$

등방성 재료의 온도 변화에 의해서는 전단 변형률이 발생되지 않고 팽창과 수축만 발생한다.

등방성 재료 내부의 **평면 변형률**의 경우에 열 변형률 행렬은 다음과 같다.

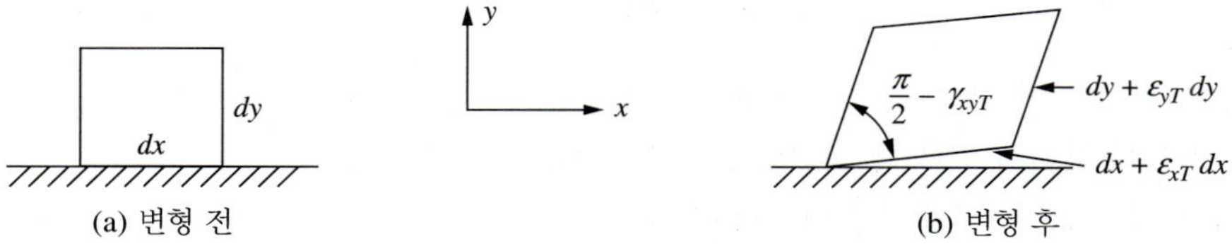

그림 15-4 • 이방성 물체의 균일한 온도 변화가 주어질 때의 미소 2차원 요소

$$\{\varepsilon_T\} = (1+\nu)\begin{Bmatrix}\alpha T \\ \alpha T \\ 0\end{Bmatrix} \tag{15.1.23}$$

일정한 두께(t)를 가진, 일정 변형률 삼각형 요소의 경우에는 식 (15.1.16)을 다음과 같이 간단히 할 수 있다.

$$\{f_T\} = [B]^T[D]\{\varepsilon_T\}tA \tag{15.1.24}$$

식 (15.1.24)에서 하중은 요소의 절점에 따라 크기가 다르고, 간단한 계산으로 얻는다. 식 (6.1.8)에서 $[D]$를, 식 (6.2.34)에서 $[B]$를, 식 (15.1.22)에서 평면응력조건에 대한 $\{\varepsilon_T\}$를 식 (15.1.24)에 대입하여 구한 일정 변형률 삼각형 요소에 대한 열 하중행렬은 다음과 같다.

$$\{f_T\} = \begin{Bmatrix} f_{Tix} \\ f_{Tiy} \\ \vdots \\ f_{Tmy}\end{Bmatrix} = \frac{\alpha EtT}{2(1-\nu)}\begin{Bmatrix}\beta_i \\ \gamma_i \\ \beta_j \\ \gamma_j \\ \beta_m \\ \gamma_m\end{Bmatrix} \tag{15.1.25}$$

여기서 β와 γ는 식 (6.2.10)에서 정의되었다.

축대칭 요소

등방성 재료의 균일한 온도 변화에 대해 축대칭 삼각형 요소를 사용하여 열 변형률 행렬을 나타내면 다음과 같다.

$$\{\varepsilon_T\} = \begin{Bmatrix}\varepsilon_{rT} \\ \varepsilon_{zT} \\ \varepsilon_{\theta T} \\ \gamma_{rzT}\end{Bmatrix} = \begin{Bmatrix}\alpha T \\ \alpha T \\ \alpha T \\ 0\end{Bmatrix} \tag{15.1.26}$$

세 개의 절점을 갖는 삼각형 요소에 대해 식 (9.1.19)와 (9.1.21)의 $[B]$를 대입하여 열 하중행렬을 구성하면 다음과 같이 표현할 수 있다.

$$\{f_T\} = 2\pi\int_A [B]^T[D]\{\varepsilon_T\}r\,dA \tag{15.1.27}$$

요소 강성행렬을 도심 $(\bar{r}, \bar{z})$에 대하여 계산하면, 식 (15.1.27)은 다음과 같다.

$$\{f_T\} = 2\pi\bar{r}A[\bar{B}]^T[D]\{\varepsilon_T\} \tag{15.1.28}$$

$[\bar{B}]$는 식 (9.2.3)에서 주어진 식이며, 요소의 표면적 A는 일반적으로 식 (6.2.8)로부터 구할 수 있으며, 요소의 좌표가 알려져 있을 때 식 (9.2.6)으로부터 $[D]$를 알 수 있다.

이제 1차원과 2차원 열응력 문제의 풀이 과정을 정리해 보자.

제1단계

식 (15.1.20) 또는 식 (15.1.25)와 같은 열 하중행렬을 계산한다. 그 다음, 요소에 작용하는 분포하중을 등가 절점력으로 바꿀 때와 같은 방식으로, 이 하중행렬을 등가 하중행렬(equivalent force matrix) 또는 초기 하중행렬(initial force matrix) $\{F_0\}$로 간주한다(4장, 5장, 부록 D 참조).

제2단계

$\{F\} = [K]\{d\} - \{F_0\}$를 적용한다. 만약 열 하중(thermal loading)만 고려해도 된다면, 절점 변위에 대해 $\{F_0\} = [K]\{d\}$를 푼다. 연립방정식을 세울 때, 여기서는 0으로 가정한 $\{F\}$가 절점력으로 표시되는 것을 상기하기 바란다.

제3단계

실제 절점력 $\{F\}$ $(= [K]\{d\} - \{F_0\})$을 구하기 위해 $\{d\}$값을 제2단계에 다시 대입한다.

지금까지 4장과 5장에서 보와 프레임에 대한 분포하중 문제를 다룰 때와 비슷한 방식으로 열응력 문제를 풀어보았다. 이제 지금까지 알아본 일반적인 풀이 과정을 다음 예제를 통해 다시 한번 확인해 보자.

예제 15.1

양단이 고정된 1차원 봉이 그림 15-5에서처럼 $T = 50°\text{F}$만큼 온도가 균일하게 상승할 때, 양단에서의 반력과 봉 내부의 축방향 응력을 구하라. $E = 30 \times 10^6$ psi, $A = 4$ in^2, $L = 4$ ft, $\alpha = 7.0 \times 10^{-6}$ (in./in.)/°F이다.

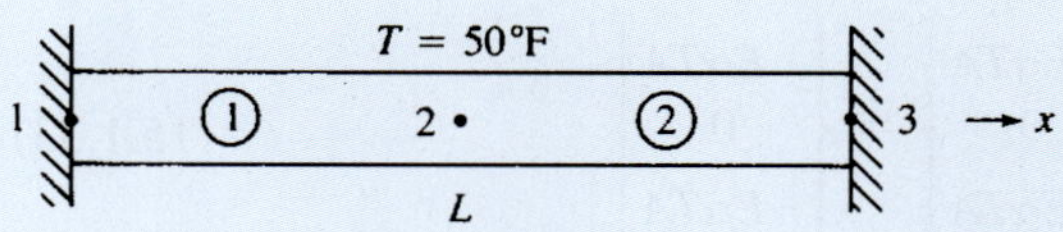

그림 15-5 • 균일하게 온도가 상승하는 봉

풀이

여기서 봉 내부 절점의 변위는 중요하지 않기 때문에 두 개의 요소만으로 봉을 충분히 나타낼 수 있다. $\{F_0\} = [K]\{d\}$를 풀기 위해 먼저 봉의 전체좌표계에서의 강성행렬을 정의하자. 각 요소에 대한 강성행렬은 다음과 같다.

$$[k^{(1)}] = \frac{AE}{L/2}\overset{\begin{matrix}1 & \quad 2\end{matrix}}{\begin{bmatrix} 1 & -1 \\ -1 & 1 \end{bmatrix}}\frac{\text{lb}}{\text{in.}} \qquad [k^{(2)}] = \frac{AE}{L/2}\overset{\begin{matrix}2 & \quad 3\end{matrix}}{\begin{bmatrix} 1 & -1 \\ -1 & 1 \end{bmatrix}}\frac{\text{lb}}{\text{in.}} \qquad (15.1.29)$$

여기서 행렬 $[k]$ 위의 꼬리표는 각각의 요소에서의 절점 번호를 나타낸다.

제1단계

식 (15.1.20)을 사용하여 각 요소에 대한 열 하중행렬을 구하면 다음과 같다.

$$\{f^{(1)}\} = \begin{Bmatrix} -E\alpha TA \\ E\alpha TA \end{Bmatrix} \qquad \{f^{(2)}\} = \begin{Bmatrix} -E\alpha TA \\ E\alpha TA \end{Bmatrix} \tag{15.1.30}$$

여기서 위의 두 하중은 등가 절점력이다.

제2단계

식 (15.1.29)와 (15.1.30)에 직접강성법을 적용하여 다음과 같이 전체좌표계에 대한 방정식 $\{F_0\} = [K]\{d\}$을 얻는다.

$$\begin{Bmatrix} -E\alpha TA \\ 0 \\ E\alpha TA \end{Bmatrix} = \frac{AE}{L/2}\begin{bmatrix} 1 & -1 & 0 \\ -1 & 1+1 & -1 \\ 0 & -1 & 1 \end{bmatrix}\begin{Bmatrix} u_1 \\ u_2 \\ u_3 \end{Bmatrix} \tag{15.1.31}$$

그리고 경계조건 $u_1 = 0$, $u_3 = 0$을 적용하여 식 (15.1.31)의 두 번째 방정식을 풀어 다음의 결과를 얻는다.

$$u_2 = 0 \tag{15.1.32}$$

제3단계

식 (15.1.32)를 전체좌표계에 대한 방정식 $\{F_0\} = [K]\{d\} - \{F_0\}$에 다시 대입하여 절점력에 대한 다음의 식을 얻는다.

$$\begin{Bmatrix} F_{1x} \\ F_{2x} \\ F_{3x} \end{Bmatrix} = \begin{Bmatrix} 0 \\ 0 \\ 0 \end{Bmatrix} - \begin{Bmatrix} -E\alpha TA \\ 0 \\ E\alpha TA \end{Bmatrix} = \begin{Bmatrix} E\alpha TA \\ 0 \\ -E\alpha TA \end{Bmatrix} \tag{15.1.33}$$

E, α, T, A값을 식 (15.1.33)에 대입하여 그림 15-6에서 보여주는 다음 값을 얻는다.

$$F_{1x} = 42{,}000 \text{ lb} \qquad F_{2x} = 0 \qquad F_{3x} = -42{,}000 \text{ lb}$$

이때 봉 내부의 응력은 다음과 같다.

$$\sigma = \frac{42{,}000}{4} = 10{,}500 \text{ psi} \qquad (\text{압축}) \tag{15.1.34}$$

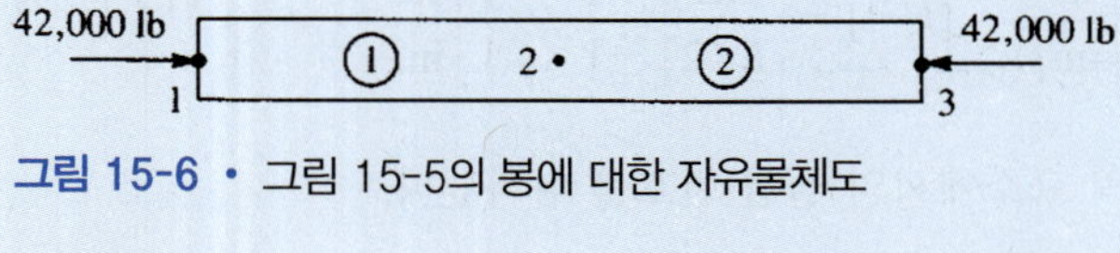

그림 15-6 • 그림 15-5의 봉에 대한 자유물체도

예제 15.2

그림 15-7과 같은 봉 조립체에서 봉 1의 온도가 10℃만큼 내려갈 때, 고정단에서의 반력과 각 봉의 축방향 응력을 구하라. 봉 1은 $E = 70$ GPa, $\alpha = 23 \times 10^{-6}$ (mm/mm)/℃, $A = 12 \times 10^{-4}$ m^2, $L = 2$ m인 알루미늄이고, 봉 2와 3은 $E = 100$ GPa, $\alpha = 20 \times 10^{-6}$ (mm/mm)/℃, $A = 6 \times 10^{-4}$ m^2, $L = 2$ m인 황동이다.

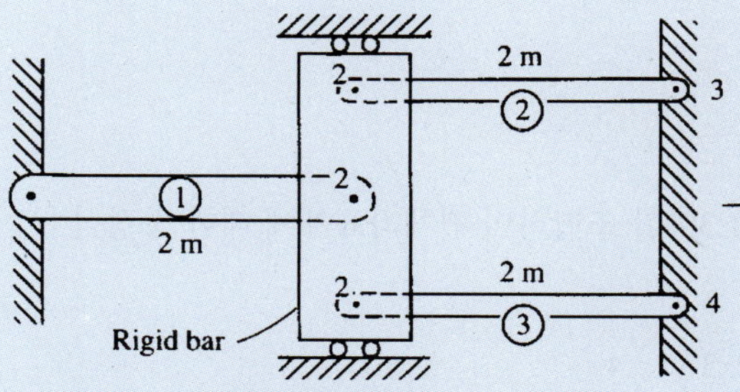

그림 15-7 • 열응력 해석에 쓰이는 봉 조립체

풀이

먼저 각 요소의 강성행렬을 구한다.

요소 1

$$[k^{(1)}] = \frac{(12 \times 10^{-4})(70 \times 10^{6})}{2}\begin{bmatrix} 1 & -1 \\ -1 & 1 \end{bmatrix} = 42{,}000 \begin{matrix} 1 & 2 \\ \begin{bmatrix} 1 & -1 \\ -1 & 1 \end{bmatrix} \end{matrix} \frac{\text{kN}}{\text{m}} \tag{15.1.35}$$

요소 2와 3

$$[k^{(2)}] = [k^{(3)}] = \frac{(6 \times 10^{-4})(100 \times 10^{6})}{2}\begin{bmatrix} 1 & -1 \\ -1 & 1 \end{bmatrix} = 30{,}000 \begin{matrix} 2 & 3 \\ 2 & 4 \\ \begin{bmatrix} 1 & -1 \\ -1 & 1 \end{bmatrix} \end{matrix} \frac{\text{kN}}{\text{m}} \tag{15.1.36}$$

제1단계

식 (15.1.20)을 계산하여 각 요소에 대한 열 하중행렬을 구한다. 우선 요소 1에 대해 $-E\alpha TA$를 구한다.

$$-E\alpha TA = -(70 \times 10^{6})(23 \times 10^{-6})(-10)(12 \times 10^{-4}) = 19.32 \text{ kN} \tag{15.1.37}$$

여기서 -10은 요소 1의 온도 하강 때문에 생긴 항이다. 식 (15.1.37)의 결과를 식 (15.1.20)에 대입하여 다음 식을 얻는다.

$$\{f^{(1)}\} = \begin{Bmatrix} f_{1x} \\ f_{2x} \end{Bmatrix} = \begin{Bmatrix} 19.32 \\ -19.32 \end{Bmatrix} \text{kN} \tag{15.1.38}$$

그리고 요소 2와 3에는 온도 변화가 없기 때문에 다음과 같다.

$$\{f^{(2)}\} = \{f^{(3)}\} = \begin{Bmatrix} 0 \\ 0 \end{Bmatrix} \tag{15.1.39}$$

제2단계

식 (15.1.35), (15.1.36), (15.1.38), 그리고 (15.1.39)를 조합하여 전체좌표계에 대한 방정식 $\{F_0\} = [K]\{d\}$으로 정리한다.

$$1000\begin{bmatrix} \overset{1}{42} & \overset{2}{-42} & \overset{3}{0} & \overset{4}{0} \\ -42 & 42+30+30 & -30 & -30 \\ 0 & -30 & 30 & 0 \\ 0 & -30 & 0 & 30 \end{bmatrix}\begin{Bmatrix} u_1 \\ u_2 \\ u_3 \\ u_4 \end{Bmatrix} = \begin{Bmatrix} +19.32 \\ -19.32 \\ 0 \\ 0 \end{Bmatrix} \tag{15.1.40}$$

여기서 우변의 열 하중은 등가 절점력으로 간주된다.

$$u_1 = 0 \qquad u_3 = 0 \qquad u_4 = 0 \tag{15.1.41}$$

위의 경계조건을 이용하여 식 (15.1.40)의 두 번째 식에서 다음을 얻는다.

$$1000(102)u_2 = -19.32$$

이것을 다시 u_2에 대해 풀면 다음과 같다.

$$u_2 = -1.89 \times 10^{-4} \text{ m} \tag{15.1.42}$$

제3단계

식 (15.1.42)를 전체좌표계에서의 방정식에 다시 대입하여 절점력 $\{F\} = [K]\{d\} - \{F_0\}$를 구한다.

$$\begin{Bmatrix} F_{1x} \\ F_{2x} \\ F_{3x} \\ F_{4x} \end{Bmatrix} = 1000\begin{bmatrix} 42 & -42 & 0 & 0 \\ -42 & 102 & -30 & -30 \\ 0 & -30 & 30 & 0 \\ 0 & -30 & 0 & 30 \end{bmatrix}\begin{Bmatrix} 0 \\ -1.89 \times 10^{-4} \\ 0 \\ 0 \end{Bmatrix} - \begin{Bmatrix} 19.32 \\ -19.32 \\ 0 \\ 0 \end{Bmatrix} \tag{15.1.43}$$

식 (15.1.43)을 간단히 하면 아래와 같이 실제 절점 하중을 얻게 된다.

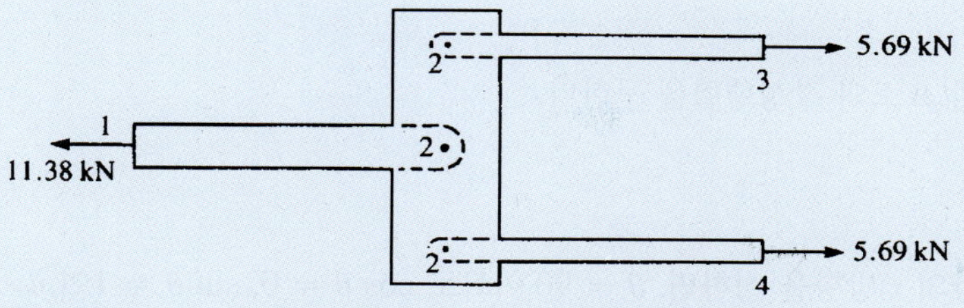

그림 15-8 • 그림 15-7의 봉 조립체에 대한 자유물체도

$$
\begin{aligned}
F_{1x} &= -11.38\ \text{kN} \\
F_{2x} &= 0.0\ \text{kN} \\
F_{3x} &= 5.69\ \text{kN} \\
F_{4x} &= 5.69\ \text{kN}
\end{aligned} \tag{15.1.44}
$$

그림 15-8은 봉 조립체의 자유물체도이다. 여기서 각각의 봉은 인장력을 받으며 내부의 응력을 구하면

$$
\begin{aligned}
\sigma^{(1)} &= \frac{11.38}{12 \times 10^{-4}} = 9.48 \times 10^3\ \text{kN / m}^2\ (9.48\ \text{MPa}) \\
\sigma^{(2)} = \sigma^{(3)} &= \frac{5.69}{6 \times 10^{-4}} = 9.48 \times 10^3\ \text{kN / m}^2\ (9.48\ \text{MPa})
\end{aligned} \tag{15.1.45}
$$

가 된다.

예제 15.3

그림 15-9와 같은 평면 트러스가 있다. 봉 1의 온도가 75°F만큼 상승할 때 절점 1에서의 변위와 각 봉의 축방향 응력을 구하라. 각 봉에서 $E = 30 \times 10^6$ psi, $\alpha = 7 \times 10^{-6}$ (in./in.)/°F, $A = 2\ \text{in}^2$이다.

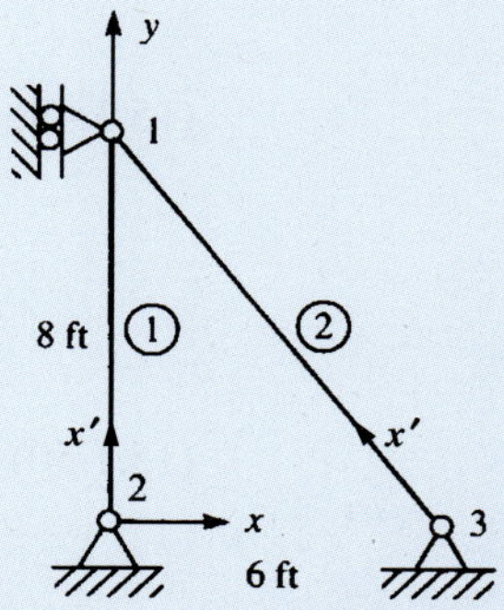

그림 15-9 • 열응력 해석을 위한 평면 트러스

풀이

우선 식 (3.4.23)을 사용하여 각 요소의 강성행렬을 구한다.

요소 1

절점 2에서 절점 1 방향으로 양의 x'방향을 정하면, $\theta = 90^\circ$이므로 $\cos\theta = 0$, $\sin\theta = 1$이고, 따라서

$$[k^{(1)}] = \frac{(2)(30 \times 10^6)}{(8 \times 12)} \begin{bmatrix} 0 & 0 & 0 & 0 \\ & 1 & 0 & -1 \\ & & 0 & 0 \\ \text{Symmetry} & & & 1 \end{bmatrix} \frac{\text{lb}}{\text{in.}} \tag{15.1.46}$$

(열 위의 절점 번호: 2, 1)

요소 2

절점 3에서 절점 1의 방향으로 양의 x'방향을 정하면, $\theta = 180^\circ - 53.13^\circ = 126.87^\circ$이므로 $\cos\theta = -0.6$, $\sin\theta = 0.8$이고, 따라서

$$[k^{(2)}] = \frac{(2)(30 \times 10^6)}{(10 \times 12)} \begin{bmatrix} 0.36 & -0.48 & -0.36 & 0.48 \\ & 0.64 & 0.48 & -0.64 \\ & & 0.36 & -0.48 \\ \text{Symmetry} & & & 0.64 \end{bmatrix} \frac{\text{lb}}{\text{in.}} \tag{15.1.47}$$

(열 위의 절점 번호: 3, 1)

제1단계

식 (15.1.20)을 계산하여 각 요소의 열 하중행렬을 구한다.

$$-E\alpha TA = -(30 \times 10^6)(7 \times 10^{-6})(75)(2) = -31{,}500 \text{ lb} \tag{15.1.48}$$

요소 1에 대한 식 (15.1.48)의 결과를 이용하여 국부좌표계에서의 열 하중행렬을 구한다.

$$\{f'^{(1)}\} = \begin{Bmatrix} f'_{2x} \\ f'_{1x} \end{Bmatrix} = \begin{Bmatrix} -31{,}500 \\ 31{,}500 \end{Bmatrix} \text{lb} \tag{15.1.49}$$

요소 2에서는 온도 변화가 없으므로 다음과 같다.

$$\{f'^{(2)}\} = \begin{Bmatrix} f'_{3x} \\ f'_{1x} \end{Bmatrix} = \begin{Bmatrix} 0 \\ 0 \end{Bmatrix} \tag{15.1.50}$$

식 (3.4.16)에 의해 $\{f'\} = [T]\{f\}$임을 상기하기 바란다. $[T]^{-1} = [T]^T$이기 때문에 식 (3.4.16)의 앞부분에 $[T]^T$를 곱함으로써 전체좌표계에서의 요소 절점력을 다음과 같이 구할 수 있다.

$$\{f\} = [T]^T\{f'\} \tag{15.1.51}$$

식 (15.1.51)을 이용하여 요소 1의 전체좌표계에서의 절점력을 계산하면 다음과 같다.

$$\begin{Bmatrix} f_{2x} \\ f_{2y} \\ f_{1x} \\ f_{1y} \end{Bmatrix} = \begin{bmatrix} C & -S & 0 & 0 \\ S & C & 0 & 0 \\ 0 & 0 & C & -S \\ 0 & 0 & S & C \end{bmatrix} \begin{Bmatrix} f'_{2x} \\ f'_{2y} \\ f'_{1x} \\ f'_{1y} \end{Bmatrix} \tag{15.1.52}$$

위 항들의 순서는 x'축을 절점 2에서 절점 1의 방향으로 선택한 것에 따른다. 그리고 여기서 식 (3.4.15)에 의해 주어진 $[T]$가 사용되었다.

$C = 0$, $S = 1$(요소 1의 x'와 일관되는)과 $f'_{1x} = 31,500$, $f'_{1y} = 0$, $f'_{2x} = -31,500$, $f'_{2y} = 0$의 값을 식 (15.1.52)에 대입하여 다음의 값을 구한다.

$$f_{2x} = 0 \qquad f_{2y} = -31,500\text{ lb} \qquad f_{1x} = 0 \qquad f_{1y} = 31,500\text{ lb} \tag{15.1.53}$$

요소 2는 온도 변화의 영향을 받지 않기 때문에, 위의 요소 절점력은 전체좌표계에서의 절점력과 동등하다.

제2단계

식 (15.1.46), (15.1.47), 그리고 (15.1.53)을 조합하여 전체좌표계에서의 방정식 $\{F_0\} = [K]\{d\}$을 구한다.

$$0.50 \times 10^6 \begin{bmatrix} 0.36 & -0.48 & 0 & 0 & 0 & 0 \\ & 1.89 & 0 & -1.25 & 0 & 0 \\ & & 0 & 0 & 0 & 0 \\ & & & 1.25 & 0 & 0 \\ & & & & 0.36 & -0.48 \\ \text{Symmetry} & & & & & 0.64 \end{bmatrix} \begin{Bmatrix} u_1 \\ v_1 \\ u_2 \\ v_2 \\ u_3 \\ v_3 \end{Bmatrix} = \begin{Bmatrix} 0 \\ 31,500 \\ 0 \\ -31,500 \\ 0 \\ 0 \end{Bmatrix} \tag{15.1.54}$$

그리고 경계조건은 다음과 같다.

$$u_1 = 0 \qquad u_2 = 0 \qquad v_2 = 0 \qquad u_3 = 0 \qquad v_3 = 0 \tag{15.1.55}$$

그러므로 위의 경계조건과 식 (15.1.54)의 두 번째 방정식을 사용하여 다음 식을 구한다.

$$(0.945 \times 10^6)v_1 = 31,500$$

또는

$$v_1 = 0.0333\text{ in.} \tag{15.1.56}$$

제3단계

국부좌표계에 대한 요소 하중을 구하는 과정을 살펴보자. 국부좌표계에서의 요소 하중은

$$\{f'\} = [k']\{d'\} - \{f_0'\} \tag{15.1.57}$$

이며, 식 (15.1.57)의 $\{d'\} = [T^*]\{d\}$의 관계와 식 (3.1.14)의 보통봉 요소 $[k']$ 행렬, 식 (3.4.8)의 변환행렬 $[T^*]$, 그리고 고려하고 있는 요소에 적용할 수 있는 초기 열 하중(initial thermal force)과 산출된 변위를 이용함으로써 국부좌표계에서의 실제 요소 절점력을 구할 수 있다. 식 (15.1.57)로부터 요소 1에 대한 값들을 $[f'] = [k'][T^*]\{d\} - \{f_0'\}$에 대입하면

$$\begin{Bmatrix} f'_{2x} \\ f'_{1x} \end{Bmatrix} = \frac{2(30 \times 10^6)}{8 \times 12}\begin{bmatrix} 1 & -1 \\ -1 & 1 \end{bmatrix}\begin{bmatrix} 0 & 1 & 0 & 0 \\ 0 & 0 & 0 & 1 \end{bmatrix}\begin{Bmatrix} u_2 = 0 \\ v_2 = 0 \\ u_1 = 0 \\ v_1 = 0.0333 \end{Bmatrix} - \begin{Bmatrix} -31,500 \\ 31,500 \end{Bmatrix} \tag{15.1.58}$$

이며, 식 (15.1.58)을 간단히 하면 다음의 값을 얻는다.

$$f'_x = 10,700 \text{ lb} \qquad f'_x = -10,700 \text{ lb} \tag{15.1.59}$$

국부좌표계에서의 요소 절점력 f'_{1x}(3.5절에서 사용된 규약과 일관되는 멀리 떨어진 곳의 하중)를 단면적으로 나누어 다음과 같이 응력을 구한다.

$$\sigma^{(1)} = \frac{-10,700}{2} = -5350 \text{ psi } (C) \tag{15.1.60}$$

마찬가지로 요소 2에 대해서도

$$\begin{Bmatrix} f'_{3x} \\ f'_{1x} \end{Bmatrix} = \frac{2(30 \times 10^6)}{10 \times 12}\begin{bmatrix} 1 & -1 \\ -1 & 1 \end{bmatrix}\begin{bmatrix} -0.6 & 0.8 & 0 & 0 \\ 0 & 0 & -0.6 & 0.8 \end{bmatrix}\begin{Bmatrix} 0 \\ 0 \\ 0 \\ 0.0333 \end{Bmatrix} \tag{15.1.61}$$

위의 식을 간단히 하면 다음의 결과를 얻는다.

$$f'_{3x} = -13,310 \text{ lb} \qquad f'_{1x} = 13,310 \text{ lb} \tag{15.1.62}$$

요소 2는 온도 변화의 영향을 받지 않기 때문에 위의 결과에는 초기 열 하중이 존재하지 않는다. 두 번째 절점력 f'_{1x}를 단면적으로 나누면 다음과 같은 결과를 얻는다.

$$\sigma^{(2)} = 6660 \text{ psi } (T) \tag{15.1.63}$$

2차원과 3차원의 응력 문제에서는 이렇게 하중을 단면적으로 직접 나눌 수 없다. 그러므로 적용된 하중과 온도 변화 모두에 의한 전체 응력은 다음과 같이 정의되어야 한다.

$$\{\sigma\} = \{\sigma_L\} - \{\sigma_T\} \tag{15.1.64}$$

예제 15.3에서 트러스의 봉 요소 1에 대하여 식 (15.1.64)를 예증해 보자. 봉의 경우에는 식 (3.5.6)을 사용하여 σ_L을 구할 수 있고, σ_T는 다음 식 $\{\sigma_L\} = [C']\{d\}$으로 구한다.

$$\{\sigma_T\} = [D]\{\varepsilon_T\} = E\alpha T \tag{15.1.65}$$

왜냐하면 봉 요소의 경우에 $[D] = E$, $\{\varepsilon_T\} = \alpha_T$이기 때문이다. 그러므로 봉 요소 1의 내부 응력은 다음과 같이 결정된다.

$$\sigma^{(1)} = \frac{E}{L}[-C \quad -S \quad C \quad S]\begin{Bmatrix} u_2 \\ v_2 \\ u_1 \\ v_1 \end{Bmatrix} - E\alpha T \tag{15.1.66}$$

요소 1에 대한 값을 식 (15.1.66)에 대입하면, 다음과 같은 결과를 얻게 된다.

$$\sigma^{(1)} = \frac{30 \times 10^6}{8 \times 12}[0 \quad -1 \quad 0 \quad 1]\begin{Bmatrix} 0 \\ 0 \\ 0 \\ 0.0333 \end{Bmatrix} - (30 \times 10^6)(7 \times 10^{-6})(75) \tag{15.1.67}$$

또는

$$\sigma^{(1)} = -5350 \text{ psi } (C) \tag{15.1.68}$$

이제 2차원 열응력 문제 두 가지를 더 풀어보도록 한다.

예제 15.4

그림 15-10과 같은 평면응력 요소에 대해 면 *j-m*에 수직하게 압력 2000 lb/in^{2}이 작용하고 30°F 온도가 상승할 때 요소 방정식을 구하라.

풀이

강성행렬이 다음과 같이 주어진다는 것을 상기하라[식 (6.2.52) 또는 (6.4.1)].

$$[k] = [B]^T[D][B]tA \tag{15.1.69}$$

그리고

$$\begin{aligned} \beta_i &= y_j - y_m = -3 & \gamma_i &= x_m - x_j = -1 \\ \beta_j &= y_m - y_i = 3 & \gamma_j &= x_i - x_m = -1 \\ \beta_m &= y_i - y_j = 0 & \gamma_m &= x_j - x_i = 2 \end{aligned}$$

그리고

$$A = \frac{(3)(2)}{2} = 3 \text{ in}^2 \tag{15.1.70}$$

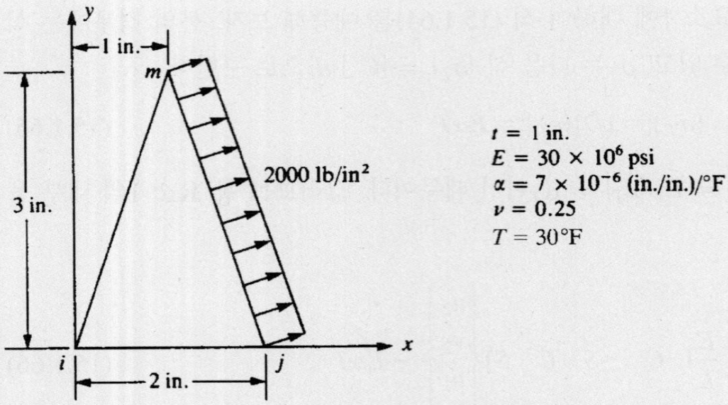

그림 15-10 • 기계적 하중과 온도 변화가 작용하는 평면응력 요소

그러므로 식 (15.1.70)의 결과를 식 (6.2.34)에 대입하여 $[B]$를 구하면,

$$[B] = \frac{1}{6}\begin{bmatrix} -3 & 0 & 3 & 0 & 0 & 0 \\ 0 & -1 & 0 & -1 & 0 & 2 \\ -1 & -3 & -1 & 3 & 2 & 0 \end{bmatrix} \tag{15.1.71}$$

평면응력조건이 여기서도 유효하다고 가정하면,

$$[D] = \frac{E}{1-\nu^2}\begin{bmatrix} 1 & \nu & 0 \\ \nu & 1 & 0 \\ 0 & 0 & \dfrac{1-\nu}{2} \end{bmatrix} = \frac{30 \times 10^6}{1-(0.25)^2}\begin{bmatrix} 1 & 0.25 & 0 \\ 0.25 & 1 & 0 \\ 0 & 0 & 0.375 \end{bmatrix}$$

$$= (4 \times 10^6)\begin{bmatrix} 8 & 2 & 0 \\ 2 & 8 & 0 \\ 0 & 0 & 3 \end{bmatrix} \text{psi} \tag{15.1.72}$$

또한

$$[B]^T[D] = \frac{1}{6}\begin{bmatrix} -3 & 0 & -1 \\ 0 & -1 & -3 \\ 3 & 0 & -1 \\ 0 & -1 & 3 \\ 0 & 0 & 2 \\ 0 & 2 & 0 \end{bmatrix}(4 \times 10^6)\begin{bmatrix} 8 & 2 & 0 \\ 2 & 8 & 0 \\ 0 & 0 & 3 \end{bmatrix} \tag{15.1.73}$$

이 되며, 식 (15.1.73)을 간단히 하면 다음과 같은 결과를 얻는다.

$$[B]^T[D] = \frac{4 \times 10^6}{6}\begin{bmatrix} -24 & -6 & -3 \\ -2 & -8 & -9 \\ 24 & 6 & -3 \\ -2 & -8 & 9 \\ 0 & 0 & 6 \\ 4 & 16 & 0 \end{bmatrix} \tag{15.1.74}$$

그러므로 식 (15.1.71)과 (15.1.74)의 결과를 식 (15.1.69)에 대입하여 요소 강성행렬을 구하면 다음과 같다.

$$[k] = (1\text{ in.})\frac{(3\text{ in}^2)}{6}\frac{4\times10^6}{6}\begin{bmatrix} -24 & -6 & -3 \\ -2 & -8 & -9 \\ 24 & 6 & -3 \\ -2 & -8 & 9 \\ 0 & 0 & 6 \\ 4 & 16 & 0 \end{bmatrix}\begin{bmatrix} -3 & 0 & 3 & 0 & 0 & 0 \\ 0 & -1 & 0 & -1 & 0 & 2 \\ -1 & -3 & -1 & 3 & 2 & 0 \end{bmatrix} \quad (15.1.75)$$

위 식을 계산하여 간단히 하면 요소 강성행렬은 다음과 같이 된다.

$$[k] = \frac{1\times10^6}{3}\begin{bmatrix} 75 & 15 & -69 & -3 & -6 & -12 \\ 15 & 35 & 3 & -19 & -18 & -16 \\ -69 & 3 & 75 & -15 & -6 & 12 \\ -3 & -19 & -15 & 35 & 18 & -16 \\ -6 & -18 & -6 & 18 & 12 & 0 \\ -12 & -16 & 12 & -16 & 0 & 32 \end{bmatrix}\frac{\text{lb}}{\text{in.}} \quad (15.1.76)$$

식 (15.1.25)를 사용하면 열 하중행렬을 다음과 같이 구할 수 있다.

$$\{f_T\} = \frac{\alpha EtT}{2(1-\nu)}\begin{Bmatrix} \beta_i \\ \gamma_i \\ \beta_j \\ \gamma_j \\ \beta_m \\ \gamma_m \end{Bmatrix} = \frac{(7\times10^{-6})(30\times10^6)(1)(30)}{2(1-0.25)}\begin{Bmatrix} -3 \\ -1 \\ 3 \\ -1 \\ 0 \\ 2 \end{Bmatrix} = 4200\begin{Bmatrix} -3 \\ -1 \\ 3 \\ -1 \\ 0 \\ 2 \end{Bmatrix}$$

또는

$$\{f_T\} = \begin{Bmatrix} -12{,}600 \\ -4200 \\ 12{,}600 \\ -4200 \\ 0 \\ 8400 \end{Bmatrix}\text{ lb} \quad (15.1.77)$$

그리고 면 j-m에 작용하는 압력으로 인한 하중행렬은 다음과 같이 결정된다.

$$\begin{aligned} L_{j\text{-}m} &= [(2-1)^2 + (3-0)^2]^{1/2} = 3.163\text{ in.} \\ p_x &= p\cos\theta = 2000\left(\frac{3}{3.163}\right) = 1896\text{ lb/in}^2 \\ p_y &= p\sin\theta = 2000\left(\frac{1}{3.163}\right) = 632\text{ lb/in}^2 \end{aligned} \quad (15.1.78)$$

여기서 θ는 x축에 면 j-m의 수선 사이의 각도이다. 식 (6.3.7)을 사용하여 표면력을 구하면

$$\{f_L\} = \iint_{S_{j\text{-}m}} [N_S]^T \begin{Bmatrix} p_x \\ p_y \end{Bmatrix} dS$$

$$= \iint_{S_{j\text{-}m}} \begin{bmatrix} N_i & 0 \\ 0 & N_i \\ N_j & 0 \\ 0 & N_j \\ N_m & 0 \\ 0 & N_m \end{bmatrix}_{\substack{\text{evaluated} \\ \text{alongside } j\text{-}m}} \begin{Bmatrix} p_x \\ p_y \end{Bmatrix} dS = \frac{tL_{j\text{-}m}}{2} \begin{bmatrix} 0 & 0 \\ 0 & 0 \\ 1 & 0 \\ 0 & 1 \\ 1 & 0 \\ 0 & 1 \end{bmatrix} \begin{Bmatrix} p_x \\ p_y \end{Bmatrix} \tag{15.1.79}$$

가 되고, 위의 식을 전개하면 다음을 얻는다.

$$\{f_L\} = \frac{(1 \text{ in.})(3.163 \text{ in.})}{2} \begin{bmatrix} 0 & 0 \\ 0 & 0 \\ 1 & 0 \\ 0 & 1 \\ 1 & 0 \\ 0 & 1 \end{bmatrix} \begin{Bmatrix} 1896 \\ 632 \end{Bmatrix} = \begin{Bmatrix} 0 \\ 0 \\ 3000 \\ 1000 \\ 3000 \\ 1000 \end{Bmatrix} \text{ lb} \tag{15.1.80}$$

식 (15.1.76), (15.1.77), 그리고 (15.1.80)을 사용하여 완전한 요소 방정식(element equation)을 구하면

$$\frac{1 \times 10^6}{3} \begin{bmatrix} 75 & 15 & -69 & -3 & -6 & -12 \\ & 35 & 3 & -19 & -18 & -16 \\ & & 75 & -15 & -6 & 12 \\ & & & 35 & 18 & -16 \\ & & & & 12 & 0 \\ \text{Symmetry} & & & & & 32 \end{bmatrix} \begin{Bmatrix} u_i \\ v_i \\ u_j \\ v_j \\ u_m \\ v_m \end{Bmatrix} = \begin{Bmatrix} -12{,}600 \\ -4200 \\ 15{,}600 \\ -3200 \\ 3000 \\ 9400 \end{Bmatrix} \tag{15.1.81}$$

이며, 여기서 하중행렬은 $\{f_T\} + \{f_L\}$인데, 식 (15.1.77)과 (15.1.80)을 더해서 구한다.

예제 15.5

그림 15-11과 같이 한쪽 모서리가 고정된 평면응력판이 있다. 이 평면응력판의 온도가 50℃ 만큼 균일하게 상승할 때, 절점 변위와 각 요소 내부의 응력을 구하라. 단, $E = 210$ GPa, $\nu = 0.30$, $t = 5$ mm, $\alpha = 12 \times 10^{-6}$ (mm/mm)/℃이다.

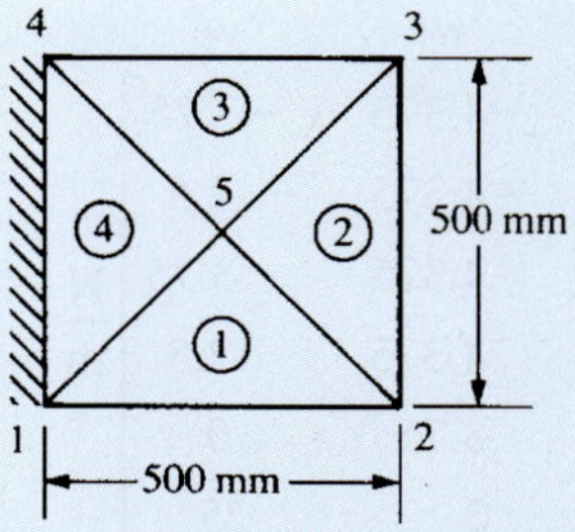

그림 15-11 • 온도 변화가 작용하는 분할된 판

풀이

그림 15-11에 네 개의 요소로 격자분할된 판이 보인다. 우선 식 (6.2.52)를 이용하여 각 요소의 강성행렬을 구하는 것부터 시작하라.

요소 1

요소 1의 좌표는 $x_1 = 0, y_1 = 0, x_2 = 0.5, y_2 = 0, x_5 = 0.25, y_5 = 0.25$이다. 식 (6.2.10)에서

$$\begin{aligned} &\beta_1 = y_2 - y_5 = -0.25\text{ m} \quad \beta_2 = y_5 - y_1 = 0.25\text{ m} \quad \beta_5 = y_1 - y_2 = 0 \\ &\gamma_1 = x_5 - x_2 = -0.25\text{ m} \quad \gamma_2 = x_1 - x_5 = -0.25\text{ m} \quad \gamma_5 = x_2 - x_1 = 0.5\text{ m} \end{aligned} \tag{15.1.82}$$

이며, 식 (6.2.32)를 식 (6.2.34)에 대입하면 다음과 같이 주어지며,

$$\begin{aligned} [B] &= \frac{1}{2A}\begin{bmatrix} \beta_1 & 0 & \beta_2 & 0 & \beta_5 & 0 \\ 0 & \gamma_1 & 0 & \gamma_2 & 0 & \gamma_5 \\ \gamma_1 & \beta_1 & \gamma_2 & \beta_2 & \gamma_5 & \beta_5 \end{bmatrix} \\ &= \frac{1}{0.125}\begin{bmatrix} -0.25 & 0 & 0.25 & 0 & 0 & 0 \\ 0 & -0.25 & 0 & -0.25 & 0 & 0.5 \\ -0.25 & -0.25 & -0.25 & 0.25 & 0.5 & 0 \end{bmatrix}\frac{1}{\text{m}} \end{aligned} \tag{15.1.83}$$

평면응력 문제인 경우에 $[D]$는 다음과 같이 주어진다.

$$[D] = \frac{E}{(1-\nu^2)}\begin{bmatrix} 1 & \nu & 0 \\ \nu & 1 & 0 \\ 0 & 0 & \dfrac{1-\nu}{2} \end{bmatrix} = \frac{210\times 10^9}{0.91}\begin{bmatrix} 1 & 0.3 & 0 \\ 0.3 & 1 & 0 \\ 0 & 0 & 0.35 \end{bmatrix}\frac{\text{N}}{\text{m}^2} \tag{15.1.84}$$

다음 식을 사용하여 요소 강성행렬을 구한다.

$$[k] = tA[B]^T[D][B] \tag{15.1.85}$$

식 (15.1.83)과 (15.1.84)의 결과를 식 (15.1.85)에 대입하고 행렬 곱셈을 실행하여 정리하면 다음과 같은 결과를 얻는다.

$$
[k] = 4.615 \times 10^7 \begin{bmatrix} 8.4375 & 4.0625 & -4.0625 & -0.3125 & -4.375 & -3.75 \\ 4.0625 & 8.4375 & 0.3125 & 4.0625 & -4.375 & -12.5 \\ -4.0625 & 0.3125 & 8.4375 & -4.0625 & -4.375 & 3.75 \\ -0.3125 & 4.0625 & -4.0625 & 8.4375 & 4.375 & -12.5 \\ -4.375 & -4.375 & -4.375 & 4.375 & 8.75 & 0 \\ -3.75 & -12.5 & 3.75 & -12.5 & 0 & 25 \end{bmatrix} \frac{\text{N}}{\text{m}} \quad (u_1, v_1, u_2, v_2, u_5, v_5)
$$

(15.1.86)

요소 2

요소 2의 좌표는 $x_2 = 0.5$, $y_2 = 0$, $x_3 = 0.5$, $y_3 = 0.5$, $x_5 = 0.25$, $y_5 = 0.25$이다. 요소 1과 마찬가지 방법으로

$$
\beta_2 = 0.25\,\text{m} \qquad \beta_3 = 0.25\,\text{m} \qquad \beta_5 = -0.5\,\text{m}
$$
$$
\gamma_2 = -0.25\,\text{m} \qquad \gamma_3 = 0.25\,\text{m} \qquad \gamma_5 = 0
$$

가 된다. 그러므로 요소 강성행렬은 다음과 같다.

$$
[k] = 4.615 \times 10^7 \begin{bmatrix} 8.4375 & -4.0625 & 4.0625 & -0.3125 & -12.5 & 4.375 \\ -4.0625 & 8.4375 & 0.3125 & -4.0625 & 3.75 & -4.375 \\ 4.0625 & 0.3125 & 8.437 & 4.0625 & -12.5 & -4.375 \\ -0.3125 & -4.0625 & 4.0625 & 8.4375 & -3.75 & -4.375 \\ -12.5 & 3.75 & -12.5 & -3.75 & 25 & 0 \\ 4.375 & -4.375 & -4.375 & -4.375 & 0 & 8.75 \end{bmatrix} \frac{\text{N}}{\text{m}} \quad (u_2, v_2, u_3, v_3, u_5, v_5)
$$

(15.1.87)

요소 3

요소 3도 요소 1과 마찬가지 방법으로 계산하여 강성행렬을 다음과 같이 구한다.

$$
[k] = 4.615 \times 10^7 \begin{bmatrix} 8.437 & 4.0625 & -4.0625 & -0.3125 & -4.375 & -3.75 \\ 4.0625 & 8.437 & 0.3125 & 4.0625 & -4.375 & -12.5 \\ -4.0625 & 0.3125 & 8.437 & -4.0625 & -4.375 & 3.75 \\ -0.3125 & 4.0625 & -4.0625 & 8.4375 & 4.375 & -12.5 \\ -4.375 & -4.375 & -4.375 & 4.375 & 8.75 & 0 \\ -3.75 & -12.5 & 3.75 & -12.5 & 0 & 25 \end{bmatrix} \frac{\text{N}}{\text{m}} \quad (u_3, v_3, u_4, v_4, u_5, v_5)
$$

(15.1.88)

요소 4

마지막 요소 4에 대해서도 마찬가지로 계산하면

$$[k] = 4.615 \times 10^7 \begin{bmatrix} 8.437 & -4.0625 & 4.0625 & -0.3125 & -12.5 & 4.375 \\ -4.0625 & 8.4375 & 0.3125 & -4.0625 & 3.75 & -4.375 \\ 4.0625 & 0.3125 & 8.4375 & 4.0625 & -12.5 & -4.375 \\ -0.3125 & -4.0625 & 4.0625 & 8.4375 & -3.75 & -4.375 \\ -12.5 & 3.75 & -12.5 & -3.75 & 25 & 0 \\ 4.375 & -4.375 & -4.375 & -4.375 & 0 & 8.75 \end{bmatrix} \frac{\text{N}}{\text{m}} \quad (\text{columns: } u_4, v_4, u_1, v_1, u_5, v_5) \tag{15.1.89}$$

가 되며, 직접강성법을 사용하여 각각의 요소 강성행렬식 (15.1.86)~(15.1.89)를 조합하여 전체좌표계에서의 강성행렬을 다음과 같이 구한다.

$$[K] = 4.615 \times 10^7 \begin{bmatrix} 16.874 & 8.125 & -4.0625 & -0.3125 & 0 & 0 & 4.0625 & 0.3125 & -16.875 & -8.125 \\ 8.125 & 16.874 & 0.3125 & 4.0625 & 0 & 0 & -0.3125 & -4.0625 & -8.125 & -16.875 \\ -4.0625 & 0.3125 & 16.874 & -8.125 & 4.0625 & -0.3125 & 0 & 0 & -16.875 & 8.125 \\ -0.3125 & 4.0625 & -8.125 & 16.875 & 0.3125 & -4.0625 & 0 & 0 & 8.125 & -16.875 \\ 0 & 0 & 4.0625 & 0.3125 & 16.875 & 8.125 & -4.0625 & -0.3125 & -16.875 & -8.125 \\ 0 & 0 & -0.3125 & -4.0625 & 8.125 & 16.875 & 0.3125 & 4.0625 & -8.125 & -16.875 \\ 4.0625 & -0.3125 & 0 & 0 & -4.0625 & 0.3125 & 16.875 & -8.125 & -16.875 & 8.125 \\ 0.3125 & -4.0625 & 0 & 0 & -0.3125 & 4.0625 & -8.125 & 16.875 & 8.125 & -16.875 \\ -16.875 & -8.125 & -16.875 & 8.125 & -16.875 & -8.125 & -16.875 & 8.125 & 67.5 & 0 \\ -8.125 & -16.875 & 8.125 & -16.875 & -8.125 & -16.875 & 8.125 & -16.875 & 0 & 67.5 \end{bmatrix} \frac{\text{N}}{\text{m}} \quad (\text{columns: } u_1, v_1, u_2, v_2, u_3, v_3, u_4, v_4, u_5, v_5) \tag{15.1.90}$$

그 다음, 식 (15.1.25)를 사용하여 각 요소에 대한 열 하중행렬을 다음과 같이 구한다.

요소 1

$$\{f_T\} = \frac{\alpha EtT}{2(1-\nu)}\begin{Bmatrix} \beta_1 \\ \gamma_1 \\ \beta_2 \\ \gamma_2 \\ \beta_5 \\ \gamma_5 \end{Bmatrix} = \frac{(12\times 10^{-6})(210\times 10^{9})(0.005\text{ m})(50)}{2(1-0.3)}\begin{Bmatrix} -0.25 \\ -0.25 \\ 0.25 \\ -0.25 \\ 0 \\ 0.5 \end{Bmatrix}$$

$$= 450{,}000\begin{Bmatrix} -0.25 \\ -0.25 \\ 0.25 \\ -0.25 \\ 0 \\ 0.5 \end{Bmatrix} = \begin{Bmatrix} f_{T1x} \\ f_{T1y} \\ f_{T2x} \\ f_{T2y} \\ f_{T5x} \\ f_{T5y} \end{Bmatrix} = \begin{Bmatrix} -112{,}500 \\ -112{,}500 \\ 112{,}500 \\ -112{,}500 \\ 0 \\ 225{,}000 \end{Bmatrix}\text{N} \qquad (15.1.91)$$

요소 2

$$\{f_T\} = 450{,}000\begin{Bmatrix} 0.25 \\ -0.25 \\ 0.25 \\ 0.25 \\ -0.5 \\ 0 \end{Bmatrix} = \begin{Bmatrix} f_{T2x} \\ f_{T2y} \\ f_{T3x} \\ f_{T3y} \\ f_{T5x} \\ f_{T5y} \end{Bmatrix} = \begin{Bmatrix} 112{,}500 \\ -112{,}500 \\ 112{,}500 \\ 112{,}500 \\ -225{,}000 \\ 0 \end{Bmatrix}\text{N} \qquad (15.1.92)$$

요소 3

$$\{f_T\} = 450{,}000\begin{Bmatrix} 0.25 \\ 0.25 \\ -0.25 \\ 0.25 \\ 0 \\ -0.5 \end{Bmatrix} = \begin{Bmatrix} f_{T3x} \\ f_{T3y} \\ f_{T4x} \\ f_{T4y} \\ f_{T5x} \\ f_{T5y} \end{Bmatrix} = \begin{Bmatrix} 112{,}500 \\ 112{,}500 \\ -112{,}500 \\ 112{,}500 \\ 0 \\ -225{,}000 \end{Bmatrix}\text{N} \qquad (15.1.93)$$

요소 4

$$\{f_T\} = 450,000\begin{Bmatrix} -0.25 \\ 0.25 \\ -0.25 \\ -0.25 \\ 0.5 \\ 0 \end{Bmatrix} = \begin{Bmatrix} f_{T4x} \\ f_{T4y} \\ f_{T1x} \\ f_{T1y} \\ f_{T5x} \\ f_{T5y} \end{Bmatrix} = \begin{Bmatrix} -112,500 \\ 112,500 \\ -112,500 \\ -112,500 \\ 225,000 \\ 0 \end{Bmatrix} \text{N} \tag{15.1.94}$$

그리고 각 요소의 하중행렬을 직접 조합하여 전체좌표계에서의 열 하중행렬을 구한다[식 (15.1.91)~(15.1.94)].

$$\begin{Bmatrix} f_{T1x} \\ f_{T1y} \\ f_{T2x} \\ f_{T2y} \\ f_{T3x} \\ f_{T3y} \\ f_{T4x} \\ f_{T4y} \\ f_{T5x} \\ f_{T5y} \end{Bmatrix} = \begin{Bmatrix} -225,000 \\ -225,000 \\ 225,000 \\ -225,000 \\ 225,000 \\ 225,000 \\ -225,000 \\ 225,000 \\ 0 \\ 0 \end{Bmatrix} \text{N} \tag{15.1.95}$$

식 (15.1.90)과 (15.1.95) 그리고 경계조건 $u_1 = v_1 = u_4 = v_4 = 0$을 사용하여 다음과 같은 방정식을 구한다.

$$\begin{Bmatrix} f_{T2x} = 225,000 \\ f_{T2y} = -225,000 \\ f_{T3x} = 225,000 \\ f_{T3y} = 225,000 \\ f_{T5x} = 0 \\ f_{T5y} = 0 \end{Bmatrix} = 4.615 \times 10^7 \begin{bmatrix} 16.874 & -8.125 & 4.0625 & -0.3125 & -16.875 & 8.125 \\ -8.125 & 16.875 & 0.3125 & -4.0625 & 8.125 & -16.875 \\ 4.0625 & 0.3125 & 16.875 & 8.125 & -16.875 & -8.125 \\ -0.3125 & -4.0625 & 8.125 & 16.875 & -8.125 & -16.875 \\ -16.875 & 8.125 & -16.875 & -8.125 & 67.5 & 0 \\ 8.125 & -16.875 & -8.125 & -16.875 & 0 & 67.5 \end{bmatrix} \begin{Bmatrix} u_2 \\ v_2 \\ u_3 \\ v_3 \\ u_5 \\ v_5 \end{Bmatrix} \tag{15.1.96}$$

식 (15.1.96)을 사용하여 절점 변위를 구하면 다음과 같다.

$$\begin{Bmatrix} u_2 \\ v_2 \\ u_3 \\ v_3 \\ u_5 \\ v_5 \end{Bmatrix} = \begin{Bmatrix} 3.327 \times 10^{-4} \\ -1.911 \times 10^{-4} \\ 3.327 \times 10^{-4} \\ 1.911 \times 10^{-4} \\ 2.123 \times 10^{-4} \\ 6.654 \times 10^{-9} \end{Bmatrix} \text{m} \tag{15.1.97}$$

이제 식 (15.1.64)를 사용하여 각 요소 내부의 응력을 구해보자. 식 (6.2.36)과 (15.1.65)를 사용하면 식 (15.1.64)를 아래와 같이 쓸 수 있다.

$$\{\sigma\} = [D][B]\{d\} - [D]\{\varepsilon_T\} \tag{15.1.98}$$

요소 1

$$\begin{Bmatrix} \sigma_x \\ \sigma_y \\ \tau_{xy} \end{Bmatrix} = \frac{E}{1-\nu^2}\begin{bmatrix} 1 & \nu & 0 \\ \nu & 1 & 0 \\ 0 & 0 & \dfrac{1-\nu}{2} \end{bmatrix} \frac{1}{2A}\begin{Bmatrix} \beta_1 & 0 & \beta_2 & 0 & \beta_5 & 0 \\ 0 & \gamma_1 & 0 & \gamma_2 & 0 & \gamma_5 \\ \gamma_1 & \beta_1 & \gamma_2 & \beta_2 & \gamma_5 & \beta_5 \end{Bmatrix} \begin{Bmatrix} u_1 \\ v_1 \\ u_2 \\ v_2 \\ u_5 \\ v_5 \end{Bmatrix} \tag{15.1.99}$$

$$- \frac{E}{1-\nu^2}\begin{bmatrix} 1 & \nu & 0 \\ \nu & 1 & 0 \\ 0 & 0 & \dfrac{1-\nu}{2} \end{bmatrix} \begin{Bmatrix} \alpha T \\ \alpha T \\ 0 \end{Bmatrix}$$

기계적 물성치 E, ν, α와 함께 (15.1.82)와 (15.1.97)을 식 (15.1.99)에 대입하여 계산을 수행한다.

$$\begin{Bmatrix} \sigma_x \\ \sigma_y \\ \tau_{xy} \end{Bmatrix} = \frac{210 \times 10^9}{0.91}\begin{bmatrix} 1 & 0.3 & 0 \\ 0.3 & 1 & 0 \\ 0 & 0 & 0.35 \end{bmatrix}$$

$$\times \frac{1}{0.125}\begin{bmatrix} -0.25 & 0 & 0.25 & 0 & 0 & 0 \\ 0 & -0.25 & 0 & -0.25 & 0 & 0.5 \\ -0.25 & -0.25 & -0.25 & 0.25 & 0.5 & 0 \end{bmatrix} \begin{Bmatrix} 0 \\ 0 \\ 3.327 \times 10^{-4} \\ -1.911 \times 10^{-4} \\ 2.123 \times 10^{-4} \\ 6.654 \times 10^{-9} \end{Bmatrix}$$

$$- \frac{210 \times 10^9}{0.91}\begin{bmatrix} 1 & 0.3 & 0 \\ 0.3 & 1 & 0 \\ 0 & 0 & 0.35 \end{bmatrix} \begin{Bmatrix} (12 \times 10^{-6})(50) \\ (12 \times 10^{-6})(50) \\ 0 \end{Bmatrix} \tag{15.1.100}$$

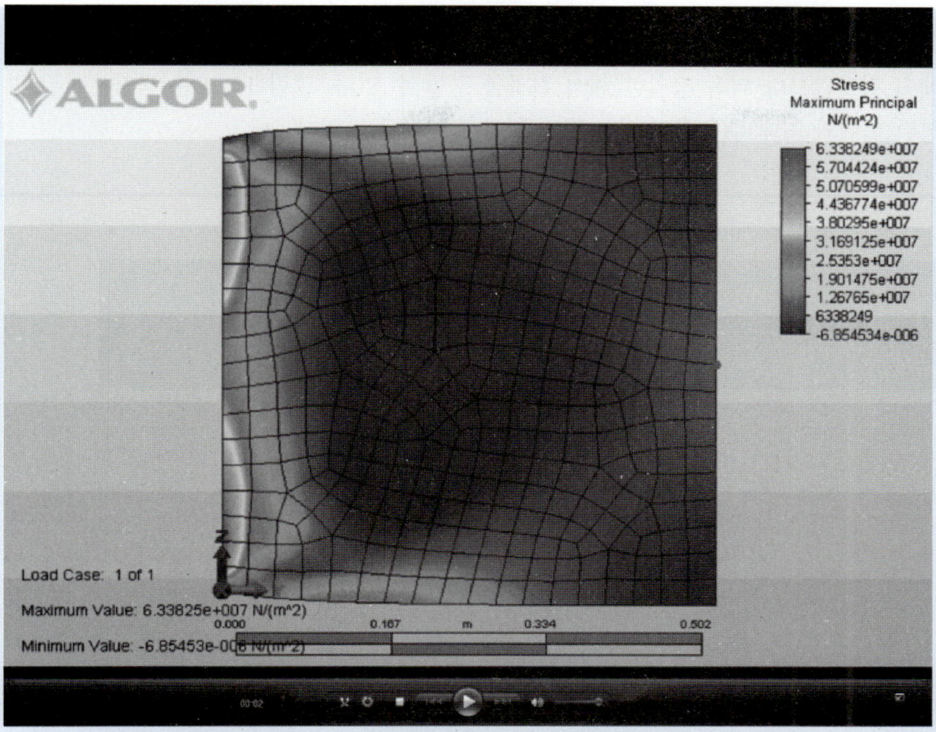

그림 15-12 • 최대 주응력(Pa)과 변형된 형상을 중첩하여 표시한 격자분할된 평판 (첨부된 칼라판 그림을 참조하시오)

식 (15.1.100)을 간단히 하면 다음의 결과를 얻는다.

$$\begin{Bmatrix} \sigma_x \\ \sigma_y \\ \tau_{xy} \end{Bmatrix} = \begin{Bmatrix} 1.800 \times 10^8 \\ 1.342 \times 10^8 \\ -1.600 \times 10^7 \end{Bmatrix} - \begin{Bmatrix} 1.8 \times 10^8 \\ 1.8 \times 10^8 \\ 0 \end{Bmatrix} = \begin{Bmatrix} 0 \\ -4.57 \times 10^7 \\ -1.60 \times 10^7 \end{Bmatrix} \text{Pa} \qquad (15.1.101)$$

마찬가지 방법으로, 다른 요소 내부의 응력도 다음과 같이 구한다.

요소 2

$$\begin{Bmatrix} \sigma_x \\ \sigma_y \\ \tau_{xy} \end{Bmatrix} = \begin{Bmatrix} 1.640 \times 10^8 \\ 2.097 \times 10^8 \\ -2150 \end{Bmatrix} - \begin{Bmatrix} 1.8 \times 10^8 \\ 1.8 \times 10^8 \\ 0 \end{Bmatrix} = \begin{Bmatrix} -1.6 \times 10^7 \\ 2.973 \times 10^7 \\ -2150 \end{Bmatrix} \text{Pa} \qquad (15.1.102)$$

요소 3과 4의 응력들도 비슷한 방법으로 계산할 수 있다. 앞선 예제의 고정된 평판이 균일한 가열을 받는 문제에 대해(예제 15.5, 긴 풀이 과정을 갖는다) 우리는 참고문헌 [1]에 소개되는 Autodesk 컴퓨터 프로그램을 이용해서 해석할 수 있다. “Automesh”를 이용하여 평판을 거친 격자들로 격자분할하여 얻어낸 해석 결과는 예제 15.5에서 긴 풀이 과정으로 얻어낸 해석 결과와 매우 유사함을 알 수 있다. 컴퓨터 프로그램은 342개의 요소를 이용하여 손으로 풀어낸 4 요소의 해석 결괏값보다 더욱 정밀한 해석 결과를 구할 수 있다. 그림 15-12는 격자분할된 평판의 변형된 변위와 최대 주응력의 해석 결과를 함께 보여주고 있다.

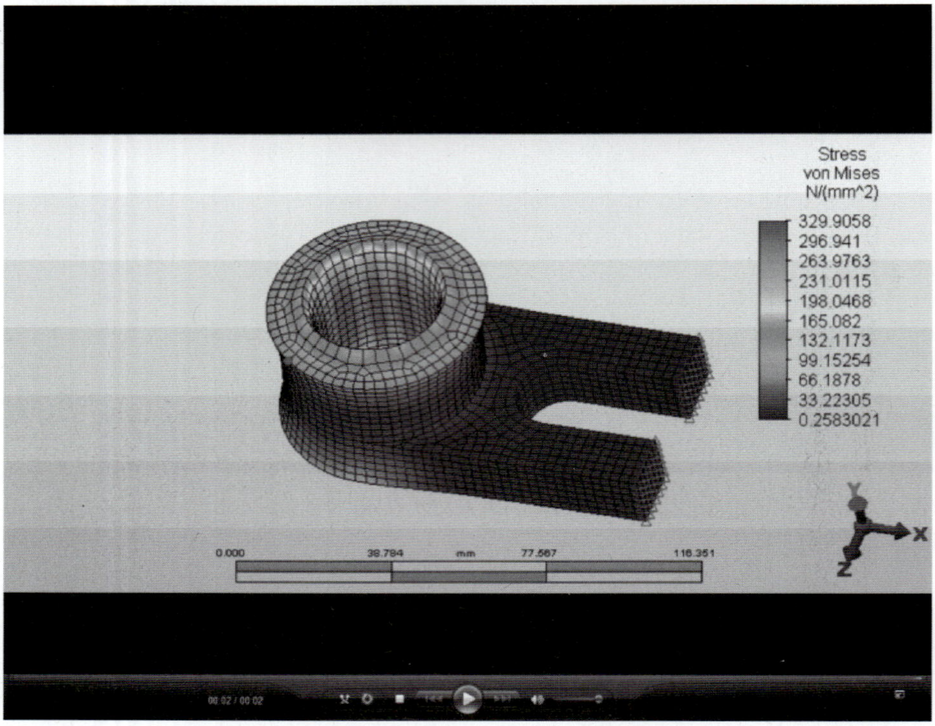

그림 15-13 • 구멍의 안쪽 면에 100°C의 온도 상승이 가해지는 솔리드 구조물의 폰 미제스 응력 분포(첨부된 칼라판 그림을 참조하시오)

마지막으로, 그림 15-13은 전면부가 고정되어 있고 구멍의 안쪽 면 전체의 온도가 100°C로 상승되도록 균일하게 가열되고 있는 3차원 솔리드 구조물을 보여준다. 그 결과 발생되는 폰 미제스(von Mises) 응력 분포를 도시하고 있으며 구멍 안쪽에서 최대 329.9 MPa의 응력이 발생된다.

식의 정리(Summary Equations)

구속되지 않은 봉의 균일한 온도 변화에 의한 변위:

$$\delta_T = \alpha TL \tag{15.1.1}$$

균일한 온도 변화에 의한 봉의 변형률:

$$\varepsilon_T = \alpha T \tag{15.1.2}$$

봉의 열 변형률 행렬:

$$\{\varepsilon_T\} = \{\varepsilon_{xT}\} = \{\alpha T\} \tag{15.1.17}$$

봉의 열 하중행렬:

$$\{f_T\} = \begin{Bmatrix} f_{T1} \\ f_{T2} \end{Bmatrix} = \begin{Bmatrix} -E\alpha TA \\ E\alpha TA \end{Bmatrix} \tag{15.1.20}$$

평면응력 상태의 등방성 재료에 대한 열 변형률 행렬:

$$\{\varepsilon_T\} = \begin{Bmatrix} \alpha T \\ \alpha T \\ 0 \end{Bmatrix} \tag{15.1.22}$$

평면 변형률 상태의 등방성 재료에 대한 열 변형률 행렬:

$$\{\varepsilon_T\} = (1+\nu)\begin{Bmatrix} \alpha T \\ \alpha T \\ 0 \end{Bmatrix} \tag{15.1.23}$$

평면응력 삼각형의 열 하중행렬:

$$\{f_T\} = \begin{Bmatrix} f_{Tix} \\ f_{Tiy} \\ \vdots \\ f_{Tmy} \end{Bmatrix} = \frac{\alpha EtT}{2(1-\nu)}\begin{Bmatrix} \beta_i \\ \gamma_i \\ \beta_j \\ \gamma_j \\ \beta_m \\ \gamma_m \end{Bmatrix} \tag{15.1.25}$$

축대칭 삼각형 요소의 열 변형률 행렬:

$$\{\varepsilon_T\} = \begin{Bmatrix} \varepsilon_{rT} \\ \varepsilon_{zT} \\ \varepsilon_{\theta T} \\ \gamma_{rzT} \end{Bmatrix} = \begin{Bmatrix} \alpha T \\ \alpha T \\ \alpha T \\ 0 \end{Bmatrix} \tag{15.1.26}$$

축대칭 요소의 중점에서의 열 하중행렬:

$$\{f_T\} = 2\pi \bar{r} A[\bar{B}]^T[D]\{\varepsilon_T\} \tag{15.1.28}$$

참고문헌

[1] Autodesk, Inc., McInnis Parkway, San Rafael, CA 94903.

연습문제

15.1 For the one-dimensional steel bar fixed at the left end, free at the right end, and subjected to a uniform temperature rise $T = 100\,°\text{F}$ as shown in Figure P15–1, determine the free-end displacement, the displacement 60 in. from the fixed end, the reactions at the fixed end, and the axial stress. Let $E = 30 \times 10^6$ psi, $A = 4\ \text{in}^2$, and $\alpha = 7.0 \times 10^{-6}$ (in./in.)/°F.

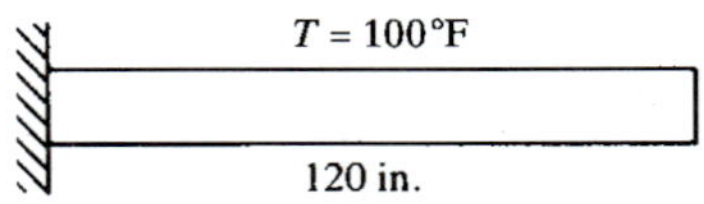

Figure P15-1 •

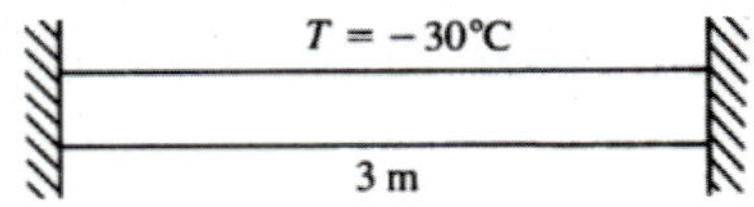

Figure P15-2 •

15.2 For the one-dimensional steel bar fixed at each end and subjected to a uniform temperature drop of $T = 30\,°\text{C}$ as shown in Figure P15–2, determine the reactions at the fixed ends and the stress in the bar. Let $E = 200$ GPa , $A = 1 \times 10^{-2}\ \text{m}^2$, and $\alpha = 11.7 \times 10^{-6}$ (mm/mm)/°C.

15.3 For the plane truss shown in Figure P15–3, bar element 2 is subjected to a uniform temperature rise of $T = 60\,°\text{F}$. Let $E = 30 \times 10^6$ psi , $A = 2\ \text{in}^2$, and $\alpha = 7.0 \times 10^{-6}$ (in./in.)/°F. The lengths of the truss elements are shown in the figure. Determine the stresses in each bar. [*Hint:* See Eqs. (3.6.4) and (3.6.6) in Example 3.5 for the global and reduced [*K*] matrices.]

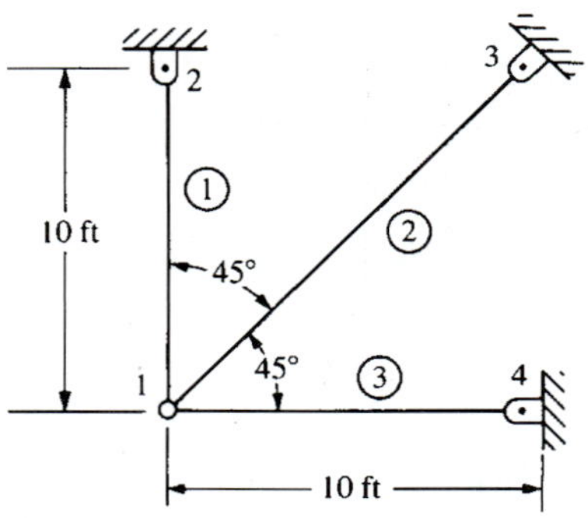

Figure P15-3 •

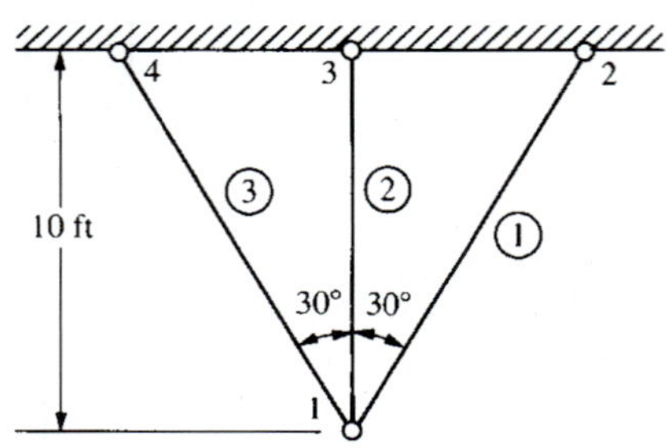

Figure P15-4 •

15.4 For the plane truss shown in Figure P15–4, bar element 1 is subjected to a uniform temperature drop of 40°F. Let $E = 30 \times 10^6$ psi, $A = 2\ \text{in}^2$, and $\alpha = 7.0 \times 10^{-6}$ (in./in.)/°F. The lengths of the truss elements are shown in the figure. Determine the stresses in each bar. (*Hint:* Use Problem 3.21 for [*K*].)

15.5 For the structure shown in Figure P15–5, bar element 1 is subjected to a uniform temperature rise of $T = 40\,°\text{C}$. Let $E = 200$ GPa, $A = 2 \times 10^{-2}\ \text{m}^2$, and $\alpha = 12 \times 10^{-6}$ (mm/mm)/°C. Determine the stresses in each bar.

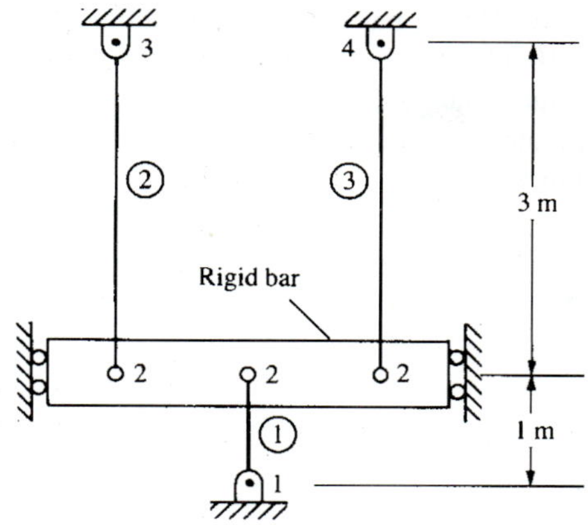

Figure P15-5 •

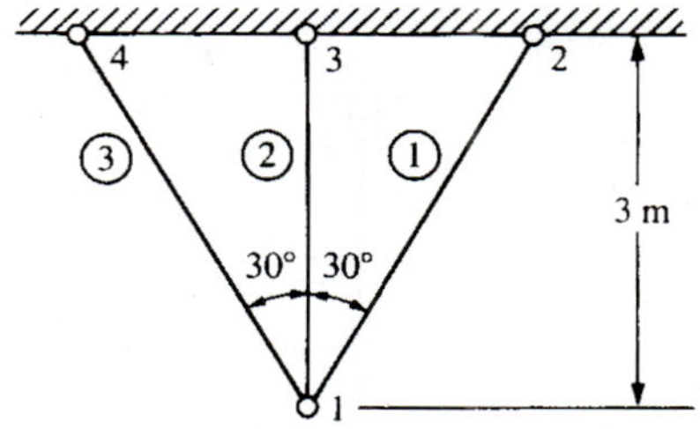

Figure P15-6 •

15.6 For the plane truss shown in Figure P15–6, bar element 2 is subjected to a uniform temperature drop of $T = 30\,°\mathrm{C}$. Let $E = 70\,\mathrm{GPa}$, $A = 4 \times 10^{-2}\ \mathrm{m}^2$, and $\alpha = 23 \times 10^{-6}$ (mm/mm)/°C. Determine the stresses in each bar and the displacement of node 1.

15.7 For the bar structure shown in Figure P15–7, element 1 is subjected to a uniform temperature rise of $T = 30\,°\mathrm{C}$. Let $E = 210\,\mathrm{GPa}$, $A = 3 \times 10^{-2}\ \mathrm{m}^2$, and $\alpha = 12 \times 10^{-6}$ (mm/mm)/°C. Determine the displacement of node 1 and the stresses in each bar.

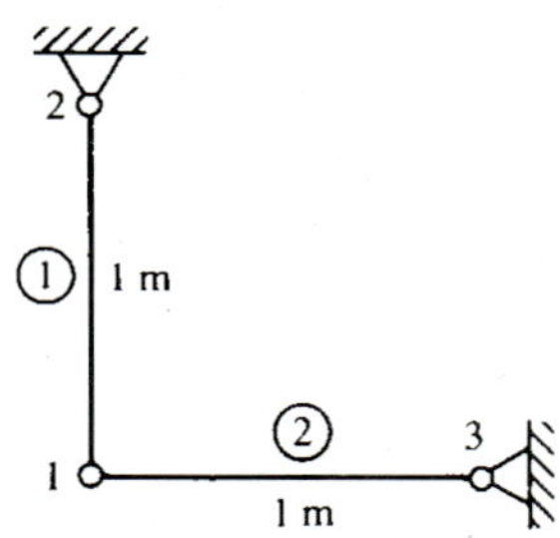

Figure P15-7 •

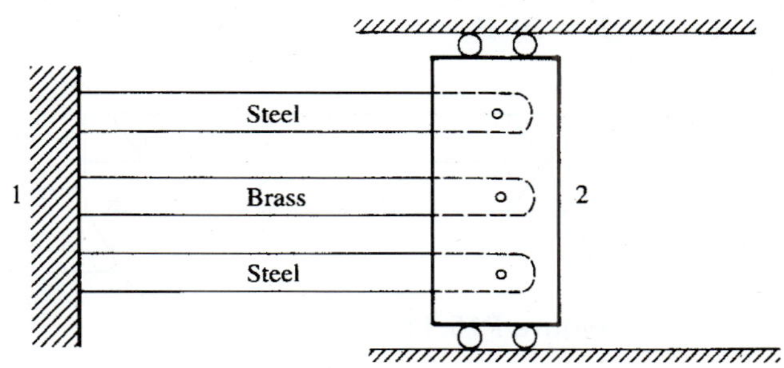

Figure P15-8 •

15.8 A bar assemblage consists of two outer steel bars and an inner brass bar. The three-bar assemblage is then heated to raise the temperature by an amount $T = 80\,°\mathrm{F}$. Let all cross-sectional areas be $A = 2\ \mathrm{in}^2$ and $L = 60$ in., $E_{\mathrm{steel}} = 30 \times 10^6$ psi, $E_{\mathrm{brass}} = 15 \times 10^6$ psi, $\alpha_{\mathrm{steel}} = 6.5 \times 10^{-6}/°\mathrm{F}$, and $\alpha_{\mathrm{brass}} = 10 \times 10^{-6}/°\mathrm{F}$. Determine (a) the displacement of node 2 and (b) the stress in the steel and brass bars. See Figure P15–8.

15.9 For the plane truss shown in Figure P15–9, bar element 2 is subjected to a uniform temperature rise of $T = 10\,°\text{C}$. Let $E = 210\,\text{GPa}$, $A = 12.5\,\text{cm}^2$, and $\alpha = 12 \times 10^{-6}/°\text{C}$. What temperature change is needed in bars 1 and 3 to remove the stress due to the uniform temperature rise in bar 2? Show enough work to prove your answer. Use a longhand solution.

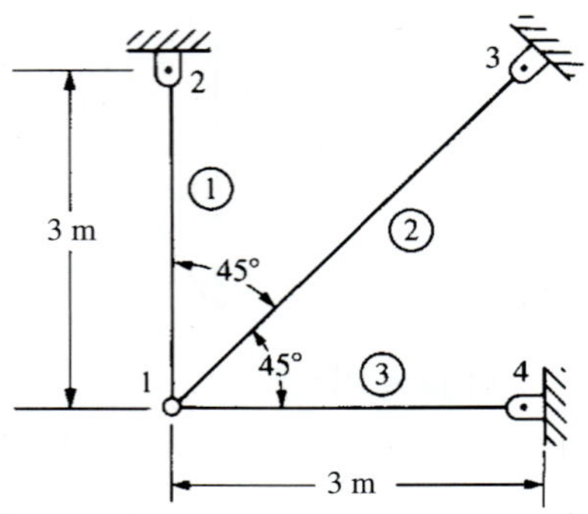

Figure P15-9 •

15.10 When do stresses occur in a body made of a single material due to uniform temperature change in the body? Consider Problem 15.1 and also compare the solution to Example 15.1 in this chapter.

15.11 Consider two thermally incompatible materials, such as steel and aluminum, attached together as shown in Figure P15–11. Will there be temperature-induced stress in each material upon uniform heating of both materials to the same temperature when the boundary conditions are simple supports (a pin and a roller such that we have a statically determinate system)? Explain. Let there be a uniform temperature rise of $T = 50\,°\text{F}$.

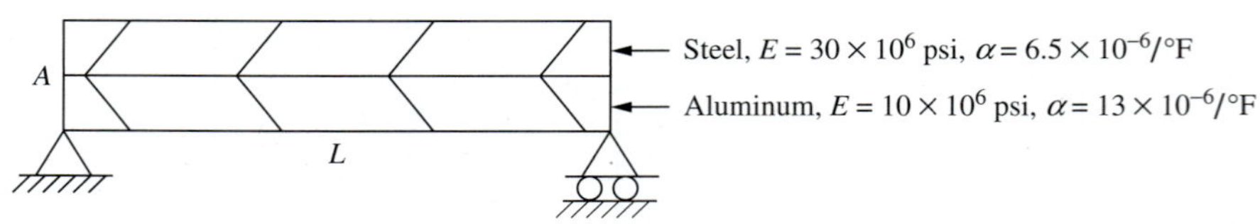

Figure P15-11 •

15.12 A bimetallic thermal control is made of cold-rolled yellow brass and magnesium alloy bars (Figure P15–12). The bars are arranged with a gap of 0.005 in. between them at $72\,°\text{F}$. The brass bar has a length of 1.0 in. and a cross-sectional area of $0.10\,\text{in}^2$, and the magnesium bar has a length of 1.5 in. and a cross-sectional area of $0.15\,\text{in}^2$. Determine (a) the axial displacement of the end of the brass bar and (b) the stress in each bar after it has closed up due to a temperature increase of $100\,°\text{F}$. Use at least one element for each bar in your finite element model.

15.13 For the plane stress element shown in Figure P15–13 subjected to a uniform temperature drop of $T = 50\,°\text{F}$, determine the thermal force matrix $\{f_T\}$.

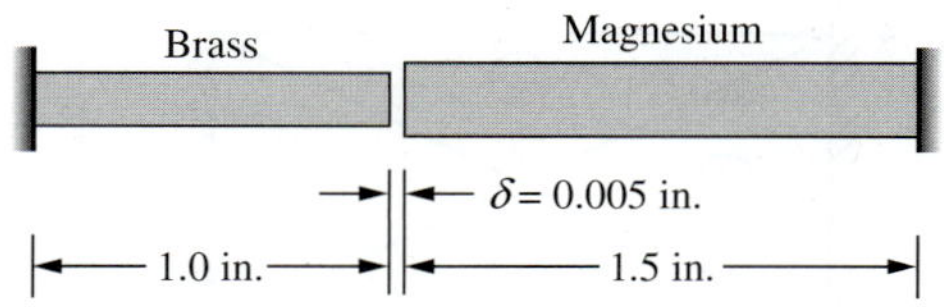

Figure P15-12 •

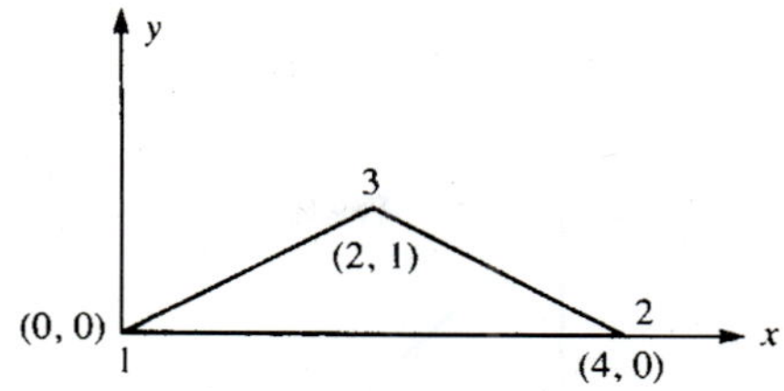

Figure P15-13 •

Let $E = 10 \times 10^6$ psi $\nu = 0.30$, and $\alpha = 12.5 \times 10^{-6}$ (in./in.)/°F. The coordinates (in inches) are shown in the figure. The element thickness is $t = 1$ in.

15.14 For the plane stress element shown in Figure P15–14 subjected to a uniform temperature rise of $T = 50\,°\text{C}$, determine the thermal force matrix $\{f_T\}$. Let $E = 70$ GPa, $\nu = 0.3$, $\alpha = 23 \times 10^{-6}$ (mm/mm)/°C, and $t = 5$ mm. The coordinates (in millimeters) are shown in the figure.

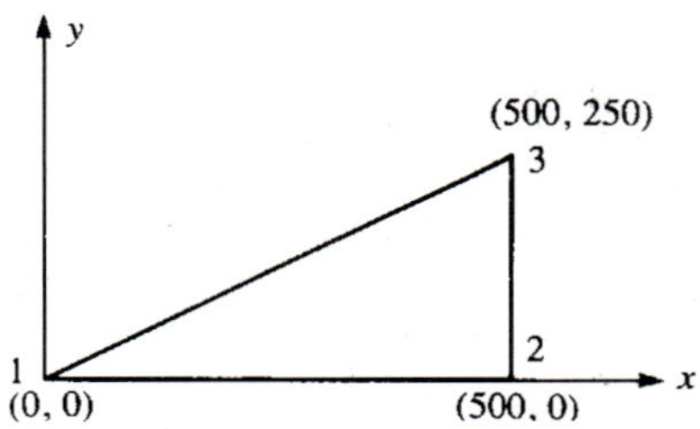

Figure P15-14 •

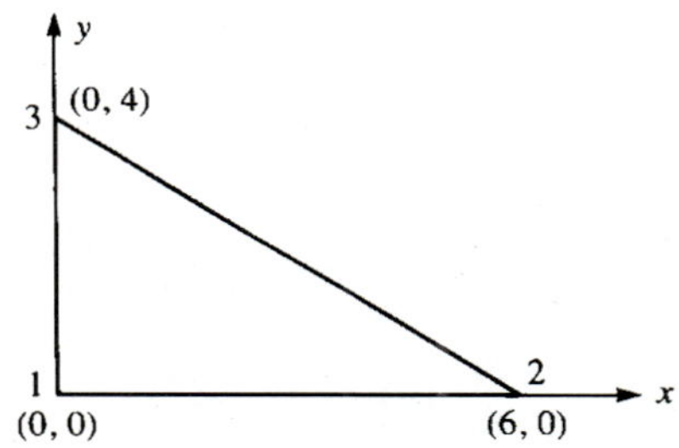

Figure P15-15 •

15.15 For the plane stress element shown in Figure P15–15 subjected to a uniform temperature rise of $T = 50\,°\text{F}$, determine the thermal force matrix $\{f_T\}$. Let $E = 30 \times 10^6$ psi, $\nu = 0.3$, $\alpha = 7.0 \times 10^{-6}$ (in./in.)/°F, and $t = 1$ in. The coordinates (in inches) are shown in the figure.

15.16 For the plane stress element shown in Figure P15–16 subjected to a uniform temperature drop of $T = 20\,°\text{C}$, determine the thermal force matrix $\{f_T\}$. Let $E = 210$ GPa, $\nu = 0.25$, and $\alpha = 12 \times 10^{-6}$ (mm/mm)/°C. The coordinates (in millimeters) are shown in the figure. The element thickness is 10 mm.

15.17 For the plane stress plate fixed along the left and right sides and subjected to a uniform temperature rise of 50 °F as shown in Figure P15–17, determine the stresses in each element. Let $E = 10 \times 10^6$ psi, $\nu = 0.30$, $\alpha = 12.5 \times 10^{-6}$ (in./in.)/°F, and $t = \frac{1}{4}$ in. The coordinates (in inches) are shown in the figure. (*Hint:* The nodal displacements are all equal to zero. Therefore, the stresses can be determined from $\{\sigma\} = -[D]\{\varepsilon_T\}$.)

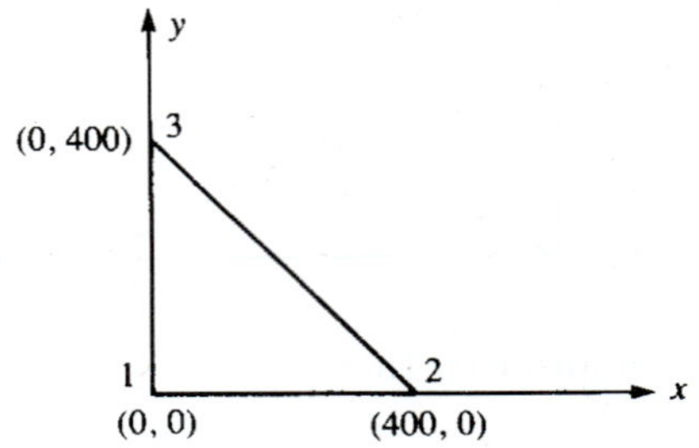

Figure P15-16 •

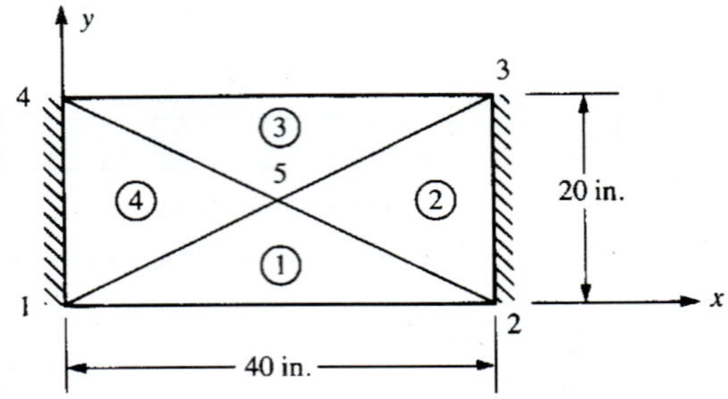

Figure P15-17 •

15.18 For the plane stress plate fixed along all edges and subjected to a uniform temperature decrease of 20 °C as shown in Figure P15–18, determine the stresses in each element. Let $E = 210$ GPa, $\nu = 0.25$, and $\alpha = 12 \times 10^{-6}$ (mm/mm)/°C. The coordinates of the plate are shown in the figure. The plate thickness is 10 mm. (*Hint:* The nodal displacements are all equal to zero. Therefore, the stresses can be determined from $\{\sigma\} = -[D]\{\varepsilon_T\}$.)

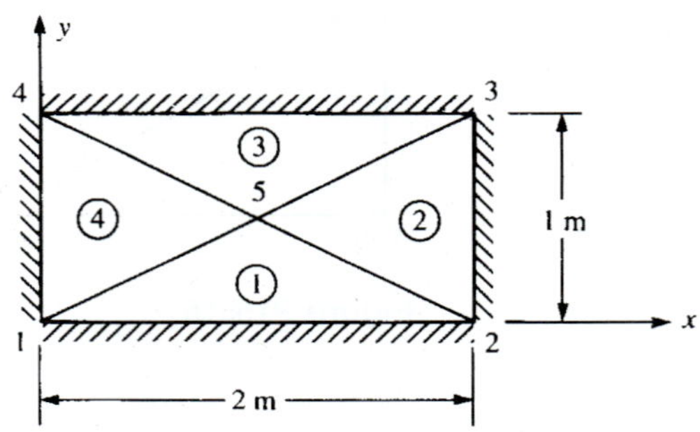

Figure P15-18 •

15.19 If the thermal expansion coefficient of a bar is given by $\alpha = \alpha_0(1 + x/L)$, determine the thermal force matrix. Let the bar have length L, modulus of elasticity E, and cross-sectional area A.

15.20 Assume the temperature function to vary linearly over the length of a bar as $T = t_1 + t_2 x$; that is, express the temperature function as $\{T\} = [N]\{t\}$, where $[N]$ is the shape function matrix for the two-node bar element. In other words, $[N] = [1 - x/L \;\; x/L]$. Determine the force matrix in terms of E, A, α, L, t_1, and t_2. [*Hint:* Use Eq. (15.1.18).]

15.21 Derive the thermal force matrix for the axisymmetric element of Chapter 9. [Also see Eq. (15.1.27).]

Using a computer program, solve the following problems.

15.22 The square plate in Figure P15–22 is subjected to uniform heating of 50 °F. Determine the nodal displacements and element stresses. Let the element thickness be $t = 0.1$ in., $E = 30 \times 10^6$ psi, $\nu = 0.33$, and $\alpha = 10 \times 10^{-6}/°\text{F}$. Then fix the left and right nodes and repeat the problem. Compare answers.

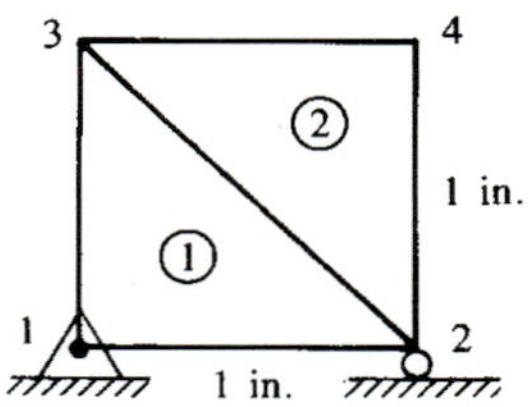

Figure P15-22 •

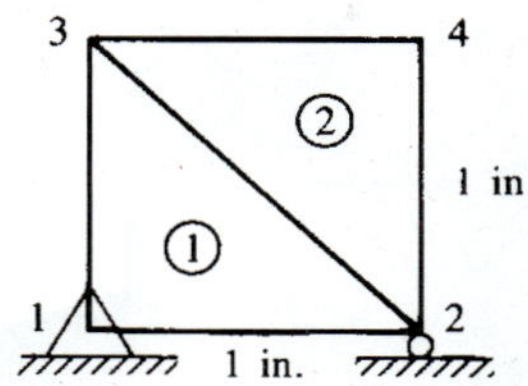

Figure P15-23 •

15.23 The square plate in Figure P15–23 has element 1 made of steel with $E = 30 \times 10^6$ psi, $\nu = 0.33$, and $\alpha = 10 \times 10^{-6}/°\text{F}$ and element 2 made of a material with $E = 15 \times 10^6$ psi, $\nu = 0.25$, and $\alpha = 50 \times 10^{-6}/°\text{F}$. Let the plate thickness be $t = 0.1$ in. Determine the nodal displacements and element stresses for both elements subjected to an 80 °F temperature increase. Then fix the left and right nodes and repeat the problem. Compare answers.

15.24 Solve Problem 15.3 using a computer program.

15.25 Solve Problem 15.6 using a computer program.

15.26 The aluminum tube shown in Figure P15–26 fits snugly into a hole (with surrounding material aluminum) at room temperature. If the temperature of the tube is then increased by 40 °C, determine the deformed configuration and the stress distribution of the tube. Let $E = 70$ GPa, $\nu = 0.33$, and $\alpha = 23 \times 10^{-6}/°\text{C}$ for the tube.

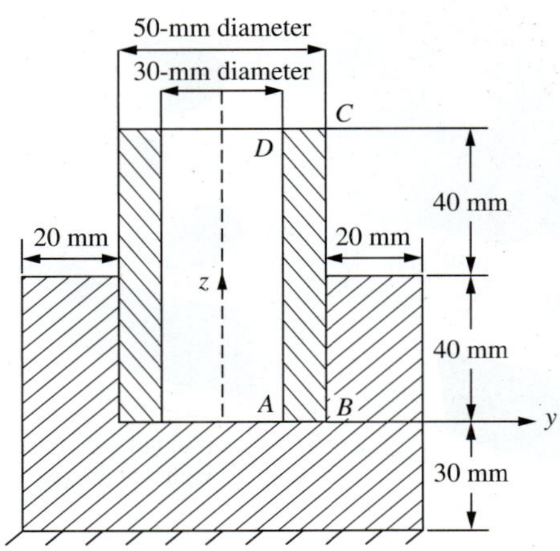

Figure P15-26 •

15.27 For the solid model of a fixture shown in Figure P15–27, the inside surface of the hole is subjected to a temperature increase of 80 °C. The right end surfaces are fixed. Determine the von Mises stresses throughout the fixture due to this temperature increase. What is the largest von Mises stress? Is it a concern against yielding of the material? Assume the material is AISI 1020 cold-rolled steel.

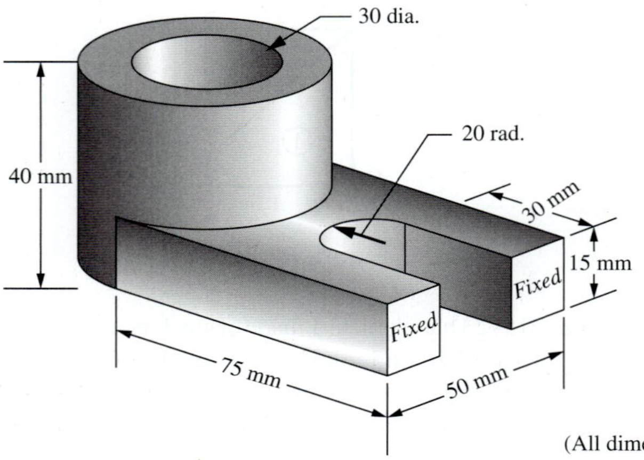

(All dimensions in mm units)

Figure P15-27 •

15.28 For the fixture shown in Figure P15–28, the inside surfaces of the eight holes are increased in temperature by 80 °F. Determine the von Mises stresses throughout the fixture. What is the largest von Mises stress in the fixture? Is there concern for failure due to yielding of the material? Assume the material is aluminum alloy 6061-O (annealed). Fix the inside surface of the upper hole.

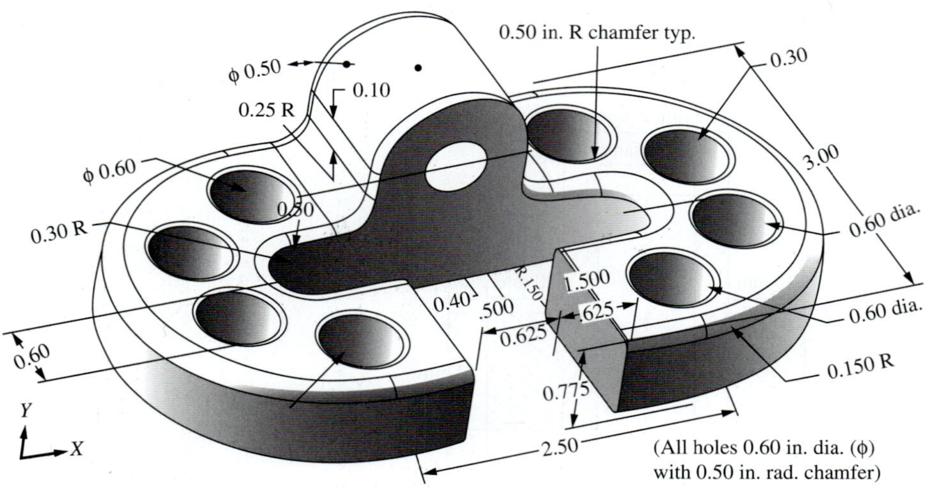

(All dimensions in inch units)

Figure P15-28 •

CHAPTER 16

구조 동역학 및 시간 의존성 열전달

학습목표

- 1 자유도 스프링-질량 시스템의 동역학에 대해 논의한다.
- 집중 질량행렬과 일관 질량행렬의 유도를 포함하여 1차원 봉(bar)의 시간 의존성 응력 해석에 필요한 유한요소 공식을 유도한다.
- 중앙차분법(central difference method), 뉴마크법(Newmark's method), 윌슨법(Wilson's method)을 포함하여 시간 함수를 다루는 수치적분법을 소개한다.
- 유한요소 방식을 이용하여 봉의 고유 진동수를 결정하는 방식을 상세하게 설명한다.
- 시간 의존성 봉 문제에 대해서 유한요소 해법을 제시한다.
- 보에 대해서 집중 질량행렬과 일관 질량행렬을 유도한다.
- 유한요소 방식을 이용하여 보의 고유 진동수를 결정하는 방식을 상세하게 설명한다.
- 트러스, 평면 프레임, 평면응력(plane stress), 평면 변형률(plane strain), 축대칭, 3차원 솔리드(solid) 요소에 대한 질량행렬을 유도한다.
- 1차원에 대해서 집중 질량행렬과 일관 질량행렬을 포함한 시간 의존성 열전달 방정식 유도한다.
- 일반화된 사다리꼴 법칙(generalized trapezoid rule)에 의한 시간 함수를 다루는 수치적분법을 설명한다. 이러한 방법들에는 전진 차분 근사(forward difference), 크랭크-니콜슨(Crank-Nicolson), 갤러킨(Galerkin), 후진 차분 근사(backward difference) 방식들이 있다.
- 양단 고정 보의 고유 진동수 문제, 시간 의존성 하중을 받는 봉, 양단 고정 보, 강체 프레임, 갠트리(gantry) 크레인 문제와 같은 구조 동역학 문제들을 컴퓨터 프로그램을 이용하여 해석한 결과를 보여준다.

개요

이 장에서는 시간 의존성 문제들의 기초를 다룬다. 1 자유도 스프링-질량계를 사용하여 기본 개념을 소개할 것이다. 1차원 봉, 보, 트러스, 그리고 평면 프레임의 응력 해석을 논의하고, 그 다음 1차원 열전달 해석을 설명한다.

구조 동역학 해석에 필요한 기본 방정식들을 제시하고, 봉, 보, 트러스, 평면 프레임의 해석에 사용되는 집중 질량행렬과 일관 질량행렬을 유도할 것이다. 또한 트러스와 평면 프레임 해석에 사용되는 전체좌표계에서의 질량행렬(global mass matrix)의 조합을 설명하고, 시간 도함수를 다루기 위한 수치적분법을 제시할 것이다. 또한 일정 변형률 삼각형 요소와 사각형 평면 요소, 축대칭 요소, 사면체 요소들의 질량행렬을 소개한다.

봉과 보의 고유 진동수를 결정하는 일반적인 해법을 상세하게 제시하며, 시간 의존성 하중을 받는 봉의 응력 해석에 사용된 시간 간격 적분 과정(time-step integration process)을 소개할 것이다.

그 다음, 시간 의존성 1차원 열전달 문제에 대한 기본 방정식을 유도하고, 그 응용에 대해 논의할 것이다. 이 장은 시간 의존성 문제들을 풀 때 요구되는 필수적인 개념들을 제공해 줄 것이다. 마지막 절에서는 구조 동역학과 시간 의존성 열전달 문제들을 컴퓨터 프로그램을 이용하여 해석한 결과들을 보여준다.

16.1 | 스프링–질량 시스템의 동역학

이 절에서는 이후에 계속될 봉, 보와 평면 프레임 같은 연속계의 연구에 필수적인 매우 중요한 개념들을 소개하기 위해 1 자유도 스프링–질량 시스템의 운동을 살펴보기로 하자. 그림 16-1은 시간에 따라 변하는 힘 $F(t)$를 받는 1 자유도 스프링–질량 시스템이다. 여기서 k는 스프링 상수, m은 시스템의 질량을 나타낸다.

그림 16-2는 질량에 대한 자유물체도이다. 스프링 힘 $T = kx$이고, 질량에 걸리는 힘은 $F(t)$이며, 질량과 가속도를 곱한 힘의 자유물체도는 그 옆에 있다.

뉴튼의 운동 제2법칙 $\boldsymbol{f} = \boldsymbol{ma}$를 적용하면 x방향의 운동방정식을 다음과 같이 얻는다.

$$F(t) - kx = m\ddot{x} \tag{16.1.1}$$

여기서 변수 위에 있는 점은 시간에 대한 미분을 나타낸다. 즉, $(\dot{\ }) = d()/dt$이다. 식 (16.1.1)을 표준형으로 다시 쓰면 다음과 같다.

$$m\ddot{x} + kx = F(t) \tag{16.1.2}$$

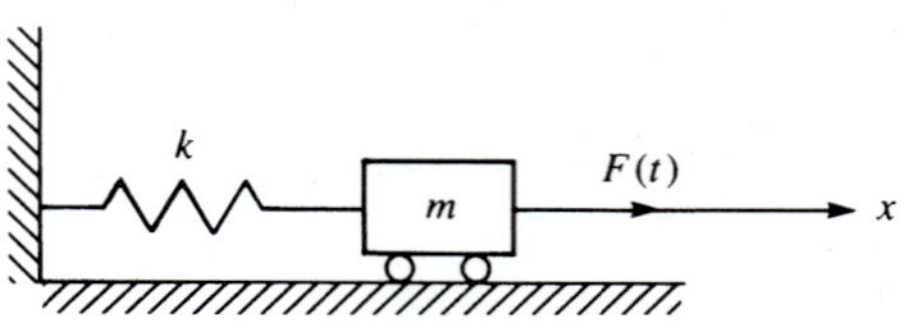

그림 16-1 • 시간 의존성 힘을 받는 스프링–질량 시스템

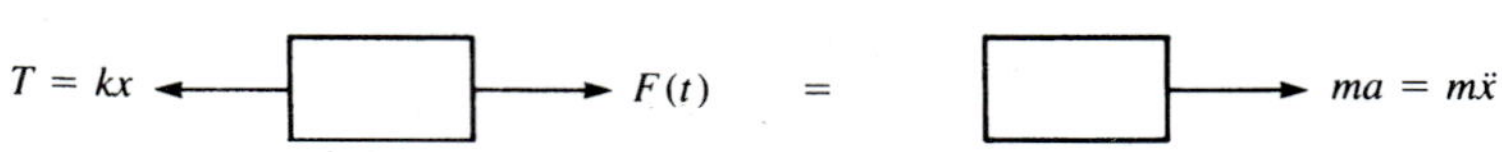

그림 16-2 • 그림 16-1의 질량에 대한 자유물체도

위의 식 (16.1.2)는 변위 x에 대해 기본해(homogeneous solution)와 특정해(particular solution)로 구성된 표준해를 갖는 2차 선형 미분방정식이다. 이러한 강제 진동(forced vibration)에 대한 해석적인 해는 참고문헌 [1]과 같은 동역학 또는 진동 책에서 찾아볼 수 있다. 해석적인 해는 진동 거동에 대한 기본 개념을 소개하려는 우리의 관심 밖의 일이므로 여기서는 다루지 않는다. 우선 16.3절(예제 16.1과 16.2 참조)의 근사 수치 기법을 사용하여 식 (16.1.2)와 같이 정의된 문제를 풀어보자.

식 (16.1.2)의 우측 항을 0으로 놓으면 기본해를 구할 수 있다. 자유 진동, 즉 $F(t) = 0$인 진동을 고려하여 진동에 관한 유용한 개념을 많이 얻을 수 있다. 자유 진동의 경우로 생각해서 다음과 같이 정의해 보자.

$$\omega^2 = \frac{k}{m} \tag{16.1.3}$$

그리고 식 (16.1.2)의 우측 항을 0으로 놓으면 다음을 얻게 된다.

$$\ddot{x} + \omega^2 x = 0 \tag{16.1.4}$$

여기서 ω는 자유 진동의 **고유 진동수(natural circular frequency)**라고 하고, rad/sec 또는 분당 회전수(rpm)를 단위로 한다. 그러므로 이 질량 진동계에서 고유 진동수는 단위시간당 회전수를 말한다. 식 (16.1.3)에서 ω가 스프링 상수 k와 물체의 질량 m에 의해서만 결정되는 것을 볼 수 있다.

식 (16.1.4)에 의한 물체의 운동을 **단순조화운동(simple harmonic motion)**이라 한다. 식에서 보듯이 질량의 변위와 가속도의 방향은 반대이고 크기는 서로 비례한다. 참고로 말하면, 식 (16.1.4)의 표준해는 참고문헌 [1]에서 찾아볼 수 있다. 전형적인 변위–시간의 곡선은 그림 16-3과 같은 사인(sine) 곡선으로 나타난다. 그림에서 x_m은 최대 변위이며, 진동의 **진폭(amplitude)**이라 불린다. 그림에서처럼 질량의 운동이 하나의 완전한 사이클(cycle)을 이루기까지 걸리는 시간은 진동의 **주기(period)** τ로 불리며 다음과 같다.

$$\tau = \frac{2\pi}{\omega} \tag{16.1.5}$$

여기서 주기 τ는 시간(초)을 단위로 하며, 진동수는 hertz (Hz = 1/s)를 단위로 한다[$f = 1/\tau = \omega/(2\pi)$].

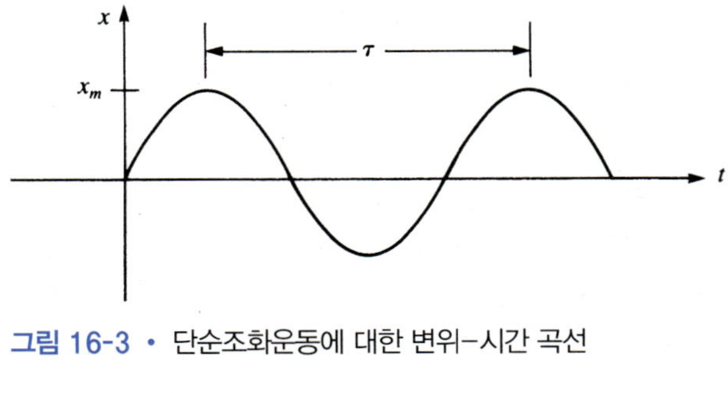

그림 16-3 • 단순조화운동에 대한 변위–시간 곡선

마지막으로, 모든 진동은 마찰력에 의해 모두 어느 정도 감쇠된다는 사실을 고려해 보자. 물체가 유체 안에서 움직일 때 받는 유체 마찰, 변형 가능한 물체 내부 분자 간의 내부 마찰, 두 강체 사이의 건조 마찰 또는 쿨롱(Coulomb) 마찰 등에 의해 마찰력이 발생한다. 그리고 마찰에 의한 감쇠로 비감쇠 진동보다 고유 진동수가 작아지는 효과가 발생한다. 진폭도 역시 감쇠에 의해 줄어든다. 감쇠에 대한 자세한 내용은 참고문헌 [1]을 참조하고, 추가적인 논의는 16.9절에 포함되어 있다.

16.2 | 봉 요소 방정식의 직접 유도

이제 1차원 봉의 동적 응력 해석을 위한 유한요소 방정식을 유도해 보기로 하자. 3장에서 다루었던 1차원 봉의 정적 응력 해석을 상기하라. 정적 방정식 유도에서와 같은 방식으로 동적 응력 방정식을 유도한다.

제1단계 요소 형태의 선정

그림 16-4는 길이 L, 단면적 A, 질량 밀도 ρ(전형적인 lb-s^2/in^4 단위)이고, 절점 1과 2에서 시간 의존성 하중 $f_x^e(t)$를 받는 전형적인 봉 요소이다.

제2단계 변위함수의 선정

다시, 봉의 x축을 따라 선형 변위함수[(식 (3.2.1) 참조]를 다음과 같이 가정한다.

$$u = a_1 + a_2 x \tag{16.2.1}$$

3장에서 보았듯이, 식 (16.2.1)은 다음과 같은 형상함수로 표현할 수 있다.

$$u = N_1 u_1 + N_2 u_2 \tag{16.2.2}$$

여기서

$$N_1 = 1 - \frac{x}{L} \qquad N_2 = \frac{x}{L} \tag{16.2.3}$$

제3단계 변형률-변위와 응력-변형률 관계의 정의

변형률-변위의 관계는 다음과 같이 주어진다.

$$\{\varepsilon_x\} = \frac{\partial u}{\partial x} = [B]\{d\} \tag{16.2.4}$$

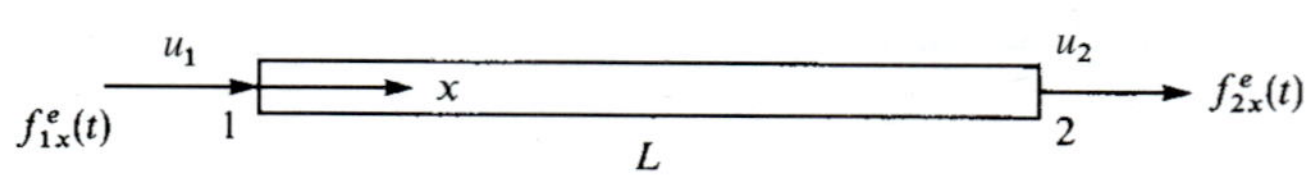

그림 16-4 • 시간 의존성 하중을 받는 봉 요소

여기서 $$[B] = \begin{bmatrix} -\frac{1}{L} & \frac{1}{L} \end{bmatrix} \qquad \{d\} = \begin{Bmatrix} u_1 \\ u_2 \end{Bmatrix} \tag{16.2.5}$$

그리고 응력-변형률의 관계는 다음과 같다.

$$\{\sigma_x\} = [D]\{\varepsilon_x\} = [D][B]\{d\} \tag{16.2.6}$$

제4단계 요소 강성행렬, 요소 질량행렬, 그리고 방정식의 유도

봉은 시간 의존성 힘을 받을 때 일반적으로 평형상태가 아니다. 그러므로 $f_{1x} \neq f_{2x}$이다. 그래서 여기에 뉴튼의 운동 제2법칙 $\boldsymbol{f} = \boldsymbol{ma}$를 각 절점에 적용한다. 일반적으로 이 법칙에 의해 각 절점에 작용하는 "외력 f_x^e과 내력의 차가 절점 질량과 가속도의 곱과 같다"고 할 수 있다. 등가적으로, 내력을 $\boldsymbol{ma}$항에 추가하면 다음 식을 얻는다.

$$f_{1x}^e = f_{1x} + m_1 \frac{\partial^2 u_1}{\partial t^2} \qquad f_{2x}^e = f_{2x} + m_2 \frac{\partial^2 u_2}{\partial t^2} \tag{16.2.7}$$

여기서 질량 m_1과 m_2는 봉의 전체 질량을 다음과 같이 두 절점에 집중시킴으로써 얻는다.

$$m_1 = \frac{\rho AL}{2} \qquad m_2 = \frac{\rho AL}{2} \tag{16.2.8}$$

행렬 형태로 식 (16.2.7)을 다시 쓰면 다음과 같다.

$$\begin{Bmatrix} f_{1x}^e \\ f_{2x}^e \end{Bmatrix} = \begin{Bmatrix} f_{1x} \\ f_{2x} \end{Bmatrix} + \begin{bmatrix} m_1 & 0 \\ 0 & m_2 \end{bmatrix} \begin{Bmatrix} \dfrac{\partial^2 u_1}{\partial t^2} \\ \dfrac{\partial^2 u_2}{\partial t^2} \end{Bmatrix} \tag{16.2.9}$$

식 (3.1.13)과 (3.1.14)를 사용하여, 식 (16.2.9)에 $\{f\}$를 $[k]\{d\}$로 치환하여 요소 방정식을 구한다.

$$\{f^e(t)\} = [k]\{d\} + [m]\{\ddot{d}\} \tag{16.2.10}$$

여기서 $$[k] = \frac{AE}{L}\begin{bmatrix} 1 & -1 \\ -1 & 1 \end{bmatrix} \tag{16.2.11}$$

$[k]$는 봉 요소 강성행렬이고,

$$[m] = \frac{\rho AL}{2}\begin{bmatrix} 1 & 0 \\ 0 & 1 \end{bmatrix} \tag{16.2.12}$$

위 식은 **집중 질량행렬(lumped-mass matrix)**로 불린다. 또한

$$\{\ddot{d}\} = \frac{\partial^2 \{d\}}{\partial t^2} \tag{16.2.13}$$

이며, 여기서 집중 질량행렬은 대각선 항을 제외한 다른 항들은 모두 0인 행렬임에 유의하자. 나중에 전체좌표계에서의 방정식 계산을 매우 간단하게 할 수 있다. 일관 질량행렬을 사용하여 얻은 해보다 그 정확성은 떨어진다(참고문헌 [2] 참조).

이제 봉 요소에 대한 **일관 질량행렬(consistent-mass matrix)**을 전개해 보자. 일관 질량행렬을 구하는 방법은 매우 다양하다. 일반적으로 적용 가능한 가상 일의 원리(책에서 이전에 언급했던 탄성체에 대한 최소 포텐셜 에너지의 원리와 같은 많은 에너지 원리의 기본인)를 사용하면 비교적 쉽게 요소 방정식을 유도해낼 수 있다. 가상 일의 원리에 대한 설명은 부록 E를 참조하라. 그러나 더 간단한 방법으로 달랑베르(D'Alembert) 법칙을 사용할 수도 있다. 이제 유효 체적력을 X^e이라 하면

$$\{X^e\} = -\rho\{\ddot{u}\} \tag{16.2.14}$$

이며, 여기서 가속도는 자신과 반대 방향으로 달랑베르의 체적력을 발생시키기 때문에 음의 부호가 사용되었다. 그리고 $\{X^e\}$과 연관된 절점력은 아래와 같이 식 (6.3.1)을 사용하여 구할 수 있다.

$$\{f_b\} = \iiint\limits_V [N]^T\{X\}\,dV \tag{16.2.15}$$

식 (16.2.14)에 의해 주어진 $\{X^e\}$를 식 (16.2.15)의 $\{X\}$에 대입하면 다음을 얻는다.

$$\{f_b\} = -\iiint\limits_V \rho[N]^T\{\ddot{u}\}\,dV \tag{16.2.16}$$

식 (16.2.2)에서 $\{u\} = [N]\{d\}$였음을 상기하라. 시간에 대한 1차, 2차의 도함수는 각각

$$\{\dot{u}\} = [N]\{\dot{d}\} \qquad \{\ddot{u}\} = [N]\{\ddot{d}\} \tag{16.2.17}$$

이며, 여기서 $\{\dot{d}\}$와 $\{\ddot{d}\}$는 각각 절점의 속도와 가속도를 나타낸다. 식 (16.2.17)을 식 (16.2.16)에 대입하여 다음과 같은 식을 구한다.

$$\{f_b\} = -\iiint\limits_V \rho[N]^T[N]\,dV\{\ddot{d}\} = -[m]\{\ddot{d}\} \tag{16.2.18}$$

여기서 요소 질량행렬은 다음과 같이 정의된다.

$$[m] = \iiint\limits_V \rho[N]^T[N]\,dV \tag{16.2.19}$$

이 질량행렬은 **일관 질량행렬**로 불린다. 왜냐하면 이 행렬은 강성행렬 $[k]$를 구할 때 사용된 것과 동일한 형상함수 $[N]$을 사용하여 유도되기 때문이다. 일반적으로 식 (16.2.19)에 의해 주어지는 $[m]$은 모든 행렬 원소가 0이 아닌 값을 갖고 있는 대칭행렬이다. 식 (16.2.19)는 일관 질량행렬의 일반적인 형태이다. 즉, 여기에 적절한 형상함수를 대입하여 봉, 보, 그리고 평면응력 요소의 질량행렬을 유도해낼 수 있다.

이제 그림 16-4의 봉 요소에 대한 일관 질량행렬을 구해보자. 형상함수식 (16.2.3)을 식

(16.2.19)에 대입하여 정리한다.

$$[m] = \iiint_V \rho \begin{Bmatrix} 1-\dfrac{x}{L} \\ \dfrac{x}{L} \end{Bmatrix} \begin{bmatrix} 1-\dfrac{x}{L} & \dfrac{x}{L} \end{bmatrix} dV \tag{16.2.20}$$

위의 식 (16.2.20)을 간단히 하면,

$$[m] = \rho A \int_0^L \begin{Bmatrix} 1-\dfrac{x}{L} \\ \dfrac{x}{L} \end{Bmatrix} \begin{bmatrix} 1-\dfrac{x}{L} & \dfrac{x}{L} \end{bmatrix} dx \tag{16.2.21}$$

혹은 식 (16.2.21)의 행렬 곱셈을 실행하여 다음을 얻는다.

$$[m] = \rho A \int_0^L \begin{bmatrix} \left(1-\dfrac{x}{L}\right)^2 & \left(1-\dfrac{x}{L}\right)\dfrac{x}{L} \\ \left(1-\dfrac{x}{L}\right)\dfrac{x}{L} & \left(\dfrac{x}{L}\right)^2 \end{bmatrix} dx \tag{16.2.22}$$

위 식 (16.2.22)를 각 항별로 적분하여 봉 요소의 일관 질량행렬을 얻는다.

$$[m] = \frac{\rho AL}{6}\begin{bmatrix} 2 & 1 \\ 1 & 2 \end{bmatrix} \tag{16.2.23}$$

제5단계 전체좌표계에서의 방정식을 얻기 위한 요소 방정식의 조합과 경계조건의 도입

공유 절점에서 요소 사이의 변위 및 가속도의 연속성을 만족시키는 직접강성법을 사용하여 요소 방정식을 조합하면 다음과 같은 전체좌표계에서의 방정식을 구할 수 있다.

$$\{F(t)\} = [K]\{d\} + [M]\{\ddot{d}\} \tag{16.2.24}$$

여기서 $[K]$, $[M]$, $\{F\}$는 각각 다음과 같다.

$$[K] = \sum_{e=1}^{N}[k^{(e)}] \qquad [M] = \sum_{e=1}^{N}[m^{(e)}] \qquad \{F\} = \sum_{e=1}^{N}\{f^{(e)}\} \tag{16.2.25}$$

위의 $[K]$, $[M]$, $\{F\}$는 각각 전체좌표계에서의 강성행렬, 전체좌표계에서의 질량행렬, 그리고 전체좌표계에서의 하중행렬이다. 여기서 전체좌표계에서의 질량행렬이 전체좌표계에서의 강성행렬과 같은 방식으로 조합된다는 것에 유의하라. 식 (16.2.24)는 공간 내에서 분할된 일련의 행렬방정식들을 나타낸다. 이 방정식들의 해를 구하기 위해서는 시간에 대한 분할도 필요하다. 이제 16.3절에서 이 과정에 대해 알아보도록 하자. 그 다음 이러한 방정식의 대표적인 해들을 제공할 것이다.

16.3 시간에 대한 수치적분

이제 식 (16.2.24)의 시간에 대한 분할 과정을 살펴보도록 하자. 이 과정을 사용하면 주어진 동적 시스템에서 각각 다른 시간 증분에서의 절점 변위를 결정할 수 있다. 일반적으로 사용되는 이러한 방법은 **직접적분법**(*direct integration*)이라 불린다. 그리고 직접적분법에는 양함수법(explicit)과 음함수법(implicit)의 두 가지 종류가 있다. 이 절에서는 세 가지 방법으로 방정식을 유도할 것이다. 첫 번째 방법은 가장 간단한 방법인데, **중앙차분법**(*central difference method*)으로 많이 알려져 있는 양함수법이다(참고문헌 [3, 4] 참조). 두 번째와 세 번째 방법은 앞서 언급한 중앙차분법보다 훨씬 복잡하지만 보다 유용한 방법으로 음함수법이 있다. 일반적으로 뉴마크–베타(Newmark-Beta; 또는 뉴마크) [5]법과 윌슨–세타(Wilson-Theta; 또는 윌슨)법이라 불리는 음함수법이다(참고문헌 [7, 8] 참조). Newmark법과 Wilson법은 매우 유용하기 때문에 현재 많은 상용 컴퓨터 프로그램에서 이 방법을 응용하여 사용하고 있다. 이 중 Wilson법은 Autodesk 컴퓨터 프로그램에 사용되었다[16]. 위의 방법들 이외에도 다른 적분법들을 참고문헌에서 쉽게 찾아볼 수 있다. 그중에서 유명한 것으로 후볼트(Houboldt)법[8]과 알파(alpha)법[13]이 있다.

중앙차분법

중앙차분법은 시간 t에서의 속도와 가속도에 대한 다음의 유한 차분식(finite difference expression)에 그 기본을 두고 있다.

$$\{\dot{d}_i\} = \frac{\{d_{i+1}\} - \{d_{i-1}\}}{2(\Delta t)} \tag{16.3.1}$$

$$\{\ddot{d}_i\} = \frac{\{\dot{d}_{i+1}\} - \{\dot{d}_{i-1}\}}{2(\Delta t)} \tag{16.3.2}$$

여기서 아래첨자는 시간 간격을 표시한다. 즉, Δt만큼의 시간 증분에 대해 $\{d_i\} = \{d(t)\}$, $\{d_{i+1}\} = \{d(t + \Delta t)\}$이다. 그림 16-5의 변위–시간 곡선을 보면 식 (16.3.1)을 유도하기 위해 사용된 과정을 쉽게 이해할 수 있다. 그림 16-5에서 보면 식 (16.3.1)은 직선의 기울기를 나타낸다. 즉, 2배의 Δt만큼 서로 떨어진 두 점 $i - 1$, $i + 1$이 있을 때, 그 중점 i에서의 1차 도함수의 근사값은 식 (16.3.1)에 의해 주어진다. 마찬가지로, 속도–시간 곡선을 사용하여 식 (16.3.2)를 얻을 수 있다. 또는 단순하게 식 (16.3.1)을 시간에 대해 미분하여 식 (16.3.2)를 구할 수 있음을 알 수 있다.

테일러(Taylor) 급수 전개(참고문헌 [3] 참조)와 같은 방법을 사용하여 가속도를 다음과 같은 변위의 식으로 표현할 수 있다.

$$\{\ddot{d}_i\} = \frac{\{d_{i+1}\} - 2\{d_i\} + \{d_{i-1}\}}{(\Delta t)^2} \tag{16.3.3}$$

절점 변위를 구하기 위해서는 식 (16.3.3)을 다음과 같은 형태로 사용하는 것이 좋다.

$$\{d_{i+1}\} = 2\{d_i\} - \{d_{i-1}\} + \{\ddot{d}_i\}(\Delta t)^2 \tag{16.3.4}$$

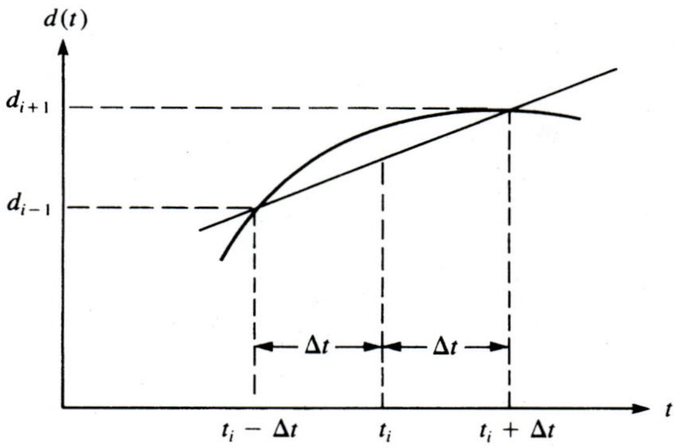

그림 16-5 • 수치적분(t_i에서의 미분의 근사화)

시간 i에서의 가속도를 알고 시간 i와 $i+1$일 때의 변위를 알고 있으므로, 그 다음 단계의 시간 $i+1$에서의 절점 변위를 결정하기 위해 위의 식 (16.3.4)를 사용하기로 하자.

식 (16.2.24)에서 가속도를 다음과 같은 식으로 나타낼 수 있다.

$$\{\ddot{d}_i\} = [M]^{-1}(\{F_i\} - [K]\{d_i\}) \tag{16.3.5}$$

$\{d_{i+1}\}$에 대한 식을 얻기 위해 우선 식 (16.3.4)에 질량행렬 $[M]$을 곱하고, $\{\ddot{d}_i\}$의 자리에 식 (16.3.5)를 대입한다.

$$[M]\{d_{i+1}\} = 2[M]\{d_i\} - [M]\{d_{i-1}\} + (\{F_i\} - [K]\{d_i\})(\Delta t)^2 \tag{16.3.6}$$

식 (16.3.6)의 동류항을 묶어 정리하면 다음 식을 얻는다.

$$[M]\{d_{i+1}\} = (\Delta t)^2\{F_i\} + [2[M] - (\Delta t)^2[K]]\{d_i\} - [M]\{d_{i-1}\} \tag{16.3.7}$$

이제 $\{d_{i+1}\}$, $\{\dot{d}_{i+1}\}$, $\{\ddot{d}_{i+1}\}$를 구하는 계산을 시작하기 위해, 식 (16.3.7)에서 주어진 대로 먼저 식 (16.3.1)과 (16.3.4)를 사용하여 변위 $\{d_{i-1}\}$를 구하면 다음과 같다.

$$\{d_{i-1}\} = \{d_i\} - (\Delta t)\{\dot{d}_i\} + \frac{(\Delta t)^2}{2}\{\ddot{d}_i\} \tag{16.3.8}$$

풀이 과정을 정리하면 다음과 같다.

제1단계

$\{d_0\}$, $\{\dot{d}_0\}$, 그리고 $\{F_i(t)\}$가 주어진다.

제2단계

$\{\ddot{d}_0\}$가 주어지지 않으면 식 (16.3.5)에서 시간 $t = 0$에서의 $\{\ddot{d}_0\}$값을 구한다. 즉,

$$\{\ddot{d}_0\} = [M]^{-1}(\{F_0\} - [K]\{d_0\})$$

제3단계

식 (16.3.8)에서 $t = \Delta t$일 때의 $\{d_{-1}\}$를 구한다.

$$\{d_{-1}\} = \{d_0\} - (\Delta t)\{\dot{d}_0\} + \frac{(\Delta t)^2}{2}\{\ddot{d}_0\}$$

제4단계

제3단계에서 $\{d_{-1}\}$에 대해 구한 후, 식 (16.3.7)을 사용해서 다음과 같이 $\{d_1\}$를 구한다.

$$\{d_1\} = [M]^{-1}\{(\Delta t)^2\{F_0\} + [2[M] - (\Delta t)^2[K]]\{d_0\} - [M]\{d_{-1}\}\}$$

제5단계

제4단계에서 구한 $\{d_0\}$과 초기에 주어진 $\{d_1\}$을 식 (16.3.7)에 대입하여 $\{d_2\}$를 구한다.

$$\{d_2\} = [M]^{-1}\{(\Delta t)^2\{F_1\} + [2[M] - (\Delta t)^2[K]]\{d_1\} - [M]\{d_0\}\}$$

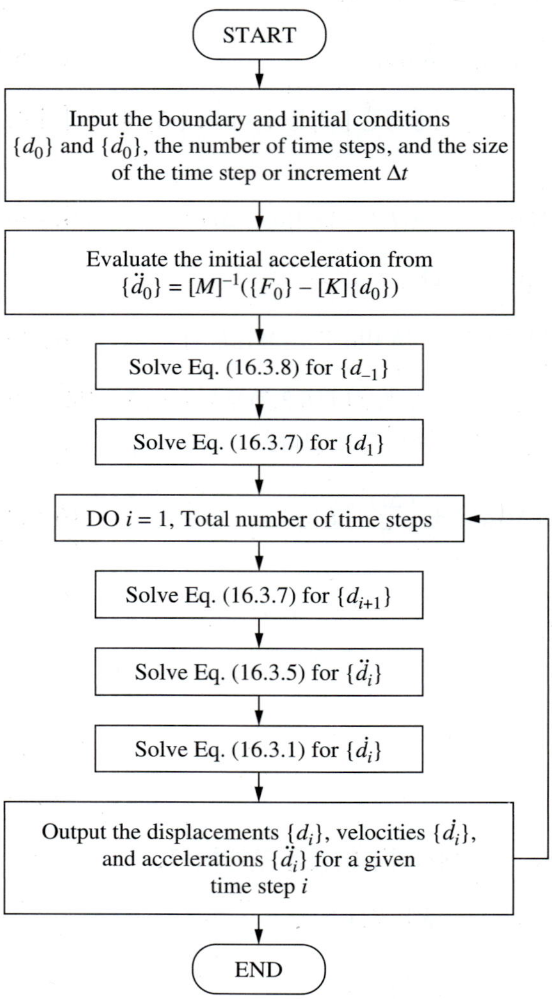

그림 16-6 • 중앙차분법의 흐름도

제6단계

식 (16.3.5)를 사용해서 $\{\ddot{d}_1\}$를 구한다.

$$\{\ddot{d}_1\} = [M]^{-1}(\{F_1\} - [K]\{d_1\})$$

제7단계

제5단계에서 구한 값과 제1단계에서의 경계조건 $\{d_0\}$을 식 (16.3.1)에 대입하여 속도 $\{\dot{d}_1\}$를 구한다.

$$\{\dot{d}_1\} = \frac{\{d_2\} - \{d_0\}}{2(\Delta t)}$$

제8단계

제5~7단계를 되풀이하여 모든 시간 간격에 대해 각각의 변위, 가속도, 속도를 구한다.

그림 16-6은 중앙차분식을 이용한 풀이 과정을 흐름도(flowchart)로 나타낸 것이다. 비록 식 (16.3.1)과 (16.3.2)와 같은 순환식(recurrence formula)은 근사값을 구하는 식이지만, 시간 간격 Δt를 가속도의 변화량에 비해 충분히 작은 값으로 잡으면 정확한 해를 얻을 수 있다. 수치 적분법을 사용할 때 적절한 시간 간격을 구하는 방법은 16.5절에 설명되어 있다.

이제 다음의 예제들을 통해 중앙차분식의 풀이 과정을 직접 확인해 보자.

예제 16.1

그림 16-7과 같이 시간 의존성 외력을 받는 1차원 스프링-질량 진동기에서 0.2초까지 0.05초의 시간 간격으로 변위, 속도, 가속도를 구하라(적절한 시간 간격을 선택하는 지침이 16.5절에 설명되어 있다). 여기서의 하중함수는 전형적인 순간적인 폭발하중으로 볼 수 있다. 그리고 변위-스프링의 복원력 곡선도 그림에서 볼 수 있다[그림 16-7은 집중 질량으로 가정할 때, 왼쪽 단이 고정되어 있고 오른쪽 단은 $F(t)$의 힘을 받는 하나의 봉 요소를 나타내고 있다].

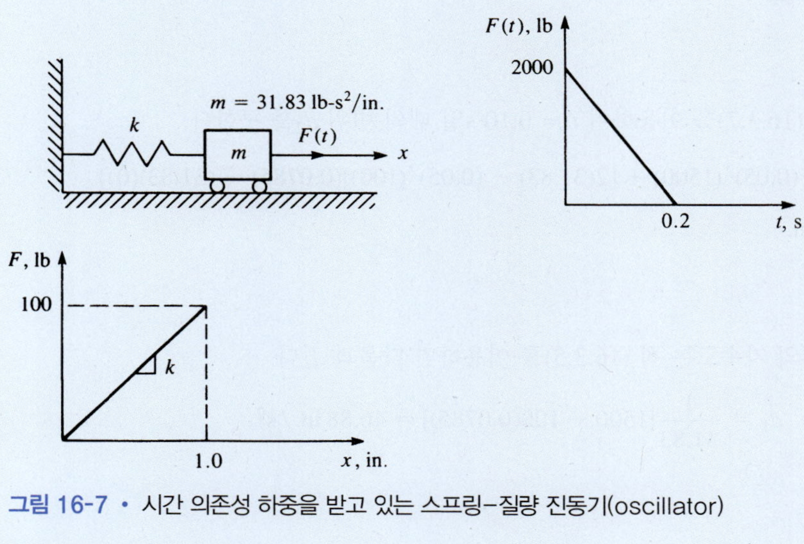

그림 16-7 • 시간 의존성 하중을 받고 있는 스프링-질량 진동기(oscillator)

풀이

이 문제는 질량과 연관된 1 자유도의 문제이므로, 운동을 나타내는 일반 행렬방정식은 한 개의 변수식으로 줄게 된다. 여기서 이 1 자유도를 d로 표시하자.

다음에 정리된 이 문제의 해를 구하는 과정은 앞서 소개되었으며 그림 16-6의 흐름도에 잘 나타나 있다.

제1단계

시간 $t = 0$일 때, 초기 변위와 속도는 0이다.

$$d_0 = 0 \qquad \dot{d}_0 = 0$$

제2단계

시간 $t = 0$일 때 초기 가속도는 식 (16.3.5)를 사용하여 다음과 같이 구한다.

$$\ddot{d}_0 = \frac{2000 - 100(0)}{31.83} = 62.83 \text{ in./s}^2$$

여기서 $\{F(0)\} = 2000$ lb, $[K] = 100$ lb/in.의 값을 사용하였다.

제3단계

변위 d_{-1}은 식 (16.3.8)을 이용하여 다음과 같이 구한다.

$$d_{-1} = 0 - 0 + \frac{(0.05)^2}{2}(62.83) = 0.0785 \text{ in.}$$

제4단계

시간 $t = 0.05$ s일 때의 변위는 식 (16.3.7)을 이용하면 다음과 같다.

$$\begin{aligned} d_1 &= \frac{1}{31.83}\{(0.05)^2(2000) + [2(31.83) - (0.05)^2(100)]0 - (31.83)(0.0785)\} \\ &= 0.0785 \text{ in.} \end{aligned}$$

제5단계

d_1을 구했으므로, 식 (16.3.7)을 이용하여 $t = 0.10$ s일 때의 변위 d_2를 구한다.

$$\begin{aligned} d_2 &= \frac{1}{31.83}\{(0.05)^2(1500) + [2(31.83) - (0.05)^2(100)](0.0785) - (31.83)(0)\} \\ &= 0.274 \text{ in.} \end{aligned}$$

제6단계

시간 $t = 0.05$ s일 때의 가속도는 식 (16.3.5)를 이용하면 다음과 같다.

$$\ddot{d}_1 = \frac{1}{31.83}[1500 - 100(0.0785)] = 46.88 \text{ in./s}^2$$

제7단계

시간 $t = 0.05$ s일 때의 속도는 식 (16.3.1)을 이용하면 다음과 같다.

$$\dot{d}_1 = \frac{0.274 - 0}{2(0.05)} = 2.74 \text{ in./s}$$

제8단계

제5~7단계를 반복하여 나머지 시간들에 대해서도 변위, 가속도, 속도를 구하면 된다. 한 번만 더 반복해서 계산해보도록 하자.

제5단계를 다음번 시간 간격에 대해 반복하면, 변위 d_3는 다음과 같다.

$$d_3 = \frac{1}{31.83}\{(0.05)^2(1000) + [2(31.83) - (0.05)^2(100)](0.274) - (31.83)(0.0785)\} = 0.546 \text{ in.}$$

제6단계를 다음번 시간에 대해 반복하면, 가속도 $\ddot{d}_2$는 다음과 같다.

$$\ddot{d}_2 = \frac{1}{31.83}[1000 - 100(0.274)] = 30.56 \text{ in./s}^2$$

마지막으로, 제7단계를 다음번 시간에 대해 반복하면, 속도 $\dot{d}_2$는 다음과 같다.

$$\dot{d}_2 = \frac{0.546 - 0.0785}{2(0.05)} = 4.68 \text{ in./s}$$

표 16-1 예제 16.1의 해석 결과

t (s)	F (t) (lb)	d_i (in.)	Q (lb)	$\ddot{d}_i$ (in./s^2)	$\dot{d}_i$ (in./s)	d_i (exact)
0	2000	0	0	62.83	0	0
0.05	1500	0.0785	7.85	46.88	2.74	0.0718
0.10	1000	0.274	27.40	30.56	4.68	0.2603
0.15	500	0.546	54.64	13.99	5.79	0.5252
0.20	0	0.854	85.35	−2.68	6.07	0.8250
0.25	0	1.154	115.4	−3.63	5.91	1.132

이다. 표 16-1은 $t = 0.25$ s까지의 결과들이다. 위의 표 16-1에서 $Q = kd_i$는 스프링의 복원력이다. 그리고 변위의 정확한 해석적 해는 참고문헌 [14]에 있는 방정식을 기초로 구할 수 있다.

$$y = \frac{F_0}{k}(1 - \cos\omega t) + \frac{F_0}{kt_d}\left(\frac{\sin\omega t}{\omega} - t\right)$$

여기서 $F_0 = 2000$ lb, $k = 100$ lb/in., $t_d = 0.2$ s이다.

$$\omega = \sqrt{\frac{k}{m}} = \sqrt{\frac{100}{31.83}} = 1.77 \text{ rad/s}$$

뉴마크법

지금부터 소개하는 뉴마크(Newmark) 수치해석법은 다양하게 응용될 수 있기 때문에 많은 구조 동적 해석용 상용 프로그램에 사용되고 있다(이 방정식의 완전한 전개식은 참고문헌 [5]를 참조). 뉴마크 방정식은 다음과 같이 주어진다.

$$\{\dot{d}_{i+1}\} = \{\dot{d}_i\} + (\Delta t)[(1-\gamma)\{\ddot{d}_i\} + \gamma\{\ddot{d}_{i+1}\}] \tag{16.3.9}$$

$$\{d_{i+1}\} = \{d_i\} + (\Delta t)\{\dot{d}_i\} + (\Delta t)^2[(\tfrac{1}{2}-\beta)\{\ddot{d}_i\} + \beta\{\ddot{d}_{i+1}\}] \tag{16.3.10}$$

여기서 β와 γ는 사용자에 의해 선택되는 매개변수들이다. 매개변수 β는 일반적으로 0과 $\frac{1}{4}$ 사이 $\frac{1}{2}$의 값, 매개변수 γ는 보통 $\frac{1}{2}$로 정해진다. 예를 들면, 만약 $\gamma = \frac{1}{2}$, $\beta = 0$이면 식 (16.3.9)와 (16.3.10)이 중앙차분식 (16.3.1), (16.3.2)로 된다. 또 만약 $\gamma = \frac{1}{2}$, $\beta = \frac{1}{6}$이면 식 (16.3.9)와 (16.3.10)은 각 시간 간격에 대해 선형 가속도를 가정할 수 있는 식이 된다. 또 $\gamma = \frac{1}{2}$, $\beta = \frac{1}{4}$이면 수치해석은 안정되어, 변위나 속도들이 어떠한 시간 간격을 선택하더라도 발산하지 않는다. 게다가 해석하는 구조물의 가장 작은 고유 진동수의 약 $\frac{1}{10}$을 시간 간격으로 선택하면 가장 좋은 결과를 얻을 수 있다(참고문헌 [5] 참조).

$\{d_{i+1}\}$를 찾기 위해, 먼저 식 (16.3.10)에 질량행렬 $[M]$을 곱한 식에 식 (16.3.5)의 $\{\ddot{d}_{i+1}\}$를 대입한다.

$$[M]\{d_{i+1}\} = [M]\{d_i\} + (\Delta t)[M]\{\dot{d}_i\} + (\Delta t)^2[M](\tfrac{1}{2}-\beta)\{\ddot{d}_i\} + \beta(\Delta t)^2[\{F_{i+1}\} - [K]\{d_{i+1}\}] \tag{16.3.11}$$

위 식 (16.3.11)의 동류항을 묶어 정리하면,

$$([M] + \beta(\Delta t)^2[K])\{d_{i+1}\} = \beta(\Delta t)^2\{F_{i+1}\} + [M]\{d_i\} + (\Delta t)[M]\{\dot{d}_i\} + (\Delta t)^2[M](\tfrac{1}{2}-\beta)\{\ddot{d}_i\} \tag{16.3.12}$$

마지막으로, 식 (16.3.12)를 $\beta(\Delta t)^2$으로 나누면,

$$[K']\{d_{i+1}\} = \{F'_{i+1}\} \tag{16.3.13}$$

여기서

$$[K'] = [K] + \frac{1}{\beta(\Delta t)^2}[M] \tag{16.3.14}$$

$$\{F'_{i+1}\} = \{F_{i+1}\} + \frac{[M]}{\beta(\Delta t)^2}\left[\{d_i\} + (\Delta t)\{\dot{d}_i\} + \left(\frac{1}{2}-\beta\right)(\Delta t)^2\{\ddot{d}_i\}\right]$$

뉴마크 방정식을 사용한 풀이 과정을 정리하면 다음과 같다.

1. 시간 $t = 0$에서, 변위에 대한 경계조건에서 $\{d_0\}$, 초기 속도 조건에서 $\{\dot{d}_0\}$이 주어진다.
2. $t = 0$일 때 식 (16.3.5)로부터 $\{\ddot{d}_0\}$를 구한다(초기 가속도 조건 $\{\ddot{d}_0\}$를 알 수 없을 때).

$$\{\ddot{d}_0\} = [M]^{-1}(\{F_0\} - [K]\{d_0\})$$

3. $\{F_{i+1}\}$은 모든 시간에서 주어지며, $\{d_0\}$, $\{\dot{d}_0\}$, $\{\ddot{d}_0\}$는 제1단계와 제2단계에서 구해지므로 식 (16.3.13)에서 $\{d_1\}$를 구한다.
4. 식 (16.3.10)을 사용하여 $\{\ddot{d}_1\}$를 구하면 다음과 같다.

$$\{\ddot{d}_1\} = \frac{1}{\beta(\Delta t)^2}\left[\{d_1\} - \{d_0\} - (\Delta t)\{\dot{d}_0\} - (\Delta t)^2\left(\frac{1}{2} - \beta\right)\{\ddot{d}_0\}\right]$$

5. 식 (16.3.9)를 풀어서 $\{\dot{d}_1\}$를 직접 구한다.
6. 제4, 5단계의 결과를 사용하여 제3단계의 $\{d_2\}$를 구한다. 그리고 제4단계와 제5단계에서 $\{\dot{d}_2\}$, $\{\ddot{d}_2\}$를 구한다. 제3, 4, 5단계를 반복하여 $\{d_{i+1}\}$, $\{\dot{d}_{i+1}\}$, $\{\ddot{d}_{i+1}\}$를 구한다.

그림 16-8은 뉴마크 방정식의 풀이 과정을 흐름도로 나타낸 것이다. 뉴마크법은 어떤 조건에서도 발산하지 않고 안정된 결과를 줄 수 있고(예를 들면, $\beta = \frac{1}{4}$, $\gamma = \frac{1}{2}$일 때), 실제의 가속도와 변위의 변화를 보다 정확하게 근사화한 차분식을 사용하므로(참고문헌 [8], [11] 참조) 비교적 큰 시간 간격에 대해서도 좋은 결과를 낼 수 있다는 점에서 중앙차분법보다 유리하다. 윌슨법과 후볼트법 같은 차분식도 역시 안정된 알고리즘이다.

이제 다음의 예제를 통해 뉴마크 방정식의 사용법을 직접 확인해 보자.

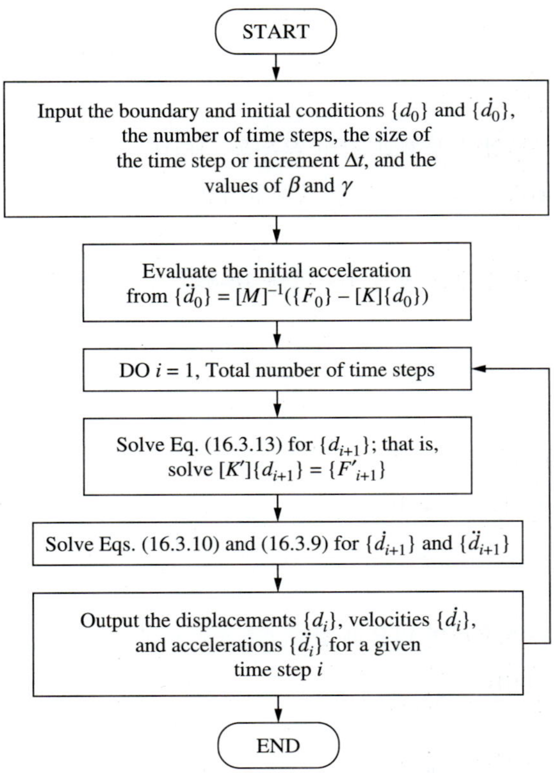

그림 16-8 • 뉴마크 방정식을 이용한 시간 수치적분법의 흐름도

예제 16.2

그림 16-9와 같이 시간 의존성 외력을 받는 1차원 스프링-질량 진동기에서 0.5초까지 0.1초씩 증가하는 시간 간격으로 변위와 속도, 가속도를 구하라. 스프링의 복원력과 변위 곡선이 그림 16-9에 주어져 있다. 진동기는 초기에 정지하고 있다고 가정한다. 그리고 각 시간 간격에서 가속도가 선형적이라고 가정하여 $\beta = \frac{1}{6}$, $\gamma = \frac{1}{2}$로 놓아라.

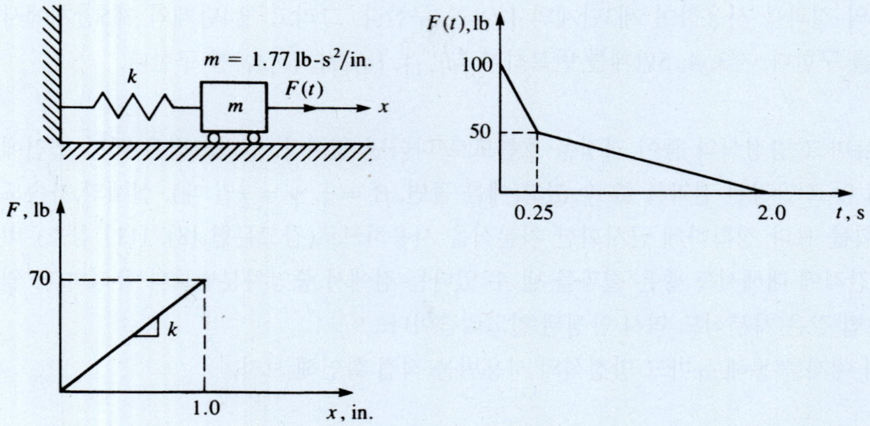

그림 16-9 • 시간 의존성 하중을 받고 있는 스프링-질량 진동기

풀이

질량과 연관된 1 자유도 문제이므로 앞서 다루었던 문제와 같이 운동을 나타내는 일반 행렬 방정식은 한 개의 스칼라 방정식으로 줄게 된다. 그리고 역시 앞서의 문제와 마찬가지로 1 자유도를 d로 표시하자.

다음의 해를 구하는 과정은 이 절에서 앞서 소개된 방법이며 그림 16-8의 흐름도에 잘 나타나 있다.

제1단계

시간 $t = 0$일 때, 초기 변위와 초기 속도는 0이다.

$$d_0 = 0 \text{ 그리고 } \dot{d}_0 = 0$$

제2단계

시간 $t = 0$일 때, 초기 가속도는 식 (16.3.5)를 이용하면 다음과 같다.

$$\ddot{d}_0 = \frac{100 - 70(0)}{1.77} = 56.5 \text{ in./s}^2$$

여기서 $\{F_0\} = 100$ lb, $[K] = 70$ lb/in.의 값을 사용하였다.

제3단계

시간 $t = 0.1$ s일 때 변위를 식 (16.3.13)과 식 (16.3.14)를 이용하여 구하면 다음과 같다.

$$K' = 70 + \frac{1}{(\frac{1}{6})(0.1)^2}(1.77) = 1132 \text{ lb/in.}$$

$$F_1' = 80 + \frac{1.77}{(\frac{1}{6})(0.1)^2}\left[0 + (0.1)(0) + \left(\frac{1}{2} - \frac{1}{6}\right)(0.1)^2(56.5)\right] = 280 \text{ lb}$$

$$d_1 = \frac{280}{1132} = 0.248 \text{ in.}$$

제4단계

시간 $t = 0.1$ s일 때의 가속도를 식 (16.3.10)을 이용하여 구하면 다음과 같다.

$$\ddot{d}_1 = \frac{1}{(\frac{1}{6})(0.1)^2}\left[0.248 - 0 - (0.1)(0) - (0.1)^2\left(\frac{1}{2} - \frac{1}{6}\right)(56.5)\right]$$

$$\ddot{d}_1 = 35.4 \text{ in./s}^2$$

제5단계

시간 $t = 0.1$ s일 때의 속도를 식 (16.3.9)를 이용하여 구하면 다음과 같다.

$$\dot{d}_1 = 0 + (0.1)[(1 - \tfrac{1}{2})(56.5) + (\tfrac{1}{2})(35.4)]$$

$$\dot{d}_1 = 4.59 \text{ in./s}$$

제6단계

제3~5단계를 반복하여 나머지 시간 간격들에 대한 변위, 가속도, 속도를 구하면 된다. 한 번만 더 반복해서 계산해보도록 하자.

제3단계를 다음 시간 간격($t = 0.2$ s)에 대해 반복하면 다음의 결과를 얻는다.

$$F_2' = 60 + \frac{1.77}{(\frac{1}{6})(0.1)^2}\left[0.248 + (0.1)(4.59) + \left(\frac{1}{2} - \frac{1}{6}\right)(0.1)^2(35.4)\right]$$

$$F_2' = 934 \text{ lb}$$

$$d_2 = \frac{934}{1132} = 0.825 \text{ in.}$$

제4단계를 시간 $t = 0.2$ s에 대해 반복하면,

$$\ddot{d}_2 = \frac{1}{(\frac{1}{6})(0.1)^2}\left[0.825 - 0.248 - (0.1)(4.59) - (0.1)^2\left(\frac{1}{2} - \frac{1}{6}\right)(35.4)\right]$$

$$\ddot{d}_2 = 1.27 \text{ in./s}^2$$

마지막으로, 제5단계를 시간 $t = 0.2$ s에 대해 반복하면

$$\dot{d}_2 = 4.59 + (0.1)[(1 - \tfrac{1}{2})(35.4) + \tfrac{1}{2}(1.27)]$$

$$\dot{d}_2 = 6.42 \text{ in./s}$$

이다. 표 16-2는 $t = 0.5$ s까지의 결과들이다.

표 16-2 예제 16.2의 해석 결과

t (s)	F(t) (lb)	d_i (in.)	Q (lb)	$\ddot{d}_i$ (in. / s^2)	$\dot{d}_i$ (in./s)
0.	100	0	0	56.5	0
0.1	80	0.248	17.3	35.4	4.59
0.2	60	0.825	57.8	1.27	6.42
0.3	48.6	1.36	95.2	−26.2	5.17
0.4	45.7	1.72	120.4	−42.2	1.75
0.5	42.9	1.68	117.6	−42.2	−2.45

윌슨법

지금부터 소개하는 윌슨법(혹은 윌슨-세타법)은 Autodesk 컴퓨터 프로그램의 구조 동역학적 해석에 이용될 만큼 매우 다양하게 사용되는 방법이다. 윌슨법은 선형 가속도법(linear acceleration method)에서 연장된 방법으로서, 가속도가 t부터 $t + \Theta\Delta t$ 동안 선형적이라 가정한다. 이때 $\Theta \geq 1.0$의 값을 갖는다. $\Theta = 1.0$으로 설정할 경우 이는 선형 가속도법의 형태가 된다. 하지만 수치해석상의 무조건적인 안정성을 위해서는 $\Theta \geq 1.37$을 이용해야 한다[7, 8]. 연습삼아 $\Theta = 1.40$을 선택하여 윌슨법을 풀어보면, 이는 이전에 설명한 뉴마크법과 유사한 형태를 보인다. 식 (16.3.9)와 (16.3.10)을 살펴보면 다음과 같이 주어진다.

$$\{\dot{d}_{i+1}\} = \{\dot{d}_i\} + \frac{\Theta\Delta t}{2}(\{\ddot{d}_{i+1}\} + \{\ddot{d}_i\}) \tag{16.3.15}$$

$$\{d_{i+1}\} = \{d_i\} + \Theta\Delta t\{\dot{d}_i\} + \frac{\Theta^2(\Delta t)^2}{6}(\{\ddot{d}_{i+1}\} + 2\{\ddot{d}_i\}) \tag{16.3.16}$$

여기서 $\{\ddot{d}_{i+1}\}$, $\{\dot{d}_{i+1}\}$, $\{d_{i+1}\}$은 $t + \Theta\Delta t$에서의 가속도, 속도, 변위이다.

식 (16.3.13)으로부터 변위 $\{d_{i+1}\}$에 대해 풀어낼 수 있다. 변위를 계산할 식을 얻기 위해서는 먼저 식 (16.3.15)와 (16.3.16)을 이용하여 $\{\ddot{d}_{i+1}\}$, $\{\dot{d}_{i+1}\}$, $\{d_{i+1}\}$을 이용한 식으로 바꾸어야 한다.

$\{\ddot{d}_{i+1}\}$에 관해식 (16.3.16)을 풀면 다음과 같다.

$$\{\ddot{d}_{i+1}\} = \frac{6}{\Theta^2(\Delta t)^2}(\{d_{i+1}\} - \{d_i\}) - \frac{6}{\Theta\Delta t}\{\dot{d}_i\} - 2\{\ddot{d}_i\} \tag{16.3.17}$$

이제 식 (16.3.17)을 식 (13.3.15)를 이용하여 $\{\dot{d}_{i+1}\}$에 관하여 푼다.

$$\{\dot{d}_{i+1}\} = \frac{3}{\Theta\Delta t}(\{d_{i+1}\} - \{d_i\}) - 2\{\dot{d}_i\} - \frac{\Theta\Delta t}{2}\{\ddot{d}_i\} \tag{16.3.18}$$

시간 $t + \Theta\Delta t$에서의 변위 $\{d_{i+1}\}$를 구하기 위해서 식 (16.2.24)의 운동방정식을 다시 쓰면 다음과 같이 나타낼 수 있다.

$$\{F_{i+1}\} = [M]\{\ddot{d}_{i+1}\} + [K]\{d_{i+1}\} \tag{16.3.19}$$

이제 식 (16.3.19)에 $\{\ddot{d}_{i+1}\}$에 관한식 (16.3.17)을 대입하면

$$[M]\left[\frac{6}{\Theta^2(\Delta t)^2}(\{d_{i+1}\} - \{d_i\}) - \frac{6}{\Theta\Delta t}\{\dot{d}_i\} - 2\{\ddot{d}_i\}\right] + [K]\{d_{i+1}\} = \{F_{i+1}\} \quad (16.3.20)$$

와 같이 나타낼 수 있다. 식 (16.3.13)의 형태로 나타내기 위해서 다시 정리해 보면 다음과 같은 식으로 나타낼 수 있다.

$$[K']\{d_{i+1}\} = \{F'_{i+1}\} \quad (16.3.21)$$

여기서

$$\begin{aligned}[K'] &= [K] + \frac{6}{(\Theta\Delta t)^2}[M] \\ \{F'_{i+1}\} &= \{F_{i+1}\} + \frac{[M]}{(\Theta\Delta t)^2}[6\{d_i\} + 6\Theta\Delta t\{\dot{d}_i\} + 2(\Theta\Delta t)^2\{\ddot{d}_i\}]\end{aligned} \quad (16.3.22)$$

가속도는 선형적으로 변화한다고 가정했기 때문에, 윌슨법[식 (16.3.22)]과 뉴마크법[(식 16.3.14)] 사이의 유사성이 존재한다는 것에 대해 주목할 필요가 있다. 하중 벡터는 다음과 같이 표현된다.

$$\{\bar{F}_{i+1}\} = \{F_i\} + \Theta(\{F_{i+1}\} - \{F_i\}) \quad (16.3.23)$$

여기서 $\{\bar{F}_{i+1}\}$는 식 (16.3.22)의 $\{F_{i+1}\}$로 대체한다. 여기서 $\Theta = 1$이라면, $\{\bar{F}_{i+1}\} = \{F_{i+1}\}$임을 주목하자.

뉴마크법과 마찬가지로 Wilson법 역시 음함수 적분법(implicit integration method)이므로, 변위는 강성행렬에 곱해져서 나타내고, 이를 시간 $t + \Theta\Delta t$에 걸쳐서 풀어낼 수 있다.

이제 윌슨법을 이용한 해석 절차에 대해 알아보도록 하겠다.

1. 시간 $t = 0$에서 시작하여, $\{d_0\}$는 이미 알고 있는 변위 경계조건이며, $\{\dot{d}_0\}$은 초기 속도 조건이다.
2. 식 (16.3.5)를 풀어서 $\{\ddot{d}_0\}$를 구한다(만약 초기 가속도 조건으로 $\{\ddot{d}_0\}$를 모를 경우에 해당한다).
3. $\{F'_{i+1}\}$는 모든 시간 과정에 대해 알려져 있고, 제1, 2단계를 통해 $\{d_0\}$, $\{\dot{d}_0\}$, $\{\ddot{d}_0\}$를 구했기 때문에 식 (16.3.21)을 풀어서 $\{d_1\}$을 구한다.
4. 식 (16.3.17)을 풀어서 $\{\ddot{d}_1\}$을 구한다.
5. 식 (16.3.18)을 풀어서 $\{\dot{d}_1\}$을 구한다.
6. 제4, 5단계에서 구한 값을 이용해서 제3단계로 돌아가 $\{d_2\}$를 구한다. 제4, 5단계로 돌아가서 $\{\ddot{d}_2\}$, $\{\dot{d}_2\}$를 구하고, 제3~5단계에 대해 위와 같은 절차를 반복적으로 수행하여 $\{d_{i+1}\}$, $\{\dot{d}_{i+1}\}$, $\{\ddot{d}_{i+1}\}$를 구한다.

윌슨법의 해석 과정의 흐름도는 뉴마크법의 흐름도(그림 16-8)와 유사한 형태를 띠고 있다. 다시 한 번 강조하는 사항이지만, 윌슨법의 장점은 $\Theta \geq 1.37$의 조건에서는 해석이 무조건적인

안정성을 보인다는 점이다. 마지막으로, 시간 간격(Δt)에 있어서 n개의 자유도를 갖는 유한요소 집합에 있어서는 가장 작은 고유 주기 τ_n의 1/10에서 1/20의 값을 이용하는 것을 추천한다($\Delta t \doteq \tau_n /10$). 뉴마크법과 윌슨법을 비교하면서, 우리는 두 방법이 모두 같은 시간 간격을 필요로 하기 때문에, 두 방법 사이에는 아주 작은 계산적 영향의 차이만이 존재한다는 것을 관찰하였다. 이 책에는 제시되지 않았지만 윌슨법과 뉴마크법의 직접풀이법이 매우 비슷함을 알 수 있다. 이에 관해서는 예제 16.1에 대해 윌슨법을 이용한 풀이 결과를 표 16-1의 정확한 해와 비교함으로써 두 방법의 해석 차이에 관해 관찰해 보는 것이 도움이 되리라 생각한다.

16.4 | 1차원 봉의 고유 진동수

구조 응력 동역학 해석 문제를 풀기 전에 우선 어떻게 연속 요소의(특히 봉 요소의) 고유 진동수를 결정하는지 알아보자. 고유 진동수는 진동해석을 하는 데 필수적이고, 또한 구조 동적 해석을 위한 적당한 시간 간격 선택(16.5절 참조)에 매우 중요하다.

고유 진동수는 식 (16.2.24)에서 외력 $F(t)$가 없다고 가정하여 구한다. 그러므로 다음의 행렬 방정식을 푼다.

$$[M]\{\ddot{d}\} + [K]\{d\} = 0 \tag{16.4.1}$$

$\{d(t)\}$에 대한 표준해는 시간의 조화방정식(harmonic equation)에 의해 주어진다.

$$\{d(t)\} = \{d'\}e^{i\omega t} \tag{16.4.2}$$

여기서 $\{d'\}$는 **고유 모드**(*natural mode*)라고 불리는 절점 변위행렬의 일부분이다. 이때 고유 모드는 시간에 무관하다. i는 $\sqrt{-1}$로 주어지는 표준 허수이고, ω는 고유 진동수이다.

식 (16.4.2)를 시간에 대해 두 번 미분하면 다음과 같은 결과를 얻는다.

$$\{\ddot{d}(t)\} = \{d'\}(-\omega^2)e^{i\omega t} \tag{16.4.3}$$

식 (16.4.2)와 (16.4.3)을 식 (16.4.1)에 대입하면 다음과 같다.

$$-[M]\omega^2\{d'\}e^{i\omega t} + [K]\{d'\}e^{i\omega t} = 0 \tag{16.4.4}$$

식 (16.4.4)의 항을 정리하면

$$e^{i\omega t}([K] - \omega^2[M])\{d'\} = 0 \tag{16.4.5}$$

이며, 여기서 $e^{i\omega t}$는 0이 아니므로, 식 (16.4.5)에 의해 다음의 결과를 얻는다.

$$([K] - \omega^2[M])\{d'\} = 0 \tag{16.4.6}$$

위의 식 (16.4.6)은 변위 모드 $\{d'\}$에 대한 선형 동차방정식들의 집합이다. 그러므로 식 (16.4.6)은 $\{d'\}$의 계수행렬의 행렬식(determinant)이 0일 때에만 0이 아닌 해를 주므로 다음 식이 만족되어야 한다.

$$|[K] - \omega^2[M]| = 0 \tag{16.4.7}$$

일반적으로 식 (16.4.7)은 문제의 자유도 수와 같은 n개의 대수방정식을 나타낸다.

이제 다음 예제를 통해 고유 진동수를 결정하는 풀이 과정을 직접 확인해 보자.

예제 16.3

그림 16-10과 같이 길이가 $2L$이고, 탄성계수 E, 질량 밀도 ρ, 단면적 A를 가진 봉의 처음 두 개의 고유 진동수를 구하라.

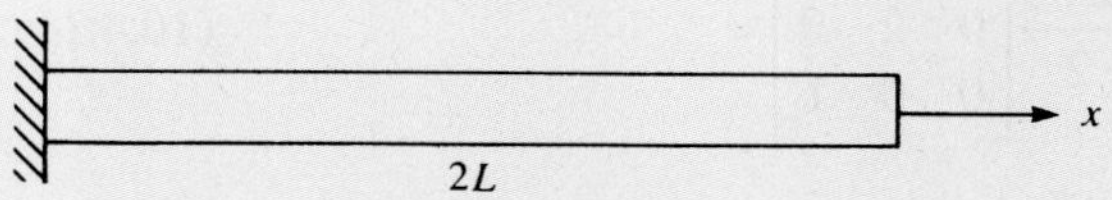

그림 16-10 • 고유 진동수 계산을 위한 1차원 봉

풀이

편의상 봉을 그림 16-11과 같이 길이 L인 두 개의 요소로 분할한다. 식 (16.4.7)을 풀기 위해 우선 식 (16.2.11)을 사용하여 봉에 대한 전체 강성행렬(total stiffness matrix)을 구해야 한다. 집중 질량행렬식 (16.2.12)나 일관 질량행렬식 (16.2.23)을 사용할 수 있다. 일반적으로 일관 질량행렬을 사용하면 집중 질량행렬을 사용하여 얻는 것보다 훨씬 정확한 해나 실험적 결과에 가까운 해를 구할수 있다. 그러나 일관 질량행렬을 사용하면 집중 질량행렬을 사용할 때보다 일반적으로 계산하기가 힘들고 지루하다. 왜냐하면 집중 질량행렬은 주 대각선 항을 제외하고 모두 0인 행렬인 반면에, 일관 질량행렬은 대부분의 원소가 0이 아닌 값을 가진 대칭행렬이기 때문이다. 그러므로 이 문제를 풀기 위해서는 집중 질량행렬을 사용하기로 하자.

식 (16.2.11)을 사용하여 각 요소에 대한 강성행렬을 구한다.

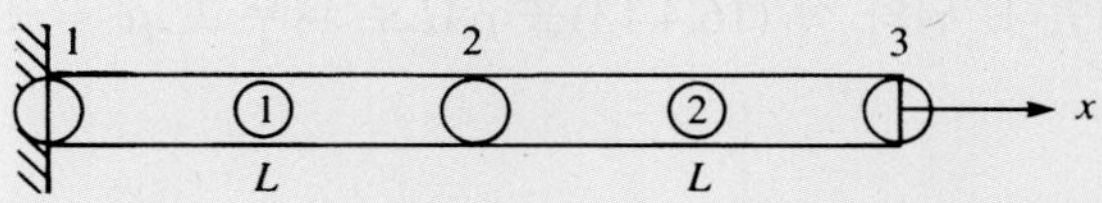

그림 16-11 • 그림 16-10에 주어진 봉의 분할

$$\begin{matrix} & \quad 1 \quad\; 2 \\ [k^{(1)}] = \dfrac{AE}{L} & \begin{bmatrix} 1 & -1 \\ -1 & 1 \end{bmatrix} \end{matrix} \qquad \begin{matrix} & \quad 2 \quad\; 3 \\ [k^{(2)}] = \dfrac{AE}{L} & \begin{bmatrix} 1 & -1 \\ -1 & 1 \end{bmatrix} \end{matrix} \tag{16.4.8}$$

요소행렬식 (16.4.8)을 조합하기 위해 일반적인 직접강성법을 사용하여 전체 봉에 대한 전체좌표계에서의 강성행렬을 구한다.

$$[K] = \frac{AE}{L}\begin{bmatrix} 1 & -1 & 0 \\ -1 & 2 & -1 \\ 0 & -1 & 1 \end{bmatrix} \tag{16.4.9}$$

식 (16.2.12)를 사용하여 각 요소에 대한 질량행렬을 다음과 같이 구한다.

$$[m^{(1)}] = \frac{\rho AL}{2}\overset{\begin{matrix}1 & 2\end{matrix}}{\begin{bmatrix}1 & 0\\0 & 1\end{bmatrix}} \qquad [m^{(2)}] = \frac{\rho AL}{2}\overset{\begin{matrix}2 & 3\end{matrix}}{\begin{bmatrix}1 & 0\\0 & 1\end{bmatrix}} \tag{16.4.10}$$

각 요소에 대한 질량행렬은 강성행렬의 경우와 마찬가지 방법으로 조합한다. 식 (16.4.10)을 조합하여 다음과 같은 전체좌표계에서의 질량행렬을 구한다.

$$[M] = \frac{\rho AL}{2}\begin{bmatrix}1 & 0 & 0\\0 & 2 & 0\\0 & 0 & 1\end{bmatrix} \tag{16.4.11}$$

결과로 나온 전체좌표계에서의 질량행렬에서 알 수 있듯이, 절점 2에는 두 개의 질량이 분포한다. 왜냐하면 절점 2는 양쪽 요소에 공통으로 속하기 때문이다.

전체좌표계에서의 강성행렬식 (16.4.9)와 전체좌표계에서의 질량행렬식 (16.4.11)을 식 (16.4.6)에 대입하고, 경계조건 $u_1 = 0$ ($d_1' = 0$)을 적용하면, 일반적인 방법으로 방정식의 수를 줄일 수 있다.

$$\left(\frac{AE}{L}\begin{bmatrix}2 & -1\\-1 & 1\end{bmatrix} - \omega^2\frac{\rho AL}{2}\begin{bmatrix}2 & 0\\0 & 1\end{bmatrix}\right)\begin{Bmatrix}d_2'\\d_3'\end{Bmatrix} = \begin{Bmatrix}0\\0\end{Bmatrix} \tag{16.4.12}$$

식 (16.4.12)에서 우측 항이 0인 연립방정식의 해를 구하기 위해, 식 (16.4.7)에서 주어진 것과 같이 계수행렬의 행렬식을 0으로 놓는다.

$$\left|\frac{AE}{L}\begin{bmatrix}2 & -1\\-1 & 1\end{bmatrix} - \lambda\frac{\rho AL}{2}\begin{bmatrix}2 & 0\\0 & 1\end{bmatrix}\right| = 0 \tag{16.4.13}$$

여기서 $\lambda = \omega^2$이 식 (16.4.13)에 사용되었다. 위의 식 (16.4.13)을 ρAL로 나누고, $\mu = E/(\rho L^2)$로 놓으면,

$$\begin{vmatrix}2\mu - \lambda & -\mu\\ -\mu & \mu - \dfrac{\lambda}{2}\end{vmatrix} = 0 \tag{16.4.14}$$

식 (16.4.14)에서 행렬식을 전개하여 다음을 얻는다.

$$\lambda = 2\mu \pm \mu\sqrt{2}$$

즉,

$$\lambda_1 = 0.60\mu \qquad \lambda_2 = 3.41\mu \tag{16.4.15}$$

일관 질량을 사용하여 구한 해는 $\lambda = 0.648\mu$인 반면에 실제 정확한 해는 $\lambda = 0.616\mu$이다. 그러므로 봉 요소의 경우에는 집중 질량을 사용하여 일관 질량을 사용하는 것보다 더 정확한 결과를 얻는 수도 있다. 한편 집중 질량을 사용하는 방법은 유계성(boundedness)에 대한 수학

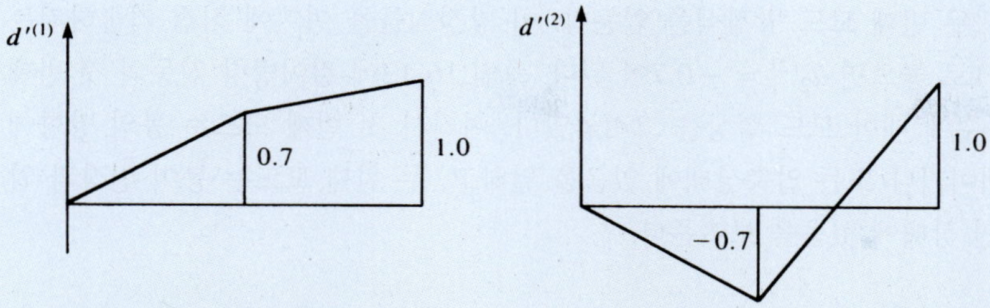

그림 16-12 • 그림 16-10의 외팔봉에 대한 길이방향 진동의 첫 번째와 두 번째 모드

적인 증명 없이 실제 진동수보다 크거나 작은 결과를 얻게 되는 반면에, 일관 질량을 사용하는 방법은 실제 진동수의 상한(upper bound)값을 결과로 낸다는 것이 수학적으로 증명되었다. 식 (16.4.15)에서, 첫 번째와 두 번째 고유 진동수는 다음과 같이 주어진다.

$$\omega_1 = \sqrt{\lambda_1} = 0.77\sqrt{\mu} \qquad \omega_2 = \sqrt{\lambda_2} = 1.85\sqrt{\mu}$$

여기서 $E = 30 \times 10^6$ psi, $\rho = 0.00073$ lb-s^2/in^4, $L = 100$ in.로 놓으면

$$\mu = E/(\rho L^2) = (30 \times 10^6)/[(0.00073)(100)^2] = 4.12 \times 10^6\ \text{s}^{-2}$$

이 된다. 그러므로 고유 진동수는 다음과 같이 구할 수 있다.

$$\omega_1 = 1.56 \times 10^3\ \text{rad/s} \qquad \omega_2 = 3.76 \times 10^3\ \text{rad/s} \tag{16.4.16}$$

또는 hertz (1/s) 단위로 나타내면 다음과 같다.

$$f_1 = \omega_1/2\pi = 248\ \text{Hz}, \qquad \text{기타 등등}$$

결론적으로, 두 개의 절점의 위치가 자유롭게 변할 수 있도록 분할된 봉에는 두 개의 고유 모드와 두 개의 고유 진동수가 있다는 것을 유의하기 바란다. 어떤 시스템이 주어진 고유 진동수 ω_i로 진동할 때, ω_i에 따라 임의의 진폭에서 유일한 형태로 진동하게 되는데 이것을 모드라고 부른다. 일반적으로 n개의 자유도를 갖는 이산(discrete) 시스템에서는 n개의 고유 모드와 고유 진동수가 있다. 연속 시스템은 실제로 무한개의 고유 모드와 고유 진동수를 가지고 있지만, 일단 이산화되면 단지 n개의 자유도만을 가지게 된다. 가장 낮은 모드와 진동수는 가장 자주 근사적으로 구하게 되고, 더 높은 진동수는 더 빨리 감쇠를 받게 되며 덜 중요하다. 경험적으로는 보통 원하는 진동수 개수의 두 배의 요소를 사용한다.

식 (16.4.15)의 λ_1을 식 (16.4.12)에 대입하여 정리하면 첫 번째 모드의 방정식들을 얻을 수 있다.

$$\begin{aligned} 1.4\mu d_2'^{(1)} - \mu d_3'^{(1)} &= 0 \\ -\mu d_2'^{(1)} + 0.7\mu d_3'^{(1)} &= 0 \end{aligned} \tag{16.4.17}$$

주어진 ω_i와 λ_i에 따라 고유 모드 $\{d'\}$ 중의 하나의 값을 지정하는 것이 일반적이다. $d_3'^{(1)} = 1$로 놓고 식 (16.4.17)을 풀면 $d_2'^{(1)} = 0.7$을 구할 수 있다. 마찬가지로, 식 (16.4.15)의 λ_2를 식

(16.4.12)에 대입하여 두 번째 모드 방정식을 얻는다. 이 방정식들을 여기에 직접 기술하지는 않는다. 이제 $d_3'^{(2)} = 1$로 놓으면 $d_2'^{(2)} = -0.7$이 된다. 그림 16-12에 길이방향 진동의 첫 번째와 두 번째 고유 진동수에 대한 모드 형상을 그려놓았다. 여기서 첫 번째 모드는 봉의 방향에 따라 완전히 인장상태이거나 또는 압축상태에 있음을 말하고, 두 번째 모드는 봉이 인장과 압축 또는 압축과 인장인 상태에 있음을 보여준다.

16.5 | 시간 의존성 1차원 봉 해석

예제 16.4

시간 의존성 문제의 유한요소 해법을 살펴보기 위해, 우선 그림 16-13(b)의 힘을 받는 그림 16-13(a)와 같은 1차원 봉 문제를 풀어라. 경계조건을 $u_1 = 0$으로 하고, 초기조건을 $\{d_0\} = 0$, $\{\dot{d}_0\} = 0$으로 가정한다. 추후의 수치 계산을 위해 $\rho = 0.00073$ lb-s²/in⁴, $A = 1$ in², $E = 30 \times 10^6$ psi, $L = 100$ in.로 하자. 이 값들은 16.4절에서 쓰인 것과 같은 값들이다.

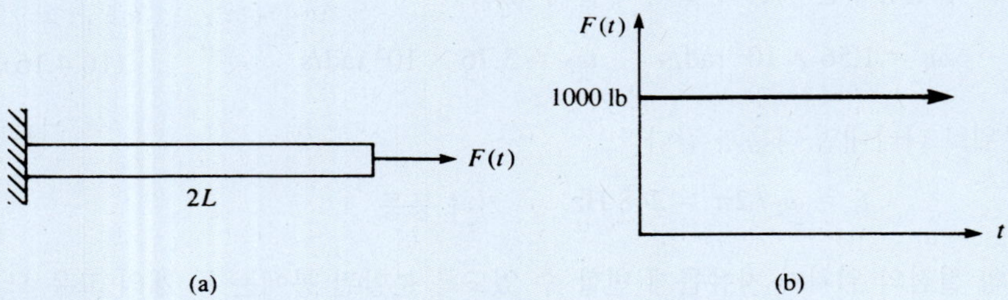

그림 16-13 • (a) 시간 의존성 하중을 받는 봉, (b) 봉의 끝에 작용하는 하중함수

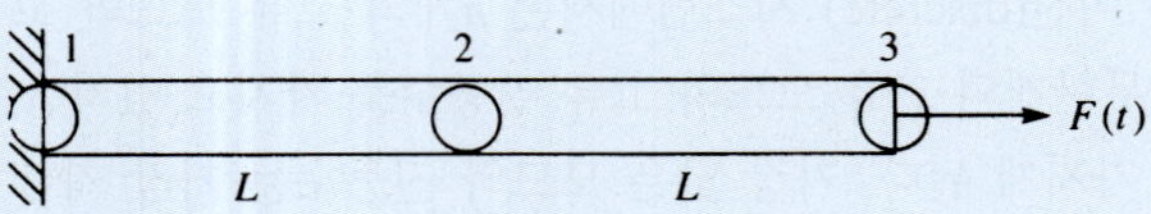

그림 16-14 • 집중 질량을 갖는 봉의 분할

풀이

봉을 같은 길이의 두 요소로 분할했기 때문에, 16.4절에서 유도된 식 (16.4.9)와 (16.4.11)에 의해 주어지는 강성행렬과 질량행렬을 구할 수 있다. 앞서와 같이 계산을 간단히 하기 위해 집중 질량행렬을 사용한다. 그림 16-14는 분할된 봉과 연관된 집중질량을 보여준다.

수치 시간 적분 절차를 보여주기 위해 중앙차분법을 사용할 것이다. 왜냐하면 이 방법은 계산하기에 비교적 쉬운(그리고 일반적 원칙에서 벗어나지 않는) 방법이기 때문이다.

그 다음, 적분 과정에서 사용될 시간 간격을 선택한다. 중앙차분법을 사용할 때는 반드시 가장 높은 고유 진동수를 2로 나눈 값보다 작거나 같은 시간 간격을 선택해야 한다는 것이 수학적으로 증명되어 있다(참고문헌 [7] 참조). 즉, $\Delta t \le 2\ /\ \omega_{\max}$이다. 그러나 실용적인 결과를 얻기 위해 여기서는 이 값의 3/4보다 작거나 같은 시간 간격을 사용해야 한다. 즉,

$$\Delta t \le \frac{3}{4}\left(\frac{2}{\omega_{\max}}\right) \tag{16.5.1}$$

이다. 이러한 시간 간격은 적분법의 안정성을 보장한다. 이전의 16.4절에 설명되어 있는 것처럼, 시간 간격을 선택하기 위한 이러한 기준(criteria)은 동적 응력 해석을 하기 전에 고유 진동수를 결정하는 것이 매우 중요한 일임을 입증한다. 적절한 시간 간격을 선택하는 데 있어서 또 다른 방법이 있다(봉에 대해서 만). 그것은 다음과 같다.

$$\Delta t = \frac{L}{c_x} \tag{16.5.2}$$

여기서 L은 요소의 길이를 나타내고, $c_x = \sqrt{E_x/\rho}$는 길이방향 진동파 속도라고 불린다. 위의 두 가지 기준, 식 (16.5.1)과 (16.5.2), 식 (16.4.16)의 ω를 사용하여 시간 간격을 결정하면

$$\Delta t = \frac{3}{4}\left(\frac{2}{\omega_{\max}}\right) = \frac{1.5}{3.76 \times 10^{3}} = 0.40 \times 10^{-3}\ \text{s} \tag{16.5.3}$$

또는

$$\Delta t = \frac{L}{c_x} = \frac{100}{\sqrt{30 \times 10^{6}\ /\ 0.00073}} = 0.48 \times 10^{-3}\ \text{s} \tag{16.5.4}$$

를 얻는다. 식 (16.5.3)과 (16.5.4)에서 계산된 최대 시간 간격을 기준으로 해서 계산이 편리하도록 $\Delta t = 0.25 \times 10^{-3}$을 시간 간격으로 선택한다.

전체좌표계에서의 강성행렬식 (16.4.9)와 질량행렬식 (16.4.11)을 전체좌표계에서의 동적 방정식 (16.2.24)에 대입하여 다음을 구한다.

$$\frac{AE}{L}\begin{bmatrix} 1 & -1 & 0 \\ -1 & 2 & -1 \\ 0 & -1 & 1 \end{bmatrix}\begin{Bmatrix} u_1 \\ u_2 \\ u_3 \end{Bmatrix} + \frac{\rho AL}{2}\begin{bmatrix} 1 & 0 & 0 \\ 0 & 2 & 0 \\ 0 & 0 & 1 \end{bmatrix}\begin{Bmatrix} \ddot{u}_1 \\ \ddot{u}_2 \\ \ddot{u}_3 \end{Bmatrix} = \begin{Bmatrix} R_1 \\ 0 \\ F_3(t) \end{Bmatrix} \tag{16.5.5}$$

여기서 R_1은 절점 1에서의 미지 반력이다. 다음의 해를 구하는 과정은 앞서 16.3절에서 소개된 방법이며 그림 16-6의 흐름도에 나타나 있다. 이 방법으로 문제를 풀어 보도록 하자.

제1단계

주어진 조건: 절점 1에서의 고정지지단 때문에 $u_1 = 0$이다. 그리고 시간 $t = 0$일 때 모든 절점의 변위와 속도는 0이다. 즉, $\{d_0\} = 0$, $\{\dot{d}_0\} = 0$이다. 또한 모든 시간에 걸쳐 $\ddot{u}_1 = 0$으로 가정한다.

제2단계

식 (16.3.5)를 사용하여 $\{\ddot{d}_0\}$를 구한다.

$$\{\ddot{d}_0\} = \begin{Bmatrix} \ddot{u}_2 \\ \ddot{u}_3 \end{Bmatrix}_{t=0} = \frac{2}{\rho AL}\begin{bmatrix} \frac{1}{2} & 0 \\ 0 & 1 \end{bmatrix}\left[\begin{Bmatrix} 0 \\ 1000 \end{Bmatrix} - \frac{AE}{L}\begin{bmatrix} 2 & -1 \\ -1 & 1 \end{bmatrix}\begin{Bmatrix} 0 \\ 0 \end{Bmatrix}\right] \tag{16.5.6}$$

여기서 식 (16.5.6)에는 $u_1 = 0$, $\ddot{u}_1 = 0$이 반영되었다. 그리고 위의 식 (16.5.6)을 간단히 하면

$$\{\ddot{d}_0\} = \frac{2000}{\rho AL}\begin{Bmatrix} 0 \\ 1 \end{Bmatrix} = \begin{Bmatrix} 0 \\ 27{,}400 \end{Bmatrix} \text{ in./s}^2 \tag{16.5.7}$$

이 되며, 여기서 위 식 (16.5.7)은 ρ, A, L의 실제 값을 대입해서 얻은 것이다. 그리고 식 (16.5.6)에서 다음의 질량행렬이 사용되었다.

$$[M]^{-1} = \frac{2}{\rho AL}\begin{bmatrix} \frac{1}{2} & 0 \\ 0 & 1 \end{bmatrix} \tag{16.5.8}$$

계산을 할 때 집중 질량행렬을 사용한 이유가 이제 명백해졌다. 그 이유는 집중 질량행렬과 같은 대각행렬의 역행렬은 단순히 행렬의 대각선 원소들의 역수만 취하여 구하기 때문이다.

제3단계

식 (16.3.8)을 사용해서 $\{d_{-1}\}$를 구하면 다음과 같다.

$$\{d_{-1}\} = \{d_0\} - (\Delta t)\{\dot{d}_0\} + \frac{(\Delta t)^2}{2}\{\ddot{d}_0\} \tag{16.5.9}$$

제1단계에서의 초기조건 $\{\dot{d}_0\}$, $\{d_0\}$와 제2단계에서 구한 초기 가속도 $\{\ddot{d}_0\}$를 식 (16.5.9)에 대입하면 다음의 결과를 얻는다.

$$\{d_{-1}\} = 0 - (0.25 \times 10^{-3})(0) + \frac{(0.25 \times 10^{-3})^2}{2}(27{,}400)\begin{Bmatrix} 0 \\ 1 \end{Bmatrix}$$

계산하면 다음과 같이 된다.

$$\begin{Bmatrix} u_2 \\ u_3 \end{Bmatrix}_{-1} = \begin{Bmatrix} 0 \\ 0.856 \times 10^{-3} \end{Bmatrix} \text{ in.} \tag{16.5.10}$$

제4단계

식 (16.3.7)에 $[M]^{-1}$을 먼저 곱하고 난 후, $\{d_1\}$에 대해 풀면

$$\{d_1\} = [M]^{-1}\{(\Delta t)^2\{F_0\} + [2[M] - (\Delta t)^2[K]]\{d_0\} - [M]\{d_{-1}\}\} \tag{16.5.11}$$

이며, ρ, L, E값과 식 (16.5.10)의 결과를 식 (16.5.11)에 대입하면 다음의 결과를 얻는다.

$$\begin{Bmatrix} u_2 \\ u_3 \end{Bmatrix}_1 = \frac{2}{0.073}\begin{bmatrix} \frac{1}{2} & 0 \\ 0 & 1 \end{bmatrix}\left\{(0.25 \times 10^{-3})^2\begin{Bmatrix} 0 \\ 1000 \end{Bmatrix} + \left[\frac{2(0.073)}{2}\begin{bmatrix} 2 & 0 \\ 0 & 1 \end{bmatrix}\right.\right.$$

$$- (0.25 \times 10^{-3})^2(30 \times 10^4)\begin{bmatrix} 2 & -1 \\ -1 & 1 \end{bmatrix}\Bigg]\begin{Bmatrix} 0 \\ 0 \end{Bmatrix}$$

$$- \frac{0.073}{2}\begin{bmatrix} 2 & 0 \\ 0 & 1 \end{bmatrix}\begin{Bmatrix} 0 \\ 0.856 \times 10^{-3} \end{Bmatrix}\Bigg\}$$

위의 식을 계산하면 다음과 같다.

$$\begin{Bmatrix} u_2 \\ u_3 \end{Bmatrix}_1 = \frac{2}{0.073}\begin{bmatrix} \frac{1}{2} & 0 \\ 0 & 1 \end{bmatrix}\left[\begin{Bmatrix} 0 \\ 0.0625 \times 10^{-3} \end{Bmatrix} - \begin{Bmatrix} 0 \\ 0.0312 \times 10^{-3} \end{Bmatrix}\right]$$

마지막으로, 시간 $t = 0.25 \times 10^{-3}$ s에서 절점 변위를 구하면 다음과 같이 된다.

$$\begin{Bmatrix} u_2 \\ u_3 \end{Bmatrix}_1 = \begin{Bmatrix} 0 \\ 0.858 \times 10^{-3} \end{Bmatrix} \text{ in.} \qquad (t = 0.25 \times 10^{-3} \text{ s일 때}) \tag{16.5.12}$$

제5단계

$\{d_0\}$는 초기조건으로 주어지고, $\{d_1\}$는 제4단계에서 구했으므로 식 (16.3.7)을 사용하여 다음을 얻는다.

$$\begin{aligned} \{d_2\} &= [M]^{-1}\{(\Delta t)^2\{F_1\} + [2[M] - (\Delta t)^2[K]]\{d_1\} - [M]\{d_0\}\} \\ &= \frac{2}{0.073}\begin{bmatrix} \frac{1}{2} & 0 \\ 0 & 1 \end{bmatrix}\Bigg\{(0.25 \times 10^{-3})^2\begin{Bmatrix} 0 \\ 1000 \end{Bmatrix} + \Bigg[\frac{2(0.073)}{2}\begin{bmatrix} 2 & 0 \\ 0 & 1 \end{bmatrix} \\ &\quad - (0.25 \times 10^{-3})^2(30 \times 10^4)\begin{bmatrix} 2 & -1 \\ -1 & 1 \end{bmatrix}\Bigg] \\ &\quad \times \begin{Bmatrix} 0 \\ 0.858 \times 10^{-3} \end{Bmatrix} - \frac{0.073}{2}\begin{bmatrix} 2 & 0 \\ 0 & 1 \end{bmatrix}\begin{Bmatrix} 0 \\ 0 \end{Bmatrix}\Bigg\} \\ &= \frac{2}{0.073}\begin{bmatrix} \frac{1}{2} & 0 \\ 0 & 1 \end{bmatrix}\left[\begin{Bmatrix} 0 \\ 0.0625 \times 10^{-3} \end{Bmatrix} + \begin{Bmatrix} 0.0161 \times 10^{-3} \\ 0.0466 \times 10^{-3} \end{Bmatrix}\right] \end{aligned}$$

위 식을 계산하여, 시간 $t = 0.50 \times 10^{-3}$ s에서의 절점 변위를 구하면 다음을 얻는다.

$$\begin{Bmatrix} u_2 \\ u_3 \end{Bmatrix}_2 = \begin{Bmatrix} 0.221 \times 10^{-3} \\ 2.99 \times 10^{-3} \end{Bmatrix} \text{ in.} \qquad (t = 0.50 \times 10^{-3} \text{ s일 때}) \tag{16.5.13}$$

제6단계

식 (16.3.5)를 사용하여 절점 가속도 $\{\ddot{d}_1\}$를 구하면,

$$\{\ddot{d}_1\} = \frac{2}{0.073}\begin{bmatrix} \frac{1}{2} & 0 \\ 0 & 1 \end{bmatrix}\left\{\begin{matrix} 0 \\ 1000 \end{matrix}\right\} - (30 \times 10^4)\begin{bmatrix} 2 & -1 \\ -1 & 1 \end{bmatrix}\left\{\begin{matrix} 0 \\ 0.858 \times 10^{-3} \end{matrix}\right\}$$

위 식을 계산하여, 시간 $t = 0.25 \times 10^{-3}$ s에서의 절점 가속도를 구하면 다음과 같다.

$$\left\{\begin{matrix} \ddot{u}_2 \\ \ddot{u}_3 \end{matrix}\right\}_1 = \left\{\begin{matrix} 3526 \\ 20{,}345 \end{matrix}\right\} \text{ in./s}^2 \qquad (t = 0.25 \times 10^{-3}\text{ s일 때}) \tag{16.5.14}$$

위의 식 (16.5.12)와 (16.5.14)의 결과를 식 (16.5.5)에 사용하면 반력 R_1을 구할 수 있다.

제7단계

제5단계에서의 식 (16.5.13)과 제1단계에서 주어진 $\{d_0\}$에 대한 경계조건을 사용하여 $\{\dot{d}_1\}$를 다음과 같이 구한다.

$$\{\dot{d}_1\} = \frac{\left[\left\{\begin{matrix} 0.221 \times 10^{-3} \\ 2.99 \times 10^{-3} \end{matrix}\right\} - \left\{\begin{matrix} 0 \\ 0 \end{matrix}\right\}\right]}{2(0.25 \times 10^{-3})}$$

위의 식을 정리하면 다음을 얻는다.

$$\left\{\begin{matrix} \dot{u}_2 \\ \dot{u}_3 \end{matrix}\right\} = \left\{\begin{matrix} 0.442 \\ 5.98 \end{matrix}\right\} \text{ in./s} \qquad (t = 0.25 \times 10^{-3}\text{ s일 때})$$

제8단계

이제 제5~7단계를 반복하여 모든 시간에 대한 변위, 가속도, 속도를 구한다. 여기서는 가속도만을 구하도록 하겠다.

시간을 $t = 0.50 \times 10^{-3}$ s로 하여 제6단계를 반복하면 다음과 같은 절점 가속도를 얻는다.

$$\{\ddot{d}_2\} = \frac{2}{0.073}\begin{bmatrix} \frac{1}{2} & 0 \\ 0 & 1 \end{bmatrix}\left[\left\{\begin{matrix} 0 \\ 1000 \end{matrix}\right\} - 30 \times 10^4\begin{bmatrix} 2 & -1 \\ -1 & 1 \end{bmatrix}\left\{\begin{matrix} 0.221 \times 10^{-3} \\ 2.99 \times 10^{-3} \end{matrix}\right\}\right]$$

위의 식을 정리하여, 시간 $t = 0.50 \times 10^{-3}$ s에서의 절점 가속도를 구하면 다음과 같다.

$$\begin{aligned} \left\{\begin{matrix} \ddot{u}_2 \\ \ddot{u}_3 \end{matrix}\right\}_2 &= \left\{\begin{matrix} 0 \\ 27{,}400 \end{matrix}\right\} + \left\{\begin{matrix} 10{,}500 \\ -22{,}800 \end{matrix}\right\} \\ &= \left\{\begin{matrix} 10{,}500 \\ 4600 \end{matrix}\right\} \text{ in./s}^2 \qquad (t = 0.5 \times 10^{-3}\text{ s일 때}) \end{aligned} \tag{16.5.15}$$

16.6 | 보 요소 질량행렬과 고유 진동수

이제 시간 의존성 보 해석에 적합한 일관 질량행렬과 집중 질량행렬을 살펴보도록 하자. 앞의 16.2절에서 다루었던 봉 요소의 경우와 같은 일반적인 단계로 보 요소의 요소 방정식을 구하게 된다.

그림 16-15는 보 요소가 갖는 절점 자유도(횡방향 변위와 회전)를 보여준다.

기본적인 요소 방정식은 보 요소에 대한 절점력 행렬, 강성행렬, 질량행렬과 함께 일반적인 형태의 식 (16.2.10)에 의해 주어진다. 그리고 보 요소에 대한 강성행렬은 식 (4.1.14)에 의해 주어진다. 또한 집중 질량행렬은 다음과 같다.

$$[m] = \frac{\rho AL}{2}\begin{bmatrix} 1 & 0 & 0 & 0 \\ 0 & 0 & 0 & 0 \\ 0 & 0 & 1 & 0 \\ 0 & 0 & 0 & 0 \end{bmatrix} \quad (\text{columns: } v_1\ \phi_1\ v_2\ \phi_2) \tag{16.6.1}$$

여기서 전체 보 질량의 1/2은 각 절점에 집중되어 있고 절점의 횡방향 변위 자유도에 대응한다. 집중질량의 개념으로 문제에 접근할 때, 보 요소의 질량 관성 모멘트를 계산해서 구한 값을 절점 회전 자유도에 할당할 수도 있겠지만 식 (16.6.1)을 구할 때 회전자유도와 관련된 관성 효과를 0으로 가정하였다. 균일한 단면 보의 경우, 양쪽 끝의 절점에 집중될 질량 관성 모멘트를 보 크기의 절반에 대하여 기본적인 역학식을 사용하여 구할 수 있다.

$$I = \frac{1}{3}(\rho AL/2)(L/2)^2$$

식 (16.6.1)의 집중 질량행렬은 대각행렬이므로 일관 질량행렬을 사용하는 것보다 행렬 연산이 훨씬 쉽다. 일관 질량행렬은 식 (16.2.19)의 일반적인 방정식을 보 요소에 적용하여 얻을 수 있는데, 보 요소의 형상함수는 식 (4.1.7)로 주어진다. 그러므로

$$[m] = \iiint_V \rho [N]^T [N]\, dV \tag{16.6.2}$$

$$[m] = \int_0^L \iint_A \rho \begin{Bmatrix} N_1 \\ N_2 \\ N_3 \\ N_4 \end{Bmatrix} [N_1 \quad N_2 \quad N_3 \quad N_4]\, dA\, dx \tag{16.6.3}$$

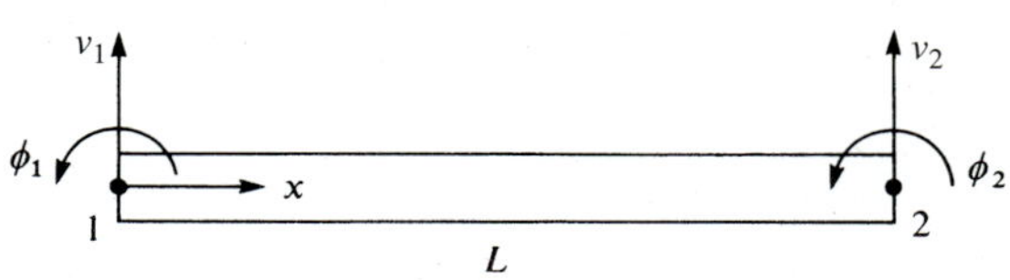

그림 16-15 • 절점 자유도를 가진 보 요소

또한

$$
\begin{aligned}
N_1 &= \frac{1}{L^3}(2x^3 - 3x^2L + L^3) \\
N_2 &= \frac{1}{L^3}(x^3L - 2x^2L^2 + xL^3) \\
N_3 &= \frac{1}{L^3}(-2x^3 + 3x^2L) \\
N_4 &= \frac{1}{L^3}(x^3L - x^2L^2)
\end{aligned} \tag{16.6.4}
$$

형상함수식 (16.6.4)를 식 (16.6.3)에 대입하여 적분하면, 다음과 같은 일관 질량행렬을 얻는다.

$$
[m] = \frac{\rho AL}{420}\begin{bmatrix} 156 & 22L & 54 & -13L \\ 22L & 4L^2 & 13L & -3L^2 \\ 54 & 13L & 156 & -22L \\ -13L & -3L^2 & -22L & 4L^2 \end{bmatrix} \tag{16.6.5}
$$

이렇게 보 요소에 대한 질량행렬을 구한 다음, 시간 의존성 하중을 받는 보 요소의 전체좌표계에서의 강성행렬, 전체좌표계에서의 질량행렬과 식 (16.2.24)에 의해 주어진 형태의 방정식을 유도한다. 이때 16.5절의 1차원 봉 요소 문제의 경우와 똑같은 방법으로 문제를 풀게 되므로 여기서는 생략한다. 그러나 시간 의존성 하중을 받는 보와 프레임의 해석을 위해 컴퓨터 프로그램을 사용할 수 있다. 16.7절에서 평면 프레임과 다른 요소의 질량행렬에 대해 설명하고, 16.9절에서 봉, 보, 프레임의 동적 해석을 위한 컴퓨터 프로그램을 설명한다.

보 해석 문제의 풀이 과정을 명확히 하기 위해 우선 보의 고유 진동수를 구해보자.

예제 16.5

이제 그림 16-16과 같이 양단이 고정된 보의 고유 진동수를 구하라. 보의 질량 밀도는 ρ, 탄성계수는 E, 단면적은 A, 면적 관성모멘트는 I, 길이는 $2L$이다. 계산을 간단히 하기 위해, 보를 (a) 같은 길이 L을 갖는 2개의 요소[그림 16-16(a)], (b) 같은 길이 L을 갖는 3개의 요소[그림 16-16(b)]로 각각 분할한다.

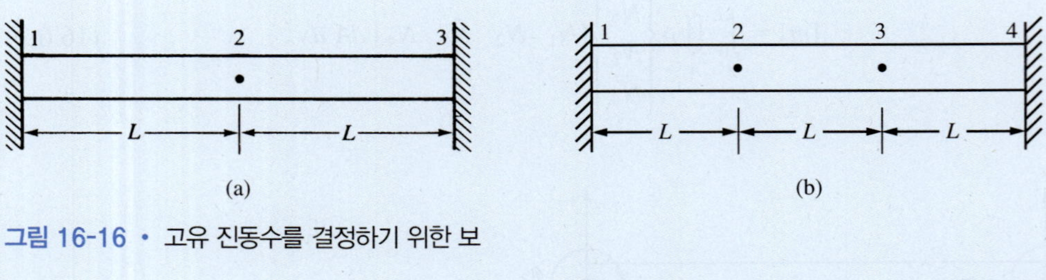

그림 16-16 • 고유 진동수를 결정하기 위한 보

풀이

(a) 두 개의 요소로 분할한 경우

이제 식 (16.4.7)을 사용하며 고유 진동수를 구한다. 먼저 경계조건 $\nu_1 = 0$, $\phi_1 = 0$, $\nu_3 = 0$, $\phi_3 = 0$을 적용하여 전체좌표계에서의 강성행렬과 질량행렬을 다음과 같이 구한다.

$$[K] = \frac{EI}{L^3}\begin{matrix} v_2 & \phi_2 \\ \end{matrix}\begin{bmatrix} 24 & 0 \\ 0 & 8L^2 \end{bmatrix} \qquad [M] = \frac{\rho AL}{2}\begin{bmatrix} 2 & 0 \\ 0 & 0 \end{bmatrix} \tag{16.6.6}$$

여기서는 요소 강성행렬을 구하기 위해 식 (4.1.14)를 사용하였으며, 집중-질량행렬을 구하기 위해 식 (16.6.1)을 사용하였다. 식 (16.6.6)을 식 (16.4.7)에 대입하면 다음을 얻는다.

$$\left|\frac{EI}{L^3}\begin{bmatrix} 24 & 0 \\ 0 & 8L^2 \end{bmatrix} - \omega^2 \rho AL\begin{bmatrix} 1 & 0 \\ 0 & 0 \end{bmatrix}\right| = 0 \tag{16.6.7}$$

위의 식 (16.6.7)을 ρAL로 나눈 후 정리하면 다음과 같은 결과를 얻는다.

$$\omega^2 = \frac{24EI}{\rho AL^4}$$

즉,

$$\omega = \frac{4.90}{L^2}\left(\frac{EI}{A\rho}\right)^{1/2} \tag{16.6.8}$$

단순보 이론에 의한 첫 번째 고유 진동수의 정확한 해는 다음과 같이 주어진다(참고문헌 [6]과 [1] 참조).

$$\omega = \frac{5.59}{L^2}\left(\frac{EI}{A\rho}\right)^{1/2} \tag{16.6.9}$$

(여기서 $L =$ 빔 길이의 절반)

위에서 보듯이 정확한 해와 유한요소법에 의한 해가 크게 다른 이유는 유한요소모델을 거칠게 분할했기 때문으로 생각된다. 이제 예제 16.6에서, 외팔보에 대해서 자유도의 수가 증가할수록 결과가 정확한 해에 수렴한다는 것을 살펴보도록 하자. 또한 식 (16.6.5)의 보에 대한 일관 질량행렬을 사용하면 집중 질량행렬을 사용하는 경우에 비해 더욱 정밀한 해를 구할 수 있다. 일반적으로 보와 같은 구조 요소의 경우에 일관 질량행렬을 사용하면 더욱 정확한 해가 구해진다.

(b) 세 개의 요소로 분할한 경우

식 (16.6.1)을 사용하면 각각의 질량행렬은 다음과 같다.

$$[m^{(1)}] = \frac{\rho AL}{2}\overset{\begin{matrix} v_1 & \varphi_1 & v_2 & \varphi_2 \end{matrix}}{\begin{bmatrix} 1 & 0 & 0 & 0 \\ 0 & 0 & 0 & 0 \\ 0 & 0 & 1 & 0 \\ 0 & 0 & 0 & 0 \end{bmatrix}} \qquad [m^{(2)}] = \frac{\rho AL}{2}\overset{\begin{matrix} v_2 & \varphi_2 & v_3 & \varphi_3 \end{matrix}}{\begin{bmatrix} 1 & 0 & 0 & 0 \\ 0 & 0 & 0 & 0 \\ 0 & 0 & 1 & 0 \\ 0 & 0 & 0 & 0 \end{bmatrix}} \tag{16.6.10}$$

$$[m^{(3)}] = \frac{\rho AL}{2}\overset{\begin{matrix} v_3 & \varphi_3 & v_4 & \varphi_4 \end{matrix}}{\begin{bmatrix} 1 & 0 & 0 & 0 \\ 0 & 0 & 0 & 0 \\ 0 & 0 & 1 & 0 \\ 0 & 0 & 0 & 0 \end{bmatrix}}$$

경계조건에 의해 $v_1 = \varphi_1 = v_4 = \varphi_4 = 0$이므로 전체 질량행렬은 다음과 같다.

$$[M] = \rho AL\overset{\begin{matrix} v_2 & \varphi_2 & v_3 & \varphi_3 \end{matrix}}{\begin{bmatrix} 1 & 0 & 0 & 0 \\ 0 & 0 & 0 & 0 \\ 0 & 0 & 1 & 0 \\ 0 & 0 & 0 & 0 \end{bmatrix}} \tag{16.6.11}$$

식 (4.1.14)를 사용하면 각각의 요소에 대한 강성행렬을 다음과 같이 구할 수 있다.

$$[k^{(1)}] = \frac{EI}{L^3}\overset{\begin{matrix} v_1 & \varphi_1 & v_2 & \varphi_2 \end{matrix}}{\begin{bmatrix} 12 & 6L & -12 & 6L \\ 6L & 4L^2 & -6L & 2L^2 \\ -12 & -6L & 12 & -6L \\ 6L & 2L^2 & -6L & 4L^2 \end{bmatrix}} \qquad [k^{(2)}] = \frac{EI}{L^3}\overset{\begin{matrix} v_2 & \varphi_2 & v_3 & \varphi_3 \end{matrix}}{\begin{bmatrix} 12 & 6L & -12 & 6L \\ 6L & 4L^2 & -6L & 2L^2 \\ -12 & -6L & 12 & -6L \\ 6L & 2L^2 & -6L & 4L^2 \end{bmatrix}}$$

$$[k^{(3)}] = \frac{EI}{L^3}\overset{\begin{matrix} v_3 & \varphi_3 & v_4 & \varphi_4 \end{matrix}}{\begin{bmatrix} 12 & 6L & -12 & 6L \\ 6L & 4L^2 & -6L & 2L^2 \\ -12 & -6L & 12 & -6L \\ 6L & 2L^2 & -6L & 4L^2 \end{bmatrix}} \tag{16.6.12}$$

식 (16.6.12)를 사용하여 전체 강성행렬을 조립하면 다음과 같다.

$$[K] = \frac{EI}{L^3}\overset{\begin{matrix} v_2 & \varphi_2 & v_3 & \varphi_3 \end{matrix}}{\begin{bmatrix} 12-12 & 6L+6L & -12 & 6L \\ 6L-6L & 4L^2+2L^2 & -6L & 2L^2 \\ -12 & -6L & 12+12 & -6L+6L \\ 6L & 2L^2 & -6L+6L & 4L^2+4L^2 \end{bmatrix}} = \frac{EI}{L^3}\overset{\begin{matrix} v_2 & \varphi_2 & v_3 & \varphi_3 \end{matrix}}{\begin{bmatrix} 0 & 12L & -12 & 6L \\ 0 & 6L^2 & -6L & 2L^2 \\ -12 & -6L & 24 & 0 \\ 6L & 2L^2 & 0 & 8L^2 \end{bmatrix}} \tag{16.6.13}$$

식 (16.4.7)을 이용하면 다음과 같은 시스템 방정식을 구할 수 있다.

$$\left| \frac{EI}{L^3}\begin{bmatrix} 0 & 12L & -12 & 6L \\ 0 & 6L^2 & -6L & 2L^2 \\ -12 & -6L & 24 & 0 \\ 6L & 2L^2 & 0 & 8L^2 \end{bmatrix} - \omega^2\rho AL\begin{bmatrix} 1 & 0 & 0 & 0 \\ 0 & 0 & 0 & 0 \\ 0 & 0 & 1 & 0 \\ 0 & 0 & 0 & 0 \end{bmatrix} \right|$$

$$= \begin{vmatrix} \omega^2\rho AL & 12EI/L^2 & -12EI/L^3 & 6EI/L^2 \\ 0 & 6EI/L & -6EI/L^2 & 2EI/L \\ -12EI/L^3 & -6EI/L^2 & 24EI/L^3 - \omega^2\rho AL & 0 \\ 6EI/L^2 & 2EI/L & 0 & 8EI/L \end{vmatrix} = 0 \tag{16.6.14}$$

식 (16.6.14)를 간단히 하면

$$\begin{vmatrix} -\omega^2\beta & 12EI/L^2 & -12EI/L^3 & 6EI/L^2 \\ 0 & 6EI/L & -6EI/L^2 & 2EI/L \\ -12EI/L^3 & -6EI/L^2 & 24EI/L^3 - \omega^2\beta & 0 \\ 6EI/L^2 & 2EI/L & 0 & 8EI/L \end{vmatrix} = 0 \tag{16.6.15}$$

이며, 여기서 $\beta = \rho AL$이다.

식 (16.6.15)의 4 × 4 행렬식을 구하면

$$\begin{aligned} \frac{-1152\omega^2E^3I^3\beta}{L^5} + \frac{48\omega^4E^2I^2\beta^2}{L^2} + \frac{576E^4I^4}{L^8} - \frac{1296E^4I^4}{L^8} & \\ + \frac{96\omega^2E^3I^3\beta}{L^5} - \frac{4\omega^4\beta^2E^2I^2}{L^2} - \frac{6912E^4I^4}{L^8} &= 0 \\ \frac{44\omega^4\beta^2E^2I^2}{L^2} - \frac{1056\omega^2\beta E^3I^3}{L^5} - \frac{7632E^4I^4}{L^8} &= 0 \\ 11\omega^4\beta^2 - \frac{264\omega^2\beta EI}{L^3} - \frac{1908E^2I^2}{L^6} &= 0 \end{aligned} \tag{16.6.16}$$

이며, 식 (16.6.16)을 $\dfrac{4E^2I^3}{L^2}$으로 나누면 $\omega_1^2\beta$에 대한 다음 두 개의 근을 구할 수 있다.

$$\omega_1^2\beta = \frac{-5.817254EI}{L^3} \quad \omega_1^2\beta = \frac{29.817254EI}{L^3} \tag{16.6.17}$$

물리적으로 의미가 없는 음(−)의 해를 버리고 ω_1에 대해 풀면

$$\omega_1^2 = \frac{29.817254EI}{\beta L^3}$$

혹은

$$\omega_1 = \sqrt{\frac{29.817254EI}{\beta L^3}} = \frac{5.46}{L^2}\sqrt{\frac{EI}{A\rho}} \tag{16.6.18}$$

이다. 요약하면, 1차 고유 진동수에 대해 식 (16.6.8), 식 (16.6.18)을 정확한 해인 식 (16.6.9)

와 비교하면

$$\text{두 개의 보 요소: } \omega = \frac{4.90}{L^2}\sqrt{\frac{EI}{A\rho}}$$

$$\text{세 개의 보 요소: } \omega = \frac{5.46}{L^2}\sqrt{\frac{EI}{A\rho}} \tag{16.6.19}$$

$$\text{정확한 해: } \omega = \frac{5.59}{L^2}\left(\frac{EI}{A\rho}\right)^{1/2}$$

이며, 세 개의 요소만 사용한 경우도 해석의 정밀도가 크게 향상되는 것을 관찰할 수 있다.

예제 16.6

다음의 조건을 가진 그림 16-17의 외팔보(cantilever beam)의 첫 번째 고유 진동수를 구하라.

보의 길이: $L = 30$ in.

탄성계수: $E = 3 \times 10^7$ psi

관성 모멘트: $I = 0.0833$ in^4

단면적: $A = 1$ in^2

질량 밀도: $\rho = 0.00073$ lb-s^2/in^4

포아송비: $\nu = 0.3$

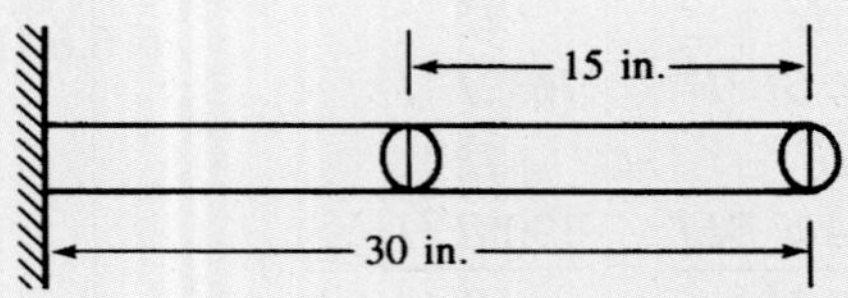

그림 16-17 • 외팔보(두 개 요소 모델, 집중 질량행렬)

풀이

예제 16.5와 같은 방법으로 유한요소 해석 절차에 따라 구한 첫 번째 고유 진동수는 다음과 같다.

$$\omega = \frac{3.148}{L^2}\left(\frac{EI}{A\rho}\right)^{1/2}$$

보 이론[1]에 의한 정확한 해는 다음과 같다.

$$\omega = \frac{3.516}{L^2}\left(\frac{EI}{\rho A}\right)^{1/2} \tag{16.6.20}$$

외팔보의 진동이론에 의해[1], 첫 번째 고유 진동수와 2차, 3차 고유 진동수는 다음의 관계를 가진다.

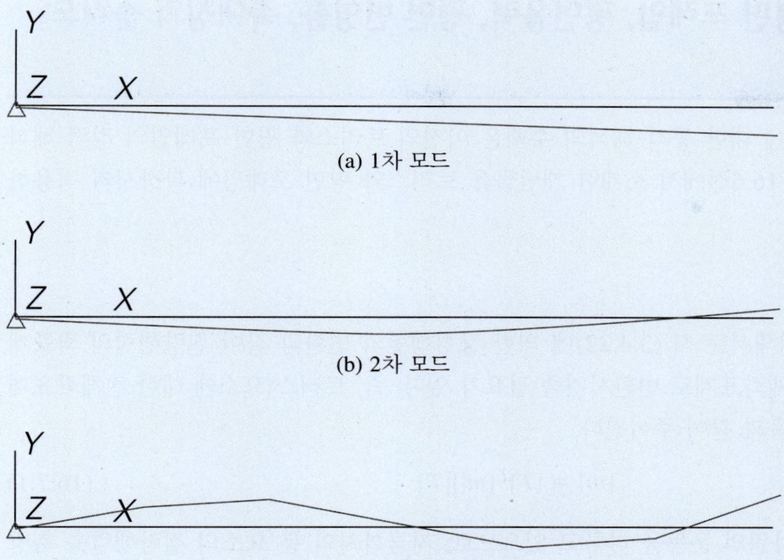

(a) 1차 모드

(b) 2차 모드

(c) 3차 모드

그림 16-18 • 외팔보에 대한 굽힘진동에 대한 1차, 2차, 3차 모드 형상

$$\frac{\omega_2}{\omega_1} = 6.2669 \qquad \frac{\omega_3}{\omega_1} = 17.5475$$

그림 16-18은 예제 16.6에 대해 컴퓨터 프로그램을 이용하여 계산한 외팔보의 처음 세 개의 고유 진동수에 해당하는 1차, 2차, 3차 모드 형상을 나타낸다. 각각의 모드 형상에서 경계조건에 해당하는 절점만큼 절점의 수가 적은 점에 유의하라. 다시 말하면, 1차 모드는 모든 보 요소가 같은 부호를 가지며[그림 16-18(a)], 2차 모드는 보의 변위가 0이 되는 어느 한 점을 기준으로 한 번의 부호 변화가 있으며[그림 16-18(b)], 3차 모드는 보의 변위가 0이 되는 두 점을 기준으로 두 번의 부호 변화가 있다[그림 16-18(c)].

표 16-3은 정확한 해와 컴퓨터 해석에 의한 해를 비교한 것이다.

표 16-3 예제 16.6의 예제에 대한 유한요소 해석과 정확한 해의 비교

	ω_1 (rad/s)	ω_2 (rad/s)
Exact solution from beam theory	228	1434
Finite element solution		
Using 2 elements	205	1286
Using 6 elements	226	1372
Using 10 elements	227.5	1410
Using 30 elements	228.5	1430
Using 60 elements	228.5	1432

16.7 | 트러스, 평면 프레임, 평면응력, 평면 변형률, 축대칭과 솔리드 요소의 질량행렬

트러스와 평면 프레임에 대한 동적 해석의 수행은 이전의 트러스와 평면 프레임의 정적 해석에서와 같이 16.2절과 16.6절에서 소개한 개념들을 트러스와 평면 프레임에 확장시켜 적용하면 된다.

트러스 요소

트러스 해석을 하기 위해서는 식 (3.4.22)에 의한 강성행렬의 변환과 같이 질량행렬의 좌표계를 국부좌표계에서 전체좌표계로 변환시켜줄 필요가 있다. 즉, 트러스 요소에 대한 전체좌표계에서의 질량행렬은 다음과 같이 주어진다.

$$[m] = [T]^T[m'][T] \tag{16.7.1}$$

지금 2차원 또는 3차원의 운동을 다루고 있으므로, 지금까지의 봉 요소의 질량행렬을 축방향과 횡방향의 관성을 고려하는 식으로 바꾸어야 한다. 왜냐하면 평면 트러스 해석에서는 전체좌표계에서의 x와 y축 방향으로 모두 질량이 포함되기 때문이다(그림 16-19). 2차원 운동을 고려할 때, 먼저 봉 요소에 대해 각 요소의 국부 축방향 변위 u와 횡방향 변위 v를 다음과 같이 각각 국부 축방향 절점 변위와 횡방향 절점 변위의 항으로 표시한다.

$$\begin{Bmatrix} u' \\ v' \end{Bmatrix} = \frac{1}{L}\begin{bmatrix} L-x' & 0 & x' & 0 \\ 0 & L-x' & 0 & x' \end{bmatrix}\begin{Bmatrix} u'_1 \\ v'_1 \\ u'_2 \\ v'_2 \end{Bmatrix} \tag{16.7.2}$$

일반적으로 $[\psi'] = [N]\{d'\}$이므로, 식 (16.7.2)에서 형상함수 행렬은 다음과 같다.

$$[N] = \frac{1}{L}\begin{bmatrix} L-x' & 0 & x' & 0 \\ 0 & L-x' & 0 & x' \end{bmatrix} \tag{16.7.3}$$

이제 위의 식 (16.7.3)을 식 (16.2.19)에 의해 주어지는 일반식에 대입하여 국부 **트러스 요소 일관 질량행렬**을 구한다.

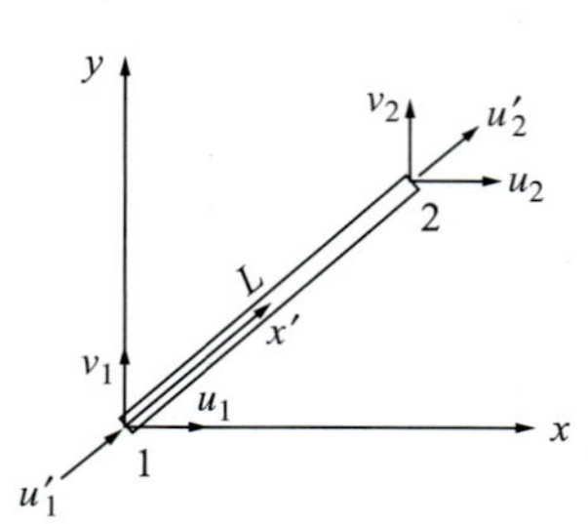

그림 16-19 • 절점 자유도를 보여주는 평면 x-y상에 임의로 위치한 트러스 요소

$$[m'] = \frac{\rho AL}{6}\begin{bmatrix} 2 & 0 & 1 & 0 \\ 0 & 2 & 0 & 1 \\ 1 & 0 & 2 & 0 \\ 0 & 1 & 0 & 2 \end{bmatrix} \tag{16.7.4}$$

2차원 운동에 대한 트러스의 집중 질량행렬은 질량이 단순히 각 절점에 집중된다는 것과 x'와 y'방향에 같은 크기로 된다는 것을 이용하여 얻는다. 국부 **트러스 요소 집중 질량행렬**은 다음과 같다.

$$[m'] = \frac{\rho AL}{2}\begin{bmatrix} 1 & 0 & 0 & 0 \\ 0 & 1 & 0 & 0 \\ 0 & 0 & 1 & 0 \\ 0 & 0 & 0 & 1 \end{bmatrix} \tag{16.7.5}$$

평면 프레임 요소

평면 프레임 해석을 위해서는 우선 봉과 보의 질량행렬들을 확대 결합하여 국부 질량행렬을 구할 필요가 있다. 평면 프레임에 대해서는 모두 6개의 자유도를 생각할 수 있기 때문에(그림 16-20), 봉과 보 요소의 질량행렬은 6 × 6 행렬로 확장되고 나서 각각 중첩하게 된다.
봉과 보에 대한 요소 일관 질량행렬식 (16.2.23)과 (16.6.5)를 서로 조합하여 다음과 같은 요소 일관 질량행렬을 구한다.

$$[m'] = \rho AL\begin{bmatrix} 2/6 & 0 & 0 & 1/6 & 0 & 0 \\ & 156/420 & 22L/420 & 0 & 54/420 & -13L/420 \\ & & 4L^2/420 & 0 & 13L/420 & -3L^2/420 \\ & & & 2/6 & 0 & 0 \\ & & & & 156/420 & -22L/420 \\ \text{Symmetry} & & & & & 4L^2/420 \end{bmatrix} \tag{16.7.6}$$

봉과 보에 대한 집중 질량행렬식 (16.2.12)와 (16.6.1)을 서로 조합하여 다음과 같은 국부좌표계에서의 평면 프레임 집중 질량행렬을 구한다.

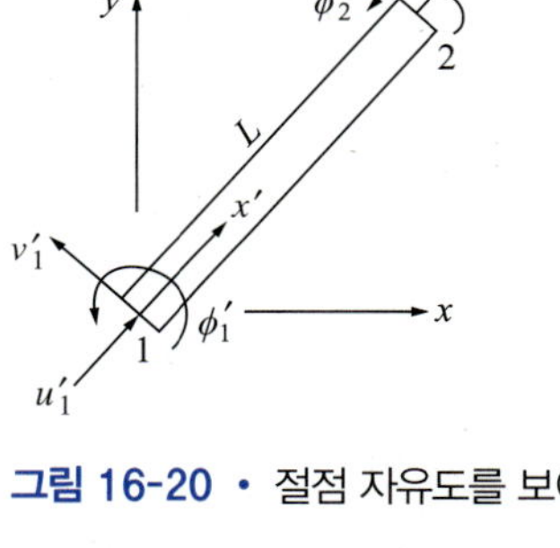

그림 16-20 • 절점 자유도를 보여주는 국부좌표계 평면상에 임의로 위치한 프레임 요소

$$[m'] = \frac{\rho AL}{2}\begin{bmatrix} 1 & 0 & 0 & 0 & 0 & 0 \\ 0 & 1 & 0 & 0 & 0 & 0 \\ 0 & 0 & 0 & 0 & 0 & 0 \\ 0 & 0 & 0 & 1 & 0 & 0 \\ 0 & 0 & 0 & 0 & 1 & 0 \\ 0 & 0 & 0 & 0 & 0 & 0 \end{bmatrix} \quad \begin{matrix} u'_1 & v'_1 & \phi'_1 & u'_2 & v'_2 & \phi'_2 \end{matrix} \tag{16.7.7}$$

x-y 좌표계와 임의의 방향으로 경사진 평면 프레임 요소에 대한 전체좌표계에서의 질량행렬 $[m]$은 식 (16.7.1)에 따라 변환되는데, 여기서 변환행렬 $[T]$는 식 (5.1.10)으로 주어지며, 일관 질량행렬의 경우 식 (16.7.6)이, 집중 질량행렬의 경우 식 (16.7.7)이 사용된다.

시간 의존성 평면 프레임 문제를 직접 계산해서 해를 구하려면 식이 무척 길어지기 때문에 컴퓨터를 사용하여 해를 구하기로 하자. 이는 16.9절에서 다루도록 한다.

평면응력-변형률 요소

평면응력, 평면 변형률, 일정 변형률 삼각형 요소(그림 16-21) 일관 질량행렬은 식 (6.2.18)의 형상함수 행렬에 대입하여 얻어낼 수 있다.

$$[N] = \begin{bmatrix} N_1 & 0 & N_2 & 0 & N_3 & 0 \\ 0 & N_1 & 0 & N_2 & 0 & N_3 \end{bmatrix}$$

에 식 (16.2.19)를 대입하여 다음 식을 얻어낸다.

$$[m] = \rho\int_V [N]^T[N]\,dV \tag{16.7.8}$$

$dV = tdA$로 두고, $\int_A N_1^2 dA = \frac{1}{6}A, \int_A N_1N_2 dA = \frac{1}{12}A$로 두면, CST 전체 일관 질량행렬은 다음과 같다.

$$[m] = \frac{\rho tA}{12}\begin{bmatrix} 2 & 0 & 1 & 0 & 1 & 0 \\ & 2 & 0 & 1 & 0 & 1 \\ & & 2 & 0 & 1 & 0 \\ & & & 2 & 0 & 1 \\ & & & & 2 & 0 \\ \text{Symmetry} & & & & & 2 \end{bmatrix} \tag{16.7.9}$$

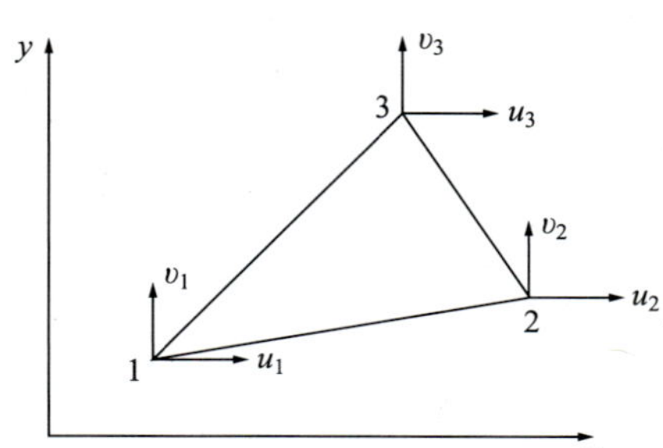

그림 16-21 • 절점 자유도를 표시한 CST 요소

등매개변수 사변형(Q4) 요소에서의 평면응력과 평면 변형률에 대해서 10장에서 이야기한 바가 있다. 식 (10.2.5)의 형상함수와 식 (10.2.4)의 형상함수 행렬을 식 (16.7.10)의 식에 대입하면 **사변형 요소 일관 질량행렬**을 다음과 같이 나타낼 수 있다.

$$[m] = \rho t \int_{-1}^{1}\int_{-1}^{1} [N]^T[N]\,|[J]|\,ds\,dt \tag{16.7.10}$$

식 (16.7.10)의 적분식의 풀이에 대한 효과적인 수치적분법은 10.4절에 자세히 설명되어 있다.

축대칭 요소

축대칭 삼각형 요소(9장에서 고려한 바 있음; 그림 16-22)의 **일관 질량행렬**은 다음과 같다.

$$[m] = \int_V \rho [N]^T[N]\,dV = \int_A \rho [N]^T[N] 2\pi r\,dA \tag{16.7.11}$$

$r = N_1 r_1 + N_2 r_2 + N_3 r_3$이기 때문에, 위의 식을 다음과 같이 표현할 수 있다.

$$[m] = 2\pi\rho \int_A (N_1 r_1 + N_2 r_2 + N_3 r_3)[N]^T[N]\,dA \tag{16.7.12}$$

여기에서,

$$\int_A N_1^3\,dA = \frac{2A}{20} \qquad \int_A N_1^2 N_2 dA = \frac{2A}{20}$$
$$\int_A N_1 N_2 N_3\,dA = \frac{2A}{120} \qquad \text{기타 등등} \tag{16.7.13}$$

을 이용하여 일관 질량행렬을 재구성하면 다음과 같다.

$$[m] = \frac{\pi\rho A}{10}\begin{bmatrix} \frac{4}{3}r_1 + 2\bar{r} & 0 & 2\bar{r} - \frac{r_3}{3} & 0 & 2\bar{r} - \frac{r_2}{3} & 0 \\ & \frac{4}{3}r_1 + 2\bar{r} & 0 & 2\bar{r} - \frac{r_3}{3} & 0 & 2\bar{r} - \frac{r_2}{3} \\ & & \frac{4}{3}r_2 + 2\bar{r} & 0 & 2\bar{r} - \frac{r_1}{3} & 0 \\ & & & \frac{4}{3}r_2 + 2\bar{r} & 0 & 2\bar{r} - \frac{r_1}{3} \\ & & & & \frac{4}{3}r_3 + 2\bar{r} & 0 \\ \text{Symmetry} & & & & & \frac{4}{3}r_3 + 2\bar{r} \end{bmatrix} \tag{16.7.14}$$

여기서 $\bar{r} = \dfrac{r_1 + r_2 + r_3}{3}$

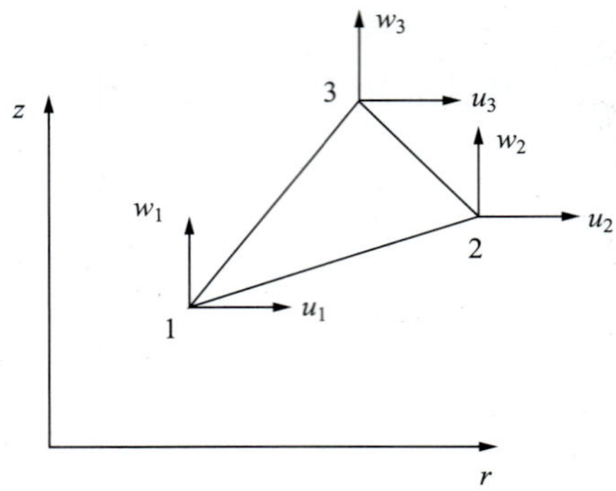

그림 16-22 • 절점 자유도를 표시한 축대칭 삼각형 요소

사면체 요소

마지막으로, 11장에서 다룬 **사면체 요소의 일관 질량행렬**은 식 (16.2.19)에 식 (11.2.9)의 형상함수행렬과 식 (11.2.10)의 형상함수에 대입하여 적분을 수행함으로써 얻어낼 수 있다.

$$[m] = \frac{\rho V}{20}\begin{bmatrix} 2 & 0 & 0 & 1 & 0 & 0 & 1 & 0 & 0 & 1 & 0 & 0 \\ & 2 & 0 & 0 & 1 & 0 & 0 & 1 & 0 & 0 & 1 & 0 \\ & & 2 & 0 & 0 & 1 & 0 & 0 & 1 & 0 & 0 & 1 \\ & & & 2 & 0 & 0 & 1 & 0 & 0 & 1 & 0 & 0 \\ & & & & 2 & 0 & 0 & 1 & 0 & 0 & 1 & 0 \\ & & & & & 2 & 0 & 0 & 1 & 0 & 0 & 1 \\ & & & & & & 2 & 0 & 0 & 1 & 0 & 0 \\ & & & & & & & 2 & 0 & 0 & 1 & 0 \\ & & & & & & & & 2 & 0 & 0 & 1 \\ & & & & & & & & & 2 & 0 & 0 \\ & & & & & & & & & & 2 & 0 \\ \text{Symmetry} & & & & & & & & & & & 2 \end{bmatrix} \tag{16.7.15}$$

16.8 | 시간 의존성 열전달

이 절에서는 시간 의존성 1차원 열전도 문제만을 다룬다. 이전에 식 (13.1.7)에 의해 1차원의 시간 의존성 열전도에 대한 기본 미분방정식과 식 (13.1.10)과 (13.1.11)에 의해 경계조건이 주어졌다.

위와 같은 유한요소 식으로 정식화하는 것은 다음에 주어진 범함수(functional)를 최소화함으로써 얻을 수 있다.

$$\begin{aligned} \pi_h = & \frac{1}{2}\iiint_V \left[K_{xx}\left(\frac{\partial T}{\partial x}\right)^2 - 2(Q - c\rho\dot{T})T\right] dV \\ & -\iint_{S_2} q^*T\, dS + \frac{1}{2}\iint_{S_3} h(T - T_\infty)^2\, dS \end{aligned} \tag{16.8.1}$$

위의 식 (16.8.1)은 정의가 식 (13.4.11)에 주어져 있는 식 (13.4.10)과 유사하다. 단지 여기서는 Q항이 다음 식으로 대치된 점만 다르다.

$$Q - c\rho\dot{T} \tag{16.8.2}$$

여기서도 역시 c는 물체의 비열을, 변수 T 위의 점은 시간에 대한 미분을 나타낸다. 13.4절에서 전도율 행렬과 강성행렬을 구하기 위해 사용한 식 (13.4.22)와 하중행렬을 구하기 위한 식 (13.4.23)~(13.4.25)가 여기에서도 적용될 수 있다.

식 (16.8.2)에 의해 주어진 항들은 앞 장에서 시간 의존성 문제를 풀 때 구했던 기본 요소 방정식을 다음과 같이 변형시킨다.

$$\Omega_Q = -\iiint_V T(Q - c\rho\dot{T})\, dV \tag{16.8.3}$$

또 온도함수는 다음과 같이 주어진다.

$$\{T\} = [N]\{t\} \tag{16.8.4}$$

여기서 $[N]$은 단순한 1차원 요소에 대한 식 (13.4.3) 또는 (16.2.3)에 의해 주어지는 형상함수 행렬이다. 그리고 $\{t\}$는 절점온도 행렬이다. 식 (16.8.4)를 식 (16.8.3)에 대입하여 표시된 시간에 대해 미분하면 다음과 같다.

$$\Omega_Q = -\iiint_V ([N]\{t\}Q - c\rho[N]\{t\}[N]\{\dot{t}\})\, dV \tag{16.8.5}$$

여기서 $[N]$이 좌표계만의 함수라는 사실이 고려되었다. 식 (16.8.5)는 다음과 같이 절점온도에 대하여 최소화되어야 한다.

$$\frac{\partial\Omega_Q}{\partial\{t\}} = -\iiint_V [N]^T Q\, dV + \iiint_V c\rho[N]^T[N]\, dV\{\dot{t}\} \tag{16.8.6}$$

여기서 $\{\dot{t}\}$이 $\{t\}$에 대해 미분하는 동안 일정하게 유지된다고 가정했다. 그러므로 식 (16.8.6)은 식 (13.4.18)에 추가되는 시간 의존성 항들이 추가된다. 그러므로 앞서 정의된 강성행렬과 질량행렬을 사용하여 다음과 같은 요소 방정식을 구한다.

$$\{f\} = [k]\{t\} + [m]\{\dot{t}\} \tag{16.8.7}$$

여기서

$$[m] = \iiint_V c\rho[N]^T[N]\, dV \tag{16.8.8}$$

일정한 단면적 A를 가진 요소에 대해, 미소 부피는 다음과 같다. $dV = Adx$이다. 1차원 형상함수 행렬식 (13.4.3)을 식 (16.8.8)에 대입하면 다음과 같은 식이 된다.

$$[m] = c\rho A \int_0^L \begin{Bmatrix} 1 - \dfrac{x}{L} \\ \dfrac{x}{L} \end{Bmatrix} \left[1 - \dfrac{x}{L} \quad \dfrac{x}{L} \right] dx \tag{16.8.9}$$

즉,

$$[m] = \frac{c\rho AL}{6}\begin{bmatrix} 2 & 1 \\ 1 & 2 \end{bmatrix}$$

위의 식은 일관 질량행렬식 (16.2.23)과 유사하다. 그러므로 열전도 문제에 대한 집중 질량행렬은 다음과 같다.

$$[m] = \frac{c\rho AL}{2}\begin{bmatrix} 1 & 0 \\ 0 & 1 \end{bmatrix} \tag{16.8.10}$$

그리고 이 식은 1차원 응력 요소에 대한 식 (16.2.12)와 유사하다.

이제 응력 해석 문제와 비슷한 방법으로 시간 의존성 열전달 문제를 풀 수 있게 되었다. 여기서는 수치 시간 적분 방법을 사용한다.

수치 시간 적분

여기서 다루는 수치 시간 적분법은 구조 동적 해석에서 사용한 뉴마크법과 매우 유사하다. 그리고 이 방법을 사용하여 시간 의존성 또는 과도 열전달 문제를 풀 수 있다.

이제 시간 t_i에서의 온도상태 $\{T_i\}$와 시간 t_{i+1}에서의 온도상태 $\{T_{i+1}\}$이 다음과 같은 관계가 있다고 가정하는 것으로부터 시작해 보자.

$$\{T_{i+1}\} = \{T_i\} + [(1-\beta)\{\dot{T}_i\} + \beta\{\dot{T}_{i+1}\}](\Delta t) \tag{16.8.11}$$

위의 식 (16.8.11)은 **일반화된 사다리꼴 공식**(*generalized trapezoid rule*)이라 불린다. 식 (16.8.11)은 구조 동역학의 2차 방정식에 대한 수치 시간 적분식을 사용하는 뉴마크법과 매우 유사하게 사용자가 임의로 정하는 매개변수 β를 포함하고 있다.

식 (16.8.7)을 전체좌표계에서의 방정식으로 다시 쓰면 다음과 같이 표현된다.

$$\{F\} = [K]\{T\} + [M]\{\dot{T}\} \tag{16.8.12}$$

이제 식 (16.8.12)를 시간 t_i와 시간 t_{i+1}에 대해서 다시 쓴 후, 첫 번째 식을 $1-\beta$로 곱하고, 두 번째 식을 β로 곱하면 다음 식들을 얻는다.

$$(1-\beta)([K]\{T_i\} + [M]\{\dot{T}_i\}) = (1-\beta)\{F_i\} \tag{16.8.13a}$$

$$\beta([K]\{T_{i+1}\} + [M]\{\dot{T}_{i+1}\}) = \beta\{F_{i+1}\} \tag{16.8.13b}$$

그 다음, 위의 식 (16.8.13a와 b)를 합한다.

$$\begin{aligned} &[M][(1-\beta)\{\dot{T}_i\} + \beta\{\dot{T}_{i+1}\}] + [K][(1-\beta)\{T_i\} + \beta\{T_{i+1}\}] \\ &= (1-\beta)\{F_i\} + \beta\{F_{i+1}\} \end{aligned} \tag{16.8.14}$$

이제 식 (16.8.11)을 사용해서 식 (16.8.14)에서 시간 미분항들을 소거하여 다음과 같이 정리한다.

$$\frac{[M](\{T_{i+1}\} - \{T_i\})}{\Delta t} + [K][(1-\beta)\{T_i\} + \beta\{T_{i+1}\}] = (1-\beta)\{F_i\} + \beta\{F_{i+1}\} \quad (16.8.15)$$

위식 (16.8.15)의 $\{T_{i+1}\}$항을 좌변에 모아서 정리하면 다음의 식을 얻는다.

$$\begin{aligned}&\left(\frac{1}{\Delta t}[M] + \beta[K]\right)\{T_{i+1}\}\\&= \left[\frac{1}{\Delta t}[M] - (1-\beta)[K]\right]\{T_i\} + (1-\beta)\{F_i\} + \beta\{F_{i+1}\}\end{aligned} \quad (16.8.16)$$

$[T]$를 구하기 위한 시간 적분 과정은 다음과 같다. 시간 $t = 0$에서 초깃값 $\{T_0\}$와 시간 간격 Δt가 주어지므로, $t = \Delta t$에서 식 (16.8.16)을 풀어 $\{T_1\}$을 구한다. 그리고 $\{T_1\}$을 사용하여, $t = 2(\Delta t)$에서의 $\{T_2\}$를 구하고, 이 과정을 계속한다. Δt가 일정하면 $\{T_{i+1}\}$의 왼쪽 계수는 한 번만 계산하면 된다($[M]$과 $[K]$가 시간에 따라 변하지 않는다고 가정했으므로). 이제 식 (16.8.16)의 행렬을 가우스(Gauss) 소거법 등에 의해 풀 수 있다. 1차원 열전달 해석의 경우, 식 (13.4.26)과 (13.4.29)에 의해 $\{f\}$가 주어지고, 식 (13.4.22)와 (13.4.28)에 의해 요소의 강성행렬 $[k]$가 주어진다.

β값에 따라, 시간 간격 Δt가 수치해석에서 발산하지 않을 상한값을 가질 수 있다는 것이 증명되었다. 만약 $\beta < \frac{1}{2}$이면, 참고문헌 [12]에서 설명했듯이, 발산하지 않는 최대의 Δt는

$$\Delta t = \frac{2}{(1-2\beta)\lambda_{\max}} \quad (16.8.17)$$

이며, 여기서 $\lambda_{\max}$는 다음 식에서 얻어지는 최대 고윳값이다.

$$([K] - \lambda[M])\{T'\} = 0 \quad (16.8.18)$$

여기서 식 (16.4.2)에서처럼, 다음의 값을 얻는다.

$$\{T(t)\} = \{T'\}e^{i\lambda t} \quad (16.8.19)$$

여기서 $\{T'\}$는 고유 모드를 나타낸다. 만약 $\beta \geq \frac{1}{2}$이면, 수치해는 절대 발산하지 않는다. 즉, 식(16.8.17)에 의해 주어진 값보다 큰 Δt를 사용하거나, Δt가 아무리 커지더라도 해의 수렴성이 보장된다. 수치적분법은 다음과 같이 특정한 β값에 따라 풀이 과정이 달라진다.

$\beta = 0$: 전진차분, 즉 오일러(Euler)법[3]. 조건에 따라 수렴한다[즉, 수렴하는 값을 얻으려면 Δt가 식 (16.8.17)에 의해 주어지는 값보다 같거나 작아야 한다].

$\beta = \frac{1}{2}$: 크랭크-니콜슨(Crank-Nicolson)법, 즉 사다리꼴법. 무조건적으로 수렴한다.

$\beta = \frac{2}{3}$: 갤러킨(Galerkin)법. 무조건적으로 수렴한다.

$\beta = 1$: 후진차분법. 무조건적으로 수렴한다.

만약 $\beta = 0$이면, 수치적분법은 **외연적**(*explicit*)이라고 불린다. 즉, 앞서의 시간 $t = \{T_i\}$에 대한 정보를 알기만 하면 시간 Δt에서의 $\{T_{i+1}\}$값을 직접 구할 수 있다. 만약 $\beta > 0$이면, **내연적**(*implicit*)이라고 불린다. 만약 대각 질량행렬 $[M]$이 존재하고 $\beta = 0$이면, 각 시간 간격에 대

해서 값들을 쉽게 계산할 수 있다(집중 질량행렬이 사용된 예제 16.4 참조). 그러나 이 경우 Δt도 역시 작은 값이어야 한다. $\beta > \frac{1}{2}$도 종종 선택된다. 그러나 $\beta = \frac{1}{2}$이고 급격한 시간 변화가 있다면, 이 수치적분법을 사용한 해는 실제는 없는 진동을 만들어낸다. 작은 Δt와 함께[12], $\beta > \frac{1}{2}$의 조건을 사용하면 더 좋은 결과를 얻을 수 있다. 예제 16.7을 통해 수치 시간 적분 방법을 사용한 시간 의존성 1차원 열전달 문제의 해를 구해보자[식 (16.8.16)].

예제 16.7

열 전도율 $K_{xx} = 400$ W/(m · ℃), $h = 150$ W/(m^2 · ℃), 질량 밀도 $\rho = 8900$ kg/m^3, 비열 $c = 375$ J/(kg · ℃) [1 J (joule) = 1 W · s (watt-second)]의 순수한 구리로 만들어진 원형 핀이 있다(그림 16-23). 봉의 초기온도는 25℃이다. 봉의 길이는 2 cm이고, 직경은 0.4 cm이다. 봉의 오른쪽 끝은 단열되어 있다. 봉 밑단의 온도가 갑자기 85℃까지 올라가서 계속 그 온도를 유지한다고 할 때, 일관 형태의 용량(capacitance) 행렬, 0.1초의 시간 간격, 그리고 $\beta = \frac{2}{3}$를 사용하고, 봉을 같은 길이의 두 요소로 나누어서 3초까지의 온도 분포(temperature distribution)를 구하라.

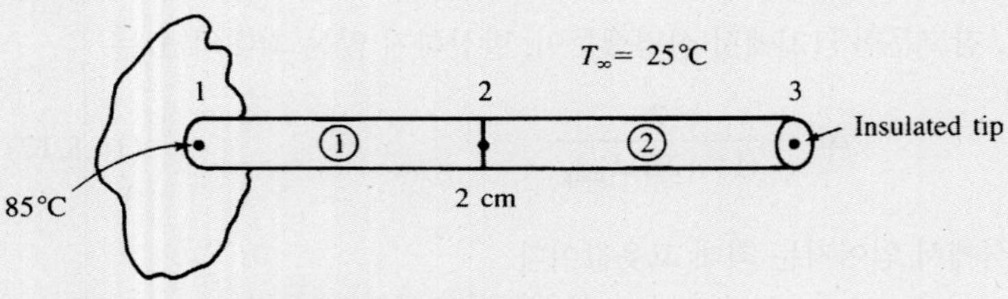

그림 16-23 • 시간에 따라 온도가 변하는 봉

풀이

식 (13.4.22)를 사용하여 강성행렬을 구하면 다음과 같다.

$$[k^{(1)}] = [k^{(2)}] = \frac{AK_{xx}}{L}\begin{bmatrix} 1 & -1 \\ -1 & 1 \end{bmatrix} + \frac{hPL}{6}\begin{bmatrix} 2 & 1 \\ 1 & 2 \end{bmatrix}$$

$$[k^{(1)}] = [k^{(2)}] = \frac{\pi(0.004)^2(400)}{4\,(0.01)}\begin{bmatrix} 1 & -1 \\ -1 & 1 \end{bmatrix} + \frac{150(2\pi)(0.002)(0.01)}{6}\begin{bmatrix} 2 & 1 \\ 1 & 2 \end{bmatrix} \qquad (16.8.20)$$

각각의 요소에 대한 강성행렬식 (16.8.20)을 조합하여, 다음과 같은 전체좌표계에서의 강성행렬을 구한다.

$$[K] = \begin{bmatrix} 0.50894 & -0.49951 & 0 \\ -0.49951 & 1.01788 & -0.49951 \\ 0 & -0.49951 & 0.50894 \end{bmatrix} \frac{\text{W}}{{}^\circ\text{C}} \qquad (16.8.21)$$

식 (13.4.25)를 사용하여 각각의 요소에 대한 하중행렬을 구하면,

$$\{f_h^{(1)}\} = \{f_h^{(2)}\} = \frac{hT_\infty PL}{2}\begin{Bmatrix}1\\1\end{Bmatrix} = \frac{(150)(25\,°\text{C})(2\pi)(0.002)(0.01)}{2}\begin{Bmatrix}1\\1\end{Bmatrix}$$

$$\{f_h^{(1)}\} = \{f_h^{(2)}\} = \begin{Bmatrix}0.23561\\0.23561\end{Bmatrix} \tag{16.8.22}$$

식 (16.8.22)를 사용하여, 위의 하중행렬을 조합하여 다음의 전체좌표계에서의 하중행렬을 구한다.

$$\{F\} = \begin{Bmatrix}0.23561\\0.47122\\0.23561\end{Bmatrix}\text{W} \tag{16.8.23}$$

그 다음, 식 (16.8.9)를 사용하여 각각의 요소에 대한 질량(용량)행렬을 구한다.

$$[m] = \frac{c\rho AL}{6}\begin{bmatrix}2 & 1\\1 & 2\end{bmatrix}$$

$$[m^{(1)}] = [m^{(2)}] = \frac{(375)(8900)\dfrac{\pi(0.004)^2}{4}(0.01)}{6}\begin{bmatrix}2 & 1\\1 & 2\end{bmatrix}$$

$$= 0.06990\begin{bmatrix}2 & 1\\1 & 2\end{bmatrix}\text{W}\cdot\text{s}/°\text{C} \tag{16.8.24}$$

식 (16.8.24)를 사용하여 위의 식을 조합하여 전체 질량행렬을 구하면 다음과 같다.

$$[M] = \begin{bmatrix}0.13980 & 0.06990 & 0\\0.06990 & 0.27960 & 0.06990\\0 & 0.06990 & 0.13980\end{bmatrix}\frac{\text{W}\cdot\text{s}}{°\text{C}} \tag{16.8.25}$$

(열 번호: 1, 2, 3)

식 (16.8.16) 그리고 (16.8.21)과 (16.8.25)를 사용하여 다음을 얻는다.

$$\left(\frac{1}{\Delta t}[M] + \beta[K]\right) = \begin{bmatrix}1.7374 & 0.36603 & 0\\0.36603 & 3.4747 & 0.36603\\0 & 0.36603 & 1.7374\end{bmatrix}\frac{\text{W}}{°\text{C}} \tag{16.8.26}$$

또한

$$\left[\frac{1}{\Delta t}[M] - (1-\beta)[K]\right] = \begin{bmatrix}1.2280 & 0.8655 & 0\\0.8655 & 2.457 & 0.8655\\0 & 0.8655 & 1.2280\end{bmatrix}\frac{\text{W}}{°\text{C}} \tag{16.8.27}$$

여기서 식 (16.8.26)과 (16.8.27)을 구하기 위해 $\beta = \frac{2}{3}$, $\Delta t = 0.1$ s의 값을 사용하였다. 첫 번째 시간 $t = 0.1$ s에 대해 식 (16.8.23), (16.8.27), 그리고 (16.8.26)을 식 (16.8.16)에 대입하여 다음 식을 얻는다.

$$\begin{bmatrix} 1.7374 & 0.36603 & 0 \\ 0.36603 & 3.4747 & 0.36603 \\ 0 & 0.36603 & 1.7374 \end{bmatrix} \begin{Bmatrix} 85\,^\circ\text{C} \\ t_2 \\ t_3 \end{Bmatrix}$$

$$= \begin{bmatrix} 1.2280 & 0.8655 & 0 \\ 0.8655 & 2.457 & 0.8655 \\ 0 & 0.8655 & 1.2280 \end{bmatrix} \begin{Bmatrix} 25\,^\circ\text{C} \\ 25\,^\circ\text{C} \\ 25\,^\circ\text{C} \end{Bmatrix} + \begin{Bmatrix} 0.23561 \\ 0.47122 \\ 0.23561 \end{Bmatrix} \tag{16.8.28}$$

위의 식 (16.8.28)에서, 모든 시간에 대해 $\{F_i\} = \{F_{i+1}\}$이므로 모든 시간에 대해 이 항들의 합은 $(1-\beta)\{F_i\} + \beta\{F_{i+1}\} = \{F_i\}$임을 유의하기 바란다. 이것은 식 (16.8.28)의 오른쪽에 있는 열행렬이다. 이제 식 (16.8.28)을 일상적인 방법으로 푼다. 식 (16.8.28)의 두 번째와 세 번째 식을 첫 번째 식에서 분할하고, t_2와 t_3에 대해 두 번째와 세 번째 식을 연립하여 풀면 다음을 얻는다.

$$t_2 = 18.534\,^\circ\text{C} \quad \text{그리고} \quad t_3 = 26.371\,^\circ\text{C}$$

표 16-4 예제 16.7의 여러 가지 시간에 대한 절점온도

Time (s)	Temperature of Node Numbers (°C) 1	2	3
0.1	85	18.534	26.371
0.2	85	29.732	21.752
0.3	85	36.404	22.662
0.4	85	41.032	25.655
0.5	85	44.665	29.312
0.6	85	47.749	33.059
0.7	85	50.482	36.669
0.8	85	52.956	40.062
0.9	85	55.218	43.218
1.0	85	57.296	46.139
1.1	85	59.208	48.837
1.2	85	60.969	51.327
1.3	85	62.593	53.623
1.4	85	64.089	55.741
1.5	85	65.469	57.693
1.6	85	66.742	59.493
1.7	85	67.915	61.152
1.8	85	68.996	62.683
1.9	85	69.993	64.094
2.0	85	70.912	65.395
2.1	85	71.760	66.594
2.2	85	72.542	67.700
2.3	85	73.262	68.720

(계속)

Time (s)	Temperature of Node Numbers (°C) 1	2	3
2.4	85	73.926	69.660
2.5	85	74.539	70.527
2.6	85	75.104	71.326
2.7	85	75.624	72.063
2.8	85	76.104	72.742
2.9	85	76.547	73.368
3.0	85	76.955	73.946

시간 $t = 0.2$ s에서 식 (16.8.28)은 다음과 같다.

$$\begin{bmatrix} 1.7374 & 0.36603 & 0 \\ 0.36603 & 3.4747 & 0.36603 \\ 0 & 0.36603 & 1.7374 \end{bmatrix} \begin{Bmatrix} 85°\text{C} \\ t_2 \\ t_3 \end{Bmatrix}$$

$$= \begin{bmatrix} 1.2280 & 0.8655 & 0 \\ 0.8655 & 2.457 & 0.8655 \\ 0 & 0.8655 & 1.2280 \end{bmatrix} \begin{Bmatrix} 85°\text{C} \\ 18.534°\text{C} \\ 26.371°\text{C} \end{Bmatrix} + \begin{Bmatrix} 0.23561 \\ 0.47122 \\ 0.23561 \end{Bmatrix} \tag{16.8.29}$$

위의 식 (16.8.29)를 t_2와 t_3에 대해 풀면 다음을 얻는다.

$$t_2 = 29.732°\text{C} \quad \text{그리고} \quad t_3 = 21.752°\text{C}$$

3초까지의 결과는 표 16-4에 정리되어 있고 그림 16-24에 그려져 있다.

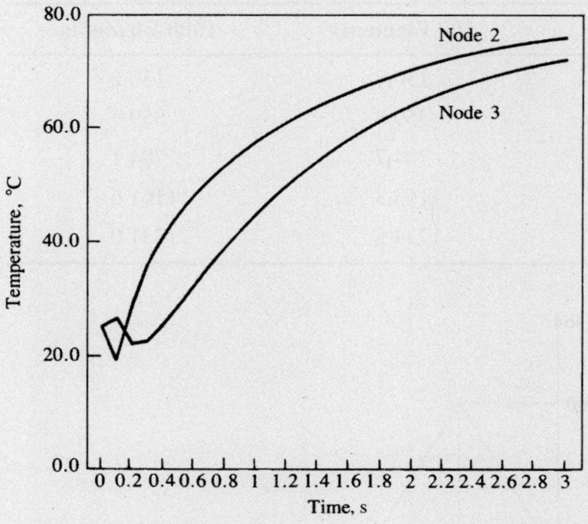

그림 16-24 • 예제 16.7의 절점 2와 3에 대한 온도의 시간에 따른 변화

16.9 | 컴퓨터 프로그램을 이용한 구조 동역학 예제 풀이

이 절에서는 컴퓨터 프로그램을 이용한 구조 동역학 문제 풀이에 대해 알아보도록 하겠다. Autodesk [15]를 이용하여 양단 고정 보의 고유 진동수 해석에 관한 과정을 알아보고, 정확한 결과를 얻기 위해 얼마나 많은 요소가 필요한지에 대해서도 알아보도록 하겠다. 더불어 봉, 보, 프레임에서의 시간 의존성 하중에 관한 구조 동역학 풀이에 대해서도 설명한다.

마지막으로, 두 개의 부가적인 모델에 대해 소개한다. 그중 하나는 시간 의존성인 충격하중을 받는 보 요소로 이루어진 3차원 기중기 교각의 모델이고, 다른 하나는 기중기 보의 아래를 따라 움직이는 운전실 프레임의 모델이다.

그림 16-25는 평면응력 요소를 이용하여 양단 고정 보의 고유 진동수의 해석에 대한 설명을 담고 있다. 표 16-5는 보 이론을 이용한 해석적인 해와 100개의 요소를 사용했을 때와 1000개의 요소를 사용했을 때의 처음 다섯 번째 고유 진동수까지의 비교를 나타내고 있다. 이를 관찰해보면 적은 수의 보 요소만을 가지고도 고유 진동수를 정확하게 예측할 수 있는 것과는 달리, 훨씬 더 많은 수의 평면응력 요소를 사용해야 고유 진동수를 정확하게 예측할 수 있음을 알 수 있다(예제 16.6과 표 16-3 참조).

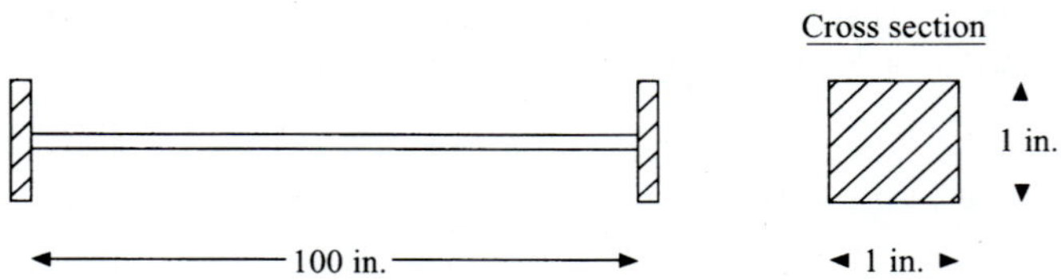

그림 16-25 • 고유 진동수를 계산하기 위해 평면응력 요소를 이용하여 모델링된 양단 고정 보

표 16-5 100개, 1000개의 요소를 사용한 경우 및 정확한 해에 대한 처음 5개의 고유 진동수

ω (rad/s)	Analytical	100 Elements	1000 Elements
1	130.8	130.7	130.6
2	360.8	359.8	359.7
3	707.3	704.7	704.1
4	1169.2	1163.3	1161.6
5	1746.6	1734.5	1731.0

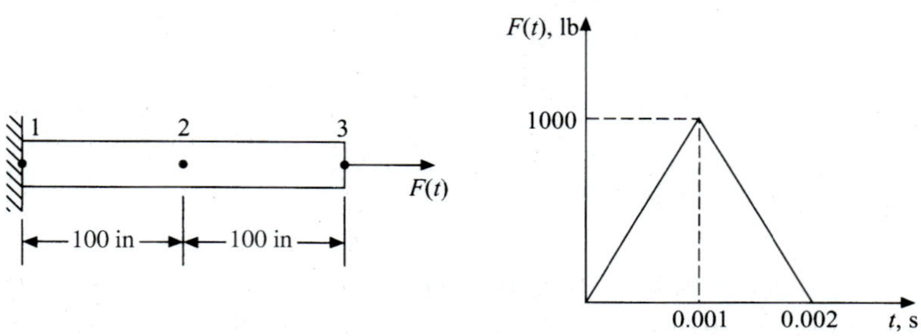

그림 16-26 • 그림에 주어진 하중을 받는 봉

표 16-6 그림 16-26의 절점 2와 3에 대한 시간 변화에 따른 절점 변위

NODE NUMBER − (COMPONENT NUMBER)		
TIME	**2−(2)**	**3−(2)**
.00025	4.410E−06	6.156E−05
.00050	4.600E−05	4.668E−04
.00075	2.147E−04	1.425E−03
.00100	6.507E−04	2.967E−03
.00125	1.481E−03	4.873E−03
.00150	2.699E−03	6.439E−03
.00175	4.061E−03	7.143E−03
.00200	5.109E−03	6.860E−03
.00225	5.349E−03	5.793E−03
.00250	4.501E−03	4.385E−03
.00275	2.670E−03	2.862E−03
.00300	3.265E−04	1.141E−03
.00325	−1.907E−03	−9.441E−04
.00350	−3.538E−03	−3.354E−03
.00375	−4.376E−03	−5.694E−03
.00400	−4.530E−03	−7.319E−03
.00425	−4.232E−03	−7.646E−03
.00450	−3.645E−03	−6.463E−03
.00475	−2.772E−03	−4.057E−03
.00500	−1.514E−03	−1.083E−03
.00525	1.599E−04	1.740E−03
.00550	2.082E−03	3.921E−03
.00575	3.867E−03	5.313E−03
.00600	5.055E−03	6.021E−03
.00625	5.312E−03	6.185E−03
.00650	4.583E−03	5.814E−03
.00675	3.106E−03	4.776E−03
.00700	1.282E−03	2.947E−03
.00725	−5.031E−04	4.073E−04
.00750	−2.015E−03	−2.460E−03
.00775	−3.183E−03	−5.051E−03
.00800	−4.013E−03	−6.763E−03
.00825	−4.477E−03	−7.233E−03
.00850	−4.466E−03	−6.464E−03
.00875	−3.838E−03	−4.770E−03
.00900	−2.542E−03	−2.594E−03
.00925	−7.098E−04	−3.179E−04
MAXIMUM ABSOLUTE VALUES		
MAXIMUM	5.349E−03	7.646E−03
TIME	2.250E−03	4.250E−03

그림 16-26은 시간 의존적인 하중을 받고 있는 강철 봉을 보여준다. 두 개의 요소를 이용하여 모델을 구성하였으며, 절점 2와 3의 절점 변위를 표 16-6에 나타내었다. 적분에 대한 시간 간격은 0.00025가 사용되었다. 시간 간격은 예제 16.4에서 정해진 식 (16.5.1)에서 추천된 값을 사용하였고, 봉의 물성 또한 예제 16.4와 같은 값을 사용하였다.

그림 16-27은 자유단인 절점 3의 0.01 s까지 시간에 대한 축방향 변위를 보여준다. 감쇠가 무시되어 진동하는 특성이 나타난다.

표 16-6은 시간 0.00425 s에서 가장 큰 최대 절대 변위값인 7.646×10^{-3} in.를 가짐을 나타낸다. 비교를 위해, 최대 정적 변위값은 $\delta = PL/AE = (1000\text{ lb})(200\text{ in.})/(1\text{ in}^2 \times 30 \times 10^6\text{ psi})$으로부터 6.667×10^{-3} in.이다.

그림 16-28은 양단 고정 보에 가해지는 하중함수를 나타낸 그림이다. 여기서 물성은 $E = 6.58 \times 10^6$ psi, $I = 100\text{ in}^4$, 질량 밀도는 0.1 lb-s²/in⁴를 사용하였고, 시간 간격은 0.001을 사용하였다. 고유 진동수는 표 16-7에 나타내었다.

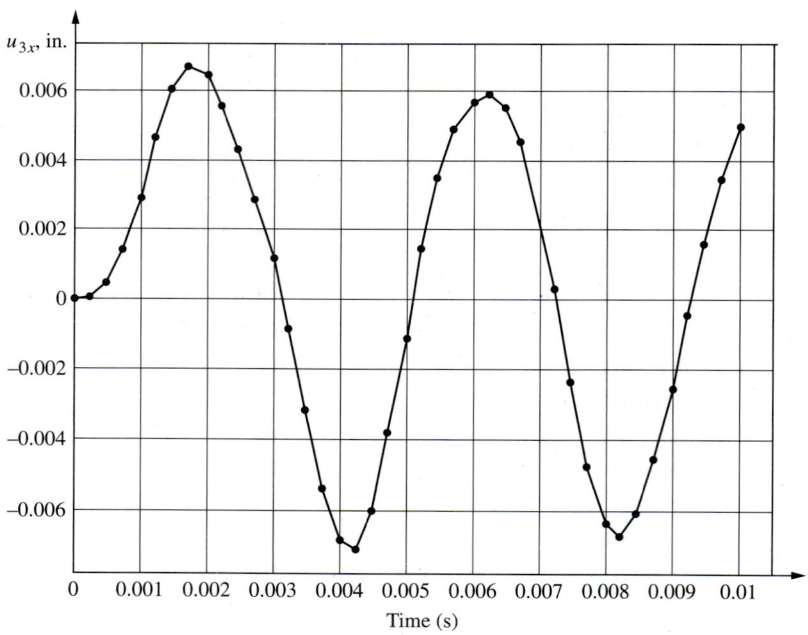

그림 16-27 • 그림 16-26의 봉에 대한 절점 3의 시간 변화에 따른 변위

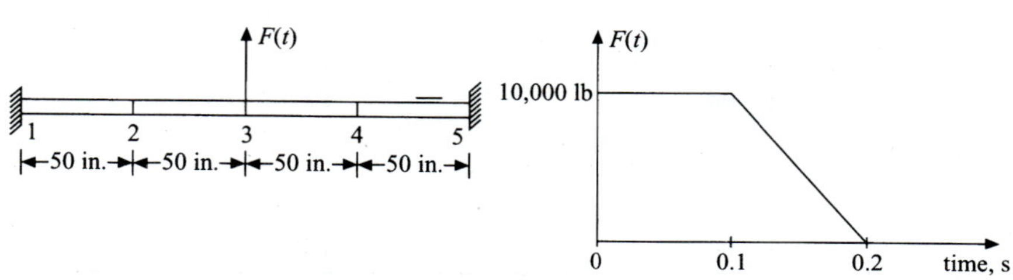

그림 16-28 • 그림에 주어진 하중을 받은 양단 고정 보

표 16-7 그림 16-28의 양단 고정 보에 대한 고유 진동수

Frequencies = mode number	6 circular frequency (rad/sec)
1	4.52276232074113D+01
2	4.52276232074113D+01
3	1.20159893475319D+02
4	1.20159893475319D+02
5	1.24168832797688D+02
6	1.97518763916263D+02

표 16-7은 양단 고정 보의 처음 여섯 번째까지의 고유 진동수를 나타낸 것이다. 고유 진동수 1, 2, 3, 6은 굴곡 모드이다. 모드 5는 축모드이다. 이 모드들은 진동해석을 통해 보여지는 모드들이다. 중앙 절점인 절점 3의 비감쇠 응답을 감쇠 응답과 함께 그림 16-29에 나타내었다. 최대 변위(절점 3)에 대한 값은 참고문헌 [14]의 해석과 비교해보기를 바란다. 시간 0.073 s에서 절점 3에서의 최대 변위는 1.243 in.이다. 집중하중에 대한 보의 중앙단에서의 정적 처짐은 0.633 in.이다. 이는 고전적인 풀이법인 $y = PL^3 / 192EI$로부터 얻어진 값이다. 시간 의존적인 비감쇠 응답은 하중이 제거된 후에 0의 처짐을 중심으로 계속 진동하는 반면, 감쇠 응답은 처짐의 크기가 0에 접근하는 형태로 감쇠되면서 진동한다.

양단 고정 보에서 시간 간격 0.001은 16.3절에서 제안된 시간조건을 만족하는 값이다. $\Delta t < T_n/10 \sim T_n/20$은 Autodesk program에서 윌슨(Wilson) 직접적분법의 정확한 결괏값을 만족시

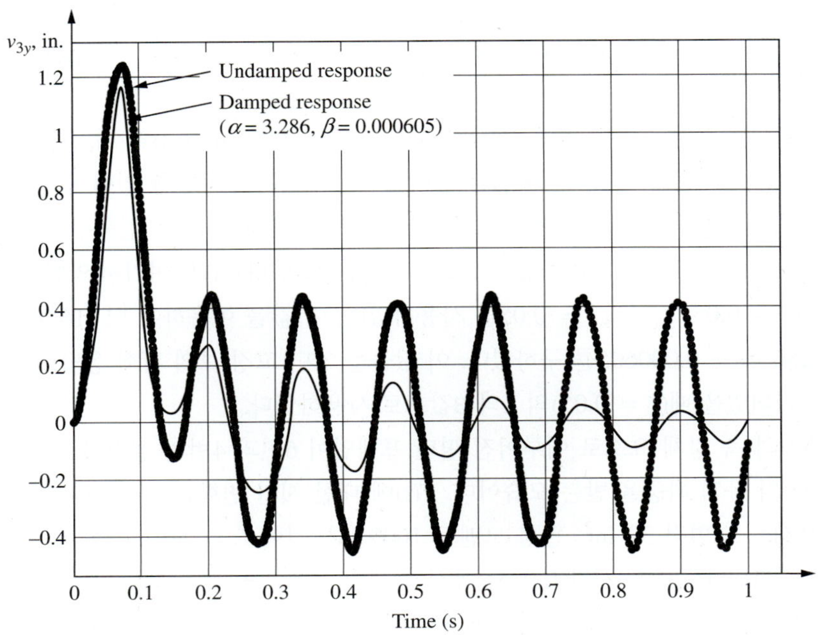

그림 16-29 • 그림 16-28의 양단 고정 보에 대한 중앙 절점 3의 비감쇠 및 감쇠 응답

키는 조건이다. 고유 진동수 해석(표 16-7)에서, 각진동수 $\omega_6 = 197.52$ 혹은 고유 진동수로 $f_6 = \omega_6/(2\pi) = 31.44$ cycle/s (Hz)이다. 앞의 조건에 대입해 보면 $\Delta t = T_n/20 = 1/(20f_6) = 1/[20(31.43)] = 0.00159$ s는 $\Delta t = 0.001$ s가 적합한 수치임을 알 수 있다. 시간 간격에 대한 조건을 $T_n/10$보다 큰 값을 쓰게 된다면, 고차 모드에서의 기여분을 상실하기 때문에 전체 해석의 정확성을 잃게 된다. 종종 차단 주기나 진동수는 해석에서의 가장 큰 고유 진동수의 결정에 이용된다. 많은 응용분야에서 작은 몇몇의 모드만이 응답에 영향을 준다. 큰 모드들은 불필요하기 때문이다. 가장 큰 진동수를 차단진동수라 부른다. 기계 부품에서는 대개 차단진동수를 250 Hz로 설정한다. 양단 고정 보에서 적분에 대한 시간조건의 차단진동수를 $f_6 = 31.44$ Hz로 설정하였다. 이 진동수는 네 개의 요소를 갖는 보 모델에서 계산된 가장 큰 굴곡 모드 진동수이다.

감쇠

앞의 양단 고정 보 예제에서 감쇠가 고려되었다. Autodesk와 ANSYS와 같은 컴퓨터 프로그램에서는 레일리(Rayleigh) 감쇠를 직접적분법을 통해 고려할 수 있다. 레일리 감쇠에 대해서 감쇠행렬은 다음과 같다.

$$[C] = \alpha[M] + \beta[K] \tag{16.9.1}$$

α, β는 다음 식으로부터 구해진다.

$$\alpha + \beta\omega_i^2 = 2\omega_i\zeta_i \tag{16.9.2}$$

여기서 ω_i는 모드 해석으로부터 얻어지는 각진동수이고, ζ_i는 감쇠비(damping ratio)이다. 예를 들어, 위의 식 (16.9.2)에 ζ_1, ζ_2를 가정한 후 적용하면, α, β를 다음과 같이 나타낼 수 있다.

$$\alpha = \frac{2\omega_1\omega_2}{\omega_2^2 - \omega_1^2}(\omega_2\zeta_1 - \omega_1\zeta_2) \qquad \beta = \frac{2}{\omega_2^2 - \omega_1^2}(\omega_2\zeta_2 - \omega_1\zeta_1) \tag{16.9.3}$$

$\beta = 0$일 때, $[C] = \alpha[M]$으로서 높은 모드는 약간만 감쇠를 받게 되고, $\alpha = 0$일 때, $[C] = \beta[K]$로 높은 모드는 강한 감쇠를 받게 된다. α, β를 얻어내기 위해서는 진동수를 얻어내기 위한 모드 해석 프로그램을 실행하여야 한다. 예를 들어, 양단 고정 보에서 처음 두 진동수는 $\omega_1 = 45.23$ rad/s, $\omega_3 = 120.16$ rad/s (ω_2, ω_3가 같으므로 ω_3를 사용하였다)이다. 여기서 약한 감쇠조건으로 가정하여($\zeta \le 0.05$) $\zeta_1 = \zeta_2 = 0.05$를 사용하였다. 이 값을 이용하여 식 (16.9.3)에 대입하여 $\alpha = 3.286$, $\beta = 0.000605$를 구하였다. 이 값들을 양단 고정 보의 감쇠 응답해석에서 5%의 감쇠가 고려되었을 때($\zeta = 0.05$)의 α와 β값으로 사용하였다.

그림 16-30(a)는 6개의 축 강체 요소로 이루어진 평면 프레임이 6번과 4번의 절점이 x방향으로 각각 $F(t)$와 $2F(t)$의 동적 하중을 받는 모습이다. $F(t)$에 대한 시간 변화는 그림 16-30(b)에 나타나 있으며, 부재는 단면적 30 in^2, 관성 모멘트 1000 in^4, 길이 $L = 50$ in., 힘 $F_1 = 10{,}000$ lb이 적용된다. 그림 16-31은 시간 0.035 s에서 최대의 응력을 받는 프레임을 보여주고 있다. 절점 6의 x방향으로의 최대 변위는 시간 0.035 s에서 0.1551 in.이다. 이 결괏값에 대

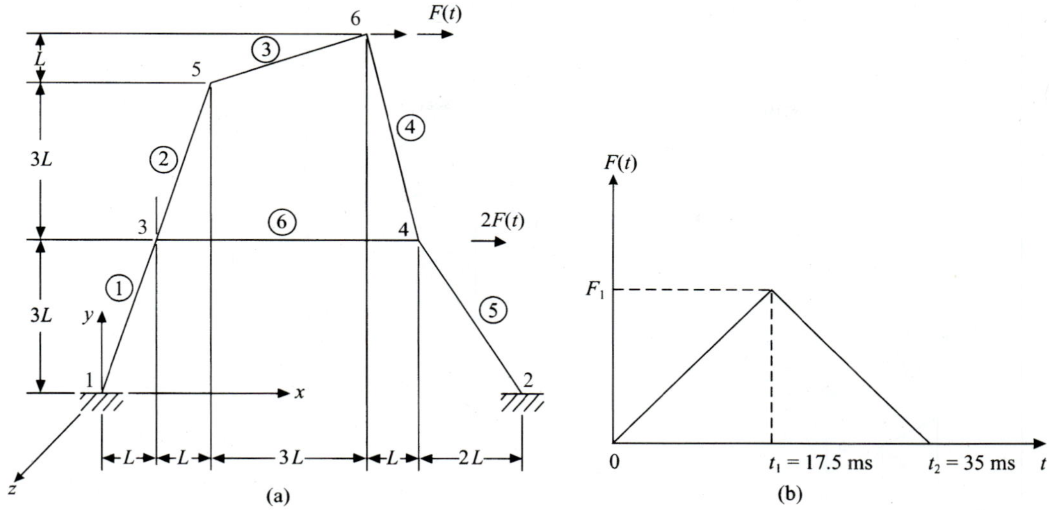

그림 16-30 • (a) 6개의 부재로 구성된 평면 프레임, (b) 동적 하중

해 참고문헌 [16]의 값과 면밀히 검토해볼 필요가 있다.

마지막으로, 그림 16-32(a)와 16-33(a)는 각각 그림 16-32(b)와 16-33(b)의 동적 하중을 받는 갠트리 크레인과 운전실 프레임의 모델을 보여주고 있다. 좀 더 자세한 해석 결과에 대해서는 참고문헌 [17~18]을 참고하기 바란다.

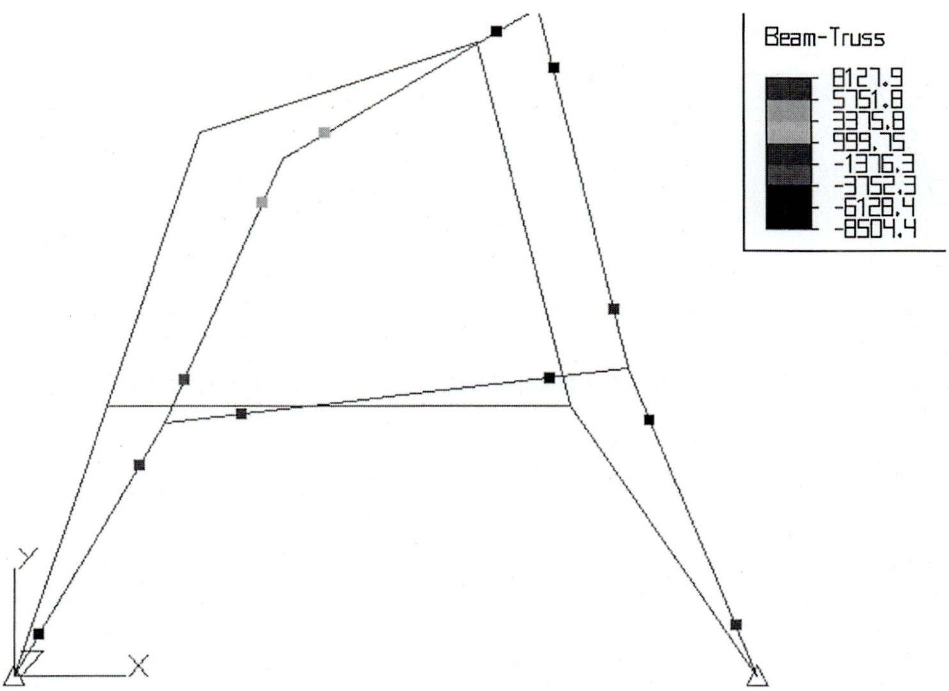

그림 16-31 • 시간 0.035초에서 최대 응력을 받는 경우의 변형된 형상

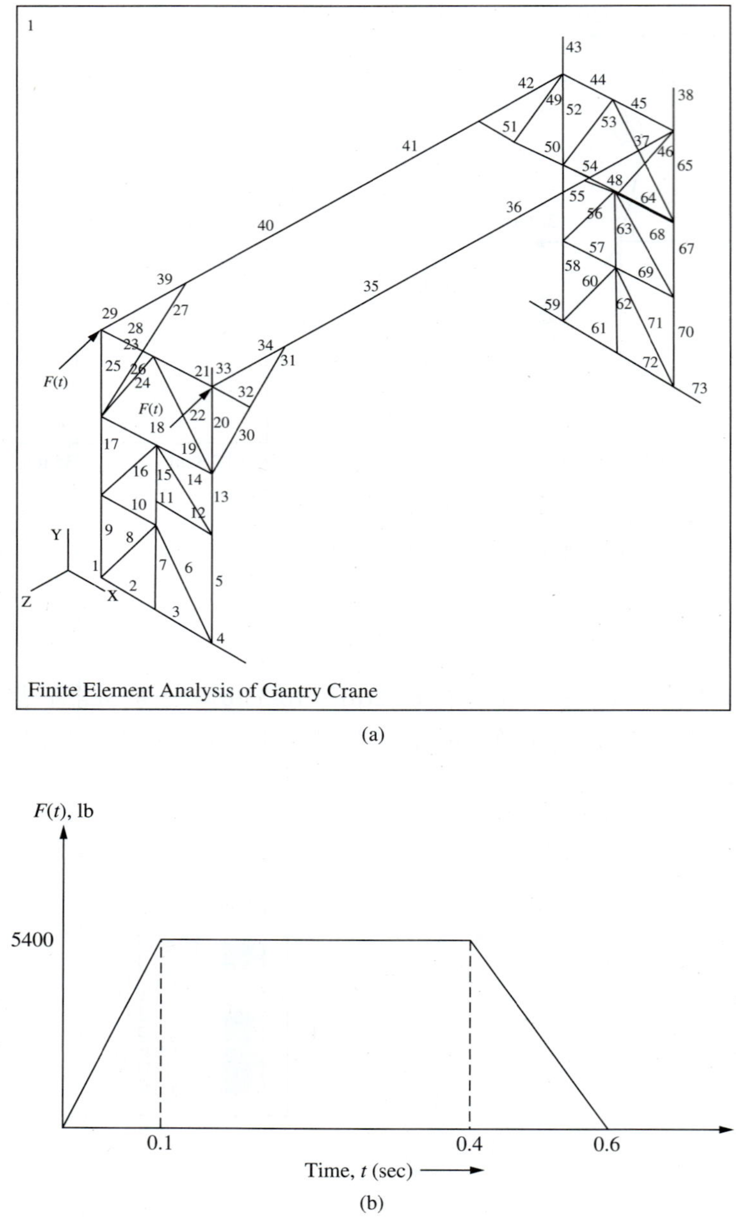

그림 16-32 • (a) 73개의 보 요소로 모델링한 갠트리 크레인, (b) 크레인의 윗면에 작용하는 사다리꼴 형상의 시간 의존성 하중[17]

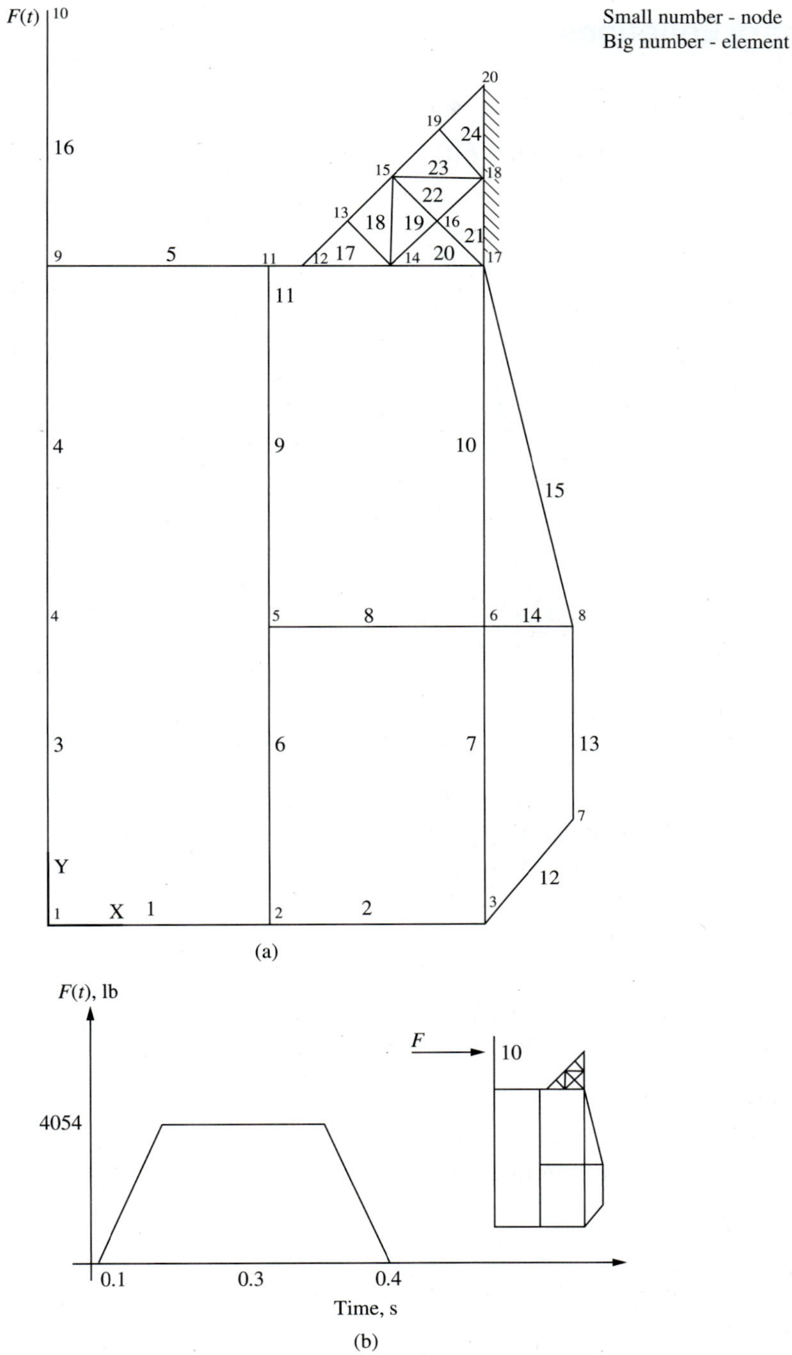

그림 16-33 • (a) 8개의 평판 요소(우측 위의 삼각형 요소)와 15개의 보 요소로 모델링된 운전실의 유한요소 모델, (b) 절점 10에 가해지는 사다리꼴 형상의 시간 의존형 하중[18]

식의 정리(Summary Equations)

스프링–질량 시스템의 운동방정식:

$$m\ddot{x} + kx = F(t) \tag{16.1.2}$$

고유 진동수:

$$\omega^2 = \frac{k}{m} \tag{16.1.3}$$

진동의 주기:

$$\tau = \frac{2\pi}{\omega} \tag{16.1.5}$$

봉의 강성행렬:

$$[k] = \frac{AE}{L}\begin{bmatrix} 1 & -1 \\ -1 & 1 \end{bmatrix} \quad (\text{columns } u_1, u_2) \tag{16.2.11}$$

봉의 집중 질량행렬:

$$[m] = \frac{\rho AL}{2}\begin{bmatrix} 1 & 0 \\ 0 & 1 \end{bmatrix} \quad (\text{columns } u_1, u_2) \tag{16.2.12}$$

봉의 일관 질량행렬:

$$[m] = \frac{\rho AL}{6}\begin{bmatrix} 2 & 1 \\ 1 & 2 \end{bmatrix} \tag{16.2.23}$$

전체좌표계에서의 운동방정식:

$$\{F(t)\} = [K]\{d\} + [M]\{\ddot{d}\} \tag{16.2.24}$$

속도과 가속도에 대한 중앙차분 수치적분식:

$$\{\dot{d}_i\} = \frac{\{d_{i+1}\} - \{d_{i-1}\}}{2\Delta t} \tag{16.3.1}$$

$$\{\ddot{d}_i\} = \frac{\{\dot{d}_{i+1}\} - \{\dot{d}_{i-1}\}}{2\Delta t} \tag{16.3.2}$$

중앙차분법(central difference method)에 대한 흐름도는 그림 16-6 참조.

수치적분을 위한 뉴마크 방정식:

$$\{\dot{d}_{i+1}\} = \{\dot{d}_i\} + (\Delta t)[(1-\gamma)\{\ddot{d}_i\} + \gamma\{\ddot{d}_{i+1}\}] \tag{16.3.9}$$

$$\{d_{i+1}\} = \{d_i\} + (\Delta t)\{\dot{d}_i\} + (\Delta t)^2[(\tfrac{1}{2}-\beta)\{\ddot{d}_i\} + \beta\{\ddot{d}_{i+1}\}] \tag{16.3.10}$$

뉴마크법에 대한 흐름도는 그림 16-8 참조

수치적분을 위한 윌슨 방정식:

$$\{\dot{d}_{i+1}\} = \{\dot{d}_i\} + \frac{\Theta\Delta t}{2}(\{\ddot{d}_{i+1}\} + \{\ddot{d}_i\}) \tag{16.3.15}$$

$$\{d_{i+1}\} = \{d_i\} + \Theta\Delta t\{\dot{d}_i\} + \frac{\Theta^2(\Delta t)^2}{6}(\{\ddot{d}_{i+1}\} + 2\{\ddot{d}_i\}) \tag{16.3.16}$$

고유 진동수를 결정하기 위한 행렬식:

$$|[K] - \omega^2 M| = 0 \tag{16.4.7}$$

중앙차분법 사용 시 추천하는 시간 간격:

$$\Delta t \le \frac{3}{4}\left(\frac{2}{\omega_{\max}}\right) \tag{16.5.1}$$

보 요소의 집중 질량행렬:

$$[m] = \frac{\rho AL}{2}\begin{matrix} v_1 & \phi_1 & v_2 & \phi_2 \end{matrix}\begin{bmatrix} 1 & 0 & 0 & 0 \\ 0 & 0 & 0 & 0 \\ 0 & 0 & 1 & 0 \\ 0 & 0 & 0 & 0 \end{bmatrix} \tag{16.6.1}$$

보 요소의 일정 질량행렬:

$$[m] = \frac{\rho AL}{420}\begin{matrix} v_1 & \phi_1 & v_2 & \phi_2 \end{matrix}\begin{bmatrix} 156 & 22L & 54 & -13L \\ 22L & 4L^2 & 13L & -3L^2 \\ 54 & 13L & 156 & -22L \\ -13L & -3L^2 & -22L & 4L^2 \end{bmatrix} \tag{16.6.5}$$

고전 보 이론 해에 근거한 보의 초기 고유 진동수:

양단 고정 보:

$$\omega = \frac{5.59}{L^2}\left(\frac{EI}{A\rho}\right)^{1/2} \tag{16.6.9}$$

외팔보:

$$\omega = \frac{3.516}{L^2}\left(\frac{EI}{A\rho}\right)^{1/2} \tag{16.6.20}$$

트러스 요소의 일정 질량행렬:

$$[m'] = \frac{\rho AL}{6}\begin{bmatrix} 2 & 0 & 1 & 0 \\ 0 & 2 & 0 & 1 \\ 1 & 0 & 2 & 0 \\ 0 & 1 & 0 & 2 \end{bmatrix} \quad (u_1',\ v_1',\ u_2',\ v_2') \tag{16.7.4}$$

트러스 요소의 집중 질량행렬:

$$[m'] = \frac{\rho AL}{2}\begin{bmatrix} 1 & 0 & 0 & 0 \\ 0 & 1 & 0 & 0 \\ 0 & 0 & 1 & 0 \\ 0 & 0 & 0 & 1 \end{bmatrix} \quad (u_1',\ v_1',\ u_2',\ v_2') \tag{16.7.5}$$

평면 프레임 요소의 일정 질량행렬:

$$[m'] = \rho AL\begin{bmatrix} 2/6 & 0 & 0 & 1/6 & 0 & 0 \\ & 156/420 & 22L/420 & 0 & 54/420 & -13L/420 \\ & & 4L^2/420 & 0 & 13L/420 & -3L^2/420 \\ & & & 2/6 & 0 & 0 \\ & & & & 156/420 & -22L/420 \\ \text{Symmetry} & & & & & 4L^2/420 \end{bmatrix} \quad (u_1',\ v_1',\ \phi_1',\ u_2',\ v_2',\ \phi_2') \tag{16.7.6}$$

평면 프레임 요소의 집중 질량행렬:

$$[m'] = \frac{\rho AL}{2}\begin{bmatrix} 1 & 0 & 0 & 0 & 0 & 0 \\ 0 & 1 & 0 & 0 & 0 & 0 \\ 0 & 0 & 0 & 0 & 0 & 0 \\ 0 & 0 & 0 & 1 & 0 & 0 \\ 0 & 0 & 0 & 0 & 1 & 0 \\ 0 & 0 & 0 & 0 & 0 & 0 \end{bmatrix} \quad (u_1',\ v_1',\ \phi_1',\ u_2',\ v_2',\ \phi_2') \tag{16.7.7}$$

일정 변형율 삼각형 요소의 일정 질량행렬:

$$
[m] = \frac{\rho t A}{12} \begin{bmatrix} 2 & 0 & 1 & 0 & 1 & 0 \\ & 2 & 0 & 1 & 0 & 1 \\ & & 2 & 0 & 1 & 0 \\ & & & 2 & 0 & 1 \\ & & & & 2 & 0 \\ \text{Symmetry} & & & & & 2 \end{bmatrix} \quad \begin{matrix} u_1 & v_1 & u_2 & v_2 & u_3 & v_3 \end{matrix} \tag{16.7.9}
$$

축대칭 요소의 일정 질량행렬:

$$
[m] = \frac{\pi\rho A}{10} \begin{bmatrix} \frac{4}{3}r_1 + 2\bar{r} & 0 & 2\bar{r} - \frac{r_3}{3} & 0 & 2\bar{r} - \frac{r_2}{3} & 0 \\ & \frac{4}{3}r_1 + 2\bar{r} & 0 & 2\bar{r} - \frac{r_3}{3} & 0 & 2\bar{r} - \frac{r_2}{3} \\ & & \frac{4}{3}r_2 + 2\bar{r} & 0 & 2\bar{r} - \frac{r_1}{3} & 0 \\ & & & \frac{4}{3}r_2 + 2\bar{r} & 0 & 2\bar{r} - \frac{r_1}{3} \\ & & & & \frac{4}{3}r_3 + 2\bar{r} & 0 \\ \text{Symmetry} & & & & & \frac{4}{3}r_3 + 2\bar{r} \end{bmatrix} \quad \begin{matrix} u_1 & w_1 & u_2 & w_2 & u_3 & w_3 \end{matrix} \tag{16.7.14}
$$

여기서 $\bar{r} = \dfrac{r_1 + r_2 + r_3}{3}$

사면체 솔리드 요소의 일정 질량행렬:

$$
[m] = \frac{\rho V}{20} \begin{bmatrix} 2 & 0 & 0 & 1 & 0 & 0 & 1 & 0 & 0 & 1 & 0 & 0 \\ & 2 & 0 & 0 & 1 & 0 & 0 & 1 & 0 & 0 & 1 & 0 \\ & & 2 & 0 & 0 & 1 & 0 & 0 & 1 & 0 & 0 & 1 \\ & & & 2 & 0 & 0 & 1 & 0 & 0 & 1 & 0 & 0 \\ & & & & 2 & 0 & 0 & 1 & 0 & 0 & 1 & 0 \\ & & & & & 2 & 0 & 0 & 1 & 0 & 0 & 1 \\ & & & & & & 2 & 0 & 0 & 1 & 0 & 0 \\ & & & & & & & 2 & 0 & 0 & 1 & 0 \\ & & & & & & & & 2 & 0 & 0 & 1 \\ & & & & & & & & & 2 & 0 & 0 \\ & & & & & & & & & & 2 & 0 \\ \text{Symmetry} & & & & & & & & & & & 2 \end{bmatrix} \quad \begin{matrix} u_1 & v_1 & w_1 & u_2 & v_2 & w_2 & u_3 & v_3 & w_3 & u_4 & v_4 & w_4 \end{matrix} \tag{16.7.15}
$$

열전달에 대한 1차원 봉 요소의 일정 질량행렬:

$$[m] = \frac{c\rho AL}{6}\begin{bmatrix} 2 & 1 \\ 1 & 2 \end{bmatrix} \quad (t_1 \; t_2) \tag{16.8.9}$$

열전달에 대한 1차원 봉 요소의 집중 질량행렬:

$$[m] = \frac{c\rho AL}{2}\begin{bmatrix} 1 & 0 \\ 0 & 1 \end{bmatrix} \quad (t_1 \; t_2) \tag{16.8.10}$$

전체좌표계에서의 시간 의존성 열전달 방정식:

$$\{F\} = [K]\{T\} + [M][\dot{T}] \tag{16.8.12}$$

열전달 문제에 있어 안정적인 수치 해석을 위한 시간 간격의 최대치 제한:

$$\Delta t = \frac{2}{(1 - 2\beta)\lambda_{\max}} \tag{16.8.17}$$

참고문헌

[1] Thompson, W. T., and Dahleh, *Theory of Vibrations with Applications*, 5th ed., Prentice-Hall, Englewood Cliffs, NJ, 1998.

[2] Archer, J. S., "Consistent Matrix Formulations for Structural Analysis Using Finite Element Techniques," *Journal of the American Institute of Aeronautics and Astronautics*, Vol. 3, No. 10, pp. 1910~1918, 1965.

[3] James, M. L., Smith, G. M., and Wolford, J. C., *Applied Numerical Methods for Digital Computation*, 3rd ed., Harper & Row, New York, 1985.

[4] Biggs, J. M., *Introduction to Structural Dynamics*, McGraw-Hill, New York, 1964.

[5] Newmark, N. M., "A Method of Computation for Structural Dynamics," *Journal of the Engineering Mechanics Division*, American Society of Civil Engineers, Vol. 85, No. EM3, pp. 67~94, 1959.

[6] Clark, S. K., *Dynamics of Continuous Elements*, Prentice-Hall, Englewood Cliffs, NJ, 1972.

[7] Bathe, K. J., *Finite Element Procedures in Engineering Analysis*, Prentice-Hall, Englewood Cliffs, NJ, 1982.

[8] Bathe, K. J., and Wilson, E. L., *Numerical Methods in Finite Element Analysis*, Prentice Hall, Englewood Cliffs, NJ, 1976.

[9] Fujii, H., "Finite Element Schemes: Stability and Convergence," *Advanced in Computational Methods in Structural Mechanics and Design*, J. T. Oden, R. W. Clough, and Y. Yamamoto, Eds., University of Alabama Press, Tuscaloosa, AL, pp. 201~218, 1972.

[10] Krieg, R. D., and Key, S. W., "Transient Shell Response by Numerical Time Integration," *International Journal of Numerical Methods in Engineering*, Vol. 17, pp. 236~286, 1973.

[11] Belytschko, T., "Transient Analysis," *Structural Mechanics Computer Programs, Surveys, Assessments, and Availability*, W. Pilkey, K. Saczalski, and H. Schaeffer, Eds., University of Virginia Press, Charlottesville, VA, pp. 255~276, 1974.

[12] Hughes, T. J. R., "Unconditionally Stable Algorithms for Nonlinear Heat Conduction," *Computational Methods in Applied Mechanical Engineering*, Vol. 10, No. 2, pp. 135~139, 1977.

[13] Hilber, H. M., Hughes, T. J. R., and Taylor, R. L., "Improved Numerical Dissipation for Time Inte-

gration Algorithms in Structural Dynamics," *Earthquake Engineering in structural Dynamics*, Vol. 5, No. 3, pp. 283~292, 1977.

[14] Paz, M., *Structural Dynamics Theory and Computation*, 3rd ed., Van Nostrand Reinhold, New York, 1991.

[15] Linear Stress and Dynamics Reference Division, Docutech On-line Documentation, Algor, Inc., Pittsburgh, PA, 1999.

[16] Weaver, W., Jr., and Johnston, P. R., *Structural Dynamics by Finite Elements*, Prentice-Hall Englewood Cliffs, NJ, 1987.

[17] Salemganesan, Hari, *Finite Element Analysis of a Gantry Crane*, M. S. Thesis, Rose-Hulman Institute of Technology, Terre Haute, IN, September 1992.

[18] Leong Cheow Fook, *The Dynamic Analysis of a Cab Using The Finite Element Method*, M. S. Thesis, Rose-Hulman Institute of Technology, Terre Haute, IN, January 1988.

연습문제

16.1 Determine the consistent-mass matrix for the one-dimensional bar discretized into two elements as shown in Figure P16−1. Let the bar have modulus of elasticity E, mass density ρ, and cross-sectional area A.

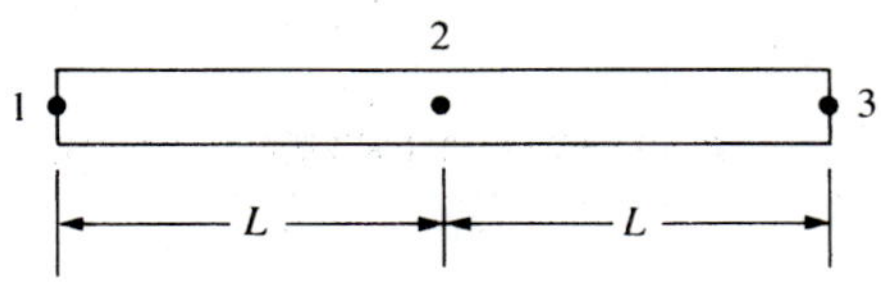

Figure P16-1 •

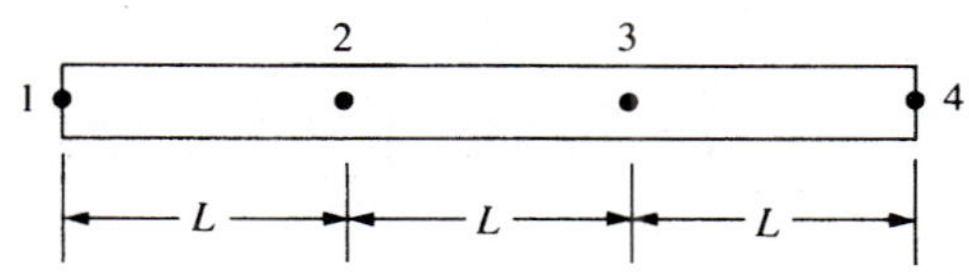

Figure P16-2 •

16.2 For the one-dimensional bar discretized into three elements as shown in Figure P16 −2, determine the lumped- and consistent-mass matrices. Let the bar properties be E, ρ, and A throughout the bar.

16.3 For the one-dimensional bar shown in Figure P16−3, determine the natural frequencies of vibration, ω's, using two elements of equal length. Use the consistent-mass approach. Let the bar have modulus of elasticity E, mass density ρ, and cross-sectional area A. Compare your answers to those obtained using a lumped-mass matrix in Example 16.3.

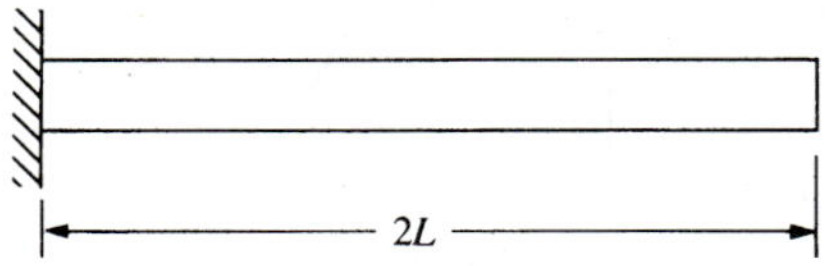

Figure P16-3 •

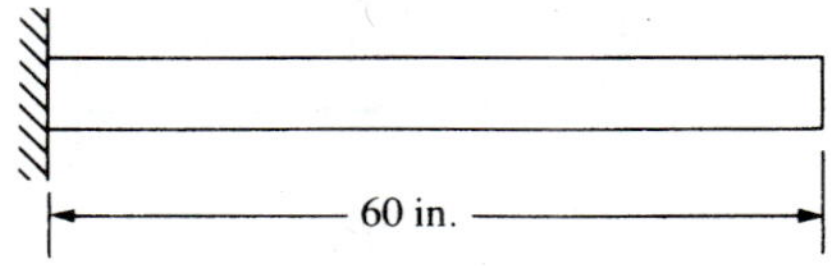

Figure P16-4 •

16.4 For the one-dimensional bar shown in Figure P16−4, determine the natural frequen cies of longitudinal vibration using first two and then three elements of equallength. Let the bar have $E = 30 \times 10^6$ psi, $\rho = 0.00073$ lb-s^2/in^4, $A = 1$ in^2, and $L = 60$ in.

16.5 For the spring-mass system shown in Figure P16−5, determine the mass displacement, velocity, and acceleration for five time steps using the central difference method. Let $k = 2000$ lb/ft and $m = 2$ slugs. Use a time step of $\Delta t = 0.03$ s. You might want to write a computer program to solve this problem.

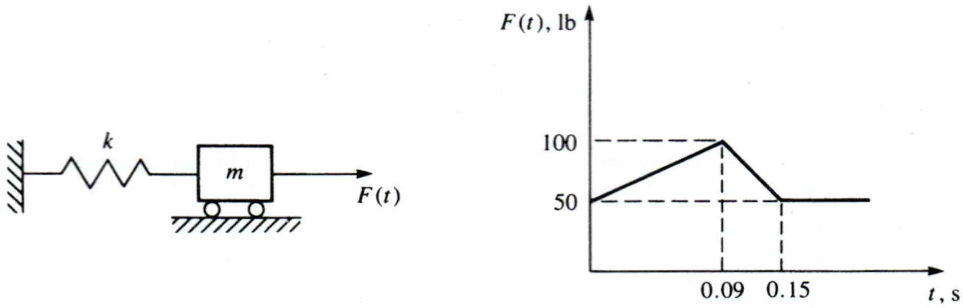

Figure P16-5 •

16.6 For the spring-mass system shown in Figure P16–6, determine the mass displacement, velocity, and acceleration for five time steps using (a) the central difference method, (b) Newmark 's time integration method, and (c) Wilson's method. Let $k = 1200$ lb/ft and $m = 2$ slugs.

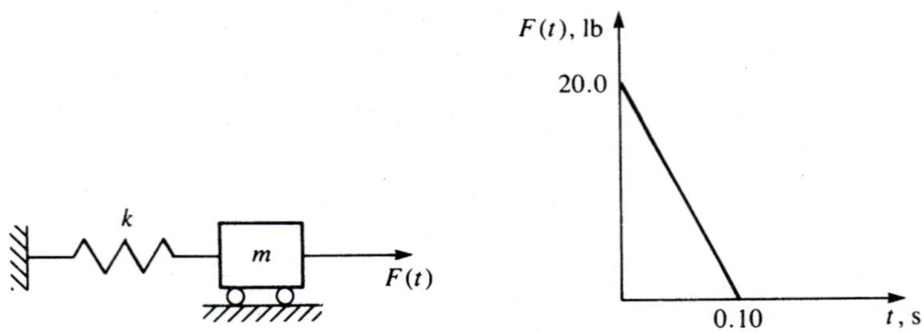

Figure P16-6 •

16.7 For the bar shown in Figure P16–7, determine the nodal displacements, velocities, and acce1erations for five time steps using two finite elements. Let $E = 30 \times 10^6$ psi, $\rho = 0.00073$ lb-s^2/in^4, $A = 1$ in^2, and $L = 100$ in. Use $\Delta t = 2.5 \times 10^{-4}$ s

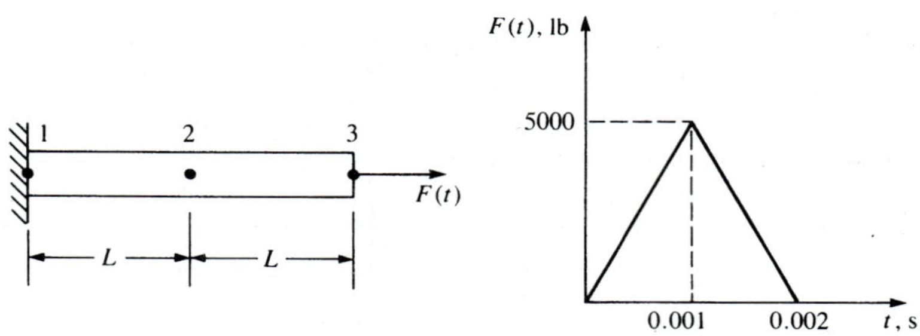

Figure P16-7 •

16.8 For the bar shown in Figure P16–8, determine the noda1 disp1acements, velocities, and acce1erations for five time steps using two finite elements. For simp1icity of ca1- culations, 1et $E = 1 \times 10^6$ psi, $\rho = 1$ 1b-s^2/in^4, $A = 1$ in^2, and $L = 100$ in. Use Newmark's method and Wilson's method. Use Δt=0.05 s.

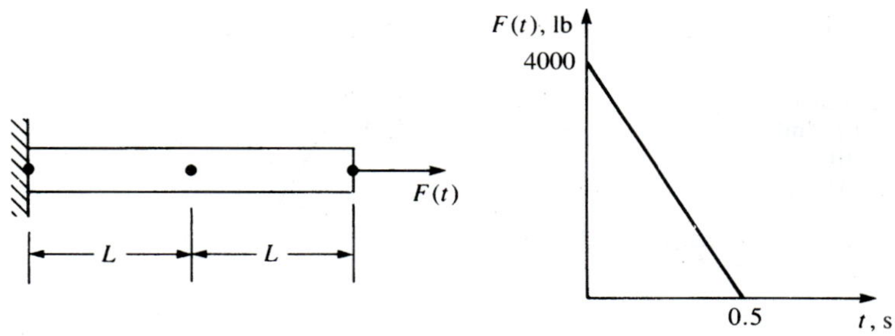

Figure P16-8 •

16.9, 16.10 Rework Problems 16.7 and 16.8 using a computer program.

16.11 For the beams shown in Figure P16–11, determine the natural frequencies using first two and then three elements. Let E, ρ, I, and A be constant for the beams.

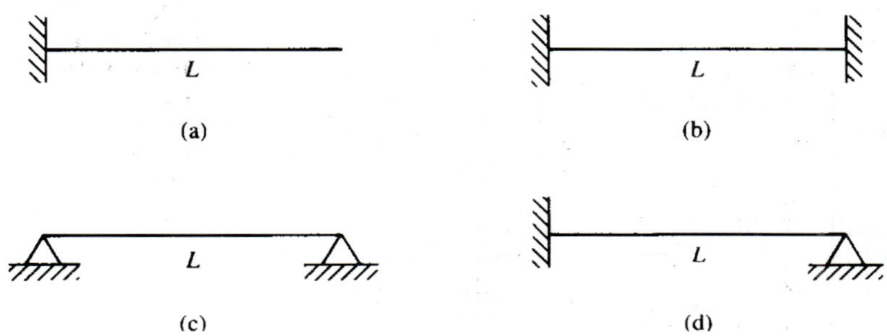

Figure P16-11 •

16.12 Rework Problem 16.11 using a computer program with $E = 3 \times 10^7$ psi, $\rho = 0.00073$ lb-s^2/in^4, $A = 1$ in^2, $L = 100$ in., and $I = .0833$ in^4.

16.13, 16.14 For the beams in Figures P16-13 and P16-14 subjected to the forcing functions shown, determine the maximum deflections, velocities, and accelerations. Use a computer program. Use $\alpha = 3.00$, $\beta = 0.001$, $\Delta t = 0.002$ s.

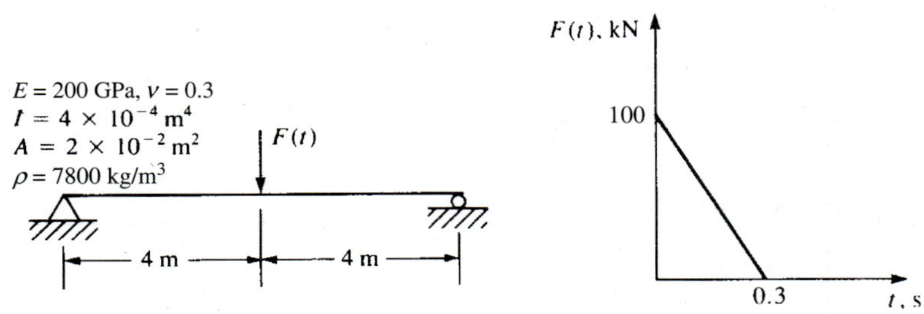

Figure P16-13 •

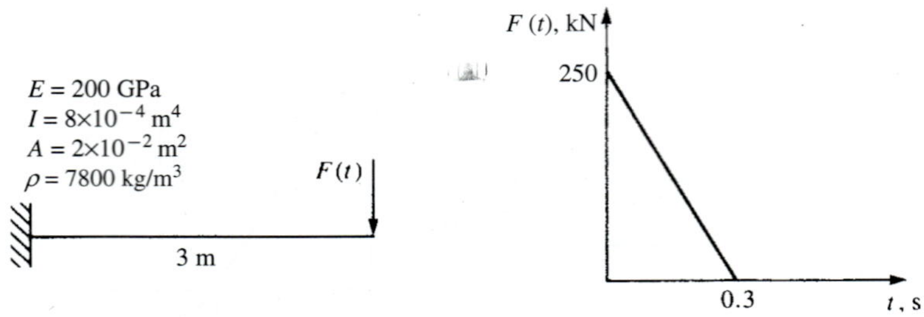

Figure P16-14 •

16.15, 16.16 For the rigid frames in Figures P16-15 and P16-16 subjected to the forcing functions shown, determine the maximum displacements, velocities, and accelerations. Use a computer program. Use $\alpha = 3.00$, $\beta = 0.001$, $\Delta t = 0.002$ s.

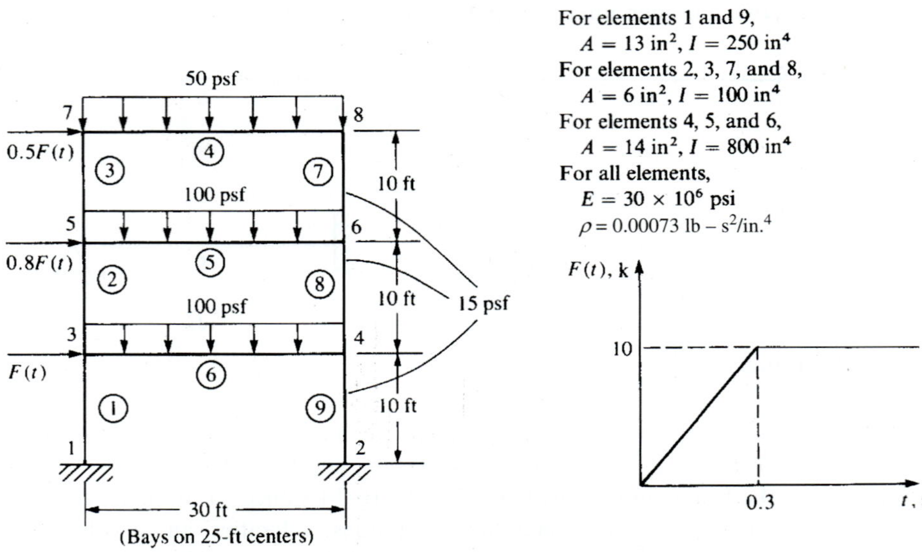

Figure P16-15 •

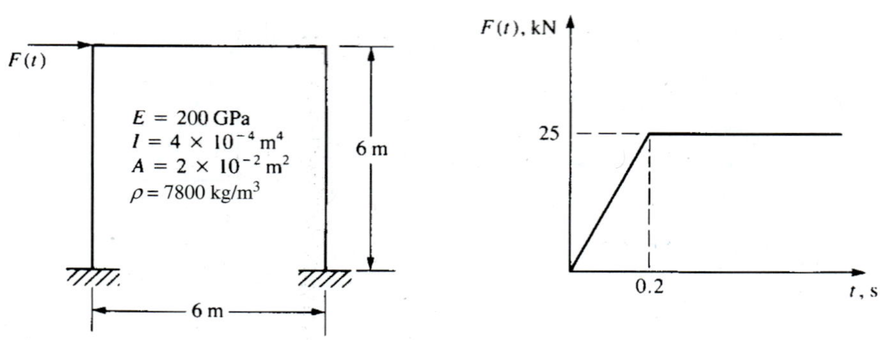

Figure P16-16 •

16.17 For the rigid frame shown, a motor is located on the horizontal member at its center. The motor imparts a driving frequency of 2000 rpm (33.4 Hz) to the structure. Determine the first 3 natural frequencies and animate the associated modes of vibration on your computer. Is this driving frequency acceptable? Then run a structural dynamics analysis using $F(t)$ shown. Use $E = 29 \times 10^6$ psi, $A = 60$ in^2, $I_3 = 500$ in^4, $S_3 = 100$ in^3, $\Delta t = 0.001$ s, $\alpha = 3.00$, and $\beta = 0.001$.

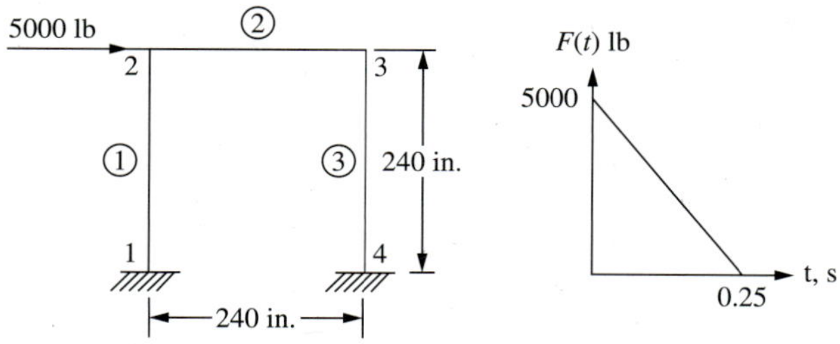

Figure P16-17 •

16.18 A marble slab with $k = 2$W/(m · °C), $\rho = 2500$ kg/m^3, and $c = 800$ W · s/(kg · °C) is 2 cm thick and at an initial uniform temperature of $T_i = 200$°C. The left surface is suddenly lowered to 0°C and is maintained at that temperature while the other surface is kept insulated. Determine the temperature distribution in the slab for 40 s. Use $\beta = \frac{2}{3}$ and a time step of 8 s.

16.19 A circular fin is made of pure copper with a thermal conductivity of $k = 400$ W/(m · °C), h=150 W/(m2 · °C), mass density $\rho = 8900$ kg/m^3, and specific heat $c = 375$ J/(kg · °C). The initial temperature of the fin is 25°C. The fin length is 2 cm and the diameter is 0.4 cm. The right tip of the fin is insulated. See Figure P16 −19. The base of the fin is then suddenly increased to a temperature of 85°C and maintained at this temperature. Use the lumped form of the capacitance matrix, a time step of 0.1 s, and $\beta = \frac{2}{3}$. Use two elements of equal length. Determine the temperature distribution up to 3 s. Compare your results with Example 16.7, which used the consistent form of the capacitance matrix.

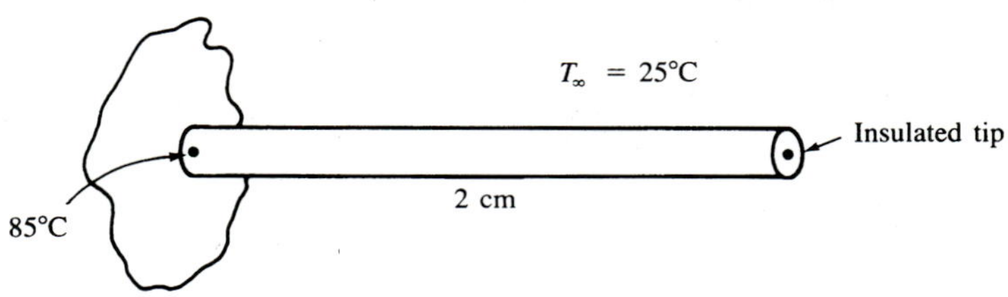

Figure P16-19 •

16.20, 16.21 Rework Problems 16.18 and 16.19 using a computer program.

APPENDIX

A

행렬 대수

개요

부록 A에서는 행렬 대수(matrix algebra)에 대해 소개한다. 이 책에서 사용된 행렬 대수 개념을 적절히 이해하기 위해 유한요소법 개념과 연계하여 설명할 것이다.

A.1 | 행렬의 정의

행렬은 m개의 행과 n개의 열로 이루어진 $m \times n$ 배열(*array*)이다. 그래서 행렬은 $m \times n$ 차수를 가진다고 일컫는다. 식 (A.1.1)은 m행과 n열을 가진 행렬을 나타낸다.

$$[a] = \begin{bmatrix} a_{11} & a_{12} & a_{13} & a_{14} & \cdots & a_{1n} \\ a_{21} & a_{22} & a_{23} & a_{24} & \cdots & a_{2n} \\ a_{31} & a_{32} & a_{33} & a_{34} & \cdots & a_{3n} \\ \vdots & \vdots & \vdots & \vdots & & \vdots \\ a_{m1} & a_{m2} & a_{m3} & a_{m4} & \cdots & a_{mn} \end{bmatrix} \tag{A.1.1}$$

만약 행렬 식 (A.1.1)에서 $m \neq n$이면, 이 행렬은 **사각행렬**이라 불린다. 만약 $m = 1$이고 $n > 1$이면, 식 (A.1.1)의 요소들은 한 행을 이루게 되고 **행행렬(row matrix)**로 불린다. 만약 $m > 1$, $n = 1$이면, **열행렬(column matrix)**로 불린다. 그리고 만약 $m = n$이면, **정방행렬(square matrix)**로 불린다. 행행렬과 사각행렬은 [ ]를 사용하여 표시하고, 열행렬은 { }를 사용하여 표시한다. 그리고 모든 행렬(열행렬, 행행렬, 정방행렬 등등)은 변수를 [ ]나 { }로 둘러싸지 않고 변수의 밑에 선을 그음으로써 행렬임을 표시한다. 그러므로 행렬의 차수(order of the matrix)는 그 행렬이 어디에 사용되는지를 알면 명확해진다. 구조해석에 사용되는 하중행렬(force matrix)과 변위행렬은 열행렬이고, 강성행렬은 정방행렬이다.

행렬 $[a]$의 원소를 나타내기 위해 a_{ij}로 표기한다. 여기서 아래첨자 i와 j는 각각 그 원소의 행과 열을 나타낸다. 그러므로 행렬을 다음과 같이 달리 쓸 수 있다.

$$[a] = [a_{ij}] \tag{A.1.2}$$

실제 수치를 가진 여러 종류의 행렬의 예는 식 (A.1.3)~(A.1.6)에 있다. 사각행렬 $[a]$는 다음과 같다.

$$[a] = \begin{bmatrix} 2 & 1 \\ 3 & 4 \\ 5 & 4 \end{bmatrix} \tag{A.1.3}$$

여기서 $[a]$는 세 개의 행과 두 개의 열을 가지고 있다. 식 (A.1.1)의 행렬 $[a]$에서 만약 $m = 1$이면 다음과 같이 행행렬(row matrix)이 된다.

$$[a] = [2 \quad 3 \quad 4 \quad -1] \tag{A.1.4}$$

만약 $n = 1$이면, 식 (A.1.1)은 열행렬이 된다. 즉,

$$[a] = \begin{Bmatrix} 2 \\ 3 \end{Bmatrix} \tag{A.1.5}$$

이다. 만약 $m = n$이면, 식 (A.1.1)은 다음과 같은 정방행렬(square matrix)이다.

$$[a] = \begin{bmatrix} 2 & -1 \\ 3 & -2 \end{bmatrix} \tag{A.1.6}$$

행렬과 행렬 표기법은 대수방정식을 간결한 형태로 표시할 수 있게 해주며, 또한 유한요소 정식화에 자주 사용된다. 행렬 표기법은 문제의 해를 간단히 표기하기 위해서도 사용된다.

A.2 | 행렬의 연산

이제 이 책에서 사용된 일반적인 행렬의 연산에 대해 알아보기로 하자.

행렬의 스칼라곱

만약 스칼라 k와 행렬 $[c]$가 있을 때, 그 곱 $[a] = k[c]$은 다음과 같다.

$$[a_{ij}] = k[c_{ij}] \tag{A.2.1}$$

즉, 행렬 $[c]$의 각 원소를 스칼라 k와 곱한다. 예를 들면, 다음의 경우를 생각해 보자.

$$[c] = \begin{bmatrix} 1 & 2 \\ 3 & 1 \end{bmatrix} \qquad k = 4$$

행렬과 스칼라의 곱 $[a] = k[c]$는 다음과 같다.

$$[a] = 4\begin{bmatrix} 1 & 2 \\ 3 & 1 \end{bmatrix} = \begin{bmatrix} 4 & 8 \\ 12 & 4 \end{bmatrix}$$

만약 행렬 $[c]$가 $m \times n$ 행렬이면, $[a]$도 역시 $m \times n$ 행렬이다.

행렬의 덧셈

같은 차수의 행렬이 있을 때, 각각 같은 위치에 있는 원소를 더함으로써 행렬을 더한다. 뺄셈도 마찬가지 방법으로 한다. 차수가 같지 않은 행렬은 서로 더하거나 뺄 수 없다. 같은 차수의 행렬을 더할 때, 그 순서를 바꾸어도 상관없다[덧셈에 대한 교환법칙(commutative law)이 성립함]. 즉,

$$[c] = [a] + [b] = [b] + [a] \tag{A.2.2}$$

가 되며, 첨자 표기법으로는 다음과 같다.

$$[c_{ij}] = [a_{ij}] + [b_{ij}] = [b_{ij}] + [a_{ij}] \tag{A.2.3}$$

실제 예를 들어보자.

$$[a] = \begin{bmatrix} -1 & 2 \\ -3 & 2 \end{bmatrix} \qquad [b] = \begin{bmatrix} 1 & 2 \\ 3 & 1 \end{bmatrix}$$

두 행렬의 합 $[a] + [b] = [c]$는 다음과 같다.

$$[c] = \begin{bmatrix} -1 & 2 \\ -3 & 2 \end{bmatrix} + \begin{bmatrix} 1 & 2 \\ 3 & 1 \end{bmatrix} = \begin{bmatrix} 0 & 4 \\ 0 & 3 \end{bmatrix}$$

행렬 $[a]$, $[b]$, $[c]$은 모두 같은 차수임을 다시 한 번 유의하기 바란다. 예를 들면, 2×2 행렬은 절대 3×3 행렬과 더할 수 없다.

행렬의 곱셈

식 (A.2.4)와 같은 순서로 행렬 $[a]$와 $[b]$를 곱하기 위해서는 $[a]$의 열의 수와 $[b]$의 행의 수가 반드시 같아야 한다. 예를 들어, 다음의 경우를 생각해 보자.

$$[c] = [a][b] \tag{A.2.4}$$

만약 $[a]$가 $m \times n$ 행렬이면, $[b]$는 반드시 n개의 행을 가지고 있어야 한다. 첨자 표기법을 사용하면 행렬 $[a]$와 $[b]$의 곱을 다음과 같이 쓸 수 있다.

$$[c_{ij}] = \sum_{e=1}^{n} a_{ie} b_{ej} \tag{A.2.5}$$

여기서 n은 행렬 $[a]$의 전체 열의 개수 혹은 행렬 $[b]$의 전체 행의 개수이다. 2×2 행렬 $[a]$와 2×2 행렬 $[b]$를 곱하면 다음을 얻는다.

$$[c_{ij}] = \begin{bmatrix} a_{11}b_{11} + a_{12}b_{21} & a_{11}b_{12} + a_{12}b_{22} \\ a_{21}b_{11} + a_{22}b_{21} & a_{21}b_{12} + a_{22}b_{22} \end{bmatrix} \tag{A.2.6}$$

예를 들어, 다음과 같은 행렬이 있을 때,

$$[a] = \begin{bmatrix} 2 & 1 \\ 3 & 2 \end{bmatrix} \qquad [b] = \begin{bmatrix} 1 & -1 \\ 2 & 0 \end{bmatrix}$$

$[a]$와 $[b]$의 곱은 다음과 같다.

$$[a][b] = \begin{bmatrix} 2(1) + 1(2) & 2(-1) + 1(0) \\ 3(1) + 2(2) & 3(-1) + 2(0) \end{bmatrix} = \begin{bmatrix} 4 & -2 \\ 7 & -3 \end{bmatrix}$$

일반적으로 행렬의 곱셈에 대해서는 교환법칙이 성립하지 않는다. 즉,

$$[a][b] \neq [b][a] \tag{A.2.7}$$

가 된다. 그리고 두 행렬을 곱할 수 있는지 없는지는 다음과 같은 방법으로 쉽게 확인해 볼 수 있다.

$$\underset{(i \times e)}{[a]} \; \underset{(e \times j)}{[b]} = \underset{(i \times j)}{[c]} \tag{A.2.8}$$

여기서 곱셈의 결과로 나오는 행렬 $[c]$는 $i \times j$ 행렬이 된다. 즉, 행렬 $[a]$와 같은 수의 행과 행렬 $[b]$와 같은 수의 열을 갖는다.

전치행렬

어떠한 행렬에 대해서도 사각행렬이든 열행렬이든 전치행렬(transpose of a matrix)로 바꿀 수 있다. 이 연산은 방정식을 유한요소 정식화할 때 자주 사용된다. $[a]$의 전치행렬은 일반적으로 $[a]^T$로 표기된다. 위첨자 T는 이 책에서 전치행렬을 나타낸다. 전치행렬은 행렬의 행과 열을 서로 바꿈으로써 얻을 수 있다. 즉, 첫 번째 행이 첫 번째 열이 되고, 두 번째 행이 두 번째 열이 되는 것처럼 전체가 맞바뀐다. 행렬 $[a]$의 전치행렬은

$$[a_{ij}] = [a_{ji}]^T \tag{A.2.9}$$

예를 들어,

$$[a] = \begin{bmatrix} 2 & 1 \\ 3 & 2 \\ 4 & 5 \end{bmatrix}$$

라고 하자. 이때 전치행렬은

$$[a]^T = \begin{bmatrix} 2 & 3 & 4 \\ 1 & 2 & 5 \end{bmatrix}$$

이다. 여기서 $[a]$의 전치행렬을 구하기 위해 행과 열을 맞바꾸었다.

전치행렬에 관한 중요한 성질이 있다. 즉,

$$([a][b])^T = [b]^T[a]^T \tag{A.2.10}$$

행렬 $[a]$, $[b]$의 곱의 전치행렬은 뒤쪽에 있는 행렬 $[b]$의 전치행렬과 행렬 $[a]$의 전치행렬과의 곱과 같다. 이때 처음 행렬의 차수를 전치행렬로 바꾼 후에도 행렬의 곱셈 법칙 식 (A.2.8)에 어긋나지 않는 것이어야 하는데, 일반적으로 이 성질은 어떤 개수의 행렬의 곱에 대해서도 성립한다. 즉,

$$([a][b][c]\ldots[k])^T = [k]^T\ldots[c]^T[b]^T[a]^T \qquad \text{(A.2.11)}$$

가 된다. 특히 행행렬의 전치행렬은 열행렬임에 유의하기 바란다.

식 (A.2.10)의 계산 예를 보면,

$$[a] = \begin{bmatrix} 1 & 2 \\ 3 & 4 \end{bmatrix} \qquad [b] = \begin{Bmatrix} 5 \\ 6 \end{Bmatrix}$$

우선 두 행렬의 곱은

$$[a][b] = \begin{bmatrix} 1 & 2 \\ 3 & 4 \end{bmatrix}\begin{Bmatrix} 5 \\ 6 \end{Bmatrix} = \begin{Bmatrix} 17 \\ 39 \end{Bmatrix}$$

그리고 그것의 전치행렬은

$$([a][b])^T = [17 \quad 39] \qquad \text{(A.2.12)}$$

가 되며, $[b]^T$와 $[a]^T$가 행렬의 곱셈 법칙에 따라 서로 곱할 수 있으므로

$$[b]^T[a]^T = [5 \quad 6]\begin{bmatrix} 1 & 3 \\ 2 & 4 \end{bmatrix} = [17 \quad 39] \qquad \text{(A.2.13)}$$

가 된다. 식 (A.2.12)와 (A.2.13)을 비교하면 (이 경우에 대해서) 식 (A.2.10)이 성립함을 알 수 있다. 식 (A.2.10)이 모든 경우에 대해 성립함을 증명하는 것은 독자들의 재량에 맡긴다.

대칭행렬

만약 정방행렬이 자신의 전치행렬과 같다면, 그 행렬은 **대칭행렬(symmetric matrix)**로 불린다. 만약

$$[a] = [a]^T$$

일 때, $[a]$는 대칭행렬이다. 예로서,

$$[a] = \begin{bmatrix} 3 & 1 & 2 \\ 1 & 4 & 0 \\ 2 & 0 & 3 \end{bmatrix} \qquad \text{(A.2.14)}$$

의 행렬은 대칭행렬이다. 왜냐하면 각 원소 a_{ij}는 $i \neq j$일 때, 원소 a_{ij}와 같기 때문이다. 식 (A.2.14)에서, 왼쪽 위에서부터 오른쪽 아래까지의 주 대각선이 대칭행렬 $[a]$의 대칭축임을 유의하기 바란다. 또한 정방행렬만이 대칭행렬이 될 수 있다는 것도 잊지 말기 바란다.

단위행렬

단위(unit or identity)행렬 $[I]$는 다음과 같은 행렬이다.

$$[a][I] = [I][a] = [a] \qquad \text{(A.2.15)}$$

단위행렬은 행렬 연산에서 실수 1의 경우와 같은 성질을 갖는다. 단위행렬은 차수가 어떻든지 간에 반드시 대각선이 1이고 다른 원소는 모두 0인 정방행렬이어야 한다. 예를 들어, 3 × 3 단위행렬은 다음과 같다.

$$[I] = \begin{bmatrix} 1 & 0 & 0 \\ 0 & 1 & 0 \\ 0 & 0 & 1 \end{bmatrix}$$

역행렬

역행렬(inverse of matrix)은 다음과 같은 성질을 갖는 행렬이다.

$$[a]^{-1}[a] = [a][a]^{-1} = [I] \tag{A.2.16}$$

여기서 위첨자 -1은 $[a]^{-1}$이 $[a]$의 역(inverse)이 됨을 나타낸다. 역행렬의 성질과 그 행렬식(determinant)을 구하는 방법은 A.3절에서 다룬다.

직교행렬

직교행렬(orthogonal matrix) $[T]$는 다음과 같은 행렬이다.

$$[T]^T[T] = [T][T]^T = [I] \tag{A.2.17}$$

그러므로 직교행렬일 때는 다음과 같은 관계가 성립된다.

$$[T]^{-1} = [T]^T \tag{A.2.18}$$

직교행렬은 종종 **변환**(*transformation*)행렬, **회전**(*rotation*)행렬 $[T]$로 사용된다. 2차원에서 변환행렬은 한 좌표계에서 다른 좌표계로의 성분 벡터의 변환과 관계가 있다, 예를 들어, 한 요소의 변위(혹은 힘)를 벡터 $\bar{\mathbf{d}}$ 나타낼 때, x-y 좌표계에서 표현된 성분을 x'-y' 좌표계에서의 성분으로 표현하려고 한다(그림 A-1, 3.3절 참조). 이를 식으로 나타내면 다음과 같다.

$$\{d'\} = [T]\{d\} \tag{A.2.19}$$

또는

$$\begin{Bmatrix} d'_x \\ d'_y \end{Bmatrix} = \begin{bmatrix} \cos\theta & \sin\theta \\ -\sin\theta & \cos\theta \end{bmatrix} \begin{Bmatrix} d_x \\ d_y \end{Bmatrix} \tag{A.2.20}$$

여기서 $[T]$는 식 (A.2.20)의 우측 항의 정방행렬이다.

직교행렬의 또 다른 활용은 요소에서의 국부 강성행렬(local stiffness matrix)을 전체 강성행렬(global stiffness matrix)로의 변환에 사용한다. 요소에서 국부 강성행렬 $[k']$가 임의의 평면 x-y 위에 위치하고 있을 때,

$$[k] = [T]^T[k'][T] = [T]^{-1}[k'][T] \tag{A.2.21}$$

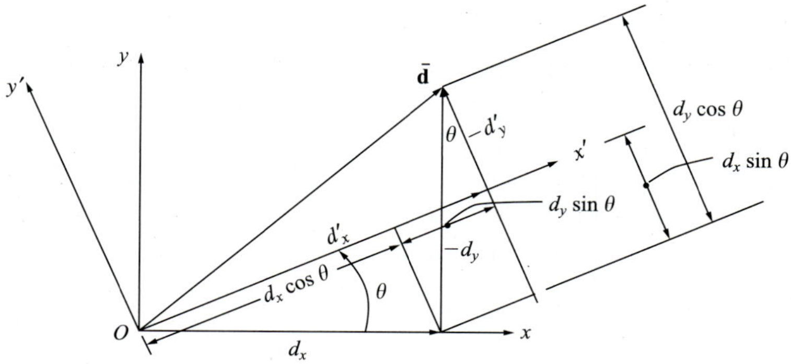

그림 A-1 • x-y와 x'-y' 좌표계에서 벡터의 성분

식 (A.2.21)과 같이 평면 x-y에서의 강성행렬 $[k]$를 표현할 수 있다.

$[T]$에 대한 더 많은 검토를 위해, $[T]$의 삼각함수 성분을 살펴보도록 한다. 이는 x-y축에 관계된 선분 Ox'와 Oy'의 방향 코사인으로 해석될 수 있다. 식 (A.2.20)에서 Ox' 혹은 d'_x를 살펴보면

$$[t_{11} \quad t_{12}] = [\cos\theta \quad \sin\theta] \tag{A.2.22}$$

로 나타낼 수 있고, Oy' 혹은 d'_y에 대해 살펴보면 다음과 같다.

$$[t_{21} \quad t_{22}] = [-\sin\theta \quad \cos\theta] \tag{A.2.23}$$

단위 벡터 $\mathbf{i}$와 $\mathbf{j}$를 단위 벡터 $\mathbf{i}'$와 $\mathbf{j}'$에 대해 표현할 수 있다[식 (A.2.24)의 증명과 3.3절을 참조].

$$\begin{aligned} \mathbf{i}' &= \mathbf{i}\cos\theta + \mathbf{j}\sin\theta \\ \mathbf{j}' &= -\mathbf{i}\sin\theta + \mathbf{j}\cos\theta \end{aligned} \tag{A.2.24}$$

그리고

$$t_{11}^2 + t_{12}^2 = 1 \qquad t_{21}^2 + t_{22}^2 = 1 \tag{A.2.25}$$

벡터 $\mathbf{i}'$와 $\mathbf{j}'$는 직교이므로, 내적을 취하면

$$[t_{11}\mathbf{i} + t_{12}\mathbf{j}] \cdot [t_{21}\mathbf{i} + t_{22}\mathbf{j}]$$

또는

$$t_{11}t_{21} + t_{12}t_{22} = 0 \tag{A.2.26}$$

로 나타낼 수 있다.

$[T]$는 직교행렬이므로 $[T]^T\,[T] = [T][T]^T = [I]$와 같이 나타낼 수 있다. 이때 전치행렬은 역행렬이므로 다음과 같이 표현할 수 있다.

$$[T]^T = [T]^{-1} \tag{A.2.27}$$

행렬의 미분

행렬의 각 원소를 일반적인 방법으로 각각 미분하는 것을 행렬의 미분이라 한다. 예를 들면, 다음과 같은 행렬이 있을 때,

$$[a] = \begin{bmatrix} x^3 & 2x^2 & 3x \\ 2x^2 & x^4 & x \\ 3x & x & x^5 \end{bmatrix} \tag{A.2.28}$$

도함수 $d[a]/dx$는 다음과 같다.

$$\frac{d[a]}{dx} = \begin{bmatrix} 3x^2 & 4x & 3 \\ 4x & 4x^3 & 1 \\ 3 & 1 & 5x^4 \end{bmatrix} \tag{A.2.29}$$

마찬가지로, 행렬의 편미분 도함수(partial derivative)는 다음과 같다.

$$\frac{\partial[b]}{\partial x} = \frac{\partial}{\partial x}\begin{bmatrix} x^2 & xy & xz \\ xy & y^2 & yz \\ xz & yz & z^2 \end{bmatrix} = \begin{bmatrix} 2x & y & z \\ y & 0 & 0 \\ z & 0 & 0 \end{bmatrix} \tag{A.2.30}$$

구조해석 이론에서, 종종 다음과 같은 식을 미분한다.

$$U = \frac{1}{2}[x \;\; y]\begin{bmatrix} a_{11} & a_{12} \\ a_{12} & a_{22} \end{bmatrix}\begin{Bmatrix} x \\ y \end{Bmatrix} \tag{A.2.31}$$

여기서 U는 봉의 변형 에너지를 나타낸다. 식 (A.2.31)은 2차 형식으로 알려져 있다. 식 (A.2.31)의 곱셈을 실행하면 다음과 같다.

$$U = \frac{1}{2}(a_{11}x^2 + 2a_{12}xy + a_{22}y^2) \tag{A.2.32}$$

U를 미분하면,

$$\begin{aligned} \frac{\partial U}{\partial x} &= a_{11}x + a_{12}y \\ \frac{\partial U}{\partial y} &= a_{12}x + a_{22}y \end{aligned} \tag{A.2.33}$$

위의 식 (A.2.33)을 행렬 형태로 바꾸면,

$$\begin{Bmatrix} \dfrac{\partial U}{\partial x} \\ \dfrac{\partial U}{\partial y} \end{Bmatrix} = \begin{bmatrix} a_{11} & a_{12} \\ a_{12} & a_{22} \end{bmatrix}\begin{Bmatrix} x \\ y \end{Bmatrix} \tag{A.2.34}$$

식 (A.2.31)을 일반적인 형태로 다시 쓰면,

$$U = \frac{1}{2}\{X\}^T[a]\{X\} \tag{A.2.35}$$

식 (A.2.31)과 (A.2.35)를 비교하면, 다음을 알 수 있다.

$$\frac{\partial U}{\partial X_i} = [a]\{X\} \tag{A.2.36}$$

여기서 X_i는 x와 y를 나타낸다. 식 (A.2.35)의 행렬 $[a]$가 대칭행렬이어야 식 (A.2.36)이 성립한다.

행렬의 적분

행렬의 미분에서처럼 각 원소를 각각 통상적인 방법으로 적분하는 것을 행렬의 적분이라 한다. 예를 들어, 다음과 같은 행렬이 있을 때,

$$[a] = \begin{bmatrix} 3x^2 & 4x & 3 \\ 4x & 4x^3 & 1 \\ 3 & 1 & 5x^4 \end{bmatrix}$$

위 행렬 $[a]$의 적분은 다음과 같다.

$$\int [a]dx = \begin{bmatrix} x^3 & 2x^2 & 3x \\ 2x^2 & x^4 & x \\ 3x & x & x^5 \end{bmatrix}$$

이 책에서 다루는 유한요소 정식화 과정에서, 종종 다음과 같은 적분 과정을 실행한다.

$$\iint \{X\}^T[A]\{X\}\, dx\, dy \tag{A.2.37}$$

여기서 $\{X\}$는 열벡터이며, 계산결과는 스칼라이다. $\{X\}^T[A]\{X\}$의 형태는 또한 2차 형식으로 불린다. 예를 들어,

$$[A] = \begin{bmatrix} 9 & 2 & 3 \\ 2 & 8 & 0 \\ 3 & 0 & 5 \end{bmatrix} \qquad [X] = \begin{Bmatrix} x_1 \\ x_2 \\ x_3 \end{Bmatrix}$$

그러므로

$$\begin{aligned} \{X\}^T[A]\{X\} &= [x_1\ x_2\ x_3]\begin{bmatrix} 9 & 2 & 3 \\ 2 & 8 & 0 \\ 3 & 0 & 5 \end{bmatrix}\begin{Bmatrix} x_1 \\ x_2 \\ x_3 \end{Bmatrix} \\ &= 9x_1^2 + 4x_1x_2 + 6x_1x_3 + 8x_2^2 + 5x_3^2 \end{aligned}$$

위의 식은 2차 식으로 기술되어 있다.

A.3 | 여인수법 혹은 수반법에 의한 역행렬 계산

이제 역행렬을 구하는 방법을 알아보기로 하자. 이 방법은 작은 차수의 행렬(4 × 4 혹은 그보다 적은 행렬에 적합한)의 역행렬을 손으로 계산해서 구할 때 매우 편리하다. 역행렬을 구하려면 행렬 $[a]$는 반드시 정방행렬이어야 한다.

먼저 행렬식(determinant)을 정의하여야 한다. 여인수법으로 역행렬을 구할 때 이 개념은 필수적 이다. **행렬식**은 다음과 같이 표현되는 스칼라이다.

$$|[a]| = |[a_{ij}]| \tag{A.3.1}$$

여기서 행렬의 양쪽에 있는 두 개의 수직 기호 | |는 행렬식을 나타낸다. 행렬의 행렬식은 하나의 수치값을 갖는다.

행렬 $[a]$의 행렬식을 구하기 위해 우선 $[a_{ij}]$의 여인수들(cofactors)을 구해야 한다. $[a_{ij}]$의 여인 수는 다음과 같다.

$$C_{ij} = (-1)^{i+j}\ |[d]| \tag{A.3.2}$$

여기서 행렬 $[d]$는 행렬 $[a_{ij}]$의 첫째 소행렬식(*first minor*)이라 불리는데, 행렬 $[a]$에서 i행과 j열을 제외한 행렬이다. $[a]$의 역행렬은 다음과 같다.

$$[a]^{-1} = \frac{[C]^T}{|[a]|} \tag{A.3.3}$$

여기서 $[C]$는 **여인수 행렬(cofactor matrix)**이고 $|[a]|$는 $[a]$의 행렬식이다. 여인수법을 이용하여 다음과 같은 행렬의 역행렬을 구해보기로 하자.

$$[a] = \begin{bmatrix} -1 & 3 & -2 \\ 2 & -4 & 2 \\ 0 & 4 & 1 \end{bmatrix} \tag{A.3.4}$$

식 (A.3.2)를 사용하여 $[a]$의 여인수들을 구하면 다음과 같다.

$$\begin{aligned}
C_{11} &= (-1)^{1+1}\begin{vmatrix} -4 & 2 \\ 4 & 1 \end{vmatrix} = -12 \\
C_{12} &= (-1)^{1+2}\begin{vmatrix} 2 & 2 \\ 0 & 1 \end{vmatrix} = -2 \\
C_{13} &= (-1)^{1+3}\begin{vmatrix} 2 & -4 \\ 0 & 4 \end{vmatrix} = 8 \\
C_{21} &= (-1)^{2+1}\begin{vmatrix} 3 & -2 \\ 4 & 1 \end{vmatrix} = -11 \\
C_{22} &= (-1)^{2+2}\begin{vmatrix} -1 & -2 \\ 0 & 1 \end{vmatrix} = -1 \\
C_{23} &= (-1)^{2+3}\begin{vmatrix} -1 & 3 \\ 0 & 4 \end{vmatrix} = 4
\end{aligned} \tag{A.3.5}$$

여기서 2 × 2행렬의 행렬식은 일반적으로 다음과 같음을 상기하자.

$$\begin{vmatrix} d_{11} & d_{12} \\ d_{21} & d_{22} \end{vmatrix} = d_{11}d_{22} - d_{12}d_{21}$$

마찬가지로,

$$C_{31} = -2 \quad C_{32} = -2 \quad C_{33} = -2 \tag{A.3.6}$$

이다. 그러므로 식 (A.3.5)와 (A.3.6)으로부터

$$[C] = \begin{bmatrix} -12 & -2 & 8 \\ -11 & -1 & 4 \\ -2 & -2 & -2 \end{bmatrix} \tag{A.3.7}$$

가 주어지며, 그래서 $[a]$의 행렬식은

$$|[a]| = \sum_{j=1}^{n} a_{ij}C_{ij} \qquad \text{with } i \text{ any row number } (1 \le i \le n) \tag{A.3.8}$$

혹은

$$|[a]| = \sum_{j=1}^{n} a_{ji}C_{ji} \qquad \text{with } i \text{ any column number } (1 \le i \le n) \tag{A.3.9}$$

이다. 예를 들어, 만약 행렬 $[a]$와 $[C]$의 첫 번째 행을 선택했다면, 식 (A.3.8)에서 $i = 1$이고, j는 1에서 3까지의 값을 갖게 된다. 즉,

$$\begin{aligned} |[a]| &= a_{11}C_{11} + a_{12}C_{12} + a_{13}C_{13} \\ &= (-1)(-12) + (3)(-2) + (-2)(8) = -10 \end{aligned} \tag{A.3.10}$$

이다. 식 (A.3.3)에서 주어진 역행렬의 정의를 사용하여 다음의 역행렬을 구한다.

$$[a]^{-1} = \frac{[C]^T}{|[a]|} = \frac{1}{-10}\begin{bmatrix} -12 & -11 & -2 \\ -2 & -1 & -2 \\ 8 & 4 & -2 \end{bmatrix} \tag{A.3.11}$$

위에서 구한 역행렬을 확인해 보면 다음과 같다.

$$[a][a]^{-1} = \begin{bmatrix} 1 & 0 & 0 \\ 0 & 1 & 0 \\ 0 & 0 & 1 \end{bmatrix}$$

여인수 행렬의 전치행렬은 **수반행렬(adjoint matrix)**로 불린다. 즉,

$$\text{adj}\,[a] = [C]^T$$

이다. 그러므로 $[a]$의 역행렬에 대한 위의 정의는 다음과 같이 쓸 수 있다.

$$[a]^{-1} = \frac{\operatorname{adj}[a]}{|a|} \tag{A.3.12}$$

행렬식의 중요한 성질이 있는데, 만약 행렬식의 값이 0, 즉 $|[a]| = 0$이면, 이 행렬은 **비가역적(singular)**이라고 불리고, 역행렬을 갖지 않는다. 유한요소법에 사용되는 강성행렬도 충분한 경계조건(지지조건)이 주어지지 않을 때에는 비가역행렬이다. 강성행렬의 이러한 성질은 본문에서 더 깊이 논의된다.

A.4 | 행감소법에 의한 역행렬

가역 정방행렬(nonsingular square matrix)의 역행렬은 가우스−조단(*Gauss-Jordan*)법으로 불리는 행감소법에 의해 구할 수 있다. 이 방법은 행렬 $[a]$와 단위행렬 $[I]$($[a]$와 차수가 같은)에 같은 연산을 동시에 수행함으로써, 행렬 $[a]$는 단위행렬이 되고, 원래 단위행렬은 $[a]$의 역행렬이 되게 한다.

실제 행렬을 가지고 이 방법을 확인해 보자. 행렬 $[a]$의 대각선 아래에 있는 원소들을 0으로 만드는 연산을 첫 번째 열부터 마지막 열까지 차례로 수행한다. 그 다음, 맨 마지막 열에서 첫 번째 열까지 이전과는 역순으로 대각선 위의 모든 원소들을 0으로 만드는 행렬 연산을 수행한다.

다음 행렬의 역행렬을 행감소법(row reduction)을 사용하여 구해보자.

$$[a] = \begin{bmatrix} 2 & 2 & 1 \\ 2 & 1 & 0 \\ 1 & 1 & 1 \end{bmatrix} \tag{A.4.1}$$

$[a]^{-1}$을 구하기 위해, $[a][x] = [I]$를 만족하는 $[x]$를 구한다.

$$[x] = \begin{bmatrix} x_{11} & x_{12} & x_{13} \\ x_{21} & x_{22} & x_{23} \\ x_{31} & x_{32} & x_{33} \end{bmatrix}$$

즉,

$$\begin{bmatrix} 2 & 2 & 1 \\ 2 & 1 & 0 \\ 1 & 1 & 1 \end{bmatrix}[x] = \begin{bmatrix} 1 & 0 & 0 \\ 0 & 1 & 0 \\ 0 & 0 & 1 \end{bmatrix}$$

다음과 같은 형태로 $[a]$와 $[I]$를 옆으로 붙여서 같이 쓴다.

$$\left[\begin{array}{ccc:ccc} 2 & 2 & 1 & 1 & 0 & 0 \\ 2 & 1 & 0 & 0 & 1 & 0 \\ 1 & 1 & 1 & 0 & 0 & 1 \end{array}\right] \tag{A.4.2}$$

여기서 세로 점선은 $[a]$와 $[I]$를 구분하는 선이다.

1. 식 (A.4.2)의 첫 번째 행을 2로 나눈다.

$$\left[\begin{array}{ccc|ccc} 1 & 1 & \frac{1}{2} & \frac{1}{2} & 0 & 0 \\ 2 & 1 & 0 & 0 & 1 & 0 \\ 1 & 1 & 1 & 0 & 0 & 1 \end{array}\right] \tag{A.4.3}$$

2. 식 (A.4.3)의 첫 번째 행에 −2를 곱한 후에 두 번째 열에 그 결과를 더한다.

$$\left[\begin{array}{ccc|ccc} 1 & 1 & \frac{1}{2} & \frac{1}{2} & 0 & 0 \\ 0 & -1 & -1 & -1 & 1 & 0 \\ 1 & 1 & 1 & 0 & 0 & 1 \end{array}\right] \tag{A.4.4}$$

3. 식 (A.4.4)의 세 번째 행에서 첫 번째 행을 뺀다.

$$\left[\begin{array}{ccc|ccc} 1 & 1 & \frac{1}{2} & \frac{1}{2} & 0 & 0 \\ 0 & -1 & -1 & -1 & 1 & 0 \\ 1 & 1 & \frac{1}{2} & -\frac{1}{2} & 0 & 1 \end{array}\right] \tag{A.4.5}$$

4. 식 (A.4.5)의 두 번째 행에 −1을 곱하고, 세 번째 행에 2를 곱한다.

$$\left[\begin{array}{ccc|ccc} 1 & 1 & \frac{1}{2} & \frac{1}{2} & 0 & 0 \\ 0 & 1 & 1 & 1 & -1 & 0 \\ 0 & 0 & 1 & -1 & 0 & 2 \end{array}\right] \tag{A.4.6}$$

5. 식 (A.4.6)의 두 번째 행에서 세 번째 행을 뺀다.

$$\left[\begin{array}{ccc|ccc} 1 & 1 & \frac{1}{2} & \frac{1}{2} & 0 & 0 \\ 0 & 1 & 0 & 2 & -1 & -2 \\ 0 & 0 & 1 & -1 & 0 & 2 \end{array}\right] \tag{A.4.7}$$

6. 식 (A.4.7)의 세 번째 행에 $-\frac{1}{2}$을 곱하고 그 결과를 첫 번째 행에 더한다.

$$\left[\begin{array}{ccc|ccc} 1 & 1 & 0 & 1 & 0 & -1 \\ 0 & 1 & 0 & 2 & -1 & -2 \\ 0 & 0 & 1 & -1 & 0 & 2 \end{array}\right] \tag{A.4.8}$$

7. 식 (A.4.8)의 첫 번째 행에서 두 번째 행을 뺀다.

$$\left[\begin{array}{ccc|ccc} 1 & 0 & 0 & -1 & 1 & 1 \\ 0 & 1 & 0 & 2 & -1 & -2 \\ 0 & 0 & 1 & -1 & 0 & 2 \end{array}\right] \tag{A.4.9}$$

이제 행렬 $[a]$를 역행렬로 바꾸는 것이 완료되었다. $[a]$의 역행렬은 식 (A.4.9)의 오른쪽 행렬이다. 즉, 다음과 같은 결과를 얻게 된다.

$$[a]^{-1} = \begin{bmatrix} -1 & 1 & 1 \\ 2 & -1 & -2 \\ -1 & 0 & 2 \end{bmatrix} \tag{A.4.10}$$

행렬 대수(matrix algebra)에 대해 더 자세히 알고 싶다면 참고문헌 [1], [2]를 참조하라.

A.5 | 강성행렬의 성질

강성행렬 $[k]$는 절점력과 절점변위를 연관시키는 것으로 2장에서 정의되었다. 강성행렬은 또한 식 (2.6.20)에서 스프링의, 식 (3.10.28b)에서 봉의, 식 (4.7.21)에서 보의 변형 에너지 표현식에서도 사용된다. 이 행렬은 13.9절의 물질이동을 제외한 교재 전반의 응용 문제에서 A.1, A.2절에서 정의된 바와 같이 **정사각형 대칭성**을 가지고 있다. 변형 에너지의 표현에서, $[k]$는 2차 형식임을 알 수 있다.

$$U = \frac{1}{2}\{d\}^T[k]\{d\} \tag{A.5.1}$$

대부분의 구조물에서 강성행렬은 **양정**(*positive definite*) 행렬이다. 이것은 변위 벡터를 선택하고 U를 계산하면, 그 결과가 양수임을 뜻한다. 여기에 예외는 변위 벡터 $\{d\}$를 0으로 하는 자명한 경우이다. 따라서 변형이 없는 상태로부터 다자유도 시스템의 임의의 변위에 대한 변형 에너지는 양수이다.

$[k]$의 양정에 대한 예외는 시스템이 강체운동 자유도를 가지는 경우이다. 그러면 변위는 강체운동 모드가 된다. 이 경우는 $[k]$를 **부양정**(*positive semidefinite*) 행렬이라고 부른다. 변형 에너지 U는 강체운동 모드일 경우 0이 될 수 있으며, 변형된 모드인 경우는 양수이다. $[k]$가 부양정 행렬인 경우 $|[k]| = \det([k]) = 0$. A.3절에서 행렬식이 0인 행렬은 **비가역**행렬임을 상기하자. 정적 평형상태의 시스템에서 특이성을 물리적으로 제거하기 위하여 충분한 경계조건이 부과되어야 한다. 이 개념은 2장에서 더 다루어진다.

예를 들어 그림 A-2에 보인 지지점이 없는 봉을 고려하자. 봉을 2개의 요소로 모델링하면 봉의 3 × 3 강성행렬은 2장에서 기술한 바와 같이 결정되며 식 (A.5.2)와 같으며, 이 행렬에 대한 식 (A.5.3)의 행렬식은 0이다. 이제 $u_1 = 0$으로 하여 봉의 한쪽 끝을 고정하면, 차수가 줄어든 2 × 2 강성행렬은 0이 아닌 행렬식의 값을 가진다. (문제 A.12를 또한 참고하라.)

$$[k] = \frac{AE}{L}\begin{bmatrix} 1 & -1 & 0 \\ -1 & 2 & -1 \\ 0 & -1 & 1 \end{bmatrix} \tag{A.5.2}$$

이제 $[k]$의 행렬식은

$$\begin{aligned} \begin{vmatrix} 1 & -1 & 0 \\ -1 & 2 & -1 \\ 0 & -1 & 1 \end{vmatrix} &= 1\begin{vmatrix} 2 & -1 \\ -1 & 1 \end{vmatrix} - (-1)\begin{vmatrix} -1 & -1 \\ 0 & 1 \end{vmatrix} + 0 \\ &= 2 - 1 - 1 = 0 \end{aligned} \tag{A.5.3}$$

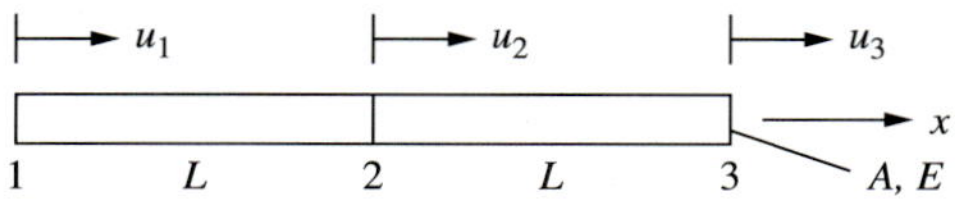

그림 A-2 • 2개의 요소로 이루어진 봉

참고문헌

[1] Gere, J. M., *Matrix Algebra for Engineers*, Brooks/Cole Engineering, 2nd Ed, 1983.

[2] Jennings, A., *Matrix Computation for Engineers and Scientists*, Wiley, New York, 1977.

연습문제

Solve Problems A.1 through A.6 using matrices [A], [B], [C], [D], and {E} given by

$$[A] = \begin{bmatrix} 4 & 0 \\ 1 & 8 \end{bmatrix} \qquad [B] = \begin{bmatrix} 2 & 0 \\ 2 & 4 \end{bmatrix} \qquad [C] = \begin{bmatrix} 3 & 2 & 0 \\ -1 & 0 & 2 \end{bmatrix}$$

$$[D] = \begin{bmatrix} 5 & 2 & 1 \\ 2 & 10 & 0 \\ 1 & 0 & 5 \end{bmatrix} \qquad \{E\} = \begin{Bmatrix} 3 \\ 2 \\ 1 \end{Bmatrix}$$

(Write "nonsense" if the operation cannot be performed.)

A.1 **(a)** $[A] + [B]$ **(b)** $[A] + [C]$
(c) $[A][C]^T$ **(d)** $[D]\{E\}$
(e) $[D][C]$ **(f)** $[C][D]$

A.2 Determine $[A]^{-1}$ by the cofactor method.

A.3 Determine $[D]^{-1}$ by the cofactor method.

A.4 Determine $[C]^{-1}$.

A.5 Determine $[B]^{-1}$ by row reduction.

A.6 Determine $[D]^{-1}$ by row reduction.

A.7 Show that $([A][B])^T = [B]^T [A]^T$ by using

$$[A] = \begin{bmatrix} a_{11} & a_{12} \\ a_{21} & a_{22} \end{bmatrix} \qquad [B] = \begin{bmatrix} b_{11} & b_{12} & b_{13} \\ b_{21} & b_{22} & b_{23} \end{bmatrix}$$

A.8 Find $[T]^{-1}$ given that

$$[T] = \begin{bmatrix} \cos\theta & \sin\theta \\ -\sin\theta & \cos\theta \end{bmatrix}$$

and show that $[T]^{-1} = [T]^T$ and hence that $[T]$ is an orthogonal matrix.

A.9 Given the matrices

$$[X] = \begin{bmatrix} x & y \\ 1 & x \end{bmatrix} \qquad [A] = \begin{bmatrix} a & b \\ b & c \end{bmatrix}$$

show that the triple matrix product $[X]^T [A][X]$ is symmetric.

A.10 Evaluate the following integral in explicit form:

$$[k] = \int_0^L [B]^T E[B]\, dx$$

where

$$[B] = \begin{bmatrix} -\dfrac{1}{L} & \dfrac{1}{L} \end{bmatrix}$$

and E is the modulus of elasticity.
[*Note*: This is the step needed to obtain Eq. (10.1.16) from Eq. (10.1.15).]

A.11 The following integral represents the strain energy in a bar of length L and crosssectional area A:

$$U = \frac{A}{2}\int_0^L \{d\}^T [B]^T [D][B]\{d\}\, dx$$

where $\quad \{d\} = \begin{Bmatrix} u_1 \\ u_2 \end{Bmatrix} \qquad [B] = \begin{bmatrix} -\dfrac{1}{L} & \dfrac{1}{L} \end{bmatrix} \qquad [D] = E$

and E is the modulus of elasticity.
Show that $dU/d\{d\}$ yields $[k]\{d\}$, where $[k]$ is the bar stiffness matrix given by

$$[k] = \frac{AE}{L}\begin{bmatrix} 1 & -1 \\ -1 & 1 \end{bmatrix}$$

A.12 A two-element bar as shown in Figure PA-12 with element lengths L, cross-sectional area A, and Young's modulus E can be shown to have a stiffness matrix of

$$[k] = \frac{AE}{L}\begin{bmatrix} 1 & -1 & 0 \\ -1 & 2 & -1 \\ 0 & -1 & 1 \end{bmatrix}$$

Show that the det $([k]) = 0$ and hence that $[k]$ is positive semidefinite and the matrix is also singular. Now fix the left end (set $u_1 = 0$) and show that the reduced $[k]$ is

$$[k] = \frac{AE}{L}\begin{bmatrix} 2 & -1 \\ -1 & 1 \end{bmatrix}$$

and that the det ([k]) is no longer 0.

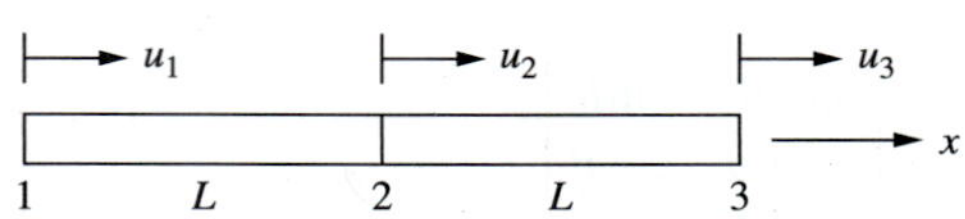

Figure PA-12 •

APPENDIX B

선형 연립방정식의 해법

개요

공학과 수리 물리학의 많은 문제들은 선형 연립대수방정식의 해법을 필요로 한다. 응력 해석, 열전달, 진동해석은 전형적인 공학 문제로, 그것들의 유한요소 정식화 과정은 선형 연립방정식의 해법을 포함한다. 이 부록에서는 선형 연립방정식의 구체적이고 상세한 해를 컴퓨터를 이용하여 구할 수 있는 해법을 소개한다. 이와 같은 목적에 부합되는 방법들이 많으나 단지 몇 가지 좀 더 일반적인 해법을 요약하여 설명할 것이다.

B.1 방정식의 일반적인 형태

일반적으로 연립방정식은 다음과 같은 형태를 갖는다.

$$\begin{aligned}
a_{11}x_1 + a_{12}x_2 + \cdots + a_{1n}x_n &= c_1 \\
a_{21}x_1 + a_{22}x_2 + \cdots + a_{2n}x_n &= c_2 \\
\vdots \qquad \vdots \qquad\quad \vdots \quad &\;\; \vdots \\
a_{n1}x_1 + a_{n2}x_2 + \cdots + a_{nn}x_n &= c_n
\end{aligned} \tag{B.1.1}$$

여기서 a_{ij}는 미지수 x_j의 계수이다. 우변의 c_i는 주어진 값이다. 구조해석 문제에 있어서 a_{ij}s는 강성행렬 k_{ij}이고, x_j는 미지의 절점 변위 d_i이며, c_i는 알고 있는 절점력 F_i이다.

만약 c의 값이 0이 아니라면, 연립방정식은 **비동차식**(*nonhomogeneous*)이다. 각각의 방정식은 유일해를 얻기 위해 서로 독립적이어야만 한다. 응력 해석 문제는 전형적으로 비동차 연립방정식의 해법을 필요로 한다.

만약 c의 값이 모두 0이라면, 연립방정식은 **동차식**(*homogeneous*)이고, 모든 방정식이 서로 종속적일 때만 의미 있는 해가 존재한다. 좌굴과 진동 문제는 전형적으로 동차 연립방정식을 갖는다.

B.2 | 해의 유일성, 비유일성, 존재하지 않음

선형 연립방정식을 푼다는 것은 모든 방정식을 동시에 만족하는 미지수 집합을 유일하게(만약 존재한다면) 결정하는 것을 말한다. 유일해는 단지 정방 계수행렬의 행렬식이 0이 아닐 때만 존재한다(이 책에서는 모든 공학 문제가 정방 계수행렬을 구성한다고 가정한다). 이 책의 문제들은 대개 유일해를 갖는 연립방정식을 만든다. 다음에서 연립방정식 해의 존재와 유일성에 관한 간략한 설명이 주어진다.

해의 유일성

$$\begin{aligned} 2x_1 + 1x_2 &= 6 \\ 1x_1 + 4x_2 &= 17 \end{aligned} \tag{B.2.1}$$

식 (B.2.1)에서 계수행렬의 행렬식은 0이 아니다. 그리고 그림 B-1에서 식 (B.2.1)의 두 방정식은 한 개의 교차점을 갖는 것처럼 유일해가 존재한다.

해의 비유일성

$$\begin{aligned} 2x_1 + 1x_2 &= 6 \\ 4x_1 + 2x_2 &= 12 \end{aligned} \tag{B.2.2}$$

식 (B.2.2)에서 계수행렬의 행렬식은 0이다. 즉, 다음과 같다.

$$\begin{vmatrix} 2 & 1 \\ 4 & 2 \end{vmatrix} = 0$$

따라서 방정식은 비가역(*singular*)이며, 해는 유일하지 않거나 존재하지 않는다. 이 예의 경우는 그림 B-2에서 보여주는 것처럼 해가 유일하지 않다.

해가 존재하지 않음

$$\begin{aligned} 2x_1 + x_2 &= 6 \\ 4x_1 + 2x_2 &= 16 \end{aligned} \tag{B.2.3}$$

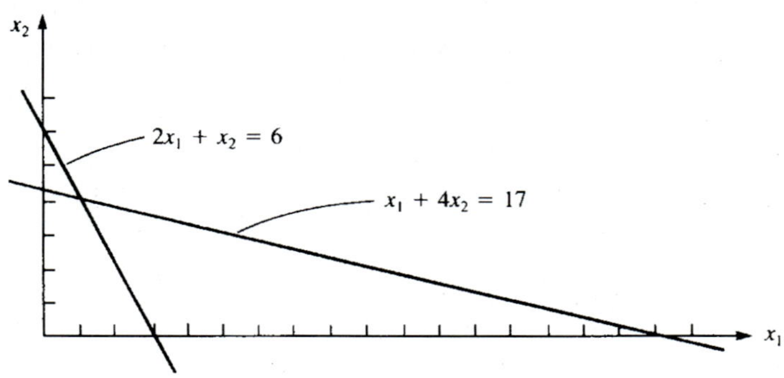

그림 B-1 • 해의 유일성

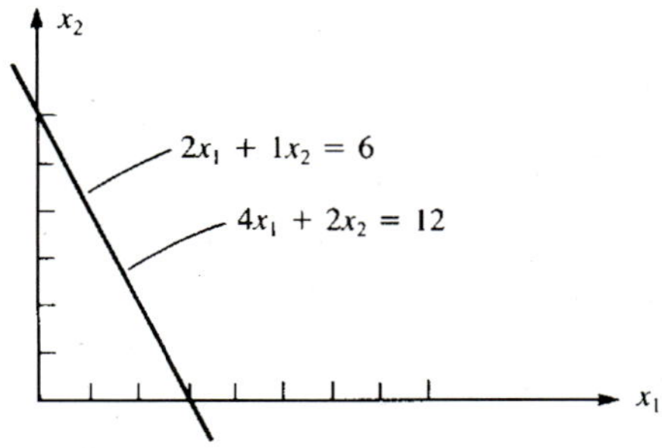

그림 B-2 • 해의 비유일성

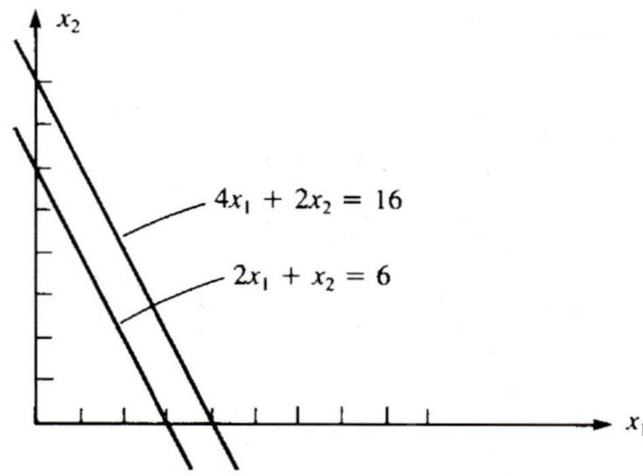

그림 B-3 • 해가 존재하지 않음

계수행렬의 행렬식은 0이다. 식 (B.2.3)의 경우에는 그림 B-3에서 보여주는 것처럼 평행선(공통된 교차점이 없다)이기 때문에 해가 존재하지 않는다.

B.3 | 선형 대수방정식을 푸는 해법

여기서는 유일해를 갖는 선형 연립대수방정식을 푸는 일반적인 방법을 몇 가지 설명할 것이다. 이러한 방법 중 몇 가지는 작은 연립방정식을 해석적으로 푸는 데 적절하고, 다른 것들은 컴퓨터를 이용하기에 적당하다.

크라마의 법칙

크라마의 법칙(*Cramer's rule*)으로 알려져 있는 방법을 소개한다. 이것은 적은 개수의 연립방정식을 해석적으로 푸는 데 적당하다. 연립방정식이 다음과 같이 주어져 있다.

$$[a]\{x\} = [c] \tag{B.3.1}$$

첨자 표기법으로는 다음과 같다.

$$\sum_{i=1}^{n} a_{ij}x_j = c_i \tag{B.3.2}$$

먼저 행렬 $[a]$의 열 i가 열행렬 $[c]$에 의해 대체된 행렬을 $[d^{(i)}]$라 하자. 그러면 미지수 x_i는 다음과 같이 결정된다.

$$x_i = \frac{\left|[d^{(i)}]\right|}{\left|[a]\right|} \tag{B.3.3}$$

크라마 법칙의 예로서 다음과 같은 방정식을 고려하자.

$$\begin{aligned} -x_1 + 3x_2 - 2x_3 &= 2 \\ 2x_1 - 4x_2 + 2x_3 &= 1 \\ 4x_2 + x_3 &= 3 \end{aligned} \tag{B.3.4}$$

식 (B.3.4)를 행렬 형태로 쓰면

$$\begin{bmatrix} -1 & 3 & -2 \\ 2 & -4 & 2 \\ 0 & 4 & 1 \end{bmatrix} \begin{Bmatrix} x_1 \\ x_2 \\ x_3 \end{Bmatrix} = \begin{Bmatrix} 2 \\ 1 \\ 3 \end{Bmatrix} \tag{B.3.5}$$

이 되며, 식 (B.3.3)에 의해 미지수 x_i에 대해 다음과 같이 풀 수 있다.

$$\begin{aligned} x_1 &= \frac{|[d^{(1)}]|}{|[a]|} = \frac{\begin{vmatrix} 2 & 3 & -2 \\ 1 & -4 & 2 \\ 3 & 4 & 1 \end{vmatrix}}{\begin{vmatrix} -1 & 3 & -2 \\ 2 & -4 & 2 \\ 0 & 4 & 1 \end{vmatrix}} = \frac{-41}{-10} = 4.1 \\ x_2 &= \frac{|[d^{(2)}]|}{|[a]|} = \frac{\begin{vmatrix} -1 & 2 & -2 \\ 2 & 1 & 2 \\ 0 & 3 & 1 \end{vmatrix}}{-10} = 1.1 \\ x_3 &= \frac{|[d^{(3)}]|}{|[a]|} = \frac{\begin{vmatrix} -1 & 3 & 2 \\ 2 & -4 & 1 \\ 0 & 4 & 3 \end{vmatrix}}{-10} = -1.4 \end{aligned} \tag{B.3.6}$$

일반적으로 $n \times n$ 행렬의 행렬식을 계산하기 위해 차수가 $(n-1) \times (n-1)$인 행렬의 행렬 식을 계산해야만 한다. 크라마 법칙은 소행렬의 확장에 의한 행렬식의 계산, 즉 $(n+1) \times (n+1)!$의 곱셈을 수행하여 n개의 연립방정식의 해를 구한다. 그러므로 이 해법은 계산 시간이 많이 걸린다. 따라서 이 방법은 큰 용량의 연립방정식을 푸는 데는 사용되지 않는다.

계수행렬의 역행렬

연립방정식 $[a]\{x\} = \{c\}$는 계수행렬 $[a]$의 역행렬을 취해 원래 방정식의 양쪽 앞에 $[a]^{-1}$을 곱해주면 $\{x\}$에 대해 다음과 같이 풀 수 있다.

$$\begin{aligned} [a]^{-1}[a][x] &= [a]^{-1}\{c\} \\ [I]\{x\} &= [a]^{-1}\{c\} \\ \{x\} &= [a]^{-1}\{c\} \end{aligned} \tag{B.3.7}$$

행렬의 역행렬을 구하는 두 가지 방법(여인수법과 행감소법)은 부록 A에서 설명되었다.

역행렬법은 뒤에 설명될 소거법이나 반복법보다 많은 시간이 걸린다(왜냐하면 $[a]$의 역행렬을 구하기 위해서는 많은 시간이 걸리기 때문이다). 따라서 역행렬법은 단지 작은 연립방정식에서만 유용하다.

그러나 소거법이나 반복법이 미지(절점 변위와 같은)의 최종 해를 구하는 데 사용된다고 할지라도, 역행렬의 개념은 유한요소 정식화에 종종 사용된다. 게다가 역행렬을 구하기 위해서는 지루한 계산이 필요하다.

이 방법은 대개 0이 아닌 계수가 띠 형태의 성긴 행렬(sparse, banded matrix)의 역행렬을 결정하는 것을 포함한다(구조해석에서 강성행렬은 주요 대각항 주위의 띠에 위치한 0이 아닌 계수와 많은 개수의 0을 포함한다). 이러한 성긴 성질(sparsity)과 띠 성질(banded nature)은 컴퓨터에서 저장 공간과 해를 구하는 알고리즘의 관점에서 유익하게 사용될 수 있다. 역행렬은 원래 계수행렬의 성긴 성질과 띠 성질로부터 밀집되고 꽉 찬 작은 규모의 행렬로 만들어진다.

역행렬법에 의한 연립방정식의 해를 구하기 위해, 앞에서 크라마 법칙에 의해 푼 동일한 방정식을 다시 적는다.

$$\begin{bmatrix} -1 & 3 & -2 \\ 2 & -4 & 2 \\ 0 & 4 & 1 \end{bmatrix} \begin{Bmatrix} x_1 \\ x_2 \\ x_3 \end{Bmatrix} = \begin{Bmatrix} 2 \\ 1 \\ 3 \end{Bmatrix} \tag{B.3.8}$$

이 계수행렬의 역행렬은 부록 A의 식 (A.3.11)에 주어져 있다. 미지수는 다음과 같이 계산된다.

$$\begin{Bmatrix} x_1 \\ x_2 \\ x_3 \end{Bmatrix} = -\frac{1}{10} \begin{bmatrix} -12 & -11 & -2 \\ -2 & -1 & -2 \\ 8 & 4 & -2 \end{bmatrix} \begin{Bmatrix} 2 \\ 1 \\ 3 \end{Bmatrix} = \begin{Bmatrix} 4.1 \\ 1.1 \\ -1.4 \end{Bmatrix} \tag{B.3.9}$$

가우스 소거법

가우스 소거법(*Gauss elimination*)이라 불리는 일반적으로 많이 사용되는 방법을 소개한다. 이 방법은 컴퓨터를 이용하여 연립방정식 해를 구할 때 적용이 용이하다. 이것은 계수행렬을 삼각형화하고 마지막 방정식으로부터 역대입(back substitution)하여 미지수를 계산한다.

일반적인 미지수 n개를 가진 n개의 연립방정식

$$\begin{bmatrix} a_{11} & a_{12} & \cdots & a_{1n} \\ a_{21} & a_{22} & \cdots & a_{2n} \\ \vdots & \vdots & & \vdots \\ a_{n1} & a_{n2} & \cdots & a_{nn} \end{bmatrix} \begin{Bmatrix} x_1 \\ x_2 \\ \vdots \\ x_n \end{Bmatrix} = \begin{Bmatrix} c_1 \\ c_2 \\ \vdots \\ c_n \end{Bmatrix} \tag{B.3.10}$$

이 다음과 같이 가우스 소거법을 설명하기 위해 사용될 것이다.

1. 첫 번째 식만 제외하고 모든 방정식에서 x_1의 계수를 제거한다. 먼저 a_{11}을 피봇(pivot)으로 선택하고,

a. 첫 번째 행에 $-a_{21}/a_{11}$을 곱하고 두 번째 행에 더한다.

b. 첫 번째 행에 $-a_{31}/a_{11}$을 곱하고 세 번째 행에 더한다.

c. 이러한 과정을 n번째 행까지 계속한다.

연립방정식은 다음과 같은 형태로 된다.

$$\begin{bmatrix} a_{11} & a_{12} & \cdots & a_{1n} \\ 0 & a'_{22} & \cdots & a'_{2n} \\ \vdots & & & \vdots \\ 0 & a'_{n2} & \cdots & a'_{nn} \end{bmatrix} \begin{Bmatrix} x_1 \\ x_2 \\ \vdots \\ x_n \end{Bmatrix} = \begin{Bmatrix} c_1 \\ c'_2 \\ \vdots \\ a'_n \end{Bmatrix} \tag{B.3.11}$$

2. 두 번째 식 아래의 모든 방정식 x_2의 계수를 제거한다. a'_{22}를 피봇으로 선택한 후,
   - **a.** 두 번째 행에 $-a'_{32}/a'_{22}$를 곱하고 세 번째 행에 더한다.
   - **b.** 두 번째 행에 $-a'_{42}/a'_{22}$를 곱하고 네 번째 행에 더한다.
   - **c.** 이러한 과정을 n번째 행까지 계속한다.

연립방정식은 다음과 같은 형태로 된다.

$$\begin{bmatrix} a_{11} & a_{12} & a_{13} & \cdots & a_{1n} \\ 0 & a'_{22} & a'_{23} & \cdots & a'_{2n} \\ 0 & 0 & a''_{33} & \cdots & a''_{3n} \\ \vdots & & & & \vdots \\ 0 & 0 & a''_{n3} & \cdots & a''_{nn} \end{bmatrix} \begin{Bmatrix} x_1 \\ x_2 \\ x_3 \\ \vdots \\ x_n \end{Bmatrix} = \begin{Bmatrix} c_1 \\ c'_2 \\ c''_3 \\ \vdots \\ c''_n \end{Bmatrix} \tag{B.3.12}$$

아래와 같이 **삼각화된** 연립방정식을 얻을 때까지 나머지 행에 대해서도 똑같은 과정을 되풀이 한다.

$$\begin{bmatrix} a_{11} & a_{12} & a_{13} & a_{14} & \cdots & a_{1n} \\ 0 & a'_{22} & a'_{23} & a'_{24} & \cdots & a'_{2n} \\ 0 & 0 & a''_{33} & a''_{34} & \cdots & a''_{3n} \\ 0 & 0 & 0 & a'''_{44} & \cdots & a'''_{4n} \\ \vdots & & & & & \vdots \\ 0 & 0 & 0 & 0 & \cdots & a^{n-1}_{nn} \end{bmatrix} \begin{Bmatrix} x_1 \\ x_2 \\ x_3 \\ x_4 \\ \vdots \\ x_n \end{Bmatrix} = \begin{Bmatrix} c_1 \\ c'_2 \\ c''_3 \\ c'''_4 \\ \vdots \\ c^{n-1}_n \end{Bmatrix} \tag{B.3.13}$$

3. 마지막 열의 식으로부터 다음과 같이 x_n을 결정한다.

$$x_n = \frac{c_n^{n-1}}{a_{nn}^{n-1}} \tag{B.3.14}$$

그리고 역 대입에 의해 다른 미지수를 결정한다. 위의 세 단계 과정은 다음과 같이 일반화된 식들로 표현된다.

$$a_{ij} = a_{ij} - a_{kj}\frac{a_{ik}}{a_{kk}} \qquad \begin{aligned} k &= 1,\ 2,\ldots,n-1 \\ i &= k+1,\ldots,n \\ j &= k,\ldots,n+1 \end{aligned}$$

$$x_i = \frac{1}{a_{ii}}\left(a_{i,n+1} - \sum_{r=i+1}^{n} a_{ir}x_r\right) \tag{B.3.15}$$

여기서 $a_{i,n+1}$은 식 (B.3.13)의 우변 항으로 주어진 수정된 c를 나타낸다.

가우스 소거법을 설명하기 위해 다음의 예제를 푼다.

예제 B.1

다음의 연립방정식을 가우스 소거법으로 풀어라.

$$\begin{aligned} 2x_1 + 2x_2 + 1x_3 &= 9 \\ 2x_1 + 1x_2 &= 4 \\ 1x_1 + 1x_2 + 1x_3 &= 6 \end{aligned} \tag{B.3.16}$$

풀이

제1단계

첫 번째 식만 제외하고 모든 방정식에서 x_1의 계수를 제거하라. $a_{11} = 2$를 피봇으로 선택한 후,

a. 첫 번째 행에 $-a_{21}/a_{11} = -2/2$를 곱하고 두 번째 행에 더한다.

b. 첫 번째 행에 $-a_{31}/a_{11} = -1/2$을 곱하고 세 번째 행에 더하면 다음을 얻을 수 있다.

$$\begin{aligned} &2x_1 + 2x_2 + 1x_3 = 9 \\ &0x_1 - 1x_2 - 1x_3 = 4 - 9 = -5 \\ &0x_1 + 0x_2 + \frac{1}{2}x_3 = 6 - \frac{9}{2} = \frac{3}{2} \end{aligned} \tag{B.3.17}$$

제2단계

두 번째 식 이하의 모든 방정식에서 x_2의 계수를 제거하라. 이 과정은 이미 제1단계에서 수행되었다.

제3단계

식 (B.3.17)의 세 번째 식에서 x_3에 대해 풀면

$$x_3 = \frac{\frac{3}{2}}{\frac{1}{2}} = 3$$

이고, 식 (B.3.17)의 두 번째 식에서 x_2에 대해 풀면

$$x_2 = \frac{-5 + 3}{-1} = 2$$

이며, 식 (B.3.17)의 첫 번째 식에서 x_1에 대해 풀면

$$x_1 = \frac{9 - 2(2) - 3}{2} = 1$$

이다. 식 (B.3.15)의 첨자 사용을 보여주기 위해 같은 예제를 다음과 같이 푼다. 식 (B.3.15)에

서 지수의 범위는 $k = 1, 2; i = 2, 3; j = 1, 2, 3, 4$이다.

제1단계

$k = 1, i = 2$에 대해 첨자 j는 1부터 4까지 변한다.

$$\begin{aligned} a'_{21} &= a_{21} - a_{11}\frac{a_{21}}{a_{11}} = 2 - 2\left(\frac{2}{2}\right) = 0 \\ a'_{22} &= a_{22} - a_{12}\frac{a_{21}}{a_{11}} = 1 - 2\left(\frac{2}{2}\right) = -1 \\ a'_{23} &= a_{23} - a_{13}\frac{a_{21}}{a_{11}} = 0 - 1\left(\frac{2}{2}\right) = -1 \\ a'_{24} &= a_{24} - a_{14}\frac{a_{21}}{a_{11}} = 4 - 9\left(\frac{2}{2}\right) = -5 \end{aligned} \tag{B.3.18}$$

이러한 새로운 계수는 식 (B.3.17)의 두 번째 식의 계수와 일치한다. 식 (B.3.18) 우변의 a는 앞 단계[식 (B.3.16)에 있는]로부터의 값이다. 예로서, 우변에 있는 a_{24}는 $c_2 = 4$이고, 좌변의 a_{24}는 새로운 $c_2 = -5$이다. $k = 1, i = 3$에 대해 첨자 j는 1부터 4까지 변한다.

$$\begin{aligned} a'_{31} &= a_{31} - a_{11}\frac{a_{31}}{a_{11}} = 1 - 2\left(\frac{1}{2}\right) = 0 \\ a'_{32} &= a_{32} - a_{12}\frac{a_{31}}{a_{11}} = 1 - 2\left(\frac{1}{2}\right) = 0 \\ a'_{33} &= a_{33} - a_{13}\frac{a_{31}}{a_{11}} = 1 - 1\left(\frac{1}{2}\right) = \frac{1}{2} \\ a'_{34} &= a_{34} - a_{14}\frac{a_{31}}{a_{11}} = 6 - 9\left(\frac{1}{2}\right) = \frac{3}{2} \end{aligned} \tag{B.3.19}$$

여기서 새로운 계수는 앞에서 설명한 식 (B.3.17)의 세 번째 식의 계수와 일치한다.

제2단계

$k = 2, i = 3$에 대해, $j(= k)$ 첨자는 2부터 4까지 변한다.

$$\begin{aligned} a''_{32} &= a_{32} - a_{22}\left(\frac{a_{32}}{a_{22}}\right) = 0 - (-1)\left(\frac{0}{-1}\right) = 0 \\ a''_{33} &= a_{33} - a_{23}\left(\frac{a_{32}}{a_{22}}\right) = \frac{1}{2} - (-1)\left(\frac{0}{-1}\right) = \frac{1}{2} \\ a''_{34} &= a_{34} - a_{24}\left(\frac{a_{32}}{a_{22}}\right) = \frac{3}{2} - (-5)\left(\frac{0}{-1}\right) = \frac{3}{2} \end{aligned} \tag{B.3.20}$$

여기서 새로운 계수는 식 (B.3.17)의 세 번째 식의 계수와 일치한다. 왜냐하면 식 (B.3.17)의 세 번째 식에서 보여진 것처럼 x_2의 계수는 제1단계에서 이미 제거되었기 때문이다. 그리고 식 (B.3.20)의 우변에 있는 a는 식 (B.3.18)과 (B.3.19)에서 취한다.

제3단계

식 (B.3.15)에 의해, x_3는

$$x_3 = \frac{1}{a_{33}}(a_{34} - 0)$$

이며, 식 (B.3.20)으로부터 a_{33}와 a_{34}를 사용하여

$$x_3 = \frac{1}{\left(\frac{1}{2}\right)}\left(\frac{3}{2}\right) = 3$$

이 된다. 여기서 $r > n$(x_3에 대해 $r = 4$, $n = 3$)일 때 식 (B.3.15)의 두 번째 식에서 우측 항의 합 기호는 0으로 간주된다.

$$x_2 = \frac{1}{a_{22}}\left(a_{24} - a_{23}x_3\right)$$

식 (B.3.18)로부터 적당한 a를 사용하여,

$$x_2 = \frac{1}{-1}[-5 - (-1)(3)] = 2$$

그리고 x_1은

$$x_1 = \frac{1}{a_{11}}(a_{14} - a_{12}x_2 - a_{13}x_3)$$

이 된다. 식 (B.3.16)의 첫 번째 식으로부터의 a를 사용하여 다음을 얻는다.

$$x_1 = \frac{1}{2}[9 - 2(2) - 1(3)] = 1$$

요약하면, 직전 단계에서 구한 a값은 x를 구하기 위해 식 (B.3.15)에서 사용된다.

각 단계에서 피봇 요소는 대각선 요소임을 주목하라. 그러나 대각선 요소는 0이 아니어야 한다. 그 이유는 각 단계에서 피봇 요소로 나눗셈을 하기 때문이다. 원래 행렬의 대각선 요소가 모두 0이 아니라고 해서 각 단계에서 피봇이 0이 아닌 값으로 된다고 보장하지 못한다. 왜냐하면 우리는 각 단계마다 피봇 아래의 방정식에 숫자를 더하기 때문이다. 따라서 각 단계에서 피봇 a_{kk}가 0이 되는지 안 되는지를 검사해야 한다. 0이면 현재의 행(방정식)은 다른 행과 바꿔주어야만 한다. 일반적으로 바로 다음 행으로 바꾸며 피봇이 될 항이 0이 아니어야 한다. $\{c\}$의 요소에 해당하는 우변의 항도 바꾸어야 한다. 이러한 검사 후에 필요하다면 방정식을 바꾼 다음 원래 방법대로 계산을 수행한다.

피봇 요소가 0이 되는 경우를 다루는 방법을 예제에서 설명할 것이다.

예제 B.2

다음과 같은 연립방정식을 풀어라.

$$\begin{aligned} 2x_1 + 2x_2 + 1x_3 &= 9 \\ 1x_1 + 1x_2 + 1x_3 &= 6 \\ 2x_1 + 1x_2 &= 4 \end{aligned} \tag{B.3.21}$$

풀이

종종 미지 행렬 $[x]$ 없이 계수행렬 $[a]$와 우변의 열행렬 $[c]$를 합한 행렬로 연산 과정을 수행하는 것이 편리하다. 새로운 행렬은 **첨가행렬**(*augmented matrix*)이라 한다. 식 (B.3.21)의 확대행렬은 다음과 같다.

$$\left[\begin{array}{ccc|c} 2 & 2 & 1 & 9 \\ 1 & 1 & 1 & 6 \\ 2 & 1 & 0 & 4 \end{array}\right] \tag{B.3.22}$$

언급한 단계에 따라 연산을 수행한다.

제1단계

피봇으로 $a_{11} = 2$를 선택하고,

a. 첫 번째 행에 $-a_{21}/a_{11} = -1/2$을 곱하고 식 (B.3.22)의 두 번째 행에 더하고,

b. 첫 번째 행에 $-a_{31}/a_{11} = -2/2$를 곱하고 식 (B.3.22)의 세 번째 행에 더하면,

$$\left[\begin{array}{ccc|c} 2 & 2 & 1 & 3 \\ 0 & 0 & \frac{1}{2} & \frac{3}{2} \\ 0 & -1 & -1 & -5 \end{array}\right] \tag{B.3.23}$$

이다. 제1단계가 끝난 후 보통 다음 피봇으로 a_{22}를 선택한다. 그러나 지금 a_{22}값이 0이다. 식 (B.3.23)의 두 번째 행과 세 번째 행을 바꾸면 새로운 a_{22}값은 0이 아니고 피봇으로 사용될 수 있다. 2행과 3행을 바꾼 결과는 다음과 같다.

$$\left[\begin{array}{ccc|c} 2 & 2 & 1 & 9 \\ 0 & -1 & -1 & -5 \\ 0 & 0 & \frac{1}{2} & \frac{3}{2} \end{array}\right] \tag{B.3.24}$$

이 예제에서는 두 번째 행렬과 세 번째 행렬을 바꾼 후 상부 삼각행렬(upper trangular matix)을 이루어 소거 과정이 끝난다. 제3단계의 역 대입 과정을 수행한 결과는 다음과 같다.

$$x_3 = 3 \qquad x_2 = 2 \qquad x_1 = 1$$

가우스 소거법의 두 번째 문제는 가장 적절한 피봇을 찾지 않고 앞에서 설명한 방법대로 새로운 피봇을 찾으면 오차가 커진다는 점이다. 일반적으로 피봇은 각 열에서 절대치가 가장 큰 값인 요소가 선택되어야만 한다. 예로서, 다음과 같이 주어진 방정식을 고려해 보자.

$$\begin{aligned} 0.002x_1 + 2.00x_2 &= 2.00 \\ 3.00x_1 + 1.50x_2 &= 4.50 \end{aligned} \tag{B.3.25}$$

이 방정식의 실제 해는 다음과 같다.

$$x_1 = 1.0005 \qquad x_2 = 0.999 \tag{B.3.26}$$

각 열에서 절대치가 가장 큰 값에 대한 테스트를 거치지 않은 가우스 소거법의 해는 다음과 같다.

$$\begin{aligned} 0.002_{x1} + 2.00x_2 &= 2.00 \\ -2998.5_{x2} &= -995.5 \\ x_2 &= 0.3320 \\ x_1 &= 668 \end{aligned} \tag{B.3.27}$$

이 해는 식 (B.3.25)의 두 번째 식을 만족하지 않는다. 방정식의 교환에 의한 해는

$$\begin{aligned} 3.00x_1 + 1.50x_2 &= 4.50 \\ 0.002x_1 + 2.00x_2 &= 2.00 \end{aligned}$$

또는

$$\begin{aligned} 3.00x_1 + 1.50x_2 &= 4.50 \\ 1.999x_2 &= 1.997 \\ x_2 &= 0.999 \\ x_1 &= 1.0005 \end{aligned} \tag{B.3.28}$$

이며, 식 (B.3.28)의 해는 식 (B.3.26)의 실제 해와 일치한다.

따라서 일반적으로 피봇은 각 열에서 절대치가 가장 큰 값으로 선택되어야만 한다. 이러한 과정을 **부분 피봇팅**(*partial pivoting*)이라 한다. 남아 있는 방정식 중에서 가장 큰 요소를 피봇으로 선택하도록 행행렬 교환을 하면 보다 좋은 결과를 얻을 수 있다. 이것을 **전체 피봇팅**(*complete pivoting*)이라 한다. 전체 피봇팅은 많은 검사를 필요로 하기 때문에 일반적으로 추천되지는 않는다.

유한요소 방정식은 일반적으로 서로 다른 차수의 계수를 포함하기 때문에 부분 피봇팅의 가우스 소거법이 효율적인 방법이다.

마지막으로, n개의 연립방정식을 풀기 위해 가우스 소거법이 필요로 하는 계산량은 n개의 나눗셈, $\frac{1}{3}n^3 + n^2$개의 곱셈, $\frac{1}{3}n^3 + n$개의 덧셈을 필요로 한다. 만약 부분 피봇팅이 포함된다면, 피봇을 선택하기 위해 필요한 비교 연산횟수는 $n(n + 1)/2$이다.

가우스-조단(gauss-Jordan)과 촐레스키(Cholesky) 방법을 포함하는 다른 소거법은 가우스 소거법보다 약간의 장점이 있고, 때때로 큰 방정식 계를 푸는 데 사용된다. 다른 방법에 대한 설명은 참고문헌 [1]~[3]을 보기 바란다.

가우스 – 자이델 반복법

선형대수방정식 시스템을 푸는 데 사용되는 또 다른 일반적인 방법(소거법과 다른)의 유형은 반복법이다. 반복법은 방정식 시스템이 크고 성긴(많은 값이 0인) 경우에 유용하다. 가우스–자이델(Gauss-Seidel) 반복법은 원래 방정식 $[a]\{x\} = \{c\}$를 다음과 같이 변환하여 시작한다.

$$
\begin{aligned}
x_1 &= \frac{1}{a_{11}}(c_1 - a_{12}x_2 - a_{13}x_3 - \cdots - a_{1n}x_n) \\
x_2 &= \frac{1}{a_{22}}(c_2 - a_{21}x_1 - a_{23}x_3 - \cdots - a_{2n}x_n) \\
&\vdots \\
x_n &= \frac{1}{a_{nn}}(c_1 - a_{n1}x_1 - a_{n2}x_2 - \cdots - a_{n,n-1}x_{n-1})
\end{aligned}
\tag{B.3.29}
$$

다음의 순서로 연산이 수행된다.

1. 미지수 $x_1, x_2, \ldots, x_n$의 초깃값을 가정하고, 이 값들을 식 (B.3.29)의 첫 번째 식의 우변에 대입하여 새로운 x_1을 구한다.

2. 제1단계에서 구한 최근의 x_1과 초깃값 $x_3, x_4, \ldots, x_n$을 식 (B.3.29)의 두 번째 식의 우변에 대 입하여 새로운 x_2를 구한다.

3. 식 (B.3.29)의 좌변에서 얻어진 최근의 값을 각 단계마다 우변에 다음의 시도값으로 사용하는 것을 계속한다.

4. 수렴이 만족될 때까지 반복한다.

종종 $x_i = c_i/a_{ii}$는 좋은 초깃값이다. 다음 예제를 가지고 반복법을 실행한다.

예제 B.3

다음과 같이 주어진 선형 연립방정식을 고려하라.

$$
\begin{aligned}
4x_1 - x_2 \quad\quad\quad\quad &= 2 \\
-x_1 + 4x_2 - x_3 \quad\quad &= 5 \\
-x_2 + 4x_3 - x_4 &= 6 \\
-x_3 + 2x_4 &= -2
\end{aligned}
\tag{B.3.30}
$$

$x_1 \sim x_4$의 값을 구하라.

풀이

$x_i = c_i/a_{ii}$에 의해 주어진 초깃값을 사용하여 다음을 얻는다.

$$x_1 = \frac{2}{4} = \frac{1}{2} \quad x_2 = \frac{5}{4} \approx 1 \quad x_3 = \frac{6}{4} \approx 1 \quad x_4 = -1$$

식 (B.3.30)의 첫 번째 식으로 x_1을 풀면,

$$x_1 = \frac{1}{4}(2 + x_2) = \frac{1}{4}(2 + 1) = \frac{3}{4}$$

식 (B.3.30)의 두 번째 식으로 x_2을 풀면,

$$x_2 = \frac{1}{4}(5 + x_1 + x_3) = \frac{1}{4}(5 + \frac{3}{4} + 1) = 1.68$$

식 (B.3.30)의 세 번째 식으로 x_3를 풀면,

$$x_3 = \frac{1}{4}(6 + x_2 + x_4) = \frac{1}{4}[6 + 1.68 + (-1)] = 1.672$$

식 (B.3.30)의 네 번째 식으로 x_4를 풀면,

$$x_4 = \frac{1}{2}(-2 + x_3) = \frac{1}{2}(-2 + 1.67) = -0.16$$

이며, 첫 번째 반복이 완료되었다. 두 번째 반복을 실행하면 다음 값들을 얻는다.

$$x_1 = \frac{1}{4}(2 + 1.68) = 0.922$$

$$x_2 = \frac{1}{4}(5 + 0.922 + 1.672) = 1.899$$

$$x_3 = \frac{1}{4}[6 + 1.899 + (-0.16)] = 1.944$$

$$x_4 = \frac{1}{2}(-2 + 1.944) = -0.028$$

표 B-1 식 (B.3.30)을 풀기 위해 가우스-자이델 반복법을 네 번 수행한 결과

Iteration	x_1	x_2	x_3	x_4
0	0.5	1.0	1.0	–1.0
1	0.75	1.68	1.672	–0.16
2	0.922	1.899	1.944	–0.028
3	0.975	1.979	1.988	–0.006
4	0.9985	1.9945	1.9983	–0.0008
Exact	1.0	2.0	2.00	0

표 B-1은 가우스-자이델 반복법을 네 번 수행한 결과와 정확한 해를 보여준다. 표 B-1로부터 정확한 해로의 수렴이 네 번의 반복으로 빠르게 진행되고 해의 정확도는 반복 횟수에 의존함을 알 수 있다.

일반적으로 반복법은 반복 계산의 진행에 따라 오차를 줄이도록 스스로 교정한다. 그러나 반복법으로 수렴해를 얻지 못하는 몇몇 방정식 계도 있다. 다음 예제는 주 대각항이 비 대각항에 비하여 작기 때문에, 가우스-자이델 반복법이 정확한 해로 수렴하지 않는 방정식 계를 보여준다.

$$\begin{aligned} 1x_1 + 3x_2 &= 5 \\ 4x_1 - 1x_2 &= 12 \end{aligned} \tag{B.3.31}$$

앞의 식 (B.3.31)에 대해 수행될 수 있듯이 방정식이 정렬되어 대각 항이 비대각 항보다 값이 더 클 때 수렴 가능성이 향상된다.

마지막으로, n개의 연립방정식을 풀기 위해 가우스-자이델 반복법은 각 반복마다 n개의 나눗셈, n^2개의 곱셈, $n^2 - n$개의 덧셈의 연산량을 요구한다.

B.4 | 대칭, 밴드폭, 그리고 트러스 해석을 위한 컴퓨터 프로그램

구조해석 시 선형방정식의 계수행렬(강성행렬)은 항상 대칭이고 띠(band) 모양으로 되어 있다. 의미가 있는 해석은 일반적으로 변수가 많기 때문에 강성행렬을 압축하여 저장하는 것이 컴퓨터 기억장치의 활용과 계산 효율의 관점에서 바람직하다. 띠 모양의 대칭 형식을 설명할 예정인데, 이는 가장 효율적인 형식은 아니지만 컴퓨터에 이용하기에는 상대적으로 간단하다.

강성행렬의 스카이라인(skyline) 개념에 기초한 다른 방법은 방정식을 푸는 데 있어서 효율을 향상시키기 위해 자주 사용된다. **스카이라인은 강성행렬의 각 열에서 처음 0이 아닌 성분을 잇는 구획선이다**(그림 B-5 참조). 스카이라인 방법에서는 주 대각선과 스카이라인 사이의 성분만(보통, 연속되는 열들)을 일렬로 이어 1차원 배열로 저장된다. 일반적으로 이 과정은 컴퓨터에서 훨씬 적은 저장공간을 차지하고 일반적인 띠 모양 형식보다 방정식을 푸는 관점에서 더 효율적이다. 그러나 이 책에 수록된 프로그램은 띠 모양의 대칭인 형식을 다루고 있고, 그래서 좀 더 상세하게 이 개념에 대해 설명할 것이다(스카이라인에 대한 더 자세한 정보는 참고문헌 [3, 10~11]를 참조).

행렬의 0이 아닌 항들이 주 대각선 주위에 모여있으면 이 행렬은 **띠 모양**으로 되어 있다. 이 개념을 설명하기 위해, 그림 B-4의 평면 트러스를 고려해 본다.

그림 B-4에서, 요소 2는 절점 1과 4를 연결한다. 그러므로 그림 B-5의 1−1, 1−4, 4−1, 그리고 4−4 위치의 2 × 2 부행렬은 0이 아닌 성분을 갖는다. 그림 B-5는 평면 트러스의 전체 강성행렬을 보여준다. X값들은 0이 아닌 성분을 나타낸다. 그림 B-5에서 알 수 있듯이 0이 아닌 항들은 띠 모양 안에 있다. 띠 모양 저장 형식을 사용한다면, 단지 주 대각선과 부대각선들만이 그림 B-6에 보인 바와 같이 저장할 필요가 있다. 0이 아닌 항이 있는 어떤 부대각선도 전체 부대각선에 저장해야 하고 그 부대각선과 주 대각선 사이의 모든 부대각선 성분도 저장해야 한다. 띠 모양의 저장을 이용하면 수치 계산의 관점에서 효율적이다. 참고문헌 [4]에 띠 모양으로 압축된 저장 방법을 자세히 알 수 있다.

반밴드폭(semibandwidth) n_b를 $n_b = n_d(m + 1)$로 정의하는데, 여기서 n_d는 절점당 자유도 수이고 m은 유한요소모델의 모든 요소의 절점 번호의 차이를 계산하여 얻어진 최대 절점 번호의 차이이다. 그림 B-4의 평면 트러스에서는 $m = 4 - 1 = 3$, $n_d = 2$이고, 따라서 $n_b = 2(3 + 1) = 8$이다.

계산 수행 시간(주로, 방정식 풀이에 걸린 시간)은 풀어야 할 방정식 수의 함수이다. 전체좌

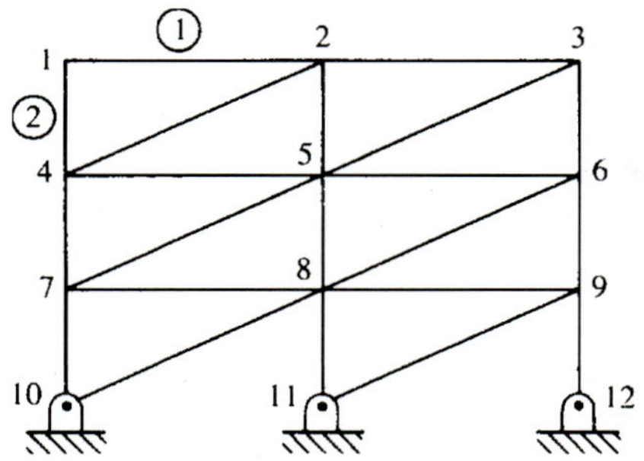

그림 B-4 • 밴드폭을 보여주기 위한 평면 트러스

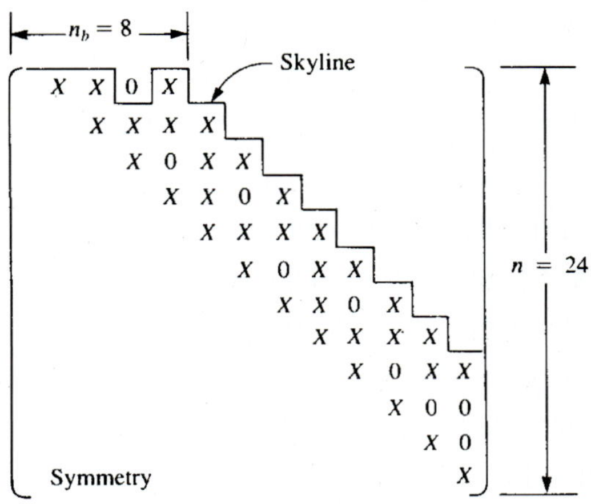

그림 B-5 • 그림 B-4의 평면 트러스 구조물에 대한 강성행렬. 여기서 X는 보통 0이 아닌 계수를 갖는 2 × 2 부행렬 블록이다.

표계에서의 강성행렬 $[K]$의 띠 모양 저장을 이용하지 않는다면, 수행 시간은 $(1/3)n^3$에 비례하는데[5], 여기서 n은 풀어야 할 방정식의 개수, 즉 행렬 $[K]$의 크기이다. $[K]$를 띠 모양으로 저장한다면, 수행 시간은 $(n)n_b^2$에 비례한다. 따라서 띠 모양 저장을 이용한 수계산 시간에 대한 띠 모양 저장을 사용하지 않은 계산 시간의 비율은 $(1/3)(n/n_b)^2$이다. 보기의 평면 트러스에서 이 비율은 $(1/3)(24/8)^2 = 3$이다. 그러므로 띠 모양 저장을 사용하지 않는다면 이 문제를 계산하는 데 3배의 시간이 든다.

그러므로 밴드폭을 줄이기 위해서는 체계적으로 절점 번호를 부여해야 하고, 인접한 절점 간의 번호 차이가 최소가 되도록 해야 한다. 그림 B-4에서 보여준 바와 같이, 길이가 작은 쪽으로 연속적으로 절점 번호를 붙이면 보통 작은 밴드폭이 얻어진다. 몇몇 컴퓨터 프로그램은 전체좌표계에서의 강성행렬 $[K]$를 저장하는 데 띠 모양의 대칭 형식을 사용한다.

자동으로 절점 번호를 붙이는 방법들이 컴퓨터 프로그램으로 개발되었다[6]. 이 기능은 대부분의 범용 컴퓨터 프로그램에서 사용하고 있다. 또 다른 방법으로, wavefront(또는 frontal) 방법은 방정식을 푸는 시간을 최적화하는 데 널리 사용되고 있다. **Wavefront 방법**에서는 절점 번호 대신 요소 번호가 자동적으로 부여된다.

Wavefront 방법에서는 가우스 소거법에 의한 방정식의 풀이와 요소행렬의 조합을 번갈아

$$n_b = 8$$

$$\begin{bmatrix} X & X & 0 & X \\ X & X & X & X \\ X & 0 & X & X \\ X & X & 0 & X \\ X & X & X & X \\ X & 0 & X & X \\ X & X & 0 & X \\ X & X & X & X \\ X & 0 & X & X \\ X & 0 & 0 & 0 \\ X & 0 & 0 & 0 \\ X & 0 & 0 & 0 \end{bmatrix}$$

그림 B-6 • 그림 B-5의 강성행렬을 밴드폭 형식으로 저장한 모양

수행하게 된다. 해석을 수행하는 순서는 절점 번호 순서가 아니고, 요소 번호 순서에 의해 결정된다. 소거되는 첫 방정식은 요소 1과 관련된 식뿐이다. 다음으로, 인접 요소인 요소 2의 강성계수가 방정식 시스템에 추가된다. 만약 요소 1과 2만이 강성에 기여하는 자유도가 있다면, 즉 어떤 다른 요소들도 그 자유도에 강성을 더해 주지 않는다면 이 자유도에 관한 방정식들은 방정식 시스템에서 소거된다(응축된다). 하나 또는 그 이상의 새로운 요소가 추가되어 방정식 시스템에 강성을 기여하게 되고, 다른 새로운 자유도들이 이 요소들만의 강성으로 표현되면 그 자유도에 관한 방정식들이 다시 소거된다. 이렇게 반복적으로 방정식을 조합하고 소거해가는 모습이 요소 번호 순서대로 구조물을 쓸고 지나가는 파도 선단처럼 보여졌던 것이다. 이 방법의 효율을 높이기 위해서는 가장 작은 절점의 개수를 갖는 방향으로 요소 번호를 연속적으로 부여하여야 한다.

띠 모양의 대칭성보다 이해하기도, 프로그램화하기도 다소 어렵지만, wavefront 방법은 계산에 관해서는 더 효율적이다. 밴드 해석법은 강성행렬 조합 과정에서 생성된 어떤 0의 블록이라도 저장하고 처리한다. Wavefront 방법에서 0의 블록들은 저장되지도 처리되지도 않는다. 많은 대형 컴퓨터 프로그램들은 시스템 방정식을 풀기 위해 wavefront 방법을 이용하고 있다(이 방법의 자세한 사항을 위해서는 참고문헌 [7]~[9]를 참조). 예제 B.4는 트러스 문제의 해를 위한 wavefront 방법을 보여준다.

예제 B.4

그림 B-7의 평면 트러스를 위한 wavefront 풀이 과정을 설명하라.

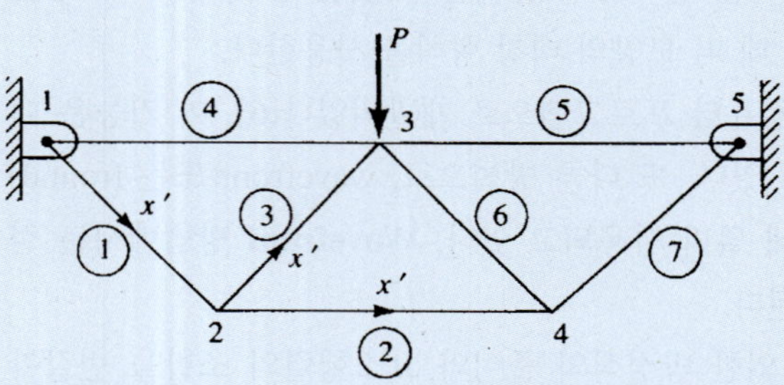

그림 B-7 • Wavefront 해를 위한 트러스

풀이

기호 형태로 이 문제를 풀겠다. 요소 1, 2, 3의 k를 조합하고, 절점 1에 경계조건을 부여하면 다음을 얻는다.

$$\begin{bmatrix} k_{33}^{(1)}+k_{11}^{(2)}+k_{11}^{(3)} & k_{34}^{(1)}+k_{12}^{(2)}+k_{12}^{(3)} & k_{13}^{(3)} & k_{14}^{(3)} & k_{13}^{(2)} & k_{14}^{(2)} \\ k_{43}^{(1)}+k_{21}^{(2)}+k_{21}^{(3)} & k_{44}^{(1)}+k_{22}^{(2)}+k_{22}^{(3)} & k_{23}^{(3)} & k_{24}^{(3)} & k_{23}^{(2)} & k_{24}^{(2)} \\ \hline k_{31}^{(2)} & k_{32}^{(3)} & k_{33}^{(3)} & k_{34}^{(3)} & k_{33}^{(2)} & k_{34}^{(2)} \\ k_{41}^{(3)} & k_{42}^{(3)} & k_{43}^{(3)} & k_{44}^{(3)} & k_{43}^{(2)} & k_{44}^{(2)} \\ k_{31}^{(2)} & k_{32}^{(2)} & 0 & 0 & 0 & 0 \\ k_{41}^{(2)} & k_{42}^{(2)} & 0 & 0 & 0 & 0 \end{bmatrix} \begin{Bmatrix} u_2 \\ v_2 \\ \hline u_3' \\ v_3' \\ u_4' \\ v_4' \end{Bmatrix} = \begin{Bmatrix} 0 \\ 0 \\ \hline 0 \\ -P \\ 0 \\ 0 \end{Bmatrix} \tag{B.4.1}$$

(열 라벨: u_2, v_2, u_3, v_3, u_4, v_4)

u_2와 v_2를 정적 응축이나 가우스 소거법에 의해 없애면 다음과 같다(절점 2의 자유도에 관련된 모든 강성은 이들 요소 1, 2, 3으로부터이다).

$$[k_c']\begin{Bmatrix} u_3' \\ v_3' \\ u_4' \\ v_4' \end{Bmatrix} = \{F_c'\} \tag{B.4.2}$$

여기서 응축된 강성과 하중행렬은 다음과 같다.

$$[k_c'] = [K_{22}'] - [K_{21}'][K_{11}']^{-1}[K_{12}'] \tag{B.4.3}$$

$$\{F_c'\} = \{F_2'\} - [K_{21}'][K_{11}']^{-1}\{F_1'\} \tag{B.4.4}$$

여기서 식 (B.4.1)에서의 u_3'와 같이 자유도의 $'$는 이 자유도와 관련된 모든 강성계수가 아직 포함되지 않았음을 가리킨다. 이제 요소 4~6을 절점 3에서의 자유도에 포함시킨다. 그 결과 방정식은 다음과 같다.

$$\begin{bmatrix} k_{c11}'+k_{33}^{(4)}+k_{11}^{(5)}+k_{11}^{(6)} & k_{34}^{(4)}+k_{12}^{(5)}+k_{12}^{(6)}+k_{c12}' & k_{13}^{(6)}+k_{c13}' & k_{14}^{(6)}+k_{c14}' \\ k_{c21}'+k_{34}^{(4)}+k_{21}^{(5)}+k_{21}^{(6)} & k_{44}^{(4)}+k_{22}^{(5)}+k_{22}^{(6)}+k_{c22}' & k_{23}^{(6)}+k_{c23}' & k_{24}^{(6)}+k_{c24}' \\ \hline k_{c31}'+k_{31}^{(6)} & k_{c32}'+k_{32}^{(6)} & k_{c33}'+k_{33}^{(6)} & k_{c34}'+k_{34}^{(6)} \\ k_{c41}'+k_{41}^{(6)} & k_{c42}'+k_{42}^{(6)} & k_{c43}'+k_{43}^{(6)} & k_{c44}'+k_{44}^{(6)} \end{bmatrix}$$

(열 라벨: u_3, v_3, u_4, v_4)

$$\times \begin{Bmatrix} u_3 \\ v_3 \\ \hline u_4' \\ v_4' \end{Bmatrix} = \begin{Bmatrix} 0 \\ -P \\ \hline 0 \\ 0 \end{Bmatrix} \tag{B.4.5}$$

절점 3의 자유도의 강성은 관련된 모든 요소에서 포함되었으므로 정적 응축을 사용하여 u_3와 v_3를 소거하면

$$[k_c''] \begin{Bmatrix} u_4' \\ v_4' \end{Bmatrix} = \{F_c''\} \tag{B.4.6}$$

이며, 여기서

$$[k_c''] = [K_{22}''] - [K_{21}''][K_{11}'']^{-1}[K_{12}''] \tag{B.4.7}$$

$$\{F_c''\} = [F_2''] - [K_{21}''][K_{11}'']^{-1}\{F_1''\} \tag{B.4.8}$$

이다. 그다음, 강성행렬에 요소 7의 기여를 포함시킨다. 응축된 방정식은 다음과 같다.

$$[k_c'''] \begin{Bmatrix} u_4 \\ v_4 \end{Bmatrix} = \{F_c'''\} \tag{B.4.9}$$

$$[k_c'''] = [K_{22}'''] - [K_{21}'''][K_{11}''']^{-1}[K_{12}'''] \tag{B.4.10}$$

여기서

$$\{F_c'''\} = \{F_2'''\} - [K_{21}'''][K_{11}''']^{-1}\{F_1'''\} \tag{B.4.11}$$

이다. 소거 과정은 완료되었고 식 (B.4.9)를 u_4와 v_4에 대해 푼다. 그 다음, u_3와 v_3를 얻기 위해 u_4와 v_4를 식 (B.4.5)에 대입한다. 마지막으로, u_2와 u_2를 얻기 위해 식 (B.4.1)에 u_3에서 u_4까지를 대입한다. 정적 응축과 역대입 가우스 소거법으로 전체 자유도에 대한 방정식을 풀었다. 이 풀이 과정은 마치 구조물 전체를 휩쓰는 파동과 같이 수행되었는데, 절점 2에서 시작하여, 절점 2와 절점 2의 자유도를 가진 요소들을 덮치고, 그런 후 절점 3까지, 그리고 마지막으로 절점 4에 이르렀다.

이제 얻어진 대수방정식 시스템을 풀기 위해 자주 쓰이는 실용적인 컴퓨터 방법에 대해 기술하겠다. 이 방법은 강성법이 강성행렬의 주 대각선 주위에서 0이 아닌 요소가 존재하는 밴드폭 행렬 $[K]$를 생성하므로 중요하다. 방정식을 풀이하는 과정에서 이 밴드 형태가 유지된다.

예제 B.5

이 컴퓨터 방법을 설명하기 위해 간단한 보기를 들겠다. 그림 B-8에서와 같은 세 개의 스프링으로 조합된 구조물을 고려하라. 절점 2에 x방향으로 100 lb, y방향으로 200 lb의 하중이 구조물에 가해진다. 절점 1은 x와 y방향으로 완전히 구속되어 있는 반면, 절점 3은 x방향으로 δ만큼의 변위가 생기고 y방향으로는 완전히 구속되어 있다.

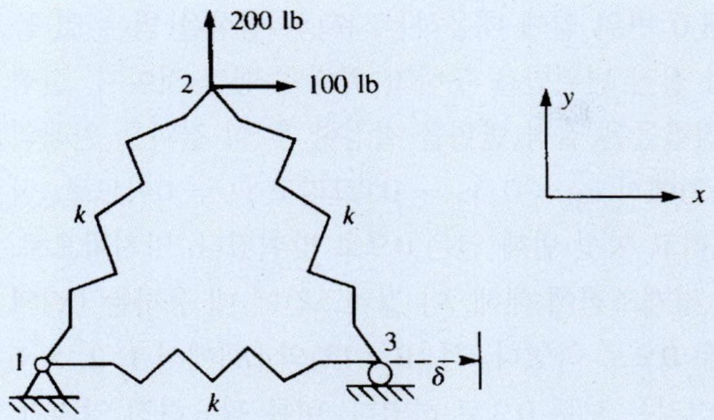

그림 B-8 • 세 개의 스프링으로 된 구조물

풀이

여기서는 이 구조물에 대한 실제 [*K*]를 구하고자 하는 것이 아니라 해를 구하는 방법을 설명하고자 하는 것이다. 일반적인 방정식은 다음과 같다.

$$\begin{bmatrix} k_{11} & k_{12} & k_{13} & k_{14} & k_{15} & k_{16} \\ & k_{22} & k_{23} & k_{24} & k_{25} & k_{26} \\ & & k_{33} & k_{34} & k_{35} & k_{36} \\ & & & k_{44} & k_{45} & k_{46} \\ & & & & k_{55} & k_{56} \\ \text{Symmetry} & & & & & k_{66} \end{bmatrix} \begin{Bmatrix} u_1 \\ v_1 \\ u_2 \\ v_2 \\ u_3 \\ v_3 \end{Bmatrix} = \begin{Bmatrix} F_{1x} \\ F_{1y} \\ F_{2x} = 100 \\ F_{2y} = 200 \\ F_{3x} \\ F_{3y} \end{Bmatrix} \tag{B.4.12}$$

여기서 [*K*]는 일반적인 형태로 쓰여졌다. 경계조건을 부여하면, 식 (B.4.12)는 컴퓨터 프로그램에 의해 다음과 같이 바뀐다.

$$\begin{bmatrix} 1 & 0 & 0 & 0 & 0 & 0 \\ 0 & 1 & 0 & 0 & 0 & 0 \\ 0 & 0 & k_{33} & k_{34} & 0 & 0 \\ 0 & 0 & k_{43} & k_{44} & 0 & 0 \\ 0 & 0 & 0 & 0 & 1 & 0 \\ 0 & 0 & 0 & 0 & 0 & 1 \end{bmatrix} \begin{Bmatrix} u_1 \\ v_1 \\ u_2 \\ v_2 \\ u_3 \\ v_3 \end{Bmatrix} = \begin{Bmatrix} 0 \\ 0 \\ 100 - k_{35}\delta \\ 200 - k_{45}\delta \\ \delta \\ 0 \end{Bmatrix} \tag{B.4.13}$$

식 (B.4.13)에서 $u_1 = 0$, $v_1 = 0$, $u_3 = 0$, 그리고 $v_3 = \delta$임을 알 수 있다. 이들 변위는 주어 진 경계조건과 일치한다. 미지 변위인 u_2와 v_2는 식 (B.4.13)을 풀어서 결정할 수 있다.

이제 식 (B.4.12)를 식 (B.4.13)으로 바꿔주는 데 일반적으로 적용될 수 있는 컴퓨터 방법 을 설명하겠다. 먼저 각 방정식 내에 주어진 변위 경계조건들과 관련된 항들은 이들 방정식 들의 오른쪽으로 이항되었다. 식 (B.4.12)의 세 번째와 네 번째 방정식에서, $k_{35}\delta$와 $k_{45}\delta$는 식 (B.4.13)에서 알 수 있듯이 오른쪽으로 이항되었다. 그 다음, 주어진 변위 열에 대응하는 오른쪽 하중 항은 주어진 변위로 대치되었다. $u_3 = \delta$인 식 (B.4.12)의 다섯 번째 방정식에서 오른쪽, 즉 다섯 번째 열 하중 항인 F_{3x}는 식 (B.4.13)에서 알 수 있듯이 주어진 변위로 대치되었다. 변위가 0으로 주어지는 경계조건을 위해 0 변위 열에 대응하는, {F}의 영향을 받은 열 들은 0으로 바뀌었다. 이것은 컴퓨터 내부에서 절점 변위만을 구하기 위해 수행된 것이지, 절점력이 0임을 의미하는 것은 아니다. 미지 절점력들은 절점 변위를 결정한 후 이 결과를 원래의 식 (B.4.12)에 대입하여 얻어진다. 식 (B.4.12)에서 $u_1 = 0$, $v_1 = 0$, 그리고 $v_3 = 0$이므로, 식 (B.4.13)의 하중행렬의 첫 번째, 두 번째, 그리고 여섯 번째 열은 0으로 맞춰졌다. 마지막으로, 0으로 주어지든 다른 값으로 주어지든 모든 경계조건에 대해, 이 경계조건에 대 응하는 [K]의 행과 열들은 주 대각선 성분만 1로 하고 모두 0으로 하였다. 식 (B.4.12)의 [K]에서 1, 2, 5, 6 번째 행과 열의 대각선 성분만 1로 하고 나머지는 모두 0으로 하였다. 비록 필요하진 않지만, 주 대각선 항들을 1로 하는 것은 컴퓨터 프로그램에서 소거법에 의해 식 (B.4.13)의 6개 방정식을 빠르게 풀 수 있게 해준다. 식 (B.4.13)은 이러한 방법으로 수정한 행렬 [K]이다.

참고문헌

[1] Chapra, S. C., and Canale, R. P., *Numerical Methods for Engineers*, 5th ed., McGraw-Hill, NY, 2008.

[2] Rao, S. S., *Applied Numerical Methods for Engineers and Scientists*, Prentice Hall, NY, 2001.

[3] Bathe, K. J., and Wilson, E. L., *Numerical Methods in Finite Element Analysis*, Prentice Hall, Englewood Cliffs, NJ, 1976.

[4] A. George and J. W.-H. Liu, *Computer Solution of Large Sparse Positive Definite Systems*, Prentice-Hall Inc., Englewood Cliffs, New Jersey, 1981.

[5] Kardestuncer, H., *Elementary Matrix Analysis of Structures*, McGraw-Hill, New York, 1974.

[6] Collins, R. J., "Bandwidth Reduction by Automatic Renumbering," *International Journal For Numerical Methods in Engineering*, Vol. 6, pp. 345–356, 1973.

[7] Melosh, R. J., and Bamford, R. M., "Efficient Solution of Load-Deflection Equations," *Journal of the Structural Division*, American Society of Civil Engineers, No. ST4, pp. 661–676, April 1969.

[8] Irons, B. M., "A Frontal Solution Program for Finite Element Analysis," *International Journal for Numerical Methods in Engineering*, Vol. 2, No. 1, pp. 5–32, 1970.

[9] Meyer, C., "Solution of Linear Equations-State-of-the-Art," *Journal of the Structural Division*, American Society of Civil Engineers, Vol. 99, No. ST 7, pp. 1507–1526, 1973.

[10] Jennings, A., *Matrix Computation for Engineers and Scientists*, Wiley, London, 1977.

[11] Cook, R. D., Malkus, D. S., Plesha, M. E., and Witt, R. J., *Concepts and Applications of Finite Element Analysis*, 4th ed., Wiley, New York, 2002.

연습문제

B.1 Determine the solution of the following simultaneous equations by Cramer's rule.

$$2x_1 + 4x_2 = 20$$
$$4x_1 - 2x_2 = 10$$

B.2 Determine the solution to the set of equations in problem B.1 by the inverse method.

B.3 Solve the following system of simultaneous equations by Gaussian elimination.

$$\begin{aligned} 2x_1 - 4x_2 - 5x_3 &= 6 \\ 2x_2 + 4x_3 &= -1 \\ 1x_1 - 1x_2 + 2x_3 &= 2 \end{aligned}$$

B.4 Solve the following system of simultaneous equations by Gaussian elimination.

$$\begin{aligned} 2x_1 + 1x_2 - 3x_3 &= 11 \\ 4x_1 - 2x_2 + 3x_3 &= 8 \\ -2x_1 + 2x_2 - 1x_3 &= -6 \end{aligned}$$

B.5 Given the following relations:

$$\begin{aligned} x_1 &= 3y_1 - 2y_2 \quad & z_1 &= x_1 + 2x_2 \\ x_2 &= 2y_1 - y_2 \quad & z_2 &= 4x_1 + 2x_2 \end{aligned}$$

a. Write these relationships in matrix form.

b. Express {z} in terms of {y}.

c. Express {y} in terms of {z}.

B.6 Starting with the initial guess $\{X\}^T = [1\ 1\ 1\ 1\ 1]$, perform five iterations of the Gauss–Seidel method on the following system of equations. On the basis of the results of these five iterations, what is the exact solution?

$$\begin{aligned} 2x_1 - 1x_2 \qquad\qquad\qquad &= -1 \\ -1x_1 + 6x_2 - 1x_3 \qquad\qquad &= 4 \\ -2x_2 + 4x_3 - 1x_4 \qquad &= 4 \\ -1x_3 + 4x_4 - 1x_5 &= 6 \\ -1x_4 + 2x_5 &= -2 \end{aligned}$$

B.7 Solve Problem B.1 by Gauss–Seidel iteration. Hint: Read the paragraphs on page 856.

B.8 Classify the solutions to the following systems of equations according to Section B.2 as unique, nonunique, or nonexistent.

a. $$\begin{aligned} 2x_1 - 6x_2 &= 10 \\ 4x_1 - 12x_2 &= 20 \end{aligned}$$

b. $$\begin{aligned} 6x_1 + 3x_2 &= 9 \\ 2x_1 + 6x_2 &= 12 \end{aligned}$$

c. $$\begin{aligned} 8x_1 + 4x_2 &= 32 \\ 4x_1 + 2x_2 &= 8 \end{aligned}$$

d. $$\begin{aligned} 1x_1 + 1x_2 + 1x_3 &= 1 \\ 2x_1 + 2x_2 + 2x_3 &= 2 \\ 3x_1 + 3x_2 + 3x_3 &= 3 \end{aligned}$$

B.9 Determine the bandwidths of the plane trusses shown in Figure PB-9. What conclusions can you draw regarding labeling of nodes?

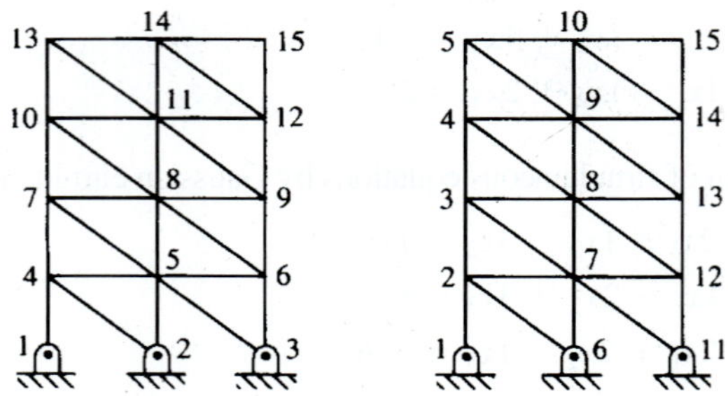

Figure PB-9 •

APPENDIX C

탄성 이론의 기본식

개요

부록 C에서는 탄성 이론의 기본적인 식들을 유도한다. 이러한 방정식들은 이 책의 구조역학 관련 부분에서 자주 언급된다.

탄성 이론에서는 세 가지 기본식이 필요하다. 구조역학 문제의 정확한 해는 반드시 그 식들을 만족시켜야 한다. 이 세 가지 기본식은 (1) 물체에 작용하는 응력의 함수로 표현된 평형 미분방정식, (2) 변형률-변위 관계식과 적합성의 미분방정식, (3) 응력-변형률 관계식, 즉 재료 구성식이다.

C.1 평형 미분방정식

편의상, 그림 C-1과 같이 (단위면적당 힘의 크기를 단위로 하는) 수직 응력 σ_x, σ_y와 평면 내의 전단 응력 τ_{xy}, 그리고 체적력 X_b와 Y_b(단위체적당 힘의 단위)를 받는 평면 요소의 평형을 생각해 보자. 요소의 각 면에 작용하는 응력들은 균일한 것으로 가정한다. 그러나 응력은 한 면에서 다른 면에 이르기까지 변한다고 가정한다. 예를 들어, 왼쪽 수직면에 σ_x가 작용할 때 요소의 왼쪽 면에서 오른쪽 면 사이에서 응력의 변화량은 작다고 가정하기 때문에, 오른쪽 수직면에는 $\sigma_x + (\partial\sigma_x/\partial_x)\, dx$가 작용한다. 요소는 단위 길이를 가지는 것으로 가정한다.

x방향의 힘을 더하여 다음 식을 얻는다.

$$\begin{aligned}\Sigma F_x = 0_x &= \left(\sigma_x + \frac{\partial \sigma_x}{\partial x} dx\right) dy(1) - \sigma_x dy(1) + X_b\, dx\, dy(1) \\ &\quad + \left(\tau_{yx} + \frac{\partial \tau_{yx}}{\partial y} dy\right) dx(1) - \tau_{yx}\, dx(1) = 0\end{aligned} \tag{C.1.1}$$

위 식 (C.1.1)을 간단히 하면

$$\frac{\partial \sigma_x}{\partial x} + \frac{\partial \tau_{yx}}{\partial y} + X_b = 0 \tag{C.1.2}$$

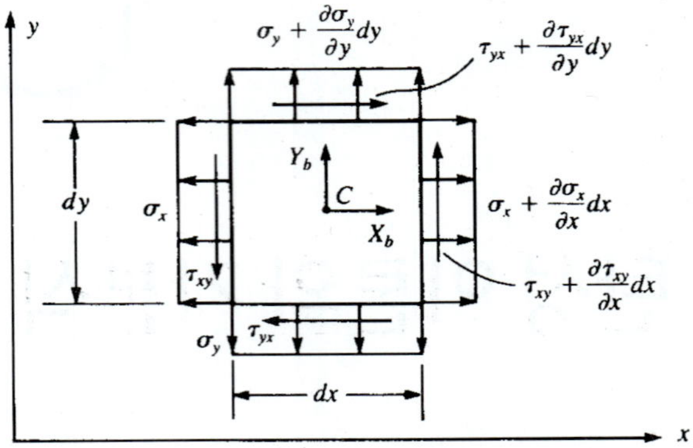

그림 C-1 • 응력을 받는 2차원 미소 요소

이며, 마찬가지 방법으로 y방향 평형조건을 얻는다.

$$\frac{\partial \sigma_y}{\partial y} + \frac{\partial \tau_{xy}}{\partial x} + Y_b = 0 \tag{C.1.3}$$

여기서는 평면 요소가 평형을 이루므로 세 개의 평형방정식이 만족되어야 한다. 세 번째 방정식은 평면 x-y에 수직인 축에 관한 모멘트 평형방정식이다. 즉, 그림 C-1의 점 C에 관한 모멘트가 평형을 만족시켜야 한다.

$$\begin{aligned}\sum M_z = 0 = \tau_{xy}\,dy(1)\frac{dx}{2} + \left(\tau_{xy} + \frac{\partial \tau_{xy}}{\partial x}dx\right)\frac{dx}{2} \\ - \tau_{yx}\,dx(1)\frac{dy}{2} - \left(\tau_{yx} + \frac{\partial \tau_{yx}}{\partial y}dy\right)\frac{dy}{2} = 0\end{aligned} \tag{C.1.4}$$

식 (C.1.4)에서 고차 항을 무시하고 간단히 정리하면 다음과 같은 식을 얻는다.

$$\tau_{xy} = \tau_{yx} \tag{C.1.5}$$

이제 응력 σ_z, τ_{xz}, τ_{yz}를 추가하여 나타내고 있는 그림 C-2와 같은 3차원 응력상태를 고려한다. 명확하게 보이도록, 서로 직각을 이루는 세 개의 평면에서의 응력만을 표시한다. 단순하게 2차원 방정식인 식 (C.1.2), (C.1.3), 그리고 (C.1.5)를 3차원으로 확장시킨다. 그러면 전체 평형방정식은 다음과 같이 된다.

$$\begin{aligned}\frac{\partial \sigma_x}{\partial x} + \frac{\partial \tau_{xy}}{\partial y} + \frac{\partial \tau_{xz}}{\partial z} + X_b = 0 \\ \frac{\partial \tau_{xy}}{\partial x} + \frac{\partial \sigma_y}{\partial y} + \frac{\partial \tau_{yz}}{\partial z} + Y_b = 0 \\ \frac{\partial \tau_{xz}}{\partial x} + \frac{\partial \tau_{yz}}{\partial y} + \frac{\partial \sigma_z}{\partial z} + Z_b = 0\end{aligned} \tag{C.1.6}$$

그리고

$$\tau_{xy} = \tau_{yx} \qquad \tau_{xz} = \tau_{zx} \qquad \tau_{yz} = \tau_{zy} \tag{C.1.7}$$

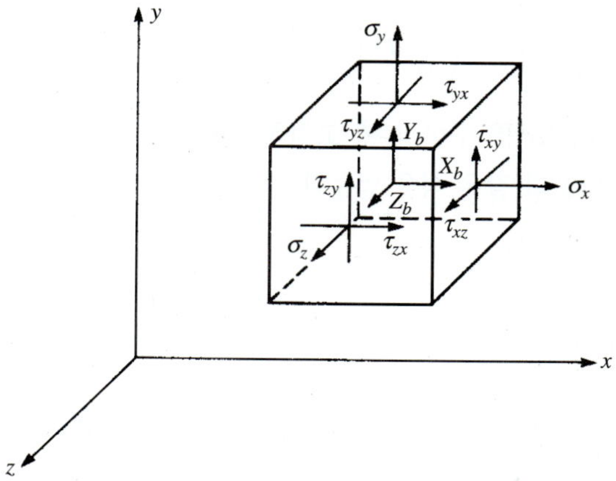

그림 C-2 • 3차원 응력 요소

C.2 | 변형률–변위와 적합방정식

먼저 2차원에 대해 변형률–변위 또는 기하학적 미분관계를 구한다. 그림 C-3과 같은 미소 요소 를 우선 고려한다. 여기서 변형되기 전의 상태는 점선으로 나타나 있고, 변형된 후의 상태(변형이 발생한 후에)는 실선으로 표시되어 있다.

x방향의 선 요소 AB를 고려해 보면, 그것이 변형 후에 $A'B'$로 되었음을 알 수 있다. 여기서 u와 v는 각각 x방향과 y방향의 변위를 나타낸다. u와 v는 연속이며, x 및 y에 대한 일가함수(single-valued function)이고 물체의 치수에 비해 작다고 가정하였다. 공칭 수직 변형률(engineering normal strain)의 정의에 따라(즉, 원래 선의 길이로 나뉜 길이의 변화) 다음과 같은 식을 얻는다.

$$\varepsilon_x = \frac{A'B' - AB}{AB} \tag{C.2.1}$$

또 여기서

$$AB = dx \tag{C.2.2}$$

그리고

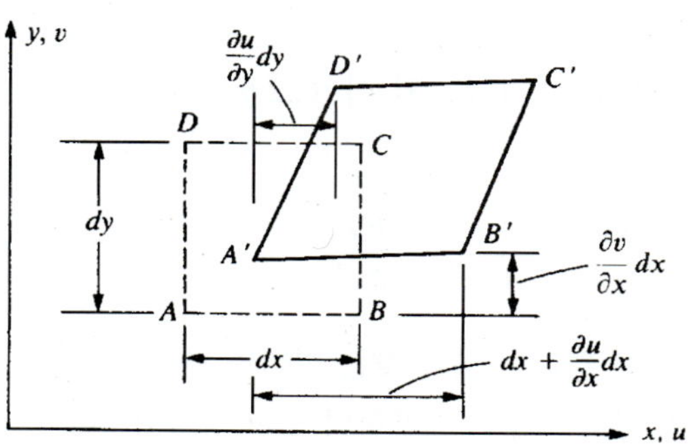

그림 C-3 • 변형 전과 후의 2차원 미분 요소

$$(A'B')^2 = \left(dx + \frac{\partial u}{\partial x}dx\right)^2 + \left(\frac{\partial v}{\partial x}dx\right)^2 \tag{C.2.3}$$

이다. 이항정리(binomial theorem)를 사용하여 $A'B'$를 구한 후에 고차항 $(\partial u/\partial x)^2$과 $(\partial v/\partial x)^2$을 무시하면(미소변형률 가정에 부합되도록), 다음과 같은 식을 얻는다.

$$A'B' = dx + \frac{\partial u}{\partial x}dx \tag{C.2.4}$$

식 (C.2.2)와 (C.2.4)를 식 (C.2.1)에 대입하면 다음을 얻는다.

$$\varepsilon_x = \frac{\partial u}{\partial x} \tag{C.2.5}$$

마찬가지로, y방향의 선 요소 AD를 고려하여 다음을 얻는다.

$$\varepsilon_y = \frac{\partial v}{\partial y} \tag{C.2.6}$$

전단 변형률 γ_{xy}는 AB와 AD같이 원래는 서로 직각을 이루고 있는 두 선 요소 사이의 각도 변화로 정의된다. 그러므로 그림 C-3에서 γ_{xy}는 두 각의 합과 같고 다음과 같이 주어진다.

$$\gamma_{xy} = \frac{\partial u}{\partial y} + \frac{\partial v}{\partial x} \tag{C.2.7}$$

식 (C.2.5)~(C.2.7)은 평면 내에서의 변형률–변위의 관계를 나타낸다.

3차원의 경우에는 z방향의 변위 w도 고려해야 한다. 이에 따라 2차원에서의 유도 과정을 3차원에 대한 것으로 확장할 때 추가되는 변형률–변위 관계식은 다음과 같다.

$$\varepsilon_z = \frac{\partial w}{\partial z} \tag{C.2.8}$$

$$\gamma_{xz} = \frac{\partial u}{\partial z} + \frac{\partial w}{\partial x} \tag{C.2.9}$$

$$\gamma_{yz} = \frac{\partial v}{\partial z} + \frac{\partial w}{\partial y} \tag{C.2.10}$$

변형률–변위의 관계식과 함께, 요소가 찢어지거나 서로 겹치는 일이 발생하지 않도록 변위의 성분 u, v, w가 하나의 값을 갖는 연속함수임을 보증하는 적합방정식이 필요하다. 2차원 탄성 문제에서는 γ_{xy}를 x와 y에 관해 편미분한 식을 식 (C.2.5)의 ε_x와 식 (C.2.6)의 ε_y로 표현하여 적합방정식을 얻는다. 그것은 다음과 같다.

$$\frac{\partial^2 \gamma_{xy}}{\partial x\,\partial y} = \frac{\partial^2}{\partial x\,\partial y}\frac{\partial u}{\partial y} + \frac{\partial^2}{\partial x\,\partial y}\frac{\partial v}{\partial x} = \frac{\partial^2 \varepsilon_x}{\partial y^2} + \frac{\partial^2 \varepsilon_y}{\partial x^2} \tag{C.2.11}$$

여기서 우변 항의 변형률로 표시된 두 번째 방정식은 하나의 값을 갖는 변위의 연속성 때문에 x와 y에 대한 편미분에서 그 순서를 바꾸어도 무방하다는 것을 이용하여 구한 방정식이다. 즉, $\partial^2/\partial x\partial y = \partial^2/\partial y\partial x$이다. 식 (C.2.11)은 **적합조건**(*condition of compatibility*)으로 불린다. 그리고 변위 u와 v가 유일하기 위해서는 변형률 성분들이 반드시 적합조건을 만족시켜야 한다. 그러므 로식 (C.2.5), (C.2.6), (C.2.7), 그리고 (C.2.11) 모두 u와 v가 유일한 하나의 값을 갖는 함수를 갖기 위한 충분조건이다.

3차원에서는 위에서 γ_{xy}에 대해 기술한 것과 유사한 방법으로 γ_{xz}와 γ_{yz}를 미분함으로써 5개의 추가 적합조건식을 얻는다. 여기에 이 방정식을 나열하지는 않겠다. 이 조건식에 대한 자세한 내용을 알고 싶으면 참고문헌 [1]을 참조하기 바란다.

물체 내에서 하나의 값을 갖는 연속함수를 보증하는 적합조건뿐만 아니라 변위 혹은 운동학적 경계조건(kinematic boundary condition) 역시 만족되어야 한다. 이것은 단순히 변위함수가 물체 표면에서의 변위조건을 만족시켜야 한다는 것을 의미한다. 이러한 조건들은 롤러 혹은 핀 지지 조건으로 자주 주어진다. 일반적으로 물체의 특정한 위치에서 변위조건은 다음과 같다.

$$u = u_0 \qquad v = v_0 \qquad w = w_0 \tag{C.2.12}$$

또한 주어진 변위와 다른 종류의 조건을 가질 수도 있다(예를 들면, 회전이 주어져 있는 경우).

C.3 | 응력-변형률 관계

이제 등방성(isotropic) 물체에 대해 3차원 응력-변형률 관계를 구한다. 이 관계는 응력의 작용에 대한 물체의 반응을 고려하여 구한다. 그림 C-4와 같이 각각 개별적으로 응력 σ_x, σ_y, σ_z를 물체에 가한다.

먼저 각각의 독립된 응력 σ_x, σ_y, σ_z로 인한 요소의 x방향 길이 변화를 고려한다. 이때 중첩의 원리가 유효하다고 가정한다. 즉, 여러 힘의 결과로 인한 물체의 전체 변형은 개별적 변형의 대 수적 합과 같다고 가정한다.

그림 C-4(b)를 고려해 보면, x방향의 응력은 그 방향으로 양의 변형률을 발생시킨다.

$$\varepsilon_x' = \frac{\sigma_x}{E} \tag{C.3.1}$$

여기서 식 (C.3.1)을 쓸 때, 후크(Hooke)의 법칙 $\sigma = E\varepsilon$가 사용되었다. 여기서 E는 **탄성계수**이다. 그림 C-4(c)를 고려해 보면, y방향의 응력이 포아송(Poisson) 효과에 의해 x방향으로는 음의 변형률을 발생시킨다.

$$\varepsilon_x'' = -\frac{\nu\sigma_y}{E} \tag{C.3.2}$$

여기서 ν는 포아송비이다. 마찬가지로 그림 C-4(d)를 고려해 보면, z방향의 응력은 x방향으로 음의 변형률을 발생시킨다. 즉,

$$\varepsilon_x''' = -\frac{\nu\sigma_z}{E} \tag{C.3.3}$$

이며, 식 (C.3.1), (C.3.2), (C.3.3)을 중첩하면, 다음과 같은 결과를 얻는다.

$$\varepsilon_x = \frac{\sigma_x}{E} - \nu\frac{\sigma_y}{E} - \nu\frac{\sigma_z}{E} \tag{C.3.4}$$

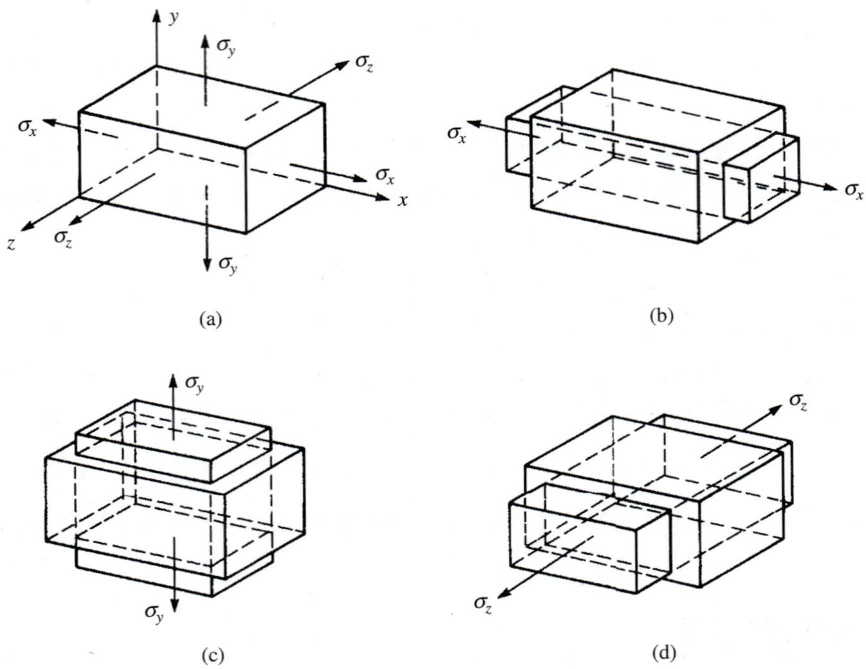

그림 C-4 • 서로 수직한 세 면에 수직 응력을 받는 요소

y와 z방향의 변형률은 x방향의 변형률 식 (C.3.4)를 구하기 위해 사용한 방법과 유사한 방법을 사용하여 구할 수 있다.

$$\varepsilon_y = -\nu\frac{\sigma_x}{E} + \frac{\sigma_y}{E} - \nu\frac{\sigma_z}{E} \qquad \text{(C.3.5)}$$
$$\varepsilon_z = -\nu\frac{\sigma_x}{E} - \nu\frac{\sigma_y}{E} + \frac{\sigma_z}{E}$$

식 (C.3.4)와 (C.3.5)를 수직 응력에 대해 풀면 다음과 같다.

$$\sigma_x = \frac{E}{(1+\nu)(1-2\nu)}[\varepsilon_x(1-\nu) + \nu\varepsilon_y + \nu\varepsilon_z]$$
$$\sigma_y = \frac{E}{(1+\nu)(1-2\nu)}[\nu\varepsilon_x + (1-\nu)\varepsilon_y + \nu\varepsilon_z] \qquad \text{(C.3.6)}$$
$$\sigma_z = \frac{E}{(1+\nu)(1-2\nu)}[\nu\varepsilon_x + \nu\varepsilon_y + (1-\nu)\varepsilon_z]$$

후크의 법칙 $\sigma = E\varepsilon$이 수직응력에 대해 사용되고, 또한 전단 응력에 대해서도 다음 식이 적용된다.

$$\tau = G\gamma \qquad \text{(C.3.7)}$$

여기서 G는 전단 탄성계수이다. 따라서 서로 다른 세 전단 변형률의 식은 다음과 같다.

$$\gamma_{xy} = \frac{\tau_{xy}}{G} \qquad \gamma_{yz} = \frac{\tau_{yz}}{G} \qquad \gamma_{zx} = \frac{\tau_{zx}}{G} \qquad \text{(C.3.8)}$$

위의 식을 응력에 대해 풀면 다음과 같이 된다.

$$\tau_{xy} = G\gamma_{xy} \qquad \tau_{yz} = G\gamma_{yz} \qquad \tau_{zx} = G\gamma_{zx} \tag{C.3.9}$$

식 (C.3.6)과 (C.3.9)의 응력을 행렬의 형태로 나타내면

$$\begin{Bmatrix} \sigma_x \\ \sigma_y \\ \sigma_z \\ \tau_{xy} \\ \tau_{yz} \\ \tau_{zx} \end{Bmatrix} = \frac{E}{(1+\nu)(1-2\nu)} \times \begin{bmatrix} 1-\nu & \nu & \nu & 0 & 0 & 0 \\ & 1-\nu & \nu & 0 & 0 & 0 \\ & & 1-\nu & 0 & 0 & 0 \\ & & & \frac{1-2\nu}{2} & 0 & 0 \\ & & & & \frac{1-2\nu}{2} & 0 \\ \text{Symmetry} & & & & & \frac{1-2\nu}{2} \end{bmatrix} \begin{Bmatrix} \varepsilon_x \\ \varepsilon_y \\ \varepsilon_z \\ \gamma_{xy} \\ \gamma_{yz} \\ \gamma_{zx} \end{Bmatrix} \tag{C.3.10}$$

이며, 여기서 다음의 관계가 사용되었다.

$$G = \frac{E}{2(1+\nu)}$$

식 (C.3.10)의 우변 항의 정방행렬은 **응력-변형률 관계** 또는 **재료 구성행렬**로 불리고 $[D]$로 정의된다. 여기서 $[D]$는

$$[D] = \frac{E}{(1+\nu)(1-2\nu)} \begin{bmatrix} 1-\nu & \nu & \nu & 0 & 0 & 0 \\ & 1-\nu & \nu & 0 & 0 & 0 \\ & & 1-\nu & 0 & 0 & 0 \\ & & & \frac{1-2\nu}{2} & 0 & 0 \\ & & & & \frac{1-2\nu}{2} & 0 \\ \text{Symmetry} & & & & & \frac{1-2\nu}{2} \end{bmatrix} \tag{C.3.11}$$

이다.

참고문헌

[1] Timoshenko, S., and Goodier, J., *Theory of Elasticity*, 3rd ed., McGraw-Hill, New York, 1970.

APPENDIX D

등가 절점력

보(beam) 요소에 걸리는 서로 다른 종류의 하중에 대한 등가 절점력이 표 D-1에 나타나 있다 (다음 페이지 참조).

연습문제

D.1 Determine the equivalent joint or nodal forces for the beam elements shown in Figure PD-1.

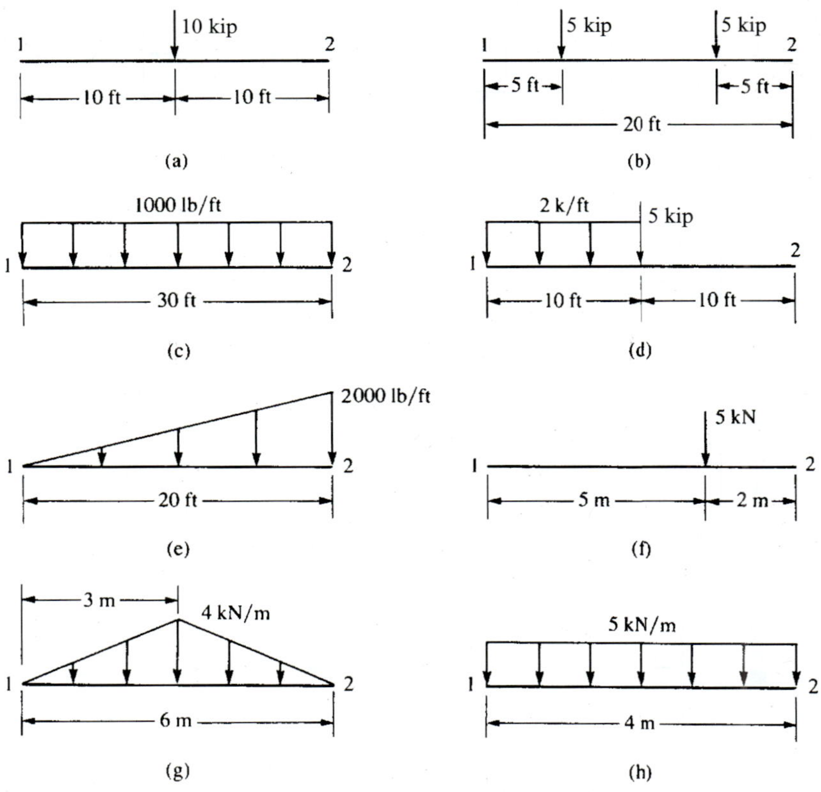

Figure PD-1 •

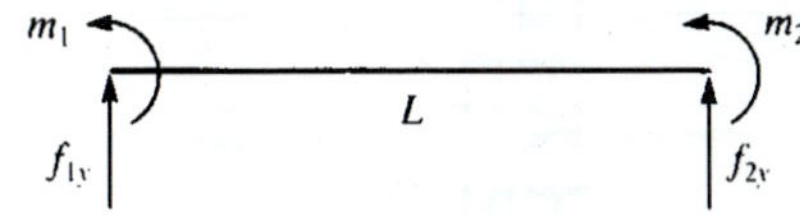

Positive nodal force conventions

Table D–1 Single element equivalent joint forces f_0 for different types of loads

	f_{1y}	m_1	Loading case	f_{2y}	m_2
1.	$\frac{-P}{2}$	$\frac{-PL}{8}$	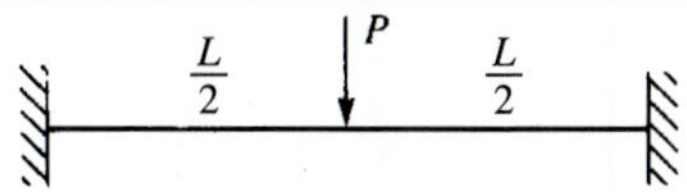	$\frac{-P}{2}$	$\frac{PL}{8}$
2.	$\frac{-Pb^2(L+2a)}{L^3}$	$\frac{-Pab^2}{L^2}$	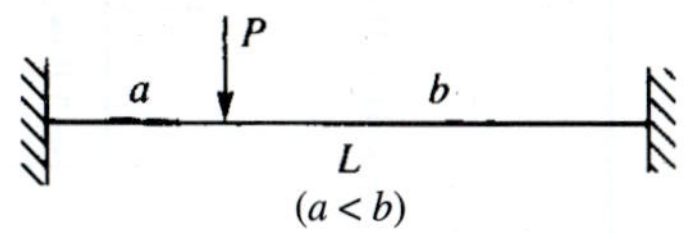	$\frac{-Pa^2(L+2b)}{L^3}$	$\frac{Pa^2b}{L^2}$
3.	$-P$	$-\alpha(1-\alpha)PL$	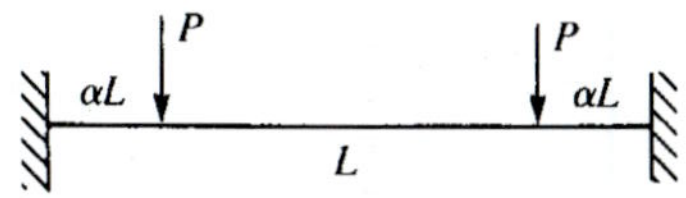	$-P$	$\alpha(1-\alpha)PL$
4.	$\frac{-wL}{2}$	$\frac{-wL^2}{12}$	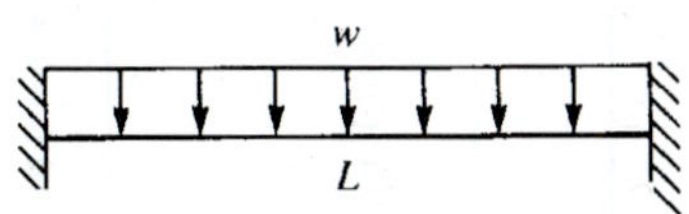	$\frac{-wL}{2}$	$\frac{wL^2}{12}$
5.	$\frac{-7wL}{20}$	$\frac{-wL^2}{20}$	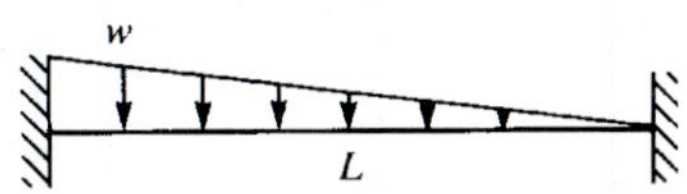	$\frac{-3wL}{20}$	$\frac{wL^2}{30}$
6.	$\frac{-wL}{4}$	$\frac{-5wL^2}{96}$	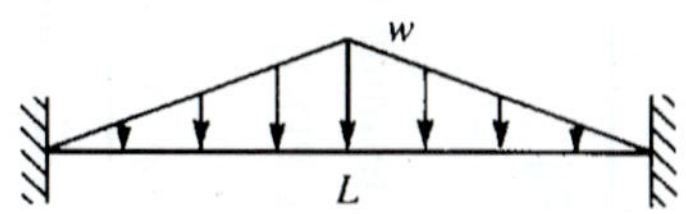	$\frac{-wL}{4}$	$\frac{5wL^2}{96}$

Loading case labels:

(*Continued*)

■ **Table D–1** *(Continued)*

	f_{1y}	m_1	Loading case	f_{2y}	m_2
7.	$\frac{-13wL}{32}$	$\frac{-11wL^2}{192}$	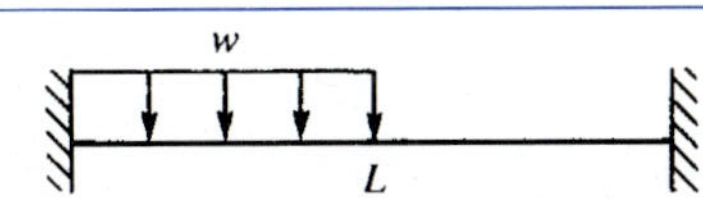	$\frac{-3wL}{32}$	$\frac{5wL^2}{192}$
8.	$\frac{-wL}{3}$	$\frac{-wL^2}{15}$	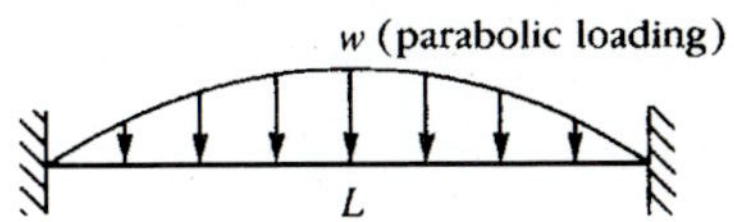	$\frac{-wL}{3}$	$\frac{wL^2}{15}$
9.	$\frac{-M(a^2+b^2-4ab-L^2)}{L^3}$	$\frac{Mb(2a-b)}{L^2}$	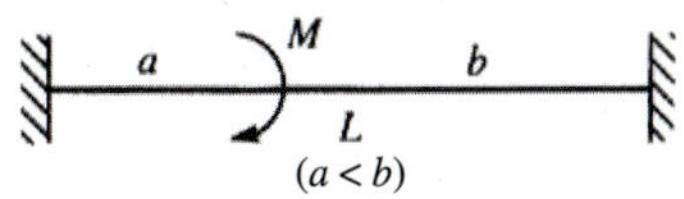	$\frac{M(a^2+b^2-4ab-L^2)}{L^3}$	$\frac{Ma(2b-a)}{L^2}$

APPENDIX E

가상 일의 법칙

부록 E에서는 가상 일의 법칙(principle of virtual work)를 사용하여 동역학 시스템(dynamic system)의 일반적인 유한요소 방정식을 유도해 보자.

가상 일의 원리가 엄밀하게는 정적 시스템(static system)에 적용되는 것이지만, 달랑베르(D'Alembert) 법칙을 도입하여 동역학 시스템에 적용되는 가상 일의 법칙을 유도할 수 있다.

가상 일의 법칙은 다음과 같다.

> 만약 평형상태에 있는 변형체가 실제로 일어날 수 있는, 즉 변형 적합성을 만족시키는 임의의 가상 변위를 받는다고 할 때, 물체의 외력에 의한 가상의 일은 물체 내부의 응력에 의한 가상 변형 에너지와 같다.

이 법칙에서, **적합 변위**는 경계조건을 만족하고 물체 내에서 공동이나 중복과 같은 비연속성이 없는 변위를 말한다. 그림 E-1은 단순한 보에서 실제 변위와 적합 변위 그리고 비적합 변위를 가상하여 보여주고 있다. 여기서 δv는 횡방향 변위함수 v의 미소 변화를 나타낸다. 유한요소 정식화 과정에서, δv는 절점의 자유도 δd_i로 대체된다. 그림 E-1(b)에서의 허용할 수 없는 변위는 보의 오른쪽 끝에서의 지지조건과 변위와 기울기의 연속성을 만족시키지 못한다. 이 법칙에 대해 더 자세한 내용을 알고 싶다면, 참고문헌 [1]과 같은 구조역학을 참조하기 바란다. 또한 변형 에너지와 (봉에 가해진 것과 같은) 외력에 의한 일에 대해 더 자세히 알고 싶다면 이 책의 3.10절을 참조하기 바란다.

이 법칙을 유한요소에 적용하면 다음 식을 얻는다.

$$\delta U^{(e)} = \delta W^{(e)} \tag{E.1}$$

여기서 $\delta U^{(e)}$는 내부 응력으로 인한 가상 변형 에너지이고, $\delta W^{(e)}$는 요소에 가해지는 외력에 의한 가상 일이다. 여기서 행렬을 사용하여 내부 가상 변형 에너지를 다음과 같이 쓸 수 있다.

$$\delta U^{(e)} = \iiint_V \delta\{\varepsilon\}^T \{\sigma\} dV \tag{E.2}$$

식 (E.2)에서 가상 변형률 $\delta\varepsilon$을 따라 내부 응력이 내부 변형 에너지를 발생시키는 것을 알 수 있다. 외력에 의한 가상 일은 절점력, 표면력, 그리고 체적력에 의해 발생된다. 달랑베르의 법

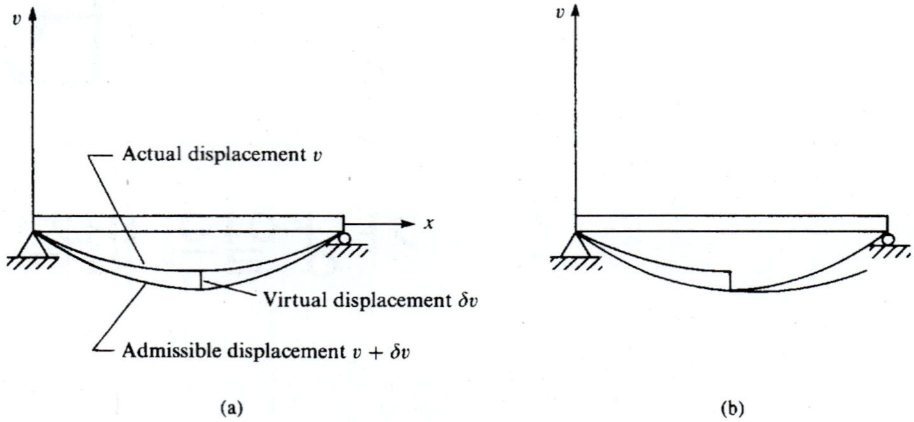

그림 E-1 • (a) 적합 및 (b) 비적합 가상 변위함수

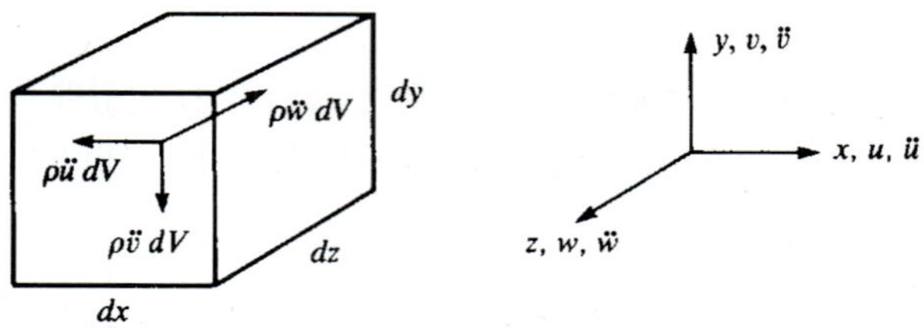

그림 E-2 • 요소에 작용하는 유효 힘

칙을 응용하여 유효 힘, 즉 관성력인 $\rho\ddot{u}\,dV$, $\rho\ddot{v}\,dV$, $\rho\ddot{w}\,dV$를 구한다. 여기서 문자 위의 두 개의 점은 각 각 x, y, z방향으로 평행한 변위 u, v, w의 시간에 대한 2차 도함수를 나타낸다. 이 힘들은 그림 E-2에 나타내었다. 달랑베르의 법칙에 따라 유효 힘들은 가속도에 (+)방향으로 가정한 방향과 반대방향으로 작용한다. 외력에 의한 가상 일은 다음과 같이 쓸 수 있다.

$$\delta W^{(e)} = \delta\{d\}^T\{P\} + \iint_S \delta\{\psi_s\}^T\{T_s\}dS + \iiint_V \delta\{\psi\}^T(\{X\} - \rho\{\ddot{\psi}\})\,dV \tag{E.3}$$

여기서 $\delta\{d\}$는 가상 절점 변위 벡터이고, $\delta\{\psi\}$는 가상 변위함수 δu, δv, δw로 구성된 벡터이며, $\delta\{\psi_s\}$는 표면력이 작용하는 표면에서 가상 변위함수로 구성된 벡터이다. 그리고 $\{P\}$는 절점력 행렬이고, $\{T_s\}$는 단위면적당의 표면력 행렬이며, $\{X\}$는 단위부피에 작용하는 체적력 행렬이다.

식 (E.2)와 (E.3)을 식 (E.1)에 대입하면 다음과 같은 식을 얻는다.

$$\iiint_V \delta\{\varepsilon\}^T\{\sigma\}dV = \delta\{d\}^T\{P\} + \iint_S \delta\{\psi_s\}^T\{T_s\}dS + \iiint_V \delta\{\psi\}^T(\{X\} - \rho\{\ddot{\psi}\})\,dV \tag{E.4}$$

본문에서처럼, 변위함수는 형상함수와 절점 변위의 곱으로 근사된다.

$$\{\psi\} = [N]\{d\} \qquad \{\psi_s\} = [N_s]\{d\} \tag{E.5}$$

$[N_s]$는 표면력 $\{T_s\}$가 작용하는 표면에서 구한 형상함수 행렬이다.

변형률은 절점 변위와 다음의 관계를 갖는다.

$$\{\varepsilon\} = [B]\{d\} \tag{E.6}$$

그리고 응력은 변형률과 다음의 관계를 갖는다.

$$\{\sigma\} = [D]\{\varepsilon\} \tag{E.7}$$

그러므로 식 (E.5), (E.6), (E.7)의 $\{\psi\}$, $\{\varepsilon\}$, $\{\sigma\}$를 식 (E.4)에 대입하면 다음의 결과를 얻는다.

$$\begin{aligned}\iiint_V \delta\{d\}^T[B]^T[D][B]\{d\}dV &= \delta\{d\}^T\{P\} + \iint_S \delta\{d\}^T[N_s]^T\{T_s\}\,dS \\ &+ \iiint_V \delta\{d\}^T[N]^T(\{X\} - \rho[N]\{\ddot{d}\})\,dV\end{aligned} \tag{E.8}$$

형상함수는 시간의 함수가 아님에 유의하기 바란다. $\{d\}$(혹은 $\{d\}^T$)는 적분 변수와 무관한 절점 변위 행렬이기 때문에, 다음과 같이 $\{d\}^T$항을 적분 기호 밖으로 빼서 식 (E.8)을 간단히 할 수 있다.

$$\begin{aligned}\delta\{d\}^T\iiint_V [B]^T[D][B]dV\{d\} &= \delta\{d\}^T\{P\} + \delta\{d\}^T\iint_S [N_s]^T\{T_s\}\,dS \\ &+ \delta\{d\}^T\iiint_V [N]^T(\{X\} - \rho[N]\{\ddot{d}\})\,dV\end{aligned} \tag{E.9}$$

식 (E.9)의 각 항에 공통적으로 들어 있는 $\delta\{d\}^T$는 임의의 가상 절점 변위 벡터이기 때문에, 다음 식이 만족된다.

$$\iiint_V [B]^T[D][B]dV\{d\} = \{P\} + \iint_S [N_s]^T\{T_s\}\,dS + \iiint_V [N]^T\{X\}dV - \iiint_V \rho[N]^T[N]\,dV\{\ddot{d}\} \tag{E.10}$$

이제 각 항들을 정의하면 다음과 같다.

$$[m] = \iiint_V \rho[N]^T\{N\}\,dV \tag{E.11}$$

$$[k] = \iiint_V [B]^T[D][B]\,dV \tag{E.12}$$

$$\{f_s\} = \iint_S [N_s]^T\{T_s\}\,dS \tag{E.13}$$

$$\{f_b\} = \iiint_V [N]^T\{X\}\,dV \tag{E.14}$$

식 (E.11)~(E.14)를 식 (E.10)에 대입하여 다음 식을 얻을 수 있다.

$$[m]\{\ddot{d}\} + [k]\{d\} = \{P\} + \{f_s\} + \{f_b\} \tag{E.15}$$

식 (E.11)의 행렬 $[m]$은 요소 일관 질량행렬[2]이고, 식 (E.12)의 $[k]$는 요소 강성행렬이고, 식

(E.13)의 $\{f_s\}$는 표면력에 의한 요소 등가 절점력 행렬이고, 식 (E.14)의 $\{f_b\}$는 체적력에 의한 요소 등가 절점력 행렬이다.

시간에 따라 변하는 외력을 받는 보와 봉의 해석에 식 (E.15)를 적용하는 것이 16장에 주어져 있다. 정적 문제에 대해서는 식 (E.15)에서 $\{\ddot{d}\}$를 0으로 놓으면 된다. 즉, 다음과 같다.

$$[k]\{d\} = \{P\} + \{f_s\} + \{f_b\} \tag{E.16}$$

이 책의 3~9장, 11장, 그리고 12장은 봉, 트러스, 보, 프레임, 평면응력, 축대칭 응력과 3차원 응력 문제에 식 (E.16)을 적용하고 있다.

참고문헌

[1] Oden, J. T., and Ripperger, E. A., *Mechanics of Elastic Structures*, 2nd ed, McGraw-Hill, New York, 1981.

[2] Archer, J. S., "Consistent Matrix Formulations for Structural Analysis Using Finite Element Techniques," *Journal of the American Institute of Aeronautics and Astronautics*, Vol. 3, No. 10, pp. 1910~1918, 1965.

APPENDIX F

구조용 강재의 단면 성질

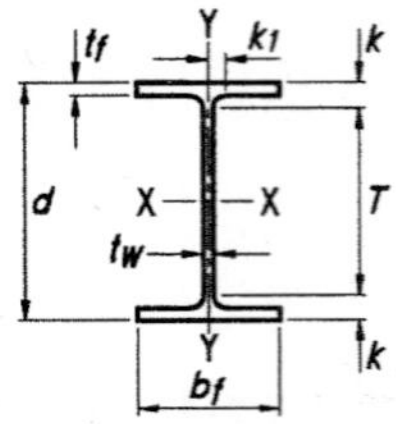

Table 1–1
W Shapes
Dimensions

Shape	Area, A	Depth, d		Web Thickness, t_w		Web $\frac{t_w}{2}$	Flange Width, b_f		Flange Thickness, t_f		Distance k k_{des}	Distance k k_{det}	k_1	T	Workable Gage
	in.^{2}	in.		in.		in.	in.		in.		in.	in.	in.	in.	in.
W36×800[h]	236	42.6	42 1/2	2.38	2 3/8	1 3/16	18.0	18	4.29	4 5/16	5.24	5 9/16	2 3/8	31 3/8	7 1/2
×652[h]	192	41.1	41	1.97	2	1	17.6	17 5/8	3.54	3 9/16	4.49	4 13/16	2 3/16		
×529[h]	156	39.8	39 3/4	1.61	1 5/8	13/16	17.2	17 1/4	2.91	2 15/16	3.86	4 3/16	2		
×487[h]	143	39.3	39 3/8	1.50	1 1/2	3/4	17.1	17 1/8	2.68	2 11/16	3.63	4	1 15/16		
×441[h]	130	38.9	38 7/8	1.36	1 3/8	11/16	17.0	17	2.44	2 7/16	3.39	3 3/4	1 7/8		
×395[h]	116	38.4	38 3/8	1.22	1 1/4	5/8	16.8	16 7/8	2.20	2 3/16	3.15	3 7/16	1 13/16		
×361[h]	106	38.0	38	1.12	1 1/8	9/16	16.7	16 3/4	2.01	2	2.96	3 5/16	1 3/4		
×330	97.0	37.7	37 5/8	1.02	1	1/2	16.6	16 5/8	1.85	1 7/8	2.80	3 1/8	1 3/4		
×302	88.8	37.3	37 3/8	0.945	15/16	1/2	16.7	16 5/8	1.68	1 11/16	2.63	3	1 11/16		
×282[c]	82.9	37.1	37 1/8	0.885	7/8	7/16	16.6	16 5/8	1.57	1 9/16	2.52	2 7/8	1 5/8		
×262[c]	77.0	36.9	36 7/8	0.840	13/16	7/16	16.6	16 1/2	1.44	1 7/16	2.39	2 3/4	1 5/8		
×247[c]	72.5	36.7	36 5/8	0.800	13/16	7/16	16.5	16 1/2	1.35	1 3/8	2.30	2 5/8	1 5/8		
×231[c]	68.1	36.5	36 1/2	0.760	3/4	3/8	16.5	16 1/2	1.26	1 1/4	2.21	2 9/16	1 9/16		
W36×256	75.4	37.4	37 3/8	0.960	15/16	1/2	12.2	12 1/4	1.73	1 3/4	2.48	2 5/8	1 5/16	32 1/8	5 1/2
×232[c]	68.1	37.1	37 1/8	0.870	7/8	7/16	12.1	12 1/8	1.57	1 9/16	2.32	2 7/16	1 1/4		
×210[c]	61.8	36.7	36 3/4	0.830	13/16	7/16	12.2	12 1/8	1.36	1 3/8	2.11	2 5/16	1 1/4		
×194[c]	57.0	36.5	36 1/2	0.765	3/4	3/8	12.1	12 1/8	1.26	1 1/4	2.01	2 3/16	1 3/16		
×182[c]	53.6	36.3	36 3/8	0.725	3/4	3/8	12.1	12 1/8	1.18	1 3/16	1.93	2 1/8	1 3/16		
×170[c]	50.1	36.2	36 1/8	0.680	11/16	3/8	12.0	12	1.10	1 1/8	1.85	2	1 3/16		
×160[c]	47.0	36.0	36	0.650	5/8	5/16	12.0	12	1.02	1	1.77	1 15/16	1 1/8		
×150[c]	44.2	35.9	35 7/8	0.625	5/8	5/16	12.0	12	0.940	15/16	1.69	1 7/8	1 1/8		
×135[c,v]	39.7	35.6	35 1/2	0.600	5/8	5/16	12.0	12	0.790	13/16	1.54	1 11/16	1 1/8		
W33×387[h]	114	36.0	36	1.26	1 1/4	5/8	16.2	16 1/4	2.28	2 1/4	3.07	3 3/16	1 7/16	29 5/8	5 1/2
×354[h]	104	35.6	35 1/2	1.16	1 3/16	5/8	16.1	16 1/8	2.09	2 1/16	2.88	2 15/16	1 3/8		
×318	93.6	35.2	35 1/8	1.04	1 1/16	9/16	16.0	16	1.89	1 7/8	2.68	2 3/4	1 5/16		
×291	85.7	34.8	34 7/8	0.960	15/16	1/2	15.9	15 7/8	1.73	1 3/4	2.52	2 5/8	1 5/16		
×263	77.5	34.5	34 1/2	0.870	7/8	7/16	15.8	15 3/4	1.57	1 9/16	2.36	2 7/16	1 1/4		
×241[c]	71.0	34.2	34 1/8	0.830	13/16	7/16	15.9	15 7/8	1.40	1 3/8	2.19	2 1/4	1 1/4		
×221[c]	65.2	33.9	33 7/8	0.775	3/4	3/8	15.8	15 3/4	1.28	1 1/4	2.06	2 1/8	1 3/16		
×201[c]	59.2	33.7	33 5/8	0.715	11/16	3/8	15.7	15 3/4	1.15	1 1/8	1.94	2	1 3/16		
W33×169[c]	49.5	33.8	33 7/8	0.670	11/16	3/8	11.5	11 1/2	1.22	1 1/4	1.92	2 1/8	1 3/16	29 5/8	5 1/2
×152[c]	44.8	33.5	33 1/2	0.635	5/8	5/16	11.6	11 5/8	1.06	1 1/16	1.76	1 15/16	1 1/8		
×141[c]	41.6	33.3	33 1/4	0.605	5/8	5/16	11.5	11 1/2	0.960	15/16	1.66	1 13/16	1 1/8		
×130[c]	38.3	33.1	33 1/8	0.580	9/16	5/16	11.5	11 1/2	0.855	7/8	1.56	1 3/4	1 1/8		
×118[c,v]	34.7	32.9	32 7/8	0.550	9/16	5/16	11.5	11 1/2	0.740	3/4	1.44	1 5/8	1 1/8		

[c] Shape is slender for compression with F_y = 50 ksi.
[h] Flange thickness greater than 2 in. Special requirements may apply per AISC Specification Section A3.1c.
[v] Shape does not meet the h/t_w limit for shear in Specification Section G2.1a with F_y = 50 ksi.

Table 1-1 (continued)
W Shapes
Properties

W36 – W33

Nominal Wt.	Compact Section Criteria		Axis X-X				Axis Y-Y				r_{ts}	h_o	Torsional Properties	
	$\frac{b_f}{2t_f}$	$\frac{h}{t_w}$	I	S	r	Z	I	S	r	Z			J	C_w
lb/ft			in.^{4}	in.^{3}	in.	in.^{3}	in.^{4}	in.^{3}	in.	in.^{3}	in.	in.	in.^{4}	in.^{6}
800	2.10	13.5	64700	3040	16.6	3650	4200	467	4.22	743	5.14	38.3	1060	1540000
652	2.48	16.3	50600	2460	16.2	2910	3230	367	4.10	581	4.96	37.5	593	1130000
529	2.96	19.9	39600	1990	16.0	2330	2490	289	4.00	454	4.80	36.9	327	846000
487	3.19	21.4	36000	1830	15.8	2130	2250	263	3.96	412	4.74	36.7	258	754000
441	3.48	23.6	32100	1650	15.7	1910	1990	235	3.92	368	4.69	36.4	194	661000
395	3.83	26.3	28500	1490	15.7	1710	1750	208	3.88	325	4.61	36.2	142	575000
361	4.16	28.6	25700	1350	15.6	1550	1570	188	3.85	293	4.58	36.0	109	509000
330	4.49	31.4	23300	1240	15.5	1410	1420	171	3.83	265	4.53	35.8	84.3	456000
302	4.96	33.9	21100	1130	15.4	1280	1300	156	3.82	241	4.53	35.7	64.3	412000
282	5.29	36.2	19600	1050	15.4	1190	1200	144	3.80	223	4.50	35.5	52.7	378000
262	5.75	38.2	17900	972	15.3	1100	1090	132	3.76	204	4.46	35.4	41.6	342000
247	6.11	40.1	16700	913	15.2	1030	1010	123	3.74	190	4.42	35.3	34.7	316000
231	6.54	42.2	15600	854	15.1	963	940	114	3.71	176	4.40	35.2	28.7	292000
256	3.53	33.8	16800	895	14.9	1040	528	86.5	2.65	137	3.25	35.7	52.9	168000
232	3.86	37.3	15000	809	14.8	936	468	77.2	2.62	122	3.21	35.6	39.6	148000
210	4.48	39.1	13200	719	14.6	833	411	67.5	2.58	107	3.18	35.3	28.0	128000
194	4.81	42.4	12100	664	14.6	767	375	61.9	2.56	97.7	3.15	35.2	22.2	116000
182	5.12	44.8	11300	623	14.5	718	347	57.6	2.55	90.7	3.13	35.2	18.5	107000
170	5.47	47.7	10500	581	14.5	668	320	53.2	2.53	83.8	3.11	35.1	15.1	98500
160	5.88	49.9	9760	542	14.4	624	295	49.1	2.50	77.3	3.08	35.0	12.4	90200
150	6.37	51.9	9040	504	14.3	581	270	45.1	2.47	70.9	3.06	34.9	10.1	82200
135	7.56	54.1	7800	439	14.0	509	225	37.7	2.38	59.7	2.99	34.8	7.00	68100
387	3.55	23.7	24300	1350	14.6	1560	1620	200	3.77	312	4.49	33.7	148	459000
354	3.85	25.7	22000	1240	14.5	1420	1460	181	3.74	282	4.44	33.5	115	408000
318	4.23	28.7	19500	1110	14.5	1270	1290	161	3.71	250	4.39	33.3	84.4	357000
291	4.60	31.0	17700	1020	14.4	1160	1160	146	3.68	226	4.35	33.1	65.1	319000
263	5.03	34.3	15900	919	14.3	1040	1040	131	3.66	202	4.31	33.0	48.7	281000
241	5.66	35.9	14200	831	14.1	940	933	118	3.62	182	4.29	32.8	36.2	251000
221	6.20	38.5	12900	759	14.1	857	840	106	3.59	164	4.25	32.7	27.8	224000
201	6.85	41.7	11600	686	14.0	773	749	95.2	3.56	147	4.21	32.5	20.8	198000
169	4.71	44.7	9290	549	13.7	629	310	53.9	2.50	84.4	3.03	32.6	17.7	82400
152	5.48	47.2	8160	487	13.5	559	273	47.2	2.47	73.9	3.01	32.4	12.4	71700
141	6.01	49.6	7450	448	13.4	514	246	42.7	2.43	66.9	2.98	32.3	9.70	64400
130	6.73	51.7	6710	406	13.2	467	218	37.9	2.39	59.5	2.94	32.2	7.37	56600
118	7.76	54.5	5900	359	13.0	415	187	32.6	2.32	51.3	2.89	32.1	5.30	48300

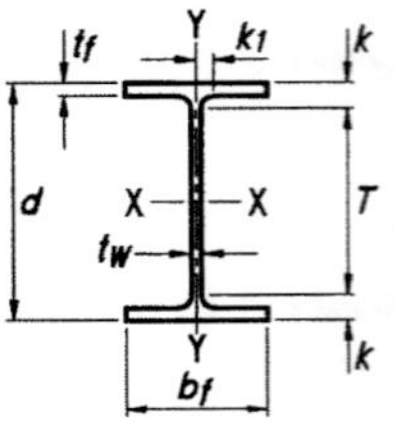

Table 1–1 (continued)
W Shapes
Dimensions

Shape	Area, A	Depth, d		Web Thickness, t_w		Web $\frac{t_w}{2}$	Flange Width, b_f		Flange Thickness, t_f		Distance k k_{des}	Distance k k_{det}	k_1	T	Workable Gage
	in.^{2}	in.		in.		in.	in.		in.		in.	in.	in.	in.	in.
W30×391[h]	115	33.2	33 1/4	1.36	1 3/8	11/16	15.6	15 5/8	2.44	2 7/16	3.23	3 3/8	1 1/2	26 1/2	5 1/2
×357[h]	105	32.8	32 3/4	1.24	1 1/4	5/8	15.5	15 1/2	2.24	2 1/4	3.03	3 1/8	1 7/16		
×326[h]	95.8	32.4	32 3/8	1.14	1 1/8	9/16	15.4	15 3/8	2.05	2 1/16	2.84	2 15/16	1 3/8		
×292	85.9	32.0	32	1.02	1	1/2	15.3	15 1/4	1.85	1 7/8	2.64	2 3/4	1 5/16		
×261	76.9	31.6	31 5/8	0.930	15/16	1/2	15.2	15 1/8	1.65	1 5/8	2.44	2 9/16	1 5/16		
×235	69.2	31.3	31 1/4	0.830	13/16	7/16	15.1	15	1.50	1 1/2	2.29	2 3/8	1 1/4		
×211	62.2	30.9	31	0.775	3/4	3/8	15.1	15 1/8	1.32	1 5/16	2.10	2 1/4	1 3/16		
×191[c]	56.3	30.7	30 5/8	0.710	11/16	3/8	15.0	15	1.19	1 3/16	1.97	2 1/16	1 3/16		
×173[c]	51.0	30.4	30 1/2	0.655	5/8	5/16	15.0	15	1.07	1 1/16	1.85	2	1 1/8		
W30×148[c]	43.5	30.7	30 5/8	0.650	5/8	5/16	10.5	10 1/2	1.18	1 3/16	1.83	2 1/16	1 1/8	26 1/2	5 1/2
×132[c]	38.9	30.3	30 1/4	0.615	5/8	5/16	10.5	10 1/2	1.00	1	1.65	1 7/8	1 1/8		
×124[c]	36.5	30.2	30 1/8	0.585	9/16	5/16	10.5	10 1/2	0.930	15/16	1.58	1 13/16	1 1/8		
×116[c]	34.2	30.0	30	0.565	9/16	5/16	10.5	10 1/2	0.850	7/8	1.50	1 3/4	1 1/8		
×108[c]	31.7	29.8	29 7/8	0.545	9/16	5/16	10.5	10 1/2	0.760	3/4	1.41	1 11/16	1 1/8		
×99[c]	29.1	29.7	29 5/8	0.520	1/2	1/4	10.5	10 1/2	0.670	11/16	1.32	1 9/16	1 1/16		
×90[c,v]	26.4	29.5	29 1/2	0.470	1/2	1/4	10.4	10 3/8	0.610	5/8	1.26	1 1/2	1 1/16		
W27×539[h]	159	32.5	32 1/2	1.97	2	1	15.3	15 1/4	3.54	3 9/16	4.33	4 7/16	1 13/16	23 5/8	5 1/2[g]
×368[h]	108	30.4	30 3/8	1.38	1 3/8	11/16	14.7	14 5/8	2.48	2 1/2	3.27	3 3/8	1 1/2		5 1/2
×336[h]	98.9	30.0	30	1.26	1 1/4	5/8	14.6	14 1/2	2.28	2 1/4	3.07	3 3/16	1 7/16		
×307[h]	90.4	29.6	29 5/8	1.16	1 3/16	5/8	14.4	14 1/2	2.09	2 1/16	2.88	3	1 7/16		
×281	82.9	29.3	29 1/4	1.06	1 1/16	9/16	14.4	14 3/8	1.93	1 15/16	2.72	2 13/16	1 3/8		
×258	76.0	29.0	29	0.980	1	1/2	14.3	14 1/4	1.77	1 3/4	2.56	2 11/16	1 5/16		
×235	69.4	28.7	28 5/8	0.910	15/16	1/2	14.2	14 1/4	1.61	1 5/8	2.40	2 1/2	1 5/16		
×217	64.0	28.4	28 3/8	0.830	13/16	7/16	14.1	14 1/8	1.50	1 1/2	2.29	2 3/8	1 1/4		
×194	57.2	28.1	28 1/8	0.750	3/4	3/8	14.0	14	1.34	1 5/16	2.13	2 1/4	1 3/16		
×178	52.5	27.8	27 3/4	0.725	3/4	3/8	14.1	14 1/8	1.19	1 3/16	1.98	2 1/16	1 3/16		
×161[c]	47.6	27.6	27 5/8	0.660	11/16	3/8	14.0	14	1.08	1 1/16	1.87	2	1 3/16		
×146[c]	43.1	27.4	27 3/8	0.605	5/8	5/16	14.0	14	0.975	1	1.76	1 7/8	1 1/8		
W27×129[c]	37.8	27.6	27 5/8	0.610	5/8	5/16	10.0	10	1.10	1 1/8	1.70	2	1 1/8	23 5/8	5 1/2
×114[c]	33.5	27.3	27 1/4	0.570	9/16	5/16	10.1	10 1/8	0.930	15/16	1.53	1 13/16	1 1/8		
×102[c]	30.0	27.1	27 1/8	0.515	1/2	1/4	10.0	10	0.830	13/16	1.43	1 3/4	1 1/16		
×94[c]	27.7	26.9	26 7/8	0.490	1/2	1/4	10.0	10	0.745	3/4	1.34	1 5/8	1 1/16		
×84[c]	24.8	26.7	26 3/4	0.460	7/16	1/4	10.0	10	0.640	5/8	1.24	1 9/16	1 1/16		

[c] Shape is slender for compression with $F_y = 50$ ksi.
[g] The actual size, combination, and orientation of fastener components should be compared with the geometry of the cross-section to ensure compatibility.
[h] Flange thickness greater than 2 in. Special requirements may apply per AISC Specification Section A3.1c.
[v] Shape does not meet the h/t_w limit for shear in Specification Section G2.1a with $F_y = 50$ ksi.

Table 1–1 (continued)
W Shapes
Properties

W30 – W27

Nom-inal Wt.	Compact Section Criteria		Axis X-X				Axis Y-Y				r_{ts}	h_o	Torsional Properties	
	$\frac{b_f}{2t_f}$	$\frac{h}{t_w}$	I	S	r	Z	I	S	r	Z			J	C_w
lb/ft			in.^{4}	in.^{3}	in.	in.^{3}	in.^{4}	in.^{3}	in.	in.^{3}	in.	in.	in.^{4}	in.^{6}
391	3.19	19.7	20700	1250	13.4	1450	1550	198	3.67	310	4.37	30.8	173	366000
357	3.45	21.6	18700	1140	13.3	1320	1390	179	3.64	279	4.32	30.6	134	324000
326	3.75	23.4	16800	1040	13.2	1190	1240	162	3.60	252	4.27	30.4	103	287000
292	4.12	26.2	14900	930	13.2	1060	1100	144	3.58	223	4.22	30.2	75.2	250000
261	4.59	28.7	13100	829	13.1	943	959	127	3.53	196	4.16	30.0	54.1	215000
235	5.02	32.2	11700	748	13.0	847	855	114	3.51	175	4.13	29.8	40.3	190000
211	5.74	34.5	10300	665	12.9	751	757	100	3.49	155	4.10	29.6	28.4	166000
191	6.35	37.7	9200	600	12.8	675	673	89.5	3.46	138	4.07	29.5	21.0	146000
173	7.04	40.8	8230	541	12.7	607	598	79.8	3.42	123	4.03	29.4	15.6	129000
148	4.44	41.6	6680	436	12.4	500	227	43.3	2.28	68.0	2.77	29.5	14.5	49400
132	5.27	43.9	5770	380	12.2	437	196	37.2	2.25	58.4	2.75	29.3	9.72	42100
124	5.65	46.2	5360	355	12.1	408	181	34.4	2.23	54.0	2.73	29.2	7.99	38600
116	6.17	47.8	4930	329	12.0	378	164	31.3	2.19	49.2	2.70	29.2	6.43	34900
108	6.89	49.6	4470	299	11.9	346	146	27.9	2.15	43.9	2.66	29.1	4.99	30900
99	7.80	51.9	3990	269	11.7	312	128	24.5	2.10	38.6	2.62	29.0	3.77	26800
90	8.52	57.5	3610	245	11.7	283	115	22.1	2.09	34.7	2.60	28.9	2.84	24000
539	2.15	12.1	25600	1570	12.7	1890	2110	277	3.65	437	4.41	29.0	496	443000
368	2.96	17.3	16200	1060	12.2	1240	1310	179	3.48	279	4.14	27.9	170	255000
336	3.19	18.9	14600	972	12.1	1130	1180	162	3.45	252	4.09	27.7	131	226000
307	3.46	20.6	13100	887	12.0	1030	1050	146	3.41	227	4.04	27.5	101	199000
281	3.72	22.5	11900	814	12.0	936	953	133	3.39	206	4.00	27.4	79.5	178000
258	4.03	24.4	10800	745	11.9	852	859	120	3.36	187	3.96	27.2	61.6	159000
235	4.41	26.2	9700	677	11.8	772	769	108	3.33	168	3.92	27.1	47.0	141000
217	4.71	28.7	8910	627	11.8	711	704	100	3.32	154	3.89	26.9	37.6	128000
194	5.24	31.8	7860	559	11.7	631	619	88.1	3.29	136	3.85	26.8	27.1	111000
178	5.92	32.9	7020	505	11.6	570	555	78.8	3.25	122	3.83	26.6	20.1	98400
161	6.49	36.1	6310	458	11.5	515	497	70.9	3.23	109	3.79	26.5	15.1	87300
146	7.16	39.4	5660	414	11.5	464	443	63.5	3.20	97.7	3.76	26.4	11.3	77200
129	4.55	39.7	4760	345	11.2	395	184	36.8	2.21	57.6	2.66	26.5	11.1	32500
114	5.41	42.5	4080	299	11.0	343	159	31.5	2.18	49.3	2.64	26.4	7.33	27600
102	6.03	47.1	3620	267	11.0	305	139	27.8	2.15	43.4	2.62	26.3	5.28	24000
94	6.70	49.5	3270	243	10.9	278	124	24.8	2.12	38.8	2.59	26.2	4.03	21300
84	7.78	52.7	2850	213	10.7	244	106	21.2	2.07	33.2	2.54	26.1	2.81	17900

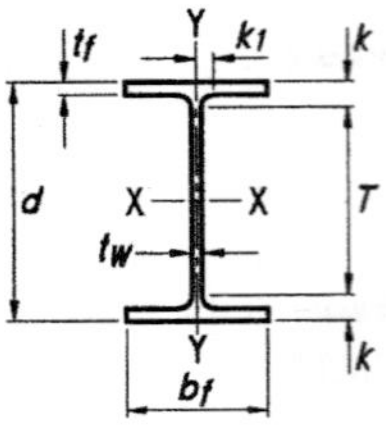

Table 1–1 (continued)
W Shapes
Dimensions

Shape	Area, A	Depth, d		Web Thickness, t_w		Web $\frac{t_w}{2}$	Flange Width, b_f		Flange Thickness, t_f		Distance k k_{des}	Distance k k_{det}	k_1	T	Workable Gage
	in.²	in.		in.		in.	in.		in.		in.	in.	in.	in.	in.
W24×370[h]	109	28.0	28	1.52	1 1/2	3/4	13.7	13 5/8	2.72	2 3/4	3.22	3 5/8	1 9/16	20 3/4	5 1/2
×335[h]	98.4	27.5	27 1/2	1.38	1 3/8	11/16	13.5	13 1/2	2.48	2 1/2	2.98	3 3/8	1 1/2		
×306[h]	89.8	27.1	27 1/8	1.26	1 1/4	5/8	13.4	13 3/8	2.28	2 1/4	2.78	3 3/16	1 7/16		
×279[h]	82.0	26.7	26 3/4	1.16	1 3/16	5/8	13.3	13 1/4	2.09	2 1/16	2.59	3	1 7/16		
×250	73.5	26.3	26 3/8	1.04	1 1/16	9/16	13.2	13 1/8	1.89	1 7/8	2.39	2 13/16	1 3/8		
×229	67.2	26.0	26	0.960	15/16	1/2	13.1	13 1/8	1.73	1 3/4	2.23	2 5/8	1 5/16		
×207	60.7	25.7	25 3/4	0.870	7/8	7/16	13.0	13	1.57	1 9/16	2.07	2 1/2	1 1/4		
×192	56.3	25.5	25 1/2	0.810	13/16	7/16	13.0	13	1.46	1 7/16	1.96	2 3/8	1 1/4		
×176	51.7	25.2	25 1/4	0.750	3/4	3/8	12.9	12 7/8	1.34	1 5/16	1.84	2 1/4	1 3/16		
×162	47.7	25.0	25	0.705	11/16	3/8	13.0	13	1.22	1 1/4	1.72	2 1/8	1 3/16		
×146	43.0	24.7	24 3/4	0.650	5/8	5/16	12.9	12 7/8	1.09	1 1/16	1.59	2	1 1/8		
×131	38.5	24.5	24 1/2	0.605	5/8	5/16	12.9	12 7/8	0.960	15/16	1.46	1 7/8	1 1/8		
×117[c]	34.4	24.3	24 1/4	0.550	9/16	5/16	12.8	12 3/4	0.850	7/8	1.35	1 3/4	1 1/8		
×104[c]	30.6	24.1	24	0.500	1/2	1/4	12.8	12 3/4	0.750	3/4	1.25	1 5/8	1 1/16		
W24×103[c]	30.3	24.5	24 1/2	0.550	9/16	5/16	9.00	9	0.980	1	1.48	1 7/8	1 1/8	20 3/4	5 1/2
×94[c]	27.7	24.3	24 1/4	0.515	1/2	1/4	9.07	9 1/8	0.875	7/8	1.38	1 3/4	1 1/16		
×84[c]	24.7	24.1	24 1/8	0.470	1/2	1/4	9.02	9	0.770	3/4	1.27	1 11/16	1 1/16		
×76[c]	22.4	23.9	23 7/8	0.440	7/16	1/4	8.99	9	0.680	11/16	1.18	1 9/16	1 1/16		
×68[c]	20.1	23.7	23 3/4	0.415	7/16	1/4	8.97	9	0.585	9/16	1.09	1 1/2	1 1/16		
W24×62[c]	18.2	23.7	23 3/4	0.430	7/16	1/4	7.04	7	0.590	9/16	1.09	1 1/2	1 1/16	20 3/4	3 1/2[g]
×55[c,v]	16.2	23.6	23 5/8	0.395	3/8	3/16	7.01	7	0.505	1/2	1.01	1 7/16	1	20 3/4	3 1/2[g]
W21×201	59.2	23.0	23	0.910	15/16	1/2	12.6	12 5/8	1.63	1 5/8	2.13	2 1/2	1 5/16	18	5 1/2
×182	53.6	22.7	22 3/4	0.830	13/16	7/16	12.5	12 1/2	1.48	1 1/2	1.98	2 3/8	1 1/4		
×166	48.8	22.5	22 1/2	0.750	3/4	3/8	12.4	12 3/8	1.36	1 3/8	1.86	2 1/4	1 3/16		
×147	43.2	22.1	22	0.720	3/4	3/8	12.5	12 1/2	1.15	1 1/8	1.65	2	1 3/16		
×132	38.8	21.8	21 7/8	0.650	5/8	5/16	12.4	12 1/2	1.04	1 1/16	1.54	1 15/16	1 1/8		
×122	35.9	21.7	21 5/8	0.600	5/8	5/16	12.4	12 3/8	0.960	15/16	1.46	1 13/16	1 1/8		
×111	32.7	21.5	21 1/2	0.550	9/16	5/16	12.3	12 3/8	0.875	7/8	1.38	1 3/4	1 1/8		
×101[c]	29.8	21.4	21 3/8	0.500	1/2	1/4	12.3	12 1/4	0.800	13/16	1.30	1 11/16	1 1/16		

[c] Shape is slender for compression with $F_y = 50$ ksi.
[g] The actual size, combination, and orientation of fastener components should be compared with the geometry of the cross-section to ensure compatibility.
[h] Flange thickness greater than 2 in. Special requirements may apply per AISC Specification Section A3.1c.
[v] Shape does not meet the h/t_w limit for shear in Specification Section G2.1a with $F_y = 50$ ksi.

Table 1–1 (continued)
W Shapes
Properties

W24 – W21

Nom-inal Wt.	Compact Section Criteria		Axis X-X				Axis Y-Y				r_{ts}	h_o	Torsional Properties	
	$\frac{b_f}{2t_f}$	$\frac{h}{t_w}$	I	S	r	Z	I	S	r	Z			J	C_w
lb/ft			in.^{4}	in.^{3}	in.	in.^{3}	in.^{4}	in.^{3}	in.	in.^{3}	in.	in.	in.^{4}	in.^{6}
370	2.51	14.2	13400	957	11.1	1130	1160	170	3.27	267	3.92	25.3	201	186000
335	2.73	15.6	11900	864	11.0	1020	1030	152	3.23	238	3.86	25.0	152	161000
306	2.94	17.1	10700	789	10.9	922	919	137	3.20	214	3.81	24.9	117	142000
279	3.18	18.6	9600	718	10.8	835	823	124	3.17	193	3.76	24.6	90.5	125000
250	3.49	20.7	8490	644	10.7	744	724	110	3.14	171	3.71	24.5	66.6	108000
229	3.79	22.5	7650	588	10.7	675	651	99.4	3.11	154	3.67	24.3	51.3	96100
207	4.14	24.8	6820	531	10.6	606	578	88.8	3.08	137	3.62	24.1	38.3	84100
192	4.43	26.6	6260	491	10.5	559	530	81.8	3.07	126	3.60	24.0	30.8	76300
176	4.81	28.7	5680	450	10.5	511	479	74.3	3.04	115	3.57	23.9	23.9	68400
162	5.31	30.6	5170	414	10.4	468	443	68.4	3.05	105	3.57	23.8	18.5	62600
146	5.92	33.2	4580	371	10.3	418	391	60.5	3.01	93.2	3.53	23.7	13.4	54600
131	6.70	35.6	4020	329	10.2	370	340	53.0	2.97	81.5	3.49	23.5	9.50	47100
117	7.53	39.2	3540	291	10.1	327	297	46.5	2.94	71.4	3.46	23.4	6.72	40800
104	8.50	43.1	3100	258	10.1	289	259	40.7	2.91	62.4	3.42	23.3	4.72	35200
103	4.59	39.2	3000	245	10.0	280	119	26.5	1.99	41.5	2.40	23.6	7.07	16600
94	5.18	41.9	2700	222	9.87	254	109	24.0	1.98	37.5	2.40	23.4	5.26	15000
84	5.86	45.9	2370	196	9.79	224	94.4	20.9	1.95	32.6	2.37	23.3	3.70	12800
76	6.61	49.0	2100	176	9.69	200	82.5	18.4	1.92	28.6	2.34	23.2	2.68	11100
68	7.66	52.0	1830	154	9.55	177	70.4	15.7	1.87	24.5	2.30	23.1	1.87	9430
62	5.97	50.1	1550	131	9.23	153	34.5	9.80	1.38	15.7	1.75	23.2	1.71	4620
55	6.94	54.6	1350	114	9.11	134	29.1	8.30	1.34	13.3	1.71	23.1	1.18	3870
201	3.86	20.6	5310	461	9.47	530	542	86.1	3.02	133	3.55	21.4	40.9	62000
182	4.22	22.6	4730	417	9.40	476	483	77.2	3.00	119	3.51	21.2	30.7	54400
166	4.57	25.0	4280	380	9.36	432	435	70.0	2.99	108	3.48	21.1	23.6	48500
147	5.44	26.1	3630	329	9.17	373	376	60.1	2.95	92.6	3.45	20.9	15.4	41100
132	6.01	28.9	3220	295	9.12	333	333	53.5	2.93	82.3	3.42	20.8	11.3	36000
122	6.45	31.3	2960	273	9.09	307	305	49.2	2.92	75.6	3.40	20.7	8.98	32700
111	7.05	34.1	2670	249	9.05	279	274	44.5	2.90	68.2	3.37	20.6	6.83	29200
101	7.68	37.5	2420	227	9.02	253	248	40.3	2.89	61.7	3.35	20.6	5.21	26200

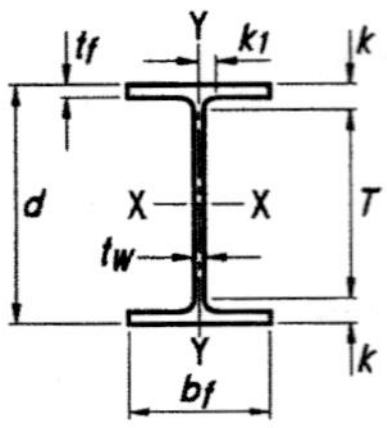

Table 1–1 (continued)
W Shapes
Dimensions

Shape	Area, A	Depth, d		Web			Flange				Distance				
				Thickness, t_w		$\frac{t_w}{2}$	Width, b_f		Thickness, t_f		k		k_1	T	Workable Gage
											k_{des}	k_{det}			
	in.^{2}	in.		in.		in.	in.		in.		in.	in.	in.	in.	in.
W21×93	27.3	21.6	21 5/8	0.580	9/16	5/16	8.42	8 3/8	0.930	15/16	1.43	1 5/8	15/16	18 3/8	5 1/2
×83[c]	24.3	21.4	21 3/8	0.515	1/2	1/4	8.36	8 3/8	0.835	13/16	1.34	1 1/2	7/8		
×73[c]	21.5	21.2	21 1/4	0.455	7/16	1/4	8.30	8 1/4	0.740	3/4	1.24	1 7/16	7/8		
×68[c]	20.0	21.1	21 1/8	0.430	7/16	1/4	8.27	8 1/4	0.685	11/16	1.19	1 3/8	7/8		
×62[c]	18.3	21.0	21	0.400	3/8	3/16	8.24	8 1/4	0.615	5/8	1.12	1 5/16	13/16		
×55[c]	16.2	20.8	20 3/4	0.375	3/8	3/16	8.22	8 1/4	0.522	1/2	1.02	1 3/16	13/16		
×48[c,f]	14.1	20.6	20 5/8	0.350	3/8	3/16	8.14	8 1/8	0.430	7/16	0.930	1 1/8	13/16	↓	↓
W21×57[c]	16.7	21.1	21	0.405	3/8	3/16	6.56	6 1/2	0.650	5/8	1.15	1 5/16	13/16	18 3/8	3 1/2
×50[c]	14.7	20.8	20 7/8	0.380	3/8	3/16	6.53	6 1/2	0.535	9/16	1.04	1 1/4	13/16		
×44[c]	13.0	20.7	20 5/8	0.350	3/8	3/16	6.50	6 1/2	0.450	7/16	0.950	1 1/8	13/16	↓	↓
W18×311[h]	91.6	22.3	22 3/8	1.52	1 1/2	3/4	12.0	12	2.74	2 3/4	3.24	3 7/16	1 3/8	15 1/2	5 1/2
×283[h]	83.3	21.9	21 7/8	1.40	1 3/8	11/16	11.9	11 7/8	2.50	2 1/2	3.00	3 3/16	1 5/16		
×258[h]	75.9	21.5	21 1/2	1.28	1 1/4	5/8	11.8	11 3/4	2.30	2 5/16	2.70	3	1 1/4		
×234[h]	68.8	21.1	21	1.16	1 3/16	5/8	11.7	11 5/8	2.11	2 1/8	2.51	2 3/4	1 3/16		
×211	62.1	20.7	20 5/8	1.06	1 1/16	9/16	11.6	11 1/2	1.91	1 15/16	2.31	2 9/16	1 3/16		
×192	56.4	20.4	20 3/8	0.960	15/16	1/2	11.5	11 1/2	1.75	1 3/4	2.15	2 7/16	1 1/8	↓	
×175	51.3	20.0	20	0.890	7/8	7/16	11.4	11 3/8	1.59	1 9/16	1.99	2 7/16	1 1/4	15 1/8	
×158	46.3	19.7	19 3/4	0.810	13/16	7/16	11.3	11 1/4	1.44	1 7/16	1.84	2 3/8	1 1/4		
×143	42.1	19.5	19 1/2	0.730	3/4	3/8	11.2	11 1/4	1.32	1 5/16	1.72	2 3/16	1 3/16		
×130	38.2	19.3	19 1/4	0.670	11/16	3/8	11.2	11 1/8	1.20	1 3/16	1.60	2 1/16	1 3/16		
×119	35.1	19.0	19	0.655	5/8	5/16	11.3	11 1/4	1.06	1 1/16	1.46	1 15/16	1 3/16		
×106	31.1	18.7	18 3/4	0.590	9/16	5/16	11.2	11 1/4	0.940	15/16	1.34	1 13/16	1 1/8		
×97	28.5	18.6	18 5/8	0.535	9/16	5/16	11.1	11 1/8	0.870	7/8	1.27	1 3/4	1 1/8		
×86	25.3	18.4	18 3/8	0.480	1/2	1/4	11.1	11 1/8	0.770	3/4	1.17	1 5/8	1 1/16		
×76[c]	22.3	18.2	18 1/4	0.425	7/16	1/4	11.0	11	0.680	11/16	1.08	1 9/16	1 1/16	↓	↓
W18×71	20.8	18.5	18 1/2	0.495	1/2	1/4	7.64	7 5/8	0.810	13/16	1.21	1 1/2	7/8	15 1/2	3 1/2[g]
×65	19.1	18.4	18 3/8	0.450	7/16	1/4	7.59	7 5/8	0.750	3/4	1.15	1 7/16	7/8		
×60[c]	17.6	18.2	18 1/4	0.415	7/16	1/4	7.56	7 1/2	0.695	11/16	1.10	1 3/8	13/16		
×55[c]	16.2	18.1	18 1/8	0.390	3/8	3/16	7.53	7 1/2	0.630	5/8	1.03	1 5/16	13/16		
×50[c]	14.7	18.0	18	0.355	3/8	3/16	7.50	7 1/2	0.570	9/16	0.972	1 1/4	13/16	↓	↓
W18×46[c]	13.5	18.1	18	0.360	3/8	3/16	6.06	6	0.605	5/8	1.01	1 1/4	13/16	15 1/2	3 1/2[g]
×40[c]	11.8	17.9	17 7/8	0.315	5/16	3/16	6.02	6	0.525	1/2	0.927	1 3/16	13/16		
×35[c]	10.3	17.7	17 3/4	0.300	5/16	3/16	6.00	6	0.425	7/16	0.827	1 1/8	3/4	↓	↓

[c] Shape is slender for compression with F_y = 50 ksi.
[f] Shape exceeds compact limit for flexure with F_y = 50 ksi.
[g] The actual size, combination, and orientation of fastener components should be compared with the geometry of the cross-section to ensure compatibility.
[h] Flange thickness greater than 2 in. Special requirements may apply per AISC Specification Section A3.1c.

Table 1–1 (continued)
W Shapes
Properties

W21 – W18

Nominal Wt.	Compact Section Criteria		Axis X-X				Axis Y-Y				r_{ts}	h_o	Torsional Properties	
	$\frac{b_f}{2t_f}$	$\frac{h}{t_w}$	I	S	r	Z	I	S	r	Z			J	C_w
lb/ft			in.^{4}	in.^{3}	in.	in.^{3}	in.^{4}	in.^{3}	in.	in.^{3}	in.	in.	in.^{4}	in.^{6}
93	4.53	32.3	2070	192	8.70	221	92.9	22.1	1.84	34.7	2.24	20.7	6.03	9940
83	5.00	36.4	1830	171	8.67	196	81.4	19.5	1.83	30.5	2.21	20.6	4.34	8630
73	5.60	41.2	1600	151	8.64	172	70.6	17.0	1.81	26.6	2.19	20.5	3.02	7410
68	6.04	43.6	1480	140	8.60	160	64.7	15.7	1.80	24.4	2.17	20.4	2.45	6760
62	6.70	46.9	1330	127	8.54	144	57.5	14.0	1.77	21.7	2.15	20.4	1.83	5960
55	7.87	50.0	1140	110	8.40	126	48.4	11.8	1.73	18.4	2.11	20.3	1.24	4980
48	9.47	53.6	959	93.0	8.24	107	38.7	9.52	1.66	14.9	2.05	20.2	0.803	3950
57	5.04	46.3	1170	111	8.36	129	30.6	9.35	1.35	14.8	1.68	20.4	1.77	3190
50	6.10	49.4	984	94.5	8.18	110	24.9	7.64	1.30	12.2	1.64	20.3	1.14	2570
44	7.22	53.6	843	81.6	8.06	95.4	20.7	6.37	1.26	10.2	1.60	20.2	0.770	2110
311	2.19	10.4	6970	624	8.72	754	795	132	2.95	207	3.53	19.6	176	76200
283	2.38	11.3	6170	565	8.61	676	704	118	2.91	185	3.47	19.4	134	65900
258	2.56	12.5	5510	514	8.53	611	628	107	2.88	166	3.42	19.2	103	57600
234	2.76	13.8	4900	466	8.44	549	558	95.8	2.85	149	3.37	19.0	78.7	50100
211	3.02	15.1	4330	419	8.35	490	493	85.3	2.82	132	3.32	18.8	58.6	43400
192	3.27	16.7	3870	380	8.28	442	440	76.8	2.79	119	3.28	18.6	44.7	38000
175	3.58	18.0	3450	344	8.20	398	391	68.8	2.76	106	3.24	18.5	33.8	33300
158	3.92	19.8	3060	310	8.12	356	347	61.4	2.74	94.8	3.20	18.3	25.2	29000
143	4.25	22.0	2750	282	8.09	322	311	55.5	2.72	85.4	3.17	18.2	19.2	25700
130	4.65	23.9	2460	256	8.03	290	278	49.9	2.70	76.7	3.13	18.1	14.5	22700
119	5.31	24.5	2190	231	7.90	262	253	44.9	2.69	69.1	3.13	17.9	10.6	20300
106	5.96	27.2	1910	204	7.84	230	220	39.4	2.66	60.5	3.10	17.8	7.48	17400
97	6.41	30.0	1750	188	7.82	211	201	36.1	2.65	55.3	3.08	17.7	5.86	15800
86	7.20	33.4	1530	166	7.77	186	175	31.6	2.63	48.4	3.05	17.6	4.10	13600
76	8.11	37.8	1330	146	7.73	163	152	27.6	2.61	42.2	3.02	17.5	2.83	11700
71	4.71	32.4	1170	127	7.50	146	60.3	15.8	1.70	24.7	2.05	17.7	3.49	4700
65	5.06	35.7	1070	117	7.49	133	54.8	14.4	1.69	22.5	2.03	17.6	2.73	4240
60	5.44	38.7	984	108	7.47	123	50.1	13.3	1.68	20.6	2.02	17.5	2.17	3850
55	5.98	41.1	890	98.3	7.41	112	44.9	11.9	1.67	18.5	2.00	17.5	1.66	3430
50	6.57	45.2	800	88.9	7.38	101	40.1	10.7	1.65	16.6	1.98	17.4	1.24	3040
46	5.01	44.6	712	78.8	7.25	90.7	22.5	7.43	1.29	11.7	1.58	17.5	1.22	1720
40	5.73	50.9	612	68.4	7.21	78.4	19.1	6.35	1.27	10.0	1.56	17.4	0.810	1440
35	7.06	53.5	510	57.6	7.04	66.5	15.3	5.12	1.22	8.06	1.52	17.3	0.506	1140

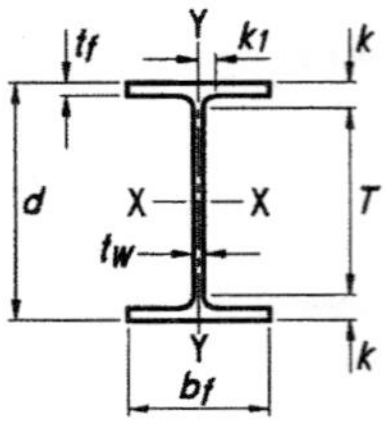

Table 1–1 (continued)
W Shapes
Dimensions

Shape	Area, A	Depth, d		Web: Thickness, t_w		Web: $\frac{t_w}{2}$	Flange: Width, b_f		Flange: Thickness, t_f		Distance: k: k_{des}	Distance: k: k_{det}	k_1	T	Workable Gage
	in.²	in.		in.		in.	in.		in.		in.	in.	in.	in.	in.
W16×100	29.5	17.0	17	0.585	9/16	5/16	10.4	10 3/8	0.985	1	1.39	1 7/8	1 1/8	13 1/4	5 1/2
×89	26.2	16.8	16 3/4	0.525	1/2	1/4	10.4	10 3/8	0.875	7/8	1.28	1 3/4	1 1/16		
×77	22.6	16.5	16 1/2	0.455	7/16	1/4	10.3	10 1/4	0.760	3/4	1.16	1 5/8	1 1/16		
×67[c]	19.7	16.3	16 3/8	0.395	3/8	3/16	10.2	10 1/4	0.665	11/16	1.07	1 9/16	1		
W16×57	16.8	16.4	16 3/8	0.430	7/16	1/4	7.12	7 1/8	0.715	11/16	1.12	1 3/8	7/8	13 5/8	3 1/2[g]
×50[c]	14.7	16.3	16 1/4	0.380	3/8	3/16	7.07	7 1/8	0.630	5/8	1.03	1 5/16	13/16		
×45[c]	13.3	16.1	16 1/8	0.345	3/8	3/16	7.04	7	0.565	9/16	0.967	1 1/4	13/16		
×40[c]	11.8	16.0	16	0.305	5/16	3/16	7.00	7	0.505	1/2	0.907	1 3/16	13/16		
×36[c]	10.6	15.9	15 7/8	0.295	5/16	3/16	6.99	7	0.430	7/16	0.832	1 1/8	3/4		
W16×31[c]	9.13	15.9	15 7/8	0.275	1/4	1/8	5.53	5 1/2	0.440	7/16	0.842	1 1/8	3/4	13 5/8	3 1/2
×26[c,v]	7.68	15.7	15 3/4	0.250	1/4	1/8	5.50	5 1/2	0.345	3/8	0.747	1 1/16	3/4	13 5/8	3 1/2
W14×730[h]	215	22.4	22 3/8	3.07	3 1/16	1 9/16	17.9	17 7/8	4.91	4 15/16	5.51	6 3/16	2 3/4	10	3-7 1/2-3[g]
×665[h]	196	21.6	21 5/8	2.83	2 13/16	1 7/16	17.7	17 5/8	4.52	4 1/2	5.12	5 13/16	2 5/8		3-7 1/2-3[g]
×605[h]	178	20.9	20 7/8	2.60	2 5/8	1 5/16	17.4	17 3/8	4.16	4 3/16	4.76	5 7/16	2 1/2		3-7 1/2-3
×550[h]	162	20.2	20 1/4	2.38	2 3/8	1 3/16	17.2	17 1/4	3.82	3 13/16	4.42	5 1/8	2 3/8		
×500[h]	147	19.6	19 5/8	2.19	2 3/16	1 1/8	17.0	17	3.50	3 1/2	4.10	4 13/16	2 5/16		
×455[h]	134	19.0	19	2.02	2	1	16.8	16 7/8	3.21	3 3/16	3.81	4 1/2	2 1/4		
×426[h]	125	18.7	18 5/8	1.88	1 7/8	15/16	16.7	16 3/4	3.04	3 1/16	3.63	4 5/16	2 1/8		
×398[h]	117	18.3	18 1/4	1.77	1 3/4	7/8	16.6	16 5/8	2.85	2 7/8	3.44	4 1/8	2 1/8		
×370[h]	109	17.9	17 7/8	1.66	1 5/8	13/16	16.5	16 1/2	2.66	2 11/16	3.26	3 15/16	2 1/16		
×342[h]	101	17.5	17 1/2	1.54	1 9/16	13/16	16.4	16 3/8	2.47	2 1/2	3.07	3 3/4	2		
×311[h]	91.4	17.1	17 1/8	1.41	1 7/16	3/4	16.2	16 1/4	2.26	2 1/4	2.86	3 9/16	1 15/16		
×283[h]	83.3	16.7	16 3/4	1.29	1 5/16	11/16	16.1	16 1/8	2.07	2 1/16	2.67	3 3/8	1 7/8		
×257	75.6	16.4	16 3/8	1.18	1 3/16	5/8	16.0	16	1.89	1 7/8	2.49	3 3/16	1 13/16		
×233	68.5	16.0	16	1.07	1 1/16	9/16	15.9	15 7/8	1.72	1 3/4	2.32	3	1 3/4		
×211	62.0	15.7	15 3/4	0.980	1	1/2	15.8	15 3/4	1.56	1 9/16	2.16	2 7/8	1 11/16		
×193	56.8	15.5	15 1/2	0.890	7/8	7/16	15.7	15 3/4	1.44	1 7/16	2.04	2 3/4	1 11/16		
×176	51.8	15.2	15 1/4	0.830	13/16	7/16	15.7	15 5/8	1.31	1 5/16	1.91	2 5/8	1 5/8		
×159	46.7	15.0	15	0.745	3/4	3/8	15.6	15 5/8	1.19	1 3/16	1.79	2 1/2	1 9/16		
×145	42.7	14.8	14 3/4	0.680	11/16	3/8	15.5	15 1/2	1.09	1 1/16	1.69	2 3/8	1 9/16		

[c] Shape is slender for compression with $F_y = 50$ ksi.
[g] The actual size, combination, and orientation of fastener components should be compared with the geometry of the cross-section to ensure compatibility.
[h] Flange thickness greater than 2 in. Special requirements may apply per AISC Specification Section A3.1c.
[v] Shape does not meet the h/t_w limit for shear in Specification Section G2.1a with $F_y = 50$ ksi.

Table 1–1 (continued)
W Shapes
Properties

W16 – W14

Nom-inal Wt.	Compact Section Criteria		Axis X-X				Axis Y-Y				r_{ts}	h_o	Torsional Properties	
	$\frac{b_f}{2t_f}$	$\frac{h}{t_w}$	I	S	r	Z	I	S	r	Z			J	C_w
lb/ft			in.^{4}	in.^{3}	in.	in.^{3}	in.^{4}	in.^{3}	in.	in.^{3}	in.	in.	in.^{4}	in.^{6}
100	5.29	24.3	1490	175	7.10	198	186	35.7	2.51	54.9	2.92	16.0	7.73	11900
89	5.92	27.0	1300	155	7.05	175	163	31.4	2.49	48.1	2.88	15.9	5.45	10200
77	6.77	31.2	1110	134	7.00	150	138	26.9	2.47	41.1	2.85	15.8	3.57	8590
67	7.70	35.9	954	117	6.96	130	119	23.2	2.46	35.5	2.82	15.7	2.39	7300
57	4.98	33.0	758	92.2	6.72	105	43.1	12.1	1.60	18.9	1.92	15.7	2.22	2660
50	5.61	37.4	659	81.0	6.68	92.0	37.2	10.5	1.59	16.3	1.89	15.6	1.52	2270
45	6.23	41.1	586	72.7	6.65	82.3	32.8	9.34	1.57	14.5	1.88	15.6	1.11	1990
40	6.93	46.5	518	64.7	6.63	73.0	28.9	8.25	1.57	12.7	1.86	15.5	0.794	1730
36	8.12	48.1	448	56.5	6.51	64.0	24.5	7.00	1.52	10.8	1.83	15.4	0.545	1460
31	6.28	51.6	375	47.2	6.41	54.0	12.4	4.49	1.17	7.03	1.42	15.4	0.461	739
26	7.97	56.8	301	38.4	6.26	44.2	9.59	3.49	1.12	5.48	1.38	15.3	0.262	565
730	1.82	3.71	14300	1280	8.17	1660	4720	527	4.69	816	5.68	17.5	1450	362000
665	1.95	4.03	12400	1150	7.98	1480	4170	472	4.62	730	5.57	17.1	1120	305000
605	2.09	4.39	10800	1040	7.80	1320	3680	423	4.55	652	5.46	16.8	869	258000
550	2.25	4.79	9430	931	7.63	1180	3250	378	4.49	583	5.36	16.4	669	219000
500	2.43	5.21	8210	838	7.48	1050	2880	339	4.43	522	5.26	16.1	514	187000
455	2.62	5.66	7190	756	7.33	936	2560	304	4.38	468	5.17	15.8	395	160000
426	2.75	6.08	6600	706	7.26	869	2360	283	4.34	434	5.11	15.6	331	144000
398	2.92	6.44	6000	656	7.16	801	2170	262	4.31	402	5.06	15.4	273	129000
370	3.10	6.89	5440	607	7.07	736	1990	241	4.27	370	5.00	15.3	222	116000
342	3.31	7.41	4900	558	6.98	672	1810	221	4.24	338	4.94	15.1	178	103000
311	3.59	8.09	4330	506	6.88	603	1610	199	4.20	304	4.87	14.9	136	89100
283	3.89	8.84	3840	459	6.79	542	1440	179	4.17	274	4.81	14.7	104	77700
257	4.23	9.71	3400	415	6.71	487	1290	161	4.13	246	4.75	14.5	79.1	67800
233	4.62	10.7	3010	375	6.63	436	1150	145	4.10	221	4.69	14.3	59.5	59000
211	5.06	11.6	2660	338	6.55	390	1030	130	4.07	198	4.64	14.2	44.6	51500
193	5.45	12.8	2400	310	6.50	355	931	119	4.05	180	4.59	14.0	34.8	45900
176	5.97	13.7	2140	281	6.43	320	838	107	4.02	163	4.55	13.9	26.5	40500
159	6.54	15.3	1900	254	6.38	287	748	96.2	4.00	146	4.51	13.8	19.7	35600
145	7.11	16.8	1710	232	6.33	260	677	87.3	3.98	133	4.47	13.7	15.2	31700

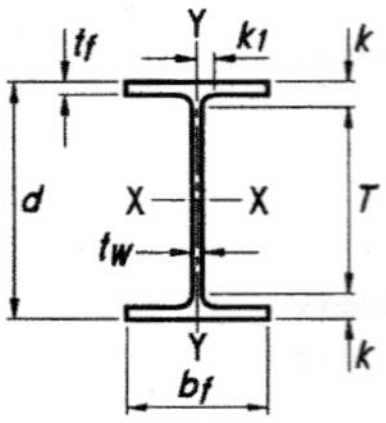

Table 1–1 (continued)
W Shapes
Dimensions

Shape	Area, A	Depth, d		Web: Thickness, t_w		Web: $\frac{t_w}{2}$	Flange: Width, b_f		Flange: Thickness, t_f		Distance: k: k_{des}	Distance: k: k_{det}	Distance: k_1	Distance: T	Distance: Workable Gage
	in.^{2}	in.		in.		in.	in.		in.		in.	in.	in.	in.	in.
W14×132	38.8	14.7	14 5/8	0.645	5/8	5/16	14.7	14 3/4	1.03	1	1.63	2 5/16	1 9/16	10	5 1/2
×120	35.3	14.5	14 1/2	0.590	9/16	5/16	14.7	14 5/8	0.940	15/16	1.54	2 1/4	1 1/2	↓	↓
×109	32.0	14.3	14 3/8	0.525	1/2	1/4	14.6	14 5/8	0.860	7/8	1.46	2 3/16	1 1/2	↓	↓
×99[f]	29.1	14.2	14 1/8	0.485	1/2	1/4	14.6	14 5/8	0.780	3/4	1.38	2 1/16	1 7/16	↓	↓
×90[f]	26.5	14.0	14	0.440	7/16	1/4	14.5	14 1/2	0.710	11/16	1.31	2	1 7/16	↓	↓
W14×82	24.0	14.3	14 1/4	0.510	1/2	1/4	10.1	10 1/8	0.855	7/8	1.45	1 11/16	1 1/16	10 7/8	5 1/2
×74	21.8	14.2	14 1/8	0.450	7/16	1/4	10.1	10 1/8	0.785	13/16	1.38	1 5/8	1 1/16	↓	↓
×68	20.0	14.0	14	0.415	7/16	1/4	10.0	10	0.720	3/4	1.31	1 9/16	1 1/16	↓	↓
×61	17.9	13.9	13 7/8	0.375	3/8	3/16	10.0	10	0.645	5/8	1.24	1 1/2	1	↓	↓
W14×53	15.6	13.9	13 7/8	0.370	3/8	3/16	8.06	8	0.660	11/16	1.25	1 1/2	1	10 7/8	5 1/2
×48	14.1	13.8	13 3/4	0.340	5/16	3/16	8.03	8	0.595	5/8	1.19	1 7/16	1	↓	↓
×43[c]	12.6	13.7	13 5/8	0.305	5/16	3/16	8.00	8	0.530	1/2	1.12	1 3/8	1	↓	↓
W14×38[c]	11.2	14.1	14 1/8	0.310	5/16	3/16	6.77	6 3/4	0.515	1/2	0.915	1 1/4	13/16	11 5/8	3 1/2[g]
×34[c]	10.0	14.0	14	0.285	5/16	3/16	6.75	6 3/4	0.455	7/16	0.855	1 3/16	3/4	↓	3 1/2
×30[c]	8.85	13.8	13 7/8	0.270	1/4	1/8	6.73	6 3/4	0.385	3/8	0.785	1 1/8	3/4	↓	3 1/2
W14×26[c]	7.69	13.9	13 7/8	0.255	1/4	1/8	5.03	5	0.420	7/16	0.820	1 1/8	3/4	11 5/8	2 3/4[g]
×22[c]	6.49	13.7	13 3/4	0.230	1/4	1/8	5.00	5	0.335	5/16	0.735	1 1/16	3/4	11 5/8	2 3/4[g]
W12×336[h]	98.8	16.8	16 7/8	1.78	1 3/4	7/8	13.4	13 3/8	2.96	2 15/16	3.55	3 7/8	1 11/16	9 1/8	5 1/2
×305[h]	89.6	16.3	16 3/8	1.63	1 5/8	13/16	13.2	13 1/4	2.71	2 11/16	3.30	3 5/8	1 5/8	↓	↓
×279[h]	81.9	15.9	15 7/8	1.53	1 1/2	3/4	13.1	13 1/8	2.47	2 1/2	3.07	3 3/8	1 5/8	↓	↓
×252[h]	74.0	15.4	15 3/8	1.40	1 3/8	11/16	13.0	13	2.25	2 1/4	2.85	3 1/8	1 1/2	↓	↓
×230[h]	67.7	15.1	15	1.29	1 5/16	11/16	12.9	12 7/8	2.07	2 1/16	2.67	2 15/16	1 1/2	↓	↓
×210	61.8	14.7	14 3/4	1.18	1 3/16	5/8	12.8	12 3/4	1.90	1 7/8	2.50	2 13/16	1 7/16	↓	↓
×190	55.8	14.4	14 3/8	1.06	1 1/16	9/16	12.7	12 5/8	1.74	1 3/4	2.33	2 5/8	1 3/8	↓	↓
×170	50.0	14.0	14	0.960	15/16	1/2	12.6	12 5/8	1.56	1 9/16	2.16	2 7/16	1 5/16	↓	↓
×152	44.7	13.7	13 3/4	0.870	7/8	7/16	12.5	12 1/2	1.40	1 3/8	2.00	2 5/16	1 1/4	↓	↓
×136	39.9	13.4	13 3/8	0.790	13/16	7/16	12.4	12 3/8	1.25	1 1/4	1.85	2 1/8	1 1/4	↓	↓
×120	35.3	13.1	13 1/8	0.710	11/16	3/8	12.3	12 3/8	1.11	1 1/8	1.70	2	1 3/16	↓	↓
×106	31.2	12.9	12 7/8	0.610	5/8	5/16	12.2	12 1/4	0.990	1	1.59	1 7/8	1 1/8	↓	↓
×96	28.2	12.7	12 3/4	0.550	9/16	5/16	12.2	12 1/8	0.900	7/8	1.50	1 13/16	1 1/8	↓	↓
×87	25.6	12.5	12 1/2	0.515	1/2	1/4	12.1	12 1/8	0.810	13/16	1.41	1 11/16	1 1/16	↓	↓
×79	23.2	12.4	12 3/8	0.470	1/2	1/4	12.1	12 1/8	0.735	3/4	1.33	1 5/8	1 1/16	↓	↓
×72	21.1	12.3	12 1/4	0.430	7/16	1/4	12.0	12	0.670	11/16	1.27	1 9/16	1 1/16	↓	↓
×65[f]	19.1	12.1	12 1/8	0.390	3/8	3/16	12.0	12	0.605	5/8	1.20	1 1/2	1	↓	↓

[c] Shape is slender for compression with $F_y = 50$ ksi.
[f] Shape exceeds compact limit for flexure with $F_y = 50$ ksi.
[g] The actual size, combination, and orientation of fastener components should be compared with the geometry of the cross-section to ensure compatibility.
[h] Flange thickness greater than 2 in. Special requirements may apply per AISC Specification Section A3.1c.

Table 1-1 (continued)
W Shapes
Properties

W14 – W12

Nom-inal Wt.	Compact Section Criteria		Axis X-X				Axis Y-Y				r_{ts}	h_o	Torsional Properties	
	$\frac{b_f}{2t_f}$	$\frac{h}{t_w}$	I	S	r	Z	I	S	r	Z			J	C_w
lb/ft			in.^{4}	in.^{3}	in.	in.^{3}	in.^{4}	in.^{3}	in.	in.^{3}	in.	in.	in.^{4}	in.^{6}
132	7.15	17.7	1530	209	6.28	234	548	74.5	3.76	113	4.23	13.6	12.3	25500
120	7.80	19.3	1380	190	6.24	212	495	67.5	3.74	102	4.20	13.5	9.37	22700
109	8.49	21.7	1240	173	6.22	192	447	61.2	3.73	92.7	4.17	13.5	7.12	20200
99	9.34	23.5	1110	157	6.17	173	402	55.2	3.71	83.6	4.14	13.4	5.37	18000
90	10.2	25.9	999	143	6.14	157	362	49.9	3.70	75.6	4.11	13.3	4.06	16000
82	5.92	22.4	881	123	6.05	139	148	29.3	2.48	44.8	2.85	13.5	5.07	6710
74	6.41	25.4	795	112	6.04	126	134	26.6	2.48	40.5	2.82	13.4	3.87	5990
68	6.97	27.5	722	103	6.01	115	121	24.2	2.46	36.9	2.80	13.3	3.01	5380
61	7.75	30.4	640	92.1	5.98	102	107	21.5	2.45	32.8	2.78	13.2	2.19	4710
53	6.11	30.9	541	77.8	5.89	87.1	57.7	14.3	1.92	22.0	2.22	13.3	1.94	2540
48	6.75	33.6	484	70.2	5.85	78.4	51.4	12.8	1.91	19.6	2.20	13.2	1.45	2240
43	7.54	37.4	428	62.6	5.82	69.6	45.2	11.3	1.89	17.3	2.18	13.1	1.05	1950
38	6.57	39.6	385	54.6	5.87	61.5	26.7	7.88	1.55	12.1	1.82	13.6	0.798	1230
34	7.41	43.1	340	48.6	5.83	54.6	23.3	6.91	1.53	10.6	1.80	13.5	0.569	1070
30	8.74	45.4	291	42.0	5.73	47.3	19.6	5.82	1.49	8.99	1.77	13.5	0.380	887
26	5.98	48.1	245	35.3	5.65	40.2	8.91	3.55	1.08	5.54	1.31	13.5	0.358	405
22	7.46	53.3	199	29.0	5.54	33.2	7.00	2.80	1.04	4.39	1.27	13.4	0.208	314
336	2.26	5.47	4060	483	6.41	603	1190	177	3.47	274	4.13	13.9	243	57000
305	2.45	5.98	3550	435	6.29	537	1050	159	3.42	244	4.05	13.6	185	48600
279	2.66	6.35	3110	393	6.16	481	937	143	3.38	220	4.00	13.4	143	42000
252	2.89	6.96	2720	353	6.06	428	828	127	3.34	196	3.93	13.2	108	35800
230	3.11	7.56	2420	321	5.97	386	742	115	3.31	177	3.87	13.0	83.8	31200
210	3.37	8.23	2140	292	5.89	348	664	104	3.28	159	3.82	12.8	64.7	27200
190	3.65	9.16	1890	263	5.82	311	589	93.0	3.25	143	3.76	12.6	48.8	23600
170	4.03	10.1	1650	235	5.74	275	517	82.3	3.22	126	3.71	12.5	35.6	20100
152	4.46	11.2	1430	209	5.66	243	454	72.8	3.19	111	3.66	12.3	25.8	17200
136	4.96	12.3	1240	186	5.58	214	398	64.2	3.16	98.0	3.61	12.2	18.5	14700
120	5.57	13.7	1070	163	5.51	186	345	56.0	3.13	85.4	3.56	12.0	12.9	12400
106	6.17	15.9	933	145	5.47	164	301	49.3	3.11	75.1	3.52	11.9	9.13	10700
96	6.76	17.7	833	131	5.44	147	270	44.4	3.09	67.5	3.49	11.8	6.85	9410
87	7.48	18.9	740	118	5.38	132	241	39.7	3.07	60.4	3.46	11.7	5.10	8270
79	8.22	20.7	662	107	5.34	119	216	35.8	3.05	54.3	3.43	11.6	3.84	7330
72	8.99	22.6	597	97.4	5.31	108	195	32.4	3.04	49.2	3.40	11.6	2.93	6540
65	9.92	24.9	533	87.9	5.28	96.8	174	29.1	3.02	44.1	3.38	11.5	2.18	5780

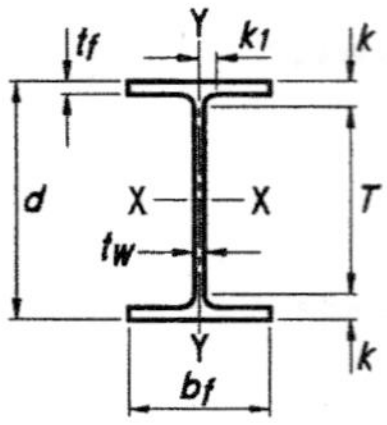

Table 1-1 (continued)
W Shapes
Dimensions

Shape	Area, A	Depth, d		Web Thickness, t_w		Web $\frac{t_w}{2}$	Flange Width, b_f		Flange Thickness, t_f		Distance k k_{des}	Distance k k_{det}	k_1	T	Workable Gage
	in.^{2}	in.		in.		in.	in.		in.		in.	in.	in.	in.	in.
W12×58	17.0	12.2	12¼	0.360	⅜	3/16	10.0	10	0.640	⅝	1.24	1½	15/16	9¼	5½
×53	15.6	12.1	12	0.345	⅜	3/16	10.0	10	0.575	9/16	1.18	1⅜	15/16	9¼	5½
W12×50	14.6	12.2	12¼	0.370	⅜	3/16	8.08	8⅛	0.640	⅝	1.14	1½	15/16	9¼	5½
×45	13.1	12.1	12	0.335	5/16	3/16	8.05	8	0.575	9/16	1.08	1⅜	15/16	↓	↓
×40	11.7	11.9	12	0.295	5/16	3/16	8.01	8	0.515	½	1.02	1⅜	⅞	↓	↓
W12×35^c	10.3	12.5	12½	0.300	5/16	3/16	6.56	6½	0.520	½	0.820	1 3/16	¾	10⅛	3½
×30^c	8.79	12.3	12⅜	0.260	¼	⅛	6.52	6½	0.440	7/16	0.740	1⅛	¾	↓	↓
×26^c	7.65	12.2	12¼	0.230	¼	⅛	6.49	6½	0.380	⅜	0.680	1 1/16	¾	↓	↓
W12×22^c	6.48	12.3	12¼	0.260	¼	⅛	4.03	4	0.425	7/16	0.725	15/16	⅝	10⅜	2¼^g
×19^c	5.57	12.2	12⅛	0.235	¼	⅛	4.01	4	0.350	⅜	0.650	⅞	9/16	↓	↓
×16^c	4.71	12.0	12	0.220	¼	⅛	3.99	4	0.265	¼	0.565	13/16	9/16	↓	↓
×14^{c,v}	4.16	11.9	11⅞	0.200	3/16	⅛	3.97	4	0.225	¼	0.525	¾	9/16	↓	↓
W10×112	32.9	11.4	11⅜	0.755	¾	⅜	10.4	10⅜	1.25	1¼	1.75	1 15/16	1	7½	5½
×100	29.4	11.1	11⅛	0.680	11/16	⅜	10.3	10⅜	1.12	1⅛	1.62	1 13/16	1	↓	↓
×88	25.9	10.8	10⅞	0.605	⅝	5/16	10.3	10¼	0.990	1	1.49	1 11/16	15/16	↓	↓
×77	22.6	10.6	10⅝	0.530	½	¼	10.2	10¼	0.870	⅞	1.37	1 9/16	⅞	↓	↓
×68	20.0	10.4	10⅜	0.470	½	¼	10.1	10⅛	0.770	¾	1.27	1 7/16	⅞	↓	↓
×60	17.6	10.2	10¼	0.420	7/16	¼	10.1	10⅛	0.680	11/16	1.18	1⅜	13/16	↓	↓
×54	15.8	10.1	10⅛	0.370	⅜	3/16	10.0	10	0.615	⅝	1.12	1 5/16	13/16	↓	↓
×49	14.4	10.0	10	0.340	5/16	3/16	10.0	10	0.560	9/16	1.06	1¼	13/16	↓	↓
W10×45	13.3	10.1	10⅛	0.350	⅜	3/16	8.02	8	0.620	⅝	1.12	1 5/16	13/16	7½	5½
×39	11.5	9.92	9⅞	0.315	5/16	3/16	7.99	8	0.530	½	1.03	1 3/16	13/16	↓	↓
×33	9.71	9.73	9¾	0.290	5/16	3/16	7.96	8	0.435	7/16	0.935	1⅛	¾	↓	↓
W10×30	8.84	10.5	10½	0.300	5/16	3/16	5.81	5¾	0.510	½	0.810	1⅛	11/16	8¼	2¾^g
×26	7.61	10.3	10⅜	0.260	¼	⅛	5.77	5¾	0.440	7/16	0.740	1 1/16	11/16	↓	↓
×22^c	6.49	10.2	10⅛	0.240	¼	⅛	5.75	5¾	0.360	⅜	0.660	15/16	⅝	↓	↓
W10×19	5.62	10.2	10¼	0.250	¼	⅛	4.02	4	0.395	⅜	0.695	15/16	⅝	8⅜	2¼^g
×17^c	4.99	10.1	10⅛	0.240	¼	⅛	4.01	4	0.330	5/16	0.630	⅞	9/16	↓	↓
×15^c	4.41	10.0	10	0.230	¼	⅛	4.00	4	0.270	¼	0.570	13/16	9/16	↓	↓
×12^{c,f}	3.54	9.87	9⅞	0.190	3/16	⅛	3.96	4	0.210	3/16	0.510	¾	9/16	↓	↓

[c] Shape is slender for compression with F_y = 50 ksi.
[f] Shape exceeds compact limit for flexure with F_y = 50 ksi.
[g] The actual size, combination, and orientation of fastener components should be compared with the geometry of the cross-section to ensure compatibility.
[v] Shape does not meet the h/t_w limit for shear in Specification Section G2.1a with F_y = 50 ksi.

Table 1-1 (continued)
W Shapes
Properties

W12 – W10

Nominal Wt.	Compact Section Criteria		Axis X-X				Axis Y-Y				r_{ts}	h_o	Torsional Properties	
	$\frac{b_f}{2t_f}$	$\frac{h}{t_w}$	I	S	r	Z	I	S	r	Z			J	C_w
lb/ft			in.^{4}	in.^{3}	in.	in.^{3}	in.^{4}	in.^{3}	in.	in.^{3}	in.	in.	in.^{4}	in.^{6}
58	7.82	27.0	475	78.0	5.28	86.4	107	21.4	2.51	32.5	2.82	11.6	2.10	3570
53	8.69	28.1	425	70.6	5.23	77.9	95.8	19.2	2.48	29.1	2.79	11.5	1.58	3160
50	6.31	26.8	391	64.2	5.18	71.9	56.3	13.9	1.96	21.3	2.25	11.6	1.71	1880
45	7.00	29.6	348	57.7	5.15	64.2	50.0	12.4	1.95	19.0	2.23	11.5	1.26	1650
40	7.77	33.6	307	51.5	5.13	57.0	44.1	11.0	1.94	16.8	2.21	11.4	0.906	1440
35	6.31	36.2	285	45.6	5.25	51.2	24.5	7.47	1.54	11.5	1.79	12.0	0.741	879
30	7.41	41.8	238	38.6	5.21	43.1	20.3	6.24	1.52	9.56	1.77	11.9	0.457	720
26	8.54	47.2	204	33.4	5.17	37.2	17.3	5.34	1.51	8.17	1.75	11.8	0.300	607
22	4.74	41.8	156	25.4	4.91	29.3	4.66	2.31	0.848	3.66	1.04	11.9	0.293	164
19	5.72	46.2	130	21.3	4.82	24.7	3.76	1.88	0.822	2.98	1.02	11.8	0.180	131
16	7.53	49.4	103	17.1	4.67	20.1	2.82	1.41	0.773	2.26	0.982	11.7	0.103	96.9
14	8.82	54.3	88.6	14.9	4.62	17.4	2.36	1.19	0.753	1.90	0.962	11.7	0.0704	80.4
112	4.17	10.4	716	126	4.66	147	236	45.3	2.68	69.2	3.07	10.1	15.1	6020
100	4.62	11.6	623	112	4.60	130	207	40.0	2.65	61.0	3.03	10.0	10.9	5150
88	5.18	13.0	534	98.5	4.54	113	179	34.8	2.63	53.1	2.99	9.85	7.53	4330
77	5.86	14.8	455	85.9	4.49	97.6	154	30.1	2.60	45.9	2.95	9.73	5.11	3630
68	6.58	16.7	394	75.7	4.44	85.3	134	26.4	2.59	40.1	2.91	9.63	3.56	3100
60	7.41	18.7	341	66.7	4.39	74.6	116	23.0	2.57	35.0	2.88	9.54	2.48	2640
54	8.15	21.2	303	60.0	4.37	66.6	103	20.6	2.56	31.3	2.86	9.48	1.82	2320
49	8.93	23.1	272	54.6	4.35	60.4	93.4	18.7	2.54	28.3	2.84	9.42	1.39	2070
45	6.47	22.5	248	49.1	4.32	54.9	53.4	13.3	2.01	20.3	2.27	9.48	1.51	1200
39	7.53	25.0	209	42.1	4.27	46.8	45.0	11.3	1.98	17.2	2.24	9.39	0.976	992
33	9.15	27.1	171	35.0	4.19	38.8	36.6	9.20	1.94	14.0	2.20	9.30	0.583	791
30	5.70	29.5	170	32.4	4.38	36.6	16.7	5.75	1.37	8.84	1.60	10.0	0.622	414
26	6.56	34.0	144	27.9	4.35	31.3	14.1	4.89	1.36	7.50	1.58	9.89	0.402	345
22	7.99	36.9	118	23.2	4.27	26.0	11.4	3.97	1.33	6.10	1.55	9.81	0.239	275
19	5.09	35.4	96.3	18.8	4.14	21.6	4.29	2.14	0.874	3.35	1.06	9.85	0.233	104
17	6.08	36.9	81.9	16.2	4.05	18.7	3.56	1.78	0.845	2.80	1.04	9.78	0.156	85.1
15	7.41	38.5	68.9	13.8	3.95	16.0	2.89	1.45	0.810	2.30	1.01	9.72	0.104	68.3
12	9.43	46.6	53.8	10.9	3.90	12.6	2.18	1.10	0.785	1.74	0.983	9.66	0.0547	50.9

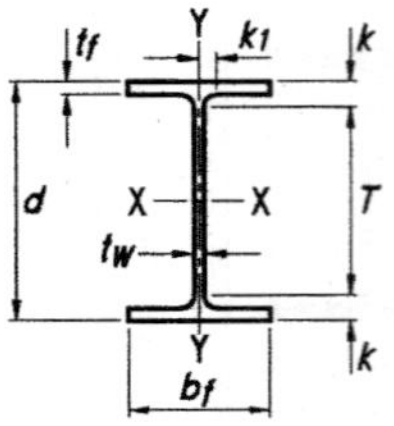

Table 1–1 (continued)
W Shapes
Dimensions

Shape	Area, A	Depth, d		Web: Thickness, t_w		Web: $\frac{t_w}{2}$	Flange: Width, b_f		Flange: Thickness, t_f		Distance: k k_{des}	Distance: k k_{det}	Distance: k_1	Distance: T	Distance: Workable Gage
	in.^{2}	in.		in.		in.	in.		in.		in.	in.	in.	in.	in.
W8×67	19.7	9.00	9	0.570	9/16	5/16	8.28	8 1/4	0.935	15/16	1.33	1 5/8	15/16	5 3/4	5 1/2
×58	17.1	8.75	8 3/4	0.510	1/2	1/4	8.22	8 1/4	0.810	13/16	1.20	1 1/2	7/8		
×48	14.1	8.50	8 1/2	0.400	3/8	3/16	8.11	8 1/8	0.685	11/16	1.08	1 3/8	13/16		
×40	11.7	8.25	8 1/4	0.360	3/8	3/16	8.07	8 1/8	0.560	9/16	0.954	1 1/4	13/16		
×35	10.3	8.12	8 1/8	0.310	5/16	3/16	8.02	8	0.495	1/2	0.889	1 3/16	13/16		
×31[f]	9.12	8.00	8	0.285	5/16	3/16	8.00	8	0.435	7/16	0.829	1 1/8	3/4	↓	↓
W8×28	8.24	8.06	8	0.285	5/16	3/16	6.54	6 1/2	0.465	7/16	0.859	15/16	5/8	6 1/8	4
×24	7.08	7.93	7 7/8	0.245	1/4	1/8	6.50	6 1/2	0.400	3/8	0.794	7/8	9/16	6 1/8	4
W8×21	6.16	8.28	8 1/4	0.250	1/4	1/8	5.27	5 1/4	0.400	3/8	0.700	7/8	9/16	6 1/2	2 3/4[g]
×18	5.26	8.14	8 1/8	0.230	1/4	1/8	5.25	5 1/4	0.330	5/16	0.630	13/16	9/16	6 1/2	2 3/4[g]
W8×15	4.44	8.11	8 1/8	0.245	1/4	1/8	4.02	4	0.315	5/16	0.615	13/16	9/16	6 1/2	2 1/4[g]
×13	3.84	7.99	8	0.230	1/4	1/8	4.00	4	0.255	1/4	0.555	3/4	9/16		
×10[c,f]	2.96	7.89	7 7/8	0.170	3/16	1/8	3.94	4	0.205	3/16	0.505	11/16	1/2	↓	↓
W6×25	7.34	6.38	6 3/8	0.320	5/16	3/16	6.08	6 1/8	0.455	7/16	0.705	15/16	9/16	4 1/2	3 1/2
×20	5.87	6.20	6 1/4	0.260	1/4	1/8	6.02	6	0.365	3/8	0.615	7/8	9/16		
×15[f]	4.43	5.99	6	0.230	1/4	1/8	5.99	6	0.260	1/4	0.510	3/4	9/16	↓	↓
W6×16	4.74	6.28	6 1/4	0.260	1/4	1/8	4.03	4	0.405	3/8	0.655	7/8	9/16	4 1/2	2 1/4[g]
×12	3.55	6.03	6	0.230	1/4	1/8	4.00	4	0.280	1/4	0.530	3/4	9/16		
×9[f]	2.68	5.90	5 7/8	0.170	3/16	1/8	3.94	4	0.215	3/16	0.465	11/16	1/2		
×8.5[f]	2.52	5.83	5 7/8	0.170	3/16	1/8	3.94	4	0.195	3/16	0.445	11/16	1/2	↓	↓
W5×19	5.56	5.15	5 1/8	0.270	1/4	1/8	5.03	5	0.430	7/16	0.730	13/16	7/16	3 1/2	2 3/4[g]
×16	4.71	5.01	5	0.240	1/4	1/8	5.00	5	0.360	3/8	0.660	3/4	7/16	3 1/2	2 3/4[g]
W4×13	3.83	4.16	4 1/8	0.280	1/4	1/8	4.06	4	0.345	3/8	0.595	3/4	1/2	2 5/8	2 1/4[g]

[c] Shape is slender for compression with F_y = 50 ksi.
[f] Shape exceeds compact limit for flexure with F_y = 50 ksi.
[g] The actual size, combination, and orientation of fastener components should be compared with the geometry of the cross-section to ensure compatibility.

Table 1-1 (continued)
W Shapes
Properties

W8 – W4

Nom-inal Wt.	Compact Section Criteria		Axis X-X				Axis Y-Y				r_{ts}	h_o	Torsional Properties	
	$\frac{b_f}{2t_f}$	$\frac{h}{t_w}$	I	S	r	Z	I	S	r	Z			J	C_w
lb/ft			in.^{4}	in.^{3}	in.	in.^{3}	in.^{4}	in.^{3}	in.	in.^{3}	in.	in.	in.^{4}	in.^{6}
67	4.43	11.1	272	60.4	3.72	70.1	88.6	21.4	2.12	32.7	2.43	8.07	5.05	1440
58	5.07	12.4	228	52.0	3.65	59.8	75.1	18.3	2.10	27.9	2.39	7.94	3.33	1180
48	5.92	15.9	184	43.2	3.61	49.0	60.9	15.0	2.08	22.9	2.35	7.82	1.96	931
40	7.21	17.6	146	35.5	3.53	39.8	49.1	12.2	2.04	18.5	2.31	7.69	1.12	726
35	8.10	20.5	127	31.2	3.51	34.7	42.6	10.6	2.03	16.1	2.28	7.63	0.769	619
31	9.19	22.3	110	27.5	3.47	30.4	37.1	9.27	2.02	14.1	2.26	7.57	0.536	530
28	7.03	22.3	98.0	24.3	3.45	27.2	21.7	6.63	1.62	10.1	1.84	7.60	0.537	312
24	8.12	25.9	82.7	20.9	3.42	23.1	18.3	5.63	1.61	8.57	1.82	7.53	0.346	259
21	6.59	27.5	75.3	18.2	3.49	20.4	9.77	3.71	1.26	5.69	1.46	7.88	0.282	152
18	7.95	29.9	61.9	15.2	3.43	17.0	7.97	3.04	1.23	4.66	1.43	7.81	0.172	122
15	6.37	28.1	48.0	11.8	3.29	13.6	3.41	1.70	0.876	2.67	1.06	7.80	0.137	51.8
13	7.84	29.9	39.6	9.91	3.21	11.4	2.73	1.37	0.843	2.15	1.03	7.74	0.0871	40.8
10	9.61	40.5	30.8	7.81	3.22	8.87	2.09	1.06	0.841	1.66	1.01	7.69	0.0426	30.9
25	6.68	15.5	53.4	16.7	2.70	18.9	17.1	5.61	1.52	8.56	1.74	5.93	0.461	150
20	8.25	19.1	41.4	13.4	2.66	14.9	13.3	4.41	1.50	6.72	1.70	5.84	0.240	113
15	11.5	21.6	29.1	9.72	2.56	10.8	9.32	3.11	1.45	4.75	1.66	5.73	0.101	76.5
16	4.98	19.1	32.1	10.2	2.60	11.7	4.43	2.20	0.967	3.39	1.13	5.88	0.223	38.2
12	7.14	21.6	22.1	7.31	2.49	8.30	2.99	1.50	0.918	2.32	1.08	5.75	0.0903	24.7
9	9.16	29.2	16.4	5.56	2.47	6.23	2.20	1.11	0.905	1.72	1.06	5.69	0.0405	17.7
8.5	10.1	29.1	14.9	5.10	2.43	5.73	1.99	1.01	0.890	1.56	1.05	5.64	0.0333	15.8
19	5.85	13.7	26.3	10.2	2.17	11.6	9.13	3.63	1.28	5.53	1.45	4.72	0.316	50.9
16	6.94	15.4	21.4	8.55	2.13	9.63	7.51	3.00	1.26	4.58	1.43	4.65	0.192	40.6
13	5.88	10.6	11.3	5.46	1.72	6.28	3.86	1.90	1.00	2.92	1.16	3.82	0.151	14.0

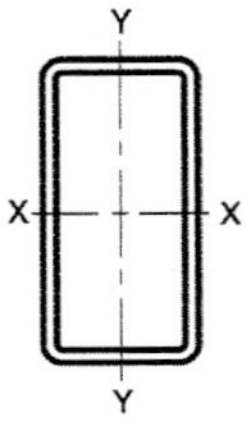

Table 1–11
Rectangular HSS
Dimensions and Properties

Shape	Design Wall Thickness, *t*	Nominal Wt.	Area, *A*	*b/t*	*h/t*	Axis X-X			
						I	*S*	*r*	*Z*
	in.	lb/ft	in.^{2}			in.^{4}	in.^{3}	in.	in.^{3}
HSS14×10×5/8	0.581	93.10	25.7	14.2	21.1	687	98.2	5.17	120
×1/2	0.465	75.94	20.9	18.5	27.1	573	81.8	5.23	98.8
×3/8	0.349	58.07	16.0	25.7	37.1	447	63.9	5.29	76.3
×5/16	0.291	48.87	13.4	31.4	45.1	380	54.3	5.32	64.6
×1/4	0.233	39.48	10.8	39.9	57.1	310	44.3	5.35	52.4
HSS14×6×5/8	0.581	76.09	21.0	7.33	21.1	478	68.3	4.77	88.7
×1/2	0.465	62.33	17.2	9.90	27.1	402	57.4	4.84	73.6
×3/8	0.349	47.86	13.2	14.2	37.1	317	45.3	4.91	57.3
×5/16	0.291	40.35	11.1	17.6	45.1	271	38.7	4.94	48.6
×1/4	0.233	32.66	8.96	22.8	57.1	222	31.7	4.98	39.6
×3/16	0.174	24.66	6.76	31.5	77.5	170	24.3	5.01	30.1
HSS14×4×5/8	0.581	67.59	18.7	3.88	21.1	373	53.3	4.47	73.1
×1/2	0.465	55.53	15.3	5.60	27.1	317	45.3	4.55	61.0
×3/8	0.349	42.75	11.8	8.46	37.1	252	36.0	4.63	47.8
×5/16	0.291	36.09	9.92	10.7	45.1	216	30.9	4.67	40.6
×1/4	0.233	29.25	8.03	14.2	57.1	178	25.4	4.71	33.2
×3/16	0.174	22.12	6.06	20.0	77.5	137	19.5	4.74	25.3
HSS12×10×1/2	0.465	69.14	19.0	18.5	22.8	395	65.9	4.56	78.8
×3/8	0.349	52.93	14.6	25.7	31.4	310	51.6	4.61	61.1
×5/16	0.291	44.62	12.2	31.4	38.2	264	44.0	4.64	51.7
×1/4	0.233	36.00	9.90	39.9	48.5	216	36.0	4.67	42.1
HSS12×8×5/8	0.581	76.13	21.0	10.8	17.7	397	66.1	4.34	82.1
×1/2	0.465	62.33	17.2	14.2	22.8	333	55.6	4.41	68.1
×3/8	0.349	47.82	13.2	19.9	31.4	262	43.7	4.47	53.0
×5/16	0.291	40.36	11.1	24.5	38.2	224	37.4	4.50	44.9
×1/4	0.233	32.60	8.96	31.3	48.5	184	30.6	4.53	36.6
×3/16	0.174	24.78	6.76	43.0	66.0	140	23.4	4.56	27.8
HSS12×6×5/8	0.581	67.62	18.7	7.33	17.7	321	53.4	4.14	68.8
×1/2	0.465	55.53	15.3	9.90	22.8	271	45.2	4.21	57.4
×3/8	0.349	42.72	11.8	14.2	31.4	215	35.9	4.28	44.8
×5/16	0.291	36.10	9.92	17.6	38.2	184	30.7	4.31	38.1
×1/4	0.233	29.19	8.03	22.8	48.5	151	25.2	4.34	31.1
×3/16	0.174	22.22	6.06	31.5	66.0	116	19.4	4.38	23.7

Note: For compactness criteria, refer to the end of Table 1–12.

Table 1-11 (continued)
Rectangular HSS
Dimensions and Properties

HSS14–HSS12

Shape	Axis Y-Y				Workable Flat		Torsion		Surface Area
	I	*S*	*r*	*Z*	Depth	Width	*J*	*C*	
	in.^{4}	in.^{3}	in.	in.^{3}	in.	in.	in.^{4}	in.^{3}	ft^2/ft
HSS14×10×5/8	407	81.5	3.98	95.1	11 3/16	7 3/16	832	146	3.83
×1/2	341	68.1	4.04	78.5	11 3/4	7 3/4	685	120	3.87
×3/8	267	53.4	4.09	60.7	12 5/16	8 5/16	528	91.8	3.90
×5/16	227	45.5	4.12	51.4	12 9/16	8 9/16	446	77.4	3.92
×1/4	186	37.2	4.14	41.8	12 7/8	8 7/8	362	62.6	3.93
HSS14×6×5/8	124	41.2	2.43	48.4	11 3/16	3 3/16	334	83.7	3.17
×1/2	105	35.1	2.48	40.4	11 3/4	3 3/4	279	69.3	3.20
×3/8	84.1	28.0	2.53	31.6	12 5/16	4 5/16	219	53.7	3.23
×5/16	72.3	24.1	2.55	26.9	12 9/16	4 9/16	186	45.5	3.25
×1/4	59.6	19.9	2.58	22.0	12 7/8	4 7/8	152	36.9	3.27
×3/16	45.9	15.3	2.61	16.7	13 3/16	5 3/16	116	28.0	3.28
HSS14×4×5/8	47.2	23.6	1.59	28.5	11 1/4	—	148	52.6	2.83
×1/2	41.2	20.6	1.64	24.1	11 3/4	—	127	44.1	2.87
×3/8	33.6	16.8	1.69	19.1	12 1/4	2 1/4	102	34.6	2.90
×5/16	29.2	14.6	1.72	16.4	12 5/8	2 5/8	87.7	29.5	2.92
×1/4	24.4	12.2	1.74	13.5	12 7/8	2 7/8	72.4	24.1	2.93
×3/16	19.0	9.48	1.77	10.3	13 1/8	3 1/8	55.8	18.4	2.95
HSS12×10×1/2	298	59.7	3.96	69.6	9 3/4	7 3/4	545	102	3.53
×3/8	234	46.9	4.01	54.0	10 5/16	8 5/16	421	78.3	3.57
×5/16	200	40.0	4.04	45.7	10 9/16	8 9/16	356	66.1	3.58
×1/4	164	32.7	4.07	37.2	10 7/8	8 7/8	289	53.5	3.60
HSS12×8×5/8	210	52.5	3.16	61.9	9 3/16	5 3/16	454	97.7	3.17
×1/2	178	44.4	3.21	51.5	9 3/4	5 3/4	377	80.4	3.20
×3/8	140	35.1	3.27	40.1	10 5/16	6 5/16	293	62.1	3.23
×5/16	120	30.1	3.29	34.1	10 9/16	6 9/16	248	52.4	3.25
×1/4	98.8	24.7	3.32	27.8	10 7/8	6 7/8	202	42.5	3.27
×3/16	75.7	18.9	3.35	21.1	11 1/8	7 1/8	153	32.2	3.28
HSS12×6×5/8	107	35.5	2.39	42.1	9 3/16	3 3/16	271	71.1	2.83
×1/2	91.1	30.4	2.44	35.2	9 3/4	3 3/4	227	59.0	2.87
×3/8	72.9	24.3	2.49	27.7	10 5/16	4 5/16	178	45.8	2.90
×5/16	62.8	20.9	2.52	23.6	10 9/16	4 9/16	152	38.8	2.92
×1/4	51.9	17.3	2.54	19.3	10 7/8	4 7/8	124	31.6	2.93
×3/16	40.0	13.3	2.57	14.7	11 3/16	5 3/16	94.6	24.0	2.95

—Flat depth or width is too small to establish a workable flat.

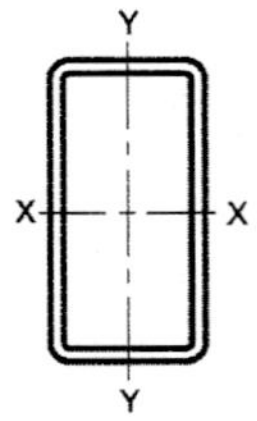

Table 1–11 (continued)
Rectangular HSS
Dimensions and Properties

Shape	Design Wall Thick-ness, *t*	Nominal Wt.	Area, *A*	*b/t*	*h/t*	Axis X-X			
						I	*S*	*r*	*Z*
	in.	lb/ft	in.^{2}			in.^{4}	in.^{3}	in.	in.^{3}
HSS12×4×5/8	0.581	59.11	16.4	3.88	17.7	245	40.8	3.87	55.5
×1/2	0.465	48.72	13.5	5.60	22.8	210	34.9	3.95	46.7
×3/8	0.349	37.61	10.4	8.46	31.4	168	28.0	4.02	36.7
×5/16	0.291	31.84	8.76	10.7	38.2	144	24.1	4.06	31.3
×1/4	0.233	25.79	7.10	14.2	48.5	119	19.9	4.10	25.6
×3/16	0.174	19.66	5.37	20.0	66.0	91.8	15.3	4.13	19.6
HSS12×3 1/2×3/8	0.349	36.34	10.0	7.03	31.4	156	26.0	3.94	34.7
×5/16	0.291	30.77	8.46	9.03	38.2	134	22.4	3.98	29.6
HSS12×3×5/16	0.291	29.71	8.17	7.31	38.2	124	20.7	3.90	27.9
×1/4	0.233	24.09	6.63	9.88	48.5	103	17.2	3.94	22.9
×3/16	0.174	18.38	5.02	14.2	66.0	79.6	13.3	3.98	17.5
HSS12×2×5/16	0.291	27.58	7.59	3.87	38.2	104	17.4	3.71	24.5
×1/4	0.233	22.39	6.17	5.58	48.5	86.9	14.5	3.75	20.1
×3/16	0.174	17.10	4.67	8.49	66.0	67.4	11.2	3.80	15.5
HSS10×8×5/8	0.581	67.62	18.7	10.8	14.2	253	50.5	3.68	62.2
×1/2	0.465	55.53	15.3	14.2	18.5	214	42.7	3.73	51.9
×3/8	0.349	42.72	11.8	19.9	25.7	169	33.9	3.79	40.5
×5/16	0.291	36.10	9.92	24.5	31.4	145	29.0	3.82	34.4
×1/4	0.233	29.19	8.03	31.3	39.9	119	23.8	3.85	28.1
×3/16	0.174	22.22	6.06	43.0	54.5	91.4	18.3	3.88	21.4
HSS10×6×5/8	0.581	59.11	16.4	7.33	14.2	201	40.2	3.50	51.3
×1/2	0.465	48.72	13.5	9.90	18.5	171	34.3	3.57	43.0
×3/8	0.349	37.61	10.4	14.2	25.7	137	27.4	3.63	33.8
×5/16	0.291	31.84	8.76	17.6	31.4	118	23.5	3.66	28.8
×1/4	0.233	25.79	7.10	22.8	39.9	96.9	19.4	3.69	23.6
×3/16	0.174	19.66	5.37	31.5	54.5	74.6	14.9	3.73	18.0
HSS10×5×3/8	0.349	35.06	9.67	11.3	25.7	120	24.1	3.53	30.4
×5/16	0.291	29.71	8.17	14.2	31.4	104	20.8	3.56	26.0
×1/4	0.233	24.09	6.63	18.5	39.9	85.8	17.2	3.60	21.3
×3/16	0.174	18.38	5.02	25.7	54.5	66.2	13.2	3.63	16.3

Note: For compactness criteria, refer to the end of Table 1–12.

Table 1–11 (continued)
Rectangular HSS
Dimensions and Properties

HSS12–HSS10

Shape	Axis Y-Y				Workable Flat		Torsion		Surface Area
	I	*S*	*r*	*Z*	Depth	Width	*J*	*C*	
	in.^{4}	in.^{3}	in.	in.^{3}	in.	in.	in.^{4}	in.^{3}	ft^2/ft
HSS12×4×$\frac{5}{8}$	40.4	20.2	1.57	24.5	$9\frac{3}{16}$	—	122	44.6	2.50
×$\frac{1}{2}$	35.3	17.7	1.62	20.9	$9\frac{3}{4}$	—	105	37.5	2.53
×$\frac{3}{8}$	28.9	14.5	1.67	16.6	$10\frac{5}{16}$	$2\frac{5}{16}$	84.1	29.5	2.57
×$\frac{5}{16}$	25.2	12.6	1.70	14.2	$10\frac{5}{8}$	$2\frac{5}{8}$	72.4	25.2	2.58
×$\frac{1}{4}$	21.0	10.5	1.72	11.7	$10\frac{7}{8}$	$2\frac{7}{8}$	59.8	20.6	2.60
×$\frac{3}{16}$	16.4	8.20	1.75	9.00	$11\frac{3}{16}$	$3\frac{3}{16}$	46.1	15.7	2.62
HSS12×$3\frac{1}{2}$×$\frac{3}{8}$	21.3	12.2	1.46	14.0	$10\frac{5}{16}$	—	64.7	25.5	2.48
×$\frac{5}{16}$	18.6	10.6	1.48	12.1	$10\frac{5}{8}$	—	56.0	21.8	2.50
HSS12×3×$\frac{5}{16}$	13.1	8.73	1.27	10.0	$10\frac{5}{8}$	—	41.3	18.4	2.42
×$\frac{1}{4}$	11.1	7.38	1.29	8.28	$10\frac{7}{8}$	—	34.5	15.1	2.43
×$\frac{3}{16}$	8.72	5.81	1.32	6.40	$11\frac{3}{16}$	$2\frac{3}{16}$	26.8	11.6	2.45
HSS12×2×$\frac{5}{16}$	5.10	5.10	0.820	6.05	$10\frac{5}{8}$	—	17.6	11.6	2.25
×$\frac{1}{4}$	4.41	4.41	0.845	5.08	$10\frac{7}{8}$	—	15.1	9.64	2.27
×$\frac{3}{16}$	3.55	3.55	0.872	3.97	$11\frac{3}{16}$	—	12.0	7.49	2.28
HSS10×8×$\frac{5}{8}$	178	44.5	3.09	53.3	$7\frac{3}{16}$	$5\frac{3}{16}$	346	80.4	2.83
×$\frac{1}{2}$	151	37.8	3.14	44.5	$7\frac{3}{4}$	$5\frac{3}{4}$	288	66.4	2.87
×$\frac{3}{8}$	120	30.0	3.19	34.8	$8\frac{5}{16}$	$6\frac{5}{16}$	224	51.4	2.90
×$\frac{5}{16}$	103	25.7	3.22	29.6	$8\frac{5}{8}$	$6\frac{5}{8}$	190	43.5	2.92
×$\frac{1}{4}$	84.7	21.2	3.25	24.2	$8\frac{7}{8}$	$6\frac{7}{8}$	155	35.3	2.93
×$\frac{3}{16}$	65.1	16.3	3.28	18.4	$9\frac{3}{16}$	$7\frac{3}{16}$	118	26.7	2.95
HSS10×6×$\frac{5}{8}$	89.4	29.8	2.34	35.8	$7\frac{3}{16}$	$3\frac{3}{16}$	209	58.6	2.50
×$\frac{1}{2}$	76.8	25.6	2.39	30.1	$7\frac{3}{4}$	$3\frac{3}{4}$	176	48.7	2.53
×$\frac{3}{8}$	61.8	20.6	2.44	23.7	$8\frac{5}{16}$	$4\frac{5}{16}$	139	37.9	2.57
×$\frac{5}{16}$	53.3	17.8	2.47	20.2	$8\frac{5}{8}$	$4\frac{5}{8}$	118	32.2	2.58
×$\frac{1}{4}$	44.1	14.7	2.49	16.6	$8\frac{7}{8}$	$4\frac{7}{8}$	96.7	26.2	2.60
×$\frac{3}{16}$	34.1	11.4	2.52	12.7	$9\frac{3}{16}$	$5\frac{3}{16}$	73.8	19.9	2.62
HSS10×5×$\frac{3}{8}$	40.6	16.2	2.05	18.7	$8\frac{5}{16}$	$3\frac{5}{16}$	100	31.2	2.40
×$\frac{5}{16}$	35.2	14.1	2.07	16.0	$8\frac{5}{8}$	$3\frac{5}{8}$	86.0	26.5	2.42
×$\frac{1}{4}$	29.3	11.7	2.10	13.2	$8\frac{7}{8}$	$3\frac{7}{8}$	70.7	21.6	2.43
×$\frac{3}{16}$	22.7	9.09	2.13	10.1	$9\frac{3}{16}$	$4\frac{3}{16}$	54.1	16.5	2.45

—Flat depth or width is too small to establish a workable flat.

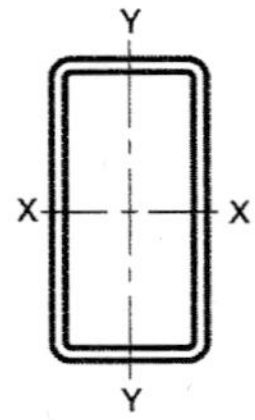

Table 1–11 (continued)
Rectangular HSS
Dimensions and Properties

Shape	Design Wall Thickness, t	Nominal Wt.	Area, A	b/t	h/t	Axis X-X			
						I	S	r	Z
	in.	lb/ft	in.^{2}			in.^{4}	in.^{3}	in.	in.^{3}
HSS10×4×5/8	0.581	50.60	14.0	3.88	14.2	149	29.9	3.26	40.3
×1/2	0.465	41.91	11.6	5.60	18.5	129	25.8	3.34	34.1
×3/8	0.349	32.51	8.97	8.46	25.7	104	20.8	3.41	27.0
×5/16	0.291	27.58	7.59	10.7	31.4	90.1	18.0	3.44	23.1
×1/4	0.233	22.39	6.17	14.2	39.9	74.7	14.9	3.48	19.0
×3/16	0.174	17.10	4.67	20.0	54.5	57.8	11.6	3.52	14.6
×1/8	0.116	11.55	3.16	31.5	83.2	39.8	7.97	3.55	9.95
HSS10×3 1/2×1/2	0.465	40.21	11.1	4.53	18.5	118	23.7	3.26	31.9
×3/8	0.349	31.23	8.62	7.03	25.7	96.1	19.2	3.34	25.3
×5/16	0.291	26.51	7.30	9.03	31.4	83.2	16.6	3.38	21.7
×1/4	0.233	21.54	5.93	12.0	39.9	69.1	13.8	3.41	17.9
×3/16	0.174	16.46	4.50	17.1	54.5	53.6	10.7	3.45	13.7
×1/8	0.116	11.13	3.04	27.2	83.2	37.0	7.40	3.49	9.37
HSS10×3×3/8	0.349	29.96	8.27	5.60	25.7	88.0	17.6	3.26	23.7
×5/16	0.291	25.45	7.01	7.31	31.4	76.3	15.3	3.30	20.3
×1/4	0.233	20.69	5.70	9.88	39.9	63.6	12.7	3.34	16.7
×3/16	0.174	15.82	4.32	14.2	54.5	49.4	9.87	3.38	12.8
×1/8	0.116	10.70	2.93	22.9	83.2	34.2	6.83	3.42	8.80
HSS10×2×3/8	0.349	27.41	7.58	2.73	25.7	71.7	14.3	3.08	20.3
×5/16	0.291	23.32	6.43	3.87	31.4	62.6	12.5	3.12	17.5
×1/4	0.233	18.99	5.24	5.58	39.9	52.5	10.5	3.17	14.4
×3/16	0.174	14.54	3.98	8.49	54.5	41.0	8.19	3.21	11.1
×1/8	0.116	9.85	2.70	14.2	83.2	28.5	5.70	3.25	7.65
HSS9×7×5/8	0.581	59.11	16.4	9.05	12.5	174	38.7	3.26	48.3
×1/2	0.465	48.72	13.5	12.1	16.4	149	33.0	3.32	40.5
×3/8	0.349	37.61	10.4	17.1	22.8	119	26.4	3.38	31.8
×5/16	0.291	31.84	8.76	21.1	27.9	102	22.6	3.41	27.1
×1/4	0.233	25.79	7.10	27.0	35.6	84.1	18.7	3.44	22.2
×3/16	0.174	19.66	5.37	37.2	48.7	64.7	14.4	3.47	16.9

Note: For compactness criteria, refer to the end of Table 1-12.

Table 1–11 (continued)
Rectangular HSS
Dimensions and Properties

HSS10–HSS9

Shape	Axis Y-Y				Workable Flat		Torsion		Surface Area
	I	S	r	Z	Depth	Width	J	C	
	in.^{4}	in.^{3}	in.	in.^{3}	in.	in.	in.^{4}	in.^{3}	ft^2/ft
HSS10×4×$\frac{5}{8}$	33.5	16.8	1.54	20.6	$7\frac{3}{16}$	—	95.7	36.7	2.17
×$\frac{1}{2}$	29.5	14.7	1.59	17.6	$7\frac{3}{4}$	—	82.6	31.0	2.20
×$\frac{3}{8}$	24.3	12.1	1.64	14.0	$8\frac{5}{16}$	$2\frac{5}{16}$	66.5	24.4	2.23
×$\frac{5}{16}$	21.2	10.6	1.67	12.1	$8\frac{5}{8}$	$2\frac{5}{8}$	57.3	20.9	2.25
×$\frac{1}{4}$	17.7	8.87	1.70	10.0	$8\frac{7}{8}$	$2\frac{7}{8}$	47.4	17.1	2.27
×$\frac{3}{16}$	13.9	6.93	1.72	7.66	$9\frac{3}{16}$	$3\frac{3}{16}$	36.5	13.1	2.28
×$\frac{1}{8}$	9.65	4.83	1.75	5.26	$9\frac{7}{16}$	$3\frac{7}{16}$	25.1	8.90	2.30
HSS10×$3\frac{1}{2}$×$\frac{1}{2}$	21.4	12.2	1.39	14.7	$7\frac{3}{4}$	—	63.2	26.5	2.12
×$\frac{3}{8}$	17.8	10.2	1.44	11.8	$8\frac{5}{16}$	—	51.5	21.1	2.15
×$\frac{5}{16}$	15.6	8.92	1.46	10.2	$8\frac{5}{8}$	—	44.6	18.0	2.17
×$\frac{1}{4}$	13.1	7.51	1.49	8.45	$8\frac{7}{8}$	—	37.0	14.8	2.18
×$\frac{3}{16}$	10.3	5.89	1.51	6.52	$9\frac{3}{16}$	$2\frac{11}{16}$	28.6	11.4	2.20
×$\frac{1}{8}$	7.22	4.12	1.54	4.48	$9\frac{7}{16}$	$2\frac{15}{16}$	19.8	7.75	2.22
HSS10×3×$\frac{3}{8}$	12.4	8.28	1.22	9.73	$8\frac{5}{16}$	—	37.8	17.7	2.07
×$\frac{5}{16}$	11.0	7.30	1.25	8.42	$8\frac{5}{8}$	—	33.0	15.2	2.08
×$\frac{1}{4}$	9.28	6.19	1.28	6.99	$8\frac{7}{8}$	—	27.6	12.5	2.10
×$\frac{3}{16}$	7.33	4.89	1.30	5.41	$9\frac{3}{16}$	$2\frac{3}{16}$	21.5	9.64	2.12
×$\frac{1}{8}$	5.16	3.44	1.33	3.74	$9\frac{7}{16}$	$2\frac{7}{16}$	14.9	6.61	2.13
HSS10×2×$\frac{3}{8}$	4.70	4.70	0.787	5.76	$8\frac{5}{16}$	—	15.9	11.0	1.90
×$\frac{5}{16}$	4.24	4.24	0.812	5.06	$8\frac{5}{8}$	—	14.2	9.56	1.92
×$\frac{1}{4}$	3.67	3.67	0.838	4.26	$8\frac{7}{8}$	—	12.2	7.99	1.93
×$\frac{3}{16}$	2.97	2.97	0.864	3.34	$9\frac{3}{16}$	—	9.74	6.22	1.95
×$\frac{1}{8}$	2.14	2.14	0.890	2.33	$9\frac{7}{16}$	—	6.90	4.31	1.97
HSS9×7×$\frac{5}{8}$	117	33.5	2.68	40.5	$6\frac{3}{16}$	$4\frac{3}{16}$	235	62.0	2.50
×$\frac{1}{2}$	100	28.7	2.73	34.0	$6\frac{3}{4}$	$4\frac{3}{4}$	197	51.5	2.53
×$\frac{3}{8}$	80.4	23.0	2.78	26.7	$7\frac{5}{16}$	$5\frac{5}{16}$	154	40.0	2.57
×$\frac{5}{16}$	69.2	19.8	2.81	22.8	$7\frac{5}{8}$	$5\frac{5}{8}$	131	33.9	2.58
×$\frac{1}{4}$	57.2	16.3	2.84	18.7	$7\frac{7}{8}$	$5\frac{7}{8}$	107	27.6	2.60
×$\frac{3}{16}$	44.1	12.6	2.87	14.3	$8\frac{3}{16}$	$6\frac{3}{16}$	81.7	20.9	2.62

—Flat depth or width is too small to establish a workable flat.

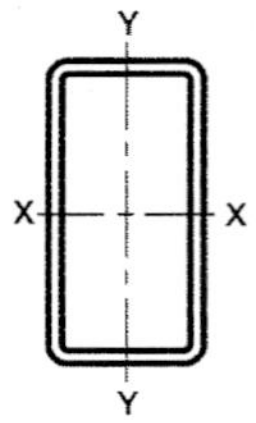

Table 1–11 (continued)
Rectangular HSS
Dimensions and Properties

Shape	Design Wall Thickness, *t*	Nominal Wt.	Area, *A*	*b/t*	*h/t*	Axis X-X			
						I	*S*	*r*	*Z*
	in.	lb/ft	in.^{2}			in.^{4}	in.^{3}	in.	in.^{3}
HSS9×5×5/8	0.581	50.60	14.0	5.61	12.5	133	29.6	3.08	38.5
×1/2	0.465	41.91	11.6	7.75	16.4	115	25.5	3.14	32.5
×3/8	0.349	32.51	8.97	11.3	22.8	92.5	20.5	3.21	25.7
×5/16	0.291	27.58	7.59	14.2	27.9	79.8	17.7	3.24	22.0
×1/4	0.233	22.39	6.17	18.5	35.6	66.1	14.7	3.27	18.1
×3/16	0.174	17.10	4.67	25.7	48.7	51.1	11.4	3.31	13.8
HSS9×3×1/2	0.465	35.11	9.74	3.45	16.4	80.8	18.0	2.88	24.6
×3/8	0.349	27.41	7.58	5.60	22.8	66.3	14.7	2.96	19.7
×5/16	0.291	23.32	6.43	7.31	27.9	57.7	12.8	3.00	16.9
×1/4	0.233	18.99	5.24	9.88	35.6	48.2	10.7	3.04	14.0
×3/16	0.174	14.54	3.98	14.2	48.7	37.6	8.35	3.07	10.8
HSS8×6×5/8	0.581	50.60	14.0	7.33	10.8	114	28.5	2.85	36.1
×1/2	0.465	41.91	11.6	9.90	14.2	98.2	24.6	2.91	30.5
×3/8	0.349	32.51	8.97	14.2	19.9	79.1	19.8	2.97	24.1
×5/16	0.291	27.58	7.59	17.6	24.5	68.3	17.1	3.00	20.6
×1/4	0.233	22.39	6.17	22.8	31.3	56.6	14.2	3.03	16.9
×3/16	0.174	17.10	4.67	31.5	43.0	43.7	10.9	3.06	13.0
HSS8×4×5/8	0.581	42.10	11.7	3.88	10.8	82.0	20.5	2.64	27.4
×1/2	0.465	35.11	9.74	5.60	14.2	71.8	17.9	2.71	23.5
×3/8	0.349	27.41	7.58	8.46	19.9	58.7	14.7	2.78	18.8
×5/16	0.291	23.32	6.43	10.7	24.5	51.0	12.8	2.82	16.1
×1/4	0.233	18.99	5.24	14.2	31.3	42.5	10.6	2.85	13.3
×3/16	0.174	14.54	3.98	20.0	43.0	33.1	8.27	2.88	10.2
×1/8	0.116	9.85	2.70	31.5	66.0	22.9	5.73	2.92	7.02
HSS8×3×1/2	0.465	31.71	8.81	3.45	14.2	58.6	14.6	2.58	20.0
×3/8	0.349	24.85	6.88	5.60	19.9	48.5	12.1	2.65	16.1
×5/16	0.291	21.19	5.85	7.31	24.5	42.4	10.6	2.69	13.9
×1/4	0.233	17.28	4.77	9.88	31.3	35.5	8.88	2.73	11.5
×3/16	0.174	13.26	3.63	14.2	43.0	27.8	6.94	2.77	8.87
×1/8	0.116	9.00	2.46	22.9	66.0	19.3	4.83	2.80	6.11

Note: For compactness criteria, refer to the end of Table 1-12.

Table 1–11 (continued)
Rectangular HSS
Dimensions and Properties

HSS9–HSS8

Shape	Axis Y-Y				Workable Flat		Torsion		Surface Area
	I	*S*	*r*	*Z*	Depth	Width	*J*	*C*	
	in.^{4}	in.^{3}	in.	in.^{3}	in.	in.	in.^{4}	in.^{3}	ft^2/ft
HSS9×5×5/8	52.0	20.8	1.92	25.3	6 3/16	2 3/16	128	42.5	2.17
×1/2	45.2	18.1	1.97	21.5	6 3/4	2 3/4	109	35.6	2.20
×3/8	36.8	14.7	2.03	17.1	7 5/16	3 5/16	86.9	27.9	2.23
×5/16	32.0	12.8	2.05	14.6	7 5/8	3 5/8	74.4	23.8	2.25
×1/4	26.6	10.6	2.08	12.0	7 7/8	3 7/8	61.2	19.4	2.27
×3/16	20.7	8.28	2.10	9.25	8 3/16	4 3/16	46.9	14.8	2.28
HSS9×3×1/2	13.2	8.81	1.17	10.8	6 3/4	—	40.0	19.7	1.87
×3/8	11.2	7.45	1.21	8.80	7 5/16	—	33.1	15.8	1.90
×5/16	9.88	6.59	1.24	7.63	7 5/8	—	28.9	13.6	1.92
×1/4	8.38	5.59	1.27	6.35	7 7/8	—	24.2	11.3	1.93
×3/16	6.64	4.42	1.29	4.92	8 3/16	2 3/16	18.9	8.66	1.95
HSS8×6×5/8	72.3	24.1	2.27	29.5	5 3/16	3 3/16	150	46.0	2.17
×1/2	62.5	20.8	2.32	24.9	5 3/4	3 3/4	127	38.4	2.20
×3/8	50.6	16.9	2.38	19.8	6 5/16	4 5/16	100	30.0	2.23
×5/16	43.8	14.6	2.40	16.9	6 5/8	4 5/8	85.8	25.5	2.25
×1/4	36.4	12.1	2.43	13.9	6 7/8	4 7/8	70.3	20.8	2.27
×3/16	28.2	9.39	2.46	10.7	7 3/16	5 3/16	53.7	15.8	2.28
HSS8×4×5/8	26.6	13.3	1.51	16.6	5 3/16	—	70.3	28.7	1.83
×1/2	23.6	11.8	1.56	14.3	5 3/4	—	61.1	24.4	1.87
×3/8	19.6	9.80	1.61	11.5	6 5/16	2 5/16	49.3	19.3	1.90
×5/16	17.2	8.58	1.63	9.91	6 5/8	2 5/8	42.6	16.5	1.92
×1/4	14.4	7.21	1.66	8.20	6 7/8	2 7/8	35.3	13.6	1.93
×3/16	11.3	5.65	1.69	6.33	7 3/16	3 3/16	27.2	10.4	1.95
×1/8	7.90	3.95	1.71	4.36	7 7/16	3 7/16	18.7	7.10	1.97
HSS8×3×1/2	11.7	7.81	1.15	9.64	5 3/4	—	34.3	17.4	1.70
×3/8	9.95	6.63	1.20	7.88	6 5/16	—	28.5	14.0	1.73
×5/16	8.81	5.87	1.23	6.84	6 5/8	—	24.9	12.1	1.75
×1/4	7.49	4.99	1.25	5.70	6 7/8	—	20.8	10.0	1.77
×3/16	5.94	3.96	1.28	4.43	7 3/16	2 3/16	16.2	7.68	1.78
×1/8	4.20	2.80	1.31	3.07	7 7/16	2 7/16	11.3	5.27	1.80

—Flat depth or width is too small to establish a workable flat.

Table 1–14
Pipe
Dimensions and Properties

PIPE

Shape	Nominal Wt.	Dimensions: Outside Diameter	Dimensions: Inside Diameter	Nominal Wall Thickness	Design Wall Thickness	Area	D/t	I	S	r	J	Z
	lb/ft	in.	in.	in.	in.	in.^{2}		in.^{4}	in.^{3}	in.	in.^{4}	in.^{3}
Standard Weight (Std.)												
Pipe 12 Std.	49.6	12.8	12.0	0.375	0.349	13.6	36.5	262	41.0	4.39	523	53.7
Pipe 10 Std.	40.5	10.8	10.0	0.365	0.340	11.1	31.6	151	28.1	3.68	302	36.9
Pipe 8 Std.	28.6	8.63	7.98	0.322	0.300	7.85	28.8	68.1	15.8	2.95	136	20.8
Pipe 6 Std.	19.0	6.63	6.07	0.280	0.261	5.22	25.4	26.5	7.99	2.25	52.9	10.6
Pipe 5 Std.	14.6	5.56	5.05	0.258	0.241	4.03	23.1	14.3	5.14	1.88	28.6	6.83
Pipe 4 Std.	10.8	4.50	4.03	0.237	0.221	2.97	20.4	6.82	3.03	1.51	13.6	4.05
Pipe 3 1/2 Std.	9.12	4.00	3.55	0.226	0.211	2.51	19.0	4.52	2.26	1.34	9.04	3.03
Pipe 3 Std.	7.58	3.50	3.07	0.216	0.201	2.08	17.4	2.85	1.63	1.17	5.69	2.19
Pipe 2 1/2 Std.	5.80	2.88	2.47	0.203	0.189	1.59	15.2	1.45	1.01	0.952	2.89	1.37
Pipe 2 Std.	3.66	2.38	2.07	0.154	0.143	1.00	16.6	0.627	0.528	0.791	1.25	0.713
Pipe 1 1/2 Std.	2.72	1.90	1.61	0.145	0.135	0.750	14.1	0.293	0.309	0.626	0.586	0.421
Pipe 1 1/4 Std.	2.27	1.66	1.38	0.140	0.130	0.620	12.8	0.184	0.222	0.543	0.368	0.305
Pipe 1 Std.	1.68	1.32	1.05	0.133	0.124	0.460	10.6	0.0830	0.126	0.423	0.166	0.177
Pipe 3/4 Std.	1.13	1.05	0.824	0.113	0.105	0.310	10.0	0.0350	0.0671	0.336	0.0700	0.0942
Pipe 1/2 Std.	0.850	0.840	0.622	0.109	0.101	0.230	8.32	0.0160	0.0388	0.264	0.0320	0.0555
Extra Strong (x-Strong)												
Pipe 12 x-Strong	65.5	12.8	11.8	0.500	0.465	17.9	27.4	339	53.2	4.35	678	70.2
Pipe 10 x-Strong	54.8	10.8	9.75	0.500	0.465	15.0	23.1	199	37.0	3.64	398	49.2
Pipe 8 x-Strong	43.4	8.63	7.63	0.500	0.465	11.9	18.5	100	23.1	2.89	199	31.0
Pipe 6 x-Strong	28.6	6.63	5.76	0.432	0.403	7.88	16.4	38.3	11.6	2.20	76.6	15.6
Pipe 5 x-Strong	20.8	5.56	4.81	0.375	0.349	5.72	15.9	19.5	7.02	1.85	39.0	9.50
Pipe 4 x-Strong	15.0	4.50	3.83	0.337	0.315	4.14	14.3	9.12	4.05	1.48	18.2	5.53
Pipe 3 1/2 x-Strong	12.5	4.00	3.36	0.318	0.296	3.44	13.5	5.94	2.97	1.31	11.9	4.07
Pipe 3 x-Strong	10.3	3.50	2.90	0.300	0.280	2.83	12.5	3.70	2.11	1.14	7.40	2.91
Pipe 2 1/2 x-Strong	7.67	2.88	2.32	0.276	0.257	2.11	11.2	1.83	1.27	0.930	3.66	1.77
Pipe 2 x-Strong	5.03	2.38	1.94	0.218	0.204	1.39	11.6	0.827	0.696	0.771	1.65	0.964
Pipe 1 1/2 x-Strong	3.63	1.90	1.50	0.200	0.186	1.00	10.2	0.372	0.392	0.610	0.744	0.549
Pipe 1 1/4 x-Strong	3.00	1.66	1.28	0.191	0.178	0.830	9.33	0.231	0.278	0.528	0.462	0.393
Pipe 1 x-Strong	2.17	1.32	0.957	0.179	0.166	0.600	7.92	0.101	0.154	0.410	0.202	0.221
Pipe 3/4 x-Strong	1.48	1.05	0.742	0.154	0.143	0.410	7.34	0.0430	0.0818	0.325	0.0860	0.119
Pipe 1/2 x-Strong	1.09	0.840	0.546	0.147	0.137	0.300	6.13	0.0190	0.0462	0.253	0.0380	0.0686
Double-Extra Strong (xx-Strong)												
Pipe 8 xx-Strong	72.5	8.63	6.88	0.875	0.816	20.0	10.6	154	35.8	2.78	308	49.9
Pipe 6 xx-Strong	53.2	6.63	4.90	0.864	0.805	14.7	8.23	63.5	19.2	2.08	127	27.4
Pipe 5 xx-Strong	38.6	5.56	4.06	0.750	0.699	10.7	7.96	32.2	11.6	1.74	64.4	16.7
Pipe 4 xx-Strong	27.6	4.50	3.15	0.674	0.628	7.64	7.17	14.7	6.53	1.39	29.4	9.50
Pipe 3 xx-Strong	18.6	3.50	2.30	0.600	0.559	5.16	6.26	5.79	3.31	1.06	11.6	4.89
Pipe 2 1/2 xx-Strong	13.7	2.88	1.77	0.552	0.514	3.81	5.59	2.78	1.94	0.854	5.56	2.91
Pipe 2 xx-Strong	9.04	2.38	1.50	0.436	0.406	2.51	5.85	1.27	1.07	0.711	2.54	1.60

선별 문제의 해답

Chapter 2

2.1 **a.** $$[\boldsymbol{K}] = \begin{bmatrix} k_1 & 0 & -k_1 & 0 \\ 0 & k_3 & 0 & -k_3 \\ -k_1 & 0 & k_1 + k_2 & -k_2 \\ 0 & -k_3 & -k_2 & k_2 + k_3 \end{bmatrix}$$

b. $u_3 = \dfrac{k_2 P}{k_1k_2 + k_1k_3 + k_2k_3}, \quad u_4 = \dfrac{(k_1 + k_2)P}{k_1k_2 + k_1k_3 + k_2k_3}$

c. $F_{1x} = \dfrac{-k_1k_2P}{k_1k_2 + k_1k_3 + k_2k_3}, \quad F_{2x} = \dfrac{-k_3(k_1 + k_2)P}{k_1k_2 + k_1k_3 + k_2k_3}$

2.2 $u_2 = 1\,\text{cm}, \quad F_{3x} = 1000\,\text{N}, \quad f_{1x}^{(1)} = -f_{2x}^{(1)} = -1000\,\text{N}, \quad f_{2x}^{(2)} = -f_{3x}^{(2)} = -1000\,\text{N}$

2.3 **a.** $$[\boldsymbol{K}] = \begin{bmatrix} k & -k & 0 & 0 & 0 \\ -k & 2k & -k & 0 & 0 \\ 0 & -k & 2k & -k & 0 \\ 0 & 0 & -k & 2k & -k \\ 0 & 0 & 0 & -k & k \end{bmatrix}$$

b. $u_2 = \dfrac{P}{2k}, \quad u_3 = \dfrac{P}{k}, \quad u_4 = \dfrac{P}{2k}$

c. $F_{1x} = -\dfrac{P}{2}, \quad F_{5x} = -\dfrac{P}{2}$

2.4 **a.** $[\boldsymbol{K}]$ same as 2.3a.

b. $u_2 = \dfrac{\delta}{4}, \quad u_3 = \dfrac{\delta}{2}, \quad u_4 = \dfrac{3\delta}{4}$

c. $F_{1x} = \dfrac{-k\delta}{4}, \quad F_{5x} = \dfrac{k\delta}{4}$

2.5 $[\boldsymbol{K}] = \begin{bmatrix} 200 & -200 & 0 & 0 \\ -200 & 2000 & 0 & -1800 \\ 0 & 0 & 1000 & -1000 \\ 0 & -1800 & -1000 & 2800 \end{bmatrix}$

2.6 $u_2 = 11.86$ mm, $u_4 = 7.63$ mm

2.7 $[k] = \begin{bmatrix} k & -k \\ -k & k \end{bmatrix}$

2.8 $u_2 = 2.5$ cm, $u_3 = 5$ cm

$f_{1x}^{(1)} = -f_{2x}^{(1)} = -2500$ N, $f_{2x}^{(2)} = -f_{3x}^{(2)} = -2500$ N, $F_{1x} = -2500$ N

2.9 $u_1 = 0$, $u_2 = 7.5$ cm, $u_3 = 17.5$ cm, $u_4 = 27.5$ cm

$f_{1x}^{(1)} = -f_{2x}^{(1)} = -15{,}000$ N, $f_{2x}^{(2)} = -f_{3x}^{(2)} = -20{,}000$ N

$f_{3x}^{(3)} = -f_{4x}^{(3)} = -20{,}000$ N, $F_{1x} = -15{,}000$ N

2.10 $u_2 = -5$ cm

$f_{1x}^{(1)} = -f_{2x}^{(1)} = 10{,}000$ N, $f_{2x}^{(2)} = -f_{3x}^{(2)} = -5000$ N

$f_{2x}^{(3)} = -f_{4x}^{(3)} = -5000$ N, $F_{1x} = 10{,}000$ N, $F_{3x} = F_{4x} = 5000$ N

2.11 $u_2 = 0.015$ m, $f_{1x}^{(1)} = -f_{2x}^{(1)} = -15$ N

$f_{2x}^{(2)} = -f_{3x}^{(2)} = -15$ N, $F_{1x} = -15$ N

2.12 $u_2 = 0.0257$ m, $u_3 = 0.0193$ m

$f_{1x}^{(1)} = -f_{2x}^{(1)} = -257$ N, $f_{2x}^{(2)} = -f_{3x}^{(2)} = 193$ N

$f_{3x}^{(3)} = -f_{4x}^{(3)} = 193$ N, $F_{1x} = -257$ N, $F_{4x} = -193$ N

2.13 $u_2 = 0.042$ m, $u_3 = 0.083$ m, $u_4 = 0.042$ m

$f_{1x}^{(1)} = -f_{2x}^{(1)} = -2.5$ kN, $f_{2x}^{(2)} = -f_{3x}^{(2)} = -2.5$ kN

$f_{3x}^{(3)} = -f_{4x}^{(3)} = 2.5$ kN, $f_{4x}^{(4)} = -f_{5x}^{(4)} = 2.5$ kN

$F_{1x} = -2.5$ kN, $F_{5x} = -2.5$ kN

2.14 $u_2 = -0.025$ m, $u_3 = -0.075$ m

$f_{1x}^{(1)} = -f_{2x}^{(1)} = 100$ N, $f_{2x}^{(2)} = -f_{3x}^{(2)} = 200$ N

$F_{1x} = 100$ N

2.15 $u_3 = 0.002$ m, $f_{1x}^{(1)} = -f_{3x}^{(1)} = -1$ kN

$f_{2x}^{(2)} = -f_{3x}^{(2)} = -1$ kN, $f_{3x}^{(3)} = -f_{4x}^{(3)} = 2$ kN

$F_{1x} = -1$ kN, $F_{2x} = -1$ kN, $F_{4x} = -2$ kN

2.16 $u_2 = 8.33$ mm, $u_3 = -8.33$ mm

2.17 $u_2 = 0.526$ mm, $u_3 = 1.316$ mm, $F_{1x} = -263.2$ N, $F_{4x} = -736.8$ N

2.18 **a.** $x = 2.5\text{ cm}\downarrow,\quad \pi_{p_{\min}} = -6250\text{ N-cm}$
b. $x = 1.0\text{ cm}\leftarrow,\quad \pi_{p_{\min}} = -2500\text{ N-cm}$
c. $x = 1.962\text{ mm}\downarrow,\quad \pi_{p_{\min}} = -3849\text{ N}\cdot\text{mm}$
d. $x = 2.4525\text{ mm}\rightarrow,\quad \pi_{p_{\min}} = -1203\text{ N}\cdot\text{mm}$

2.19 $x = 40.0\text{ mm}\uparrow$

2.20 $x = 1.0\text{ cm}\leftarrow,\quad \pi_{p_{\min}} = -1666.7\text{ N-cm}$

2.21 Same as 2.10

2.22 Same as 2.15

Chapter 3

3.1 **a.** $$[\boldsymbol{K}] = \begin{bmatrix} \dfrac{A_1E_1}{L_1} & \dfrac{-A_1E_1}{L_1} & 0 & 0 \\ \dfrac{-A_1E_1}{L_1} & \dfrac{A_1E_1}{L_1}+\dfrac{A_2E_2}{L_2} & \dfrac{-A_2E_2}{L_2} & 0 \\ 0 & \dfrac{-A_2E_2}{L_2} & \dfrac{A_2E_2}{L_2}+\dfrac{A_3E_3}{L_3} & \dfrac{-A_3E_3}{L_3} \\ 0 & 0 & \dfrac{-A_3E_3}{L_3} & \dfrac{A_3E_3}{L_3} \end{bmatrix}$$

b. $u_2 = \dfrac{PL}{3AE},\quad u_3 = \dfrac{2PL}{3AE}$

c. **(i)** $u_2 = 9.9\times10^{-4}\text{ cm},\quad u_3 = 19.8\times10^{-4}\text{ cm}$
(ii) $F_{1x} = -1666.7\text{ N},\quad F_{4x} = -3333.3\text{ N}$
(iii) $\sigma^{(1)} = 2772\text{ kPa (T)},\quad \sigma^{(2)} = 2772\text{ kPa (T)},\quad \sigma^{(3)} = -5544\text{ kPa (C)}$

3.2 $u_2 = -1.19\times10^{-4}\text{ m},\quad u_3 = -2.38\times10^{-4}\text{ m},\quad F_{1x} = 10\text{ kN}$
$f_{1x}^{(1)} = -f_{2x}^{(1)} = 10\text{ kN},\quad f_{2x}^{(2)} = -f_{3x}^{(2)} = 10\text{ kN}$

3.3 $u_2 = 5.714\times10^{-3}\text{ cm},\quad F_{1x} = -28{,}570\text{ N},\quad F_{3x} = -11{,}430\text{ N}$
$f_{1x}^{(1)} = -f_{2x}^{(1)} = -28{,}570\text{ N},\quad f_{2x}^{(2)} = -f_{3x}^{(2)} = 11{,}430\text{ N}$

3.4 $u_2 = -0.5\times10^{-5}\text{ m},\quad u_3 = -4.0\times10^{-5}\text{ m}$
$F_{1x} = 3335\text{ N},\quad F_{4x} = -26{,}680\text{ N}$
$f_{1x}^{(1)} = -f_{2x}^{(1)} = 3335\text{ N},\quad f_{2x}^{(2)} = -f_{3x}^{(2)} = 23{,}345\text{ N}$
$f_{3x}^{(3)} = -f_{4x}^{(3)} = -26{,}680\text{ N}$

3.5 $u_2 = 9.375\times10^{-5}\text{ m},\quad u_3 = 2.813\times10^{-4}\text{ m},\quad F_{1x} = -75{,}000\text{ N}$
$f_{1x}^{(1)} = -f_{2x}^{(1)} = f_{2x}^{(2)} = -f_{3x}^{(2)} = -75{,}000\text{ N}$

3.6 $u_2 = 9.02 \times 10^{-5}$ m, $F_{1x} = -18{,}940$ N, $F_{3x} = F_{4x} = -10{,}530$ N

$f_{1x}^{(1)} = -f_{2x}^{(1)} = -18{,}940$ N, $f_{2x}^{(2)} = -f_{3x}^{(2)} = f_{2x}^{(3)} = -f_{4x}^{(3)} = 10{,}530$ N

3.7 $u_2 = 8.61 \times 10^{-5}$ cm, $u_3 = 2.075 \times 10^{-2}$ cm

$F_{1x} = -206.6$ N, $F_{4x} = -49{,}800$ N

$f_{1x}^{(1)} = -f_{2x}^{(1)} = f_{2x}^{(2)} = -f_{3x}^{(2)} = -206.6$ N, $f_{3x}^{(3)} = -f_{4x}^{(3)} = 49{,}800$ N

3.8 $u_2 = -0.50$ mm, $u_3 = -3.356$ mm, $F_{1x} = 40$ kN

3.9 $u_2 = 0.01244$ m, $F_{1x} = -522.5$ kN, $F_{3x} = 527.5$ kN

$f_{1x}^{(1)} = -f_{2x}^{(1)} = -522.5$ kN, $f_{2x}^{(2)} = -f_{3x}^{(2)} = -527.5$ kN

3.10 $u_2 = 1.870 \times 10^{-3}$ m, $u_3 = 1.454 \times 10^{-3}$ m

$F_{1x} = -13.10$ kN, $F_{4x} = -2.90$ kN

$f_{1x}^{(1)} = -f_{2x}^{(1)} = -13.10$ kN, $f_{2x}^{(2)} = -f_{3x}^{(2)} = 2.90$ kN,

$f_{3x}^{(3)} = -f_{4x}^{(3)} = 2.90$ kN

3.11 $u_2 = 7.144 \times 10^{-4}$ m, $F_{1x} = -15.0$ kN, $F_{3x} = F_{4x} = F_{5x} = -15.0$ kN

$f_{1x}^{(1)} = -f_{2x}^{(1)} = -15.0$ kN,

$f_{2x}^{(2)} = -f_{3x}^{(2)} = f_{2x}^{(3)} = -f_{4x}^{(3)} = f_{2x}^{(4)} = -f_{5x}^{(4)} = 15.0$ kN

3.12 two-element solution, $u_1 = -1.96 \times 10^{-3}$ cm

one-element solution, $u_1 = -1.905 \times 10^{-3}$ cm

3.13 $[\boldsymbol{B}] = \left[-\frac{1}{L} + \frac{4x}{L^2} \quad \frac{-8x}{L^2} \quad \frac{1}{L} + \frac{4x}{L^2}\right]$, $[k] = A\int_{-L/2}^{L/2} [B]^T E[B]\, dx$

3.15 **a.** $$[k] = 3.9375 \times 10^8 \begin{bmatrix} 1 & 1 & -1 & -1 \\ 1 & 1 & -1 & -1 \\ -1 & -1 & 1 & 1 \\ -1 & -1 & 1 & 1 \end{bmatrix} \text{N/m}$$

b. $$[k] = 1.75 \times 10^8 \begin{bmatrix} 0 & 0 & 0 & 0 \\ 0 & 1 & 0 & -1 \\ 0 & 0 & 0 & 0 \\ 0 & -1 & 0 & 1 \end{bmatrix} \text{N/m}$$

c. $$[k] = 7000 \begin{bmatrix} 3 & -\sqrt{3} & -3 & \sqrt{3} \\ -\sqrt{3} & 1 & \sqrt{3} & -1 \\ -3 & \sqrt{3} & 3 & -\sqrt{3} \\ \sqrt{3} & -1 & -\sqrt{3} & 1 \end{bmatrix} \text{kN/m}$$

d. $$[k] = 1.4 \times 10^4 \begin{bmatrix} 0.883 & 0.321 & -0.883 & -0.321 \\ 0.321 & 0.117 & -0.321 & -0.117 \\ -0.883 & -0.321 & 0.883 & 0.321 \\ -0.321 & -0.117 & 0.321 & 0.117 \end{bmatrix} \text{kN/m}$$

3.16 **a.** $u_1' = 0.707$ cm, $u_2 = 1.414$ cm

b. $u_1 = 0.866$ cm, $u_2 = -0.3170$ cm

3.17 **a.** $u_1 = 2.165\text{ mm}, \quad v_1 = -1.25\text{ mm},$
$u_2 = 0.098\text{ mm}, \quad v_2 = -5.83\text{ mm}$

b. $u_1 = -1.25\text{ mm}, \quad v_1 = 2.165\text{ mm},$
$u_2 = 3.03\text{ mm}, \quad v_2 = 5.098\text{ mm}$

3.18 **a.** $\sigma = 74.25\text{ MPa},$ **b.** 45.47 MPa

3.19 **a.**
$$[K] = k\begin{bmatrix} 2 & 0 & -\frac{1}{2} & \frac{1}{2} & -1 & 0 & -\frac{1}{2} & -\frac{1}{2} \\ 0 & 1 & \frac{1}{2} & -\frac{1}{2} & 0 & 0 & -\frac{1}{2} & -\frac{1}{2} \\ -\frac{1}{2} & \frac{1}{2} & \frac{1}{2} & -\frac{1}{2} & 0 & 0 & 0 & 0 \\ \frac{1}{2} & -\frac{1}{2} & -\frac{1}{2} & \frac{1}{2} & 0 & 0 & 0 & 0 \\ -1 & 0 & 0 & 0 & 1 & 0 & 0 & 0 \\ 0 & 0 & 0 & 0 & 0 & 0 & 0 & 0 \\ -\frac{1}{2} & -\frac{1}{2} & 0 & 0 & 0 & 0 & \frac{1}{2} & \frac{1}{2} \\ -\frac{1}{2} & -\frac{1}{2} & 0 & 0 & 0 & 0 & \frac{1}{2} & \frac{1}{2} \end{bmatrix}$$

b. $u_1 = 0, \quad v_1 = \dfrac{-50}{k}$

3.20 $u_2 = 0, v_2 = 3.93\text{ mm}, \quad \sigma^{(1)} = \sigma^{(2)} = 5892\text{ kPa (T)}$

3.21 $u_1 = 1155\text{ L/(AE)}, \quad v_1 = 217.5\text{ L/(AE)}$

3.22 $u_1 = 1.256 \times 10^{-4}\text{ m}, \quad v_1 = 4.7 \times 10^{-4}\text{ m}$
$\sigma^{(1)} = -4821\text{ kPa (C)}, \quad \sigma^{(2)} = 3517\text{ kPa (T)}, \quad \sigma^{(3)} = 8340\text{ kPa (T)}$

3.23 $u_1 = 7.14\text{ mm}, \quad v_1 = 0, \quad \sigma^{(1)} = 100\text{ MPa}$

3.24 $u_2 = \dfrac{266{,}750}{AE}, \quad v_2 = \dfrac{1{,}050{,}210}{AE}, \quad u_3 = \dfrac{-266{,}750}{AE}, \quad v_3 = \dfrac{1{,}050{,}210}{AE}$

$f_{1x}'^{(1)} = -f_{2x}'^{(1)} = -13{,}333\text{ N}, \quad f_{1x}'^{(2)} = -f_{3x}'^{(2)} = -16{,}667\text{ N}$

$f_{2x}'^{(3)} = -f_{4x}'^{(3)} = 16{,}667\text{ N}, \quad f_{2x}'^{(4)} = -f_{3x}'^{(4)} = 0$

$f_{3x}'^{(5)} = -f_{4x}'^{(5)} = 13{,}333\text{ N}, \quad f_{1x}'^{(6)} = -f_{4x}'^{(6)} = 0$

3.25 $u_2 = 0, \quad v_2 = \dfrac{2{,}249{,}930}{AE}, \quad u_3 = \dfrac{-533{,}400}{AE}, \quad v_3 = \dfrac{2{,}100{,}000}{AE}$

$f_{1x}'^{(1)} = -f_{2x}'^{(1)} = 0, \quad f_{1x}'^{(2)} = -f_{3x}'^{(2)} = -33{,}333\text{ N}$

$f_{2x}'^{(4)} = -f_{3x}'^{(4)} = 10{,}000\text{ N}, \quad f_{3x}'^{(5)} = -f_{4x}'^{(5)} = 26{,}665\text{ N}$

$f_{1x}'^{(6)} = -f_{4x}'^{(6)} = 0$

3.26 No, the truss is unstable, $|[K]| = 0$.

3.27 $u_3 = 3.47\text{ mm},\ \ v_3 = -1.32\text{ mm}$
$f'^{(1)}_{1x} = -f'^{(1)}_{3x} = -62{,}760\text{ N},\ \ f'^{(2)}_{2x} = -f'^{(2)}_{3x} = 20{,}520\text{ N}$
$f'^{(3)}_{3x} = -f'^{(3)}_{4x} = -66{,}000\text{ N}$

3.28 $$[T]^T = \begin{bmatrix} C & -S & 0 & 0 \\ S & C & 0 & 0 \\ 0 & 0 & C & -S \\ 0 & 0 & S & C \end{bmatrix} \quad \text{and} \quad [T][T]^T = \begin{bmatrix} 1 & 0 & 0 & 0 \\ 0 & 1 & 0 & 0 \\ 0 & 0 & 1 & 0 \\ 0 & 0 & 0 & 1 \end{bmatrix}$$
$\therefore [T]^T = [T]^{-1}$

3.29 $u_1 = -0.176 \times 10^{-3}\text{ m},\ \ v_1 = -0.893 \times 10^{-3}\text{ m}$
$\sigma^{(1)} = 62.5\text{ MPa (T)},\ \ \sigma^{(2)} = 52.9\text{ MPa (T)},\ \ \sigma^{(3)} = 12.3\text{ MPa (T)}$

3.30 $u_1 = 3.37 \times 10^{-4}\text{ m},\ \ v_1 = -1.51 \times 10^{-3}\text{ m}$
$\sigma^{(1)} = 159\text{ MPa (T)},\ \ \sigma^{(2)} = 23.6\text{ MPa (T)},\ \ \sigma^{(3)} = -47.9\text{ MPa (C)}$

3.31 $u_1 = 16.5 \times 10^{-4}\text{ m},\ \ v_1 = -7.30 \times 10^{-3}\text{ m}$
$\sigma^{(2)} = 115.5\text{ MPa (T)},\ \ \sigma^{(3)} = -231.0\text{ MPa (C)}$

3.32 $u_2 = 0.135 \times 10^{-2}\text{ m},\ \ v_2 = -0.850 \times 10^{-2}\text{ m},$
$v_3 = -0.137 \times 10^{-1}\text{ m},\ \ v_4 = -0.164 \times 10^{-1}\text{ m},$
$\sigma^{(1)} = -198\text{ MPa (C)},\ \ \sigma^{(2)} = 0,\ \ \sigma^{(3)} = 44.6\text{ MPa (T)}$
$\sigma^{(4)} = -31.6\text{ MPa (C)},\ \ \sigma^{(5)} = -191\text{ MPa (C)},$
$\sigma^{(6)} = -63.1\text{ MPa (C)}$

3.33 **a.** $u_1 = -6.897 \times 10^{-3}\text{ m},\ \ v_1 = -0.014\text{ m}$
$\sigma^{(1)} = 211\text{ MPa (T)},\ \ \sigma^{(2)} = -145\text{ MPa (C)}$

b. $u_1 = 0,\ \ v_1 = -0.00317\text{ m}$
$\sigma^{(1)} = \sigma^{(2)} = 115\text{ MPa}$

3.34 $u_4 = 3.972 \times 10^{-4}\text{ m},\ \ v_4 = -9.86 \times 10^{-5}\text{ m}$
$\sigma^{(1)} = 105\text{ MPa (T)},\ \ \sigma^{(2)} = 11.62\text{ MPa (T)},\ \ \sigma^{(3)} = -5.18\text{ MPa (C)}$
$\sigma^{(4)} = -10.42\text{ MPa (C)},\ \ \sigma^{(5)} = 0$

3.35 $v_1 = -1.667 \times 10^{-5}\text{ m},\ \ \sigma^{(1)} = 625\text{ MPa (T)}$

3.36 $u'_1 = 4.24\text{ mm}$

3.37 $u'_1 = 0.804\text{ mm}$

3.38 $u_2' = 22.0$ mm

3.39 $u_2' = 2.05$ mm

3.40 $u_1 = -3.018 \times 10^{-5}$ m, $v_1 = -1.517 \times 10^{-4}$ m,
$w_1 = 2.684 \times 10^{-5}$ m, $\sigma^{(1)} = -338$ kN/m^2 (C),
$\sigma^{(2)} = -1690$ kN/m^2 (C), $\sigma^{(3)} = -7965$ kN/m^2 (C)
$\sigma^{(4)} = -2726$ kN/m^2 (C)

3.41 $u_1 = 2.766 \times 10^{-3}$ m, $v_1 = -1.024 \times 10^{-4}$ m
$w_1 = 1.203 \times 10^{-4}$ m, $\sigma^{(1)} = 41.0$ MPa (T),
$\sigma^{(2)} = 8.42$ MPa (T), $\sigma^{(3)} = -11.58$ MPa (C)

3.42 $u_5 = 1.89 \times 10^{-3}$ m, $v_5 = 0$, $w_5 = -5.52 \times 10^{-4}$ m
$\sigma^{(1)} = \sigma^{(4)} = 965$ MPa (T), $\sigma^{(2)} = \sigma^{(3)} = -122.6$ MPa (C)

3.43 $u_4 = 1.654$ mm, $v_4 = 0$, $w_4 = -1.463$ mm
$\sigma^{(1)} = -137$ MPa (C)

3.45 $v_2 = -0.5944$ mm, $v_3 = -0.4698$ mm
$\sigma^{(1)} = -13.98$ MPa (C)
$\sigma^{(2)} = -23.49$ MPa (C)
$\sigma^{(3)} = 16.56$ MPa (T)

3.46 $v_2 = -1.92$ mm, $v_3 = -1.68$ mm, $u_1 = -0.426$ mm
$\sigma^{(1)} = -27.2$ MPa (C), $\sigma^{(2)} = 21.3$ MPa (T), $\sigma^{(3)} = 8$ MPa (T)

3.47 $u_1 = \dfrac{-110P}{AE}, \quad v_1 = 0, \quad u_2 = 0 \quad v_2 = \dfrac{-405P}{AE}$
$u_3 = 0, \quad v_3 = \dfrac{-\,433P}{AE}, \quad u_4 = \dfrac{50P}{AE}, \quad v_4 = \dfrac{-208P}{AE}$
$\sigma^{(2)} = 2.5\dfrac{P}{A}, \quad \sigma^{(3)} = -13.86\dfrac{P}{A}$
$\sigma^{(4)} = 3.125\dfrac{P}{A}$

3.48 $v_2 = -0.955 \times 10^{-2}$ m, $v_4 = -1.03 \times 10^{-2}$ m,
$\sigma^{(1)} = 67.1$ MPa (C), $\sigma^{(2)} = 60.0$ MPa (T), $\sigma^{(3)} = 22.4$ MPa (C)
$\sigma^{(4)} = 44.7$ MPa (C), $\sigma^{(5)} = 20.0$ MPa (T)

3.49 $u_1' = 0$, $v_2 = -1.414 \times 10^{-4}$ m, $F_{2x} = -10$ kN
$\sigma^{(1)} = 0$, $\sigma^{(2)} = 0$, $\sigma^{(3)} = 18.85$ MPa (T)

3.50 $v_2 = -1.414 \times 10^{-4}$ m

3.51 $u_2' = 8.8 \times 10^{-5}$ m

3.52 **a.** $u_1 = 2.5 \times 10^{-4}$ m$\downarrow$, $\pi_{p_{\min}} = -12.5$ N-m

b. $u_1 = 2.0 \times 10^{-4}$ m$\rightarrow$, $\pi_{p_{\min}} = -12.0$ N-m

3.53 $[k] = \dfrac{3A_0E}{2L}\begin{bmatrix} 1 & -1 \\ -1 & 1 \end{bmatrix}$

3.54 two-element solution:
$u_2 = 2.475 \times 10^{-4}$ m, $u_3 = 3.6 \times 10^{-4}$ m, $\sigma^{(1)} = 65.95$ MPa (T),

$\sigma^{(2)} = 30$ MPa (T)

3.55 two-element solution: $u_2 = 5.06 \times 10^{-3}$ cm, $u_3 = 6.75 \times 10^{-3}$ m

$\sigma^{(1)} = 27.0$ MPa (T), $\sigma^{(2)} = 9.0$ MPa (T)

3.56 $u_2 = 2.25 \times 10^{-5}$ m, $\sigma^{(1)} = 6$ MPa (T)

3.57 $u_1 = \gamma L^2/(2E)$, $u_2 = 3\gamma L^2/(8E)$, $\sigma^{(1)} = \gamma L/8$, $\sigma^{(2)} = 3\gamma L/8$

3.58 **a.** $f_{1x} = 2.87$ N
b. $f_{1x} = 26.7$ kN, $f_{2x} = 80$ kN

3.62 Largest tensile stress = 905.1 kN/m^2 in element DF

Largest compressive stress = −1.81 MPa in element CE

3.63 Largest tensile stress = 1.43 MPa in top left chord

Largest compressive stress = −0.96 MPa in buttom left chord

Chapter 4

4.5 $v_2 = \dfrac{-7PL^3}{768EI}$, $\phi_1 = \dfrac{-PL^2}{32EI}$, $\phi_2 = \dfrac{PL^2}{128EI}$

$F_{1y} = \dfrac{5P}{16}$, $M_1 = 0$, $F_{3y} = \dfrac{11P}{16}$, $M_3 = \dfrac{-3PL}{16}$

4.6 $v_1 = \dfrac{-PL^3}{3EI}$, $\phi_1 = \dfrac{PL^2}{2EI}$, $F_{2y} = P$, $M_2 = -PL$

4.7 $v_1 = -0.075$ m, $\phi_1 = 0.0160$ rad, $\phi_2 = 0.00536$ rad
$F_{2y} = 12{,}500$ N, $F_{3y} = -7500$ N, $M_3 = 15{,}000$ N-m

4.8 $v_3 = -0.075$ m, $F_{1y} = -7040$ N, $M_1 = 13{,}600$ N-m, $F_{2y} = 11{,}570$ N

4.9 $v_2 = -0.01389\,\text{m}, \quad \phi_2 = -0.0119\,\text{rad}, \quad v_3 = -1.0456\,\text{m}, \quad \phi_3 = -0.01786\,\text{rad}$

4.10 $v_2 = -2.68 \times 10^{-4}\ \text{m}, \quad \phi_2 = 8.93 \times 10^{-5}\ \text{rad}$

$F_{1y} = 15\,\text{kN}, \quad M_1 = 20\,\text{kN}\cdot\text{m}, \quad F_{3y} = 5\,\text{kN}, \quad M_3 = -10\,\text{kN}\cdot\text{m}$

4.11 $v_3 = -7.619 \times 10^{-3}\ \text{m}, \quad \phi_2 = -3.809 \times 10^{-3}\ \text{rad}, \quad \phi_1 = 1.904 \times 10^{-3}\ \text{rad}$

$F_{1y} = -8.89\,\text{kN}, \quad F_{2y} = 48.9\,\text{kN}$

4.12 $v_2 = -9.184\,\text{mm}, \quad \phi_2 = -0.00229\,\text{rad}$

$F_{1y} = 2040\,\text{N}, \quad M_1 = -12{,}250\,\text{N-m}$

4.13 $v_2 = -0.014\,\text{m}, \quad \phi_1 = -5.95 \times 10^{-3}\ \text{rad}$

$F_{1y} = 10.41\,\text{kN}, \quad F_{3y} = 10.41\,\text{kN}$

$F_{\text{spring}} = 3.174\,\text{kN}$

4.14 $v_2 = v_4 = \dfrac{-1wL^4}{607.5EI}, \quad v_3 = \dfrac{-wL^4}{507EI}$

$\phi_2 = \dfrac{-1wL^3}{270EI}, \quad \phi_4 = -\phi_2$

$F_{1y} = \dfrac{wL}{2}, \quad M_1 = \dfrac{wL^2}{12}$

4.15 $v_2 = \dfrac{-wL^4}{384EI}, \quad F_{1y} = \dfrac{wL}{2}, \quad M_1 = \dfrac{wL^2}{12}$

4.16 $v_2 = \dfrac{-5wL^4}{384EI}, \quad \phi_1 = -\phi_3 = \dfrac{-wL^3}{24EI}, \quad F_{1y} = \dfrac{wL}{2}$

4.17 $v_3 = \dfrac{-wL^4}{4EI}, \quad \phi_2 = \dfrac{-wL^3}{8EI}, \quad \phi_3 = \dfrac{-7wL^3}{24EI}$

$F_{1y} = \dfrac{-3wL}{4}, \quad M_1 = \dfrac{-wL^2}{4}, \quad F_{2y} = \dfrac{7wL}{4}$

4.18 $f_{1y} = \dfrac{-3wL}{20}, \quad m_1 = \dfrac{-wL^2}{30}, \quad f_{2y} = \dfrac{-7wL}{20}, \quad m_2 = \dfrac{wL^2}{20}$

4.19 $F_{1y} = \dfrac{wL}{4}, \quad M_1 = \dfrac{5wL^2}{96}, \quad F_{3y} = \dfrac{wL}{4}, \quad M_3 = \dfrac{-5wL^2}{96}, \quad v_2 = \dfrac{-7wL^4}{3840EI}$

4.20 $\phi_2 = \dfrac{wL^3}{80EI}, \quad F_{1y} = \dfrac{9wL}{40}, \quad M_1 = \dfrac{7wL^2}{120}, \quad F_{2y} = \dfrac{11wL}{40}$

4.21 $v_3 = -0.0122\,\text{m}, \quad \phi_3 = -0.00355\,\text{rad}, \quad \phi_2 = -0.00152\,\text{rad}$

$F_{1y} = -12\,\text{kN}, \quad M_1 = -16\,\text{kN}\cdot\text{m}, \quad F_{2y} = 28\,\text{kN}$

$f_{1y}^{(1)} = -f_{2y}^{(1)} = -12\,\text{kN}, \quad m_1^{(1)} = -16\,\text{kN}\cdot\text{m}, \quad m_2^{(1)} = -32\,\text{kN}\cdot\text{m}$

$f_{2y}^{(2)} = 16\,\text{kN}, \quad m_2^{(2)} = 32\,\text{kN}\cdot\text{m}, \quad f_{3y}^{(2)} = 0, \quad m_3^{(2)} = 0$

4.22 $\phi_1 = -0.00235\,\text{rad}, \quad v_2 = -0.0081\,\text{m}, \quad \phi_3 = 0.00235\,\text{rad}$

$F_{1y} = 25.9\,\text{kN}, \quad F_{2y} = 8.1\,\text{kN}, \quad F_{3y} = 25.9\,\text{kN}$

$f_{1y}^{(1)} = 25.9\,\text{kN}, \quad m_1^{(1)} = 0, \quad f_{2y}^{(1)} = 4.1\,\text{kN}, \quad m_2^{(1)} = 35.6\,\text{kN}\cdot\text{m}$

4.23 $v_2 = -9.766\,\text{cm}, \quad \phi_2 = -0.00977\,\text{rad}, \quad \phi_3 = 0.0391\,\text{rad}$

$F_{1y} = 187{,}500\,\text{N-m}, \quad M_1 = 375{,}000\,\text{N-m}, \quad F_{3y} = 112{,}500\,\text{N}$

4.24 $v_3 = -0.36\,\text{m}, \quad \phi_3 = -0.1016\,\text{rad}, \quad \phi_2 = -0.0303\,\text{rad}$

$F_{1y} = -72{,}300\,\text{N}, \quad M_1 = -128{,}300\,\text{N-m}, \quad F_{2y} = 466{,}000\,\text{N}$

4.25 $v_2 = -5.33\,\text{cm}, \quad F_{1y} = 23{,}685\,\text{N} = F_{3y}, \quad M_1 = 273{,}550\,\text{N-m} = -M_3$

4.26 $\phi_1 = -3.596 \times 10^{-4}\,\text{rad}, \quad \phi_2 = 9.92 \times 10^{-5}\,\text{rad}, \quad \phi_3 = 1.091 \times 10^{-4}\,\text{rad}$

$F_{1y} = 9875\,\text{N}, \quad F_{2y} = 28{,}406\,\text{N}, \quad F_{3y} = 6719\,\text{N}$

4.27 $v_{max} = -0.003\,\text{m}$ at midspan of AB and BC

$\sigma_{max} = 166.7\,\text{MPa}$ at midspan of AB and BC

$\sigma_{min} = -333.3\,\text{MPa}$ at B

4.28 $v_{max} = -0.0195\,\text{m}$ at midspan of BC

$\sigma_{min} = -20.3\,\text{MPa}$

4.30 $v_{max} = -0.0167\,\text{m}$ at C

$\sigma_{max} = 26.8\,\text{MPa}$ at fixed end A

4.32 $v_{max} = -0.087\,\text{m}$ at C

$\sigma_{max} = 257\,\text{MPa}$ at B

4.33 T_{ry} W10 × 33, $v_{max} = 0.005686\,\text{m}$

4.39 $v_2 = \dfrac{-PL^3}{192EI} - \dfrac{wL^4}{384EI}, \quad F_{1y} = \dfrac{P + wL}{2}, \quad M_1 = \dfrac{PL}{8} + \dfrac{wL^2}{12}$

4.40 $v_2 = \dfrac{-5PL^3}{648EI}$

4.41 $v_2 = \dfrac{-(25P + 22wL)L^3}{240EI}, \quad \phi_2 = \dfrac{-(PL^2 + wL^3)}{8EI}$

$F_{1y} = P + \dfrac{wL}{2}, \quad M_1 = \dfrac{PL}{2} + \dfrac{wL^2}{3}$

4.42 $v_2 = -1.57 \times 10^{-4}\,\text{m}, \quad \phi_2 = 1.19 \times 10^{-4}\,\text{rad}$

4.43 $v_2 = -3.18 \times 10^{-4}\,\text{m}, \quad \phi_2 = 1.58 \times 10^{-4}\,\text{rad}, \quad \phi_3 = 1.58 \times 10^{-4}\,\text{rad}$

4.44 $v_3 = -4.26 \times 10^{-5}\,\text{m}, \quad \phi_2 = -2.56 \times 10^{-5}\,\text{rad}, \quad \phi_3 = 5.38 \times 10^{-5}\,\text{rad}$

4.45 $[k] = \dfrac{GA_w}{L}\begin{bmatrix} 1 & -1 \\ -1 & 1 \end{bmatrix}$

4.49 $[k] = EI \int_0^L [B]^T[B]\,dx + k_f \int_0^L [N]^T[N]\,dx$

4.50 Same answer as 4.49

4.79 For 400 mm span,
$\delta = 1.28$ mm (No shear area effect)
$\delta = 1.34$ mm (Shear area included)

For 100 mm span,
$\delta = 0.02$ mm (No shear area effect)
$\delta = 0.0355$ mm (Shear area effect included)

Chapter 5

5.1 $u_2 = 0.634$ mm, $v_2 = 0$, $\phi_2 = 0$ rad

5.2 $u_2 = u_3 = 1.88$ cm, $v_2 = -v_3 = 0.047$ mm
$\phi_2 = -\phi_3 = -0.00189$ rad

$f'^{(1)}_{1x} = -f'^{(1)}_{2x} = -10{,}286$ N, $f'^{(1)}_{1y} = -f'^{(1)}_{2y} = -11{,}966$ N

$m'^{(1)}_1 = 41{,}134$ N-m, $m'^{(1)}_2 = 30{,}796$ N-m

$f'^{(2)}_{2x} = -f'^{(2)}_{3x} = 8750$ N, $f'^{(2)}_{2y} = -f'^{(2)}_{3y} = -10{,}355$ N

$m'^{(2)}_2 = -31{,}077$ N-m, $m'^{(2)}_3 = -31{,}048$ N-m

$f'^{(3)}_{3x} = -f'^{(3)}_{4x} = 10{,}281$ N, $f'^{(3)}_{3y} = -f'^{(3)}_{4y} = 11{,}966$ N

$m'^{(3)}_3 = 30{,}796$ N-m, $m'^{(3)}_4 = 41{,}134$ N-m

$F_{1x} = 10{,}286$ N, $F_{4x} = -10{,}286$ N, $F_{1y} = -F_{4y} = -11{,}966$ N

$M_1 = 30{,}796$ N-m

5.3 Channel section 15 cm × 20.5 cm based on $M_{\max} = 10{,}452$ N-m

5.4 $u_4 = 0.102$ mm, $v_4 = -0.282$ mm, $\phi_4 = -0.00276$ rad

$f'^{(1)}_{1x} = -f'^{(1)}_{4x} = 16.17$ kN, $f'^{(1)}_{1y} = -f'^{(1)}_{4y} = -5.72$ kN

$m'^{(1)}_1 = -25.44$ kN-m, $m'^{(1)}_4 = -51.33$ kN-m

$f'^{(2)}_{2x} = -f'^{(2)}_{4x} = 23.31$ kN, $f'^{(2)}_{2y} = -f'^{(2)}_{4y} = -5.80$ kN

$m'^{(2)}_2 = -25.97$ kN-m, $m'^{(2)}_4 = -51.87$ kN-m

$F_{1x} = 12.34$ kN, $F_{1y} = 11.9$ kN, $M_1 = -25.44$ kN-m

$F_{2x} = -5.26$ kN, $F_{2y} = 23.44$ kN, $M_2 = -25.97$ kN-m

$F_{3x} = -7.14$ kN, $F_{3y} = 44.69$ kN, $M_3 = -173.5$ kN-m

5.5 $u_2 = 1.34$ mm, $v_2 = -4.27$ mm, $\phi_2 = -0.00861$ rad

$f_{1x}'^{(1)} = 360.1$ kN, $f_{1y}'^{(1)} = 15.34$ kN, $m_1'^{(1)} = 36.25$ kN-m

$f_{2x}'^{(1)} = -293.6$ kN, $f_{2y}'^{(1)} = 29.05$ kN, $m_2'^{(1)} = -110.5$ kN-m

$f_{2x}'^{(2)} = -f_{3x}'^{(2)} = 187.15$ kN, $f_{2y}'^{(2)} = 68.14$ kN, $m_2'^{(2)} = 110.4$ kN-m

$f_{3y}'^{(2)} = 91.45$ kN, $m_3'^{(2)} = -217.0$ kN-m

$F_{1x} = F_{3x} = 187.09$ kN-m, $F_{1y} = 308.12$ kN, $M_1 = 36.25$ kN-m

$F_{3y} = 91.45$ kN, $M_3 = 217.0$ kN-m

5.6 $u_2 = -0.00537$ mm, $v_2 = -1.5$ mm, $\phi_2 = -0.00306$ rad

$f_{1x}'^{(1)} = 186.3$ kN, $f_{1y}'^{(1)} = 24.35$ kN, $m_1'^{(1)} = 49.36$ kN-m

$f_{2x}'^{(1)} = -129.7$ kN, $f_{2y}'^{(1)} = 32.58$ kN, $m_2'^{(1)} = -82.23$ kN-m

$f_{2x}'^{(2)} = -f_{3x}'^{(2)} = -1.12$ kN, $f_{2y}'^{(2)} = 233.24$ kN, $m_2'^{(2)} = 112.4$ kN-m

$f_{3y}'^{(2)} = 86.80$ kN, $m_3'^{(2)} = -161.2$ kN-m

$f_{4x}'^{(3)} = -f_{2x}'^{(3)} = 201$ kN, $f_{4y}'^{(3)} = -f_{2y}'^{(3)} = -5.97$ kN, $m_4'^{(3)} = -15.4$ kN-m

$m_2'^{(3)} = -29.36$ kN-m

$F_{1x} = 114.5$ kN, $F_{1y} = 148.97$ kN, $M_1 = 49.36$ kN-m

$F_{3x} = 1.12$ kN, $F_{3y} = 86.80$ kN, $M_3 = -161.2$ kN-m

$F_{4x} = -115.8$ kN, $F_{4y} = 164.22$ kN, $M_4 = -15.4$ kN-m

5.7 $u_2 = 0.4308 \times 10^{-4}$ m, $v_2 = -0.9067 \times 10^{-4}$ m,

$\phi_2 = -0.1403 \times 10^{-2}$ rad

$f_{1x}'^{(1)} = -f_{2x}'^{(1)} = 23.8$ kN, $f_{1y}'^{(1)} = 17.26$ kN, $m_1'^{(1)} = 32.77$ kN · m

$f_{2y}'^{(1)} = 22.74$ kN, $m_2'^{(1)} = -54.64$ kN · m

$f_{2x}'^{(2)} = -f_{3x}'^{(2)} = 11.31$ kN, $f_{2y}'^{(2)} = 37.19$ kN, $m_2'^{(2)} = 65.09$ kN · m

$f_{3y}'^{(2)} = 42.81$ kN, $m_3'^{(2)} = -87.54$ kN · m

$f_{2x}'^{(3)} = -f_{4x}'^{(3)} = 17.55$ kN, $f_{2y}'^{(3)} = -f_{4y}'^{(3)} = 1.40$ kN

$m_2'^{(3)} = -10.51$ kN · m, $m_4'^{(3)} = -5.30$ kN · m

$F_{1x} = -17.26$ kN, $F_{1y} = 23.80$ kN, $M_1 = 32.77$ kN · m

$F_{3x} = -11.31$ kN, $F_{3y} = 42.81$ kN, $M_3 = -87.54$ kN · m

$F_{4x} = -11.42$ kN, $F_{4y} = 13.40$ kN, $M_4 = -5.30$ kN · m

5.9 $u_2 = -1.486 \times 10^{-4}$ m, $v_2 = -7.674 \times 10^{-5}$ m, $\phi_2 = 7.978 \times 10^{-3}$ rad

$f_{1x}^{\prime(1)} = -f_{2x}^{\prime(1)} = 80.6$ kN, $f_{1y}^{\prime(1)} = -f_{2y}^{\prime(1)} = 124$ kN

$m_1^{\prime(1)} = 165$ kN · m, $m_2^{\prime(1)} = 335$ kN · m

$f_{2x}^{\prime(2)} = -f_{3x}^{\prime(2)} = 124$ kN, $f_{2y}^{\prime(2)} = -f_{3y}^{\prime(2)} = 80.6$ kN

$M_1 = 165$ kN · m, $M_3 = 134$ kN · m

5.10 $v_2 = -0.1423 \times 10^{-2}$ m, $\phi_2 = -0.5917 \times 10^{-3}$ rad

$f_{1x}^{\prime(1)} = 0$, $f_{1y}^{\prime(1)} = 10$ kN, $m_1^{\prime(1)} = 23.3$ kN · m, $f_{2x}^{\prime(1)} = 0$,

$f_{2y}^{\prime(1)} = -10$ kN, $m_2^{\prime(1)} = 6.7$ kN · m

5.11 $v_2 = -1.11 \times 10^{-4}$ m, $F_{1x} = 16.2$ kN, $F_{1y} = 30$ kN, $M_1 = 336$ N · m

5.12 $u_2 = -0.0214$ m, $v_1 = -0.025$ m, $\phi_1 = 0.00891$ rad, $u_2 = -0.0214$ m,

$v_2 = -3.57 \times 10^{-6}$ m, $\phi_2 = 0.00714$ m

5.13 $u_2 = 1.278$ mm, $v_2 = 0.0907$ mm, $\phi_2 = -0.000137$ rad

$u_3 = 1.274$ mm, $v_3 = -0.000323$ mm, $\phi_3 = 0.000137$ rad

5.14 $u_2 = 0.386$ mm, $v_2 = -1.067$ mm, $\phi_2 = -0.00139$ rad

$f_{1x}^{\prime(1)} = 71,444$ N, $f_{1y}^{\prime(1)} = -5043$ N, $m_1^{\prime(1)} = -5219$ N-m

$f_{2x}^{\prime(1)} = 71,444$ N, $f_{2y}^{\prime(1)} = 5043$ N, $m_2^{\prime(1)} = -16,186$ N-m

5.15 $u_2 = -2.43 \times 10^{-2}$ m, $v_2 = -2.41 \times 10^{-5}$ m, $\phi_2 = 0.0064$ rad

$u_3 = -2.43 \times 10^{-2}$ m, $\phi_3 = -0.0032$ rad

$F_{1x} = 30.0$ kN, $F_{1y} = 16.9$ kN, $M_1 = -82.5$ kN · m, $F_{3y} = -16.9$ kN

5.16 $v_3 = -2.83 \times 10^{-5}$ m, $u_4 = 1.0 \times 10^{-5}$ m, $v_4 = -2.83 \times 10^{-5}$ m

5.17 $v_3 = -1.324$ mm, $\phi_3 = 0$

5.18 $u_2 = v_2 = -2.83 \times 10^{-5}$ m, $\phi_2 = 2.92 \times 10^{-4}$ rad

5.19 $u_2 = 2.28$ cm, $v_2 = 0.041$ mm, $\phi_2 = -0.1189$ rad

5.22 $\sigma_{\text{bending max}} = 85$ MPa

5.23 $u_5 = 0.340$ mm, $v_5 = -0.025$ mm, $\phi_5 = -0.00071$ rad

5.24 $u_5 = 5.32$ cm, $v_5 = -0.0579$ mm, $\phi_5 = -0.3001$ rad

5.27 $v_2 = -0.0153\text{ m},\quad f'^{(1)}_{1x} = 30\text{ kN},\quad f'^{(1)}_{1y} = -6.67\text{ kN},\quad m'^{(1)}_1 = 0$

5.28 $u_2 = 7.97\text{ mm},\quad v_2 = -0.0342\text{ mm},\quad \phi_2 = 0.419\text{ rad}$

5.29 $v_3 = 0\text{ cm},\quad v_4 = -1.27\text{ cm}$

5.30 $v_3 = -5.63\text{ cm},\quad v_4 = -12.4\text{ cm}$

5.32 $u_2 = 4.30\text{ mm},\quad \phi_2 = -0.241 \times 10^{-3}\text{ rad}$
$F_{1x} = -8339\text{ N},\quad F_{1y} = -4995\text{ N},\quad M_1 = 26{,}700\text{ N}\cdot\text{m},$
$F_{4x} = -6661\text{ N},\quad F_{4y} = 4995\text{ N},\quad M_4 = 23{,}330\text{ N}\cdot\text{m}$

5.33 $u_7 = 0.0264\text{ m},\quad v_7 = 0.463 \times 10^{-4}\text{ m},\quad \phi_7 = 0.171 \times 10^{-2}\text{ rad}$
$f'^{(1)}_{1x} = -21.1\text{ N},\quad f'^{(1)}_{1y} = 30.4\text{ N},\quad m'^{(1)}_1 = 74.95\text{ N}\cdot\text{m}$
$f'^{(1)}_{3x} = 21.1\text{ N},\quad f'^{(1)}_{3y} = -30.4\text{ N},\quad m'^{(1)}_3 = 46.65\text{ N}\cdot\text{m}$

5.35 $u_9 = 0.0174\text{ m},\quad f'^{(1)}_{1x} = -22.6\text{ kN},\quad f'^{(1)}_{1y} = 16.0\text{ kN},\quad m'^{(1)}_1 = 53.6\text{ kN}\cdot\text{m}$
$f'^{(1)}_{3x} = 22.6\text{ kN},\quad f'^{(1)}_{3y} = -16.0\text{ kN},\quad m'^{(1)}_3 = 42.4\text{ kN}\cdot\text{m}$

5.36 $v_6 = -3.118 \times 10^{-3}\text{ m}$

5.37 $v_5 = -1.35 \times 10^{-2}\text{ m}$

5.38 $u_2 = 1.43 \times 10^{-1}\text{ m}$

5.39 Truss : $u_7 = 0.0260\text{ m},\quad v_7 = 0.00566\text{ m},$
Frame : $u_7 = 0.0180\text{ m},\quad v_7 = 0.00424\text{ m}$
Truss, element 1 : $f_{1x} = -49{,}730\text{ N},\quad f_{1y} = 0$
Frame, element 1 : $f_{1x} = -43{,}060\text{ N},\quad f_{1y} = 22{,}670\text{ N}$

5.40 $v_{max} = -0.0105\text{ m}$ at midspan
$M_{max} = 1.568 \times 10^6$ N-m at C

5.41 $v_{max} = 0.0524\text{ m}$
$M_{max} = 6.22 \times 10^4$ N-m

5.42 $u_G = 1.25 \times 10^{-2}\text{ m}$

5.46 $[K] = 15\dfrac{GJ_0}{L}\begin{bmatrix} 1 & -1 \\ -1 & 1 \end{bmatrix}$

5.48 $v_2 = -1.516\text{ cm}$

5.51 $v_1 = -0.0103\text{ m}$

5.55 $v_3 = -2.54 \times 10^{-3}$ m

5.57 $v_5 = -2.22 \times 10^{-2}$ m

5.58 $u_2 = 2.91$ cm, $v_2 = -4.95$ um, $w_2 = 4.27$ cm,
$u_3 = -8.50$ um, $v_3 = -1.5$ mm, $w_3 = 4.26$ cm

5.59 $w_7 = 7.25 \times 10^{-8}$ m

Chapter 6

6.1 Use Eq. (6.2.10) in Eq. (6.2.18) to show $N_i + N_j + N_m = 1$.

6.3 **a.** $$[k] = 2.8 \times 10^8 \begin{bmatrix} 2.5 & 1.25 & -2.0 & -1.5 & -0.5 & 0.25 \\ & 4.375 & -1.0 & -0.75 & -0.25 & -3.625 \\ & & 4.0 & 0 & -2.0 & 1.0 \\ & & & 1.5 & 1.5 & -0.75 \\ & & & & 2.5 & -1.25 \\ \text{Symmetry} & & & & & 4.375 \end{bmatrix} \text{N/m}$$

b. $$[k] = 93.33 \times 10^9 \begin{bmatrix} 1.54 & 0.75 & -1.0 & -0.45 & -0.54 & -0.3 \\ & 1.815 & -0.3 & -0.375 & -0.45 & -1.44 \\ & & 1.0 & 0 & 0 & 0.3 \\ & & & 0.375 & 0.45 & 0 \\ & & & & 0.54 & 0 \\ \text{Symmetry} & & & & & 1.44 \end{bmatrix} \text{N/m}$$

c. $$[k] = 10^8 \times \begin{bmatrix} 32.48 & 16.24 & -5.6 & -13.44 & -26.88 & -2.8 \\ 16.24 & 26.12 & -2.8 & -6.72 & -13.44 & -22.4 \\ -5.6 & -2.8 & 5.6 & 0 & 0 & 2.8 \\ -13.44 & -6.72 & 0 & 6.72 & 13.44 & 0 \\ -26.88 & -13.44 & 0 & 13.44 & 26.88 & 0 \\ -2.8 & -22.4 & 2.8 & 0 & 0 & 22.4 \end{bmatrix}$$

6.4 **a.** $\sigma_x = 336$ MPa, $\sigma_y = 84$ MPa, $\tau_{xy} = -262.5$ MPa
$\sigma_1 = 501.2$ MPa, $\sigma_2 = -81.2$ MPa, $\theta_p = -32.2°$

b. $\sigma_x = 560$ MPa, $\sigma_y = 140$ MPa, $\tau_{xy} = -437.5$ MPa
$\sigma_1 = 835.3$ MPa, $\sigma_2 = -135.3$ MPa, $\theta_p = -32.2°$

c. Same answers as Part a.

6.5 **a.** $\sigma_{vM} = 546.3$ MPa
b. $\sigma_{vM} = 910.5$ MPa
c. $\sigma_{vM} = 546.3$ MPa

6.6 **a.** $$[k] = 1.037 \times 10^5 \begin{bmatrix} 8437.5 & 1687.5 & -7762.5 & -337.5 & -675 & -1350 \\ 1687.5 & 3937.5 & 337.5 & -2137.5 & -2025 & -1800 \\ -7762.5 & 337.5 & 8437.5 & -1687.5 & -675 & 1350 \\ -337.5 & -2137.5 & -1687.5 & 3937.5 & 2025 & -1800 \\ -675 & -2025 & -675 & 2025 & 1350 & 0 \\ -1350 & -1800 & 1350 & -1800 & 0 & 3600 \end{bmatrix} \text{N/m}$$

b. $$[k] = 2.24 \times 10^7 \begin{bmatrix} 25.0 & 0 & -12.5 & 6.25 & -12.5 & -6.25 \\ & 9.375 & 9.375 & -4.6875 & -9.375 & -4.6875 \\ & & 15.625 & -7.8125 & -3.125 & -1.5625 \\ & & & 27.343 & 1.5625 & -3.125 \\ & & & & 15.625 & 7.8125 \\ \text{Symmetry} & & & & & 27.343 \end{bmatrix} \text{N/m}$$

c. $$[k] = 0.5 \times \begin{bmatrix} 1.225 \times 10^9 & 3.5 \times 10^8 & -1.015 \times 10^9 & -7 \times 10^7 & -2.1 \times 10^8 & -2.8 \times 10^8 \\ 3.5 \times 10^8 & 7 \times 10^8 & 7 \times 10^7 & -1.4 \times 10^8 & -4.2 \times 10^8 & -5.6 \times 10^8 \\ -1.015 \times 10^9 & 7 \times 10^7 & 1.225 \times 10^9 & -3.5 \times 10^8 & -2.1 \times 10^8 & 2.8 \times 10^8 \\ -7 \times 10^7 & -1.4 \times 10^8 & -3.5 \times 10^8 & 7 \times 10^8 & 4.2 \times 10^8 & -5.6 \times 10^8 \\ -2.1 \times 10^8 & -4.2 \times 10^8 & -2.1 \times 10^8 & 4.2 \times 10^8 & 4.2 \times 10^8 & 0 \\ -2.8 \times 10^8 & -5.6 \times 10^8 & 2.8 \times 10^8 & -5.6 \times 10^8 & 0 & 1.12 \times 10^9 \end{bmatrix}$$

6.7 **a.** $\sigma_x = -2.645$ GPa, $\sigma_y = -0.078$ GPa, $\tau_{xy} = 0.1165$ GPa
$\sigma_1 = -0.0730$ GPa, $\sigma_2 = -2.65$ GPa, $\theta_p = -2.59°$

b. $\sigma_x = 0$, $\sigma_y = 21.0$ MPa, $\tau_{xy} = 16.8$ MPa
$\sigma_1 = 30.3$ MPa, $\sigma_2 = -9.3$ MPa, $\theta_p = -29°$

c. $\sigma_1 = 1971$ MPa, $\sigma_2 = -15{,}971$ MPa, $\theta_p = -10.28°$

6.8 **a.** $\sigma_{\text{vM}} = 2.615$ GPa,
b. $\sigma_{\text{vM}} = 35.86$ GPa,
c. $\sigma_{\text{vM}} = 17.05$ GPa

6.9 **a.** $\sigma_x = -262.5$ MPa, $\sigma_y = -787.5$ MPa, $\tau_{xy} = -315$ MPa
$\sigma_1 = -114.96$ MPa, $\sigma_2 = -935.04$ MPa, $\theta_p = -25.1°$

b. $\sigma_x = -262.1$ MPa, $\sigma_y = -787.5$ MPa, $\tau_{xy} = -367.5$ MPa
$\sigma_1 = -73.04$ MPa, $\sigma_2 = -976.5$ MPa, $\theta_p = -27.2°$

c. $\sigma_x = -524.9$ MPa, $\sigma_y = -1574.7$ MPa, $\tau_{xy} = -367.5$ MPa
$\sigma_1 = -409.03$ MPa, $\sigma_2 = -1691.5$ MPa, $\theta_p = -17.47°$

d. $\sigma_1 = 85.64$ MPa, $\sigma_2 = -820.6$ MPa, $\theta_p = -40.0°$

e. $\sigma_1 = -274.8$ MPa, $\sigma_2 = -6892.2$ MPa, $\theta_p = -39.2°$

f. $\sigma_x = -393.75$ MPa, $\sigma_y = -1181.25$ MPa, $\tau_{xy} = -367.5$ MPa
$\sigma_1 = -248.9$ MPa, $\sigma_2 = -1326.1$ MPa, $\theta_p = -21.5°$

6.10 **a.** $\sigma_x = -78.75$ MPa, $\sigma_y = -49.2$ MPa, $\tau_{xy} = -8.07$ MPa
$\sigma_1 = -47.1$ MPa, $\sigma_2 = -80.85$ MPa, $\theta_p = -14.3°$

b. $\sigma_x = -47.1$ MPa, $\sigma_y = -20.25$ MPa, $\tau_{xy} = 8.07$ MPa
$\sigma_1 = -18.0$ MPa, $\sigma_2 = -49.35$ MPa, $\theta_p = -15.5°$

c. $\sigma_x = -41.4$ MPa, $\sigma_y = -29.25$ MPa, $\tau_{xy} = 6.06$ MPa
$\sigma_1 = -26.85$ MPa, $\sigma_2 = -43.95$ MPa, $\theta_p = -22.5°$

d. $\sigma_x = 6.03$ MPa, $\sigma_y = 14.13$ MPa, $\tau_{xy} = 16.155$ MPa
$\sigma_1 = 26.745$ MPa, $\sigma_2 = -6.555$ MPa, $\theta_p = -38°$

6.11 **a.** $f_{s1x} = 0$, $f_{s1y} = 0$, $f_{s2x} = p_0Lt/6$, $f_{s2y} = 0$
$f_{s3x} = p_0Lt/3$, $f_{s3y} = 0$

b. $f_{s1x} = 0$, $f_{s2x} = p_0Lt/12$, $f_{s3x} = p_0Lt/4$

6.12 **a.** $f_{s1y} = p_1Lt/6$, $f_{s3y} = 1p_2Lt/3$

b. $f_{s1y} = f_{s2y} = p_0Lt/\pi$

6.13 $u_3 = 0.0714$ mm, $v_3 = -39.3$ mm
$u_4 = -0.0869$ mm, $v_4 = -0.0418$ mm
$\sigma_x^{(1)} = 25.84$ MPa, $\sigma_y^{(1)} = 7.38$ MPa, $\tau_{xy}^{(1)} = -51.69$ MPa
$\sigma_1^{(1)} = 69.11$ MPa, $\sigma_2^{(1)} = -35.89$ MPa, $\theta_p^{(1)} = -44.37°$
$\sigma_x^{(2)} = -26.4$ MPa, $\sigma_y^{(2)} = 8.67$ MPa, $\tau_{xy}^{(2)} = -12.92$ MPa
$\sigma_1^{(2)} = 12.91$ MPa, $\sigma_2^{(2)} = -30.64$ MPa, $\theta_p^{(2)} = 20.2°$

6.14 **b.** $u_2 = 0.737 \times 10^{-4}$ m, $v_2 = -0.1456 \times 10^{-4}$ m
Stresses for right side triangle:
$\sigma_x = 39.11$ MPa, $\sigma_y = 38.1$ MPa
$\sigma_1 = 82.98$ MPa, $\sigma_2 = -5.68$ MPa

c. $u_5 = 0$ m, $v_5 = -1.63 \times 10^{-5}$ m
$\sigma_x^{(1)} = 5.99 \times 10^5\ \text{N/m}^2$, $\sigma_y^{(1)} = -3.78 \times 10^6\ \text{N/m}^2$
$\tau_{xy}^{(1)} = 4.05 \times 10^{-1}\ \text{N/m}^2$, $\sigma_1^{(1)} = 5.99 \times 10^5\ \text{N/m}^2$
$\sigma_2^{(1)} = -3.78 \times 10^6\ \text{N/m}^2$, $\theta_p^{(1)} = 0°$, $\sigma_x^{(3)} = 5.64 \times 10^6\ \text{N/m}^2$
$\sigma_y^{(3)} = 1.88 \times 10^7\ \text{N/m}^2$, $\tau_{xy}^{(3)} = -1.11 \times 10^{-1}\ \text{N/m}^2$
$\sigma_1^{(3)} = 1.88 \times 10^7\ \text{N/m}^2$, $\sigma_2^{(3)} = 5.64 \times 10^6\ \text{N/m}^2$, $\theta_p^{(3)} = -90°$

6.16 All f_{bx}'s are equal to 0.

a. $f_{b1y} = f_{b2y} = f_{b3y} = f_{b4y} = -16.06$ N, $f_{b5y} = -32.12$ N

c. $f_{b1y} = f_{b2y} = f_{b3y} = f_{b4y} = -20.56$ N, $f_{b5y} = -41.12$ N

6.19 **b.** Yes, **c.** Yes, **e.** Yes, **g.** No

6.21 **a.** $n_b = 8$,

b. $n_b = 12$

6.26 $\varepsilon_x = 0.0009375$ cm/cm, $\varepsilon_y = -0.00125$ cm/cm, $\gamma_{xy} = -0.000625$ rad

$\sigma_x = 129.9$ MPa, $\sigma_y = -223.6$ MPa, $\tau_{xy} = -50.5$ MPa

Chapter 7

7.13 Stress approaches 25 kPa near edge of hole.

7.16 $\sigma_1 = 3.48$ MPa at fillet

7.17 For largest stress at fillet, $\sigma_1 = 2.23$ MPa.

7.22 $\sigma_1 = 3$ kN / m^2 (round hole model)

$\sigma_1 = 3.51$ kN / m^2 (square hole with corner radius)

7.24 $\sigma_{vM} = 8.1$ MPa

7.25 $\sigma_1 = 6131$ N / m^2 ($E = 210$ GPa)

$\sigma_1 = 6153$ N / m^2 ($E = 70$ GPa)

7.26 $\sigma_{vM} = 6.17$ MPa at hole, 5.78 MPa at transition

7.28 Largest von Mises stress 29.7 MPa at inside edge at junction of narrow to larger section of wrench

7.30 Largest principal stress $\sigma_1 = 111$ MPa at narrowest width of member

7.31 $\sigma_{vM} = 6827$ MPa at inside of upper radius

7.37 For a thickness of 20 mm, $\sigma_{vM} = 49.7$ MPa at bottom of hole in jaws

Chapter 8

8.2 $\varepsilon_x = \dfrac{1}{3b}(-u_1 + u_2 + 4u_4 - 4u_5), \quad \varepsilon_y = \dfrac{1}{3h}(-v_1 + v_3 + 4v_4 - 4v_6)$

$$\gamma_{xy} = \frac{1}{3h}(-u_1 + u_3 + 4u_4 - 4u_6) + \frac{1}{3b}(-v_1 + v_3 + 4v_4 - 4v_6)$$

$$\sigma_x = \frac{E}{1-\nu^2}(\varepsilon_x + \nu\varepsilon_y), \quad \sigma_y = \frac{E}{1-\nu^2}(\varepsilon_y + \nu\varepsilon_x), \quad \tau_{xy} = G\gamma_{xy}$$

8.3 $f_{s1x} = f_{s3x} = \dfrac{-pth}{6}, \quad f_{s5x} = \dfrac{-2pth}{3}$

8.4 $f_{s1x} = 0, \quad f_{s3x} = \dfrac{-p_0 th}{6}, \quad f_{s5x} = \dfrac{-p_0 th}{3}$

8.5 **a.** $\varepsilon_x = -1.25 \times 10^{-4} y + 6.25 \times 10^{-4}, \quad \varepsilon_y = -4.6 \times 10^{-4} x + 8.33 \times 10^{-5},$

$\gamma_{xy} = 1.25 \times 10^{-4} x - 4.675 \times y + 1.736 \times 10^{-5}$

$\sigma_x = 57.50 \text{ MPa}, \quad \sigma_y = -87.71 \text{ MPa}, \quad \tau_{xy} = 26.20 \text{ MPa}$

b. $\varepsilon_x = -1.25 \times 10^{-4} y + 4.156 \times 10^{-4}, \quad \varepsilon_y = -4.167 \times 10^{-4} x + 1.25 \times 10^{-4}$

$\gamma_{xy} = -1.25 \times 10^{-4} x - 1.041 \times 10^{-4} y - 5.208 \times 10^{-4}$

$\sigma_x = 16.24 \text{ MPa}, \quad \sigma_y = -145.04 \text{ MPa}, \quad \tau_{xy} = 11.04 \text{ MPa}$

8.6 $\varepsilon_x = 2.54 \times 10^{-3}$

$\varepsilon_y = -7.62 \times 10^{-3}$

$\gamma_{xy} = -7.04 \times 10^{-3}$

8.7 $N_1 = 1 - \dfrac{x}{20} + \dfrac{x^2}{1800}, \quad N_2 = \dfrac{-x + y}{60} + \dfrac{x^2 + y^2}{1800} - \dfrac{xy}{900}$

$N_3 = \dfrac{-y}{60} + \dfrac{y^2}{1800}, \quad N_4 = \dfrac{xy}{900} - \dfrac{y^2}{900}, \quad N_5 = \dfrac{y}{15} - \dfrac{xy}{900}$, etc.

Chapter 9

9.1 **a.** $[K] = 175.84 \times 10^7 \begin{bmatrix} 5 & 1 & 0 & -1 & 1 & 0 \\ 1 & 4 & -2 & -1 & -2 & -3 \\ 0 & -2 & 8 & 0 & 4 & 2 \\ -1 & -1 & 0 & 1 & 1 & 0 \\ 1 & -2 & 4 & 1 & 4 & 1 \\ 0 & -3 & 2 & 0 & 1 & 3 \end{bmatrix} \text{N/m}$

b. $[K] = 151.59 \times 10^7 \begin{bmatrix} 2.75 & 0 & -2.25 & 0.5 & 0.25 & -0.5 \\ 0 & 1 & 1 & -1 & -1 & 0 \\ -2.25 & 1 & 5.75 & -2.5 & 0.25 & 1.5 \\ 0.5 & -1 & -2.5 & 4 & 0.5 & -3 \\ 0.25 & -1 & 0.25 & 0.5 & 1.75 & 0.5 \\ -0.5 & 0 & 1.5 & -3 & 0.5 & 3 \end{bmatrix} \text{N/m}$

c. $[k] = 127.75 \times 10^6 \begin{bmatrix} 0.682 & 0.140 & -0.298 & -0.070 & 0.035 & -0.070 \\ 0.140 & 0.368 & -0.070 & -0.053 & -0.280 & -0.315 \\ -0.298 & -0.070 & 1.242 & -0.280 & 0.315 & 0.035 \\ -0.070 & -0.053 & -0.280 & 0.368 & 0.140 & -5.655 \\ 0.035 & -0.280 & 0.315 & 0.140 & 0.490 & 0.140 \\ -0.070 & -0.315 & 0.350 & -0.315 & 0.140 & 0.630 \end{bmatrix} \text{N/m}$

9.2 $f_{s2r} = \dfrac{2\pi b p_0 h}{6}, \quad f_{s3r} = \dfrac{2\pi b p_0 h}{3}$

9.3 $f_{b1r} = f_{b2r} = f_{b3r} = 0.153$ N

$f_{b1z} = f_{b2z} = f_{b3z} = -6.248$ N

9.4 **a.** $\sigma_r = 140$ MPa, $\sigma_z = 0$, $\sigma_\theta = 140$ MPa, $\tau_{rz} = 21$ MPa

b. $\sigma_r = 106.95$ MPa, $\sigma_z = -61.04$ MPa, $\sigma_\theta = 68.85$ MPa, $\tau_{rz} = 7.0$ MPa

c. $\sigma_r = 164.49$ MPa, $\sigma_z = 38.49$ MPa, $\sigma_\theta = 199.47$ MPa, $\tau_{rz} = 31.5$ MPa

9.6 **a.** $$[k] = 3.528 \begin{bmatrix} 3125 & 625 & 0 & -625 & 625 & 0 \\ & 2500 & -1250 & -625 & -1250 & -1875 \\ & & 5000 & 0 & 2500 & 1250 \\ & & & 625 & 625 & 0 \\ & & & & 2500 & 625 \\ \text{Symmetry} & & & & & 1875 \end{bmatrix} \text{kN/mm}$$

b. $$[k] = 5.865 \begin{bmatrix} 2475 & 0 & -2025 & 450 & 225 & -450 \\ & 900 & 900 & -900 & -900 & 0 \\ & & 5175 & -2250 & 225 & 1350 \\ & & & 3600 & 450 & -2700 \\ & & & & 1575 & 450 \\ \text{Symmetry} & & & & & 2700 \end{bmatrix} \text{kN/mm}$$

c. $$[k] = 0.5 \times \begin{bmatrix} 8.577 \times 10^8 & 1.759 \times 10^8 & -3.738 \times 10^8 & -8.796 \times 10^7 & 4.398 \times 10^7 & -8.796 \times 10^7 \\ 1.759 \times 10^8 & 4.618 \times 10^8 & -8.796 \times 10^7 & -6.597 \times 10^7 & -3.519 \times 10^8 & -3.958 \times 10^8 \\ -3.738 \times 10^8 & -8.796 \times 10^7 & 1.561 \times 10^9 & -3.519 \times 10^8 & 3.958 \times 10^8 & 4.398 \times 10^8 \\ -8.796 \times 10^7 & -6.597 \times 10^7 & -3.519 \times 10^8 & 4.618 \times 10^8 & 1.759 \times 10^8 & -3.958 \times 10^8 \\ 4.398 \times 10^7 & -3.519 \times 10^8 & 3.958 \times 10^8 & 1.759 \times 10^8 & 6.158 \times 10^8 & 1.759 \times 10^8 \\ -8.796 \times 10^7 & -3.958 \times 10^8 & 4.398 \times 10^8 & -3.958 \times 10^8 & 1.759 \times 10^8 & 7.917 \times 10^8 \end{bmatrix}$$

9.7 **a.** $\sigma_r = -42$ MPa, $\sigma_z = -42$ MPa, $\sigma_\theta = 126$ MPa, $\tau_{rz} = -50.5$ MPa

b. $\sigma_r = -51.5$ MPa, $\sigma_z = -51.5$ MPa, $\sigma_\theta = 56$ MPa, $\tau_{rz} = -36.5$ MPa

c. $\sigma_r = -1435$ MPa, $\sigma_z = -1225$ MPa, $\sigma_\theta = 1785$ MPa, $\tau_{rz} = -945$ MPa

9.12 $\sigma_\theta = \sigma_r$

9.14 Using 6 mm radii in corners, $\sigma_1 = 2079$ MPa at inside corner

9.18 $\sigma_{\mathrm{vM}} = 200$ MPa near the top of the hole

9.19 $\sigma_\theta = 159$ MPa, $u_r = 0.93$ mm

9.20 $\sigma_1 = 52.5$ MPa, $u_r = 0.0782$ m at top and bottom center of plates

Chapter 10

10.2 **a.** $s = -0.2$ **b.** $N_1 = 0.6,\ N_2 = 0.4$ (for both of 3-noded bars)

10.3 **a.** $s = 0.5$ **b.** $N_1 = 0.25,\ N_2 = 0.75$ **c.** $u_A = 0.0875$ mm

10.4
$$N_1 = -(2/3)s^3 + (2/3)s^2 + s/6 - 1/6, \quad N_2 = (4/3)s^3 - (2/3)s^2 - (4/3)s + 2/3$$
$$N_3 = -(4/3)s^3 - (2/3)s^2 + (4/3)s + 2/3, \quad N_4 = (2/3)s^3 + (2/3)s^2 - s/6 - 1/6$$

10.5 **a.** $s = -0.4$ **b.** $N_1 = 0.28,\ N_2 = -0.12,\ N_3 = 0.84$ **c.** $\varepsilon_x = -3 \times 10^{-12}$

10.6 **a.** $s = 0.5$ **b.** $N_1 = 0.125,\ N_2 = 0.375,\ N_3 = 0.75$

10.8 $u_2 = 4.859 \times 10^{-4}$ m (right end), $u_3 = 2.793 \times 10^{-4}$ m (center)

10.13 $f_{s3s} = 0,\ f_{s3t} = pLt/2,\ f_{s4s} = 0,\ f_{s4t} = pLt/2$

10.14 **a.** $f_{s3t} = 500$ N, $f_{s4t} = 500$ N **b.** $f_{s1t} = 166.33$ N, $f_{s4t} = 83.33$ N

10.15 **a.** 1.918, **b.** 0.667, **c.** 0.400, **d.** 2.87, **f.** 0 **g.** 2.705 (Exact)

Chapter 11

11.1 **a.**
$$[B] = \frac{1}{8}\begin{bmatrix} 0 & 0 & 0 & 0 & 0 & 0 & 4 & 0 & 0 & -4 & 0 & 0 \\ 0 & 0 & 0 & 0 & 4 & 0 & 0 & 0 & 0 & 0 & -4 & 0 \\ 0 & 0 & 4 & 0 & 0 & 0 & 0 & 0 & 0 & 0 & 0 & -4 \\ 0 & 0 & 0 & 4 & 0 & 0 & 0 & 4 & 0 & -4 & -4 & 0 \\ 0 & 4 & 0 & 0 & 0 & 4 & 0 & 0 & 0 & 0 & -4 & -4 \\ 4 & 0 & 0 & 0 & 0 & 0 & 0 & 0 & 4 & -4 & 0 & -4 \end{bmatrix}$$

b.
$$[B] = \begin{bmatrix} -0.5 & 0 & 0 & 0 & 0 & 0 & 0.5 & 0 & 0 & 0 & 0 & 0 \\ 0 & -0.75 & 0 & 0 & 0 & 0 & 0 & 0.25 & 0 & 0 & 0.5 & 0 \\ 0 & 0 & -0.75 & 0 & 0 & 0.5 & 0 & 0 & 0.25 & 0 & 0 & 0 \\ -0.75 & -0.5 & 0 & 0 & 0 & 0 & 0.25 & 0.5 & 0 & 0.5 & 0 & 0 \\ 0 & -0.75 & -0.75 & 0 & 0.5 & 0 & 0 & 0.25 & 0.25 & 0 & 0 & 0.5 \\ -0.75 & 0 & -0.5 & 0.5 & 0 & 0 & 0.25 & 0 & 0.5 & 0 & 0 & 0 \end{bmatrix}$$

11.2 **a.**
$$[k] = \begin{pmatrix} 26.922 & 0 & 0 & 0 & 0 & 0 & 0 & 0 & 26.922 & -26.922 & 0 & -26.922 \\ 0 & 26.922 & 0 & 0 & 0 & 26.922 & 0 & 0 & 0 & 0 & -26.922 & -26.922 \\ 0 & 0 & 94.234 & 0 & 40.383 & 0 & 40.383 & 0 & 0 & -40.383 & -40.383 & -94.234 \\ 0 & 0 & 0 & 26.922 & 0 & 0 & 0 & 26.922 & 0 & -26.922 & -26.922 & 0 \\ 0 & 0 & 40.383 & 0 & 94.234 & 0 & 40.383 & 0 & 0 & -40.383 & -94.234 & -40.383 \\ 0 & 26.922 & 0 & 0 & 0 & 26.922 & 0 & 0 & 0 & 0 & -26.922 & -26.922 \\ 0 & 0 & 40.383 & 0 & 40.383 & 0 & 94.234 & 0 & 0 & -94.234 & -40.383 & -40.383 \\ 0 & 0 & 0 & 26.922 & 0 & 0 & 0 & 26.922 & 0 & -26.922 & -26.922 & 0 \\ 26.922 & 0 & 0 & 0 & 0 & 0 & 0 & 0 & 26.922 & -26.922 & 0 & -26.922 \\ -26.922 & 0 & -40.383 & -26.922 & -40.383 & 0 & -94.234 & -26.922 & -26.922 & 148.08 & 67.305 & 67.305 \\ 0 & -26.922 & -40.383 & -26.922 & -94.234 & -26.922 & -40.383 & -26.922 & 0 & 67.305 & 148.08 & 67.305 \\ -26.922 & -26.922 & -94.234 & 0 & -40.383 & -26.922 & -40.383 & 0 & -26.922 & 67.305 & 67.305 & 148.08 \end{pmatrix} \times 10^9\ \frac{\text{N}}{\text{m}}$$

11.3 **a.** $\sigma_x = 1298.33\ \text{MPa},\quad \sigma_y = 144.16\ \text{MPa},\quad \sigma_z = -816.66\ \text{MPa}$

$\tau_{xy} = 191.66\ \text{MPa},\quad \tau_{yx} = -385.0\ \text{MPa},\quad \tau_{zx} = 96.16\ \text{MPa}$

b. $\sigma_x = 144.23\ \text{MPa},\quad \sigma_y = 144.23\ \text{MPa},\quad \sigma_z = 336.53\ \text{MPa}$

$\tau_{xy} = -576.92\ \text{MPa},\quad \tau_{yz} = 480.76\ \text{MPa},\quad \tau_{zx} = -384.61\ \text{MPa}$

11.6 **a.**
$$[B] = \frac{1}{18{,}750} \times \begin{bmatrix} -625 & 0 & 0 & 0 & 0 & 0 & 0 & 0 & 0 & 625 & 0 & 0 \\ 0 & -375 & 0 & 0 & 750 & 0 & 0 & 0 & 0 & 0 & -375 & 0 \\ 0 & 0 & -375 & 0 & 0 & 0 & 0 & 0 & 750 & 0 & 0 & -375 \\ -375 & -625 & 0 & 750 & 0 & 0 & 0 & 0 & 0 & -375 & 625 & 0 \\ 0 & -375 & -375 & 0 & 0 & 750 & 0 & 750 & 0 & 0 & -375 & -375 \\ -375 & 0 & -625 & 0 & 0 & 0 & 750 & 0 & 0 & -375 & 0 & 625 \end{bmatrix}$$

b.
$$[B] = \begin{bmatrix} -0.125 & 0 & 0 & 0 & 0 & 0 & 0 & 0 & 0 & 0.125 & 0 & 0 \\ 0 & -0.05 & 0 & 0 & 0.2 & 0 & 0 & 0 & 0 & 0 & -0.15 & 0 \\ 0 & 0 & -0.05 & 0 & 0 & 0 & 0 & 0 & 0.2 & 0 & 0 & -0.15 \\ -0.05 & -0.125 & 0 & 0.2 & 0 & 0 & 0 & 0 & 0 & -0.15 & 0.125 & 0 \\ 0 & -0.05 & -0.05 & 0 & 0 & 0.2 & 0 & 0.2 & 0 & 0 & -0.15 & -0.15 \\ -0.05 & 0 & -0.0125 & 0 & 0 & 0 & 0.2 & 0 & 0 & -0.15 & 0 & 0.125 \end{bmatrix}$$

11.8 **a.** $\sigma_x = 34.62\ \text{MPa},\quad \sigma_y = 80.77\ \text{MPa},\quad \sigma_z = 34.62\ \text{MPa}$

$\tau_{xy} = 28.21\ \text{MPa},\quad \tau_{yz} = 30.77\ \text{MPa},\quad \tau_{zx} = 43.59\ \text{MPa}$

11.9 $u = a_1 + a_2x + a_3y + a_4z + a_5xy + a_6xz + a_7yz + a_8x^2 + a_9y^2 + a_{10}z^2$

11.10 Loads must be in the $y-z$ plane

11.11
$$N_2 = \frac{(1-s)(1-t)(1-z')}{8},\quad N_3 = \frac{(1-s)(1+t)(1-Z')}{8},$$
$$N_4 = \frac{(1-s)(1+t)(1+z')}{8},$$
$$N_5 = \frac{(1+s)(1-t)(1+z')}{8},\quad N_6 = \frac{(1+s)(1-t)(1-z')}{8}$$
$$N_7 = \frac{(1+s)(1+t)(1-z')}{8},\quad N_8 = \frac{(1+s)(1+t)(1+z')}{8}$$

11.12
$$N_1 = \frac{(1-s)(1-t)(1+z')(-s-t+z'-2)}{8},$$
$$N_2 = \frac{(1-s)(1-t)(1-z')(-s-t-z'-2)}{8}$$

11.14 $w = -14.81$ mm under the load, $w = -12.02$ mm at front corner

11.15 $d_{\max} = -0.56$ mm at free end

11.19 Largest $\sigma_{\text{vM}} = 758$ MPa at elbow, $\delta_{\max} = 4.13$ mm at free end

11.21 Largest $\sigma_{\text{vM}} = 219$ MPa at elbow, $\delta_{\max} = 18.8$ mm at free end

11.26 Largest $\sigma_{\text{vM}} = 534$ MPa due to 1200 N

11.28 Largest $\sigma_{\text{vM}} = 186$ MPa at inner semi-circular face

Chapter 12

12.1 Using an 8 × 8 mesh, $\delta_{max} = 0.00155$ m, $\sigma_{vM} = 66.4$ MPa (These values match the analytical solution.)

12.2 $\delta_{max} = -0.188$ mm, $\sigma_{vM} = 11{,}77$ MPa

12.3 $\delta_{max} = -8.55$ mm, $\sigma_{max} = 216$ MPa

12.4 $\delta_{max} = 0.0324$ mm

12.6 $\delta_{max} = -2.59$ mm (6 mm thick plate)

12.8 $\delta_{max} = 0.3306$ mm, $\sigma_{max} = 22.73$ MPa

12.9 $\delta_{max} = -0.379$ mm, $\sigma_{vM} = 55.8$ MPa

12.10 $\delta_{max} = 68.9$ mm (too large for small deflection assumption)

Chapter 13

13.1 $t_2 = 166.7°\text{C}$, $t_3 = 233.3°\text{C}$

13.2 $t_2 = 66.2°\text{C}$, $t_3 = 41.8°\text{C}$, $t_4 = 20.3°\text{C}$

13.3 $t_2 = 25.4°\text{C}$, $t_3 = 32.4°\text{C}$, $F_1 = -0.84$ W

13.4 $t_1 = 67.54°\text{C}$, $t_2 = 65.92°\text{C}$, $t_3 = 61.06°\text{C}$, $t_4 = 52.96°\text{C}$

13.5 $t_2 = 58.3°\text{C}$, $t_3 = 66.7°\text{C}$, $t_4 = 75°\text{C}$, $t_5 = 83.3°\text{C}$

13.6 $t_2 = 457°\text{C}$, $t_3 = 243°\text{C}$, $q^{(3)} = 2145\ \text{W/m}^2$

13.7 $t_2 = 318.2°\text{C}$, $t_3 = 427.3°\text{C}$

13.8 $t_1 = 230°\text{C}$, $t_2 = 110°\text{C}$, $t_3 = 50°\text{C}$, $q^{(3)} = 6000\ \text{W/m}^2$

13.9 $t_1 = 14.5°\text{C}$, $t_2 = 14.2°\text{C}$, $t_3 = -7.88°\text{C}$, $t_4 = -8.15°\text{C}$

13.10 $t_1 = 18.5°\text{C}$, $t_2 = 16.7°\text{C}$, $t_3 = -17.7°\text{C}$, $t_4 = -19.3°\text{C}$, $q^{(1)} = 14.5\ \text{W/m}^2$

13.12 18.5°C at right end, $q_{max} = 439$ W

13.13 $t_1 = 18.84°\text{C}$, $t_2 = 15.0°\text{C}$, $t_3 = -14.46°\text{C}$, $t_4 = -14.54°\text{C}$

13.14 $t_2 = 291°\text{C}$, $t_3 = 372°\text{C}$

13.15 $t_1 = 232°\text{C}$, $t_2 = 228°\text{C}$ $t_3 = 224°\text{C}$, $t_4 = 220°\text{C}$

13.16 $t_2 = 87.95°\text{C}$, $t_3 = 86.72°\text{C}$, $t_4 = 86.4°\text{C}$

13.17 $[k] = \dfrac{AK_{xx}}{L}\begin{bmatrix} 1 & -1 \\ -1 & 1 \end{bmatrix}$

13.18 $[\text{k}_\text{h}]_{\text{left}} = \text{hA}\begin{bmatrix} 1 & 0 \\ 0 & 0 \end{bmatrix}, \quad \{f_h\}_{\text{left}} = \text{hT}_\infty\text{A}\begin{Bmatrix} 1 \\ 0 \end{Bmatrix}$

13.19 $[k] = \begin{bmatrix} 196.94 & 74.79 & -9.03 \\ & 185.69 & -2.77 \\ & & 11.80 \end{bmatrix}, \quad \{f\} = \begin{Bmatrix} 5204 \\ 5204 \\ 50 \end{Bmatrix}\text{W}$

13.20 $\{f\} = \begin{Bmatrix} 1346 \\ 54.6 \\ 1273 \end{Bmatrix} \text{W}$

13.23 $t_{max} = 60°\text{C}$

13.35 $t = 24.28°\text{C}$ (at right end)

13.37 $\bar{q}_{max} = 167 \text{ W}, \quad \bar{q}_{min} = -108 \text{ W}$

13.42 $t = 189°\text{C}$ (at right end)

13.44 $T = 323$ K located where q^* is applied

13.48 $t_2 = 17.79°\text{C}, \quad t_3 = 24.66°\text{C}, \quad t_4 = 31.04°\text{C}, \quad t_5 = 36.61°\text{C}$

Chapter 14

14.1 $p_2 = 4.545 \text{ m}, \quad p_3 = 1.818 \text{ m}, \quad v_x^{(1)} = 10.91 \text{ m/s}, \quad Q_f^{(1)} = 21.82 \text{ m}^3/\text{s}$

14.2 $p_2 = -40 \text{ m}, \quad p_3 = -90 \text{ m}, \quad p_4 = -140 \text{ m}, \quad v_x^{(1)} = 50 \text{ m/s}, \quad Q_1 = 100 \text{ m}^3/\text{s}$

14.3 $p_2 = 16.364 \text{ cm}, \quad p_3 = 10.909 \text{ cm}, \quad v_x^{(1)} = 0.364 \text{ cm/s}, \quad v_x^{(2)} = 0.546 \text{ cm/s},$
$v_x^{(3)} = 1.09 \text{ cm/s}, \quad Q_f^{(1)} = 8.736 \text{ cm}^3/\text{s}$

14.4 $p_2 = -6 \text{ cm}, \quad p_3 = -16 \text{ cm}, \quad v_x^{(1)} = 2.4 \text{ cm/s}, \quad v_x^{(2)} = 4 \text{ cm/s},$
$Q_1 = Q_2 = 12 \text{ cm}^3/\text{s}$

14.6 $v^{(1)} = 4.0 \text{ cm/s}, \quad v^{(2)} = 8.0 \text{ cm/s}, \quad Q^{(1)} = Q^{(2)} = 32 \text{ cm}^3/\text{s}$

14.7 **a.** $p_1 = 0.897 \text{ N/m}^2, \quad p_2 = 0.691 \text{ N/m}^2, \quad p_3 = 0.515 \text{ N/m}^2, \quad q_1 = 0.897 \text{ m}^3/\text{s},$
$q_2 = 0.103 \text{ m}^3/\text{s}, \quad q_3 = 0.059 \text{ m}^3/\text{s}, \quad q_4 = 0.044 \text{ m}^3/\text{s}, \quad q_5 = 0.103 \text{ m}^3/\text{s}$

b. $p_1 = 8512.8 \text{ Pa}, \quad p_2 = 5538.5 \text{ Pa}, \quad p_3 = 2974.5 \text{ Pa}, \quad q_1 = 851 \text{ m}^3/\text{s}, \quad q_2 = 149 \text{ m}^3/\text{s},$
$q_3 = 85 \text{ m}^3/\text{s}, \quad q_4 = 64 \text{ m}^3/\text{s}, \quad q_5 = 59 \text{ m}^3/\text{s}$

14.8 $\{f_Q\} = \begin{Bmatrix} 54.76 \\ 28.57 \\ 16.67 \end{Bmatrix} \text{m}^3/\text{s}$

14.9 $f_1 = f_3 = 20 \text{ cm}^3/\text{s}, \quad f_2 = 0$

14.10 $p_2 = p_3 = 12 \text{ m}, \quad p_5 = 11 \text{ m}$

14.17 $I_1 = 0.161$ amps, $I_2 = 0.027$ amps, $I_3 = -0.487$ amps, branch amps : $I_{AD} =$ 0.134 amps, $I_{BC} = 0.513$ amps

14.18 $I_1 = -0.853$ amps, $I_2 = -0.458$ amps, $I_3 = -0.158$ amps, $I_{AB} = -0.695$ amps, $I_{BC} = -0.30$ amps

14.19 Original resistors too small, standard resistor sizes, $R_1 = 715$ ohms, $R_2 = 806$ ohms make $I_1 = 0.024$ amps, $I_2 = 0.011$ amps and branch amps: $I_{AD} = 0.013$ amps, $I_{BC} = 0.011$ amps

14.20 Original resistors too small, standard resistor sizes, $R_1 = 2000$ ohms, $R_2 = 1270$ ohms, make $I_1 = 0.015$ amps, $I_2 = 0.00945$ amps. So diode amps are less than 0.015 amps.

Chapter 15

15.1 $u_2 = 0.18$ mm, $u_3 = 0.36$ mm, $\sigma_x = 0$

15.2 $u_2 = 0$, $\sigma_x = 70.2$ MPa

15.3 $u_1 = v_1 = -0.255$ mm, $\sigma^{(1)} = 17.85$ MPa (T)
$\sigma^{(2)} = -25.2$ MPa (C), $\sigma^{(3)} = 17.85$ MPa (T)

15.4 $u_1 = -0.208$ mm, $v_1 = -0.072$ mm
$\sigma^{(1)} = -2.520$ MPa (C), $\sigma^{(2)} = 5.040$ MPa (T), $\sigma^{(3)} = -2.520$ MPa (C)

15.5 $u_2 = 2.88 \times 10^{-4}$ m, $\sigma^{(1)} = -38.4$ MPa (C), $\sigma^{(2)} = \sigma^{(3)} = -19.2$ MPa (C)

15.6 $u_1 = 0$, $v_1 = 9.0 \times 10^{-4}$ m, $\sigma^{(1)} = \sigma^{(3)} = -15.8$ MPa (C)
$\sigma^{(2)} = 27.3$ MPa (T)

15.7 $u_1 = 0$, $v_1 = -3.6 \times 10^{-4}$ m, $\sigma^{(1)} = \sigma^{(2)} = 0$

15.8 $u_2 = 0.396$ mm, $\sigma_{st} = 5040$ kPa (T), $\sigma_{br} = 10{,}080$ kPa (C)

15.9 10 °C increase in elements 1 and 3 also

15.11 Yes, $u = 450 \times 10^{-6}$ L, $\sigma_{st} = 18.90$ MPa (T), $\sigma_{a1} = -18.90$ MPa (C)

15.12 **a.** 7.02×10^{-6} m **b.** $\sigma_{br} = -78.63$ MPa, $\sigma_{mg} = -52.406$ MPa

15.13 $f_{T1x} = 6750$ N, $f_{T1y} = 13{,}590$ N, $f_{T2x} = -6750$ N
$f_{T2y} = 13{,}590$ N, $f_{T3x} = 0$, $f_{T3y} = -27{,}000$ N

15.14 $f_{T1x} = -71.9$ kN, $f_{T1y} = 0$, $f_{T2x} = 71.9$ kN, $f_{T2y} = -143.8$ kN
$f_{T3x} = 0$, $f_{T3y} = 143.8$ kN

15.15 $f_{T1x} = -79.2$ kN, $f_{T1y} = -118.8$ kN, $f_{T2x} = 79.2$ kN, $f_{T2y} = 0$,
$f_{T3x} = 0$, $f_{T3y} = 118.8$ kN

15.16 $f_{T1x} = 134$ kN, $f_{T1y} = 134$ kN, $f_{T2x} = -134$ kN, $f_{T2y} = 0$
$f_{T3x} = 0$, $f_{T3y} = -134$ kN

15.17 $\sigma_x = \sigma_y = -51.92$ MPa (C), $\tau_{xy} = 0$

15.18 $\sigma_x = 67.2$ MPa, $\sigma_y = 67.2$ MPa, $\tau_{xy} = 0$

15.19 $\{f_T\} = \dfrac{3AE\alpha_0 T}{2}\begin{Bmatrix} -1 \\ 1 \end{Bmatrix}$

15.20 $\dfrac{AE\alpha}{2}\begin{Bmatrix} -t_1 - t_2 \\ t_1 + t_2 \end{Bmatrix}$

15.21 $\{f_T\} = \dfrac{2\pi\bar{r}AE\alpha(T)[\bar{B}]^T}{1-2\nu}\begin{Bmatrix}1\\1\\1\\0\end{Bmatrix}$

15.22 stresses are zero

15.23 $\sigma_{\max} = 756$ MPa

15.24 Same answers as P15.3

15.25 Same answers as P15.6

Chapter 16

16.1 $[M] = \dfrac{\rho AL}{6}\begin{bmatrix}2 & 1 & 0\\1 & 4 & 1\\0 & 1 & 2\end{bmatrix}$

16.2 **a.** $[M] = \dfrac{\rho AL}{2}\begin{bmatrix}1 & 0 & 0 & 0\\0 & 2 & 0 & 0\\0 & 0 & 2 & 0\\0 & 0 & 0 & 1\end{bmatrix}$

b. $[M] = \dfrac{\rho AL}{6}\begin{bmatrix}2 & 1 & 0 & 0\\1 & 4 & 1 & 0\\0 & 1 & 4 & 1\\0 & 0 & 1 & 2\end{bmatrix}$

16.3 $\omega_1 = 0.806\sqrt{u}, \quad \omega_2 = 2.81\sqrt{\mu}$

16.4 $\omega_1 = 5.496 \times 10^3$ rad/s, $\omega_2 = 17.974 \times 10^3$ rad/s

16.5 **a.**

t (s)	d_i (m)	$\dot{d}_i$ (m/s)	$\ddot{d}_i$ (m/s^2)
0	0	0	8.33
0.03	0.00375	0.235	7.36
0.06	0.01412	0.3425	−0.231
0.09	0.0243	0.224	−7.63
0.12	0.0276	−0.1167	−15.1
0.15	0.0173	−0.478	−8.967

16.6 **a.**

t (s)	d_i (m)	$\dot{d}_i$ (m/s)	$\ddot{d}_i$ (m/s^2)
0	0	0	3.33
0.02	6.667×10^{-4}	0.056	2.262
0.04	2.24×10^{-3}	0.092	0.656
0.06	4.34×10^{-3}	0.092	−1.27
0.08	5.93×10^{-3}	0.0505	−2.89
0.10	6.36×10^{-3}	−0.0168	−3.816

b.

t (s)	d_i (m)	$\dot{d}_i$ (m/s)	$\ddot{d}_i$ (m/s^2)	F(t) (N)
0.00	0.00000	0.000	3.33	100
0.02	5.98×10^{-4}	0.0564	2.31	80
0.04	2.08×10^{-3}	0.0864	−0.69	60
0.06	3.835×10^{-3}	0.0836	−0.975	40
0.08	5.21×10^{-3}	0.048	−2.51	20
0.10	5.61×10^{-3}	−0.0109	−3.38	0.0

16.11 **a.** $\omega_1 = \dfrac{3.15}{L^2}\left(\dfrac{EI}{\rho A}\right)^{1/2}$, $\omega_2 = \dfrac{16.24}{L^2}\left(\dfrac{EI}{\rho A}\right)^{1/2}$ (2 element model),

b. $\omega_1 = \dfrac{198.4}{L^2}\left(\dfrac{EI}{\rho A}\right)^{1/2}$ (3 element model),

c. $\omega_1 = \dfrac{9.8}{L^2}\left(\dfrac{EI}{\rho A}\right)^{1/2}$ (2 element model), **d.** $\omega = \dfrac{14.8}{L^2}\left(\dfrac{EI}{\rho A}\right)^{1/2}$ (2 element model)

16.17

	Node:	1	2	3	4	5	6
i	t (s)	Temperature (°C)					
0	0	200	200	200	200	200	200
1	8	0	159.0095	191.4441	198.2110	199.6110	199.8444
2	16	0	135.5852	178.1491	193.6620	198.2112	199.1445
3	24	0	120.2309	165.7003	187.3485	195.5379	197.5152
4	32	0	109.1993	154.9587	180.4038	191.7446	194.8115
5	40	0	100.7600	145.7784	173.4129	187.1268	191.1242
6	48	0	94.00311	137.8529	166.6182	181.9599	186.6590
7	56	0	88.39929	130.9034	160.1012	176.4598	181.6395
8	64	0	83.61745	124.7101	153.8759	170.7856	176.2620
9	72	0	79.43935	119.1075	147.9316	165.0508	170.6822
10	80	0	75.71603	113.9733	142.2502	159.3352	165.0171

16.18

		Node		
Time (s)	**1**	**2**	**3**	**(using consistent capacitance matrix)**
		Temperature (°C)		
0	25	25	25	
0.1	85	18.53611	26.36189	
0.2	85	29.61303	21.63526	
0.3	85	36.18435	22.42717	
0.4	85	40.72491	25.30428	
0.5	85	44.27834	28.85201	
0.6	85	47.29072	32.49614	
0.7	85	49.95809	36.01157	
0.8	85	52.37152	39.31761	
0.9	85	54.57756	42.39278	
1	85	56.60353	45.23933	
1.1	85	58.46814	47.86852	
1.2	85	60.1859	50.29457	
1.3	85	61.76908	52.53218	
1.4	85	63.22852	54.59557	
1.5	85	64.574	56.49814	
1.6	85	65.81448	58.25235	
1.7	85	66.95818	59.86974	
1.8	85	68.01265	61.36096	
1.9	85	68.98485	62.73586	
2	85	69.88121	64.0035	
2.1	85	70.70765	65.17226	
2.2	85	71.46961	66.24984	
2.3	85	72.17214	67.24336	
2.4	85	72.81986	68.15938	
2.5	85	73.41705	69.00393	
2.6	85	73.96766	69.78261	
2.7	85	74.47531	70.50053	
2.8	85	74.94336	71.16246	
2.9	85	75.3749	71.77274	
3	85	75.77277	72.33542	

Appendix A

A1. **a.** $\begin{bmatrix} 6 & 0 \\ 3 & 12 \end{bmatrix}$ **b.** Nonsense **c.** Nonsense

d. $\begin{Bmatrix} 20 \\ 26 \\ 8 \end{Bmatrix}$ **e.** Nonsense **f.** $\begin{bmatrix} 19 & 26 & 3 \\ -3 & -2 & 9 \end{bmatrix}$

A2. $\begin{bmatrix} \frac{1}{4} & 0 \\ -\frac{1}{32} & \frac{1}{8} \end{bmatrix}$

A3. $\dfrac{1}{220}\begin{bmatrix} 50 & -10 & -10 \\ -10 & 24 & 2 \\ -10 & 2 & 46 \end{bmatrix}$

A4. Nonsense

A5. $\begin{bmatrix} \frac{1}{2} & 0 \\ -\frac{1}{4} & \frac{1}{4} \end{bmatrix}$

A6. Same as A3.

A8. $\begin{bmatrix} \cos\theta & -\sin\theta \\ \sin\theta & \cos\theta \end{bmatrix}$

A10. $\dfrac{E}{L}\begin{bmatrix} 1 & -1 \\ -1 & 1 \end{bmatrix}$

Appendix B

B1. $x_1 = 4, \quad x_2 = 3$

B2. $x_1 = 4, \quad x_2 = 3$

B3. $x_1 = 2.3, \quad x_2 = -0.1, \quad x_3 = -0.2$

B4. $x_1 = 3, \quad x_2 = -1, \quad x_3 = -2$

B5. **a.** $\begin{Bmatrix} x_1 \\ x_2 \end{Bmatrix} = \begin{bmatrix} 3 & -2 \\ 2 & -1 \end{bmatrix}\begin{Bmatrix} y_1 \\ y_2 \end{Bmatrix}$ **b.** $\begin{Bmatrix} z_1 \\ z_2 \end{Bmatrix} = \begin{bmatrix} 7 & -4 \\ 16 & -10 \end{bmatrix}\begin{Bmatrix} y_1 \\ y_2 \end{Bmatrix}$

c. $\begin{Bmatrix} y_1 \\ y_2 \end{Bmatrix} = \begin{bmatrix} \dfrac{5}{3} & -\dfrac{2}{3} \\ \dfrac{8}{3} & -\dfrac{7}{6} \end{bmatrix}\begin{Bmatrix} z_1 \\ z_2 \end{Bmatrix}$

B6. $x_1 = 0, \quad x_2 = 1, \quad x_3 = 2, \quad x_4 = 2, \quad x_5 = 0$

B7. $x_1 = 4, \quad x_2 = 3$

B8. **a.** Nonunique **b.** Unique **c.** Nonexistent **d.** Nonunique

Appendix D

D1. **a.** $f_{1y} = f_{2y} = -25$ kN, $m_1 = -m_2 = -37.5$ kN-m

b. $f_{1y} = f_{2y} = -25$ kN, $m_1 = -m_2 = -28.125$ kN-m

c. $f_{1y} = f_{2y} = -75$ kN, $m_1 = -m_2 = -125$ kN-m

d. $f_{1y} = -85.625$ kN, $f_{2y} = -29.375$ kN, $m_1 = -80.625$ kN-m, $m_2 = 46.875$ kN-m

e. $f_{1y} = -27.0$ kN, $f_{2y} = -63.0$ kN, $m_1 = -36.0$ kN-m, $m_2 = 54.0$ kN-m

f. $f_{1y} = -4.0$ kN, $f_{2y} = -0.99$ kN, $m_1 = 5.10$ kN · m, $m_2 = -2.04$ kN · m

g. $f_{1y} = f_{2y} = -6$ kN, $m_1 = -m_2 = -7.5$ kN · m

h. $f_{1y} = f_{2y} = -10$ kN, $m_1 = -m_2 = -6.67$ kN · m

찾아보기

한글 찾아보기

ㄱ

ㄴ

ㄷ

ㅁ

ㅂ

ㅅ

ㅇ

ㅈ

ㅊ

ㅋ

ㅌ

ㅍ

ㅎ

영문 찾아보기

A

C

D

E

F

G

H

I

J

L

M

N

O

P

Q

R

S

T

U

V

기타

단면의 성질

주: A = 면적, I = 관성 모멘트, I = 극관성 모멘트

사각형

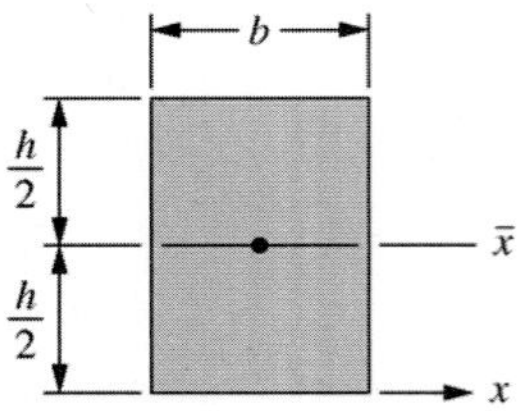

$$A = bh$$

$$I_{\bar{x}} = \frac{bh^3}{12}$$

$$I_x = \frac{bh^3}{3}$$

삼각형

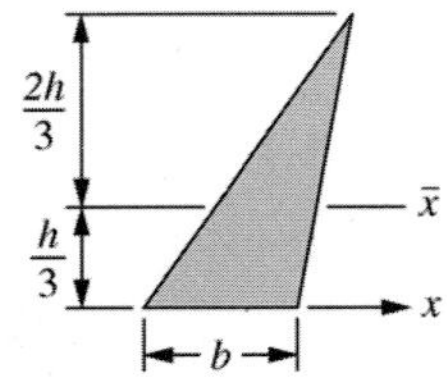

$$A = \frac{1}{2}bh$$

$$I_{\bar{x}} = \frac{bh^3}{36}$$

$$I_x = \frac{bh^3}{12}$$

원

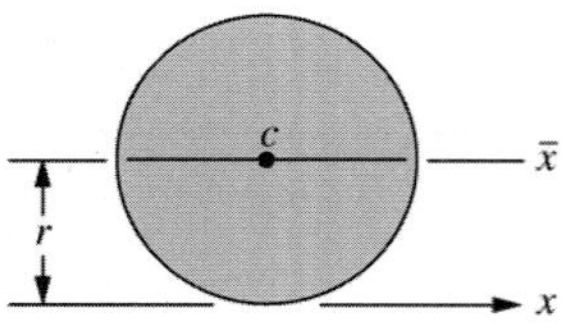

$$A = \pi r^2$$

$$I_{\bar{x}} = \frac{\pi r^4}{4}$$

$$J_c = \frac{\pi r^4}{2}$$

$$I_x = \frac{5\pi r^4}{4}$$

반원

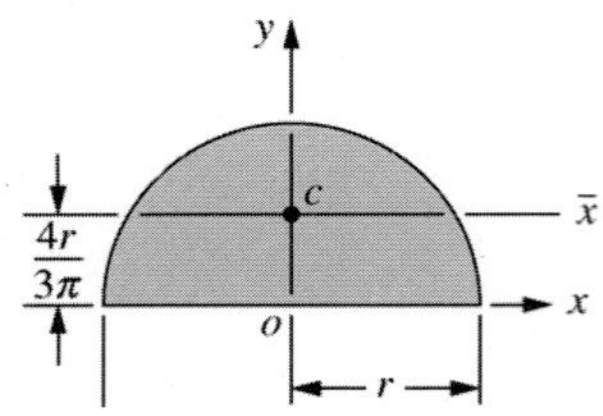

$$A = \frac{\pi r^2}{2}$$

$$I_{\bar{x}} = 0.035\pi r^4$$

$$J_o = \frac{\pi r^4}{4}$$

$$I_y = I_x = \frac{\pi r^4}{8}$$

얇은 링

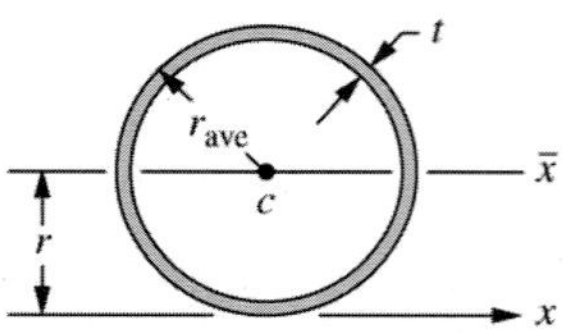

$$A = 2\pi r_{\text{ave}}t$$

$$I_{\bar{x}} = \pi r_{\text{ave}}^3 t$$

$$J_c = 2\pi r_{\text{ave}}^3 t$$

얇은 반원 링

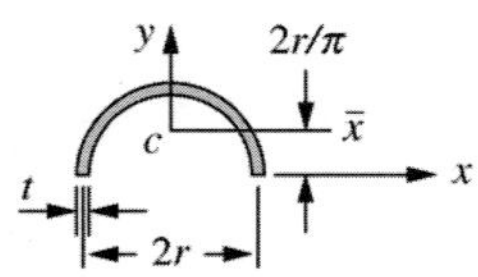

$$A = \pi rt$$

$$I_{\bar{x}} \approx 0.095\pi r^3 t$$

$$I_y = 0.5\pi r^3 t$$

타원

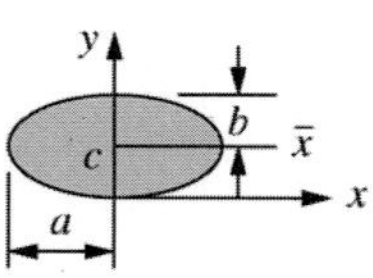

$$A = :\pi ab$$

$$I_{\bar{x}} = :\frac{\pi ab^3}{4}$$

$$J_c = :\frac{\pi ab(a^2 + b^2)}{4}$$

사분타원

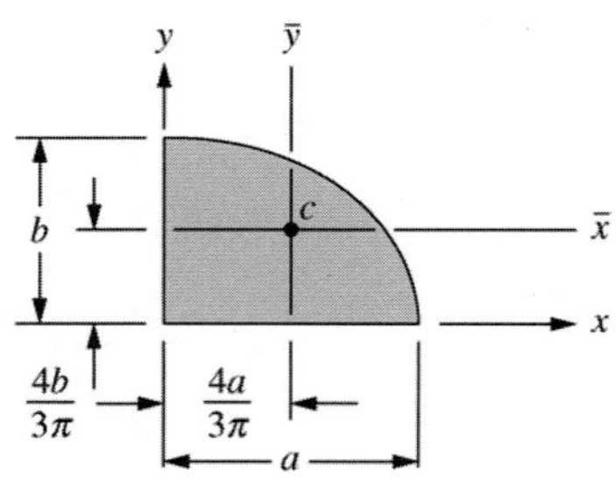

$$A = \frac{\pi ab}{4}$$

$$I_{\bar{x}} = 0.0175\pi ab^3$$

$$I_x = \frac{\pi ab^3}{16}$$

$$I_y = \frac{\pi a^3 b}{16}$$

사분포물면

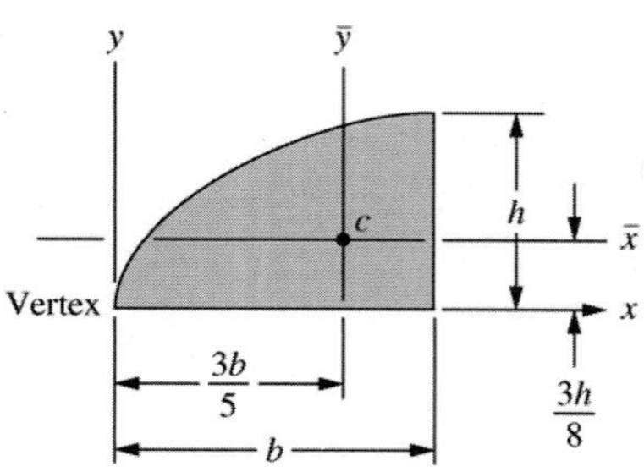

$$A = \frac{2}{3}bh$$

$$I_{\bar{x}} = 0.04bh^3$$

$$I_x = \frac{2bh^3}{15}$$

$$I_y = \frac{2hb^3}{7}$$

포물형 공복

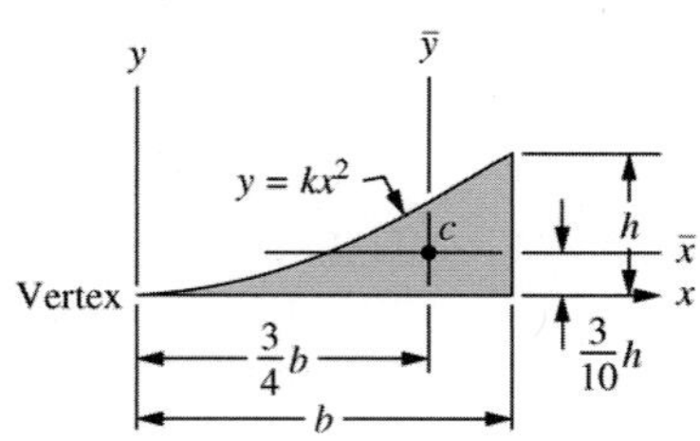

$$A = \frac{bh}{3}$$

$$I_{\bar{x}} = 0.0176bh^3$$

$$I_x = \frac{bh^3}{21}$$

$$I_y = \frac{hb^3}{5}$$

고체 구조물의 기하학적 성질 　주: ρ = 질량밀도, 　m = 질량, 　I = 질량 관성 모멘트

1. 가는 봉

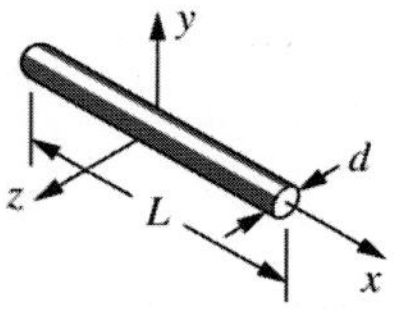

$$m = \frac{\pi d^2 L\rho}{4}$$

$$I_y = I_z = \frac{mL^2}{12}$$

2. 얇은 원판

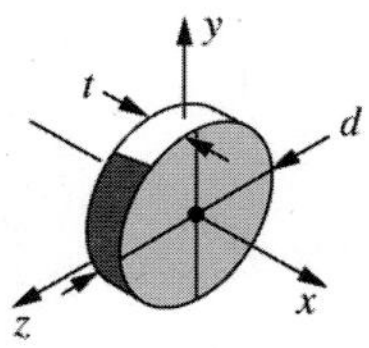

$$m = \frac{\pi d^2 t\rho}{4}$$

$$I_x = \frac{md^2}{8}$$

$$I_y = I_z = \frac{md^2}{16}$$

3. 직육면체

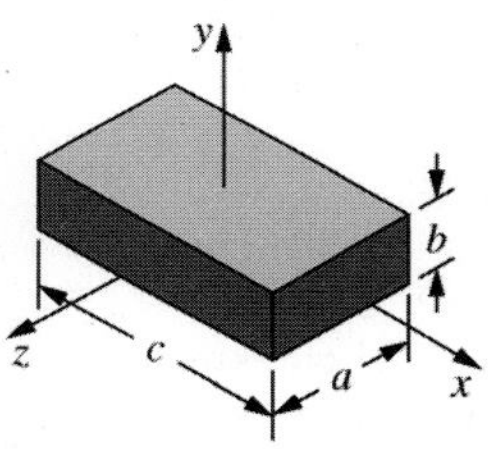

$$m = abc\rho$$

$$I_x = \frac{m}{12}(a^2 + b^2)$$

$$I_y = \frac{m}{12}(a^2 + c^2)$$

$$I_z = \frac{m}{12}(b^2 + c^2)$$

4. 원형봉

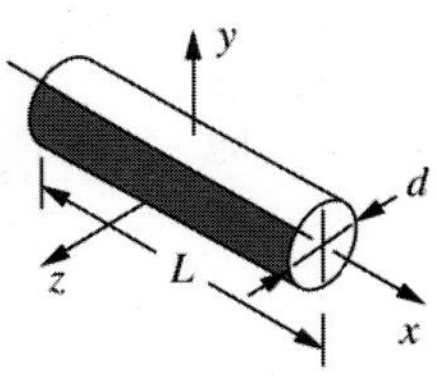

$$m = \frac{\pi d^2 L\rho}{4}$$

$$I_x = \frac{md^2}{8}$$

$$I_y = I_z = \frac{m}{48}(3d^2 + 4L^2)$$

5. 속빈 원형봉

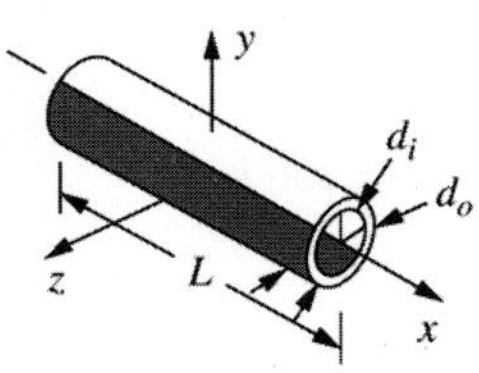

$$m = \frac{\pi L\rho}{4}(d_o^2 - d_i^2)$$

$$I_x = \frac{m}{8}(d_o^2 + d_i^2)$$

$$I_y = I_z = \frac{m}{48}(3d_o^2 + 3d_i^2 + 4L^2)$$

미국 관용 단위계와 국제 표준 단위계 간의 도량형 환산표

환산 대상 미국 관용계의 종류	환산 목표	국제 표준 단위계의 값
(가속도)		
1 foot/second^2 (ft/s^2)	meter/second^2 (m/s^2)	0.3048 m/s^2
1 inch/second^2 (in./s^2)	meter/second^2 (m/s^2)	0.0254 m/s^2
(면적)		
1 foot^2 (ft^2)	meter^2 (m^2)	0.0929 m^2
1 inch^2 (in.^{2})	meter^2 (m^2)	645.2 mm^2
(밀도, 질량)		
1 pound mass/inch^3 (lbm/in.^{3})	kilogram/meter^3 (kg/m^3)	27.68 Mg/m^3
1 pound mass/foot^3 (lbm/ft^3)	kilogram/meter^3 (kg/m^3)	16.02 kg/m^3
(에너지, 일)		
1 British thermal unit (BTU)	Joule (J)	1055 J
1 foot-pound force (ft-lb)	Joule (J)	1.356 J
1 kilowatt-hour	Joule (J)	3.60×10^6 J
(힘)		
1 kip (1000 lb)	Newton (N)	4.448 kN
1 pound force (lb)	Newton (N)	4.448 N
(길이)		
1 foot (ft)	meter (m)	0.3048 m
1 inch (in.)	meter (m)	25.4 mm
1 mile (mi), (U.S. statute)	meter (m)	1.609 km
1 mile (mi), (international nautical)	meter (m)	1.852 km
(질량)		
1 pound mass (lbm)	kilogram (kg)	0.4536 kg
1 slug (lb-sec^2/ft)	kilogram (kg)	14.59 kg
1 metric ton (2000 lbm)	kilogram (kg)	907.2 kg
(모멘트)		
1 pound-foot (lb·ft)	Newton-meter (N·m)	1.356 N·m
1 pound-inch (lb·in.)	Newton-meter (N·m)	0.1130 N·m
(면적 관성 모멘트)		
1 inch^4	meter^4 (m^4)	0.4162×10^{-6} m^4
(질량 관성 모멘트)		
1 pound-foot-second^2(lb·ft·s^2)	kilogram-meter^2 (kg·m^2)	1.356 kg·m^2
(선형운동량)		
1 pound-second (lb·s)	kilogram-meter/second (kg·m/s)	4.448 N·s
(회전운동량)		
pound-foot-second (lb·ft·s)	Newton-meter-second (N·m·s)	1.356 N·m·s

미국 관용 단위계와 국제 표준 단위계 간의 도량형 환산표(계속)

환산 대상 미국 관용계의 종류	환산 목표	국제 표준 단위계의 값
(일률)		
1 foot-pound/second (ft·lb/s)	Watt (W)	1.356 W
1 horsepower (550 ft·lb/s)	Watt (W)	745.7 W
(압력, 응력)		
1 atmosphere (std)(14.7.lb/in.^{2})	Newton/meter^2 (N/m^2 or Pa)	101.3 kPa
1 pound/foot^2 (lb/ft^2)	Newton/meter^2 (N/m^2 or Pa)	47.88 Pa
1 pound/inch^2 (lb/in.^{2} or psi)	Newton/meter^2 (N/m^2 or Pa)	6.895 kPa
1 kip/inch^2(ksi)	Newton/meter^2 (N/m^2 or Pa)	6.895 MPa
(스프링 상수)		
1 pound/inch (lb/in.)	Newton/meter (N/m)	175.1 N/m
(온도)		
T(°F) = 1.8T(°C) + 32		
(속도)		
1 foot/second (ft/s)	meter/second (m/s)	0.3048 m/s
1 knot (nautical mi/h)	meter/second (m/s)	0.5144 m/s
1 mile/hour (mi/h)	meter/second (m/s)	0.4470 m/s
1 mile/hour (mi/h)	kilometer/hour (km/h)	1.609 km/h
(체적)		
1 foot^3 (ft^3)	meter^3 (m^3)	0.02832 m^3
1 inch^3 (in.^{3})	meter^3 (m^3)	16.39×10^{-6} m^3

국제 표준 단위 및 미국 관용 단위로 표현한 물성치

성질	SI	USCS
Water (fresh)		
specific weight	9.81 kN/m^3	62.4 lb/ft^3
mass density	1000 kg/m^3	1.94 slugs/ft^3
Aluminum		
specific weight	26.6 kN/m^3	169/lb/ft^3
mass density	2710 kg/m^3	5.26 slugs/ft^3
Steel		
specific weight	77.0 kN/m^3	490 lb/ft^3
mass density	7850 kg/m^3	15.2 slugs/ft^3
Reinforced concrete		
specific weight	23.6 kN/m^3	150 lb/ft^3
mass density	2400 kg/m^3	4.66 slugs/ft^3
Acceleration of gravity (on the earth's surface)		
Recommended value	9.81 m/s^2	32.2 ft/s^2
Atmospheric pressure (at sea level)		
Recommended value	101 kPa	14.7 psi

주요 공학 재료의 중요한 물성치들

	Ultimate Strength σ_u		0.2% Yield Strength σ_y		Modulus of Elasticity E		Sheer Modulus G	Coefficient of Thermal Expansion, α		Density, ρ	
Material	ksi	MPa	ksi	MPa	(10^6 psi	GPa)	(10^6 psi)	$10^{-6}/°F$	$10^{-6}/°C$	lb/in.^{3}	kg/m^3
Aluminum											
Alloy 1100-H14 (99 % Al)	14	110(T)	14	95	10.1	70	3.7	13.1	23.6	0.098	2710
Alloy 2024-T3 (sheet and plate)	70	480(T)	50	340	10.6	73	4.0	12.6	22.7	0.100	2763
Alloy 6061-T6 (extruded)	42	260(T)	37	255	10.0	69	3.7	13.1	23.6	0.098	2710
Alloy 7075-T6 (sheet and plate)	80	550(T)	70	480	10.4	72	3.9	12.9	23.2	0.101	2795
Yellow brass (65% Cu, 35% Zn)											
Cold-rolled	78	540(T)	63	435	15	105	5.6	11.3	20.0	0.306	8470
Annealed	48	330(T)	15	105	15	105	5.6	11.3	20.0	0.306	8470
Phosphor bronze											
Cold-rolled (510)	81	560(T)	75	520	15.9	110	5.9	9.9	17.8	0.320	8860
Spring-tempered (524)	122	840(T)	—	—	16	110	5.9	10.2	18.4	0.317	8780
Cast iron											
Gray, 4.5%C, ASTM A-48	25	170(T)	—	—	10	70	4.1	6.7	12.1	0.260	7200
	95	650(C)									
Malleable, ASTM A-47	50	340(T)	33	230	24	165	9.3	6.7	12.1	0.264	7300
	90	620(C)	—	—							

주요 공학 재료의 중요한 물성치들(계속)

Material	Ultimate Strength σ_u ksi	Ultimate Strength σ_u MPa	0.2% Yield Strength σ_y ksi	0.2% Yield Strength σ_y MPa	Modulus of Elasticity E (10^6 psi	GPa)	Sheer Modulus G (10^6 psi)	Coefficient of Thermal Expansion, α $10^{-6}/°F$	Coefficient of Thermal Expansion, α $10^{-6}/°C$	Density, ρ lb/in.^{3}	Density, ρ kg/m^3
Copper and its alloys											
CDA 145 copper, hard	48	331(T)	44	303	16	110	6.1	9.9	17.8	0.323	8940
CDA 172 beryllium copper, hard	175	1210(T)	240	965	19	131	7.1	9.4	17.0	0.298	8250
CDA 220 bronze, hard	61	421(T)	54	372	17	117	6.4	10.2	18.4	0.318	8800
CDA 260 brass, hard	76	524(T)	63	434	16	110	6.1	11.1	20.0	0.308	8530
Magnesium alloy (8.5% A1)	55	380(T)	40	275	4.5	45	2.4	14.5	26.0	0.065	1800
Monel alloy 400 (Ni-Cu)											
Cold-worked	98	675(T)	85	580	26	180	—	7.7	13.9	0.319	8830
Annealed	80	550(T)	32	220	26	180	—	7.7	13.9	0.319	8830
Steel											
Structural (ASTM-A36)	58	400(T)	36	250	29	200	11.5	6.5	11.7	0.284	7860
High-strength low-alloy ASTM-A242	70	480(T)	50	345	29	200	11.5	6.5	11.7	0.284	7860
Quenched and tempered alloy ASTM-A514	120	825(T)	100	690	29	200	11.5	6.5	11.7	0.284	7860
Stainless, (302)											
Cold-rolled	125	860(T)	75	520	28	190	10.6	9.6	17.3	0.286	7920
Annealed	90	620(T)	40	275	28	190	10.6	9.6	17.3	0.286	7920
Titanium alloy (6% A1, 4% V)	130	900(T)	120	825	16.5	114	6.2	5.3	9.5	0.161	4460
Concrete											
Medium strength	4.0	28(C)	—	—	3.5	25	—	5.5	10.0	0.084	2320
High strength	6.0	40(C)	—	—	4.5	30	—	5.5	10.0	0.084	2320
Granite	35	240(C)	—	—	10	69	—	4.0	7.0	0.100	2770
Glass, 98% silica	7	50(C)	—	—	10	69	—	44.0	80.0	0.079	2190
Melamine	6	41(T)	—	—	2.0	13.4	—	17.0	30.0	0.042	1162
Nylon, molded	8	55(T)	—	—	0.3	2	—	45.0	81.0	0.040	1100
Polystyrene	7	48(T)	—	—	0.45	3	—	40.0	72.0	0.038	1050
Rubbers											
Natural	2	14(T)	—	—	—	—	—	90.0	162.0	0.033	910
Neoprene	3.5	24(T)	—	—	—	—	—			0.045	1250
Timber, air dry, parallel to grain											
Douglas fir, construction grade	7.2	50(C)	—	—	1.5	10.5	—	varies	varies	0.019	525
Eastern spruce	5.4	37(C)	—	—	1.3	9	—	1.7–	3–	0.016	440
Southern pine,construction grade	7.3	50(C)	—	—	1.2	8.3	—	3.0	5.4	0.022	610

표에 주어진 값은 평균 기계적 성질임. 최종 설계/해석을 위해서 검증이 필요함. 연성 재료의 경우 인장의 경우와 압축의 경우 물성이 동일함. 약자: C: 압축, T: 인장. aluminum, cast iron, steel과 관련된 숫자는 ASM(American Society for Metals) 매뉴얼을 참조하라.

신종계(辛鍾桂)

- 1955년 부산 태생
- 1977년 서울대학교 조선공학과 졸업(공학사)
- 1979년 서울대학교 대학원 조선공학과 졸업(공학석사)
- 1989년 미국 매사추세츠공과대학교(M.I.T.) 해양공학과 졸업(공학박사)
- 1979~1993년 한국선박연구소, 한국기계연구원 책임연구원
- 2014~2015년 대한조선학회 회장
- 1993년~현재 서울대학교 조선해양공학과 교수
- 2005년~현재 미국 매사추세츠공과대학교(M.I.T.) 기계공학과 여름강좌 해외 초빙강사
- 2005년~현재 중국 우한이공대(武漢理工大) 해외 초빙교수

유한요소법을 이용한 선체구조해석과 선박가공문제에 많은 경험을 가지고 있다. M.I.T.에서 유한요소법과 경계요소법 이론을 수학하였고, 범용 유한요소해석 프로그램인 ADINA, ABAQUS 등을 이용한 구조해석과 선체곡면가공을 수행하였다. 서울대학교에서 대학원 과목으로 유한요소 해석을 위한 대변형 연속체 역학의 강의를 담당하였다. 학사과정의 유한요소법 과목을 개발하여, 서울대학교 조선해양공학과 2학년 구조역학 과목에서 구조역학 기초 이론과 유한요소법을 소개하고, NISA와 ANSYS 등 상용 프로그램의 활용법을 가르쳤다. 현재, 유한요소법을 이용하여 선박과 해양구조물의 가공, 용접 등의 생산 공정에 열탄소성 해석을 응용하고 있으며, PLM (Product Lifecycle Management) 분야에 관심을 가지고 활동하고 있다.

김도년(金度年)

- 1976년 서울 태생
- 2000년 서울대학교 기계항공공학부 졸업(공학사)
- 2002년 서울대학교 대학원 기계항공공학부 졸업(공학석사)
- 2009년 미국 매사추세츠공과대학교(M.I.T.) 기계공학과 졸업(공학박사)
- 2002~2005년 공군사관학교 항공우주공학과 학술교관/전임강사
- 2009~2013년 미국 매사추세츠공과대학교(M.I.T.) 생명공학과 박사후 연구원(Postdoctoral Associate)
- 2013년~현재 서울대학교 기계항공공학부 교수

비선형 유한요소법을 비롯한 구조해석 기술 개발 및 이를 활용한 구조설계 분야에 관심을 가지고 있다. M.I.T. 기계공학과 Bathe 교수의 지도 아래 쉘 유한요소 개발 및 이방성 탄소성 재료모델 연구로 박사학위를 받았으며, 이후 생명공학과에서 유한요소법을 이용한 바이오나노구조물의 해석 및 설계 기술 개발에 참여하였다. 현재, 비선형 유한요소 및 재료모델링, 멀티스케일 해석, 모델축소법, 피로수명 예측 등 수치해석 기술 전반에 관심을 가지고 활동하고 있으며, 이를 활용한 역학메타물질, DNA 나노구조체 등의 구조설계에 관한 연구도 수행하고 있다.

김유일(金裕鎰)

- 1972년 부산 태생
- 1994년 서울대학교 조선해양공학과 졸업(공학사)
- 1996년 서울대학교 대학원 조선해양공학과 졸업(공학석사)
- 2009년 서울대학교 대학원 조선해양공학과 졸업(공학박사)
- 1996~2012년 대우조선해양 중앙연구원 책임연구원
- 2012년~현재 인하대학교 조선해양공학과 교수

유한요소법을 이용한 선박 및 해양구조물의 비선형 정-동적 구조해석에 다년간의 경험을 갖고 있다. 유한요소법을 이용한 유체-구조, 열-구조, 지반-구조 해석 등 다분야 간 연성해석의 거동 해석에 관심을 가지고 있으며, 이를 이용하여 부유체-파랑 간의 상호작용, 내부 유동에 기인한 유탄성 거동, 열응력 및 열변형, 해저지반과 구조물의 상호작용에 대한 연구를 진행하고 있다. 특히, 유한요소법과 경계요소법을 결합하여 대형 부유 구조물의 유탄성 현상을 해석하는 프로그램을 개발하여 산업체 현장에서 수행되는 선박 및 해양구조물의 설계에 공헌하였다. 또한 유한요소법을 이용하여 균열선단 응력을 해석하고, 이를 기반으로 구조물의 결함을 평가하는 구조물 사용적합성 평가(Fitness for Service)에 대한 연구를 활발히 진행하고 있다.

오창국(吳昌國)

- 1973년 서울 태생
- 1998년 서울대학교 토목공학과 졸업(공학사)
- 2000년 서울대학교 대학원 토목공학과 졸업(공학석사)
- 2008년 미국 캘리포니아공대(CALTECH) 토목공학과 졸업(공학박사)
- 2000~2001년 ㈜현대건설 토목설계실 설계사원
- 2002~2002년 서울대학교 지진공학연구센터 연구원
- 2007~2009년 미국 Carnegie Mellon 대학/KAIST 박사후 연구원(Post-Doctoral Associate)
- 2009년~현재 국민대학교 건설시스템공학부 교수

유한요소법을 이용하여 (장대)교량, 플랜트 구조물(에너지 저장시설)과 원자력 발전소 내 구조물 등에 대한 구조해석 및 설계와 지진해석 및 내진설계에 대한 연구 경험이 많다. 특별히 강-콘크리트 합성교량의 구조해석과 (장대)교량의 피로해석 및 설계에 대한 연구를 수행하였고, 그 결과를 바탕으로 합성구조설계기준과 강구조/장대교량 피로설계기준을 집필하였다. 유체-지반-구조물 상호작용을 고려하여 석유, 화학 물질, 가스 등을 저장하는 에너지 저장시설에 대한 지진해석, 비선형 좌굴해석을 수행하였으며, 그 결과를 바탕으로 내진설계기준을 제안하였다. 또한 반복하중을 받는 원자력 발전소 내 구조물에 대한 비선형 구조해석과 건전성 평가 등을 수행하였다. 현재는 철도구조물의 지진해석, 복합소재구조물의 구조해석, 확률론적 유한요소법, 화재 및 폭발해석, 구조손상해석 등에 관심을 가지고 활동 중이다.

이용신(李鎔信)

- 1955년 서울 태생
- 1979년 서울대학교 기계공학과 졸업 (공학사)
- 1981년 한국과학기술원 기계공학과 졸업 (공학석사)
- 1991년 미국 Cornell 대학 기계공학과 졸업 (공학박사)
- 1979~1984년 (주)삼성엔지니어링 기계부 대리
- 1984~1985년 한국과학기술연구원 생산기술센터 연구원
- 1990~1992년 미국 Cornell 대학 공정연구소 Post-Doctoral Associate
- 1992년~현재 국민대학교 기계자동차공학부 교수

금속분야의 미세조직에 관련한 미시역학과 기계공학분야의 거시적 성형공정해석, 거시적 연속체역학 등의 연계해석을 위한 유한요소 정식화 개발에 관심을 갖고 있다. 결함성장을 포함하는 연속체역학(Continuum Damage Mechanics)해석, 집합조직의 변화에 따른 이방성의 발전을 반영하는 이방성 탄 · 점소성 해석 및 다공질재의 대변형 해석을 위한 유한요소 정식화 개발연구를 수행해 왔다. 압연, 인발/압출 및 단조 등의 입체성형과 판재성형 등 각종 성형공정의 설계를 위한 이차원, 삼차원 유한요소 해석 전용 프로그램들을 개발해 왔다. 최근에는 나노결정 금속재 성형공정의 유한요소해석, 비정질재와 같은 특수 소재를 이용한 마이크로 성형의 유한요소해석 개발에 관한 연구를 수행하고 있다.

조성욱(趙誠昱)

- 1957년 서울 태생
- 1979년 서울대학교 기계공학과 졸업(공학사)
- 1981년 한국과학기술원 기계공학과 졸업(공학석사)
- 1981년 미국 매사추세츠공과대학교(M.I.T.) 기계공학과 졸업(공학박사)
- 1979~1984년 대우중공업 기술연구소 연구원
- 1984~1985년 한국과학기술연구원 기계시스템연구실 연구원
- 1991~1993년 포항공과대학교 기계공학과 교수 겸 포항 방사광가속기 연구소 실장
- 1993년~현재 중앙대학교 기계공학부 교수

기하학적/재료 비선형 유한요소법을 이용한 구조해석 분야에 관심을 가지고 활동하고 있다. 미국 유학 시절에는 M.I.T의 Bathe 교수에게 사사하였으며, ADINA 상용프로그램의 개발에 참여하여 평판 및 쉘 구조물의 유한요소 해석 관련 연구에 참여하였다. 귀국 후에는 포항공과대학교에 근무하며 포항 방사광가속기의 구조물 및 지지 시스템의 설계 및 해석을 총괄하여 차세대 방사광 가속기 건설의 일익을 담당한 바 있다. 현재는 비선형 유한요소 개발, 인터넷 기반 협업 설계 및 해석 시스템, 구조물-유체 연성 문제 및 생체공학에의 응용, 비선형 구조손상해석 등 전산역학 전반에 관심을 가지고 활동 중이다.